한솔아카데미가 답이다!
토목기사·토목산업기사 인터넷 강좌

한솔과 함께라면 빠르게 합격 할 수 있습니다.

단계별 완전학습 커리큘럼
기초핵심 – 정규이론과정 – 모의고사 – 마무리특강의 단계별 학습 프로그램 구성

기초핵심 (기초역학) ▶ **정규강의** (이론+문풀) ▶ **모의고사** (시험 2주전) ▶ **블랙박스 특강** (우선순위핵심)

토목기사·토목산업기사 유료 동영상 강의

구 분	과 목	담당강사	강의시간	동영상	교 재
필 기	응용역학	안광호	약 22시간		1
	측량학	고길용	약 31시간		2
	수리학 및 수문학	한웅규	약 20시간		3
	철근콘크리트	고길용	약 25시간		4
	토질 및 기초	박광진	약 29시간		5
	상하수도공학	이상도	약 17시간		6
	기사 과년도	과목별 교수님	약 62시간		
	산업기사 과년도	과목별 교수님	약 41시간		1

• 유료 동영상강의 수강방법 : www.inup.co.kr

HANSOL INFO
수험생이 알아야 할 출제경향

 최근의 출제문제를 중심으로 분석한 출제빈도와 중요내용입니다.

과목	단원명	출제문항수	세부항목
응용역학	1. 힘과 모멘트	1~2	평형해석, 부정정차수, sin법칙
	2. 단면의 성질	2	단면2차모멘트, 단면계수, 도심
	3. 재료의 역학적성질	2	프아송비, 변형량, 비틀림응력, 주응력
	4. 정정보	3~4	휨모멘트 계산, 반력계산
	5. 보의 응력	1~2	휨응력, 전단응력
	6. 라멘 아치 트러스	2	라멘의 휨모멘트, 3힌지의 수평반력, 트러스의 부재력
	7. 기둥	2	최대압축응력, 좌굴길이, 오일러 좌굴하중, 세장비
	8. 처짐 탄성변형	3~4	보의 처짐, 트러스처짐, 휨변형에너지
	9. 부정정구조	2~3	변위일치법, 모멘트분배법
계		20	
측량학	1. 측량학개론	1~2	측지학분류, 지구형상, 좌표계, 지구물리측정
	2. 거리측량	1	방법, 보정값, 관측값 해석
	3. 평판측량	1~2	3요소, 측량방법, 오차
	4. 수준측량	2~3	용어, 기포관감도, 교호, 지반고계산, 야장기입
	5. 각측량	1~2	측량방법, 트랜싯, 각오차
	6. 기준점측량	2	트래버스 종류, 관측오차, 계산문제, 조정, 삼각망, 조건식수, 삼변측량
	7. 스타디아지형측량	2~3	원리와 공식, 오차, 지성선, 등고선, 기입방법
	8. 면적체적측량	2	직선면적, 곡선면적, 체적계산, 면적분할
	9. 노선측량	3	단곡선, 설치방법, 완화곡선, 클로소이드, 종단곡선
	10. 하천측량	1~2	정의, 수위관측소, 유속측정방법
	11. 사진측량	2	특성, 특수3점, 항공사진축척, 시차차, 중복도, 사진매수, 입체시, 표정, 사진지도, 원격탐측
계		20	
수리학 및 수문학	1. 유체의 기본성질	1	표면장력, 비중, 공학단위, 차원
	2. 정수역학	2~3	전수압, 피토관, 부체상태
	3. 동수역학	3	연속방정식, 운동방정식, 항력, 마찰저항, 흐름상태
	4. 오리피스와 위어	2~3	위어의 유량, 오리피스 유속
	5. 관수로	2~3	마찰손실수두, 유속계수, 펌프마력
	6. 개수로	3	비에너지, 경심, 도수에너지, 최대유량조건
	7. 지하수	1~2	투수계수, 유량계산, 지하수유속, 여과수량
	8. 수문학 일반	2~3	수문기상, 물의순환과정
	9. 증발과 유출	2~3	단위도, 합리식
계		20	

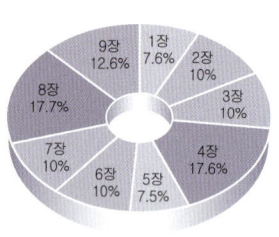

응용역학

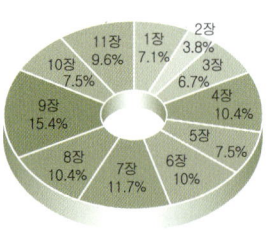

측량학

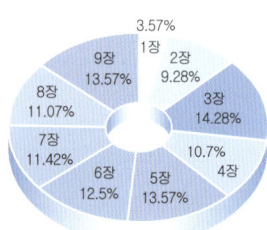

수리학 및 수문학

과목	단원명	출제문항수	세부항목
철근콘크리트 및 강구조	1. 기본개념	1	성립이유, 콘크리트강도, 철근종류
	2. 설계방법	1	설계법 비교, 기본가정
	3. 강도설계법	4~5	단철근직사각형보, 복철근직사각형보, T형보, 처짐균열
	4. 전단설계법	3	전단철근종류, 철근량, 간격, 전단마찰
	5. 정착과 이음	1~2	철근상세, 부착, 정착, 이음
	6. 기둥	1~2	구조세목, 단주해석, 장주해석
	7. 슬래브	1	종류, 설계, 구조상세, 2방향슬래브
	8. 옹벽 확대기초	1	안정조건, 옹벽설계, 기초소요면적
	9. PSC	3	정의 특징, 재료, 분류, 기본개념, 손실
	10. 강구조 교량	3~4	리벳이음, 고장력볼트, 용접이음, 교량
계		20	
토질 및 기초	1. 흙의 기본적성질	2~3	상관관계, 단위무게, 연경지수, 통일분류법
	2. 흙의 투수성과 침투	2	다르시법칙, 투수계수, 유선망특성
	3. 유효응력	2~3	모관영역의 유효응력, 침투수압, 분사현상
	4. 흙의 압축성	1~2	압밀도, 선행압밀하중, 압밀시간계산, 침하량계산
	5. 흙의 전단강도	3~4	전단강도계산, 배수방법에따른 삼축압축, 전단특성, 간극수압계수
	6. 토압	1	랜킨의 토압이론, 정지토압계수, 토압계산
	7. 사면의 안정	1	유한사면의 안정, 무한사면의 안정
	8. 흙의 다짐	2	다짐곡선의 성질, 다짐특성, 현장다짐
	9. 기초	2~3	얕은기초지지력계산, 말뚝의 지지력, 부마찰력, 군말뚝, 공기케이슨
	10. 연약지반개량공법	2	개량공법의 종류, 샌드드레인, 페이퍼드레인, 컴포저 공법, 바이브로플로테이션, 사운딩
계		20	
상하수도공학	1. 상수도시설계획	2~3	상수도 구성, 급수인구 급수량산정
	2. 수질관리	1~2	먹는 물 수질기준, 자정작용, 부영양화
	3. 수원과 취수	2	수원 및 취수지점 선정요건, 종류
	4. 상수관로시설	2~3	도수·송수·배수·급수계획, 관로설계공식
	5. 정수장시설	3	정수방법, 시설, 배출수처리시설
	6. 하수도시설계획	3~4	하수도구성 계통, 하수배제방식, 계획하수량산정
	7. 하수관로시설	2~3	하수관로계획, 하수도관, 우수조정지
	8. 하수처리장시설	3~4	하수처리방법, 처리시설, 오니처리시설
	9. 펌프장시설	2	계획, 종류, 관련식, 펌프특성곡선
계		20	

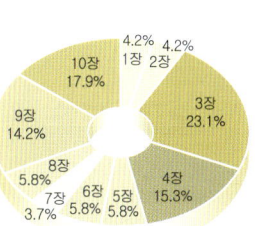

철근콘크리트 및 강구조

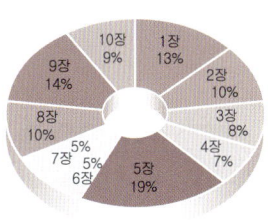

토질 및 기초

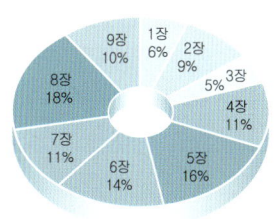

상하수도공학

200% 학습법 — 본 도서를 구매하신 분께 드리는 혜택

본 도서를 구매하신 후 홈페이지에 회원등록을 하시면 아래와 같은 학습 관리시스템을 이용하실 수 있습니다.

무료동영상 (3개월 제공)

토목기사·토목산업기사 합격은 출제경향 및 기출학습에서 갈린다

- 최근 3개년 기출문제 제공
- 2026년 대비 출제경향분석

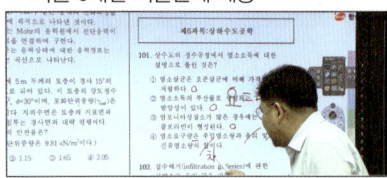

전국 모의고사

토목기사·토목산업기사 시험일 2주전 실시 (세부일정은 인터넷 전용 홈페이지 참조)

- 전국 실전모의고사
- 토목기사 실기 동영상강좌 할인쿠폰
  모의고사 결과 상위 10% 이내 회원은 토목기사 실기 동영상 강좌 30,000원 할인쿠폰

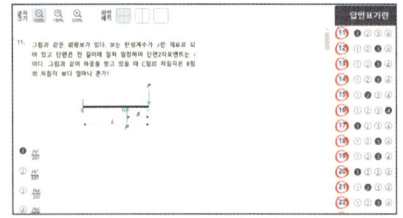

CBT 모의고사

토목기사·토목산업기사 CBT모의고사

- 토목기사 6회
  CBT대비 기사 6회 실전테스트
  • CBT 토목기사 6회분
    – 2023년, 2024년, 2025년 과년도

- 토목산업기사 6회
  CBT대비 산업기사 6회 실전테스트
  • CBT 토목산업기사 6회분
    – 2023년, 2024년, 2025년 과년도

[등록절차] 도서구매 후 뒷표지 회원등록 인증번호를 확인하세요.

포켓북 제공 — 일주일 완성! 핵심정리 120제

상하수도공학

THE PASS
2026
1주일 완성/ 핵심문제풀이
상하수도공학
핵심정리 120제

THE PASS

2026
토목기사·산업기사 시리즈

응용역학

기출문제 무료동영상
핵심정리 120제
CBT 모의고사

1

한솔아카데미

머리말

응용역학은 물리학에 기본을 둔 학문으로 단순 암기보다는 기초부터 개념을 이해하는 방향으로 학습을 하여야 합니다.

우리가 바둑을 처음 배울 때는 방안 천장이 모두 바둑판으로 보이고, 당구를 처음 배우게 되면 앞사람 뒷통수가 온통 당구공으로 보이듯이 역학을 공부하면서도 모든 사물을 힘의 관점에서 바라보면 이해가 훨씬 빨라집니다.

동네 놀이터의 시이소를 보고 회전하는 힘과 균형을 생각하고, 농촌 들녘의 한 마리 소가 밭이랑을 가는 모습에서 이동하는 힘을 생각하며, 회식자리에서 소주병을 따기 위해 오프너를 이용할 때의 편리함과 이빨을 이용할 때의 고통을 느끼면서도 힘과 모멘트를 연상하는 습관이 역학을 이해하는 첩경인 것입니다.

> **이 책의 특징을 요약하면 다음과 같다.**
> **첫째** : 이 교재는 역학문제를 풀 때 단순히 공식을 통해 산수를 푸는 방식에서 탈피하여 구조물에 힘과 모멘트가 작용할 때 구조물에 미치는 역학적 거동을 이해하는데 주력하였습니다.
> **둘째** : 각 구조물별 핵심 이론 내용을 예제와 더불어 소개하고 이와 관련된 대표적인 문제를 핵심문제로 실어 내용 이해를 단순화하였습니다.
> **셋째** : 각 단원별 출제예상문제를 두어 문제의 응용력을 키우고 다양한 문제를 접해봄으로써 실제시험에서 적응력을 키우도록 구성하였습니다.

끝으로 이 책이 나오기까지 수고해주신 한솔아카데미의 출판관계자 여러분께 감사를 드립니다. 마지막 표지 디자인까지 힘을 실어주신 한병천 사장님, 한 페이지 마다 혼을 담아주신 출판부의 이종권 전무님, 안주현 부장님께도 감사의 마음을 전합니다.

또한, 항상 곁에서 묵묵히 응원해준 사랑하는 아내 황수정, 아이들 시현, 시은에게도 고마움을 전합니다.

많은 분들의 정성과 땀으로 열매를 맺게 된 이 책은 해마다 수험생들과 함께하길 감히 기원하며, 수시로 내용을 보완하고 다듬어서 모든 수험생 여러분께 가장 사랑받는 교재가 될 수 있도록 최선의 노력을 다하겠습니다.

저자 드림

"한솔아카데미" 교재는 앞서갑니다.

교재구성 특징

각 항목별 단원에 학습방향을 두어 흐름을 파악할 수 있습니다.
본문에 들어가기전 핵심을 체크하면서 쉽고 간단하게 학습에 몰입할 수 있도록 해드립니다.

각 핵심문제를 통해서 시험의 유형을 파악할 수 있습니다.
본문내용의 흐름에 맞추어 핵심문제를 구성하여 핵심문제를 완벽하게 풀 수 있도록 해설을 명쾌하게 구성하였습니다.

각 문제마다 출제비중을 알게 하였습니다
[09,21,22㉮] 출제횟수를 한눈에 파악할 수 있게 하여 출제경향을 파악할 수 있게 하였습니다.

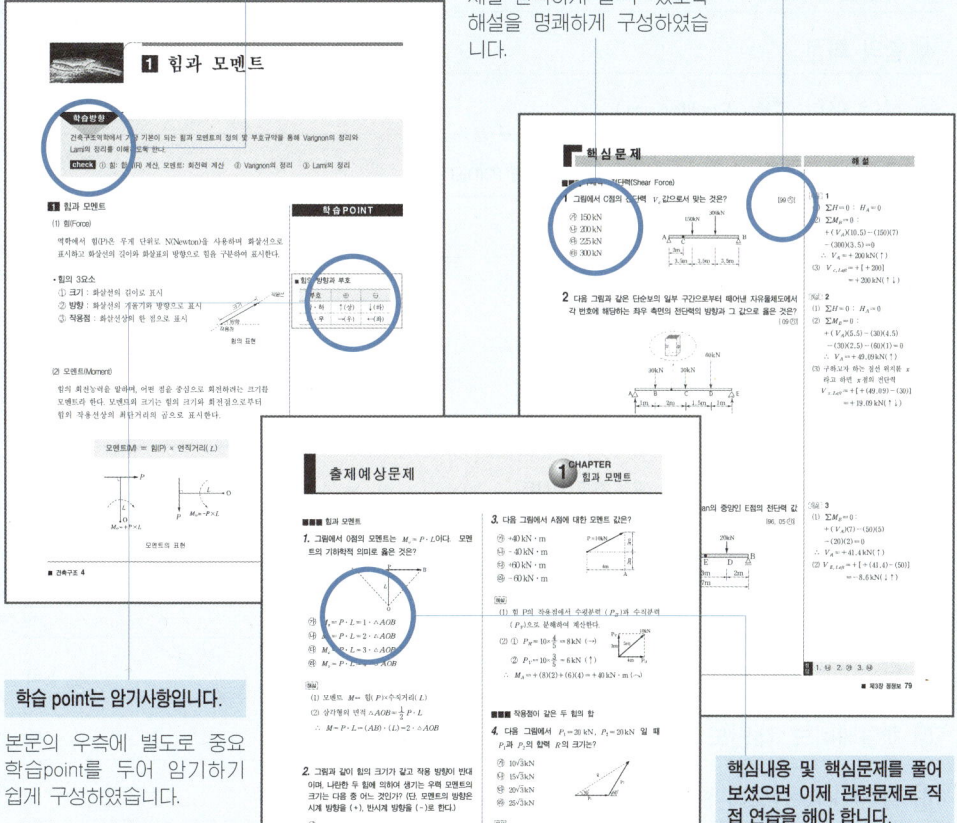

학습 point는 암기사항입니다.
본문의 우측에 별도로 중요 학습point를 두어 암기하기 쉽게 구성하였습니다.

핵심내용 및 핵심문제를 풀어 보셨으면 이제 관련문제로 직접 연습을 해야 합니다.
출제예상문제는 기출문제 및 예상문제를 두어 자가진단테스트를 해볼수 있게 구성하였습니다.

목 차

제1장 힘의 평형　　　　　　　　　　　　　　　　　　　　　　　2

1. SI 단위, 그리스 문자　　　　　　　　　　　　　　　　　　　2
2. 힘의 합성　　　　　　　　　　　　　　　　　　　　　　　　5
3. 작용점이 같은 여러 힘의 합력과 수평면과의 방향 구하기　　　　6
4. 힘의 회전　　　　　　　　　　　　　　　　　　　　　　　　8
5. 힘의 평형(平衡, Equilibrium)　　　　　　　　　　　　　　　11
6. 부정정차수(N, Degree of Static Indeterminancy)　　　　　18
■ 핵심문제　　　　　　　　　　　　　　　　　　　　　　　23

제2장 지점반력(Reaction)　　　　　　　　　　　　　　　　　38

1. 주요 하중(Load)의 종류 및 표기방법　　　　　　　　　　　38
2. 중첩의 원리(Principal of Superposition)　　　　　　　　　39
3. 지점반력(Reaction) 계산 시 부호의 약속　　　　　　　　　40
4. 단순보(Simple Beam)의 반력 계산　　　　　　　　　　　　41
5. 캔틸레버보, 내민보의 반력 계산　　　　　　　　　　　　　43
6. 겔버(Gerber)보의 반력 계산　　　　　　　　　　　　　　　44
7. 3-Hinge 라멘, 아치의 반력 계산　　　　　　　　　　　　　45
■ 핵심문제　　　　　　　　　　　　　　　　　　　　　　　46

제3장 전단력, 휨모멘트　　　　　　　　　　　　　　58

1	부재력(＝단면력, 내력): 부호 규약	58
2	축방향력(Axial Force)	58
3	전단력(Shear Force, V)	59
4	휨모멘트(Bending Moment, M)	62
5	하중 - 전단력 - 휨모멘트 관계	65
6	주요 하중에 따른 전단력도(SFD)와 휨모멘트도(BMD)	68
7	대표적인 라멘(Rahmen)에 대한 부재력도	76
8	대표적인 아치(Arch)에 대한 부재력도	78
9	절대최대휨모멘트($M_{max,\,abs}$)	79
■	핵심문제	80

제4장 트러스(Truss) 구조해석　　　　　　　　　　　114

1	기본적인 트러스의 종류	114
2	트러스(Truss) 해석의 부호규약 및 기본가정	115
3	절점법(Method of Joint, 격점법)	116
4	절단법(Method of Sections)	120
■	핵심문제	123

제5장 단면의 특성 — 134

1. 부재력과 단면의 특성 — 134
2. 단면1차모멘트(G, Geometrical Moment of Area) — 134
3. 단면2차모멘트(I, Moment of Inertia) — 138
4. 단면2차극모멘트(I_P) — 143
5. 단면2차상승모멘트(I_{xy}) — 145
6. 단면계수, 단면2차반경 — 147
- ■ 핵심문제 — 150

제6장 응력(Stress), 변형률(Strain) — 166

1. 응력(Stress, 응력도) — 166
2. 변형률(Strain, 변형도) — 183
3. 후크의 법칙(R.Hooke's Law) — 185
4. 경사면 응력(Inclined Section Stress) — 192
5. 합성응력(Composite Stress) — 199
- ■ 핵심문제 — 201

제7장 보의 휨변형 — 236

1. 휨변형 : 처짐각(Deflection Angle, Slope), 처짐(Deflection) — 236
2. 처짐곡선 미분방정식법 — 238
3. 공액보법(Conjugate Beam Method) — 246
- ■ 핵심문제 — 258

제8장 에너지 이론과 가상일법   282

1. 탄성변형에너지(Elastic Strain Energy)   282
2. 카스틸리아노의 정리(Catigliano's Theorem)   289
3. 가상일법(Virtual Work Method)   291
4. 상반작용(相反作用)의 원리(Reciprocal Theorem)   299
- 핵심문제   302

제9장 기둥(Column)   318

1. 단주(Stub Column)   318
2. 장주(Slender Column)   324
- 핵심문제   328

제10장 부정정 구조: 변형일치법   344

1. 부정정 구조(Statically Indeterminate Structures)   344
2. 변형일치법(Method of Consistent Deformation)   346
- 핵심문제   352

제11장 부정정구조: 3연모멘트법   366

1. 3연 모멘트법(Clapeyron's Theorem of Three Moment)   366
- 핵심문제   372

제12장 부정정구조: 처짐각법, 모멘트분배법   378

1. 처짐각법(Slope-Deflection Method)   378
2. 모멘트분배법(Moment Distributed Method)   384
- 핵심문제   388

부록 : 과년도 출제문제

■ 토목기사

1. 2021 토목기사 과년도 출제문제   3
2. 2022 토목기사 과년도 출제문제   22
3. 2023 토목기사 과년도 출제문제   43
4. 2024 토목기사 과년도 출제문제   63
5. 2025 토목기사 과년도 출제문제   84

■ 토목산업기사

1. 2023 토목산업기사 과년도 출제문제   105
2. 2024 토목산업기사 과년도 출제문제   117
3. 2025 토목산업기사 과년도 출제문제   129

CBT 대비 토목기사, 토목산업기사 실전테스트는 홈페이지 (www.inup.co.kr)에서 CBT 모의 TEST로 함께 체험하실 수 있습니다.

■ CBT대비 기사 6회 실전테스트
- CBT 토목기사 제1회 (2025년 제1회 과년도)
- CBT 토목기사 제2회 (2025년 제3회 과년도)
- CBT 토목기사 제3회 (2024년 제1회 과년도)
- CBT 토목기사 제4회 (2024년 제3회 과년도)
- CBT 토목기사 제5회 (2023년 제1회 과년도)
- CBT 토목기사 제6회 (2023년 제3회 과년도)

■ CBT대비 산업기사 6회 실전테스트
- CBT 토목산업기사 제1회 (2025년 제1회 과년도)
- CBT 토목산업기사 제2회 (2025년 제3회 과년도)
- CBT 토목산업기사 제3회 (2024년 제1회 과년도)
- CBT 토목산업기사 제4회 (2024년 제3회 과년도)
- CBT 토목산업기사 제5회 (2023년 제1회 과년도)
- CBT 토목산업기사 제6회 (2023년 제4회 과년도)

제1과목

응용역학
(과년도 기출문제 분석수록)

- 힘의 평형 01
- 지점반력(Reaction) 02
- 전단력, 휨모멘트 03
- 트러스(Truss) 구조해석 04
- 단면의 특성 05
- 응력(Stress), 변형률(Strain) 06
- 보의 휨변형 07
- 에너지 이론과 가상일법 08
- 기둥(Column) 09
- 부정정 구조: 변형일치법 10
- 부정정구조: 3연모멘트법 11
- 부정정구조: 처짐각법, 모멘트분배법 12

출제기준

■ 토목기사 필기 (적용기간 : 2026. 1. 1 ~ 2027. 12. 31)

자격종목	주요항목	세부항목	세세항목
응용역학	역학적인 개념 및 건설구조물의 해석	1. 힘과 모멘트	1. 힘 2. 모멘트
		2. 단면의 성질	1. 단면 1차 모멘트와 도심 2. 단면 2차 모멘트 3. 단면 상승 모멘트 4. 회전반경 5. 단면계수
		3. 재료의 역학적 성질	1. 응력과 변형률 2. 탄성계수
		4. 정정보	1. 보의 반력 2. 보의 전단력 3. 보의 휨모멘트 4. 보의 영향선 5. 정정보의 종류
		5. 보의 응력	1. 휨응력 2. 전단응력
		6. 보의 처짐	1. 보의 처짐 2. 보의 처짐각 3. 기타 처짐 해법
		7. 기둥	1. 단주 2. 장주
		8. 정정트러스(Truss), 라멘(Rahmen), 아치(Arch) 케이블(Cable)	1. 트러스 2. 라멘 3. 아치 4. 케이블
		9. 구조물의 탄성변형	1. 탄성변형
		10. 부정정 구조물	1. 부정정구조물의 개요 2. 부정정구조물의 판별 3. 부정정구조물의 해법

■ 토목산업기사 필기 (적용기간 : 2026. 1. 1 ~ 2027. 12. 31)

자격종목	주요항목	세부항목	세세항목
구조설계 (전) 응용역학	역학적인 개념 및 건설구조물의 해석	1. 힘과 모멘트	1. 힘 2. 모멘트
		2. 단면의 성질	1. 단면 1차 모멘트와 도심 2. 단면 2차 모멘트 3. 단면 상승 모멘트 4. 회전반경 5. 단면계수
		3. 재료의 역학적 성질	1. 응력과 변형률 2. 탄성계수
		4. 정정구조물	1. 반력 2. 전단력 3. 휨모멘트
		5. 보의 응력	1. 휨응력 2. 전단응력
		6. 보의 처짐	1. 보의 처짐 2. 보의 처짐각 3. 기타 처짐 해법
		7. 기둥	1. 단주 2. 장주

제 1 장 힘의 평형

COTENTS

1. SI 단위, 그리스 문자 ·· 2
2. 힘의 합성 ·· 5
3. 작용점이 같은 여러 힘의 합력과 수평면과의 방향 구하기 ··· 6
4. 힘의 회전 ·· 8
5. 힘의 평형(平衡, Equilibrium) ································ 11
6. 부정정차수(N, Degree of Static Indeterminancy) ······ 18
   - 핵심문제 ·· 23

1 힘의 평형

CHECK

작용점이 같은 두 힘의 합력(R)과 방향(θ), 모멘트(M), 바리뇽(Varignon)의 정리, 평형3조건식($\Sigma H=0$, $\Sigma V=0$, $\Sigma M=0$), 라미(Lami)의 정리, 부정정차수(N)

1 SI 단위, 그리스 문자

(1) SI 단위

1960년 11차 국제도량형총회(General Conference on Weights and Measures)에서 규정되고 공인된 MKS 절대단위계로서 기본단위를 길이(미터, m), 시간(초, s), 질량(킬로그램, kg)으로 하며 힘은 $F = m \cdot a$로부터 유도된 단위로서 $1\text{N} = (1\text{kg})(1\text{m/s}^2) = 1\text{kg} \cdot \text{m/s}^2$을 표준단위로 하고 있다.

【SI 접두사(SI Prefix)】

Prefix	Symbol	Multiplication factor		
tera	T	10^{12}	=	1 000 000 000 000
giga	G	10^{9}	=	1 000 000 000
mega	M	10^{6}	=	1 000 000
kilo	k	10^{3}	=	1 000
hecto	h	10^{2}	=	100
deka	da	10^{1}	=	10
deci	d	10^{-1}	=	0.1
centi	c	10^{-2}	=	0.01
milli	m	10^{-3}	=	0.001
micro	μ	10^{-6}	=	0.000 001
nano	n	10^{-9}	=	0.000 000 001
pico	p	10^{-12}	=	0.000 000 000 001

학습POINT

■ 주요 Symbol

Prefix		Symbol
kilo	10^{3}	k
mega	10^{6}	M
giga	10^{9}	G

주요 단위체계	
힘(N)	$1[\mathrm{kgf}] = 9.80665[\mathrm{N}] \cong 10[\mathrm{N}]$
거리(mm)	$1[\mathrm{m}] = 100[\mathrm{cm}] = 1{,}000[\mathrm{mm}]$
응력(N/mm², MPa)	$1[\mathrm{Pa}] = 1[\mathrm{N/m^2}]$ $1[\mathrm{kPa}] = 1[\mathrm{kN/m^2}]$ $1[\mathrm{MPa}] = 1[\mathrm{N/mm^2}]$

■ Newton, Pascal

Isaac Newton(1643~1727)

Blaise Pascal(1623~1662)

(2) 그리스 문자

대문자	소문자	이름	발음	대문자	소문자	이름	발음
A	α	alpha	알파	N	ν	nu	뉴
B	β	beta	베타	Ξ	ξ	xi	크시
Γ	γ	gamma	감마	O	o	omicron	오미크론
Δ	δ	delta	델타	Π	π	pi	파이
E	ε	epsilon	엡실론	P	ρ	rho	로
Z	ζ	zeta	지타	Σ	σ	sigma	시그마
H	η	eta	이타	T	τ	tau	타우
Θ	θ	theta	시타	Y	υ	upsilon	웁실론
I	ι	iota	요타	Φ	φ	phi	파이
K	k	kappa	카파	X	χ	chi	카이
Λ	λ	lambda	람다	Ψ	ψ	psi	프시
M	μ	mu	뮤	Ω	ω	omega	오메가

■ 역학 분야에서 그리스 문자의 의의
역학은 서양 근대 이성의 산물이다. 자연의 물리적인 현상을 수학식으로 표현할 때 영어의 대문자 및 소문자 알파벳만으로 한계가 있으므로 그리스 문자를 알파벳과 같이 채택하여 다양한 물리적 현상에 대한 내용을 표현하고 있다.

(3) 역학(力學)

역학은 구조부재와 힘의 관계, 구조물과 힘의 관계를 연구하는 학문이므로 우선적으로 힘이라는 본질을 구분할 필요가 있게 된다. 이동력(Force, F 또는 P)으로 정의할 수 있는 힘은 크기와 방향을 가지는 물리량이므로 벡터(Vector) 성분이다. 그러나, 힘은 작용위치까지도 표현이 되어야 정확한 물리량이 되므로 크기(Magnitude), 방향(Direction), 작용점(Point)을 힘의 3요소라고 정의하며, 힘의 작용선은 힘의 4요소에 속하며 모멘트 계산 시 중요한 수단을 제공한다.

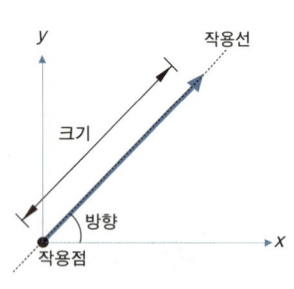

① 벡터(Vector) :
크기와 방향을 갖는 물리량으로
힘, (가)속도, 운동량 등이 있다.

② 스칼라(Scalar) :
크기만 나타내는 물리량으로
시간, 길이, 속력, 온도, 질량 등이 있다.

핵심예제 1

다음 중 힘의 3요소가 아닌 것은?
① 크기 　　　② 방향
③ 작용점 　　④ 모멘트

해설 ④ 힘의 3요소: 크기, 방향, 작용점

답 : ④

핵심예제 2

힘의 3요소에 대한 설명으로 옳은 것은?
① 벡터량으로 표시한다.
② 스칼라량으로 표시한다.
③ 벡터량과 스칼라량으로 표시한다.
④ 벡터량과 스칼라량으로 표시할 수 없다.

해설 ① 힘은 크기와 방향이 표현되어져야 하는 벡터(Vector)량이다.

답 : ①

2 힘의 합성

(1) 작용점이 같은 두 힘의 합력과 수평면과의 방향 구하기

한 점에 작용하는 두 힘의 합은 평행사변형의 원리를 이용하여 두 힘과 나란한 평행사변형의 대각선의 길이로 구할 수 있다.

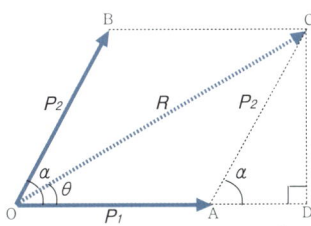

작용점이 같은 두 힘의 합력과 방향

직각삼각형 OCD에서

$$R^2 = (P_1 + P_2 \cdot \cos\alpha)^2 + (P_2 \cdot \sin\alpha)^2$$
$$= P_1^2 + 2P_1 \cdot P_2 \cdot \cos\alpha + P_2^2(\cos^2\alpha + \sin^2\alpha)$$
$$= P_1^2 + 2P_1 \cdot P_2 \cdot \cos\alpha + P_2^2$$

➡ $R = \sqrt{P_1^2 + P_2^2 + 2P_1 \cdot P_2 \cdot \cos\alpha}$

■ 합력(R, Resultant)

■ 합력이 수평면과 이루는 각도
$$\theta = \tan^{-1}\left(\frac{F_2 \cdot \sin\alpha}{F_1 + F_2 \cdot \cos\alpha}\right)$$

핵심예제 3

그림에서 두 힘($P_1 = 5\text{kN}$, $P_2 = 4\text{kN}$)에 대한 합력(R)의 크기와 합력의 방향(θ)값은?

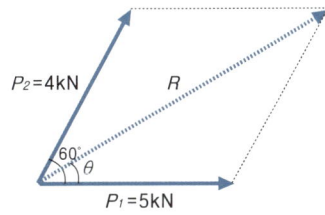

① $R = 7.81\text{kN}$, $\theta = 26.3°$ ② $R = 7.94\text{kN}$, $\theta = 26.3°$
③ $R = 7.81\text{kN}$, $\theta = 28.5°$ ④ $R = 7.94\text{kN}$, $\theta = 28.5°$

해설 (1) $R = \sqrt{P_1^2 + P_2^2 + 2P_1 \cdot P_2 \cdot \cos\alpha}$
$= \sqrt{(5)^2 + (4)^2 + 2(5)(4)\cos(60°)} = 7.81\text{kN}$

(2) $\theta = \tan^{-1}\left(\frac{P_2 \cdot \sin\alpha}{P_1 + P_2 \cdot \cos\alpha}\right) = \tan^{-1}\left(\frac{(4) \cdot \sin(60°)}{(5) + (4) \cdot \cos(60°)}\right) = 26.3295°$

답 : ①

핵심예제 4

그림과 같이 강선 A와 B가 서로 평형상태를 이루고 있다. 이때 각도 θ의 값은?

① 47.2°
② 32.6°
③ 28.4°
④ 17.8°

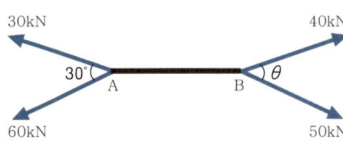

해설 (1) $R_A = \sqrt{(30)^2+(60)^2+2(30)(60)\cos(30°)} = 87.279 \text{kN}$

$R_B = \sqrt{(40)^2+(50)^2+2(40)(50)\cos\theta} = \sqrt{4,100+4,000\cos\theta}$

(2) $R_A = R_B$: $\sqrt{4,100+4,000\cos\theta} = 87.279 \text{kN}$ ∴ $\theta = 28.429°$

답 : ③

3 작용점이 같은 여러 힘의 합력과 수평면과의 방향 구하기

그림과 같이 원점을 작용점으로 하여 세 힘이 작용할 때의 합력을 생각해 보자. x축에 대하여 임의 각(θ_1, θ_2, θ_3)을 이루고 있는 힘들에 대하여 각각의 수직분력(V)과 수평분력(H)으로 분해하면 다음과 같다.

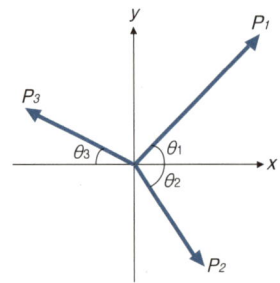

작용점이 같은 여러 힘의 합력과 방향

힘	수직분력(V)	수평분력(H)
P_1	$V_1 = P_1 \cdot \sin\theta_1$	$H_1 = P_1 \cdot \cos\theta_1$
P_2	$V_2 = P_2 \cdot \sin\theta_2$	$H_2 = P_2 \cdot \cos\theta_2$
P_3	$V_3 = P_3 \cdot \sin\theta_3$	$H_3 = P_3 \cdot \cos\theta_3$
합력	$\sum V = V_1 + V_2 + V_3$	$\sum H = H_1 + H_2 + H_3$

핵심예제 5

그림에 표시된 힘들의 x방향의 합력은 약 얼마인가?

① 5.5kN (←)
② 7.7kN (→)
③ 12.2kN (→)
④ 13.0kN (←)

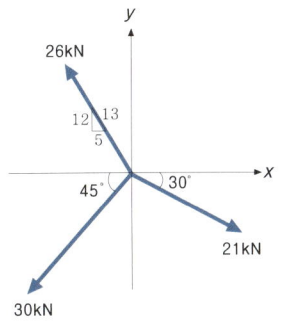

[해설] (1) x방향의 합력은 각각의 경사진 힘들의 cos 성분들의 합이다.

(2) $-\left(26 \times \dfrac{5}{13}\right) - (30 \cdot \cos 45) + (21 \cdot \cos 30) = -13.026 \text{kN}(\leftarrow)$

답 : ④

핵심예제 6

그림과 같이 한 점에 작용하는 세 힘의 합력의 크기는?

① 3.742kN
② 4.264kN
③ 5.137kN
④ 5.974kN

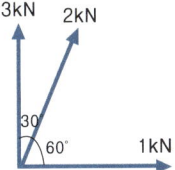

[해설] $R = \sqrt{(\sum H)^2 + (\sum V)^2}$
$= \sqrt{(1 + 2\cos 60°)^2 + (3 + 2\sin 60°)^2} = 5.137 \text{kN}$

답 : ③

4 힘의 회전

(1) 모멘트(M, Moment)
① 정의 : $M = \pm 힘(P) \times 수직거리(L)$
② 기하학적 의미 : 임의의 점 O에서 힘 P까지의 모멘트 M의 기하학적 크기는 힘 P를 밑변으로 하고, O를 꼭지점으로 하는 삼각형 넓이의 2배와 같다.

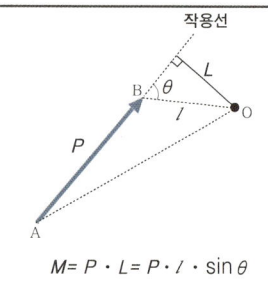

$M = \pm 힘(P) \times 수직거리(L)$

$M = P \cdot L = P \cdot l \cdot \sin\theta$
모멘트의 정의

- 거리(L)는 힘의 작용선상으로부터 임의의 점까지의 최단 직각거리를 의미한다.
- 부호 : 시계방향 ↷ (+)
  반시계방향 ↶ (-)

핵심예제 7

그림과 같은 4개의 힘이 작용할 때 G점에 대한 모멘트는?

① 3,825kN · m
② 2,025kN · m
③ 2,175kN · m
④ 1,650kN · m

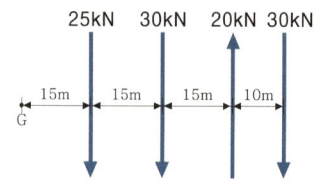

[해설] $M_G = +(25)(15) + (30)(30) - (20)(45) + (30)(55) = +2,025 \text{kN} \cdot \text{m}$ (↷)

답 : ②

핵심예제 8

6kN의 힘이 그림과 같이 A와 C의 모서리에 작용하고 있다. 이 두 힘에 의해서 발생하는 모멘트는?

① 1.639kN · m
② 1.697kN · m
③ 1.739kN · m
④ 1.797kN · m

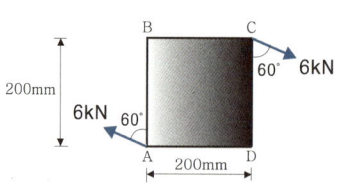

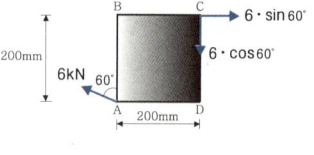

[해설] $M_A = +(6 \cdot \sin 60°)(0.2) + (6 \cdot \cos 60°)(0.2) = +1.639 \text{kN} \cdot \text{m}$ (↷)

답 : ①

(2) 우력(偶力, 짝힘, Couple Force)
① 정의 : 크기가 같고 방향이 반대인 한 쌍의 나란한 힘으로 우력이 작용하면 항상 모멘트가 발생한다.
② 특징 : 우력에 대한 모멘트는 작용점의 위치에 관계없이 항상 일정하다.

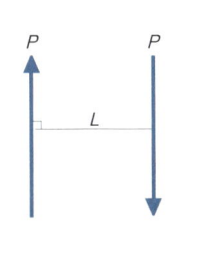

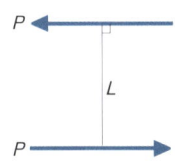

$M = +(P)(L) = +PL\ (\curvearrowright)$ $M = -(P)(L) = -PL\ (\curvearrowleft)$

핵심예제 9

그림에서 A, B, C 각 점에 대한 모멘트의 크기를 비교한 것 중 옳은 것은?

① $M_A > M_B > M_C$
② $M_A < M_B < M_C$
③ $M_A = M_B > M_C$
④ $M_A = M_B = M_C$

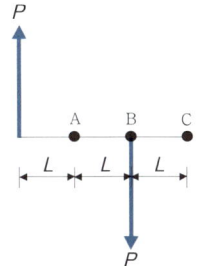

해설 (1) 우력(Couple Force) : 크기가 같고 방향이 반대인 한 쌍의 나란한 힘
(2) 우력에 대한 모멘트는 작용점의 위치에 관계없이 항상 일정하다.

① $M_A = +(P)(L) + (P)(L) = +2PL\ (\curvearrowright)$
② $M_B = +(P)(2L) + (P)(0) = +2PL\ (\curvearrowright)$
③ $M_C = +(P)(3L) - (P)(L) = +2PL\ (\curvearrowright)$

답 : ④

(3) 바리뇽의 정리(Varignon's Theorem)
① 정의 : 나란한 여러 힘이 작용할 때 임의의 한 점에 대한 모멘트의 합은 그 점에 대한 합력(R)의 모멘트와 같다.
즉, 분력의 모멘트합은 합력의 모멘트와 같다.

② 적용

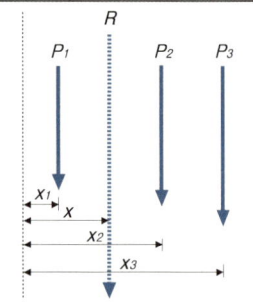

$$+R \cdot x = +F_1 \cdot x_1 + F_2 \cdot x_2 + F_3 \cdot x_3$$

■ Pierre Varignon(1654~1722)

핵심예제10

동일 평면상의 한 점에 여러 개의 힘이 작용하고 있을 때, 여러 개의 힘의 어떤 점에 대한 모멘트의 합은 그 합력의 동일점에 대한 모멘트와 같다는 것은 다음 중 어떤 정리인가?

① Mohr의 정리　　② Lami의 정리
③ Castigliano의 정리　　④ Varignon의 정리

해설 ④ 바리뇽의 정리(Varignon's Theorem)를 설명하고 있다.

답 : ④

핵심예제11

그림과 같이 세 개의 평행력이 작용할 때 합력 R의 위치 x는?

① 3.0m
② 3.5m
③ 4.0m
④ 4.5m

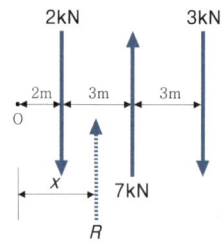

해설 (1) 합력: $R = -(2)+(7)-(3) = +2\text{kN}(\uparrow)$
(2) O점에서 모멘트를 계산한다.
$-(2)(x) = +(2)(2)-(7)(5)+(3)(8)$　　∴ $x = 3.5\text{m}$

답 : ②

5 힘의 평형(平衡, Equilibrium)

(1) 정의

구조물에 작용하는 하중에 의하여 구조물이 평형상태를 유지하기 위해서는 수직이동, 수평이동이 없어야 하고 회전하지도 않아야 한다.

■ 3차원 구조의 평형조건

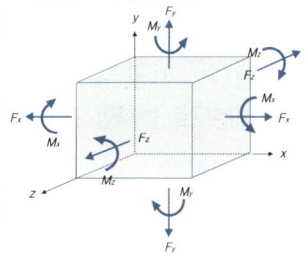

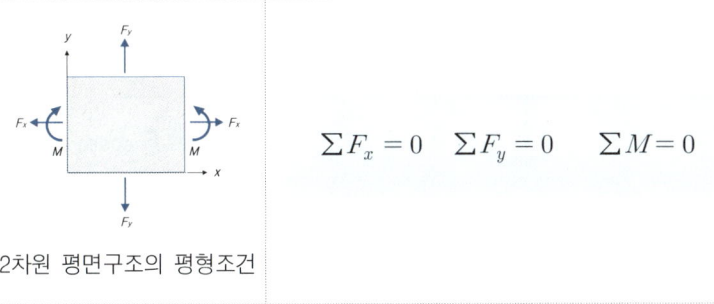

2차원 평면구조의 평형조건

$$\sum F_x = 0 \quad \sum F_y = 0 \quad \sum M = 0$$

3차원 구조에서 x, y, z 방향에 대한 힘을 F_x, F_y, F_z, 모멘트를 M_x, M_y, M_z 라고 한다면 3개의 독립축에 따른 힘과 모멘트에 관한 평형방정식 (Equations of Equilibrium)은

$$\sum F_x = 0, \sum F_y = 0, \sum F_z = 0,$$
$$\sum M_x = 0, \sum M_y = 0, \sum M_z = 0$$

으로 표현된다.

대부분의 하중을 지지하는 구조물이 하나의 평면 위에 있고 하중 역시 같은 평면 위에서 작용한다면 3차원구조의 평형조건은 다음과 같은 2차원 평면상의 문제로 단순화된다.

(2) 구조물의 평형 3조건식

수평평형	수직평형	회전평형
수평하중 → ┤수평반력	수직하중 ↓ / 수직반력 ↑	회전하중 / 회전반력
$\sum F_x = 0, \sum H = 0$	$\sum F_y = 0, \sum V = 0$	$\sum M = 0$

■ 수평과 수직의 부호

⊕	⊖
↑ (상)	↓ (하)
→ (우)	← (좌)

■ 회전의 부호

⊕	⊖
(시계방향)	(반시계방향)

핵심예제12

그림과 같은 삼각형 물체에 작용하는 힘 P_1, P_2를 AC면에 수직한 방향의 성분으로 변환할 경우 힘 P의 크기는?

① 1,000kN
② 1,200kN
③ 1,400kN
④ 1,600kN

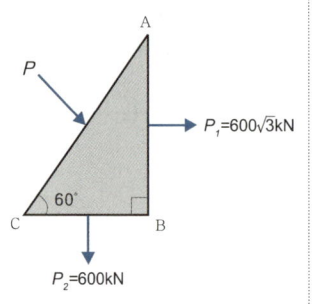

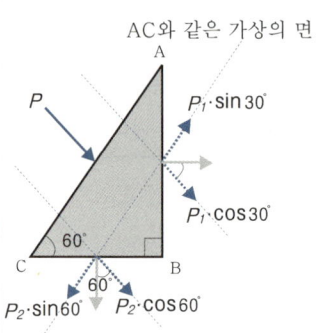
AC와 같은 가상의 면

[해설] 수평 평형조건 $\sum H = 0$
$P = P_1 \cdot \cos\theta_1 + P_2 \cdot \cos\theta_2 = (600\sqrt{3})\cos(30°) + (600)\cos(60°) = 1,200\text{kN}$

답 : ②

■ 수평평형조건 $\sum H = 0$

핵심예제13

블록 A를 뽑아내는데 필요한 힘 P는 최소 얼마 이상이어야 하는가? (단, 블록과 접촉면과의 마찰계수 $\mu = 0.3$)

① 0.6kN   ② 0.9kN
③ 1.5kN   ④ 1.8kN

[해설] (1) $\sum M_B = 0 : +(2)(15) - (V_A)(5) = 0$ $\therefore V_A = +6\text{kN}(\uparrow)$

(2) $P > V_A \cdot \mu = (6)(0.3) = 1.8\text{kN}$

답 : ④

■ (1) 마찰력은 수직력에 비례하므로 V_A를 구하기 위해 벽체 절점에서 모멘트평형조건을 적용한다.

(2) 수평력 P가 수직력 V_A와 마찰계수의 곱보다 커야 블록이 뽑힐 것이다.

핵심예제14

로프의 중앙에 물체 W가 매달려 있을 때 α, P, W의 관계는? (단, $0° < \alpha < 180°$)

① $P = \dfrac{W}{2\cos\dfrac{\alpha}{2}}$ ② $P = \dfrac{W}{2\cos\alpha}$

③ $P = \dfrac{W}{\cos\dfrac{\alpha}{2}}$ ④ $P = \dfrac{2W}{\cos\dfrac{\alpha}{2}}$

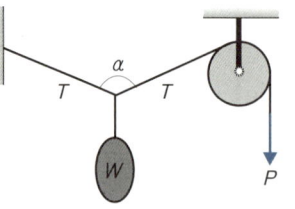

[해설] $-(W) + \left(P \cdot \cos\dfrac{\alpha}{2}\right) \times 2 = 0$ $\therefore P = \dfrac{W}{2\cos\dfrac{\alpha}{2}}$

답 : ①

■ 수직평형조건 $\sum V = 0$

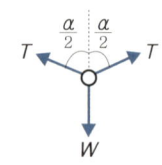

핵심예제15

총 길이가 1.25m인 체인을 그림에서와 같이 크기가 250×250mm인 목재를 감싸서 운반하고 있다. 목재의 무게가 2kN일 때 체인에 작용하는 인장력은 얼마인가?

① 1.50kN
② 1.134kN
③ 1.034kN
④ 1kN

■ 수직평형조건($\sum V = 0$)을 적용
(1) 목재의 무게 2kN이 결국 체인을 걸고 있는 갈고리에 전달될 것이다.
(2) 체인의 총길이가 1.25m이므로 대각선 방향의 체인의 길이는
$2x = 1{,}250 - (2 \times 250)$
으로부터 $x = 375$mm

[해설] $\cos\theta = \dfrac{\sqrt{(375)^2 - \left(\dfrac{250}{\sqrt{2}}\right)^2}}{(375)}$

$2T \cdot \cos\theta = 2$ 로부터

$T = 1.13389$kN

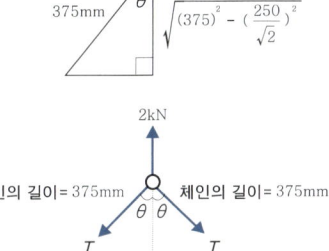

답 : ②

핵심예제16

그림과 같이 연결부에 두 힘 5kN과 2kN이 작용한다. 평형을 이루기 위해서는 두 힘 A와 B의 크기는 얼마가 되어야 하는가?

① $A = 5 + \sqrt{3},\ B = 1$
② $A = \sqrt{3},\ B = 6$
③ $A = 6,\ B = \sqrt{3}$
④ $A = 1,\ B = 5 + \sqrt{3}$

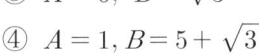

■ 3개의 부재가 만나는 중심점에서 절점평형조건 $\sum V = 0$, $\sum H = 0$을 적용한다.

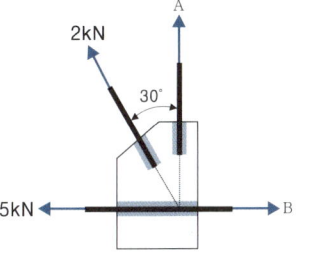

[해설] (1) $\sum V = 0 : +(2 \cdot \cos 30°) + (A) = 0$ ∴ $A = -\sqrt{3}$ kN (압축)
(2) $\sum H = 0 : -(5) - (2 \cdot \sin 30°) + (B) = 0$ ∴ $B = +6$ kN (인장)

답 : ②

핵심예제17

그림과 같이 밀도가 균일하고 무게 W인 구(球)가 마찰이 없는 두 벽면 사이에 놓여 있을 때 반력 R_A의 크기는?

① $0.500\,W$ ② $0.577\,W$
③ $0.707\,W$ ④ $0.866\,W$

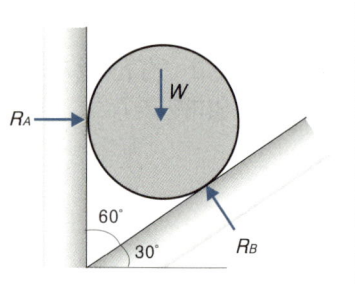

해설 (1) $\sum V = 0 : -(W) + (R_B \cdot \cos 30°) = 0$

$\therefore R_B = \dfrac{W}{\cos 30°}$

(2) $\sum H = 0 : +(R_A) - (R_B \cdot \sin 30°) = 0$

$\therefore R_A = \dfrac{W}{\cos 30°} \cdot \sin 30° = 0.577\,W$

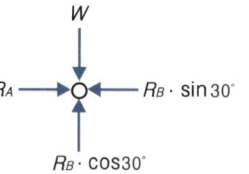

■ 구의 중심점에서 절점평형조건
$\sum V = 0$, $\sum H = 0$ 을 적용하여 R_B 와 R_A 를 계산한다.

답 : ②

핵심예제18

30° 경사진 언덕에서 40kN의 물체를 밀어 올리는데 얼마 이상의 힘이 필요한가? (단, 마찰계수 0.25)

① 25.7kN   ② 28.7kN
③ 30.2kN   ④ 40.0kN

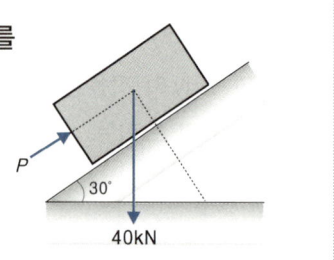

해설 (1) $P_H = 40 \cdot \sin 30° = 20\text{kN}$

$P_V = 40 \cdot \cos 30° = 34.6\text{kN}$

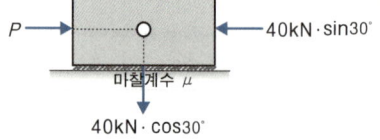

(2) $P > P_H + F = P_H + P_V \cdot \mu = (20) + (34.6)(0.25) = 28.65\text{kN}$

■ P는 40kN의 경사방향 분력과 마찰력(F)을 더한 값보다 커야 한다.

답 : ②

1m의 지름을 가진 차륜이 높이 0.2m의 장애물을 넘어가기 위해서 최소로 필요한 수평력은? (단, 차륜의 자중 $W=15\text{kN}$)

① 13.3kN 이상 ② 23.3kN 이상
③ 20kN 이상   ④ 10kN 이상

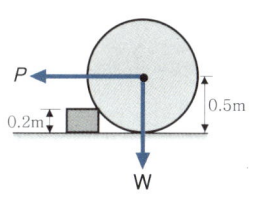

해설 (1) $x = \sqrt{0.5^2 - 0.3^2} = 0.4\text{m}$

(2) $(P)(0.3\text{m}) > (15\text{kN})(0.4\text{m})$

∴ $P > 20\text{kN}$

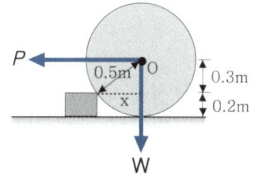

■ 장애물과 차륜이 만나는 점에서 회전 평형을 고려한다.

답 : ③

핵심예제20

그림과 같이 케이블(Cable)에 5kN의 추가 매달려 있다. 이 추의 중심선이 구멍의 중심축상에 있게 하려면 A점에 작용할 수평력 P의 크기는?

① $P=3\text{kN}$ ② $P=3.5\text{kN}$
③ $P=3.75\text{kN}$ ④ $P=4\text{kN}$

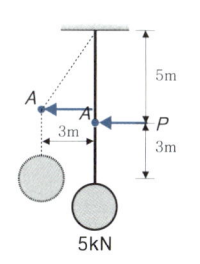

해설 $\sum M_O = 0$: $-(5)(3) + (P)(4) = 0$

∴ $P = 3.75\text{kN}$

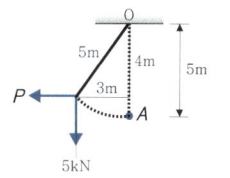

■ 추가 중심선에 위치할 때 평형이 된다.

답 : ③

(3) 작용점이 같은 세 힘의 평형: sin법칙, 라미의 정리(Lami's Theorem)

sin 법칙	라미의 정리(Lami's Theorem)
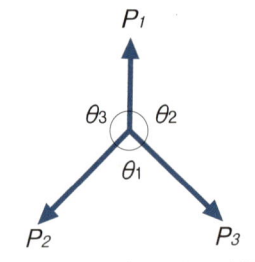	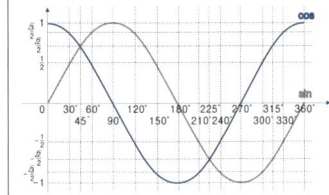
삼각형에서 한 변의 길이와 내각의 sin 값은 비례한다.	한 점에 미치는 두 힘의 크기가 같고 방향이 반대이면 세 힘은 항상 평형상태가 된다.
$\dfrac{a}{\sin\theta_1} = \dfrac{b}{\sin\theta_2} = \dfrac{c}{\sin\theta_3}$	$\dfrac{P_1}{\sin\theta_1} = \dfrac{P_2}{\sin\theta_2} = \dfrac{P_3}{\sin\theta_3}$

■ sin, cos 파형

■ 수학의 sin법칙을 공학분야에서 실용화시킨 것이 라미의 정리이다.

핵심예제21

그림의 AC, BC에 작용하는 힘 F_{AC}, F_{BC}의 크기는?

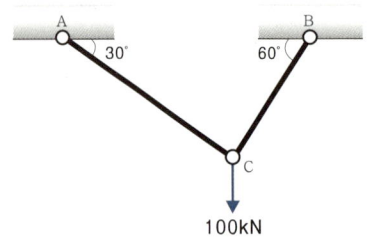

① $F_{AC} = 100\text{kN}$, $F_{BC} = 86.6\text{kN}$
② $F_{AC} = 86.6\text{kN}$, $F_{BC} = 50\text{kN}$
③ $F_{AC} = 50\text{kN}$, $F_{BC} = 86.6\text{kN}$
④ $F_{AC} = 50\text{kN}$, $F_{BC} = 173.2\text{kN}$

[해설] $\dfrac{100\text{kN}}{\sin 90°} = \dfrac{F_{AC}}{\sin 150°} = \dfrac{F_{BC}}{\sin 120°}$

∴ $F_{AC} = \dfrac{\sin 150°}{\sin 90°} \cdot 100\text{kN} = 50\text{kN}$

∴ $F_{BC} = \dfrac{\sin 120°}{\sin 90°} \cdot 100\text{kN} = 86.6\text{kN}$

답 : ③

■ C절점을 중심으로 세 힘의 평형을 고려한다.

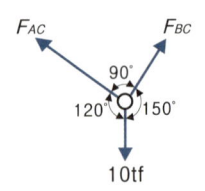

핵심예제22

그림과 같은 크레인(Crane)에 20kN의 하중을 작용시킬 경우, AB 및 로프 AC가 받는 힘은?

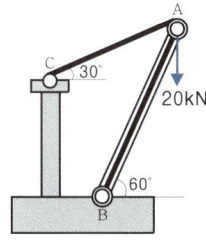

	AB	AC
①	17.32kN(인장),	10kN(압축)
②	34.64kN(압축),	20kN(인장)
③	38.64kN(압축),	20kN(인장)
④	17.32kN(인장),	20kN(압축)

해설
$$\frac{F_{AB}}{\sin 300°} = \frac{20}{\sin 30°} \quad \therefore F_{AB} = -34.64\text{kN}(압축)$$

$$\frac{F_{AC}}{\sin 30°} = \frac{20}{\sin 30°} \quad \therefore F_{AC} = +20\text{kN}(인장)$$

답 : ②

■ A절점을 중심으로 세 힘의 평형을 고려한다.

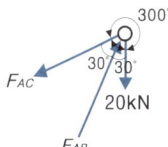

핵심예제23

부양력 2kN인 기구가 수평선과 60° 각도로 정지상태에 있을 때 기구의 끈에 작용하는 인장력(T)과 풍압(W)을 구하면?

① $T = 2.209$kN $W = 1.054$kN
② $T = 2.309$kN $W = 1.154$kN
③ $T = 2.209$kN $W = 1.254$kN
④ $T = 2.309$kN $W = 1.354$kN

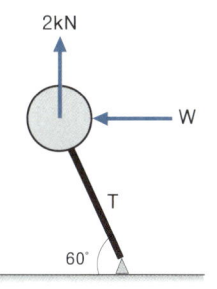

해설
$$\frac{T}{\sin 90°} = \frac{2\text{kN}}{\sin 60°} \quad \therefore T = 2.309\text{kN}(인장)$$

$$\frac{W}{\sin 210°} = \frac{2\text{kN}}{\sin 60°} \quad \therefore W = -1.154\text{kN}(압축)$$

답 : ②

■ 기구를 하나의 절점으로 간주한다.

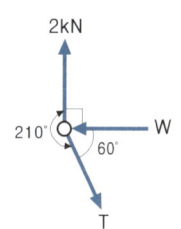

6 부정정차수(N, Degree of Static Indeterminancy)

(1) 이상화된 지지 모델

구조물(Structure)은 외적인 하중을 지지 또는 저항하기 위해 사용되는 많은 부재 요소들의 집합체라고 정의할 수 있다. 다음의 세 가지 이상화된 지지모델들은 이동지점 및 회전지점에서는 작은 양 만큼의 수평 및 수직이동이 존재할 것이고, 고정지점에서는 작은 양 만큼의 회전이 존재할 것이며, 어떤 지점이든 전적으로 마찰(Friction)에 대해 자유로울 수 없을 것이지만 이러한 편차들은 구조물의 실제 거동에는 아주 작은 영향을 미칠 것이므로 안전하게 무시될 수 있게 된다.

①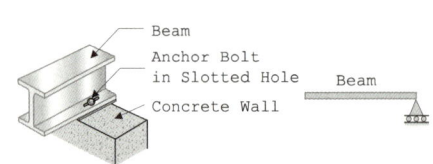

외적인 하중을 지지 또는 저항하기 위해 수직방향의 이동은 할 수 없지만 수평방향의 이동을 할 수 있도록 지지점을 이동지점(Roller Support, 이동단)이라고 한다. 그러므로 이동지점은 수직반력은 저항할 수 있지만 수평반력이나 회전반력은 발생할 수 없게 된다.

■ 이동지점(Roller Support, 이동단)

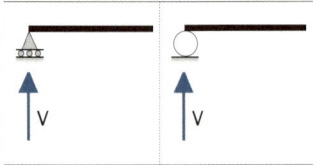

②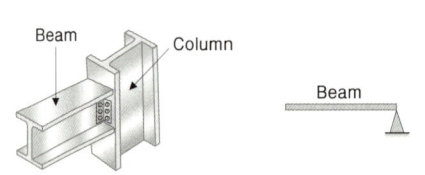

회전지점(Hinged Support, Pin Support, 회전단)은 수직방향의 이동 및 수평방향의 이동을 모두 할 수 없지만 회전이 가능한 지점을 말한다. 그러므로 회전지점은 수직반력이나 수평반력은 저항할 수 있지만 회전반력은 발생할 수 없게 된다.

■ 회전지점(Hinged Support, Pin Support, 회전단)

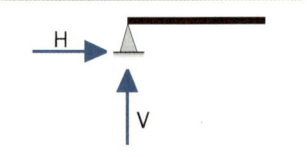

③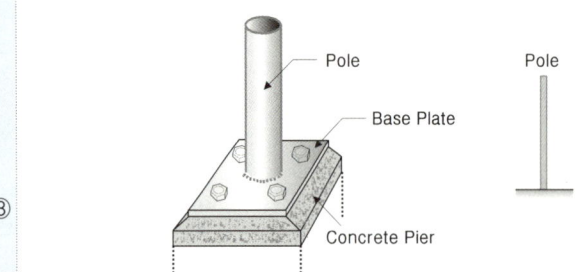

고정지점(Fixed Support, 고정단)은 수직방향의 이동 및 수평방향의 이동뿐만 아니라 회전도 불가능하게 구속한 지지단으로 수직반력, 수평반력, 회전반력이 모두 발생할 수 있게 된다.

■ 고정지점(Fixed Support, 고정단)

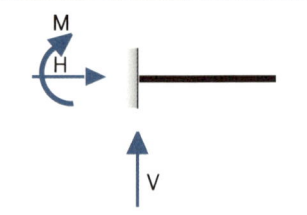

(2) 절점(Joint) : 부재와 부재의 연결상태

①	회전절점(Hinge 또는 Pin, 활절점)	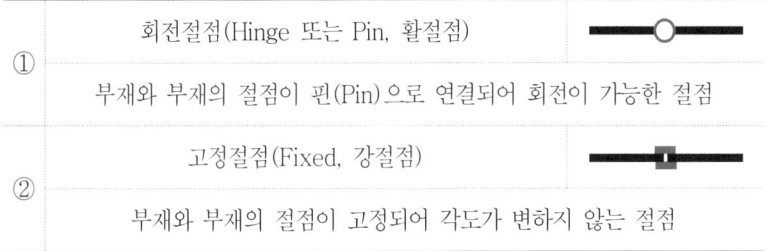
	부재와 부재의 절점이 핀(Pin)으로 연결되어 회전이 가능한 절점	
②	고정절점(Fixed, 강절점)	
	부재와 부재의 절점이 고정되어 각도가 변하지 않는 절점	

(3) m : 부재(member)수, f : 강(fixed)절점수, j : 절점(joint)수

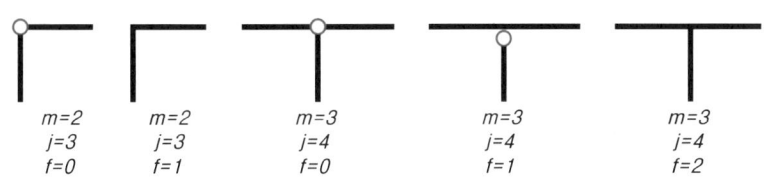

$m=2$ $j=3$ $f=0$ $m=2$ $j=3$ $f=1$ $m=3$ $j=4$ $f=0$ $m=3$ $j=4$ $f=1$ $m=3$ $j=4$ $f=2$

○ 활절점, 힌지(Hinge), 핀(Pin)

(4) 구조물의 판별식

전체 부정정차수	외적차수	내적차수
$N = r + m + f - 2j$	$N_e = r - 3$	$N_i = N - N_e$

외력에 의해 구조물이 어떤 상태인지를 판별하는 것을 부정정차수(N)를 계산한다고 한다. 부정정차수를 계산한 결과를 통해 다음의 세 가지 상태로 분류된다.

$N < 0$ ➡ 불안정 구조물	$N = 0$ ➡ 정정 구조물	$N > 0$ ➡ 부정정 구조물

구조물에 외력이 작용했을 때 평형을 이루는 상태를 안정(Stability)이라고 하며, 안정한 구조물 중 힘의 평형조건식($\sum H = 0$, $\sum V = 0$, $\sum M = 0$)만으로 반력과 부재력을 구할 수 있는 상태의 구조를 정정구조(Statically Determinate Structure)라고 정의한다. 평형조건식 외에 변형에 대한 적합조건식, 힘-변위관계식 등을 추가적으로 고려해야 하는 상태의 구조를 부정정구조(Statically Indeterminate Structure)라고 정의한다.

【예제1】 그림과 같은 보(Beam)의 부정정차수를 구해 보자.

$N = r + m + f - 2j$
$= (2+1) + (1) + (0) - 2(2) = 0$ ➡ 정정

■ 단순보(Simple Beam)

$N = r + m + f - 2j$
$= (3) + (1) + (0) - 2(2) = 0$ ➡ 정정

■ 캔틸레버보(Cantilever Beam)

$N = r + m + f - 2j$
$= (2+1) + (2) + (1) - 2(3) = 0$ ➡ 정정

■ 내민보(Overhanging Beam)

$N = r + m + f - 2j$
$= (3+1) + (2) + (0) - 2(3) = 0$ ➡ 정정

■ 겔버보(Gerber's Beam)

$N = r + m + f - 2j$
$= (2+1+1) + (3) + (1) - 2(4) = 0$ ➡ 정정

■ 겔버보(Gerber's Beam)

$N = r + m + f - 2j$
$= (2+1+1) + (2) + (1) - 2(3) = 1$차
➡ 부정정

■ 연속보(Continuous Beam)

【예제2】 그림과 같은 라멘(Rahmen) 구조의 부정정 차수를 구해보자.

■ 라멘(Rahmen)은 수평의 보(Beam) 부재와 수직의 기둥(Column) 부재가 각 절점에서 강접된 골조(Rigid Frame)를 의미한다.

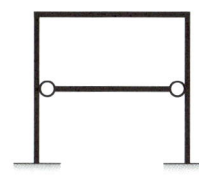

$N = r + m + f - 2j$
$\quad = (3+3) + (6) + (4) - 2(6) = 4차$ ➡ 부정정

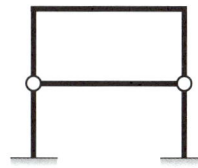

$N = r + m + f - 2j$
$\quad = (3+3) + (6) + (2) - 2(6) = 2차$ ➡ 부정정

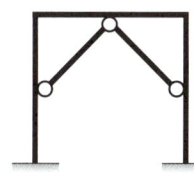

$N = r + m + f - 2j$
$\quad = (3+3) + (8) + (5) - 2(7) = 5차$ ➡ 부정정

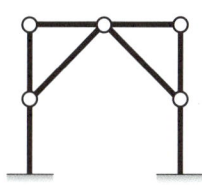

$N = r + m + f - 2j$
$\quad = (3+3) + (8) + (0) - 2(7) = 0$ ➡ 정정

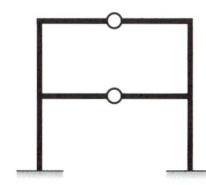

$N = r + m + f - 2j$
$\quad = (3+3) + (8) + (6) - 2(8) = 4차$ ➡ 부정정

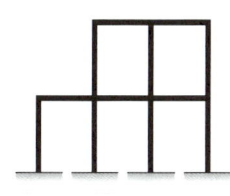

$N = r + m + f - 2j$
$\quad = (3+3+3+3) + (12) + (13) - 2(11) = 15차$
➡ 부정정

(6) 트러스(Truss) 구조물의 판별

트러스 구조는 부재가 삼각형 단위로 구성된 구조형식으로 절점(Joint)은 기본적으로 힌지(Hinge)로 가정되는 구조형식이므로 강절점수 $f=0$ 이고, 부재내력 중 전단력과 휨모멘트가 발생하지 않고 축방향력만 발생하는 구조형식이다.

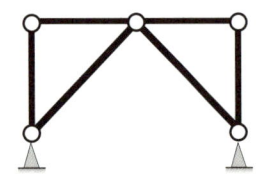

$$N = r + m + f - 2j$$
$$= (2+2) + (6) + (0) - 2(5) = 0$$
➡ 정정

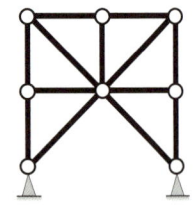

$$N = r + m + f - 2j$$
$$= (2+2) + (13) + (0) - 2(8) = 1차$$
➡ 부정정

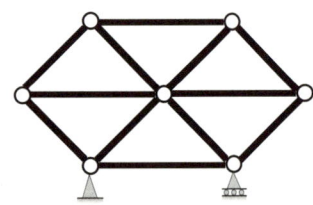

$$N = r + m + f - 2j$$
$$= (2+1) + (12) + (0) - 2(7) = 1차$$
➡ 부정정

(7) 형태불안정 구조

지점의 수평 이동	과도한 절점 변형	
보	라멘	트러스

■ 형태불안정 구조

➡ 부정정차수를 계산하면 0이 나오지만 구조물의 지점 이동 및 과도한 절점 변형을 수반하는 대표적인 형태불안정 구조들이다.

핵심문제

CHAPTER 1 힘의 평형

1. 그림에 표시된 힘들의 x방향의 합력은?

① 5.5kN(←)
② 7.7kN(→)
③ 12.2kN(→)
④ 13.0kN(←)

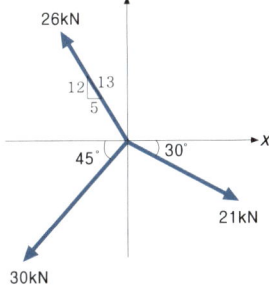

해설

x방향의 합력은 각각의 경사 힘의 cos 성분들의 합이다.

$$-\left(26 \times \frac{5}{13}\right) - (30 \cdot \cos 45) + (21 \cdot \cos 30) = -13.026\,\text{kN}(\leftarrow)$$

2. 한 점에서 작용하는 두 힘 $F_1 = 10\text{kN}$, $F_2 = 12\text{kN}$가 45°의 각을 이루고 있을 때 그 합력은?

① 30.0kN
② 32.4kN
③ 24.2kN
④ 20.3kN

해설

$$R = \sqrt{P_1^2 + P_2^2 + 2P_1 \cdot P_2 \cdot \cos\alpha}$$
$$= \sqrt{(10)^2 + (12)^2 + 2(10)(12)\cos(45°)} = 20.3\,\text{kN}$$

3. 두 힘 P_1, P_2의 합력 R을 구하면?

① 70kN
② 80kN
③ 90kN
④ 100kN

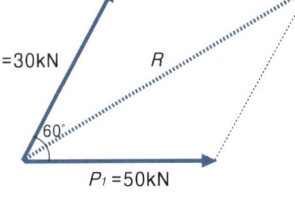

해설

$$R = \sqrt{P_1^2 + P_2^2 + 2P_1 \cdot P_2 \cdot \cos\alpha}$$
$$= \sqrt{(50)^2 + (30)^2 + 2(50)(30)\cos(60°)} = 70\,\text{kN}$$

4. 그림에서 $P_1 = 20\text{kN}$, $P_2 = 20\text{kN}$ 일 때 P_1과 P_2의 합력 R의 크기는?

① $10\sqrt{3}\,\text{kN}$
② $15\sqrt{3}\,\text{kN}$
③ $20\sqrt{3}\,\text{kN}$
④ $25\sqrt{3}\,\text{kN}$

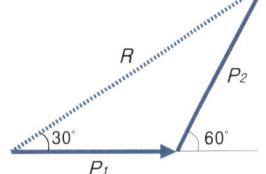

해설

(1) P_1 과 P_2의 사이각 $\alpha = 60°$

(2) $R = \sqrt{P_1^2 + P_2^2 + 2P_1 \cdot P_2 \cdot \cos\alpha}$
$= \sqrt{(20)^2 + (20)^2 + 2(20)(20)\cos(60°)} = 20\sqrt{3}\,\text{kN}$

5. 그림에서 P_1과 R 사이의 각 θ를 나타낸 것은?

① $\tan^{-1}\left(\dfrac{P_2 \cos\alpha}{P_2 + P_1 \cos\alpha}\right)$
② $\tan^{-1}\left(\dfrac{P_2 \cos\alpha}{P_1 + P_2 \sin\alpha}\right)$
③ $\tan^{-1}\left(\dfrac{P_2 \sin\alpha}{P_1 + P_2 \cos\alpha}\right)$
④ $\tan^{-1}\left(\dfrac{P_2 \sin\alpha}{P_1 + P_2 \sin\alpha}\right)$

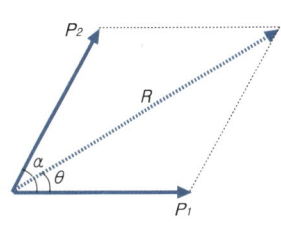

해설

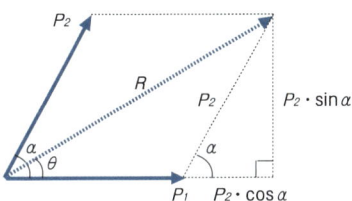

$$\tan\theta = \frac{P_2 \cdot \sin\alpha}{P_1 + P_2 \cdot \cos\alpha} \;\Rightarrow\; \theta = \tan^{-1}\left(\frac{P_2 \cdot \sin\alpha}{P_1 + P_2 \cdot \cos\alpha}\right)$$

해답 1. ④ 2. ④ 3. ① 4. ③ 5. ③

6. 그림과 같이 강선 A와 B가 서로 평형상태를 이루고 있다. 이때 각도 θ의 값은?

① $47.2°$
② $32.6°$
③ $28.4°$
④ $17.8°$

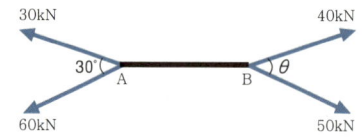

해설

(1) A점의 합력과 B점의 합력이 같아야 한다.

① $R_A = \sqrt{(30)^2 + (60)^2 + 2(30)(60)\cos(30°)} = 87.279 \text{kN}$

② $R_B = \sqrt{(40)^2 + (50)^2 + 2(40)(50)\cos\theta}$
$= \sqrt{4,100 + 4,000\cos\theta}$

(2) $\sqrt{4,100 + 4,000\cos\theta} = 87.279 \text{kN}$ ∴ $\theta = 28.429°$

7. 그림과 같이 강선 A와 B가 서로 평형상태를 이루고 있다. 이때 각도 θ의 값은?

① $67.84°$
② $56.63°$
③ $42.26°$
④ $28.35°$

해설

(1) A점의 합력과 B점의 합력이 같아야 한다.

① $R_A = \sqrt{(30)^2 + (60)^2 + 2(30)(60)\cos(60°)} = 79.372 \text{kN}$

② $R_B = \sqrt{(40)^2 + (50)^2 + 2(40)(50)\cos\theta}$
$= \sqrt{4,100 + 4,000\cos\theta}$

(2) $\sqrt{4,100 + 4,000\cos\theta} = 79.372 \text{kN}$ ∴ $\theta = 56.63°$

8. 그림과 같은 힘의 O점에 대한 모멘트는?

① $240 \text{kN} \cdot \text{m}$
② $120 \text{kN} \cdot \text{m}$
③ $80 \text{kN} \cdot \text{m}$
④ $60 \text{kN} \cdot \text{m}$

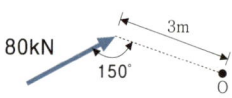

해설

$M_O = +(80)(3 \cdot \sin 30)$
$= +120 \text{kN} \cdot \text{m}(\curvearrowleft)$

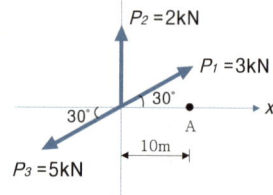

9. 그림과 같이 O점에 P_1, P_2, P_3의 세 힘이 작용하고 있을 때 A점을 중심으로 한 모멘트의 크기는?

① $8 \text{kN} \cdot \text{m}$
② $10 \text{kN} \cdot \text{m}$
③ $15 \text{kN} \cdot \text{m}$
④ $18 \text{kN} \cdot \text{m}$

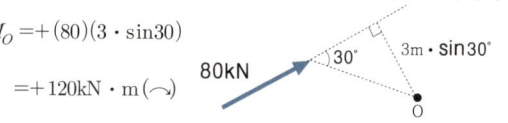

해설

(1) A점에서 P_1의 $\sin$성분, P_2 수직력, P_3의 $\sin$성분이 모멘트 계산대상이다.

(2) $M_A = +(3 \cdot \sin 30)(10) + (2)(10) - (5 \cdot \sin 30)(10)$
$= +10 \text{kN} \cdot \text{m}(\curvearrowleft)$

10. 그림과 같은 4개의 힘이 작용할 때 G점에 대한 모멘트는?

① $3,825 \text{kN} \cdot \text{m}$
② $2,025 \text{kN} \cdot \text{m}$
③ $2,175 \text{kN} \cdot \text{m}$
④ $1,650 \text{kN} \cdot \text{m}$

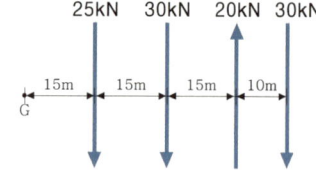

해설

$M_G = +(25)(15) + (30)(30) - (20)(45) + (30)(55)$
$= +2,025 \text{kN} \cdot \text{m}(\curvearrowleft)$

해답 6. ③ 7. ② 8. ② 9. ② 10. ②

11. 6kN의 힘이 그림과 같이 A와 C의 모서리에 작용하고 있다. 이 두 힘에 의해서 발생하는 모멘트는?

① 1.639kN · m
② 1.697kN · m
③ 1.739kN · m
④ 1.797kN · m

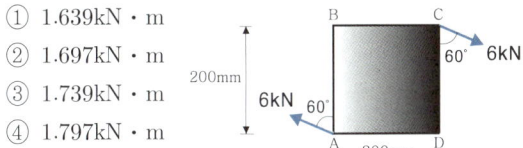

해설

(1) A점에서 모멘트 계산을 시도하면 C점에 작용하는 6kN의 sin성분 및 cos성분이 모멘트 계산대상이 된다.

(2) $M_A = +(6 \cdot \sin 60°)(0.2) + (6 \cdot \cos 60°)(0.2)$
$= +1.639\text{kN} \cdot \text{m}$ (↷)

12. 동일 평면상의 한 점에 여러 개의 힘이 작용하고 있을 때, 여러 개의 힘의 어떤 점에 대한 모멘트의 합은 그 합력의 동일점에 대한 모멘트와 같다는 것은 어떤 정리인가?

① Mohr의 정리   ② Lami의 정리
③ Castigliano의 정리   ④ Varignon의 정리

해설

④ 바리뇽(Varignon)의 정리를 설명하고 있다.

13. 아래의 표에서 설명하는 것은?

> 나란한 여러 힘이 작용할 때 임의의 한 점에 대한 모멘트의 합은 그 점에 대한 합력의 모멘트와 같다.

① 바리뇽의 정리   ② 베티의 정리
③ 중첩의 원리   ④ 모어원의 정리

해설

① 바리뇽(Varignon)의 정리를 설명하고 있다.

14. 그림과 같은 두 평행하는 힘의 합력점은 어디에 있는가?

① O점에서 우로 3m
② O점에서 우로 5.66m
③ O점에서 좌로 5.66m
④ O점에서 좌로 3m

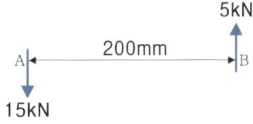

해설

(1) 합력 : $R = -(6) + (2) = -4\text{kN}(↓)$

(2) O점에서 모멘트를 계산한다.

$+(4)(x) = +(6)(4) - (2)(6)$

∴ $x = +3\text{m}$ (O점에서 오른쪽 방향)

15. 그림과 같이 방향이 서로 반대이고 평행한 두 개의 힘이 A, B점에 작용하고 있을 때 합력의 작용점 위치는?

① A점에서 오른쪽으로 50mm 되는 곳
② A점에서 오른쪽으로 100mm 되는 곳
③ A점에서 왼쪽으로 50mm 되는 곳
④ A점에서 왼쪽으로 100mm 되는 곳

해설

(1) 합력 : $R = -(15) + (5) = -10\text{kN}(↓)$

(2) A점에서 모멘트를 계산한다.

$+(R)(x) = (15)(0) - (5)(200)$

∴ $x = -100\text{mm}$ (A점에서 왼쪽 방향)

16. 다음 역계에서 합력의 위치 x의 값은?

① 60mm
② 90mm
③ 100mm
④ 120mm

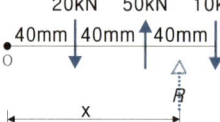

해설

(1) 합력 : $R = -(20) + (50) - (10) = +20\text{kN}(\uparrow)$

(2) O점에서 모멘트를 계산한다.

$-(20)(x) = +(20)(40) - (50)(80) + (10)(120)$

$\therefore x = +100\text{mm}$ (O점에서 우측 방향)

17. 그림과 같이 세 개의 평행력이 작용할 때 합력 R의 위치 x는?

① 3.0m
② 3.5m
③ 4.0m
④ 4.5m

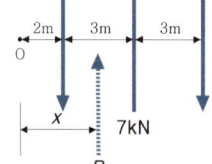

해설

(1) 합력: $R = -(2) + (7) - (3) = +2\text{kN}(\uparrow)$

(2) O점에서 모멘트를 계산한다.

$-(2)(x) = +(2)(2) - (7)(5) + (3)(8)$ $\therefore x = 3.5\text{m}$

18. 그림과 같은 평행력(平行力) P_1, P_2, P_3, P_4의 합력의 위치는 O점에서 얼마의 거리에 있겠는가?

① 4.8m
② 5.4m
③ 5.8m
④ 6.0m

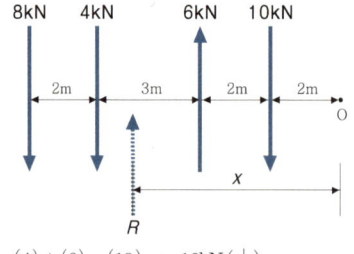

해설

(1) 합력: $R = -(8) - (4) + (6) - (10) = -16\text{kN}(\downarrow)$

(2) O점에서 모멘트를 계산한다.

$-(16)(x) = -(8)(9) - (4)(7) + (6)(4) - (10)(2)$

$\therefore x = 6\text{m}$

19. 그림과 같은 세 힘이 평형상태에 있다면 C점에서 작용하는 힘 P와 BC 사이의 거리 x로 옳은 것은?

① $P = 2\text{kN}$, $x = 3\text{m}$
② $P = 3\text{kN}$, $x = 3\text{m}$
③ $P = 2\text{kN}$, $x = 2\text{m}$
④ $P = 3\text{kN}$, $x = 2\text{m}$

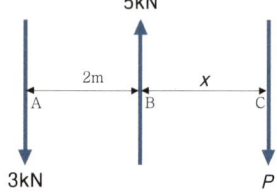

해설

(1) $\Sigma V = 0 : -(3) + (5) - (P) = 0$ $\therefore P = 2\text{kN}$

(2) $\Sigma M_B = 0 : -(3)(2) + (2)(x) = 0$ $\therefore x = 3\text{m}$

20. 정6각형 틀의 각 절점에 하중 P가 작용할 때 각 부재에 생기는 인장력의 크기는?

① P
② $2P$
③ $\dfrac{P}{2}$
④ $\dfrac{P}{\sqrt{2}}$

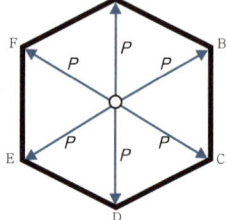

해설

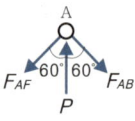

$\Sigma V = 0 :$

$+(P) - (F_{AF} \cdot \cos 60°) \times 2 = 0$

$\therefore F_{AF} = +P$ (인장)

해답   16. ③   17. ②   18. ④   19. ①   20. ①

21. 두 개의 활차를 사용하여 물체를 매달 때 3개의 물체가 평형을 이루기 위한 θ값은? (단, 로프와 활차의 마찰은 무시한다.)

① 30°
② 45°
③ 60°
④ 120°

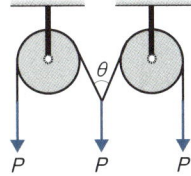

해설

$\Sigma V = 0$:

$-(P) + \left(P \cdot \cos\dfrac{\theta}{2}\right) \times 2 = 0$

$\therefore \theta = 120°$

22. 로프의 중앙에 물체 W가 매달려 있을 때 α, P, W의 관계는? (단, $0° < \alpha < 180°$)

① $P = \dfrac{W}{2\cos\dfrac{\alpha}{2}}$

② $P = \dfrac{W}{2\cos\alpha}$

③ $P = \dfrac{W}{\cos\dfrac{\alpha}{2}}$

④ $P = \dfrac{2W}{\cos\dfrac{\alpha}{2}}$

해설

$\Sigma V = 0$:

$-(W) + \left(P \cdot \cos\dfrac{\alpha}{2}\right) \times 2 = 0$

$\therefore P = \dfrac{W}{2\cos\dfrac{\alpha}{2}}$

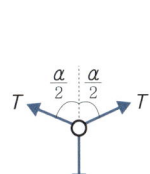

23. 2개의 마찰이 없는 도르래에 로프를 걸고 양단에 5kN씩 하중을 달고 난 다음 도르래 사이 간격의 중앙점인 C점에 4kN의 무게를 달았더니 C점이 D점까지 내려와서 평형이 되고 있다. 이때 C점과 D점간의 거리 y는?

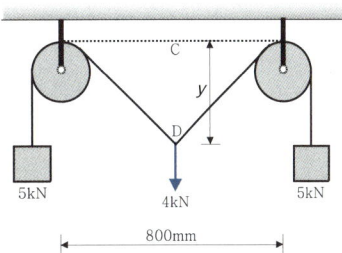

① 174.5mm
② 254.5mm
③ 344.5mm
④ 474.5mm

해설

(1) 절점D에서 수직평형조건($\Sigma V = 0$)을 적용한다.

$2(5\cos\theta) = 4$ 이므로 $\cos\theta = \dfrac{2}{5}$

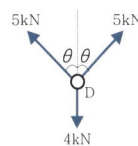

(2) 직각삼각형에서 $\cos\theta = \dfrac{y}{\sqrt{400^2 + y^2}}$,

여기에 $\cos\theta = \dfrac{2}{5}$를 대입하면

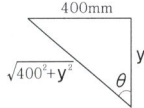

$5y = 2\sqrt{400^2 + y^2}$ ➡ $21y^2 = 640{,}000$

$\therefore y = 174.574\text{mm}$

해답   21. ④   22. ①   23. ①

24. 총 길이 1.25m인 체인을 그림에서와 같이 크기가 250mm×250mm인 목재를 감싸서 운반하고 있다. 목재의 무게가 2kN일 때 체인에 작용하는 인장력은 얼마인가?

① 1.5kN
② 1.134kN
③ 1.034kN
④ 1kN

해설

(1) 목재의 무게 2kN이 결국 체인을 걸고 있는 갈고리에 전달될 것이다.

(2) 체인의 총길이가 1.25m이므로 대각선 방향의 체인의 길이는
 $2x = 1{,}250\text{mm} - (2 \times 250\text{mm})$ 로부터 $x = 375\text{mm}$

(3) 체인을 걸고 있는 갈고리에서 수직평형조건 $\sum V = 0$을 적용한다.

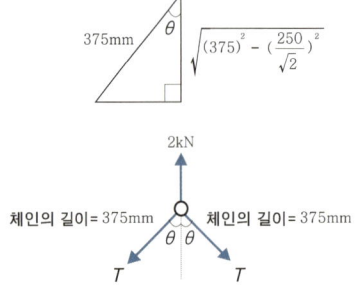

① $\cos\theta = \dfrac{\sqrt{(375)^2 - \left(\dfrac{250}{\sqrt{2}}\right)^2}}{(375)}$

② $2T \cdot \cos\theta = 2$ 로부터 $T = 1.13389\text{kN}$

25. 그림의 삼각형 구조가 평형상태에 있을 때 법선 방향에 대한 힘의 크기 P는?

① 2.008kN
② 1.806kN
③ 1.332kN
④ 1.414kN

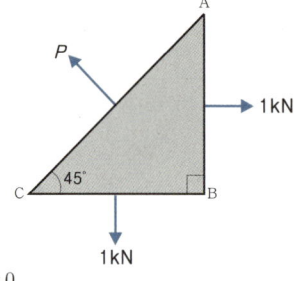

해설

수평 평형조건 $\sum H = 0$

$P = P_x \cdot \cos\theta_1 + P_y \cdot \cos\theta_2$
 $= (1)\cos(45°) + (1)\cos(45°) = 1.414\text{kN}$

26. 그림과 같은 삼각형 물체에 작용하는 힘 P_1, P_2를 AC면에 수직한 방향의 성분으로 변환할 경우 힘 P의 크기는?

① 1,000kN
② 1,200kN
③ 1,400kN
④ 1,600kN

해설

수평 평형조건 $\sum H = 0$

$P = P_1 \cdot \cos\theta_1 + P_2 \cdot \cos\theta_2$
 $= (600\sqrt{3})\cos(30°) + (600)\cos(60°)$
 $= 1{,}200\text{kN}$

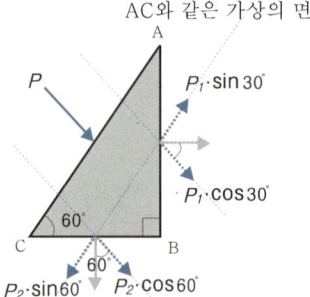

해답 24. ② 25. ④ 26. ②

27. 그림과 같은 삼각형 물체가 수평 평형을 이루기 위한 AC면의 저항력 P 값은?

① 15.99kN
② 17.99kN
③ 20.99kN
④ 22.99kN

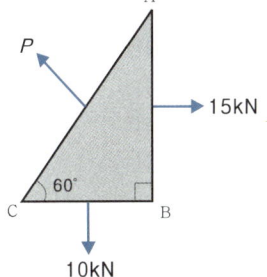

해설

수평 평형조건 $\Sigma H = 0$

$P = P_x \cdot \cos\theta_1 + P_y \cdot \cos\theta_2$

$= (15)\cos(30°) + (10)\cos(60°) = 17.99\text{kN}$

28. 삼각형 물체에 $P_x = 4\text{kN}$, $P_y = \sqrt{3}\text{kN}$ 만큼 잡아 당길 때 평형을 이루기 위한 BC면의 저항력 P 값은?

① 3.5kN
② 1.5kN
③ 4.3kN
④ 5.5kN

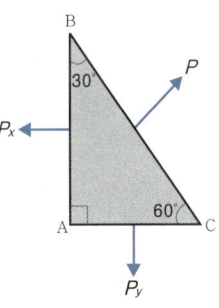

해설

수평 평형조건 $\Sigma H = 0$

$P = P_x \cdot \cos\theta_1 + P_y \cdot \cos\theta_2$

$= (4)\cos(30°) + (\sqrt{3})\cos(60°) = 4.3\text{kN}$

29. 블록 A를 뽑아내는데 필요한 힘 P는 최소 얼마 이상이어야 하는가? (단, 블록과 접촉면의 마찰계수 $\mu = 0.3$)

① 3kN 이상
② 6kN 이상
③ 9kN 이상
④ 12kN 이상

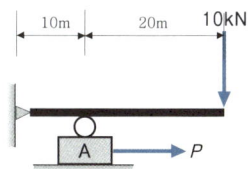

해설

(1) 수평평형이 깨지는 순간을 고려한다.

(2) 마찰력은 수직력에 비례하므로 V_A를 구하기 위해 벽체 절점에서 모멘트평형조건을 적용하면

$+(10)(30) - (V_A)(10) = 0 \quad V_A = +30\text{kN}(\uparrow)$

(3) 수평력 P가 수직력 V_A와 마찰계수의 곱보다 커야 블록이 뽑힐 것이다.

$\therefore P > V_A \cdot \mu = (30)(0.3) = 9\text{kN}$

30. 블록 A를 뽑아내는데 필요한 힘 P는 최소 얼마 이상이어야 하는가? (단, 블록과 접촉면의 마찰계수 $\mu = 0.3$)

① 6kN
② 9kN
③ 15kN
④ 18kN

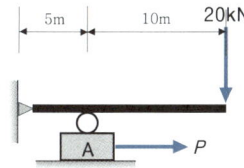

해설

(1) 수평평형이 깨지는 순간을 고려한다.

(2) 마찰력은 수직력에 비례하므로 V_A를 구하기 위해 벽체 절점에서 모멘트평형조건을 적용하면

$+(20)(15) - (V_A)(5) = 0 \quad \therefore V_A = +60\text{kN}(\uparrow)$

(3) 수평력 P가 수직력 V_A와 마찰계수의 곱보다 커야 블록이 뽑힐 것이다.

$\therefore P > V_A \cdot \mu = (60)(0.3) = 18\text{kN}$

해답 27. ② 28. ③ 29. ③ 30. ④

31. 30° 경사진 언덕에서 40kN의 물체를 밀어 올리는데 얼마 이상의 힘이 필요한가? (단, 마찰계수 0.25)

① 25.7kN
② 28.7kN
③ 30.2kN
④ 40.0kN

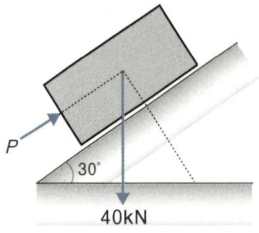

해설

(1) P는 40kN의 경사방향 분력과 마찰력(F)을 더한 값 보다 커야 한다.

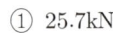

$P_H = 40 \cdot \sin 30° = 20\text{kN}, \quad P_V = 40 \cdot \cos 30° = 34.6\text{kN}$

(2) $P > P_H + F = P_H + P_V \cdot u$

$= (20) + (34.6)(0.25) = 28.65\text{kN}$

32. 그림과 같이 밀도가 균일하고 무게 W인 구(球)가 마찰이 없는 두 벽면 사이에 놓여 있을 때 반력 R_B의 크기는?

① $0.5W$
② $0.577W$
③ $0.866W$
④ $1.155W$

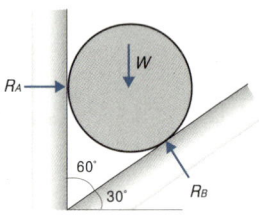

해설

$\Sigma V = 0 :$

$-(W) + (R_B \cdot \cos 30°) = 0$

$\therefore R_B = \dfrac{W}{\cos 30°} = 1.155W$

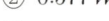

33. 그림과 같이 밀도가 균일하고 무게 W인 구(球)가 마찰이 없는 두 벽면 사이에 놓여 있을 때 반력 R_A의 크기는?

① $0.500W$
② $0.577W$
③ $0.707W$
④ $0.866W$

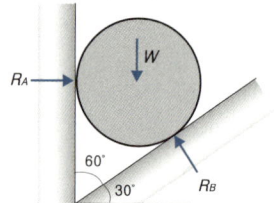

해설

(1) $\Sigma V = 0 :$

$-(W) + (R_B \cdot \cos 30°) = 0$

$\therefore R_B = \dfrac{W}{\cos 30°} = 1.155W$

(2) $\Sigma H = 0 :$

$+(R_A) - (R_B \cdot \sin 30°) = 0$

$\therefore R_A = \dfrac{W}{\cos 30°} \cdot \sin 30° = 0.577W$

34. 연결부에 50kN과 20kN이 작용한다. 평형을 이루기 위한 두 힘 A와 B의 크기는?

① $A = 50 + 10\sqrt{3}$
  $B = 10$
② $A = 10\sqrt{3}$
  $B = 60$
③ $A = 60$
  $B = 10\sqrt{3}$
④ $A = 10$
  $B = 50 + 10\sqrt{3}$

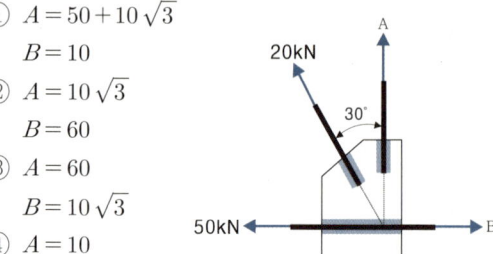

해설

(1) $\Sigma V = 0$

$+(20 \cdot \cos 30°) + (A) = 0$

$\therefore A = -10\sqrt{3}\text{kN}(압축)$

(2) $\Sigma H = 0 :$

$-(50) - (20 \cdot \sin 30°) + (B) = 0 \quad \therefore B = +60\text{kN}(인장)$

해답   31. ②   32. ④   33. ②   34. ②

35. 그림과 같은 구조물이 평형을 이루기 위한 하중 P의 크기는?

① 15kN
② 25kN
③ 30kN
④ 35kN

해설

$\sum M_A = 0 : -(P)(200) + (20)(200) + (10)(300) = 0$

$\therefore P = 35\text{kN}$

37. 1m의 지름을 가진 차륜이 높이 0.2m의 장애물을 넘어가기 위해서 최소로 필요한 수평력은? (단, 차륜의 자중 $W = 15\text{kN}$)

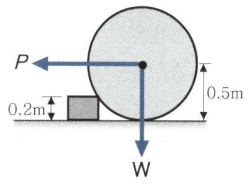

① 13.3kN 이상
② 23.3kN 이상
③ 20kN 이상
④ 10kN 이상

해설

(1) 장애물과 차륜이 만나는 점에서 모멘트평형을 고려한다.

(2) $x = \sqrt{0.5^2 - 0.3^2} = 0.4\text{m}$

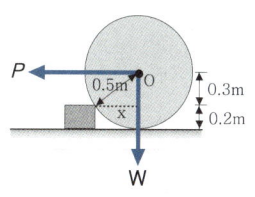

(3) $(P)(0.3\text{m}) > (15\text{kN})(0.4\text{m})$ $\therefore P > 20\text{kN}$

36. 무게 120kN인 그림과 같은 구조물을 밀어 넘길 수 있는 수평집중하중 P는?

① 12kN
② 18kN
③ 22kN
④ 28kN

해설

A점에서 $P \times 5 > 120 \times 0.5$

관계일 때 구조물이 전도(Overturn)

될 것이다.

$\therefore P > 12\text{kN}$

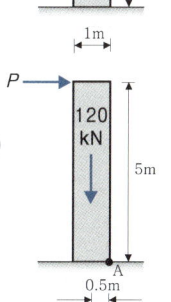

38. 그림과 같이 케이블(cable)에 5kN의 추가 매달려 있다. 이 추의 중심을 수평으로 3m 이동시키기 위해 케이블 길이 5m 지점인 A점에 수평력 P를 가하고자 한다. 이때 힘 P의 크기는?

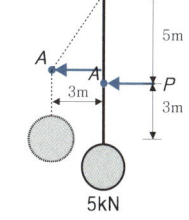

① $P = 3\text{kN}$
② $P = 3.5\text{kN}$
③ $P = 3.75\text{kN}$
④ $P = 4\text{kN}$

해설

(1) 추가 중심선에 위치할 때 평형이 된다.

(2) $\sum M_O = 0 :$

$-(5)(3) + (P)(4) = 0$

$\therefore P = 3.75\text{kN}$

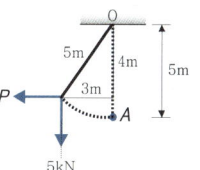

해답 35. ④   36. ①   37. ③   38. ③

39. 그림과 같은 구조물에서 BC 부재가 받는 힘은 얼마인가?

① 18kN
② 24kN
③ 37.5kN
④ 50kN

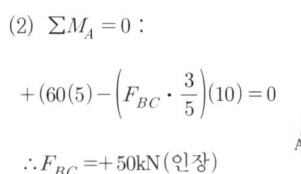

해설

(1) A점에서 모멘트평형조건을 적용한다.

(2) $\sum M_A = 0$:

$+(60)(5) - \left(F_{BC} \cdot \dfrac{3}{5}\right)(10) = 0$

$\therefore F_{BC} = +50\text{kN}(인장)$

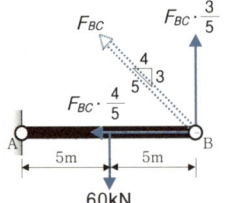

41. 그림과 같은 구조물에서 AC부재가 받는 힘은?

① 2.5kN
② 5kN
③ 8.66kN
④ 10kN

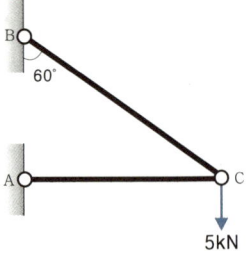

해설

$\dfrac{5}{\sin 30°} = \dfrac{F_{AC}}{\sin 240°}$

$\therefore F_{AC} = -8.66\text{kN}(압축)$

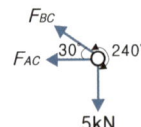

40. 그림과 같은 구조물의 BD부재에 작용하는 힘의 크기는?

① 100kN
② 125kN
③ 150kN
④ 200kN

해설

(1) C점에서 모멘트평형조건을 적용한다.

(2) $\sum M_C = 0$:

$-(50)(4) + (F_{BD} \cdot \sin 30)(2) = 0$

$\therefore F_{BD} = +200\text{kN}(인장)$

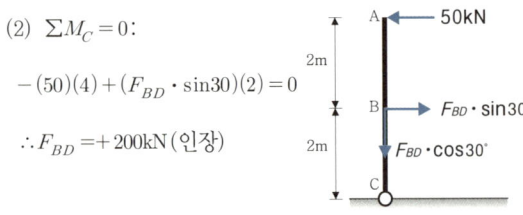

42. 그림과 같은 구조물에서 부재 AB가 60kN의 힘을 받을 때 하중 P의 값은?

① 52.4kN
② 59.4kN
③ 62.7kN
④ 69.3kN

해설

$\dfrac{P}{\sin 90°} = \dfrac{60}{\sin 120°}$

$\therefore P = 69.3\text{kN}(인장)$

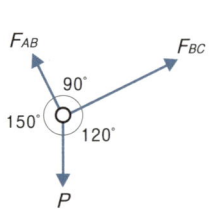

해답 39. ④ 40. ④ 41. ③ 42. ④

43. 무게 10kN를 C점에 매달 때 줄 AC에 작용하는 장력은?

① 5.4kN
② 6.7kN
③ 9.72kN
④ 8.66kN

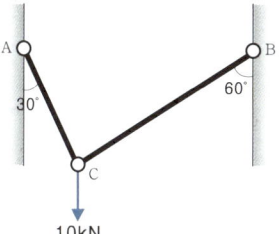

[해설]

$$\frac{F_{AC}}{\sin 120°} = \frac{10\text{kN}}{\sin 90°}$$

$$\therefore F_{AC} = 8.66\text{kN}(\text{인장})$$

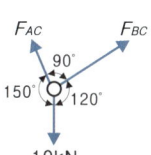

44. 그림의 AC, BC에 작용하는 힘 F_{AC}, F_{BC}의 크기는?

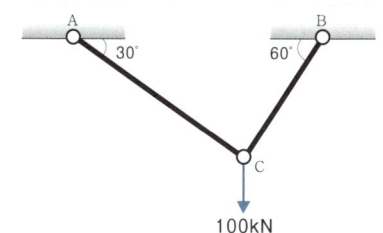

① $F_{AC} = 100\text{kN}$, $F_{BC} = 86.6\text{kN}$
② $F_{AC} = 86.6\text{kN}$, $F_{BC} = 50\text{kN}$
③ $F_{AC} = 50\text{kN}$, $F_{BC} = 86.6\text{kN}$
④ $F_{AC} = 50\text{kN}$, $F_{BC} = 173.2\text{kN}$

[해설]

$$\frac{100\text{kN}}{\sin 90°} = \frac{F_{AC}}{\sin 150°} = \frac{F_{BC}}{\sin 120°}$$

$$\therefore F_{AC} = \frac{\sin 150°}{\sin 90°} \cdot 100\text{kN} = 50\text{kN}(\text{인장})$$

$$\therefore F_{BC} = \frac{\sin 120°}{\sin 90°} \cdot 100\text{kN} = 86.6\text{kN}(\text{인장})$$

45. 그림과 같은 크레인(Crane)에 20kN의 하중을 작용시킬 경우, AB 및 로프 AC가 받는 힘은?

① $AB = 17.32\text{kN}(\text{인장})$, $AC = 10\text{kN}(\text{압축})$
② $AB = 34.64\text{kN}(\text{압축})$, $AC = 20\text{kN}(\text{인장})$
③ $AB = 38.64\text{kN}(\text{압축})$, $AC = 20\text{kN}(\text{인장})$
④ $AB = 17.32\text{kN}(\text{인장})$, $AC = 20\text{kN}(\text{압축})$

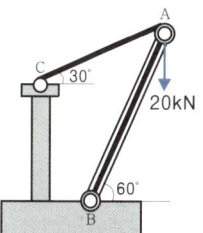

[해설]

$$\frac{F_{AB}}{\sin 300°} = \frac{20}{\sin 30°}$$

$$\therefore F_{AB} = -34.64\text{kN}(\text{압축})$$

$$\frac{F_{AC}}{\sin 30°} = \frac{20}{\sin 30°}$$

$$\therefore F_{AC} = +20\text{kN}(\text{인장})$$

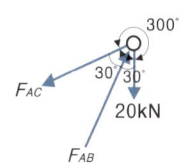

46. 부양력 2kN인 기구가 수평선과 60° 각도로 정지 상태에 있을 때 기구의 끈에 작용하는 인장력(T)과 풍압(W)을 구하면?

① $T = 2.209\text{kN}$, $W = 1.054\text{kN}$
② $T = 2.309\text{kN}$, $W = 1.154\text{kN}$
③ $T = 2.209\text{kN}$, $W = 1.254\text{kN}$
④ $T = 2.309\text{kN}$, $W = 1.354\text{kN}$

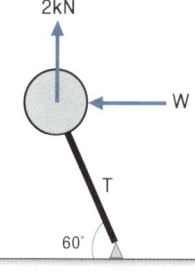

[해설]

$$\frac{T}{\sin 90°} = \frac{2\text{kN}}{\sin 60°}$$

$$\therefore T = 2.309\text{kN}(\text{인장})$$

$$\frac{W}{\sin 210°} = \frac{2\text{kN}}{\sin 60°}$$

$$\therefore W = -1.154\text{kN}(\text{압축})$$

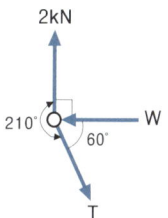

해답 43. ④ 44. ③ 45. ② 46. ②

47. 무게 1kN의 물체를 두 끈으로 늘어뜨렸을 때 한 끈이 받는 힘의 크기 순서가 옳은 것은?

① B > A > C
② C > A > B
③ A > B > C
④ C > B > A

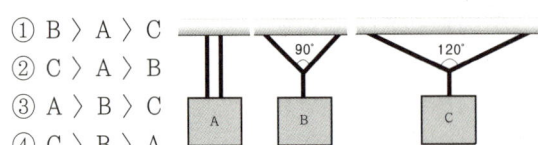

해설

물체의 무게에 비기기 위한 수직방향의 힘은 일정하지만, 두 힘의 사이각이 크면 클수록 분력은 커지게 된다. 따라서 사이각이 큰 C가 가장 힘을 많이 받고, A가 가장 적게 힘을 받는다. 무거운 물체를 두 사람이 운반할 때, 두 사람이 약간 떨어져서 운반할 때 보다 가까이 붙어서 운반할 때가 힘이 덜 든다는 것을 연상하면 알기 쉽다.

48. 외력을 받으면 구조물의 일부나 전체의 위치가 이동될 수 있는 상태를 무엇이라 하는가?

① 안정   ② 불안정
③ 정정   ④ 부정정

해설

불안정(不安定, Unstability):
➡ 외력을 받으면 구조물의 일부나 전체의 위치가 이동될 수 있는 상태

49. 그림과 같은 연속보에 대한 부정정차수는?

① 1차
② 2차
③ 3차
④ 4차

해설

$N = r + m + f - 2j$
$= (1+1+2+1+2) + (4) + (3) - 2(5) = 4차$

50. 그림과 같은 부정정보를 정정보로 하기 위해서는 활절(hinge)이 몇 개 필요한가?

① 1개
② 2개
③ 3개
④ 4개

해설

(1) $N = r + m + f - 2j = (1+1+3) + (2) + (1) - 2(3) = 2차$

(2) 2차 부정정이므로 정정으로 만들기 위해서는 2개의 hinge가 필요하다.

51. 다음 평면 구조물의 부정정 차수는?

① 2차
② 3차
③ 4차
④ 5차

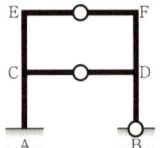

해설

$N = r + m + f - 2j = (3+2) + (8) + (6) - 2(8) = 3차$

52. 다음 구조물의 부정정 차수는?

① 8차
② 12차
③ 16차
④ 20차

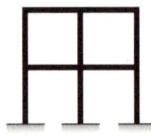

해설

$N = r + m + f - 2j = (3+3+3) + (10) + (11) - 2(9) = 12차$

해답   47. ④   48. ②   49. ④   50. ②   51. ②   52. ②

53. 다음 라멘의 부정정의 차수는?

① 23차 부정정
② 28차 부정정
③ 32차 부정정
④ 36차 부정정

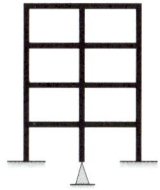

[해설]

$N = r + m + f - 2j = (3+2+3) + (20) + (25) - 2(15) = 23차$

54. 그림과 같은 라멘의 부정정 차수는?

① 3차
② 5차
③ 6차
④ 7차

[해설]

$N = r + m + f - 2j = (3+3+3) + (5) + (4) - 2(6) = 6차$

55. 그림과 같은 구조물의 부정정차수는?

① 3차 부정정
② 4차 부정정
③ 5차 부정정
④ 6차 부정정

[해설]

$N = r + m + f - 2j = (2+3+3+1) + (5) + (4) - 2(6) = 6차$

56. 그림과 같은 구조물은 몇 차 부정정인가?

① 3차
② 4차
③ 5차
④ 6차

[해설]

$N = r + m + f - 2j = (3+3+2) + (4) + (3) - 2(5) = 5차$

57. 다음 구조물은 몇 차 부정정인가?

① 12차 부정정
② 15차 부정정
③ 18차 부정정
④ 21차 부정정

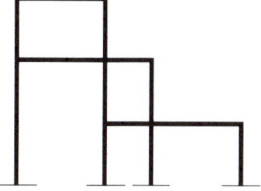

[해설]

$N = r + m + f - 2j$
$= (3+3+3+3) + (13) + (14) - 2(12) = 15차$

58. 다음 구조물의 부정정차수는?

① 12차
② 6차
③ 4차
④ 3차

[해설]

$N = r + m + f - 2j = (1+2) + (13) + (16) - 2(10) = 12차$

해답 53. ① 54. ③ 55. ④ 56. ③ 57. ② 58. ①

MEMO

제2장 지점반력(Reaction)

COTENTS

1. 주요 하중(Load)의 종류 및 표기방법 ········ 38
2. 중첩의 원리(Principal of Superposition) ········ 39
3. 지점반력(Reaction) 계산 시 부호의 약속 ········ 40
4. 단순보(Simple Beam)의 반력 계산 ········ 41
5. 캔틸레버보, 내민보의 반력 계산 ········ 43
6. 겔버(Gerber)보의 반력 계산 ········ 44
7. 3-Hinge 라멘, 아치의 반력 계산 ········ 45
   - 핵심문제 ········ 46

2 지점반력(Reaction)

CHECK

(1) 보의 지점반력: 단순보(Simple Beam), 캔틸레버보(Cantilever Beam), 내민보(Overhanging Beam), 겔버보(Gerber Beam)

(2) 3-Hinge 구조의 지점반력: 라멘(Rahmen), 아치(Arch)

1 주요 하중(Load)의 종류 및 표기방법

(1) 집중하중(Concentrated Load, P)

부재의 특정 위치에서 한 점(Point)에 작용하는 하중을 말하며, 집중하중의 기호는 주로 P로 표현하고, 단위는 힘의 단위[N, kN]를 채택한다.

지표면과 수직으로 작용할 때를 수직집중하중 또는 연직집중하중이라고 하며, 지표면과 일정한 각도를 갖고 경사로 작용할 때를 경사집중하중이라고 한다.

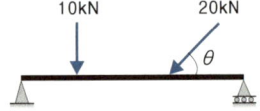
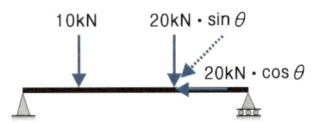

학습POINT

■ 경사집중하중은 계산을 쉽게 하기 위해서 삼각비를 이용하여 수직의 분력과 수평의 분력으로 분해한다.

(2) 분포하중(Distributed Load, w)

부재의 일정한 범위에 걸쳐서 작용하는 하중으로 직사각형 형태의 등분포하중, 삼각형 형태의 등변분포하중, 사다리꼴 형태의 합성분포하중으로 나눌 수 있다. 분포하중의 기호는 주로 w로 표현하며, 단위는 거리당의 힘[N/mm, kN/m]를 채택한다.

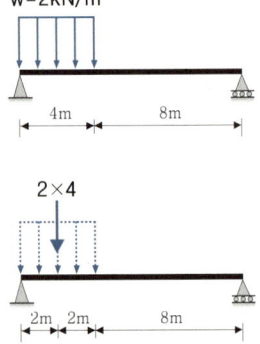
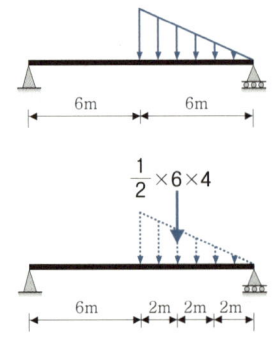

■ 분포하중은 계산을 쉽게 하기 위해서 등분포하중은 직사각형의 도심에, 등변분포하중은 삼각형의 도심에 집중하중이 작용하는 것으로 치환한다.

(3) 회전하중(Moment Load, M)

부재의 특정 위치에 작용하는 회전력으로 기호는 M으로 표현하며, 단위는 힘과 거리의 곱의 형태[N·mm, kN·m]로 표현된다.

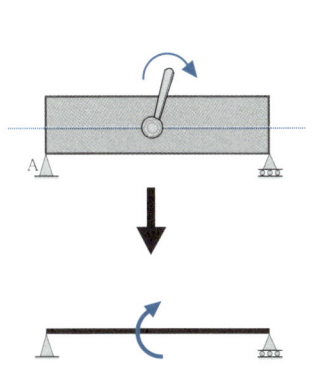

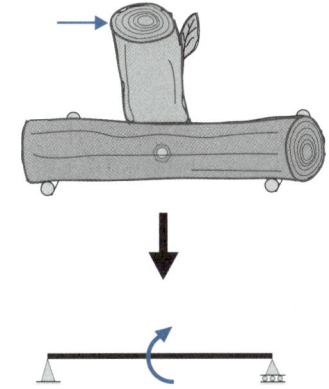

■ 강재에 타설된 볼트(Bolt)를 렌치(Wrench)로 회전시킨다거나, 볼트 내지는 못(Nail)으로 연결된 수평의 목재와 수직의 목재에서 수직의 목재에 수평력이 작용하는 형태를 회전하중이라고 간주할 수 있다.

2 중첩의 원리(Principal of Superposition)

다양한 하중이 동시에 작용하고 있는 구조물에서 임의 점의 부재력과 변위는 각각의 하중에 대한 결과를 합해서 구할 수 있다.

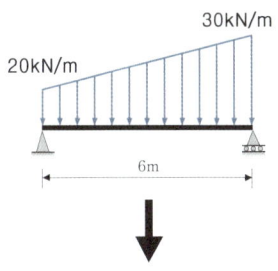

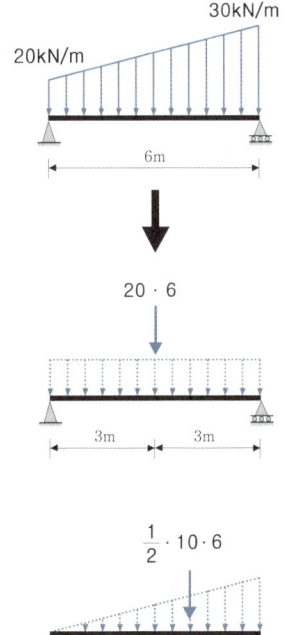

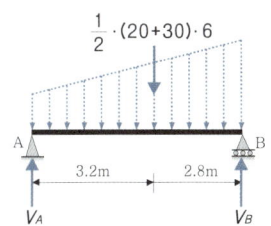

■ 중첩의 원리(Principal of Superposition)

(1) 중첩의 원리는 구조해석 이론의 근간으로 겹침의 원리라고도 하며, 성립조건은 하중과 부재력, 변위 사이의 관계가 선형(Linear)의 관계이어야 한다는 것이다.

(2) 간단한 사다리꼴 형태의 합성분포하중에 대해 중첩의 원리를 적용하면 다음과 같다.

사다리꼴의 면적을 구하는 방식으로 접근하는 것은 사다리꼴의 면적에 관한 공식을 기억해야 하는 문제점이 발생하지만, 사다리꼴의 면적을 직사각형의 면적과 삼각형의 면적이라고 생각할 수 있다면 특정의 공식을 기억할 필요가 없게 된다.

> [핵심예제 1]
>
> 구조해석의 기본 원리인 겹침의 원리(Principal of Superposition)를 설명한 것으로 틀린 것은?
> ① 탄성한도 이하의 외력이 작용할 때 성립한다.
> ② 부정정 구조물에서도 성립한다.
> ③ 외력과 변형이 비선형관계가 있을 때 성립한다.
> ④ 여러 종류의 하중이 실린 경우 이 원리를 이용하면 편리하다.

해설 ③ 겹침의 원리는 중첩의 원리라고도 하며, 외력과 변형이 선형 탄성한도 이하의 관계에서만 성립한다.

답 : ③

3 지점반력(Reaction) 계산 시 부호의 약속

(1) $\sum H = 0$, $\rightarrow +$

수평반력을 우향으로 가정하였는데, 결과값이 +이면 수평반력이 우향이 맞다는 것을 의미하며, 결과값이 −이면 수평반력은 좌향이 된다.

(2) $\sum V = 0$, $\uparrow +$

수직반력을 상향으로 가정하였는데, 결과값이 +이면 수직반력이 상향이 맞다는 것을 의미하며, 결과값이 −이면 수직반력은 하향이 된다.

(3) $\sum M = 0$, $\curvearrowright +$

회전반력을 시계방향으로 가정하였는데, 결과값이 +이면 회전반력이 시계방향이 맞다는 것을 의미하며, 결과값이 −이면 회전반력은 반시계방향이 된다.

구분	지점 상태	반력	(+)	(−)
이동지점		V	↑	↓
회전지점		V	↑	↓
		H	→	←
고정지점		V	↑	↓
		H	→	←
		M	↻	↺

■ 외적인 하중이 구조물에 작용하게 되면, 구조물을 지지하고 있는 지지단의 상태에 따라 지점에서 반력(Reaction)이 발생하게 된다.
지점반력은 +로 가정하여 계산을 하는 것이 편리하며, 결과값이 +이면 해당 반력의 방향이 맞다는 의미이며, 결과값이 −이면 해당 반력의 방향이 반대임을 의미한다.

4 단순보(Simple Beam)의 반력 계산

(1) 평형 3조건식의 적용:
$$\sum H = 0, \to +, \quad \sum V = 0, \uparrow +, \quad \sum M = 0, \curvearrowright +$$

(2) 간단한 단순보의 반력: 집중하중 작용 시

①	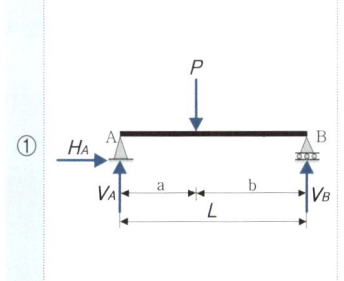	• 하중 P가 작용하는 반대쪽 거리를 전체거리에 대해 나눠갖기 한다고 생각하면 알기 쉽다. • $H_A = 0$ $V_A = +P \cdot \dfrac{b}{L} (\uparrow)$ $V_B = +P \cdot \dfrac{a}{L} (\uparrow)$
②	(10kN 하중, 4m + 6m = 10m 단순보)	• 하중 10kN이 작용하는 반대쪽 거리를 전체거리에 대해 나눠갖기 한다고 생각하면 알기 쉽다. • $H_A = 0$ $V_A = +(10) \cdot \dfrac{(6)}{(10)} = +6\text{kN}(\uparrow)$ $V_B = +(10) \cdot \dfrac{(4)}{(10)} = +4\text{kN}(\uparrow)$
③	(10kN, 60° 경사하중, 4m + 6m = 10m 단순보)	• 하중 10kN을 수직성분(sin)과 수평성분(cos)으로 치환한 후, 하중이 작용하는 반대쪽 거리를 전체거리에 대해 나눠갖기 한다고 생각하면 알기 쉽다. • $H_A = +(10 \cdot \cos 60°)$ $\quad = +5\text{kN}(\to)$ $V_A = +(10 \cdot \sin 60°) \cdot \dfrac{(6)}{(10)}$ $\quad = +5.196[\text{kN}](\uparrow)$ $V_B = +(10 \cdot \sin 60°) \cdot \dfrac{(4)}{(10)}$ $\quad = +3.464[\text{kN}](\uparrow)$ $R_A = \sqrt{H_A^2 + V_A^2}$ $\quad = \sqrt{(5)^2 + (5.196)^2}$ $\quad = 7.211\text{kN}(\nearrow)$

■ 단순보의 지점반력을 계산할 수 있다면 부재력, 부재력도를 이해할 수 있게 되며, 이후의 정정보(캔틸레버보, 내민보, 겔버보)의 해석은 의외로 간단해진다.

■ 모멘트 평형조건 $\sum M = 0, \curvearrowright +$
$\sum M_B = 0:$
$+(V_A)(L) - (P)(b) = 0$
위의 식을 V_A에 대해 정리하면 하중 P를 전체거리 L 중에 하중 P가 작용하는 반대쪽거리 b만큼 나눠갖는다는 것을 유추할 수 있다.

■ 회전지점 A에서 반력성분 H_A, V_A는 편의상 수평 및 수직 성분으로 분해하여 계산하는 것이 쉽지만 실제 두 성분의 합력 $R_A = \sqrt{H_A^2 + V_A^2}$으로 표시되어야 하는 한 개의 반력임을 주의한다.

(3) 간단한 단순보의 반력: 분포하중 및 모멘트하중 작용 시

①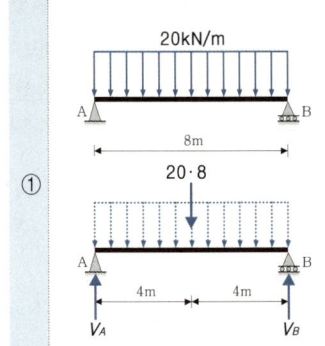

- 사각형 면적을 집중하중으로 치환하여 반대쪽 거리를 전체거리에 대해 나눠갖기 한다고 생각하면 알기 쉽다.
- $V_A = +(20 \times 8) \cdot \dfrac{1}{2} = +80 \text{kN}(\uparrow)$
- $V_B = +(20 \times 8) \cdot \dfrac{1}{2} = +80 \text{kN}(\uparrow)$

■ 등분포하중 :
직사각형의 도심에 집중하중으로 치환

②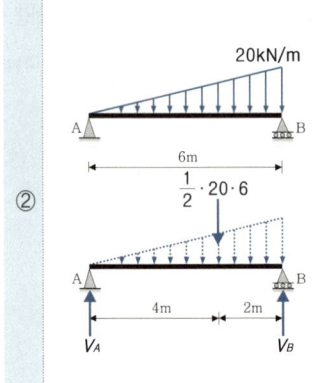

- 삼각형 면적을 집중하중으로 치환하여 반대쪽 거리를 전체거리에 대해 나눠갖기 한다고 생각하면 알기 쉽다.
- $V_A = +\left(\dfrac{1}{2} \times 20 \times 6\right) \cdot \dfrac{1}{3}$
  $= +20 \text{kN}(\uparrow)$
- $V_B = +\left(\dfrac{1}{2} \times 20 \times 6\right) \cdot \dfrac{2}{3}$
  $= +40 \text{kN}(\uparrow)$

■ 등변분포하중 :
삼각형의 도심에 집중하중으로 치환

(4) 간단한 단순보의 반력: 모멘트하중 작용 시

①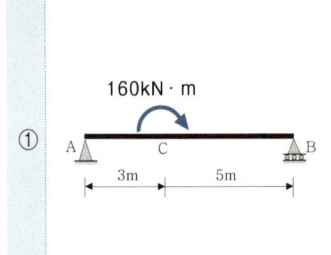

- 우력모멘트= 힘 × 두 힘의 거리
- $V_A = -\dfrac{M}{L} = -\dfrac{(160)}{(8)}$
  $= -20 \text{kN}(\downarrow)$
- $V_B = +\dfrac{M}{L} = +\dfrac{(160)}{(8)}$
  $= +20 \text{kN}(\uparrow)$

■ 모멘트하중이 시계방향이므로 모멘트반력은 반시계방향의 우력모멘트가 되어 돌려막는다고 생각하면 알기 쉽다.

②

- 우력모멘트= 힘 × 두 힘의 거리
- $V_A = -\dfrac{M}{L} = -\dfrac{(100+200)}{(6)}$
  $= -50 \text{kN}(\downarrow)$
- $V_B = +\dfrac{M}{L} = +\dfrac{(100+200)}{(6)}$
  $= +50 \text{kN}(\uparrow)$

5 캔틸레버보, 내민보의 반력 계산

(1) 캔틸레버보

① 캔틸레버(Cantilever) 구조: 일단 자유단, 일단 고정단인 구조시스템
② 고정단에서만 수평반력(H), 수직반력(V), 모멘트반력(M) 3개의 반력이 발생할 수 있다.

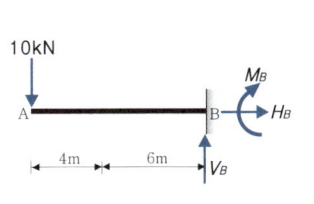 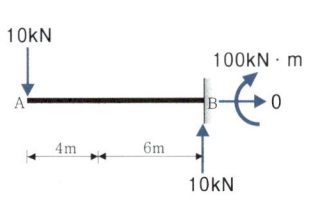

- $H_B = 0$
- $V_B = +10\text{kN}\,(\uparrow)$
- $M_B = +(10)(10) = +100\text{kN}\cdot\text{m}\,(\curvearrowright)$

(2) 내민보

① 내민(Overhanging) 구조: 단순지지 구조에서 한쪽이나 양쪽을 연장한 구조
② 중첩의 원리 보다는 평형조건으로 반력을 구하는 것이 더욱 간명한 해석이 된다. 수직반력을 구하고자 하는 반대쪽 지점에서 $\sum M = 0$을 이용한다.

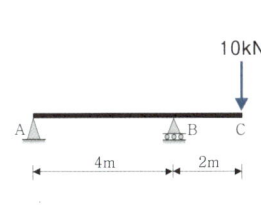 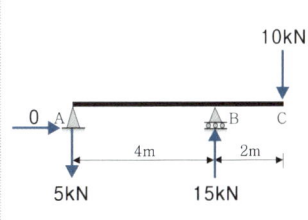

- $H_B = 0$
- $\sum M_B = 0 : +(V_A)(4) + (10)(2) = 0$
  ∴ $V_A = -5\text{kN}\,(\downarrow)$ ➡ $V_B = +15\text{kN}\,(\uparrow)$

6 겔버(Gerber)보의 반력 계산

■ Heinrich Gerber(1832~1912)

(1) 겔버(Gerber)보: 정정 연속보

단순지지된 구조물의 경간(Span)이 길어지면 분포하중의 제곱에 비례하는 함수로 휨모멘트가 급격히 증가하게 된다. 따라서 장경간(Long Span)의 구조에서는 휨모멘트를 감소시키는 특별한 형태의 구조물을 택해야만 안전하고 경제적인 구조시스템이 되는데 연속(지지)보가 이러한 요구를 만족시킬 수 있게 된다.

부정정 연속보와는 달리 겔버보는 정정구조이므로 온도변화에 따른 부재 내부에 단면력이 발생하지 않기 때문에 유리하며, 지반침하에 대해서도 부정정구조에 비해 유리한 주요 특징을 갖는다.

1866년 독일의 Heinrich Gerber(1832~1912)가 창안한 구조시스템이다.

(2) 겔버보의 특징

① 연속보에 부정정 차수만큼 부재 내에 힌지 절점을 넣어 정정으로 만든 보
② 겔버보는 단순보와 내민보 또는 단순보와 캔틸레버보의 결합으로 간주
③ 반력계산 시 단순보 구간을 먼저 해석하고 힌지를 지점으로 간주하여 반력을 계산한다. 그러나 지점으로 간주된 절점에서는 반력이 존재할 수 없으므로 계산된 반력을 힌지 절점에 하중으로 작용시켜 캔틸레버보나 내민보를 계산한다.

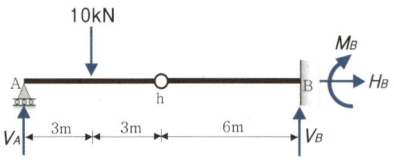

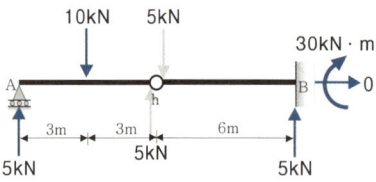

- Ah 단순보 구간: $V_A = V_h = +\dfrac{10}{2} = +5\text{kN}(\uparrow)$

- hB 캔틸레버 구간: $V_h = +5\text{kN}(\uparrow)$를 외력 $5\text{kN}(\downarrow)$으로 h절점에 다시 작용시켜 hB 캔틸레버 구조를 해석한다.
  $H_B = 0, \ V_B = +5\text{kN}(\uparrow), \ M_B = +30\text{kN} \cdot \text{m}(\curvearrowright)$

7 3-Hinge 라멘, 아치의 반력 계산

■ 아치(Arch) 곡선의 영향으로 단면 내에 전단력과 휨모멘트의 영향이 감소되고 축방향력이 증가하는 역학적 특성을 갖게 된다. 이와 같이 휨모멘트가 줄어든다는 특성으로 고대에서도 석재와 석재 사이에 특별한 접착재료가 없이도 안정성을 유지할 수 있다는 구조적 직관을 아치구조에서 얻어낼 수 있었다. 2개 이상의 직선 부재를 강절점(Rigid Joint)으로 연결한 구조를 독일식으로 라멘(Rahmen)이라고 표현하며, 프레임(Frame) 구조, 문형(門形)구조라고도 한다.

수직반력은 단순보의 경우와 동일하다. 수평반력 계산이 관건이며, 힌지 절점에서 $\Sigma M = 0$을 적용하여 수평반력을 계산한다.

①

- $V_A = +(60) \cdot \dfrac{3}{4} = +45 \text{kN}(\uparrow) \;\Rightarrow\; V_B = +15 \text{kN}(\uparrow)$
- $M_{h,Left} = +(45)(2) - (60)(1) - (H_A)(3) = 0$
  $H_A = +10 \text{kN}(\rightarrow) \;\Rightarrow\; H_B = -10 \text{kN}(\leftarrow)$

②

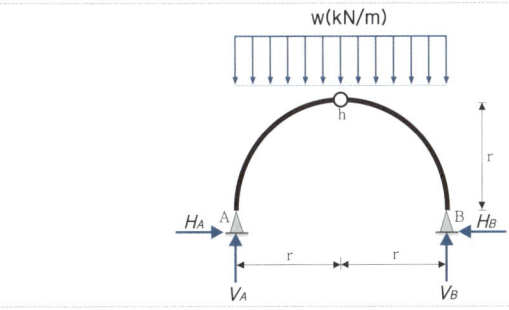

- $V_A = V_B = \dfrac{+(w \cdot 2r)}{2} = +wr \; (\uparrow)$
- $M_{h,Left} = +(w \cdot r)(r) - (H_A)(r) - (w \cdot r)\left(\dfrac{r}{2}\right) = 0$
  $H_A = +\dfrac{w \cdot r}{2}(\rightarrow) \;\Rightarrow\; H_B = -\dfrac{w \cdot r}{2}(\leftarrow)$

핵 심 문 제

CHAPTER 2 지점반력

1. 지점(Support)의 종류에 해당되지 않는 것은?

① 이동지점 ② 자유지점
③ 회전지점 ④ 고정지점

[해설]

이동지점	회전지점	고정지점

2. 구조해석의 기본 원리인 겹침의 원리(Principal of Superposition)를 설명한 것으로 틀린 것은?

① 탄성한도 이하의 외력이 작용할 때 성립한다.
② 부정정 구조물에서도 성립한다.
③ 외력과 변형이 비선형관계가 있을 때 성립한다.
④ 여러 종류의 하중이 실린 경우 이 원리를 이용하면 편리하다.

[해설]

③ 겹침의 원리는 중첩의 원리라고도 하며, 외력과 변형이 선형(Linear) 탄성한도(Elastic Limit) 이하의 관계에서만 성립한다.

3. 그림과 같은 보에서 A점의 반력은?

① 11.8kN(↑)
② 15.8kN(↑)
③ 21.8kN(↑)
④ 25.8kN(↑)

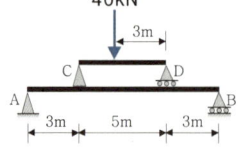

[해설]

$\sum M_B = 0 : +(V_A)(11) - (40)(6) = 0$

$\therefore V_A = +21.8 \text{kN}(\uparrow)$

4. 두 지점의 반력이 같게 되는 하중의 위치(x)는?

① 0.33m
② 1.33m
③ 2.33m
④ 3.33m

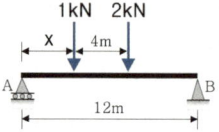

[해설]

(1) $\sum M_A = 0 : +(1)(x) + (2)(x+4) - (V_B)(12) = 0$

$\therefore V_B = \dfrac{3x+8}{12}$

(2) $V_A + V_B = 3\text{kN}$ 이고 $V_A = V_B$ 이므로

$V_B = \dfrac{3x+8}{12} = 1.5 \quad \therefore x = 3.333\text{m}$

5. 지점 A, B의 반력 $R_A = R_B$가 되기 위한 거리 x는?

① 2.67m
② 2.87m
③ 3.02m
④ 3.22m

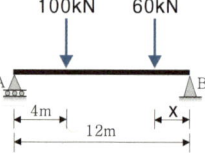

[해설]

(1) $\sum M_B = 0 : +(V_A)(12) - (100)(8) - (60)(x) = 0$

$\therefore V_A = \dfrac{60x+800}{12}$

(2) $V_A + V_B = 160\text{kN}$ 이고 $V_A = V_B$ 이므로

$V_A = \dfrac{60x+800}{12} = 80 \quad \therefore x = 2.666\text{m}$

해답 1. ② 2. ③ 3. ③ 4. ④ 5. ①

6. A점의 반력이 B점의 반력의 2배가 되도록 하는 거리 x는?

① 2.5m
② 3m
③ 3.5m
④ 4m

해설

(1) $\sum V = 0$: $+(V_A)+(V_B)-(4)-(2)=0$

$V_A = 2V_B$ 라는 조건에 의해서 $\therefore V_B = +2\text{kN}(\uparrow)$

(2) $\sum M_A = 0$:

$+(4)(x)+(2)(x+3)-(2)(15)=0 \quad \therefore x = 4\text{m}$

---

8. A점의 반력이 B점의 반력의 3배가 되기 위한 거리 x는?

① 3.75m
② 5.04m
③ 6.06m
④ 6.66m

해설

(1) $\sum V = 0$: $+(V_A)+(V_B)-(4.8)-(19.2)=0$

$V_A = 3V_B$ 라는 조건에 의해서 $\therefore V_B = +6\text{kN}(\uparrow)$

(2) $\sum M_A = 0$:

$+(4.8)(x)+(19.2)(x+1.8)-(6)(30)=0 \quad \therefore x = 6.06\text{m}$

---

7. A점의 반력이 B점의 반력의 2배가 되도록 하는 거리 x는?

① 1.67m
② 2.67m
③ 3.67m
④ 4.67m

해설

(1) $\sum V = 0$: $+(V_A)+(V_B)-(6)-(3)=0$

$V_A = 2V_B$ 라는 조건에 의해서 $\therefore V_B = +3\text{kN}(\uparrow)$

(2) $\sum M_A = 0$:

$+(6)(x)+(3)(x+4)-(3)(15)=0 \quad \therefore x = 3.67\text{m}$

---

9. 단순보에 하중 P가 경사지게 작용 시 A점에서의 수직반력 V_A는?

① $\dfrac{Pb}{(a+b)}$
② $\dfrac{Pb}{2(a+b)}$
③ $\dfrac{Pa}{(a+b)}$
④ $\dfrac{Pa}{2(a+b)}$

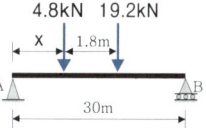

해설

(1) 하중 P의 수직성분: $P_V = P \cdot \sin 30° = \dfrac{P}{2}$

(2) $\sum M_B = 0$:

$+(V_A)(a+b)-\left(\dfrac{P}{2}\right)(b)=0$

$\therefore V_A = +P \cdot \dfrac{b}{2(a+b)}(\uparrow)$

해답 6. ④ 7. ③ 8. ③ 9. ②

10. 다음 단순보에서 B점의 반력(R_B)은?

① 90kN
② 135kN
③ 180kN
④ 215kN

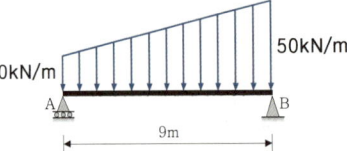

해설

$\sum M_A = 0 : +(20 \times 9)(4.5) + \left(\frac{1}{2} \times 9 \times 30\right)(6) - (V_B)(9) = 0$

$\therefore V_B = +180\text{kN}(\uparrow)$

11. 그림과 같은 단순보의 C점에 모멘트가 작용할 때 A점의 반력은?

① $\frac{10}{3}$kN($\uparrow$)
② $\frac{10}{3}$kN($\downarrow$)
③ 5kN($\uparrow$)
④ 5kN($\downarrow$)

해설

$\sum M_B = 0 : +(V_A)(9) + (30) = 0 \quad \therefore V_A = -\frac{10}{3}\text{kN}(\downarrow)$

12. 그림과 같은 보에서 A점의 반력은?

① 15kN
② 18kN
③ 20kN
④ 23kN

해설

$\sum M_B = 0 : +(V_A)(20) - (200) - (100) = 0$

$\therefore V_A = +15\text{kN}(\uparrow)$

13. 그림에서 지점 A의 반력은?

① $\frac{P}{3} - \frac{M_2 - M_1}{L}$
② $\frac{P}{3} - \frac{M_1 - M_2}{L}$
③ $\frac{P}{2} - \frac{M_2 + M_1}{L}$
④ $\frac{P}{2} - \frac{M_1 - M_2}{L}$

해설

$\sum M_B = 0 : +(V_A)(L) + (M_1) - (M_2) - (P)\left(\frac{L}{2}\right) = 0$

$\therefore V_A = +\frac{P}{2} - \frac{M_1 - M_2}{L}$

14. 다음 단순보의 반력 R_{Ax}의 크기는?

① $R_{Ax} = 300$kN
② $R_{Ax} = 350$kN
③ $R_{Ax} = 450$kN
④ $R_{Ax} = 566.4$kN

해설

(1) B지점의 반력 R_B(↖)

① $H_B = R_B \cdot \frac{3}{5}(\leftarrow)$
② $V_B = R_B \cdot \frac{4}{5}(\uparrow)$

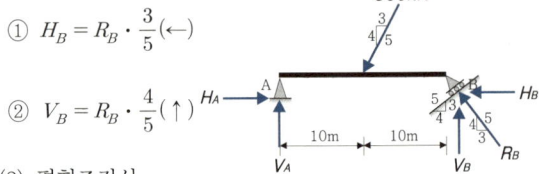

(2) 평형조건식

① $\sum H = 0 : +(H_A) - (300) - \left(R_B \cdot \frac{3}{5}\right) = 0$
② $\sum V = 0 : +(V_A) - (400) + \left(R_B \cdot \frac{4}{5}\right) = 0$
③ $\sum M_B = 0 : +(V_A)(20) - (400)(10) = 0$

$\therefore V_A = +200\text{kN}(\uparrow)$

(4) $R_B = 250\text{kN}(\nwarrow)$ 이므로 $R_{Ax} = H_A = +450\text{kN}(\rightarrow)$

15. 그림과 같은 트러스에서 A지점은 힌지(Hinge), B지점은 롤러(Roller)로 되어 있을 때 A점의 반력의 합력 크기는?

① 30kN
② 40kN
③ 50kN
④ 60kN

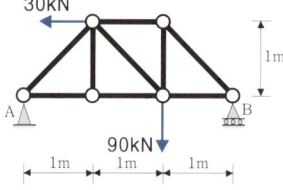

해설

(1) $\sum H = 0 : +(H_A) - (30) = 0 \qquad \therefore H_A = +30\text{kN}(\rightarrow)$

(2) $\sum M_B = 0 : +(V_A)(3) - (30)(1) - (90)(1) = 0$

$\therefore V_A = +40\text{kN}(\uparrow)$

(3) $R_A = \sqrt{H_A^2 + V_A^2} = \sqrt{(30)^2 + (40)^2} = 50\text{kN}(\nearrow)$

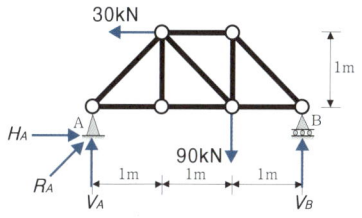

16. 그림과 같은 캔틸레버보에서 연행하중으로 인한 최대 반력 R_A는?

① 60kN
② 50kN
③ 30kN
④ 10kN

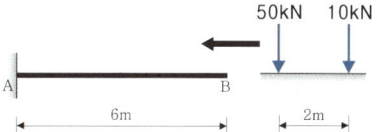

해설

A점의 반력은 수직반력 V_A이며, 연행하중이 보에 위치되었을 때 최대 반력 $V_A = 50 + 10 = 60\text{kN}$이 형성된다.

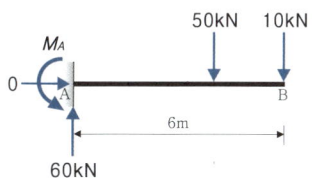

17. 그림과 같은 캔틸레버보에서 지점 B에서의 수직반력의 크기는?

① 0kN
② 50kN
③ 100kN
④ 200kN

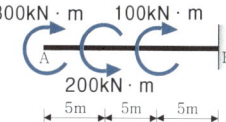

해설

$\sum V = 0 : +(V_B) = 0$

➡ 수직하중이 없으므로 수직반력도 없다.

18. 그림과 같은 보에서 A지점의 반력은?

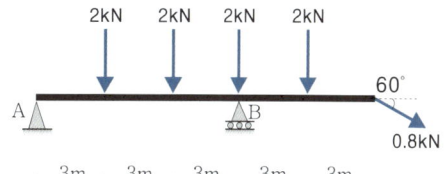

① $H_A = 0.871\text{kN}(\leftarrow)$, $V_A = 0.4\text{kN}(\uparrow)$
② $H_A = 0.4\text{kN}(\leftarrow)$, $V_A = 0.871\text{kN}(\uparrow)$
③ $H_A = 0.693\text{kN}(\leftarrow)$, $V_A = 0.871\text{kN}(\uparrow)$
④ $H_A = 0.4\text{kN}(\leftarrow)$, $V_A = 0.693\text{kN}(\uparrow)$

해설

(1) $\sum H = 0 : +(H_A) + (0.8 \cdot \cos 60) = 0$

$\therefore H_A = -0.4\text{kN}(\leftarrow)$

(2) $\sum M_B = 0 :$

$+(V_A)(9) - (2)(6) - (2)(3) + (2)(3) + (0.8 \cdot \sin 60)(6) = 0$

$\therefore V_A = +0.871\text{kN}(\uparrow)$

해답 15. ③ 16. ① 17. ① 18. ②

19. 그림과 같은 보에서 B지점의 반력이 $2P$가 되기 위해서 $\dfrac{b}{a}$ 는 얼마가 되어야 하는가?

① 0.75
② 1.00
③ 1.25
④ 1.50

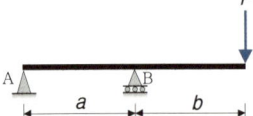

해설

$\sum M_A = 0 : -(2P)(a) + (P)(a+b) = 0$ 으로부터 $\dfrac{b}{a} = 1$

20. 그림과 같은 내민보의 지점 A에서의 수직반력의 크기는?

① 0kN
② 10kN
③ 20kN
④ 30kN

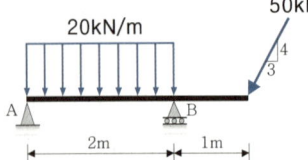

해설

$\sum M_B = 0 :$

$+(V_A)(2) - (20 \times 2)(1) + \left(50 \times \dfrac{4}{5}\right)(1) = 0 \quad \therefore V_A = 0$

21. 그림과 같은 내민보에서 반력 R_B의 크기가 집중하중 3kN과 같게 하기 위해서 L_1의 길이는?

① 0m
② 5m
③ 10m
④ 20m

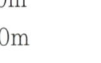
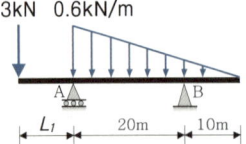

해설

$\sum M_A = 0 :$

$-(3)(L_1) + \left(\dfrac{1}{2} \times 30 \times 0.6\right)(10) - (3)(20) = 0 \quad \therefore L_1 = 10\text{m}$

22. 그림과 같은 겔버보의 A점 반력모멘트 M_A 는?

① $-12\text{kN} \cdot \text{m}$
② $-24\text{kN} \cdot \text{m}$
③ $-48\text{kN} \cdot \text{m}$
④ $-80\text{kN} \cdot \text{m}$

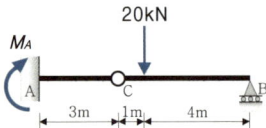

해설

(1) CB 단순보 $\sum M_B = 0 : +(V_C)(5) - (20)(4) = 0$

$\therefore V_C = +16\text{kN}(\uparrow)$

(2) AC 캔틸레버보 $\sum M_A = 0 : +(M_A) + (16)(3) = 0$

$\therefore M_A = -48\text{kN} \cdot \text{m}(\frown)$

23. 그림과 같은 겔버보에서 A점의 수직반력 V_A 와 모멘트반력 M_A는?

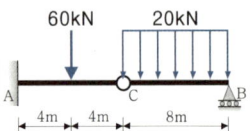

① $V_A = 20\text{kN}(\downarrow)$, $M_A = 400\text{kN} \cdot \text{m}$
② $V_A = 140\text{kN}(\uparrow)$, $M_A = -880\text{kN} \cdot \text{m}$
③ $V_A = 140\text{kN}(\uparrow)$, $M_A = -2,160\text{kN} \cdot \text{m}$
④ $V_A = 20\text{kN}(\downarrow)$, $M_A = 1,080\text{kN} \cdot \text{m}$

해설

(1) CB 단순보: $V_C = +\dfrac{(20 \times 8)}{2} = +80\text{kN}(\uparrow)$

(2) AC 캔틸레버보:

① $\sum V = 0 : +(V_A) - (60) - (80) = 0$

$\therefore V_A = +140\text{kN}(\uparrow)$

② $\sum M_A = 0 : +(M_A) + (60)(4) + (80)(8) = 0$

$\therefore M_A = -880\text{kN} \cdot \text{m}(\frown)$

해답 19. ② 20. ① 21. ③ 22. ③ 23. ②

24. 그림과 같은 겔버 보에서 A점의 반력은?

① 6kN(↓)
② 6kN(↑)
③ 30kN(↓)
④ 30kN(↑)

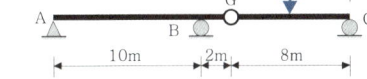

해설

(1) GC 단순보: $V_G = +\dfrac{60}{2} = +30\text{kN}(↑)$

(2) ABG 내민보:

$\sum M_B = 0 : +(V_A)(10)+(30)(2)=0$

$\therefore V_A = -6\text{kN}(↓)$

25. D점이 힌지인 겔버보에서 A점의 반력은?

① 30kN(↓)
② 40kN(↓)
③ 50kN(↓)
④ 60kN(↓)

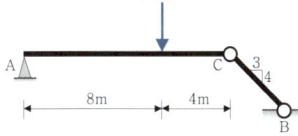

해설

(1) DC 단순보: $V_D = +\dfrac{240}{2} = +120\text{kN}(↑)$

(2) AD 내민보:

$\sum M_B = 0 : +(V_A)(6)+(120)(2)=0$

$\therefore V_A = -40\text{kN}(↓)$

26. 그림과 같은 겔버보에서 가장 큰 반력이 생기는 지점은 어디인가?

① A
② B
③ C
④ D

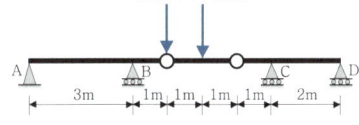

해설

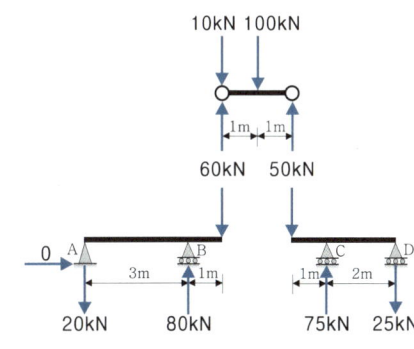

$R_{\max} = R_B = +80\text{kN}(↑)$ (B점에서 최대)

27. 그림과 같은 구조물의 BC에 발생하는 반력 R_B를 구한 값은? (단, BC의 경사는 연직 4에 대하여 수평 3)

① 60kN
② 50kN
③ 40kN
④ 20kN

해설

(1) $\sum M_A = 0 : +(60)(8)-(V_C)(12)=0$

$\therefore V_C = +40\text{kN}(↑)$

(2) $V_B = R_B \times \dfrac{4}{5}$ 이므로 $R_B = 40 \times \dfrac{5}{4} = 50\text{kN}(↖)$

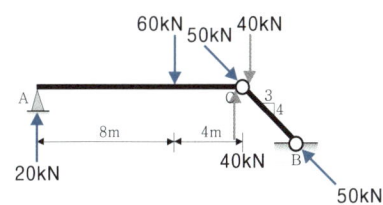

해답 24. ①　25. ②　26. ②　27. ②

28. 그림과 같은 구조물에서 C점의 반력이 $2P$가 되기 위한 $\dfrac{a}{b}$의 값은?

① 2
② 2.5
③ 3
④ 4

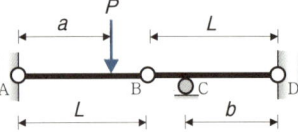

해설

(1) AB구간:

$V_B = P \times \dfrac{a}{L} = \dfrac{Pa}{L}$

(2) BCD구간:

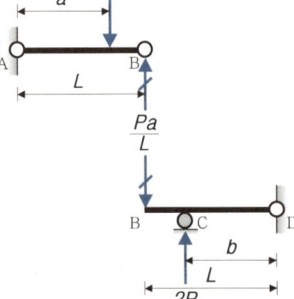

$\sum M_D = 0: \ +(2P)(b) - \left(\dfrac{Pa}{L}\right)(L) = 0 \quad \therefore \dfrac{a}{b} = 2$

29. 다음 라멘의 수직반력 V_B는?

① 20kN
② 30kN
③ 40kN
④ 50kN

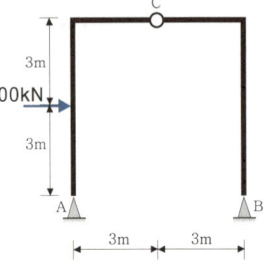

해설

(1) A점에서 모멘트평형조건을 고려하면 V_A, H_A, H_B 3개의 미지수가 소거되고 V_B만을 구할 수 있게 된다.

(2) $\sum M_A = 0:$

$+(100)(3) - (V_B)(6) = 0 \quad \therefore V_B = +50\text{kN}(\uparrow)$

30. 그림과 같은 라멘에서 D지점의 반력은?

① $0.5P(\uparrow)$
② $P(\uparrow)$
③ $1.5P(\uparrow)$
④ $2.0P(\uparrow)$

해설

$\sum M_A = 0:$

$-(V_D)(2L) + (P)(L) + (P)(L) = 0 \quad \therefore V_D = +P(\uparrow)$

31. 그림과 같은 라멘에서 B지점의 연직반력 R_B는?

① 60kN
② 70kN
③ 80kN
④ 90kN

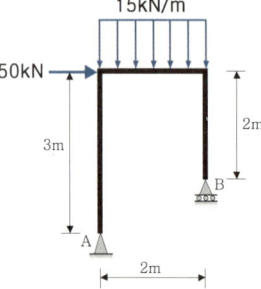

해설

$\sum M_A = 0:$

$+(50)(3) + (15 \times 2)(1) - (R_B)(2) = 0 \quad \therefore R_B = +90\text{kN}(\uparrow)$

32. 그림과 같은 라멘에서 A점의 수직반력은?

① 65kN
② 75kN
③ 85kN
④ 95kN

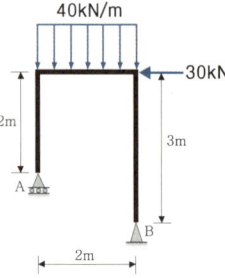

해설

$\sum M_B = 0:$

$+(V_A)(2) - (40 \times 2)(1) - (30)(3) = 0 \quad \therefore V_A = +85\text{kN}(\uparrow)$

해답 28. ① 29. ④ 30. ② 31. ④ 32. ③

33. 그림과 같은 라멘에서 A점의 반력은?

① 30kN
② 45kN
③ 60kN
④ 90kN

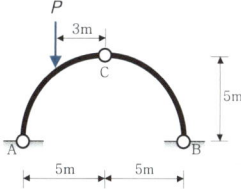

해설

$\sum M_B = 0$:

$+(V_A)(3) - (40 \times 3)(1.5) - (30)(3) = 0$

$\therefore V_A = +90\text{kN}(\uparrow)$

35. 그림과 같은 3힌지 아치구조에서 A점 수평반력은?

① P
② $P/2$
③ $P/4$
④ $P/5$

해설

(1) $\sum M_B = 0$: $+(V_A)(10) - (P)(8) = 0$

$\therefore V_A = +\dfrac{8}{10}P(\uparrow)$

(2) $M_{C,Left} = 0$: $+\left(\dfrac{8}{10}P\right)(5) - (H_A)(5) - (P)(3) = 0$

$\therefore H_A = +\dfrac{P}{5}(\rightarrow)$

34. 그림의 라멘에서 수평반력 H는?

① 90kN
② 45kN
③ 30kN
④ 22.5kN

해설

(1) $\sum M_B = 0$: $+(V_A)(12) - (120)(3) = 0$

$\therefore V_A = +30\text{kN}(\uparrow)$

(2) $M_{C,Left} = 0$: $+(30)(6) - (H_A)(8) = 0$

$\therefore H_A = +22.5\text{kN}(\rightarrow)$

36. 그림과 같은 3힌지 아치구조에서 B지점의 수평반력은?

① 20kN
② 25kN
③ 30kN
④ 35kN

해설

(1) $\sum M_A = 0$: $+(100)(2.5) - (V_B)(10) = 0$

$\therefore V_B = +25\text{kN}(\uparrow)$

(2) $M_{C,Right} = 0$: $-(H_B)(5) - (25)(5) = 0$

$\therefore H_B = -25\text{kN}(\leftarrow)$

해답 33. ④   34. ④   35. ④   36. ②

37. 그림과 같은 3힌지 아치구조에서 A점의 수평반력 H_A는?

① 55kN
② 65kN
③ 75kN
④ 85kN

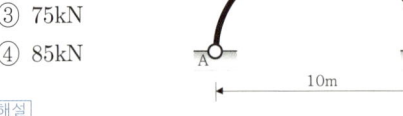

해설

(1) $\sum M_B = 0$: $+(V_A)(10) - (200)(7) = 0$

$$\therefore V_A = +140\text{kN}(\uparrow)$$

(2) $M_{C,Left} = 0$: $+(140)(5) - (H_A)(4) - (200)(2) = 0$

$$\therefore H_A = +75\text{kN}(\rightarrow)$$

38. 그림과 같은 3힌지 아치구조에서 A점에 작용하는 수평반력 H_A는?

① $H_A = 100$kN
② $H_A = 150$kN
③ $H_A = 200$kN
④ $H_A = 300$kN

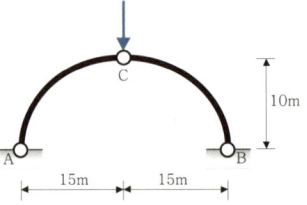

해설

(1) 대칭구조이므로 $V_A = +\dfrac{400}{2} = 200\text{kN}(\uparrow)$

(2) $M_{C,Left} = 0$: $+(200)(15) - (H_A)(10) = 0$

$$\therefore H_A = +300\text{kN}(\rightarrow)$$

39. 그림과 같은 아치에서 A점에 작용하는 수평반력 H_A는?

① 75kN
② 100kN
③ 150kN
④ 200kN

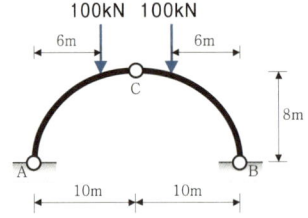

해설

(1) 대칭구조이므로 $V_A = +100\text{kN}(\uparrow)$

(2) $M_{C,Left} = 0$: $+(100)(10) - (100)(4) - (H_A)(8) = 0$

$$\therefore H_A = +75\text{kN}(\rightarrow)$$

40. 그림과 같은 3회전단 아치구조물의 지점 A의 수평반력은?

① 100kN
② 40kN
③ 60kN
④ 80kN

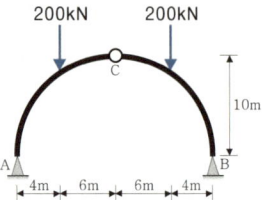

해설

(1) 대칭구조이므로 $V_A = +\dfrac{200+200}{2} = +200\text{kN}(\uparrow)$

(2) $M_{C,Left} = 0$: $-(H_A)(10) + (200)(10) - (200)(6) = 0$

$$\therefore H_A = +80\text{kN}(\rightarrow)$$

41. 그림과 같은 3힌지 아치구조에서 지점 B에서의 수평반력은?

① $\dfrac{Pa}{4R}$
② $\dfrac{P(R-a)}{2R}$
③ $\dfrac{P(R-a)}{4R}$
④ $\dfrac{Pa}{2R}$

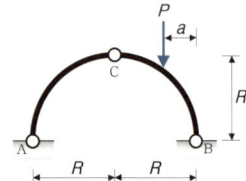

해설

(1) $\sum M_B = 0$: $+(V_A)(2R) - (P)(a) = 0$

$$\therefore V_A = +\dfrac{Pa}{2R}(\uparrow)$$

(2) $M_{C,Left} = 0$: $+\left(\dfrac{Pa}{2R}\right)(R) - (H_A)(R) = 0$

$$\therefore H_A = +\dfrac{Pa}{2R}(\rightarrow) \;\Rightarrow\; H_B = -\dfrac{Pa}{2R}(\leftarrow)$$

42. 그림과 같은 3힌지 아치구조에서 A지점 수평반력은?

① $\dfrac{wL^2}{8h}(\leftarrow)$

② $\dfrac{wh^2}{8L}(\leftarrow)$

③ $\dfrac{wL^2}{8h}(\rightarrow)$

④ $\dfrac{wh^2}{8L}(\rightarrow)$

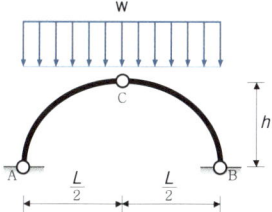

해설

(1) 대칭구조이므로 $V_A = +\dfrac{wL}{2}(\uparrow)$

(2) $M_{C,Left} = 0$:

$+\left(\dfrac{wL}{2}\right)\left(\dfrac{L}{2}\right) - (H_A)(h) - \left(w \cdot \dfrac{L}{2}\right)\left(\dfrac{L}{4}\right) = 0$

$\therefore H_A = +\dfrac{wL^2}{8h}(\rightarrow)$

43. 그림과 같은 3힌지 아치구조에서 B점의 수평반력 H_B는?

① $\dfrac{L}{4wh}$

② $\dfrac{L}{2wh}$

③ $\dfrac{wh}{4}$

④ $2wh$

해설

(1) $\sum M_A = 0 : +(w \cdot h)\left(\dfrac{h}{2}\right) - (V_B)(L) = 0$

$\therefore V_B = +\dfrac{wh^2}{2L}(\uparrow)$

(2) $M_{C,Right} = 0 : -\left(\dfrac{wh^2}{2L}\right)\left(\dfrac{L}{2}\right) - (H_B)(h) = 0$

$\therefore H_B = -\dfrac{wh}{4}(\leftarrow)$

44. 그림과 같은 3힌지 아치구조에서 B점의 수평반력 H_B는?

① 20kN

② 30kN

③ 40kN

④ 50kN

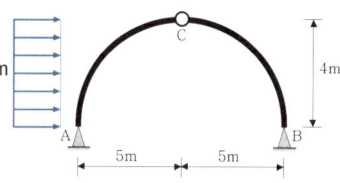

해설

(1) $\sum M_A = 0 : +(30 \times 4)(2) - (V_B)(10) = 0$

$\therefore V_B = +24\text{kN}(\uparrow)$

(2) $M_{C,Right} = 0 : -(24)(5) - (H_B)(4) = 0$

$\therefore H_B = -30\text{kN}(\leftarrow)$

45. 그림과 같은 3힌지 아치구조에서 A지점의 반력은?

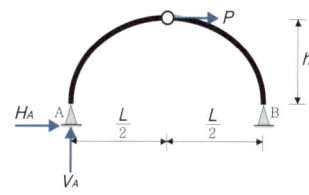

① $V_A = \dfrac{Ph}{L}, \; H_A = \dfrac{P}{2}$

② $V_A = \dfrac{Ph}{L}, \; H_A = -\dfrac{P}{2h}$

③ $V_A = -\dfrac{Ph}{L}, \; H_A = \dfrac{P}{2h}$

④ $V_A = -\dfrac{Ph}{L}, \; H_A = -\dfrac{P}{2}$

해설

(1) $\sum M_B = 0 : +(V_A)(L) + (P)(h) = 0$

$\therefore V_A = -\dfrac{Ph}{L}(\downarrow)$

(2) $M_{C,Left} = 0 : -(H_A)(h) - \left(\dfrac{Ph}{L}\right)\left(\dfrac{L}{2}\right) = 0$

$\therefore H_A = -\dfrac{P}{2}(\leftarrow)$

해답 42. ③   43. ③   44. ②   45. ④

46. 그림과 같은 3힌지 아치구조에서 A지점의 반력은?

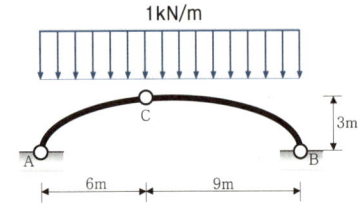

① $V_A = 7.5\text{kN}(\uparrow)$, $H_A = 9\text{kN}(\rightarrow)$
② $V_A = 6\text{kN}(\uparrow)$, $H_A = 6\text{kN}(\rightarrow)$
③ $V_A = 9\text{kN}(\uparrow)$, $H_A = 12\text{kN}(\rightarrow)$
④ $V_A = 6\text{kN}(\uparrow)$, $H_A = 12\text{kN}(\rightarrow)$

해설

(1) $\sum M_B = 0$: $+(V_A)(15)-(1\times15)(7.5)=0$

$$\therefore V_A = +7.5\text{kN}(\uparrow)$$

(2) $M_{C,Left} = 0$: $+(7.5)(6)-(H_A)(3)-(1\times6)(3)=0$

$$\therefore H_A = +9\text{kN}(\rightarrow)$$

47. 그림과 같은 비대칭 3힌지 아치에서 힌지 C에 연직하중(P) 150kN이 작용한다. A지점의 수평반력 H_A는?

① 124.3kN
② 157.9kN
③ 184.2kN
④ 210.5kN

해설

(1) $\sum M_B = 0$: $+(V_A)(18)-(H_A)(5)-(150)(8)=0$ 에서

$$18V_A - 5H_A = 1200\ldots①$$

(2) $M_{C,Left} = 0$: $+(V_A)(10)-(H_A)(7)=0\ldots②$

(3) ①, ② 두 식을 연립하면 $H_A = +157.9\text{kN}(\rightarrow)$

해답 46. ① 47. ②

제3장 전단력, 휨모멘트

COTENTS

1. 부재력(=단면력, 내력): 부호 규약 ········ 58
2. 축방향력(Axial Force) ········ 58
3. 전단력(Shear Force, V) ········ 59
4. 휨모멘트(Bending Moment, M) ········ 62
5. 하중 - 전단력 - 휨모멘트 관계 ········ 65
6. 주요 하중에 따른 전단력도(SFD)와 휨모멘트도(BMD) ········ 68
7. 대표적인 라멘(Rahmen)에 대한 부재력도 ········ 76
8. 대표적인 아치(Arch)에 대한 부재력도 ········ 78
9. 절대최대휨모멘트($M_{\max,\,abs}$) ········ 79
   - 핵심문제 ········ 80

3 전단력, 휨모멘트

CHECK

(1) 전단력(V, Shear Force)과 휨모멘트(M, Bending Moment)의 계산의 원칙
(2) 전단력도(SFD, Shear Force Diagram)와 휨모멘트도(BMD, Bending Moment Diagram)의 관계
(3) 전단력(V, Shear Force)과 휨모멘트(M, Bending Moment)의 원칙에 위배되는 계산
(4) 이동하중에 대한 절대최대휨모멘트($M_{\max,abs}$)의 계산

1 부재력(=단면력, 내력): 부호 규약

외적인 하중이 구조물에 작용하게 되면, 구조물을 지지하고 있는 부재의 단면마다 하중과 반력의 합력과 크기가 같고 방향이 반대인 부재력(Member Force)이 유발된다.

종류	대표 기호	변형형태와 부호규약	
		(+)	(−)
축(방향)력 (Axial Force)	F 또는 N		
전단력 (Shear Force)	V 또는 S		
휨모멘트 (Bending Moment)	M	하부 인장	상부 인장

2 축방향력(Axial Force)

부재축과 나란히 작용하여 부재를 압축(Compression, −) 또는 인장(Tension, +) 시키려는 힘으로서 보(Beam) 부재에서는 수평하중 또는 경사하중이 작용할 때 축방향력이 발생한다. 그런데, 보 부재는 주로 수직하중을 받는 구조시스템이므로 수평방향의 축방향력이 거의 발생하지 않고 전단력이나 휨모멘트가 구조거동을 지배하게 된다.

> 핵심예제 1

그림과 같은 반경이 r인 반원 아치에서 D점의 축방향력 N_D의 크기는?

① $N_D = \dfrac{P}{2}(\cos\theta - \sin\theta)$

② $N_D = \dfrac{P}{2}(r\cos\theta - \sin\theta)$

③ $N_D = \dfrac{P}{2}(\cos\theta - r\sin\theta)$

④ $N_D = \dfrac{P}{2}(\sin\theta + \cos\theta)$

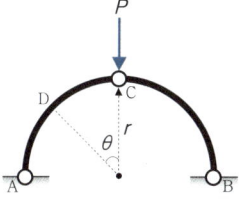

[해설] (1) $V_A = +\dfrac{P}{2}(\uparrow),\ H_A = +\dfrac{P}{2}(\rightarrow)$

(2) $N_D = -[+V_A \cdot \sin\theta + H_A \cdot \cos\theta] = -\left[+\dfrac{P}{2}(\sin\theta + \cos\theta)\right]$ (압축)

답 : ④

3 전단력(Shear Force, V)

(1) 정의 및 일반적인 특성

①	정의 : 부재를 수직방향으로 절단하려는 힘
②	임의 점의 전단력은 그 점을 수직 절단하여 한쪽(좌측 또는 우측)만의 수직력의 합력을 구하면 된다.
③	단순보에서 지점의 전단력은 지점반력이다.
④	전단력이 0인 곳에서 최대휨모멘트가 발생한다.

(2) 전단력의 계산

①	지점반력 계산	
②	임의 점을 수직절단 후	
	• 절단면의 좌측으로 계산시	➡ (+) 부호를 붙이고 계산
	• 절단면의 우측으로 계산 시	➡ (−) 부호를 붙이고 계산
③	수직력의 계산	➡ 상향력(↑) : (+) 계산
		➡ 하향력(↓) : (−) 계산

■ 캔틸레버(Cantilever) 구조의 경우 자유단 쪽으로부터 전단력 계산을 시도하면 고정단의 지점반력을 계산하지 않아도 된다.

핵심예제 2

그림과 같은 단순보의 C점에서의 전단력의 절대값은?

① 72kN
② 108kN
③ 144kN
④ 176kN

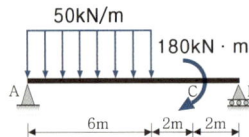
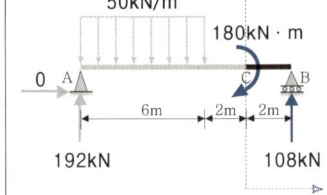

해설 (1) $\sum M_B = 0: +(V_A)(10) - (50 \times 6)(7) + (180) = 0$ ∴ $V_A = +192\text{kN}(\uparrow)$

(2) $\sum V = 0: +(V_A) + (V_B) - (50 \times 6) = 0$ ∴ $V_B = +108\text{kN}(\uparrow)$

(3) $V_{C,Right} = -[+(108)] = -108\text{kN}(\downarrow\uparrow)$

답 : ②

핵심예제 3

그림과 같은 캔틸레버 보에서 C점의 전단력은?

① $-\dfrac{wL}{8}$ ② $+\dfrac{wL}{8}$

③ $-\dfrac{3wL}{8}$ ④ $+\dfrac{3wL}{8}$

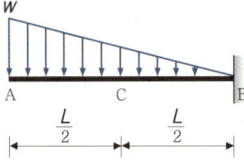
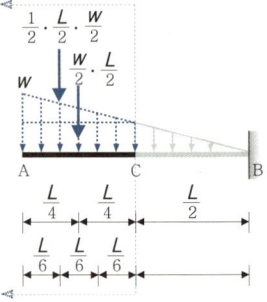

해설 (1) 캔틸레버 구조이므로 C점을 수직절단하여 자유단쪽을 계산하면 지점반력을 구할 필요가 없다.

(2) $V_{C,Left} = +[-\left(\dfrac{w}{2} \cdot \dfrac{L}{2}\right) - \left(\dfrac{1}{2} \cdot \dfrac{L}{2} \cdot \dfrac{w}{2}\right)] = -\dfrac{3wL}{8}(\downarrow\uparrow)$

답 : ③

핵심예제 4

그림과 같은 보에서 C점의 전단력은?

① -5kN
② 5kN
③ -10kN
④ 10kN

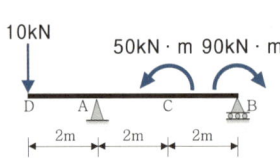
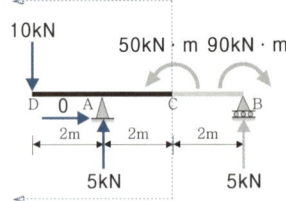

해설 (1) $\sum M_B = 0: -(10)(6) + (V_A)(4) - (50) + (90) = 0$

∴ $V_A = +5\text{kN}(\uparrow)$

(2) $V_{C,Left} = +[-(10) + (5)] = -5\text{kN}(\downarrow\uparrow)$

답 : ①

핵심예제 5

그림과 같은 겔버보의 A점의 전단력은?

① 40kN
② 60kN
③ 120kN
④ 240kN

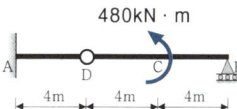

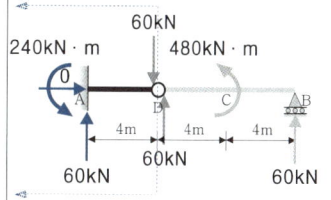

[해설] (1) DB 단순보: $V_D = +\dfrac{480\text{kN}\cdot\text{m}}{8\text{m}} = +60\text{kN}(\uparrow)$,

$V_B = -\dfrac{480\text{kN}\cdot\text{m}}{8\text{m}} = -60\text{kN}(\downarrow)$

(2) D점은 지점이 아니므로 60kN의 반력을 하중(↓)으로 치환한다.

(3) AD 캔틸레버보: $V_A = +60\text{kN}(\uparrow)$

(4) $V_{A,Left} = +[+(60)] = +60\text{kN}(\uparrow\downarrow)$

답 : ②

핵심예제 6

그림과 같은 3힌치 아치(Arch)에 힌지인 G점에 집중하중이 작용하고 있다. 중심각도 45°일 때 C점에서의 전단력은?

① $\dfrac{P}{2}$

② $-\dfrac{P}{2}$

③ $\dfrac{\sqrt{2}}{2}P$

④ 0

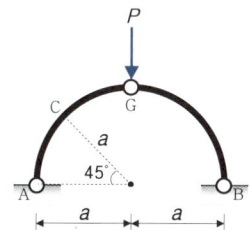

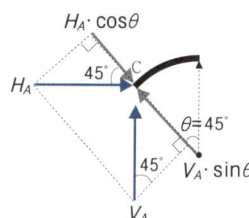

[해설] (1) 반원형 아치이므로 $V_A = +\dfrac{P}{2}(\uparrow)$, $H_A = +\dfrac{P}{2}(\rightarrow)$

(2) $V_C = +V_A \cdot \sin\theta - H_A \cdot \cos\theta = +\left[\dfrac{P}{2}(\sin 45° - \cos 45°)\right] = 0$

답 : ④

4 휨모멘트(Bending Moment, M)

(1) 정의 및 일반적인 특성

①	정의 : 외력에 의해 부재를 구부리려는 힘
②	임의 점의 휨모멘트는 그 점을 수직 절단하여 한쪽(좌측 또는 우측)만의 수직력×거리의 합력을 구하면 된다.
③	휨모멘트가 최대인 곳에서 전단력은 0이다.
④	임의의 단면에서 휨모멘트 값은 그 단면의 좌측 또는 우측 어느 한쪽만의 전단력도의 면적과 같다.

(2) 휨모멘트의 계산

①	지점반력 계산	
②	임의 점을 수직절단 후	
	• 절단면의 좌측으로 계산시	➡ (+) 부호를 붙이고 계산
	• 절단면의 우측으로 계산 시	➡ (−) 부호를 붙이고 계산
③	모멘트의 합력 계산	시계 방향(⌒) : (+)계산
		반시계 방향(⌒) : (−)계산

■ 캔틸레버(Cantilever) 구조의 경우 자유단 쪽으로부터 휨모멘트 계산을 시도하면 고정단의 지점반력을 계산하지 않아도 된다.

핵심예제7

그림과 같은 단순보의 중앙점(C점) 휨모멘트 M_C는?

① 100kN · m
② 200kN · m
③ 300kN · m
④ 400kN · m

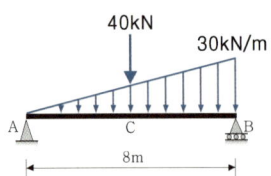

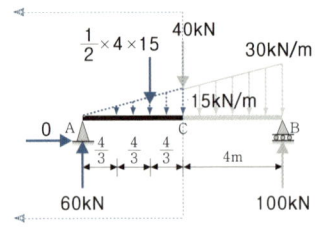

[해설] (1) $\sum M_B = 0 : +(V_A)(8) - (40)(4) - \left(\frac{1}{2} \times 8 \times 30\right)\left(\frac{8}{3}\right) = 0$

$$\therefore V_A = +60\text{kN}(\uparrow)$$

(2) $M_{C,Left} = + \left[+(60)(4) - \left(\frac{1}{2} \times 4 \times 15\right)\left(\frac{4}{3}\right)\right] = +200\text{kN} \cdot \text{m}(\smile)$

답 : ②

핵심예제 8

그림의 캔틸레버보에서 C점의 휨모멘트는?

① $-\dfrac{1}{6}qL^2$

② $-\dfrac{1}{2}qL^2$

③ $-\dfrac{1}{3}qL^2$

④ $-\dfrac{5}{6}qL^2$

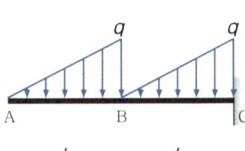

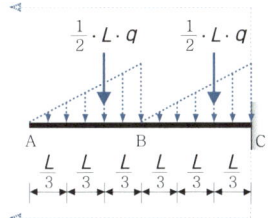

해설 (1) 캔틸레버 구조이므로 C점을 수직절단하여 자유단쪽을 계산하면 지점반력을 구할 필요가 없다.

(2) $M_{C,Left} = +\left[-\left(\dfrac{1}{2}\cdot L\cdot q\right)\left(\dfrac{4L}{3}\right) - \left(\dfrac{1}{2}\cdot L\cdot q\right)\left(\dfrac{L}{3}\right)\right] = -\dfrac{5}{6}qL^2\;(\frown)$

답 : ④

핵심예제 9

그림과 같은 내민보에서 D점의 휨모멘트 M_D는 얼마인가?

① 180kN · m

② 160kN · m

③ 140kN · m

④ 120kN · m

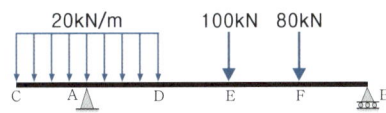

해설 (1) $\sum M_B = 0: +(V_A)(8) - (20\times 4)(8) - (100)(4) - (80)(2) = 0$

∴ $V_A = +150\text{kN}(\uparrow)$

(2) $M_{D,Left} = +[-(20\times 4)(2) + (150)(2)] = +140\text{kN}\cdot\text{m}$

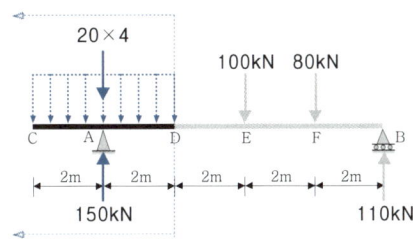

답 : ③

핵심예제10

그림과 같은 겔버보의 E점(지점 C에서 오른쪽으로 10m 떨어진 점)에서의 휨모멘트 값은?

① 600kN·m
② 640kN·m
③ 1,000kN·m
④ 1,600kN·m

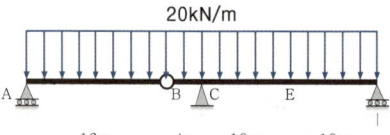

[해설] (1) AB 단순보: $V_A = V_B = +\dfrac{20 \times 16}{2} = +160\text{kN}(\uparrow)$

(2) B점은 지점이 아니므로 160kN의 반력을 하중(↓)으로 치환한다.

(3) BCED 내민보 $\sum M_C = 0$:

$-(160)(4) + (20 \times 24)(8) - (V_D)(20) = 0$ ∴ $V_D = +160\text{kN}(\uparrow)$

(4) $M_{E,Right} = -[+(20 \times 10)(5) - (160)(10)] = +600\text{kN·m}(\smile)$

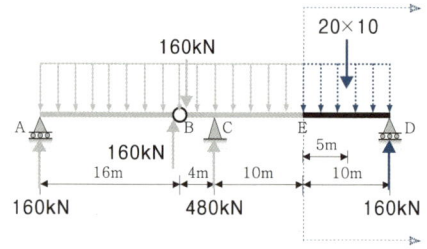

답 : ①

핵심예제11

단순보 형식의 정정 라멘에서 F점의 휨모멘트 M_F 값은 얼마인가?

① 286kN·m
② 216kN·m
③ 126kN·m
④ 186kN·m

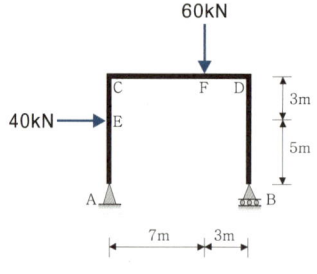 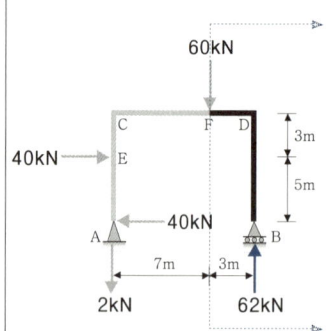

[해설] (1) $\sum M_A = 0$: $+(40)(5) + (60)(7) - (V_B)(10) = 0$ ∴ $V_B = +62\text{kN}(\uparrow)$

(2) $M_{F,Right} = -[-(62)(3)] = +186\text{kN·m}(\smile)$

답 : ④

핵심예제12

그림과 같은 $r=4\text{m}$인 3힌지 원호 아치에서 지점A에서 1m 떨어진 E점의 휨모멘트는?

① $-8.23\text{kN}\cdot\text{m}$
② $-13.22\text{kN}\cdot\text{m}$
③ $-16.61\text{kN}\cdot\text{m}$
④ $-20\text{kN}\cdot\text{m}$

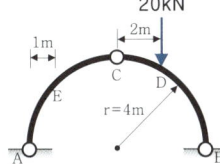

해설 (1) $\Sigma M_B = 0 : +(V_A)(8) - (20)(2) = 0$ ∴ $V_A = +5\text{kN}(\uparrow)$

(2) $M_{C,Left} = 0 : +(V_A)(4) - (H_A)(4) = 0$ ∴ $H_A = +5\text{kN}(\rightarrow)$

(3) $M_{E,Left} = +[+(5)(1) - (5)(\sqrt{4^2 - 3^2})] = -8.23\text{kN}\cdot\text{m}(\frown)$

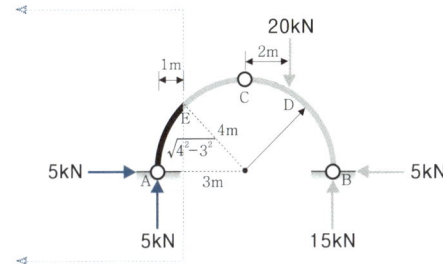

답 : ①

5 하중 – 전단력 – 휨모멘트 관계

미소 구간 dx	미소 단면 A점
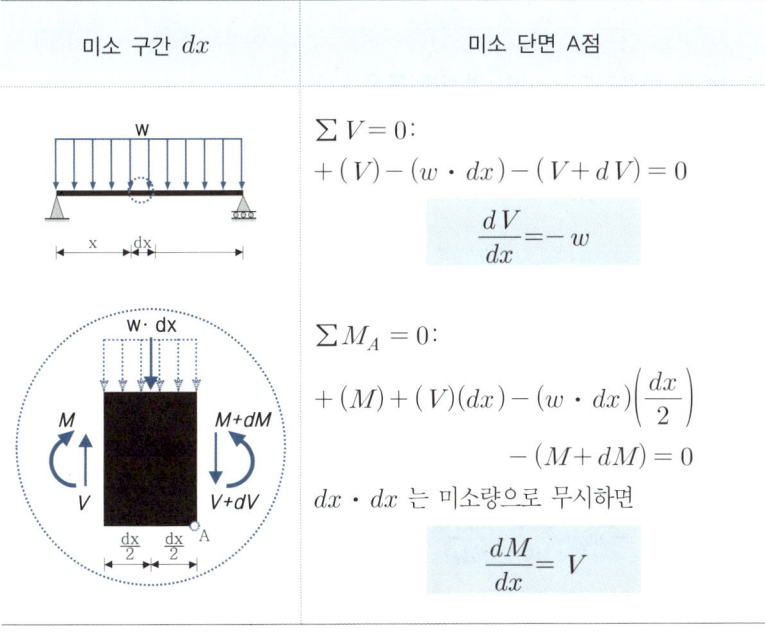	$\Sigma V = 0:$ $+(V) - (w\cdot dx) - (V+dV) = 0$ $$\dfrac{dV}{dx} = -w$$ $\Sigma M_A = 0:$ $+(M) + (V)(dx) - (w\cdot dx)\left(\dfrac{dx}{2}\right)$ $\qquad - (M+dM) = 0$ $dx\cdot dx$는 미소량으로 무시하면 $$\dfrac{dM}{dx} = V$$

적분 형식	미분 형식
$M = \int V dx = -\int\int w dx \cdot dx$	$-w = \dfrac{dV}{dx} = \dfrac{d^2 M}{dx^2}$
하중 – 적분 – 전단력 – 적분 – 휨모멘트	휨모멘트 – 미분 – 전단력 – 미분 – 하중

(1) 보의 휨모멘트의 최대 및 최소값은 전단력이 0인 단면에서 발생하며, 이 반대도 성립한다.
(2) 집중하중만을 받는 단순보의 최대 휨모멘트는 하중작용점에서 발생한다.
(3) 하중이 없는 부분의 전단력도는 x축에 평행한 직선이 되고, 또한 이 부분의 휨모멘트는 1차 직선이 된다.
(4) 모멘트하중이 아닌 다른 하중을 받는 보의 임의의 단면에서 휨모멘트의 절대값은 그 단면의 좌측 또는 우측에서 전단력도 면적의 절대값과 같다.
(5) 단순보에 모멘트하중이 작용하지 않을 경우 전단력의 (+)의 면적과 (−)의 면적은 같다.

핵심예제13

힘을 받는 부재에서 휨모멘트 M과 하중강도 w_x의 관계로 옳은 것은?

① $\dfrac{d^2 M}{dx^2} = -w_x$

② $\dfrac{dM}{dx} = -w_x$

③ $\int M dx = -w_x$

④ $\int\int M dx dx = -w_x$

해설 하중(w) – 전단력(V) – 휨모멘트(M)의 관계식: $-w_x = \dfrac{dV}{dx} = \dfrac{d^2 M}{dx^2}$

답 : ①

핵심예제14

등분포하중과 집중하중이 작용할 경우 최대 휨모멘트 값은?

① 375kN · m
② 383kN · m
③ 402kN · m
④ 416kN · m

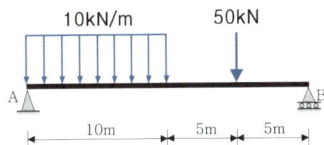
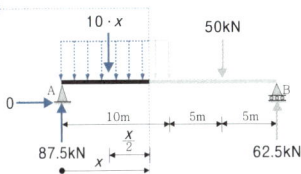

해설 (1) $\sum M_B = 0 : +(V_A)(20) - (10 \times 10)(15) - (50)(5) = 0$

$\therefore V_A = +87.5\text{kN}(\uparrow)$

(2) $M_x = +(87.5)(x) - (10 \times x)\left(\dfrac{x}{2}\right) = +87.5x - 5x^2$

(3) $V = \dfrac{dM_x}{dx} = +87.5 - 10x = 0$ 에서 $x = 8.75\text{m}$

(4) $M_{\max} = +(87.5)(8.75) - 5(8.75)^2 = +382.81\text{kN} \cdot \text{m}(\smile)$

답 : ②

핵심예제15

정정 라멘에 등분포하중 w 가 작용 시 최대 휨모멘트는?

① $0.186wL^2$
② $0.219wL^2$
③ $0.250wL^2$
④ $0.281wL^2$

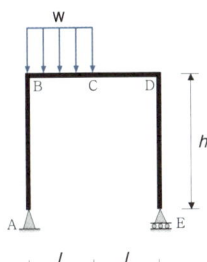
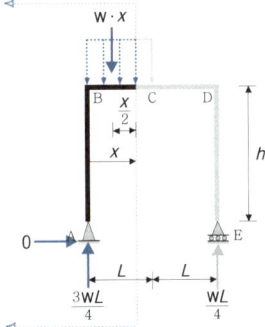

해설 (1) $\sum M_E = 0 : +(V_A)(2L) - (w \cdot L)\left(L + \dfrac{L}{2}\right) = 0$ $\therefore V_A = +\dfrac{3}{4}wL(\uparrow)$

(2) $M_x = +\left(\dfrac{3wL}{4}\right)(x) - (w \cdot x)\left(\dfrac{x}{2}\right) = +\dfrac{3wL}{4} \cdot x - \dfrac{w}{2} \cdot x^2$

(3) $V = \dfrac{dM_x}{dx} = +\dfrac{3wL}{4} - w \cdot x = 0$ 에서 $x = \dfrac{3L}{4}$

(4) $M_{\max} = +\left(\dfrac{3wL}{4}\right)\left(\dfrac{3L}{4}\right) - \left(\dfrac{w}{2}\right)\left(\dfrac{3L}{4}\right)^2 = +\dfrac{9}{32}wL^2 = +0.281wL^2(\smile)$

답 : ④

6 주요 하중에 따른 전단력도(SFD)와 휨모멘트도(BMD)

(1) 전단력도(SFD)와 휨모멘트도(BMD)를 그리는 기본적인 원칙

① 보 또는 라멘구조물의 지점반력을 계산한 후 양쪽 단부에서 시작하여 중앙부로 진행한다.

② 보 또는 라멘구조물의 임의의 i점에 집중하중 P가 작용할 때 i점은 불연속(Discontinuity)이므로 i점의 전단력 V_i는 정의되지 않는다. 따라서, i점의 왼쪽 단면의 전단력 $V_{i,Left}$와 오른쪽 단면의 전단력 $V_{i,Right}$라는 2개의 값이 존재하게 되며, 이것은 수직반력이 존재하는 각각의 지점에서도 마찬가지이다.

③ 같은 의미로 보 또는 라멘구조물의 임의의 i점에 모멘트하중 M이 작용할 때 i점의 왼쪽 단면의 휨모멘트 $M_{i,Left}$와 오른쪽 단면의 휨모멘트 $M_{i,Right}$라는 2개의 값이 존재하게 된다.

④ 전단력도와 휨모멘트도를 그릴 때 $w = -\dfrac{dV}{dx}$, $V = \dfrac{dM}{dx}$, $\Delta M = M_B - M_A = \int_A^B V\,dx$의 내용과 의미를 이해하고 적재적소에서 활용하면 매우 편리하다.

(2) 단순보

① 중앙점 집중하중 작용

하중도	전단력도(SFD)	휨모멘트도(BMD)

■ 주요 포인트
- $V_A = V_B = \dfrac{P}{2}$

  $V_{\max} = \dfrac{P}{2}$, $V_C = 0$
- $M_A = 0$, $M_B = 0$

  $M_C = M_{\max} = \dfrac{PL}{4}$

② 등분포하중 만재 시

하중도	전단력도(SFD)	휨모멘트도(BMD)

■ 주요 포인트
- $V_A = V_B = \dfrac{wL}{2}$

  $V_{\max} = \dfrac{wL}{2}$, $V_C = 0$
- $M_A = 0$, $M_B = 0$

  $M_C = M_{\max} = \dfrac{wL^2}{8}$

핵심예제16

다음 그림에서 중앙점의 휨모멘트는?

① $\dfrac{PL}{4} - \dfrac{wL^2}{8}$ ② $\dfrac{PL}{4} + \dfrac{wL}{8}$

③ $\dfrac{PL}{8} + \dfrac{wL}{4}$ ④ $\dfrac{PL}{4} + \dfrac{wL^2}{8}$

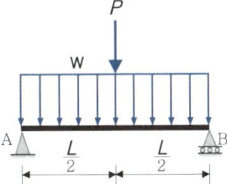

[해설] 중첩의 원리(Method of Superposition) : $M_C = +\dfrac{PL}{4} + \dfrac{wL^2}{8}(\smile)$

답 : ④

핵심예제17

그림과 같은 단순보에서 최대 휨모멘트는?

① 10.56kN · m
② 12kN · m
③ 12.6kN · m
④ 13.8kN · m

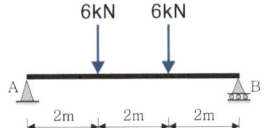

[해설]

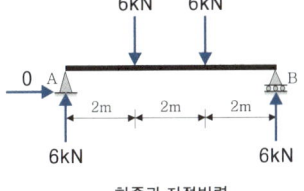 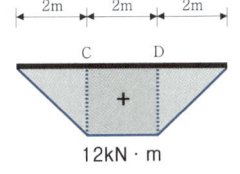

하중과 지점반력　　　개략적인 휨모멘트도

답 : ②

핵심예제18

그림과 같은 단순보의 최대 휨모멘트는?

① 105kN · m
② 80kN · m
③ 75kN · m
④ 70kN · m

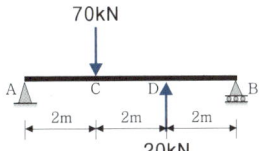

[해설]

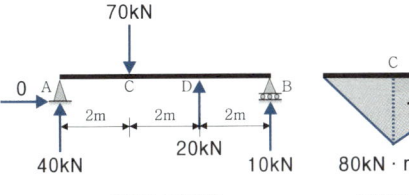 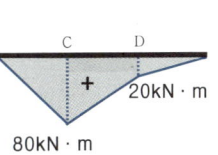

하중과 지점반력　　　개략적인 휨모멘트도

답 : ②

③ 등변분포하중 만재 시

하중도	전단력도(SFD)	휨모멘트도(BMD)

■ 주요 포인트

- $V_A = \dfrac{wL}{6},\ V_B = \dfrac{wL}{3}$

  $V_{\max} = \dfrac{wL}{3},\ V_C \neq 0$

  $V_x = 0:\ x = \dfrac{L}{\sqrt{3}} = 0.577L$

- $M_A = 0,\ M_B = 0$

  $M_x = M_{\max} = \dfrac{wL^2}{9\sqrt{3}}$

【 $x = \dfrac{L}{\sqrt{3}}$ 의 유도 】

➡ 전단력이 0인 x위치에서의 삼각형 분포하중 q

  $x : q = L : w$ 에서 $q = \left(\dfrac{w}{L}\right) \cdot x$

➡ $M_x = \left(\dfrac{wL}{6}\right) \cdot x - \left(\dfrac{1}{2} q \cdot x\right)\left(\dfrac{x}{3}\right)$

  $= \left(\dfrac{wL}{6}\right) \cdot x - \left(\dfrac{x^2}{6}\right)\left(\dfrac{w}{L} \cdot x\right) = \left(\dfrac{wL}{6}\right) \cdot x - \left(\dfrac{w}{6L}\right) \cdot x^3$

➡ $\dfrac{dM_x}{dx} = V = \left(\dfrac{wL}{6}\right) - \left(\dfrac{w}{2L}\right) \cdot x^2 = 0 \quad \therefore\ x = \dfrac{L}{\sqrt{3}}$

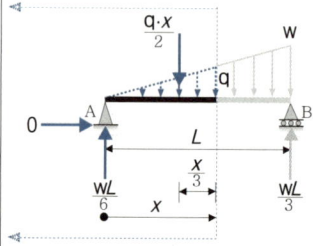

핵심예제19

단순보 위에 삼각형 분포하중이 작용하고 있다. 이 단순보에 작용하는 최대 휨모멘트는?

① $0.03214wL^2$
② $0.04816wL^2$
③ $0.05217wL^2$
④ $0.06415wL^2$

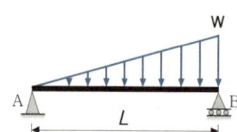

[해설] (1) $M_x = \left(\dfrac{wL}{6}\right) \cdot x - \left(\dfrac{1}{2} q \cdot x\right)\left(\dfrac{x}{3}\right) = \left(\dfrac{wL}{6}\right) \cdot x - \left(\dfrac{w}{6L}\right) \cdot x^3$

(2) $V = \dfrac{dM}{dx} = \left(\dfrac{wL}{6}\right) - \left(\dfrac{w}{2L}\right) \cdot x^2 = 0 \quad \therefore\ x = \dfrac{L}{\sqrt{3}}$

(3) $M_{\max} = \left(\dfrac{wL}{6}\right)\left(\dfrac{L}{\sqrt{3}}\right) - \left(\dfrac{w}{6L}\right)\left(\dfrac{L}{\sqrt{3}}\right)^3 = \dfrac{wL^2}{9\sqrt{3}} = 0.06415wL^2$

답 : ④

④ 모멘트하중 작용 시

하중도	전단력도(SFD)	휨모멘트도(BMD)
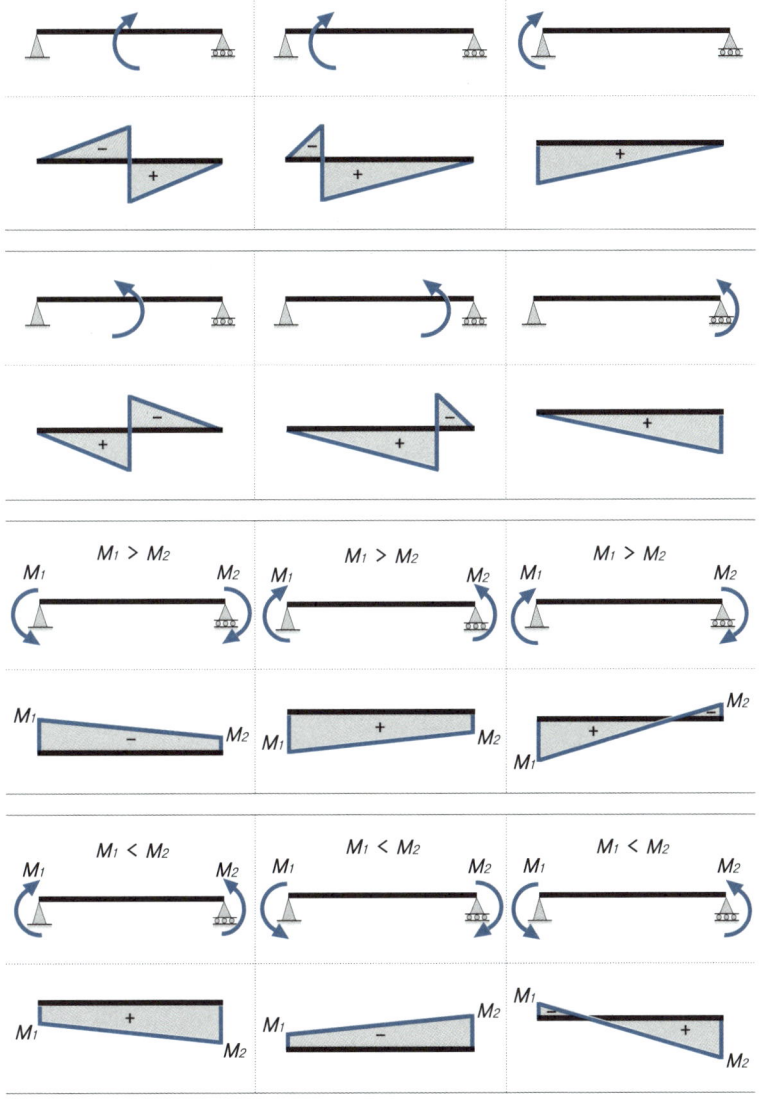		

■ 주요 포인트

- $V_A = \dfrac{M}{L}$, $V_B = \dfrac{M}{L}$

  $V_{\max} = \dfrac{M}{L}$

- $M_A = 0$, $M_B = 0$

  $M_{\max} = \dfrac{M}{2}$

【모멘트하중 작용 시 단순보의 휨모멘트도(Bending Moment Diagram)】

핵심예제20

정정보에서 전단력도(SFD)가 옳게 그려진 것은?

①
②
③
④

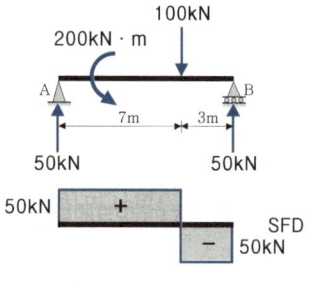

[해설] ③ 전단력은 부재와 수직을 이루는 힘에 대한 값이므로 모멘트 하중이 작용하는 부분의 전단력도는 변화가 생기지 않는다. 따라서 단순보에 집중하중만 작용할 때의 전단력도와 유사한 형태가 된다.

답 : ③

핵심예제21

주어진 단순보에서 최대 휨모멘트는 얼마인가?

① M
② $1.5M$
③ $2M$
④ $3M$

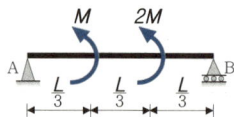

[해설]

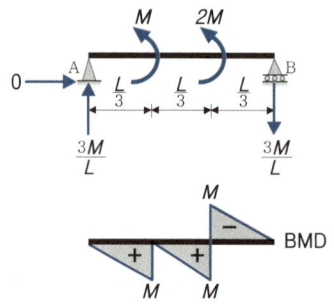

답 : ①

(3) 캔틸레버보(Cantilever Beam)

① 부재력 계산을 자유단에서 시작하면 지점반력을 구할 필요가 없는 큰 특징이 발생하며, 휨모멘트의 부호는 하향하중일 경우 항상 (−)이다.

② 주요 하중에 따른 휨모멘트도(BMD)

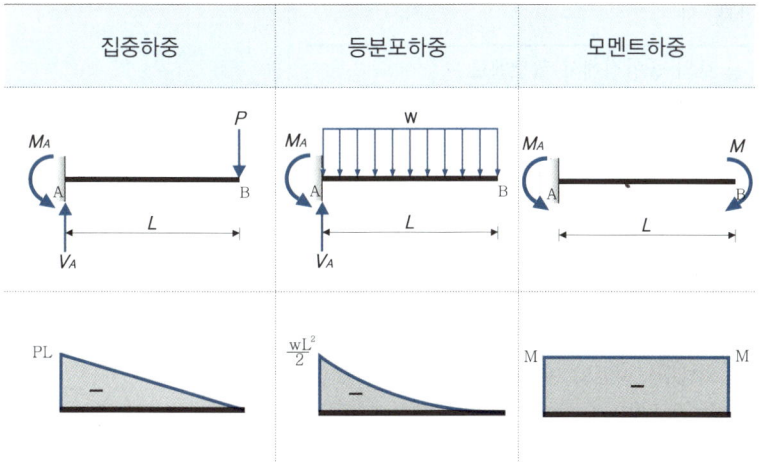

핵심예제 22

정정보에서 휨모멘트(BMD)가 옳게 그려진 것은?

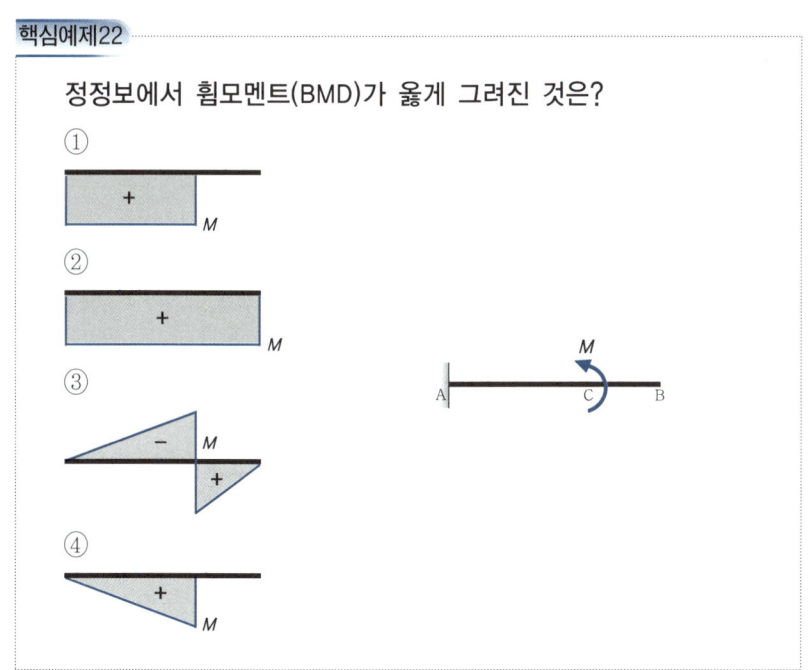

해설 ① 캔틸레버보에 모멘트하중이 작용하면 고정단에서 모멘트반력이 발생하며, A점과 C점에 모멘트하중의 크기만큼 아래로의 힘이 발생할 것이다.

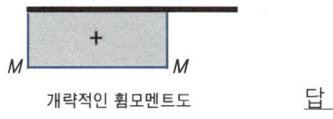

개략적인 휨모멘트도   답 : ①

(4) 내민보(Overhanging Beam)

① 내민보의 중앙부에 작용하는 하향하중으로 인해 단순보와 같은 (+)휨모멘트가 발생하며, 내민부에 작용하는 하향하중은 캔틸레버보와 같은 (-)휨모멘트를 발생시킨다.

② 양쪽 내민보에 등분포하중 만재 시

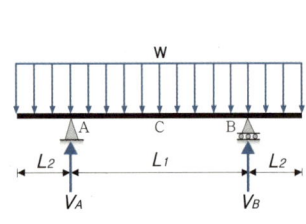

- 보의 중앙점에서 휨모멘트
$$M_C = +\left(\frac{w \cdot L_1^2}{8}\right) - \left(\frac{w \cdot L_2^2}{2}\right)$$

- 양쪽 지점에서의 휨모멘트
$$M_A = M_B = -\left(\frac{w \cdot L_2^2}{2}\right)$$

- 양쪽 지점과 보의 중앙점에서 최대휨모멘트의 절대값이 같을 경우
$$\left|-\frac{w \cdot L_2^2}{2}\right| = \left|+\frac{w \cdot L_1^2}{8} - \frac{w \cdot L_2^2}{2}\right|$$
$$\therefore L_1 = \sqrt{8} \cdot L_2$$

핵심예제23

지점 C의 부모멘트와 보 중앙에 발생하는 정모멘트의 크기를 같게 하여 등분포하중 q의 크기를 제한하려고 한다. 지점 C와 D는 보의 대칭거동을 유지하기 위하여 각각 A와 B로부터 같은 거리에 배치하고자 할 때 x는?

① $x = 0.207L$
② $x = 0.250L$
③ $x = 0.333L$
④ $x = 0.444L$

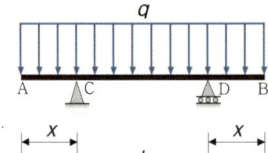

해설 (1) C점의 휨모멘트: $M_{C,Left} = +\left[-(q \cdot x)\left(\frac{x}{2}\right)\right] = -\frac{q \cdot x^2}{2}$

(2) 중앙점(center)의 휨모멘트: C-D간의 거리 $L - 2x = x_o$라고 하면
$$M_{center} = +\frac{q \cdot x_o^2}{8} - \frac{q \cdot x^2}{2}$$

(3) $|M_C| = |M_{center}|$ 이므로 $\frac{q \cdot x^2}{2} = \frac{q \cdot x_o^2}{8} - \frac{q \cdot x^2}{2}$ 에서

$x = \frac{1}{\sqrt{8}}x_o = \frac{1}{\sqrt{8}}(L - 2x)$ $\therefore x = 0.207L$

답 : ①

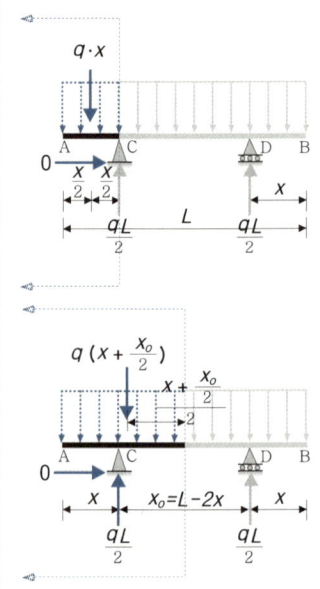

(5) 겔버보(Gerber Beam)의 해석

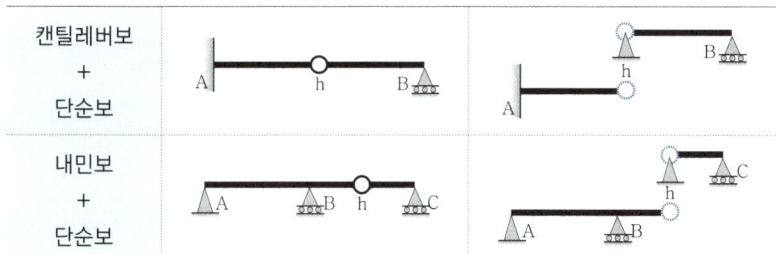

- Ah 캔틸레버 구간
- hB 단순보 구간

- ABh 내민보 구간
- hC 단순보 구간

핵심예제24

그림과 같은 겔버보의 휨모멘트도로서 옳은 것은?

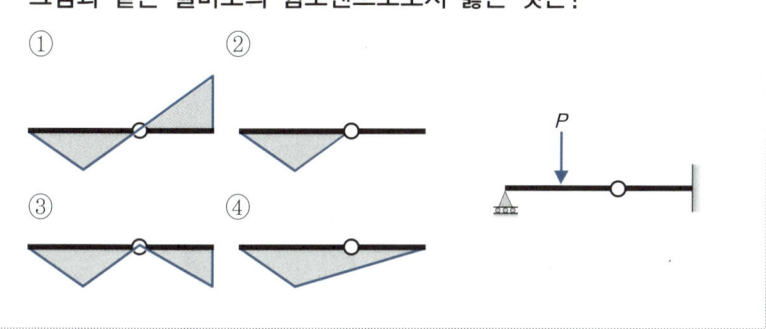

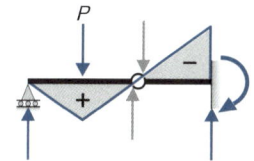

해설 ① 겔버보는 힌지절점을 중심으로 양쪽 부재의 휨모멘트선의 기울기가 같다.

답 : ①

핵심예제25

그림과 같은 겔버보에서 휨모멘트가 0인 점은 몇 개소인가?

① 3
② 4
③ 5
④ 6

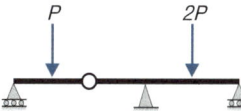

해설

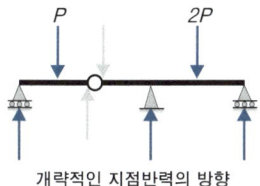

개략적인 지점반력의 방향

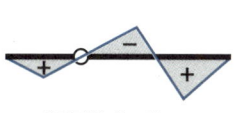

개략적인 휨모멘트도

답 : ②

7 대표적인 라멘(Rahmen)에 대한 부재력도

라멘의 형태	전단력도(SFD)	휨모멘트도(BMD)	■ 축방향력도(AFD)
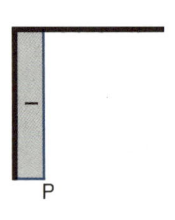			

핵심예제26

그림과 같은 3힌지 라멘의 휨모멘트도(BMD)는?

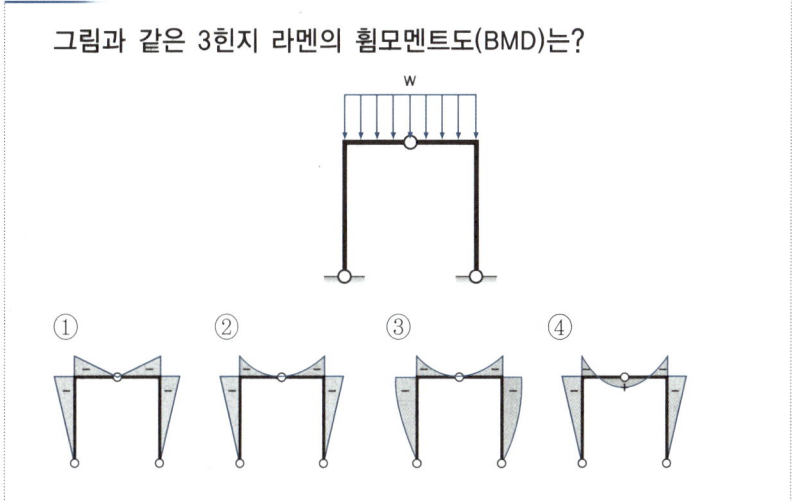

[해설] (1) 등분포하중이 보에 작용하므로 보에는 2차곡선의 휨모멘트도가 형성된다.
(①번 부적합)

(2) 보 중앙점 힌지에서 휨모멘트는 0이다.(④번 부적합)

(3) 수평반력에 의해 양쪽 기둥에서는 1차직선의 휨모멘트도가 형성된다.
(③번 부적합)

답 : ②

핵심예제27

그림과 같은 3활절 라멘에 발생하는 최대휨모멘트는?

① 90kN · m
② 120kN · m
③ 150kN · m
④ 180kN · m

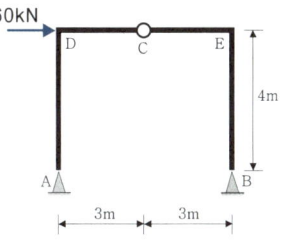

[해설]

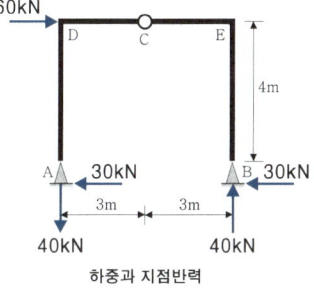

하중과 지점반력

개략적인 휨모멘트도

답 : ②

8 대표적인 아치(Arch)에 대한 부재력도

■ 축방향력도(AFD)

아치의 형태	전단력도(SFD)	휨모멘트도(BMD)

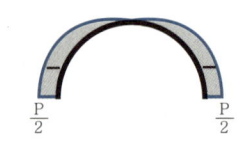

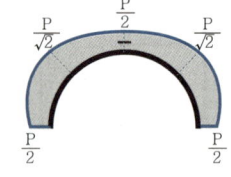

축선이 포물선인 3-Hinge 아치에 등분포하중이 작용하면 부재력으로서 축방향력만 발생하고 전단력이나 휨모멘트는 발생하지 않으므로 경제적인 구조가 된다.
그 이유는 단면의 어느 위치에서도 수평반력과 수직반력 그리고 수직의 등분포하중의 영향이 상쇄되기 때문이다.

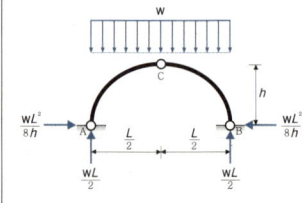

핵심예제28

그림과 같은 3활절(滑節) 아치에 등분포하중이 작용할 때 휨모멘트도(BMD)로서 옳은 것은?

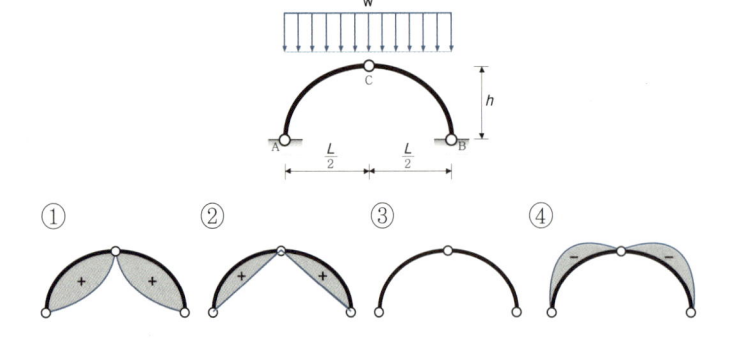

해설 ③ 3활절 아치에 등분포하중이 작용하면 축방향력만 발생된다.

답 : ③

9 절대최대휨모멘트($M_{\max, abs}$)

(1) 정의 : 보 위를 이동하중(Moving Load)이 진행하고 있을 때 발생할 수 있는 최대휨모멘트 중의 최대값을 절대최대휨모멘트라고 한다.
(2) 단순보에 이동하중이 작용하는 경우 절대최대휨모멘트를 구해보자.

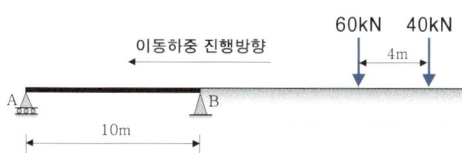

① 합력 $R = 60 + 40 = 100\text{kN}(\downarrow)$

② 바리뇽(Varignon)의 정리: 60kN의 하중작용점에서
$+(100)(x) = +(60)(0) + (40)(4)$ ∴ $x = 1.6\text{m}$

③ 합력(R)과 가까운 하중(60kN)과의 $\dfrac{x}{2} = 0.8\text{m}$ 되는 점을 찾는다.

④ $\dfrac{x}{2} = 0.8\text{m}$ 점을 보의 중앙점에 일치시켜 이동하중을 보에 작용시킨다.

⑤ 중앙점(C)에서 0.8m 왼편에 60kN이 놓이게 되며,
절대최대휨모멘트는 60kN의 하중 작용점에서 발생하게 된다.

■ 2개의 중심선(Center Line)을 일치시킨다고 생각하면 알기 쉽다.

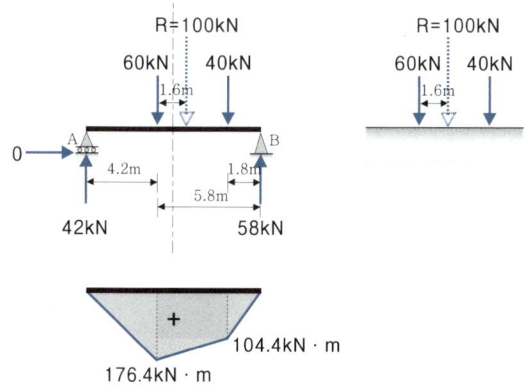

$\sum M_B = 0 : +(V_A)(10) - (60)(5.8) - (40)(1.8) = 0$
∴ $V_A = +42\text{kN}(\uparrow)$

$M_{\max, abs} = +[(42)(4.2)] = +176.4\text{kN} \cdot \text{m}$

핵 심 문 제

CHAPTER 3 전단력, 휨모멘트

1. 그림과 같은 단순보 CD구간의 전단력 V는?

① $+P$
② $-P$
③ $+\dfrac{P}{2}$
④ 0

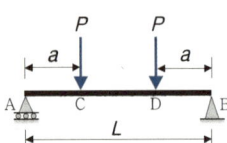

해설

(1) 대칭이므로
$$V_A = V_B = +P(\uparrow)$$

(2) $V_{CD, Left}$
$$= +[+(P)-(P)] = 0$$

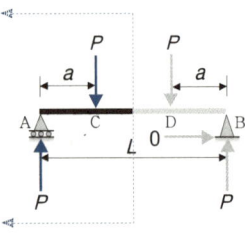

2. 그림과 같은 단순보 C점에서의 전단력의 절대값은?

① 72kN
② 108kN
③ 144kN
④ 176kN

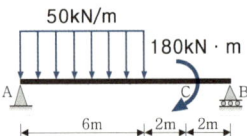

해설

(1) $\sum M_A = 0: \ -(V_B)(10)+(50\times 6)(3)+(180)=0$
$$\therefore V_B = +108\text{kN}(\uparrow)$$

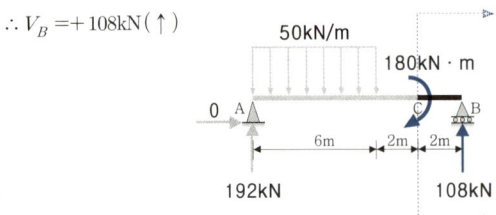

(2) $V_{C, Right} = -[+(108)] = -108\text{kN}(\downarrow \uparrow)$

3. 그림과 같은 단순보 $x=\dfrac{L}{2}$ 인 점의 전단력은?

① 40kN
② 30kN
③ 20kN
④ 10kN

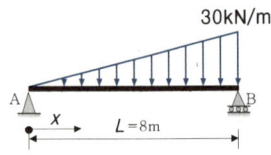

해설

(1) $\sum M_B = 0: \ +(V_A)(8)-\left(\dfrac{1}{2}\times 8\times 30\right)\left(\dfrac{8}{3}\right)=0$
$$\therefore V_A = +40\text{kN}(\uparrow)$$

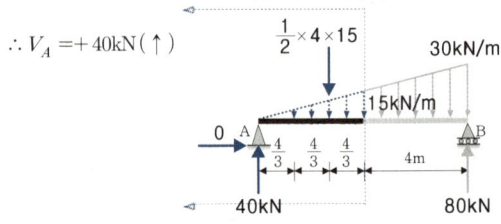

(2) $V_{C, Left} = +\left[+(40)-\left(\dfrac{1}{2}\times 4\times 15\right)\right] = +10\text{kN}(\uparrow \downarrow)$

4. 그림과 같은 단순보 중앙점 C의 전단력의 값은?

① 0
② -2.2kN
③ -4.2kN
④ -6.2kN

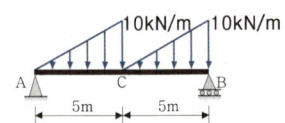

해설

(1) $\sum M_B = 0: \ +(V_A)(10)-\left(\dfrac{1}{2}\times 5\times 10\right)\left(5+5\times\dfrac{1}{3}\right)$

$\quad -\left(\dfrac{1}{2}\times 5\times 10\right)\left(5\times\dfrac{1}{3}\right)=0 \quad \therefore V_A = +20.8\text{kN}(\uparrow)$

(2) $V_{C, Left} = +\left[+(20.8)-\left(\dfrac{1}{2}\times 5\times 10\right)\right] = -4.2\text{kN}(\downarrow \uparrow)$

해답 1. ④ 2. ② 3. ④ 4. ③

5. 그림과 같은 캔틸레버보에서 C점의 전단력은?

① 10kN
② 15kN
③ 20kN
④ 25kN

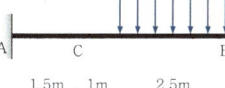

해설

(1) 캔틸레버 구조이므로 C점을 수직절단하여 자유단쪽을 계산하면 지점반력을 계산할 필요가 없다.

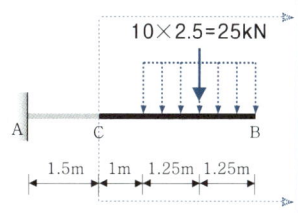

(2) $V_{C,Right} = -[-(10 \times 2.5)] = +25\text{kN}(\uparrow \downarrow)$

6. 그림과 같은 캔틸레버보에서 C점의 전단력은?

① $\dfrac{wL}{8}$
② $\dfrac{3wL}{8}$
③ $\dfrac{5wL}{8}$
④ $\dfrac{3wL}{4}$

해설

$V_{C,Left} = +\left[-\left(\dfrac{w}{2} \cdot \dfrac{L}{2}\right) - \left(\dfrac{1}{2} \cdot \dfrac{L}{2} \cdot \dfrac{w}{2}\right)\right]$

$= -\dfrac{3wL}{8}(\downarrow \uparrow)$

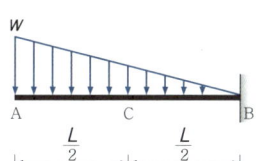

7. 그림과 같은 내민보에서 C점의 전단력(V_C)은?

① $-P$
② $+P$
③ $-2P$
④ $+2P$

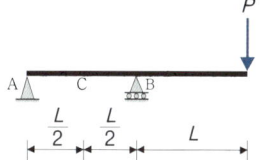

해설

(1) $\Sigma M_B = 0 : +(V_A)(L) + (P)(L) = 0 \quad \therefore V_A = -P(\downarrow)$

(2) $V_{C,Left} = +[-(P)] = -P(\downarrow \uparrow)$

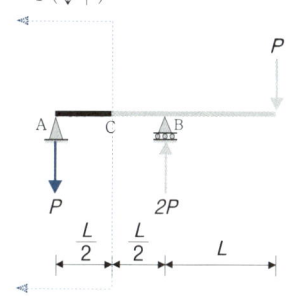

8. 그림과 같은 내민보에서 C점의 전단력(V_C)은?

① -5kN
② 5kN
③ -10kN
④ 10kN

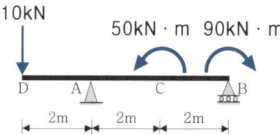

해설

(1) $\Sigma M_B = 0 : -(10)(6) + (V_A)(4) - (50) + (90) = 0$

$\therefore V_A = +5\text{kN}(\uparrow)$

(2) $V_{C,Left} = +[-(10) + (5)] = -5\text{kN}(\downarrow \uparrow)$

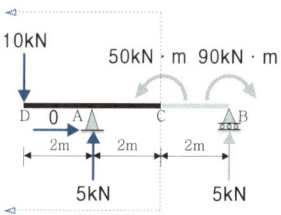

해답 5. ④ 6. ② 7. ① 8. ①

9. 그림과 같은 내민보에서 C점의 전단력(V_C)은?

① 0kN
② 0.5kN
③ 1kN
④ 1.5kN

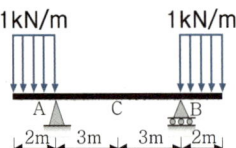

해설

(1) 대칭이므로 $V_A = V_B = +(1 \times 2) = +2\text{kN}(\uparrow)$

(2) $V_{C,Left} = +[-(1 \times 2)+(2)] = 0$

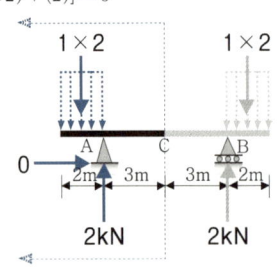

10. 그림과 같은 겔버보에서 A점의 전단력(V_A)은?

① 40kN
② 60kN
③ 120kN
④ 240kN

해설

(1) DB 단순보: $V_D = +\dfrac{480}{8} = +60\text{kN}(\uparrow)$,

(2) AD 캔틸레버보: $V_A = +60\text{kN}(\uparrow)$

(3) $V_{A,Left} = +[+(60)] = +60\text{kN}(\uparrow\downarrow)$

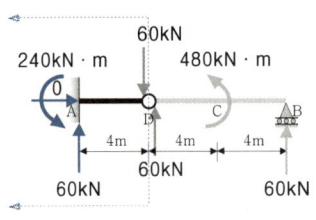

11. 그림과 같은 단순보에서 C점의 휨모멘트는?

① 33.3kN·m
② 54kN·m
③ 66.7kN·m
④ 100kN·m

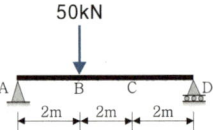

해설

(1) $\Sigma M_A = 0 : +(50)(2)-(V_D)(6) = 0$

$\therefore V_D = +16.7\text{kN}(\uparrow)$

(2) $M_{C,Right} = -[-(16.7)(2)] = +33.3\text{kN·m}(\smile)$

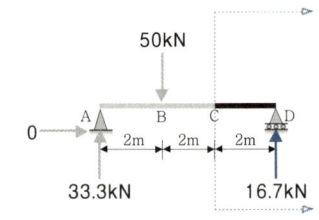

12. 그림과 같은 구조에서 C점의 휨모멘트는?

① $\dfrac{3PL}{20}$
② $-\dfrac{3PL}{20}$
③ $\dfrac{PL}{8}$
④ $-\dfrac{PL}{8}$

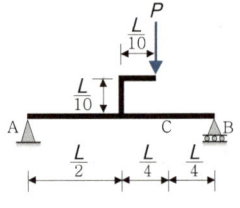

해설

(1) $\Sigma M_A = 0 : +(P)\left(\dfrac{L}{2}+\dfrac{L}{10}\right)-(V_B)(L) = 0$

$\therefore V_B = +\dfrac{6}{10}P(\uparrow)$

(2) $M_{C,Right} = -\left[-\left(\dfrac{6}{10}P\right)\left(\dfrac{L}{4}\right)\right] = +\dfrac{3PL}{20}(\smile)$

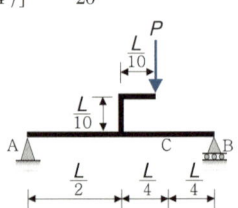

해답 9. ① 10. ② 11. ① 12. ①

13. 그림에서 중앙점(C점)의 휨모멘트(M_C)는?

① $\dfrac{1}{20}wL^2$

② $\dfrac{5}{96}wL^2$

③ $\dfrac{1}{6}wL^2$

④ $\dfrac{1}{12}wL^2$

해설

(1) 대칭구조이므로 $V_A = +\dfrac{1}{2} \cdot \dfrac{L}{2} \cdot w = +\dfrac{wL}{4}(\uparrow)$

(2) $M_{C,Left} = +\left[+\left(\dfrac{wL}{4}\right)\left(\dfrac{L}{2}\right) - \left(\dfrac{wL}{4}\right)\left(\dfrac{L}{6}\right)\right] = +\dfrac{wL^2}{12}(\smile)$

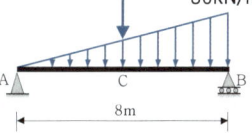

14. 그림에서 중앙점(C점)의 휨모멘트(M_C)는?

① 100kN·m
② 200kN·m
③ 300kN·m
④ 400kN·m

해설

(1) $\sum M_B = 0 : +(V_A)(8) - (40)(4) - \left(\dfrac{1}{2} \times 8 \times 30\right)\left(\dfrac{8}{3}\right) = 0$

$\therefore V_A = +60\text{kN}(\uparrow)$

(2) $M_{C,Left} = +\left[+(60)(4) - \left(\dfrac{1}{2} \times 4 \times 15\right)\left(\dfrac{4}{3}\right)\right]$

$= +200\text{kN} \cdot \text{m}(\smile)$

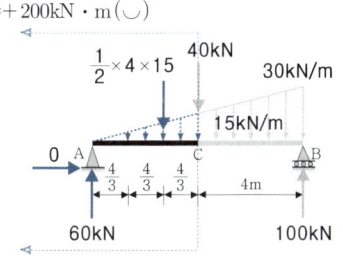

15. 그림에서 중앙점(C점)의 휨모멘트(M_C)는?

① 320kN·m
② 420kN·m
③ 480kN·m
④ 540kN·m

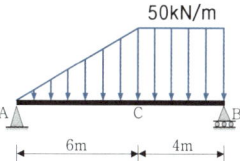

해설

(1) $\sum M_A = 0$:

$+\left(\dfrac{1}{2} \times 6 \times 50\right)(4) + (50 \times 4)(8) - (V_B)(10) = 0$

$\therefore V_B = +220\text{kN}(\uparrow)$

(2) $M_{C,Right} = -[+(50 \times 4)(2) - (220)(4)]$

$= +480\text{kN} \cdot \text{m}(\smile)$

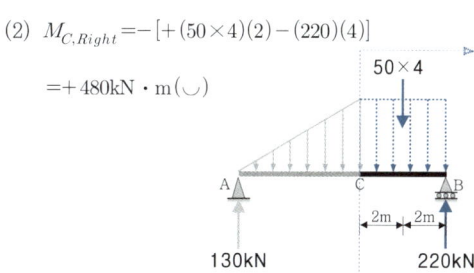

16. 그림과 같은 단순보에서 AB 구간의 전단력(S) 및 휨모멘트(M)의 값은?

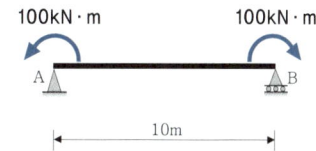

① $S = 100\text{kN}, \ M = 100\text{kN} \cdot \text{m}$
② $S = 100\text{kN}, \ M = 200\text{kN} \cdot \text{m}$
③ $S = 0, \ M = -100\text{kN} \cdot \text{m}$
④ $S = 200\text{kN}, \ M = -100\text{kN} \cdot \text{m}$

해설

$V_{AC,Left} = 0, \ M_{AC,Left} = +[(-100)] = -100\text{kN} \cdot \text{m}(\frown)$

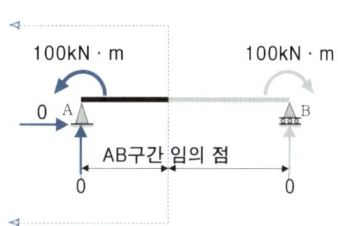

해답 13. ④ 14. ② 15. ③ 16. ③

17. 그림과 같은 단순보에 모멘트하중 M_1과 M_2가 작용할 경우 C점의 휨모멘트를 구하는 식은?
(단, $M_1 > M_2$)

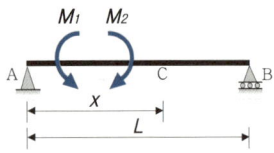

① $\left(\dfrac{M_1 - M_2}{L}\right) \cdot x + M_1 - M_2$

② $\left(\dfrac{M_2 - M_1}{L}\right) \cdot x - M_1 + M_2$

③ $\left(\dfrac{M_1 + M_2}{L}\right) \cdot x + M_1 - M_2$

④ $\left(\dfrac{M_1 - M_2}{L}\right) \cdot x - M_1 + M_2$

해설

(1) $\Sigma M_B = 0 : +(V_A)(L) - (M_1) + (M_2) = 0$

$$\therefore V_A = + \dfrac{M_1 - M_2}{L} (\uparrow)$$

(2) $M_{C,Left} = + \left[\left(\dfrac{M_1 - M_2}{L}\right) \cdot x - (M_1) + (M_2)\right]$

$= \left(\dfrac{M_1 - M_2}{L}\right) \cdot x - M_1 + M_2$

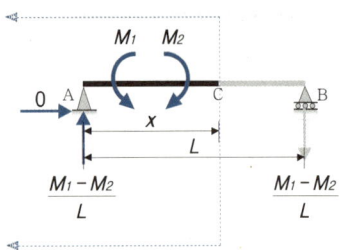

18. 그림과 같은 보의 A점의 휨모멘트는?

① -52.5kN·m
② -120kN·m
③ -67.5kN·m
④ -90kN·m

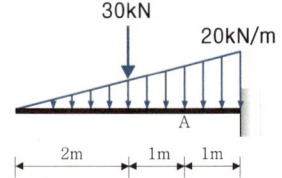

해설

(1) 캔틸레버 구조이므로 A점을 수직절단하여 자유단쪽을 계산하면 지점반력을 계산할 필요가 없다.

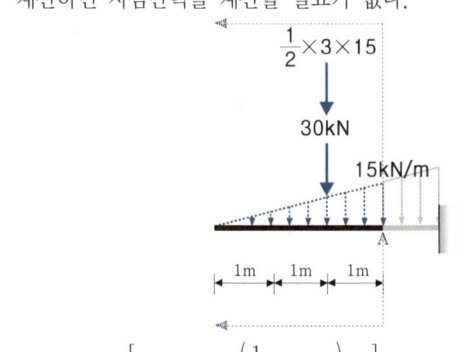

(2) $M_{C,Left} = + \left[-(30)(1) - \left(\dfrac{1}{2} \times 3 \times 15\right)(1)\right]$

$= -52.5$kN·m$(\frown)$

19. 그림과 같은 보의 C점의 휨모멘트는?

① -25kN·m
② -50kN·m
③ -75kN·m
④ -100kN·m

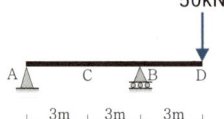

해설

(1) $\Sigma M_B = 0 : +(V_A)(6) + (50)(3) = 0$

$$\therefore V_A = -25\text{kN}(\downarrow)$$

(2) $M_{C,Left} = + [-(25)(3)] = -75$kN·m$(\frown)$

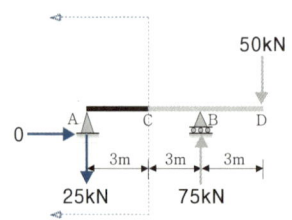

해답 17. ④ 18. ① 19. ③

20. L이 10m인 그림과 같은 내민보의 자유단에 $P=20$kN의 연직하중이 작용할 때 지점 B와 중앙부 C점에 발생되는 모멘트는?

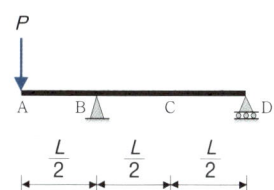

① $M_B = -80$kN·m, $M_C = -50$kN·m
② $M_B = -100$kN·m, $M_C = -40$kN·m
③ $M_B = -100$kN·m, $M_C = -50$kN·m
④ $M_B = -80$kN·m, $M_C = -40$kN·m

해설

(1) $\sum M_D = 0: -(20)(15) + (V_B)(10) = 0$

∴ $V_B = +30$kN(↑) ➡ $V_D = -10$kN(↓)

(2) $M_{B,Left} = +[-(20)(5)] = -100$kN·m(⌒)

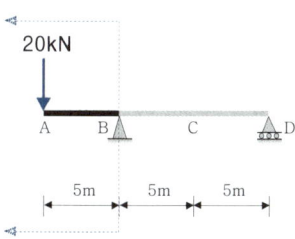

(3) $M_{C,Right} = -[+(10)(5)] = -50$kN·m(⌒)

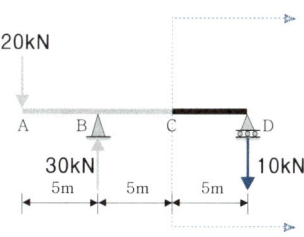

21. 그림과 같은 보의 C점의 휨모멘트는?

① 600kN·m
② 150kN·m
③ 125kN·m
④ 0kN·m

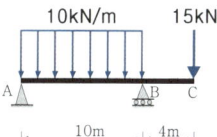

해설

자유단에 모멘트하중이 작용하지 않는 한 휨모멘트는 0이다.

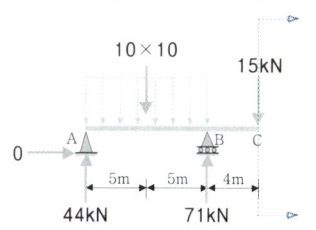

22. 그림과 같은 보의 D점의 휨모멘트 M_D는?

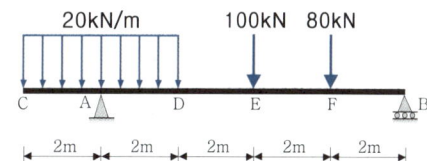

① 120kN·m
② 140kN·m
③ 160kN·m
④ 180kN·m

해설

(1) $\sum M_B = 0:$

$+(V_A)(8) - (20 \times 4)(8) - (100)(4) - (80)(2) = 0$

∴ $V_A = +150$kN(↑)

(2) $M_{D,Left} = +[-(20 \times 4)(2) + (150)(2)]$

$= +140$kN·m(⌣)

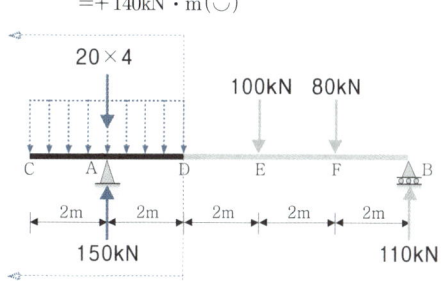

해답 20. ③ 21. ④ 22. ②

23. 그림과 같은 내민보에서 A점의 휨모멘트는?

① $+20\text{kN}\cdot\text{m}$
② $-20\text{kN}\cdot\text{m}$
③ $+40\text{kN}\cdot\text{m}$
④ $-40\text{kN}\cdot\text{m}$

해설

(1) $\sum M_B = 0 : -(20)(6) + (V_A)(4) - (60) + (100) = 0$

$\therefore V_A = +20\text{kN}(\uparrow)$

(2) $M_{A,Left} = +[-(20)(2)] = -40\text{kN}\cdot\text{m}(\frown)$

24. 그림과 같은 내민보에서 C점의 휨모멘트가 영(零)이 되기 위한 x는?

① $\dfrac{L}{4}$ ② $\dfrac{L}{3}$
③ $\dfrac{L}{2}$ ④ $\dfrac{2L}{3}$

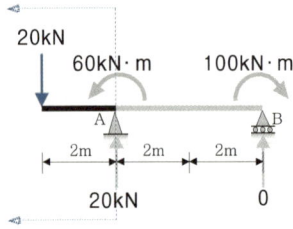

해설

(1) $\sum M_B = 0 : +(V_A)(L) - (P)\left(\dfrac{L}{2}\right) + (2P)(x) = 0$

$\therefore V_A = +\dfrac{P}{2} - \dfrac{2P}{L}\cdot x(\uparrow)$

(2) $M_{C,Left} = +\left[+\left(\dfrac{P}{2} - \dfrac{2P}{L}\cdot x\right)\left(\dfrac{L}{2}\right)\right] = 0$ 으로부터

$\dfrac{P}{2} - \dfrac{2P}{L}\cdot x = 0$ 이므로 $x = \dfrac{L}{4}$

25. 그림과 같은 양단 내민보에서 C점(중앙점)에서 휨모멘트가 0이 되기 위한 $\dfrac{a}{L}$는? (단, $P = wL$)

① $\dfrac{1}{2}$
② $\dfrac{1}{4}$
③ $\dfrac{1}{7}$
④ $\dfrac{1}{8}$

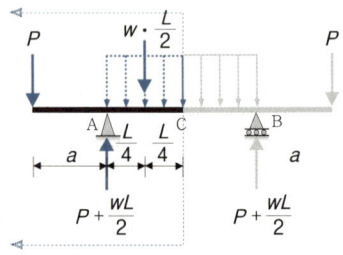

해설

(1) 대칭구조이므로 $V_A = P + \dfrac{wL}{2}(\uparrow)$

(2) $M_{C,Left} = +\left[\left(P + \dfrac{wL}{2}\right)\left(\dfrac{L}{2}\right) - (P)\left(a + \dfrac{L}{2}\right)\right.$

$\left. - \left(w\cdot\dfrac{L}{2}\right)\left(\dfrac{L}{4}\right)\right] = 0$ 으로부터

$\dfrac{wL^2}{8} = Pa$ 이므로 $\dfrac{a}{L} = \dfrac{1}{8}$

해답 23. ④ 24. ① 25. ④

26. 다음 내민보에서 B점의 휨모멘트와 C점의 휨모멘트의 절대값의 크기를 같게 하기 위한 $\dfrac{L}{a}$ 의 값은?

① 6
② 4.5
③ 4
④ 3

해설

(1) $\sum M_C = 0 : +(V_A)(L) - (P)\left(\dfrac{L}{2}\right) + (P)(a) = 0$

$$\therefore V_A = +\dfrac{P}{2} - \dfrac{Pa}{L}(\uparrow)$$

(2) B점의 휨모멘트:

$$M_{B,Left} = +\left[+\left(\dfrac{P}{2} - \dfrac{Pa}{L}\right)\left(\dfrac{L}{2}\right)\right] = +\dfrac{PL}{4} - \dfrac{Pa}{2}(\smile)$$

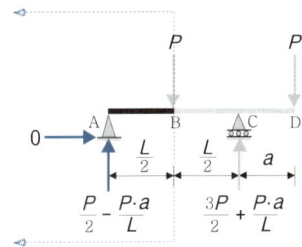

(3) C점의 휨모멘트: $M_{C,Right} = -[+(P)(a)] = -Pa(\frown)$

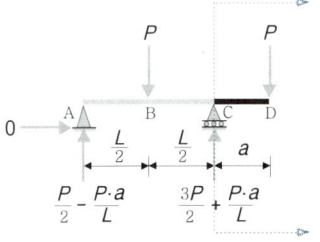

(4) $|M_B| = |M_C|$ 으로부터

$\dfrac{PL}{4} - \dfrac{Pa}{2} = Pa$ 이므로 $\therefore \dfrac{L}{a} = 6$

27. 그림과 같은 보에서 휨모멘트의 절대값이 가장 큰 곳은?

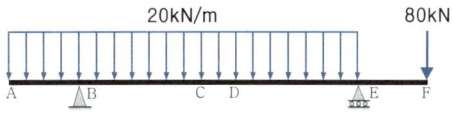

① B점
② C점
③ D점
④ E점

해설

(1) $\sum M_E = 0 : +(V_B)(16) - (20 \times 20)(10) + (80)(4) = 0$

$$\therefore V_B = +230\text{kN}(\uparrow)$$

(2) $\sum V = 0 : +(V_B) + (V_E) - (20 \times 20) - (80) = 0$

$$\therefore V_E = +250\text{kN}(\uparrow)$$

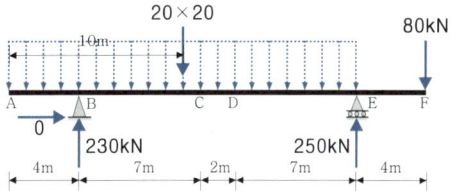

(3) 각 점에서의 휨모멘트

① $M_{B,Left} = -[(20 \times 4)(2)] = -160\text{kN} \cdot \text{m}(\frown)$

② $M_{C,Left} = +\left[+(230)(7) - (20 \times 11)\left(\dfrac{11}{2}\right)\right]$

$\qquad = +400\text{kN} \cdot \text{m}(\smile)$

③ $M_{D,Left} = +\left[+(230)(9) - (20 \times 13)\left(\dfrac{13}{2}\right)\right]$

$\qquad = +380\text{kN} \cdot \text{m}(\smile)$

④ $M_{E,Right} = -[+(80)(4)] = -320\text{kN} \cdot \text{m}(\frown)$

해답 26. ① 27. ②

28. 그림과 같이 단순지지된 보에 등분포하중 q가 작용하고 있다. 지점 C의 부모멘트와 보의 중앙에 발생하는 정모멘트의 크기를 같게 하여 등분포하중 q의 크기를 제한하려고 한다. 지점 C와 D는 보의 대칭거동을 유지하기 위하여 각각 A와 B로부터 같은 거리에 배치하고자 한다. 이때 보의 A점으로부터 지점 C의 거리 x는?

① $x = 0.207L$
② $x = 0.250L$
③ $x = 0.333L$
④ $x = 0.444L$

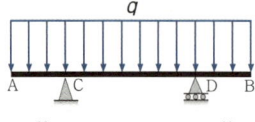

해설

(1) C점의 휨모멘트:

$$M_{C,Left} = +\left[-(q \cdot x)\left(\frac{x}{2}\right)\right] = -\frac{q \cdot x^2}{2}(\frown)$$

(2) CD간의 거리 $L - 2x = x_o$ 라고 하면

$$M_{center} = +\frac{q \cdot x_0^2}{8} - \frac{q \cdot x^2}{2}(\smile)$$

(3) $|M_C| = |M_{center}|$ 으로부터

$$\frac{q \cdot x^2}{2} = \frac{q \cdot x_0^2}{8} - \frac{q \cdot x^2}{2}$$ 이므로

$$x = \frac{1}{\sqrt{8}}x_o = \frac{1}{\sqrt{8}}(L - 2x) \quad \therefore x = 0.207L$$

29. 그림과 같은 보의 B점에서의 휨모멘트의 값은?

① $-150\text{kN} \cdot \text{m}$
② $-300\text{kN} \cdot \text{m}$
③ $-450\text{kN} \cdot \text{m}$
④ $-600\text{kN} \cdot \text{m}$

해설

(1) A-Hinge 단순보: $V_{Hinge} = +\frac{(200)}{2} = +100\text{kN}(\uparrow)$

(2) Hinge-B 캔틸레버보:

$$M_{B,Left} = +[-(100)(6)] = -600\text{kN} \cdot \text{m}(\frown)$$

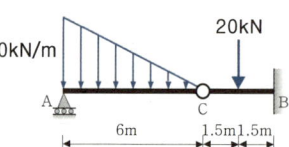

30. 그림과 같은 보의 B점에 발생하는 휨모멘트는?

① $90\text{kN} \cdot \text{m}$
② $60\text{kN} \cdot \text{m}$
③ $30\text{kN} \cdot \text{m}$
④ $10\text{kN} \cdot \text{m}$

해설

(1) AC 단순보: $V_C = +\left(\frac{1}{2} \times 6 \times 20\right)\left(\frac{1}{3}\right) = +20\text{kN}(\uparrow)$

(2) CB 캔틸레버보:

$$M_{B,Left} = +[-(20)(3) - (20)(1.5)] = -90\text{kN} \cdot \text{m}(\frown)$$

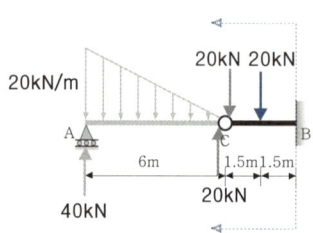

해답 28. ① 29. ④ 30. ①

31. 그림과 같은 보의 A점의 휨모멘트는?

① 240kN·m
② −240kN·m
③ 960kN·m
④ −960kN·m

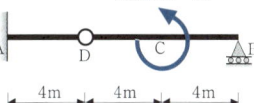

해설

(1) DB 단순보: $V_D = +\dfrac{M}{L} = +\dfrac{(480)}{(8)} = +60\text{kN}(\uparrow)$

(2) AD 캔틸레버보:

$M_{A,Right} = -[+(60)(4)] = -240\text{kN·m}(\curvearrowleft)$

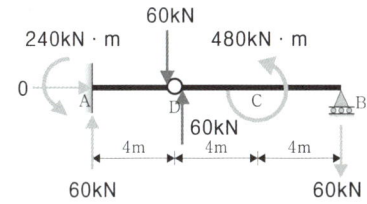

32. C점이 내부힌지로 구성된 겔버보에 대한 설명으로 옳지 않은 것은?

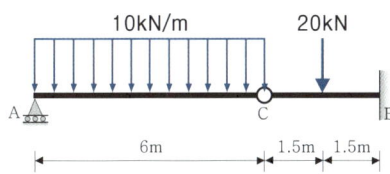

① C점에서의 휨모멘트는 0이다.
② C점에서의 전단력은 −20kN이다.
③ B점에서의 수직반력은 50kN이다.
④ B점에서의 휨모멘트는 −120kN·m이다.

해설

② $V_{C,Left} = +[+(30)-(10\times6)] = -30\text{kN}(\downarrow\uparrow)$

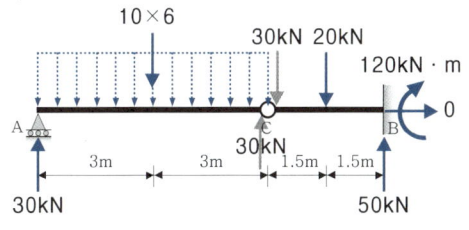

33. 그림과 같은 보의 B점에서의 휨모멘트는?

① −100kN·m
② +200kN·m
③ −400kN·m
④ +500kN·m

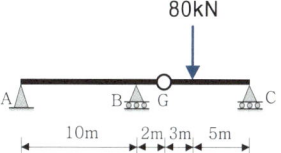

해설

(1) GC 단순보:

$\sum M_C = 0 : +(V_G)(8) - (80)(5) = 0$

$\therefore V_G = +50\text{kN}(\uparrow)$

(2) AG 내민보:

$M_{B,Right} = -[+(50)(2)] = -100\text{kN·m}(\curvearrowleft)$

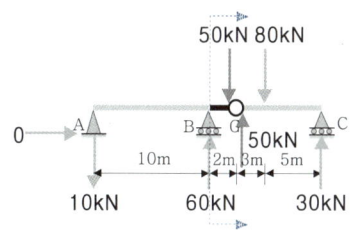

34. 다음 구조물에 생기는 최대 부모멘트의 크기는?

① −110kN·m
② −150kN·m
③ −300kN·m
④ −450kN·m

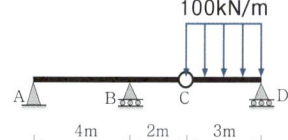

해설

(1) CD 단순보: $V_C = +\dfrac{(100\times3)}{2} = +150\text{kN}(\uparrow)$

(2) AC 내민보: 최대 부모멘트는 지점 B에서 발생한다.

$M_{B,Right} = -[+(150)(2)] = -300\text{kN·m}(\curvearrowleft)$

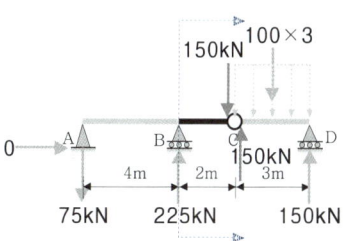

해답 31. ② 32. ② 33. ① 34. ③

35. 다음 겔버보에서 E점의 휨모멘트 값은?

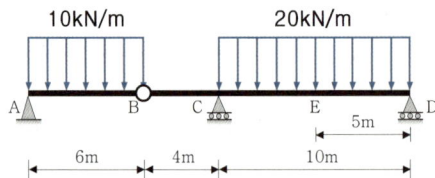

① 190kN · m ② 240kN · m
③ 310kN · m ④ 710kN · m

해설

(1) AB 단순보: $V_A = V_B = +\dfrac{10\times 6}{2} = +30\text{kN}(\uparrow)$

(2) BCED 내민보:

$\sum M_C = 0: \ -(30)(4)+(20\times 10)(5)-(V_D)(10)=0$

$\therefore V_D = +88\text{kN}(\uparrow)$

(3) $M_{E,Right} = -[+(20\times 5)(2.5)-(88)(5)]$

$= +190\text{kN}\cdot\text{m}(\smile)$

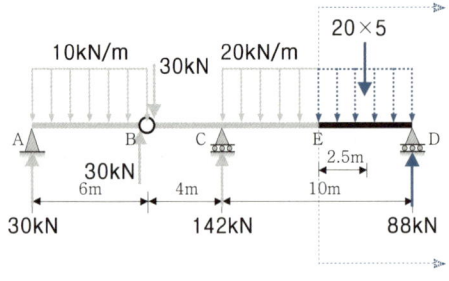

36. 그림과 같은 겔버보의 E점(지점 C에서 오른쪽으로 10m 떨어진 점)에서의 휨모멘트 값은?

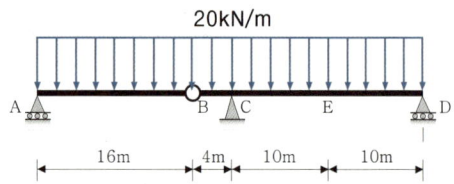

① 600kN · m ② 640kN · m
③ 1,000kN · m ④ 1,600kN · m

해설

(1) AB 단순보: $V_A = V_B = +\dfrac{20\times 16}{2} = +160\text{kN}(\uparrow)$

(2) BCED 내민보:

$\sum M_C = 0: \ -(160)(4)+(20\times 24)(8)-(V_D)(20)=0$

$\therefore V_D = +160\text{kN}(\uparrow)$

(4) $M_{E,Right} = -[+(20\times 10)(5)-(160)(10)]$

$= +600\text{kN}\cdot\text{m}(\smile)$

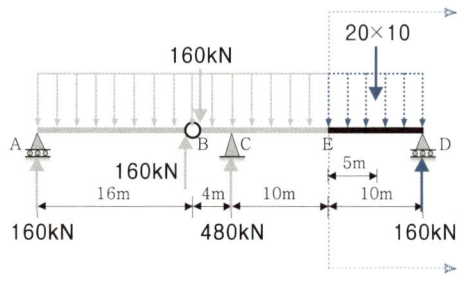

해답 35. ① 36. ①

37. 그림과 같은 구조물의 B점의 휨모멘트는?

① $-3PL$
② $-4PL$
③ $-6PL$
④ $-12PL$

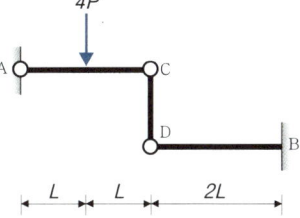

[해설]

다음과 같은 자유물체도를 생각해본다.

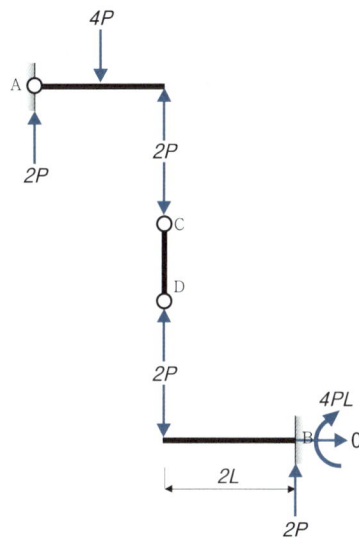

AC구간에서 하향의 수직하중 $4P$에 대한 C절점의 상향 반력은 $2P$가 되고, 이것을 CD구간의 C절점에 하향의 $2P$로 작용시키면 D점은 상향의 $2P$가 발생된다. 이것을 D절점에 하향의 $2P$로 작용시키게 되면 DB구간은 D점이 자유단, B점이 고정단인 캔틸레버보의 형태가 되며 B점의 모멘트반력은 $+4PL(\frown)$이 되고, B점의 휨모멘트는 $-4PL(\frown)$이 된다.

38. 그림과 같은 구조물의 F점의 휨모멘트는?

① $286\text{kN}\cdot\text{m}$
② $216\text{kN}\cdot\text{m}$
③ $126\text{kN}\cdot\text{m}$
④ $186\text{kN}\cdot\text{m}$

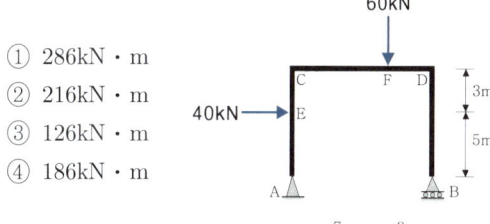

[해설]

(1) $\sum M_A = 0: +(40)(5)+(60)(7)-(V_B)(10)=0$

$\therefore V_B = +62\text{kN}(\uparrow)$

(2) $M_{F,Right}$

$= -[-(62)(3)]$

$= +186\text{kN}\cdot\text{m}(\smile)$

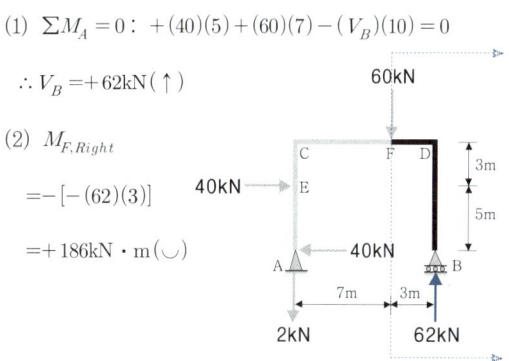

39. 그림과 같은 구조물의 C점의 휨모멘트는?

① $62.5\text{kN}\cdot\text{m}$
② $92.5\text{kN}\cdot\text{m}$
③ $123\text{kN}\cdot\text{m}$
④ $182\text{kN}\cdot\text{m}$

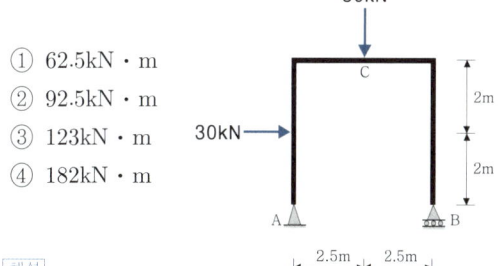

[해설]

(1) $\sum M_A = 0: +(30)(2)+(50)(2.5)-(V_B)(5)=0$

$\therefore V_B = +37\text{kN}(\uparrow)$

(2) $M_{C,Right}$

$= -[-(37)(2.5)]$

$= +92.5\text{kN}\cdot\text{m}(\smile)$

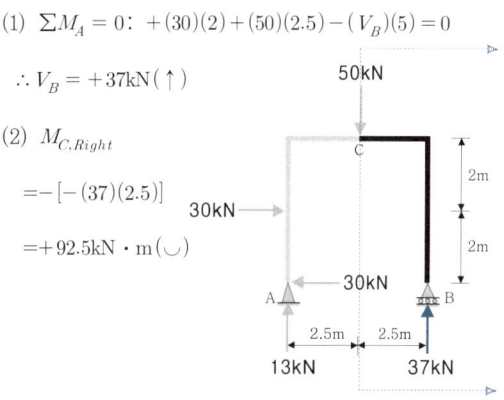

해답 37. ② 38. ④ 39. ②

40. 다음 라멘에서 M_D로 옳은 것은?

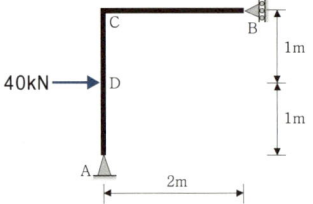

① 10kN · m
② 20kN · m
③ 30kN · m
④ 40kN · m

해설

(1) $\Sigma V = 0 : +(V_A) = 0$

(2) $\Sigma M_B = 0 : -(H_A)(2) - (40)(1) = 0$

$\therefore H_A = -20\text{kN}(\leftarrow)$

(3) $M_{D,Left}$

$= +[+(20)(1)]$

$= +20\text{kN} \cdot \text{m}(\smile)$

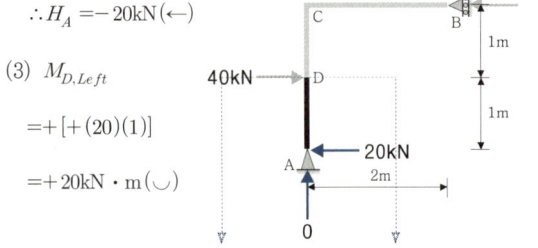

41. 그림과 같은 단순형 라멘에서 단면력에 관한 설명으로 틀린 것은?

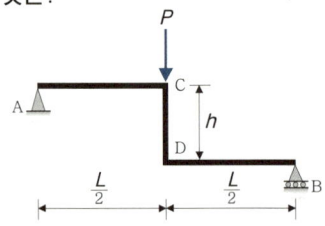

① 부재 AC에는 양(+)의 전단력이 발생한다.
② 부재 CD에는 휨모멘트가 발생하지 않는다.
③ 부재 CD에는 전단력이 발생하지 않는다.
④ 부재 BD에는 휨모멘트가 발생한다.

해설 ② $M_{CD} = +\left(\dfrac{P}{2}\right)\left(\dfrac{L}{2}\right) = +\dfrac{PL}{4}(\smile)$

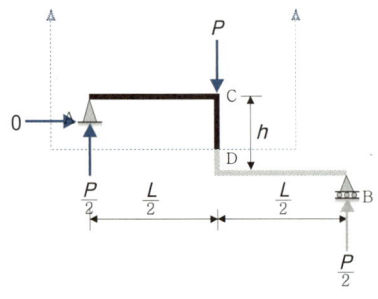

42. 그림과 같은 3회전단 아치의 C점의 휨모멘트는?

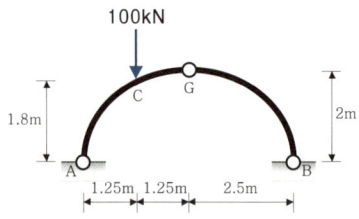

① 32.5kN · m
② 35.0kN · m
③ 37.5kN · m
④ 40.0kN · m

해설

(1) $\Sigma M_B = 0 : +(V_A)(5) - (100)(3.75) = 0$

$\therefore V_A = +75\text{kN}(\uparrow)$

(2) $M_{G,Left} = 0 : +(75)(2.5) - (H_A)(2) - (100)(1.25) = 0$

$\therefore H_A = +31.25\text{kN}(\rightarrow)$

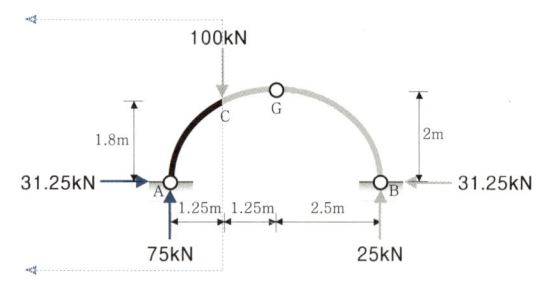

(3) $M_{C,Left} = +[+(75)(1.25) - (31.25)(1.8)]$

$= +37.5\text{kN} \cdot \text{m}(\smile)$

해답 40. ②   41. ②   42. ③

43. 그림과 같은 3회전단 아치의 E점의 휨모멘트는?

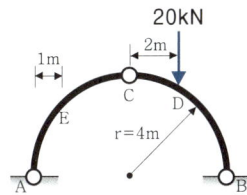

① $-8.23\text{kN}\cdot\text{m}$ ② $-13.22\text{kN}\cdot\text{m}$
③ $-16.61\text{kN}\cdot\text{m}$ ④ $-20\text{kN}\cdot\text{m}$

해설

(1) $\Sigma M_B = 0 : +(V_A)(8) - (20)(2) = 0$

$$\therefore V_A = +5\text{kN}(\uparrow)$$

(2) $M_{C,Left} = 0 : +(V_A)(4) - (H_A)(4) = 0$

$$\therefore H_A = +5\text{kN}(\rightarrow)$$

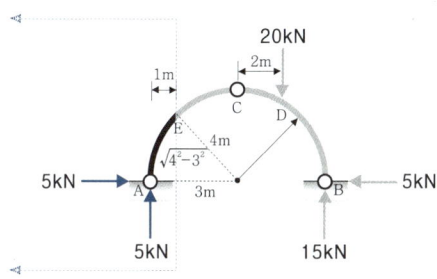

(3) $M_{E,Left} = +[+(5)(1) - (5)(\sqrt{4^2 - 3^2})]$

$$= -8.23\text{kN}\cdot\text{m}(\frown)$$

44. 그림과 같은 3회전단 아치의 E점의 휨모멘트는?

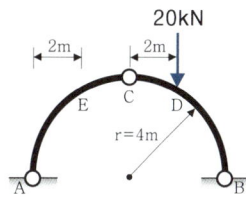

① $6.13\text{kN}\cdot\text{m}$ ② $7.32\text{kN}\cdot\text{m}$
③ $8.27\text{kN}\cdot\text{m}$ ④ $9.16\text{kN}\cdot\text{m}$

해설

(1) $\Sigma M_B = 0 : +(V_A)(8) - (20)(2) = 0$

$$\therefore V_A = +5\text{kN}(\uparrow)$$

(2) $M_{C,Left} = 0 : +(V_A)(4) - (H_A)(4) = 0$

$$\therefore H_A = +5\text{kN}(\rightarrow)$$

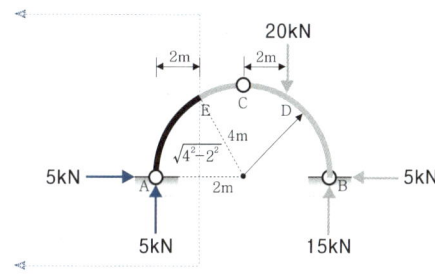

(3) $M_{E,Left} = +[+(5)(2) - (5)(\sqrt{4^2 - 2^2})]$

$$= -7.32\text{kN}\cdot\text{m}(\frown)$$

45. 그림과 같은 3회전단 아치의 D점의 휨모멘트는?

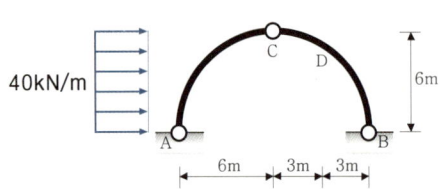

① 180kN·m ② −180kN·m
③ 132kN·m ④ −132kN·m

해설

(1) $\sum M_A = 0 : +(40 \times 6)(3) - (V_B)(12) = 0$

$\therefore V_B = +60\text{kN}(\uparrow)$

(2) $M_{C,Right} = 0 : -[-(V_B)(6) - (H_B)(6)] = 0$

$\therefore H_B = -60\text{kN}(\leftarrow)$

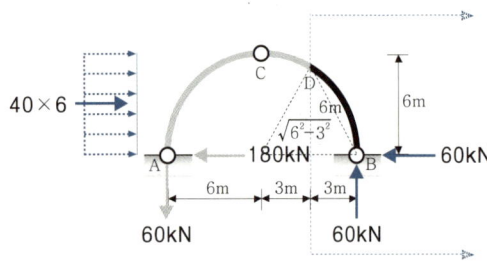

(3) $M_{D,Right} = -[-(V_B)(3) + (H_B)(\sqrt{6^2 - 3^2})]$

$= -131.769\text{kN} \cdot \text{m}(\frown)$

46. 그림과 같은 3회전단 아치의 C점의 휨모멘트는?

① 0
② $\dfrac{wL^2}{8}$
③ $\dfrac{wL^2}{16}$
④ $\dfrac{wL^2}{24}$

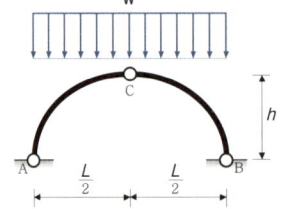

해설

힌지(Hinge) 절점에서의 휨모멘트는 0이다.

47. 그림과 같은 3회전단 아치의 C점의 전단력은?

① $\dfrac{P}{2}$
② $-\dfrac{P}{2}$
③ $\dfrac{\sqrt{2}}{2}P$
④ 0

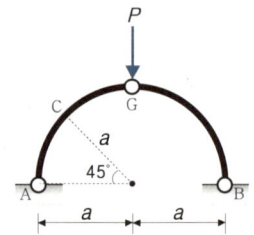

해설

(1) 대칭 반원형 아치이므로 $V_A = +\dfrac{P}{2}(\uparrow)$, $H_A = +\dfrac{P}{2}(\rightarrow)$

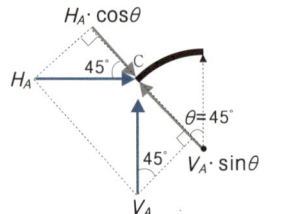

(2) $V_C = +V_A \cdot \sin\theta - H_A \cdot \cos\theta$

$= +\left[\dfrac{P}{2}(\sin 45° - \cos 45°)\right] = 0$

48. 그림과 같은 아치의 D점의 축방향력 N_D는?

① $\dfrac{P}{2}(\cos\theta - \sin\theta)$
② $\dfrac{P}{2}(r\cos\theta - \sin\theta)$
③ $\dfrac{P}{2}(\cos\theta - r\sin\theta)$
④ $\dfrac{P}{2}(\sin\theta + \cos\theta)$

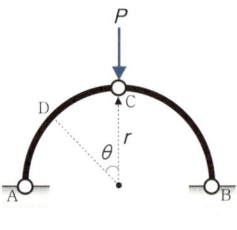

해설

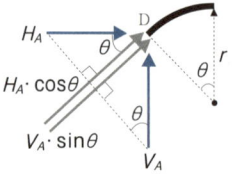

$N_D = -[+V_A \cdot \sin\theta + H_A \cdot \cos\theta] = -\left[+\dfrac{P}{2}(\sin\theta + \cos\theta)\right]$

(압축)

해답 45. ④ 46. ① 47. ④ 48. ④

49. 그림과 같은 단순보에 일어나는 최대전단력은?

① 27kN
② 45kN
③ 54kN
④ 63kN

[해설]

(1) $V_A = 90 \times \dfrac{7}{10} = 63\text{kN}$, $V_B = 90 \times \dfrac{3}{10} = 27\text{kN}$

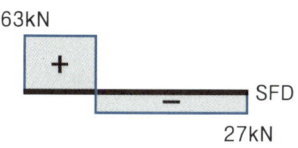

(2) A지점반력 $V_A = 63\text{kN}$이 최대전단력이다.

50. 경간 10m 단순보에 등분포하중 2kN/m가 만재되어 있을 때 이 보에 발생하는 최대 전단력은?

① 10kN ② 12.5kN
③ 15kN ④ 20kN

[해설]

$V_{\max} = V_A = V_B = \dfrac{wL}{2} = \dfrac{(2)(10)}{2} = 10\text{kN}$

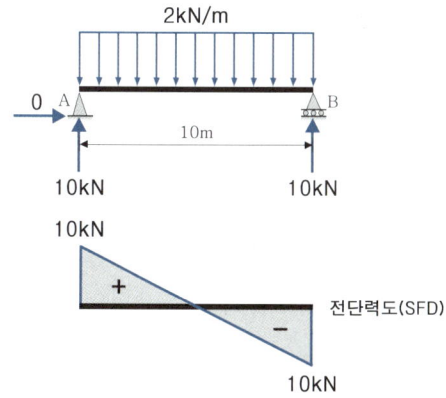

51. 그림과 같은 단순보에서 B지점의 전단력은?

① −1.0kN
② −10kN
③ −5.0kN
④ −50kN

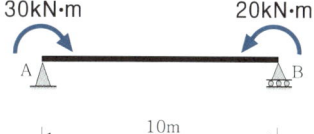

[해설]

(1) $\sum M_A = 0 : -(V_B)(10) + (30) - (20) = 0$

$\therefore V_B = +1\text{kN}(\uparrow)$

(2) B지점반력 $V_B = 1\text{kN}$이 B지점의 전단력이다.

52. 단순보에 작용하는 하중, 전단력, 휨모멘트와의 관계를 나타내는 설명으로 틀린 것은?

① 하중이 없는 구간에서의 전단력의 크기는 일정하다.
② 하중이 없는 구간에서의 휨모멘트선도는 직선이다.
③ 등분포하중이 작용하는 구간에서의 전단력도는 2차곡선이다.
④ 전단력이 0인 점에서의 휨모멘트는 최대 또는 최소이다.

[해설]

③ 등분포하중이 작용하는 구간에서의 전단력도(SFD)는 1차직선, 휨모멘트도(BMD)는 2차곡선이다.

53. 휨을 받는 부재에서 휨모멘트 M과 하중강도 w_x의 관계로 옳은 것은?

① $\dfrac{d^2M}{dx^2} = -w_x$ ② $\dfrac{dM}{dx} = -w_x$
③ $\int M dx = -w_x$ ④ $\int\int M dx dx = -w_x$

[해설] 하중(w), 전단력(V), 휨모멘트(M)의 관계식

$-w_x = \dfrac{dV}{dx} = \dfrac{d^2M}{dx^2}$

해답 49. ④ 50. ① 51. ① 52. ③ 53. ①

54. 분포하중(w), 전단력(S) 및 굽힘모멘트(M) 사이의 관계가 옳은 것은?

① $w = \dfrac{dM}{dx} = \dfrac{d^2S}{dx^2}$ ② $w = \dfrac{dS}{dx} = \dfrac{d^2M}{dx^2}$

③ $-w = \dfrac{dS}{dx} = \dfrac{d^2M}{dx^2}$ ④ $-w = \dfrac{dM}{dx} = \dfrac{d^2S}{dx^2}$

해설

하중(w), 전단력(V), 휨모멘트(M)의 관계식:

$-w_x = \dfrac{dV}{dx} = \dfrac{d^2M}{dx^2}$

55. 그림과 같은 단순보에서 최대 휨모멘트가 발생하는 위치가 A점으로부터의 거리 x로 맞는 것은?

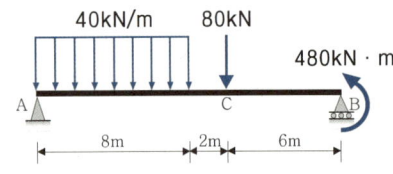

① $x = 8.8$m ② $x = 7.5$m
③ $x = 7.375$m ④ $x = 6$m

해설

(1) $\sum M_B = 0$:

$+(V_A)(16) - (40 \times 8)(12) - (80)(6) - (480) = 0$

$\therefore V_A = +300\text{kN}(\uparrow)$

(2) $M_x = +(300)(x) - (40 \times x)\left(\dfrac{x}{2}\right) = +300x - 20x^2$

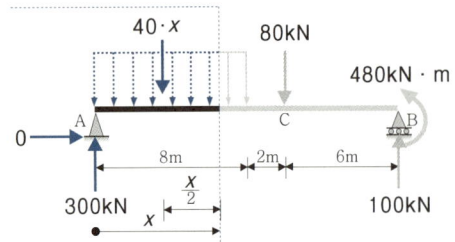

(3) $V = \dfrac{dM_x}{dx} = +300 - 40x = 0$ 으로부터 $x = 7.5$m

56. 그림과 같은 단순보에서 최대 휨모멘트 값은?

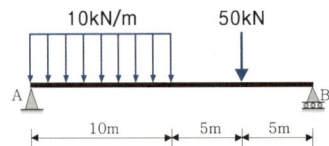

① 375kN·m ② 383kN·m
③ 402kN·m ④ 416kN·m

해설

(1) $\sum M_B = 0$: $+(V_A)(20) - (10 \times 10)(15) - (50)(5) = 0$

$\therefore V_A = +87.5\text{kN}(\uparrow)$

(2) $M_x = +(87.5)(x) - (10 \times x)\left(\dfrac{x}{2}\right) = +87.5x - 5x^2$

(3) $V = \dfrac{dM_x}{dx} = +87.5 - 10x = 0$ 으로부터 $x = 8.75$m

(4) $M_{\max} = +(87.5)(8.75) - 5(8.75)^2 = +382.81\text{kN}\cdot\text{m}(\smile)$

57. 그림과 같은 단순보에서 최대휨모멘트가 발생하는 위치 x(A점으로부터의 거리)와 최대휨모멘트 M_x는?

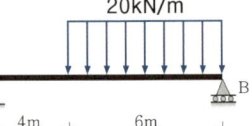

① 4.0m, 180.2kN·m
② 4.8m, 96kN·m
③ 5.2m, 230.4kN·m
④ 5.8m, 176.4kN·m

해설

(1) $\sum M_A = 0$: $+(20 \times 6)(7) - (V_B)(10) = 0$

$\therefore V_B = +84\text{kN}(\uparrow)$

(2) $M_x = -\left[+(20 \times x)\left(\dfrac{x}{2}\right) - (84)(x)\right] = -10x^2 + 84x$

(3) $V = \dfrac{dM_x}{dx} = -20x + 84 = 0$ 으로부터 $x = 4.2$m 이므로

A점으로부터는 5.8m에서 최대휨모멘트가 발생한다.

(4) $M_{\max} = -10(4.2)^2 + 84(4.2) = +176.4\text{kN}\cdot\text{m}(\smile)$

해답 54. ③ 55. ② 56. ② 57. ④

58. 그림과 같은 내민보에서 정(+)의 최대휨모멘트가 발생하는 위치 x (지점 A로부터의 거리)와 정(+)의 최대휨모멘트(M_x)는?

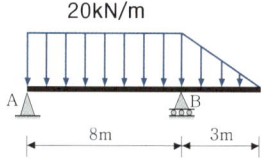

① $x=2.821\text{m}$, $M_x=114.38\text{kN}\cdot\text{m}$
② $x=3.256\text{m}$, $M_x=175.47\text{kN}\cdot\text{m}$
③ $x=3.813\text{m}$, $M_x=145.35\text{kN}\cdot\text{m}$
④ $x=4.527\text{m}$, $M_x=190.63\text{kN}\cdot\text{m}$

해설

(1) $\Sigma M_B = 0$:

$$+(V_A)(8)-(20\times8)(4)+\left(\frac{1}{2}\times3\times20\right)\left(3\times\frac{1}{3}\right)=0$$

$$\therefore V_A=+76.25\text{kN}(\uparrow)$$

(2) $M_x=+(76.25)(x)-(20\times x)\left(\frac{x}{2}\right)=+76.25x-10x^2$

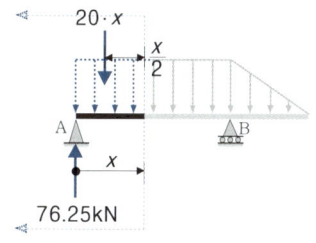

(3) $V=\dfrac{dM_x}{dx}=+76.25-20x=0$ 으로부터 $x=3.8125\text{m}$

(4) $M_{\max}=+76.25(3.8125)-10(3.8125)^2$

$$=+145.35\text{kN}\cdot\text{m}(\smile)$$

---

59. 그림과 같은 정정 라멘에 분포하중 w가 작용할 때 최대 휨모멘트를 구하면?

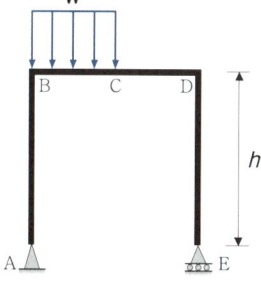

① $0.186wL^2$
② $0.219wL^2$
③ $0.250wL^2$
④ $0.281wL^2$

해설

(1) $\Sigma M_E=0$: $+(V_A)(2L)-(w\cdot L)\left(L+\dfrac{L}{2}\right)=0$

$$\therefore V_A=+\frac{3}{4}wL(\uparrow)$$

(2) $M_x=+\left(\dfrac{3wL}{4}\right)(x)-(w\cdot x)\left(\dfrac{x}{2}\right)=+\dfrac{3wL}{4}\cdot x-\dfrac{w}{2}\cdot x^2$

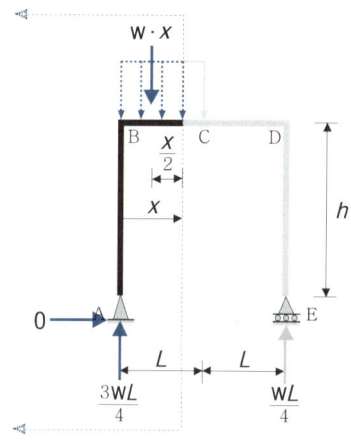

(3) $V=\dfrac{dM_x}{dx}=+\dfrac{3wL}{4}-w\cdot x=0$ 으로부터 $x=\dfrac{3L}{4}$

(4) $M_{\max}=+\left(\dfrac{3wL}{4}\right)\left(\dfrac{3L}{4}\right)-\left(\dfrac{w}{2}\right)\left(\dfrac{3L}{4}\right)^2$

$$=+\frac{9}{32}wL^2=+0.281wL^2(\smile)$$

해답 58. ③   59. ④

60. 그림과 같은 단순보에서 최대 휨모멘트가 발생하는 위치는? (단, A점으로부터의 거리)

① $\dfrac{2}{3}L$ ② $\dfrac{1}{\sqrt{3}}L$

③ $\dfrac{1}{\sqrt{2}}L$ ④ $\dfrac{2}{\sqrt{5}}L$

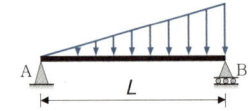

61. 그림과 같이 삼각형 분포하중이 작용하는 단순보에서 최대 휨모멘트가 발생하는 점 C의 위치는 A지점에서 거리 x되는 곳이다. 여기서 x의 값은?

① $0.577L(\mathrm{m})$
② $0.667L(\mathrm{m})$
③ $0.750L(\mathrm{m})$
④ $0.875L(\mathrm{m})$

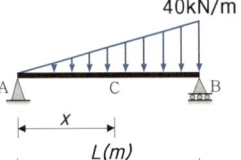

해설

(1) $\sum M_B = 0 : +(V_A)(L) - \left(\dfrac{1}{2} \cdot w \cdot L\right)\left(\dfrac{L}{3}\right) = 0$

$$\therefore V_A = +\dfrac{wL}{6}(\uparrow)$$

(2) 전단력이 0인 x위치에서의 삼각형 분포하중 q

$$x : q = L : w \text{ 으로부터 } q = \left(\dfrac{w}{L}\right) \cdot x$$

(2) x위치에서의 휨모멘트식

$$M_x = \left(\dfrac{wL}{6}\right) \cdot x - \left(\dfrac{1}{2}q \cdot x\right)\left(\dfrac{x}{3}\right) = \left(\dfrac{wL}{6}\right) \cdot x - \left(\dfrac{w}{6L}\right) \cdot x^3$$

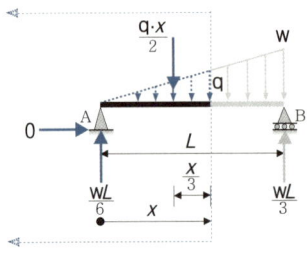

(3) $V = \dfrac{dM}{dx} = \left(\dfrac{wL}{6}\right) - \left(\dfrac{w}{2L}\right) \cdot x^2 = 0$

$$\therefore x = \dfrac{L}{\sqrt{3}} (= 0.577L)$$

62. 그림과 같은 단순보의 최대 휨모멘트는?

① $0.03214wL^2$
② $0.04816wL^2$
③ $0.05217wL^2$
④ $0.06415wL^2$

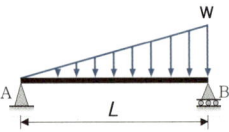

해설

(1) $\sum M_B = 0 : +(V_A)(L) - \left(\dfrac{1}{2} \cdot w \cdot L\right)\left(\dfrac{L}{3}\right) = 0$

$$\therefore V_A = +\dfrac{wL}{6}(\uparrow)$$

(2) 전단력이 0인 x위치에서의 삼각형 분포하중 q

$$x : q = L : w \text{ 으로부터 } q = \left(\dfrac{w}{L}\right) \cdot x$$

(2) x위치에서의 휨모멘트식

$$M_x = \left(\dfrac{wL}{6}\right) \cdot x - \left(\dfrac{1}{2}q \cdot x\right)\left(\dfrac{x}{3}\right) = \left(\dfrac{wL}{6}\right) \cdot x - \left(\dfrac{w}{6L}\right) \cdot x^3$$

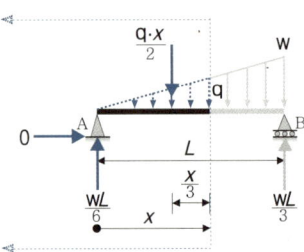

(3) $V = \dfrac{dM}{dx} = \left(\dfrac{wL}{6}\right) - \left(\dfrac{w}{2L}\right) \cdot x^2 = 0$

$$\therefore x = \dfrac{L}{\sqrt{3}} (= 0.577L)$$

(4) $M_{\max} = \left(\dfrac{wL}{6}\right)\left(\dfrac{L}{\sqrt{3}}\right) - \left(\dfrac{w}{6L}\right)\left(\dfrac{L}{\sqrt{3}}\right)^3$

$$= \dfrac{wL^2}{9\sqrt{3}} = 0.06415wL^2$$

해답 60. ② 61. ① 62. ④

63. 다음 정정보에서의 전단력도(SFD)로 옳은 것은?

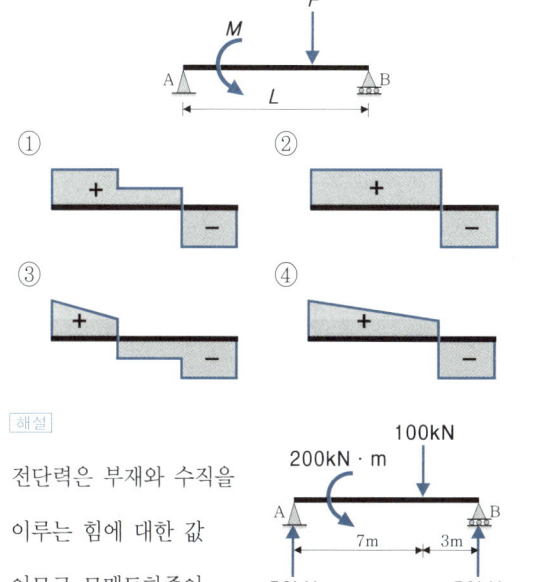

해설
전단력은 부재와 수직을 이루는 힘에 대한 값이므로 모멘트하중이 작용하는 부분의 전단력도는 변화가 생기지 않는다. 따라서 단순보에 집중하중만 작용할 때의 전단력도와 유사한 형태가 된다.

64. 모멘트하중(M)이 작용할 때 전단력도의 모양은 어떤 형태인가?

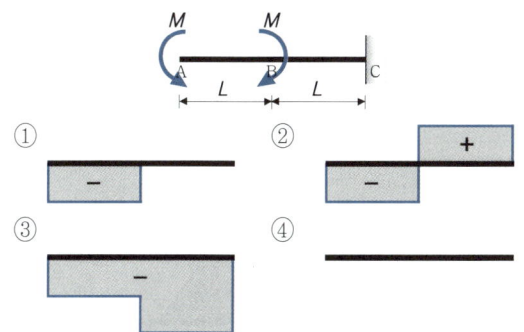

해설
수직하중이 없으므로 수직반력이 없고 전단력도 없다.

65. 다음 그림에서 중앙점의 휨모멘트는?

① $\dfrac{PL}{4} - \dfrac{wL^2}{8}$

② $\dfrac{PL}{4} + \dfrac{wL}{8}$

③ $\dfrac{PL}{8} + \dfrac{wL}{4}$

④ $\dfrac{PL}{4} + \dfrac{wL^2}{8}$

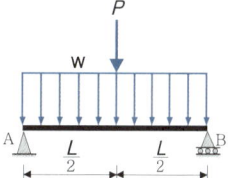

해설 중첩의 원리(Method of Superposition)

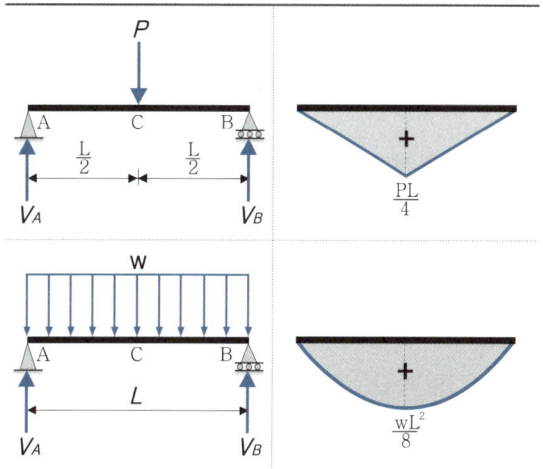

66. 다음 그림과 같은 보에서 C점의 휨모멘트는?

① 200kN·m
② 400kN·m
③ 450kN·m
④ 500kN·m

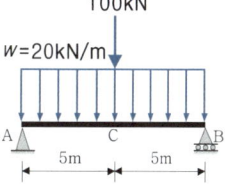

해설

$$M_C = \frac{PL}{4} + \frac{wL^2}{8} = \frac{(100)(10)}{4} + \frac{(20)(10)^2}{8} = 500\text{kN}\cdot\text{m}$$

해답 63. ② 64. ④ 65. ④ 66. ④

67. 그림과 같은 단순보의 최대 휨모멘트는?

① 13.80kN·m
② 10.56kN·m
③ 12.60kN·m
④ 12.00kN·m

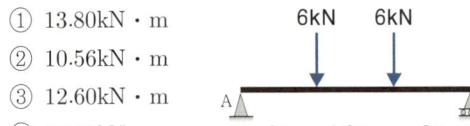

해설

하중과 지점반력

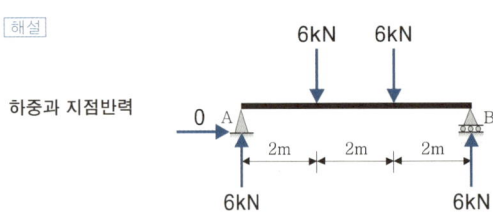

개략적인 휨모멘트도

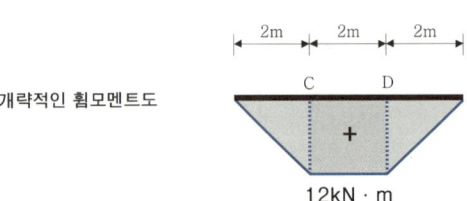

68. 그림과 같은 단순보의 최대 휨모멘트는?

① 105kN·m
② 80kN·m
③ 75kN·m
④ 70kN·m

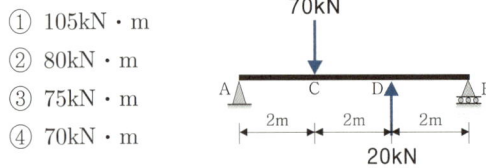

해설

하중과 지점반력

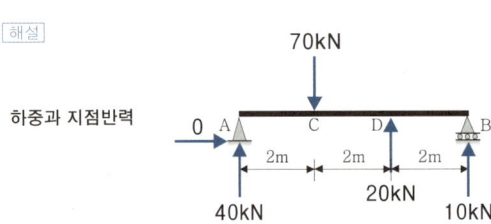

개략적인 휨모멘트도

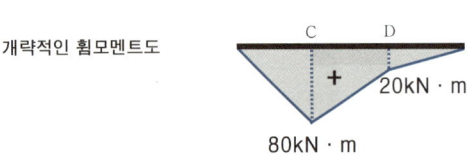

69. 다음 단순보의 최대 휨모멘트는?

① M
② $1.5M$
③ $2M$
④ $3M$

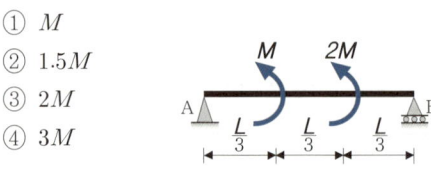

해설

하중과 지점반력

개략적인 휨모멘트도

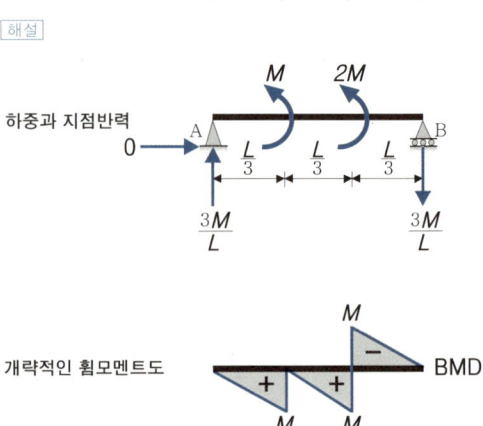

70. 다음 내민보에 발생하는 최대 휨모멘트는?

① -80kN·m
② -120kN·m
③ -160kN·m
④ -200kN·m

해설

하중과 지점반력

개략적인 휨모멘트도

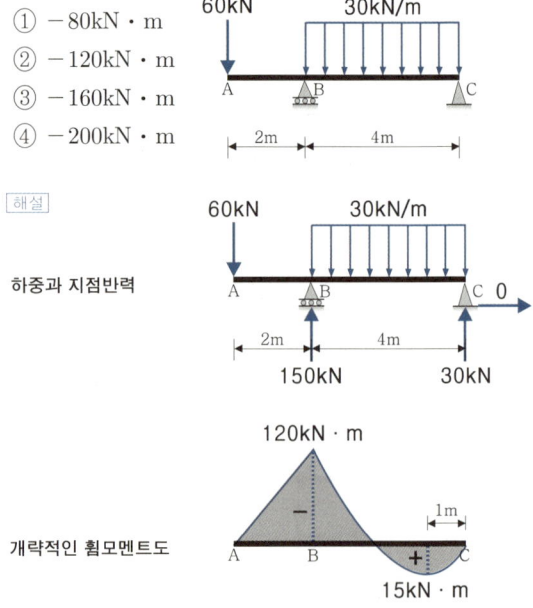

해답 67. ④   68. ②   69. ①   70. ②

71. 다음 내민보에 발생하는 최대 휨모멘트의 절대값은?

① 60kN·m
② 80kN·m
③ 100kN·m
④ 120kN·m

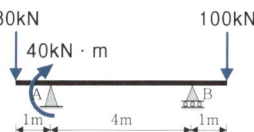

해설

하중과 지점반력

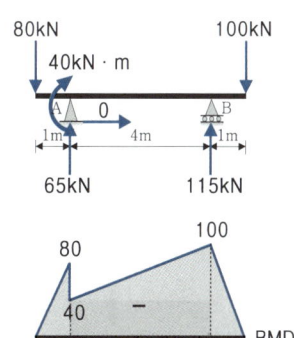

개략적인 휨모멘트도

72. 그림과 같은 3활절 라멘의 최대휨모멘트는?

① 90kN·m
② 120kN·m
③ 150kN·m
④ 180kN·m

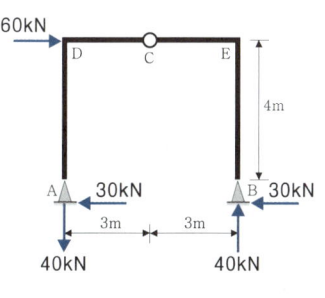

해설

하중과 지점반력

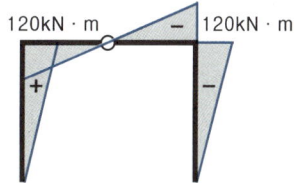

개략적인 휨모멘트도

73. 다음 라멘의 휨모멘트도(BMD)가 옳게 그려진 것은?

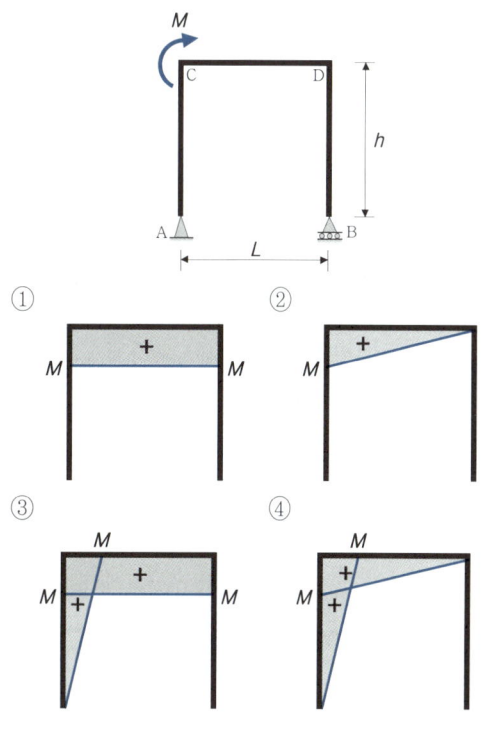

해설

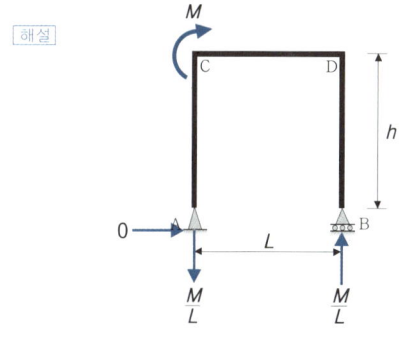

(1) 수직반력을 우선적으로 고려하면, 양쪽 기둥에는 축방향력만 발생하며 휨모멘트가 생기지 않는다. (③, ④번 부적합)

(2) CD 보 부재에서 C점에 모멘트하중이 작용하므로 휨모멘트도에서 C점에만 휨모멘트가 발생된다. 따라서 가장 적합한 휨모멘트도는 ②번이 된다.

해답 71. ③   72. ②   73. ②

74. 다음과 같은 구조물에 우력이 작용할 때 휨모멘트도 (BMD)로 옳은 것은?

75. 그림과 같은 3힌지 라멘의 휨모멘트도(BMD)는?

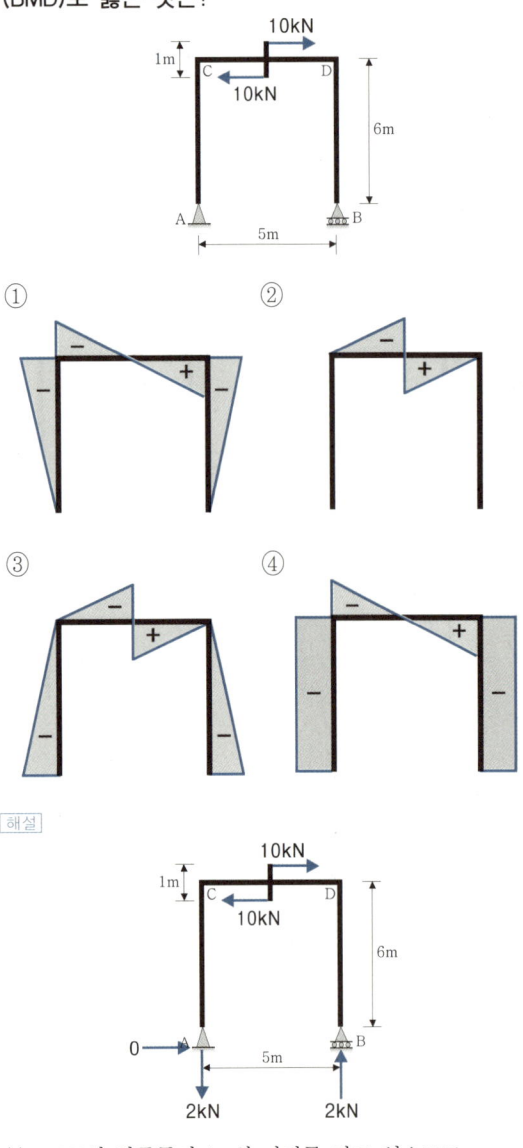

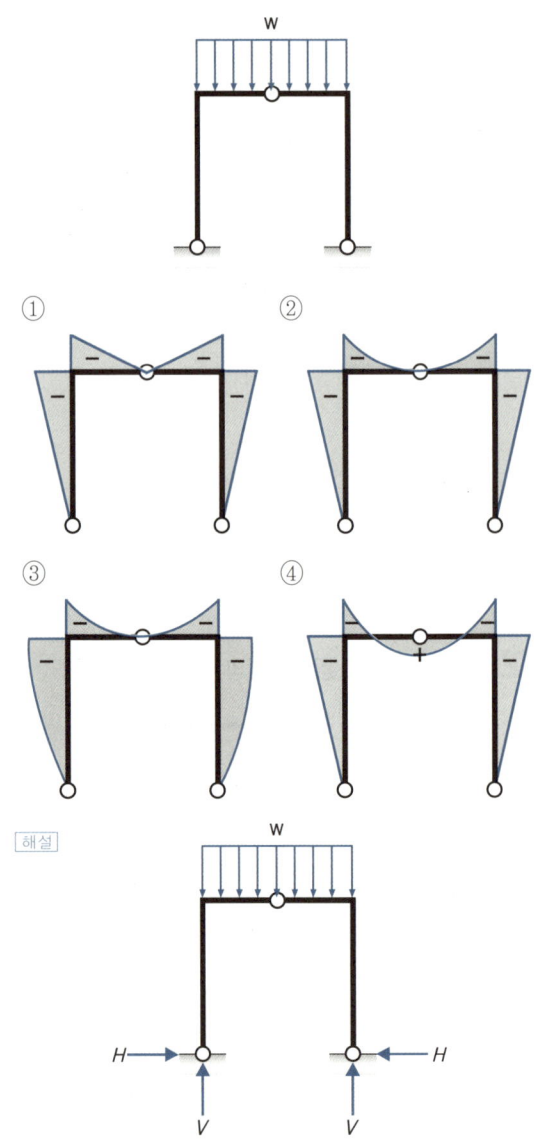

(1) 10kN의 하중들이 1m의 거리를 갖고 있으므로 모멘트하중 10kN·m가 BC 보 중앙에 작용하는 경우의 휨모멘트도와 같다.

(2) 수직반력을 우선적으로 고려하면, 양쪽 기둥에는 축방향력만 발생하며 휨모멘트가 생기지 않는다. (①, ③, ④번 부적합)

(1) 등분포하중이 보에 작용하므로 보에는 2차곡선의 휨모멘트도가 형성된다. (①번 부적합)

(2) 보 중앙점 힌지에서 휨모멘트는 0이다. (④번 부적합)

(3) 양쪽 지점에서의 수평반력에 의해 양쪽 기둥에서는 1차직선의 휨모멘트도가 형성된다. (③번 부적합)

해답 74. ② 75. ②

76. 그림과 같은 라멘에서 휨모멘트도(BMD)를 옳게 나타낸 것은?

77. 3활절(滑節) 아치에 등분포하중이 작용할 때 휨모멘트도(BMD)는?

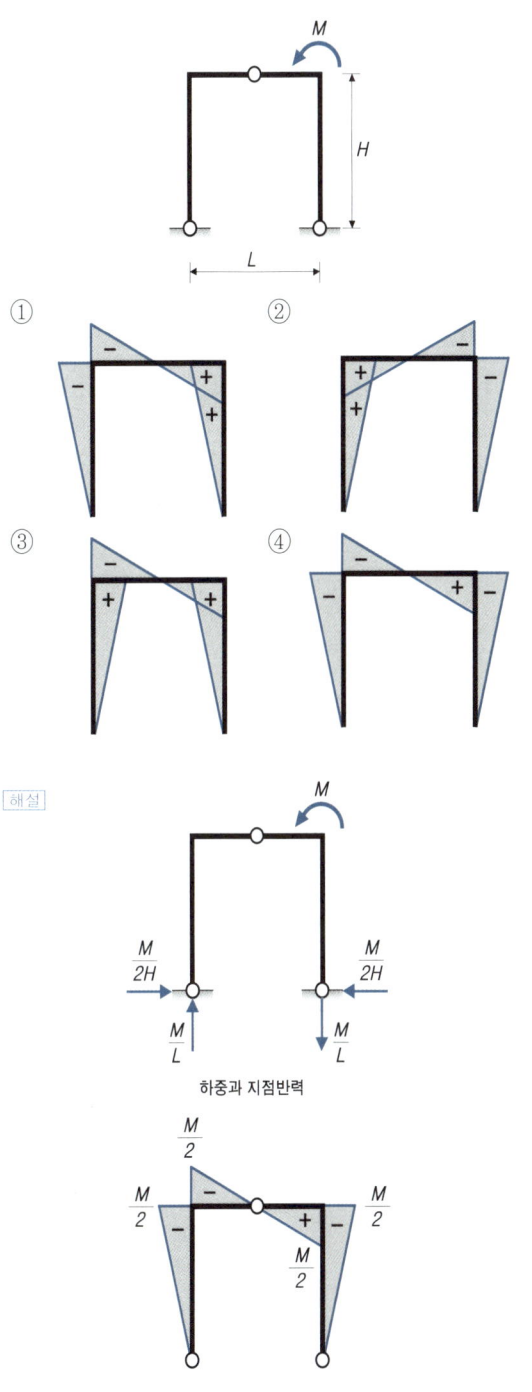
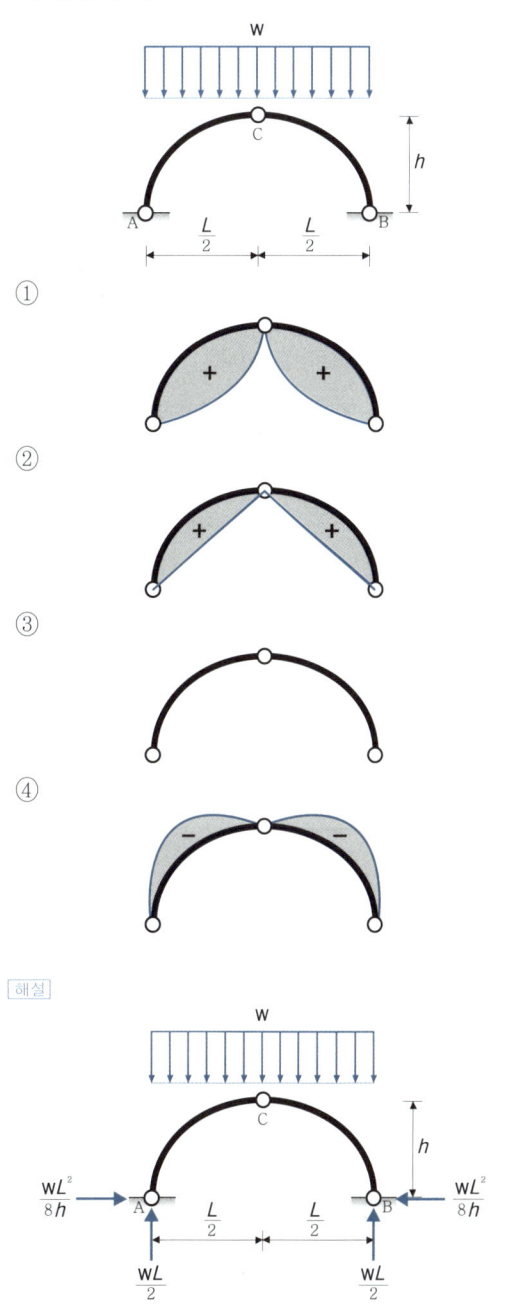

축선이 포물선인 3활절 아치에 등분포하중이 작용하면 부재 내력으로서 축방향력만 발생하고 전단력이나 휨모멘트가 발생하지 않으므로 경제적인 구조가 된다.

해답 76. ④ 77. ③

78. 경간 10m인 단순보 위를 1개의 집중하중 $P=200$kN이 통과할 때 이 보에 생기는 최대 전단력 S와 최대 휨모멘트 M은?

① $S=100$kN, $M=500$kN·m
② $S=100$kN, $M=1,000$kN·m
③ $S=200$kN, $M=500$kN·m
④ $S=200$kN, $M=1,000$kN·m

해설

(1) 집중하중 $P=200$kN이 어느 쪽이든 지점 위에 위치할 때 최대전단력이 형성된다. ∴ $S=V_{max}=200$kN

(2) 집중하중 $P=200$kN이 보의 중앙에 위치할 때 최대휨모멘트가 형성된다.

∴ $M_{max}=\dfrac{PL}{4}=\dfrac{(200)(10)}{4}=500$kN·m

79. 자중이 4kN/m인 그림(a)와 같은 단순보에 그림(b)와 같은 차륜하중이 통과할 때 이 보에 일어나는 최대 전단력의 절대값은?

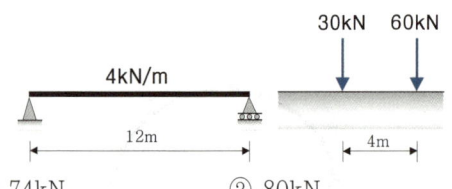

① 74kN
② 80kN
③ 94kN
④ 104kN

해설

60kN의 하중이 B위치에 있을 때 B지점의 반력이 최대이며, 최대 전단력이 된다.

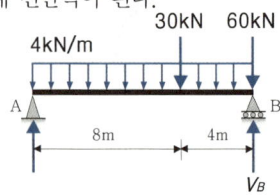

$\Sigma M_A=0$:

$-(V_B)(12)+(4\times12)(6)+(30)(8)+(60)(12)=0$

∴ $V_B=+104$kN(↑)

80. 단순보 AB위에 그림과 같은 이동하중이 지날 때 A점으로부터 10m 떨어진 C점의 최대 휨모멘트는?

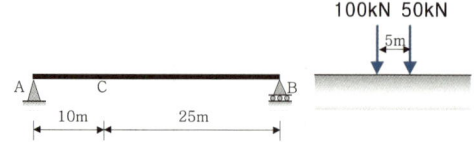

① 850kN·m
② 950kN·m
③ 1,000kN·m
④ 1,150kN·m

해설

(1) 100kN의 하중이 C점에 위치할 때의 A지점 수직반력과 C점에서의 휨모멘트를 구한다.

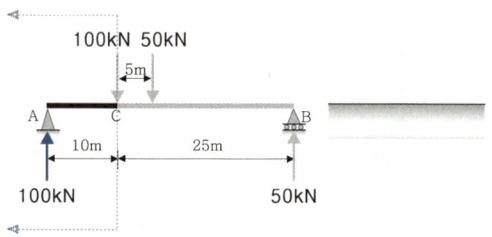

(2) $\Sigma M_B=0$: $+(V_A)(35)-(100)(25)-(50)(20)=0$

∴ $V_A=+100$kN(↑)

(3) $M_{C,Left}=+[+(100)(10)]=+1,000$kN·m

해답 78. ③ 79. ④ 80. ③

81. 단순보 AB 위를 그림과 같은 이동하중이 통과하고 있을 때 경간 중앙 C점에 대한 최대휨모멘트의 크기는?

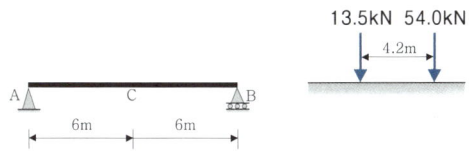

① 174.15kN · m ② 192.14kN · m
③ 214.32kN · m ④ 234.29kN · m

해설

(1) C점에 큰 하중 54.0kN이 위치할 때 최대휨모멘트가 발생할 것이다.

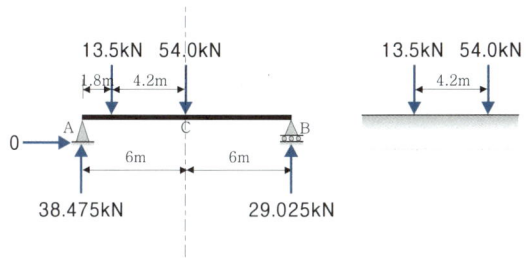

(2) $\sum M_A = 0$: $+(13.5)(1.8)+(54.0)(6)-(V_B)(12)=0$

∴ $V_B = +29.025\text{kN}(\uparrow)$

(3) $M_{\max,C} = -[-(29.025)(6)] = +174.15\text{kN} \cdot \text{m}(\smile)$

82. 겔버보에 연행하중이 이동할 때 지점 B에서 최대 휨모멘트는?

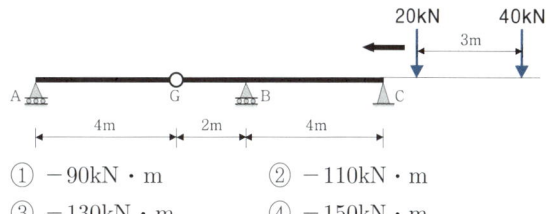

① $-90\text{kN} \cdot \text{m}$ ② $-110\text{kN} \cdot \text{m}$
③ $-130\text{kN} \cdot \text{m}$ ④ $-150\text{kN} \cdot \text{m}$

해설

(1) B점에서 휨모멘트가 최대가 되려면 연행하중 중 큰쪽의 하중 40kN이 B점에서 가장 멀리 떨어진 힌지절점 G점에 위치할 때이다.

(2) AG단순보 구간에서 G절점에 작용하는 반력 $V_G = +20 \times \dfrac{1}{4} = +5\text{kN}(\uparrow)$이며, G절점은 지점이 아니기 때문에 하중 5kN(↓)으로 작용시켜 GBC내민보 구간을 해석한다.

【B지점에 최대휨모멘트가 발생하기 위한 연행하중의 분포 위치】

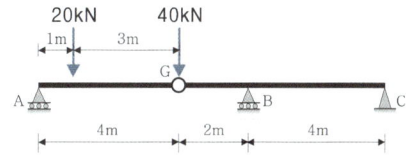

【하중과 지점반력】

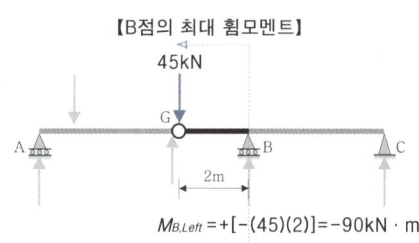

【B점의 최대 휨모멘트】

$M_{B.Left} = +[-(45)(2)] = -90\text{kN} \cdot \text{m}$

해답 81. ① 82. ①

83. 그림(a)와 같은 하중이 그 진행방향을 바꾸지 아니하고, 그림(b)와 같은 단순보 위를 통과할 때, 이 보에 절대최대휨모멘트를 일어나게 하는 하중 90kN의 위치는? (단, B지점으로부터 거리임)

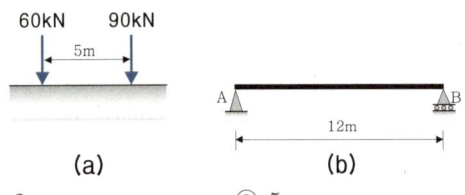

(a)　　　　　(b)

① 2m ② 5m
③ 6m ④ 7m

해설

(1) 합력의 크기: $R = 60 + 90 = 150\text{kN}$

(2) 바리뇽의 정리:

$$-(150)(x) = -(60)(5) + (90)(0) \quad \therefore x = 2\text{m}$$

(3) $\dfrac{x}{2} = 1\text{m}$의 위치를 보의 중앙점에 일치시킨다.

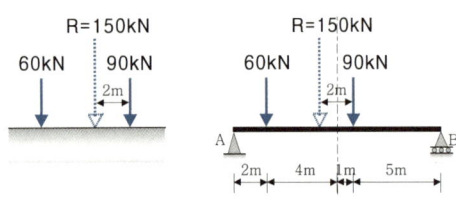

(4) 합력과 인접한 큰 하중작용점에서 절대최대휨모멘트가 발생한다. 따라서, B점으로부터의 위치는 5m가 된다.

84. 단순보 위를 그림과 같이 이동하중이 통과할 때 지점 B로부터 절대최대모멘트가 일어나는 위치는?

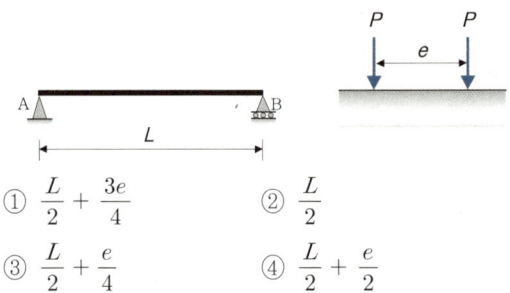

① $\dfrac{L}{2} + \dfrac{3e}{4}$ ② $\dfrac{L}{2}$
③ $\dfrac{L}{2} + \dfrac{e}{4}$ ④ $\dfrac{L}{2} + \dfrac{e}{2}$

해설

(1) 합력의 크기: $R = P + P = 2P$

(2) 바리뇽의 정리:

$$+(2P)(x) = (P)(0) + (P)(e) \quad \therefore x = \dfrac{e}{2}$$

(3) $\dfrac{x}{2} = \dfrac{e}{4}$의 위치를 보의 중앙점에 일치시킨다.

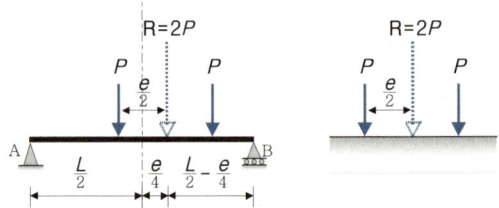

(4) 합력과 인접한 하중작용점에서 절대최대휨모멘트가 발생한다.

따라서, B점으로부터의 거리는 $\dfrac{L}{2} + \dfrac{e}{4}$가 된다.

해답 83. ② 84. ③

85. 연행하중이 절대최대휨모멘트가 생기는 위치에 왔을 때, 지점 A에서 하중 10kN까지의 거리(x)는?

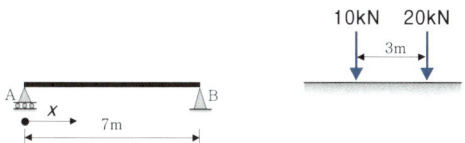

① 1m
② 0.8m
③ 0.5m
④ 0.2m

해설

(1) 합력의 크기: $R = 10 + 20 = 30$kN

(2) 바리뇽의 정리:

$-(30)(x) = -(10)(3) + (20)(0)$ ∴ $x = 1$m

(3) $\dfrac{x}{2} = 0.5$m의 위치를 보의 중앙점에 일치시킨다.

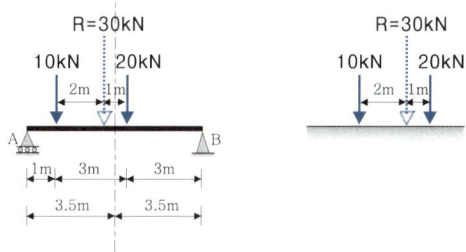

(4) 합력과 인접한 큰 하중작용점에서 절대최대휨모멘트가 발생한다. 따라서, A지점으로부터의 10kN까지의 위치는 1m가 된다.

86. 경간(Span) 8m인 단순보에 그림과 같은 연행하중이 작용할 때 절대최대휨모멘트는 어디에서 생기는가?

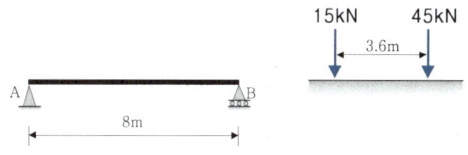

① A지점에서 오른쪽으로 4m 되는 점에 45kN의 재하점
② A지점에서 오른쪽으로 4.45m 되는 점에 45kN의 재하점
③ B지점에서 왼쪽으로 4m 되는 점에 15kN의 재하점
④ B지점에서 왼쪽으로 3.55m 떨어져서 합력의 재하점

해설

(1) 합력의 크기: $R = 15 + 45 = 60$kN

(2) 바리뇽의 정리:

$-(60)(x) = -(15)(3.6) + (45)(0)$ ∴ $x = 0.9$m

(3) $\dfrac{x}{2} = 0.45$m의 위치를 보의 중앙점에 일치시킨다.

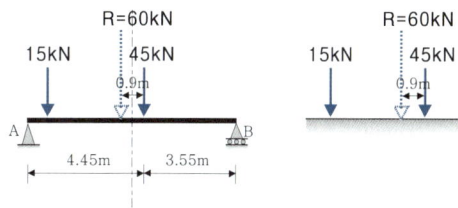

(4) 합력과 인접한 큰 하중작용점에서 절대최대휨모멘트가 발생한다.

따라서, A지점으로부터의 위치는 4.45m가 된다.

해답   85. ①   86. ②

87. 경간 $L = 10\text{m}$인 단순보에 그림과 같은 방향으로 이동하중이 작용할 때 절대최대휨모멘트를 구한 값은?

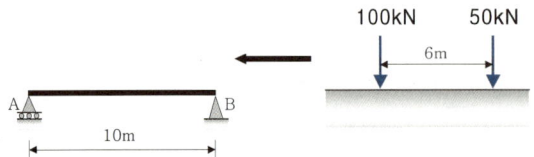

① 240kN · m ② 280kN · m
③ 320kN · m ④ 360kN · m

해설

(1) 합력의 크기: $R = 100 + 50 = 150\text{kN}$

(2) 바리뇽의 정리:

$+(150)(x) = (100)(0) + (50)(6)$ $\therefore x = 2\text{m}$

(3) $\dfrac{x}{2} = 1\text{m}$의 위치를 보의 중앙점에 일치시킨다.

(4) 합력과 인접한 큰 하중작용점에서 절대최대휨모멘트가 발생한다.

① $\Sigma M_B = 0 : +(V_A)(10) - (100)(6) = 0$

$\therefore V_A = +60\text{kN}(\uparrow)$

② $M_{\max, abs} = +[(60)(4)] = +240\text{kN} \cdot \text{m}(\smile)$

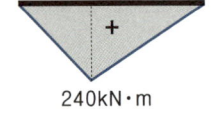

88. 다음 보와 같이 이동하중이 작용할 때 절대최대 휨모멘트를 구한 값은?

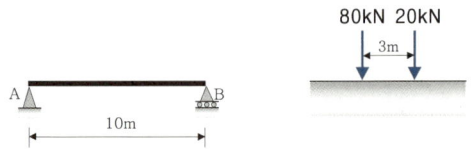

① 182.0kN · m ② 220.9kN · m
③ 267.6kN · m ④ 328.0kN · m

해설

(1) 합력의 크기: $R = 80 + 20 = 100\text{kN}$

(2) 바리뇽의 정리:

$+(100)(x) = +(80)(0) + (20)(3)$ $\therefore x = 0.6\text{m}$

(3) $\dfrac{x}{2} = 0.3\text{m}$의 위치를 보의 중앙점에 일치시킨다.

(4) 합력과 인접한 큰 하중작용점에서 절대최대휨모멘트가 발생한다.

① $\Sigma M_B = 0 : +(V_A)(10) - (80)(5.3) - (20)(2.3) = 0$

$\therefore V_A = +47\text{kN}(\uparrow)$

② $M_{\max, abs} = +[(47)(4.7)] = +220.9\text{kN} \cdot \text{m}(\smile)$

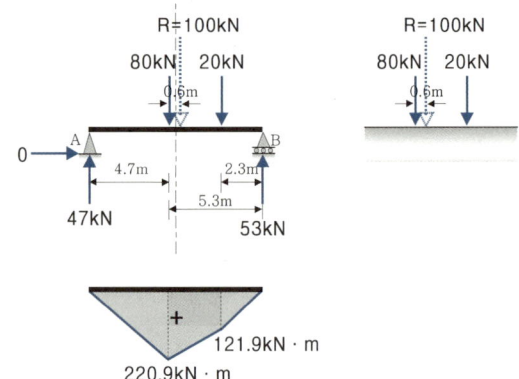

해답 87. ①   88. ②

89. 그림과 같이 단순보에 이동하중이 재하될 때 절대 최대휨모멘트는 약 얼마인가?

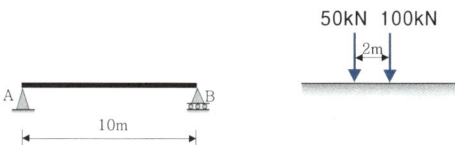

① 330kN·m ② 350kN·m
③ 370kN·m ④ 390kN·m

해설

(1) 합력의 크기: $R = 50 + 100 = 150$kN

(2) 바리농의 정리:

$-(150)(x) = -(50)(2) + (100)(0)$ $\therefore x = 0.67$m

(3) $\dfrac{x}{2} = 0.335$m의 위치를 보의 중앙점에 일치시킨다.

(4) 합력과 인접한 큰 하중작용점에서 절대최대휨모멘트가 발생한다.

① $\sum M_A = 0$:

$+(50)(3.335) + (100)(5.335) - (V_B)(10) = 0$

$\therefore V_B = +70.025$kN(↑)

② $M_{\max, abs} = -[-(70.025)(4.665)] = +326.67$kN·m(⌣)

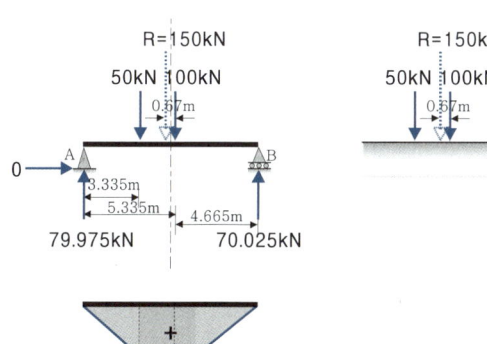

90. 그림과 같은 단순보에 이동하중이 작용하는 경우 절대최대휨모멘트는?

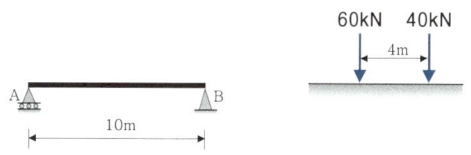

① 176.4kN·m ② 167.2kN·m
③ 162.0kN·m ④ 125.1kN·m

해설

(1) 합력의 크기: $R = 60 + 40 = 100$kN

(2) 바리농의 정리:

$+(100)(x) = (60)(0) + (40)(4)$ $\therefore x = 1.6$m

(3) $\dfrac{x}{2} = 0.8$m의 위치를 보의 중앙점에 일치시킨다.

(4) 합력과 인접한 큰 하중작용점에서 절대최대휨모멘트가 발생한다.

① $\sum M_B = 0 : +(V_A)(10) - (60)(5.8) - (40)(1.8) = 0$

$\therefore V_A = +42$kN(↑)

② $M_{\max, abs} = +[(42)(4.2)] = +176.4$kN·m(⌣)

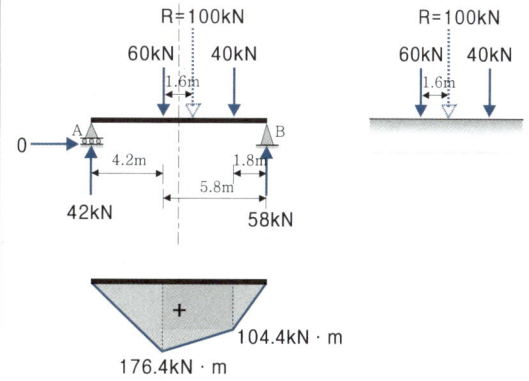

해답 89. ①   90. ①

91. 그림과 같은 단순보에 이동하중이 작용할 때 절대 최대휨모멘트는?

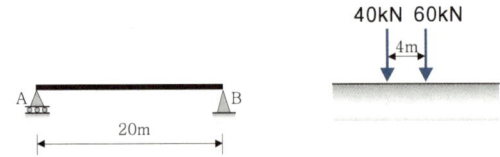

① 387.2kN · m
② 423.2kN · m
③ 478.4kN · m
④ 531.7kN · m

해설

(1) 합력의 크기: $R = 40 + 60 = 100$kN

(2) 바리농의 정리:

$-(100)(x) = -(40)(4) + (60)(0)$ $\therefore x = 1.6$m

(3) $\dfrac{x}{2} = 0.8$m의 위치를 보의 중앙점에 일치시킨다.

(4) 합력과 인접한 큰 하중작용점에서 절대최대휨모멘트가 발생한다.

① $\sum M_A = 0: +(40)(6.8) + (60)(10.8) - (V_B)(20) = 0$

$\therefore V_B = +46$kN(↑)

② $M_{\max,abs} = -[-(V_B)(9.2)] = +423.2$kN · m(⌣)

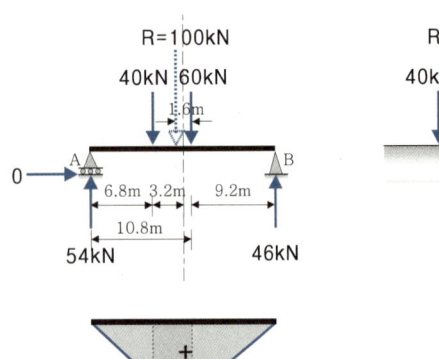

92. 그림과 같이 2개의 집중하중이 단순보 위를 통과할 때 절대최대휨모멘트의 크기와 발생위치 x는?

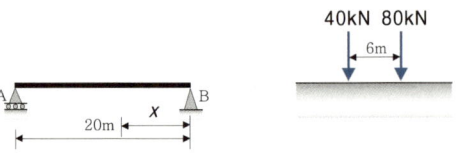

① $M_{\max} = 362$kN · m, $x = 8$m
② $M_{\max} = 382$kN · m, $x = 8$m
③ $M_{\max} = 486$kN · m, $x = 9$m
④ $M_{\max} = 506$kN · m, $x = 9$m

해설

(1) 합력의 크기: $R = 40 + 80 = 120$kN

(2) 바리농의 정리:

$-(120)(x) = -(40)(6) + (80)(0)$ $\therefore x = 2$m

(3) $\dfrac{x}{2} = 1$m의 위치를 보의 중앙점에 일치시킨다.

(4) 합력과 인접한 큰 하중작용점에서 절대최대휨모멘트가 발생한다.

① $\sum M_A = 0: +(40)(5) + (80)(11) - (V_B)(20) = 0$

$\therefore V_B = +54$kN(↑)

② $M_{abs,\max} = -[-(54)(9)] = +486$kN · m(⌣)

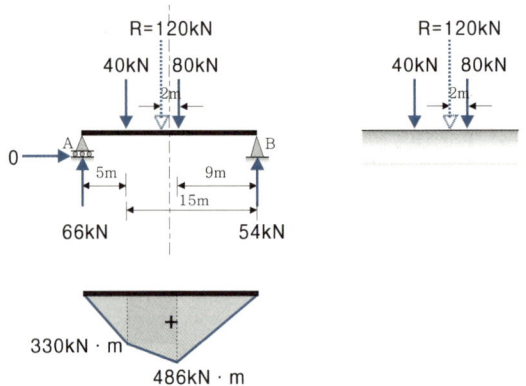

해답   91. ②   92. ③

93. 그림과 같은 단순보에 하중이 우에서 좌로 이동할 때 절대최대휨모멘트는 얼마인가?

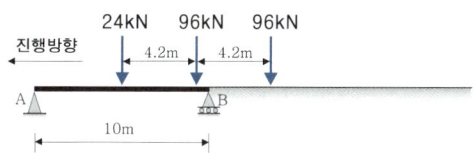

① 228.6kN·m   ② 258.6kN·m
③ 298.6kN·m   ④ 338.6kN·m

해설

(1) 합력의 크기: $R = 24 + 96 + 96 = 216\text{kN}$

(2) 바리뇽의 정리:

$+(216)(x) = +(24)(0) + (96)(4.2) + (96)(8.4)$

$\therefore x = 5.6\text{m}$

(3) 합력 R의 작용점과 그와 가장 가까운 중앙의 하중 96kN과의 거리는 5.6−4.2=1.4m가 되며, 이 거리의 $\dfrac{1.4}{2} = 0.7\text{m}$의 위치를 보의 중앙에 일치시킨다.

(4) $\Sigma M_B = 0$:

$+(V_A)(10) - (24)(9.9) - (96)(5.7) - (96)(1.5) = 0$

$\therefore V_A = +92.88\text{kN}(\uparrow)$

(5) $M_{abs, \max} = +[+(92.88)(4.3) - (24)(4.2)]$

$= +298.58\text{kN} \cdot \text{m}(\smile)$

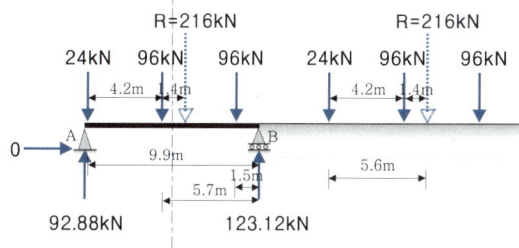

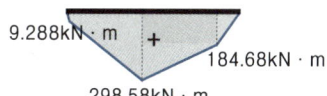

해답 93. ③

MEMO

제4장 트러스(Truss) 구조해석

COTENTS

1. 기본적인 트러스의 종류 ······································· 114
2. 트러스(Truss) 해석의 부호규약 및 기본가정 ··········· 115
3. 절점법(Method of Joint, 격점법) ···························· 116
4. 절단법(Method of Sections) ································· 120
   - 핵심문제 ··· 123

4 트러스(Truss) 구조해석

> **CHECK**
>
> (1) 트러스 구조해석: 절점법(Method of Joint)에 의한 축방향력 산정
>
> ➡ Zero Force Member: 부재력이 0인 부재
>
> (2) 트러스 구조해석: 절단법(Method of Sections)에 의한 축방향력 산정
> ① 전단력법($V=0$): 복부재(수직재 및 경사재)의 해석
> ② 모멘트법($M=0$): 현재(상현재 및 하현재)의 해석

1 기본적인 트러스의 종류

트러스(Truss)의 사전적인 의미는 『다발(Bundle), 꾸러미, 묶음』이다. 역학분야에서는 2개 이상, 보통 3개 이상의 직선 부재가 삼각형 단위로 구성된 구조형식을 말한다. 여러 가지 이유가 있었겠지만 하나의 면(Plane)을 밀실하게 덮을 필요가 없고 그 면의 내부를 채우지 않고 개방되도록 한다면 자중(Self Weight)을 줄여가면서 상대적으로 넓은 공간을 형성할 수 있도록 도와줄 수 있는 구조체의 필요성이 트러스의 탄생배경이었을 것이다.

학습POINT

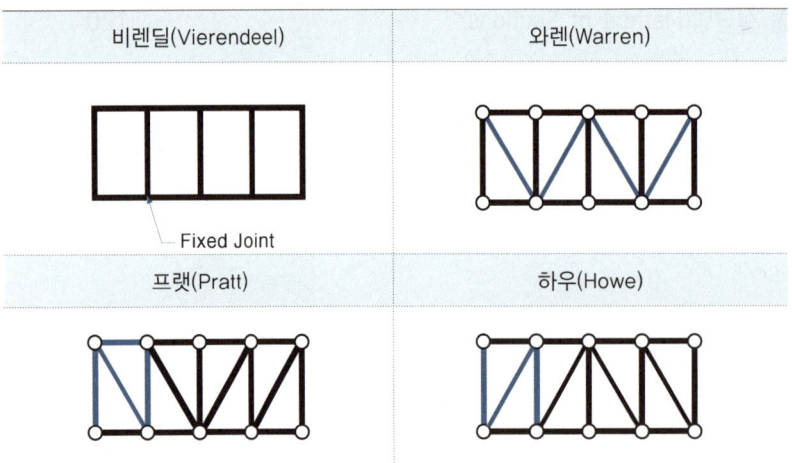

2 트러스(Truss) 해석의 부호규약 및 기본가정

(1) 부호규약

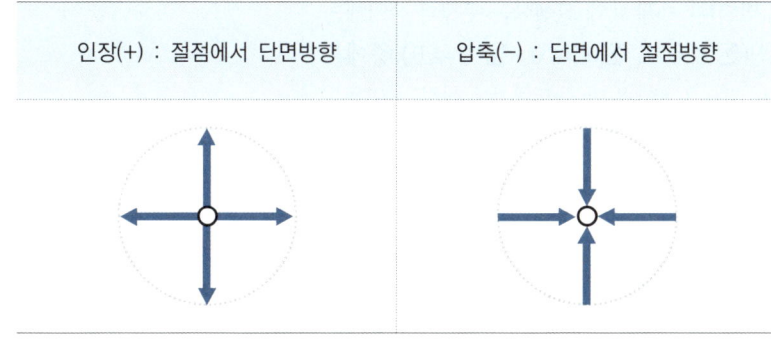

| 인장(+) : 절점에서 단면방향 | 압축(−) : 단면에서 절점방향 |

(2) 트러스(Truss) 해석의 기본가정
① 각 부재들은 양단에서 마찰이 없는 핀(Pin, Hinge)으로 연결되어 있으므로, 1개의 축방향력(Axial Force)만 존재하고 전단력(Shear Force)이나 휨모멘트(Bending Moment)는 존재하지 않는다.
② 하중과 반력은 모두 트러스의 절점(Joint, 격점)에만 작용하며, 트러스와 동일 평면상에 놓여 있다.
③ 각 부재는 직선이며 도심축은 연결 핀의 중심을 지난다.
④ 하중으로 인한 트러스의 변형과 2차응력(Secondary Stress)을 무시한다. 왜냐하면, 트러스 각 부재의 길이의 변화 때문에 발생하는 트러스의 변형은 전체 트러스의 형상과 규격에 영향을 미칠 정도로 충분히 큰 부재가 아니기 때문이다.

■ 트러스 구조는 부재내력으로서 해석상 축방향력(Axial Force)만 계산된다. 물리적인 기본법칙에 의해 늘어나는 형태의 인장력을 +로 가정하는 것이 합리적이며, 트러스 해석을 위해 인장(+)으로 부재력을 가정하고, 그 결과값이 (+)이면 인장(Tension)부재이고 그 결과값이 (−)이면 압축(Compression)부재이다.

핵심예제 1

트러스 해석 시 가정을 설명한 것 중 틀린 것은?
① 부재들은 양단에서 마찰이 없는 핀으로 연결되어진다.
② 하중과 반력은 모두 트러스의 격점에만 작용한다.
③ 부재의 도심축은 직선이며 연결핀의 중심을 지난다.
④ 하중으로 인한 트러스의 변형을 고려하여 부재력을 산출한다.

해설 ④ 트러스 해석 시 하중으로 인한 트러스의 변형을 고려하지 않는다.

답 : ④

3 절점법(Method of Joint, 격점법)

(1) 기본 개념

각 절점에 작용하는 외력(하중 및 반력)과 부재 내에 발생하는 부재력 사이에는 평형을 이루고 있다. 평형3조건식($\sum H = 0$, $\sum V = 0$, $\sum M = 0$) 중에서 절점에서의 모멘트 평형조건 $\sum M = 0$은 트러스의 구조해석에 아무런 도움을 주지 않는다. 왜냐하면 절점에서만 하중이 작용한다는 해석상의 기본가정에 따라서 절점에서 모멘트 계산을 하게 되면 모든 외력(하중 및 반력)과 부재력의 계산이 0이 되기 때문이다.

따라서, 수평평형 및 수직평형($\sum H = 0$, $\sum V = 0$) 두 가지 조건식으로 트러스를 해석하는 방법을 절점법(Method of Joint)이라고 한다.

(2) 절점법(Method of Joint)에 의한 트러스 해석 요령
① 지점반력을 구한다.
② 부재력을 구하고자 하는 부재를 U형 형태의 3개 이내로 절단하여 인장(+)부재로 가정한다.
③ 순서와는 무관하게, 미지의 부재력이 2개가 넘지 않는 절점을 찾아가며 $\sum H = 0$, $\sum V = 0$을 적용하여 부재력을 구한다.
④ 인장(+)재로 가정하는 것이 편리하며, 해석결과가 (+)이면 인장재, (−)이면 압축재이다.

■ 캔틸레버 트러스의 경우 지점반력을 구할 필요가 없다.

핵심예제2

그림과 같은 트러스에서 AC부재의 부재력은?

① 인장 40kN
② 압축 40kN
③ 인장 80kN
④ 압축 80kN

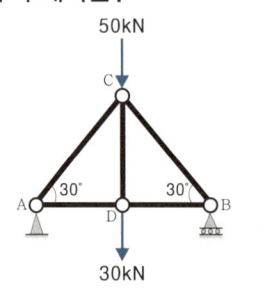

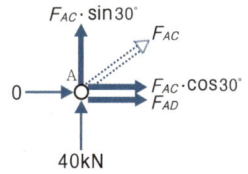

[해설] (1) $\sum H = 0$: $+(H_A) = 0$ ∴ $H_A = 0$

(2) 하중 대칭, 좌우 대칭구조이므로 $V_A = +\dfrac{50+30}{2} = +40\text{kN}(\uparrow)$

(3) 절점A에서 절점법을 적용

$\sum V = 0$: $+(40) + (F_{AC} \cdot \sin 30°) = 0$ ∴ $F_{AC} = -80\text{kN}$ (압축)

답 : ④

핵심예제 3

다음 트러스에서 AB부재의 부재력은?

① $1.179P$(압축)
② $2.357P$(압축)
③ $1.179P$(인장)
④ $2.357P$(인장)

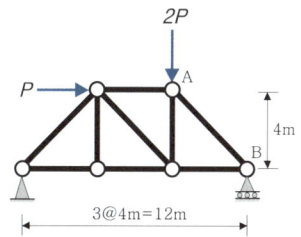

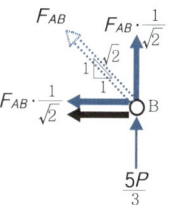

해설 (1) $\sum M_{좌측지점} = 0: +(P)(4) + (2P)(8) - (V_B)(12) = 0$

$$\therefore V_B = +\frac{5P}{3}(\uparrow)$$

(2) 절점B에서 절점법을 적용

$$\sum V = 0: +\left(\frac{5P}{3}\right) + \left(F_{AB} \cdot \frac{1}{\sqrt{2}}\right) = 0$$

$$\therefore F_{AB} = -\frac{5\sqrt{2}}{3}P = -2.357P(압축)$$

답 : ②

핵심예제 4

트러스 구조물의 부재 AB의 부재력은?

① 300kN
② 600kN
③ 900kN
④ 1,200kN

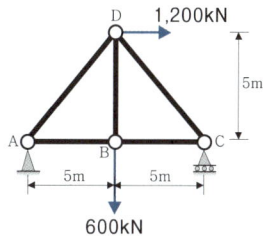

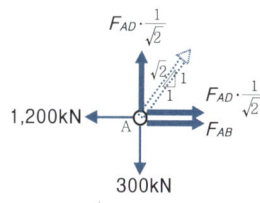

해설 (1) $\sum H = 0: +(H_A) + (1,200) = 0 \quad \therefore H_A = -1,200\text{kN}(\leftarrow)$

(2) $\sum M_C = 0: +(V_A)(10) + (1,200)(5) - (600)(5) = 0$

$$\therefore V_A = -300\text{kN}(\downarrow)$$

(3) 절점A에서 절점법을 적용

① $\sum V = 0: -(300) + \left(F_{AD} \cdot \frac{1}{\sqrt{2}}\right) = 0 \quad \therefore F_{AD} = +300\sqrt{2}\,\text{kN}(인장)$

② $\sum H = 0: -(1,200) + \left(F_{AD} \cdot \frac{1}{\sqrt{2}}\right) + (F_{AB}) = 0$

$$\therefore F_{AB} = +900\text{kN}(인장)$$

답 : ③

(3) Zero Force Member: 부재력이 0인 부재

특정의 하중조건에 대해 부재력이 발생하지 않는 부재를 의미하며, 이동하중이 작용할 때 구조적으로 안정시키기 위한 목적과 전체 트러스 구조의 처짐을 감소시키기 위한 목적으로 설치되는 부재를 말한다.

트러스의 절점법 해석을 통해서 계산을 수행하다 보면 특정 부재의 부재력이 0으로 계산되는 경우가 발생한다. 그런데, 처음부터 다음과 같은 특징들을 알고 있다면 부재력이 0인 부재들을 육안관찰에 의해 쉽게 파악할 수 있게 된다.

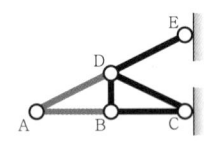

2개의 부재가 만나는 절점에 외력이 작용하지 않는 경우 2개의 부재 모두 부재력은 0이다.

$$F_{AD} = 0, \ F_{AB} = 0$$

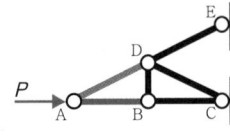

하나의 부재축과 나란하게 외력이 작용하는 경우, 다른 한 부재의 부재력은 0이다.

$$F_{AD} = 0, \ F_{AB} = -P(\text{압축})$$

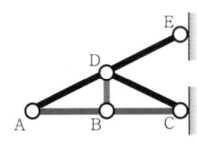

절점에 외력이 작용하지 않는 경우 동일 직선상에 놓여 있는 2개 부재의 부재력은 같고 다른 한 부재의 부재력은 0이다.

$$F_{BD} = 0, \ F_{AB} = F_{BC}$$

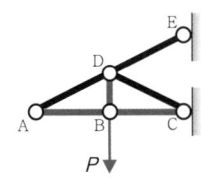

절점에 외력이 작용할 때 그 외력이 부재와 일직선상에 나란하게 작용하면 그 부재의 부재력은 외력과 같다.

$$F_{BD} = +P(\text{인장}), \ F_{AB} = F_{BC}$$

핵심예제 5

그림과 같은 트러스에서 부재력이 발생하지 않는 부재는?

① DE 및 DF
② DE 및 DB
③ AD 및 DC
④ DB 및 DC

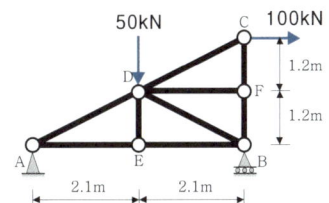

[해설]

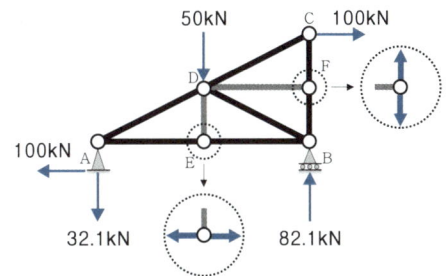

답 : ①

핵심예제 6

그림과 같은 트러스에서 부재력이 0인 부재는 몇 개인가?

① 3개
② 4개
③ 5개
④ 7개

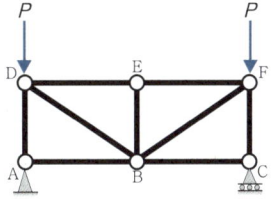

[해설]

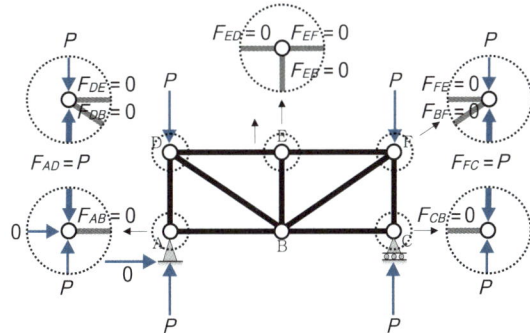

답 : ④

4 절단법(Method of Sections)

(1) 기본 개념

Karl Culmann
(1821~1881)

부재력을 구하고자 하는 부재를 포함하여 3개 이내로 전체 구조물을 절단하여, 절단면의 한 쪽에 관해서 전단력이 발생하지 않는다는 조건($V=0$)을 적용하는 해법을 전단력법, 휨모멘트가 발생하지 않는다는 조건($M=0$)을 적용하는 해법을 모멘트법이라 한다. 절점법이 하나의 점(點, Joint)에 모이는 평형조건을 고려한다면, 절단법은 하나의 면(面, Section)에 모이는 구조물의 평형을 고려하는 해석방법이다.

(2) 절단법(Method of Sections)에 의한 트러스 해석 요령
 ① 지점반력을 구한다.
 ② 부재력을 구하고자 하는 부재를 직선 형태의 3개 이내로 절단하여 인장(+)부재로 가정한다.
 ③ 절단된 상태의 자유물체도상에서 $V=0$을 이용하면 (경)사재(Diagonal Member), 수직재(Vertical Member)의 부재력이 곧바로 구해진다.
 ④ 절단된 상태의 자유물체도상에서 특정 절점에서 $M=0$을 이용하면 상현재(Upper Chord Member), 하현재(Lower Chord Member)의 부재력이 즉시 구해진다.
 ⑤ 해석결과가 (+)이면 인장재이고, (−)이면 압축재이다.

■ 캔틸레버 트러스의 경우 지점반력을 구할 필요가 없다.

■ 상현재의 부재력을 구하기 위해서 하현절점 한 곳을 찾아내야 하고, 하현재의 부재력을 구하기 위해서 상현절점 한 곳을 찾아내야 한다.

(3) 절점법(Method of Joint)과 비교한 절단법(Method of Sections)의 장점

절점법은 미지의 부재력이 2개 이내인 절점에 해당하는 부재부터 순차적으로 구해야 하는 반면 절단법은 순서와 관계없이 특정의 부재력을 곧바로 계산해 낼 수 있다.

이것이 의미하는 것은 절점법을 통해 임의의 부재력을 잘못 계산하게 되면 후속으로 계산하는 나머지 부재들의 부재력 계산이 모두 잘못 계산되는 반면, 절단법은 특정의 부재력만을 계산하므로 후속으로 계산하는 부재들의 결과와는 무관하게 된다는 것이다.

핵심예제 7

다음 트러스에서 $L_1 U_1$ 부재의 부재력은?

① 22kN (인장)
② 25kN (인장)
③ 22kN (압축)
④ 25kN (압축)

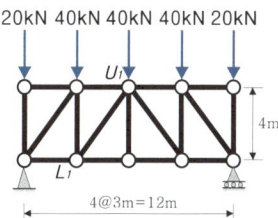

해설 $V=0 : +(80)-(20)-(40)+\left(F_{L_1 U_1} \cdot \dfrac{4}{5}\right)=0 \quad \therefore \ F_{L_1 U_1}=-25\text{kN}(압축)$

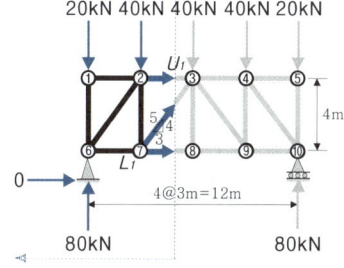

■ $L_1 U_1$ 부재가 지나가도록 수직절단하여 좌측을 고려한다.

답 : ④

핵심예제 8

그림과 같은 트러스의 사재 D의 부재력은?

① 50kN (인장)
② 50kN (압축)
③ 37.5kN (인장)
④ 37.5kN (압축)

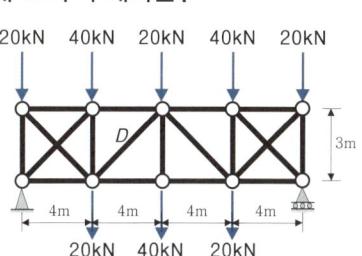

해설 $V=0 : +(110)-(20)-(40)-(20)+\left(F_D \cdot \dfrac{3}{5}\right)=0 \quad \therefore \ F_D=-50\text{kN}(압축)$

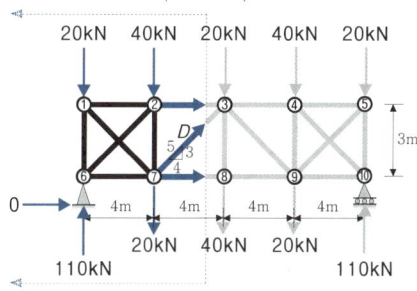

■ D 부재가 지나가도록 수직절단하여 좌측을 고려한다.

답 : ②

핵심예제 9

그림과 같은 트러스에서 하현재 L의 부재력은?

① $+160\text{kN}$ (인장)
② -160kN (압축)
③ $+120\text{kN}$ (인장)
④ -120kN (압축)

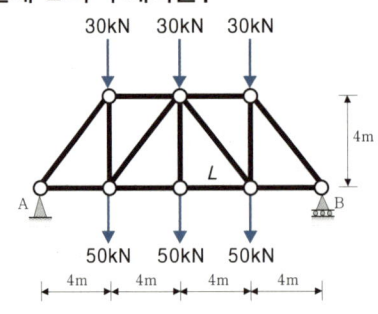

[해설] $M=0: -(120)(8)+(30)(4)+(50)(4)+(F_L)(4)=0$

∴ $F_L=+160\text{kN}$ (인장)

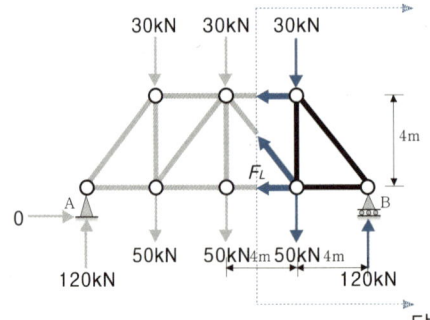

■ (1) 지점반력:
$$V_B=+\frac{30+30+30+50+50+50}{2}$$
$$=+120\text{kN}(\uparrow)$$

(2) L부재의 부재력을 구하기 위해 상현 중앙절점에서 모멘트법을 적용한다.

답 : ①

핵심예제 10

그림과 같은 트러스의 상현재 U의 부재력은?

① 160kN (인장)
② -160kN (압축)
③ 120kN (인장)
④ -120kN (압축)

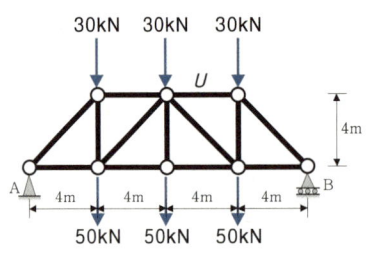

[해설] $M_⑦=0: -(F_U)(4)-(120)(4)=0$ ∴ $F_U=-120\text{kN}$ (압축)

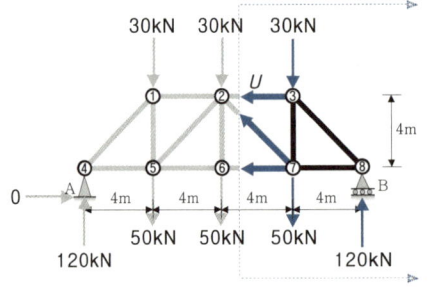

■ (1) 지점반력:
$$V_B=+\frac{30+30+30+50+50+50}{2}$$
$$=+120\text{kN}(\uparrow)$$

(2) U부재의 부재력을 구하기 위해 하현 ⑦절점에서 모멘트법을 적용한다.

답 : ④

핵심문제

CHAPTER 4 트러스 구조해석

1. 평면 트러스 구조물의 해석에 관한 가정 및 설명으로 틀린 것은?

① 트러스의 모든 부재는 그 끝단에서 마찰이 없는 힌지로 연결되어 있다.
② 트러스에 작용하는 모든 외력은 트러스의 절점에만 작용하고 또한 트러스 평면 내에 작용한다.
③ 트러스 구조도 보의 역할을 하게 되는데 보의 휨모멘트를 트러스에서는 주로 현재가, 보의 전단력을 트러스에서는 주로 수직재 및 사재가 담당한다.
④ 하중으로 인한 트러스의 변형을 고려하여 산출한다.

[해설]

④ 트러스 해석 시 하중으로 인한 트러스의 변형을 고려하지 않는다.

2. 트러스 해석 시 가정을 설명한 것 중 틀린 것은?

① 부재들은 양단에서 마찰이 없는 핀으로 연결되어진다.
② 하중과 반력은 모두 트러스의 격점에만 작용한다.
③ 부재의 도심축은 직선이며 연결 핀의 중심을 지난다.
④ 하중으로 인한 트러스의 변형을 고려하여 부재력을 산출한다.

[해설]

④ 트러스 해석 시 하중으로 인한 트러스의 변형을 고려하지 않고 부재가 직선재이며, 하중과 부재들 동일 평면상에 가정하여 부재력을 구한다.

3. 트러스(Truss)를 해석하기 위한 가정 중 틀린 것은?

① 모든 하중은 절점에만 작용한다.
② 부재들은 마찰이 없는 힌지로 연결되어 있다.
③ 작용하중에 의한 트러스의 변형은 무시한다.
④ 부재에는 전단력만 작용하므로 단면내의 응력 분포도는 일정하다.

[해설]

④ 부재에는 축방향력(Axial Force)만 존재하고 전단력(Shear Force)이나 휨모멘트(Bending Moment)는 존재하지 않는다고 가정된다.

4. 그림과 같은 트러스에서 지점 A와 C에서의 반력을 각각 R_A와 R_C라고 할 때 R_A의 크기는?

① 200kN
② 173.2kN
③ 100kN
④ 86.6kN

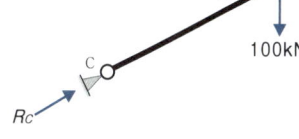

[해설]

(1) AB 강봉의 인장력:

$$\frac{100}{\sin 30°} = \frac{F_{AB}}{\sin 60°} \quad \therefore F_{AB} = 173.2 \text{kN}$$

(2) A절점에서 수평평형이 이루어져야 하므로

$$R_A = 173.2 \text{kN}$$

해답 1. ④ 2. ④ 3. ④ 4. ②

5. 그림과 같은 트러스에서 수직부재 V의 부재력은?

① 100kN(인장)
② 100kN(압축)
③ 50kN(인장)
④ 50kN(압축)

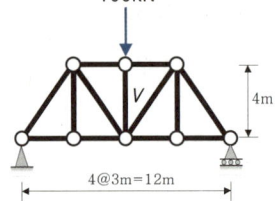

해설

(1) 100kN의 하중작용점에서 절점법을 적용한다.

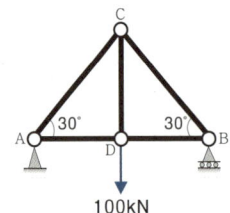

(2) $\sum V=0$: $-(100)-(V)=0$ ∴ $V=-100$kN(압축)

6. 그림과 같은 트러스에서 AC의 부재력은?

① 100kN(인장)
② 150kN(인장)
③ 50kN(압축)
④ 100kN(압축)

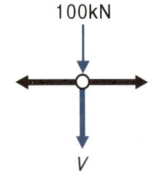

해설

(1) 대칭구조이므로 $V_A = +\dfrac{100}{2} = +50$kN(↑)

(2) 절점A : $\sum V = 0$

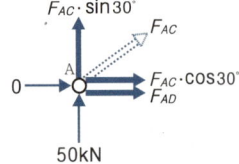

$+(50) + (F_{AC} \cdot \sin 30°) = 0$ ∴ $F_{AC} = -100$kN(압축)

7. 그림과 같은 트러스에서 AC부재의 부재력은?

① 인장 40kN
② 압축 40kN
③ 인장 80kN
④ 압축 80kN

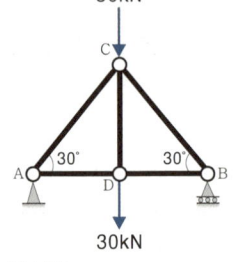

해설

(1) 대칭구조이므로 $V_A = +\dfrac{50+30}{2} = +40$kN(↑)

(2) 절점A : $\sum V = 0$

$+(40) + (F_{AC} \cdot \sin 30°) = 0$ ∴ $F_{AC} = -80$kN(압축)

8. 그림과 같은 트러스에서 부재 AB의 부재력은?

① 3,166.7kN
② 3,274.2kN
③ 3,368.5kN
④ 3,485.4kN

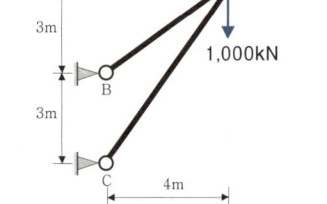

해설

(1) 절점 A :

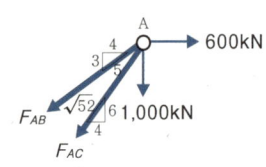

① $\sum H = 0$: $-\left(F_{AB} \cdot \dfrac{4}{5}\right) - \left(F_{AC} \cdot \dfrac{4}{\sqrt{52}}\right) + 600 = 0$

② $\sum V = 0$: $-\left(F_{AB} \cdot \dfrac{3}{5}\right) - \left(F_{AC} \cdot \dfrac{6}{\sqrt{52}}\right) - 1,000 = 0$

(2) ①, ② 두 식을 연립하면

$F_{AB} = +3,166.67$kN(인장), $F_{AC} = -3,485.37$kN(압축)

해답   5. ②   6. ④   7. ④   8. ①

9. 그림과 같은 트러스에서 부재 BC에 발생하는 힘은?

① 100kN(압축)
② 100kN(인장)
③ 200kN(압축)
④ 200kN(인장)

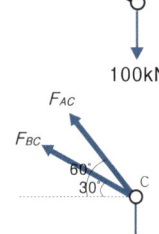

해설

(1) 절점 C:

① $\sum V = 0$:
$-(100) + (F_{AC} \cdot \sin 60°) + (F_{BC} \cdot \sin 30°) = 0$

② $\sum H = 0$: $-(F_{AC} \cdot \cos 60°) - (F_{BC} \cdot \cos 30°) = 0$

(2) ①, ② 두 식을 연립하면

$F_{AC} = +100\sqrt{3}$ kN(인장), $F_{BC} = -100$ kN(압축)

10. 그림과 같은 구조물에서 AC케이블에 작용하는 인장력은?

① 17.5kN
② 18.5kN
③ 25.5kN
④ 26.5kN

해설

(1) 절점 C에서

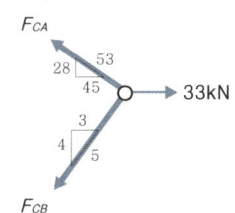

① $\sum V = 0$: $+\left(F_{AC} \cdot \dfrac{28}{53}\right) - \left(F_{BC} \cdot \dfrac{4}{5}\right) = 0$

② $\sum H = 0$: $-\left(F_{AC} \cdot \dfrac{45}{53}\right) - \left(F_{BC} \cdot \dfrac{3}{5}\right) + 33 = 0$

(2) ①, ② 두 식을 연립하면

$F_{AC} = +26.5$kN(인장), $F_{BC} = +17.5$kN(인장)

11. 그림과 같은 구조물에서 BC에 작용하는 인장력은?

① 12.3kN
② 15.9kN
③ 18.2kN
④ 22.1kN

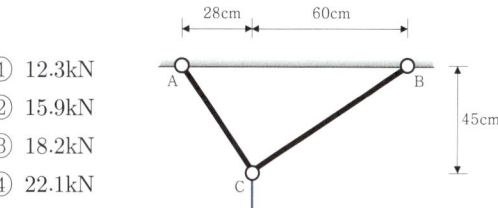

해설

(1) 절점 C에서

① $\sum V = 0$: $+\left(F_{CA} \cdot \dfrac{45}{53}\right) + \left(F_{BC} \cdot \dfrac{3}{5}\right) - (30) = 0$

② $\sum H = 0$: $-\left(F_{CA} \cdot \dfrac{28}{53}\right) + \left(F_{BC} \cdot \dfrac{4}{5}\right) = 0$

(2) ①, ② 두 식을 연립하면

$F_{CA} = +24.091$kN(인장), $F_{BC} = +15.909$kN(인장)

12. 그림과 같은 와렌(Warren) 트러스에서 부재력이 0(영)인 부재는 몇 개인가?

① 0개
② 1개
③ 2개
④ 3개

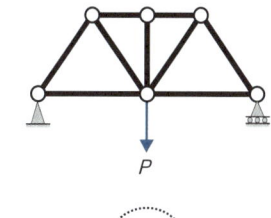

해설

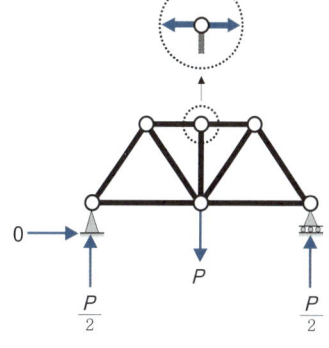

해답 9. ① 10. ④ 11. ② 12. ②

13. 그림과 같은 트러스에서 부재력이 0인 부재의 개수는?

① 3
② 0
③ 2
④ 1

14. 그림과 같은 트러스에서 부재력이 발생하지 않는 부재는?

① DE 및 DF
② DE 및 DB
③ AD 및 DC
④ DB 및 DC

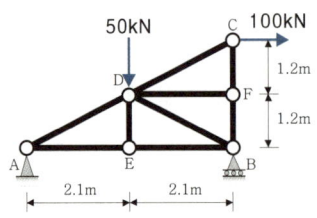

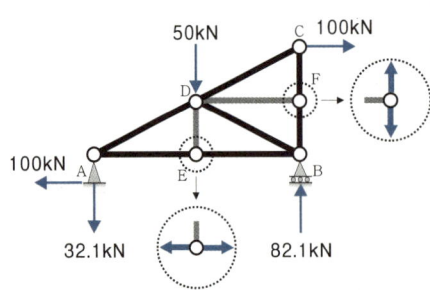

15. 그림과 같은 트러스에서 부재력이 0인 부재는?

① 부재 AE
② 부재 AF
③ 부재 BG
④ 부재 CH

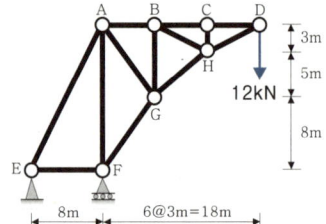

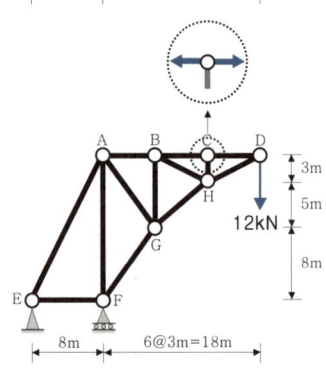

16. 다음 트러스에서 부재력이 0인 부재는 몇 개인가?

① 3개
② 4개
③ 5개
④ 7개

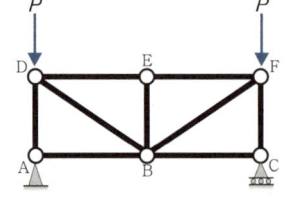

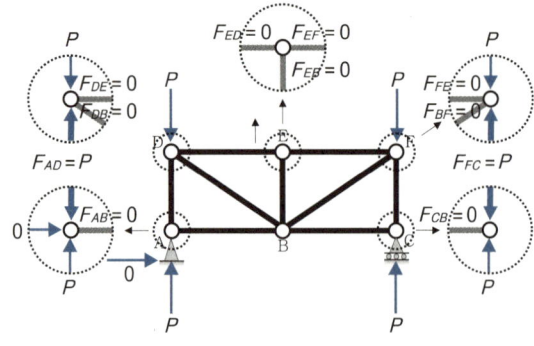

해답 13. ① 14. ① 15. ④ 16. ④

17. 그림과 같은 트러스에서 D_1부재($\overline{AC}$)의 부재력은?

① 6.25kN(인장)
② 6.25kN(압축)
③ 7.5kN(인장)
④ 7.5kN(압축)

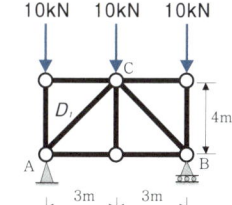

해설

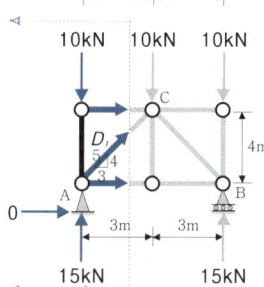

$V=0$:

$+(15)-(10)+\left(F_{D_1} \cdot \dfrac{4}{5}\right)=0 \qquad \therefore F_{D_1}=-6.25\text{kN}(압축)$

18. 그림과 같은 트러스에서 AB부재의 부재력은?

① $1.179P$(압축)
② $2.357P$(압축)
③ $1.179P$(인장)
④ $2.357P$(인장)

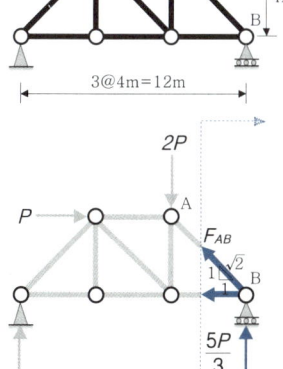

해설

(1) $\sum M_A = 0$: $+(P)(4)+(2P)(8)-(V_B)(12)=0$

$\therefore V_B = +\dfrac{5P}{3}(\uparrow)$

(2) $V=0$: $+\left(\dfrac{5P}{3}\right)+\left(F_{AB} \cdot \dfrac{1}{\sqrt{2}}\right)=0$

$\therefore F_{AB} = -2.357P(압축)$

19. 그림과 같은 트러스에서 $U_1 L_2$의 부재력은?

① 25kN(인장)
② 20kN(인장)
③ 25kN(압축)
④ 20kN(압축)

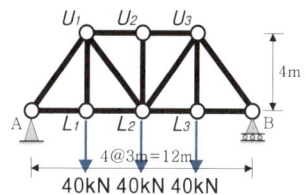

해설

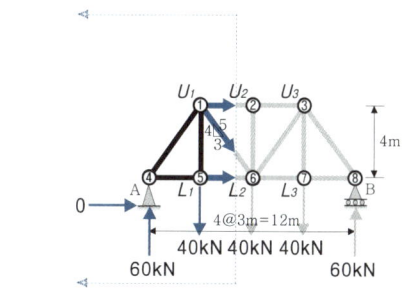

$V=0$:

$+(60)-(40)-\left(F_{U_1 L_2} \cdot \dfrac{4}{5}\right)=0 \qquad \therefore F_{U_1 L_2}=+25\text{kN}(인장)$

20. 그림과 같은 트러스에서 $L_1 U_2$ 부재의 부재력은?

① 22kN(인장)
② 20kN(인장)
③ 22kN(압축)
④ 25kN(압축)

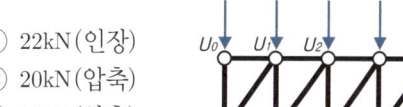

해설

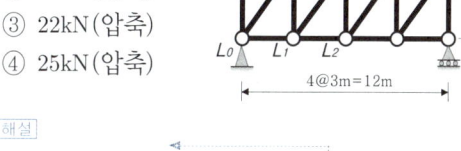

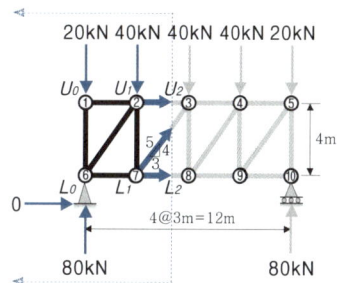

$V=0$:

$+(80)-(20)-(40)+\left(F_{L_1 U_2} \cdot \dfrac{4}{5}\right)=0 \quad \therefore F_{L_1 U_2}=-25\text{kN}(압축)$

해답 17. ② 18. ② 19. ① 20. ④

21. 그림과 같은 트러스에서 EF의 부재력은?

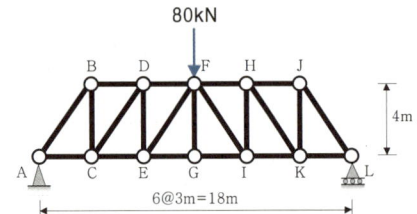

① 30kN(인장) ② 30kN(압축)
③ 40kN(압축) ④ 50kN(압축)

해설

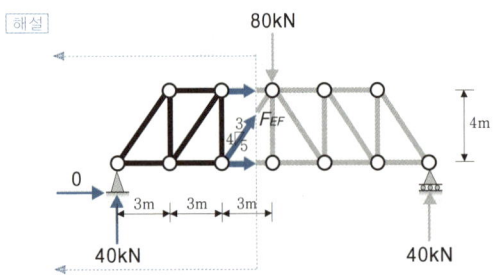

$V = 0 : +(40) + \left(F_{EF} \cdot \dfrac{4}{5}\right) = 0 \quad \therefore F_{EF} = -50\text{kN}(압축)$

22. 그림과 같은 트러스에서 사재 D의 부재력은?

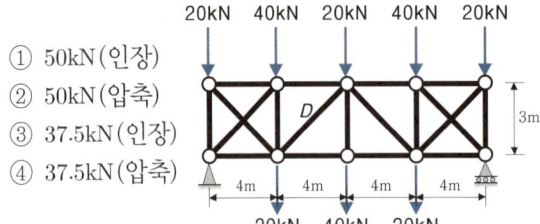

① 50kN(인장)
② 50kN(압축)
③ 37.5kN(인장)
④ 37.5kN(압축)

해설

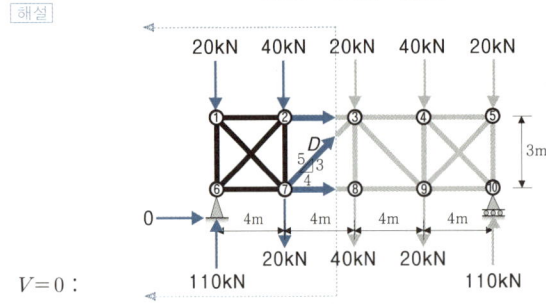

$V = 0 :$

$+(110) - (20) - (40) - (20) + \left(F_D \cdot \dfrac{3}{5}\right) = 0$

$\therefore F_D = -50\text{kN}(압축)$

23. 그림과 같은 트러스에서 DE 부재의 부재력은?

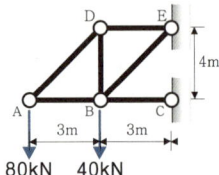

① 40kN
② 50kN
③ 60kN
④ 80kN

해설

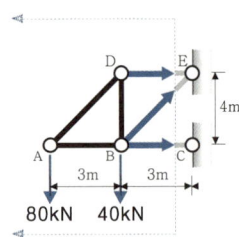

$M_B = 0 : -(80)(3) + (F_{DE})(4) = 0 \quad \therefore F_{DE} = +60\text{kN}(인장)$

24. 그림과 같은 트러스에서 부재 AB의 단면력은?

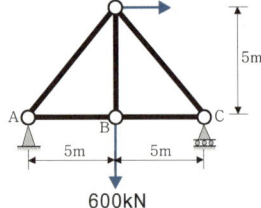

① 300kN
② 600kN
③ 900kN
④ 1,200kN

해설

(1) $\Sigma H = 0 : +(H_A) + (1,200) = 0$

$\therefore H_A = -1,200\text{kN}(\leftarrow)$

(2) $\Sigma M_C = 0 : +(V_A)(10) + (1,200)(5) - (600)(5) = 0$

$\therefore V_A = -300\text{kN}(\downarrow)$

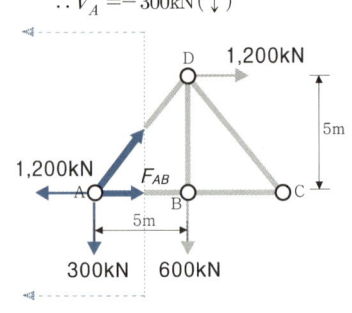

(3) $M_D = 0 : -(F_{AB})(5) + (1,200)(5) - (300)(5) = 0$

$\therefore F_{AB} = +900\text{kN}(인장)$

해답 21. ④   22. ②   23. ③   24. ③

25. 그림과 같은 트러스 구조에서 bc부재의 부재력은?

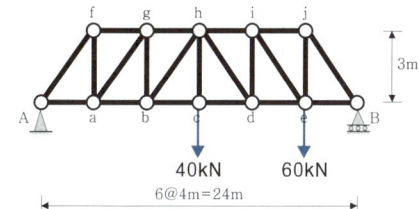

① 20kN ② 40kN
③ 80kN ④ 120kN

해설

(1) $\sum M_B = 0$: $+(V_A)(24)-(40)(12)-(60)(4)=0$

$$\therefore V_A = +30\text{kN}(\uparrow)$$

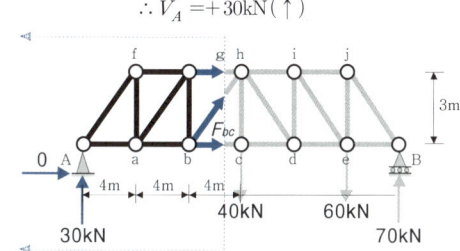

(2) $M_h = 0$:

$+(30)(12)-(F_{bc})(3)=0 \quad \therefore F_{bc}=+120\text{kN}(인장)$

26. 그림과 같은 트러스에서 상현재의 부재력은?

① 90kN(압축)
② 90kN(인장)
③ 150kN(압축)
④ 150kN(인장)

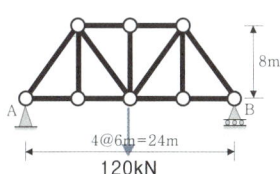

해설

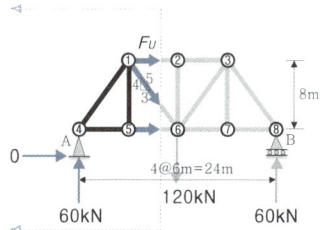

$M_⑥ = 0$:

$+(F_U)(8)-(60)(12)=0 \quad \therefore F_U = -90\text{kN}(압축)$

27. 그림과 같은 트러스에서 상현재 U의 부재력은?

① 인장 160kN
② 압축 160kN
③ 인장 120kN
④ 압축 120kN

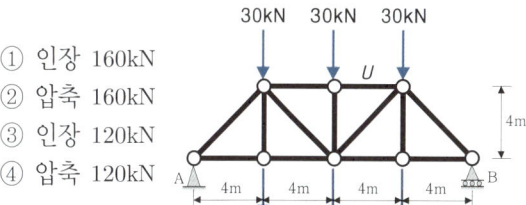

해설

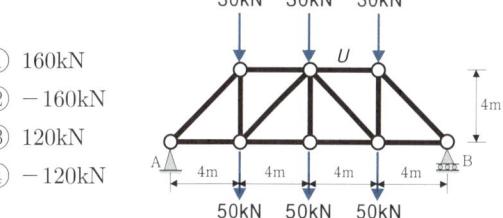

$M_⑥ = 0$: $-(F_U)(4)+(30)(4)+(50)(4)-(120)(8)=0$

$$\therefore F_U = -160\text{kN (압축)}$$

28. 그림과 같은 트러스에서 상현재 U의 부재력은?

① 160kN
② -160kN
③ 120kN
④ -120kN

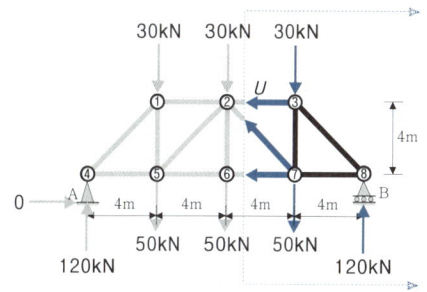

해설

$M_⑦ = 0$: $-(F_U)(4)-(120)(4)=0 \quad \therefore F_U = -120\text{kN}(압축)$

해답 25. ④ 26. ① 27. ② 28. ④

29. 그림과 같은 트러스에서 a부재의 부재력은?

① 135kN(인장)
② 135kN(압축)
③ 175kN(인장)
④ 175kN(압축)

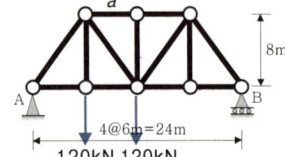

해설

(1) $\sum M_B = 0$:

$+(V_A)(24) - (120)(18)$

$-(120)(12) = 0$

$\therefore V_A = +150\text{kN}(\uparrow)$

(2) $M_{⑥} = 0$:

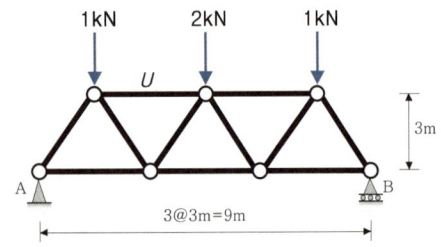

$+(F_a)(8) + (150)(12) - (120)(6) = 0$

$\therefore F_a = -135\text{kN}(압축)$

30. 그림과 같은 트러스에서 부재 U의 부재력은?

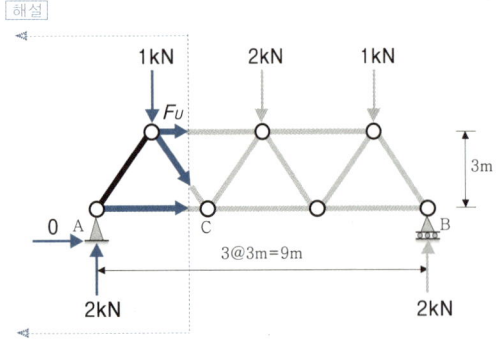

① 1.0kN(압축)
② 1.2kN(압축)
③ 1.3kN(압축)
④ 1.5kN(압축)

해설

$M_C = 0$: $+(2)(3) - (1)(1.5) + (F_U)(3) = 0$

$\therefore F_U = -1.5\text{kN}(압축)$

31. 그림과 같은 트러스에서 U부재의 부재력은?

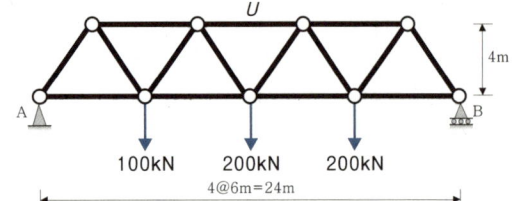

① 525kN
② 625kN
③ 725kN
④ 825kN

해설

(1) $\sum M_B = 0$:

$+(V_A)(24) - (100)(18) - (200)(12) - (200)(6) = 0$

$\therefore V_A = +225\text{kN}(\uparrow)$

(2) $M_C = 0$: $+(225)(12) - (100)(6) + (F_U)(4) = 0$

$\therefore F_U = -525\text{kN}(압축)$

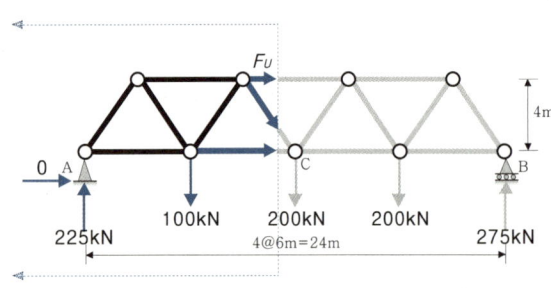

해답 29. ② 30. ④ 31. ①

32. 그림과 같은 트러스에서 U_1 및 D_1의 부재력은?

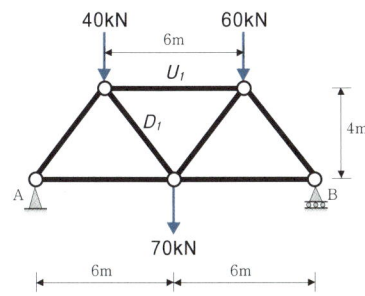

① $U_1 = 50\text{kN}(압축)$, $D_1 = 90\text{kN}(인장)$
② $U_1 = 50\text{kN}(인장)$, $D_1 = 90\text{kN}(압축)$
③ $U_1 = 90\text{kN}(압축)$, $D_1 = 50\text{kN}(인장)$
④ $U_1 = 90\text{kN}(인장)$, $D_1 = 50\text{kN}(압축)$

해설

(1) $\sum M_B = 0$:

$+(V_A)(12) - (40)(9) - (70)(6) - (60)(3) = 0$

$\therefore V_A = +80\text{kN}(\uparrow)$

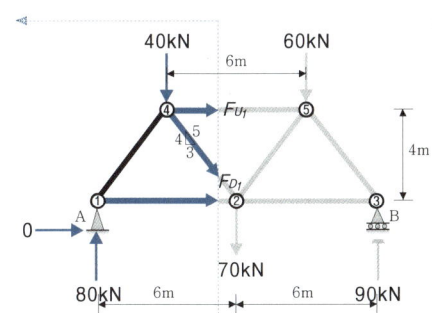

(2) $V = 0$: $+(80) - (40) - \left(F_{D_1} \cdot \dfrac{4}{5}\right) = 0$

$\therefore F_{D_1} = +50\text{kN}(인장)$

(3) $M_{②} = 0$: $+(80)(6) - (40)(3) + (F_{U_1})(4) = 0$

$\therefore F_{U_1} = -90\text{kN}(압축)$

---

33. 그림과 같은 트러스에서 CD부재의 부재력은?

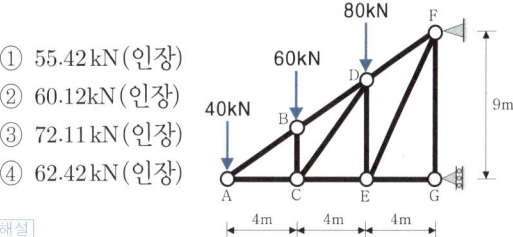

① $55.42\text{kN}(인장)$
② $60.12\text{kN}(인장)$
③ $72.11\text{kN}(인장)$
④ $62.42\text{kN}(인장)$

해설

(1) CD부재가 지나가도록 수직절단하여 좌측을 고려하면 지점반력을 구할 필요가 없다.

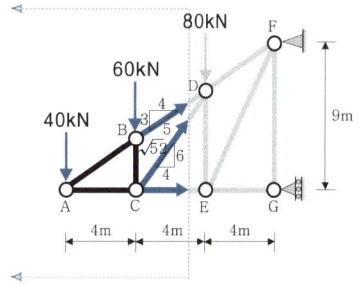

(2) BD부재, CD부재, CE부재가 절단된 상태에서 BD부재의 부재력을 먼저 구하기 위해 C절점에서 모멘트법을 적용하면 미지수인 CD부재 및 CE부재가 소거된다.

$M_{C,Left} = 0$: $-(40)(4) + \left(F_{BD} \cdot \dfrac{4}{5}\right)(3) = 0$

$\therefore F_{BD} = +\dfrac{200}{3}\text{kN}$ (인장)

(3) CD부재의 부재력을 구하기 위해 전단력법을 적용하면 미지수인 CE부재가 소거된다.

$V = 0$: $-(40) - (60) + \left(F_{BD} \cdot \dfrac{3}{5}\right) + \left(F_{CD} \cdot \dfrac{6}{\sqrt{52}}\right) = 0$

$\therefore F_{CD} = +20\sqrt{13}\text{kN} = +72.11\text{kN}$ (인장)

해답 32. ③ 33. ③

34. 그림과 같은 트러스에서 부재 AB의 부재력은?

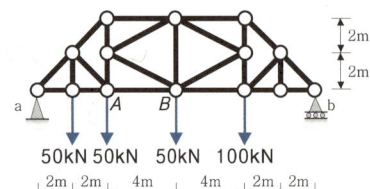

① 106.25kN(압축) ② 106.25kN(인장)
③ 150.5kN(압축) ④ 150.5kN(인장)

해설

(1) $\sum M_b = 0$:

$+(V_a)(16) - (50)(14) - (50)(12) - (50)(8) - (100)(4) = 0$

$\therefore V_a = +131.25\text{kN}(\uparrow)$

(2) K트러스에서 하현재 AB부재가 지나가도록 다음과 같이 K형상으로 절단한 후 절점 ①에서 모멘트법을 적용한다.

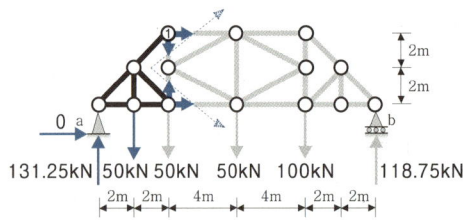

(3) $M_① = 0$: $+(131.25)(4) - (50)(2) - (F_{AB})(4) = 0$

$\therefore F_{AB} = +106.25\text{kN}(인장)$

35. 그림과 같은 트러스에서 V의 부재력 값은?

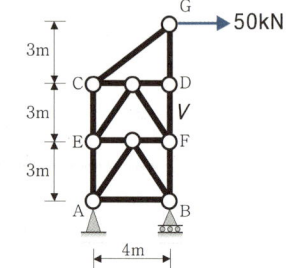

① -37.5kN
② -62.5kN
③ -66.7kN
④ -75kN

해설

(1) K트러스에서 DF의 부재력 V를 구하기 위해 해설그림과 같이 K형상으로 절단한 후 절점 C에서 모멘트법을 적용한다.

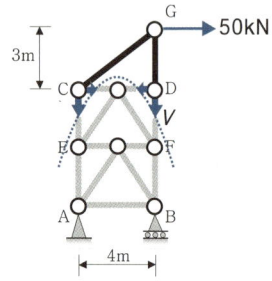

(2) $M_C = 0$: $+(50)(3) + (F_V)(4) = 0$

$\therefore F_V = -37.5\text{kN}(압축)$

해답 34. ② 35. ①

제5장 단면의 특성

COTENTS

1. 부재력과 단면의 특성 ········· 134
2. 단면1차모멘트(G, Geometrical Moment of Area) ········· 134
3. 단면2차모멘트(I, Moment of Inertia) ········· 138
4. 단면2차극모멘트(I_P) ········· 143
5. 단면2차상승모멘트(I_{xy}) ········· 145
6. 단면계수, 단면2차반경 ········· 147
- 핵심문제 ········· 150

5 단면의 특성

> **CHECK**
>
> 단면1차모멘트(G),
> 단면2차모멘트(I), 평행축정리, 단면2차극모멘트(I_P), 단면2차상승모멘트(I_{xy})
> 단면계수(Z), 단면2차회전반경(r)

1 부재력과 단면의 특성

축방향력이 작용하는 부재의 강한 정도는 단면적에 비례한다. 즉, 단면적이 큰 부재는 축방향력에 대해 강한 저항을 보이게 되고, 단면적이 작은 부재는 축방향력에 대해 약한 저항을 보이게 된다. 그런데, 축방향력이 작용하는 부재의 강한 정도는 단면의 형상과는 아무런 관계가 없다.

반면, 전단력이나 휨모멘트가 작용하는 보의 강한 정도는 단면적뿐만 아니라 단면의 형상과도 관계가 있다. 직사각형 단면의 보일 경우는 폭보다 높이가 큰 쪽이 전단력 및 휨모멘트에 대해 강한 저항을 보이게 된다. 이와 같이 부재력(축방향력, 전단력, 휨모멘트)이 작용하는 부재의 강도(強度 Strength, 剛度 Stiffness) 및 부재의 변형(變形, Deformation)을 알기 위해서는 단면의 형상이 갖고 있는 여러 가지 특성을 사전에 알 필요가 있게 된다.

2 단면1차모멘트(G, Geometrical Moment of Area)

(1) 정의

임의의 직교좌표축(x축, y축)에 대하여 단면 내의 미소면적 dA와 x축까지의 거리 또는 y축까지의 거리를 곱하여 적분한 값을 단면1차모멘트(Geometrical Moment of Area)라고 정의한다.

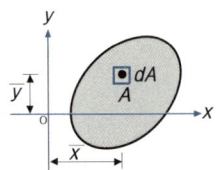

$$G_x = \int_A y \cdot dA$$
$$G_y = \int_A x \cdot dA$$

학습POINT

■ 단면1차모멘트

특정 형태의 단면을 힘의 집합체로 간주하여 단면의 면적(A, Area)에 도형의 중심까지의 거리인 도심(圖心, Centroid)을 곱한 개념으로 면적모멘트라고도 한다.

(2) 단면1차모멘트의 기호

G, Q, S 등으로 다양하게 표현하지만 기하학적 의미를 갖는 Geometry의 G가 가장 일반적인 표현이며, 보의 전단응력 $\tau = \dfrac{V \cdot Q}{I \cdot b}$ 산정을 위한 단면1차모멘트에서는 Q로 표기한다.

(3) 단면1차모멘트의 주요 특징

① 단면의 도심 ($\overline{x}$, $\overline{y}$)을 알고 있을 경우 $G_x = \displaystyle\int_A y \cdot dA = A \cdot \overline{y}$, $G_y = \displaystyle\int_A x \cdot dA = A \cdot \overline{x}$ 의 형태로 적분기호 없이 구할 수 있게 된다.

② 단위는 $\text{mm}^3(\text{cm}^3, \text{m}^3)$ 이며, 부호는 (+), (−) 값을 갖는다.

③ 단면의 도심을 통과하는 축에 대한 단면1차모멘트는 0이다.

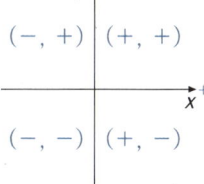

핵심예제 1

> 모든 도형에서 도심을 지나는 축에 대한 단면1차모멘트 값의 범위로 옳은 설명은?
> ① 0(Zero)이다.
> ② 0 보다 크다.
> ③ 0 보다 작다.
> ④ 0에서 1 사이의 값을 갖는다.

해설 ① 단면의 도심을 통과하는 축에 대한 단면1차모멘트는 0이다.

답 : ①

(4) 기본 단면의 면적과 도심

단면	원 형	사각형	삼각형	2차 곡선
도 형				
도심 $\overline{x}$	$\dfrac{D}{2}$	$\dfrac{1}{2}b$	$\dfrac{1}{3}b$	$\dfrac{1}{4}b$
면적	$\dfrac{\pi D^2}{4}$	$\dfrac{1}{1}bh$	$\dfrac{1}{2}bh$	$\dfrac{1}{3}bh$

(5) 특수 단면의 면적과 도심

단 면	1/4 원	1/2 원	중공형 원	사다리형
도 형				
도심 $\overline{y}$	$\dfrac{4r}{3\pi}$	$\dfrac{4r}{3\pi}$	$\dfrac{5}{6}r$	$\dfrac{h(2a+b)}{3(a+b)}$
면 적	$\dfrac{\pi r^2}{4}$	$\dfrac{\pi r^2}{2}$	$\dfrac{3}{4}\pi r^2$	$\dfrac{(a+b)}{2}h$

■ 반원의 도심거리 $\overline{y}$ 계산

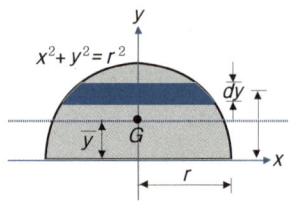

① 원의 방정식: $x^2+y^2=r^2$

② 단면1차모멘트

$$G_x = \int y \cdot dA$$
$$= \int_0^r y(2x) \cdot dy$$
$$= 2\int_0^r \sqrt{r^2-y^2} \cdot y \cdot dy$$
$$= -\dfrac{2}{3}[(r^2-y^2)^{\frac{3}{2}}]_0^r \cdot dy$$
$$= \dfrac{2}{3}r^3$$

③ $y_o = \dfrac{G_x}{A} = \dfrac{2r^3/3}{\pi r^2/2} = \dfrac{4r}{3\pi}$

핵심예제2

다음 삼각형의 x축에 대한 단면1차모멘트는?

① $1.266 \times 10^5 \text{mm}^3$
② $1.366 \times 10^5 \text{mm}^3$
③ $1.466 \times 10^5 \text{mm}^3$
④ $1.566 \times 10^5 \text{mm}^3$

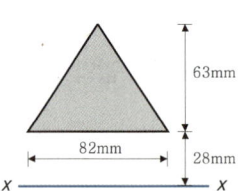

해설 $G_x = A \cdot \overline{y} = \left(\dfrac{1}{2} \times 82 \times 63\right)(28+21) = 1.26567 \times 10^5 \text{mm}^3$

답 : ①

핵심예제3

다음 도형의 x축에 대한 단면1차모멘트는?

① $0.5 \times 10^7 \text{mm}^3$
② $1.0 \times 10^7 \text{mm}^3$
③ $1.5 \times 10^7 \text{mm}^3$
④ $2.0 \times 10^7 \text{mm}^3$

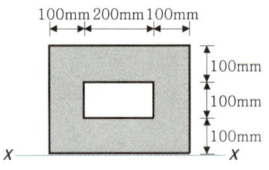

해설 (1) 사각형(400×300)에서 사각형(200×100)을 뺀다.

(2) $G_x = (400 \times 300)(150) - (200 \times 100)(150) = 1.5 \times 10^7 \text{mm}^3$

답 : ③

핵심예제 4

그림과 같은 T형 단면에서 도심축 $C-C$ 축의 위치 $\bar{y}$는?

① $2.5h$
② $3.0h$
③ $3.5h$
④ $4.0h$

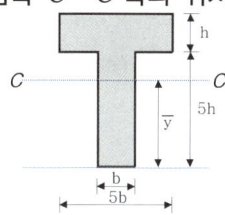

[해설] $\bar{y} = \dfrac{G_x}{A} = \dfrac{(5b \cdot h)(5.5h) + (b \cdot 5h)(2.5h)}{(5b \cdot h) + (b \cdot 5h)} = 4h$

답 : ④

■ 플랜지($5b \cdot h$)와 웨브($b \cdot 5h$)로 구분하여 더한다.

핵심예제 5

그림과 같은 단면에서 외곽 원의 직경(D)이 600mm이고, 내부 원의 직경($D/2$)은 300mm라면, 음영된 부분의 도심의 위치는 x축에서 얼마나 떨어진 곳인가?

① 330mm
② 350mm
③ 370mm
④ 390mm

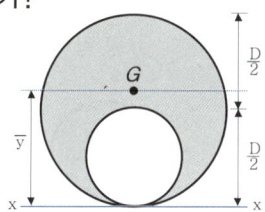

[해설] $\bar{y} = \dfrac{G_x}{A} = \dfrac{\left(\dfrac{\pi D^2}{4}\right)\left(\dfrac{D}{2}\right) - \left(\dfrac{\pi(\frac{D}{2})^2}{4}\right)\left(\dfrac{D}{4}\right)}{\left(\dfrac{\pi D^2}{4}\right) - \left(\dfrac{\pi(\frac{D}{2})^2}{4}\right)} = \dfrac{7D}{12} = \dfrac{7(600)}{12} = 350\text{mm}$

답 : ②

■ 직경 D인 원에서 직경 $\dfrac{1}{2}D$인 내부 원을 뺀다.

핵심예제 6

그림과 같은 4분원에서 음영 부분의 밑변으로부터 도심까지의 위치 y_o는?

① 116.8mm
② 126.8mm
③ 146.7mm
④ 158.7mm

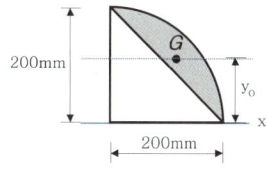

[해설] $\bar{y} = y_o = \dfrac{G_x}{A} = \dfrac{\left(\dfrac{\pi(200)^2}{4}\right)\left(\dfrac{4(200)}{3\pi}\right) - \left(\dfrac{1}{2} \times 200 \times 200\right)\left(\dfrac{200}{3}\right)}{\left(\dfrac{\pi(200)^2}{4}\right) - \left(\dfrac{1}{2} \times 200 \times 200\right)} = 116.796\text{mm}$

답 : ①

■ $\dfrac{1}{4}$원에서 삼각형을 뺀다.

3 단면2차모멘트(I, Moment of Inertia)

(1) 정의

임의의 직교좌표축(x축, y축)에 대하여 단면 내의 미소면적 dA와 x축까지의 거리 또는 y축까지의 거리의 제곱을 곱하여 적분한 값을 단면2차모멘트(Moment of Inertia)라고 정의한다.

■ 단면2차모멘트는 단면의 형태를 유지하려는 관성(Inertia, 慣性)을 나타내는 지표로서 역학분야에서 가장 기본이 되면서 중요한 지표 중의 하나이다.

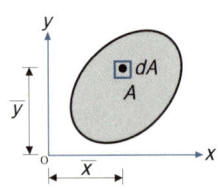

$$I_x = \int_A y^2 \cdot dA$$
$$I_y = \int_A x^2 \cdot dA$$

(2) 기본 단면의 단면2차모멘트

① 기본 단면의 단면2차모멘트

사각형	삼각형	원형
$I_x = \dfrac{bh^3}{12}$	$I_x = \dfrac{bh^3}{36}$	$I_x = \dfrac{\pi r^4}{4} = \dfrac{\pi D^4}{64}$

② 폭(Breadth) b, 높이(Height) h인 직사각형 단면과 삼각형 단면의 단면2차모멘트를 적분식으로 유도하면 다음과 같다.

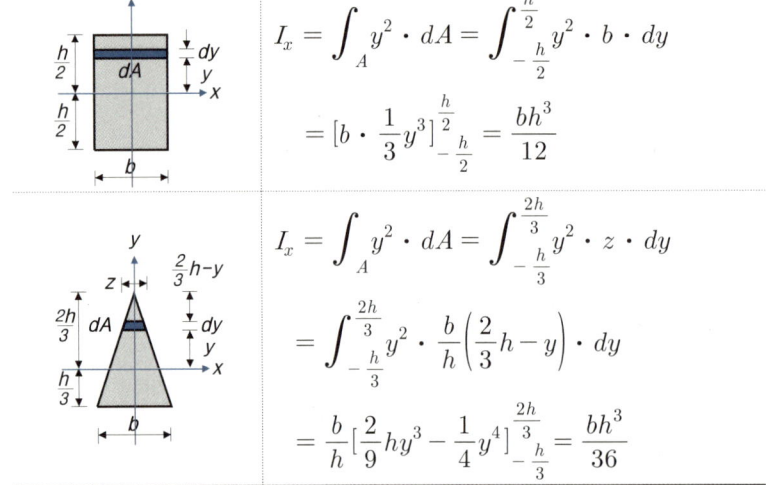

$$I_x = \int_A y^2 \cdot dA = \int_{-\frac{h}{2}}^{\frac{h}{2}} y^2 \cdot b \cdot dy$$
$$= \left[b \cdot \frac{1}{3} y^3\right]_{-\frac{h}{2}}^{\frac{h}{2}} = \frac{bh^3}{12}$$

$$I_x = \int_A y^2 \cdot dA = \int_{-\frac{h}{3}}^{\frac{2h}{3}} y^2 \cdot z \cdot dy$$
$$= \int_{-\frac{h}{3}}^{\frac{2h}{3}} y^2 \cdot \frac{b}{h}\left(\frac{2}{3}h - y\right) \cdot dy$$
$$= \frac{b}{h}\left[\frac{2}{9}hy^3 - \frac{1}{4}y^4\right]_{-\frac{h}{3}}^{\frac{2h}{3}} = \frac{bh^3}{36}$$

■ $\left(\dfrac{2}{3}h - y\right) : z = h : b$

비례식에서 $z = \dfrac{b}{h}\left(\dfrac{2}{3}h - y\right)$

③ 반경(Radius) r, 직경(Diameter) D인 원형 단면의 단면2차모멘트를 적분식으로 유도하면 다음과 같다.

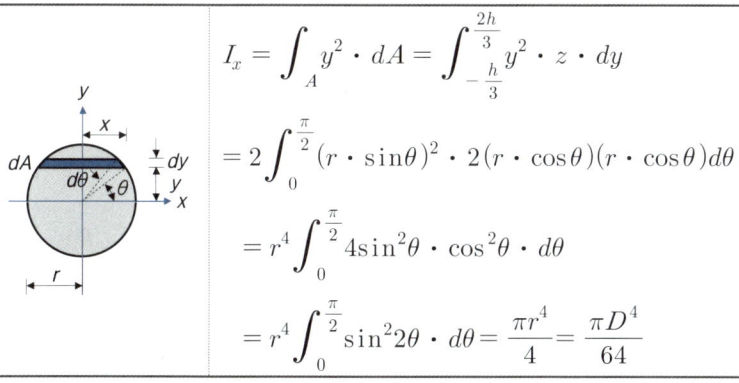

$$I_x = \int_A y^2 \cdot dA = \int_{-\frac{h}{3}}^{\frac{2h}{3}} y^2 \cdot z \cdot dy$$

$$= 2\int_0^{\frac{\pi}{2}} (r\cdot\sin\theta)^2 \cdot 2(r\cdot\cos\theta)(r\cdot\cos\theta)d\theta$$

$$= r^4 \int_0^{\frac{\pi}{2}} 4\sin^2\theta \cdot \cos^2\theta \cdot d\theta$$

$$= r^4 \int_0^{\frac{\pi}{2}} \sin^2 2\theta \cdot d\theta = \frac{\pi r^4}{4} = \frac{\pi D^4}{64}$$

■ $x = r\cdot\cos\theta$, $y = r\cdot\sin\theta$,
 $dA = 2x \cdot dy$
 $\frac{dy}{d\theta} = r\cdot\cos\theta$ 에서
 $dy = r\cdot\cos\theta \cdot d\theta$

핵심예제 7

그림과 같은 음영 부분의 x축에 관한 단면2차모멘트는?

① $I_x = 5.62 \times 10^5 \text{mm}^4$
② $I_x = 5.85 \times 10^5 \text{mm}^4$
③ $I_x = 6.17 \times 10^5 \text{mm}^4$
④ $I_x = 6.44 \times 10^5 \text{mm}^4$

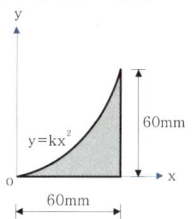

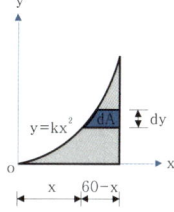

해설 (1) 미소면적 $dA = (60-x)dy$

(2) $I_x = \int_A y^2 \cdot dA = \int_0^{60} y^2 (60 - \sqrt{60y})dy = 6.171 \times 10^5 \text{mm}^4$

답 : ③

■ $y = kx^2$ 식에서 $x = 0$일 때 $y = 0$, $x = 60$일 때 $y = 60$을 만족하는 $k = \frac{1}{60}$이 된다.

$y = \frac{1}{60}x^2$ 에서 $x = \sqrt{60y}$

핵심예제 8

120mm×80mm 단면에서 지름 20mm인 원을 떼어 버린다면 도심축 x에 관한 단면2차모멘트는?

① $5.564 \times 10^6 \text{mm}^4$
② $5.112 \times 10^6 \text{mm}^4$
③ $4.994 \times 10^6 \text{mm}^4$
④ $5.502 \times 10^6 \text{mm}^4$

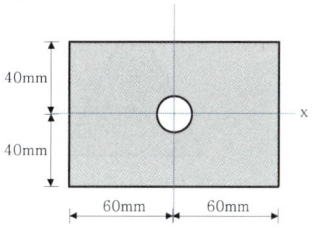

해설 $I_x = \frac{bh^3}{12} - \frac{\pi D^4}{64} = \frac{(120)(80)^3}{12} - \frac{\pi(20)^4}{64} = 5.11215 \times 10^6 \text{mm}^4$

답 : ②

■ 120×80의 직사각형에서 지름 20mm의 원형을 뺀다.

(3) 단면2차모멘트의 주요 특징 및 용도
① 정사각형, 정삼각형, 정다각형 원형 등과 같이 대칭인 단면의 도심축에 대한 단면2차모멘트 값은 모두 같다.

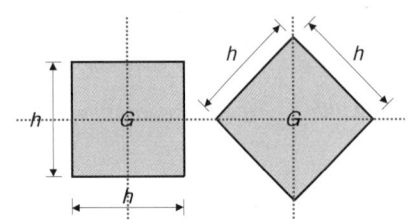

$$I_x = I_y = \frac{h \cdot h^3}{12} = \frac{h^4}{12}$$

② 단위는 mm^4(cm^4, m^4)이며, 부호는 항상 (+) 이다.
③ 단면2차모멘트의 기본적인 용도 :

단면2차모멘트(I)
구조물의 강약을 조사할 때나 설계할 때 휨저항의 기본이 되는 지표

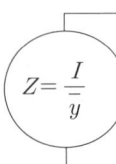 $Z = \dfrac{I}{y}$

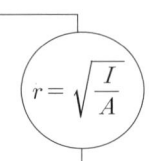 $r = \sqrt{\dfrac{I}{A}}$

단면계수(Z) : 휨재 설계
부재가 휠 때의 저항계수

단면2차반경(r) : 압축재 설계
부재가 좌굴할 때의 저항계수

■ 단면2차모멘트의 여러 가지 용도
(1) 단면계수 : $Z = \dfrac{I}{y}$

(2) 단면2차반경 : $r = \sqrt{\dfrac{I}{A}}$

(3) 강성도(剛性度) : $K = \dfrac{I}{L}$

　유연도(柔軟度) : $f = \dfrac{L}{EI}$

(4) 휨응력 : $\sigma_b = \dfrac{M}{I} \cdot y$

(5) 전단응력($\tau = \dfrac{V \cdot Q}{I \cdot b}$),

(6) 좌굴하중($P_{cr} = \dfrac{\pi^2 EI}{(KL)^2}$),

(7) 구조물의 변형

➡ 처짐각 $\theta = \dfrac{wL^3}{EI}$

➡ 처짐 $\delta = \dfrac{wL^4}{EI}$

핵심예제 9

정삼각형 도심을 지나는 여러 축에 대한 단면2차모멘트의 값에 대한 다음 설명 중 옳은 것은?

① $I_{y1} > I_{y2}$
② $I_{y2} > I_{y1}$
③ $I_{y3} > I_{y2}$
④ $I_{y1} = I_{y2} = I_{y3}$

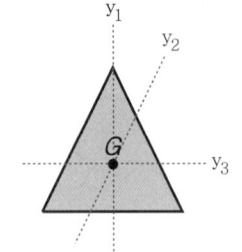

해설 ④ 정사각형, 정삼각, 정다각형 원형 등과 같이 대칭인 단면의 도심축에 대한 단면2차모멘트의 값은 모두 같다.

답 : ④

(4) 평행축 정리: 평행축 이동에 의한 단면2차모멘트

특정의 단면에 대한 단면2차모멘트 값이 최소인 축은 도심축이다. 이러한 도심축에 대한 단면2차모멘트를 알고 있는 상태에서 임의의 평행한 이동축에 대한 단면2차모멘트를 구할 때 적용한다.

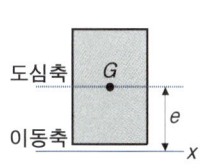

$$I_{이동축} = I_{도심축} + A \cdot e^2$$

- A : 단면적
- e : eccentric distance
  도심축으로부터 이동축까지의 거리

핵심예제10

단면2차모멘트의 특성에 대한 설명으로 틀린 것은?

① 단면2차모멘트의 최소값은 도심에 대한 것이며 그 값은 "0"이다.
② 정삼각형, 정사각형, 정다각형의 도심에 대한 단면2차모멘트는 축의 회전에 관계없이 모두 같다.
③ 단면2차모멘트는 좌표축에 상관없이 항상 (+)의 부호를 갖는다.
④ 단면2차모멘트가 크면 휨강성이 크고 구조적으로 안전하다.

해설 ① 단면2차모멘트의 최소값은 도심에 대한 것이며 그 값은 "0"이 아니다.

답 : ①

핵심예제11

다음 도형의 도심축에 관한 단면2차모멘트를 I_g, 밑변을 지나는 축에 관한 단면2차모멘트를 I_x 라 하면 I_x / I_g 값은?

① 2
② 3
③ 4
④ 5

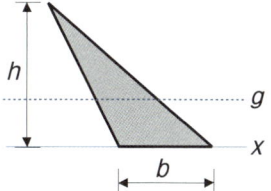

해설 $I_x = I_g + A \cdot e^2 = \dfrac{bh^3}{36} + \left(\dfrac{1}{2}bh\right)\left(\dfrac{h}{3}\right)^2 = \dfrac{bh^3}{12}$ 이므로 $\dfrac{I_x}{I_g} = \dfrac{\left(\dfrac{bh^3}{12}\right)}{\left(\dfrac{bh^3}{36}\right)} = 3$

답 : ②

핵심예제12

그림과 같은 단면의 A-A축에 대한
단면2차모멘트는?

① $558b^4$
② $560b^4$
③ $562b^4$
④ $564b^4$

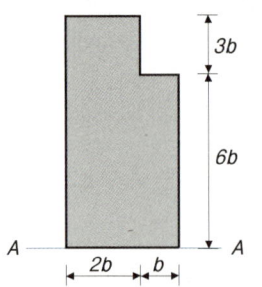

해설 $I_{A-A} = \left[\dfrac{(2b)(9b)^3}{12} + (2b \times 9b)(4.5b)^2\right] + \left[\dfrac{(b)(6b)^3}{12} + (b \times 6b)(3b)^2\right] = 558b^4$

답 : ①

■ $2b \times 9b$ 사각형, $b \times 6b$ 사각형으로 구분해서 더한다.

핵심예제13

그림과 같은 1/4 원의 도심축에 대한
단면2차모멘트는?

① $\dfrac{\pi r^4}{16} - \dfrac{8r^4}{9\pi}$ ② $\dfrac{\pi r^4}{16} - \dfrac{4r^4}{9\pi}$

③ $\dfrac{\pi r^4}{8} - \dfrac{8r^4}{9\pi}$ ④ $\dfrac{\pi r^4}{8} - \dfrac{4r^4}{9\pi}$

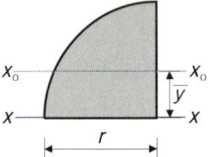

해설 $I_{xo} = I_x - A \cdot e^2 = \dfrac{\pi r^4}{16} - \left(\dfrac{\pi r^2}{4}\right)\left(\dfrac{4r}{3\pi}\right)^2 = \dfrac{\pi r^4}{16} - \dfrac{4r^4}{9\pi}$

답 : ②

■ (1) 원의 도심축에 대한 단면2차모멘트

$I_x = \dfrac{\pi D^4}{64} = \dfrac{\pi r^4}{4}$

(2) 1/4 원의 단면2차모멘트 :

$I_x = \dfrac{\pi r^4}{4} \times \dfrac{1}{4} = \dfrac{\pi r^4}{16}$

(3) 1/4 원의 도심축으로의 축이동 :

$I_{xo} = I_x - A \cdot e^2$

핵심예제14

다음 그림에서 $A-A$축과 $B-B$축에 대한 음영 부분의 단면
2차모멘트가 각각 $8 \times 10^8 \mathrm{mm}^4$, $16 \times 10^8 \mathrm{mm}^4$일 때 음영 부분의
면적은?

① $8.00 \times 10^4 \mathrm{mm}^2$
② $7.52 \times 10^4 \mathrm{mm}^2$
③ $6.06 \times 10^4 \mathrm{mm}^2$
④ $5.73 \times 10^4 \mathrm{mm}^2$

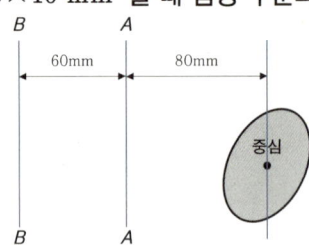

해설 (1) $I_A = I_{도심축} + A \cdot e^2 = I_{도심축} + (A) \cdot (80)^2 = 8 \times 10^8 \mathrm{mm}^4$

(2) $I_B = I_{도심축} + A \cdot e^2 = I_{도심축} + (A) \cdot (140)^2 = 16 \times 10^8 \mathrm{mm}^4$

(3) (1), (2)를 연립하면 $A = 6.06 \times 10^4 \mathrm{mm}^2$

답 : ③

4 단면2차극모멘트(I_P)

(1) 정의

임의의 단면에서 미소면적 dA에서 직교좌표 x, y의 원점 o까지의 거리 R의 제곱을 곱하고 전체 단면에 대해 합한 것을 단면2차극모멘트(Polar Moment of Inertia)라고 정의하며, 극관성모멘트라고도 한다.

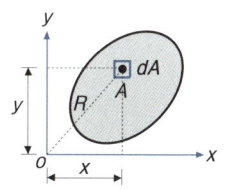

$$I_P = \int_A R^2 \cdot dA$$

$R^2 = x^2 + y^2$의 관계를 나타내므로

$$I_P = \int_A R^2 \cdot dA$$
$$= \int_A (x^2 + y^2) \cdot dA = \int_A x^2 \cdot dA + \int_A y^2 \cdot dA = I_x + I_y$$

형태로 일반화 될 수 있으며, 만약 $I_x = I_y$라면 $I_P = 2I_x = 2I_y$로 표현이 가능해지며, 또한 직경이 D인 원형 단면에서는 $I_P = 2I_x = 2I_y = 2I$ 라고 할 수 있다.

(2) 주요 특징 및 용도

단면2차극모멘트는 좌표축의 회전에 관계없이 항상 일정한 특징을 갖게 되며, 주요 용도는 부재의 비틀림응력($\tau_t = \dfrac{T}{I_P} \cdot r$) 계산에 필요하다.

핵심예제15

그림과 같이 속이 빈 원형 단면(음영된 부분)의 도심에 대한 극관성모멘트는?

① $4.60 \times 10^6 \text{mm}^4$
② $7.60 \times 10^6 \text{mm}^4$
③ $8.40 \times 10^6 \text{mm}^4$
④ $9.20 \times 10^6 \text{mm}^4$

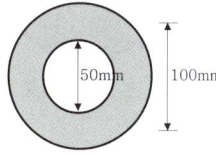

[해설] $I_P = 2I_x = 2\left(\dfrac{\pi D^4}{64} - \dfrac{\pi \left(\dfrac{D}{2}\right)^4}{64}\right) = \dfrac{15\pi D^4}{512} = \dfrac{15\pi (100)^4}{512} = 9.20 \times 10^6 \text{mm}^4$

답 : ④

■ 원형 단면 도심에 대한 x축과 y축의 단면2차모멘트는 같다.

핵심예제16

그림과 같은 단면의 주축에 대한 단면2차모멘트가 각각 $I_x = 7.2 \times 10^5 \text{mm}^4$, $I_y = 3.2 \times 10^5 \text{mm}^4$ 이다. x 축과 30°를 이루고 있는 u 축에 대한 단면2차모멘트 $I_u = 6.2 \times 10^5 \text{mm}^4$일 때 v 축에 대한 단면2차모멘트 I_v 는?

① $I_v = 3.2 \times 10^5 \text{mm}^4$
② $I_v = 3.7 \times 10^5 \text{mm}^4$
③ $I_v = 4.2 \times 10^5 \text{mm}^4$
④ $I_v = 4.7 \times 10^5 \text{mm}^4$

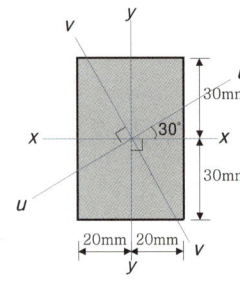

해설 (1) 단면2차극모멘트는 좌표축의 회전에 관계없이 항상 일정하다.
(2) $I_x + I_y = I_u + I_v$ 로부터 $(7.2 \times 10^5) + (3.2 \times 10^5) = (6.2 \times 10^5) + I_u$
∴ $I_u = 4.2 \times 10^5 \text{mm}^4$

답 : ③

핵심예제17

그림의 단면에서 도심을 통과하는 z 축에 대한 극관성모멘트는 $23 \times 10^4 \text{mm}^4$ 이다. y 축에 대한 단면2차모멘트가 $5 \times 10^4 \text{mm}^4$ 이고, x' 축에 대한 단면2차모멘트가 $40 \times 10^4 \text{mm}^4$ 이다. 이 단면의 면적은?
(단, x, y 축은 이 단면의 도심을 통과한다.)

① 144mm^2
② 244mm^2
③ 344mm^2
④ 444mm^2

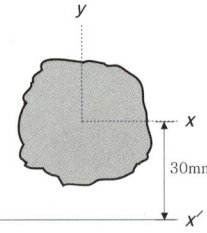

해설 (1) $I_{x'} = I_x + A \cdot e^2$ 에서 $I_x = (40 \times 10^4) - A \times (30)^2$
(2) $I_P = I_x + I_y$ 로부터 $I_P = [(40 \times 10^4) - A \times (30)^2] + I_y$ 이므로
$23 \times 10^4 = [(40 \times 10^4) - A \times (30)^2] + (5 \times 10^4)$ ∴ $A = 244.44 \text{mm}^2$

답 : ②

5 단면2차상승모멘트(I_{xy})

(1) 정의

임의의 단면 각 부분의 미소면적 dA에 어떤 직교좌표축까지의 거리를 곱한 것의 총합을 해당 축에 대한 단면상승모멘트(Product Moment of Inertia)라고 정의한다.

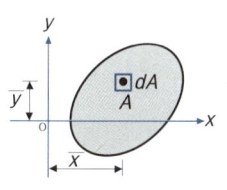

$$I_{xy} = \int_A x \cdot y \cdot dA$$

■ 단면상승모멘트의 계산은 좌표의 계산을 통해서 이루어지는 것에 주의하여야 한다. 비록 단면상승모멘트의 단위가 단면2차모멘트와 동일한 거리의 4제곱 함수이지만 단면이 우상향(1사분면)이나 좌하향(3사분면)일 때는 (+)의 단위를 갖게 되고, 단면이 좌상향(2사분면)이나 우하향(4사분면)일 때는 (−)의 단위를 갖게 된다.

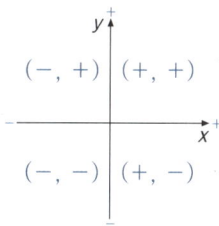

(2) 단면상승모멘트의 특징

① $I_{xy} = \int_A x \cdot y \cdot dA$ ➡ 비대칭 단면의 계산방법

② $I_{xy} = A \cdot \overline{x} \cdot \overline{y}$ ➡ 대칭 단면의 계산방법

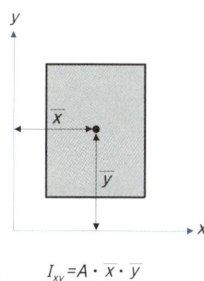
$I_{xy} = A \cdot \overline{x} \cdot \overline{y}$

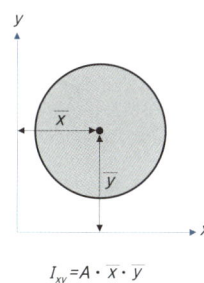
$I_{xy} = A \cdot \overline{x} \cdot \overline{y}$

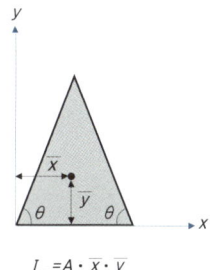
$I_{xy} = A \cdot \overline{x} \cdot \overline{y}$

③ $I_{xy} = 0$ ➡ 대칭 단면이면서 x, y 2개의 축 중에서 어느 한 축이 대칭축

④ 다음과 같은 열린 단면을 갖는 비대칭 형강의 $I_{xy} = 0$인 축은 주축(Principal Axis)이지만 이러한 단면들은 대칭축은 존재하지 않는다.

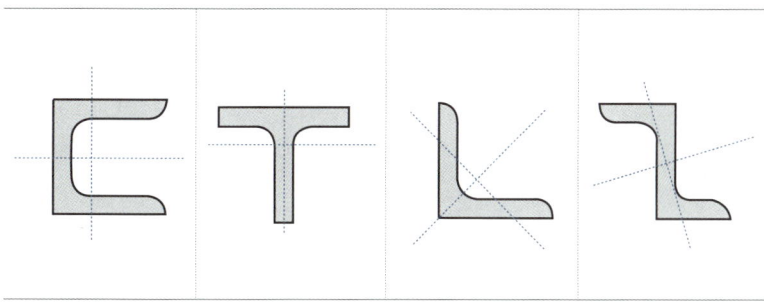

핵심예제18

다음 중에서 정(+)과 부(−)의 값을 모두 갖는 것은?
① 단면계수
② 단면2차모멘트
③ 단면상승모멘트
④ 단면회전반지름

답 : ③

핵심예제19

단면상승모멘트 I_{xy}는?

① $3.84 \times 10^9 \mathrm{mm}^4$
② $3.84 \times 10^{10} \mathrm{mm}^4$
③ $3.36 \times 10^{10} \mathrm{mm}^4$
④ $3.52 \times 10^{10} \mathrm{mm}^4$

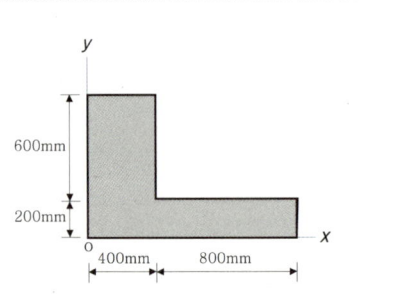

■ 400×800 직사각형 단면 도심좌표는 $(+200, +400)$, 800×200 직사각형 단면 도심좌표는 $(+800, +100)$이며, 구하고자 하는 x, y 축은 원점이므로 $(0, 0)$ 이다.

해설 $I_{xy} = (A_1 \cdot x_1 \cdot y_1) + (A_2 \cdot x_2 \cdot y_2)$
$= (400 \times 800)(200-0)(400-0) + (800 \times 200)(800-0)(100-0)$
$= 3.84 \times 10^{10} \mathrm{mm}^4$

답 : ②

핵심예제20

폭 $b = 120\mathrm{mm}$, 높이 $h = 120\mathrm{mm}$인 2등변삼각형의 x, y축에 대한 단면상승모멘트 I_{xy}는?

① $6.42 \times 10^6 \mathrm{mm}^4$
② $8.64 \times 10^6 \mathrm{mm}^4$
③ $10.72 \times 10^6 \mathrm{mm}^4$
④ $11.52 \times 10^6 \mathrm{mm}^4$

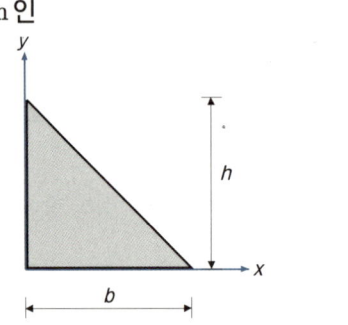

해설 $I_{xy} = \dfrac{b^2 h^2}{24} = \dfrac{(120)^2 (120)^2}{24}$
$= 8.64 \times 10^6 \mathrm{mm}^4$

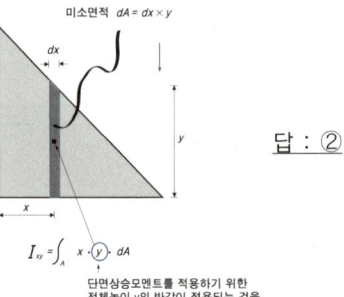

답 : ②

■ 직각삼각형의 단면상승모멘트
$I_{xy} = \displaystyle\int_A x \cdot y \cdot dA$
$= \displaystyle\int_0^b x \left(\dfrac{y}{2}\right)(y \cdot dx)$
$= \displaystyle\int_0^b \dfrac{xy^2}{2} \cdot dx$ 에서 주어진

직각삼각형의 함수 $y = -\dfrac{h}{b}x + h$
이므로 이를 대입하여 정리하면

$I_{xy} = \displaystyle\int_0^b \dfrac{xy^2}{2} dx$
$= \displaystyle\int_0^b \dfrac{x\left(-\dfrac{h}{b}x + h\right)^2}{2}$
$= \dfrac{b^2 h^2}{24}$ 이고 결과를 기억하고 있는 것이 유리하다.

6 단면계수, 단면2차반경

(1) 정의
   ① 단면계수(Elastic Section Modulus): 도심축에 대한 단면2차모멘트(I)를 압축측거리(y_c) 또는 인장측거리(y_t)로 나눈 값을 (탄성)단면계수라고 정의하며 단위는 $mm^3(cm^3, m^3)$이고 부호는 항상 (+)이다.
   ② 단면2차반경(Radius of Gyration): 도심축에 대한 단면2차모멘트(I)를 단면적(A)으로 나눈 값의 제곱근을 단면2차반경 또는 회전반경이라고 정의하며 r 또는 i로 표현하고 단위는 mm, cm, m 이며, 부호는 항상 (+)이다.

■ 단면계수는 단일 지표이므로 면적의 형태로 더하거나 뺄 수 없는 지표임에 주의한다.

(2) 기본 단면의 단면계수, 단면2차반경

사각형	삼각형	원형
$Z = \dfrac{I}{y} = \dfrac{bh^2}{6}$	$Z_c = \dfrac{I}{y_c} = \dfrac{bh^2}{24}$ $Z_t = \dfrac{I}{y_t} = \dfrac{bh^2}{12}$	$Z = \dfrac{I}{y} = \dfrac{\pi D^3}{32}$
$r = \sqrt{\dfrac{I}{A}} = \dfrac{h}{\sqrt{12}}$	$r = \sqrt{\dfrac{I}{A}} = \dfrac{h}{\sqrt{18}}$	$r = \sqrt{\dfrac{I}{A}} = \dfrac{D}{4}$

■ 단면2차반경은 r 또는 i 로 표현하며, 주로 r 로 표현한다.

(3) 최대 단면계수를 갖기 위한 조건

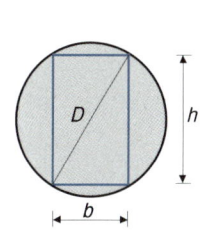

① $D^2 = b^2 + h^2$ 에서 $h^2 = D^2 - b^2$
② $Z = \dfrac{bh^2}{6} = \dfrac{b}{6}(D^2 - b^2) = \dfrac{1}{6}(D^2 \cdot b - b^3)$
③ Z 값이 최대가 되려면 이것을 미분한 값이 0이 되어야 한다.
   $\dfrac{dZ}{db} = \dfrac{1}{6}(D^2 - 3b^2) = 0$ 에서 $D = \sqrt{3}\,b$
   $\therefore\ b : h : D = \sqrt{1} : \sqrt{2} : \sqrt{3}$

핵심예제21

그림과 같은 단면의 단면계수는?

① $2.333 \times 10^6 \mathrm{mm}^3$
② $2.555 \times 10^6 \mathrm{mm}^3$
③ $3.833 \times 10^7 \mathrm{mm}^3$
④ $4.5 \times 10^7 \mathrm{mm}^3$

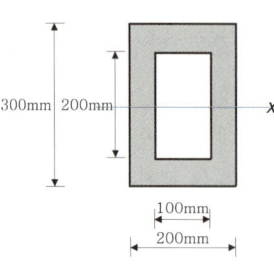

해설 $Z_x = \dfrac{I_x}{y} = \dfrac{\left(\dfrac{1}{12}(200 \times 300^3 - 100 \times 200^3)\right)}{(150)} = 2.555 \times 10^6 \mathrm{mm}^3$

답 : ②

핵심예제22

그림과 같은 지름 D인 원형 단면에서 최대 단면계수를 갖는 직사각형 단면을 얻으려면 $\dfrac{b}{h}$는?

① 1
② 1/2
③ $1/\sqrt{2}$
④ $1/\sqrt{3}$

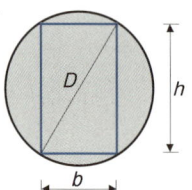

해설 최대 단면계수의 조건

(1) $D^2 = b^2 + h^2$ 에서 $h^2 = D^2 - b^2$

(2) $Z = \dfrac{bh^2}{6} = \dfrac{b}{6}(D^2 - b^2) = \dfrac{1}{6}(D^2 \cdot b - b^3)$

(3) Z값이 최대가 되려면 이것을 미분한 값이 0이어야 한다.

$\dfrac{dZ}{db} = \dfrac{1}{6}(D^2 - 3b^2) = 0$ 에서 $D = \sqrt{3}\,b$

(4) $h = \sqrt{2}\,b$ 이므로 $\dfrac{b}{h} = \dfrac{1}{\sqrt{2}}$

답 : ③

핵심예제23

y축에 대한 회전반지름은?

① 30.7mm
② 32.0mm
③ 38.1mm
④ 42.4mm

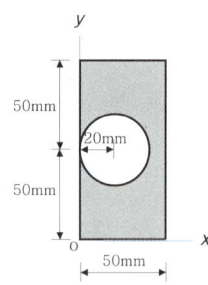

해설 $r_y = \sqrt{\dfrac{I_y}{A}}$

$$= \sqrt{\dfrac{\left[\dfrac{(100)(50)^3}{12} + (100\times 50)(25)^2\right] - \left[\dfrac{\pi(40)^4}{64} + \left(\dfrac{\pi(40)^2}{4}\right)(20)^2\right]}{(100\times 50) - \left(\dfrac{\pi(40)^2}{4}\right)}}$$

$= 30.744\text{mm}$

답 : ①

핵심예제24

그림과 같은 T형 단면의 도심축(x)에 대한 회전반지름(r)은?

① 116mm
② 136mm
③ 156mm
④ 176mm

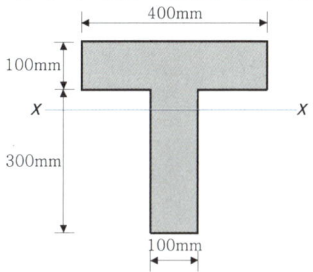

해설 (1) 하단으로부터 도심위치:

$$\bar{y} = \dfrac{G_x}{A} = \dfrac{(400\times 100)(350) + (100\times 300)(150)}{(400\times 100) + (100\times 300)} = 264.286\text{mm}$$

(2) x축에 대한 단면2차모멘트

$$I_x = \left[\dfrac{(400)(100)^3}{12} + (400\times 100)(50+35.714)^2\right]$$
$$+ \left[\dfrac{(100)(300)^3}{12} + (100\times 300)(264.286-150)^2\right] = 9.440\times 10^8 \text{mm}^4$$

(3) $r_x = \sqrt{\dfrac{I_x}{A}} = \sqrt{\dfrac{(9.440\times 10^8)}{(400\times 100)+(100\times 300)}} = 116.128\text{mm}$

답 : ①

핵심문제

CHAPTER 5 단면의 특성

1. 다음 단면에 대한 관계식 중 옳지 않은 것은?

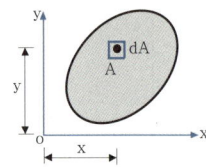

① 단면1차모멘트 $G_x = \int y\, dA$

② 단면2차모멘트 $I_x = \int y^2\, dA$

③ 도심 $y_o = \int \dfrac{G_y}{A} dA$

④ 단면2차상승모멘트 $I_{xy} = \int xy\, dA$

해설

③ 도심 $\bar{y} = y_o = \dfrac{G_x}{A}$

2. 그림과 같은 단면의 x축에 대한 단면1차모멘트는?

① $1.265 \times 10^5 \text{mm}^3$
② $1.366 \times 10^5 \text{mm}^3$
③ $1.466 \times 10^5 \text{mm}^3$
④ $1.566 \times 10^5 \text{mm}^3$

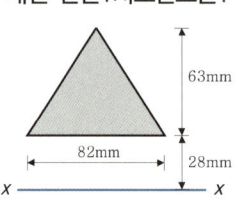

해설

$G_x = A \cdot \bar{y} = \left(\dfrac{1}{2} \times 82 \times 63\right)(21 + 28) = 1.265 \times 10^5 \text{mm}^3$

3. 그림과 같은 단면의 도심축의 위치 $\bar{y}$는?

① $2.5h$
② $3.0h$
③ $3.5h$
④ $4.0h$

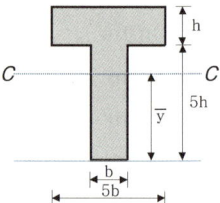

해설

$\bar{y} = \dfrac{G_x}{A} = \dfrac{(5b \cdot h)(5.5h) + (b \cdot 5h)(2.5h)}{(5b \cdot h) + (b \cdot 5h)} = 4h$

4. 그림과 같은 단면의 도심 $\bar{y}$를 구하면?

① 25mm
② 20mm
③ 15mm
④ 10mm

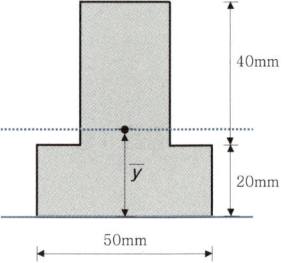

해설

$\bar{y} = \dfrac{G_x}{A} = \dfrac{(50 \times 20)(10) + (25 \times 40)(40)}{(50 \times 20) + (25 \times 40)} = 25 \text{mm}$

5. 그림과 같은 단면의 도심(C)의 위치 y_o는?

① $\dfrac{5}{12}a$ ② $\dfrac{6}{12}a$

③ $\dfrac{7}{12}a$ ④ $\dfrac{8}{12}a$

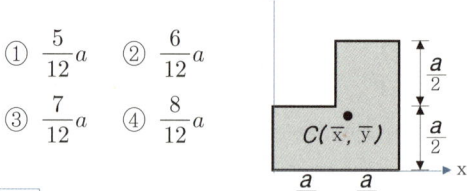

해설

$\bar{y} = y_o = \dfrac{G_x}{A} = \dfrac{\left(\dfrac{a}{2} \cdot \dfrac{a}{2}\right)\left(\dfrac{a}{4}\right) + \left(\dfrac{a}{2} \cdot a\right)\left(\dfrac{a}{2}\right)}{\left(\dfrac{a}{2} \cdot \dfrac{a}{2}\right) + \left(\dfrac{a}{2} \cdot a\right)} = \dfrac{5}{12}a$

해답 1. ③ 2. ① 3. ④ 4. ① 5. ①

6. 다음과 같이 1변이 a인 정사각형 단면의 1/4 을 절취한 나머지 부분의 도심위치 $C(x, y)$ 는?

① $C(\frac{1}{3}a, \frac{2}{3}a)$

② $C(\frac{2}{3}a, \frac{1}{3}a)$

③ $C(\frac{5}{12}a, \frac{7}{12}a)$

④ $C(\frac{7}{12}a, \frac{5}{12}a)$

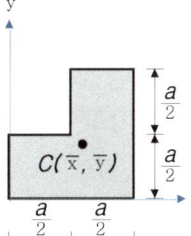

해설

(1) $\bar{x} = \frac{G_y}{A} = \frac{\left(\frac{a}{2} \times \frac{a}{2}\right)\left(\frac{a}{4}\right) + \left(a \times \frac{a}{2}\right)\left(\frac{3a}{4}\right)}{\left(\frac{a}{2} \times \frac{a}{2}\right) + \left(a \times \frac{a}{2}\right)} = \frac{7}{12}a$

(2) $\bar{y} = \frac{G_x}{A} = \frac{\left(\frac{a}{2} \cdot \frac{a}{2}\right)\left(\frac{a}{4}\right) + \left(\frac{a}{2} \cdot a\right)\left(\frac{a}{2}\right)}{\left(\frac{a}{2} \cdot \frac{a}{2}\right) + \left(\frac{a}{2} \cdot a\right)} = \frac{5}{12}a$

7. 삼각형(ABC) 단면에서 y축으로부터 도심까지의 거리는?

① $\frac{2a+b}{3}$

② $\frac{a+2b}{2}$

③ $\frac{2a+b}{2}$

④ $\frac{a+2b}{3}$

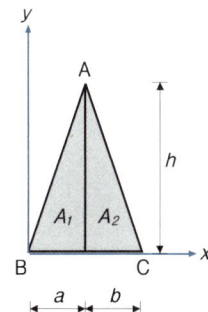

해설

$\bar{x} = \frac{G_y}{A} = \frac{\left(\frac{1}{2}ha\right)\left(\frac{2}{3}a\right) + \left(\frac{1}{2}hb\right)\left(a + \frac{1}{3}b\right)}{\left(\frac{1}{2}ha\right) + \left(\frac{1}{2}hb\right)} = \frac{2a+b}{3}$

8. 그림과 같은 단면의 도심 G의 위치 $\bar{y}$로 옳은 것은?

① $\bar{y} = \frac{h}{3} \cdot \frac{a+b}{a+2b}$

② $\bar{y} = \frac{h}{3} \cdot \frac{a+b}{2a+b}$

③ $\bar{y} = \frac{h}{3} \cdot \frac{a+2b}{a+b}$

④ $\bar{y} = \frac{h}{3} \cdot \frac{2a+b}{a+b}$

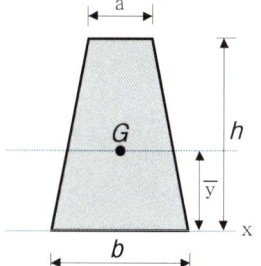

해설

$\bar{y} = \frac{G_x}{A} = \frac{\left(\frac{1}{2}ah\right)\left(\frac{2h}{3}\right) + \left(\frac{1}{2}bh\right)\left(\frac{h}{3}\right)}{\left(\frac{1}{2}ah\right) + \left(\frac{1}{2}bh\right)} = \frac{h}{3} \cdot \frac{2a+b}{a+b}$

9. 주어진 단면의 도심을 구하면?

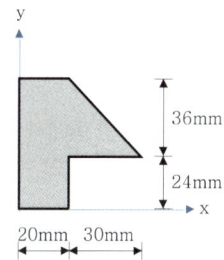

① $\bar{x} = 16.2\text{mm}$, $\bar{y} = 31.9\text{mm}$

② $\bar{x} = 31.9\text{mm}$, $\bar{y} = 16.2\text{mm}$

③ $\bar{x} = 14.2\text{mm}$, $\bar{y} = 29.9\text{mm}$

④ $\bar{x} = 29.9\text{mm}$, $\bar{y} = 14.2\text{mm}$

해설

(1) $\bar{x} = \frac{G_y}{A} = \frac{(60 \times 20)(10) + \left(\frac{1}{2} \times 36 \times 30\right)(30)}{(60 \times 20) + \left(\frac{1}{2} \times 36 \times 30\right)} = 16.2\text{mm}$

(2) $\bar{y} = \frac{G_x}{A} = \frac{(20 \times 60)(30) + \left(\frac{1}{2} \times 30 \times 36\right)(36)}{(20 \times 60) + \left(\frac{1}{2} \times 30 \times 36\right)} = 31.9\text{mm}$

해답 6. ④ 7. ① 8. ④ 9. ①

10. 외곽 원의 직경(D)이 600mm, 내부 원의 직경 ($D/2$)은 300mm라면, 도심의 위치는 x축에서 얼마나 떨어진 곳인가?

① 330mm
② 350mm
③ 370mm
④ 390mm

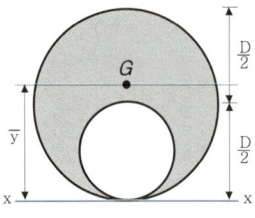

해설

$$\bar{y} = \frac{G_x}{A} = \frac{\left(\frac{\pi D^2}{4}\right)\left(\frac{D}{2}\right) - \left(\frac{\pi (\frac{D}{2})^2}{4}\right)\left(\frac{D}{4}\right)}{\left(\frac{\pi D^2}{4}\right) - \left(\frac{\pi (\frac{D}{2})^2}{4}\right)}$$

$$= \frac{7D}{12} = \frac{7(600)}{12} = 350 \text{mm}$$

11. 그림과 같이 반지름 r인 원에서 r을 지름으로 하는 작은 원을 도려낸 음영된 부분의 도심의 x좌표는?

① $\frac{5}{6}r$
② $\frac{4}{5}r$
③ $\frac{3}{4}r$
④ $\frac{2}{3}r$

해설

$$\bar{x} = \frac{G_y}{A} = \frac{(\pi r^2)(r) - \left(\frac{\pi r^2}{4}\right)\left(\frac{3}{2}r\right)}{(\pi r^2) - \left(\frac{\pi r^2}{4}\right)} = \frac{5}{6}r$$

12. 다음의 반원에서 도심 y_0는?

① $\frac{3r}{4\pi}$
② $\frac{2r}{3\pi}$
③ $\frac{4r}{3\pi}$
④ $\frac{3r}{2\pi}$

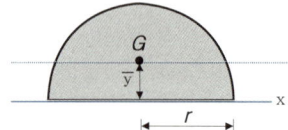

해설

(1) 원의 방정식:
$$x^2 + y^2 = r^2$$

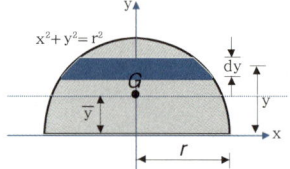

(2) 단면1차모멘트
$$G_x = \int y \cdot dA = \int_0^r y(2x) \cdot dy = 2\int_0^r \sqrt{r^2 - y^2} \cdot y \cdot dy$$

$$= -\frac{2}{3}[(r^2 - y^2)^{\frac{3}{2}}]_0^r \cdot dy = \frac{2}{3}r^3$$

(3) $\bar{y} = \frac{G_x}{A} = \frac{\left(\frac{2r^3}{3}\right)}{\left(\frac{\pi r^2}{2}\right)} = \frac{4r}{3\pi}$

13. 그림과 같은 $\frac{1}{4}$ 원에서 음영 부분의 도심 y_o는?

① 58.4mm
② 78.1mm
③ 49.4mm
④ 50.0mm

해설

$$\bar{y} = \frac{G_x}{A} = \frac{\left(\frac{\pi(100)^2}{4}\right)\left(\frac{4(100)}{3\pi}\right) - \left(\frac{1}{2} \times 100 \times 100\right)\left(\frac{100}{3}\right)}{\left(\frac{\pi(100)^2}{4}\right) - \left(\frac{1}{2} \times 100 \times 100\right)}$$

$$= 58.397 \text{mm}$$

해답 10. ② 11. ① 12. ③ 13. ①

14. 그림과 같은 4분원에서 음영 부분의 밑변으로부터 도심까지의 위치 y_o 는?

① 116.8mm
② 126.8mm
③ 146.7mm
④ 158.7mm

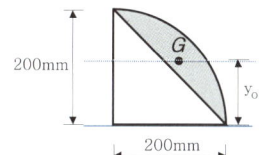

해설

$$\bar{y} = \frac{G_x}{A} = \frac{\left(\frac{\pi(200)^2}{4}\right)\left(\frac{4(200)}{3\pi}\right) - \left(\frac{1}{2} \times 200 \times 200\right)\left(\frac{200}{3}\right)}{\left(\frac{\pi(200)^2}{4}\right) - \left(\frac{1}{2} \times 200 \times 200\right)}$$

$$= 116.796\text{mm}$$

15. 그림과 같이 원($D=400$mm)과 반원($r=400$mm) 으로 이루어진 단면의 도심거리 $\bar{y}$ 값은?

① 175.8mm
② 179.8mm
③ 494.8mm
④ 446.5mm

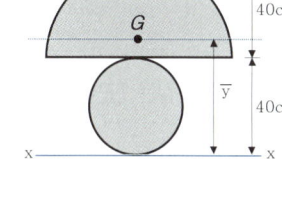

해설

$$\bar{y} = \frac{G_x}{A}$$

$$= \frac{(\pi \cdot 200^2)(200) + \left((\pi \cdot 400^2) \times \frac{1}{2}\right)\left(400 + \frac{4(400)}{3\pi}\right)}{(\pi \cdot 200^2) + \left((\pi \cdot 400^2) \times \frac{1}{2}\right)}$$

$$= 446.510\text{mm}$$

16. 그림과 같은 단면의 x축에 관한 단면2차모멘트는?

① $5.62 \times 10^5 \text{mm}^4$
② $5.85 \times 10^5 \text{mm}^4$
③ $6.17 \times 10^5 \text{mm}^4$
④ $6.44 \times 10^5 \text{mm}^4$

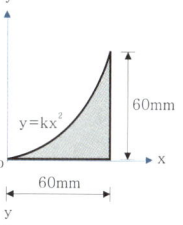

해설

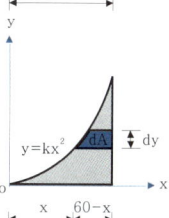

(1) $y = kx^2$ 식에서
  $x = 0$ 일 때 $y = 0$,
  $x = 60$ 일 때 $y = 60$ 을
  만족하는 $k = \frac{1}{60}$ 이 된다. $y = \frac{1}{60}x^2$ 에서 $x = \sqrt{60y}$

(2) 미소면적 $dA = (60-x)dy$

$$I_x = \int_A y^2 \cdot dA = \int_0^{60} y^2(60 - \sqrt{60y})dy$$

$$= 6.171 \times 10^5 \text{mm}^4$$

17. 그림과 같이 높이가 a인 (A), (B), (C)에서 각각 도심을 지나는 $x-x$축에 대한 단면2차모멘트의 크기 순서로서 맞는 것은?

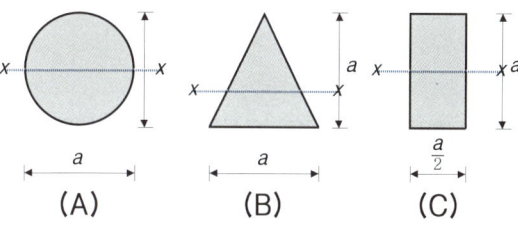

① A > B > C
② B < C < A
③ A < B < C
④ B > C > A

해설

(A) $I_x = \frac{\pi D^4}{64} = \frac{\pi(a)^4}{64} = 0.04908a^4$

(B) $I_x = \frac{bh^3}{36} = \frac{(a)(a)^3}{36} = 0.02777a^4$

(C) $I_x = \frac{bh^3}{12} = \frac{\left(\frac{a}{2}\right) \cdot (a)^3}{12} = 0.04166a^4$

해답 14. ① 15. ④ 16. ③ 17. ②

■ 제5장 단면의 특성 153

18. 정삼각형 도심을 지나는 여러 축에 대한 단면2차모멘트의 값에 대한 다음 설명 중 옳은 것은?

① $I_{y1} > I_{y2}$
② $I_{y2} > I_{y1}$
③ $I_{y3} > I_{y2}$
④ $I_{y1} = I_{y2} = I_{y3}$

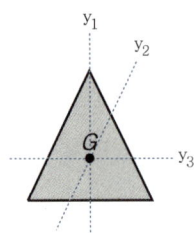

해설

정사각형, 정삼각형, 정다각형, 원형 등과 같이 대칭인 단면의 도심축에 대한 단면2차모멘트의 값은 모두 같다.

19. 그림과 같은 단면의 x축에 대한 단면2차모멘트는?

① $1.5 \times 10^8 \text{mm}^4$
② $1.4 \times 10^8 \text{mm}^4$
③ $1.3 \times 10^8 \text{mm}^4$
④ $1.2 \times 10^8 \text{mm}^4$

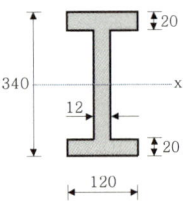

해설

$$I_x = \frac{(120)(340)^3}{12} - \frac{(108)(300)^3}{12} = 1.5 \times 10^8 \text{mm}^4$$

20. 그림과 같은 단면의 도심축 x에 관한 단면2차모멘트는? (단, 원의 직경 $D = 20\text{mm}$)

① $5.564 \times 10^6 \text{mm}^4$
② $5.112 \times 10^6 \text{mm}^4$
③ $4.994 \times 10^6 \text{mm}^4$
④ $5.502 \times 10^6 \text{mm}^4$

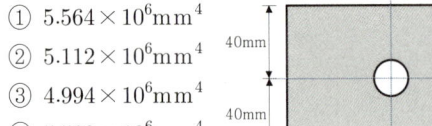

해설

$$I_x = \frac{bh^3}{12} - \frac{\pi D^4}{64} = \frac{(120)(80)^3}{12} - \frac{\pi (20)^4}{64} = 5.112 \times 10^6 \text{mm}^4$$

21. 그림과 같은 단면의 I_x / I_g 값은?

① 2
② 3
③ 4
④ 5

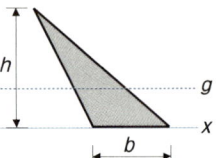

해설

$$I_x = I_g + A \cdot e^2 = \frac{bh^3}{36} + \left(\frac{1}{2}bh\right)\left(\frac{h}{3}\right)^2 = \frac{bh^3}{12}$$ 이므로

$$\frac{I_x}{I_g} = \frac{\left(\frac{bh^3}{12}\right)}{\left(\frac{bh^3}{36}\right)} = 3$$

22. 그림과 같은 단면의 x축에 대한 단면2차모멘트는?

① $1.288 \times 10^8 \text{mm}^4$
② $2.523 \times 10^8 \text{mm}^4$
③ $4.752 \times 10^8 \text{mm}^4$
④ $6.942 \times 10^8 \text{mm}^4$

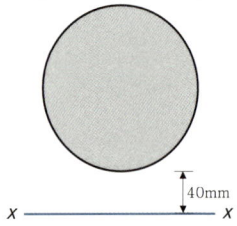

해설

$$I_x = \frac{\pi (200)^4}{64} + \left(\frac{\pi (200)^2}{4}\right)\left(\frac{200}{2} + 40\right)^2 = 6.942 \times 10^8 \text{mm}^4$$

23. 그림과 같은 단면의 x축에 관한 단면2차모멘트는?

① $4.130 \times 10^6 \text{mm}^4$
② $4.460 \times 10^6 \text{mm}^4$
③ $4.890 \times 10^6 \text{mm}^4$
④ $5.130 \times 10^6 \text{mm}^4$

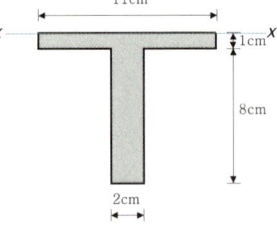

해설

$$I = \left[\frac{(110)(10)^3}{12} + (110 \times 10)(5)^2\right] + \left[\frac{(20)(80)^3}{12} + (20 \times 80)(50)^2\right] = 4.890 \times 10^6 \text{mm}^4$$

해답 18. ④ 19. ① 20. ② 21. ② 22. ④ 23. ③

24. 그림과 같은 단면의 A축에 대한 단면2차모멘트는?

① $558b^4$
② $560b^4$
③ $562b^4$
④ $564b^4$

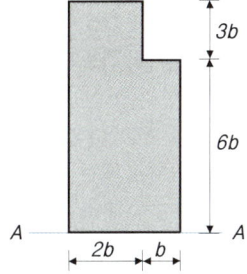

해설

$$I_{A-A} = \left[\frac{(2b)(9b)^3}{12} + (2b \times 9b)(4.5b)^2\right]$$
$$+ \left[\frac{(b)(6b)^3}{12} + (b \times 6b)(3b)^2\right] = 558b^4$$

26. 그림과 같은 불규칙한 단면의 $A-A$축에 대한 단면2차모멘트는 $35 \times 10^6 \text{mm}^4$ 이다. 단면의 총면적이 $1.2 \times 10^4 \text{mm}^2$ 이라면, B축에 대한 단면2차모멘트는 얼마인가? (단, D축은 단면의 도심을 통과한다.)

① $17 \times 10^6 \text{mm}^4$
② $15.8 \times 10^6 \text{mm}^4$
③ $17 \times 10^5 \text{mm}^4$
④ $15.8 \times 10^5 \text{mm}^4$

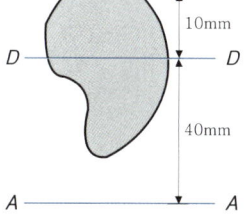

해설

(1) $I_A = I_D + A \cdot e^2$ 로부터

$35 \times 10^6 = I_D + (1.2 \times 10^4)(40)^2$ 이므로

∴ $I_D = 15.8 \times 10^6 \text{mm}^4$

(2) $I_B = I_D + A \cdot e^2 = (15.8 \times 10^6) + (1.2 \times 10^4)(10)^2$
$= 17 \times 10^6 \text{mm}^4$

25. 그림과 같은 단면의 x축에 대한 단면2차모멘트는?

① $\frac{h^3}{12}(b+2a)$
② $\frac{h^3}{12}(3b+a)$
③ $\frac{h^3}{12}(2b+a)$
④ $\frac{h^3}{12}(b+3a)$

해설

$$I_x = \left[\frac{bh^3}{36} + \left(\frac{bh}{2}\right)\left(\frac{h}{3}\right)^2\right] + \left[\frac{ah^3}{36} + \left(\frac{ah}{2}\right)\left(\frac{2h}{3}\right)^2\right]$$
$$= \frac{h^3}{12}(b+3a)$$

27. 단면적이 A인 임의의 부재 단면이 있다. 도심축으로부터 y_1 떨어진 축을 기준으로 한 단면2차모멘트의 크기가 I_{x1} 일 때, $2y_1$ 떨어진 축을 기준으로 한 단면2차모멘트의 크기는?

① $I_{x1} + A \cdot y_1^2$
② $I_{x1} + 2A \cdot y_1^2$
③ $I_{x1} + 3A \cdot y_1^2$
④ $I_{x1} + 4A \cdot y_1^2$

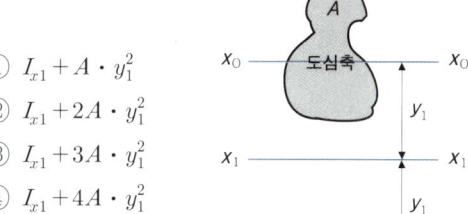

해설

(1) $I_{x1} = I_{xo} + A \cdot y_1^2$

(2) $I_{x2} = I_{xo} + A \cdot (2y_1)^2$
$= I_{xo} + 4A \cdot y_1^2 = I_{xo} + A \cdot y_1^2 + 3A \cdot y_1^2$

∴ $I_{x2} = I_{x1} + 3A \cdot y_1^2$

해답 24. ① 25. ④ 26. ① 27. ③

28. $A-A$축과 $B-B$축에 대한 단면2차모멘트가 각각 $8 \times 10^8 \text{mm}^4$, $16 \times 10^8 \text{mm}^4$ 일 때 음영 부분의 면적은?

① $5.73 \times 10^4 \text{mm}^2$
② $6.06 \times 10^4 \text{mm}^2$
③ $7.52 \times 10^4 \text{mm}^2$
④ $8.00 \times 10^4 \text{mm}^2$

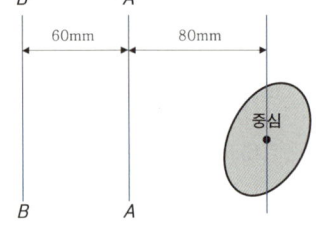

해설

(1) $I_A = I_{도심축} + A \cdot e^2$
$= I_{도심축} + (A) \cdot (80)^2 = 8 \times 10^8 \text{mm}^4$

(2) $I_B = I_{도심축} + A \cdot e^2$
$= I_{도심축} + (A) \cdot (140)^2 = 16 \times 10^8 \text{mm}^4$

(3) (1), (2)를 연립하면 $A = 6.06 \times 10^4 \text{mm}^2$

29. 그림과 같은 $\frac{1}{4}$ 원의 도심축에 대한 단면2차 모멘트는?

① $\frac{\pi r^4}{16} - \frac{8r^4}{9\pi}$
② $\frac{\pi r^4}{16} - \frac{4r^4}{9\pi}$
③ $\frac{\pi r^4}{8} - \frac{8r^4}{9\pi}$
④ $\frac{\pi r^4}{8} - \frac{4r^4}{9\pi}$

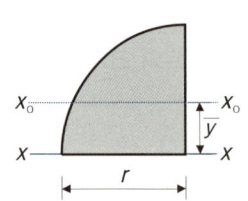

해설

(1) 원의 도심축에 대한 단면2차모멘트:
$$I_x = \frac{\pi D^4}{64} = \frac{\pi r^4}{4}$$

(2) 1/4 원의 단면2차모멘트: $I_x = \frac{\pi r^4}{4} \times \frac{1}{4} = \frac{\pi r^4}{16}$

(3) 1/4 원의 도심축으로의 축이동
$$I_{xo} = I_x - A \cdot e^2 = \frac{\pi r^4}{16} - \left(\frac{\pi r^2}{4}\right)\left(\frac{4r}{3\pi}\right)^2 = \frac{\pi r^4}{16} - \frac{4r^4}{9\pi}$$

30. 단면의 기하학적 성질에 대한 설명 중 틀린 것은?

① 도심을 지나는 축에 대한 단면1차모멘트는 0이다.
② 단면2차모멘트의 단위는 mm^4이다.
③ 삼각형의 도심은 임의의 두 중심선의 교점이며, 밑변에서 h/3의 높이가 된다.
④ 단면2차모멘트 가운데 최대값을 갖는 것은 도심축에 대한 단면2차모멘트이다.

해설

④ 단면2차모멘트 평행축정리 $I_{이동축} = I_{도심축} + A \cdot e^2$
으로부터 임의의 단면에 대한 단면2차모멘트 값이 최소가 되는 축은 도심축이다.

31. 단면2차모멘트의 특성에 대한 설명으로 틀린 것은?

① 단면2차모멘트의 최소값은 도심에 대한 것이며 그 값은 0이다.
② 정삼각형, 정사각형, 정다각형의 도심에 대한 단면2차모멘트는 축의 회전에 관계없이 모두 같다.
③ 단면2차모멘트는 좌표축에 상관없이 항상 (+)의 부호를 갖는다.
④ 단면2차모멘트가 크면 휨강성이 크고 구조적으로 안전하다.

해설

① 단면2차모멘트는 0이 될 수 없다.

32. 단면2차모멘트의 특성에 대한 설명으로 틀린 것은?

① 도심축에 대한 단면2차모멘트는 0이다.
② 단면2차모멘트는 항상 정(+)의 값을 갖는다.
③ 단면2차모멘트가 큰 단면은 휨에 대한 강성이 크다.
④ 정다각형의 도심축에 대한 단면2차모멘트는 축이 회전해도 일정하다.

해설

① 단면2차모멘트는 0이 될 수 없다.

해답 28. ② 29. ② 30. ④ 31. ① 32. ①

33. 그림과 같은 단면의 도심에 관한 단면2차극모멘트는?

① $\dfrac{1}{3}b^4$
② $\dfrac{1}{6}b^4$
③ $\dfrac{1}{12}b^4$
④ $\dfrac{1}{144}b^4$

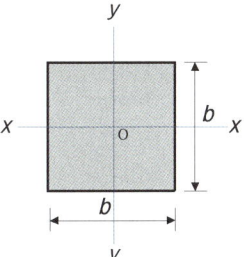

[해설]

$$I_P = I_x + I_y = \dfrac{(b)(b)^3}{12} + \dfrac{(b)(b)^3}{12} = \dfrac{b^4}{6}$$

34. 직경 D인 원형단면의 단면2차극모멘트 I_P는?

① $\dfrac{\pi D^4}{64}$ ② $\dfrac{\pi D^4}{32}$
③ $\dfrac{\pi D^4}{16}$ ④ $\dfrac{\pi D^4}{4}$

[해설]

$$I_P = I_x + I_y = 2I_x = 2\left(\dfrac{\pi D^4}{64}\right) = \dfrac{\pi D^4}{32}$$

35. 그림과 같이 속이 빈 원형 단면(음영된 부분)의 도심에 대한 극관성모멘트는?

① $4.60 \times 10^6 \text{mm}^4$
② $7.60 \times 10^6 \text{mm}^4$
③ $8.40 \times 10^6 \text{mm}^4$
④ $9.20 \times 10^6 \text{mm}^4$

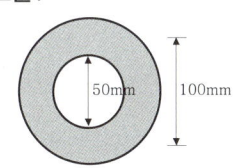

[해설]

(1) 원형 단면 도심에 대한 x축과 y축의 단면2차모멘트는 같다.
(2) 외경 100mm를 D라고 하면

$$I_P = I_x + I_y = 2I_x = 2\left(\dfrac{\pi D^4}{64} - \dfrac{\pi\left(\dfrac{D}{2}\right)^4}{64}\right)$$

$$= \dfrac{15\pi D^4}{512} = \dfrac{15\pi(100)^4}{512} = 9.20 \times 10^6 \text{mm}^4$$

36. 주축에 대한 단면2차모멘트가 $I_x = 7.2 \times 10^5 \text{mm}^4$, $I_y = 3.2 \times 10^5 \text{mm}^4$ 이다. x 축과 $30°$를 이루고 있는 u 축에 대한 단면2차모멘트 $I_u = 6.2 \times 10^5 \text{mm}^4$일 때 v 축에 대한 단면2차모멘트 I_v 는?

① $I_v = 3.2 \times 10^5 \text{mm}^4$
② $I_v = 3.7 \times 10^5 \text{mm}^4$
③ $I_v = 4.2 \times 10^5 \text{mm}^4$
④ $I_v = 4.7 \times 10^5 \text{mm}^4$

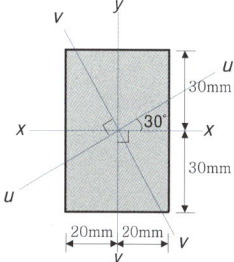

[해설]

(1) 단면2차극모멘트는 좌표축의 회전에 관계없이 항상 일정하다.

(2) $I_x + I_y = I_u + I_v$ 로부터

$$(7.2 \times 10^5) + (3.2 \times 10^5) = (6.2 \times 10^5) + I_u$$

$$\therefore I_u = 4.2 \times 10^5 \text{mm}^4$$

37. 도심을 통과하는 z 축에 대한 극관성모멘트는 $23 \times 10^4 \text{mm}^4$ 이다. y 축에 대한 단면2차모멘트가 $5 \times 10^4 \text{mm}^4$이고, x' 축에 대한 단면2차모멘트가 $40 \times 10^4 \text{mm}^4$ 이다. 이 단면의 면적은? (단, x, y 축은 이 단면의 도심을 통과한다.)

① 144mm^2
② 244mm^2
③ 344mm^2
④ 444mm^2

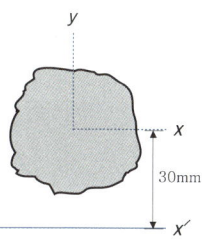

[해설]

(1) $I_{x'} = I_x + A \cdot e^2$ 에서 $I_x = (40 \times 10^4) - A \times (30)^2$

(2) $I_P = I_x + I_y$ 로부터 $I_P = [(40 \times 10^4) - A \times (30)^2] + I_y$

이므로 $23 \times 10^4 = [(40 \times 10^4) - A \times (30)^2] + (5 \times 10^4)$

$\therefore A = 244.44 \text{mm}^2$

해답 33. ② 34. ② 35. ④ 36. ③ 37. ②

38. 폭 100mm, 높이 200mm인 직사각형 단면의 x, y축에 대한 상승모멘트 값은?

① $1 \times 10^8 \mathrm{mm}^4$
② $2 \times 10^8 \mathrm{mm}^4$
③ $3 \times 10^8 \mathrm{mm}^4$
④ $4 \times 10^8 \mathrm{mm}^4$

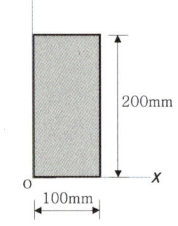

해설

(1) 폭 100mm, 높이 200mm인 직사각형 단면의 도심좌표는 (+50, +100), 구하고자 하는 x, y 축은 원점이므로 (0, 0) 이다.

(2) $I_{xy} = A \cdot x \cdot y = (100 \times 200)(50 - 0)(100 - 0)$
$= 1 \times 10^8 \mathrm{mm}^4$

40. 그림과 같은 단면의 단면상승모멘트 I_{xy}는?

① $1.225 \times 10^5 \mathrm{mm}^4$
② $1.575 \times 10^5 \mathrm{mm}^4$
③ $7.750 \times 10^4 \mathrm{mm}^4$
④ $9.250 \times 10^4 \mathrm{mm}^4$

해설

(1) 10×50 직사각형의 도심좌표는 (+5, +25), 40×10 직사각형의 도심좌표는 (+30, +5), 구하고자 하는 x, y 축은 원점이므로 (0, 0) 이다.

(2) $I_{xy} = (A_1 \cdot x_1 \cdot y_1) + (A_2 \cdot x_2 \cdot y_2)$
$= (10 \times 50)(5-0)(25-0) + (40 \times 10)(30-0)(5-0)$
$= 1.225 \times 10^5 \mathrm{mm}^4$

39. 그림과 같은 단면의 단면상승모멘트 I_{xy}는?

① $3.36 \times 10^{10} \mathrm{mm}^4$
② $3.52 \times 10^{10} \mathrm{mm}^4$
③ $3.84 \times 10^{10} \mathrm{mm}^4$
④ $4.00 \times 10^{10} \mathrm{mm}^4$

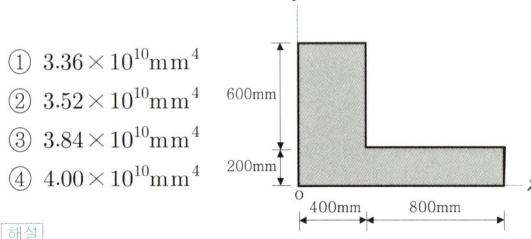

해설

(1) 400×800 직사각형 단면의 도심좌표는 (+200, +400), 80×20 직사각형 단면의 도심좌표는 (+800, +100), 구하고자 하는 x, y 축은 원점이므로 (0, 0) 이다.

(2) $I_{xy} = (A_1 \cdot x_1 \cdot y_1) + (A_2 \cdot x_2 \cdot y_2)$
$= (400 \times 800)(200-0)(400-0)$
$+ (800 \times 200)(800-0)(100-0) = 3.84 \times 10^{10} \mathrm{mm}^4$

41. 다음 단면의 x, y축의 단면상승모멘트(I_{xy})는?

① $2 \times 10^4 \mathrm{mm}^4$
② $4 \times 10^4 \mathrm{mm}^4$
③ $8 \times 10^4 \mathrm{mm}^4$
④ $16 \times 10^4 \mathrm{mm}^4$

해설

(1) 폭 20mm, 높이 20mm인 직사각형 단면의 도심좌표는 (-10, -10)이고, 폭 20mm, 높이 40mm인 직사각형 단면의 도심좌표는 (+10, 0)이며, 구하고자 하는 x, y 축은 원점이므로 (0, 0) 이다.

(2) $I_{xy} = A \cdot x \cdot y$
$= (20 \times 20)(-10-0)(-10-0)$
$+ (20 \times 40)(+10-0)(0-0) = 4 \times 10^4 \mathrm{mm}^4$

해답 38. ① 39. ③ 40. ① 41. ②

42. 그림과 같은 직사각형 단면의 도심축에 대한 단면상승모멘트 I_{xy}의 크기는?

① 0mm^4
② $1.42 \times 10^6 \text{mm}^4$
③ $2.56 \times 10^6 \text{mm}^4$
④ $5.76 \times 10^6 \text{mm}^4$

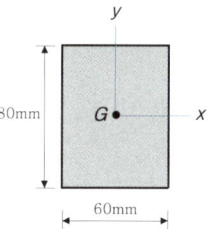

해설

단면상승모멘트 $I_{xy} = A \cdot x \cdot y$ 으로부터 구하고자 하는 단면의 x, y축 어느 하나라도 도심을 지나게 된다면 $I_{xy} = 0$이 된다.

43. 단면의 성질에 대한 설명 중 잘못된 것은?

① 단면2차모멘트의 값은 항상 0보다 크다.
② 도심축에 대한 단면1차모멘트의 값은 항상 0이다.
③ 단면상승모멘트의 값은 항상 0보다 크거나 같다.
④ 단면2차극모멘트의 값은 항상 극을 원점으로 하는 두 직교좌표축에 대한 단면2차모멘트의 합과 같다.

해설

③ 단면상승모멘트는 단면의 위치에 따라서 0보다 작거나, 0보다 크거나 또는 0이 될 수 있다.

44. 다음 중 정(+)의 값 뿐만 아니라 부(−)의 값도 갖는 것은?

① 단면계수   ② 단면2차모멘트
③ 단면상승모멘트   ④ 단면회전반지름

해설

③ 직교좌표의 원점과 단면의 도심이 일치하지 않을 경우 원점으로부터 도심 위치가 오른쪽과 위쪽에 있을 때 (+), 왼쪽과 아래쪽에 있을 때 (−)로 좌표계산을 하여 단면상승모멘트를 계산하게 되므로 결과값이 (−)가 될 수도 있다.

45. 폭 $b = 120\text{mm}$, 높이 $h = 120\text{mm}$ 2등변삼각형의 x, y축에 대한 단면상승모멘트 I_{xy}는?

① $6.42 \times 10^6 \text{mm}^4$
② $8.64 \times 10^6 \text{mm}^4$
③ $10.72 \times 10^6 \text{mm}^4$
④ $11.52 \times 10^6 \text{mm}^4$

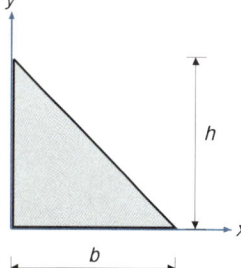

해설

$$I_{xy} = \frac{b^2 h^2}{24} = \frac{(120)^2 (120)^2}{24} = 8.64 \times 10^6 \text{mm}^4$$

46. 직사각형 단면에서 중립축에 대한 단면계수 Z는?

① $\dfrac{bh^2}{6}$ ② $\dfrac{bh^2}{12}$

③ $\dfrac{bh^3}{6}$ ④ $\dfrac{bh}{4}$

해설

$$Z = \frac{I}{y} = \frac{\left(\dfrac{bh^3}{12}\right)}{\left(\dfrac{h}{2}\right)} = \frac{bh^2}{6}$$

47. 그림과 같은 단면의 단면계수는?

① $2.333 \times 10^6 \text{mm}^3$
② $2.555 \times 10^6 \text{mm}^3$
③ $3.833 \times 10^7 \text{mm}^3$
④ $4.5 \times 10^7 \text{mm}^3$

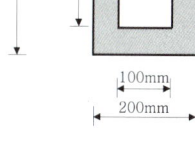

해설

$$Z_x = \frac{I_x}{y} = \frac{\left(\dfrac{1}{12}(200 \times 300^3 - 100 \times 200^3)\right)}{(150)}$$

$$= 2.555 \times 10^6 \text{mm}^3$$

48. 직경 D인 원형 단면의 단면계수는?

① $\dfrac{\pi D^4}{64}$ ② $\dfrac{\pi D^3}{64}$

③ $\dfrac{\pi D^4}{32}$ ④ $\dfrac{\pi D^3}{32}$

해설

$$Z_x = \dfrac{I_x}{y} = \dfrac{\left(\dfrac{\pi D^4}{64}\right)}{\left(\dfrac{D}{2}\right)} = \dfrac{\pi D^3}{32}$$

49. 그림과 같은 단면을 갖는 부재(A)와 부재(B)가 있다. 동일 조건의 보에 사용하고 재료의 강도도 같다면, 휨에 대한 강도를 비교한 설명으로 옳은 것은?

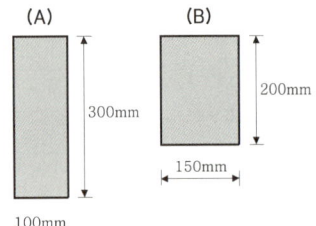

① 보(A)는 보(B) 보다 휨에 대한 강도가 2.0배 크다.
② 보(B)는 보(A) 보다 휨에 대한 강도가 2.0배 크다.
③ 보(B)는 보(A) 보다 휨에 대한 강도가 1.5배 크다.
④ 보(A)는 보(B) 보다 휨에 대한 강도가 1.5배 크다.

해설

휨강도는 단면계수($Z = \dfrac{bh^2}{6}$)로 비교한다.

$Z_A = \dfrac{(100)(300)^2}{6} = 1.5 \times 10^6 \text{mm}^3$,

$Z_B = \dfrac{(150)(200)^2}{6} = 1 \times 10^6 \text{mm}^3$ ➡ $\therefore \dfrac{Z_A}{Z_B} = 1.5$

50. 그림과 같은 단면을 갖는 보에서 중립축에 대한 휨(Bending)에 가장 강한 형상은? (단, 모두 동일한 재료이며 단면적이 같다.)

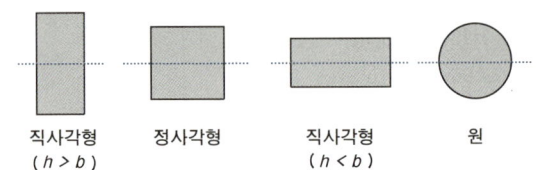

직사각형 ($h > b$)   정사각형   직사각형 ($h < b$)   원

① 직사각형($h > b$)   ② 정사각형
③ 직사각형($h < b$)   ④ 원

해설

(1) 단면계수(Z)가 큰 것이 휨에 대해 강한 형상이 된다.

(2) 원형 보다는 직사각형 단면이 단면계수가 크며, 직사각형 단면의 단면계수 $Z = \dfrac{bh^2}{6}$이므로, 폭이 작고 높이가 큰 쪽이 단면계수가 크다.

51. 각 변의 길이가 a로 동일한 그림 A, B 단면의 성질에 관한 내용으로 옳은 것은?

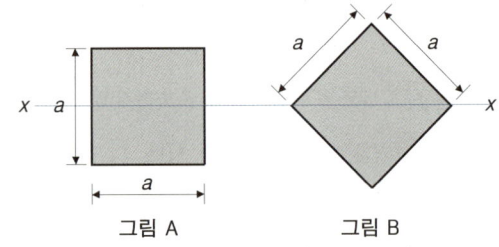

그림 A   그림 B

① 그림 A는 그림 B보다 단면계수는 작고, 단면2차모멘트는 크다.
② 그림 A는 그림 B보다 단면계수는 크고, 단면2차모멘트는 작다.
③ 그림 A는 그림 B보다 단면계수는 크고, 단면2차모멘트는 같다.
④ 그림 A는 그림 B보다 단면계수는 작고, 단면2차모멘트는 같다.

해설

$Z_A = \dfrac{I}{y_A} = \dfrac{I}{\dfrac{h}{2}}$, $Z_B = \dfrac{I}{y_b} = \dfrac{I}{\dfrac{\sqrt{2}}{2}h}$ 이므로

$Z_A : Z_B = \sqrt{2} : 1$

해답 48. ④ 49. ④ 50. ① 51. ③

52. 최대 단면계수를 갖는 직사각형 단면을 얻으려면 $\dfrac{b}{h}$ 는?

① 1
② 1/2
③ $1/\sqrt{2}$
④ $1/\sqrt{3}$

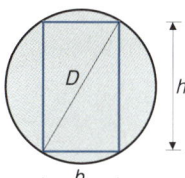

해설

(1) $D^2 = b^2 + h^2$ 에서 $h^2 = D^2 - b^2$

(2) $Z = \dfrac{bh^2}{6} = \dfrac{b}{6}(D^2 - b^2) = \dfrac{1}{6}(D^2 \cdot b - b^3)$

(3) Z값이 최대가 되려면 이것을 미분한 값이 0이어야 한다.

$\dfrac{dZ}{db} = \dfrac{1}{6}(D^2 - 3b^2) = 0$ 으로부터 $D = \sqrt{3}\,b$

(4) $h = \sqrt{2}\,b$ 이므로 $\dfrac{b}{h} = \dfrac{1}{\sqrt{2}}$

53. 단면1차모멘트와 같은 차원을 갖는 것은?

① 회전반경
② 단면계수
③ 단면2차모멘트
④ 단면상승모멘트

해설

단면의 성질	단 위
단면1차모멘트	L^3
단면2차모멘트	L^4
단면상승모멘트	L^4
단면계수	L^3
단면2차반경	L

54. 단면적이 A이고, 단면2차모멘트가 I인 단면의 단면2차반경(r)은?

① $r = \dfrac{A}{I}$
② $r = \dfrac{I}{A}$
③ $r = \dfrac{\sqrt{A}}{I}$
④ $r = \sqrt{\dfrac{I}{A}}$

해설

단면2차반경 $r = \sqrt{\dfrac{I}{A}}$ 로 정의되는 지표이다.

55. 직경 D인 원형 단면의 회전반경은?

① $\dfrac{D}{2}$
② $\dfrac{D}{3}$
③ $\dfrac{D}{4}$
④ $\dfrac{D}{8}$

해설

$r = \sqrt{\dfrac{I}{A}} = \sqrt{\dfrac{\dfrac{\pi D^4}{64}}{\dfrac{\pi D^2}{4}}} = \sqrt{\dfrac{D^2}{16}} = \dfrac{D}{4}$

56. 변의 길이가 200mm인 정사각형 단면을 가진 기둥에서 $x-x$ 축에 대한 회전반경 r_x 는?

① 57.74mm
② 83.34mm
③ 105.64mm
④ 153.34mm

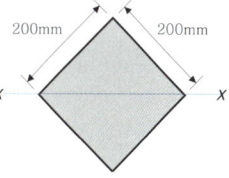

해설

$r_x = \sqrt{\dfrac{I_x}{A}} = \sqrt{\dfrac{\dfrac{(200)(200)^3}{12}}{(200 \times 200)}} = 57.735\text{mm}$

해답 52. ③ 53. ② 54. ④ 55. ③ 56. ①

57. 직사각형 도형의 도심을 지나는 x, y 두 축에 대한 최소 회전반지름의 크기는?

① 94.8mm
② 138.6mm
③ 173.2mm
④ 277.1mm

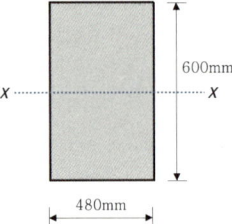

해설

(1) $r_x = \sqrt{\dfrac{I_x}{A}} = \sqrt{\dfrac{\dfrac{(480)(600)^3}{12}}{(480\times 600)}} = 173.205\,\text{mm}$

(2) $r_y = \sqrt{\dfrac{I_y}{A}} = \sqrt{\dfrac{\dfrac{(600)(480)^3}{12}}{(600\times 480)}} = 138.564\,\text{mm}$

(3) (1), (2) 중 작은값이 최소 회전반지름이 된다.

58. 그림과 같은 평면도형의 $x-x$축에 대한 단면2차반경(r_x)과 단면2차모멘트(I_x)는?

① $r_x = \dfrac{\sqrt{35}}{6}a$, $I_x = \dfrac{35}{32}a^4$

② $r_x = \dfrac{\sqrt{139}}{12}a$, $I_x = \dfrac{139}{128}a^4$

③ $r_x = \dfrac{\sqrt{129}}{12}a$, $I_x = \dfrac{129}{128}a^4$

④ $r_x = \dfrac{\sqrt{11}}{12}a$, $I_x = \dfrac{11}{128}a^4$

해설

(1) $I_x = \left[\dfrac{(a)(a)^3}{12} + (a\times a)(a)^2\right]$
$+ \left[\dfrac{\left(\dfrac{a}{4}\right)\left(\dfrac{a}{2}\right)^3}{12} + \left(\dfrac{a}{4}\times \dfrac{a}{2}\right)\left(\dfrac{a}{4}\right)^2\right] = \dfrac{35}{32}a^4$

(2) $r_x = \sqrt{\dfrac{I_x}{A}} = \sqrt{\dfrac{\left(\dfrac{35}{32}a^4\right)}{(a\times a) + \left(\dfrac{a}{4}\times \dfrac{a}{2}\right)}} = \dfrac{\sqrt{35}}{6}a$

59. 그림과 같은 도형의 y축에 대한 회전반지름은?

① 30.7mm
② 32.0mm
③ 38.1mm
④ 42.4mm

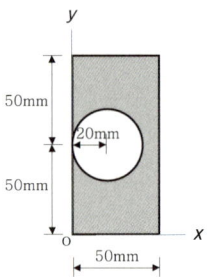

해설

$r_y = \sqrt{\dfrac{I_y}{A}}$

$= \sqrt{\dfrac{\left[\dfrac{(100)(50)^3}{12} + (100\times 50)(25)^2\right] - \left[\dfrac{\pi(40)^4}{64} + \left(\dfrac{\pi(40)^2}{4}\right)(20)^2\right]}{(100\times 50) - \left(\dfrac{\pi(40)^2}{4}\right)}}$

$= 30.744\,\text{mm}$

60. 그림과 같은 T형 단면의 x축에 대한 회전반경은?

① 84.7mm
② 91.2mm
③ 103.7mm
④ 115.2mm

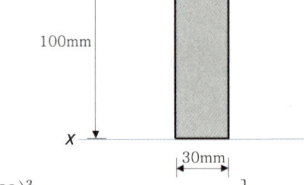

해설

(1) $I_x = \left[\dfrac{(100)(30)^3}{12} + (100\times 30)(100+15)^2\right]$
$+ \left[\dfrac{(30)(100)^3}{12} + (30\times 100)(50)^2\right] = 4.990\times 10^7\,\text{mm}^4$

(2) $r_x = \sqrt{\dfrac{I_x}{A}} = \sqrt{\dfrac{(4.990\times 10^7)}{(100\times 30)+(30\times 100)}} = 91.195\,\text{mm}$

해답 57. ② 58. ① 59. ① 60. ②

61. 그림과 같은 T형 단면의 x축에 대한 회전반지름 (r)은?

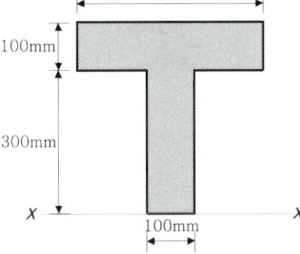

① 227mm
② 289mm
③ 334mm
④ 376mm

(1) $I_x = \left[\dfrac{(400)(100)^3}{12} + (400 \times 100)(350)^2\right]$

$\qquad + \left[\dfrac{(100)(300)^3}{12} + (100 \times 300)(150)^2\right]$

$\quad = 5.833 \times 10^9 \text{mm}^4$

(2) $r_x = \sqrt{\dfrac{I_x}{A}} = \sqrt{\dfrac{(5.833 \times 10^9)}{(400 \times 100) + (100 \times 300)}}$

$\quad = 288.667\text{mm}$

62. 그림과 같은 단면의 도심축(x)에 대한 회전반지름 (r)은?

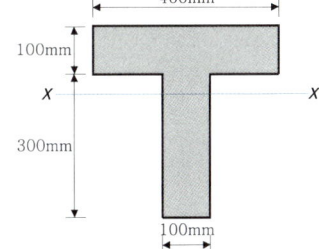

① 116mm
② 136mm
③ 156mm
④ 176mm

(1) 하단으로부터 도심위치

$\bar{y} = \dfrac{G_x}{A} = \dfrac{(400 \times 100)(350) + (100 \times 300)(150)}{(400 \times 100) + (100 \times 300)}$

$\quad = 264.286\text{mm}$

(2) $I_x = \left[\dfrac{(400)(100)^3}{12} + (400 \times 100)(50 + 35.714)^2\right]$

$\qquad + \left[\dfrac{(100)(300)^3}{12} + (100 \times 300)(264.286 - 150)^2\right]$

$\quad = 9.440 \times 10^8 \text{mm}^4$

(3) $r_x = \sqrt{\dfrac{I_x}{A}} = \sqrt{\dfrac{(9.440 \times 10^8)}{(400 \times 100) + (100 \times 300)}}$

$\quad = 116.13\text{mm}$

해답 61. ② 62. ①

MEMO

제 6 장 응력(Stress), 변형률(Strain)

COTENTS

1. 응력(Stress, 응력도) 166
2. 변형률(Strain, 변형도) 183
3. 후크의 법칙(R.Hooke's Law) 185
4. 경사면 응력(Inclined Section Stress) 192
5. 합성응력(Composite Stress) 199
   - 핵심문제 201

6 응력(Stress), 변형률(Strain)

CHECK

(1) 응력(Stress): 수직응력(σ), 비틀림전단응력(τ_t), 원환응력(σ_h), 온도응력(σ_T), 휨응력(σ_b), 전단응력(τ)

(2) 변형률(Strain): 가로변형률(ϵ_D), 길이변형률(ϵ_L), 푸아송(Poisson)비(ν), 푸아송(Poisson)수(m)

(3) 훅(R.Hooke)의 법칙($\sigma = E \cdot \epsilon$), 탄성계수($E$, G, K)의 상관관계식, 유연도(f)와 강성도(K)

(4) 경사면응력(Inclined Section Stress), 주응력(Principal Stress), 평면응력과 변형률의 관계

(5) 합성응력(Composite Stress)

1 응력(Stress, 응력도)

1 수직응력(Normal Stress, 인장응력 및 압축응력)

연직응력이라고도 하며, 부재의 축방향으로 작용하는 축방향력 P가 단면적 A와 직교방향이 된다. 이때, 축방향력 P가 인장력(Tension)이 작용하면 (+)부호를 붙이고, 압축력(Compression)이 작용하면 (−)부호를 붙인다.

$$\sigma_t = +\frac{P}{A}$$

$$\sigma_c = -\frac{P}{A}$$

학습POINT

■ 구조물에 지점반력을 포함한 외력(External Force)이 작용하면 부재에는 이에 해당하는 부재력(전단력, 휨모멘트, 축방향력)이 작용하게 되고, 이때 부재 내에서는 부재의 형태를 유지하려는 힘이 존재하게 되는데 이것을 내력(Internal Force)이라고 하며, 단위 면적에 대한 내력의 크기를 응력도(Stress Intensity) 또는 응력(Stress)으로 정의한다.

핵심예제 1

그림과 같은 강봉이 2개의 다른 단면적을 가지고 하중 P를 받고 있을 때 AB가 150MPa의 수직응력(Nomal Stress)을 가지면 BC에서의 수직응력은?

① 150MPa ② 300MPa
③ 450MPa ④ 600MPa

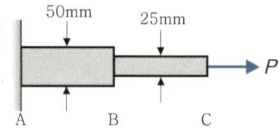

해설 (1) AB의 응력: $\sigma_{AB} = \dfrac{P}{A} = \dfrac{P}{\dfrac{\pi(50)^2}{4}} = 150\text{N/mm}^2$ ∴ $P = 294,524\text{N}$

(2) BC의 응력: $\sigma_{BC} = \dfrac{P}{A} = \dfrac{(294,524)}{\dfrac{\pi(25)^2}{4}} = 600\text{N/mm}^2 = 600\text{MPa}$

답 : ④

핵심예제 2

그림과 같은 구조물에서 AB 강봉의 최소직경 D의 크기는?
(단, 강봉의 허용응력은 $\sigma_a = 140\text{MPa}$)

① 4mm ② 7mm
③ 10mm ④ 12mm

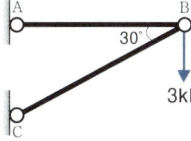

해설 (1) AB 강봉의 인장력: $\dfrac{3}{\sin 30°} = \dfrac{P_{AB}}{\sin 60°}$ ∴ $P_{AB} = 5.196\text{kN}$

(2) $\sigma_t = \dfrac{P_{AB}}{A} = \dfrac{(5.196 \times 10^3)}{\dfrac{\pi D^2}{4}} = 140$ 으로부터 $D = 6.874\text{mm}$

답 : ②

2 전단응력(Shear Stress)

부재의 단면적 A와 같은 면으로 외력 V가 작용하는데, 수직응력과 전단응력에서 다루는 힘의 방향이 어떻게 다른지를 주의깊게 관찰할 필요가 있다.

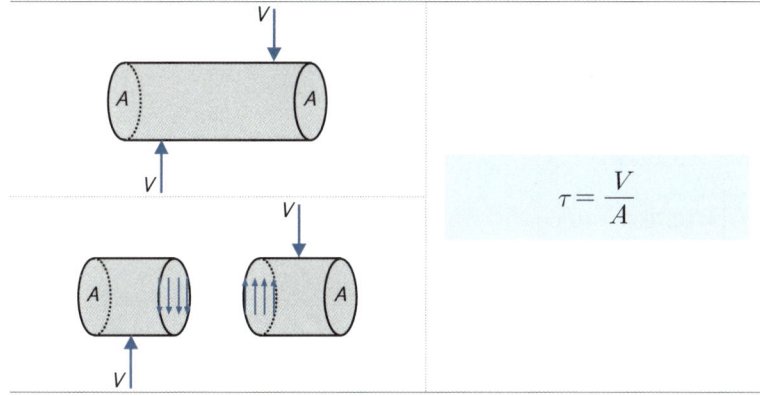

$$\tau = \dfrac{V}{A}$$

핵심예제 3

각각 100mm의 폭을 가진 3개의 나무토막이 그림과 같이 아교풀로 접착되어 있다. 45kN의 하중이 작용할 때 접착부에 생기는 평균 전단응력은?

① 2MPa ② 2.25MPa
③ 4.025MPa ④ 4.5MPa

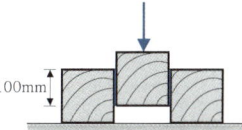

■ 전단면(Shear Plane)이 2면이다.

해설 $\tau = \dfrac{V}{2A} = \dfrac{(45 \times 10^3)}{2(100 \times 100)} = 2.25\text{N/mm}^2 = 2.25\text{MPa}$

답 : ②

3 비틀림응력(Torsional Stress)

(1) 비틀림은 부재가 길이방향 축에 대해 우력모멘트를 받아 회전하는 현상으로, 극한상태에 의한 부재의 파괴는 수평면과 45°의 전단파단 형태를 나타내며 비틀림전단응력이라고도 한다.

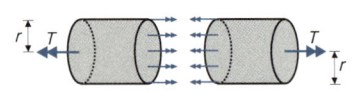

$$\tau_t = \frac{T \cdot r}{I_P}$$

- T : 비틀림력(N·mm)
- r : 반지름(mm)
- I_P : 단면2차극모멘트(mm^4)

핵심예제 4

속이 찬 직경 60mm의 원형축이 비틀림 $T = 4$kN·m를 받을 때 단면에서 발생하는 최대 전단 응력은?

① 92.65MPa
② 93.26MPa
③ 94.31MPa
④ 95.02MPa

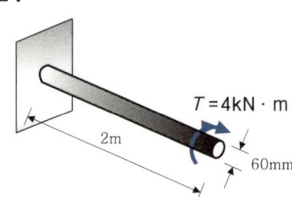

해설 (1) $I_P = I_x + I_y = 2I_x = 2\left[\dfrac{\pi(60^4)}{64}\right] = 1.27235 \times 10^6 \text{mm}^4$

(2) $\tau = \dfrac{T \cdot r}{I_P} = \dfrac{(4 \times 10^6)(30)}{(1.27235 \times 10^6)} = 94.313 \text{N/mm}^2 = 94.313 \text{MPa}$

답 : ③

핵심예제 5

반지름 r인 중실축(中實軸)과 바깥반지름 r이고 안반지름이 $0.6r$인 중공축(中空軸)이 동일 크기의 비틀림모멘트를 받고 있다면 중실축 : 중공축의 최대 전단응력비는?

① 1 : 1.28
② 1 : 1.24
③ 1 : 1.20
④ 1 : 1.15

■ 원형 단면의 단면2차극모멘트:

$I_P = I_x + I_y = 2I$

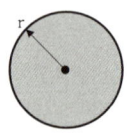
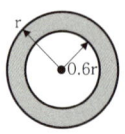

해설 (1) $I_{P1} = 2I = 2\left(\dfrac{\pi r^4}{4}\right) = \dfrac{\pi r^4}{2}$, $I_{P2} = 2I = 2\left[\dfrac{\pi}{4}(r^4 - 0.6^4 r^4)\right] = \dfrac{\pi r^4}{2} \times 0.8704$

(2) $\tau_1 : \tau_2 = \dfrac{T \cdot r}{I_{P1}} : \dfrac{T \cdot r}{I_{P2}} = \dfrac{1}{1} : \dfrac{1}{0.8704} = 1 : 1.15$

답 : ④

(2) 직사각형 관의 비틀림전단응력: t_2가 t_1 보다 크면 최대비틀림 전단응력은 단면의 수직면으로 발생된다.

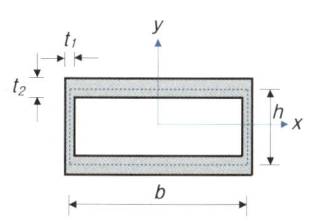

① 수직면 내의 전단응력:
$$\tau_{vert} = \frac{T}{2t_1 \cdot b \cdot h}$$

② 수평면 내의 전단응력:
$$\tau_{horiz} = \frac{T}{2t_2 \cdot b \cdot h}$$

■ 두께가 얇은 관에 대한 비틀림전단을 고려할 때 폭과 높이는 관 단면의 중심선으로 산정한다.

핵심예제 6

x, y축에 대칭인 단면에 비틀림우력 50kN·m가 작용할 때 최대전단응력은?

① 35.61MPa ② 43.55MPa
③ 52.43MPa ④ 60.27MPa

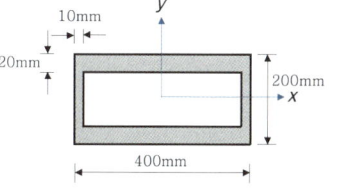

해설 $\tau_{vert} = \dfrac{T}{2t_1 \cdot b \cdot h} = \dfrac{50 \times 10^6}{2(10)(390)(180)} = 35.612 \text{N/mm}^2 = 35.612 \text{MPa}$

답 : ①

(3) 전단흐름(Shear Flow)

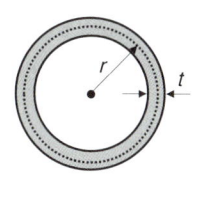

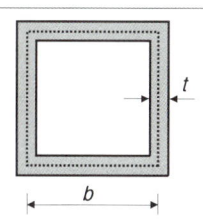

① 단면적 : $A_1 = 2\pi r t$

② 중심선 둘레길이 : $L_m = 2\pi r$

③ 중심선에 의해 둘러싸인 면적 :
$A_{m1} = \pi r^2$

④ 비틀림 상수 :
$$J_1 = \frac{4A_{m1}^2}{\int_o^{L_m} \frac{ds}{t}} = \frac{4t \cdot A_{m1}^2}{L_m}$$
$$= \frac{4t \cdot (\pi r^2)^2}{2\pi r} = 2\pi \cdot r^3 \cdot t$$

① 단면적 :
$A_2 = 4bt = 2\pi r t$ 에서 $b = \pi r/2$

② 중심선 둘레길이 : $L_m = 4b$

③ 중심선에 의해 둘러싸인 면적 :
$A_{m2} = b^2 = \pi^2 r^2 / 4$

④ 비틀림 상수 :
$$J_2 = \frac{4A_{m2}^2}{\int_o^{L_m} \frac{ds}{t}} = \frac{4t \cdot A_{m2}^2}{L_m}$$
$$= \frac{4t \cdot b^4}{4b} = t \cdot b^3 = \frac{\pi^3 \cdot r^3 \cdot t}{8}$$

■ 비틀림응력은 중실(中實)단면이나 중공(中空)단면에 관계없이 원형단면 형태에 적용할 수 있다. 그러나, 우주선과 항공기와 같은 경량구조인 경우 두께가 매우 얇은 비원형단면의 부재가 비틀림에 쓰이는 경우가 많은데, 이때는 전단흐름(Shear Flow) 이론이 적용되며 얇은 관의 중심을 따라 전단력이 흐른다고 간주하며 좌측과 같은 제계수들이 필요하게 된다.

핵심예제 7

그림과 같은 원형 및 정사각형 관이 동일재료로서 관의 두께(t) 및 둘레($4b = 2\pi r$)가 동일하고, 두 관의 길이가 일정할 때 비틀림 T에 의한 두 관의 전단응력의 비(τ_a / τ_b)는?

① 0.683
② 0.785
③ 0.821
④ 0.859

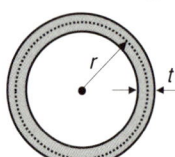
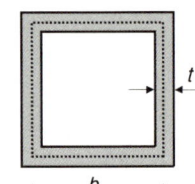

[해설] 비틀림 성능 비교: $\dfrac{\tau_1}{\tau_2} = \dfrac{\dfrac{T}{2t \cdot A_{m1}}}{\dfrac{T}{2t \cdot A_{m2}}} = \dfrac{A_{m2}}{A_{m1}} = \dfrac{\pi^2 \cdot r^2/4}{\pi r^2} = \dfrac{\pi}{4} = 0.785$

답 : ②

4 원환응력(Hoop Stress)

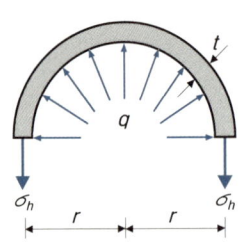

$$\sigma_h = \frac{P}{A} = \frac{q \cdot r}{t}$$

■ 관속에 내부압(q)이 걸려있는 관두께 t의 얇은 원통형 관 벽에 생기는 응력으로 관의 반지름을 r이라고 하면 다음과 같은 평형조건이 성립된다.
$(\sigma_h \cdot t) \times 2 = q \cdot 2r$

핵심예제 8

지름 $D = 1.2\text{m}$, 벽두께 $t = 6\text{mm}$인 강관이 $q = 2\text{MPa}$의 내압을 받고 있다. 이 관벽 속에 발생하는 원환응력 σ은?

① 30MPa
② 90MPa
③ 180MPa
④ 200MPa

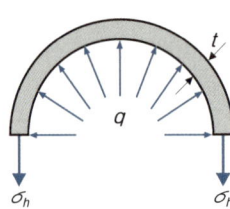

[해설] $\sigma_h = \dfrac{q \cdot r}{t} = \dfrac{(2)(600)}{(6)} = 200\text{N}/\text{mm}^2 = 200\text{MPa}$

답 : ④

5 온도응력(Thermal Stress)

온도응력은 재료의 탄성계수(E, Elastic Modulus)와 부재 길이방향의 변형률(ϵ)의 함수로 표현되며, 후크(R.Hooke, 1635~1703)의 법칙($\sigma = E \cdot \epsilon$)과 동일한 표현이 된다.

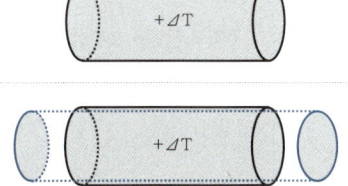

$$\sigma_T = E \cdot \epsilon_T = E \cdot (\alpha \cdot \Delta T)$$

- E : 탄성계수(N/mm^2)
- α : 열팽창계수, 선팽창계수($/℃$)
- ΔT : 온도 변화량(℃)

■ 양단고정인 부재에 온도가 상승하면 압축반력이 발생하고, 온도가 하강하면 인장반력이 발생한다.

핵심예제 9

강봉의 양끝이 고정된 경우 온도가 30℃ 상승하면 양 끝에 생기는 반력의 크기는? (단, $E = 2.0 \times 10^5$ MPa, $\alpha = 1.0 \times 10^{-5}/℃$)

① 150kN ② 200kN
③ 300kN ④ 400kN

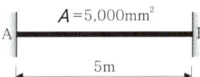

해설 (1) 온도응력: $\sigma_T = E \cdot \alpha \cdot \Delta T = (2.0 \times 10^5)(1.0 \times 10^{-5})(30) = 60 N/mm^2$

(2) 수직응력: $\sigma = \dfrac{P}{A}$ 로부터

$$P = \sigma \cdot A = (60)(5,000) = 300,000 N = 300 kN$$

답 : ③

핵심예제 10

부재의 자유단이 상부의 벽과 1mm 떨어져 있다. 부재 온도가 20℃ 상승할 때 부재 내에 생기는 온도응력의 크기는?
(단, $E = 2,000$ MPa, $\alpha = 10^{-5}/℃$, 부재의 자중은 무시한다.)

① 0.1MPa
② 0.2MPa
③ 0.3MPa
④ 0.4MPa

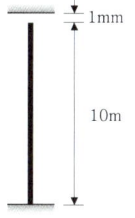

■ 상부의 벽과 1mm 떨어져 있다는 것은 온도변화에 대해 최대로 변형될 수 있는 량(ΔL)이 1mm로 제한되었음을 의미한다.

해설 (1) $\epsilon_T = \dfrac{\Delta L}{L} = \dfrac{(1)}{(10 \times 10^3)} = 10^{-4}$

(2) $\sigma_T = E \cdot \epsilon_T = (2,000)(10^{-4}) = 0.2 N/mm^2 = 0.2 MPa$

답 : ②

6 보의 휨응력(σ_b, Bending Stress in Beam)

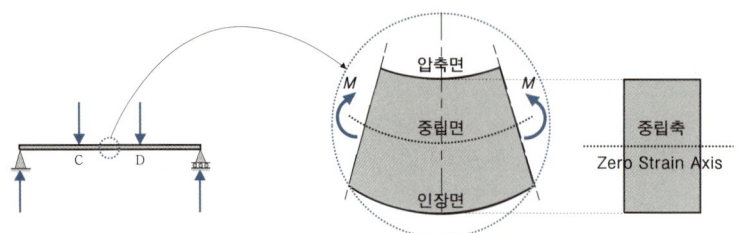

- Euler–Bernoulli's Assumption
  ➡ "Plane sections remain Plane"
  【휨변형을 하기 전 보의 중립축에 수직의 단면은 휨변형 후에도 수직한 면을 그대로 유지한다.】

보에 발생하는 휨응력을 검토하기 위해 위와 같은 그림을 생각해 본다. 첫 번째 그림의 단순보에서 CD구간은 전단력(Shear Force)이 작용하지 않는 순수한 휨모멘트(Pure Bending Moment)가 작용하는 구간이다. 하향의 하중이 작용하게 되면 어느 면을 기점으로 위쪽은 압축면(Compressive Plane)이 형성되고 아래쪽은 인장면(Tensile Plane)이 형성되는데, 부재 단면의 중간 부분은 압축도 인장도 되지 않고 원래의 길이를 그대로 유지하는 면이 생기게 된다. 이 면은 변형이 0이 되는 면(Zero Strain Plane)으로 중립면(Neutral Plane)이라고 하며, 보를 단면으로 나타내는 세 번째 그림상에서는 중립축(Neutal Axis)이라고 한다.

보의 휨응력과 변형에서는 중립축에 대해 오일러–베르누이의 평면유지의 가정(Euler–Bernoulli's Assumption)과 보의 단면은 도심을 통과하는 수직축에 대해 대칭이라는 가정이 적용된다.

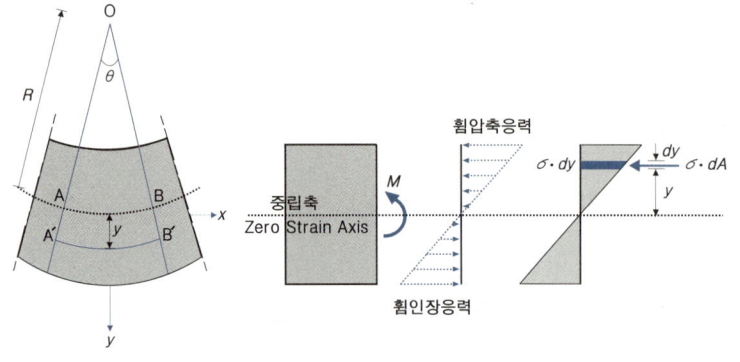

휨변형률에 대응하는 휨응력은 후크의 법칙이 적용되는 탄성한계에서 $\sigma_x = E \cdot \epsilon_x$의 비례관계가 성립하므로 $\sigma_x = E \cdot \epsilon_x = E \cdot \dfrac{y}{R}$로 표현이 가능해진다. 이러한 휨응력의 분포는 다음의 두 가지 평형조건을 만족시켜야 한다.

■ 평면유지의 가정에 의하면 직선부재의 중립축에 약간의 간격이 있는 두 면의 수직연장선은 휨변형을 하기 전에는 만나지 않지만, 휨변형이 생기면 축에 대한 면의 수직도는 그대로 유지되므로 좌측의 첫 번째 그림에서 어느 한 점 O에서 만나게 되어 중립축과 부채꼴을 이루게 된다. 이때 중립축의 임의의 한 점 A 또는 B에서 O점까지의 거리를 곡률반지름 R로 표시하고, R의 역수를 곡률(Curvature) κ로 표시하며 $\kappa = \dfrac{1}{R}$은 보가 얼마만큼 급격하게 휘어졌는지를 나타내는 척도가 된다. 보의 중립축에서 y만큼 떨어진 위치에서는 휨모멘트에 의해 원래의 길이 AB가 A'B'로 늘어나므로 이때의 변형률

$\epsilon_x = \dfrac{A'B - AB}{AB}$

$= \dfrac{(R+y)\theta - R\theta}{R\theta} = \dfrac{y}{R}$ 가 된다.

❶ $\int_A \sigma_x \cdot dA = 0$: x방향의 응력의 합은 0이어야 한다.

❷ $M = \int_A \sigma_x \cdot y \cdot dA$: 휨인장응력의 합력과 휨압축응력의 합력이 만드는 우력이 외부모멘트와 평형을 이루어야 한다.

❶의 조건은 휨을 발생시키는 모멘트는 축방향력이 아니므로 x방향의 응력의 합은 0 즉, $\int_A \sigma_x \cdot dA = 0$라고 표현할 수 있으며 이것을 $\sigma_x = E \cdot \dfrac{y}{R}$에 대입하면 $\dfrac{E}{R} \int_A y \cdot dA = 0$이 되는데, $\dfrac{E}{R}$는 상수이므로 $\int_A y \cdot dA = 0$의 식으로 귀결된다. 이것은 단면1차모멘트 $G = \int_A y \cdot dA = 0$으로 나타나는데, 단면1차모멘트 G가 0이 되는 곳은 도심을 나타내므로 휨변형의 중립축은 도심과 일치한다는 것을 의미하게 된다.

❷의 조건은 휨압축응력의 합력과 휨인장응력의 합력에 의한 단면 내부의 저항모멘트가 외부모멘트 M에 평형을 이룬다는 것이며, 미소면적 dA에 발생하는 휨응력의 중립축에 대한 저항모멘트는 $(\sigma_x \cdot dA) \cdot y$이므로, $M = \int_A \sigma_x \cdot y \cdot dA$라고 표현할 수 있으며 이것을 $\sigma_x = E \cdot \dfrac{y}{R}$에 대입하면 $M = \dfrac{E}{R} \int_A y^2 \cdot dA$의 식으로 귀결된다. 여기서, $\int_A y^2 \cdot dA$는 단면2차모멘트(I)이므로 $M = \dfrac{E}{R} \int_A y^2 \cdot dA = \dfrac{E}{R} \cdot I$로부터 $\dfrac{1}{R} = \kappa = \dfrac{M}{EI}$이라는 모멘트($M$)–곡률($\kappa$) 관계식이 유도된다.

또한 $\sigma_x = E \cdot \epsilon_x = E \cdot \dfrac{y}{R} = E \cdot \left(\dfrac{M}{EI}\right)y = \dfrac{M}{I} \cdot y$ 로부터 y는 중립축으로부터의 거리를 의미하며, 중립축에서 $y = 0$이다.

그런데, $y = -\dfrac{h}{2}$인 압축연단 또는 $y = +\dfrac{h}{2}$인 인장연단에서는 휨응력이 최대가 되는데, 이때는 휨응력을 (탄성)단면계수 Z로 표현하면 $\sigma_{b,\max} = \dfrac{M}{\dfrac{I}{y}} = \dfrac{M}{Z}$이 된다.

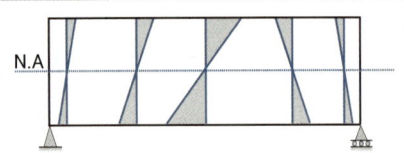

$$\sigma_b = \mp \frac{M}{I} \cdot y$$

$$\sigma_{b,\max} = \mp \frac{M}{Z}$$

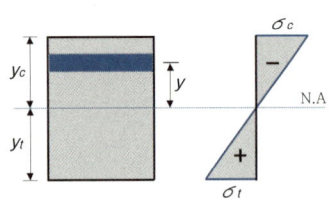

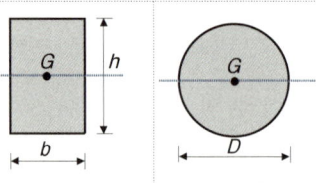

$$Z = \frac{bh^2}{6} \qquad Z = \frac{\pi D^3}{32}$$

- $M = M_{\max}$: 보의 중앙에서 최대
  $y = y_{\max}$: 상·하 연단에서 최대
  $M = 0$: 양쪽 지점에서 0
  $y = 0$: 보의 중립축에서 0

핵심예제11

보의 단면에서 휨모멘트로 인한 최대 휨응력이 생기는 위치는 어느 곳인가?

① 중립축
② 중립축과 상단의 중간점
③ 중립축과 하단의 중간점
④ 단면 상·하단

해설 휨응력 기본식 $\sigma_b = \dfrac{M}{I} \cdot y$ 에서 σ_b가 최대일 때는 휨모멘트(M)가 최대 일 때이거나 중립축으로부터의 거리 y가 최대일 때(=단면의 상·하 연단)이다.

답 : ④

핵심예제12

직사각형 단면의 보가 최대휨모멘트 $M_{\max} = 20\text{kN} \cdot \text{m}$를 받을 때 $A-A$ 단면의 휨응력은?

① 2.25MPa ② 3.75MPa
③ 4.25MPa ④ 4.65MPa

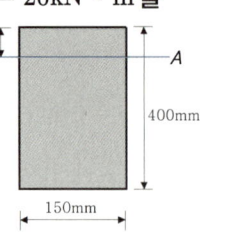

해설 $\sigma_{A-A} = \dfrac{M}{I} \cdot y = \dfrac{(20 \times 10^6)}{\left(\dfrac{(150)(400)^3}{12}\right)} \cdot \left(\dfrac{400}{2} - 50\right) = 3.75 \text{N/mm}^2 = 3.75 \text{MPa}$

답 : ②

핵심예제13

단면 200mm×300mm, 경간 5m인 단순보의 중앙에 집중하중 16.8kN이 작용할 때 최대 휨응력은?

① 5MPa
② 7MPa
③ 9MPa
④ 12MPa

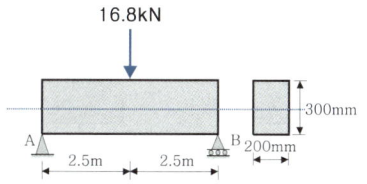
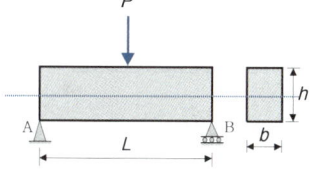

해설 (1) 단순보의 중앙에 집중하중 P가 작용할 때: $M_{max} = \dfrac{PL}{4}$

(2) $\sigma_{max} = \dfrac{M_{max}}{Z} = \dfrac{\dfrac{PL}{4}}{\dfrac{bh^2}{6}} = \dfrac{\dfrac{(16.8 \times 10^3)(5 \times 10^3)}{4}}{\dfrac{(200)(300)^2}{6}} = 7\text{N/mm}^2 = 7\text{MPa}$

답 : ②

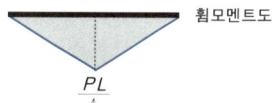

핵심예제14

다음 보에서 허용 휨응력이 80MPa일 때 보에 작용할 수 있는 등분포하중 w는? (단, 보의 단면은 60mm×100mm)

① 1kN/m
② 2kN/m
③ 3kN/m
④ 4kN/m

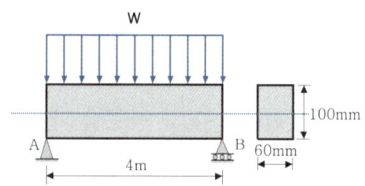
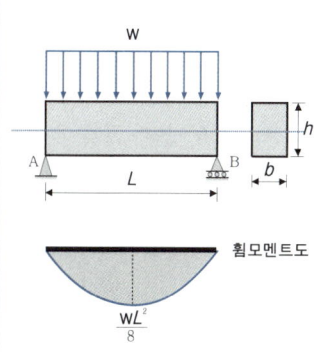

해설 (1) 단순보의 전체 경간에 등분포하중 w가 작용할 때: $M_{max} = \dfrac{wL^2}{8}$

(2) $\sigma_{max} = \dfrac{M_{max}}{Z} = \dfrac{\dfrac{wL^2}{8}}{\dfrac{bh^2}{6}}$ 에서

$w = \dfrac{4\sigma \cdot b \cdot h^2}{3L^2} = \dfrac{4(80)(60)(100)^2}{3(4 \times 10^3)^2} = 4\text{N/mm} = 4\text{kN/m}$

답 : ④

7 보의 전단응력(τ, Shear Stress in Beam)

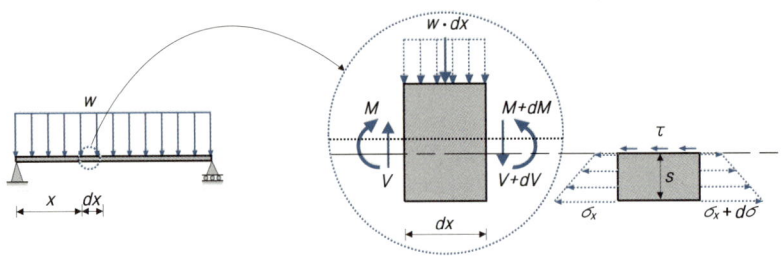

■ 보에 발생하는 전단응력을 검토하기 위해 좌측의 그림과 같은 미소길이 dx를 갖는 요소단면을 생각해 본다. 인장연단으로부터 거리 s를 갖는 단면의 x방향에 작용하는 휨모멘트 M 및 $M+dM$에 의해 σ_x 및 $\sigma_x + d\sigma_x$의 휨응력이 생기게 되고, 양쪽 휨응력의 차이 만큼의 상호보완적인 전단응력 τ가 가상의 절단면 윗면에 발생하게 된다. 이와 같이 휨응력과 전단응력이 복합된 상태에서 x방향 내력의 평형조건은

$$\int_0^s \left(\sigma_x + \frac{d\sigma_x}{dx}\right) b \cdot dy$$

$$-\int_0^s \sigma_x \cdot b \cdot dy - \tau \cdot b \cdot dx = 0$$

이 되며, 이 식을 τ에 대해 정리하면

$$\tau = \frac{1}{b}\int_0^s \frac{d\sigma_x}{dx} \cdot b \cdot dy$$ 가 되며,

여기서 b는 보의 폭(breadth)을 나타낸다.

휨모멘트(M)와 전단력(V)의 관계식 $\frac{dM}{dx} = V$, 보의 휨응력 $\sigma_x = \frac{M}{I} \cdot y$를 연계하면 $\frac{d\sigma_x}{dx} = \frac{dM}{dx} \cdot \frac{y}{I} = V \cdot \frac{y}{I}$로 변환된다.

이것을 $\tau = \frac{1}{b}\int_0^s \frac{d\sigma_x}{dx} \cdot b \cdot dy$에 대입하면

$$\tau = \frac{1}{b}\int_0^s \frac{d\sigma_x}{dx} \cdot b \cdot dy = \frac{V}{I \cdot b}\int_0^s y \cdot b \cdot dy$$ 가 되는데,

$\int_0^s y \cdot b \cdot dy$의 표현은 단면1차모멘트 G의 기본식과 같지만 전단응력을 계산하는 지점에서 연단까지 단면적의 도심에 대한 미지의 단면 1차모멘트의 의미 Question의 Q로 나타내면, $\tau = \frac{V \cdot Q}{I \cdot b}$로 공식화 시킬 수 있게 된다.

(1) 폭 b, 높이 h를 갖는 직사각형 단면에 전단력 V가 작용할 때

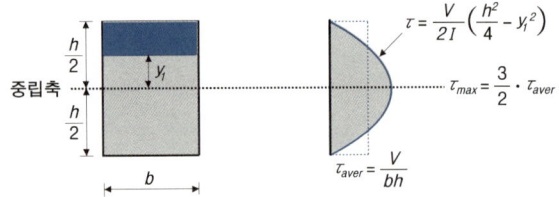

① 전단응력을 구하기 위한 단면1차모멘트:

$$Q = b\left(\frac{h}{2} - y_1\right)\left(y_1 + \frac{\frac{h}{2} - y_1}{2}\right) = \frac{b}{2}\left(\frac{h^2}{4} - y_1^2\right)$$

② $\tau = \frac{V \cdot Q}{I \cdot b} = \frac{V}{I \cdot b} \cdot \frac{b}{2}\left(\frac{h^2}{4} - y_1^2\right) = \frac{V}{2I} \cdot \left(\frac{h^2}{4} - y_1^2\right)$

■ 최소전단응력

$y_1 = \mp \frac{h}{2}$일 때 $\tau = 0$ 이다.

최대전단응력

$y_1 = 0$일 때

$$\tau = \frac{V \cdot h^2}{8I} = \frac{V \cdot h^2}{8\left(\frac{bh^3}{12}\right)} = \frac{3}{2} \cdot \frac{V}{A}$$

(2) 직경 D, 반경 $2r$을 갖는 원형 단면에 전단력 V가 작용할 때

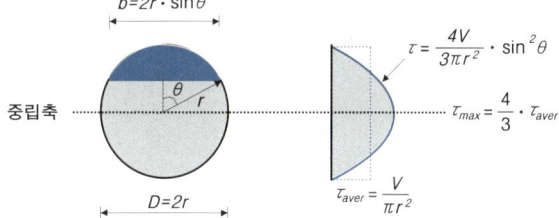

① $I = \dfrac{\pi r^4}{4}$, $b = 2r \cdot \sin\theta$,

$Q = \dfrac{2r^3}{3} \cdot \sin^3\theta$ (단면1차모멘트의 정의로부터 유도)

② $\tau = \dfrac{V \cdot Q}{I \cdot b} = \dfrac{V}{\left(\dfrac{\pi r^4}{4}\right)(2r \cdot \sin\theta)} \cdot \left(\dfrac{2r^3}{3} \cdot \sin^3\theta\right) = \dfrac{4V}{3\pi r^2} \cdot \sin^2\theta$

■ 최소전단응력

$\theta = 0°$ 일 때 $\tau = 0$ 이다.

최대전단응력

$\theta = 90°$ 일 때

$\tau = \dfrac{4V}{3\pi r^2} \cdot \sin^2\theta = \dfrac{4V}{3\pi r^2} = \dfrac{4}{3} \cdot \dfrac{V}{A}$

(3) I형 단면에 전단력 V가 작용할 때

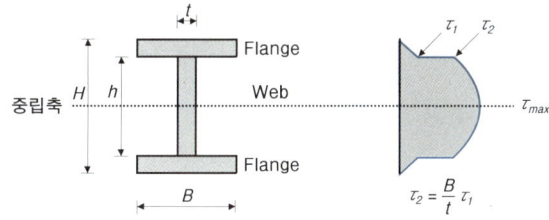

① $I = \dfrac{1}{12}[BH^3 - (B-t)h^3]$, $b = t$,

$Q = \left(\dfrac{BH}{2}\right)\left(\dfrac{H}{4}\right) - \left(\dfrac{(B-t)h}{2}\right)\left(\dfrac{h}{4}\right) = \dfrac{1}{8}(BH^2 - Bh^2 + th^2)$

② $\tau = \dfrac{V \cdot Q}{I \cdot b} = \dfrac{V}{\left(\dfrac{1}{12}[BH^3 - (B-t)h^3]\right)(t)} \cdot \left(\dfrac{1}{8}(BH^2 - Bh^2 + th^2)\right)$

$= \dfrac{3}{2} \cdot \dfrac{V(BH^2 - Bh^2 + th^2)}{t(BH^3 - Bh^3 + th^3)}$

이와 같은 방법으로 여러 가지 단면들의 전단응력 분포를 나타내면 다음과 같다.

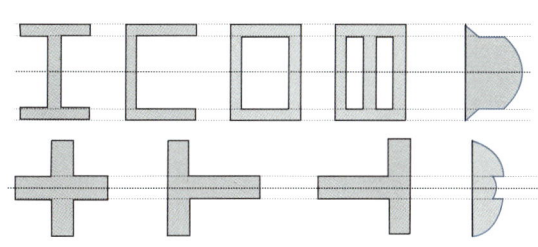

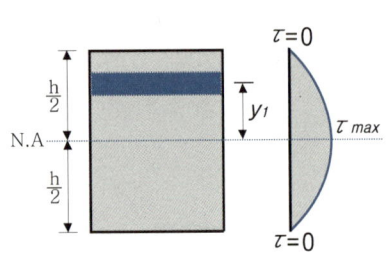
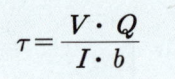
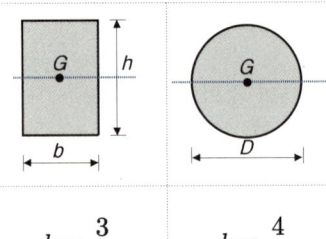

직사각형 보의 전단응력이 중립축으로부터의 거리 y_1에 따라 2차함수식으로 변화하며 $y_1 = \mp \dfrac{h}{2}$ 일 때 $\tau = 0$ 이 된다.

- τ : 전단응력(N/mm^2)
- V : 전단력(N)
- Q : 전단응력을 구하고자 하는 외측 단면에 대한 중립축으로부터의 단면1차모멘트(mm^3)
- I : 중립축에 대한 단면2차모멘트 (mm^4)
- b : 전단응력을 구하고자 하는 위치의 단면폭(mm)

핵심예제15

폭 300mm, 높이 400mm 직사각형 단면 단순보에서 전단력 $V = 200kN$ 이 작용할 때 중립축으로부터 위로 100mm 떨어진 점에서 전단응력은?

① 1.875MPa ② 2.550MPa
③ 2.954MPa ④ 3.784MPa

해설 (1) $Q = (300 \times 100)(100 + 50) = 4.5 \times 10^6 mm^3$

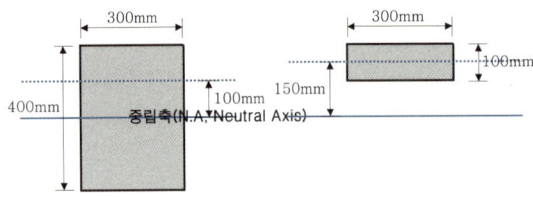

문제의 요구 조건   전단응력 산정을 위한 Q

(2) $\tau_{max} = \dfrac{V \cdot Q}{I \cdot b} = \dfrac{(200 \times 10^3)(4.5 \times 10^6)}{\left(\dfrac{(300)(400)^3}{12}\right)(300)} = 1.875 N/mm^2 = 1.875 MPa$

답 : ①

핵심예제16

그림과 같은 I형 단면 보에 80kN의 전단력이 작용할 때 상연(上緣)에서 50mm 아래인 지점에서의 전단응력은?
(단, 단면2차모멘트는 $1 \times 10^9 \mathrm{mm}^4$이다.)

① 0.525MPa
② 0.7MPa
③ 1.1MPa
④ 1.6MPa

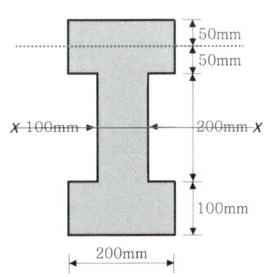

해설 (1) 전단응력 산정 제계수

$I_{x-x} = 1 \times 10^9 \mathrm{mm}^4$, $b = 200\mathrm{mm}$, $V = 80\mathrm{kN} = 80 \times 10^3 \mathrm{N}$

$Q = (200 \times 50)(150 + 25) = 1.75 \times 10^6 \mathrm{mm}^3$

(2) $\tau_{\max} = \dfrac{V \cdot Q}{I \cdot b} = \dfrac{(80 \times 10^3)(1.75 \times 10^6)}{(1 \times 10^9)(200)} = 0.7 \mathrm{N/mm}^2 = 0.7 \mathrm{MPa}$

답 : ②

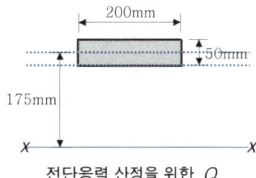

전단응력 산정을 위한 Q

핵심예제17

단면에 전단력 $V = 750\mathrm{kN}$이 작용할 때 최대 전단응력은?

① 8.3MPa
② 15MPa
③ 20MPa
④ 25MPa

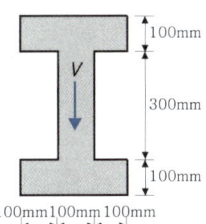

해설 (1) 전단응력 산정 제계수

$I_x = \dfrac{1}{12}(300 \times 500^3 - 200 \times 300^3) = 2.675 \times 10^9 \mathrm{mm}^4$

I형 단면의 최대 전단응력은 단면의 중앙부에서 발생한다. ∴ $b = 100\mathrm{mm}$

$V = 750\mathrm{kN} = 750 \times 10^3 \mathrm{N}$

$Q = (300 \times 100)(150 + 50) + (100 \times 150)(75) = 7.125 \times 10^6 \mathrm{mm}^3$

(2) $\tau_{\max} = \dfrac{V \cdot Q}{I \cdot b} = \dfrac{(750 \times 10^3)(7.125 \times 10^6)}{(2.675 \times 10^9)(100)} = 20 \mathrm{N/mm}^2 = 20 \mathrm{MPa}$

답 : ③

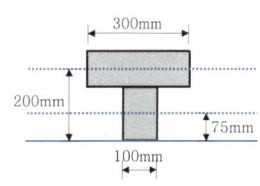

전단응력 산정을 위한 Q

핵심예제18

그림과 같이 속이 빈 직사각형 단면의 최대 전단응력은?
(단, 전단력은 20kN)

① 0.212MPa
② 0.322MPa
③ 0.412MPa
④ 0.422MPa

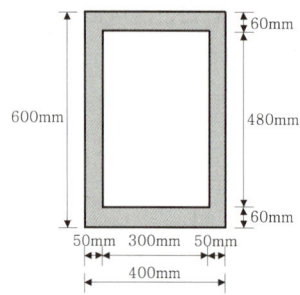

해설 (1) 전단응력 산정 제계수

$$I = \frac{1}{12}(400 \times 600^3 - 300 \times 480^3) = 4.4352 \times 10^9 \text{mm}^4$$

중공형 단면의 최대 전단응력은 단면의 중앙부에서 발생한다.

∴ $b = 50 + 50 = 100\text{mm}$, $V = 20\text{kN} = 20 \times 10^3 \text{N}$

$Q = (400 \times 300)(150) - (300 \times 240)(120) = 9.36 \times 10^6 \text{mm}^3$

(2) $\tau = \dfrac{V \cdot Q}{I \cdot b} = \dfrac{(20 \times 10^3)(9.36 \times 10^6)}{(4.4352 \times 10^9)(100)} = 0.422 \text{N/mm}^2 = 0.422\text{MPa}$

전단응력 산정을 위한 Q

답 : ④

핵심예제19

주어진 T형 단면의 캔틸레버 보에서 최대 전단응력은?
(단, T형보 단면의 $I_{N.A} = 8.68 \times 10^5 \text{mm}^4$)

① 125.68MPa
② 166.36MPa
③ 207.95MPa
④ 243.32MPa

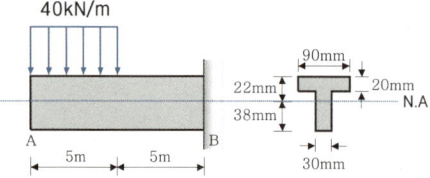

해설 (1) 전단응력 산정 제계수

$I_{N.A} = 8.68 \times 10^5 \text{mm}^4$, $b = 30\text{mm}$

고정단의 수직반력이 최대전단력이다. ➡ $V_{\max} = 40 \times 5 = 200\text{kN}$

$Q = (30 \times 38)(19) = 2.166 \times 10^4 \text{mm}^3$

(2) $\tau_{\max} = \dfrac{V \cdot Q}{I \cdot b} = \dfrac{(200 \times 10^3)(2.166 \times 10^4)}{(8.68 \times 10^5)(30)}$

$= 166.359 \text{N/mm}^2 = 166.359\text{MPa}$

답 : ②

핵심예제20

그림과 같은 단순보의 중앙에 집중하중이 작용할 때 단면에 생기는 최대전단응력은?

① 0.1MPa
② 0.15MPa
③ 0.2MPa
④ 0.25MPa

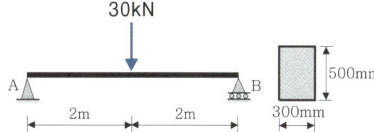

해설 (1) $V_{\max} = V_A = V_B = 15\text{kN}$

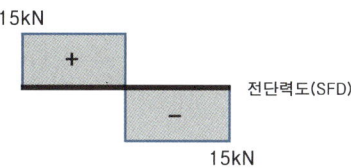

(2) $\tau_{\max} = k \cdot \dfrac{V_{\max}}{A} = \left(\dfrac{3}{2}\right) \cdot \dfrac{(15 \times 10^3)}{(300 \times 500)} = 0.15\text{N/mm}^2 = 0.15\text{MPa}$

답 : ②

핵심예제21

단면 300mm×400mm, 경간 10m인 단순보가 6kN/m의 등분포하중을 받을 때 최대 전단응력은?

① 0.375MPa
② 0.475MPa
③ 0.575MPa
④ 0.675MPa

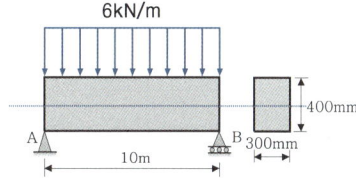

해설 (1) $V_{\max} = V_A = V_B = \dfrac{wL}{2} = \dfrac{(6)(10)}{2} = 30\text{kN}$

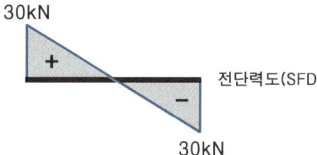

(2) $\tau_{\max} = k \cdot \dfrac{V_{\max}}{A} = \left(\dfrac{3}{2}\right) \cdot \dfrac{(30 \times 10^3)}{(300 \times 400)} = 0.375\text{N/mm}^2 = 0.375\text{MPa}$

답 : ①

8 조립보(Built-Up Beam)와 전단흐름(Shear Flow)

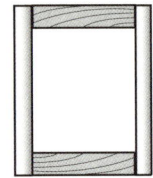
상자형보(Box Beam)

적층판보(Glued Laminated Beam)

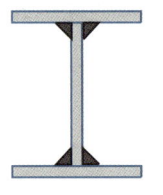
플레이트보(Plate Girder)

■ 조립보(Built-Up Beam)
두 개 또는 그 이상의 재료들을 하나의 보로 형성하기 위해 구성재료들을 접합시켜 만든 것으로, 특별한 구조적 필요를 충족시키기 위해 단면의 크기를 변화시킬 수 있으며 다양한 형태의 형상으로 조립이 가능하다.

조립보들은 연결부의 수평전단력을 전달시키기 위해 전단흐름(f, Shear Flow)의 개념이 적용된다. 전단흐름은 단위거리당의 수평전단력(N/mm)으로 정의되며, 전단응력 $\tau = \dfrac{V \cdot Q}{I \cdot b}$ 에서 $b = 1$로 하면 $f = \dfrac{V \cdot Q}{I}$ 가 된다.

핵심예제22

그림과 같이 두 개의 나무판이 못으로 조립된 T형보에서 단면에 작용하는 전단력(V)이 1.55kN 이고 한 개의 못이 전단력 700N 을 전달할 경우 못의 허용 최대간격은?
(단, $I = 1.1354 \times 10^8 \text{mm}^4$)

① 75mm
② 82mm
③ 89mm
④ 97mm

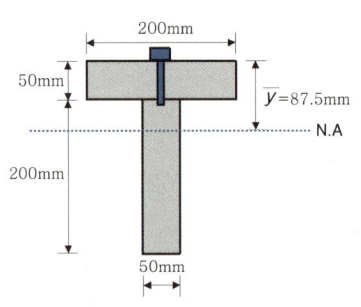

해설 (1) 단면1차모멘트: $Q = (200 \times 50)\left(87.5 - \dfrac{50}{2}\right) = 6.25 \times 10^5 \text{mm}^3$

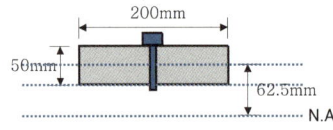

전단흐름 산정을 위한 Q

(2) 전단흐름(f, shear flow):
$$f = \dfrac{V \cdot Q}{I} = \dfrac{(1.55 \times 10^3)(6.25 \times 10^5)}{(1.1354 \times 10^8)} = 8.5322 \text{N/mm}$$

(3) 못의 최대 배치간격: $s_{\max} = \dfrac{F}{f} = \dfrac{(700)}{(8.532)} = 82.04 \text{mm}$

답 : ②

2 변형률(Strain, 변형도)

1 기본적인 변형률의 종류

길이변형률(ϵ_L)	가로변형률(ϵ_D)	전단변형률(γ)
$\epsilon_L = \dfrac{\Delta L}{L}$	$\epsilon_D = \dfrac{\Delta D}{D}$	$\gamma = \dfrac{\Delta}{L}$ (rad)

■ 구조물이 외력을 받는 경우 부재에는 변형을 가져오게 된다.
이때 변형된 정도 즉, 단위길이에 대한 변형량의 값을 변형률 또는 변형도라고 정의한다.

■ 전단변형률에서 $\tan\gamma = \dfrac{\Delta}{L}$로 표현되는데, 부재 및 구조물의 변형각 γ는 매우 미소하다고 가정되므로 $\tan\gamma \cong \gamma = \dfrac{\Delta}{L}$가 성립한다.

특별한 언급이 없다면 변형률은 길이변형률(ϵ_L)을 의미하며, 응력의 부호와 동일하게 인장변형률을 (+)부호로 하면 압축변형률은 (−)부호가 붙게 되며, 수직변형률(Normal Strain) 또는 연직변형률이라고도 한다.

2 푸아송비(ν), 푸아송수(m)

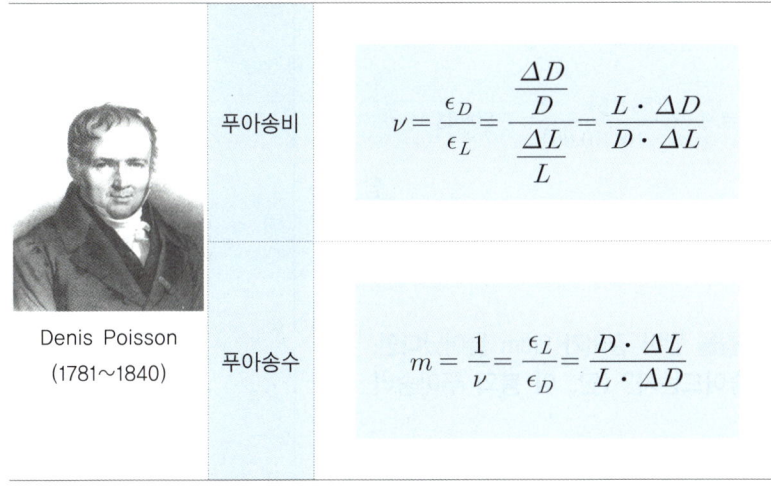

Denis Poisson
(1781~1840)

푸아송비	$\nu = \dfrac{\epsilon_D}{\epsilon_L} = \dfrac{\dfrac{\Delta D}{D}}{\dfrac{\Delta L}{L}} = \dfrac{L \cdot \Delta D}{D \cdot \Delta L}$
푸아송수	$m = \dfrac{1}{\nu} = \dfrac{\epsilon_L}{\epsilon_D} = \dfrac{D \cdot \Delta L}{L \cdot \Delta D}$

■ 푸아송비의 이론적인 상한값은 $\nu = 0.5$이며, 고무에 대한 값은 거의 이 상한값에 가깝다.
푸아송비의 역수를 푸아송수(m, Poisson's Number)라고 정의하는데, 일반적으로 푸아송수 m에 의해 재료의 특성을 파악한다.
강재(Steel)의 $m = 3 \sim 4$,
콘크리트(Concrete)의 $m = 6 \sim 8$ 정도의 수치를 나타낸다.

수직응력에 의해 발생되는 가로변형률과 길이변형률의 비율을 푸아송비(ν, Poisson's Ratio)라고 정의한다. 일반적으로 가로방향과 길이방향의 변형률은 서로 다른 부호를 갖는다는 사실을 보상하기 위해 $\nu = -\dfrac{\epsilon_D}{\epsilon_L}$로 표현되어야 정확한 물리적인 의미가 된다. 그런데, 인장력을 받는 부재의 경우 길이변형률은 (+), 가로변형률은 (−)가 되기 때문에 푸아송비 ν는 결국 (+)의 값을 갖게 되며, 압축력을 받는 부재의 경우 길이변형률은 (−), 가로변형률은 (+)가 되어 푸아송비 ν는 결국 (+)의 값을 갖게 되므로 푸아송비는 항상 (+)의 값이 된다.

핵심예제23

직경 50mm, 길이 2m의 봉이 힘을 받아 길이가 2mm 늘어나고, 직경은 0.015mm가 줄어들었다면 푸아송비는?

① 0.24 ② 0.26
③ 0.28 ④ 0.30

해설 $\nu = \dfrac{\epsilon_D}{\epsilon_L} = \dfrac{\frac{\Delta D}{D}}{\frac{\Delta L}{L}} = \dfrac{L \cdot \Delta D}{D \cdot \Delta L} = \dfrac{(2 \times 10^3)(0.015)}{(50)(2)} = 0.3$

답 : ④

핵심예제24

지름이 50mm, 길이가 0.8m의 둥근막대가 인장력을 받아서 5mm 늘어나고 지름이 0.06mm 만큼 줄었을 때 이 재료의 푸아송수는?

① 3.2 ② 4.2
③ 5.2 ④ 6.2

해설 $m = \dfrac{1}{\nu} = \dfrac{\epsilon_L}{\epsilon_D} = \dfrac{\frac{\Delta L}{L}}{\frac{\Delta D}{D}} = \dfrac{D \cdot \Delta L}{L \cdot \Delta D} = \dfrac{(50)(5)}{(0.8 \times 10^3)(0.06)} = 5.20833$

답 : ③

핵심예제25

직경 50mm, 길이 2m의 봉이 힘을 받아 길이가 2mm 늘어났다면, 이 때 이 봉의 직경은 얼마나 줄어드는가? (단, 이 봉의 푸아송비는 0.3이다.)

① 0.015mm ② 0.030mm
③ 0.045mm ④ 0.060mm

해설 (1) 푸아송비 $\nu = \dfrac{\epsilon_D}{\epsilon_L} = \dfrac{\frac{\Delta D}{D}}{\frac{\Delta L}{L}} = \dfrac{L \cdot \Delta D}{D \cdot \Delta L}$

(2) $\Delta D = \dfrac{D \cdot \Delta L \cdot \nu}{L} = \dfrac{(50)(2)(0.3)}{(2 \times 10^3)} = 0.015\text{mm}$

답 : ①

3 후크의 법칙(R.Hooke's Law)

1 탄성계수(Modulus of Elasticity)

(1) 탄성과 소성: 부재가 외력을 받아서 변형한 후 외력을 제거할 때 본래의 모양으로 되돌아가는 성질을 탄성(Elasticity)이라고 한다. 반면, 변형된 부재에 외력을 제거하더라도 원래의 모양으로 되돌아가지 못하는 성질을 소성(Plasticity)이라고 하며, 부재에 탄성한도 이상의 외력을 가할 때에 나타나는 현상으로, 이때 외력을 제거하더라도 변형이 남게 되는데 이를 잔류변형(Residual Strain, 영구변형)이라고 한다.

(2) 전형적인 강재(Steel)의 응력-변형률 곡선 관계

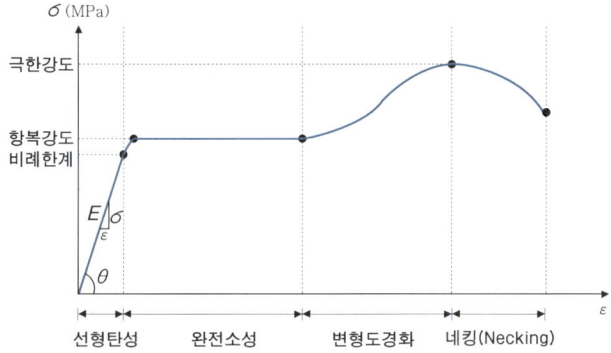

(3) 비례한계점(Proportional Limit)까지의 선형탄성(Linear Elastic) 구간에서 $\tan\theta = \dfrac{\sigma}{\epsilon}$를 E로 표현할 때 E는 재료에 따라 고유한 값을 갖는 실험상수이며, E를 탄성계수(Modulus of Elasticity) 또는 영계수(Young's Modulus) 또는 종탄성계수(Modulus of Longitudinal Elasticity) 등으로도 부른다.

어떤 재료의 탄성계수가 크다는 것은 변형률이 작다는 것을 의미하며, 이것은 변형에 대한 저항능력이 강하다는 표현이 가능해진다. 대표적인 구조재료인 강재, 콘크리트, 목재의 탄성계수는 대략 다음과 같다.

■ 탄성계수를 영계수라고도 한다.

Thomas Young(1773~1829)

구조 재료	강재	콘크리트	목재
탄성계수 E(MPa)	2.1×10^5	1.4×10^4	1.1×10^4

핵심예제26

강재에 탄성한도보다 큰 응력을 가한 후 그 응력을 제거한 후 장시간 방치하여도 얼마간의 변형이 남게 되는데 이러한 변형을 무엇이라 하는가?

① 탄성변형   ② 피로변형
③ 소성변형   ④ 취성변형

해설 ③ 항복강도점 이후의 완전소성영역이 문제의 설명에 해당되며, 소성변형을 잔류변형 또는 영구변형이라고도 한다.

답 : ③

2 수직응력(σ)과 전단응력(τ)에 대한 후크의 법칙의 기본 표현

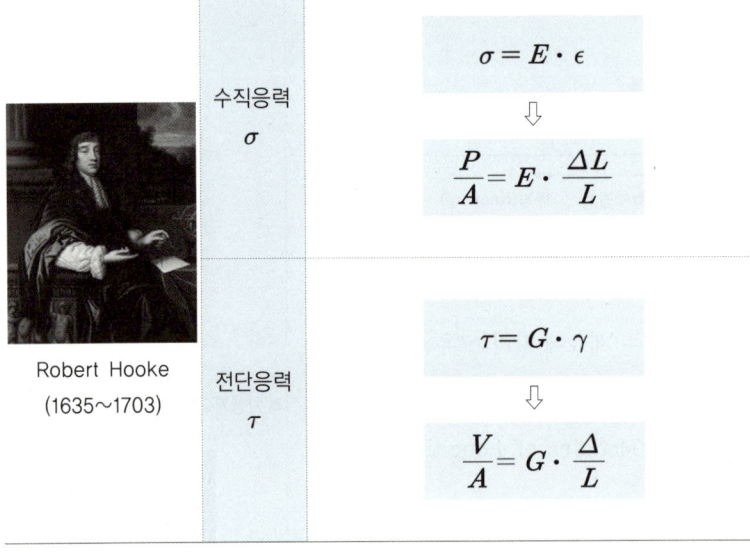

■1678년 옥스퍼드 대학교(University of Oxford) 물리학과 후크(R.Hooke) 교수는 "용수철(Spring)의 신장(伸長)에 관한 실험적인 연구"로부터 고체에 힘을 가해 변형시키는 경우,
힘의 크기가 어떤 한도를 넘지 않는 한 변형량은 힘의 크기에 비례한다는 법칙을 발표하였다.
이것을 역학분야에서
『탄성(Elasticity)한도 내에서 응력과 변형률은 비례한다.』라고 표현한다.

전단응력에 대한 표현 G는 전단탄성계수(Shear Modulus of Elasticity) 또는 강성계수(Modulus of Rigidity)라고 하며, 탄성계수 E에 직교하는 방향으로의 탄성계수라고 생각하면 된다.

재질이 균질(Homogeneous)하고 등방성(Isotropic)인 탄성체의 경우
$G = E \cdot \dfrac{1}{2(1+\nu)} = E \cdot \dfrac{m}{2(m+1)}$ 의 관계를 갖는다.

(1) 탄성계수 E와 전단탄성계수 G와의 관계 : $G = E \cdot \dfrac{1}{2(1+\nu)}$

(2) 탄성계수 E와 체적탄성계수 K와의 관계 : $K = \dfrac{E}{3(1-2\nu)}$

핵심예제27

그림과 같이 상단이 고정되어 있는 봉의 하단에 축하중 P가 작용할 때 이 봉의 늘음량은? (단, 단면적 A, 봉의 길이 L, 탄성계수는 E로 한다.)

① $\dfrac{PL}{EA}$ ② $\dfrac{EA}{PL}$

③ $\dfrac{P^2L}{2EA}$ ④ $\dfrac{PL}{2EA}$

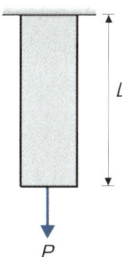

[해설] $\sigma = E \cdot \epsilon$ 에서 $\dfrac{P}{A} = E \cdot \dfrac{\Delta L}{L}$ ∴ $\Delta L = \dfrac{PL}{EA}$

답 : ①

핵심예제28

어떤 금속의 탄성계수 $E = 210,000\text{MPa}$, 전단탄성계수 $G = 80,000\text{MPa}$ 일 때 이 금속의 푸아송비는?

① 0.3075 ② 0.3125

③ 0.3275 ④ 0.3325

[해설] $G = \dfrac{E}{2(1+\nu)}$ 로부터 $\nu = \dfrac{E}{2G} - 1 = \dfrac{(210,000)}{2(80,000)} - 1 = 0.3125$

답 : ②

핵심예제29

지름 50mm의 강봉을 80kN으로 당길 때 지름은 얼마나 줄어들겠는가? (단, $G = 70,000\text{MPa}$, 푸아송비 $\nu = 0.5$)

① 0.003mm ② 0.005mm

③ 0.007mm ④ 0.008mm

[해설] (1) $G = \dfrac{E}{2(1+\nu)}$ ➡ $E = 2G(1+\nu) = 2(70,000)[1+(0.5)] = 210,000\text{MPa}$

(2) 후크의 법칙: $\sigma = E \cdot \epsilon$, 푸아송비 $\nu = \dfrac{\epsilon_D}{\epsilon_L} = \dfrac{\dfrac{\Delta D}{D}}{\dfrac{\sigma}{E}} = \dfrac{\Delta D \cdot E}{D \cdot \sigma}$

(3) $\Delta D = \dfrac{\nu \cdot D \cdot \sigma}{E} = \dfrac{\nu \cdot D}{E} \cdot \dfrac{P}{A} = \dfrac{(0.5)(50)(80 \times 10^3)}{(210,000)\left(\dfrac{\pi(50)^2}{4}\right)} = 0.00485\text{mm}$

답 : ②

3 후크의 법칙의 응용

강성도(Stiffness): $K = \dfrac{EA}{L}$	유연도(Flexibility): $f = \dfrac{L}{EA}$
$P = \dfrac{EA}{L} \cdot \Delta L$ 에서 단위변형($\Delta L = 1$)을 일으키는데 필요한 힘	$\Delta L = \dfrac{L}{EA} \cdot P$ 에서 단위하중($P = 1$)으로 인한 부재의 변형

■ 외부에서 가해진 힘의 크기를 통해서 재료 형태가 얼마만큼 변화될지를 유추하는 것은 매우 알기 어려우며 이와 관련된 개념이 강성도(Stiffness)이다. 반면, 재료 형태의 변화된 정도를 통해서 외부에서 가해진 힘의 크기를 유추하는 것이 이해하기 쉬우며 이와 관련된 개념이 유연도(Flexibility)이다. 일반적으로 구조해석은 강성도 해석보다 유연도 해석이 더욱 간명한 방법이 된다.

핵심예제30

그림과 같은 단면의 변화가 있는 AB 부재의 강성도(Stiffness Factor)는?

① $\dfrac{PL_1}{A_1 E_1} + \dfrac{PL_2}{A_2 E_2}$

② $\dfrac{A_1 E_1}{PL_1} + \dfrac{A_2 E_2}{PL_2}$

③ $\dfrac{A_1 E_1}{L_1} + \dfrac{A_2 E_2}{L_2}$

④ $\dfrac{A_1 A_2 E_1 E_2}{L_1(A_2 E_2) + L_2(A_1 E_1)}$

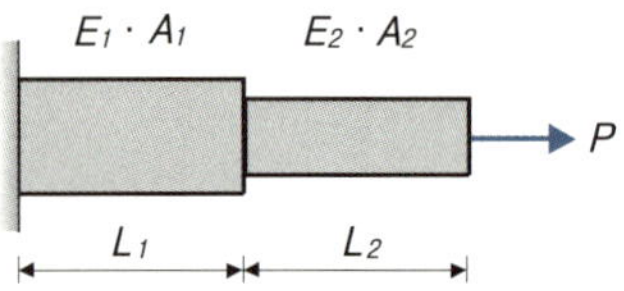

[해설] (1) 구간별 변위: $\Delta L_1 = \dfrac{PL_1}{E_1 A_1}$, $\Delta L_2 = \dfrac{PL_2}{E_2 A_2}$

(2) 전체 변위: $\Delta L = \Delta L_1 + \Delta L_2 = \dfrac{PL_1}{E_1 A_1} + \dfrac{PL_2}{E_2 A_2}$

(3) 강성도: $P = K \cdot \Delta L$ 에서 $P = 1$ 일 때의

$$K = \dfrac{P}{\Delta L} = \dfrac{P}{\Delta L_1 + \Delta L_2} = \dfrac{P}{\dfrac{PL_1}{E_1 A_1} + \dfrac{PL_2}{E_2 A_2}} = \dfrac{1}{\dfrac{L_1}{E_1 A_1} + \dfrac{L_2}{E_2 A_2}}$$

$$= \dfrac{A_1 A_2 E_1 E_2}{L_1(E_2 A_2) + L_2(E_1 A_1)}$$

답 : ④

■ AB 부재의 유연도(Flexibility):

L_1구간의 유연도 $f_1 = \dfrac{L_1}{E_1 A_1}$,

L_2구간의 유연도 $f_2 = \dfrac{L_2}{E_2 A_2}$ 를

합하면

$f = f_1 + f_2 = \dfrac{L_1}{E_1 A_1} + \dfrac{L_2}{E_2 A_2}$ 로

나타낼 수 있으며, 이 값의 역수가

강성도 $= \dfrac{A_1 A_2 E_1 E_2}{L_1(E_2 A_2) + L_2(E_1 A_1)}$

가 된다.

핵심예제31

다음 인장부재의 수직변위를 구하는 식으로 옳은 것은?
(단, 탄성계수는 E)

① $\dfrac{PL}{EA}$

② $\dfrac{3PL}{2EA}$

③ $\dfrac{2PL}{EA}$

④ $\dfrac{5PL}{2EA}$

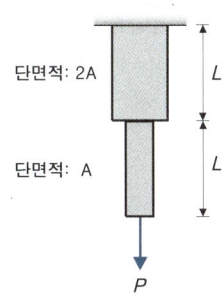

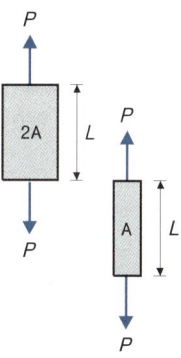

[해설] (1) 구간에 따라 면적이 다르므로 구간별로 나누어 유연도 해석을 시도한다.

(2) 자유물체도

$$\Delta L = \Delta L_1 + \Delta L_2 = \dfrac{PL}{E(2A)} + \dfrac{PL}{E(A)} = \dfrac{3}{2} \cdot \dfrac{PL}{EA} \text{(인장변위)}$$

답 : ②

핵심예제32

그림과 같은 부재의 전체 길이의 변화량 ΔL은?
(단, EA는 일정)

① $\dfrac{2PL}{EA}$

② $\dfrac{2.5PL}{EA}$

③ $\dfrac{3PL}{EA}$

④ $\dfrac{3.5PL}{EA}$

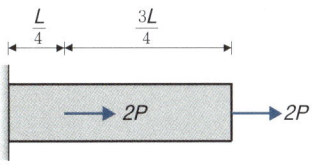

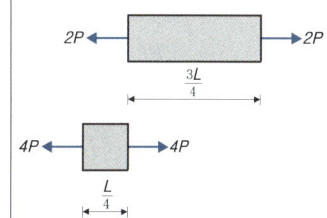

[해설] (1) 구간에 따라 하중이 다르므로 구간별로 나누어 유연도 해석을 시도한다.

(2) 자유물체도

$$\Delta L = \Delta L_1 + \Delta L_2 = + \dfrac{(2P)\left(\dfrac{3L}{4}\right)}{EA} + \dfrac{(4P)\left(\dfrac{L}{4}\right)}{EA} = 2.5 \cdot \dfrac{PL}{EA} \text{(인장 변위)}$$

답 : ②

핵심예제33

균질한 균일 단면봉이 그림과 같이 P_1, P_2, P_3의 하중을 B, C, D점에서 받고 있다. $P_2 = 100\text{kN}$, $P_3 = 40\text{kN}$의 하중이 작용 할 때 D점에서의 수직방향 변위가 일어나지 않기 위한 하중 P_1은 얼마인가?

① 210kN
② 220kN
③ 230kN
④ 240kN

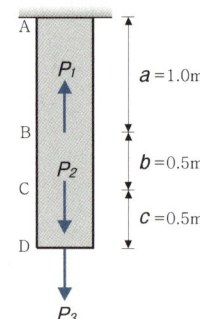

해설 (1) 자유물체도

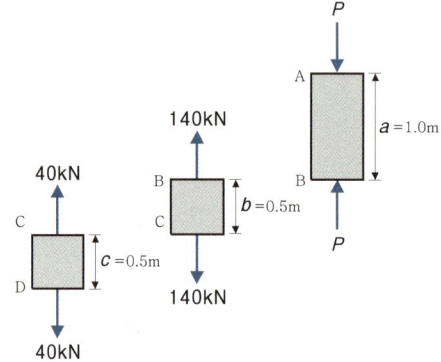

(2) 구간별 변위

① $\Delta L_1 = \dfrac{PL_1}{EA} = \dfrac{(40)(0.5)}{EA} = \dfrac{20}{EA}$

② $\Delta L_2 = \dfrac{PL_2}{EA} = \dfrac{(140)(0.5)}{EA} = \dfrac{70}{EA}$

③ $\Delta L_3 = \dfrac{PL_3}{EA} = \dfrac{PL_3}{EA} = \dfrac{P}{EA}$

(3) $\Delta L = \Delta L_1 + \Delta L_2 + \Delta L_3 = +\left(\dfrac{20}{EA}\right) + \left(\dfrac{70}{EA}\right) - \left(\dfrac{P}{EA}\right) = 0$ 로부터

$P = 90\text{kN}$ ➡ ∴ $P_1 = 90\text{kN} + 140\text{kN} = 230\text{kN}$

답 : ③

핵심예제34

균질한 강봉에서 D점이 움직이지 않게 하기 위해서 하중 P_3에 추가하여 얼마의 하중(P)이 더 가해져야 하는가?
(단, $P_1 = 120\text{kN}$, $P_2 = 80\text{kN}$, $P_3 = 60\text{kN}$)

① 56kN
② 70kN
③ 116kN
④ 140kN

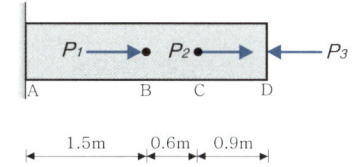

해설 (1) 자유물체도

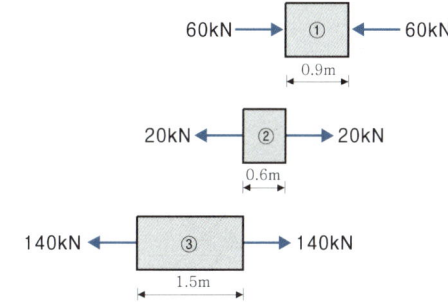

(2) 구간별 변위

① $\Delta L_1 = \dfrac{PL_1}{EA} = \dfrac{(60)(0.9)}{EA} = \dfrac{54}{EA}$

② $\Delta L_2 = \dfrac{PL_2}{EA} = \dfrac{(20)(0.6)}{EA} = \dfrac{12}{EA}$

③ $\Delta L_3 = \dfrac{PL_3}{EA} = \dfrac{(140)(1.5)}{EA} = \dfrac{210}{EA}$

(3) $\Delta L = \Delta L_1 + \Delta L_2 + \Delta L_3 = -\left(\dfrac{54}{EA}\right) + \left(\dfrac{12}{EA}\right) + \left(\dfrac{210}{EA}\right) = +\dfrac{168}{EA}$ (인장변위)

(4) 자유단에 추가하중 P가 부재의 전체길이 3m에 가해진다면

$-\dfrac{(P)(3)}{EA} = -\dfrac{3P}{EA}$ 의 압축변위가 생길 것이다.

따라서, $\Delta L = +\dfrac{168}{EA} - \dfrac{3P}{EA} = 0$ 으로부터 $P = 56\text{kN}$

답 : ①

4 경사면 응력(Inclined Section Stress)

그림과 같이 인장을 받는 부재의 단면의 $m-n$과 단면 $p-q$에서의 응력에 대해 생각해 보자.

이때, 수직단면인 $m-n$에서는 수직응력(σ_x)이 생기고, 경사단면인 $p-q$에서는 법선응력(σ_θ)이 생기며, 이들 단면의 응력요소를 D점에서 표현하면 다음과 같다.

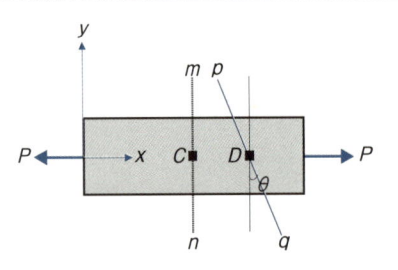

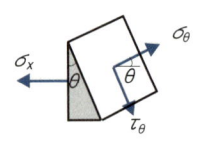

D점의 응력요소

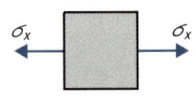

■ C점의 응력요소

1 경사면(법면) 1축응력

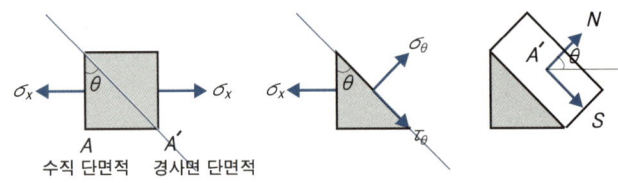

수직 단면적   경사면 단면적

(1) 수직응력 (법선응력)	$\sigma_\theta = \dfrac{N}{A'} = \dfrac{P \cdot \cos\theta}{\dfrac{A}{\cos\theta}} = \dfrac{P}{A} \cdot \cos^2\theta = \sigma_x \cdot \cos^2\theta$ $\sigma_\theta = \dfrac{1}{2}\sigma_x + \dfrac{1}{2}\sigma_x \cdot \cos 2\theta$
(2) 전단응력	$\tau_\theta = \dfrac{S}{A'} = \dfrac{P \cdot \sin\theta}{\dfrac{A}{\cos\theta}} = \dfrac{P}{A}\cos\theta \cdot \sin\theta$ $\tau_\theta = \dfrac{1}{2}\sigma_x \cdot \sin 2\theta$
(3) $\theta = 45°$일 때 최대 전단응력 발생	• $\sigma_\theta = \dfrac{\sigma}{2} + \dfrac{\sigma}{2} \cdot \cos 90° = \dfrac{\sigma}{2}$ • $\tau_\theta = \dfrac{\sigma}{2} \cdot \sin 90° = \dfrac{\sigma}{2}$

핵심예제35

단면적 20mm×20mm인 정사각형 봉에 축방향력 20kN이 작용할 때 수직선에 대해 30° 경사진 단면에서의 수직응력 σ_θ는?

① 37.5MPa
② 42.5MPa
③ 56.7MPa
④ 62.4MPa

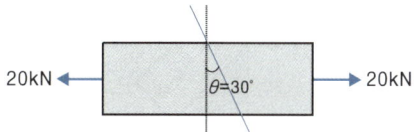

해설 (1) $\sigma_x = \dfrac{P}{A} = \dfrac{(20 \times 10^3)}{(20 \times 20)} = 50\text{N/mm}^2 = 50\text{MPa}$

(2) $\sigma_\theta = \dfrac{1}{2}\sigma_x + \dfrac{1}{2}\sigma_x \cdot \cos 2\theta = \dfrac{1}{2}(50) + \dfrac{1}{2}(50) \cdot \cos(60°) = 37.5\text{MPa}$

답 : ①

핵심예제36

단면적 $2,000\text{mm}^2$인 직사각형 보에 $P=100\text{kN}$의 수직하중이 작용할 때 그림과 같은 45° 경사면에 생기는 전단응력은?

① 25MPa
② 50MPa
③ 75MPa
④ 83.3MPa

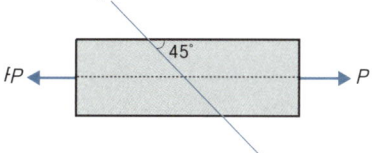

해설 $\tau_{\theta=45°} = \dfrac{\sigma_x}{2} = \dfrac{P}{2A} = \dfrac{(100 \times 10^3)}{2(2,000)} = 25\text{N/mm}^2 = 25\text{MPa}$

답 : ①

핵심예제37

축인장하중 $P=20\text{kN}$을 받고 있는 지름 100mm의 원형 봉 속에 발생하는 최대 전단응력은?

① 1.273MPa
② 1.515MPa
③ 1.756MPa
④ 1.998MPa

해설 (1) $\sigma_x = \dfrac{P}{A} = \dfrac{(20 \times 10^3)}{\dfrac{\pi(100)^2}{4}} = 2.547\text{N/mm}^2$

(2) $\theta=45°$일 때 최대 전단응력 발생: $\tau_{\max} = \dfrac{\sigma_x}{2} = 1.2735\text{MPa}$

답 : ①

2 경사면 2축응력과 평면응력(Plane Stress)

(1) 경사면 2축응력 : 요소 전단응력(τ_{xy})이 없는 경우

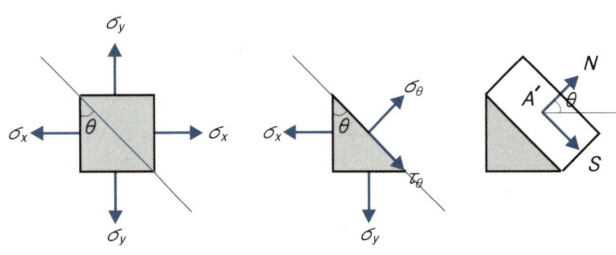

(1) 수직응력 (법선응력)	$\sigma_\theta = \dfrac{\sigma_x + \sigma_y}{2} + \dfrac{\sigma_x - \sigma_y}{2} \cdot \cos 2\theta$
(2) 전단응력	$\tau_\theta = \dfrac{\sigma_x - \sigma_y}{2} \cdot \sin 2\theta$

(2) 평면응력(Plane Stress): 요소 σ_x, σ_y, τ_{xy} 가 존재하는 부재 내부의 응력 상태

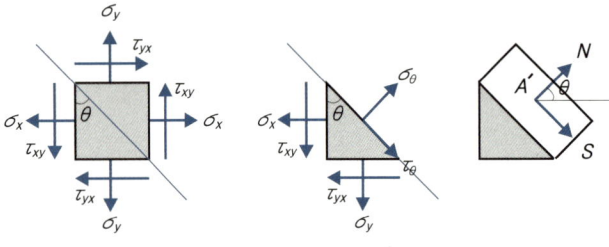

(1) 수직응력 (법선응력)	$\sigma_\theta = \dfrac{\sigma_x + \sigma_y}{2} + \dfrac{\sigma_x - \sigma_y}{2} \cdot \cos 2\theta + \tau_{xy} \cdot \sin 2\theta$
(2) 전단응력	$\tau_\theta = \dfrac{\sigma_x - \sigma_y}{2} \cdot \sin 2\theta - \tau_{xy} \cdot \cos 2\theta$

핵심예제38

그림과 같은 플레이트(Plate)가 x, y축 방향으로 같은 응력 σ_a를 받고 있을 때 y축과 임의의 각 θ를 이루고 있는 면에서의 Normal Stress(σ_n)의 값은?

① σ_a
② $1.5\sigma_a$
③ $2\sigma_a$
④ $3\sigma_a$

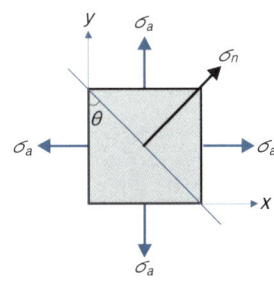

해설 (1) 요소 응력: $\sigma_x = +\sigma_a$, $\sigma_y = +\sigma_a$

(2) 경사면 2축응력

$$\sigma_\theta = \frac{\sigma_x + \sigma_y}{2} + \frac{\sigma_x - \sigma_y}{2} \cdot \cos 2\theta$$

$$= \frac{(+\sigma_a) + (+\sigma_a)}{2} + \frac{(+\sigma_a) - (+\sigma_a)}{2} \cdot \cos 2\theta = \sigma_a$$

답 : ①

핵심예제39

두 주응력의 크기가 아래 그림과 같다. 이 면과 $\theta = 45°$를 이루고 있는 면의 응력은?

① $\sigma_\theta = 0\text{MPa}$, $\tau_\theta = 0\text{MPa}$
② $\sigma_\theta = 80\text{MPa}$ $\tau_\theta = 0\text{MPa}$
③ $\sigma_\theta = 0\text{MPa}$, $\tau_\theta = 40\text{MPa}$
④ $\sigma_\theta = 40\text{MPa}$, $\tau_\theta = 40\text{MPa}$

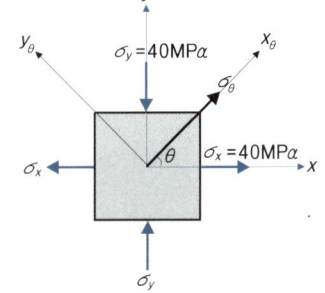

해설 (1) 요소 응력: $\sigma_x = +40$, $\sigma_y = -40$

(2) $\sigma_\theta = \dfrac{(+40)+(-40)}{2} + \dfrac{(+40)-(-40)}{2} \cdot \cos 90° = 0$

(3) $\tau_\theta = \dfrac{(+40)+(+40)}{2} \cdot \sin 90° = 40\text{MPa}$

답 : ③

3 주응력(主應力, Principal Stress)

수직응력(σ_θ)과 전단응력(τ_θ)은 θ값에 따라 그 값이 변한다. 임의의 θ에서 σ_θ와 τ_θ가 최대 또는 최소가 될 때가 생기게 되는데 σ_θ와 τ_θ의 최대·최소 값을 주응력, 주전단응력이라 하고 그때의 면을 주면(主面), 그 축을 주축(主軸)이라고 한다. 주응력은 설계 시 중요한 요소로 최대응력을 의미한다.

(1) 주응력

① 최대 주응력	$\sigma_{\max} = \dfrac{\sigma_x + \sigma_y}{2} + \sqrt{\left(\dfrac{\sigma_x - \sigma_y}{2}\right)^2 + \tau_{xy}^2}$	
② 최소 주응력	$\sigma_{\min} = \dfrac{\sigma_x + \sigma_y}{2} - \sqrt{\left(\dfrac{\sigma_x - \sigma_y}{2}\right)^2 + \tau_{xy}^2}$	
③ 주응력면	$\tan 2\theta = \dfrac{2\tau_{xy}}{\sigma_x - \sigma_y}$	■ 주응력면과 주전단응력면은 $45°$의 각을 이룬다.
④ 최대·최소 전단응력	$\tau_{\substack{\max \\ \min}} = \pm \sqrt{\left(\dfrac{\sigma_x - \sigma_y}{2}\right)^2 + \tau_{xy}^2}$	

(2) 모아(Mohr)의 응력원(Stress Circle)

Christian Otto Mohr
(1835~1918)

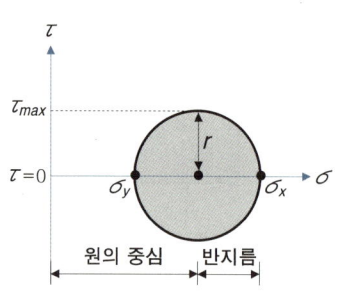

① 최대전단응력 $\tau_{\max} = \dfrac{\sigma_x - \sigma_y}{2}$ 가 되므로 두 주응력 차의 $\dfrac{1}{2}$이다.

② 연직축은 전단응력의 크기를 나타낸다.

③ 모아의 원으로부터 주응력의 크기와 방향을 구할 수 있다.

핵심예제 40

평면응력을 받는 요소가 다음과 같이 응력을 받고 있다. 최대 주응력은?

① 36MPa
② 64MPa
③ 136MPa
④ 164MPa

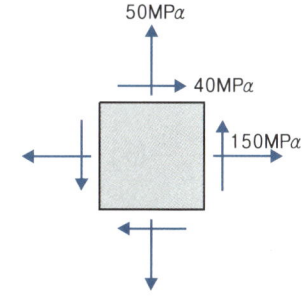

[해설] (1) 요소 응력: $\sigma_x = +150$, $\sigma_y = +50$, $\tau_{xy} = +40$

(2) 최대 주응력:

$$\sigma_{\max} = \frac{\sigma_x + \sigma_y}{2} + \sqrt{\left(\frac{\sigma_x - \sigma_y}{2}\right)^2 + \tau_{xy}^2}$$

$$= \frac{(+150) + (+50)}{2} + \sqrt{\left(\frac{(+150) - (+50)}{2}\right)^2 + (+40)^2}$$

$$= 164.031 \text{N/mm}^2 = 164.031 \text{MPa}$$

답 : ④

핵심예제 41

평면응력 상태 하에서의 모아(Mohr)의 응력원에 대한 설명 중 옳지 않은 것은?

① 최대 전단응력의 크기는 두 주응력의 차이와 같다.
② 모아 원의 중심의 x좌표값은 직교하는 두 축의 수직응력의 평균값과 같고 y좌표값은 0이다.
③ 모아 원이 그려지는 두 축 중 연직(y)축은 전단응력의 크기를 나타낸다.
④ 모아 원으로부터 주응력의 크기와 방향을 구할 수 있다.

[해설] ① 최대전단응력 $\tau_{\max} = \dfrac{\sigma_x - \sigma_y}{2}$ 가 되므로 두 주응력 차의 $\dfrac{1}{2}$ 이다.

답 : ①

4 평면응력(Plane Stress)과 변형률의 관계

(1)	선변형률	$\epsilon_x = \dfrac{1}{E}(\sigma_x - \nu \cdot \sigma_y)$
		$\epsilon_y = \dfrac{1}{E}(\sigma_y - \nu \cdot \sigma_x)$
(2)	체적변형률	$\epsilon_V = \dfrac{\Delta V}{V} = \dfrac{1-2\nu}{E}(\sigma_x + \sigma_y)$
(3)	응력	$\sigma_x = \dfrac{E}{(1-\nu^2)}(\epsilon_x + \nu \cdot \epsilon_y)$
		$\sigma_y = \dfrac{E}{(1-\nu^2)}(\epsilon_y + \nu \cdot \epsilon_x)$

핵심예제42

그림과 같이 이축응력(二軸應力)을 받고 있는 요소의 체적 변형률은?
(단, $E = 200,000\text{MPa}$, $\nu = 0.3$)

① 3.6×10^{-4}
② 4.0×10^{-4}
③ 4.4×10^{-4}
④ 4.8×10^{-4}

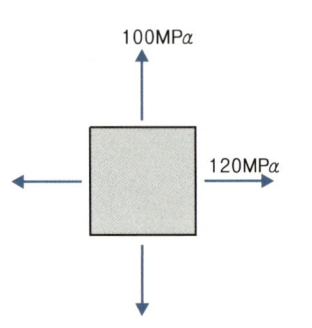

해설 $\epsilon_V = \dfrac{\Delta V}{V} = \dfrac{(1-2\nu)}{E}(\sigma_x + \sigma_y) = \dfrac{[1-2(0.3)]}{(200,000)}[(+120)+(+100)] = 4.4 \times 10^{-4}$

답 : ③

핵심예제43

어떤 요소를 스트레인 게이지로 계측하여 이 요소의 x방향 변형률 $\epsilon_x = 2.67 \times 10^{-4}$, y방향 변형률 $\epsilon_y = 6.07 \times 10^{-4}$을 얻었다면 x방향의 응력 σ_x는 얼마인가? (단, 이 요소의 푸아송비: 0.3, 탄성계수: $E = 200,000\text{MPa}$)

① 65.4MPa ② 76.5MPa
③ 87.6MPa ④ 98.7MPa

해설 $\sigma_x = \dfrac{E}{(1-\nu^2)}(\epsilon_x + \nu \cdot \epsilon_y)$
$= \dfrac{(200,000)}{[1-(0.3)^2]}[(2.67 \times 10^{-4}) + (0.3)(6.07 \times 10^{-4})] = 98.703\text{MPa}$

답 : ④

5 합성응력(Composite Stress)

다음의 예제를 통해 합성응력의 의미를 생각해 보자.

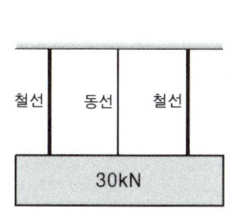

무게 30kN인 물체를 단면적이 200mm^2인 1개의 동선(E_c = 105,000MPa)과 양쪽 단면적이 100mm^2인 철선(Es = 210,000MPa)으로 매달았다면 철선(steel)과 동선 (copper)에 작용하는 인장응력 σ_{steel}, σ_{copper} 를 구해 보자.

■ 탄성계수(Modulus of Elasticity)가 다른 재질의 2개 이상의 재료들이 일체가 되어 외력이 작용했을 때 동일한 변형이 발생하도록 제작한 부재를 합성재(Composite Member) 라고 한다.

(1) R.Hooke의 법칙 : $\sigma = E \cdot \epsilon$ ⇒ $\epsilon = \dfrac{\sigma}{E}$

① $\epsilon_c = \dfrac{\sigma_c}{E_c}$ 이고 $\epsilon_s = \dfrac{\sigma_s}{E_s}$ 이다.

② 합성부재는 변형률이 같으므로 $\epsilon_c = \epsilon_s$ 로부터

$\dfrac{\sigma_c}{E_c} = \dfrac{\sigma_s}{E_s}$ 이므로 $\sigma_s = \dfrac{E_s}{E_c} \cdot \sigma_c$

(2) 힘의 평형조건: $P = P_c + P_s$

① $P = P_c + P_s = \sigma_c \cdot A_c + \sigma_s \cdot A_s$

$= \sigma_c \cdot A_c + \dfrac{E_s}{E_c} \cdot \sigma_c \cdot A_s = \sigma_c \left(A_c + \dfrac{E_s}{E_c} \cdot A_s \right)$ 로부터

$\sigma_c = \dfrac{P}{A_c + \dfrac{E_s}{E_c} \cdot A_s}$

② $\sigma_s = \dfrac{E_s}{E_c} \cdot \sigma_c$ 로부터 $\sigma_s = \dfrac{E_s}{E_c} \cdot \dfrac{P}{A_c + \dfrac{E_s}{E_c} \cdot A_s}$

(3) 응력 계산

① 철선 : $\sigma_s = \dfrac{E_s}{E_c} \cdot \dfrac{P}{A_c + \dfrac{E_s}{E_c} \cdot A_s}$

$= \dfrac{(210,000)}{(105,000)} \cdot \dfrac{(30 \times 10^3)}{(200) + \left(\dfrac{210,000}{105,000} \right)(100 \times 2\text{개})} = 100 \text{N/mm}^2$

② 동선 : $\sigma_c = \dfrac{P}{A_c + \dfrac{E_s}{E_c} \cdot A_s}$

$= \dfrac{(30 \times 10^3)}{(200) + \left(\dfrac{210,000}{105,000} \right)(100 \times 2\text{개})} = 50 \text{N/mm}^2$

■ 결과의 고찰: 탄성계수가 큰 철선 (steel)이 탄성계수가 작은 동선 (copper) 보다 더 많은 응력을 부담하고 있음을 알 수 있다.

핵심예제44

그림과 같이 강선과 동선에 2kN의 하중이 작용할 때 동선에 발생하는 힘은? (단, 강선과 동선의 단면적은 같고, 강선의 탄성계수는 200,000MPa, 동선의 탄성계수는 100,000MPa)

① 0.667kN
② 1kN
③ 1.33kN
④ 2kN

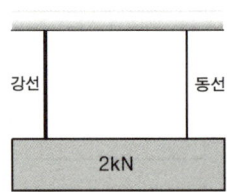

해설 (1) 합성부재에서 동선의 응력: $\sigma_c = \dfrac{P}{A_c(1+n)}$

(2) $\dfrac{P_c}{A_c} = \dfrac{P}{A_c(1+n)}$ 로부터

$$P_c = \dfrac{P}{1+n} = \dfrac{(2\times 10^3)}{1+\left(\dfrac{200,000}{100,000}\right)} = 666.667\text{N} = 0.667\text{kN}$$

답 : ①

핵심예제45

그림과 같이 강선과 동선에 2kN의 하중이 작용할 때 강선에 발생하는 힘은? (단, 강선과 동선의 단면적은 같고, 강선의 탄성계수는 200,000MPa, 동선의 탄성계수는 100,000MPa)

① 0.667kN
② 1kN
③ 1.33kN
④ 2kN

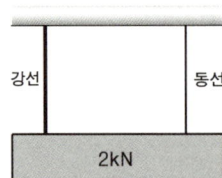

해설 (1) 합성부재에서 강선의 응력: $\sigma_s = n \cdot \dfrac{P}{A_s(1+n)}$

(2) $\dfrac{P_s}{A_s} = n \cdot \dfrac{P}{A_s(1+n)}$ 로부터

$$P_s = n \cdot \dfrac{P}{1+n} = \left(\dfrac{200,000}{100,000}\right) \cdot \dfrac{(2\times 10^3)}{1+\left(\dfrac{200,000}{100,000}\right)} = 1,333.333\text{N} = 1.333\text{kN}$$

답 : ③

핵심문제

CHAPTER 6 응력, 변형률

1. 그림과 같은 강봉이 2개의 다른 단면적을 가지고 하중 P를 받고 있을 때 AB가 150MPa의 수직응력(Nomal Stress)을 가지면 BC에서의 수직응력은?

① 150MPa
② 300MPa
③ 450MPa
④ 600MPa

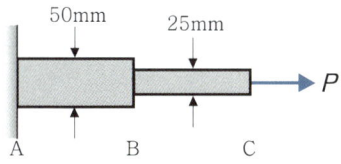

해설

(1) $\sigma_{AB} = \dfrac{P}{A} = \dfrac{P}{\dfrac{\pi(50)^2}{4}} = 150\text{N/mm}^2 \quad \therefore P = 294{,}524\text{N}$

(2) $\sigma_{BC} = \dfrac{P}{A} = \dfrac{(294{,}524)}{\dfrac{\pi(25)^2}{4}} = 600\text{N/mm}^2 = 600\text{MPa}$

2. 그림과 같은 구조물에서 AB 강봉의 최소직경 D의 크기는? (단, 강봉의 허용응력은 $\sigma_a = 140\text{MPa}$)

① 4mm
② 7mm
③ 10mm
④ 12mm

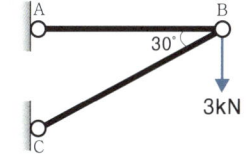

해설

(1) AB강봉의 인장력: $\dfrac{3}{\sin 30°} = \dfrac{P_{AB}}{\sin 60°}$

$\therefore P_{AB} = 5.196\text{kN}$

(2) $\sigma_t = \dfrac{P_{AB}}{A} = \dfrac{(5.196 \times 10^3)}{\dfrac{\pi D^2}{4}} = 140$ 으로부터

$D = 6.87\text{mm}$

3. 각각 100mm의 폭을 가진 3개의 나무토막이 그림과 같이 아교풀로 접착되어 있다. 45kN의 하중이 작용할 때 접착부에 생기는 평균 전단응력은?

① 2MPa
② 2.25MPa
③ 4.025MPa
④ 4.5MPa

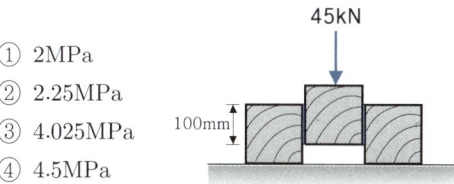

해설

(1) 전단면(Shear Plane)이 2면이다.

(2) $\tau = \dfrac{V}{2A} = \dfrac{(45 \times 10^3)}{2(100 \times 100)} = 2.25\text{N/mm}^2 = 2.25\text{MPa}$

4. 리벳이 파괴될 때는 주로 어떤 응력이 발생하여 파괴되는가?

① 휨응력
② 인장응력
③ 전단응력
④ 압축응력

해설

볼트(Bolt), 리벳(Rivet) 접합부의 지배적인 파괴형태는 전단파괴(Shear Fracture)이다.

전단접합 Mechanism	지배적인 파괴형태

해답 1. ④ 2. ② 3. ② 4. ③

5. 그림과 같은 속이 찬 직경 60mm의 원형축이 비틀림 $T = 4\text{kN} \cdot \text{m}$를 받을 때 단면에서 발생하는 최대 전단응력은?

① 92.65MPa
② 93.26MPa
③ 94.31MPa
④ 95.02MPa

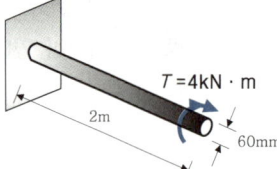

해설

(1) 원형 단면의 단면2차극모멘트
$$I_P = I_x + I_y = 2I_x = 2\left[\frac{\pi(60^4)}{64}\right] = 1.27235 \times 10^6 \text{mm}^4$$

(2) 비틀림전단응력
$$\tau = \frac{T \cdot r}{I_P} = \frac{(4 \times 10^6)(30)}{(1.27235 \times 10^6)}$$
$$= 94.313 \text{N/mm}^2 = 94.313 \text{MPa}$$

6. 반지름 r인 중실축(中實軸)과 바깥반지름 r이고 안반지름이 $0.6r$인 중공축(中空軸)이 동일 크기의 비틀림모멘트를 받고 있다면 중실축 : 중공축의 최대 전단응력비는?

① 1 : 1.28
② 1 : 1.24
③ 1 : 1.20
④ 1 : 1.15

해설

(1) 원형 단면: $I_P = I_x + I_y = 2I$

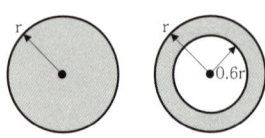

① $I_{P1} = 2I = 2\left(\frac{\pi r^4}{4}\right) = \frac{\pi r^4}{2}$

② $I_{P2} = 2I = 2\left[\frac{\pi}{4}(r^4 - 0.6^4 r^4)\right] = \frac{\pi r^4}{2} \times 0.8704$

(2) $\tau_1 : \tau_2 = \frac{T \cdot r}{I_{P1}} : \frac{T \cdot r}{I_{P2}} = \frac{1}{1} : \frac{1}{0.8704} = 1 : 1.15$

7. 그림과 같이 x, y축에 대칭인 단면에 비틀림우력 $50\text{kN} \cdot \text{m}$가 작용할 때 최대 전단응력은?

① 35.61MPa
② 43.55MPa
③ 52.43MPa
④ 60.27MPa

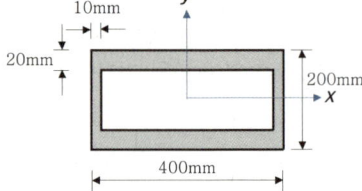

해설

$$\tau_{vert} = \frac{T}{2t_1 \cdot b \cdot h} = \frac{(50 \times 10^6)}{2(10)(390)(180)}$$
$$= 35.612 \text{N/mm}^2 = 35.612 \text{MPa}$$

8. 그림과 같은 원형 및 정사각형 관이 동일재료로서 관의 두께(t)및 둘레($4b = 2\pi r$)가 동일하고, 두 관의 길이가 일정할 때 비틀림 T에 의한 두 관의 전단응력의 비(τ_a / τ_b)는 얼마인가?

① 0.683
② 0.785
③ 0.821
④ 0.859

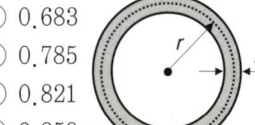 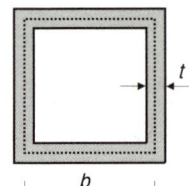

해설

(1) 원형관 제계수: $A_1 = 2\pi r t$, $L_m = 2\pi r$, $A_{m1} = \pi r^2$

$$J_1 = \frac{4A_{m1}^2}{\int_o^{Lm} \frac{ds}{t}} = \frac{4t \cdot A_{m1}^2}{L_m} = \frac{4t \cdot (\pi r^2)^2}{2\pi r} = 2\pi \cdot r^3 \cdot t$$

(2) 정사각형관 제계수: $A_2 = 4bt = 2\pi r t$ 로부터

$b = \pi r/2$

$L_m = 4b$, $A_{m2} = b^2 = \pi^2 r^2 / 4$,

$$J_2 = \frac{4A_{m2}^2}{\int_o^{Lm} \frac{ds}{t}} = \frac{4t \cdot A_{m2}^2}{L_m} = \frac{4t \cdot b^4}{4b} = t \cdot b^3 = \frac{\pi^3 \cdot r^3 \cdot t}{8}$$

(3) 비틀림 성능 비교

$$\frac{\tau_1}{\tau_2} = \frac{T/2t \cdot A_{m1}}{T/2t \cdot A_{m2}} = \frac{A_{m2}}{A_{m1}} = \frac{\pi^2 \cdot r^2 / 4}{\pi r^2} = \frac{\pi}{4} = 0.785$$

해답 5. ③ 6. ④ 7. ① 8. ②

9. 그림과 같은 강봉의 양끝이 고정된 경우 온도가 30℃ 상승하면 양 끝에 생기는 반력의 크기는?
(단, $E=200,000\text{MPa}$, $\alpha=1.0\times10^{-5}/℃$)

① 150kN
② 200kN
③ 300kN
④ 400kN

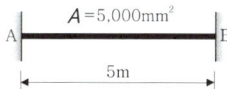

해설

(1) 온도응력: $\sigma_T = E\cdot\epsilon_T = E\cdot\alpha\cdot\Delta T$
$$= (200,000)(1.0\times10^{-5})(30) = 60\text{N/mm}^2$$

(2) 수직응력: $\sigma = \dfrac{P}{A}$ 로부터

$$P = \sigma\cdot A = (60)(5,000) = 300,000\text{N} = 300\text{kN}$$

10. 그림과 같이 부재의 자유단이 상부의 벽과 1mm 떨어져 있다. 부재의 온도가 20℃ 상승할 때 부재 내에 생기는 열응력의 크기는? (단, $E=2,000\text{MPa}$, $\alpha=10^{-5}/℃$이며, 부재의 자중은 무시한다.)

① 0.1MPa
② 0.2MPa
③ 0.3MPa
④ 0.4MPa

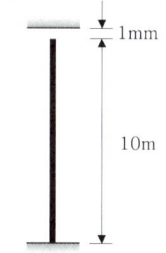

해설

(1) 상부의 벽과 1mm 떨어져 있다는 것은 온도변화에 대해 최대로 변형될 수 있는 량(ΔL)이 1mm로 제한되었음을 의미한다.

(2) $\epsilon_T = \dfrac{\Delta L}{L} = \dfrac{(1)}{(10\times10^3)} = 10^{-4}$

(3) $\sigma_T = E\cdot\epsilon_T = (2,000)(10^{-4}) = 0.2\text{N/mm}^2 = 0.2\text{MPa}$

11. 지름 $D=1.2\text{m}$, 벽두께 $t=6\text{mm}$인 강관이 $q=2\text{MPa}$의 내압을 받고 있다. 이 관벽 속에 발생하는 원환응력 σ은?

① 30MPa
② 90MPa
③ 180MPa
④ 200MPa

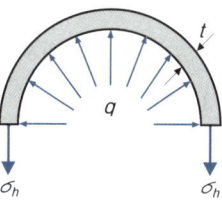

해설

$$\sigma_h = \dfrac{q\cdot r}{t} = \dfrac{(2)(600)}{(6)} = 200\text{N/mm}^2 = 200\text{MPa}$$

12. 평균지름 $D=1.2\text{m}$, 벽두께 $t=6\text{mm}$를 갖는 긴 강제수도관이 $q=1\text{MPa}$의 내압을 받고 있다. 이 관벽 속에 발생하는 원환응력(圓環應力)의 크기는?

① 1.66MPa   ② 4.5MPa
③ 90MPa   ④ 100MPa

해설

$$\sigma_h = \dfrac{q\cdot r}{t} = \dfrac{(1)(600)}{(6)} = 100\text{N/mm}^2 = 100\text{MPa}$$

13. 보의 단면이 27kN·m의 휨모멘트를 받고 있을 때 중립축에서 100mm 떨어진 점의 휨응력은 얼마인가?

① 6MPa
② 7.5MPa
③ 8MPa
④ 9.5MPa

해설

$$\sigma = \dfrac{M}{I}\cdot y = \dfrac{(27\times10^6)}{\left(\dfrac{(200)(300)^3}{12}\right)}\cdot(100) = 6\text{N/mm}^2 = 6\text{MPa}$$

해답 9. ③ 10. ② 11. ④ 12. ④ 13. ①

14. 휨모멘트 M인 다음과 같은 직사각형 단면에서 $A-A$에서의 휨응력은?

① $\dfrac{3M}{bh^2}$

② $\dfrac{3M}{4bh^2}$

③ $\dfrac{3M}{2bh^2}$

④ $\dfrac{M}{4b^2h^2}$

해설

$$\sigma_{A-A} = \dfrac{M}{I} \cdot y = \dfrac{M}{\dfrac{b(2h)^3}{12}} \cdot \left(\dfrac{h}{2}\right) = \dfrac{3M}{4bh^2}$$

16. 단면이 2,675kN·m의 휨모멘트를 받을 때 플랜지(Flange)와 복부(Web)의 경계면 $m-n$에 일어나는 휨응력으로 옳은 것은?

① 128.4MPa
② 150MPa
③ 250MPa
④ 281.6MPa

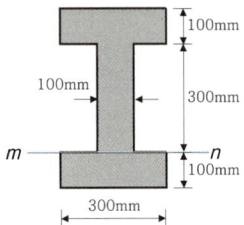

해설

(1) $I = \dfrac{1}{12}(300 \times 500^3 - 200 \times 300^3) = 2.675 \times 10^9 \text{mm}^4$

(2) $\sigma_{m-n} = \dfrac{M}{I} \cdot y = \dfrac{(2,675 \times 10^6)}{(2.675 \times 10^9)} \cdot (150)$

$\qquad\qquad = 150 \text{N/mm}^2 = 150 \text{MPa}$

15. 최대 휨모멘트 $M_{\max} = 20$kN·m를 받는 직사각형 단면의 보 $A-A$의 휨응력은?

① 2.25MPa
② 3.75MPa
③ 4.25MPa
④ 4.65MPa

해설

$$\sigma_{a-a} = \dfrac{M}{I} \cdot y = \dfrac{(20 \times 10^6)}{\left(\dfrac{(150)(400)^3}{12}\right)} \cdot \left(\dfrac{400}{2} - 50\right)$$

$$= 3.75 \text{N/mm}^2 = 3.75 \text{MPa}$$

17. 보의 단면에서 휨모멘트로 인한 최대 휨응력이 생기는 위치는 어느 곳인가?

① 중립축
② 중립축과 상단의 중간점
③ 중립축과 하단의 중간점
④ 단면 상·하단

해설

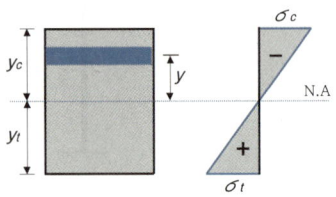

휨응력 기본식 $\sigma_b = \dfrac{M}{I} \cdot y$ 으로부터 σ_b가 최대일 때는 휨모멘트(M)가 최대 일 때이거나 중립축으로부터의 거리 y가 최대일 때(=단면의 상·하 연단)이다.

해답 14. ② 15. ② 16. ② 17. ④

18. 똑같은 휨모멘트 M을 받고 있는 두 보에서 그림 (B)에 있는 보의 최대 휨응력은 그림(A)에 있는 보의 최대 휨응력의 몇 배인가?

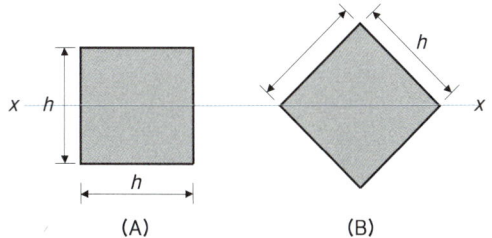

① $\sqrt{2}$ 배
② $2\sqrt{2}$ 배
③ $\sqrt{5}$ 배
④ $\sqrt{3}$ 배

해설

(1) 대칭단면의 도심을 지나는 축에 대한 단면2차모멘트는 모두 같다.

(2) $Z_A = \dfrac{I}{y_A} = \dfrac{I}{\dfrac{h}{2}}$, $Z_B = \dfrac{I}{y_b} = \dfrac{I}{\dfrac{\sqrt{2}}{2}h}$ 이므로

$Z_A : Z_B = \sqrt{2} : 1$

(3) $\sigma_{A,\max} = \dfrac{M}{Z_A}$, $\sigma_{B,\max} = \dfrac{M}{Z_B}$ 이므로

$\sigma_{A,\max} : \sigma_{B,\max} = 1 : \sqrt{2}$

19. 지름 D인 원형 단면 보에 휨모멘트 M이 작용할 때 휨응력은?

① $\dfrac{64M}{\pi D^3}$
② $\dfrac{32M}{\pi D^3}$
③ $\dfrac{16M}{\pi D^3}$
④ $\dfrac{8M}{\pi D^3}$

해설

$\sigma_{\max} = \dfrac{M}{Z} = \dfrac{M}{\dfrac{\pi D^3}{32}} = \dfrac{32M}{\pi D^3}$

20. 단면이 원형(반지름 R)인 보에 휨모멘트 M이 작용할 때 이 보에 작용하는 최대 휨응력은?

① $\dfrac{4M}{\pi R^3}$
② $\dfrac{12M}{\pi R^3}$
③ $\dfrac{16M}{\pi R^3}$
④ $\dfrac{32M}{\pi R^3}$

해설

$\sigma_{\max} = \dfrac{M}{Z} = \dfrac{M}{\dfrac{\pi D^3}{32}} = \dfrac{32M}{\pi D^3} = \dfrac{32M}{\pi (2R)^3} = \dfrac{4M}{\pi R^3}$

21. 길이 $L = 10\text{m}$, 단면 300mm×400mm의 단순보가 중앙에 120kN의 집중하중을 받고 있다. 이 보의 최대 휨응력은? (단, 보의 자중은 무시한다.)

① 55MPa
② 52.5MPa
③ 45MPa
④ 37.5MPa

해설

$\sigma_{\max} = \dfrac{M_{\max}}{Z} = \dfrac{\dfrac{PL}{4}}{\dfrac{bh^2}{6}}$

$= \dfrac{\dfrac{(120\times10^3)(10\times10^3)}{4}}{\dfrac{(300)(400)^2}{6}} = 37.5\text{N/mm}^2 = 37.5\text{MPa}$

22. 그림과 같은 단순보의 최대 휨응력은?

① 5MPa
② 7MPa
③ 9MPa
④ 12MPa

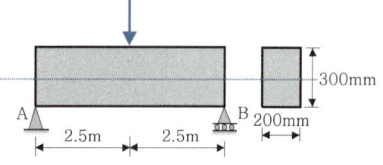

해설

$\sigma_{\max} = \dfrac{M_{\max}}{Z} = \dfrac{\dfrac{PL}{4}}{\dfrac{bh^2}{6}}$

$= \dfrac{\dfrac{(16.8\times10^3)(5\times10^3)}{4}}{\dfrac{(200)(300)^2}{6}} = 7\text{N/mm}^2 = 7\text{MPa}$

해답 18. ① 19. ② 20. ① 21. ④ 22. ②

23. 길이 10m, 폭 20cm, 높이 30cm인 직사각형 단면을 갖는 단순보에서 자중에 의한 최대 휨응력은? (단, 보의 단위중량은 25kN/m³으로 균일한 단면을 갖는다.)

① 6.25 MPa   ② 9.375 MPa
③ 12.25 MPa   ④ 15.275 MPa

해설

자중에 의한 등분포하중
$w = 25\text{kN/m}^3 \times 0.2\text{m} \times 0.3\text{m} = 1.5\text{kN/m}$

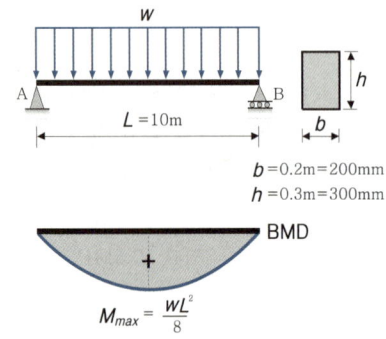

$b = 0.2\text{m} = 200\text{mm}$
$h = 0.3\text{m} = 300\text{mm}$

$M_{max} = \dfrac{wL^2}{8}$

$\sigma_{b,max} = \dfrac{M_{max}}{Z} = \dfrac{\dfrac{wL^2}{8}}{\dfrac{bh^2}{6}} = \dfrac{\dfrac{(1.5)(10 \times 10^3)^2}{8}}{\dfrac{(200)(300)^2}{6}}$

$= 6.25\text{N/mm}^2 = 6.25\text{MPa}$

24. 허용휨응력이 80MPa일 때 보에 작용할 수 있는 등분포하중 w(kN/m)는?

① 0.3
② 0.4
③ 3
④ 4

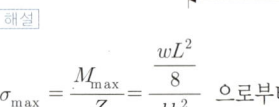

해설

$\sigma_{max} = \dfrac{M_{max}}{Z} = \dfrac{\dfrac{wL^2}{8}}{\dfrac{bh^2}{6}}$ 으로부터

$w = \dfrac{4\sigma \cdot b \cdot h^2}{3L^2} = \dfrac{4(80)(60)(100)^2}{3(4 \times 10^3)^2} = 4\text{N/mm} = 4\text{kN/m}$

25. 200mm×300mm인 단면의 저항모멘트는? (단, 재료의 허용 휨응력은 7MPa이다.)

① 21kN·m   ② 30kN·m
③ 45kN·m   ④ 60kN·m

해설

$\sigma_{b,max} = \dfrac{M_{max}}{Z} = \dfrac{M_{max}}{\dfrac{bh^2}{6}} = \dfrac{M_{max}}{\dfrac{(200)(300)^2}{6}} = 7\text{N/mm}^2$

으로부터 $M_{max} = 21 \times 10^6 \text{N} \cdot \text{mm} = 21\text{kN} \cdot \text{m}$

26. 휨모멘트 M을 받고 있는 원형 단면의 보를 설계하려고 한다. 이 보의 허용응력을 σ_a라 할 때 단면의 지름 D는 얼마인가?

① $D = 10.19 \dfrac{M}{\sigma_a}$ ② $D = 3.19 \sqrt{\dfrac{M}{\sigma_a}}$
③ $D = 2.17 \sqrt[3]{\dfrac{M}{\sigma_a}}$ ④ $D = 1.79 \sqrt[4]{\dfrac{M}{\sigma_a}}$

해설

$\sigma_b = \dfrac{M}{Z} = \dfrac{M}{\dfrac{\pi D^3}{32}} \leq \sigma_a$ 으로부터

$D \geq \sqrt[3]{\dfrac{32}{\pi} \cdot \dfrac{M}{\sigma_a}} = 2.17 \cdot \sqrt[3]{\dfrac{M}{\sigma_a}}$

27. 그림과 같은 캔틸레버보의 최대 휨응력은?

① $\dfrac{qL^2}{bh^2}$
② $\dfrac{qL^{1.5}}{bh^2}$
③ $\dfrac{2qL^2}{bh^2}$
④ $\dfrac{2.5qL^2}{bh^2}$

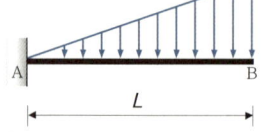

해설

$\sigma_{max} = \dfrac{M_{max}}{Z} = \dfrac{\left(\dfrac{1}{2} \cdot L \cdot q\right)\left(\dfrac{2L}{3}\right)}{\dfrac{bh^2}{6}} = \dfrac{2qL^2}{bh^2}$

해답   23. ①   24. ④   25. ①   26. ③   27. ③

28. 그림과 같이 하중 P가 작용할 때 보 중앙점의 단면 하단에 생기는 수직응력의 값은?

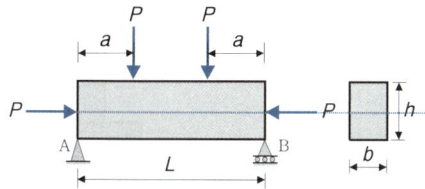

① $\dfrac{P}{bh^2}\left(1+\dfrac{6a}{h}\right)$ ② $\dfrac{P}{bh}\left(1-\dfrac{6a}{h}\right)$

③ $\dfrac{P}{b^2h^2}\left(1-\dfrac{6a}{h}\right)$ ④ $\dfrac{P}{b^2h}\left(1-\dfrac{a}{h}\right)$

해설

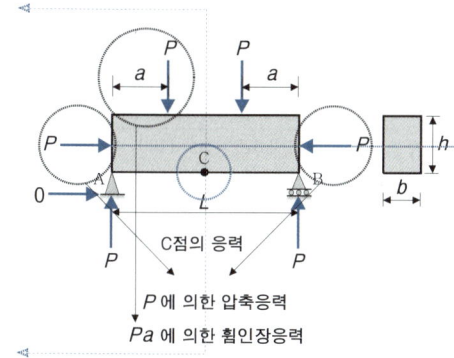

(1) 보의 중앙점에서 휨모멘트 $M_C = Pa$ 이고, 하단에서의 휨응력은 휨인장(+)을 받으며, 축방향력에 의해서도 압축력(-)을 받는다.

(2) $\sigma = +\sigma_t - \sigma_c = +\dfrac{M}{Z} - \dfrac{P}{A}$

$= +\dfrac{Pa}{\dfrac{bh^2}{6}} - \dfrac{P}{bh} = +\dfrac{6Pa}{bh^2} - \dfrac{P}{bh} = \dfrac{P}{bh}\left(\dfrac{6a}{h} - 1\right)$

➡ 출제자의 의도는 인장을 $-$, 압축을 $+$로 간주한 것으로 보인다. 어찌되었건 정답은 압축응력 $\dfrac{P}{bh}$를 공통인자로 묶은 ②번이 될 수밖에 없다.

29. 다음 구조물에 작용하는 최대 휨인장응력은?

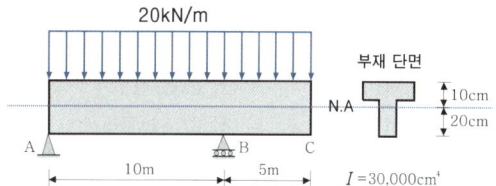

① 46.9MPa
② 83.3MPa
③ 93.7MPa
④ 166.7MPa

해설

(1) $\Sigma M_B = 0: +(V_A)(10) - (20 \times 15)(2.5) = 0$

$\therefore V_A = +75\text{kN}(\uparrow)$

(2) A점으로부터 우측으로 x위치

$V_x = +(75) - (20 \cdot x) = 75 - 20x$

$M_x = +(75)(x) - (20 \cdot x)\left(\dfrac{x}{2}\right) = 75x - 10x^2$

(3) $V_x = 75 - 20x = 0 \Rightarrow x = 3.75\text{m}$

$M_x = 75(3.75) - 10(3.75)^2 = 140.625\text{kN} \cdot \text{m}$

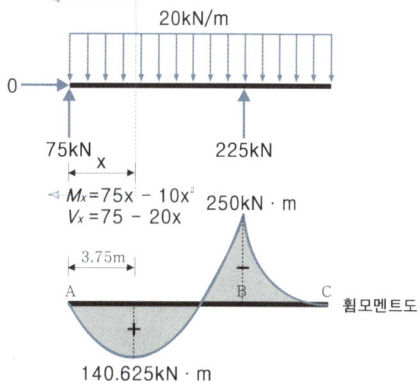

(4) $\sigma_{\max} = \dfrac{M_{\max}}{I} \cdot y = \dfrac{(140.625 \times 10^6)}{(3 \times 10^8)} \cdot (200)$

$= 93.75\text{N/mm}^2 = 93.75\text{MPa}$

해답 28. ② 29. ③

30. 폭 300mm, 높이 400mm의 직사각형 단면의 단순보에서 전단력 $V=200$kN이 작용할 때 중립축으로부터 위로 100mm 떨어진 점에서 전단응력은?

① 1.875MPa ② 2.55MPa
③ 2.954MPa ④ 3.784MPa

해설

(1) $Q = (300 \times 100)(100+50) = 4.5 \times 10^6 \text{mm}^3$

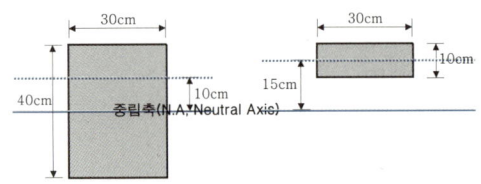

(2) $\tau_{\max} = \dfrac{V \cdot Q}{I \cdot b} = \dfrac{(200 \times 10^3)(4.5 \times 10^6)}{\left(\dfrac{(300)(400)^3}{12}\right)(300)}$

$= 1.875 \text{N/mm}^2 = 1.875 \text{MPa}$

31. 그림과 같은 단면에 전단력 $V=750$kN이 작용할 때 최대 전단응력은?

① 8.3MPa
② 15MPa
③ 20MPa
④ 25MPa

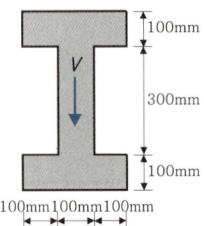

해설

(1) $I_x = \dfrac{1}{12}(300 \times 500^3 - 200 \times 300^3) = 2.675 \times 10^9 \text{mm}^4$

$Q = (300 \times 100)(150+50) + (100 \times 150)(75)$

$= 7.125 \times 10^6 \text{mm}^3$

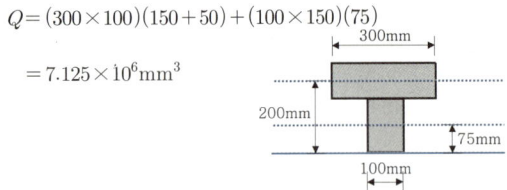

전단응력 산정을 위한 Q

(2) $\tau_{\max} = \dfrac{V \cdot Q}{I \cdot b} = \dfrac{(750 \times 10^3)(7.125 \times 10^6)}{(2.675 \times 10^9)(100)}$

$= 20 \text{N/mm}^2 = 20 \text{MPa}$

32. 그림과 같은 단면에 전단력 $V=600$kN이 작용할 때 최대 전단응력은?

① 12.7MPa
② 16MPa
③ 19.8MPa
④ 21.3MPa

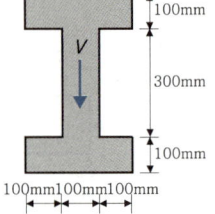

해설

(1) $I_x = \dfrac{1}{12}(300 \times 500^3 - 200 \times 300^3) = 2.675 \times 10^9 \text{mm}^4$

$Q = (300 \times 100)(150+50) + (100 \times 150)(75)$

$= 7.125 \times 10^6 \text{mm}^3$

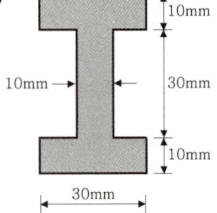

전단응력 산정을 위한 Q

(2) $\tau_{\max} = \dfrac{V \cdot Q}{I \cdot b} = \dfrac{(600 \times 10^3)(7.125 \times 10^6)}{(2.675 \times 10^9)(100)}$

$= 15.981 \text{N/mm}^2 = 15.981 \text{MPa}$

33. 그림과 같은 단면에 작용하는 최대전단응력은? (단, 작용하는 전단력은 40kN)

① 89.72MPa
② 106.54MPa
③ 129.91MPa
④ 144.44MPa

해설

(1) $I_x = \dfrac{1}{12}(30 \times 50^3 - 20 \times 30^3) = 2.675 \times 10^5 \text{mm}^4$

$Q = (30 \times 10)(15+5) + (10 \times 15)(7.5) = 7.125 \times 10^3 \text{mm}^3$

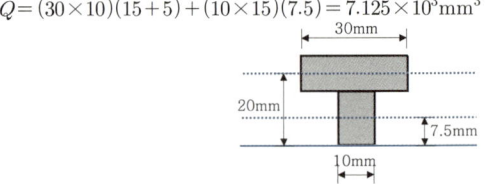

전단응력 산정을 위한 Q

(2) $\tau_{\max} = \dfrac{V \cdot Q}{I \cdot b} = \dfrac{(40 \times 10^3)(7.125 \times 10^3)}{(2.675 \times 10^5)(10)}$

$= 106.542 \text{N/mm}^2 = 106.542 \text{MPa}$

해답 30. ① 31. ③ 32. ② 33. ②

34. 그림과 같은 단면에 10kN의 전단력이 작용할 때 최대 전단응력의 크기는?

① 2.35MPa
② 2.84MPa
③ 3.52MPa
④ 4.33MPa

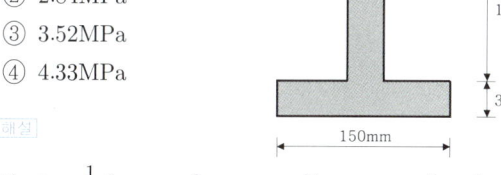

해설

(1) $I_x = \dfrac{1}{12}(150 \times 180^3 - 120 \times 120^3) = 5.562 \times 10^7 \text{mm}^4$

(2) $Q = (150 \times 30)(60+15) + (30 \times 60)(30)$
$= 3.915 \times 10^5 \text{mm}^3$

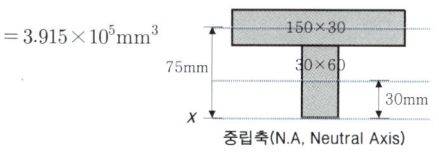

전단응력 산정을 위한 Q

(3) $\tau_{max} = \dfrac{V \cdot Q}{I \cdot b} = \dfrac{(10 \times 10^3)(3.915 \times 10^5)}{(5.562 \times 10^7)(30)}$
$= 2.35 \text{N/mm}^2 = 2.35 \text{MPa}$

35. 그림과 같은 단면에 15kN의 전단력이 작용할 때 최대 전단응력의 크기는?

① 2.86MPa
② 3.52MPa
③ 4.74MPa
④ 5.95MPa

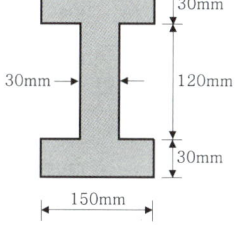

해설

(1) $I = \dfrac{1}{12}(150 \times 180^3 - 120 \times 120^3) = 5.562 \times 10^7 \text{mm}^4$

(2) $Q = (150 \times 30)(60+15) + (30 \times 60)(30)$
$= 3.915 \times 10^8 \text{mm}^3$

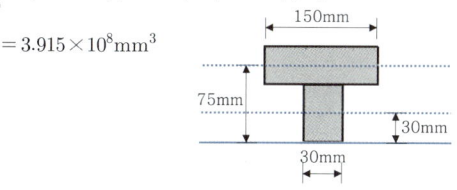

전단응력 산정을 위한 Q

(3) $\tau_{max} = \dfrac{V \cdot Q}{I \cdot b} = \dfrac{(15 \times 10^3)(3.915 \times 10^8)}{(5.562 \times 10^7)(30)}$
$= 3.519 \text{N/mm}^2 = 3.519 \text{MPa}$

36. I형 단면 보에 80kN의 전단력이 작용할 때 상연(上緣)에서 50mm 아래인 지점에서의 전단응력은? (단, $I = 1 \times 10^9 \text{mm}^4$)

① 0.525MPa
② 0.7MPa
③ 1.1MPa
④ 1.6MPa

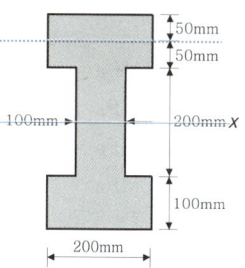

해설

(1) $Q = (200 \times 50)(150+25) = 1.750 \times 10^6 \text{mm}^3$

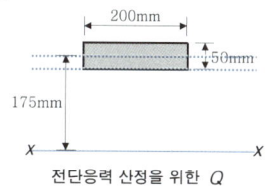

전단응력 산정을 위한 Q

(2) $\tau_{max} = \dfrac{V \cdot Q}{I \cdot b} = \dfrac{(80 \times 10^3)(1.750 \times 10^6)}{(1 \times 10^9)(200)}$
$= 0.7 \text{N/mm}^2 = 0.7 \text{MPa}$

37. 그림과 같은 단면에 전단력 $V = 150 \text{kN}$이 작용할 때 최대 전단응력은?

① 0.99MPa
② 1.98MPa
③ 9.9MPa
④ 19.8MPa

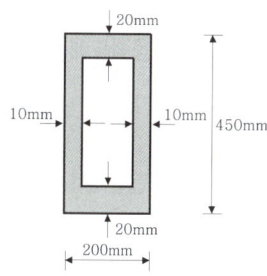

해설

(1) $I = \dfrac{1}{12}(200 \times 450^3 - 180 \times 410^3) = 4.849 \times 10^8 \text{mm}^4$

$Q = (200 \times 225)(112.5) - (180 \times 205)(102.5)$
$= 1.280 \times 10^6 \text{mm}^3$

전단응력 산정을 위한 Q

(2) $\tau_{max} = \dfrac{V \cdot Q}{I \cdot b} = \dfrac{(150 \times 10^3)(1.280 \times 10^6)}{(4.849 \times 10^8)(20)}$
$= 19.797 \text{N/mm}^2 = 19.797 \text{MPa}$

해답   34. ①   35. ②   36. ②   37. ④

38. 그림과 같은 단면의 최대 전단응력은? (단, 전단력 20kN)

① 0.212MPa
② 0.322MPa
③ 0.412MPa
④ 0.422MPa

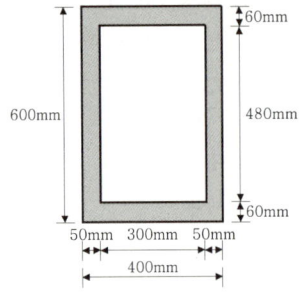

해설

(1) $I = \dfrac{1}{12}(400 \times 600^3 - 300 \times 480^3) = 4.4352 \times 10^9 \text{mm}^4$

$Q = (400 \times 300)(150) - (300 \times 240)(120) = 9.36 \times 10^6 \text{mm}^3$

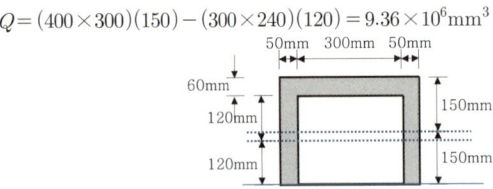

전단응력 산정을 위한 Q

(2) $\tau = \dfrac{V \cdot Q}{I \cdot b} = \dfrac{(20 \times 10^3)(9.36 \times 10^6)}{(4.4352 \times 10^9)(100)}$

$= 0.422 \text{N/mm}^2 = 0.422 \text{MPa}$

39. 전단응력도에 대한 설명으로 틀린 것은?

① 직사각형 단면에서는 중앙부의 전단응력도가 제일 크다.
② 원형 단면에서는 중앙부의 전단응력도가 제일 크다.
③ I형 단면에서는 상, 하단의 전단응력도가 제일 크다.
④ 전단응력도는 전단력의 크기에 비례한다.

해설

③ I형 단면에서는 중앙부의 전단응력도가 제일 크다.

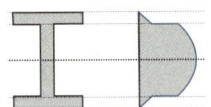

40. 그림과 같은 전단력 V가 작용하는 보의 단면에서 $\tau_1 - \tau_2$의 값은?

① $\dfrac{V}{1,450}$
② $\dfrac{2V}{1,450}$
③ $\dfrac{3V}{1,450}$
④ $\dfrac{4V}{1,450}$

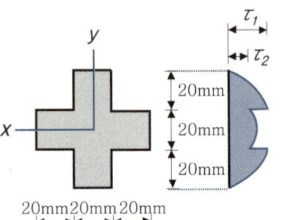

해설

(1) $I = \dfrac{(20)(60)^3 + (20)(20)^3 \times 2개}{12} = \dfrac{116}{3} \times 10^4 \text{mm}^4$

(2) $Q = A \cdot y = (20 \times 20)(10 + 10) = 8 \times 10^3 \text{mm}^3$

(3) $\tau_1 - \tau_2 = \dfrac{VQ}{Ib_w} - \dfrac{VQ}{Ib} = \dfrac{VQ}{I}\left(\dfrac{1}{b_w} - \dfrac{1}{b}\right)$

$= \dfrac{V(8 \times 10^3)}{\left(\dfrac{116}{3} \times 10^4\right)}\left(\dfrac{1}{(20)} - \dfrac{1}{(60)}\right) = \dfrac{V}{1,450}$

41. 직사각형 단면의 최대 전단응력도는 원형 단면의 최대 전단응력도의 몇 배인가? (단, 단면적과 작용하는 전단력의 크기는 같다.)

① $\dfrac{9}{8}$ 배
② $\dfrac{8}{9}$ 배
③ $\dfrac{6}{5}$ 배
④ $\dfrac{5}{6}$ 배

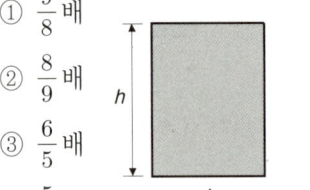
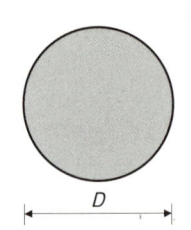

해설

(1) 직사각형: $\tau_{\max} = k \cdot \dfrac{V_{\max}}{A} = \left(\dfrac{3}{2}\right) \cdot \dfrac{V_{\max}}{A}$

(2) 원형: $\tau_{\max} = k \cdot \dfrac{V_{\max}}{A} = \left(\dfrac{4}{3}\right) \cdot \dfrac{V_{\max}}{A}$

(3) $\dfrac{\tau_{rect}}{\tau_{circ}} = \dfrac{\dfrac{3}{2} \cdot \dfrac{V_{\max}}{A}}{\dfrac{4}{3} \cdot \dfrac{V_{\max}}{A}} = \dfrac{9}{8}$

해답 38. ④ 39. ③ 40. ① 41. ①

42. 직사각형 단면 보의 단면적을 A, 전단력을 V라고 할 때 최대 전단응력은?

① $\dfrac{2}{3} \cdot \dfrac{V}{A}$ ② $1.5 \cdot \dfrac{V}{A}$
③ $3 \cdot \dfrac{V}{A}$ ④ $2 \cdot \dfrac{V}{A}$

해설

직사각형: $\tau_{max} = k \cdot \dfrac{V_{max}}{A} = \left(\dfrac{3}{2}\right) \cdot \dfrac{V_{max}}{A}$

43. 폭 100mm, 높이 200mm인 직사각형 단면의 단순보에서 전단력 $V=40$kN이 작용할 때 최대 전단응력은?

① 1MPa ② 2MPa
③ 3MPa ④ 4MPa

해설

$\tau_{max} = k \cdot \dfrac{V_{max}}{A} = \left(\dfrac{3}{2}\right) \cdot \dfrac{(40 \times 10^3)}{(100 \times 200)} = 3\text{N/mm}^2 = 3\text{MPa}$

44. 폭 100mm, 높이 150mm인 직사각형 단면의 보가 $S=7$kN의 전단력을 받을 때 최대전단응력과 평균전단응력의 차이는?

① 0.13MPa ② 0.23MPa
③ 0.33MPa ④ 0.43MPa

해설

(1) 평균전단응력: $\tau_{aver} = \dfrac{V_{max}}{A}$

(2) 최대전단응력: $\tau_{max} = k \cdot \dfrac{V_{max}}{A} = \left(\dfrac{3}{2}\right) \cdot \dfrac{V_{max}}{A}$

(3) $\tau_{max} - \tau_{aver} = \left(\dfrac{3}{2} - 1\right) \cdot \dfrac{V_{max}}{A} = \left(\dfrac{3}{2} - 1\right) \cdot \dfrac{(7 \times 10^3)}{(100 \times 150)}$
$= 0.233\text{N/mm}^2 = 0.233\text{MPa}$

45. 직사각형 단면으로 된 보의 최대 전단력이 100kN이었다. 허용 전단응력이 1MPa, 보의 높이가 300mm일 때 전단력을 견딜 수 있게 하기 위해서 보의 폭은 얼마 이상이 되어야 하는가?

① 300mm ② 400mm
③ 500mm ④ 600mm

해설

$\tau_{max} = k \cdot \dfrac{V_{max}}{A} = \left(\dfrac{3}{2}\right) \cdot \dfrac{V_{max}}{(bh)}$ 으로부터

$b = \dfrac{3}{2} \cdot \dfrac{V_{max}}{h \cdot \tau_{max}} = \dfrac{3}{2} \cdot \dfrac{(100 \times 10^3)}{(300)(100)} = 500\text{mm}$

46. 어떤 보 단면의 전단응력도를 그렸더니 그림과 같았다. 이 단면에 가해진 전단력의 크기는?

① 42kN
② 48kN
③ 54kN
④ 60kN

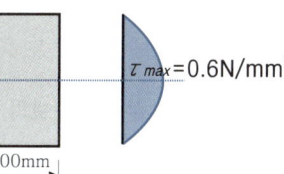

해설

$\tau_{max} = k \cdot \dfrac{V_{max}}{A} = \left(\dfrac{3}{2}\right) \cdot \dfrac{V_{max}}{A}$ 으로부터

$V_{max} = \dfrac{2}{3} A \cdot \tau_{max} = \dfrac{2}{3}(300 \times 400)(0.6) = 48{,}000\text{N} = 48\text{kN}$

47. 경간 10m, 폭 300mm, 높이 500mm인 직사각형 단면의 단순보 중앙에 집중하중 $P=30$kN이 작용할 때 최대 전단응력은?

① 0.1MPa ② 0.15MPa
③ 0.2MPa ④ 0.25MPa

해설

$\tau_{max} = k \cdot \dfrac{V_{max}}{A}$
$= \left(\dfrac{3}{2}\right) \cdot \dfrac{(15 \times 10^3)}{(300 \times 500)}$
$= 0.15\text{N/mm}^2 = 0.15\text{MPa}$

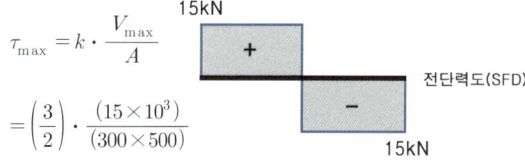

48. 다음 부재에 발생할 수 있는 최대 전단응력은?

① 0.6MPa
② 0.65MPa
③ 0.7MPa
④ 0.75MPa

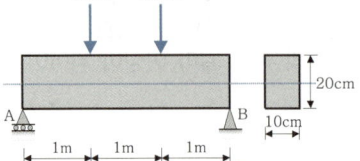

해설

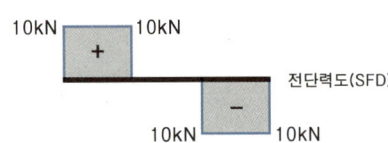

$$\tau_{\max} = k \cdot \frac{V_{\max}}{A} = \left(\frac{3}{2}\right) \cdot \frac{(10 \times 10^3)}{(100 \times 200)}$$

$$= 0.75 \text{N/mm}^2 = 0.75 \text{MPa}$$

49. 그림과 같은 단순보의 최대 전단응력은?

① 0.375MPa
② 0.475MPa
③ 0.575MPa
④ 0.675MPa

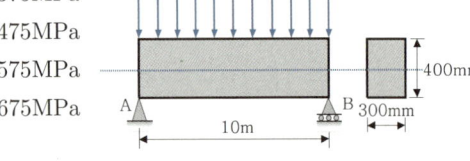

해설

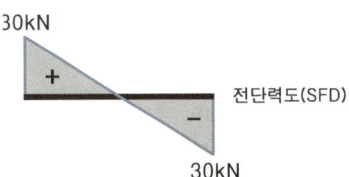

$$\tau_{\max} = k \cdot \frac{V_{\max}}{A} = \left(\frac{3}{2}\right) \cdot \frac{(30 \times 10^3)}{(300 \times 400)}$$

$$= 0.375 \text{N/mm}^2 = 0.375 \text{MPa}$$

50. 그림과 같은 단순보에서 전단력에 안전하도록 하기 위한 경간 L은? (단, 허용전단응력은 0.7MPa)

① 4.2m
② 4.3m
③ 4.4m
④ 4.5m

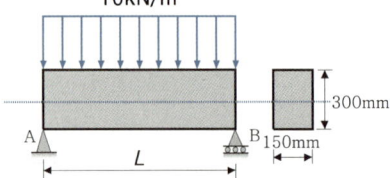

해설

(1) $w = 10\text{kN/m} = 10\text{N/mm}$

(2) $V_{\max} = V_A = \dfrac{wL}{2} = \dfrac{(10)L}{2} = 5L$

(3) $\tau_{\max} = k \cdot \dfrac{V_{\max}}{A} = \left(\dfrac{3}{2}\right) \cdot \dfrac{(5L)}{A} \leq \tau_{allow}$ 으로부터

$L \leq \dfrac{2}{15} \cdot (150 \times 300)(0.7) \qquad \therefore L \leq 4{,}200\text{mm} = 4.2\text{m}$

51. 그림과 같은 단순보의 최대 전단응력 $\tau_{\max}$ 는? (단, 보의 단면은 직경이 D인 원이다.)

① $\dfrac{wL}{2\pi D^2}$

② $\dfrac{9wL}{4\pi D^2}$

③ $\dfrac{3wL}{2\pi D^2}$

④ $\dfrac{2wL}{\pi D^2}$

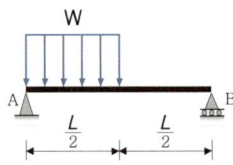

해설

(1) $\sum M_B = 0: \ +(V_A)(L) - \left(w \cdot \dfrac{L}{2}\right)\left(\dfrac{3L}{4}\right) = 0$

$\therefore V_A = +\dfrac{3}{8}wL(\uparrow) \ \Rightarrow \ V_B = +\dfrac{1}{8}wL(\uparrow)$

$\Rightarrow V_{\max} = V_A = \dfrac{3}{8}wL$

(2) $\tau_{\max} = k \cdot \dfrac{V_{\max}}{A} = \left(\dfrac{4}{3}\right) \cdot \dfrac{\left(\dfrac{3}{8}wL\right)}{\left(\dfrac{\pi D^2}{4}\right)} = \dfrac{2wL}{\pi D^2}$

52. 그림과 같은 하중을 받는 보의 최대 전단응력은?

① $\dfrac{2}{3} \cdot \dfrac{wL}{bh}$

② $\dfrac{3}{2} \cdot \dfrac{wL}{bh}$

③ $2 \cdot \dfrac{wL}{bh}$

④ $\dfrac{wL}{bh}$

해설

(1) $\Sigma M_B = 0: +(V_A)(L) - \left(\dfrac{1}{2} \cdot 2w \cdot L\right)\left(\dfrac{1}{3}L\right) = 0$

∴ $V_A = +\dfrac{1}{3}wL(\uparrow)$ ➡ $V_B = +\dfrac{2}{3}wL(\uparrow)$

➡ $V_{\max} = V_B = \dfrac{2}{3}wL$

(2) $\tau_{\max} = k \cdot \dfrac{V_{\max}}{A} = \left(\dfrac{3}{2}\right) \cdot \dfrac{\left(\dfrac{2}{3}wL\right)}{(bh)} = \dfrac{wL}{bh}$

53. T형 단면의 캔틸레버 보에서 최대 전단응력은? (단, T형보 단면의 $I_{N.A} = 8.68 \times 10^5 \mathrm{mm}^4$)

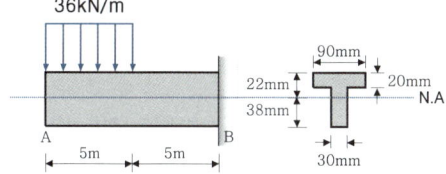

① 145.68MPa ② 149.72MPa
③ 152.03MPa ④ 153.32MPa

해설

(1) 고정단 $V_{\max} = 36 \times 5 = 180\mathrm{kN}$

(2) $Q = (30 \times 38)(19) = 2.166 \times 10^4 \mathrm{mm}^3$

(3) $\tau_{\max} = \dfrac{V \cdot Q}{I \cdot b} = \dfrac{(180 \times 10^3)(2.166 \times 10^4)}{(8.68 \times 10^5)(30)}$

$\qquad = 149.724 \mathrm{N/mm}^2 = 149.724\mathrm{MPa}$

54. T형 단면의 캔틸레버 보에서 최대 전단응력은? (단, T형보 단면의 $I_{N.A} = 8.68 \times 10^5 \mathrm{mm}^4$)

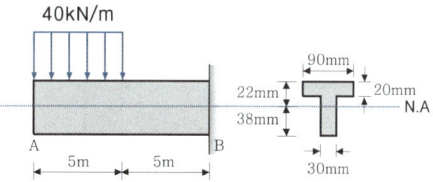

① 125.68MPa ② 166.36MPa
③ 207.95MPa ④ 243.32MPa

해설

(1) 고정단 $V_{\max} = 40 \times 5 = 200\mathrm{kN}$

(2) $Q = (30 \times 38)(19) = 2.166 \times 10^4 \mathrm{mm}^3$

(3) $\tau_{\max} = \dfrac{V \cdot Q}{I \cdot b} = \dfrac{(200 \times 10^3)(2.166 \times 10^4)}{(8.68 \times 10^5)(30)}$

$\qquad = 166.359 \mathrm{N/mm}^2 = 166.359\mathrm{MPa}$

55. T형 단면의 캔틸레버 보에서 최대 전단응력은? (단, T형보 단면의 $I_{N.A} = 8.68 \times 10^5 \mathrm{mm}^4$)

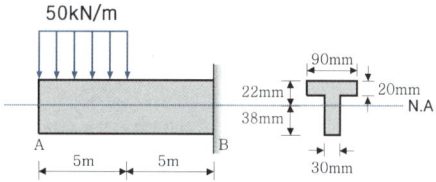

① 125.68MPa ② 179.72MPa
③ 207.95MPa ④ 243.32MPa

해설

(1) 고정단 $V_{\max} = 50 \times 5 = 250\mathrm{kN}$

(2) $Q = (30 \times 38)(19) = 2.166 \times 10^4 \mathrm{mm}^3$

(3) $\tau_{\max} = \dfrac{V \cdot Q}{I \cdot b} = \dfrac{(250 \times 10^3)(2.166 \times 10^4)}{(8.68 \times 10^5)(30)}$

$\qquad = 207.949 \mathrm{N/mm}^2 = 207.949\mathrm{MPa}$

해답 52. ④ 53. ② 54. ② 55. ③

56. 그림과 같은 단순보의 단면에 발생하는 최대 전단응력의 크기는?

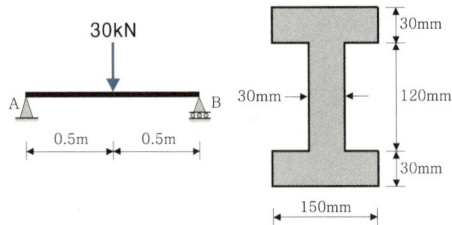

① 3.52MPa ② 4.36MPa
③ 4.98MPa ④ 5.64MPa

[해설]

(1) $I = \dfrac{1}{12}(150 \times 180^3 - 120 \times 120^3) = 5.562 \times 10^7 \text{mm}^4$

(2) I형 단면의 최대 전단응력은 단면의 중앙부에서 발생한다. ∴ $b = 30\text{mm}$

(3) $V_{\max} = V_A = V_B = \dfrac{P}{2} = \dfrac{(30)}{2} = 15\text{kN} = 15 \times 10^3 \text{N}$

(4) $Q = (150 \times 30)(60 + 15) + (30 \times 60)(30)$
  $= 3.915 \times 10^5 \text{mm}^3$

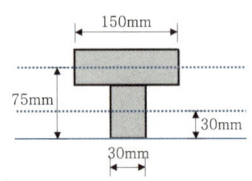

전단응력 산정을 위한 Q

(5) $\tau_{\max} = \dfrac{V \cdot Q}{I \cdot b} = \dfrac{(15 \times 10^3)(3.915 \times 10^5)}{(5.562 \times 10^7)(30)}$
  $= 3.519 \text{N/mm}^2 = 3.519 \text{MPa}$

57. 그림과 같은 단순보의 단면에 발생하는 최대 전단응력의 크기는?

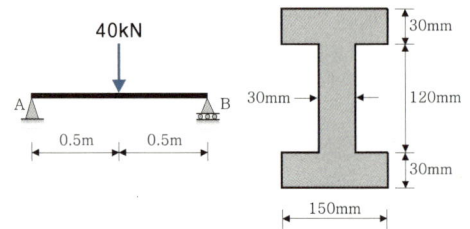

① 2.73MPa ② 3.52MPa
③ 4.69MPa ④ 5.42MPa

[해설]

(1) $I = \dfrac{1}{12}(150 \times 180^3 - 120 \times 120^3) = 5.562 \times 10^7 \text{mm}^4$

(2) I형 단면의 최대 전단응력은 단면의 중앙부에서 발생한다. ∴ $b = 30\text{mm}$

(3) $V_{\max} = V_A = V_B = \dfrac{P}{2} = \dfrac{(40)}{2} = 20\text{kN} = 20 \times 10^3 \text{N}$

(4) $Q = (150 \times 30)(60 + 15) + (30 \times 60)(30)$
  $= 3.915 \times 10^5 \text{mm}^3$

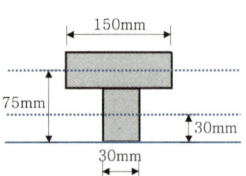

전단응력 산정을 위한 Q

(5) $\tau_{\max} = \dfrac{V \cdot Q}{I \cdot b} = \dfrac{(20 \times 10^3)(3.915 \times 10^5)}{(5.562 \times 10^7)(30)}$
  $= 4.692 \text{N/mm}^2 = 4.692 \text{MPa}$

58. 그림과 같은 단순보의 단면에서 최대 전단응력을 구한 값은?

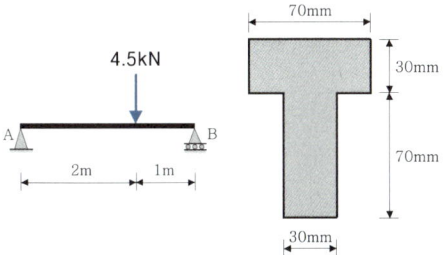

① 1.48MPa ② 2.48MPa
③ 3.48MPa ④ 4.48MPa

해설

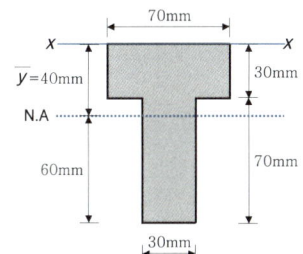

(1) $\bar{y} = \dfrac{G_x}{A}$

$= \dfrac{(70 \times 30)(15) + (30 \times 70)(65)}{(70 \times 30) + (30 \times 70)} = 40\text{mm}$ (상연으로부터)

(2) $I_x = \left[\dfrac{(70)(30)^3}{12} + (70 \times 30)(25)^2 \right]$

$+ \left[\dfrac{(30)(70)^3}{12} + (30 \times 70)(25)^2 \right] = 3.64 \times 10^6 \text{mm}^4$

(3) $Q = (30 \times 60)(30) = 5.4 \times 10^4 \text{mm}^3$

(4) $V_{\max} = V_B = 3\text{kN} = 3 \times 10^3 \text{N}$

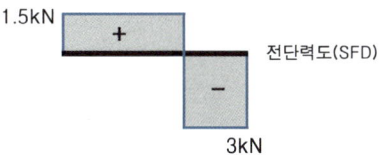

(5) $\tau_{\max} = \dfrac{V \cdot Q}{I \cdot b} = \dfrac{(3 \times 10^3)(5.4 \times 10^4)}{(3.64 \times 10^6)(30)}$

$= 1.483 \text{N/mm}^2 = 1.483\text{MPa}$

59. 그림과 같은 단순보의 단면에서 최대 전단응력을 구한 값은?

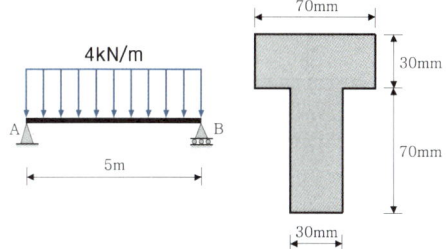

① 2.47MPa ② 2.96MPa
③ 3.64MPa ④ 4.95MPa

해설

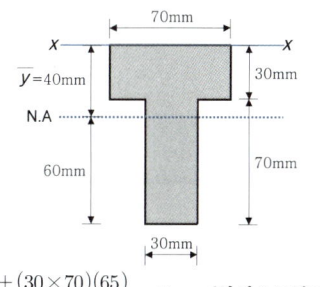

(1) $\bar{y} = \dfrac{G_x}{A}$

$= \dfrac{(70 \times 30)(15) + (30 \times 70)(65)}{(70 \times 30) + (30 \times 70)} = 40\text{mm}$ (상연으로부터)

(2) $I_x = \left[\dfrac{(70)(30)^3}{12} + (70 \times 30)(25)^2 \right]$

$+ \left[\dfrac{(30)(70)^3}{12} + (30 \times 70)(25)^2 \right] = 3.64 \times 10^6 \text{mm}^4$

(3) $Q = (30 \times 60)(30) = 5.4 \times 10^4 \text{mm}^3$

(4) $V_{\max} = V_A = V_B = \dfrac{wL}{2} = \dfrac{(4)(5)}{2} = 10\text{kN} = 10 \times 10^3 \text{N}$

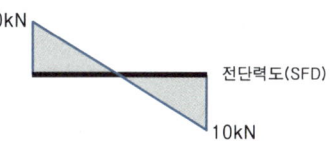

(5) $\tau_{\max} = \dfrac{V \cdot Q}{I \cdot b} = \dfrac{(10 \times 10^3)(5.4 \times 10^4)}{(3.64 \times 10^6)(30)}$

$= 4.945 \text{N/mm}^2 = 4.945\text{MPa}$

해답 58. ① 59. ④

60. 단순보에서 허용휨응력 $\sigma_{allow}=5\text{MPa}$, 허용전단응력 $\tau_{allow}=0.5\text{MPa}$일 때 하중 P의 한계치는?

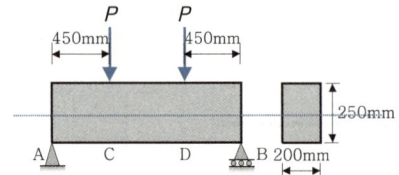

① 16.667kN ② 25.167kN
③ 25kN   ④ 23.148kN

해설

(1) $M_{\max} = (P)(450) = 450P$

$V_{\max} = V_A = V_B = P$

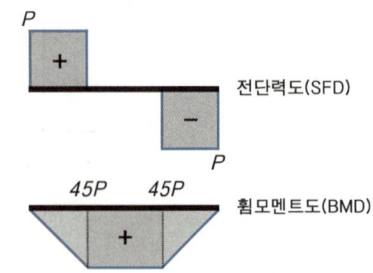

(2) 보의 응력

① 휨응력: $\sigma = \dfrac{M}{Z} \leq \sigma_{allow}$ 으로부터 $M \leq \sigma_{allow} \cdot Z$

$450P \leq (5)\left(\dfrac{200\times 250^2}{6}\right)$ ∴ $P \leq 23{,}148\text{N}$

② 전단응력:

$\tau_{\max} = k\cdot\dfrac{V_{\max}}{A} = \left(\dfrac{3}{2}\right)\cdot\dfrac{P}{A} \leq \tau_{allow}$ 으로부터

$P \leq \dfrac{2}{3}\cdot(200\times 250)(0.5)$ ∴ $P \leq 16{,}666.7\text{N}$

(4) 보는 휨과 전단에 대해 모두 안전해야 하므로

∴ $P \leq 16{,}666.7\text{N} = 16.667\text{kN}$

61. 그림과 같이 두 개의 나무판이 못으로 조립된 T형보에서 단면에 작용하는 전단력(V)이 1.55kN이고 한 개의 못이 전단력 700N을 전달할 경우 못의 허용 최대간격은? (단, $I=1.1354\times 10^8\text{mm}^4$)

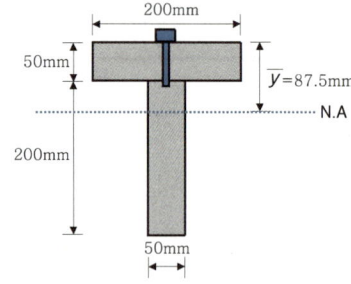

① 75mm
② 82mm
③ 89mm
④ 97mm

해설

(1) $Q = (200\times 50)\left(87.5 - \dfrac{50}{2}\right) = 6.25\times 10^5 \text{mm}^3$

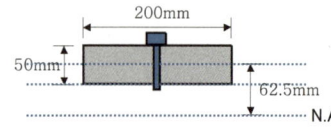

전단흐름 산정을 위한 Q

(2) $f = \dfrac{V\cdot Q}{I} = \dfrac{(1.55\times 10^3)(6.25\times 10^5)}{(1.1354\times 10^8)} = 8.5322\text{N/mm}$

(3) 못의 최대 배치간격: $s_{\max} = \dfrac{F}{f} = \dfrac{(700)}{(8.532)} = 82.04\text{mm}$

62. 전단중심(Shear Center)에 대한 다음 설명 중 옳지 않은 것은?

① 전단중심이란 단면이 받아내는 전단력의 합력 점의 위치를 말한다.
② 1축이 대칭인 단면의 전단중심은 도심과 일치한다.
③ 하중이 전단중심점을 통과하지 않으면 보는 비틀린다.
④ 1축이 대칭인 단면의 전단중심은 그 대칭축 선상에 있다.

해설

② 1축이 대칭인 단면의 전단중심은 도심과 일치하지 않는다.

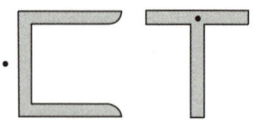

해답 60. ① 61. ② 62. ②

63. 어떤 인장재를 시험하였더니 부재의 축 신장도는 1.14×10^{-3}, 횡수축도(橫收縮度)는 3.42×10^{-4} 이었다. 이 부재의 푸아송(Poisson)의 비(ν)는?

① 0.1　　　　② 0.2
③ 0.3　　　　④ 3.0

[해설]

$$\nu = \frac{\epsilon_D}{\epsilon_L} = \frac{(3.42 \times 10^{-4})}{(1.14 \times 10^{-3})} = 0.3$$

64. 지름 40mm, 길이 1m의 둥근 막대가 인장력을 받아서 길이가 6mm 늘어나고, 동시에 지름이 0.08mm 만큼 줄어들었을 때 이 재료의 푸아송수는?

① 1.5　　　　② 2.0
③ 2.5　　　　④ 3.0

[해설]

$$m = \frac{\epsilon_L}{\epsilon_D} = \frac{\frac{\Delta L}{L}}{\frac{\Delta D}{D}} = \frac{\frac{(6)}{(1,000)}}{\frac{(0.08)}{(40)}} = 3.0$$

65. 직경 50mm, 길이 2m의 봉이 힘을 받아 길이가 2mm 늘어났다면, 이 때 이 봉의 직경은 얼마나 줄어드는가? (단, 이 봉의 푸아송비는 0.3이다.)

① 0.015mm　　② 0.030mm
③ 0.045mm　　④ 0.060mm

[해설]

(1) $\nu = \dfrac{\epsilon_D}{\epsilon_L} = \dfrac{\frac{\Delta D}{D}}{\frac{\Delta L}{L}} = \dfrac{L \cdot \Delta D}{D \cdot \Delta L}$

(2) $\Delta D = \dfrac{D \cdot \Delta L \cdot \nu}{L} = \dfrac{(50)(2)(0.3)}{(2,000)} = 0.015\,\text{mm}$

66. 길이 50mm, 지름 10mm의 강봉을 당겼더니 5mm 늘어났다면 지름의 줄어든 값은 얼마인가? (단, 푸아송비 $\nu = \dfrac{1}{3}$ 이다.)

① $\dfrac{1}{3}$mm　　② $\dfrac{1}{4}$mm
③ $\dfrac{1}{5}$mm　　④ $\dfrac{1}{6}$mm

[해설]

(1) $\nu = \dfrac{\epsilon_D}{\epsilon_L} = \dfrac{\frac{\Delta D}{D}}{\frac{\Delta L}{L}} = \dfrac{L \cdot \Delta D}{D \cdot \Delta L}$

(2) $\Delta D = \dfrac{D \cdot \Delta L \cdot \nu}{L} = \dfrac{\left(\frac{1}{3}\right)(10)(5)}{(50)} = \dfrac{1}{3}\,\text{mm}$

67. 지름 50mm의 강봉을 80kN으로 당길 때 지름은 약 얼마나 줄어들겠는가? (단, 푸아송비 $\nu = 0.3$, $E = 210{,}000\,\text{MPa}$)

① 0.0029mm　　② 0.057mm
③ 0.00012mm　④ 0.03mm

[해설]

(1) 후크의 법칙: $\sigma = E \cdot \epsilon$

(2) 푸아송비: $\nu = \dfrac{\epsilon_D}{\epsilon_L} = \dfrac{\frac{\Delta D}{D}}{\frac{\sigma}{E}} = \dfrac{\Delta D \cdot E}{D \cdot \sigma}$ 으로부터

$$\Delta D = \dfrac{\nu \cdot D \cdot \sigma}{E} = \dfrac{\nu \cdot D}{E} \cdot \dfrac{P}{A}$$

$$= \dfrac{(0.3)(50)(80 \times 10^3)}{(210{,}000)\left(\dfrac{\pi (50)^2}{4}\right)} = 0.0029\,\text{mm}$$

해답　63. ③　64. ④　65. ①　66. ①　67. ①

68. 지름 20mm 강봉(鋼棒)에 100kN의 축방향 인장력을 작용시킬 때 이 강봉은 얼마만큼 가늘어지는가? (단, $\nu = \dfrac{1}{3}$, $E = 210,000$MPa)

① 0.01mm   ② 0.074mm
③ 0.224mm   ④ 0.648mm

해설

(1) 후크의 법칙: $\sigma = E \cdot \epsilon$

(2) 푸아송비: $\nu = \dfrac{\epsilon_D}{\epsilon_L} = \dfrac{\dfrac{\Delta D}{D}}{\dfrac{\sigma}{E}} = \dfrac{\Delta D \cdot E}{D \cdot \sigma}$ 으로부터

$\Delta D = \dfrac{\nu \cdot D \cdot \sigma}{E} = \dfrac{\nu \cdot D}{E} \cdot \dfrac{P}{A}$

$= \dfrac{\left(\dfrac{1}{3}\right)(20)(100\times 10^3)}{(210,000)\left(\dfrac{\pi (20)^2}{4}\right)} = 0.0101$mm

69. 다음 중 탄성계수를 옳게 나타낸 것은? (단, A: 단면적, L: 길이, P: 하중, ΔL: 변형량)

① $\dfrac{P \cdot \Delta L}{A \cdot L}$ ② $\dfrac{A \cdot L}{P \cdot \Delta L}$
③ $\dfrac{A \cdot P}{L \cdot \Delta L}$ ④ $\dfrac{P \cdot L}{A \cdot \Delta L}$

해설

$\sigma = E \cdot \epsilon$ 으로부터 $E = \dfrac{\sigma}{\epsilon} = \dfrac{\dfrac{P}{A}}{\dfrac{\Delta L}{L}} = \dfrac{P \cdot L}{A \cdot \Delta L}$

70. 길이 5m의 철근을 200MPa의 인장응력으로 인장하였더니 그 길이가 5mm만큼 늘어났다고 한다. 이 철근의 탄성계수는? (단, 철근의 지름은 20mm)

① 2×10^4N/mm²   ② 2×10^5N/mm²
③ 6.37×10^4N/mm²   ④ 6.37×10^5N/mm²

해설

$E = \dfrac{\sigma}{\epsilon} = \dfrac{\sigma}{\dfrac{\Delta L}{L}} = \dfrac{(200)}{\dfrac{(5)}{(5\times 10^3)}} = 2\times 10^5$N/mm² $= 2\times 10^5$MPa

71. 길이 5m, 단면적 1,000mm²의 강봉을 0.5mm 늘이는데 필요한 인장력은? (단, $E = 2\times 10^5$N/mm²)

① 20kN   ② 30kN
③ 40kN   ④ 50kN

해설

(1) $\sigma = E \cdot \epsilon$ 에서 $\dfrac{P}{A} = E \cdot \dfrac{\Delta L}{L}$

(2) $P = \dfrac{E \cdot A \cdot \Delta L}{L} = \dfrac{(2\times 10^5)(1,000)(0.5)}{(5\times 10^3)}$

$= 20,000$N $= 20$kN

72. 전단탄성계수(G)가 81,000MPa, 전단응력(τ)이 81MPa이면 전단변형률(γ)의 값은?

① 0.1   ② 0.01
③ 0.001   ④ 0.0001

해설

$\tau = G \cdot \gamma$ 으로부터 $\gamma = \dfrac{\tau}{G} = \dfrac{(81)}{(81,000)} = 0.001$

73. 그림과 같은 직육면체 윗면에 전단력 $V = 5.4$kN이 작용하여 그림 (b)와 같이 상면이 옆으로 6mm 만큼의 변형이 발생되었다. 이 재료의 전단탄성계수(G)는?

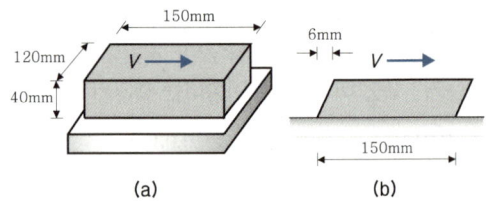

(a)   (b)

① 1MPa   ② 1.5MPa
③ 2MPa   ④ 2.5MPa

해설

$\tau = G \cdot \gamma$ 으로부터

$G = \dfrac{\tau}{\gamma} = \dfrac{\dfrac{V}{A}}{\dfrac{\Delta}{L}} = \dfrac{\dfrac{(5.4\times 10^3)}{(120\times 150)}}{\dfrac{(6)}{(40)}} = 2$N/mm² $= 2$MPa

해답 68. ① 69. ④ 70. ② 71. ① 72. ③ 73. ③

74. 길이 200mm, 단면 200mm×200mm 부재에 1MN의 전단력이 가해졌을 때 전단변형량은? (단, $G=8,000$MPa)

① 0.625mm ② 0.0625mm
③ 0.725mm ④ 0.0725mm

해설

$\tau = G \cdot \gamma$ 으로부터 $\dfrac{V}{A} = G \cdot \dfrac{\Delta}{L}$

$\Delta = \dfrac{VL}{GA} = \dfrac{(1 \times 10^6)(200)}{(8,000)(200 \times 200)} = 0.625\text{mm}$

75. 그림과 같이 상단이 고정되어 있는 봉의 하단에 축하중 P가 작용할 때 이 봉의 늘음량은? (단, 봉의 자중은 무시, 봉의 단면적은 A, 봉의 길이는 L, 탄성계수는 E로 한다.)

① $\dfrac{PL}{EA}$
② $\dfrac{EA}{PL}$
③ $\dfrac{P^2L}{2EA}$
④ $\dfrac{PL}{2EA}$

해설

$\sigma = E \cdot \epsilon$ 으로부터 $\dfrac{P}{A} = E \cdot \dfrac{\Delta L}{L}$ ∴ $\Delta L = \dfrac{PL}{EA}$

76. 지름 2mm, 길이 5m의 강선이 0.1kN의 하중을 받을 때 변형량은? (단, 탄성계수 $E=210,000$MPa)

① 0.84mm ② 0.76mm
③ 0.65mm ④ 0.53mm

해설

$\Delta L = \dfrac{PL}{EA} = \dfrac{(0.1 \times 10^3)(5 \times 10^3)}{(210,000)\left(\dfrac{\pi(2)^2}{4}\right)} = 0.757\text{mm}$

77. 300mm×400mm×2,000mm의 나무 기둥에 $P=50$kN이 가해질 때 길이변형량은? (단, 목재의 탄성계수 $E=8,500$MPa)

① 10.091mm ② 1.01mm
③ 0.101mm ④ 0.098mm

해설

$\Delta L = \dfrac{PL}{EA} = \dfrac{(50 \times 10^3)(2,000)}{(8,500)(300 \times 400)} = 0.098\text{mm}$

78. 그림과 같이 하중 $P=10$kN이 단면적 A를 가진 보의 중앙에 작용할 때 축방향으로 늘어난 길이는? (단, $L=2$m, $EA = 1 \times 10^7$N)

① 0.1mm
② 0.2mm
③ 1mm
④ 2mm

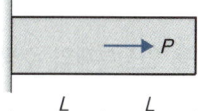

해설

$\Delta L = \dfrac{PL}{EA} = \dfrac{(10 \times 10^3)(2 \times 10^3)}{(1 \times 10^7)} = 2\text{mm}$

79. 직경 100mm, 길이 5m의 강봉에 100kN의 인장력을 가하면 강봉은 길이가 얼마나 늘어나는가? (단, 탄성계수 $E=200,000$MPa)

① 0.22mm ② 0.26mm
③ 0.29mm ④ 0.32mm

해설

$\Delta L = \dfrac{PL}{EA} = \dfrac{(100 \times 10^3)(5 \times 10^3)}{(200,000)\left(\dfrac{\pi(100)^2}{4}\right)} = 0.318\text{mm}$

해답 74. ① 75. ① 76. ② 77. ④ 78. ④ 79. ④

80. 지름 20mm, 길이 1m인 강봉을 40kN의 힘으로 인장할 경우 강봉의 변형량은? (단, 이 강봉의 탄성계수 $E=200,000$MPa이다.)

① 0.908mm ② 0.808mm
③ 0.737mm ④ 0.636mm

해설

$$\Delta L = \frac{PL}{EA} = \frac{(40\times 10^3)(1\times 10^3)}{(200,000)\left(\frac{\pi(20)^2}{4}\right)} = 0.636\text{mm}$$

81. 다음 인장부재의 수직변위를 구하는 식은? (단, 탄성계수는 E)

① $\dfrac{PL}{EA}$
② $\dfrac{3PL}{2EA}$
③ $\dfrac{2PL}{EA}$
④ $\dfrac{5PL}{2EA}$

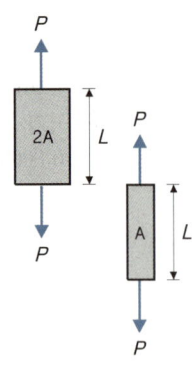

해설

$$\Delta L = \Delta L_1 + \Delta L_2 = \frac{PL}{E(2A)} + \frac{PL}{E(A)} = +\frac{3}{2}\cdot\frac{PL}{EA}$$

82. 그림과 같은 부재의 전체 길이의 변화량 ΔL은? (단, 단면적 A와 탄성계수 E는 일정)

① $\dfrac{2PL}{EA}$
② $\dfrac{2.5PL}{EA}$
③ $\dfrac{3PL}{EA}$
④ $\dfrac{3.5PL}{EA}$

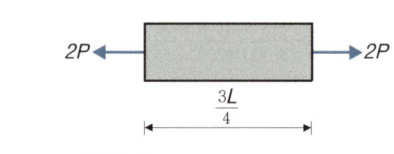

해설

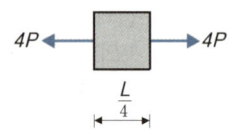

$$\Delta L = \Delta L_1 + \Delta L_2 = +\frac{(2P)\left(\frac{3L}{4}\right)}{EA} + \frac{(4P)\left(\frac{L}{4}\right)}{EA} = +2.5\cdot\frac{PL}{EA}$$

83. 그림과 같은 부재의 전체 길이의 변화량 δ는? (단, 보는 균일하며 단면적 A와 탄성계수 E는 일정)

① $\dfrac{PL}{EA}$
② $\dfrac{1.5PL}{EA}$
③ $\dfrac{3PL}{EA}$
④ $\dfrac{4PL}{EA}$

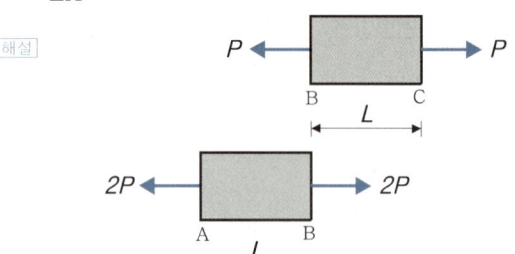

해설

$$\delta = \Delta L = \Delta L_1 + \Delta L_2 = +\frac{(P)L}{EA} + \frac{(2P)L}{EA} = +3\cdot\frac{PL}{EA}$$

해답 80. ④ 81. ② 82. ② 83. ③

84. 그림과 같은 부재의 길이의 변화량(δ)은? (단, 보는 균일하며 EA는 일정)

① $\dfrac{4PL}{EA}$
② $\dfrac{3PL}{EA}$
③ $\dfrac{1.5PL}{EA}$
④ $\dfrac{PL}{EA}$

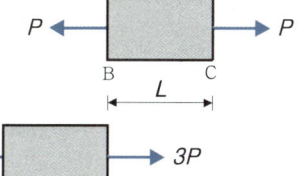

[해설]

$\delta = \Delta L = \Delta L_1 + \Delta L_2 = +\dfrac{(P)L}{EA} + \dfrac{(3P)L}{EA} = +4 \cdot \dfrac{PL}{EA}$

85. 그림과 같은 기둥의 줄음량은?
(단, EA는 일정)

① $\dfrac{2PL}{AE}$ ② $\dfrac{3PL}{AE}$
③ $\dfrac{4PL}{AE}$ ④ $\dfrac{5PL}{AE}$

[해설]

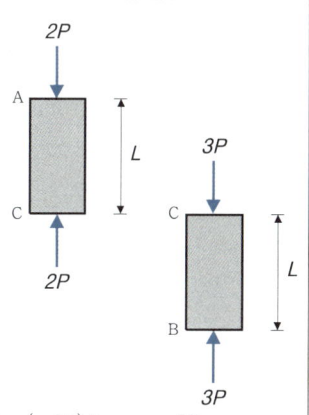

$\Delta L = \Delta L_1 + \Delta L_2 = \dfrac{(-2P)L}{EA} + \dfrac{(-3P)L}{EA} = -5 \cdot \dfrac{PL}{EA}$

86. 그림과 같은 봉 전체의 수직처짐은?

① $\dfrac{4PL}{EA}$ ② $\dfrac{3PL}{EA}$
③ $\dfrac{2PL}{EA}$ ④ $\dfrac{PL}{EA}$

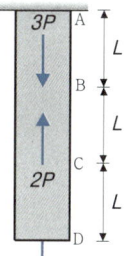

[해설]

$\Delta L = \Delta L_1 + \Delta L_2 + \Delta L_3$

$= +\dfrac{(P)L}{EA}$

$- \dfrac{(P)L}{EA}$

$+ \dfrac{(2P)L}{EA}$

$= +2 \cdot \dfrac{PL}{EA}$

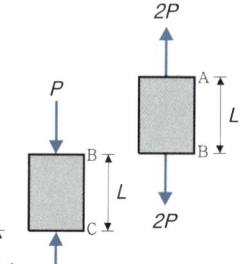

87. 그림과 같은 봉 전체의 수직처짐은?

① $\dfrac{3PL}{4A_1E_1}$ ② $\dfrac{2PL}{3A_1E_1}$
③ $\dfrac{4PL}{3A_1E_1}$ ④ $\dfrac{3PL}{2A_1E_1}$

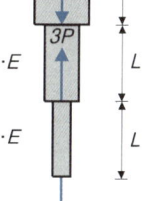

[해설]

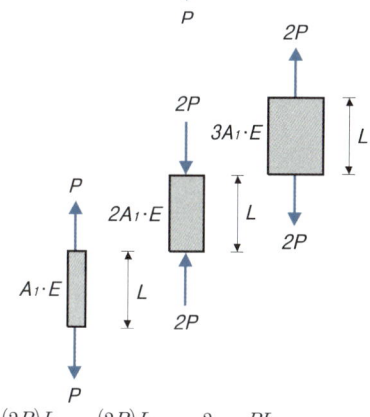

$\Delta L = +\dfrac{(P)L}{E(A_1)} - \dfrac{(2P)L}{E(2A_1)} + \dfrac{(2P)L}{E(3A_1)} = +\dfrac{2}{3} \cdot \dfrac{PL}{EA_1}$

해답 84. ① 85. ④ 86. ③ 87. ②

88. 그림과 같은 봉에 작용하는 힘들에 의한 봉 전체의 수직처짐은?

① $\dfrac{PL}{A_1 E_1}$

② $\dfrac{2PL}{3A_1 E_1}$

③ $\dfrac{4PL}{3A_1 E_1}$

④ $\dfrac{3PL}{2A_1 E_1}$

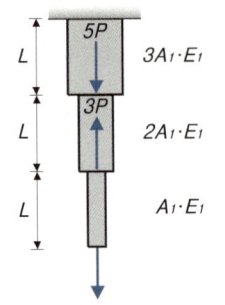

해설

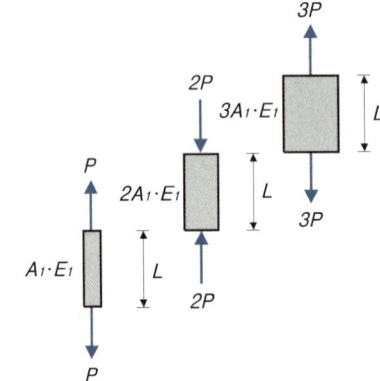

$$\Delta L = +\dfrac{(P)L}{E_1(A_1)} - \dfrac{(2P)L}{E_1(2A_1)} + \dfrac{(3P)L}{E_1(3A_1)} = +1 \cdot \dfrac{PL}{E_1 A_1}$$

89. 균질한 균일 단면봉이 그림과 같이 P_1, P_2, P_3의 하중을 B, C, D점에서 받고 있다. 각 구간의 거리 $a = 1.0\text{m}$, $b = 0.4\text{m}$, $c = 0.6\text{m}$이고 $P_2 = 100\text{kN}$, $P_3 = 50\text{kN}$의 하중이 작용 할 때 D점에서의 수직방향 변위가 일어나지 않기 위한 하중 P_1은 얼마인가?

① 50kN
② 60kN
③ 80kN
④ 240kN

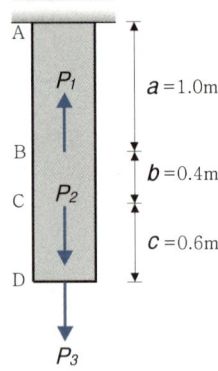

해설

(1) 구간별

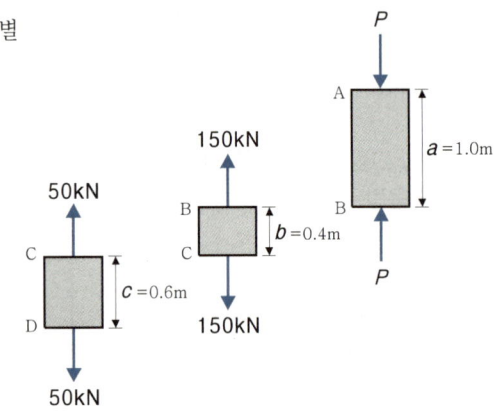

① $\Delta L_1 = \dfrac{PL_1}{EA} = \dfrac{(50)(0.6)}{EA} = \dfrac{30}{EA}$

② $\Delta L_2 = \dfrac{PL_2}{EA} = \dfrac{(150)(0.4)}{EA} = \dfrac{60}{EA}$

③ $\Delta L_3 = \dfrac{PL_3}{EA} = \dfrac{PL_3}{EA} = \dfrac{P}{EA}$

(2) $\Delta L = \Delta L_1 + \Delta L_2 + \Delta L_3 = +\left(\dfrac{30}{EA}\right) + \left(\dfrac{60}{EA}\right) - \left(\dfrac{P}{EA}\right) = 0$

으로부터 $P = 90\text{kN}$ $\therefore P_1 = 90 + 150 = 240\text{kN}$

해답 88. ① 89. ④

90. 균질한 균일 단면봉이 그림과 같이 P_1, P_2, P_3의 하중을 B, C, D점에서 받고 있다. 각 구간의 거리 $a=1.0$m, $b=0.4$m, $c=0.6$m이고 $P_2=80$kN, $P_3=40$kN의 하중이 작용할 때 D점에서의 수직방향 변위가 일어나지 않기 위한 하중 P_1은 얼마인가?

① 144kN
② 192kN
③ 240kN
④ 286kN

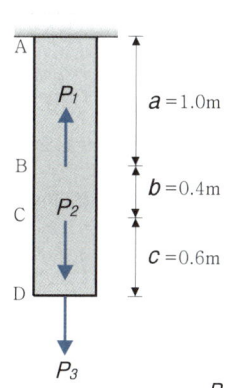

해설

(1) 구간별 변위

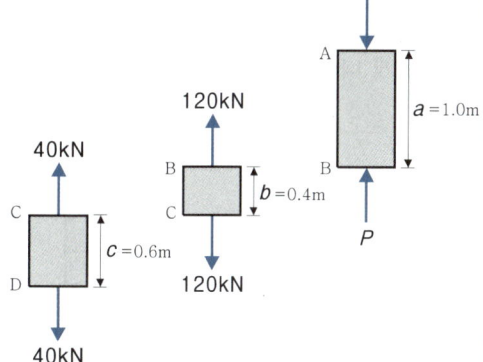

① $\Delta L_1 = \dfrac{PL_1}{EA} = \dfrac{(40)(0.6)}{EA} = \dfrac{24}{EA}$

② $\Delta L_2 = \dfrac{PL_2}{EA} = \dfrac{(120)(0.4)}{EA} = \dfrac{48}{EA}$

③ $\Delta L_3 = \dfrac{PL_3}{EA} = \dfrac{P(1.0)}{EA} = \dfrac{P}{EA}$

(2) $\Delta L = \Delta L_1 + \Delta L_2 + \Delta L_3 = +\left(\dfrac{24}{EA}\right) + \left(\dfrac{48}{EA}\right) - \left(\dfrac{P}{EA}\right) = 0$

으로부터 $P = 72$kN ∴ $P_1 = 72 + 120 = 192$kN

---

91. 균질한 균일 단면봉이 그림과 같이 P_1, P_2, P_3의 하중을 B, C, D점에서 받고 있다. 각 구간의 거리 $a=1.0$m, $b=0.5$m, $c=0.5$m이고 $P_2=100$kN, $P_3=40$kN의 하중이 작용할 때 D점에서의 수직방향 변위가 일어나지 않기 위한 하중 P_1은 얼마인가?

① 210kN
② 220kN
③ 230kN
④ 240kN

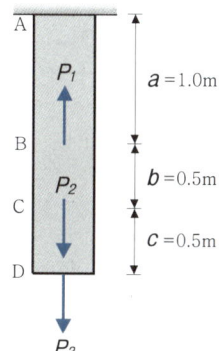

해설

(1) 구간별 변위

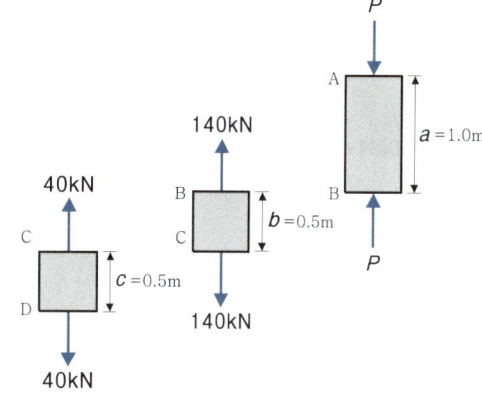

① $\Delta L_1 = \dfrac{PL_1}{EA} = \dfrac{(40)(0.5)}{EA} = \dfrac{20}{EA}$

② $\Delta L_2 = \dfrac{PL_2}{EA} = \dfrac{(140)(0.5)}{EA} = \dfrac{70}{EA}$

③ $\Delta L_3 = \dfrac{PL_3}{EA} = \dfrac{PL_3}{EA} = \dfrac{P}{EA}$

(2) $\Delta L = \Delta L_1 + \Delta L_2 + \Delta L_3 = +\left(\dfrac{20}{EA}\right) + \left(\dfrac{70}{EA}\right) - \left(\dfrac{P}{EA}\right) = 0$

으로부터 $P = 90$kN ∴ $P_1 = 90 + 140 = 230$kN

해답 90. ② 91. ③

92. 균질한 강봉에 하중이 아래 그림과 같이 가해질 때 D점이 움직이지 않게 하기 위해서는 하중 P_3에 추가하여 얼마의 하중(P)이 더 가해져야 하는가?
(단, $P_1=120\text{kN},\ P_2=80\text{kN},\ P_3=60\text{kN}$)

① 56kN
② 70kN
③ 116kN
④ 140kN

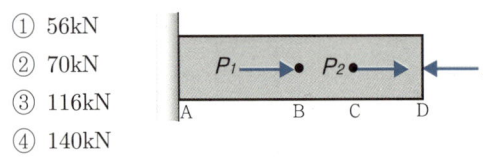

해설

(1) 구간별 변위

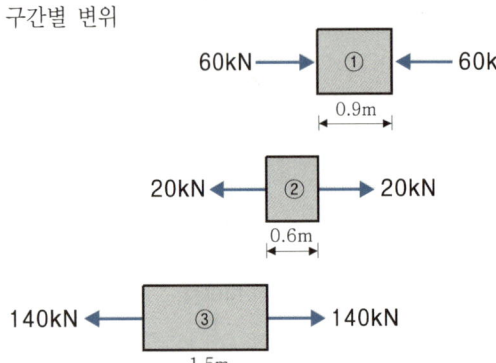

① $\Delta L_1 = \dfrac{PL_1}{EA} = \dfrac{(60)(0.9)}{EA} = \dfrac{54}{EA}$

② $\Delta L_2 = \dfrac{PL_2}{EA} = \dfrac{(20)(0.6)}{EA} = \dfrac{12}{EA}$

③ $\Delta L_3 = \dfrac{PL_3}{EA} = \dfrac{(140)(1.5)}{EA} = \dfrac{210}{EA}$

(2) $\Delta L = \Delta L_1 + \Delta L_2 + \Delta L_3$

$= -\left(\dfrac{54}{EA}\right) + \left(\dfrac{12}{EA}\right) + \left(\dfrac{210}{EA}\right) = +\dfrac{168}{EA}$ (인장)

(3) 자유단에 추가하중 P가 부재의 전체길이 3m에 가해 진다면 $-\dfrac{(P)(3)}{EA} = -\dfrac{3P}{EA}$의 압축변위가 생길 것이다.

따라서, $\Delta L = +\dfrac{168}{EA} - \dfrac{3P}{EA} = 0$ 으로부터 $P=56\text{kN}$

93. 다음 중 단위변형을 일으키는데 필요한 힘은?

① 강성도
② 유연도
③ 축강도
④ 푸아송비

해설

유연도(Flexibility): $f = \dfrac{L}{EA}$

$\Delta L = \dfrac{L}{EA} \cdot P$ 으로부터

단위하중($P=1$)으로 인한 부재의 변형

강성도(Stiffness): $K = \dfrac{EA}{L}$

$P = \dfrac{EA}{L} \cdot \Delta L$ 으로부터

단위변형($\Delta L=1$)을 일으키는데 필요한 힘

94. 그림과 같은 기둥 부재 AB의 강성도(Stiffness)를 바르게 나타낸 것은?

① $\dfrac{1}{\left(\dfrac{L_1}{E_1 A_1} + \dfrac{L_2}{E_2 A_2}\right)}$

② $\dfrac{E_1 A_1}{L_1} + \dfrac{E_2 A_2}{L_2}$

③ $\dfrac{E_1 A_1 + E_2 A_2}{L_1 + L_2}$

④ $\dfrac{L_1}{E_1 A_1} + \dfrac{L_2}{E_2 A_2}$

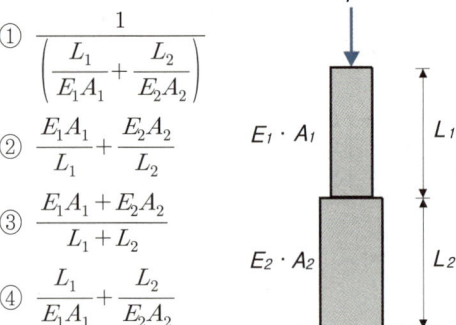

해설

(1) 구간별 변위: $\Delta L_1 = \dfrac{PL_1}{E_1 A_1},\ \Delta L_2 = \dfrac{PL_2}{E_2 A_2}$

(2) 전체 변위: $\Delta L = \Delta L_1 + \Delta L_2 = \dfrac{PL_1}{E_1 A_1} + \dfrac{PL_2}{E_2 A_2}$

(3) 유연도: $f = \dfrac{L_1}{E_1 A_1} + \dfrac{L_2}{E_2 A_2}$

(4) 강성도: $K = \dfrac{1}{\left(\dfrac{L_1}{E_1 A_1} + \dfrac{L_2}{E_2 A_2}\right)}$

해답 92. ① 93. ① 94. ①

95. 그림에 표시한 것과 같은 단면의 변화가 있는 AB 부재의 강도(Stiffness Factor)는?

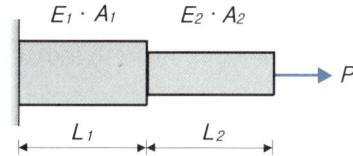

① $\dfrac{PL_1}{A_1E_1}+\dfrac{PL_2}{A_2E_2}$ ② $\dfrac{A_1E_1}{PL_1}+\dfrac{A_2E_2}{PL_2}$

③ $\dfrac{A_1E_1}{L_1}+\dfrac{A_2E_2}{L_2}$ ④ $\dfrac{A_1A_2E_1E_2}{L_1(A_2E_2)+L_2(A_1E_1)}$

해설

(1) 구간별 변위: $\Delta L_1=\dfrac{PL_1}{E_1A_1}$, $\Delta L_2=\dfrac{PL_2}{E_2A_2}$

(2) 전체 변위: $\Delta L=\Delta L_1+\Delta L_2=\dfrac{PL_1}{E_1A_1}+\dfrac{PL_2}{E_2A_2}$

(3) 유연도: $f=\dfrac{L_1}{E_1A_1}+\dfrac{L_2}{E_2A_2}$

(4) 강성도: $K=\dfrac{1}{\left(\dfrac{L_1}{E_1A_1}+\dfrac{L_2}{E_2A_2}\right)}=\dfrac{E_1E_2A_1A_2}{E_2A_2L_1+E_1A_1L_2}$

96. 다음과 같은 단면의 지름이 $2d$에서 d로 선형적으로 변하는 원형 단면 부재에 하중 P가 작용할 때 전체 축방향 변위를 구하면? (단, 탄성계수는 일정하다.)

① $\dfrac{2PL}{\pi d^2 E}$

② $\dfrac{3PL}{\pi d^2 E}$

③ $\dfrac{2PL}{3\pi d^2 E}$

④ $\dfrac{3PL}{2\pi d^2 E}$

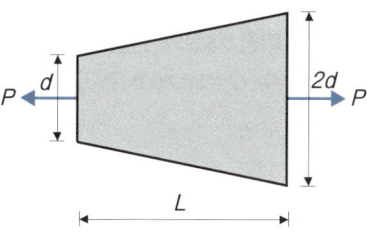

해설

(1) 삼각형 닮음비

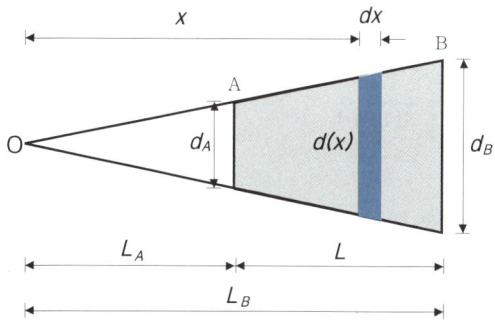

① $\dfrac{L_A}{L_B}=\dfrac{d_A}{d_B}$, $\dfrac{d(x)}{d_A}=\dfrac{x}{L_A}$ 로부터 $d(x)=\dfrac{d_A}{L_A}\cdot x$

② 원점에서 x위치의 단면적:

$$A(x)=\dfrac{\pi[d(x)]^2}{4}=\dfrac{\pi\cdot d_A^2\cdot x^2}{4L_A^2}$$

(2) 축방향 변위

$$\delta=\int\dfrac{N(x)}{EA(x)}dx=\int_{L_A}^{L_B}\dfrac{P}{E\left(\dfrac{\pi\cdot d_A^2\cdot x^2}{4L_A^2}\right)}$$

$$=\dfrac{4PL_A^2}{\pi Ed_A^2}\left(\dfrac{1}{L_A}-\dfrac{1}{L_B}\right)$$

(3) 변단면 부재의 축방향 변위를 구하는 공식

$\dfrac{L_A}{L_B}=\dfrac{d_A}{d_B}$ 와 $\delta=\dfrac{4PL_A^2}{\pi Ed_A^2}\left(\dfrac{1}{L_A}-\dfrac{1}{L_B}\right)$의 식을 조합하면

$$\delta=\dfrac{4PL}{\pi E\cdot d_A\cdot d_B}$$

(4) $\delta=\dfrac{4PL}{\pi E\cdot d_A\cdot d_B}=\dfrac{4PL}{\pi E(d)(2d)}=\dfrac{2PL}{\pi Ed^2}$

해답   95. ④   96. ①

97. 탄성계수 E, 푸아송비 ν인 재료의 체적탄성계수 K는?

① $K = \dfrac{E}{2(1-\nu)}$ ② $K = \dfrac{E}{2(1-2\nu)}$

③ $K = \dfrac{E}{3(1-\nu)}$ ④ $K = \dfrac{E}{3(1-2\nu)}$

해설

(1)	$K = \dfrac{E}{3(1-2\nu)}$
	탄성계수 E와 체적탄성계수 K와의 관계
(2)	$G = E \cdot \dfrac{1}{2(1+\nu)}$
	탄성계수 E와 전단탄성계수 G와의 관계

98. 재료의 탄성계수를 E, 전단탄성계수를 G라 할 때 G와 E의 관계식으로 옳은 것은?
(단, 이 재료의 푸아송비는 ν이다.)

① $G = \dfrac{E}{2(1-\nu)}$ ② $G = \dfrac{E}{2(1+\nu)}$

③ $G = \dfrac{E}{2(1-2\nu)}$ ④ $G = \dfrac{E}{2(1+2\nu)}$

해설

E와 G와의 관계: $G = E \cdot \dfrac{1}{2(1+\nu)}$

99. 탄성계수 E, 전단탄성계수 G, 푸아송수 m 사이의 관계가 옳은 것은?

① $G = \dfrac{m}{2(m+1)}$ ② $G = \dfrac{E}{2(m-1)}$

③ $G = \dfrac{mE}{2(m+1)}$ ④ $G = \dfrac{E}{2(m+1)}$

해설

E와 G와의 관계: $G = \dfrac{E}{2(1+\nu)} = \dfrac{E}{2\left(1+\dfrac{1}{m}\right)} = \dfrac{mE}{2(m+1)}$

100. 탄성계수 $E = 210,000$MPa, 푸아송비 $\nu = 0.25$일 때 전단탄성계수는?

① 84,000MPa ② 110,000MPa
③ 170,000MPa ④ 210,000MPa

해설

$G = \dfrac{E}{2(1+\nu)} = \dfrac{(210,000)}{2[1+(0.25)]} = 84,000$MPa

101. 탄성계수 $E = 210,000$MPa, 푸아송비 $\nu = 0.3$일 때 전단탄성계수 G를 구한 값은? (단, 등방이고 균질한 탄성체임)

① 72,000MPa ② 81,000MPa
③ 150,000MPa ④ 320,000MPa

해설

$G = \dfrac{E}{2(1+\nu)} = \dfrac{(210,000)}{2[1+(0.3)]} = 80,769$MPa

102. 탄성계수 $E = 230,000$MPa, 푸아송비 $\nu = 0.35$일 때 전단탄성계수의 값을 구하면?

① 81,000MPa ② 85,000MPa
③ 89,000MPa ④ 93,000MPa

해설

$G = \dfrac{E}{2(1+\nu)} = \dfrac{(230,000)}{2[1+(0.35)]} = 85,185$MPa

103. 어떤 재료의 탄성계수 $E = 210,000$MPa, 전단탄성계수 $G = 80,000$MPa일 때 이 재료의 푸아송비는?

① 0.3075 ② 0.3125
③ 0.3275 ④ 0.3325

해설

$G = \dfrac{E}{2(1+\nu)}$ 로부터 $\nu = \dfrac{E}{2G} - 1 = \dfrac{(21 \times 10^4)}{2(8 \times 10^4)} - 1 = 0.3125$

해답 97. ④ 98. ② 99. ③ 100. ① 101. ② 102. ② 103. ②

104. 지름 20mm, 길이 3m의 연강원축(軟鋼圓軸)에 30kN의 인장하중을 작용시킬 때 길이가 1.4mm 늘어났고, 지름이 0.0027mm 줄어들었다. 이때 전단탄성계수는 약 얼마인가?

① 2.63×10^5 MPa ② 3.37×10^5 MPa
③ 5.57×10^5 MPa ④ 7.94×10^5 MPa

해설

(1) 푸아송비: $\nu = \dfrac{\epsilon_D}{\epsilon_L} = \dfrac{\dfrac{\Delta D}{D}}{\dfrac{\Delta L}{L}} = \dfrac{\dfrac{(0.0027)}{(20)}}{\dfrac{(1.4)}{(3 \times 10^3)}} = 0.289$

(2) R.Hooke의 법칙: $\sigma = E \cdot \epsilon$ 으로부터

$E = \dfrac{P \cdot L}{A \cdot \Delta L} = \dfrac{(30 \times 10^3)(3 \times 10^3)}{\left(\dfrac{\pi (20)^2}{4}\right)(1.4)} = 2.046 \times 10^5 \text{N/mm}^2$

(3) $G = \dfrac{E}{2(1+\nu)} = \dfrac{(2.046 \times 10^5)}{2[1+(0.289)]} = 79,363 \text{N/mm}^2$

---

105. 지름 20mm, 길이 2m인 강봉에 30kN의 인장하중을 작용시킬 때 길이가 10mm가 늘어났고, 지름이 0.02mm 줄어들었다. 이때 전단탄성계수는 약 얼마인가?

① 6.24×10^3 MPa ② 7.96×10^3 MPa
③ 8.71×10^3 MPa ④ 9.67×10^3 MPa

해설

(1) 푸아송비: $\nu = \dfrac{\epsilon_D}{\epsilon_L} = \dfrac{\dfrac{\Delta D}{D}}{\dfrac{\Delta L}{L}} = \dfrac{\dfrac{(0.02)}{(20)}}{\dfrac{(10)}{(2 \times 10^3)}} = 0.2$

(2) R.Hooke의 법칙: $\sigma = E \cdot \epsilon$ 으로부터

$E = \dfrac{P \cdot L}{A \cdot \Delta L} = \dfrac{(30 \times 10^3)(2 \times 10^3)}{\left(\dfrac{\pi (20)^2}{4}\right)(10)} = 19,098 \text{N/mm}^2$

(3) $G = \dfrac{E}{2(1+\nu)} = \dfrac{(19,098)}{2[1+(0.2)]} = 7,957.5 \text{N/mm}^2$

---

106. 지름 50mm의 강봉을 80kN로 당길 때 지름은 얼마나 줄어들겠는가? (단, $G = 70,000$ MPa, 푸아송비 $\nu = 0.5$)

① 0.003mm ② 0.005mm
③ 0.007mm ④ 0.008mm

해설

(1) $G = \dfrac{E}{2(1+\nu)}$ 로부터

$E = 2G(1+\nu) = 2(70,000)[1+(0.5)] = 210,000 \text{MPa}$

(2) 후크의 법칙: $\sigma = E \cdot \epsilon$

(3) 푸아송비: $\nu = \dfrac{\epsilon_D}{\epsilon_L} = \dfrac{\dfrac{\Delta D}{D}}{\dfrac{\sigma}{E}} = \dfrac{\Delta D \cdot E}{D \cdot \sigma}$ 으로부터

$\Delta D = \dfrac{\nu \cdot D \cdot \sigma}{E} = \dfrac{\nu \cdot D}{E} \cdot \dfrac{P}{A}$

$= \dfrac{(0.5)(50)(80 \times 10^3)}{(210,000)\left(\dfrac{\pi (50)^2}{4}\right)} = 0.00485 \text{mm}$

---

107. 직사각형 단면(200mm×300mm)을 갖는 양단고정 부재의 길이 $L = 5$m 이다. 이 부재에 25℃의 온도상승으로 인하여 1.8MN의 압축력이 발생하였다면 이 부재의 전단탄성계수는?
(단, 선팽창계수 $\alpha = 0.6 \times 10^{-5}$, 푸아송비 $\nu = 0.25$)

① 12,000MPa ② 16,000MPa
③ 40,000MPa ④ 80,000MPa

해설

(1) 온도변형률: $\epsilon_T = \alpha \cdot \Delta T = (0.6 \times 10^{-5})(25) = 0.00015$

(2) 수직응력: $\sigma = \dfrac{P}{A} = \dfrac{(1.8 \times 10^6)}{(200 \times 300)} = 30 \text{N/mm}^2 = 30 \text{MPa}$

(3) 탄성계수: $E = \dfrac{\sigma}{\epsilon_T} = \dfrac{(30)}{(0.00015)} = 200,000 \text{MPa}$

(4) 전단탄성계수:

$G = \dfrac{E}{2(1+\nu)} = \dfrac{(200,000)}{2[1+(0.25)]} = 80,000 \text{MPa}$

해답 104. ④ 105. ② 106. ② 107. ④

108. 중공 원형 강봉에 비틀림력 T가 작용할 때 최대 전단변형률 $\gamma_{\max}=750\times10^{-6}$으로 측정되었다. 봉의 내경은 60mm이고 외경은 75mm일 때 봉에 작용하는 비틀림력 T는? (단, 전단탄성계수 $G=81,500$MPa)

① 2.99kN·m ② 3.27kN·m
③ 3.53kN·m ④ 3.92kN·m

해설

(1) $\tau = G\cdot\gamma = (81,500)(750\times10^{-6})$
$\qquad = 61.125\text{N/mm}^2 = 61.125\text{MPa}$

(2) $I_P = I_x + I_y = 2I_x = 2\left[\dfrac{\pi}{64}(75^4-60^4)\right]$
$\qquad = 1.83397\times10^6\text{mm}^4$

(3) 비틀림응력: $\tau = \dfrac{T\cdot r}{I_P}$ 로부터

$T = \dfrac{\tau\cdot I_P}{r} = \dfrac{(61.125)(1.83397\times10^6)}{\left(\dfrac{75}{2}\right)}$

$\qquad = 2,989,371\text{N}\cdot\text{mm} = 2.989\text{kN}\cdot\text{m}$

109. 강재에 탄성한도보다 큰 응력을 가한 후 그 응력을 제거한 후 장시간 방치하여도 얼마간의 변형이 남게 되는데 이러한 변형을 무엇이라 하는가?

① 탄성변형 ② 피로변형
③ 소성변형 ④ 취성변형

해설

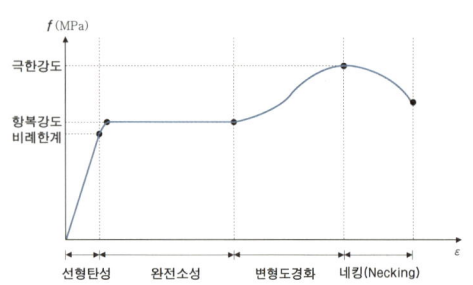

그림에서 항복강도점 이후의 완전소성영역이 문제의 설명에 해당되며, 소성변형을 잔류변형 또는 영구변형이라고도 한다.

110. 그림과 같은 균일 단면봉이 축인장력을 받을 때 단면 $p-q$에 생기는 전단응력 τ는? (단, 여기서 $m-n$은 수직단면이고, $p-q$는 수직단면과 $\theta=45°$의 각을 이루고, A는 봉의 단면적이다.)

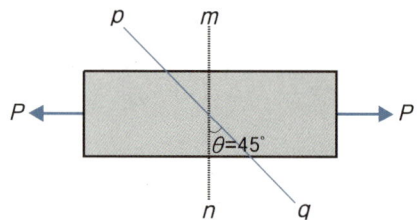

① $\tau = 0.5\dfrac{P}{A}$ ② $\tau = 0.75\dfrac{P}{A}$
③ $\tau = 1.0\dfrac{P}{A}$ ④ $\tau = 1.5\dfrac{P}{A}$

해설

(1) 전단응력 $\tau_\theta = \dfrac{\sigma_x}{2}\cdot\sin 2\theta$

(2) $\theta=45°$에서 $\sin 90°=1$이므로 $\therefore \tau_\theta = \dfrac{\sigma_x}{2} = \dfrac{1}{2}\cdot\dfrac{P}{A}$

111. 단면적 2,000mm²인 직사각형 보에 $P=100$kN의 수직하중이 작용할 때 45° 경사면에 생기는 전단응력은?

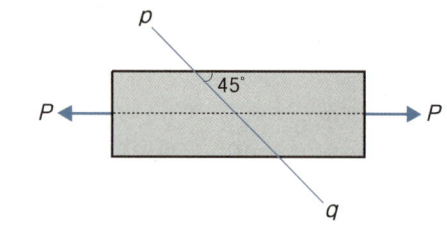

① 25MPa ② 50MPa
③ 75MPa ④ 83.3MPa

해설

$\tau_{\theta=45°} = \dfrac{\sigma_x}{2} = \dfrac{P}{2A} = \dfrac{(100\times10^3)}{2(2,000)} = 25\text{N/mm}^2 = 25\text{MPa}$

해답 108. ① 109. ③ 110. ① 111. ①

112.
축인장하중 $P=20$kN을 받고 있는 지름 100mm의 원형봉 속에 발생하는 최대 전단응력은?

① 1.273MPa ② 1.515MPa
③ 1.756MPa ④ 1.998MPa

해설

(1) $\sigma_x = \dfrac{P}{A} = \dfrac{(20 \times 10^3)}{\dfrac{\pi(100)^2}{4}} = 2.547\text{N/mm}^2 = 2.547\text{MPa}$

(2) $\theta = 45°$일 때 $\tau_{\max} = \dfrac{\sigma_x}{2} = 1.273\text{MPa}$

113.
단면적 20mm×20mm 정사각형 봉에 축방향력 20kN이 작용할 때 수직선에 대해 30° 경사진 단면에서의 수직응력 σ_θ는?

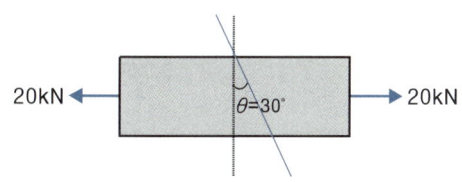

① 37.5MPa ② 42.5MPa
③ 56.7MPa ④ 62.4MPa

해설

(1) $\sigma_x = \dfrac{P}{A} = \dfrac{(20 \times 10^3)}{(20 \times 20)} = 50\text{N/mm}^2 = 50\text{MPa}$

(2) $\sigma_\theta = \dfrac{1}{2}\sigma_x + \dfrac{1}{2}\sigma_x \cdot \cos 2\theta$

$= \dfrac{1}{2}(50) + \dfrac{1}{2}(50) \cdot \cos(60°) = 37.5\text{MPa}$

114.
그림과 같은 플레이트(Plate)가 x, y축 방향으로 같은 응력 σ_a를 받고 있을 때 y축과 임의의 각 θ를 이루고 있는 면에서의 Normal Stress(σ_n)의 값은?

① σ_a
② $1.5\sigma_a$
③ $2\sigma_a$
④ $3\sigma_a$

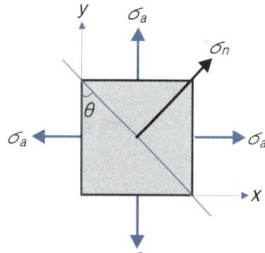

해설

(1) 요소 응력: $\sigma_x = +\sigma_a$, $\sigma_y = +\sigma_a$

(2) $\sigma_\theta = \dfrac{\sigma_x + \sigma_y}{2} + \dfrac{\sigma_x - \sigma_y}{2} \cdot \cos 2\theta$

$= \dfrac{(+\sigma_a) + (+\sigma_a)}{2} + \dfrac{(+\sigma_a) - (+\sigma_a)}{2} \cdot \cos 2\theta = \sigma_a$

115.
두 주응력의 크기가 그림과 같다. 이 면과 $\theta = 45°$를 이루고 있는 면의 응력은?

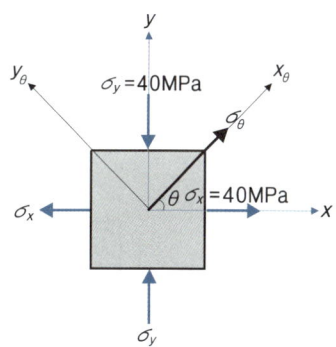

① $\sigma_\theta = 0\text{MPa}$, $\tau_\theta = 0\text{MPa}$
② $\sigma_\theta = 80\text{MPa}$, $\tau_\theta = 0\text{MPa}$
③ $\sigma_\theta = 0\text{MPa}$, $\tau_\theta = 40\text{MPa}$
④ $\sigma_\theta = 40\text{MPa}$, $\tau_\theta = 40\text{MPa}$

해설

(1) 요소 응력: $\sigma_x = +40$, $\sigma_y = -40$

(2) $\sigma_\theta = \dfrac{(+40)+(-40)}{2} + \dfrac{(+40)-(-40)}{2} \cdot \cos 90° = 0$

(3) $\tau_\theta = \dfrac{(+40)+(+40)}{2} \cdot \sin 90° = 40\text{MPa}$

해답 112. ① 113. ① 114. ① 115. ③

116. $\sigma_x = 20\text{MPa}$, $\sigma_y = 10\text{MPa}$, $\tau_{xy} = 5\text{MPa}$이 작용할 때 최대 주응력의 크기는?

① 22.07MPa
② 25.04MPa
③ 27.55MPa
④ 30.02MPa

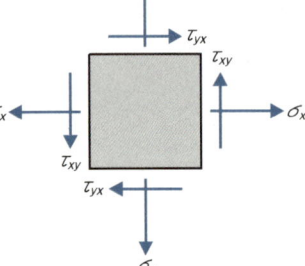

해설

(1) 요소 응력: $\sigma_x = +20$, $\sigma_y = +10$, $\tau_{xy} = -5$

(2) $\sigma = \dfrac{\sigma_x + \sigma_y}{2} + \sqrt{\left(\dfrac{\sigma_x - \sigma_y}{2}\right)^2 + \tau_{xy}^2}$

$= \dfrac{(+20) + (+10)}{2} + \sqrt{\left(\dfrac{(+20) - (+10)}{2}\right)^2 + (-5)^2}$

$= 22.071 \text{N/mm}^2 = 22.071 \text{MPa}$

117. 다음 미소 단면의 최대 주응력은?
(단, $\sigma_x = 40\text{MPa}$, $\sigma_y = 80\text{MPa}$, $\tau_{xy} = \tau_{yx} = 10\text{MPa}$)

① 64.72MPa
② 82.36MPa
③ 162.56MPa
④ 178.32MPa

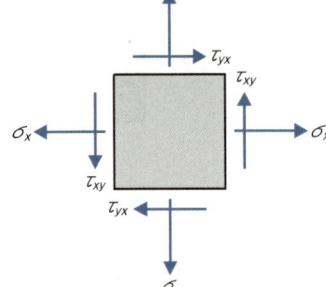

해설

(1) 요소 응력: $\sigma_x = +40$, $\sigma_y = +80$, $\tau_{xy} = +10$

(2) $\sigma = \dfrac{\sigma_x + \sigma_y}{2} + \sqrt{\left(\dfrac{\sigma_x - \sigma_y}{2}\right)^2 + \tau_{xy}^2}$

$= \dfrac{(+40) + (+80)}{2} + \sqrt{\left(\dfrac{(+40) - (+80)}{2}\right)^2 + (+10)^2}$

$= 82.360 \text{N/mm}^2 = 82.360 \text{MPa}$

118. $\sigma_x = 1\text{MPa}$, $\sigma_y = 2\text{MPa}$, $\tau_{xy} = 0.5\text{MPa}$를 받고 있는 그림과 같은 평면응력 요소의 최대 주응력은?

① 2.21MPa
② 2.31MPa
③ 2.41MPa
④ 2.51MPa

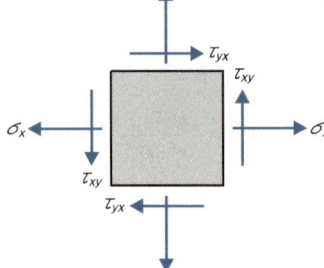

해설

(1) 요소 응력: $\sigma_x = +1$, $\sigma_y = +2$, $\tau_{xy} = +0.5$

(2) $\sigma = \dfrac{\sigma_x + \sigma_y}{2} + \sqrt{\left(\dfrac{\sigma_x - \sigma_y}{2}\right)^2 + \tau_{xy}^2}$

$= \dfrac{(+1) + (+2)}{2} + \sqrt{\left(\dfrac{(+1) - (+2)}{2}\right)^2 + (+0.5)^2}$

$= 2.207 \text{N/mm}^2 = 2.207 \text{MPa}$

119. 평면응력을 받는 요소가 다음과 같이 응력을 받고 있다. 최대 주응력은?

① 36MPa
② 64MPa
③ 136MPa
④ 164MPa

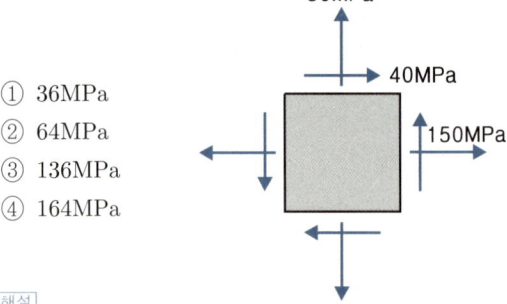

해설

(1) 요소 응력 : $\sigma_x = +150$, $\sigma_y = +50$, $\tau_{xy} = +40$

(2) $\sigma = \dfrac{\sigma_x + \sigma_y}{2} + \sqrt{\left(\dfrac{\sigma_x - \sigma_y}{2}\right)^2 + \tau_{xy}^2}$

$= \dfrac{(+150) + (+50)}{2} + \sqrt{\left(\dfrac{(+150) - (+50)}{2}\right)^2 + (+40)^2}$

$= 164.031 \text{N/mm}^2 = 164.031 \text{MPa}$

해답 116. ① 117. ② 118. ① 119. ④

120. 구조물 내부의 어떤 면에 35MPa의 전단응력과 28MPa의 인장응력이 작용하고 있고, 이 면과 직각을 이루는 면에 21MPa의 압축응력이 작용하고 있다. 이 경우 최대주응력(σ_1)은?

① 46.2MPa ② 49.8MPa
③ 53.2MPa ④ 59.7MPa

해설

(1) 요소 응력: $\sigma_x = +28$, $\sigma_y = -21$, $\tau_{xy} = +35$

(2) $\sigma = \dfrac{\sigma_x + \sigma_y}{2} + \sqrt{\left(\dfrac{\sigma_x - \sigma_y}{2}\right)^2 + \tau_{xy}^2}$

$= \dfrac{(+28)+(-21)}{2} + \sqrt{\left(\dfrac{(+28)-(-21)}{2}\right)^2 + (+35)^2}$

$= 46.222 \text{N/mm}^2 = 46.222 \text{MPa}$

121. 평면응력 상태 하에서의 모어(Mohr)의 응력원에 대한 설명 중 옳지 않은 것은?

① 최대 전단응력의 크기는 두 주응력의 차이와 같다.
② 모어원의 중심의 x좌표값은 직교하는 두 축의 수직응력의 평균값과 같고 y좌표값은 0이다.
③ 모어원이 그려지는 두 축 중 연직(y)축은 전단응력의 크기를 나타낸다.
④ 모어원으로부터 주응력의 크기와 방향을 구할 수 있다.

해설

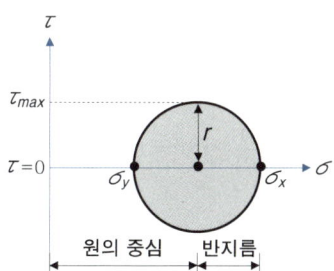

① 최대전단응력 $\tau_{\max} = \dfrac{\sigma_x - \sigma_y}{2}$ 가 되므로 두 주응력 차의 $\dfrac{1}{2}$이다.

122. 어떤 요소를 스트레인 게이지로 계측하여 이 요소의 x방향 변형률 $\epsilon_x = 2.67 \times 10^{-4}$, y방향 변형률 $\epsilon_y = 6.07 \times 10^{-4}$을 얻었다면 x방향 응력 σ_x는? (단, 이 요소의 $\nu = 0.3$, 탄성계수: $E = 200,000$MPa)

① 65.4MPa ② 76.5MPa
③ 87.6MPa ④ 98.7MPa

해설

$\sigma_x = \dfrac{E}{(1-\nu^2)}(\epsilon_x + \nu \cdot \epsilon_y)$

$= \dfrac{(200,000)}{[1-(0.3)^2]}[(2.67 \times 10^{-4}) + (0.3)(6.07 \times 10^{-4})]$

$= 98.703 \text{N/mm}^2 = 98.703 \text{MPa}$

123. 그림과 같이 이축응력(二軸應力)을 받고 있는 요소의 체적변형률은? (단, 탄성계수 $E = 200,000$MPa, 푸아송비 $\nu = 0.3$)

① 3.6×10^{-4}
② 4.0×10^{-4}
③ 4.4×10^{-4}
④ 4.8×10^{-4}

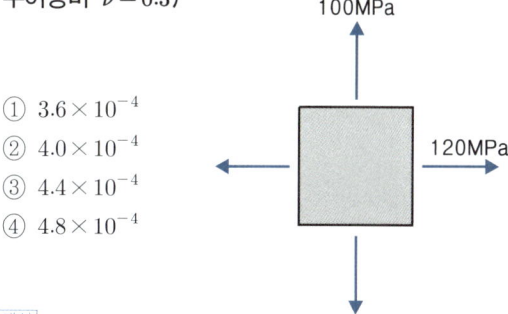

해설

$\epsilon_V = \dfrac{\Delta V}{V} = \dfrac{(1-2\nu)}{E}(\sigma_x + \sigma_y)$

$= \dfrac{[1-2(0.3)]}{(200,000)}[(+120)+(+100)] = 4.4 \times 10^{-4}$

해답 120. ① 121. ① 122. ④ 123. ③

124. 그림과 같은 2축응력을 받고 있는 요소의 체적변형률은? (단, 탄성계수 $E=200,000$MPa, 푸아송비 $\nu=0.2$ 이다.)

① 1.8×10^{-4}
② 3.6×10^{-4}
③ 4.4×10^{-4}
④ 6.2×10^{-4}

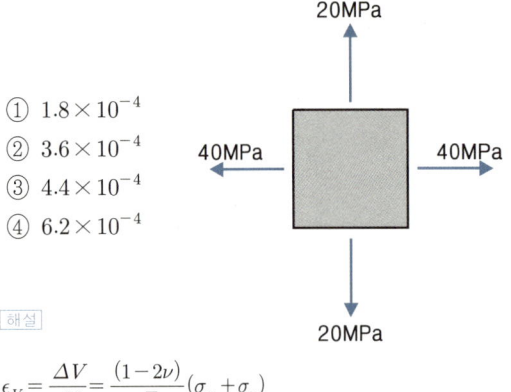

해설

$$\epsilon_V = \frac{\Delta V}{V} = \frac{(1-2\nu)}{E}(\sigma_x + \sigma_y)$$

$$= \frac{[1-2(0.2)]}{(200,000)}[(+40)+(+20)] = 1.8\times 10^{-4}$$

125. 그림과 같이 이축응력(二軸應力)을 받고 있는 요소의 체적변형률은?
(단, 탄성계수 $E=200,000$MPa, 푸아송비 $\nu=0.3$)

① 2.7×10^{-4}
② 3.0×10^{-4}
③ 3.7×10^{-4}
④ 4.0×10^{-4}

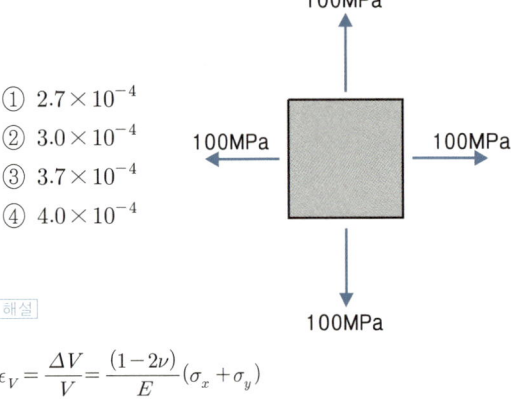

해설

$$\epsilon_V = \frac{\Delta V}{V} = \frac{(1-2\nu)}{E}(\sigma_x + \sigma_y)$$

$$= \frac{[1-2(0.3)]}{(200,000)}[(+100)+(+100)] = 4\times 10^{-4}$$

126. x방향 $\sigma_x = 87.6$MPa, y방향 $\sigma_y = 115.4$MPa의 어떤 요소가 2축응력 상태에 있다. 이 요소의 체적변형률은?
(단, 이 요소의 $\nu=0.3$, 탄성계수 $E=200,000$MPa)

① 2.08×10^{-4} ② 2.74×10^{-4}
③ 3.40×10^{-4} ④ 4.06×10^{-4}

해설

$$\epsilon_V = \frac{\Delta V}{V} = \frac{(1-2\nu)}{E}(\sigma_x + \sigma_y)$$

$$= \frac{[1-2(0.3)]}{(200,000)}[(+87.6)+(+115.4)] = 4.06\times 10^{-4}$$

127. 무게 300kN인 물체를 단면적이 200mm²인 1개의 동선과 양쪽에 단면적이 100mm²인 철선으로 매달았다면 철선과 동선의 인장응력 σ_s, σ_c는? (단, 철선 $E_s = 2.1\times 10^5$MPa, 동선 $E_c = 1.05\times 10^5$MPa)

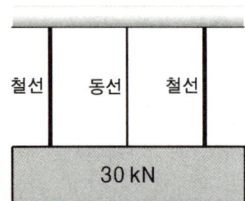

① $\sigma_s = 100$MPa $\sigma_c = 100$MPa
② $\sigma_s = 100$MPa $\sigma_c = 50$MPa
③ $\sigma_s = 50$MPa $\sigma_c = 150$MPa
④ $\sigma_s = 50$MPa $\sigma_c = 50$MPa

해설

(1) $\sigma_s = \dfrac{E_s}{E_c} \cdot \sigma_c$

$\qquad = \dfrac{(2.1\times 10^5)}{(1.05\times 10^5)} \cdot (50) = 100\text{N/mm}^2 = 100\text{MPa}$

(2) $\sigma_c = \dfrac{P}{A_c + \dfrac{E_s}{E_c}\cdot A_s}$

$\qquad = \dfrac{(30\times 10^3)}{(200)+\left(\dfrac{2.1\times 10^5}{1.05\times 10^5}\right)(100\times 2개)} = 50\text{N/mm}^2 = 50\text{MPa}$

해답 124. ①   125. ④   126. ④   127. ②

128. 강선과 동선으로 조립되어 있는 구조물에 2kN의 하중이 작용하면 강선에 발생하는 힘은?
(단, 강선과 동선의 단면적은 같고, 강선의 탄성계수는 2.0×10^5MPa, 동선의 탄성계수는 1.0×10^5MPa)

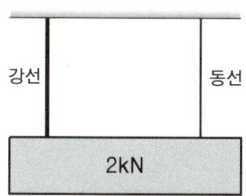

① 0.667kN ② 1.333kN
③ 1.667kN ④ 2.333kN

해설

(1) 강선만의 응력: $\sigma_s = \dfrac{P_s}{A_s}$

(2) 합성부재에서 강선의 응력:

$\sigma_s = n \cdot \dfrac{P}{A_c + n \cdot A_s}$ 로부터

$A_c = A_s$ 이므로 $\sigma_s = n \cdot \dfrac{P}{A_s(1+n)}$

(3) $\dfrac{P_s}{A_s} = n \cdot \dfrac{P}{A_s(1+n)}$ 로부터

$P_s = n \cdot \dfrac{P}{1+n} = \left(\dfrac{2.0 \times 10^5}{1.0 \times 10^5}\right) \cdot \dfrac{(2 \times 10^3)}{1 + \left(\dfrac{2.0 \times 10^5}{1.0 \times 10^5}\right)}$

$= 1,333\text{N} = 1.333\text{kN}$

129. 두 개의 재료로 이루어진 합성단면이 있다. 이 두 재료의 탄성계수비 $\dfrac{E_2}{E_1} = 5$ 일 때, 이 합성단면의 중립축의 위치 C를 단면 상단으로부터의 거리로 나타낸 것은?

① $C = 77.5$mm
② $C = 100$mm
③ $C = 122.5$mm
④ $C = 137.5$mm

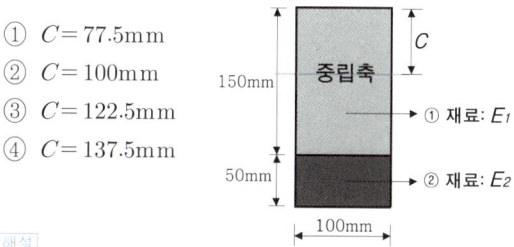

해설

(1) E_1의 면적을 A_1이라 하고, E_2의 면적을 A_2라 하면 E_2는 $5E_1$의 조건으로부터 $5A_2$라 할 수 있다.

(2) $G_x = A_1 \cdot y_1 + 5A_2 \cdot y_2 = (A_1 + 5A_2) \cdot C$ 로부터

$(100 \times 150)(75) + 5(100 \times 50)(175)$
$\qquad = [(100 \times 150) + 5(100 \times 50)] \cdot C$

∴ $C = 137.5$mm

해답 128. ② 129. ④

MEMO

제 7 장 보의 휨변형

COTENTS

1. 휨변형: 처짐각(Deflection Angle, Slope), 처짐(Deflection) ⋯ 236
2. 처짐곡선 미분방정식법 ⋯ 238
3. 공액보법(Conjugate Beam Method) ⋯ 246
   - 핵심문제 ⋯ 258

7 보의 휨변형

CHECK

(1) 처짐곡선 미분방정식법: 곡률(κ), 곡률반경(R)
(2) 공액보법(Conjugate Beam Method)에 의한 처짐각(θ), 처짐(δ)의 계산
   ➡ 캔틸레버보(Cantilever Beam) ➡ 단순보(Simple Beam) ➡ 내민보(Overhanging Beam)
   ➡ 겔버보(Gerber Beam)

1 휨변형: 처짐각(Deflection Angle, Slope), 처짐(Deflection)

(1) 기본 개념

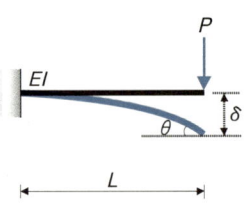
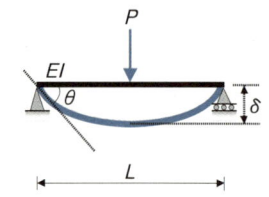

직선의 길이방향 축을 가진 보에 하중이 작용하면 곡선으로 변형되는데, 이러한 곡선을 보의 처짐곡선(Deflection Curve)이라고 한다. 하중(M, P, w)에 의해 처짐이 발생된 구조물의 처짐곡선 상의 특정한 점의 선변위(線變位)를 처짐(δ 또는 Δ 또는 y, Deflection)이라고 하며, mm 등의 길이 단위로 표시하며, 하향처짐(↓)일 때 (+), 상향처짐(↑)일 때 (−)로 정의한다.

특정한 점의 접선이 부재축의 원위치와 이루는 각변위(角變位)를 처짐각(θ, Deflection Angle, 회전각, 기울기)이라고 하며, radian 단위로 표시하며, 시계 방향(⌒)을 (+), 반시계 방향(⌒)을 (−)로 정의한다.

(2) 구조물의 휨변형 결과식

처짐각(θ)	하중 조건	처짐(δ)
$\theta = \dfrac{ML}{EI}$	모멘트하중(M)	$\delta = \dfrac{ML^2}{EI}$
$\theta = \dfrac{PL^2}{EI}$	집중하중(P)	$\delta = \dfrac{PL^3}{EI}$
$\theta = \dfrac{wL^3}{EI}$	분포하중(w)	$\delta = \dfrac{wL^4}{EI}$

학습POINT

■ 처짐각 및 처짐의 방향과 부호

부호	⊕	⊖
처짐각(θ)	⌒	⌒
처짐(δ)	↓	↑

■ 구조물의 휨변형 결과식

처짐각 및 처짐과 같은 구조물 또는 구조부재의 변형은 하중(M, P, w), 경간의 길이(L), 탄성계수(E), 단면2차모멘트(I)의 함수식으로 표현되며, 좌측과 같은 결과적인 수치로 표현된다는 것을 사전에 기억해두고 있다면 해석결과를 검토하는데 많은 이점을 제공할 수 있게 된다.

핵심예제 1

직사각형 단면의 단순보가 등분포하중 w를 받을 때 발생되는 최대 처짐에 대한 설명으로 옳은 것은?

① 보의 폭에 비례한다.
② 보의 높이의 3승에 비례한다.
③ 보의 길이의 2승에 비례한다.
④ 보의 탄성계수에 반비례한다.

해설 (1) $\delta_w = \dfrac{wL^4}{EI} = \dfrac{wL^4}{E \cdot \left(\dfrac{bh^3}{12}\right)}$

(2) 보 폭(b)에 반비례, 보 높이(h)의 3승에 반비례, 보 길이(L)의 4승에 비례한다.

답 : ④

(3) 구조물의 변형을 해석하는 기본적인 방법

구분	해석법	주요 적용
기하학적 방법 (Geometrical Method)	처짐곡선 미분방정식법(=2중적분법)	보, 기둥
	모멘트면적법, 탄성하중법 또는 **공액보법**	보, 라멘
	각하중(角荷重)법	트러스
	Williot-Mohr 변위선도법	트러스
에너지 방법 (Energy Method)	**가상일법(=단위하중법)**	모든 구조물
	Castigliano의 제2정리	온도변화, 지점침하가 없는 모든 구조물

■ 구조해석에서 가장 실용적인 방법은 기하학적 방법 중 공액보법과 에너지 방법 중 가상일법이라고 할 수 있다.

핵심예제 2

정정보의 처짐과 처짐각을 계산할 수 있는 방법이 아닌 것은?

① 이중적분법(Double Integration Method)
② 공액보법(Conjugate Beam Method)
③ 처짐각법(Slope Deflection Method)
④ 단위하중법(Unit Load Method)

해설 ③ 처짐각법(Slope Deflection Method)은 부정정 구조물의 해석방법이다.

답 : ③

2 처짐곡선 미분방정식법

(1) 처짐곡선 미분방정식의 유도

다음과 같은 휨강성(EI)이 일정한 캔틸레버보를 통해 처짐곡선식을 생각해보자.

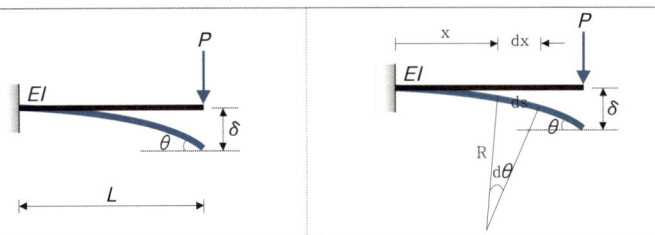

■ Jacob Bernoulli(1654~1705)

처짐곡선 상에서 $\cos\theta = \dfrac{dx}{ds}$이며 처짐각 θ가 매우 미소한 크기이므로 처짐곡선에 따른 거리 ds는 x축의 증분 dx와 거의 같으므로 $ds \approx dx$이다. 휨응력으로부터 곡률(Cavature) $\kappa = \dfrac{1}{R} = \dfrac{d\theta}{ds} = \dfrac{M}{EI}$인데, $ds \approx dx$를 적용하면 $\kappa = \dfrac{1}{R} = \dfrac{d\theta}{dx} = \dfrac{M}{EI}$으로 표현할 수 있게 된다.

■ 곡률반지름: $R = \dfrac{EI}{M}$

처짐곡선 상에서 $\tan\theta = \dfrac{dy}{dx}$이며 회전각 θ가 매우 미소한 크기이므로 $\tan\theta \approx \theta$이므로, $\tan\theta = \dfrac{dy}{dx}$를 $\theta = \dfrac{dy}{dx}$로 표현할 수 있고 θ의 x에 대한 도함수는 $\dfrac{d\theta}{dx} = \dfrac{d^2y}{dx^2}$이다. 곡률 $\kappa = \dfrac{1}{R} = \dfrac{d\theta}{dx} = \dfrac{M}{EI}$ 식과 $\dfrac{d\theta}{dx} = \dfrac{d^2y}{dx^2}$를 조합하면 $\dfrac{d^2y}{dx^2} = \dfrac{M}{EI}$이라는 처짐곡선의 기본적인 미분방정식을 얻게 되며, $\dfrac{d^2y}{dx^2} = y''$의 프라임(Prime) 기호를 써서 표시하는 경우 $EI \cdot y'' = M$으로 간단하게 표현된다. 하중(w)-전단력(V)-휨모멘트(M)의 $\dfrac{dV}{dx} = -w$, $\dfrac{dM}{dx} = V$의 관계식을 통해 $EI \cdot y'' = M$을 $EI \cdot y''' = V$, $EI \cdot y'''' = -w$라는 방정식으로도 표현할 수 있게 되는데, 실용적인 관점에서 휨모멘트에 의한 방정식 $EI \cdot y'' = M$을 가장 많이 적용한다.

이때, 우측의 그림을 통해 휨모멘트와 처짐의 부호를 생각해본다. 대부분의 구조물에는 중력방향의 하중이 작용하게 되므로 수평의 부재에서 중립축 아래가 휨인장이 발생하는 휨모멘트를 (+)로 정의하였다. 비슷한 의미로서 하향처짐(↓)일 때 (+), 상향처짐(↑)일 때 (−)로 정의하는 처짐의 입장에서는 y축을 하향으로 생각할 때 (+)라는 의미를 보상하기 위해 $EI \cdot y'' = M$을 $EI \cdot y'' = -M$으로 바꿔서 처짐곡선의 미분방정식을 적용하는 경우가 보의 해석에 편리한 이점을 제공한다.

■ 휨모멘트와 처짐의 부호

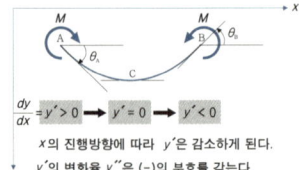

x의 진행방향에 따라 y'은 감소하게 된다.
y'의 변화율 y''은 (−)의 부호를 갖는다.

핵심예제 3

다음 단순보의 C점의 곡률반경을 구하면 얼마인가?
(단, $E = 1,000 \text{MPa}$, $I = 4 \times 10^8 \text{mm}^4$)

① 3.5m
② 4m
③ 4.5m
④ 5m

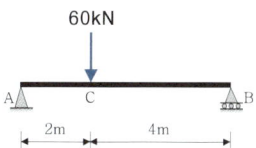
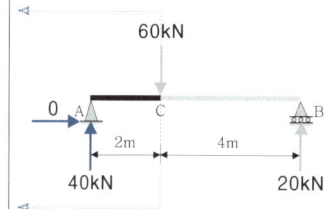

해설 (1) $\sum M_B = 0 : +(V_A)(6) - (60)(4) = 0 \quad \therefore V_A = +40 \text{kN}(\uparrow)$

(2) $M_{C,Left} = +[+(40)(2)] = +80 \text{kN} \cdot \text{m}$

(3) $R = \dfrac{EI}{M} = \dfrac{(1,000)(4 \times 10^8)}{(80 \times 10^6)} = 5,000 \text{mm} = 5\text{m}$

답 : ④

핵심예제 4

지름이 d인 강선이 반지름 r인 원통 위로 굽어져 있다.
이 강선 내의 최대 굽힘모멘트 $M_{\max}$는? (단, 강선의 탄성계수
$E = 2 \times 10^5 \text{N/mm}^2$, $d = 20\text{mm}$, $r = 100\text{mm}$)

① $1.2 \times 10^7 \text{N} \cdot \text{mm}$
② $1.4 \times 10^7 \text{N} \cdot \text{mm}$
③ $2.0 \times 10^7 \text{N} \cdot \text{mm}$
④ $2.2 \times 10^7 \text{N} \cdot \text{mm}$

해설 (1) 곡률반지름(R) : 굽혀진 강선의 곡률반지름은 원통의 중심으로부터 강선의 단면의 중립축까지의 거리이므로 $R = r + \dfrac{d}{2}$

(2) 모멘트-곡률 관계식 : $M = \dfrac{EI}{R} = \dfrac{2EI}{2r+d}$

(3) I는 강선의 단면2차모멘트이므로

$M = \dfrac{EI}{R} = \dfrac{2EI}{2r+d} = \dfrac{\pi E d^4}{32(2r+d)} = \dfrac{\pi(2 \times 10^5)(20)^4}{32[2(100)+(20)]}$

$= 14,279,966 \text{N} \cdot \text{mm} = 1.427 \times 10^7 \text{N} \cdot \text{mm}$

답 : ②

(2) 구조해석에서 처짐곡선의 미분방정식

휨모멘트 방정식	전단력 방정식	하중 방정식
$EI \cdot y'' = -M$	$EI \cdot y''' = -V$	$EI \cdot y'''' = w$

■ 보의 처짐 및 처짐각 산정을 처짐곡선의 미분방정식으로 해석할 때 세 개의 미분방정식 중 어느 하나를 선택하여 수치적으로 또는 해석적으로 구할 수 있다. 이때 어떤 방정식이 가장 효율적인 해(Solution)를 제공하느냐에 따라 선택은 달라지지만 결과는 변하지 않는다

(3) 적분상수를 구하는 세 가지 유용한 조건

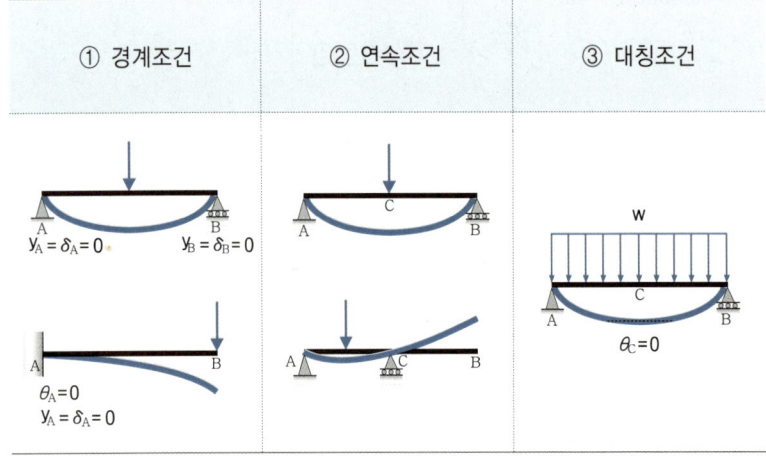

①의 경계조건의 의미는 단순보의 양쪽 지점인 이동지점, 회전지점의 처짐은 0이라는 것이다. 또한, 캔틸레버보의 고정지점에서는 처짐 및 처짐각 모두 0 이라는 것이다.
이러한 경계조건을 처짐곡선에 의한 미분방정식에서 가장 많이 적용하여 적분상수들을 구하게 된다.

②의 연속조건은 단순보의 경우 C점과 같이 집중하중이 작용하는 점은 수학적으로 적분구간이 만나는 불연속의 점에 해당되므로, C점의 좌측과 우측에서 각각 구한 처짐과 처짐각은 같다는 조건이다. 또한, 내민보의 경우 AC 단순보 구간과 CB 캔틸레버보 구간의 교점인 C점은 처짐각이 같다는 조건이다.

③의 대칭조건은 단순보 전 경간에 걸쳐 등분포하중이 재하되면 중앙점에서의 처짐각은 0이라는 것이다. 왜냐하면, 처짐곡선상에서 C점은 수평면과 이루는 각도가 0이므로 처짐각이 존재하지 않는다는 것을 의미하기 때문이다.

(4) 처짐곡선 미분방정식 적용예제(Ⅰ)

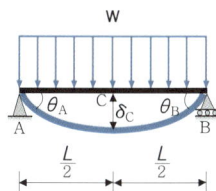

전 경간에 걸쳐 등분포하중을 지지하는 단순보 AB의 처짐곡선 방정식을 구하고 지지점에서의 회전각, 중앙점에서의 최대 처짐을 구해보자.

(1) A지점에서 x만큼 떨어진 위치에서의 휨모멘트

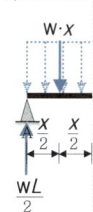 $M_x = +\left(\dfrac{wL}{2}\right)\cdot x - (w\cdot x)\left(\dfrac{x}{2}\right) = +\left(\dfrac{wL}{2}\right)\cdot x - \left(\dfrac{w}{2}\right)\cdot x^2$

(2) 처짐곡선의 미분방정식: $EI\cdot y'' = -M$ 을 적용

① $EI\cdot y'' = -M = -\left(\dfrac{wL}{2}\right)\cdot x + \left(\dfrac{w}{2}\right)\cdot x^2$

② $EI\cdot y' = -\left(\dfrac{wL}{4}\right)\cdot x^2 + \left(\dfrac{w}{6}\right)\cdot x^3 + C_1$

③ $EI\cdot y = -\left(\dfrac{wL}{12}\right)\cdot x^3 + \left(\dfrac{w}{24}\right)\cdot x^4 + C_1\cdot x + C_2$

(3) 경계조건을 이용한 적분상수의 결정

① $x=0$일 때 $y=0$: ∴ $C_2=0$

② $x=L$일 때 $y=0$:

$EI\cdot y = -\left(\dfrac{wL}{12}\right)\cdot (L)^3 + \left(\dfrac{w}{24}\right)\cdot (L)^4 + C_1\cdot L = 0$ ∴ $C_1 = \dfrac{wL^3}{24}$

③ 대칭조건: $x = \dfrac{L}{2}$일 때 $y'=0$을 적용해도 $C_1 = \dfrac{wL^3}{24}$ 의 값이 산정된다.

(4) 처짐각곡선식 : $y' = \dfrac{w}{24EI}(4x^3 - 6L\cdot x^2 + L^3)$,

처짐곡선식 : $y = \dfrac{w}{24EI}(x^4 - 2L\cdot x^3 + L^3\cdot x)$

(5) 주어진 문제의 조건 해결

① A점의 처짐각 : $x=0$ ➡ $\theta_A = y'(0) = +\dfrac{wL^3}{24EI}(\curvearrowright)$

② B점의 처짐각 : $x=L$ ➡ $\theta_B = y'(L) = -\dfrac{wL^3}{24EI}(\curvearrowleft)$

③ 중앙점의 처짐 : $x=\dfrac{L}{2}$ ➡ $\delta_C = y\left(\dfrac{L}{2}\right) = \dfrac{5wL^4}{384EI}(\downarrow)$

(5) 처짐곡선 미분방정식 적용예제(Ⅱ)

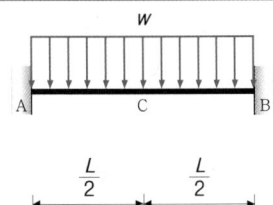

균일한 단면의 양단이 고정된 보에서 처짐곡선 방정식을 구하고, 고정단의 휨모멘트 M_A, 중앙점의 최대처짐 δ_{max}를 구해보자.

(1) A점의 모멘트반력 M_A를 알 수 없으므로 M_A를 미지수로 선정한다.

$$M_x = -(M_A) + \left(\frac{wL}{2}\right) \cdot x - (w \cdot x)\left(\frac{x}{2}\right)$$
$$= \left(\frac{wL}{2}\right) \cdot x - \left(\frac{w}{2}\right) \cdot x^2 - M_A$$

(2) 처짐곡선의 미분방정식: $EI \cdot y'' = -M$ 을 적용

① $EI \cdot y'' = -M = -\left(\dfrac{wL}{2}\right) \cdot x + \left(\dfrac{w}{2}\right) \cdot x^2 + M_A$

② $EI \cdot y' = -\left(\dfrac{wL}{4}\right) \cdot x^2 + \left(\dfrac{w}{6}\right) \cdot x^3 + M_A \cdot x + C_1$

③ $EI \cdot y = -\left(\dfrac{wL}{12}\right) \cdot x^3 + \left(\dfrac{w}{24}\right) \cdot x^4 + \left(\dfrac{1}{2}M_A\right) \cdot x^2 + C_1 \cdot x + C_2$

(3) 경계조건을 이용한 적분상수의 결정:

① $x = 0$일 때 $y = 0$: ∴ $C_2 = 0$

② $x = 0$일 때 $y' = 0$: ∴ $C_1 = 0$

③ $x = L$일 때

$y = 0$: $EI \cdot y = -\left(\dfrac{wL}{12}\right) \cdot (L)^3 + \left(\dfrac{w}{24}\right) \cdot (L)^4 + \left(\dfrac{1}{2}M_A\right) \cdot (L)^2 = 0$

∴ $M_A = \dfrac{wL^2}{12}$

➡ 모멘트반력 $M_A = -\dfrac{wL^2}{12}(\frown)$, 휨모멘트 $M_A = -\dfrac{wL^2}{12}(\frown)$

(4) 처짐각곡선식: $y' = \dfrac{w}{12EI}(2x^3 - 3L \cdot x^2 + L^2 \cdot x)$,

처짐곡선식: $y = \dfrac{w}{24EI}(x^4 - 2L \cdot x^3 + L^2 \cdot x^2)$

(5) 중앙점의 처짐: $x = \dfrac{L}{2}$ ➡ $\delta_C = y\left(\dfrac{L}{2}\right) = \dfrac{wL^4}{384EI}(\downarrow)$

(6) 처짐곡선 미분방정식 적용예제(Ⅲ)

집중하중이 작용하는 단순보의 처짐곡선 방정식을 구하고, 처짐각 θ_A와 θ_B, 보의 중앙점 C에서의 처짐 δ_C 및 최대처짐 $\delta_{\max}$를 구해보자.

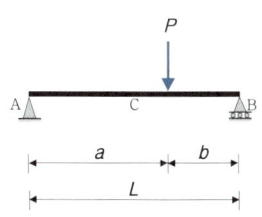
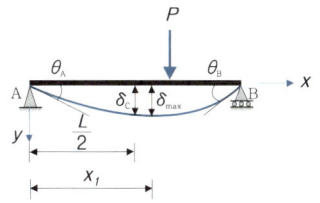

(1) 처짐곡선 미분방정식

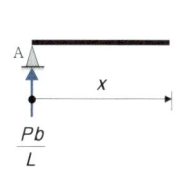
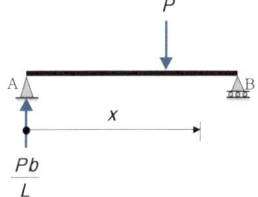

$x < a$ 구간

$$M_x = \frac{Pb}{L} \cdot x$$

$$EI \cdot y'' = -\frac{Pb}{L} \cdot x$$

$$EI \cdot y' = -\frac{Pb}{2L} \cdot x^2 + C_1$$

$$EI \cdot y = -\frac{Pb}{6L} \cdot x^3 + C_1 \cdot x + C_3$$

$a < x < b$ 구간

$$M_x = \frac{Pb}{L} \cdot x - P(x-a)$$

$$EI \cdot y'' = -\frac{Pb}{L} \cdot x + P(x-a)$$

$$EI \cdot y' = -\frac{Pb}{2L} \cdot x^2 + \frac{P(x-a)^2}{2} + C_2$$

$$EI \cdot y = -\frac{Pb}{6L} \cdot x^3 + \frac{P(x-a)^3}{6} + C_2 \cdot x + C_4$$

(2) 연속조건 : $x=a$에서 두 구간의 처짐각(=기울기) 및 처짐이 같다.

① $-\dfrac{Pba^2}{2L} + C_1 = -\dfrac{Pba^2}{2L} + C_2$ 이므로 $C_1 = C_2$

② $-\dfrac{Pba^3}{6L} + C_1 \cdot a + C_3 = -\dfrac{Pba^3}{6L} + C_2 \cdot a + C_4$ 이므로 $C_3 = C_4$

(3) 경계조건 : A점과 B점의 처짐은 0이다.

① $x=0$일 때 $y=0$: ∴ $C_3 = 0$ 이므로 $C_4 = 0$

② $x=L$일 때 $y=0$: $-\dfrac{PbL^3}{6L} + \dfrac{Pb^3}{6} + C_2 \cdot L = 0$ 에서 $C_2 = -\dfrac{Pb^3}{6L} + \dfrac{PbL^2}{6L}$

∴ $C_2 = C_1 = \dfrac{Pb}{6L}(L^2 - b^2)$

(4) $0 \leq x \leq a$ 구간

① 처짐각곡선식 : $y' = -\dfrac{Pb}{6EIL}(3x^2 - L^2 + b^2)$

② 처짐곡선식 : $y = -\dfrac{Pbx}{6EIL}(x^2 - L^2 + b^2)$

(5) $a \leq x \leq b$ 구간

① 처짐각곡선식 : $y' = -\dfrac{Pb}{6EIL}(3x^2 - L^2 + b^2) + \dfrac{P(x-a)^2}{2EI}$

② 처짐곡선식 : $y = -\dfrac{Pbx}{6EIL}(x^2 - L^2 + b^2) + \dfrac{P(x-a)^3}{6EI}$

(6) 처짐각 : θ_A, θ_B, θ_{max}

① A점의 처짐각 :

$x = 0 \implies \theta_A = y'(0) = -\dfrac{Pb}{6EIL}(-L^2 + b^2) = \dfrac{Pab}{6EIL}(L+b)\;(\frown)$

② B점의 처짐각 :

$x = L \implies \theta_B = y'(L)$

$\qquad = -\dfrac{Pb}{6EIL}(3L^2 - L^2 + b^2) + \dfrac{Pb^2}{2EI} = -\dfrac{Pab(L+a)}{6EIL}\;(\frown)$

③ 처짐각 θ는 하중의 위치에 대한 함수이므로 하중 P가 경간의 중앙점 근처에 위치할 경우 최대값에 도달하게 된다.

$\dfrac{d\theta_A}{db} = -\dfrac{P}{6EIL}(L^2 - 3b^2) = 0$ 으로부터 $L = \sqrt{3}\,b$ 이므로 $b = 0.577L$ 이고

$(\theta_A)_{max} = \dfrac{Pb \cdot 2b^2}{6EIL} = \dfrac{P}{3EIL}\left(\dfrac{L}{\sqrt{3}}\right)^3 = \dfrac{PL^2}{9\sqrt{3}\,EI}$

(7) 최대처짐 : δ_{max}

① 처짐각곡선식이 수평접선을 갖는 점에서 발생한다.

이 점은 $y' = -\dfrac{Pb}{6EIL}(3x^2 - L^2 + b^2)$ 식을 0으로 놓고 거리 x에 대해 계산하는데 이때의 거리 x를 x_1으로 표시하면,

$y' = -\dfrac{Pb}{6EIL}(3x^2 - L^2 + b^2) = 0$ 에서 $x = x_1 = \sqrt{\dfrac{L^2 - b^2}{3}}$ 으로 표현된다.

$\delta_{max} = y(x_1) = -\dfrac{Pb}{6EIL}\left(\sqrt{\dfrac{L^2 - b^2}{3}}\right)\left(\dfrac{L^2 - b^2}{3} - L^2 + b^2\right)$

$\qquad = \dfrac{Pb}{9\sqrt{3}\,EIL}(L^2 - b^2)^{\frac{3}{2}}$

(8) 보의 중앙점 C에서의 처짐

$$\delta_C = y\left(\frac{L}{2}\right) = -\frac{Pb}{6EIL}\left(\frac{L}{2}\right)\left(\frac{L^2}{4} - L^2 + b^2\right) = \frac{Pb(3L^2 - 4b^2)}{48EI}(\downarrow)$$

(9) 단순보의 중앙에 집중하중이 작용하는 경우

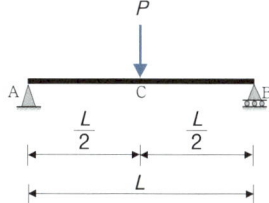

위의 예제를 통해 하중 P가 단순보의 중앙에 위치하는 $a = b = \frac{L}{2}$의 특별한 경우, $y' = -\frac{Pb}{6EIL}(3x^2 - L^2 + b^2)$ 로부터 $0 \leq x \leq \frac{L}{2}$ 구간으로서 $y' = -\frac{P}{16EI}(4x^2 - L^2)$의 결과를 얻을 수 있게 된다.

이 식으로부터 $\theta_A = y'(0) = -\frac{P}{16EI}(-L^2) = \frac{PL^2}{16EI}(\frown)$이 구해진다.

또한, $y = -\frac{Pbx}{6EIL}(x^2 - L^2 + b^2)$ 로부터 $0 \leq x \leq \frac{L}{2}$ 구간으로서 $y = -\frac{Px(4x^2 - 3L^2)}{48EI}$의 결과를 얻을 수 있게 된다.

이 식으로부터 $\delta_C = \delta_{\max} = \frac{PL^3}{48EI}(\downarrow)$이 구해진다.

3 공액보법(Conjugate Beam Method)

(1) 이론적 배경

처짐곡선의 미분방정식은 보의 전 경간에 대해 처짐각방정식과 처짐방정식이 수치적으로 명확히 표현되므로 결과를 유도하는 과정은 매우 번거롭지만 보의 모든 위치에서 회전각과 처짐량을 계산해 낼 수 있는 특징이 있다.

반면, 미국의 그린(Charles E. Greene, 1873) 교수에 의한 모멘트면적법(Moment Area Method)은 계산은 간단하지만 회전각과 처짐을 특정 지정된 곳 이외에는 검토할 수 없는 제한성, 비교적 단순한 보에 대해서만 해석이 가능한 점, 처짐각과 처짐과 같은 변위를 계산하는 주된 목적은 구조물의 변형된 그림인 변형도를 그리기 위함인데 먼저 변형도를 정확히 그려서 변위를 계산해야 하는 점 등이 취약점으로 노출되므로, 모멘트면적법에 대한 이론적인 배경은 생략하고 독일의 모어(Christian Otto Mohr, 1868) 교수에 의한 공액보법을 설명하기로 한다.

【 하중(w) - 전단력(V) - 휨모멘트(M), 곡률(κ) - 처짐각($\theta = y'$) - 처짐($\delta = y''$) 관계식의 유사성 】

하중-전단력-휨모멘트	곡률-처짐각-처짐
$\dfrac{dV}{dx} = -w$ 로부터 $V = -\int w \cdot dx + C_1$ ……①	$EI \cdot y' = -V$ 로부터 $y' = -\int \dfrac{M}{EI} \cdot dx + C_1$ ……③
$\dfrac{dM}{dx} = V$ 또는 $\dfrac{d^2M}{dx^2} = -w$ 로부터 $M = -\iint w \cdot dx \cdot dx + C_1 \cdot x + C_2$ ……②	$EI \cdot y'' = -M$ 로부터 $y'' = -\iint \dfrac{M}{EI} \cdot dx \cdot dx + C_1 \cdot dx + C_2$ ……④

■ Christian Otto Mohr(1835~1918)

실제 보에 대응되는 가상의 공액보는 실제 보와 같은 길이를 갖게 되며, 공액보가 실제 보의 $\dfrac{M}{EI}$과 같은 하중을 받는다면 공액보상에서의 전단력과 휨모멘트는 실제 보에서의 처짐각과 처짐이 된다.

공액보법은 하중(w)-전단력(V)-휨모멘트(M)의 관계식과, 곡률(κ)-처짐각($\theta = y'$)-처짐($\delta = y''$) 관계식의 유사성에 이론적인 근거를 둔 해석법이다. 하중(w)이 작용하는 실제의 보에서 특정 위치의 처짐각($\theta = y'$)과 처짐($\delta = y''$)은 하중(w)을 $\dfrac{M}{EI}$이라는 탄성하중으로 치환한 가상의 보에서 특정 위치의 전단력(V)과 휨모멘트(M)에 해당된다는 것으로 ①과 ③, ②와 ④의 유사성을 관찰해 본다.

전단력이나 휨모멘트가 하중으로부터 계산되는 것처럼, 처짐각이나 처짐 또한 $\dfrac{M}{EI}$으로부터 계산되어질 수 있다는 것이 공액보의 기본 개념이 된다.

(2) 공액보를 이용한 변형 해석

보의 탄성하중 $\dfrac{M}{EI}$ 도를 하향의 하중으로 재하시키고, 실제 보의 경계조건을 변환시킨 보를 공액보(Conjugate Bean)라고 정의한다.

다음의 ①, ②, ③, ④의 경우와 같은 실제 보의 지점과 자유단이 가상의 공액보 상에서 어떻게 변환되는지를 알아보자.

지점 조건	실제 보(Real Beam)	가상의 공액보(Conjugate Beam)
① 회전 지점	$\theta = y' \neq 0$ $\delta = y = 0$	$V \neq 0$ $M = 0$
② 고정 지점	$\theta = y' = 0$ $\delta = y = 0$	$V = 0$ $M = 0$
③ 자유단	$\theta = y' \neq 0$ $\delta = y \neq 0$	$V \neq 0$ $M \neq 0$
④ 내민부의 지점	$\theta = y' =$ 연속 $\delta = y = 0$	$V =$ 연속 $M = 0$

①의 회전지점에서는 처짐각 $\theta = \dfrac{dy}{dx} = y' \neq 0$, 처짐 $\delta = \dfrac{d^2y}{dx^2} = y'' = 0$ 이며, 이에 대응하는 공액보는 전단력 $V \neq 0$, 휨모멘트 $M = 0$ 이므로 공액보의 단부도 회전지점이 된다.

②의 고정지점에서는 처짐각 $\theta = 0$, 처짐 $\delta = 0$ 이며, 이에 대응하는 공액보는 전단력 $V = 0$, 휨모멘트 $M = 0$ 이므로 공액보의 단부는 자유단이 된다.

③의 자유단은 이와 반대의 의미가 되므로 공액보의 단부는 고정지점이 된다.

④의 내민부의 지점은 회전각 $\theta =$ 연속, 처짐 $\delta = 0$ 이며, 이에 대응하는 공액보는 전단력 $V =$ 연속, 휨모멘트 $M = 0$ 의 조건이 만족되는 회전절점(Hinged Joint)이 된다.

실제 보에서의 x점의 처짐각 θ_x와 처짐 δ_x는 가상의 공액보에서 x점의 전단력 V_x와 휨모멘트 M_x를 구하는 것과 같다.

실제 보 x점의 처짐각 θ_x	실제 보 x점의 처짐 δ_x
↓	↓
공액보에서 x점의 전단력 V_x	공액보에서 x점의 휨모멘트 M_x

■ 처짐각(탄성하중도($\frac{M}{EI}$)의 면적),

처짐(탄성하중도($\frac{M}{EI}$)의 면적×도심)

(3) 간단한 캔틸레버보에 대한 공액보의 적용 예

① 모멘트하중 작용시	휨모멘트도(BMD)	공액보
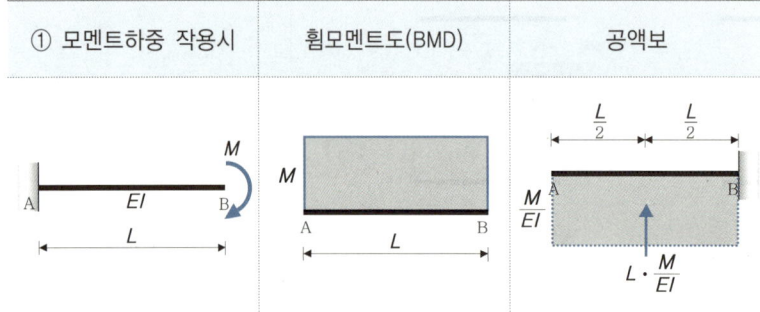

■ $\theta_B = L \cdot \dfrac{M}{EI} = \dfrac{ML}{EI}$

$\delta_B = \left(L \cdot \dfrac{M}{EI}\right)\left(L \cdot \dfrac{1}{2}\right)$

$= \dfrac{1}{2} \cdot \dfrac{ML^2}{EI}$

② 집중하중 작용시	휨모멘트도(BMD)	공액보
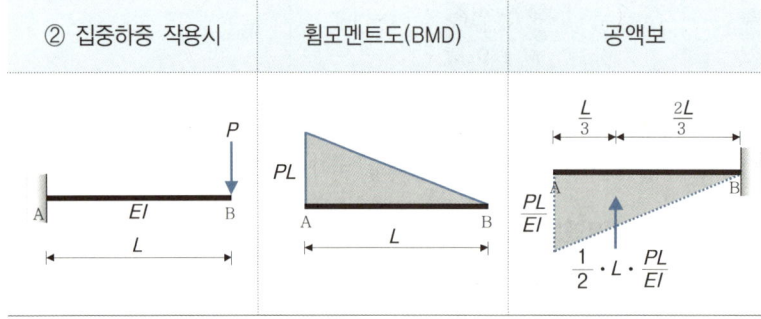

■ $\theta_B = \dfrac{1}{2} \cdot L \cdot \dfrac{PL}{EI} = \dfrac{1}{2} \cdot \dfrac{PL^2}{EI}$

$\delta_B = \left(\dfrac{1}{2} \cdot L \cdot \dfrac{PL}{EI}\right)\left(L \cdot \dfrac{2}{3}\right)$

$= \dfrac{1}{3} \cdot \dfrac{PL^3}{EI}$

③ 등분포하중 작용시	휨모멘트도(BMD)	공액보
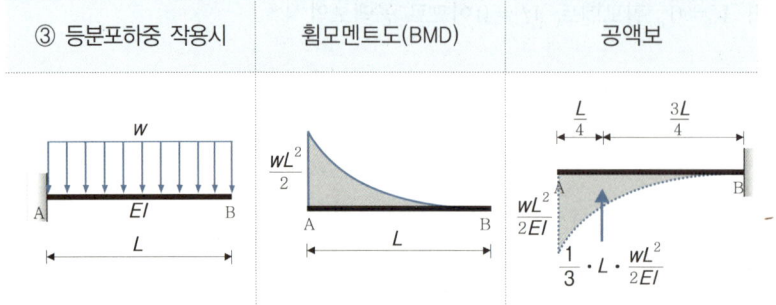

■ $\theta_B = \dfrac{1}{3} \cdot L \cdot \dfrac{wL^2}{2EI} = \dfrac{1}{6} \cdot \dfrac{wL^3}{EI}$

$\delta_B = \left(\dfrac{1}{3} \cdot L \cdot \dfrac{wL^2}{2EI}\right)\left(L \cdot \dfrac{3}{4}\right)$

$= \dfrac{1}{8} \cdot \dfrac{wL^4}{EI}$

핵심예제 5

그림과 같은 캔틸레버보에서 자유단 A의 처짐은? (단, EI는 일정)

① $\dfrac{3ML^2}{8EI}(\downarrow)$ ② $\dfrac{13ML^2}{32EI}(\downarrow)$

③ $\dfrac{7ML^2}{16EI}(\downarrow)$ ④ $\dfrac{15ML^2}{32EI}(\downarrow)$

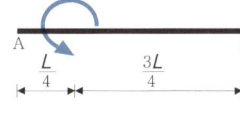

해설 $\delta_A = M_A = \left(\dfrac{3L}{4} \cdot \dfrac{M}{EI}\right)\left(\dfrac{L}{4} + \dfrac{3L}{4} \cdot \dfrac{1}{2}\right) = \dfrac{15}{32} \cdot \dfrac{ML^2}{EI}$

답 : ④

핵심예제 6

그림과 같은 캔틸레버 보에서 자유단(B점)의 수직처짐(δ_{VB})과 처짐각(θ_C)은? (단, EI는 일정)

① $\delta_{VB} = \dfrac{Pb^2}{6EI}(3L-a),\ \theta_c = \dfrac{Pa^2}{2EI}$

② $\delta_{VB} = \dfrac{Pa^2}{6EI}(3L-a),\ \theta_c = \dfrac{Pa^2}{2EI}$

③ $\delta_{VB} = \dfrac{Pb^2}{6EI}(2L+b),\ \theta_c = \dfrac{Pb^2}{3EI}$

④ $\delta_{VB} = \dfrac{Pb^2}{6EI}(3L-b),\ \theta_c = \dfrac{Pb^2}{2EI}$

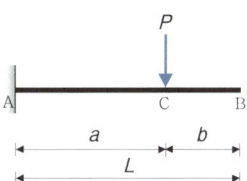
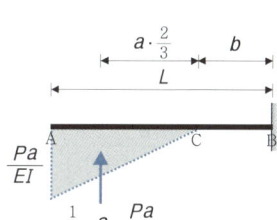

해설 (1) $\theta_C = V_C = \dfrac{1}{2} \cdot a \cdot \dfrac{Pa}{EI} = \dfrac{1}{2} \cdot \dfrac{Pa^2}{EI}$

(2) $\delta_B = M_B = \left(\dfrac{1}{2} \cdot a \cdot \dfrac{Pa}{EI}\right)\left(b + \dfrac{2}{3}a\right) = \dfrac{1}{6} \cdot \dfrac{Pa^2(3L-a)}{EI}$

답 : ②

핵심예제 7

그림에서 최대 처짐각비($\theta_B : \theta_D$)는?

① 1 : 2
② 1 : 3
③ 1 : 5
④ 1 : 7

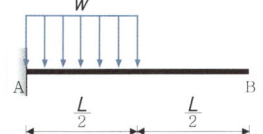
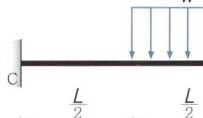
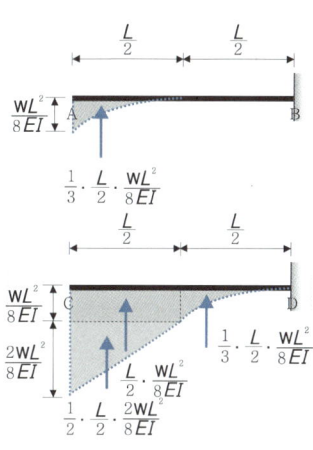

해설 (1) $\theta_B = V_B = \dfrac{1}{3} \cdot \dfrac{L}{2} \cdot \dfrac{wL^2}{8EI} = \dfrac{1}{48} \cdot \dfrac{wL^3}{EI}$

(2) $\theta_D = V_D = \left(\dfrac{1}{3} \cdot \dfrac{L}{2} \cdot \dfrac{wL^2}{8EI}\right) + \left(\dfrac{L}{2} \cdot \dfrac{wL^2}{8EI}\right) + \left(\dfrac{1}{2} \cdot \dfrac{L}{2} \cdot \dfrac{2wL^2}{8EI}\right) = \dfrac{7}{48} \cdot \dfrac{wL^3}{EI}$

답 : ④

(4) 간단한 단순보에 대한 공액보의 적용 예

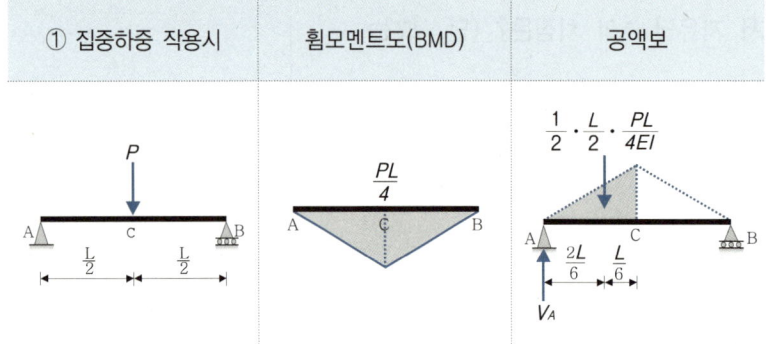

- $\theta_A = V_A = \dfrac{1}{2} \cdot \dfrac{L}{2} \cdot \dfrac{PL}{4EI} = \dfrac{1}{16} \cdot \dfrac{PL^2}{EI}$

- $\delta_C = M_C = \left(\dfrac{1}{2} \cdot \dfrac{L}{2} \cdot \dfrac{PL}{4EI}\right)\left(\dfrac{L}{2} \cdot \dfrac{2}{3}\right) = \dfrac{1}{48} \cdot \dfrac{PL^3}{EI}$

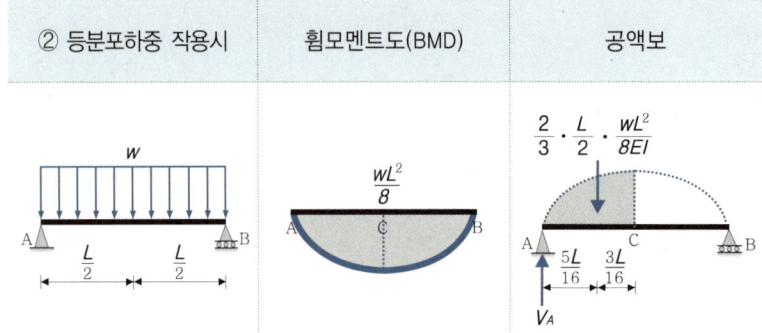

- $\theta_A = V_A = \dfrac{2}{3} \cdot \dfrac{L}{2} \cdot \dfrac{wL^2}{8EI} = \dfrac{1}{24} \cdot \dfrac{wL^3}{EI}$

- $\delta_C = M_C = \left(\dfrac{2}{3} \cdot \dfrac{L}{2} \cdot \dfrac{wL^2}{8EI}\right)\left(\dfrac{L}{2} \cdot \dfrac{5}{8}\right) = \dfrac{5}{384} \cdot \dfrac{wL^4}{EI}$

■ 중첩의 원리(Method of Superposition)
재료가 후크의 법칙을 만족하고 부재가 탄성거동을 한다면 모든 조건에 대해 중첩의 원리가 성립된다.

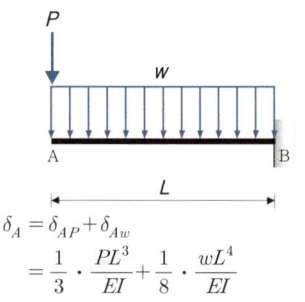

$\delta_A = \delta_{AP} + \delta_{Aw}$
$= \dfrac{1}{3} \cdot \dfrac{PL^3}{EI} + \dfrac{1}{8} \cdot \dfrac{wL^4}{EI}$

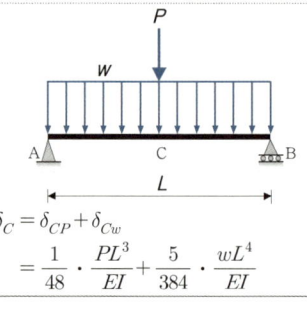

$\delta_C = \delta_{CP} + \delta_{Cw}$
$= \dfrac{1}{48} \cdot \dfrac{PL^3}{EI} + \dfrac{5}{384} \cdot \dfrac{wL^4}{EI}$

핵심예제 8

균일한 단면을 가진 그림과 같은 단순보에서 A지점의 처짐각은?
(단, 탄성계수 E, 단면2차모멘트 I)

① $\dfrac{ML}{3EI}$ ② $\dfrac{ML}{4EI}$

③ $\dfrac{ML}{5EI}$ ④ $\dfrac{ML}{6EI}$

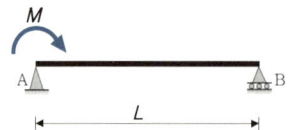

해설 $\theta_A = V_A = \left(\dfrac{1}{2} \cdot L \cdot \dfrac{M}{EI}\right)\left(\dfrac{2}{3}\right) = \dfrac{1}{3} \cdot \dfrac{ML}{EI}$

답 : ①

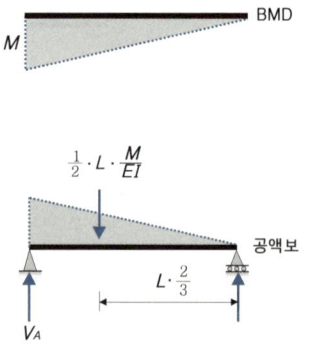

핵심예제9

다음 그림에서 처짐각 θ_A는?

① $\dfrac{PL^2}{EI}$ ② $\dfrac{PL^2}{2EI}$

③ $\dfrac{PL^2}{9EI}$ ④ $\dfrac{10PL^2}{81EI}$

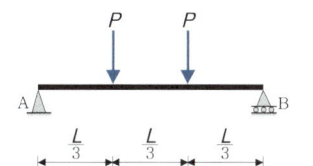

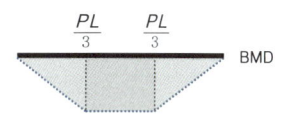

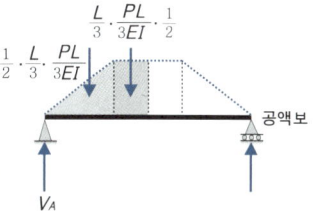

해설 $\theta_A = V_A = +\left(\dfrac{1}{2} \cdot \dfrac{L}{3} \cdot \dfrac{PL}{3EI}\right)+\left(\dfrac{L}{3} \cdot \dfrac{PL}{3EI} \cdot \dfrac{1}{2}\right) = \dfrac{1}{9} \cdot \dfrac{PL^2}{EI}$

답 : ③

핵심예제10

그림 (A)와 (B)의 중앙점의 처짐이 같아지도록 그림(B)의 등분포하중 w를 그림 (A)의 하중 P의 함수로 나타내면 얼마인가? (단, 재료는 같다.)

① $1.2\dfrac{P}{L}$

② $2.1\dfrac{P}{L}$

③ $4.2\dfrac{P}{L}$

④ $2.4\dfrac{P}{L}$

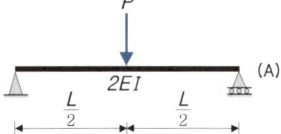

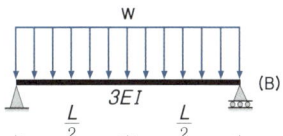

해설 (1) (A)의 중앙점 처짐 : $\delta = \dfrac{1}{48} \cdot \dfrac{PL^3}{EI} = \dfrac{1}{48} \cdot \dfrac{PL^3}{(2EI)} = \dfrac{1}{96} \cdot \dfrac{PL^3}{EI}$

(2) (B)의 중앙점 처짐 : $\delta = \dfrac{5}{384} \cdot \dfrac{wL^4}{EI} = \dfrac{5}{384} \cdot \dfrac{wL^4}{(3EI)} = \dfrac{5}{1,152} \cdot \dfrac{wL^4}{EI}$

(3) $\dfrac{1}{96} \cdot \dfrac{PL^3}{EI} = \dfrac{5}{1,152} \cdot \dfrac{wL^4}{EI}$ 이므로 $w = 2.4\dfrac{P}{L}$

답 : ④

(5) 처짐곡선 미분방정식 적용예제(Ⅲ)의 경우를 공액보법을 이용하여 하중작용점의 처짐을 구해보자.

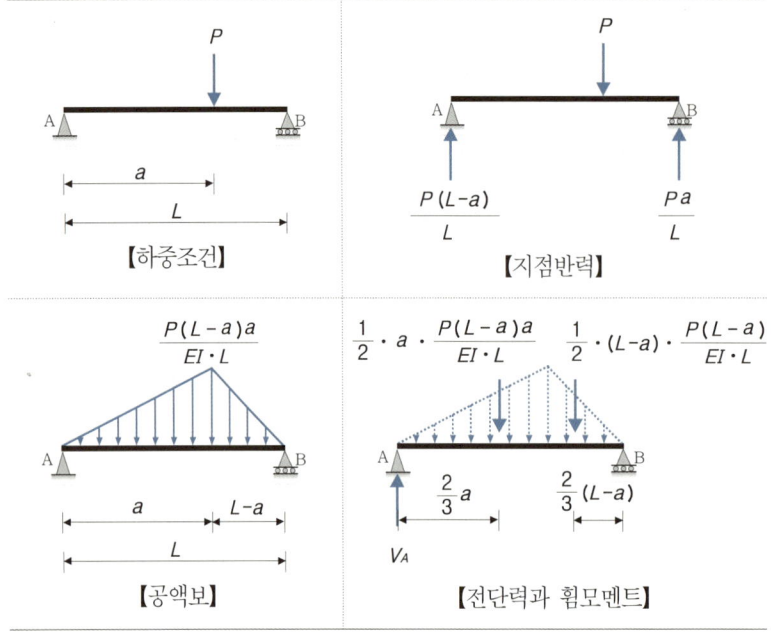

① $\dfrac{M}{EI}$도를 하향의 하중으로 재하시킨 공액보에서

　　(+)전단력은 시계방향(⌒)의 처짐각,
　　(+)휨모멘트는 하향의 처짐(↓)을 나타낸다.

② 실제 보의 A점의 처짐각(θ_A)은 공액보에서 A점의 전단력(V_A)을 구하는 것과 같다.

$$\theta_A = V_A = \left(\frac{1}{2} \cdot a \cdot \frac{Pa(L-a)}{EIL}\right) \cdot \left(\frac{L-\frac{2a}{3}}{L}\right)$$

$$+ \left(\frac{1}{2} \cdot (L-a) \cdot \frac{Pa(L-a)}{EIL}\right) \cdot \left(\frac{\frac{2}{3}(L-a)}{L}\right)$$

$$= \frac{Pa(L-a)(2L-a)}{6EIL}$$

③ 실제 보의 집중하중 작용점 P점의 처짐(δ_P)은 공액보에서 P점의 휨모멘트(M_P)를 구하는 것과 같다.

$$\delta_P = M_P = \left(\frac{Pa(L-a)(2L-a)}{6EIL}\right) \cdot (a) - \left(\frac{1}{2} \cdot a \cdot \frac{P(L-a)a}{EIL}\right) \cdot \left(\frac{a}{3}\right)$$

$$= \frac{Pa^2(L-a)^2}{3EIL}$$

핵심예제11

그림과 같은 보에서 최대처짐은 A로부터 얼마의 거리(x)에서 일어나는가? (단, EI는 일정)

① 1.414m
② 1.633m
③ 1.817m
④ 1.923m

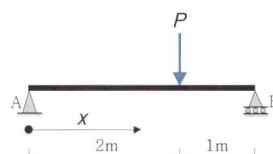

해설 (1) 지점반력: $V_A = +\dfrac{P}{3}(\uparrow)$, $V_B = +\dfrac{2P}{3}(\uparrow)$

(2) 공액보

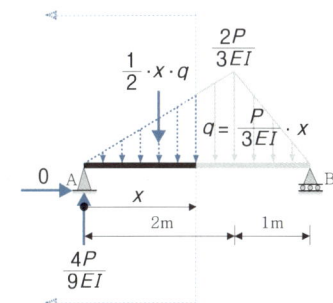

$\sum M_B = 0$:

$+(V_A')(3) - \left(\dfrac{1}{2} \times 2 \times \dfrac{2P}{3EI}\right)\left(1+\dfrac{2}{3}\right) - \left(\dfrac{1}{2} \times 1 \times \dfrac{2P}{3EI}\right)\left(\dfrac{2}{3}\right) = 0$ ∴ $V_A' = +\dfrac{4P}{9EI}$

(3) x위치에서의 처짐각

① $x : 2 = q : \dfrac{2P}{3EI}$ 로부터 $q = \dfrac{P}{3EI} \cdot x$

② $\theta_x = V_x' = +\left(\dfrac{4P}{9EI}\right) - \left(\dfrac{1}{2} \cdot x \cdot \dfrac{P}{3EI} x\right) = +\dfrac{P}{EI}\left(\dfrac{4}{9} - \dfrac{1}{6}x^2\right)$

③ 최대처짐($\delta_{\max}$) 발생위치는 처짐각(θ_x)이 0이 되는 위치이다.

$\theta_x = +\dfrac{P}{EI}\left(\dfrac{4}{9} - \dfrac{1}{6}x^2\right) = 0$ 으로부터 $x = 1.63299$m

답 : ②

핵심예제12

그림과 같은 단순보의 지점 B에 모멘트하중 M이 작용 할 때 보에 최대처짐($\delta_{\max}$)과 $\delta_{\max}$가 발생하는 위치 x는?
(단, EI는 일정하다.)

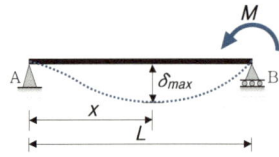

① $x = \dfrac{\sqrt{3}}{3}L$, $\delta_{\max} = \dfrac{\sqrt{3}}{27} \cdot \dfrac{ML^2}{EI}$

② $x = \dfrac{\sqrt{3}}{2}L$, $\delta_{\max} = \dfrac{\sqrt{3}}{18} \cdot \dfrac{ML^2}{EI}$

③ $x = \dfrac{\sqrt{3}}{3}L$, $\delta_{\max} = \dfrac{\sqrt{3}}{18} \cdot \dfrac{ML^2}{EI}$

④ $x = \dfrac{\sqrt{3}}{2}L$, $\delta_{\max} = \dfrac{\sqrt{3}}{27} \cdot \dfrac{ML^2}{EI}$

해설 (1) BMD와 공액보

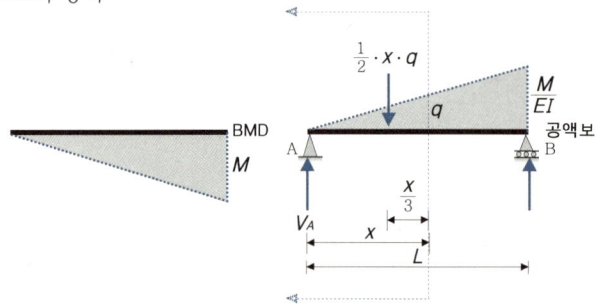

(2) 최대처짐($\delta_{\max}$)이 발생하는 위치: 공액보에서의 전단력이 0인 x위치

① 전단력이 0인 x위치에서의 삼각형 분포하중 q

$$x : q = L : \dfrac{M}{EI} \text{ 에서 } q = \left(\dfrac{M}{EI \cdot L}\right) \cdot x$$

② $M_x = \left(\dfrac{ML}{6EI}\right) \cdot x - \left(\dfrac{1}{2}q \cdot x\right)\left(\dfrac{x}{3}\right)$

$= \left(\dfrac{ML}{6EI}\right) \cdot x - \left(\dfrac{x^2}{6}\right)\left(\dfrac{M}{EI \cdot L} \cdot x\right) = \left(\dfrac{ML}{6EI}\right) \cdot x - \left(\dfrac{M}{6EI \cdot L}\right) \cdot x^3$

③ $V_x = \dfrac{dM_x}{dx} = \left(\dfrac{ML}{6EI}\right) - \left(\dfrac{3M}{6EI \cdot L}\right) \cdot x^2 = 0$ ∴ $x = \dfrac{L}{\sqrt{3}} (= 0.57735L)$

(3) 최대처짐($\delta_{\max}$): 공액보에서의 최대 휨모멘트

$$\delta_{\max} = M_{\max} = \left(\dfrac{ML}{6EI}\right) \cdot x - \left(\dfrac{M}{6EI \cdot L}\right) \cdot x^3 = \dfrac{\sqrt{3}}{27} \cdot \dfrac{ML^2}{EI}$$

답 : ①

(6) 내민보의 처짐

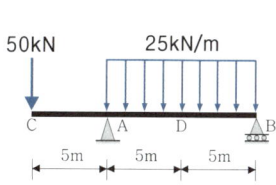

공액보법을 이용하여 C점의 처짐 δ_C, D점의 처짐 δ_D를 중첩의 원리를 통해서 산정하고, $\delta_C \leq \dfrac{L}{250}$의 허용처짐량을 제한할 때 이를 만족하는지 검토해 보자. (단, $E = 205,000 \mathrm{MPa}$, $I = 2.37 \times 10^8 \mathrm{mm}^4$)

① 중첩의 원리를 적용하기 위해 두 개의 하중시스템으로 분리

등분포하중을 받는 AB 휨모멘트도(BMD) 공액보(Conjugate Beam)

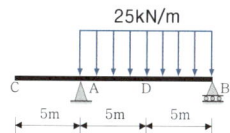 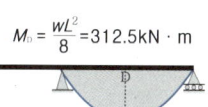 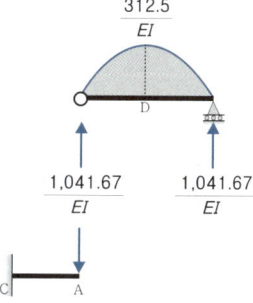

■ 등분포하중이 작용하는 경우

$$\delta_{D1} = \left(\dfrac{1,041.67}{EI}\right)\left(5 - 5 \times \dfrac{3}{8}\right)$$

$$= \dfrac{3,255.22}{EI}(\downarrow)$$

$$\delta_{C1} = -\left(\dfrac{1,041.67}{EI}\right)(5)$$

$$= -\dfrac{5,208.35}{EI}(\uparrow)$$

자유단에 집중하중을 받는 내민보 휨모멘트도(BMD) 공액보(Conjugate Beam)

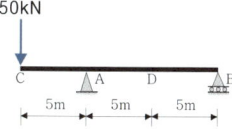 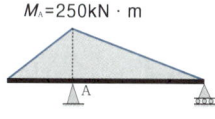 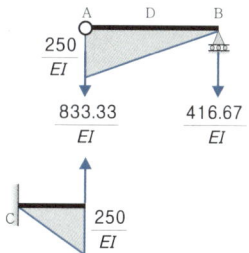

■ 집중하중이 작용하는 경우

$$\delta_{D2} = -\left[\left(\dfrac{416.67}{EI}\right)(5) - \dfrac{1}{2}\left(\dfrac{125}{EI}\right)(5)\left(\dfrac{5}{3}\right)\right]$$

$$= -\dfrac{1,562.52}{EI}(\uparrow)$$

$$\delta_{C2} = -\left(\dfrac{833.33}{EI}\right)(5) - \dfrac{1}{2}\left(\dfrac{250}{EI}\right)(5)\left(\dfrac{10}{3}\right)$$

$$= \dfrac{6,249.98}{EI}(\downarrow)$$

② $\delta_C = \delta_{C1} + \delta_{C2} = -\dfrac{5,208.35}{EI}(\uparrow) + \dfrac{6,249.98}{EI}(\downarrow)$

$= \dfrac{1,041.63}{EI} \mathrm{kN \cdot m^3}(\downarrow) = \dfrac{1,041.63 \times 10^{12}}{(205,000)(2.37 \times 10^8)} = 21.439 \mathrm{mm}(\downarrow)$

$\delta_C = 21.439 \mathrm{mm} > \dfrac{L}{250} = \dfrac{(5 \times 10^3)}{250} = 20 \mathrm{mm}$ ➡ 허용처짐량 초과

③ $\delta_D = \delta_{D1} + \delta_{D2} = \dfrac{3,255.22}{EI}(\downarrow) - \dfrac{1,562.52}{EI}(\uparrow) = \dfrac{1,692.7}{EI} \mathrm{kN \cdot m^3}(\downarrow)$

$= \dfrac{1,692.7 \times 10^{12}}{(205,000)(2.37 \times 10^8)} = 34.84 \mathrm{mm}(\downarrow)$

핵심예제13

그림과 같은 내민보의 지점 B에서의 처짐각을 구하면?
(단, $EI=$ 일정)

① $\dfrac{100}{3EI}$ ② $\dfrac{200}{3EI}$

③ $\dfrac{90}{5EI}$ ④ $\dfrac{150}{6EI}$

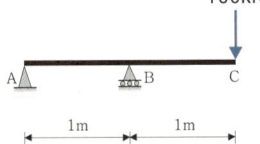

해설 (1) BMD와 공액보

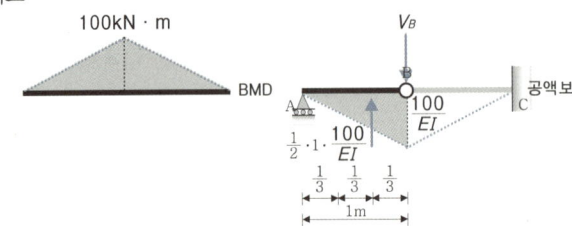

(2) $\theta_B = V_B = \left(\dfrac{1}{2} \cdot 1 \cdot \dfrac{100}{EI}\right)\left(\dfrac{\frac{2}{3}}{1}\right) = \dfrac{100}{3EI}$

답 : ①

핵심예제14

그림과 같은 보의 C점의 연직처짐은? (단, 보의 자중은 무시하며, $EI = 2 \times 10^6 \text{kN} \cdot \text{m}^2$)

① 1.525mm   ② 1.875mm
③ 2.525mm   ④ 3.125mm

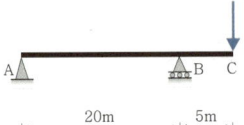

해설 (1) BMD와 공액보

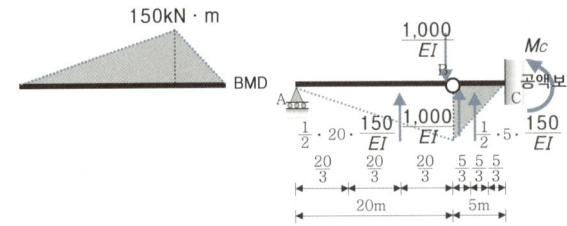

(2) $\theta_B = V_B = \left(\dfrac{1}{2} \cdot 20 \cdot \dfrac{150}{EI}\right)\left(\dfrac{2}{3}\right) = \dfrac{1,000}{EI}$ (kN·m²)

(3) $\delta_C = M_C = \left(\dfrac{1,000}{EI}\right)(5) + \left(\dfrac{1}{2} \cdot 5 \cdot \dfrac{150}{EI}\right)\left(5 \cdot \dfrac{2}{3}\right) = \dfrac{6,250}{EI} = 0.003125\text{m} = 3.125\text{mm}$

답 : ④

핵심예제15

그림과 같은 내민보에서 C점의 처짐은?
(단, 전 구간의 $EI=3.0\times10^{12}\text{N}\cdot\text{mm}^2$ 으로 일정)

① 1mm
② 2mm
③ 10mm
④ 20mm

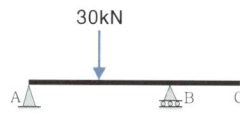

해설 (1) 공액보법에 의한 해석

① BMD와 공액보

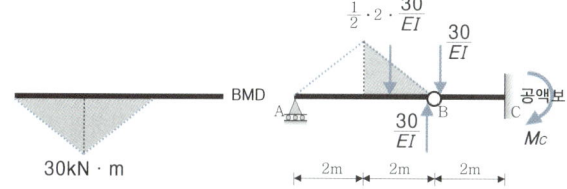

② $\theta_B = V_B = \left(\dfrac{1}{2}\cdot 2\cdot \dfrac{30}{EI}\right) = \dfrac{30}{EI}(\text{kN}\cdot\text{m}^2)$

③ $\delta_C = M_C = \left(\dfrac{30}{EI}\right)(2) = \dfrac{60}{EI}(\text{kN}\cdot\text{m}^3) = \dfrac{(60\times 10^{12})}{(3.0\times 10^{12})} = 20\text{mm}$

(2) 처짐곡선을 관찰하여 B점의 연속조건을 이용한 해석:

① 하중이 AB 단순보 구간에만 작용하므로 B점에서의 처짐각은 왼쪽이나 오른쪽이 같을 것이라는 것이 관찰된다.

② $P=30\text{kN}$, $L=4\text{m}$, $\dfrac{L}{2}=2\text{m}$

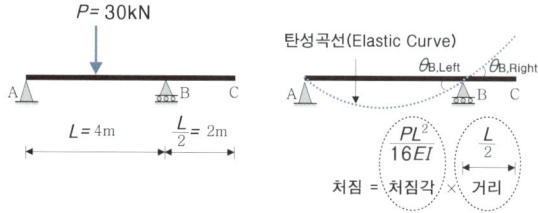

③ $\theta_B = \theta_{B,Left} = \theta_{B,Right} = \dfrac{1}{16}\cdot\dfrac{PL^2}{EI}$

④ $\delta_C = \theta_B\times$ 거리 $= \left(\dfrac{1}{16}\cdot\dfrac{PL^2}{EI}\right)\left(\dfrac{L}{2}\right)$

$= \dfrac{1}{32}\cdot\dfrac{PL^3}{EI} = \dfrac{1}{32}\cdot\dfrac{(30\times 10^3)(4\times 10^3)^3}{(3.0\times 10^{12})} = 20\text{mm}$

답 : ④

핵심문제

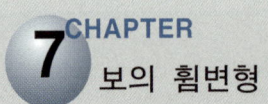
CHAPTER 7 보의 휨변형

1. 정정보의 처짐과 처짐각을 계산할 수 있는 방법이 아닌 것은?

① 단위하중법(Unit Load Method)
② 처짐각법(Slope Deflection Method)
③ 공액보법(Conjugate Beam Method)
④ 이중적분법(Double Integration Method)

해설
② 처짐각법(Slope Deflection Method)은 부정정 구조물의 해석방법이다.

2. 아래의 표에서 설명하는 것은?

> 탄성곡선상의 임의의 두 점 A와 B를 지나는 접선이 이루는 각은 두 점 사이의 휨모멘트도의 면적을 휨강도 EI로 나눈 값과 같다.

① 모멘트면적 제1 정리
② 모멘트면적 제2 정리
③ Castigliano 제1 정리
④ Castigliano 제2 정리

해설 모멘트 면적법(Moment Area Method)

(1) 모멘트면적 제 1 정리:
처짐곡선 위의 두 점 A와 B에서의 두 접선 사이의 각은 두 점 사이의 $\dfrac{M}{EI}$ 선도의 면적과 같다.

(2) 모멘트면적 제 2 정리:
A점에서의 접선에 대한 B점의 접선편차는 B점에 대하여 계산된 두 점 A와 B사이의 $\dfrac{M}{EI}$ 선도의 면적에 대한 단면1차모멘트와 같다.

3. 거리 x인 위치에서의 처짐 y, 처짐각 θ_x, 휨모멘트 M_x, 전단력 V_x, 하중을 w_x라 할 때의 관계식이 잘못된 것은?

① $\dfrac{dx}{dy} = \dfrac{\theta_x}{EI}$ ② $\dfrac{d^2y}{dx^2} = -\dfrac{M_x}{EI}$

③ $\dfrac{d^3y}{dx^3} = -\dfrac{V_x}{EI}$ ④ $\dfrac{d^4y}{dx^4} = \dfrac{w_x}{EI}$

해설

① $\dfrac{dy}{dx} = \dfrac{\theta_x}{EI}$

➡ 처짐곡선 y를 x에 대해 미분하면 처짐각 θ_x가 된다.

4. 폭 200mm, 높이 300mm인 직사각형 단면의 단순보에서 최대 휨모멘트가 20kN·m일 때 처짐곡선의 곡률반지름 크기는? (단, $E = 10,000$MPa)

① 225m ② 450m
③ 2,250m ④ 4,500m

해설

$R = \dfrac{EI}{M} = \dfrac{(10,000)\left(\dfrac{(200)(300)^3}{12}\right)}{(20 \times 10^6)} = 225,000\text{mm} = 225\text{m}$

5. 길이 10m인 단순보 중앙에 집중하중 $P = 20$kN이 작용할 때 중앙에서의 곡률반지름 R은?
(단, $E = 210,000$MPa, $I = 4 \times 10^6 \text{mm}^4$)

① 3.4m ② 6.8m
③ 10m ④ 16.8m

해설

(1) $M_{\max} = \dfrac{PL}{4} = \dfrac{(20)(10)}{4} = 50$kN·m

(2) $R = \dfrac{EI}{M} = \dfrac{(210,000)(4 \times 10^6)}{(50 \times 10^6)} = 16,800$mm = 16.8m

해답 1. ② 2. ① 3. ① 4. ① 5. ④

6. 다음 단순보의 C점의 곡률반경은?
 (단, $E=1,000\text{MPa}$, $I=4\times10^8\text{mm}^4$)

① 3.5m
② 4m
③ 4.5m
④ 5m

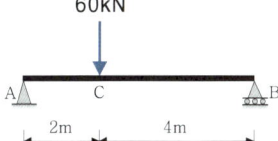

해설

(1) $\Sigma M_B = 0 : +(V_A)(6)-(60)(4)=0$

$\therefore V_A = +40\text{kN}(\uparrow)$

(2) $M_{C,Right} = +[+(40)(2)] = +80\text{kN}\cdot\text{m}$

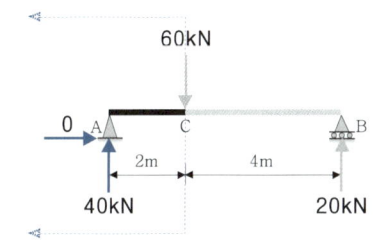

(3) $R = \dfrac{EI}{M} = \dfrac{(1,000)(4\times10^8)}{(80\times10^6)} = 5,000\text{mm} = 5\text{m}$

7. 그림과 같은 보에서 CD 구간의 곡률반지름은?
 (단, 이 보의 $EI = 38,000\text{kN}\cdot\text{m}^2$)

① 924m
② 1,056m
③ 1,174m
④ 1,283m

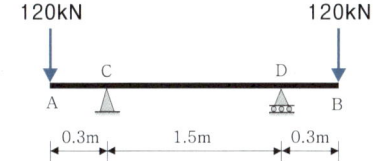

해설

(1) $M_{CD} = (120)(0.3) = 36\text{kN}\cdot\text{m}$

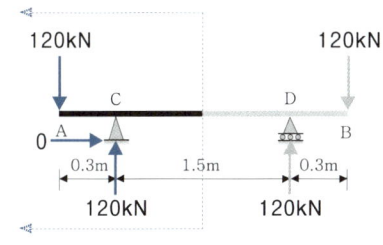

(2) $R = \dfrac{EI}{M} = \dfrac{(38,000)}{(36)} = 1,055.555\text{m}$

8. 지름이 d인 강선이 반지름 r인 원통 위로 굽어져 있다. 이 강선 내의 최대 굽힘모멘트 $M_{\max}$는?
 (단, 강선의 탄성계수 $E=200,000\text{MPa}$, $d=20\text{mm}$, $r=100\text{mm}$)

① $1.2\times10^7\text{N}\cdot\text{mm}$
② $1.4\times10^7\text{N}\cdot\text{mm}$
③ $2.0\times10^7\text{N}\cdot\text{mm}$
④ $2.2\times10^7\text{N}\cdot\text{mm}$

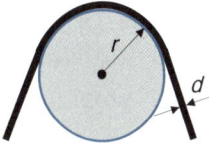

해설

(1) 곡률반지름 : $R = r + \dfrac{d}{2}$

(2) 모멘트-곡률 관계식 : $M = \dfrac{EI}{R} = \dfrac{2EI}{2r+d}$

(3) $M = \dfrac{EI}{R} = \dfrac{2EI}{2r+d} = \dfrac{\pi E d^4}{32(2r+d)} = \dfrac{\pi(200,000)(20)^4}{32[2(100)+(20)]}$

$= 1.428\times10^7\text{N}\cdot\text{mm}$

9. 보의 단면2차모멘트(I)가 2배로 되면 처짐은 어떻게 변하는가?

① 관계없이 일정하다.
② 2배 증가한다.
③ 4배 증가한다.
④ 절반으로 감소한다.

해설

처짐각(θ)	하중조건	처짐(δ)
$\theta = \dfrac{ML}{EI}$	모멘트하중	$\delta = \dfrac{ML^2}{EI}$
$\theta = \dfrac{PL^2}{EI}$	집중하중	$\delta = \dfrac{PL^3}{EI}$
$\theta = \dfrac{wL^3}{EI}$	분포하중	$\delta = \dfrac{wL^4}{EI}$

처짐(δ)은 단면2차모멘트(I)와 반비례하므로 단면2차모멘트(I)가 2배로 되면 처짐(δ)은 $\dfrac{1}{2}$로 감소한다.

해답 6. ④ 7. ② 8. ② 9. ④

10. 직사각형 단면의 단순보에 모멘트하중 M이 작용할 때 발생되는 최대 처짐각에 대한 설명으로 틀린 것은?

① 보의 길이의 제곱에 비례한다.
② 보의 탄성계수에 반비례한다.
③ 보의 폭에 반비례한다.
④ 보의 높이의 3승에 반비례한다.

해설

$\theta = \dfrac{ML}{EI} = \dfrac{ML}{E\left(\dfrac{bh^3}{12}\right)}$ ➡ ① 보의 길이에 비례한다.

11. 직사각형 단면의 단순보에 집중하중 P가 작용할 때 발생되는 최대 처짐각에 대한 설명으로 틀린 것은?

① 보의 길이의 3승에 비례한다.
② 보의 탄성계수에 반비례한다.
③ 보의 폭에 반비례한다.
④ 보의 높이의 3승에 반비례한다.

해설

$\theta = \dfrac{PL^2}{EI} = \dfrac{PL^2}{E\left(\dfrac{bh^3}{12}\right)}$ ➡ ① 보의 길이의 제곱에 비례한다.

12. 직사각형 단면의 단순보에 등분포하중 w가 작용할 때 발생되는 최대 처짐각에 대한 설명으로 틀린 것은?

① 보의 길이의 3승에 비례한다.
② 보의 탄성계수에 비례한다.
③ 보의 폭에 반비례한다.
④ 보의 높이의 3승에 반비례한다.

해설

$\theta = \dfrac{wL^3}{EI} = \dfrac{wL^3}{E\left(\dfrac{bh^3}{12}\right)}$ ➡ ② 보의 탄성계수에 반비례한다.

13. 직사각형 단면의 단순보에 모멘트하중 M이 작용할 때 발생되는 최대 처짐에 대한 설명으로 틀린 것은?

① 보의 길이의 제곱에 비례한다.
② 보의 탄성계수에 반비례한다.
③ 보의 폭에 반비례한다.
④ 보의 높이의 3승에 비례한다.

해설

$\delta = \dfrac{ML^2}{EI} = \dfrac{ML^2}{E\left(\dfrac{bh^3}{12}\right)}$ ➡ ④ 보의 높이의 3승에 반비례한다.

14. 직사각형 단면의 단순보에 집중하중 P가 작용할 때 발생되는 최대 처짐에 대한 설명으로 틀린 것은?

① 보의 길이의 제곱에 비례한다.
② 보의 탄성계수에 반비례한다.
③ 보의 폭에 반비례한다.
④ 보의 높이의 3승에 반비례한다.

해설

$\delta = \dfrac{PL^3}{EI} = \dfrac{PL^3}{E\left(\dfrac{bh^3}{12}\right)}$ ➡ ① 보의 길이의 3승에 비례한다.

15. 직사각형 단면의 단순보에 등분포하중 w가 작용할 때 발생되는 최대 처짐에 대한 설명으로 틀린 것은?

① 보의 길이의 3승에 비례한다.
② 보의 탄성계수에 반비례한다.
③ 보의 폭에 반비례한다.
④ 보의 높이의 3승에 반비례한다.

해설

$\delta = \dfrac{wL^4}{EI} = \dfrac{wL^4}{E\left(\dfrac{bh^3}{12}\right)}$ ➡ ① 보의 길이의 4승에 비례한다.

해답 10. ① 11. ① 12. ② 13. ④ 14. ① 15. ①

16. 그림과 같은 캔틸레버보에서 C점의 처짐각은 B점의 처짐각 보다 얼마나 큰가? (단, EI는 일정하다.)

① $\dfrac{Pa^2}{2EI}$

② $\dfrac{Pa^2}{3EI}$

③ $\dfrac{PaL}{2EI}$

④ $\dfrac{PaL}{3EI}$

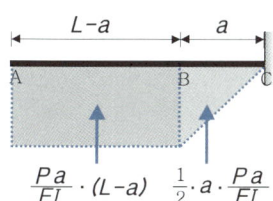

[해설]

(1) $\theta_B = V_B = \left((L-a) \cdot \dfrac{Pa}{EI}\right)$

(2) $\theta_C = V_C = \left(\dfrac{1}{2} \cdot a \cdot \dfrac{Pa}{EI}\right) + \left((L-a) \cdot \dfrac{Pa}{EI}\right)$

17. 다음 캔틸레버 보의 B점의 처짐각은? (단, EI는 일정하다.)

① $\dfrac{wL^3}{8EI}$

② $\dfrac{wL^3}{4EI}$

③ $\dfrac{wL^3}{3EI}$

④ $\dfrac{wL^3}{6EI}$

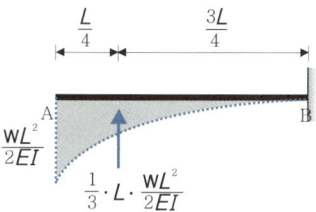

[해설]

$\theta_B = V_B = \dfrac{1}{3} \cdot L \cdot \dfrac{wL^2}{2EI} = \dfrac{1}{6} \cdot \dfrac{wL^3}{EI}$

18. 탄성계수 $2.0 \times 10^5 \text{N/mm}^2$인 재료로 된 경간 10m의 캔틸레버보에 $w = 1.2\text{kN/m}$의 등분포하중이 작용할 때, 자유단의 처짐각은?
(단, I_N : 중립축에 대한 단면2차모멘트)

① $\theta = \dfrac{10^6}{I_N}$

② $\theta = \dfrac{10^3}{I_N}$

③ $\theta = 1.5 \times \dfrac{10^6}{I_N}$

④ $\theta = \dfrac{10^4}{I_N}$

[해설]

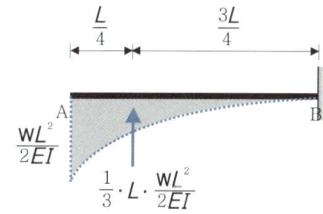

(1) $\theta_B = V_B = \dfrac{1}{3} \cdot L \cdot \dfrac{wL^2}{2EI} = \dfrac{1}{6} \cdot \dfrac{wL^3}{EI}$

(2) $\theta_B = \dfrac{1}{6} \cdot \dfrac{wL^3}{EI_N} = \dfrac{1}{6} \cdot \dfrac{(1.2)(10 \times 1,000)^3}{(2.0 \times 10^5)I_N} = \dfrac{10^6}{I_N}$

19. 그림과 같은 캔틸레버보의 최대 처짐각(θ_B)은? (단, EI는 일정하다.)

① $\dfrac{3wL^3}{48EI}$

② $\dfrac{7wL^3}{48EI}$

③ $\dfrac{9wL^3}{48EI}$

④ $\dfrac{5wL^3}{48EI}$

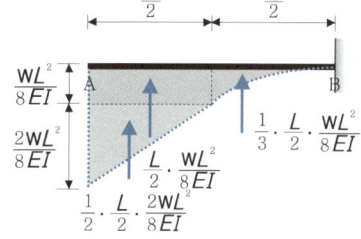

[해설]

$\theta_B = V_B = \left(\dfrac{1}{2} \cdot \dfrac{L}{2} \cdot \dfrac{2wL^2}{8EI}\right) + \left(\dfrac{L}{2} \cdot \dfrac{wL^2}{8EI}\right)$

$+ \left(\dfrac{1}{3} \cdot \dfrac{L}{2} \cdot \dfrac{wL^2}{8EI}\right) = \dfrac{7}{48} \cdot \dfrac{wL^3}{EI}$

해답 16. ① 17. ④ 18. ① 19. ②

20. 자유단에 하중 P가 작용하는 그림과 같은 보에서 최대처짐 δ가 발생하였다. 최대처짐이 4δ가 되려면 보의 길이는? (단, EI는 일정하다.)

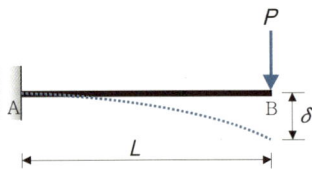

① L의 1.2배가 되어야 한다.
② L의 1.6배가 되어야 한다.
③ L의 2.0배가 되어야 한다.
④ L의 2.2배가 되어야 한다.

해설

(1) 최대처짐 $\delta_B = \dfrac{1}{3} \cdot \dfrac{PL^3}{EI}$ 으로부터

처짐 δ는 L의 3제곱에 비례한다.

(2) $4\delta = L_1^3$ ➡ $L_1 = \sqrt[3]{4} = 1.587$

21. 일정한 크기의 단면을 갖는 캔틸레버보의 자유단에 집중하중 P에 의한 처짐이 y일 때 처짐이 $8y$가 되도록 경간을 길게 한다면 L의 몇 배가 되어야 하는가?

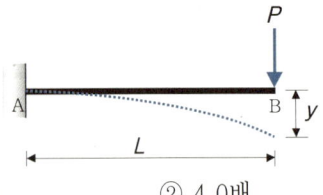

① 5.0배   ② 4.0배
③ 8.0배   ④ 2.0배

해설

(1) 최대처짐 $\delta_B = \dfrac{1}{3} \cdot \dfrac{PL^3}{EI}$ 으로부터

처짐 δ는 L의 3제곱에 비례한다.

(2) $8y = L_1^3$ ➡ $L_1 = \sqrt[3]{8} = 2$

22. 균일한 단면을 가진 캔틸레버보의 자유단에 집중하중 P가 작용한다. 보의 길이가 L일 때 자유단의 처짐이 Δ라면, 처짐이 약 4Δ가 되려면 보의 길이 L은 몇 배가 되겠는가?

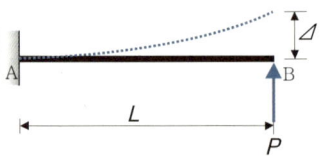

① 1.6배   ② 1.8배
③ 2.0배   ④ 2.2배

해설

(1) 최대처짐 $\delta_B = \dfrac{1}{3} \cdot \dfrac{PL^3}{EI}$ 으로부터

처짐 δ는 L의 3제곱에 비례한다.

(2) $4\Delta = L_1^3$ ➡ $L_1 = \sqrt[3]{4} = 1.587$

23. 균일한 단면을 가진 캔틸레버보의 자유단에 집중하중 P가 작용한다. 보의 길이가 L일 때 자유단의 처짐이 Δ라면, 처짐이 약 9Δ가 되려면 보의 길이 L은 몇 배가 되겠는가?

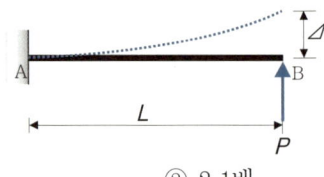

① 1.6배   ② 2.1배
③ 2.5배   ④ 3.0배

해설

(1) 최대처짐 $\delta_B = \dfrac{1}{3} \cdot \dfrac{PL^3}{EI}$ 으로부터

처짐 δ는 L의 3제곱에 비례한다.

(2) $9\Delta = L_1^3$ ➡ $L_1 = \sqrt[3]{9} = 2.080$

해답   20. ②   21. ④   22. ①   23. ②

24. 재질과 단면이 같은 다음과 같은 2개의 외팔보에서 자유단의 처짐을 같게 하는 $\dfrac{P_1}{P_2}$ 의 값은?

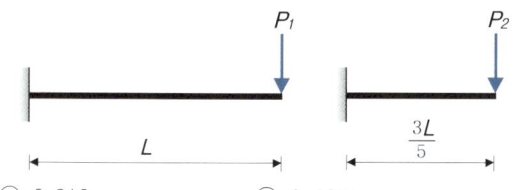

① 0.216 ② 0.437
③ 0.325 ④ 0.546

해설

(1) $\delta_A = \dfrac{1}{3} \cdot \dfrac{P_1 L^3}{EI}$, $\delta_B = \dfrac{1}{3} \cdot \dfrac{P_2 \left(\dfrac{3}{5}L\right)^3}{EI}$

(2) $\delta_A = \delta_B$ 라는 문제의 조건에 의해서

$P_1 L^3 = P_2 \left(\dfrac{3}{5}L\right)^3$ $\therefore \dfrac{P_1}{P_2} = 0.216$

25. 전단면이 균일하고, 재질이 같은 2개의 캔틸레버 보가 자유단의 처짐값이 동일할 때 캔틸레버 보(B)의 휨강성 EI값은?

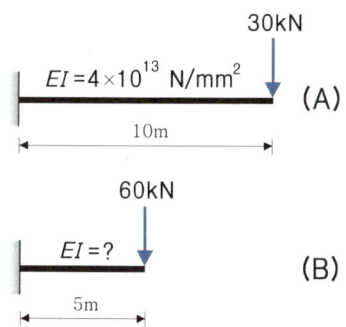

① $0.5 \times 10^{13} \text{N} \cdot \text{mm}^2$ ② $1.0 \times 10^{13} \text{N} \cdot \text{mm}^2$
③ $2.0 \times 10^{13} \text{N} \cdot \text{mm}^2$ ④ $3.0 \times 10^{13} \text{N} \cdot \text{mm}^2$

해설

(1) $\delta_A = \dfrac{1}{3} \cdot \dfrac{PL^3}{EI} = \dfrac{1}{3} \cdot \dfrac{(30 \times 10^3)(10 \times 10^3)^3}{(4 \times 10^{13})} = 250\text{mm}$

(2) $\delta_B = \dfrac{1}{3} \cdot \dfrac{PL^3}{EI} = \dfrac{1}{3} \cdot \dfrac{(60 \times 10^3)(5 \times 10^3)^3}{EI}$

(3) $250 = \dfrac{(60 \times 10^3)(5 \times 10^3)^3}{3EI}$ ➡ $EI = 1.0 \times 10^{13} \text{N} \cdot \text{mm}^2$

26. 그림과 같이 캔틸레버보 ①과 ②가 서로 직각으로 자유단이 겹쳐진 상태에서 자유단에 하중 P를 받고 있다. L_1이 L_2보다 2배 길고, 두 보의 EI는 일정하며 서로 같다면 짧은 보는 긴 보 보다 몇 배의 하중을 더 받는가?

① 2배
② 4배
③ 6배
④ 8배

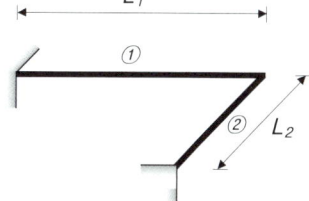

해설

(1) $\delta = \dfrac{1}{3} \cdot \dfrac{PL^3}{EI}$ 으로부터 처짐 δ는 L의 3제곱에 비례한다.

(2) L_1이 L_2보다 2배 길기 때문에 하중은 짧은 쪽이

$2^3 = 8$배 만큼 더 받는다.

27. 다음의 보에서 C점의 처짐은? (단, EI는 일정)

① $\dfrac{5PL^3}{48EI}$

② $\dfrac{PL^3}{48EI}$

③ $\dfrac{PL^3}{24EI}$

④ $\dfrac{PL^3}{12EI}$

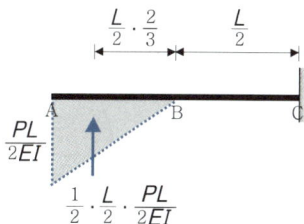

해설

$\delta_C = M_C = \left(\dfrac{1}{2} \cdot \dfrac{L}{2} \cdot \dfrac{PL}{2EI}\right)\left(\dfrac{L}{2} + \dfrac{L}{2} \cdot \dfrac{2}{3}\right) = \dfrac{5}{48} \cdot \dfrac{PL^3}{EI}$

해답 24. ① 25. ② 26. ④ 27. ①

28. 그림과 같은 캔틸레버보에서 중앙점 C의 처짐은? (단, EI는 일정)

① $\dfrac{PL^3}{24EI}$
② $\dfrac{5PL^3}{24EI}$
③ $\dfrac{PL^3}{48EI}$
④ $\dfrac{5PL^3}{48EI}$

해설

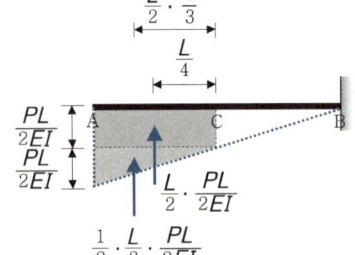

$\delta_C = M_C$
$= \left(\dfrac{1}{2} \cdot \dfrac{L}{2} \cdot \dfrac{PL}{2EI}\right)\left(\dfrac{L}{2} \cdot \dfrac{2}{3}\right) + \left(\dfrac{1}{2} \cdot \dfrac{PL}{2EI}\right)\left(\dfrac{L}{4}\right) = \dfrac{5}{48} \cdot \dfrac{PL^3}{EI}$

29. 집중하중이 작용하는 캔틸레버 보의 A점의 처짐은? (단, EI는 일정)

① $\dfrac{14PL^3}{3EI}$
② $\dfrac{2PL^3}{EI}$
③ $\dfrac{8PL^3}{3EI}$
④ $\dfrac{10PL^3}{3EI}$

해설

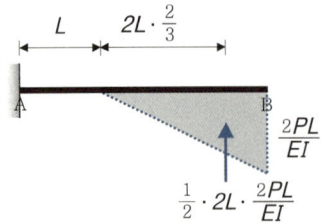

$\delta_A = M_A = \left(\dfrac{1}{2} \cdot 2L \cdot \dfrac{2PL}{EI}\right)\left(L + 2L \cdot \dfrac{2}{3}\right) = \dfrac{14}{3} \cdot \dfrac{PL^3}{EI}$

30. 그림과 같은 캔틸레버 보에서 C점의 처짐은? (단, $I = 4.5 \times 10^8 \text{mm}$, $E = 2.1 \times 10^5 \text{N/mm}^2$)

① 9.3mm
② 10mm
③ 11.4mm
④ 12.5mm

해설

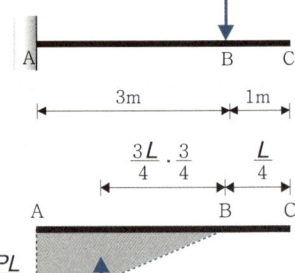

$\delta_C = M_C = \left(\dfrac{1}{2} \cdot \dfrac{3L}{4} \cdot \dfrac{3PL}{4EI}\right)\left(\dfrac{L}{4} + \dfrac{3L}{4} \cdot \dfrac{2}{3}\right)$

$= \dfrac{27}{128} \cdot \dfrac{PL^3}{EI} = \dfrac{27}{128} \cdot \dfrac{(80 \times 10^3)(4 \times 10^3)^3}{(4.5 \times 10^8)(2.1 \times 10^5)} = 11.428\text{mm}$

31. A점의 처짐이 0일 때, 힘 Q의 크기는?

① $\dfrac{5P}{16}$
② $\dfrac{P}{2}$
③ $2P$
④ $\dfrac{2P}{3}$

해설

(1) $\delta_P = \left(\dfrac{1}{2} \cdot L \cdot \dfrac{PL}{EI}\right)\left(L + \dfrac{2L}{3}\right) = \dfrac{5}{6} \cdot \dfrac{PL^3}{EI}(\downarrow)$

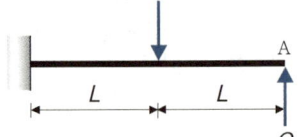

(2) $\delta_Q = \left(\dfrac{1}{2} \cdot 2L \cdot \dfrac{2QL}{EI}\right)\left(2L \cdot \dfrac{2}{3}\right) = \dfrac{16}{6} \cdot \dfrac{QL^3}{EI}(\uparrow)$

(3) $\delta_A = +\left(\dfrac{5}{6} \cdot \dfrac{PL^3}{EI}\right) - \left(\dfrac{16}{6} \cdot \dfrac{QL^3}{EI}\right) = 0 \quad \therefore Q = \dfrac{5P}{16}$

해답 28. ④   29. ①   30. ③   31. ①

32. 그림과 같은 캔틸레버 보에서 C점의 수직처짐량은?

① $\dfrac{7wL^4}{384EI}$

② $\dfrac{5wL^4}{384EI}$

③ $\dfrac{7wL^4}{192EI}$

④ $\dfrac{5wL^4}{192EI}$

해설

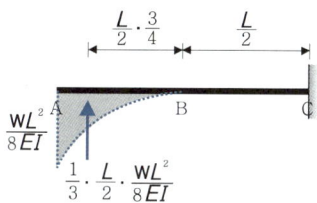

$$\delta_C = M_C = \left(\dfrac{1}{3}\cdot\dfrac{L}{2}\cdot\dfrac{wL^2}{8EI}\right)\left(\dfrac{L}{2}+\dfrac{L}{2}\cdot\dfrac{3}{4}\right)=\dfrac{7}{384}\cdot\dfrac{wL^4}{EI}$$

33. 그림과 같은 캔틸레버보에서 C점, B점의 처짐비 $(\delta_C : \delta_B)$는? (단, EI는 일정하다.)

① 3 : 8
② 3 : 7
③ 2 : 5
④ 1 : 2

해설

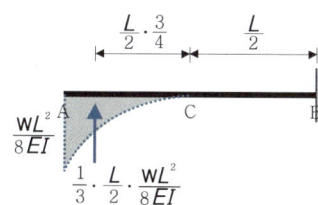

(1) 처짐은 탄성하중도의 면적×도심거리의 개념이므로 면적은 같기 때문에 C점으로부터의 도심거리와 B점으로부터의 도심거리만 단순 비교해보면 된다.

(2) C점으로부터의 도심거리: $\dfrac{L}{2}\cdot\dfrac{3}{4}=\dfrac{3L}{8}$

(3) B점으로부터의 도심거리: $\dfrac{L}{2}+\dfrac{L}{2}\cdot\dfrac{3}{4}=\dfrac{7L}{8}$

34. 그림과 같은 캔틸레버보에서 자유단 A의 처짐은? (단, EI는 일정)

① $\dfrac{3ML^2}{8EI}(\downarrow)$

② $\dfrac{13ML^2}{32EI}(\downarrow)$

③ $\dfrac{7ML^2}{16EI}(\downarrow)$

④ $\dfrac{15ML^2}{32EI}(\downarrow)$

해설

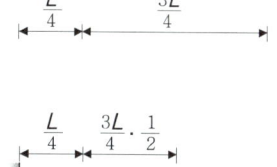

$$\delta_A = M_A = \left(\dfrac{3L}{4}\cdot\dfrac{M}{EI}\right)\left(\dfrac{L}{4}+\dfrac{3L}{4}\cdot\dfrac{1}{2}\right)=\dfrac{15}{32}\cdot\dfrac{ML^2}{EI}$$

35. 그림과 같은 캔틸레버 보에서 모멘트하중 M이 작용할 경우 최대 처짐 δ_{max}는? (단, 보의 휨강성은 EI)

① $\dfrac{ML}{EI}$

② $\dfrac{ML^2}{2EI}$

③ $\dfrac{M^2L}{2EI}$

④ $\dfrac{ML^2}{6EI}$

해설

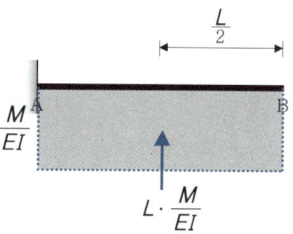

$$\delta_{max} = \left(L\cdot\dfrac{M}{EI}\right)\left(\dfrac{L}{2}\right)=\dfrac{1}{2}\cdot\dfrac{ML^2}{EI}$$

해답   32. ①   33. ②   34. ④   35. ②

36. 캔틸레버보의 B점에 집중하중 P와 모멘트 M_o가 작용하고 있다. B점에서 처짐각(θ_B)는 얼마인가?

① $\dfrac{PL^2}{2EI} - \dfrac{M_oL}{EI}$

② $\dfrac{PL^2}{2EI} + \dfrac{M_oL}{EI}$

③ $\dfrac{PL^2}{4EI} - \dfrac{M_oL}{EI}$

④ $\dfrac{PL^2}{4EI} + \dfrac{M_oL}{EI}$

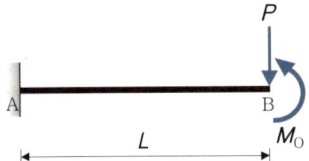

[해설]

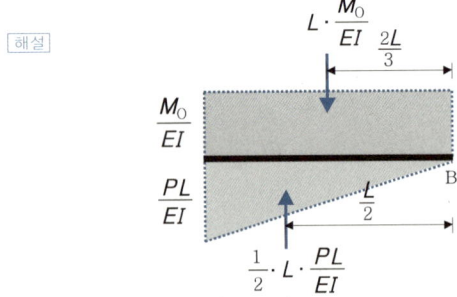

$\theta_B = +\left(\dfrac{1}{2} \cdot L \cdot \dfrac{PL}{EI}\right) - \left(L \cdot \dfrac{M_o}{EI}\right) = \dfrac{1}{2} \cdot \dfrac{PL^2}{EI} - \dfrac{M_oL}{EI}$

37. 캔틸레버 보의 끝 B점에 집중하중 P와 모멘트 M_o가 작용하고 있다. B점에서의 연직변위는? (단, 보의 EI는 일정하다.)

① $\dfrac{PL^3}{4EI} - \dfrac{M_oL^2}{2EI}$

② $\dfrac{PL^3}{3EI} + \dfrac{M_oL^2}{2EI}$

③ $\dfrac{PL^3}{3EI} - \dfrac{M_oL^2}{2EI}$

④ $\dfrac{PL^3}{4EI} + \dfrac{M_oL^2}{2EI}$

[해설]

(1) $\delta_P = \dfrac{1}{3} \cdot \dfrac{PL^3}{EI}(\downarrow)$, $\delta_{M_o} = \dfrac{1}{2} \cdot \dfrac{M_oL^2}{EI}(\uparrow)$

(2) $\delta_B = \delta_P + \delta_{M_o} = \dfrac{1}{3} \cdot \dfrac{PL^3}{EI} - \dfrac{1}{2} \cdot \dfrac{M_oL^2}{EI}$

38. 그림과 같은 외팔보의 B점의 처짐 δ_B는? (단, 휨강성계수는 $3EI$이다.)

① $\dfrac{1,280}{EI}$ kN·m³

② $\dfrac{3,840}{EI}$ kN·m³

③ $\dfrac{14,080}{EI}$ kN·m³

④ $\dfrac{42,240}{EI}$ kN·m³

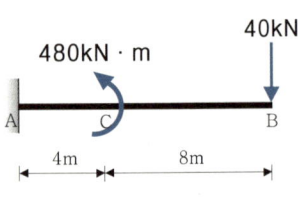

[해설]

(1) 집중하중: $\delta_P = \dfrac{1}{3} \cdot \dfrac{PL^3}{EI} = \dfrac{1}{3} \cdot \dfrac{(40)(12)^3}{(3EI)} = \dfrac{7,680}{EI}(\downarrow)$

(2) 모멘트하중: $\delta_M = \left(\dfrac{480}{3EI} \times 4\right)(10) = \dfrac{6,400}{EI}(\uparrow)$

(3) 중첩의 원리:

$\delta_B = \delta_P + \delta_M = \dfrac{7,680}{EI} - \dfrac{6,400}{EI} = \dfrac{1,280}{EI}(\downarrow)$

39. 그림과 같은 캔틸레버 보에서 B점의 연직변위 (δ_B)는? (단, $M_o = 4$kN·m, $P = 16$kN, $L = 2.4$m, $EI = 6,000$kN·m²)

① 10.8mm(↓)

② 10.8mm(↑)

③ 13.7mm(↓)

④ 13.7mm(↑)

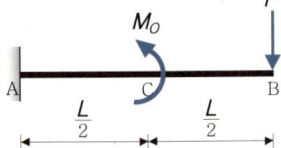

[해설]

(1) $\delta_P = \dfrac{1}{3} \cdot \dfrac{PL^3}{EI}(\downarrow)$

(2) $\delta_M = \left(\dfrac{M_o}{EI} \cdot \dfrac{L}{2}\right)\left(\dfrac{3L}{4}\right) = \dfrac{3M_oL^2}{8EI}(\uparrow)$

(3) $\delta_B = \delta_P + \delta_M = \dfrac{PL^3}{3EI}(\downarrow) + \dfrac{3M_oL^2}{8EI}(\uparrow)$

$= \dfrac{(16)(2.4)^3}{3(6,000)} - \dfrac{3(4)(2.4)^2}{8(6,000)}$

$= 0.010848\text{m}(\downarrow) = 10.848\text{mm}(\downarrow)$

해답 36. ① 37. ③ 38. ① 39. ①

40. 그림과 같은 변단면 Cantilever 보 A점의 처짐은?

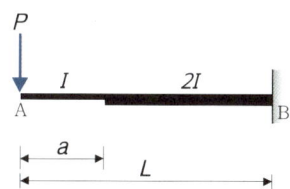

① $\dfrac{P}{6EI}(a^3+L^3)$ ② $\dfrac{P}{12EI}(a^3+L^3)$

③ $\dfrac{P}{18EI}(a^3+L^3)$ ④ $\dfrac{P}{24EI}(a^3+L^3)$

해설

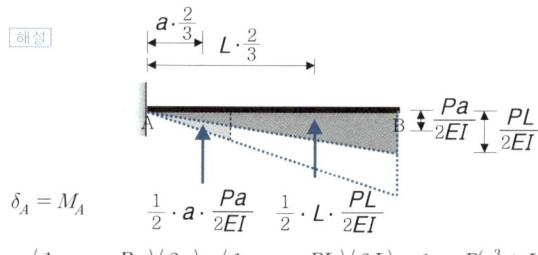

$\delta_A = M_A$

$= \left(\dfrac{1}{2}\cdot a \cdot \dfrac{Pa}{2EI}\right)\left(\dfrac{2a}{3}\right) + \left(\dfrac{1}{2}\cdot L \cdot \dfrac{PL}{2EI}\right)\left(\dfrac{2L}{3}\right) = \dfrac{1}{6}\cdot \dfrac{P(a^3+L^3)}{EI}$

41. 그림과 같은 외팔보에서 A점의 처짐은? (단, AC 구간의 단면2차모멘트 I, CB구간 $2I$, 탄성계수는 E 로서 전 구간이 동일)

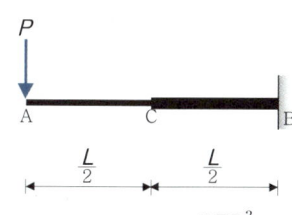

① $\dfrac{2PL^3}{15EI}$ ② $\dfrac{3PL^3}{16EI}$

③ $\dfrac{5PL^3}{18EI}$ ④ $\dfrac{7PL^3}{24EI}$

해설

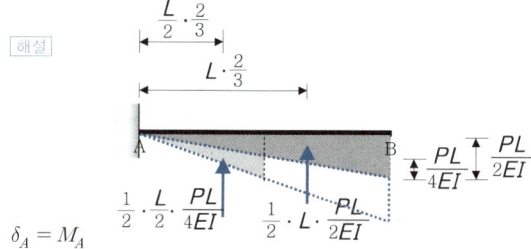

$\delta_A = M_A$

$= \left(\dfrac{1}{2}\cdot \dfrac{L}{2}\cdot \dfrac{PL}{4EI}\right)\left(\dfrac{L}{3}\right) + \left(\dfrac{1}{2}\cdot L \cdot \dfrac{PL}{2EI}\right)\left(\dfrac{2L}{3}\right) = \dfrac{3}{16}\cdot \dfrac{PL^3}{EI}$

42. 다음 그림에서 처짐각 θ_A 는?

① $\dfrac{PL^2}{EI}$

② $\dfrac{PL^2}{2EI}$

③ $\dfrac{PL^2}{9EI}$

④ $\dfrac{10PL^2}{81EI}$

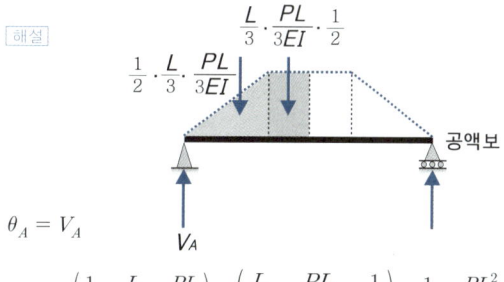

해설

$\theta_A = V_A$

$= +\left(\dfrac{1}{2}\cdot \dfrac{L}{3}\cdot \dfrac{PL}{3EI}\right) + \left(\dfrac{L}{3}\cdot \dfrac{PL}{3EI}\cdot \dfrac{1}{2}\right) = \dfrac{1}{9}\cdot \dfrac{PL^2}{EI}$

43. 단순보에 하중이 작용할 때 다음 설명 중 옳지 않은 것은?

① 등분포하중이 만재될 때 중앙점의 처짐각이 최대가 된다.
② 등분포하중이 만재될 때 최대처짐은 중앙점에서 일어난다.
③ 중앙에 집중하중이 작용할 때의 최대처짐은 하중이 작용하는 곳에서 생긴다.
④ 중앙에 집중하중이 작용하면 양 지점에서의 처짐각이 최대로 된다.

해설

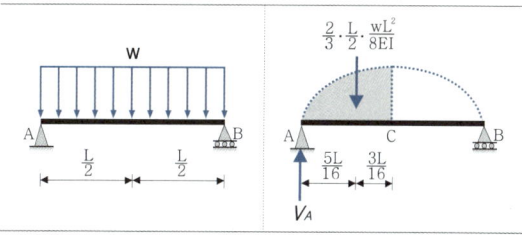

① 중앙점에서의 처짐각은 0이며, 최대처짐은 $\dfrac{5wL^4}{384EI}$ 이다.

해답 40. ① 41. ② 42. ③ 43. ①

44. 직사각형 단면의 단순보가 등분포하중 w를 받을 때 발생되는 최대 처짐각(지점의 처짐각)에 대한 설명 중 옳은 것은?

① 보의 높이의 3승에 비례한다.
② 보의 폭에 비례한다.
③ 보의 길이의 4승에 비례한다.
④ 보의 탄성계수에 반비례한다.

[해설]

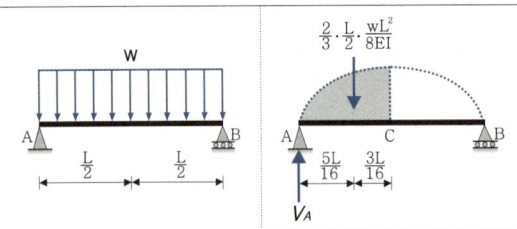

(1) $\theta_A = \dfrac{1}{24} \cdot \dfrac{wL^3}{EI} = \dfrac{1}{24} \cdot \dfrac{wL^3}{E\left(\dfrac{bh^3}{12}\right)}$

(2) 보 높이의 3승에 반비례, 보 폭에 반비례, 보 길이의 3승에 비례한다.

45. 그림과 같은 단순보의 A점의 처짐각은?

① $\dfrac{ML}{2EI}$
② $\dfrac{ML}{3EI}$
③ $\dfrac{ML^2}{2EI}$
④ $\dfrac{ML^2}{3EI}$

[해설]

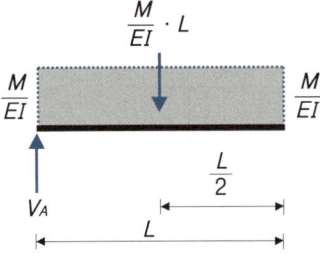

$\theta_A = V_A = \left(\dfrac{M}{EI} \cdot L\right)\left(\dfrac{\dfrac{L}{2}}{L}\right) = \dfrac{1}{2} \cdot \dfrac{ML}{EI}$

46. 그림과 같은 단순보에서 A지점의 처짐각은? (단, 탄성계수 E, 단면2차모멘트 I)

① $\dfrac{ML}{3EI}$
② $\dfrac{ML}{4EI}$
③ $\dfrac{ML}{5EI}$
④ $\dfrac{ML}{6EI}$

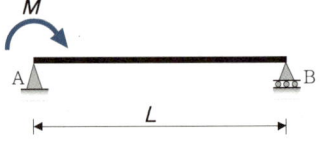

[해설]

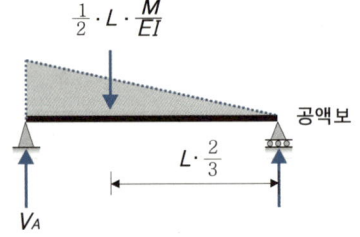

$\theta_A = V_A = \left(\dfrac{1}{2} \cdot L \cdot \dfrac{M}{EI}\right)\left(\dfrac{2}{3}\right) = \dfrac{1}{3} \cdot \dfrac{ML}{EI}$

47. 그림과 같은 단순보의 A점의 처짐각은?

① $\dfrac{M_B \cdot L}{2EI}$
② $\dfrac{M_B \cdot L}{3EI}$
③ $\dfrac{M_B \cdot L}{6EI}$
④ $\dfrac{M_B \cdot L}{8EI}$

[해설]

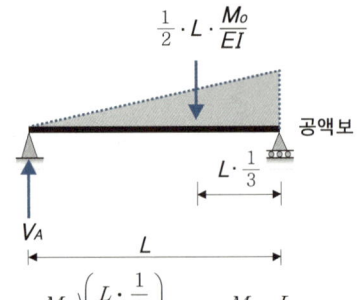

$\theta_A = V_A = \left(\dfrac{1}{2} \cdot L \cdot \dfrac{M_B}{EI}\right)\left(\dfrac{L \cdot \dfrac{1}{3}}{L}\right) = \dfrac{1}{6} \cdot \dfrac{M_B \cdot L}{EI}$

해답 44. ④ 45. ① 46. ① 47. ③

48. 단순보의 지점 A에 모멘트 M_A가 작용할 경우 A점과 B점의 처짐각 비 $\left(\dfrac{\theta_A}{\theta_B}\right)$의 크기는?

① 1.5
② 2.0
③ 2.5
④ 3.0

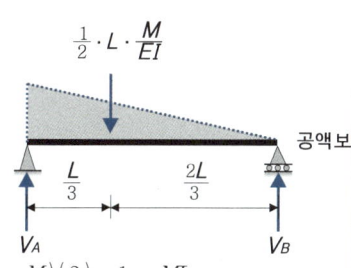

해설

(1) $\theta_A = V_A = \left(\dfrac{1}{2} \cdot L \cdot \dfrac{M}{EI}\right)\left(\dfrac{2}{3}\right) = \dfrac{1}{3} \cdot \dfrac{ML}{EI}$

(2) $\theta_B = V_B = \left(\dfrac{1}{2} \cdot L \cdot \dfrac{M}{EI}\right)\left(\dfrac{1}{3}\right) = \dfrac{1}{6} \cdot \dfrac{ML}{EI}$

49. 그림과 같은 단순보에 모멘트하중 M이 B단에 작용할 때 C점에서의 처짐은?

① $\dfrac{ML^2}{8EI}$
② $\dfrac{ML^2}{4EI}$
③ $\dfrac{ML^2}{2EI}$
④ $\dfrac{ML^2}{EI}$

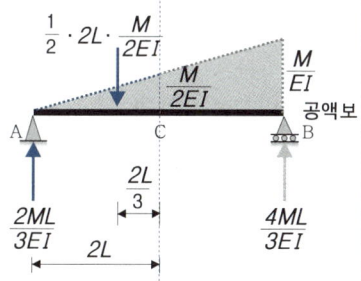

해설

$\sum M_B = 0:$

$+(V_A)(4L) - \left(\dfrac{1}{2} \cdot 4L \cdot \dfrac{M}{EI}\right)\left(4L \cdot \dfrac{1}{3}\right) = 0 \quad \therefore V_A = +\dfrac{2ML}{3EI}$

$M_C = +\left(\dfrac{2ML}{3EI}\right)(2L) - \left(\dfrac{1}{2} \cdot 2L \cdot \dfrac{M}{2EI}\right)\left(2L \cdot \dfrac{1}{3}\right) = +\dfrac{ML^2}{EI}(\downarrow)$

50. 다음과 같은 단순보의 최대 처짐은? (단, EI는 일정)

① $\dfrac{ML^2}{4EI}$
② $\dfrac{ML^2}{8EI}$
③ $\dfrac{ML}{4EI}$
④ $\dfrac{ML}{8EI}$

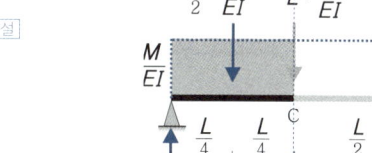

해설

$\delta_C = M_{C,Left}$

$= +\left[+\left(\dfrac{1}{2} \cdot \dfrac{ML}{EI}\right)\left(\dfrac{L}{2}\right) - \left(\dfrac{L}{2} \cdot \dfrac{M}{EI}\right)\left(\dfrac{L}{4}\right)\right] = \dfrac{1}{8} \cdot \dfrac{ML^2}{EI}$

51. 단순보의 휨모멘트도가 그림과 같을 때 B점의 처짐각은? (단, $M_A > M_B$이고, EI는 일정하다.)

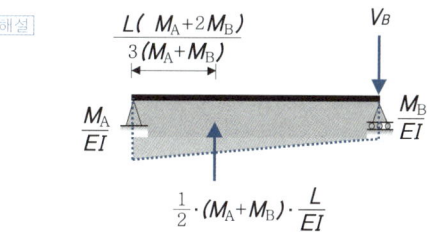

① $\left(\dfrac{M_A + 2M_B}{3EI}\right)L$
② $\left(\dfrac{2M_A + M_B}{3EI}\right)L$
③ $\left(\dfrac{2M_A + M_B}{6EI}\right)L$
④ $\left(\dfrac{M_A + 2M_B}{6EI}\right)L$

해설

$\theta_B = V_B = \left(\dfrac{1}{2}(M_A + M_B) \cdot \dfrac{L}{EI}\right)\left(\dfrac{\dfrac{L(M_A + 2M_B)}{3(M_A + M_B)}}{L}\right)$

$= \dfrac{1}{6} \cdot \dfrac{(M_A + 2M_B) \cdot L}{EI}$

해답   48. ②   49. ④   50. ②   51. ④

52. 그림과 같은 단순보의 B점에서의 처짐각은?

① $-\dfrac{PL^2}{240EI}$

② $-\dfrac{PL^2}{20EI}$

③ $-\dfrac{5PL^2}{40EI}$

④ $-\dfrac{3PL^2}{80EI}$

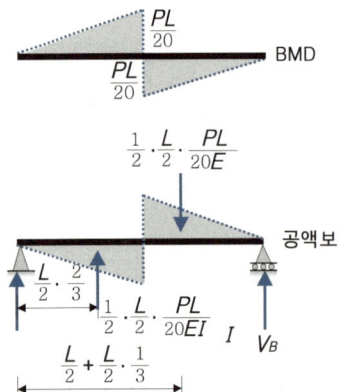

해설

(1) 공액보(Conjugate Beam):

$\sum M_A = 0$:

$-\left(\dfrac{1}{2} \cdot \dfrac{L}{2} \cdot \dfrac{PL}{20EI}\right)\left(\dfrac{L}{2} \cdot \dfrac{2}{3}\right)$

$+\left(\dfrac{1}{2} \cdot \dfrac{L}{2} \cdot \dfrac{PL}{20EI}\right)\left(\dfrac{L}{2} + \dfrac{L}{2} \cdot \dfrac{1}{3}\right) - (V_B)(L) = 0$

$\therefore V_B = +\dfrac{1}{240} \cdot \dfrac{PL^2}{EI}(\uparrow)$

(2) 실제보(Real Beam): $\theta_B = -\dfrac{1}{240} \cdot \dfrac{PL^2}{EI}(\frown)$

53. 단순보의 A단에 M_A의 모멘트하중이 작용한다. 보의 단면2차모멘트는 절반이 $2I$이고 나머지 절반이 I이다. A단 회전각 θ_A와 B단 회전각 θ_B의 비 $\dfrac{\theta_A}{\theta_B}$는?

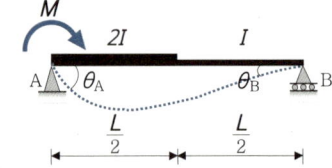

① $\dfrac{\theta_A}{\theta_B} = 0.5$ ② $\dfrac{\theta_A}{\theta_B} = 1.0$

③ $\dfrac{\theta_A}{\theta_B} = 1.5$ ④ $\dfrac{\theta_A}{\theta_B} = 2.0$

해설

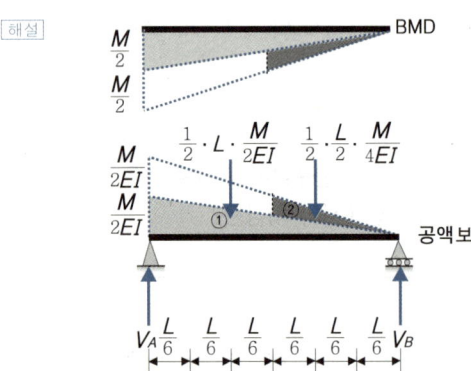

(1) ①의 면적 $P_1 = \dfrac{1}{2} \cdot L \cdot \dfrac{M}{2EI} = \dfrac{ML}{4EI}$

②의 면적 $P_2 = \dfrac{1}{2} \cdot \dfrac{L}{2} \cdot \dfrac{M}{4EI} = \dfrac{ML}{16EI}$

(2) θ_A와 θ_B의 비율은 V_A와 V_B의 비율과 같다.

(2) $V_A = P_1 \cdot \dfrac{2}{3} + P_2 \cdot \dfrac{1}{3}$

$= \left(\dfrac{ML}{4EI}\right) \cdot \dfrac{2}{3} + \left(\dfrac{ML}{16EI}\right) \cdot \dfrac{1}{3} = \dfrac{9}{48} \cdot \dfrac{ML}{EI}$

$V_B = P_1 \cdot \dfrac{1}{3} + P_2 \cdot \dfrac{2}{3}$

$= \left(\dfrac{ML}{4EI}\right) \cdot \dfrac{1}{3} + \left(\dfrac{ML}{16EI}\right) \cdot \dfrac{2}{3} = \dfrac{6}{48} \cdot \dfrac{ML}{EI}$

(3) 처짐각의 비: $\dfrac{\theta_A}{\theta_B} = \dfrac{\frac{9}{48}}{\frac{6}{48}} = 1.5$

해답 52. ① 53. ③

54. 휨강성 EI로 일정한 균일 단면을 가지는 단순보에 집중하중 P가 작용한다. 이 보의 최대 처짐은?

① $\dfrac{PL^3}{8EI}$

② $\dfrac{5PL^3}{384EI}$

③ $\dfrac{PL^3}{24EI}$

④ $\dfrac{PL^3}{48EI}$

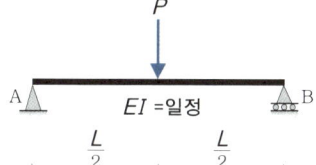

해설

$\delta_{\max} = \delta_C = \dfrac{1}{48} \cdot \dfrac{PL^3}{EI}$

55. 그림과 같은 단순보에 발생하는 최대 처짐은?

① $\dfrac{PL^3}{12EI}$

② $\dfrac{PL^3}{16EI}$

③ $\dfrac{PL^3}{24EI}$

④ $\dfrac{PL^3}{48EI}$

해설

$\delta_{\max} = \delta_C = \dfrac{1}{48} \cdot \dfrac{(2P)L^3}{EI} = \dfrac{1}{24} \cdot \dfrac{PL^3}{EI}$

56. 그림과 같은 단순보에 발생하는 최대 처짐은?

① $\dfrac{PL^3}{12EI}$

② $\dfrac{PL^3}{16EI}$

③ $\dfrac{PL^3}{24EI}$

④ $\dfrac{PL^3}{48EI}$

해설

$\delta_{\max} = \delta_C = \dfrac{1}{48} \cdot \dfrac{(3P)L^3}{EI} = \dfrac{1}{16} \cdot \dfrac{PL^3}{EI}$

57. 폭 200mm, 높이 300mm의 단순보가 중앙점에서 집중하중을 받을 때 중앙점 C의 처짐 δ를 구한 값은? (단, $E = 8,000\text{MPa}$)

① 4.2mm

② 7.4mm

③ 8.3mm

④ 12.3mm

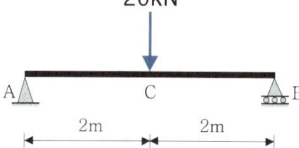

해설

$\delta_C = \dfrac{1}{48} \cdot \dfrac{PL^3}{EI} = \dfrac{1}{48} \cdot \dfrac{(20 \times 10^3)(4 \times 10^3)^3}{(8,000)\left(\dfrac{(200)(300)^3}{12}\right)} = 7.407\text{mm}$

58. 그림과 같은 단순보에 등분포하중 q가 작용할 때 보의 최대 처짐은? (단, EI는 일정하다.)

① $\dfrac{qL^4}{128EI}$

② $\dfrac{qL^4}{64EI}$

③ $\dfrac{qL^4}{38EI}$

④ $\dfrac{5qL^4}{384EI}$

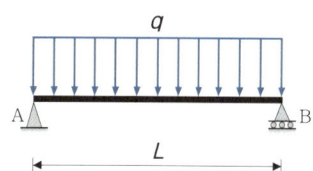

해설

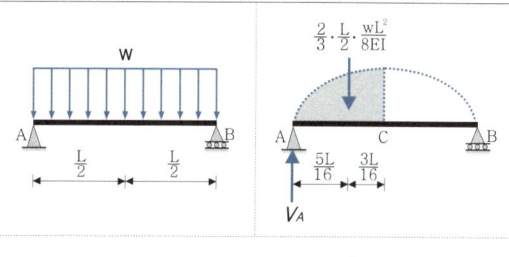

$\delta_{\max} = \delta_C = \dfrac{5}{384} \cdot \dfrac{wL^4}{EI}$

해답 54. ④ 55. ③ 56. ② 57. ② 58. ④

59. 경간 5m, 높이 300mm, 폭 200mm의 단면을 갖는 단순보에 등분포하중 $w=4\text{kN/m}$가 만재하여 있을 때 최대 처짐은? (단, $E=10,000\text{MPa}$)

① 47.1mm ② 26.7mm
③ 12.7mm ④ 7.2mm

해설

$$\delta_{max} = \frac{5}{384} \cdot \frac{wL^4}{EI}$$

$$= \frac{5}{384} \cdot \frac{(4)(5\times10^3)^4}{(10,000)\left(\frac{(200)(300)^3}{12}\right)} = 7.233\text{mm}$$

60. 경간 8m, 높이 300mm, 폭 200mm의 단면을 갖는 단순보에 등분포하중 $w=4\text{kN/m}$가 만재하여 있을 때 최대 처짐은? (단, $E=10,000\text{MPa}$)

① 47.4mm ② 21mm
③ 9mm   ④ 0.09mm

해설

$$\delta_{max} = \frac{5}{384} \cdot \frac{wL^4}{EI}$$

$$= \frac{5}{384} \cdot \frac{(4)(8\times10^3)^4}{(10,000)\left(\frac{(200)(300)^3}{12}\right)} = 47.407\text{mm}$$

61. 그림과 같이 집중하중 및 등분포하중을 받고 있는 단순보의 최대 처짐량은?
(단, $E=2\times10^5\text{MPa}$, $I=1\times10^8\text{mm}^4$)

① 16.5mm
② 23.7mm
③ 42.2mm
④ 53.4mm

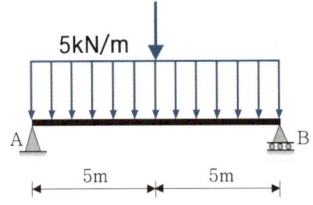

해설

$$\delta_{max} = \frac{1}{48} \cdot \frac{PL^3}{EI} + \frac{5}{384} \cdot \frac{wL^4}{EI}$$

$$= \frac{1}{48} \cdot \frac{(20\times10^3)(1,000)^3}{(2\times10^5)(1\times10^8)} + \frac{5}{384} \cdot \frac{(5)(10\times10^3)^4}{(2\times10^5)(1\times10^8)}$$

$$= 53.385\text{mm}$$

62. 길이 6m인 단순보의 중앙에 30kN의 집중하중이 작용할 때와 등분포하중 5kN/m가 작용할 때의 최대 처짐량에 관한 설명으로 옳은 것은?

① 최대 처짐량은 같다.
② 집중하중 처짐량이 분포하중 처짐량보다 1.3배 크다.
③ 집중하중 처짐량이 분포하중 처짐량보다 1.6배 크다.
④ 분포하중 처짐량이 집중하중 처짐량보다 1.3배 크다.

해설

(1) $\delta_P = \frac{1}{48} \cdot \frac{PL^3}{EI} = \frac{1}{48} \cdot \frac{(30)(6)^3}{EI} = \frac{135}{EI}$

(2) $\delta_w = \frac{5}{384} \cdot \frac{wL^4}{EI} = \frac{5}{384} \cdot \frac{(5)(6)^4}{EI} = \frac{84.375}{EI}$

(3) 처짐의 비교: $\dfrac{\delta_P}{\delta_w} = \dfrac{\frac{135}{EI}}{\frac{84.375}{EI}} = 1.6$

63. 길이가 같고 EI가 일정한 단순보에서 집중하중을 받는 단순보의 중앙 처짐은 등분포하중을 받는 단순보의 중앙 처짐의 몇 배인가?

① 1.6배
② 2.1배
③ 3.2배
④ 4.8배

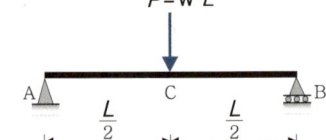

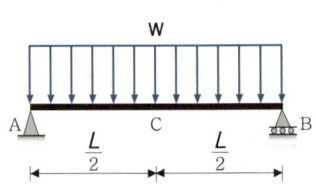

해설

(1) $\delta_P = \frac{1}{48} \cdot \frac{PL^3}{EI} = \frac{1}{48} \cdot \frac{(wL)L^3}{EI} = \frac{1}{48} \cdot \frac{wL^4}{EI}$

(2) $\delta_w = \frac{5}{384} \cdot \frac{wL^4}{EI}$ 으로부터 $\dfrac{\delta_P}{\delta_w} = \dfrac{\frac{1}{48}}{\frac{5}{384}} = 1.6$

해답 59. ④ 60. ① 61. ④ 62. ③ 63. ①

64. 그림 (A)와 (B)의 중앙점의 처짐이 같아지도록 그림(B)의 등분포하중 w를 그림 (A)의 하중 P의 함수로 나타내면?

① $1.6 \dfrac{P}{L}$
② $2.4 \dfrac{P}{L}$
③ $3.2 \dfrac{P}{L}$
④ $4.0 \dfrac{P}{L}$

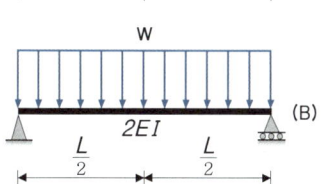

해설

(1) (A)의 중앙점 처짐: $\delta = \dfrac{1}{48} \cdot \dfrac{PL^3}{EI}$

(2) (B)의 중앙점 처짐: $\delta = \dfrac{5}{384} \cdot \dfrac{wL^4}{(2EI)} = \dfrac{5}{768} \cdot \dfrac{wL^4}{EI}$

(3) $\dfrac{1}{48} \cdot \dfrac{PL^3}{EI} = \dfrac{5}{768} \cdot \dfrac{wL^4}{EI}$ 으로부터 $w = 3.2 \dfrac{P}{L}$

65. 그림 (A)와 (B)의 중앙점의 처짐이 같아지도록 그림(B)의 등분포하중 w를 그림 (A)의 하중 P의 함수로 나타내면?

① $1.2 \dfrac{P}{L}$
② $2.1 \dfrac{P}{L}$
③ $4.2 \dfrac{P}{L}$
④ $2.4 \dfrac{P}{L}$

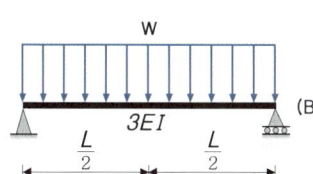

해설

(1) (A): $\delta = \dfrac{1}{48} \cdot \dfrac{PL^3}{EI} = \dfrac{1}{48} \cdot \dfrac{PL^3}{(2EI)} = \dfrac{1}{96} \cdot \dfrac{PL^3}{EI}$

(2) (B): $\delta = \dfrac{5}{384} \cdot \dfrac{wL^4}{EI} = \dfrac{5}{384} \cdot \dfrac{wL^4}{(3EI)} = \dfrac{5}{1,152} \cdot \dfrac{wL^4}{EI}$

(3) $\dfrac{1}{96} \cdot \dfrac{PL^3}{EI} = \dfrac{5}{1,152} \cdot \dfrac{wL^4}{EI}$ 으로부터 $w = 2.4 \dfrac{P}{L}$

66. 중앙에 집중하중 P를 받는 그림과 같은 단순보에서 지점 A로부터 $\dfrac{L}{4}$인 지점(D점)의 처짐각(θ_D)과 수직처짐량(δ_D)은? (단, EI는 일정)

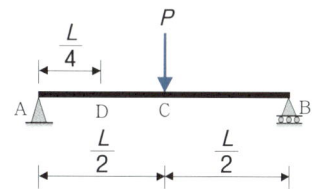

① $\theta_D = \dfrac{5PL^2}{64EI}$, $\delta_D = \dfrac{3PL^3}{768EI}$

② $\theta_D = \dfrac{3PL^2}{128EI}$, $\delta_D = \dfrac{5PL^3}{384EI}$

③ $\theta_D = \dfrac{3PL^2}{64EI}$, $\delta_D = \dfrac{11PL^3}{768EI}$

④ $\theta_D = \dfrac{3PL^2}{128EI}$, $\delta_D = \dfrac{11PL^3}{384EI}$

해설

D점의 처짐각과 처짐 계산

(1) 실제보(Real Beam)에서 D점의 처짐각은 공액보(Conjugate Beam)에서 D점의 전단력이다.

$\theta_D = V_D = +\left(\dfrac{PL^2}{16EI}\right) - \left(\dfrac{1}{2} \cdot \dfrac{L}{4} \cdot \dfrac{PL}{8EI}\right) = \dfrac{3}{64} \cdot \dfrac{PL^2}{EI}$

(2) 실제보(Real Beam)에서 D점의 처짐은 공액보(Conjugate Beam)에서 D점의 휨모멘트이다.

$\delta_D = M_D = +\left(\dfrac{PL^2}{16EI}\right)\left(\dfrac{L}{4}\right) - \left(\dfrac{1}{2} \cdot \dfrac{L}{4} \cdot \dfrac{PL}{8EI}\right)\left(\dfrac{L}{4} \cdot \dfrac{1}{3}\right)$

$= \dfrac{11}{768} \cdot \dfrac{PL^3}{EI}$

해답 64. ③ 65. ④ 66. ③

67. 다음 구조물에서 하중이 작용하는 위치에서 일어나는 처짐의 크기는?

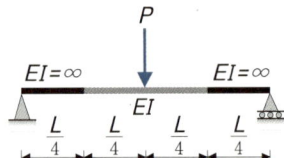

① $\dfrac{PL^3}{48EI}$ ② $\dfrac{PL^3}{96EI}$

③ $\dfrac{7PL^3}{384EI}$ ④ $\dfrac{11PL^3}{384EI}$

[해설]

(1) 공액보법에 의해 처짐을 계산할 때, 양쪽 지점에서 $\dfrac{L}{4}$ 까지는 $EI = \infty$ (휨강성이 무한대)이므로 이 부분의 처짐은 발생하지 않는 것으로 계산한다.

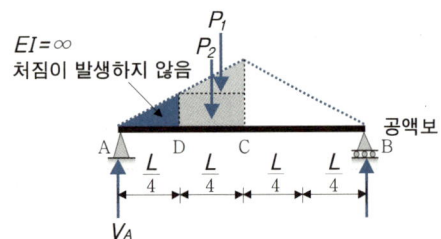

(2) 공액보상의 D-C 부분의 면적을 구하여 P_1 과 P_2 로 나타내면

$P_1 = \dfrac{1}{2} \cdot \dfrac{L}{4} \cdot \dfrac{PL}{8EI} = \dfrac{PL^2}{64EI}$, $P_2 = \dfrac{L}{4} \cdot \dfrac{PL}{8EI} = \dfrac{PL^2}{32EI}$

이므로 $V_A = \dfrac{PL^2}{32EI} + \dfrac{PL^2}{64EI} = \dfrac{3PL^2}{64EI}$

(3) $\delta_C = M_C$

$= + \left(\dfrac{3PL^2}{64EI}\right)\left(\dfrac{L}{2}\right) - \left(\dfrac{PL^2}{32EI}\right)\left(\dfrac{L}{4} \cdot \dfrac{1}{2}\right) - \left(\dfrac{PL^2}{64EI}\right)\left(\dfrac{L}{4} \cdot \dfrac{1}{3}\right)$

$= + \dfrac{7}{384} \cdot \dfrac{PL^3}{EI} (\downarrow)$

68. 그림과 같은 단순보에서 B단에 모멘트하중 M이 작용할 때 경간 AB 중에서 수직처짐이 최대가 되는 곳의 거리 x 는? (단, EI는 일정)

① $x = 0.500L$
② $x = 0.577L$
③ $x = 0.667L$
④ $x = 0.750L$

[해설]

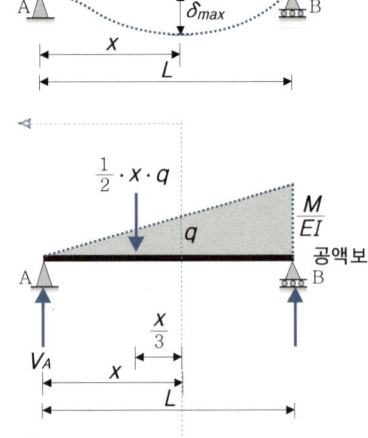

(1) 최대처짐($\delta_{\max}$)이 발생하는 위치:
  ➡ 공액보에서 전단력이 0인 x 위치

① 전단력이 0인 x 위치에서의 삼각형 분포하중 q

$x : q = L : \dfrac{M}{EI}$ 로부터 $q = \left(\dfrac{M}{EI \cdot L}\right) \cdot x$

② $M_x = \left(\dfrac{ML}{6EI}\right) \cdot x - \left(\dfrac{1}{2} q \cdot x\right)\left(\dfrac{x}{3}\right)$

$= \left(\dfrac{ML}{6EI}\right) \cdot x - \left(\dfrac{M}{6EI \cdot L}\right) \cdot x^3$

③ $V_x = \dfrac{dM_x}{dx} = \left(\dfrac{ML}{6EI}\right) - \left(\dfrac{3M}{6EI \cdot L}\right) \cdot x^2 = 0$

$\therefore x = \dfrac{L}{\sqrt{3}} (= 0.577L)$

(2) 최대처짐($\delta_{\max}$): 공액보에서의 최대 휨모멘트

$\delta_{\max} = M_{\max} = \left(\dfrac{ML}{6EI}\right) \cdot x - \left(\dfrac{M}{6EI \cdot L}\right) \cdot x^3$

$= \dfrac{1}{9\sqrt{3}} \cdot \dfrac{ML^2}{EI}$

해답 67. ③ 68. ②

69. 단순보의 지점 B에 모멘트하중 M이 작용할 때 보에 최대처짐($\delta_{\max}$)은? (단, EI는 일정하다.)

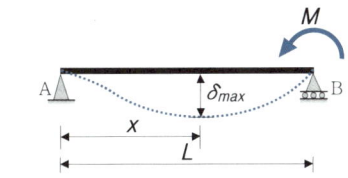

① $\dfrac{1}{9\sqrt{3}} \cdot \dfrac{ML^2}{EI}$ ② $\dfrac{1}{18\sqrt{3}} \cdot \dfrac{ML^2}{EI}$

③ $\dfrac{1}{27\sqrt{3}} \cdot \dfrac{ML^2}{EI}$ ④ $\dfrac{1}{36\sqrt{3}} \cdot \dfrac{ML^2}{EI}$

해설

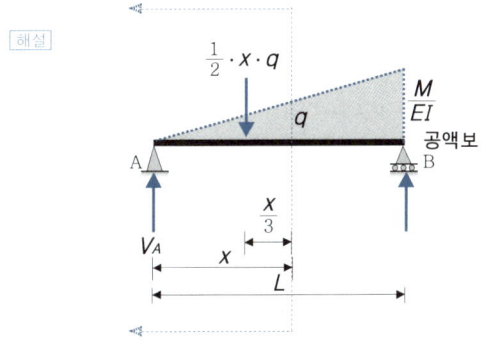

(1) 최대처짐($\delta_{\max}$)이 발생하는 위치:

➡ 공액보에서 전단력이 0인 x위치

① 전단력이 0인 x위치에서의 삼각형 분포하중 q

$$x : q = L : \dfrac{M}{EI} \text{ 로부터 } q = \left(\dfrac{M}{EI \cdot L}\right) \cdot x$$

② $M_x = \left(\dfrac{ML}{6EI}\right) \cdot x - \left(\dfrac{1}{2} q \cdot x\right)\left(\dfrac{x}{3}\right)$

$= \left(\dfrac{ML}{6EI}\right) \cdot x - \left(\dfrac{M}{6EI \cdot L}\right) \cdot x^3$

③ $V_x = \dfrac{dM_x}{dx} = \left(\dfrac{ML}{6EI}\right) - \left(\dfrac{3M}{6EI \cdot L}\right) \cdot x^2 = 0$

$\therefore x = \dfrac{L}{\sqrt{3}} (= 0.577L)$

(2) 최대처짐($\delta_{\max}$): 공액보에서의 최대 휨모멘트

$\delta_{\max} = M_{\max} = \left(\dfrac{ML}{6EI}\right) \cdot x - \left(\dfrac{M}{6EI \cdot L}\right) \cdot x^3$

$= \dfrac{1}{9\sqrt{3}} \cdot \dfrac{ML^2}{EI}$

70. 그림과 같은 단순보의 중앙점 C에 집중하중 P가 작용하여 중앙점의 처짐 δ가 발생했다. δ가 0이 되도록 양쪽지점에 모멘트 M을 작용시키려고 할 때 이 모멘트의 크기 M을 하중 P와 경간L로 나타내면 얼마인가? (단, EI는 일정하다.)

① $M = \dfrac{PL}{2}$

② $M = \dfrac{PL}{4}$

③ $M = \dfrac{PL}{6}$

④ $M = \dfrac{PL}{8}$

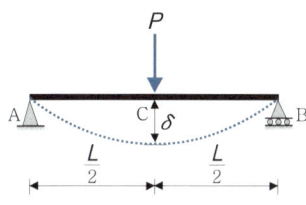

해설

(1) 단순보 중앙에 집중하중 작용시:

$$\delta_{C1} = \dfrac{1}{48} \cdot \dfrac{PL^3}{EI}(\downarrow)$$

(2) 단순보 양단에 모멘트하중 작용시:

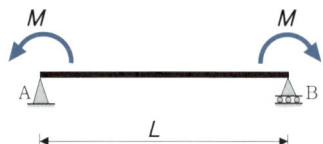

단순보에 상향의 처짐을 유발하기 위해 양단에 모멘트하중을 작용시킬 때

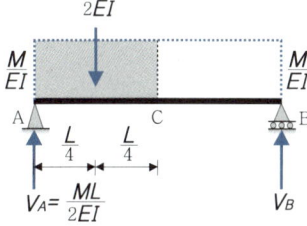

공액보에서 중앙점 C의 처짐

$$\delta_{C2} = \left(\dfrac{1}{2} \cdot \dfrac{ML}{EI}\right)\left(\dfrac{L}{4}\right) = \dfrac{1}{8} \cdot \dfrac{ML^2}{EI}(\uparrow)$$

(3) $\delta_C = \delta_{C1} + \delta_{C2} = \dfrac{1}{48} \cdot \dfrac{PL^3}{EI}(\downarrow) + \dfrac{1}{8} \cdot \dfrac{ML^2}{EI}(\uparrow) = 0$

으로부터 $\dfrac{1}{48} \cdot \dfrac{PL^3}{EI} = \dfrac{1}{8} \cdot \dfrac{ML^2}{EI}$ 이므로 $M = \dfrac{PL}{6}$

해답 69. ① 70. ③

71. 다음 그림과 같은 보에서 최대처짐은 A로부터 얼마의 거리(x)에서 일어나는가? (단, EI는 일정)

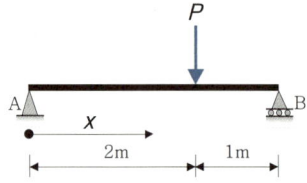

① 1.414m ② 1.633m
③ 1.817m ④ 1.923m

해설

(1) 지점반력: $V_A = +\dfrac{P}{3}(\uparrow)$, $V_B = +\dfrac{2P}{3}(\uparrow)$

(2) 공액보

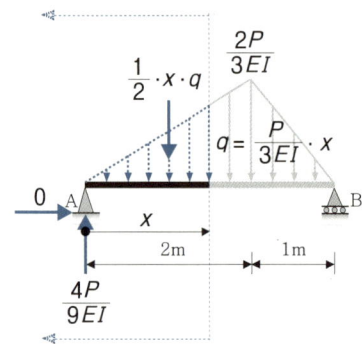

$\sum M_B = 0$:

$+(V_A)(3) - \left(\dfrac{1}{2} \times 2 \times \dfrac{2P}{3EI}\right)\left(1+\dfrac{2}{3}\right) - \left(\dfrac{1}{2} \times 1 \times \dfrac{2P}{3EI}\right)\left(\dfrac{2}{3}\right) = 0$

$\therefore V_A = +\dfrac{4P}{9EI}$

(3) x위치에서의 처짐각

① $x : 2 = q : \dfrac{2P}{3EI}$ 로부터 $q = \dfrac{P}{3EI} \cdot x$

② $\theta_x = V_x = +\left(\dfrac{4P}{9EI}\right) - \left(\dfrac{1}{2} \cdot x \cdot \dfrac{P}{3EI}x\right) = +\dfrac{P}{EI}\left(\dfrac{4}{9} - \dfrac{1}{6}x^2\right)$

③ 최대처짐(δ_{max})이 발생하는 위치는 처짐각(θ_x)이 0이 되는 위치이다.

$\theta_x = V_x = +\dfrac{P}{EI}\left(\dfrac{4}{9} - \dfrac{1}{6}x^2\right) = 0$으로부터 $x = 1.63299$m

72. 그림과 같은 보에서 최대처짐이 발생하는 위치는? (단, 부재의 EI는 일정하다.)

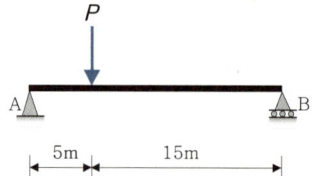

① A점으로부터 5.00m 떨어진 곳
② A점으로부터 6.18m 떨어진 곳
③ A점으로부터 8.82m 떨어진 곳
④ A점으로부터 10.00m 떨어진 곳

해설

(1) 지점반력: $V_A = +\dfrac{3P}{4}(\uparrow)$, $V_B = +\dfrac{P}{4}(\uparrow)$

(2) 공액보

$\sum M_A = 0$:

$\left(\dfrac{1}{2} \times 5 \times \dfrac{15P}{4EI}\right)\left(5 \times \dfrac{2}{3}\right) + \left(\dfrac{1}{2} \times 15 \times \dfrac{15P}{4EI}\right)\left(5 + 15 \times \dfrac{1}{3}\right)$

$- (V_B)(20) = 0 \quad \therefore V_B = +\dfrac{125P}{8EI}$

(3) x위치에서의 처짐각

① $x : 15 = q : \dfrac{15P}{4EI}$ 로부터 $q = \dfrac{P}{4EI} \cdot x$

② $\theta_x = V_x = +\left(\dfrac{125P}{8EI}\right) - \left(\dfrac{1}{2}x \cdot \dfrac{P}{4EI}x\right)$

$= +\dfrac{P}{EI}\left(\dfrac{125}{8} - \dfrac{1}{8}x^2\right)$

③ 최대처짐(δ_{max})이 발생하는 위치는 처짐각(θ_x)이 0이 되는 위치이다. $\theta_x = V_x = +\dfrac{P}{EI}\left(\dfrac{125}{8} - \dfrac{1}{8}x^2\right) = 0$

으로부터 $x = 11.1803$m

④ A점으로부터의 거리: $20 - 11.1803 = 8.8197$m

해답 71. ② 72. ③

73. 그림과 같은 내민보의 지점 B의 처짐각을 구하면? (단, EI는 일정)

① $\dfrac{100}{3EI}$
② $\dfrac{200}{3EI}$
③ $\dfrac{90}{5EI}$
④ $\dfrac{150}{6EI}$

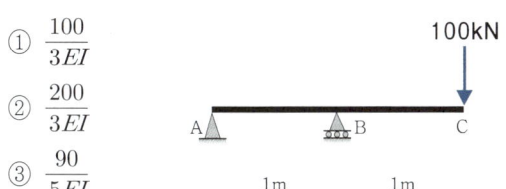

$\theta_B = V_B = \left(\dfrac{1}{2} \cdot 1 \cdot \dfrac{100}{EI}\right)\left(\dfrac{\frac{2}{3}}{1}\right) = \dfrac{100}{3EI}$

74. 그림과 같은 보의 C점의 연직처짐은? (단, 보의 자중은 무시하며, $EI = 2 \times 10^{14} \text{ N} \cdot \text{mm}^2$)

① 15.25mm
② 18.75mm
③ 25.25mm
④ 31.25mm

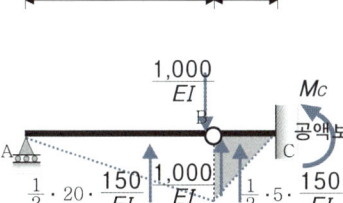

(1) $\theta_B = V_B = \left(\dfrac{1}{2} \cdot 20 \cdot \dfrac{150}{EI}\right)\left(\dfrac{2}{3}\right) = \dfrac{1,000}{EI}$ (kN·m²)

(2) $\delta_C = M_C = \left(\dfrac{1,000}{EI}\right)(5) + \left(\dfrac{1}{2} \cdot 5 \cdot \dfrac{150}{EI}\right)\left(5 \cdot \dfrac{2}{3}\right)$

$= \dfrac{6,250}{EI}$ (kN·m³) $= \dfrac{6,250 \times 10^{12}}{2 \times 10^{14}} = 31.25$ mm

75. 그림과 같은 내민보에서 C점의 처짐은? (단, $EI = 3.0 \times 10^{12} \text{ N} \cdot \text{mm}^2$)

① 1mm
② 2mm
③ 10mm
④ 20mm

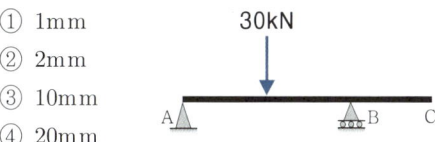

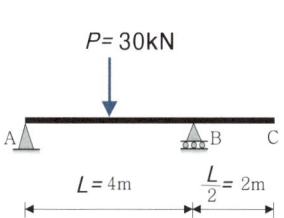

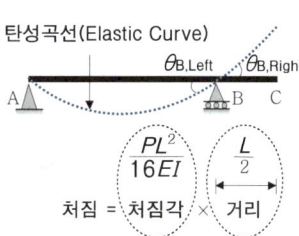

(1) 처짐곡선(Elastic Curve)을 관찰하여 B점의 연속조건을 이용한 해석이 간명하다.

(2) $P = 30$ kN, $L = 4$ m, $\dfrac{L}{2} = 2$ m

(3) $\theta_B = \theta_{B,Left} = \theta_{B,Right} = \dfrac{1}{16} \cdot \dfrac{PL^2}{EI}$

(4) $\delta_C = \theta_B \times$ 거리 $= \left(\dfrac{1}{16} \cdot \dfrac{PL^2}{EI}\right)\left(\dfrac{L}{2}\right)$

$= \dfrac{1}{32} \cdot \dfrac{PL^3}{EI} = \dfrac{1}{32} \cdot \dfrac{(30 \times 10^3)(4 \times 10^3)^3}{(3.0 \times 10^{12})} = 20$ mm

해답 73. ①   74. ④   75. ④

76. 그림과 같은 내민보의 A점의 처짐은?
(단, $I=1.6\times10^8\text{mm}^4$, $E=2.0\times10^5\text{MPa}$)

① 22.5mm
② 27.5mm
③ 32.5mm
④ 37.5mm

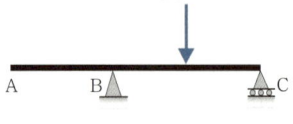

해설

(1) $P=50\text{kN}$, $L=8\text{m}$

(2) $\theta_B = \dfrac{1}{16}\cdot\dfrac{PL^2}{EI} = \dfrac{1}{16}\cdot\dfrac{(50\times10^3)(8\times10^3)^2}{(2.0\times10^5)(1.6\times10^8)}$
$= 0.00625(rad)$

(3) $\delta_A = \theta_B\cdot(6\times10^3) = 37.5\text{mm}(\uparrow)$

77. 그림과 같은 내민보에서 자유단의 처짐은?
(단, $EI = 3.2\times10^{14}\text{N}\cdot\text{mm}^2$)

① 1.69mm
② 16.9mm
③ 3.38mm
④ 33.8mm

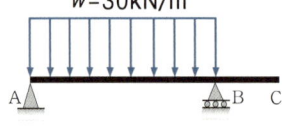

해설

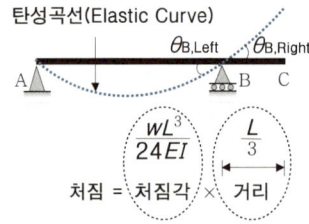

(1) $w=30\text{kN/m}$, $L=6\text{m}$, $\dfrac{L}{3}=2\text{m}$

(2) $\theta_B = \theta_{B,Left} = \theta_{B,Right} = \dfrac{1}{24}\cdot\dfrac{wL^3}{EI}$

(3) $\delta_C = \theta_B\times$ 거리 $= \left(\dfrac{1}{24}\cdot\dfrac{wL^3}{EI}\right)\left(\dfrac{L}{3}\right)$

$= \dfrac{1}{72}\cdot\dfrac{wL^4}{EI} = \dfrac{1}{72}\cdot\dfrac{(30)(6\times10^3)^4}{(3.2\times10^{14})} = 1.6875\text{mm}$

78. 그림과 같은 내민보에서 자유단 C점의 처짐이 0이 되기 위한 $\dfrac{P}{Q}$는 얼마인가? (단, EI는 일정)

① 3
② 4
③ 5
④ 6

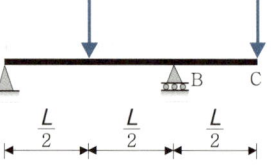

해설

(1) 하중 P만 작용 시:

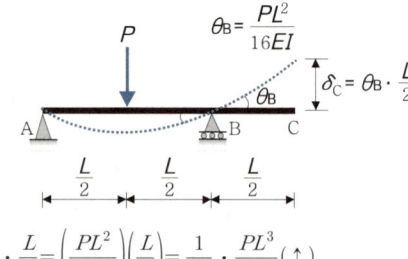

$\delta_{C1} = \theta_B\cdot\dfrac{L}{2} = \left(\dfrac{PL^2}{16EI}\right)\left(\dfrac{L}{2}\right) = \dfrac{1}{32}\cdot\dfrac{PL^3}{EI}(\uparrow)$

(2) 하중 Q만 작용 시:

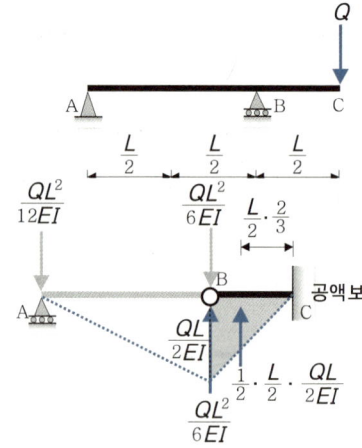

$\delta_{C2} = \left(\dfrac{QL^2}{6EI}\right)\left(\dfrac{L}{2}\right) + \left(\dfrac{1}{2}\cdot\dfrac{L}{2}\cdot\dfrac{QL}{2EI}\right)\left(\dfrac{L}{2}\cdot\dfrac{2}{3}\right)$

$= \dfrac{1}{8}\cdot\dfrac{QL^3}{EI}(\downarrow)$

(3) $\delta_C = \delta_{C1} + \delta_{C2}$

$= \dfrac{1}{32}\cdot\dfrac{PL^3}{EI}(\uparrow) + \dfrac{1}{8}\cdot\dfrac{QL^3}{EI}(\downarrow) = 0 \implies \therefore \dfrac{P}{Q}=4$

해답 76. ④ 77. ① 78. ②

79. 다음 내민보에서 A점의 처짐량은? (단, EI는 일정)

① $\dfrac{PL^3}{2EI}$

② $\dfrac{3PL^3}{4EI}$

③ $\dfrac{PL^3}{EI}$

④ $\dfrac{3PL^3}{2EI}$

해설

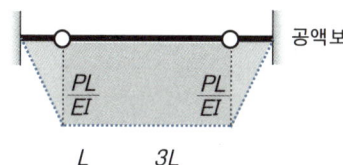

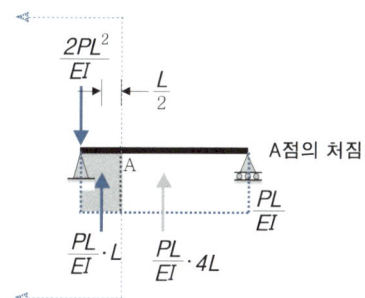

$$\delta_A = M_A = -\left(\dfrac{2PL^2}{EI}\right)(L) + \left(L \cdot \dfrac{PL}{EI}\right)\left(\dfrac{L}{2}\right) = -\dfrac{3}{2} \cdot \dfrac{PL^3}{EI}(\uparrow)$$

80. 그림과 같은 내민보의 자유단 A점에서의 처짐 δ_A는 얼마인가? (단, EI는 일정하다.)

① $\dfrac{3ML^2}{4EI}(\uparrow)$

② $\dfrac{3ML}{4EI}(\uparrow)$

③ $\dfrac{5ML^2}{6EI}(\uparrow)$

④ $\dfrac{5ML}{6EI}(\uparrow)$

해설

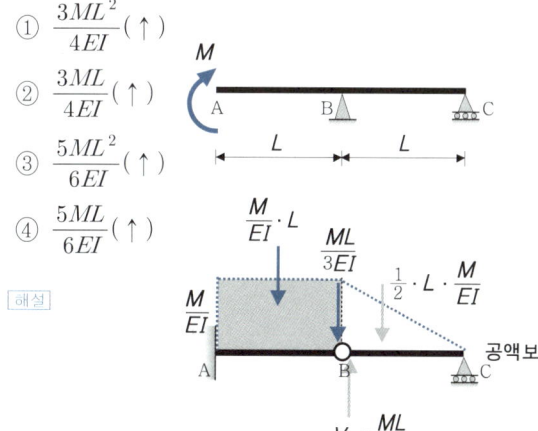

$$\delta_A = M_A = -\left[+\left(\dfrac{ML}{3EI}\right)(L) + \left(\dfrac{ML}{EI}\right)\left(\dfrac{L}{2}\right)\right] = -\dfrac{5}{6} \cdot \dfrac{ML^2}{EI}(\uparrow)$$

81. 그림과 같은 겔버보에서 하중 P만에 의한 C점의 처짐은? (단, $EI = 2.7 \times 10^{14} \text{N} \cdot \text{mm}^2$)

① 7mm
② 10mm
③ 20mm
④ 27mm

해설

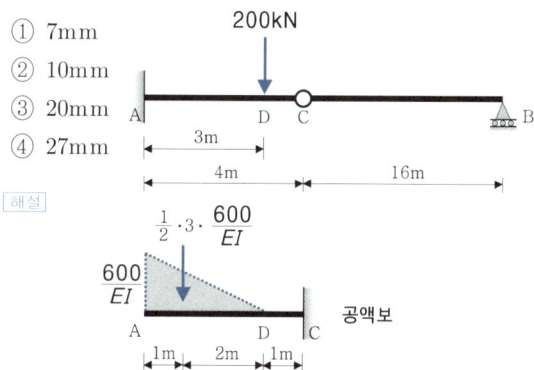

(1) 겔버보에서 하중 P가 AC 캔틸레버 구간에만 작용하므로 CB 구간을 무시하고 AC 캔틸레버 구간만 고려하여 C점의 처짐을 구한다.

(2) $\delta_C = M_C = \left(\dfrac{1}{2} \cdot 3 \cdot \dfrac{600}{EI}\right)(1+2)$

$= \dfrac{270 \text{kN} \cdot \text{m}^3}{EI} = \dfrac{(2,700 \times 10^{12})}{(2.7 \times 10^{14})} = 10\text{mm}$

해답 79. ④ 80. ④ 81. ②

MEMO

제8장 에너지 이론과 가상일법

COTENTS

1. 탄성변형에너지(Elastic Strain Energy) ········· 282
2. 카스틸리아노의 정리(Catigliano's Theorem) ········· 289
3. 가상일법(Virtual Work Method) ········· 291
4. 상반작용(相反作用)의 원리(Reciprocal Theorem) ········· 299
   - 핵심문제 ········· 302

8 에너지 이론과 가상일법

CHECK

(1) 탄성변형에너지(Elastic Strain Energy) ➡ 카스틸리아노의 정리(Catigliano's Theorem)

(2) 가상일법(Virtual Work Method): 라멘(Rahmen), 아치(Arch), 트러스(Truss)의 처짐 산정

(3) Betti-Maxwell의 상반작용(相反作用)의 원리(Reciprocal Theorem)

1 탄성변형에너지(Elastic Strain Energy)

1 외적 일(External Work)과 탄성변형에너지(U)

(1) 축하중 부재

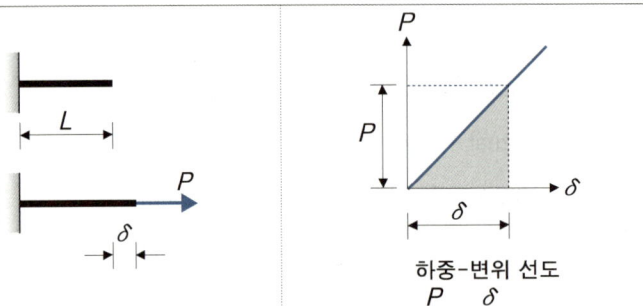

하중-변위 선도
$P - \delta$

축하중 P가 외력으로 작용하는 탄성(Elastic)의 부재를 생각해보자. 축하중 P가 구조물의 외부에서 작용하는데 0부터 P까지 증가하게 되면, 직선의 변위 δ도 0부터 δ까지 선형으로 증가하게 된다. 그런데, 축하중 P에 의해 변형된 탄성의 구조부재는 외적인 축하중 P를 제거했을 때 원래의 상태로 되돌아오면서 구조부재에 대해 한 일(Work)을 원래의 상태로 되돌리기 때문에 축하중 P가 한 일의 양만큼의 에너지를 구조부재의 입장에서는 가지고 있는 셈이 된다. 이것을 수식으로 표현하면 $W_E = \dfrac{1}{2} P \cdot \delta = U$가 되는데, 하중-변위($P - \delta$)선도의 아래 부분의 삼각형의 면적과 같다는 것을 관찰할 수 있게 된다. 축하중 P는 외적인 일(External Work)을 할 수는 있지만 에너지(Energy)는 보유할 수 없고, 구조부재만 힘의 작용상태에서 변형에 의해 발생된 에너지를 자신의 내부에 숨기게 되는데, 이와 같이 구조부재의 변형에 의해 에너지 형태로 변환되어 구조부재에 저장되는 내적인 일의 양을 (탄성)변형에너지(U, Elastic Strain Energy)라고 한다.

학습 POINT

■ 에너지(Energy)는 일(Work)을 할 수 있는 능력으로 정의되는 추상적 지표이다.

■ 에너지 보존의 법칙으로부터 에너지가 열의 형태로 전환되지 않는 이상, 하중이 작용되는 과정에서 재료에 흡수되는 변형에너지 U는 하중이 한 외적인 일 W_E과 같다.

(2) 모멘트 부재

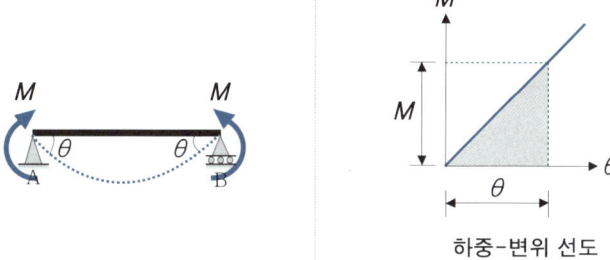

하중-변위 선도
M θ

모멘트하중 M은 회전변위 θ에 대해 일을 한다고 표현할 수 있다. 축하중 P가 직선변위 δ에 대해 일을 하는 것처럼, 모멘트하중을 받는 구조부재의 경우에도 $W_E = \dfrac{1}{2}M \cdot \theta = U$가 되는데, 하중-변위($M-\theta$)선도의 아래 부분의 삼각형의 면적과 같다는 것을 관찰할 수 있게 된다.

핵심예제 1

지름이 40mm인 원형 강봉을 100kN의 힘으로 잡아 당겼을 때 소성은 일어나지 않았고 탄성변형에 의해 길이가 1mm 증가하였다. 강봉에 축척된 탄성변형에너지는 얼마인가?

① 10kN · mm
② 50kN · mm
③ 100kN · mm
④ 200kN · mm

해설 $U = \dfrac{1}{2}P \cdot \delta = \dfrac{1}{2}(100)(1) = 50\text{kN} \cdot \text{mm}$

답 : ②

핵심예제 2

처음에 P_1이 작용했을 때 자유단의 처짐 δ_1이 생기고, 다음에 P_2를 가했을 때 자유단의 처짐이 δ_2만큼 증가되었다고 한다. 이때 외력 P_1이 행한 일은?

① $\dfrac{1}{2}P_1\delta_1 + P_1\delta_2$
② $\dfrac{1}{2}P_1\delta_1 + P_2\delta_2$
③ $\dfrac{1}{2}(P_1\delta_1 + P_1\delta_2)$
④ $\dfrac{1}{2}(P_1\delta_1 + P_2\delta_2)$

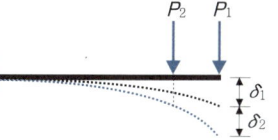

해설 외력 P_1이 한 일 $W_E = \dfrac{1}{2}P_1 \cdot \delta_1 + P_1 \cdot \delta_2$

답 : ①

■ P_1이 0(Zero)에서 P_1까지 증가하는 동안, 변형은 0(Zero)에서 δ_1까지 증가하였으므로 선형 비례한다.

P_2가 작용되어 변형이 δ_2로 발생하는 동안, P_1은 증가나 감소 없이 일정한 상태 하에 있었으므로, P_1이 한 일(Work)은 일정한 상수이다.

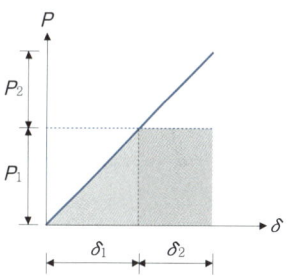

② 축방향력에 의한 변형에너지

재료가 Hooke의 법칙을 따른다면 $\delta = \Delta L = \dfrac{PL}{EA}$ 의 관계식으로부터 다음과 같은 변형에너지 U와 관련된 식을 유도할 수 있다.

$$U = \frac{1}{2}P \cdot \delta = \frac{1}{2}P\left(\frac{PL}{EA}\right) = \frac{P^2 L}{2EA} = \int_0^L \frac{P^2}{2EA} \cdot dx$$

핵심예제 3

그림과 같은 정사각형 막대 단면의 변형에너지는?

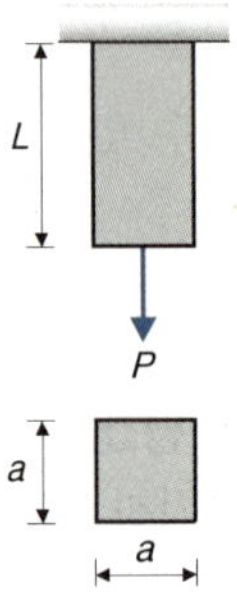

① $\dfrac{P^2 L}{2Ea^2}$

② $\dfrac{2P^2 L}{Ea^2}$

③ $\dfrac{2A^2 L}{EP^2}$

④ $\dfrac{2EL}{P^2 a^2}$

[해설] $U = \displaystyle\int_0^L \frac{P^2}{2EA}dx = \frac{P^2 L}{2EA} = \frac{1}{2} \cdot \frac{P^2 L}{Ea^2}$

답 : ①

핵심예제 4

길이 L, 직경 D인 원형 단면 봉이 인장하중 P를 받고 있다. 응력이 단면에 균일하게 분포한다고 가정할 때, 이 봉에 저장되는 변형에너지를 구한 값으로 옳은 것은? (단, 봉의 탄성계수는 E이다.)

① $\dfrac{4P^2 L}{\pi D^2 E}$ ② $\dfrac{2P^2 L}{\pi D^2 E}$

③ $\dfrac{4PL^2}{\pi D^2 E}$ ④ $\dfrac{2PL^2}{\pi D^2 E}$

[해설] $U = \displaystyle\int_0^L \frac{P^2}{2EA}dx = \frac{P^2 L}{2EA} = \frac{P^2 L}{2E\left(\dfrac{\pi D^2}{4}\right)} = \frac{2}{\pi} \cdot \frac{P^2 L}{ED^2}$

답 : ②

③ 휨모멘트에 의한 변형에너지

재료가 Hooke의 법칙을 따른다면 $\theta = \dfrac{ML}{EI}$의 관계식으로부터 다음과 같은 변형에너지 U와 관련된 식을 유도할 수 있다.

$$U = \frac{1}{2} M \cdot \theta = \frac{1}{2} M \left(\frac{ML}{EI} \right) = \frac{M^2 L}{2EI} = \int_0^L \frac{M^2}{2EI} \cdot dx$$

■ 변형에너지는 부재 내의 변형된 상태에 대한 에너지의 함수이기 때문에 모멘트하중과 분포하중 또는 모멘트하중과 집중하중과 같이 서로 다른 하중이 작용하는 구조물에서의 변형에너지는 중첩의 원리(Method of Superposition)를 적용할 수 없음에 절대 주의해야 한다.

핵심예제 5

길이 L인 외팔보의 자유단에 집중하중 P가 작용할 경우 전단변형에너지(Energy)를 무시한다면 이 보에 저장되는 탄성에너지(Energy)의 크기는? (단, EI는 일정)

① $\dfrac{P^2 L^3}{24EI}$ ② PL^3
③ $\dfrac{PL^3}{24EI}$ ④ $\dfrac{P^2 L^3}{6EI}$

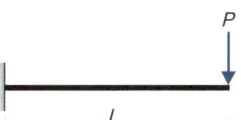

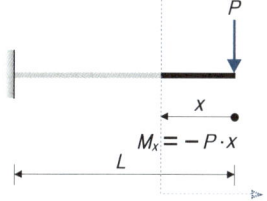

해설 (1) $M_x = -(P)(x) = -P \cdot x$

(2) $U = \int \dfrac{M_x^2}{2EI} dx = \dfrac{1}{2EI} \int_0^L (-P \cdot x)^2 dx = \dfrac{P^2}{2EI} \left[\dfrac{x^3}{3} \right]_0^L = \dfrac{1}{6} \cdot \dfrac{P^2 L^3}{EI}$

답 : ④

핵심예제 6

그림과 같은 캔틸레버보에서 휨모멘트에 의한 탄성변형에너지는? (단, EI는 일정하다.)

① $\dfrac{w^2 L^5}{40EI}$ ② $\dfrac{w^2 L^5}{96EI}$
③ $\dfrac{w^2 L^5}{240EI}$ ④ $\dfrac{w^2 L^5}{384EI}$

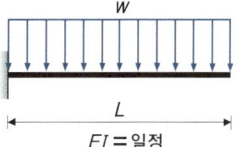

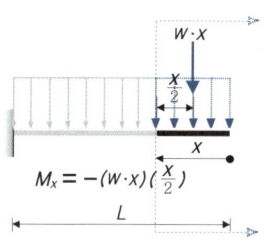

해설 (1) $M_x = -(w \cdot x)\left(\dfrac{x}{2}\right) = -\dfrac{w \cdot x^2}{2}$

(2) $U = \int \dfrac{M_x^2}{2EI} dx = \dfrac{1}{2EI} \int_o^L \left(-\dfrac{wx^2}{2} \right)^2 dx = \dfrac{w^2}{8EI} \cdot \left[\dfrac{x^5}{5} \right]_o^L = \dfrac{1}{40} \cdot \dfrac{w^2 L^5}{EI}$

답 : ①

핵심예제 7

그림과 같은 캔틸레버 보에 저장되는 탄성에너지는?
(단, EI는 일정)

① $\dfrac{w^2L^5}{20EI} + \dfrac{M \cdot w \cdot L^3}{6EI} + \dfrac{M^2L}{2EI}$

② $\dfrac{w^2L^5}{6EI} + \dfrac{M \cdot w \cdot L^3}{6EI} + \dfrac{M^2L}{3EI}$

③ $\dfrac{w^2L^5}{20EI} + \dfrac{M \cdot w \cdot L^3}{6EI} + \dfrac{M^2L}{3EI}$

④ $\dfrac{w^2L^5}{40EI} + \dfrac{M \cdot w \cdot L^3}{6EI} + \dfrac{M^2L}{2EI}$

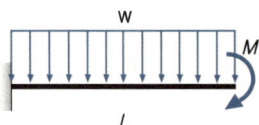

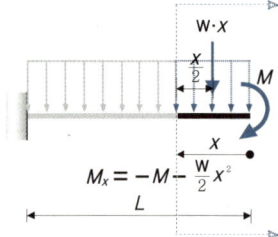

[해설] (1) $M_x = -[+(M) + (w \cdot x)(\dfrac{x}{2})] = -M - \dfrac{w}{2}x^2$

(3) $U = \int \dfrac{M_x^2}{2EI}dx = \dfrac{1}{2EI}\int_o^L \left(-M - \dfrac{w}{2}x^2\right)^2 dx$

$= \dfrac{1}{2} \cdot \dfrac{M^2L}{EI} + \dfrac{1}{6} \cdot \dfrac{M \cdot w \cdot L^3}{EI} + \dfrac{1}{40} \cdot \dfrac{w^2L^5}{EI}$

답 : ④

핵심예제 8

그림과 같은 단순보에 저장되는 변형에너지는? (단, EI는 일정)

① $\dfrac{M^2L}{2EI}$ ② $\dfrac{M^2L}{4EI}$

③ $\dfrac{M^2L}{6EI}$ ④ $\dfrac{M^2L}{8EI}$

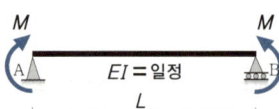

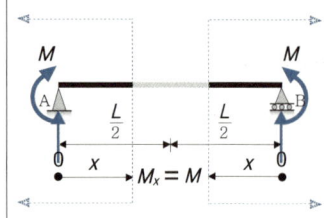

[해설] (1) $M_x = +(+M) = +M$

(2) $U = \int \dfrac{M_x^2}{2EI}dx = \dfrac{1}{2EI}\int_o^{\frac{L}{2}}(M)^2 dx + \dfrac{1}{2EI}\int_o^{\frac{L}{2}}(M)^2 dx$

$= \dfrac{M^2}{2EI} \cdot [x]_o^{\frac{L}{2}} + \dfrac{M^2}{2EI} \cdot [x]_o^{\frac{L}{2}} = \dfrac{1}{2} \cdot \dfrac{M^2L}{EI}$

답 : ①

핵심예제9

그림과 같은 단순보에서 휨모멘트에 의한 탄성변형에너지는?
(단, EI는 일정)

① $\dfrac{w^2 L^5}{40EI}$ ② $\dfrac{w^2 L^5}{96EI}$

③ $\dfrac{w^2 L^5}{240EI}$ ④ $\dfrac{w^2 L^5}{384EI}$

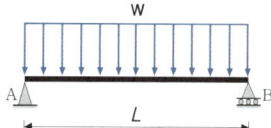

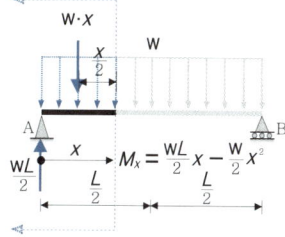

[해설] (1) $M_x = \left(\dfrac{wL}{2}\right)(x) - (w \cdot x)\left(\dfrac{x}{2}\right) = \dfrac{wL}{2}x - \dfrac{w}{2}x^2 = \dfrac{w}{2}(Lx - x^2)$

(2) $U = \int \dfrac{M_x^2}{2EI} dx = \dfrac{1}{2EI} \int_o^L \left[\dfrac{w}{2}(Lx - x^2)\right]^2 dx$

$= \dfrac{w^2}{8EI} \int_o^L (L^2 x^2 - 2L x^3 + x^4) dx$

$= \dfrac{w^2}{8EI} \left[\dfrac{L^2}{3}x^3 - \dfrac{2L}{4}x^4 + \dfrac{1}{5}x^5\right]_o^L = \dfrac{1}{240} \cdot \dfrac{w^2 L^5}{EI}$

답 : ③

핵심예제10

다음 구조물의 변형에너지의 크기는? (단, E, I, A는 일정)

① $\dfrac{2P^2 L^3}{3EI} + \dfrac{P^2 L}{2EA}$

② $\dfrac{P^2 L^3}{3EI} + \dfrac{P^2 L}{EA}$

③ $\dfrac{P^2 L^3}{3EI} + \dfrac{P^2 L}{2EA}$

④ $\dfrac{2P^2 L^3}{3EI} + \dfrac{P^2 L}{EA}$

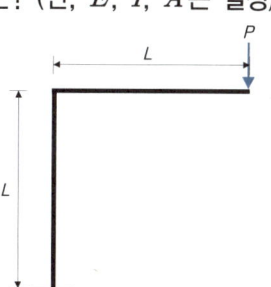

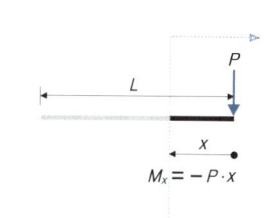

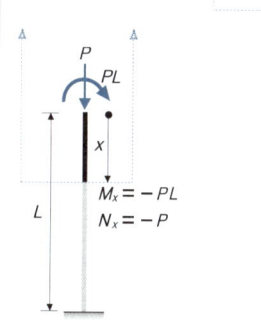

[해설] (1) 휨모멘트에 의한 일: 수평부재의 $M_x = -Px$, 수직부재의 $M_x = -PL$

$U_M = \int_o^L \dfrac{M_x^2}{2EI}dx + \int_o^L \dfrac{M_x^2}{2EI}dx = \dfrac{1}{2EI}\int_o^L (-Px)^2 dx + \dfrac{1}{2EI}\int_o^L (-PL)^2 dx$

$= \dfrac{P^2 L^3}{6EI} + \dfrac{P^2 L^3}{2EI} = \dfrac{2}{3} \cdot \dfrac{P^2 L^3}{EI}$

(2) 축력에 의한 일: 축력 $N = -P$ (압축)이므로

$U_N = \int_o^L \dfrac{N^2}{2EA} dx = \dfrac{1}{2EA} \int_o^L (-P)^2 dx = \dfrac{1}{2} \cdot \dfrac{P^2 L}{EA}$

(3) 변형에너지: $U = U_M + U_N = \dfrac{2}{3} \cdot \dfrac{P^2 L^3}{EI} + \dfrac{1}{2} \cdot \dfrac{P^2 L}{EA}$

답 : ①

4 전단력에 의한 변형에너지

하중–변위 $(P-\delta)$의 관계를 전단응력–전단변위$(\tau-\gamma)$의 관계로 바꿔서 변형에너지 U의 형태로 표현하면 $U = \int_V \frac{1}{2}\tau \cdot \gamma \cdot dV$가 되며, 여기서 V는 구조부재의 체적이다. 전단응력에 대한 Hooke의 법칙 $\tau = G \cdot \gamma$ 로부터 $\gamma = \frac{\tau}{G}$ 이므로 $U = \int_V \frac{1}{2}\tau \cdot \gamma \cdot dV = \int_V \frac{\tau^2}{2G} \cdot dV$가 된다. 보의 전단응력 $\tau = \frac{V \cdot Q}{I \cdot b}$을 여기에 대입하면

$$U = \int_0^L dx \int_A \frac{\left(\frac{VQ}{Ib}\right)^2}{2G} \cdot dA = \int_A \left(\frac{Q}{Ib}\right)^2 A \cdot dA \int_0^L \frac{V^2}{2GA} \cdot dx$$

가 되는데, $k = \int_A \left(\frac{Q}{Ib}\right)^2 A \cdot dA$ 으로 하면 $U = k \int_0^L \frac{V^2}{2GA} \cdot dx$로 유도된다.

여기서, G는 재료의 전단탄성계수이고, A는 단면적이며, k는 단면의 형상에 따라서 정해지는 형상계수(Form Factor)이다.

지금까지의 축방향력에 의한 변형에너지 $U = \int_0^L \frac{P^2}{2EA} \cdot dx$,

휨모멘트에 의한 변형에너지 $U = \int_0^L \frac{M^2}{2EI} \cdot dx$,

전단력에 대한 변형에너지 $U = k \int_0^L \frac{V^2}{2GA} \cdot dx$ 는,

카스틸리아노의 정리(Catigliano's Theorem)를 이용한 구조부재의 처짐을 계산하는 수단을 제공하게 되는데, 구조부재에서 처짐에 미치는 전단력의 영향은 무시할 만큼 매우 작기 때문에 구조계산에서 특정의 언급이 없다면 **전단력에 의한 변형에너지의 계산과 처짐의 계산은 대부분 무시하게 되고**, 축방향력과 휨모멘트에 의한 변형에너지만이 관심대상이 된다.

■ 형상계수(Form Factor)

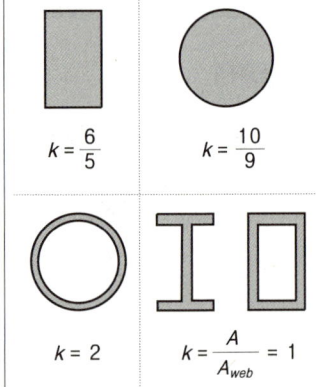

$k = \frac{6}{5}$ $k = \frac{10}{9}$

$k = 2$ $k = \frac{A}{A_{web}} = 1$

핵심예제11

변형에너지에 속하지 않는 것은?

① 외력의 일(External Work)
② 축방향 내력의 일
③ 휨모멘트에 의한 내력의 일
④ 전단력에 의한 내력의 일

해설 ① 하중이 작용되는 과정에서 재료에 흡수되는 변형 Energy는 내력의 일(Internal Work)이다.

답 : ①

2 카스틸리아노의 정리(Catigliano's Theorem)

1 이론적 배경

Italy의 기사 Castigliano가 1879년에 제시한 이 정리는 구조물의 해석에서 가장 유명한 정리 중의 하나이다. **구조물의 하중에 대한 변형에너지 U의 편미분은 하중에 대한 구조물의 변위와 같다는 이론**으로서, 구조물의 변형에너지로부터 특정 위치의 처짐각(θ_i)과 처짐(δ_i)을 직접적으로 구하기 위한 수단을 제공하며, 두 개 이상의 다양한 하중이 작용할 때 해석이 매우 간편해지는 이점이 있다.

■ Castigliano 정리

제1 정리	$P_i = \dfrac{\partial U}{\partial \Delta_i}$
제2 정리	$\Delta_i = \dfrac{\partial U}{\partial P_i}$

➡ 제2 정리는 선형탄성체에 적용되어 탄성체에 적용되는 제1 정리에 비해 적용범위가 좁지만, 제2 정리가 제1 정리보다 많이 사용되는 이유는 변형에너지를 외력의 함수로 나타내는 것이 변위의 함수로 나타내는 것보다 상대적으로 쉽기 때문이다.

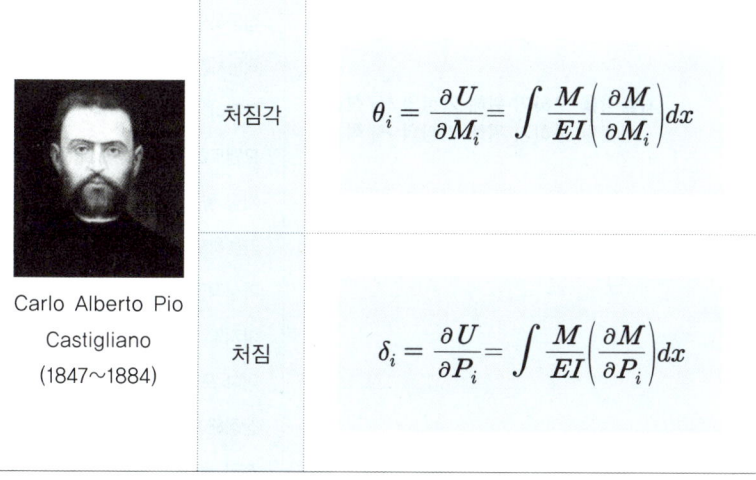

처짐각	$\theta_i = \dfrac{\partial U}{\partial M_i} = \displaystyle\int \dfrac{M}{EI}\left(\dfrac{\partial M}{\partial M_i}\right)dx$
처짐	$\delta_i = \dfrac{\partial U}{\partial P_i} = \displaystyle\int \dfrac{M}{EI}\left(\dfrac{\partial M}{\partial P_i}\right)dx$

Carlo Alberto Pio Castigliano (1847~1884)

■ 최소일의 원리

(Theorem of Least Work)

(1) 외력을 받고 있는 부정정 구조물의 각 부재에 의하여 발생한 내적인 일(Work)은 평형을 유지하기 위하여 필요한 최소의 일이라는 개념을 최소일의 원리라고 한다.

(2) 일반식:

$$\delta_i = \dfrac{\partial U}{\partial P_i} = \int \dfrac{M}{EI}\left(\dfrac{\partial M}{\partial P_i}\right)dx = 0$$

2 카스틸리아노의 제2 정리(Catigliano's Second Theorem)

(1) 휨강성 EI가 일정한 길이 L의 캔틸레버보에 집중하중 P가 작용할 때 자유단 B점의 처짐각 θ_B와 처짐 δ_B를 구해보자.

하중 조건	x 위치의 휨모멘트

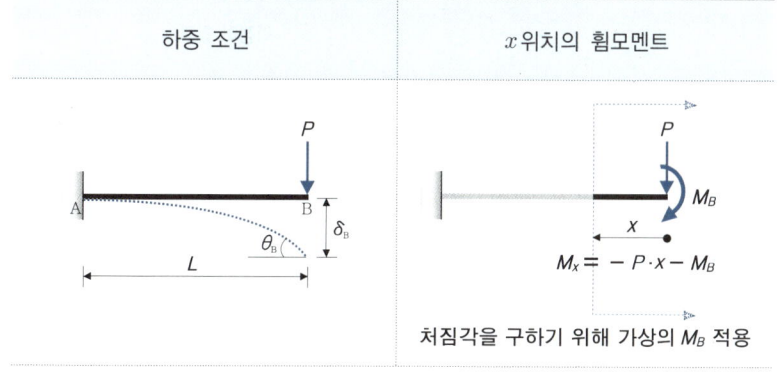

처짐각을 구하기 위해 가상의 M_B 적용

$$\theta_B = \int \dfrac{M}{EI}\left(\dfrac{\partial M}{\partial M_B}\right)dx = \dfrac{1}{EI}\int_0^L (-P\cdot x - M_B)(-1)dx = \dfrac{1}{2}\cdot\dfrac{PL^2}{EI}\ (\curvearrowright)$$

$$\delta_B = \int \dfrac{M}{EI}\left(\dfrac{\partial M}{\partial P}\right)dx = \dfrac{1}{EI}\int_0^L (-P\cdot x - M_B)(-x)dx = \dfrac{1}{3}\cdot\dfrac{PL^3}{EI}\ (\downarrow)$$

(2) 휨강성 EI가 일정한 길이 L의 캔틸레버보에 등분포하중 w가 작용할 때 자유단 B점의 처짐각 θ_B와 처짐 δ_B를 구해보자.

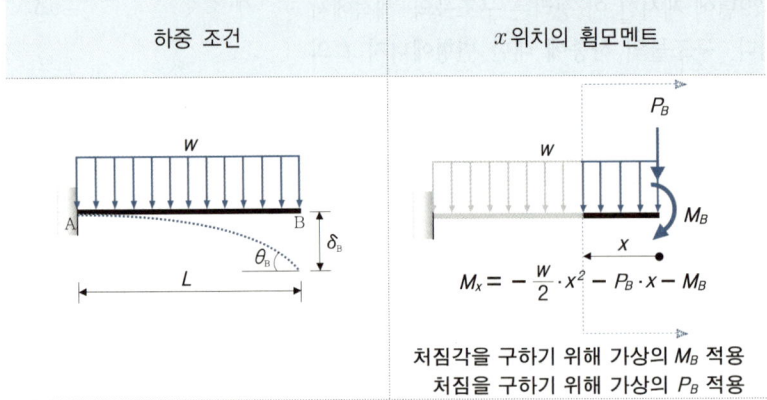

하중 조건	x위치의 휨모멘트

$M_x = -\dfrac{w}{2} \cdot x^2 - P_B \cdot x - M_B$

처짐각을 구하기 위해 가상의 M_B 적용
처짐을 구하기 위해 가상의 P_B 적용

$$\theta_B = \int \dfrac{M}{EI}\left(\dfrac{\partial M}{\partial M_B}\right)dx$$

$$= \dfrac{1}{EI}\int_0^L \left(-\dfrac{w}{2}\cdot x^2 - P_B\cdot x - M_B\right)(-1)dx$$

$$= \dfrac{1}{6}\cdot\dfrac{wL^3}{EI}(\frown)$$

$$\delta_B = \int \dfrac{M}{EI}\left(\dfrac{\partial M}{\partial P_B}\right)dx$$

$$= \dfrac{1}{EI}\int_0^L \left(-\dfrac{w}{2}\cdot x^2 - P_B\cdot x - M_B\right)(-x)dx$$

$$= \dfrac{1}{8}\cdot\dfrac{wL^4}{EI}(\downarrow)$$

■ Castigliano의 정리를 이용한 구조해석상의 Key-Point

예제(1)은 자유단 B점에 집중하중이 있으므로 곧바로 처짐을 구할 수 있지만, 모멘트하중이 없으므로 가상의 모멘트하중을 적용시킨 것이며, 예제(2)는 자유단 B점에 집중하중도 없고 모멘트하중도 없으므로 가상의 집중하중과 가상의 모멘트하중을 적용시킨 후 휨모멘트식을 세우는 것이 요점이 된다. 이와 같이 집중하중이나 모멘트하중이 작용하지 않는 위치의 처짐 및 처짐각을 구하려면, 편미분이 가능하도록 가상적인 집중하중이나 가상적인 모멘트를 작용시킨 후 마지막 계산 단계에서 가상적인 하중이나 모멘트를 0으로 대입하여 결과를 산정해야 한다. 따라서, Castigliano의 정리 보다는 더욱 고전적인 해법인 가상일법(Virtual Work Method)이 더 편리함을 쉽게 알 수 있다. 다만, 두 개 이상의 다양한 하중이 작용 할 때는 해석이 매우 간편해지는 이점이 있다.

핵심예제12

아래의 표에서 설명하는 것은?

> 탄성체에 저장된 변형에너지 U를 변위의 함수로 나타내는 경우에, 임의의 변위 Δ_i에 관한 변형에너지 U의 1차편도함수는 대응되는 하중 P_i와 같다. 즉, $P_i = \dfrac{\partial U}{\partial \Delta_i}$ 이다.

① Castigliano의 제1정리   ② Castigliano의 제2정리
③ 가상일의 원리   ④ 공액보법

해설 Castigliano 정리: 제1 정리($P_i = \dfrac{\partial U}{\partial \Delta_i}$), 제2 정리($\Delta_i = \dfrac{\partial U}{\partial P_i}$)

답 : ①

3 가상일법(Virtual Work Method)

1 일반사항

John Bernoulli
(1667~1748)

(1) 하중에 의한 외적인 일은 구조물에 저장된 내적인 탄성변형에너지와 같다는 에너지보존의 법칙에 근거를 두고 John Bernoulli가 1717년에 제시한 방법이다.

(2) 어떤 종류의 구조물에서든 처짐과 처짐각을 계산해 낼 수 있지만 특히, 트러스의 처짐을 구할 때 가장 효과적인 방법이다.

(3) 가상하중으로 단위하중(Unit Load)을 택하므로 단위하중법(Unit Load Method) 이라고도 한다.

■ 평형 상태에 있는 탄성구조물에 가상적인 외력을 주거나 온도변화에 의해 그 평형의 위치에서 미소한 변위가 발생하였을 때 구조물이 하는 일을 가상일(Virtual Work)이라고 하며, 가상일이 0이 되는 원리를 「가상일의 원리」 또는 「가상일법」 이라고 한다.

유도과정을 생략하고 일반식으로 표현하면 다음과 같다.

$$(1)(\Delta_i) = \int_0^L \frac{M \cdot m}{EI} \cdot dx + \sum \frac{F \cdot f}{EA} \cdot L + k \int_0^L \frac{V \cdot v}{GA} \cdot dx$$
$$+ \int_0^L \frac{T \cdot t}{GJ} \cdot dx + \left[\sum f(\alpha \cdot \Delta T \cdot L) + \int_0^L m \cdot \frac{\alpha \cdot \Delta t}{y} \cdot dx \right]$$

- 1 : 변형 Δ_i의 방향으로 i점에 작용시킨 외적인 가상력 $Q=1$
- Δ_i : 임의의 i점의 처짐각(θ_i) 및 처짐(δ_i)과 같은 변형
- M, F, V, T :
  주어진 실제 하중에 의한 휨모멘트, 축방향력, 전단력, 비틀림모멘트
- m : 단위모멘트하중($M=1$)에 의한 휨모멘트
- f : 단위집중하중($P=1$)에 의한 축방향력
- v : 단위집중하중($P=1$)에 의한 전단력
- t : 단위비틀림모멘트하중($T=1$)에 의한 축방향력
- $\sum f(\alpha \cdot \Delta T \cdot L)$: 온도변화가 있는 트러스의 길이변화량
- $\int_0^L m \cdot \frac{\alpha \cdot \Delta t}{y} \cdot dx$: 온도변화가 있는 보의 길이변화량

핵심예제13

다음은 가상일의 방법을 설명한 것이다. 틀린 것은?
① 트러스의 처짐을 구할 경우 효과적인 방법이다.
② 단위하중법(Unit Load Method)이라고도 한다.
③ 처짐이나 처짐각을 계산하는 기하학적 방법이다.
④ 에너지보존의 법칙에 근거를 둔 방법이다.

해설 ③ 처짐이나 처짐각을 계산하는 에너지(Energy) 방법의 일종이다.

답 : ③

2 가상일법의 실용식과 해석상의 Key-Point I

가상일법의 일반식에서 $+\left[\sum f(\alpha \cdot \Delta T \cdot L) + \int_0^L m \cdot \frac{\alpha \cdot \Delta t}{y} \cdot dx\right]$는 온도변화가 작용하고 있는 트러스나 보에서만 적용한다. 또한 대부분의 경우 전단력과 비틀림모멘트에 의한 영향은 거의 무시되므로 $+k\int_0^L \frac{V \cdot v}{GA} \cdot dx + \int_0^L \frac{T \cdot t}{GJ} \cdot dx$도 필요할 때만 고려하게 되므로 가상일법의 일반식은 $(1)(\Delta_i) = \int_0^L \frac{M \cdot m}{EI} \cdot dx + \sum \frac{F \cdot f}{EA} \cdot L$로 실용화된다.

휨모멘트만을 받는 보, 라멘	축방향력만을 받는 트러스
$(1)(\Delta_i) = \int_0^L \frac{M \cdot m}{EI} \cdot dx$	$(1)(\Delta_i) = \sum \frac{F \cdot f}{EA} \cdot L$

임의의 i점의 처짐각(θ_i) 및 처짐(δ_i)과 같은 변형 Δ_i를 구하려고 하는 위치에서 변형과 같은 방향으로 가상의 단위집중하중($P=1$)을 작용시켜 처짐(δ_i)을 구하고 가상의 단위모멘트하중($M=1$)을 작용시켜 처짐각(θ_i)을 구하는 것이 핵심요령이다.

3 캔틸레버보 및 단순보에 대한 가상일법의 적용 예

(1) 자유단 B점의 처짐각 θ_B와 처짐 δ_B를 구해보자.

하중 조건: 실제 역계	가상 역계: θ_B
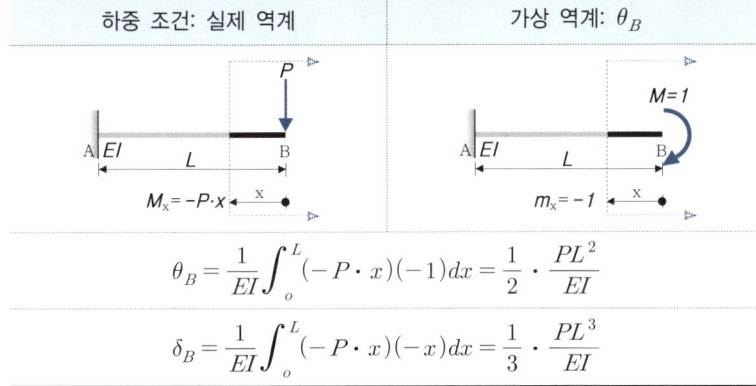	

■ 가상 역계: δ_B

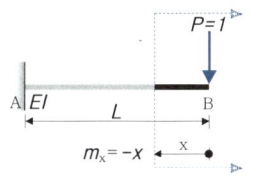

$$\theta_B = \frac{1}{EI}\int_o^L (-M)(-1)dx = \frac{ML}{EI}$$

$$\delta_B = \frac{1}{EI}\int_o^L (-M)(-x)dx = \frac{1}{2}\cdot\frac{ML^2}{EI}$$

(2) 자유단 B점의 처짐각 θ_B와 처짐 δ_B를 구해보자.

■ 가상 역계: δ_B

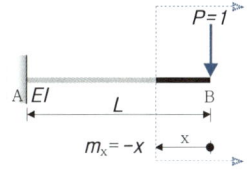

$$\theta_B = \frac{1}{EI}\int_o^L (-P\cdot x)(-1)dx = \frac{1}{2}\cdot\frac{PL^2}{EI}$$

$$\delta_B = \frac{1}{EI}\int_o^L (-P\cdot x)(-x)dx = \frac{1}{3}\cdot\frac{PL^3}{EI}$$

(3) 자유단 B점의 처짐각 θ_B와 처짐 δ_B를 구해보자.

■ 가상 역계: δ_B

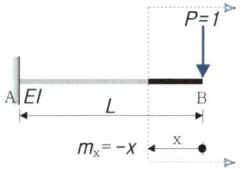

$$\theta_B = \frac{1}{EI}\int_o^L \left(-\frac{wx^2}{2}\right)(-1)dx = \frac{1}{6}\cdot\frac{wL^3}{EI}$$

$$\delta_B = \frac{1}{EI}\int_o^L \left(-\frac{wx^2}{2}\right)(-x)dx = \frac{1}{8}\cdot\frac{wL^4}{EI}$$

(4) 회전지점 A의 처짐각 θ_A와 이동지점 B의 처짐각 θ_B를 구해보자.

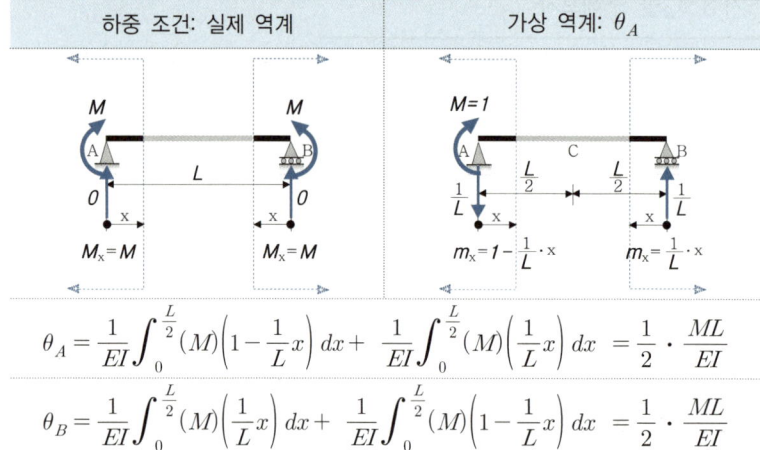
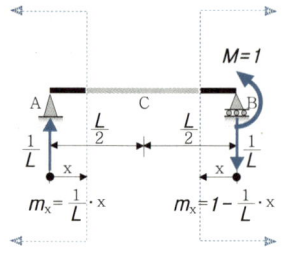

$$\theta_A = \frac{1}{EI}\int_0^{\frac{L}{2}}(M)\left(1-\frac{1}{L}x\right)dx + \frac{1}{EI}\int_0^{\frac{L}{2}}(M)\left(\frac{1}{L}x\right)dx = \frac{1}{2}\cdot\frac{ML}{EI}$$

$$\theta_B = \frac{1}{EI}\int_0^{\frac{L}{2}}(M)\left(\frac{1}{L}x\right)dx + \frac{1}{EI}\int_0^{\frac{L}{2}}(M)\left(1-\frac{1}{L}x\right)dx = \frac{1}{2}\cdot\frac{ML}{EI}$$

(5) 회전지점 A의 처짐각 θ_A와 중앙점의 처짐 δ_C를 구해보자.

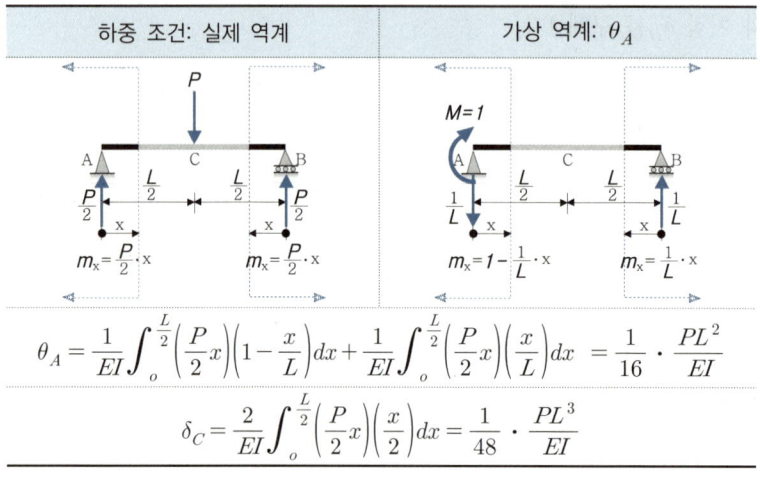
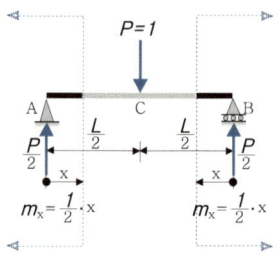

$$\theta_A = \frac{1}{EI}\int_o^{\frac{L}{2}}\left(\frac{P}{2}x\right)\left(1-\frac{x}{L}\right)dx + \frac{1}{EI}\int_o^{\frac{L}{2}}\left(\frac{P}{2}x\right)\left(\frac{x}{L}\right)dx = \frac{1}{16}\cdot\frac{PL^2}{EI}$$

$$\delta_C = \frac{2}{EI}\int_o^{\frac{L}{2}}\left(\frac{P}{2}x\right)\left(\frac{x}{2}\right)dx = \frac{1}{48}\cdot\frac{PL^3}{EI}$$

(6) 회전지점 A의 처짐각 θ_A와 중앙점의 처짐 δ_C를 구해보자.

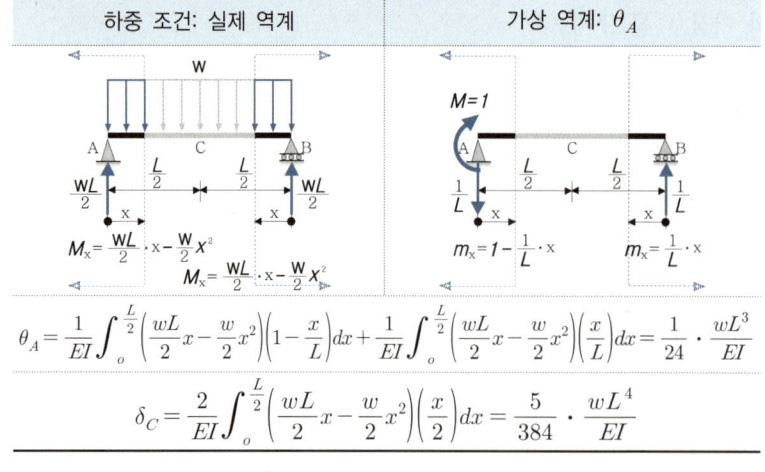
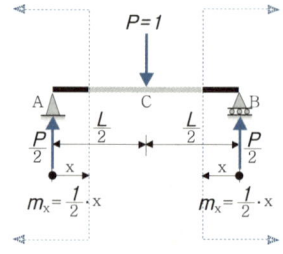

$$\theta_A = \frac{1}{EI}\int_o^{\frac{L}{2}}\left(\frac{wL}{2}x-\frac{w}{2}x^2\right)\left(1-\frac{x}{L}\right)dx + \frac{1}{EI}\int_o^{\frac{L}{2}}\left(\frac{wL}{2}x-\frac{w}{2}x^2\right)\left(\frac{x}{L}\right)dx = \frac{1}{24}\cdot\frac{wL^3}{EI}$$

$$\delta_C = \frac{2}{EI}\int_o^{\frac{L}{2}}\left(\frac{wL}{2}x-\frac{w}{2}x^2\right)\left(\frac{x}{2}\right)dx = \frac{5}{384}\cdot\frac{wL^4}{EI}$$

4 라멘에 대한 가상일법의 적용 예

(1) 정정 캔틸레버 라멘에서 C점의 수직처짐 δ_C를 구해보자.

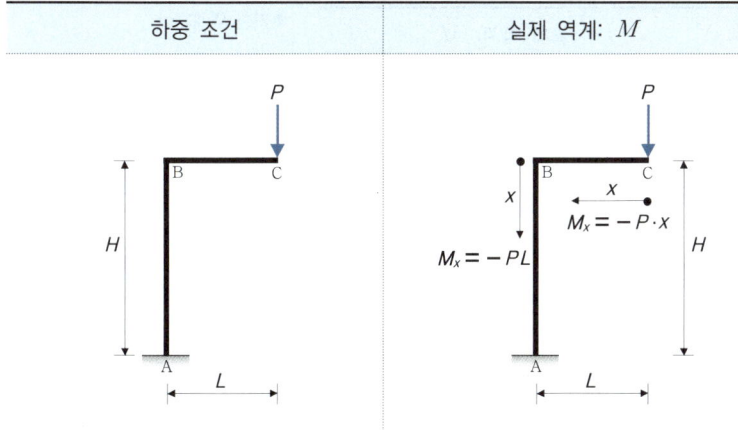

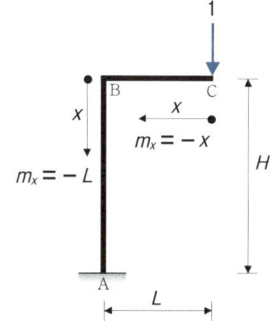

$$\delta_C = \frac{1}{EI}\int_0^L (-P \cdot x)(-x)\,dx + \frac{1}{EI}\int_0^H (-P \cdot L)(-L)\,dx$$
$$= \frac{PL^2}{3EI}(L+3H)$$

➡ 가상일법을 적용하기 위해 BC 보 부재와 BA 기둥 부재에 대해 휨모멘트식을 두 번 적용하며, C점에 단위수직집중하중 $P=1$을 작용시키는 것이 해석상의 Key-Point가 된다.

(2) 정정 캔틸레버 라멘에서 C점의 수직처짐 δ_C를 구해보자.

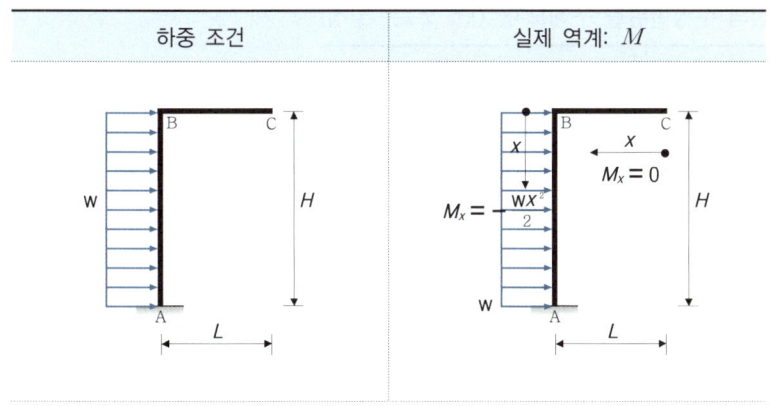

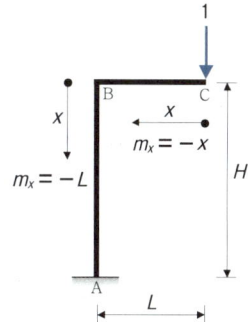

$$\delta_C = \frac{1}{EI}\int_0^H \left(-\frac{wx^2}{2}\right)(-L)\,dx = \frac{1}{6} \cdot \frac{wLH^3}{EI}$$

【※ 실제 역계에서 BC부재에는 휨모멘트가 작용하지 않는다는 것을 쉽게 관찰할 수 있으며, 가상일법은 실제 역계와 가상 역계의 곱의 함수로 표현되므로 BC부재는 적분식을 세울 때 처음부터 고려할 필요가 없다.】

➡ 가상일법을 적용하기 위해 BC 보 부재와 BA 기둥 부재에 대한 휨모멘트식을 두 번 적용하며, C점에 단위수직집중하중 $P=1$을 작용시키는 것이 해석상의 Key-Point가 된다.

(3) 정정 캔틸레버 라멘에서 C점의 수직처짐 δ_C를 구해보자.
   (단, $EI = 2 \times 10^{14} \text{N} \cdot \text{mm}^2$)

하중 조건	실제 역계: M

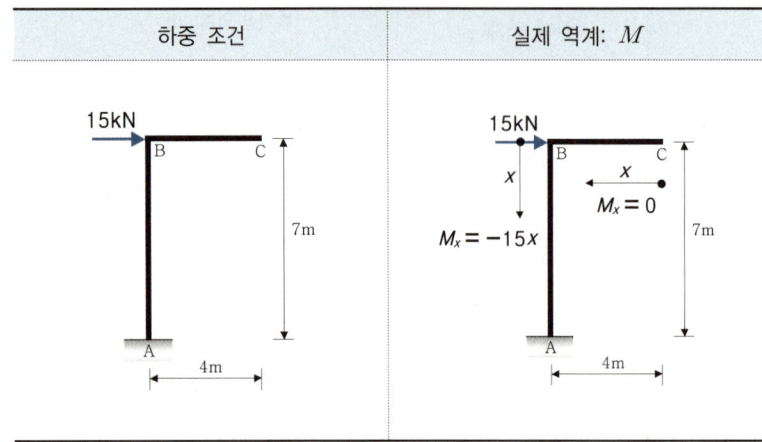

■ 가상 역계: m

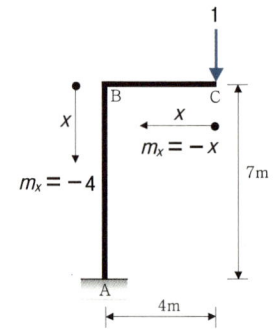

➡ 가상일법을 적용하기 위해 BC 보 부재와 BA 기둥 부재에 대해 휨모멘트식을 두 번 적용하며, C점에 단위수직집중하중 $P = 1$을 작용시키는 것이 해석상의 Key-Point가 된다.

➡ 실제 역계에서 CB 보 부재에는 휨모멘트가 작용하지 않는다는 것을 쉽게 관찰할 수 있다. 가상일법은 실제 역계와 가상 역계의 곱의 함수로 표현되므로 CB 보 부재는 적분식을 세울 때 처음부터 고려할 필요가 없게 된다.

$$\delta_C = \frac{1}{EI}\int_0^7 (-15x)(-4) \cdot dx = \frac{1,470[\text{kN} \cdot \text{m}^3]}{EI} = \frac{1,470 \times 10^{12}}{(2 \times 10^{14})} = 7.35\text{mm}$$

(4) 그림과 같은 구조물에서 B점의 수평변위를 구해보자. (단, EI는 일정)

하중 조건	실제 역계: M

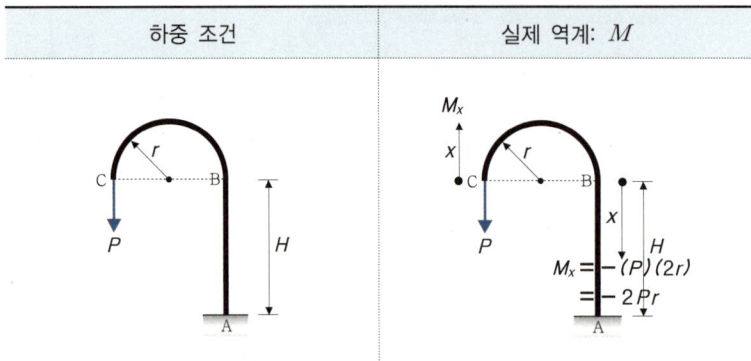

■ 가상 역계: m

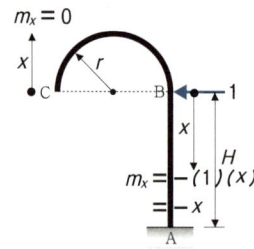

➡ CB 아치 부재와 BA 기둥 부재에 대해 휨모멘트식을 두 번 적용하며, B점에 단위수평집중하중 $P = 1$을 작용시키는 것이 해석상의 Key-Point가 된다.

➡ 가상 역계에서 CB 아치 부재에는 휨모멘트가 작용하지 않는다는 것을 쉽게 관찰할 수 있다. 가상일법은 실제 역계와 가상 역계의 곱의 함수로 표현되므로 CB 아치 부재는 적분식을 세울 때 처음부터 고려할 필요가 없게 된다.

$$\delta_B = \frac{1}{EI}\int_o^H (-2P \cdot r)(-x) \, dx = \frac{P \cdot r \cdot H^2}{EI}(\leftarrow)$$

➡ 단위수평하중 $P = 1$의 방향을 좌향($\leftarrow$)으로 가정했는데, 계산의 결과값이 +가 산정되었으므로 가정된 좌향($\leftarrow$)이 실제변위가 발생하는 방향이 맞다는 의미가 된다.

5 트러스에 대한 가상일법의 적용 예

(1) 축강성 EA가 모두 일정한 정정 트러스에서 B점의 수직처짐 δ_B를 구해보자.

하중 조건	실제 역계: F	■ 가상 역계: f
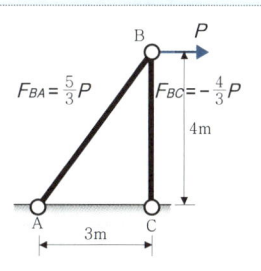		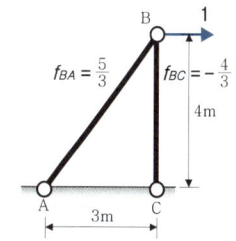

① $\sum V = 0$: $-(F_{BC}) - \left(F_{AB} \cdot \dfrac{4}{5}\right) = 0$ $\therefore F_{BC} = -\dfrac{4}{3}P$ (압축)

② $\sum H = 0$: $+(P) - \left(F_{AB} \cdot \dfrac{3}{5}\right) = 0$ $\therefore F_{AB} = +\dfrac{5}{3}P$ (인장)

➡ 가상일법을 적용하기 위해 BA 부재와 BC 부재의 축력을 두 번 산정하며, B점에 단위수평집중하중 $P = 1$을 작용시키는 것이 해석상의 Key-Point가 된다.

➡ 실제 역계에서 A점에 작용되는 수평하중과 같은 방향으로 가상 역계에 단위수평집중하중 $P = 1$을 작용시키게 되므로 가상 역계에서 부재력을 또다시 구할 필요가 없고 $f = 1 \cdot F$의 관계가 있다는 것을 관찰할 수 있다면 계산은 더욱 손쉬워질 것이다.

$$\delta_B = \dfrac{1}{EA}\left(+\dfrac{5}{3}P\right)\left(+\dfrac{5}{3}\right)(5) + \dfrac{1}{EA}\left(-\dfrac{4}{3}P\right)\left(-\dfrac{4}{3}\right)(4) = 21 \cdot \dfrac{P}{EA}$$

(2) 그림과 같은 트러스에서 A점의 수직처짐 δ_A를 구해보자. (단, 부재의 축강도는 모두 EA, 부재의 길이는 $AB = 3L$, $AC = 5L$, $BC = 4L$)

하중 조건	실제 역계: F	■ 가상 역계: f
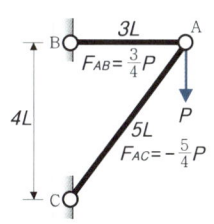		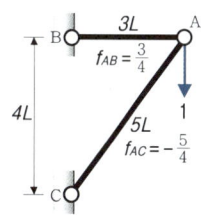

① $\sum V = 0$: $-(P) - \left(F_{AC} \cdot \dfrac{4}{5}\right) = 0$ $\therefore F_{AC} = -\dfrac{5}{4}P$ (압축)

② $\sum H = 0$: $-(F_{AB}) - \left(F_{AC} \cdot \dfrac{3}{5}\right) = 0$ $\therefore F_{AB} = +\dfrac{3}{4}P$ (인장)

➡ AB 부재와 AC 부재에 대해 휨모멘트식을 두 번 적용하며, C점에 단위수직집중하중 $P = 1$을 작용시키는 것이 해석상의 Key-Point가 된다.

➡ 실제 역계에서 A점에 작용되는 수직하중과 같은 방향으로 가상 역계에 단위수직집중하중 $P = 1$을 작용시키게 되므로 가상 역계에서 부재력을 또다시 구할 필요가 없고 $f = 1 \cdot F$의 관계가 있다는 것을 관찰할 수 있다면 계산은 더욱 손쉬워질 것이다.

$$\delta_C = \dfrac{1}{EA}\left(-\dfrac{5}{4}P\right)\left(-\dfrac{5}{4}\right)(5L) + \dfrac{1}{EA}\left(+\dfrac{3}{4}P\right)\left(+\dfrac{3}{4}\right)(3L) = \dfrac{152}{16} \cdot \dfrac{PL}{EA}$$

(3) AC 및 BC 부재의 길이는 L, 축강성 EA가 모두 일정한 정정 트러스에서 C점의 수직처짐 δ_C를 구해보자.

하중 조건	실제 역계: F
(그림: A, B 지점, C점에 하중 P, 각 θ)	$F_{CA} = \dfrac{P}{2\sin\theta}$, $F_{CB} = \dfrac{P}{2\sin\theta}$, 길이 L

$\sum V = 0 : -(P) + (F_{CA} \cdot \sin\theta) \times 2 = 0 \quad \therefore F_{CA} = F_{CB} = \dfrac{P}{2\sin\theta}$

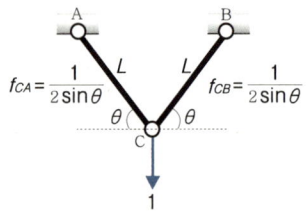

■ 가상 역계: f

$f_{CA} = \dfrac{1}{2\sin\theta}$, $f_{CB} = \dfrac{1}{2\sin\theta}$

➡ AC 부재와 BC 부재에 대해 휨모멘트식을 두 번 적용하며, C점에 단위수직집중하중 $P = 1$을 작용시키는 것이 해석상의 Key-Point가 된다.

➡ 실제 역계에서 C점에 작용되는 수직하중과 같은 방향으로 가상 역계에 단위수직집중하중 $P = 1$을 작용시키게 되므로 가상 역계에서 부재력을 또다시 구할 필요가 없고 $f = 1 \cdot F$의 관계가 있다는 것을 관찰할 수 있다면 계산은 더욱 손쉬워질 것이다.

$$\delta_C = \dfrac{1}{EA}\left(\dfrac{P}{2\sin\theta}\right)\left(\dfrac{1}{2\sin\theta}\right)(L) + \dfrac{1}{EA}\left(\dfrac{P}{2\sin\theta}\right)\left(\dfrac{1}{2\sin\theta}\right)(L) = \dfrac{1}{2\sin^2\theta} \cdot \dfrac{PL}{EA}$$

(4) 그림과 같은 트러스의 C점에서의 수직처짐을 계산해보자.
 (단, $E = 2 \times 10^5 \text{MPa}$, $A = 100 \text{mm}^2$)

하중 조건	실제 역계: F
(그림: A 지점, B 지점, 3m × 4m, C점에 3kN)	$F_{CA} = 5\text{kN}$ (5m), $F_{CB} = -4\text{kN}$

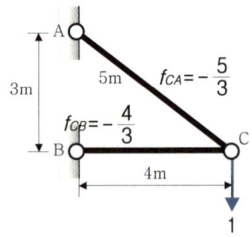

■ 가상 역계: f

$f_{CA} = \dfrac{5}{3}$, $f_{CB} = -\dfrac{4}{3}$

➡ AC 부재와 BC 부재에 대해 휨모멘트식을 두 번 적용하며, C점에 단위수직집중하중 $P = 1$을 작용시키는 것이 해석상의 Key-Point가 된다.

① $\sum V = 0 : -(3) + \left(F_{CA} \cdot \dfrac{3}{5}\right) = 0 \quad \therefore F_{CA} = +5\text{kN}$ (인장)

② $\sum H = 0 : -(F_{CB}) - \left(F_{CA} \cdot \dfrac{4}{5}\right) = 0 \quad \therefore F_{CB} = -4\text{kN}$ (압축)

$$\delta_C = \dfrac{(5 \times 10^3)\left(\dfrac{5}{3}\right)}{(2 \times 10^5)(100)}(5 \times 10^3) + \dfrac{(-4 \times 10^3)\left(-\dfrac{4}{3}\right)}{(2 \times 10^5)(100)}(4 \times 10^3) = 3.15\text{mm}$$

4 상반작용(相反作用)의 원리(Reciprocal Theorem)

1 Betti-Maxwell의 상반작용의 원리

재료가 탄성적이고 Hooke의 법칙을 따르는 구조물에서 온도변화 및 지점침하가 없는 P_m 역계, P_n 역계 2개의 역계가 있다고 가정해 본다.

이때 하나의 P_m 역계에 의해 구조물이 변형되는 동안에 또다른 역계 P_n 이 한 외적인 가상일은, P_n 역계에 의해 구조물이 변형되는 동안에 또다른 역계 P_m 이 한 외적인 가상일과 같다는 원리를 베티(Betti)의 법칙이라고 한다. 베티의 법칙은 가상일의 원리에 대한 하나의 응용이라고 볼 수 있다.

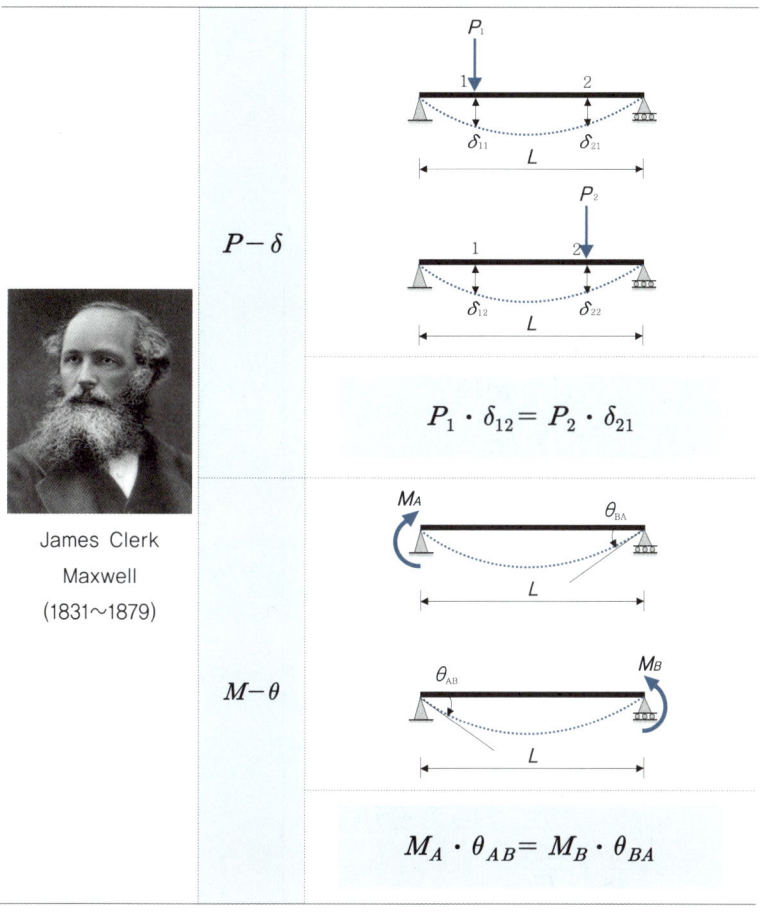

James Clerk Maxwell
(1831~1879)

$P_1 \cdot \delta_{12} = P_2 \cdot \delta_{21}$ 에서 $P_1 = P_2$ 라면 $\delta_{12} = \delta_{21}$ 이 된다.

또한 $M_A \cdot \theta_{AB} = M_B \cdot \theta_{BA}$ 에서 $M_A = M_B$ 라면 $\theta_{AB} = \theta_{BA}$ 가 된다. Betti의 정리에서 집중하중 $P=1$, 모멘트하중 $M=1$로 한 것이 맥스웰의 정리가 되며,

일반적으로 「Betti-Maxwell의 상반작용의 원리」라고 한다.

② 간단한 예를 통한 상반작용의 원리에 대한 이해

상반작용의 원리를 다음과 같은 간단한 캔틸레버보에 적용시켜 본다. ①의 역계와 ②의 역계는 길이가 같고, 같은 크기의 집중하중 P가 작용하고 있다는 것이 관찰되고 있다. 그렇다면 상반작용의 원리를 통해 ①의 역계에서의 C점의 처짐 δ_C는 ②의 역계에서의 C점의 처짐 δ_C와 같을 것이다.

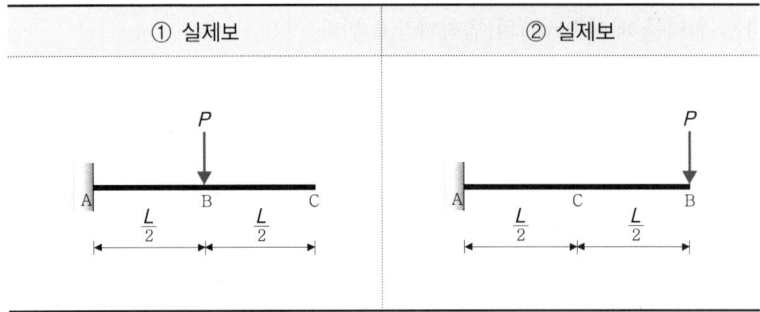

이것을 증명하기 위해서 ①, ② 두 가지의 경우에 대한 처짐을 공액보법으로 구해보면 다음과 같다.

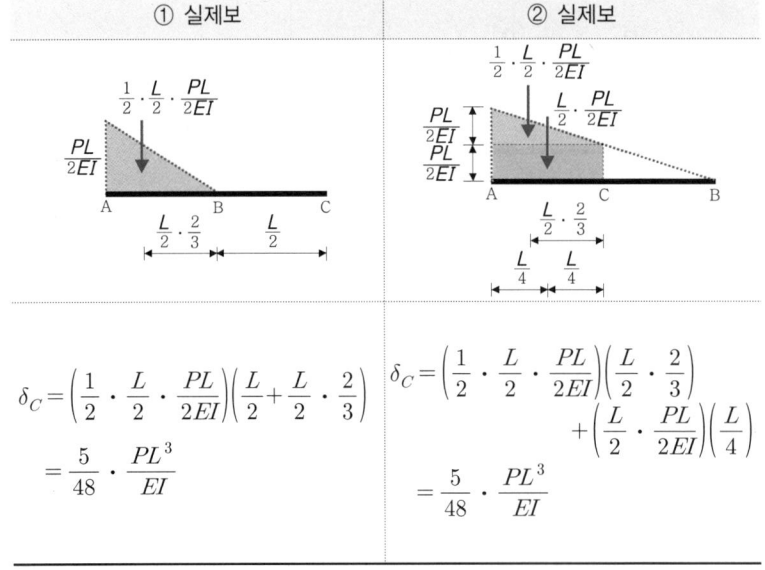

구조물의 처짐을 공액보법으로 구하지 않고 가상일법으로 구하든, 아니면 다른 어떤 방법으로 구하든 상반작용이라는 원리상의 요점은 변하지 않을 것이다. 상반작용의 원리를 적재적소에 이용할 수 있다면, 부정정 구조물을 해석하거나 영향선(Influence Line)을 구하는데 편리한 이점을 제공하게 된다.

핵심예제14

단순보의 D점에 100kN의 하중이 작용할 때 C점의 처짐량이 5mm라 하면 그림과 같은 경우 D점의 처짐량은?

① 2mm
② 3mm
③ 4mm
④ 5mm

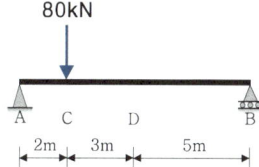

해설 Betti의 법칙

$P_C \cdot \delta_{CD} = P_D \cdot \delta_{DC}$ 로부터 $(80)(5) = (100)(\delta_D)$ 이므로 $\delta_D = 4\text{mm}$

답 : ③

핵심예제15

그림과 같은 단순보의 B지점에 $M = 20\text{kN} \cdot \text{m}$를 작용시켰더니 A지점 및 B지점에서의 처짐각이 각각 0.08rad과 0.12rad이였다. 만일 A지점에서 30kN·m의 단모멘트를 작용시킨다면 B지점에서의 처짐각은?

① 0.08radian
② 0.10radian
③ 0.12radian
④ 0.15radian

해설 Betti의 법칙

$M_A \cdot \theta_{AB} = M_B \cdot \theta_{BA}$ 로부터 $(30)(0.08) = (20)(\theta_{BA})$ 이므로 $\theta_{BA} = 0.12(\text{rad})$

답 : ③

핵심문제

CHAPTER 8 에너지 이론과 가상일법

1. 처음에 P_1이 작용했을 때 자유단의 처짐 δ_1이 생기고 다음에 P_2를 가했을 때 자유단의 처짐이 δ_2만큼 증가되었다고 한다. 이때 외력 P_1이 행한 일은?

① $\dfrac{1}{2}P_1\delta_1 + P_1\delta_2$

② $\dfrac{1}{2}P_1\delta_1 + P_2\delta_2$

③ $\dfrac{1}{2}(P_1\delta_1 + P_1\delta_2)$

④ $\dfrac{1}{2}(P_1\delta_1 + P_2\delta_2)$

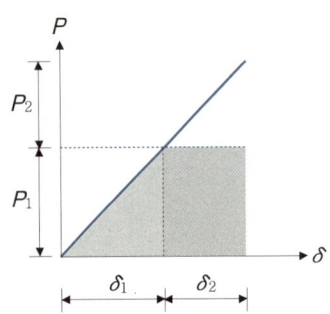

해설

외력 P_1이 한 일 $W_E = \dfrac{1}{2}P_1 \cdot \delta_1 + P_1 \cdot \delta_2$

2. 휨모멘트를 받는 보의 탄성에너지(Strain Energy)를 나타내는 식은?

① $U = \displaystyle\int_0^L \dfrac{M^2}{2EI}dx$

② $U = \displaystyle\int_0^L \dfrac{2EI}{M^2}dx$

③ $U = \displaystyle\int_0^L \dfrac{E}{2M^2}dx$

④ $U = \displaystyle\int_0^L \dfrac{M^2}{EI}dx$

해설

재료가 Hooke의 법칙을 따른다면 $\theta = \dfrac{ML}{EI}$ 의 관계식으로부터 변형에너지 U와 관련된 식을 유도할 수 있다.

$U = \dfrac{1}{2}M \cdot \theta = \dfrac{1}{2}M\left(\dfrac{ML}{EI}\right) = \dfrac{M^2 L}{2EI} = \displaystyle\int_0^L \dfrac{M^2}{2EI} \cdot dx$

3. 탄성변형에너지(Elastic Strain Energy)에 대한 설명 중 틀린 것은?

① 변형에너지는 내적인 일이다.
② 외부하중에 의한 일은 변형에너지와 같다.
③ 변형에너지는 같은 변형을 일으킬 때 강성도가 크면 작다.
④ 하중을 제거하면 회복될 수 있는 에너지이다.

해설

③ 변형에너지는 강성도(剛性度: Stiffness)가 크면 클수록 작다. 그러나 같은 변형을 일으킬 때 즉, 변형량이 같다면 강성도가 클수록 변형에너지도 그만큼 크다.

4. 축하중 P를 받는 봉(Bar)이 있다. 봉 속에 저장되는 변형에너지에 대한 설명 중 틀린 것은?

① 전 길이의 단면이 균일(Uniform Section)하면 변형에너지에 유리하다.
② 봉의 길이가 같은 경우 단면적이 증가할수록 변형에너지는 감소한다.
③ 동일한 최대응력을 갖는 봉일지라도 홈을 가지면 변형에너지는 감소한다.
④ 변형에너지 흡수능력이 작을수록 동하중 작용 시 유리하다.

해설

④ 변형에너지 흡수능력이 작을수록 동하중(Dynamic Load) 작용 시 불리하다.

해답 1. ① 2. ① 3. ③ 4. ④

5. 탄성변형에너지는 외력을 받는 구조물에서 변형에 의해 구조물에 축적되는 에너지를 말한다. 탄성체이며 선형거동을 하는 길이가 L인 캔틸레버 보에 집중하중 P가 작용할 때 굽힘모멘트에 의한 탄성변형에너지는? (단, EI는 일정)

① $\dfrac{P^2L^2}{6EI}$ ② $\dfrac{P^2L^3}{6EI}$

③ $\dfrac{P^2L^2}{2EI}$ ④ $\dfrac{P^2L^3}{2EI}$

해설

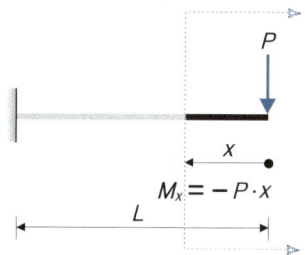

$U=\int \dfrac{M_x^2}{2EI}dx = \dfrac{1}{2EI}\int_0^L(-P\cdot x)^2dx = \dfrac{1}{6}\cdot\dfrac{P^2L^3}{EI}$

6. 캔틸레버보에 굽힘으로 인하여 저장된 변형에너지는? (단, EI는 일정)

① $\dfrac{P^2L^3}{6EI}$

② $\dfrac{P^2L^3}{48EI}$

③ $\dfrac{P^2L^3}{12EI}$

④ $\dfrac{P^2L^3}{38EI}$

해설

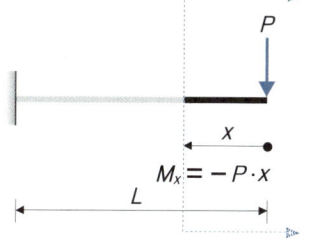

$U=\int \dfrac{M_x^2}{2EI}dx = \dfrac{1}{2EI}\int_0^L(-P\cdot x)^2dx = \dfrac{1}{6}\cdot\dfrac{P^2L^3}{EI}$

7. 캔틸레버보에서 휨모멘트에 의한 탄성변형에너지는? (단, EI는 일정)

① $\dfrac{2P^2L^3}{3EI}$

② $\dfrac{P^2L^3}{3EI}$

③ $\dfrac{P^2L^3}{6EI}$

④ $\dfrac{P^2L^3}{2EI}$

해설

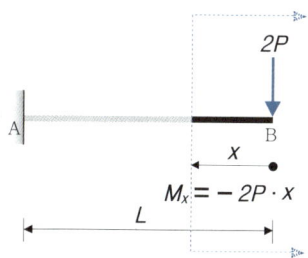

$U=\int \dfrac{M_x^2}{2EI}dx = \dfrac{1}{2EI}\int_0^L(-2P\cdot x)^2dx = \dfrac{2}{3}\cdot\dfrac{P^2L^3}{EI}$

8. 캔틸레버보에서 휨모멘트에 의한 탄성변형에너지는? (단, EI는 일정)

① $\dfrac{P^2L^3}{3EI}$

② $\dfrac{P^2L^3}{2EI}$

③ $\dfrac{2P^2L^3}{3EI}$

④ $\dfrac{3P^2L^3}{2EI}$

해설

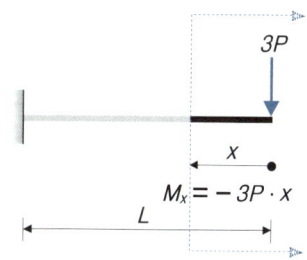

$U=\int \dfrac{M_x^2}{2EI}dx = \dfrac{1}{2EI}\int_0^L(-3P\cdot x)^2dx = \dfrac{3}{2}\cdot\dfrac{P^2L^3}{EI}$

해답 5. ② 6. ① 7. ① 8. ④

9. 캔틸레버보에 저장되는 변형에너지를 각각 $U_{(1)}$, $U_{(2)}$라고 할 때 $U_{(1)} : U_{(2)}$의 비는?

① 2 : 1
② 4 : 1
③ 8 : 1
④ 16 : 1

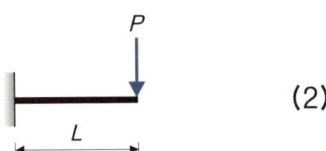

[해설]

집중하중에 대한 변형에너지 $U = \dfrac{P^2 L^3}{EI}$의 함수이며, 경간 L^3에 비례한다. 따라서 (2)의 보에 비해 (1)의 보는 $2^3 = 8$배의 변형에너지를 갖는다.

10. 그림과 같은 보의 휨모멘트에 의한 탄성변형에너지를 구한 값은?

① $\dfrac{w^2 L^5}{8EI}$
② $\dfrac{w^2 L^5}{24EI}$
③ $\dfrac{w^2 L^5}{40EI}$
④ $\dfrac{w^2 L^5}{48EI}$

[해설]

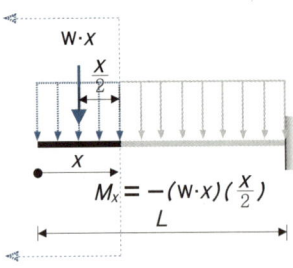

$$U = \int \dfrac{M_x^2}{2EI}dx = \dfrac{1}{2EI}\int_o^L \left(-\dfrac{wx^2}{2}\right)^2 dx = \dfrac{1}{40} \cdot \dfrac{w^2 L^5}{EI}$$

11. 그림과 같은 캔틸레버 보에 저장되는 탄성에너지는? (단, EI는 일정)

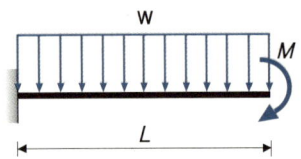

① $\dfrac{w^2 L^5}{20EI} + \dfrac{M \cdot w \cdot L^3}{6EI} + \dfrac{M^2 L}{2EI}$

② $\dfrac{w^2 L^5}{6EI} + \dfrac{M \cdot w \cdot L^3}{6EI} + \dfrac{M^2 L}{3EI}$

③ $\dfrac{w^2 L^5}{20EI} + \dfrac{M \cdot w \cdot L^3}{6EI} + \dfrac{M^2 L}{3EI}$

④ $\dfrac{w^2 L^5}{40EI} + \dfrac{M \cdot w \cdot L^3}{6EI} + \dfrac{M^2 L}{2EI}$

[해설]

(1) 모멘트하중과 분포하중과 같이 서로 다른 하중이 작용하는 구조물에서 변형에너지는 중첩의 원리를 적용할 수 없음에 주의한다.

(2) $M_x = -[+(M) + (w \cdot x)(\dfrac{x}{2})] = -M - \dfrac{w}{2}x^2$

(3) $U = \int \dfrac{M_x^2}{2EI}dx = \dfrac{1}{2EI}\int_o^L \left(-M - \dfrac{w}{2}x^2\right)^2 dx$

$= \dfrac{1}{2} \cdot \dfrac{M^2 L}{EI} + \dfrac{1}{6} \cdot \dfrac{M \cdot w \cdot L^3}{EI} + \dfrac{1}{40} \cdot \dfrac{w^2 L^5}{EI}$

해답   9. ③   10. ③   11. ④

12. 그림과 같은 단순보에서 휨모멘트에 의한 탄성변형에너지는? (단, EI는 일정하다.)

① $\dfrac{w^2L^5}{40EI}$

② $\dfrac{w^2L^5}{96EI}$

③ $\dfrac{w^2L^5}{240EI}$

④ $\dfrac{w^2L^5}{384EI}$

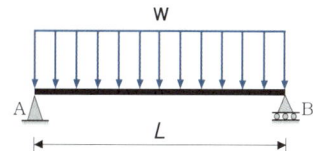

해설

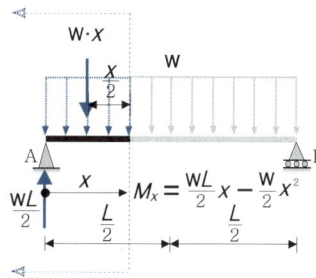

(1) $M_x = \left(\dfrac{wL}{2}\right)(x) - (w \cdot x)\left(\dfrac{x}{2}\right)$

$= \dfrac{wL}{2}x - \dfrac{w}{2}x^2 = \dfrac{w}{2}(Lx - x^2)$

(2) $U = \int \dfrac{M_x^2}{2EI}dx = \dfrac{1}{2EI}\int_o^L \left[\dfrac{w}{2}(Lx-x^2)\right]^2 dx$

$= \dfrac{w^2}{8EI}\int_o^L (L^2x^2 - 2Lx^3 + x^4)dx$

$= \dfrac{w^2}{8EI}\left[\dfrac{L^2}{3}x^3 - \dfrac{2L}{4}x^4 + \dfrac{1}{5}x^5\right]_o^L$

$= \dfrac{1}{240} \cdot \dfrac{w^2L^5}{EI}$

13. 다음 구조물의 변형에너지의 크기는? (단, E, I, A는 일정)

① $\dfrac{2P^2L^3}{3EI} + \dfrac{P^2L}{2EA}$

② $\dfrac{P^2L^3}{3EI} + \dfrac{P^2L}{EA}$

③ $\dfrac{P^2L^3}{3EI} + \dfrac{P^2L}{2EA}$

④ $\dfrac{2P^2L^3}{3EI} + \dfrac{P^2L}{EA}$

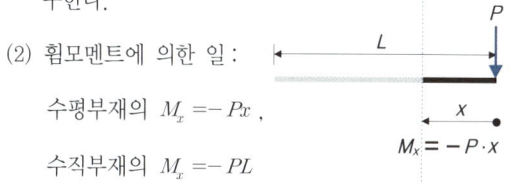

해설

(1) 변형에너지를 휨모멘트에 의한 일과 축력에 의한 일로 구한다.

(2) 휨모멘트에 의한 일:

수평부재의 $M_x = -Px$,

수직부재의 $M_x = -PL$

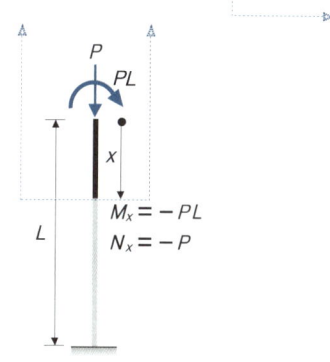

$U_M = \int_o^L \dfrac{M_x^2}{2EI}dx + \int_o^L \dfrac{M_x^2}{2EI}dx$

$= \dfrac{1}{2EI}\int_o^L (-Px)^2 dx + \dfrac{1}{2EI}\int_o^L(-PL)^2 dx = \dfrac{2}{3} \cdot \dfrac{P^2L^3}{EI}$

(3) 축력에 의한 일: 축력 $N = -P$ (압축) 이므로

$U_N = \int_o^L \dfrac{N^2}{2EA}dx = \dfrac{1}{2EA}\int_o^L(-P)^2 dx = \dfrac{1}{2} \cdot \dfrac{P^2L}{EA}$

(4) $U = U_M + U_N = \dfrac{2}{3} \cdot \dfrac{P^2L^3}{EI} + \dfrac{1}{2} \cdot \dfrac{P^2L}{EA}$

해답 12. ③ 13. ①

14. 아래의 표에서 설명하는 것은?

> 탄성체에 저장된 변형에너지 U를 변위의 함수로 나타내는 경우, 임의의 변위 Δ_i에 관한 변형에너지 U의 1차편도함수는 대응되는 하중 P_i와 같다. 즉, $P_i = \dfrac{\partial U}{\partial \Delta_i}$ 이다.

① Castigliano의 제1정리
② Castigliano의 제2정리
③ 가상일의 원리
④ 공액보법

해설

(1) Castigliano의 제1정리: $P_i = \dfrac{\partial U}{\partial \Delta_i}$

(2) Castigliano의 제2정리: $\Delta_i = \dfrac{\partial U}{\partial P_i}$

15. 보의 탄성변형에서 내력이 한 일을 그 지점의 반력으로 1차 편미분한 것은 "0"이 된다는 정리는 다음 중 어느 것인가?

① 중첩의 원리
② 맥스베티웰의 상반원리
③ 최소일의 원리
④ 카스틸리아노의 제1정리

해설

③ 최소일의 원리(Theorem of Least Work)를 설명하고 있다.

16. 가상일의 원리에 대한 사항 중 옳지 않은 것은?

① 에너지불변의 법칙이 성립된다.
② 단위하중법이라고도 한다.
③ 가상 변위는 임의로 선정할 수가 없다.
④ 재료는 탄성한도 내에서 거동한다고 가정한다.

해설

③ 가상일의 원리는 단위하중법(Unit Load Method) 이라고도 하며, 가상 변위는 임의로 선정할 수 있다.

17. 가상일의 방법을 설명한 것이다. 틀린 것은?

① 트러스의 처짐을 구할 경우 효과적인 방법이다.
② 단위하중법(Unit Load Method)이라고도 한다.
③ 처짐이나 처짐각을 계산하는 기하학적 방법이다.
④ 에너지보존의 법칙에 근거를 둔 방법이다.

해설

③ 가상일의 원리는 Energy 불변의 법칙을 이용한 방법이다.

18. 그림과 같은 보의 A점의 처짐각을 구하면?
(단, $EI = 2 \times 10^5 \text{kN} \cdot \text{m}^2$ 이다.)

① 0.00328 rad
② 0.00563 rad
③ 0.00600 rad
④ 0.01125 rad

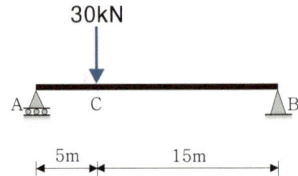

해설

가상일법의 적용: A점에 시계방향의 단위모멘트하중 $M=1$을 작용시키는 것이 Key-Point 이다.

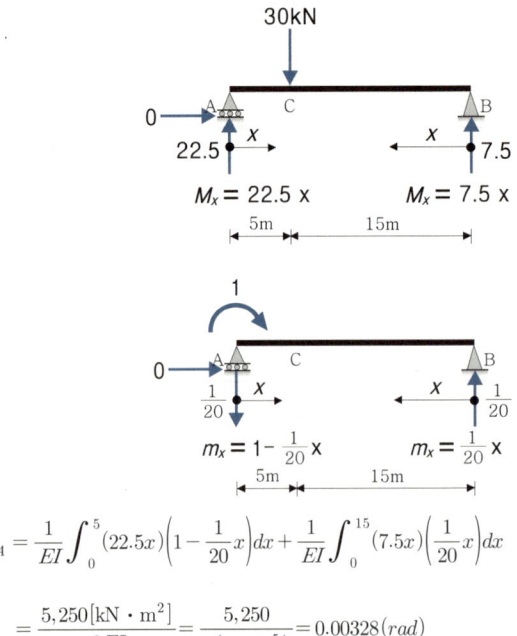

$$\theta_A = \frac{1}{EI}\int_0^5 (22.5x)\left(1 - \frac{1}{20}x\right)dx + \frac{1}{EI}\int_0^{15}(7.5x)\left(\frac{1}{20}x\right)dx$$

$$= \frac{5{,}250[\text{kN} \cdot \text{m}^2]}{8EI} = \frac{5{,}250}{8(2 \times 10^5)} = 0.00328\,(rad)$$

19. 그림과 같은 정정 라멘에서 C점의 수직처짐은?

① $\dfrac{PL^3}{3EI}(L+2H)$

② $\dfrac{PL^2}{3EI}(3L+H)$

③ $\dfrac{PL^2}{3EI}(L+3H)$

④ $\dfrac{PL^3}{3EI}(2L+H)$

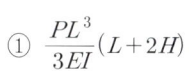

해설

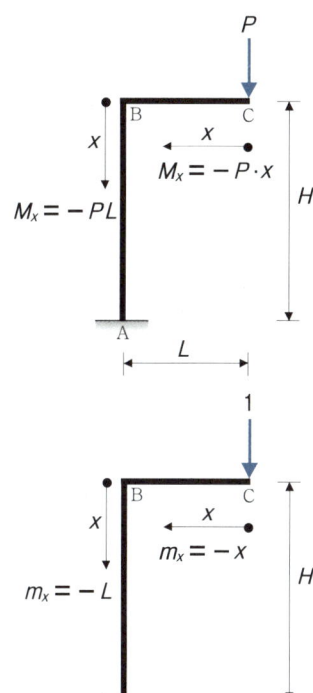

$\delta_C = \dfrac{1}{EI}\int_0^L (-P\cdot x)(-x)\,dx + \dfrac{1}{EI}\int_0^H (-P\cdot L)(-L)\,dx$

$= \dfrac{PL^3}{3EI} + \dfrac{PL^2 H}{EI} = \dfrac{PL^2}{3EI}(L+3H)$

20. 그림과 같은 구조물에서 C점의 수직처짐은?
(단, 자중은 무시하며, $EI = 2\times 10^{14} \text{N}\cdot\text{mm}^2$)

① 2.7mm
② 3.6mm
③ 5.4mm
④ 7.2mm

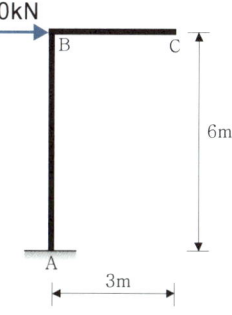

해설

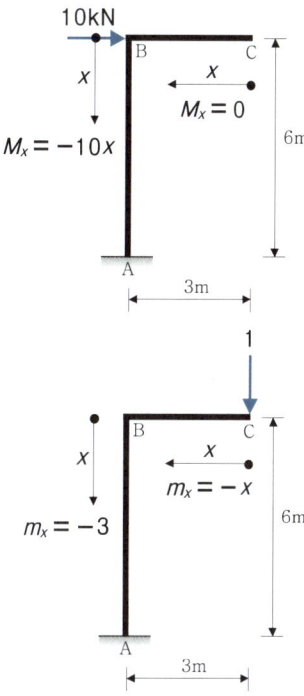

$\delta_C = \dfrac{1}{EI}\int_o^6 [(-10x)(-3)]dx$

$= \dfrac{540[\text{kN}\cdot\text{m}^3]}{EI} = \dfrac{540\times 10^{12}}{(2\times 10^{14})} = 2.7\text{mm}$

해답 19. ③ 20. ①

21. 그림과 같은 구조물에서 C점의 수직처짐은? (단, 자중은 무시하며, $EI = 2 \times 10^{14} \text{N} \cdot \text{mm}^2$)

① 2.70mm
② 3.57mm
③ 6.24mm
④ 7.35mm

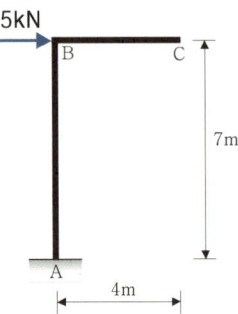

해설

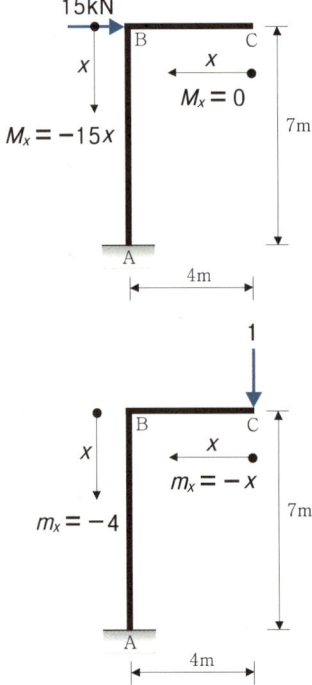

$$\delta_C = \frac{1}{EI} \int_0^7 (-15x)(-4) \cdot dx$$

$$= \frac{1,470 [\text{kN} \cdot \text{m}^3]}{EI} = \frac{1,470 \times 10^{12}}{(2 \times 10^{14})} = 7.35 \text{mm}$$

22. 휨강성이 EI인 프레임의 C점의 수직처짐 δ_c를 구하면?

① $\dfrac{wLH^3}{2EI}$
② $\dfrac{wLH^3}{3EI}$
③ $\dfrac{wLH^3}{6EI}$
④ $\dfrac{wLH^3}{12EI}$

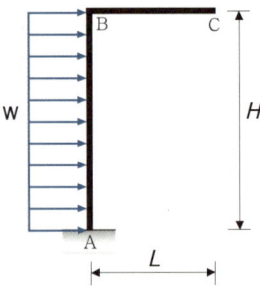

해설

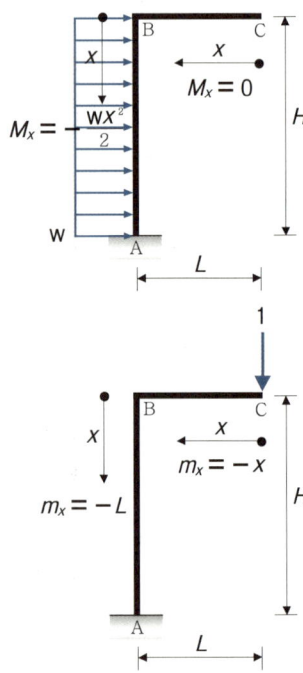

$$\delta_C = \frac{1}{EI} \int_0^H \left(-\frac{wx^2}{2}\right)(-L)\,dx = \frac{1}{6} \cdot \frac{wLH^3}{EI}$$

해답 21. ④   22. ③

23. 그림과 같은 구조물에서 B점의 수평변위는? (단, *EI*는 일정하다.)

① $\dfrac{PrH^2}{4EI}$

② $\dfrac{PrH^2}{3EI}$

③ $\dfrac{PrH^2}{2EI}$

④ $\dfrac{PrH^2}{EI}$

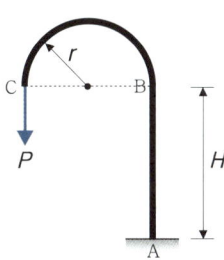

해설

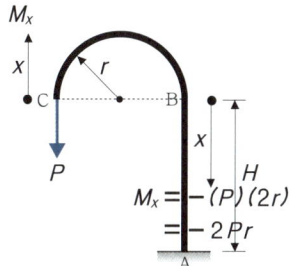

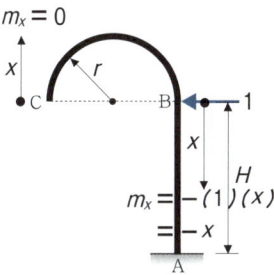

$$\delta_B = \dfrac{1}{EI}\int_o^H (-2P\cdot r)(-x)\,dx = \dfrac{P\cdot r\cdot H^2}{EI}(\leftarrow)$$

24. 트러스의 B에 수평하중 P가 작용한다. B절점의 수평변위 δ_B는? (단, *EA*는 두 부재가 모두 같다.)

① $\delta_B = \dfrac{0.45P}{EA}$ (m)

② $\delta_B = \dfrac{2.1P}{EA}$ (m)

③ $\delta_B = \dfrac{4.5P}{EA}$ (m)

④ $\delta_B = \dfrac{21P}{EA}$ (m)

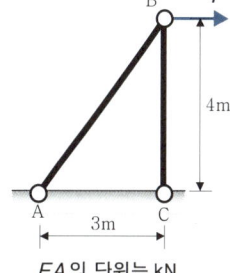

*EA*의 단위는 kN

해설

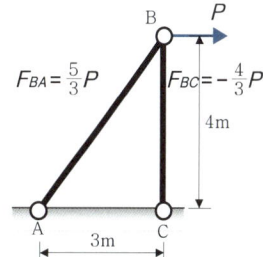

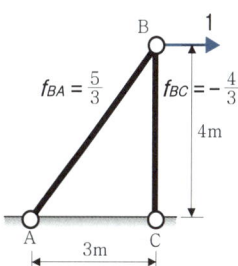

(1) $\Sigma V = 0 : -(F_{BC}) - \left(F_{AB}\cdot\dfrac{4}{5}\right) = 0 \quad \therefore F_{BC} = -\dfrac{4}{3}P$

(2) $\Sigma H = 0 : +(P) - \left(F_{AB}\cdot\dfrac{3}{5}\right) = 0 \quad \therefore F_{AB} = +\dfrac{5}{3}P$

(3) $\delta_B = \dfrac{1}{EA}\left(+\dfrac{5}{3}P\right)\left(+\dfrac{5}{3}\right)(5) + \dfrac{1}{EA}\left(-\dfrac{4}{3}P\right)\left(-\dfrac{4}{3}\right)(4)$

$= 21\cdot\dfrac{P}{EA}$

해답 23. ④   24. ④

25. 그림과 같은 트러스에서 A점에 연직하중 P가 작용할 때 A점의 연직처짐은? (단, 부재의 축강도는 모두 EA, 부재의 길이는 $AB=3L$, $AC=5L$, $BC=4L$ 이다.)

① $8.0 \cdot \dfrac{PL}{EA}$

② $8.5 \cdot \dfrac{PL}{EA}$

③ $9.0 \cdot \dfrac{PL}{EA}$

④ $9.5 \cdot \dfrac{PL}{EA}$

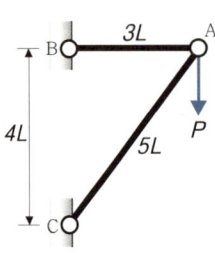

해설

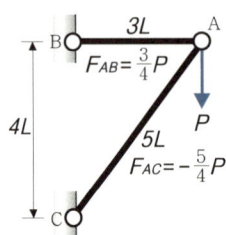

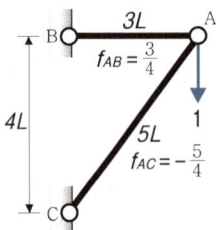

(1) $\Sigma V = 0$: $-(P)-\left(F_{AC} \cdot \dfrac{4}{5}\right)=0$　　$\therefore F_{AC}=-\dfrac{5}{4}P$

(2) $\Sigma H = 0$: $-(F_{AB})-\left(F_{AC} \cdot \dfrac{3}{5}\right)=0$　　$\therefore F_{AB}=+\dfrac{3}{4}P$

(3) $\delta_C = \dfrac{1}{EA}\left(-\dfrac{5}{4}P\right)\left(-\dfrac{5}{4}\right)(5L) + \dfrac{1}{EA}\left(+\dfrac{3}{4}P\right)\left(+\dfrac{3}{4}\right)(3L)$

$\quad = \dfrac{152}{16} \cdot \dfrac{PL}{EA} = 9.5 \cdot \dfrac{PL}{EA}$

26. 다음과 같이 A점에 연직으로 하중 P가 작용하는 트러스에서 A점의 수직처짐량은?
(단, AB 부재의 축강도 EA, AC부재의 축강도 $\sqrt{3}\,EA$)

① $\dfrac{17}{2} \cdot \dfrac{PL}{EA}$

② $\dfrac{17}{3} \cdot \dfrac{PL}{EA}$

③ $\dfrac{17}{4} \cdot \dfrac{PL}{EA}$

④ $\dfrac{17}{5} \cdot \dfrac{PL}{EA}$

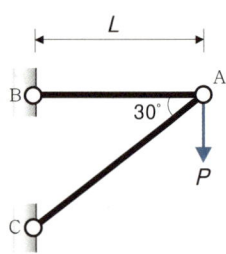

해설

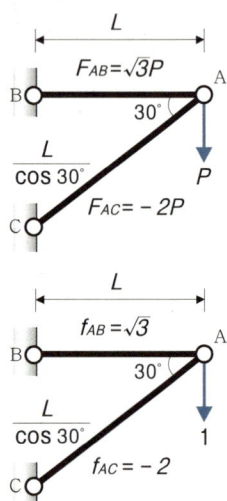

(1) $\Sigma V = 0$: $-(P)-(F_{AC} \cdot \sin 30°)=0$　　$\therefore F_{AC}=-2P$

(2) $\Sigma H = 0$: $-(F_{AB})-(F_{AC} \cdot \cos 30°)=0$

$\quad \therefore F_{AB} = +\sqrt{3}\,P$

(3) $\delta_C = \dfrac{1}{EA}(\sqrt{3}\,P)(\sqrt{3})(L)$

$\quad + \dfrac{1}{\sqrt{3}\,EA}(-2P)(-2)\left(\dfrac{L}{\cos 30°}\right) = \dfrac{17}{3} \cdot \dfrac{PL}{EA}$

해답　25. ④　26. ②

27. 그림과 같은 구조물에서 C점의 수직처짐은 얼마나 일어나는가? (단, AC 및 BC 부재의 길이 L, 단면적 A, 탄성계수 E)

① $\dfrac{PL}{2EA\sin^2\theta}$

② $\dfrac{PL}{2EA\cos^2\theta}$

③ $\dfrac{PL}{2EA\sin^2\theta \cdot \cos\theta}$

④ $\dfrac{PL}{2EA\sin\theta}$

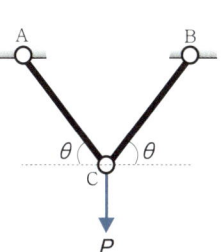

해설

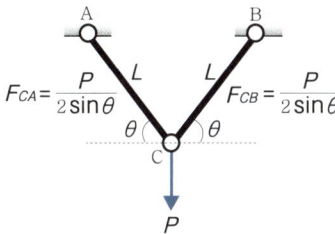

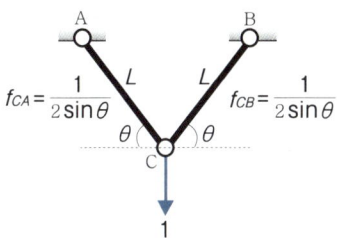

(1) $\Sigma V = 0 :\ -(P) + (F_{CA} \cdot \sin\theta) \times 2 = 0$

$$\therefore F_{CA} = F_{CB} = \dfrac{P}{2\sin\theta}$$

(2) $\delta_C = \dfrac{1}{EA}\left(\dfrac{P}{2\sin\theta}\right)\left(\dfrac{1}{2\sin\theta}\right)(L) + \dfrac{1}{EA}\left(\dfrac{P}{2\sin\theta}\right)\left(\dfrac{1}{2\sin\theta}\right)(L)$

$= \dfrac{1}{2\sin^2\theta} \cdot \dfrac{PL}{EA}$

28. B점의 수직변위가 1이 되기 위한 하중의 크기 P는? (단, 부재의 축강성은 EA로 동일하다.)

① $\dfrac{E\cos^3\alpha}{AH}$

② $\dfrac{2E\cos^3\alpha}{AH}$

③ $\dfrac{EA\cos^3\alpha}{H}$

④ $\dfrac{2EA\cos^3\alpha}{H}$

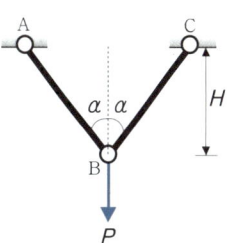

해설

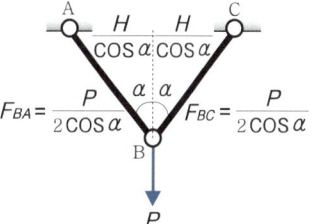

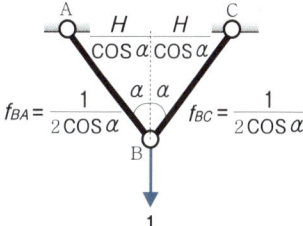

(1) $\Sigma V = 0 :\ -(P) + (F_{BA} \cdot \cos\alpha) \times 2 = 0$

$$\therefore F_{BA} = F_{BC} = \dfrac{P}{2\cos\alpha}$$

(2) $\delta_B = \dfrac{1}{EA}\left(\dfrac{P}{2\cos\alpha}\right)\left(\dfrac{1}{2\cos\alpha}\right)\left(\dfrac{H}{\cos\alpha}\right)$

$+ \dfrac{1}{EA}\left(\dfrac{P}{2\cos\alpha}\right)\left(\dfrac{1}{2\cos\alpha}\right)\left(\dfrac{H}{\cos\alpha}\right) = \dfrac{1}{2\cos^3\alpha} \cdot \dfrac{PH}{EA}$

(3) $\delta_B = \dfrac{1}{2\cos^3\alpha} \cdot \dfrac{PH}{EA} = 1$ 으로부터 $P = 2\cos^3\alpha \cdot \dfrac{EA}{H}$

해답 27. ① 28. ④

29. 그림과 같은 트러스의 C점에 3kN의 하중이 작용할 때 C점에서의 처짐은? (단, $E=2\times10^5\text{MPa}$, $A=100\text{mm}^2$)

① 1.58mm
② 3.15mm
③ 4.73mm
④ 6.30mm

해설

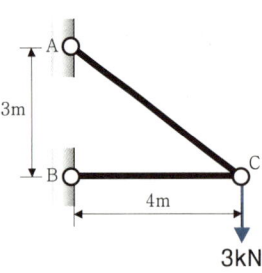
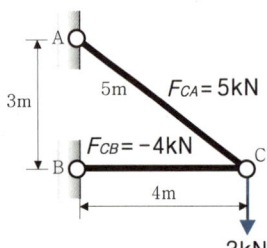
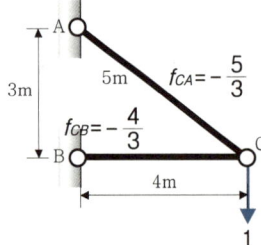

(1) $\Sigma V=0 : -(3)+\left(F_{CA}\cdot\dfrac{3}{5}\right)=0 \qquad \therefore F_{CA}=+5\text{kN}$

(2) $\Sigma H=0 : -(F_{CB})-\left(F_{CA}\cdot\dfrac{4}{5}\right)=0 \qquad \therefore F_{CB}=-4\text{kN}$

(3) $\delta_C = \dfrac{(5\times10^3)\left(\dfrac{5}{3}\right)}{(2\times10^5)(100)}(5\times10^3)$

$+\dfrac{(-4\times10^3)\left(-\dfrac{4}{3}\right)}{(2\times10^5)(100)}(4\times10^3) = 3.15\text{mm}$

30. 그림과 같은 강재(Steel) 구조물이 있다. AC, BC 부재의 단면적은 각각 $1,000\text{mm}^2$, $2,000\text{mm}^2$이고 연직하중 $P=60\text{kN}$이 작용할 때 C점의 연직처짐은? (단, 강재의 탄성계수 $E=2.05\times10^5\text{MPa}$)

① 3.83mm
② 5.11mm
③ 7.67mm
④ 10.22mm

해설

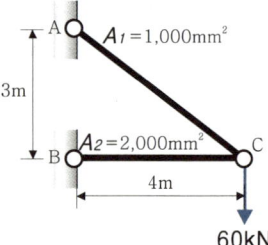
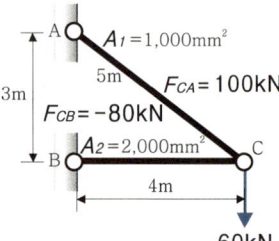
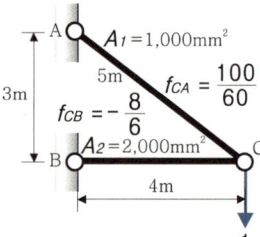

(1) $\Sigma V=0 : -(60)+\left(F_{AC}\cdot\dfrac{3}{5}\right)=0 \quad \therefore F_{CA}=+100\text{kN}$

(2) $\Sigma H=0 : -(F_{CB})-\left(F_{CA}\cdot\dfrac{4}{5}\right)=0 \quad \therefore F_{BC}=-80\text{kN}$

(3) $\delta_C = \dfrac{(100\times10^3)\left(\dfrac{100}{60}\right)}{(2.05\times10^5)(1,000)}(5\times10^3)$

$+\dfrac{(-80\times10^3)\left(-\dfrac{80}{60}\right)}{(2.05\times10^5)(2,000)}(4\times10^3) = 5.105\text{mm}$

해답 29. ② 30. ②

31. 그림과 같은 강재(Steel) 구조물이 있다. AC, BC 부재의 단면적은 각각 $1,000\text{mm}^2$, $2,000\text{mm}^2$ 이고 연직하중 $P=90\text{kN}$이 작용할 때 C점의 연직 처짐은? (단, 강재의 탄성계수 $E=2.05\times10^5\text{MPa}$)

① 3.83mm
② 5.18mm
③ 7.66mm
④ 10.22mm

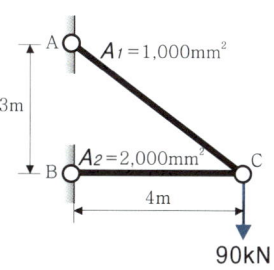

해설

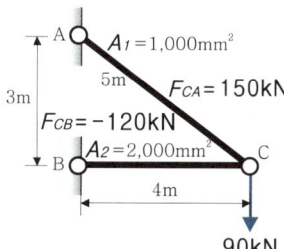

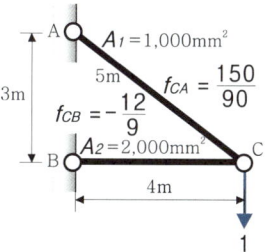

(1) $\sum V=0 : -(90)+\left(F_{CA}\cdot\dfrac{3}{5}\right)=0 \quad \therefore F_{CA}=+150\text{kN}$

(2) $\sum H=0 : -(F_{CB})-\left(F_{CA}\cdot\dfrac{4}{5}\right)=0 \quad \therefore F_{BC}=-120\text{kN}$

(3) $\delta_C = \dfrac{(150\times10^3)\left(\dfrac{150}{90}\right)}{(2.05\times10^5)(1,000)}(5\times10^3)$

$+ \dfrac{(-120\times10^3)\left(-\dfrac{120}{90}\right)}{(2.05\times10^5)(2,000)}(4\times10^3)=7.658\text{mm}$

32. 그림과 같은 강재(Steel) 구조물이 있다. AC, BC 부재의 단면적은 각각 $1,000\text{mm}^2$, $2,000\text{mm}^2$ 이고 연직하중 $P=90\text{kN}$이 작용할 때 C점의 연직 처짐은? (단, 강재의 탄성계수 $E=2\times10^5\text{MPa}$)

① 6.24mm
② 7.85mm
③ 8.34mm
④ 9.45mm

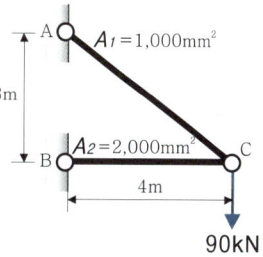

해설

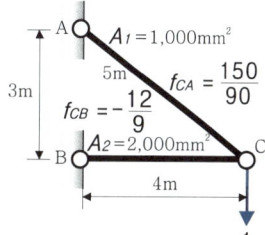

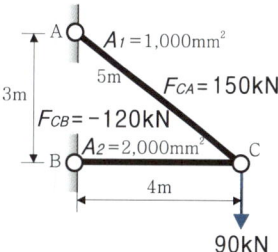

(1) $\sum V=0 : -(90)+\left(F_{CA}\cdot\dfrac{3}{5}\right)=0 \quad \therefore F_{CA}=+150\text{kN}$

(2) $\sum H=0 : -(F_{CB})-\left(F_{CA}\cdot\dfrac{4}{5}\right)=0 \quad \therefore F_{BC}=-120\text{kN}$

(3) $\delta_C = \dfrac{(150\times10^3)\left(\dfrac{150}{90}\right)}{(2\times10^5)(1,000)}(5\times10^3)$

$+ \dfrac{(-120\times10^3)\left(-\dfrac{120}{90}\right)}{(2\times10^5)(2,000)}(4\times10^3)=7.85\text{mm}$

해답 31. ③ 32. ②

33. C점에 수평하중 P가 작용할 때 C점의 수평변위량 δ_c는? (단, EA는 동일)

① $\dfrac{3PL}{10EA}$

② $\dfrac{179PL}{180EA}$

③ $\dfrac{25PL}{18EA}$

④ $\dfrac{76PL}{45EA}$

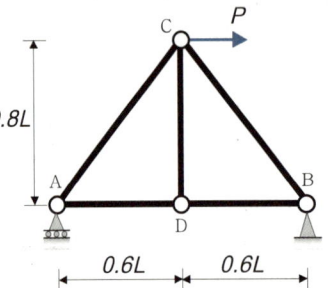

해설

(1) $\sum H = 0$: $\therefore H_B = -P(\leftarrow)$

$\sum M_B = 0$: $+(V_A)(1.2L)+(P)(0.8L)=0$

$\therefore V_A = -\dfrac{2P}{3}(\downarrow)$ ➡ $V_B = +\dfrac{2P}{3}(\uparrow)$

(2) 절점A:

① $\sum V = 0$: $-\left(\dfrac{2}{3}P\right)+\left(F_{AC}\cdot\dfrac{4}{5}\right)=0$

$\therefore F_{AC} = +\dfrac{5}{6}P$

② $\sum H = 0$: $+(F_{AD})+\left(F_{AC}\cdot\dfrac{3}{5}\right)=0$ $\therefore F_{AD} = -\dfrac{1}{2}P$

(3) 절점B:

① $\sum V = 0$: $+\left(\dfrac{2}{3}P\right)+\left(F_{BC}\cdot\dfrac{4}{5}\right)=0$

$\therefore F_{BC} = -\dfrac{5}{6}P$

② $\sum H = 0$: $-\left(F_{BC}\cdot\dfrac{3}{5}\right)-(F_{BD})-(P)=0$

$\therefore F_{BD} = -\dfrac{1}{2}P$

(4) $\delta_C = \dfrac{1}{EA}\left(\dfrac{5}{6}P\right)\left(\dfrac{5}{6}\right)(1.0L)+\dfrac{1}{EA}\left(-\dfrac{5}{6}P\right)\left(-\dfrac{5}{6}\right)(1.0L)$

$+\dfrac{1}{EA}\left(-\dfrac{P}{2}\right)\left(-\dfrac{1}{2}\right)(0.6L)+\dfrac{1}{EA}\left(-\dfrac{P}{2}\right)\left(-\dfrac{1}{2}\right)(0.6L)$

$= +\dfrac{76}{45}\cdot\dfrac{PL}{EA}(\rightarrow)$

34. 다음의 2부재로 된 Truss계의 변형에너지 U를 구하면 얼마인가? (단, ( ) 안의 값은 외력 P에 의한 부재력이고, 부재의 축강성 EA는 일정하다.)

① $0.326\cdot\dfrac{P^2L}{EA}$

② $0.333\cdot\dfrac{P^2L}{EA}$

③ $0.364\cdot\dfrac{P^2L}{EA}$

④ $0.373\cdot\dfrac{P^2L}{EA}$

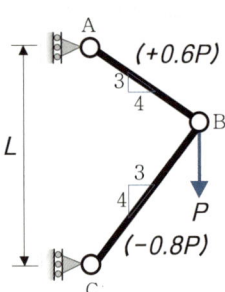

해설

(1) 부재의 길이:

AC대각선의 길이 L이 5의 삼각비이므로 AB는 3의 삼각비, BC는 4의 삼각비가 된다.

따라서, $L_{AB}=0.6L$, $L_{BC}=0.8L$

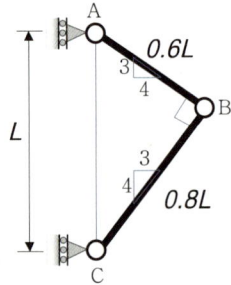

(2) 하중 P에 의한 전체 구조물의 변위

$\delta = \dfrac{1}{EA}(+0.6P)(+0.6)(0.6L)+\dfrac{1}{EA}(-0.8P)(-0.8)(0.8L)$

$= 0.728\cdot\dfrac{PL}{EA}$

(3) 변형에너지

$U = \dfrac{1}{2}P\cdot\delta = \dfrac{1}{2}P\cdot\left(0.728\cdot\dfrac{PL}{EA}\right)=0.364\cdot\dfrac{P^2L}{EA}$

해답 33. ④ 34. ③

35. 『재료가 탄성적이고 Hooke의 법칙을 따르는 구조물에서 지점침하와 온도 변화가 없을 때, 한 역계 P_n에 의해 변형되는 동안에 다른 역계 P_m이 하는 외적인 가상일은 P_m역계에 의해 변형하는 동안에 P_n역계가 하는 외적인 가상일과 같다.』 이것을 무엇이라 하는가?

① 가상일의 원리 ② 카스틸리아노의 정리
③ 최소일의 정리 ④ 베티의 법칙

해설

Betti의 법칙 $\sum P_{im} \cdot \delta_{in} = \sum P_{in} \cdot \delta_{im}$ 을 설명하고 있다.

36. 외력을 받는 임의 구조물에 있어서 i점에 작용하는 하중 P_i에 의한 k점의 변위량을 δ_{ki}, k점에 작용하는 하중 P_k에 의한 i점의 변위량을 δ_{ik}라 했을 때 상반작용의 원리(Reciprocal Theorem)를 나타내는 식은?

① $P_i \cdot \delta_{ik} = P_k \cdot \delta_{ki}$ ② $P_i \cdot \delta_{ki} = P_k \cdot \delta_{ik}$
③ $P_i \cdot \delta_{ki} = \delta_{ik} \cdot \delta_{ki}$ ④ $\delta_{ik} = \delta_{ki}$

해설

Betti의 법칙 $P_i \cdot \delta_{ik} = P_k \cdot \delta_{ki}$를 설명하고 있다.

37. 그림의 보에서 상반작용(相反作用)의 원리가 옳은 것은?

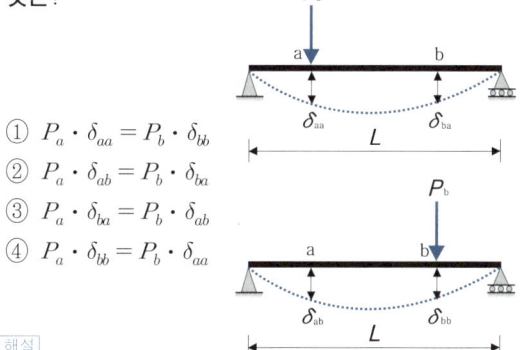

① $P_a \cdot \delta_{aa} = P_b \cdot \delta_{bb}$
② $P_a \cdot \delta_{ab} = P_b \cdot \delta_{ba}$
③ $P_a \cdot \delta_{ba} = P_b \cdot \delta_{ab}$
④ $P_a \cdot \delta_{bb} = P_b \cdot \delta_{aa}$

해설

Betti의 법칙 $P_a \cdot \delta_{ab} = P_b \cdot \delta_{ba}$

38. 다음 보에서 휨강성은 EI로 동일할 때 휨에 의한 처짐량 δ_{cb}와 δ_{bc}의 관계는?

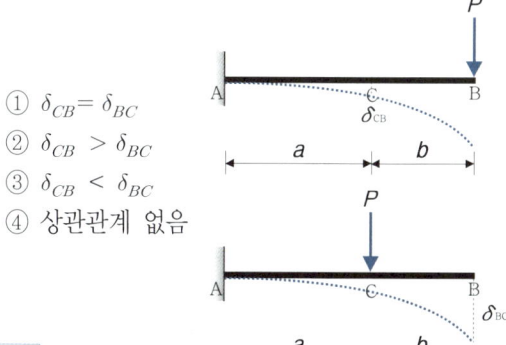

① $\delta_{CB} = \delta_{BC}$
② $\delta_{CB} > \delta_{BC}$
③ $\delta_{CB} < \delta_{BC}$
④ 상관관계 없음

해설

Betti의 법칙 $P \cdot \delta_{BC} = P \cdot \delta_{CB}$ 으로부터 $\delta_{BC} = \delta_{CB}$

39. 단순보의 D점에 100kN의 하중이 작용할 때 C점의 처짐량이 5mm라 하면 아래 그림과 같은 경우 D점의 처짐량은?

① 2mm
② 3mm
③ 4mm
④ 5mm

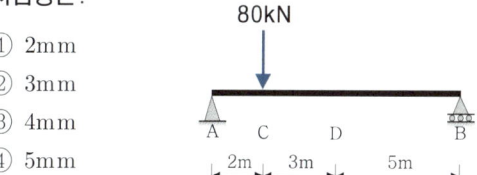

해설

Betti의 법칙 $P_C \cdot \delta_{CD} = P_D \cdot \delta_{DC}$ 으로부터

$(80)(5) = (100)(\delta_D)$ 이므로 $\delta_D = 4$mm

40. 그림과 같은 단순보의 B지점에 $M = 20$kN·m를 작용시켰더니 A지점 및 B지점에서의 처짐각이 각각 0.08rad과 0.12rad이었다. A지점에서 30kN·m의 단모멘트를 작용시킨다면 B지점에서의 처짐각은?

① 0.08radian
② 0.10radian
③ 0.12radian
④ 0.15radian

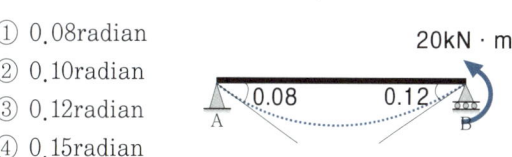

해설

Betti의 법칙 $M_A \cdot \theta_{AB} = M_B \cdot \theta_{BA}$ 으로부터

$(30)(0.08) = (20)(\theta_{BA})$ 이므로 $\theta_{BA} = 0.12$(rad)

해답 35. ④ 36. ① 37. ② 38. ① 39. ③ 40. ③

MEMO

제 9 장 기둥(Column)

COTENTS

1 단주(Stub Column) ··· 318

2 장주(Slender Column) ·· 324

　■ 핵심문제 ··· 328

9 기둥(Column)

CHECK

(1) 단주(Stub Column): ➡ 편심축하중을 받는 단주 $\sigma_{\min}^{\max} = -\dfrac{P}{A} \mp \dfrac{P \cdot e}{Z} = -\dfrac{P}{A} \mp \dfrac{M}{Z}$

➡ 복편심 : 2방향 편심축하중을 받는 단주 ➡ 단면의 핵(Core of Cross Section)

(2) 장주(Slender Column):

➡ 좌굴하중(Buckling Load): $P_{cr} = \dfrac{\pi^2 EI}{(KL)^2}$ ➡ 세장비(Slenderness Ratio): $\lambda = \dfrac{KL}{r} = \dfrac{KL}{\sqrt{\dfrac{I}{A}}}$

1 단주(Stub Column)

1 편심축하중을 받는 단주

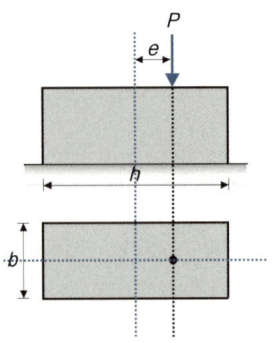

지표면과 수직방향의 부재축을 갖고 축방향 압축력이 작용하여 압축응력의 비중이 큰 부재를 기둥(柱, Column)이라고 한다. 그런데, 방향 압축력 P가 단면적 A의 도심에 작용하게 되면, 단면에는 순수한 압축응력 $\sigma_c = -\dfrac{P}{A}$ 만이 발생하며, 여기서 (−)의 부호는 압축응력을 의미한다.

그러나, 압축력 P가 단면의 중심에서 e(Eccentric Distance)만큼 벗어난 위치에 작용하게 되면 부재의 단면에서는 $P \cdot e = M$이 발생하게 되어, 압축응력 뿐만 아니라 휨응력 $\sigma_b = \mp \dfrac{M}{I} \cdot y$가 동시에 발생한다.

그러므로, 편심축하중을 받는 단주의 응력은

$\sigma = -\dfrac{P}{A} \mp \dfrac{M}{I} \cdot y = -\dfrac{P}{A} \mp \dfrac{M}{Z}$ 으로 표현되며, 여기서 Z는 단면계수(Section Modulus)이다.

학습POINT

■ 기둥(柱, Column)은 순수한 압축력만 작용하는 경우는 매우 드물고 여러 가지 복합적인 원인에 의해 압축력과 휨모멘트를 동시에 받게 되는 것이 보통이며, 특히 압축력과 휨모멘트가 비슷한 비중으로 작용하는 부재를 보-기둥(Beam-Column)이라고 한다.

2 축하중(P)의 위치에 따른 응력과 응력분포도: 직사각형 단면

$e=0$	$e<\dfrac{h}{6}$	$e=\dfrac{h}{6}$	$e>\dfrac{h}{6}$
$\sigma_c=-\dfrac{P}{A}$	$\sigma_{\substack{\max\\\min}}=-\dfrac{P}{A}\mp\dfrac{P\cdot e}{Z}=-\dfrac{P}{A}\mp\dfrac{M}{Z}$		

■ 단주의 응력을 계산하는 식에서 편심거리 e에 대한 단면계수의 산정 $Z=\dfrac{bh^2}{6}$ 을 특별히 주의해야 한다.

(1) 최대 압축응력은 $\sigma_{\max}=-\dfrac{P}{A}-\dfrac{P\cdot e}{Z}=-\dfrac{P}{A}-\dfrac{M}{Z}$ 이며,

 $-\dfrac{P}{A}$ 는 순수압축, $-\dfrac{M}{Z}$ 는 휨압축을 의미한다.

(2) 최소 압축응력은 $\sigma_{\min}=-\dfrac{P}{A}+\dfrac{P\cdot e}{Z}=-\dfrac{P}{A}+\dfrac{M}{Z}$ 이며,

 $-\dfrac{P}{A}$ 는 순수압축, $+\dfrac{M}{Z}$ 는 휨인장을 의미한다.

핵심예제 1

그림과 같은 직사각형 단면의 단주에서 편심거리 $e=100\text{mm}$일 때 최대 압축응력은?

① -30MPa
② -40MPa
③ -50MPa
④ -60MPa

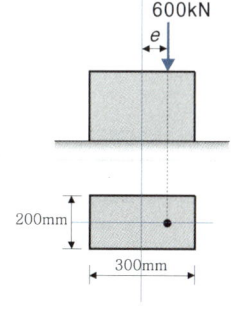

해설 $\sigma_{\max}=-\dfrac{P}{A}-\dfrac{M_{\max}}{Z}=-\dfrac{(600\times10^3)}{(200\times300)}-\dfrac{(600\times10^3)(100)}{\left(\dfrac{(200)(300)^2}{6}\right)}$

$=-30\text{N/mm}^2=-30\text{MPa}(압축)$

답 : ①

핵심예제 2

그림과 같이 $a \times 2a$ 의 단면을 갖는 기둥에 편심거리 $\dfrac{a}{2}$ 만큼 떨어져서 P 가 작용할 때 기둥에 발생할 수 있는 최대 압축응력은? (단, 기둥은 단주이다.)

① $\dfrac{4P}{7a^2}$ ② $\dfrac{7P}{8a^2}$

③ $\dfrac{5P}{4a^2}$ ④ $\dfrac{13P}{2a^2}$

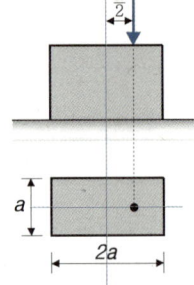

해설 $\sigma_{\max} = -\dfrac{P}{A} - \dfrac{M_{\max}}{Z} = -\dfrac{P}{(a \times 2a)} - \dfrac{\left(P \cdot \dfrac{a}{2}\right)}{\left(\dfrac{(a)(2a)^2}{6}\right)} = -\dfrac{5P}{4a^2}$ (압축)

답 : ③

핵심예제 3

기둥 중심에 축방향연직하중 $P = 1.2\text{MN}$, 기둥의 휨방향으로 풍하중이 역삼각형 모양으로 분포하여 작용할 때 기둥에 발생하는 최대 압축응력은?

① 37.5MPa
② 62.5MPa
③ 100MPa
④ 162.5MPa

해설 $\sigma_{\max} = -\dfrac{P}{A} - \dfrac{M_{\max}}{Z} = -\dfrac{(1.2 \times 10^6)}{(100 \times 120)} - \dfrac{\left(\dfrac{1}{2} \times 5 \times 3\right)\left(3 \times \dfrac{2}{3}\right) \times 10^6}{\left(\dfrac{(100)(120)^2}{6}\right)}$

$= -162.5 \text{N/mm}^2 = -162.5 \text{MPa}$ (압축)

답 : ④

3 복편심: 2방향 편심축하중을 받는 단주의 응력계산

축하중 P의 작용점이 주축 x, y축 상에 있지 않고 x, y축에서 각각 e_x, e_y의 거리에 있을 경우에는 축하중 P를 단면의 도심에 작용하는 힘으로 치환하면 축하중 P, x축에 관한 휨모멘트 $M_x = N \cdot e_y$, y축에 관한 휨모멘트 $M_y = N \cdot e_x$ 의 3개의 힘이 동시에 작용하는 경우가 된다. 따라서, 단면 내의 한 점(x, y)에 대한 수직 응력은 다음과 같이 표현된다.

■ 2방향 편심에서의 부호 산정

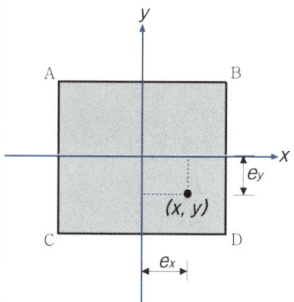

$$\sigma_1 = -\frac{P}{A} \qquad \sigma_2 = \mp \frac{P \cdot e_y}{Z_x} \qquad \sigma_3 = \mp \frac{P \cdot e_x}{Z_y}$$

$$\sigma_{Total} = \sigma_1 + \sigma_2 + \sigma_3 = -\frac{P}{A} \mp \frac{P \cdot e_y}{Z_x} \mp \frac{P \cdot e_x}{Z_y}$$

$\sigma_A = -\dfrac{P}{A} + \dfrac{P \cdot e_y}{Z_x} + \dfrac{P \cdot e_x}{Z_y}$

$\sigma_B = -\dfrac{P}{A} + \dfrac{P \cdot e_y}{Z_x} - \dfrac{P \cdot e_x}{Z_y}$

$\sigma_C = -\dfrac{P}{A} - \dfrac{P \cdot e_y}{Z_x} + \dfrac{P \cdot e_x}{Z_y}$

$\sigma_D = -\dfrac{P}{A} - \dfrac{P \cdot e_y}{Z_x} - \dfrac{P \cdot e_x}{Z_y}$

핵심예제 4

직사각형 단면의 단주에 편심축하중 P가 작용할 때 모서리 A점의 응력은?

① 0.33MPa
② 3MPa
③ 3.86MPa
④ 7MPa

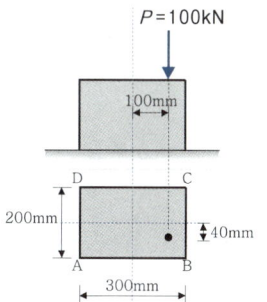

해설 $\sigma_{\max} = -\dfrac{P}{A} - \dfrac{P \cdot e_y}{Z_x} + \dfrac{P \cdot e_x}{Z_y}$

$= -\dfrac{(100 \times 10^3)}{(200 \times 300)} - \dfrac{(100 \times 10^3)(40)}{\left(\dfrac{(300)(200)^2}{6}\right)} + \dfrac{(100 \times 10^3)(100)}{\left(\dfrac{(200)(300)^2}{6}\right)}$

$= -0.333 \text{N/mm}^2 = -0.333 \text{MPa}$ (압축)

답 : ①

4 단면의 핵(Core of Cross Section)

단면에 압축응력만 발생하게 하는 편심거리 e의 한계점을 핵점(Core Point)이라고 하며, 순수압축응력 $-\dfrac{P}{A}$와 편심으로 인한 휨인장응력 $+\dfrac{M}{Z}$이 같을 때의 편심위치를 뜻하므로,

$\sigma = -\dfrac{P}{A} + \dfrac{M}{Z} = -\dfrac{P}{A} + \dfrac{P \cdot e}{Z} = 0$ 으로부터 $e = \dfrac{Z}{A}$가 된다.

핵점으로 둘러싸인 부분을 단면의 핵(Core of Cross Section)이라고 한다. 인장응력에 취약한 재료를 사용하는 구조부재 또는 구조물을 설계할 때 단면의 핵은 매우 중요한 의미를 갖게 된다.

구분	단면의 핵
직사각형	• $e_x = \dfrac{Z_y}{A} = \dfrac{\frac{I_y}{x}}{A} = \dfrac{r_y^2}{x} = \dfrac{\frac{h^2}{12}}{\frac{h}{2}} = \dfrac{h}{6}$ • $e_y = \dfrac{Z_x}{A} = \dfrac{\frac{I_x}{y}}{A} = \dfrac{r_x^2}{y} = \dfrac{\frac{b^2}{12}}{\frac{b}{2}} = \dfrac{b}{6}$
원 형	$e = \dfrac{Z}{A} = \dfrac{\frac{\pi D^3}{32}}{\frac{\pi D^2}{4}} = \dfrac{D}{8}$

핵심예제 5

그림은 단면의 핵을 표시한 것이다. e의 거리는?

① $e = d$ ② $e = \dfrac{d}{2}$

③ $e = \dfrac{d}{3}$ ④ $e = \dfrac{d}{4}$

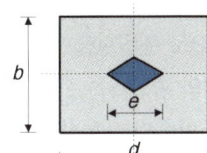

해설 $e = \dfrac{Z}{A} = \dfrac{\left(\dfrac{bd^2}{6}\right)}{(bd)} = \dfrac{d}{6}$

답 : ③

■ 그림에서 마름모의 전체 길이를 묻고 있으므로 $\dfrac{d}{3}$가 된다.

일반적으로 이 거리를 중앙3분권(Middle Third)라고 한다.

핵심예제 6

그림과 같은 단주에서 편심거리 e에 $P = 8\text{kN}$이 작용할 때 단면에 인장력이 생기지 않기 위한 e의 한계는?

① 50mm
② 80mm
③ 90mm
④ 100mm

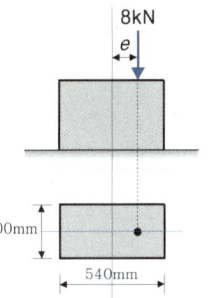

해설 $e = \dfrac{Z}{A} = \dfrac{\left(\dfrac{bh^2}{6}\right)}{(bh)} = \dfrac{h}{6} = \dfrac{(540)}{6} = 90\text{mm}$

답 : ③

핵심예제 7

반지름 250mm인 원형 단면을 갖는 단주에서 핵의 면적은 약 얼마인가?

① $12{,}270\text{mm}^2$ ② $16{,}840\text{mm}^2$

③ $24{,}540\text{mm}^2$ ④ $33{,}680\text{mm}^2$

해설 (1) 핵반경 : $e = \dfrac{D}{8} = \dfrac{(250 \times 2)}{8} = 62.5\text{mm}$

(2) 핵면적 : $A = \pi r^2 = \pi(e)^2 = \pi(62.5)^2 = 12{,}271.8\text{mm}^2$

답 : ①

2 장주(Slender Column)

부재 단면이 가늘고 긴 세장한 기둥에 축방향력이 작게 작용할 때는 축방향 압축만이 발생하지만, 점진적으로 축방향력이 크게 작용하여 어떤 일정한 값에 도달하게 되면 수직의 기둥이 갑자기 횡방향으로 휨변형을 일으키면서 종국에는 파괴된다. 이처럼 세장한 압축재에 작용하중의 편심과는 관계없이 어떤 일정한 한계시점의 하중에서 횡방향으로 휨변형을 일으키는 현상을 좌굴(Buckling), 좌굴현상을 발생시키는 하중을 좌굴하중(Buckling Load) 또는 임계하중(Critical Load)이라고 한다. 장주의 좌굴하중은 스위스의 위대한 수학자였던 Leonhard Euler의 연구결과(1759)가 이론적 배경을 제공한다.

■ Leonhard Euler(1707~1783)

1 양단이 힌지로 지지된 기둥의 좌굴하중의 유도

양단이 힌지(Hinge, Pin)로 지지된 이상적인 기둥에 대한 좌굴하중(P_{cr})과 이에 상응하는 처짐곡선을 구하기 위해, 보의 처짐곡선에 대한 미분방정식 중 일반해가 가장 간단한 휨모멘트에 대한 2계미분방정식 $EI \cdot y'' = -M$ 을 적용한다.

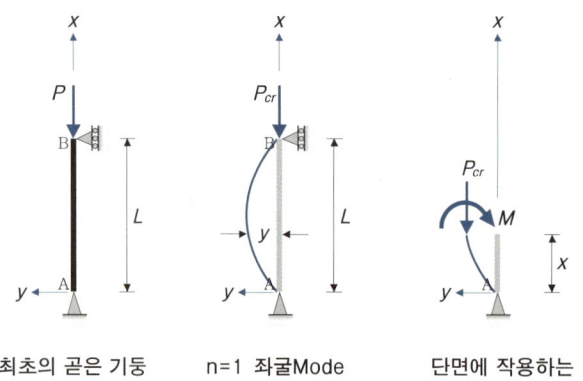

최초의 곧은 기둥   n=1 좌굴Mode   단면에 작용하는 축하중과 휨모멘트

$$P_{cr} = \frac{\pi^2 EI}{L^2}$$

■ Euler 좌굴방정식(1759)의 기본가정
(1) 기본방정식은 초기결함이 없는 부재가 선형탄성의 상태에서 적용된 양단이 힌지인 기둥에 대한 좌굴하중이다.
(2) 기둥 단면은 전체길이에 대해 균일하며, 축압축응력은 비례한도 이하 즉, 탄성범위 내에 있다.
(3) 휨은 단면2차모멘트가 최소인 주축에 관해서 발생된다.

지점에 작용하는 수평력은 없기 때문에 기둥에는 전단력이 발생하지 않으므로 A점에서 모멘트평형조건을 적용하면 $+(M)-(P_{cr})(y)=0$ 으로부터 $M = P_{cr} \cdot y$ 이며, $EI \cdot y'' = -M = -P \cdot y$ 로부터
$EI \cdot y'' + P_{cr} \cdot y = 0$ 이라는 동차선형2계미분방정식의 해(Solution)를 구해야 한다. $EI \cdot y'' + P_{cr} \cdot y = 0$ 의 식에서 $\dfrac{P_{cr}}{EI} = K^2$ 으로 치환하면 $y'' + K^2 \cdot y = 0$ 이고, 이 방정식의 일반해(General Solution)는 $y = C_1 \cdot \sin Kx + C_2 \cdot \cos Kx$ 인데, 적분상수 C_1과 C_2를 구하기 위해 다음과 같은 경계조건을 적용한다.

> **1** 경계조건 $x=0$, $y=0$: 회전단 A에서 처짐은 0이다.
> **2** 경계조건 $x=L$, $y=0$: 이동단 A에서 처짐은 0이다.

1의 경계조건을 통해 $(0) = C_1 \cdot \sin K(0) + C_2 \cdot \cos K(0)$ 으로부터 $C_2 = 0$을 얻는다.

2의 경계조건을 통해 $(0) = C_1 \cdot \sin K(L)$ 으로부터 $C_1 \cdot \sin KL = 0$이 되는데, 이것을 만족하는 해(Solution)는 $\sin KL = 0$ 이므로 $KL = n \cdot \pi$ 이고 여기서, $n = 1, 2, 3 \ldots$ 의 정수이다. 따라서, 이에 대응하는 좌굴형상의 처짐곡선은 $y = C_1 \cdot \sin \dfrac{n\pi x}{L}$ 가 되며, $\dfrac{P_{cr}}{EI} = K^2$ 에 $KL = n \cdot \pi$ 를 대입하여 P_{cr}로 정리하면, $P_{cr} = \dfrac{n^2 \cdot \pi^2 EI}{L^2}$ 에서 최소의 좌굴하중은 $n = 1$ 일 때 $P_{cr} = \dfrac{\pi^2 EI}{L^2}$ 로 유도된다.

2 좌굴하중, 좌굴응력, 세장비

좌굴하중	$P_{cr} = \dfrac{\pi^2 EI}{(KL)^2}$	• E : 탄성계수 (N/mm^2) • I : 단면2차모멘트(mm^4) • K : 지지단의 상태에 따른 유효좌굴길이계수 • KL : 유효좌굴길이(mm)
좌굴응력	$\sigma_{cr} = \dfrac{P_{cr}}{A}$	
세장비	$\lambda = \dfrac{KL}{r} = \dfrac{KL}{\sqrt{\dfrac{I}{A}}}$	

양단 힌지 Pinned-Pinned	양단 고정 Fixed-Fixed	일단 고정, 일단 힌지 Fixed-Pinned	일단 고정, 일단 자유 Fixed-Free
$K = 1$	$K = 0.5$	$K = 0.7$	$K = 2$
$P_{cr} = \dfrac{\pi^2 EI}{L^2}$	$P_{cr} = \dfrac{4\pi^2 EI}{L^2}$	$P_{cr} = \dfrac{2.04\pi^2 EI}{L^2}$	$P_{cr} = \dfrac{\pi^2 EI}{4L^2}$

■ 좌굴하중을 단면적 A로 나누면 좌굴응력 $\sigma_{cr} = \dfrac{P_{cr}}{A} = \dfrac{\pi^2 EI}{AL^2}$ 로 나타낼 수 있는데 이것을 단면2차반경 $r = \sqrt{\dfrac{I}{A}}$ 로 표현하면 $\sigma_{cr} = \dfrac{P_{cr}}{A} = \dfrac{\pi^2 E}{\left(\dfrac{L}{r}\right)^2}$ 이 된다. 여기서, $\dfrac{L}{r}$ 을 세장비(Slenderness Ratio)라고 하며 일반적으로 λ라는 기호로 표현한다.

■ 세장비는 오직 기둥의 치수에만 의존한다는 것을 유의하며, 가늘고 긴 기둥은 높은 세장비를 가질 것이며 낮은 좌굴하중 및 좌굴응력을 가질 것이라는 것을 $\sigma_{cr} = \dfrac{P_{cr}}{A} = \dfrac{\pi^2 E}{\left(\dfrac{L}{r}\right)^2} = \dfrac{\pi^2 E}{\lambda^2}$ 로부터 알 수 있다.

핵심예제 8

좌굴하중 $P_{cr} = \dfrac{\pi^2 EI}{L^2}$을 유도할 때 가정사항 중 틀린 것은?

① 하중은 부재축과 나란하다.
② 부재는 초기 결함이 없다.
③ 양단이 핀 연결된 기둥이다.
④ 부재는 비선형 탄성 재료로 되어 있다.

해설 ④ 오일러의 좌굴하중은 초기결함이 없는 선형탄성 상태의 부재에서 적용된다.

답 : ④

핵심예제 9

변의 길이 a인 정사각형 단면의 장주가 있다. 길이가 L, 최대 임계축하중 P, 탄성계수 E라면 다음 설명 중 옳은 것은?

① P는 E에 비례, a의 3제곱에 비례, 길이 L^2에 반비례
② P는 E에 비례, a의 3제곱에 비례, 길이 L^3에 반비례
③ P는 E에 비례, a의 4제곱에 비례, 길이 L^2에 반비례
④ P는 E에 비례, a의 4제곱에 비례, 길이 L^3에 반비례

해설 $P_{cr} = \dfrac{\pi^2 EI}{(KL)^2} = \dfrac{\pi^2 E \cdot \dfrac{(a)(a)^3}{12}}{(1 \cdot L)^2} = \dfrac{\pi^2}{12} \cdot E \cdot a^4 \cdot \dfrac{1}{L^2}$

답 : ③

핵심예제 10

길이가 6m인 양단힌지 기둥 $I-250 \times 125 \times 10 \times 19$의 단면으로 세워졌다. 이 기둥이 좌굴에 대해서 지지하는 임계하중(Critical Load)은? (단, I형강의 I_1과 I_2는 각각 $7.34 \times 10^7 \text{mm}^4$과 $5.6 \times 10^6 \text{mm}^4$, $E = 200,000 \text{MPa}$)

① 307kN
② 426kN
③ 3,070kN
④ 4,025kN

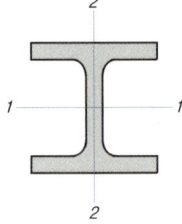

해설 $P_{cr} = \dfrac{\pi^2 EI}{(KL)^2} = \dfrac{\pi^2 (200,000)(5.6 \times 10^6)}{(1 \times 6,000)^2} = 307,054 \text{kN} = 307.054 \text{kN}$

답 : ①

핵심예제11

길이 2m, 지름 40mm의 원형 단면을 가진 일단고정, 타단힌지의 장주에 중심축하중이 작용할 때 이 단면의 좌굴응력은?
(단, $E = 200,000\text{MPa}$)

① 76.9MPa ② 100.7MPa
③ 125.4MPa ④ 148.7MPa

해설 $\sigma_{cr} = \dfrac{P_{cr}}{A} = \dfrac{\dfrac{\pi^2 EI}{(KL)^2}}{A} = \dfrac{\dfrac{\pi^2 (200,000)\left(\dfrac{\pi(40)^4}{64}\right)}{(0.7 \times 2,000)^2}}{\left(\dfrac{\pi(40)^2}{4}\right)} = 100.7\text{N/mm}^2 = 100.7\text{MPa}$

답 : ②

핵심예제12

길이 3m, 가로 200mm, 세로 300mm인 직사각형 단면의 기둥이 있다. 좌굴응력을 구하기 위한 이 기둥의 세장비는?

① 34.6 ② 43.3
③ 52.0 ④ 60.7

해설 $\lambda = \dfrac{KL}{r_{\min}} = \dfrac{KL}{\sqrt{\dfrac{I_{\min}}{A}}} = \dfrac{(1)(3 \times 10^3)}{\sqrt{\dfrac{\left(\dfrac{(300)(200)^3}{12}\right)}{(300 \times 200)}}} = 51.961$

답 : ③

■ 문제의 조건에서 지지단에 대한 조건이 없을 경우는 가장 전형적인 양단힌지 조건($K=1$)을 적용한다.

핵심예제13

직경 D인 원형단면 기둥의 길이가 4m이다. 세장비가 100이 되도록 하자면 이 기둥의 직경은?

① 90mm ② 130mm
③ 160mm ④ 250mm

해설 $\lambda = \dfrac{KL}{r_{\min}} = \dfrac{KL}{\sqrt{\dfrac{I_{\min}}{A}}} = \dfrac{(1)(L)}{\sqrt{\dfrac{\left(\dfrac{\pi D^4}{64}\right)}{\left(\dfrac{\pi D^2}{4}\right)}}} = \dfrac{4L}{D}$

➡ $D = \dfrac{4L}{\lambda} = \dfrac{4(4,000)}{(100)} = 160\text{mm}$

답 : ③

■ 문제의 조건에서 지지단에 대한 조건이 없을 경우는 가장 전형적인 양단힌지 조건($K=1$)을 적용한다.

핵심문제

CHAPTER 9 기둥

1. y축상 k점에 편심하중 P를 받을 때 a점에 생기는 압축응력의 크기를 구하는 식으로 옳은 것은? (단, Z_x, Z_y는 x축 및 y축에 대한 단면계수, A는 단면적)

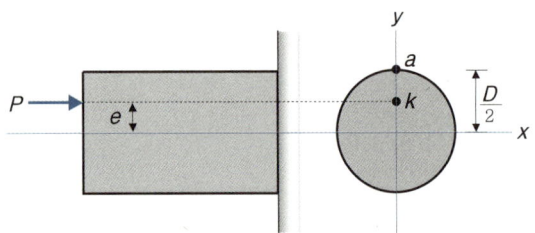

① $\dfrac{P \cdot e}{Z_y}$ ② $\dfrac{P \cdot e}{Z_x}$

③ $\dfrac{P}{A} + \dfrac{P \cdot e}{Z_x}$ ④ $\dfrac{P}{A} + \dfrac{P \cdot e}{Z_y}$

해설

(1) $\sigma_a = -\dfrac{P}{A} - \dfrac{M}{Z} = -\dfrac{P}{A} - \dfrac{P \cdot e}{Z_x} = -\left(\dfrac{P}{A} + \dfrac{P \cdot e}{Z_x}\right)$ (압축)

(2) 기둥은 압축응력이 작용하는 경우가 지배적이므로 문제의 보기지문에 압축응력의 부호 (−)가 없다면 절대값을 찾는다.

2. 직사각형 단면의 단주에서 편심거리 $e = 100$mm일 때 최대 압축응력은?

① -30MPa
② -40MPa
③ -50MPa
④ -60MPa

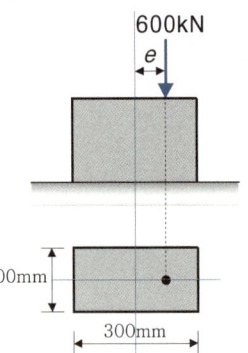

해설

$\sigma_{\max} = -\dfrac{P}{A} - \dfrac{M_{\max}}{Z} = -\dfrac{(600 \times 10^3)}{(200 \times 300)} - \dfrac{(600 \times 10^3)(100)}{\left(\dfrac{(200)(300)^2}{6}\right)}$

$= -30\text{N/mm}^2 = -30\text{MPa}$ (압축)

3. 단면 $b \times h = 100\text{mm} \times 150\text{mm}$인 단주에서 편심 15mm 위치에 $P = 120$kN의 하중을 받을 때 최대응력은?

① 8.4MPa
② 10.6MPa
③ 12.8MPa
④ 14.2MPa

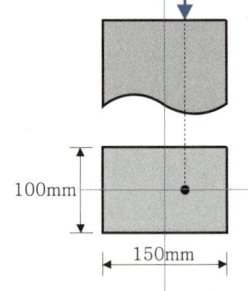

해설

$\sigma_{\max} = -\dfrac{P}{A} - \dfrac{M}{Z} = -\dfrac{(120 \times 10^3)}{(100 \times 150)} - \dfrac{[(120 \times 10^3)(15)]}{\left(\dfrac{(100)(150)^2}{6}\right)}$

$= -12.8\text{N/mm}^2 = -12.8\text{MPa}$ (압축)

4. 그림과 같이 $a \times 2a$의 단면을 갖는 기둥에 편심거리 $\dfrac{a}{2}$ 만큼 떨어져서 P가 작용할 때 기둥에 발생할 수 있는 최대 압축응력은? (단, 기둥은 단주이다.)

① $\dfrac{4P}{7a^2}$
② $\dfrac{7P}{8a^2}$
③ $\dfrac{5P}{4a^2}$
④ $\dfrac{13P}{2a^2}$

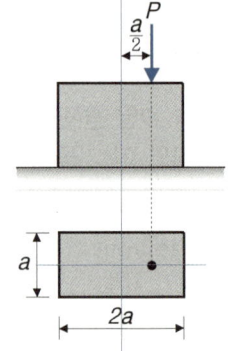

해설

$\sigma_{\max} = -\dfrac{P}{A} - \dfrac{M_{\max}}{Z}$

$= -\dfrac{P}{(a \times 2a)} - \dfrac{\left(P \cdot \dfrac{a}{2}\right)}{\left(\dfrac{(a)(2a)^2}{6}\right)} = -\dfrac{5P}{4a^2}$ (압축)

해답 1. ③   2. ①   3. ③   4. ③

5. 그림과 같이 A점에 2MN이 작용할 때 이 기둥에 일어나는 최대 응력은 얼마인가?

① 10.625MPa
② 18.8MPa
③ 21.9MPa
④ 31.25MPa

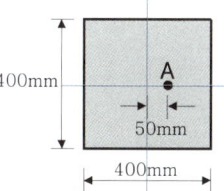

해설

$$\sigma_{max} = -\frac{P}{A} - \frac{M}{Z} = -\frac{(2 \times 10^6)}{(400 \times 400)} - \frac{(2 \times 10^6)(50)}{\left(\frac{(400)(400)^2}{6}\right)}$$

$$= -21.875 \text{N/mm}^2 = -21.875 \text{MPa}(압축)$$

6. 기둥 중심에 축방향연직하중 $P = 1.2$MN, 기둥의 휨방향으로 풍하중이 역삼각형 모양으로 분포하여 작용할 때 기둥에 발생하는 최대 압축응력은?

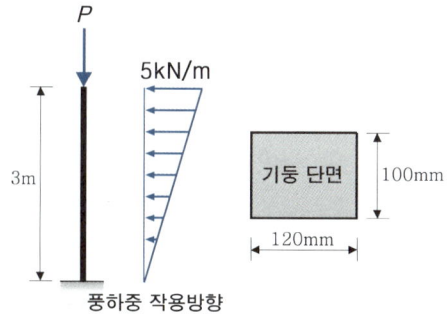

① 37.5MPa
② 62.5MPa
③ 100MPa
④ 162.5MPa

해설

$$\sigma_{max} = -\frac{P}{A} - \frac{M_{max}}{Z}$$

$$= -\frac{(1.2 \times 10^6)}{(100 \times 120)} - \frac{\left(\frac{1}{2} \times 5 \times 3\right)\left(3 \times \frac{2}{3}\right) \times 10^6}{\left(\frac{(100)(120)^2}{6}\right)}$$

$$= -162.5 \text{N/mm}^2 = -162.5 \text{MPa}(압축)$$

7. 편심축하중을 받는 다음 기둥에서 B점의 응력을 구한 값은? (단, 기둥 단면의 지름 $D = 200$mm, 편심거리 $e = 75$mm, 편심하중 $P = 200$kN이다.)

① 13.184MPa
② 25.464MPa
③ 35.747MPa
④ 42.691MPa

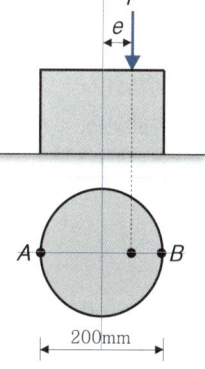

해설

(1) B점에서는 순수압축응력과 휨압축응력이 발생한다.

(2) $\sigma_B = \sigma_{max} = -\frac{P}{A} - \frac{M_{max}}{Z}$

$$= -\frac{(200 \times 10^3)}{\left(\frac{\pi(200)^2}{4}\right)} - \frac{(200 \times 10^3)(75)}{\left(\frac{\pi(200)^3}{32}\right)}$$

$$= -25.464 \text{N/mm}^2 = -25.464 \text{MPa}(압축)$$

8. 그림과 같은 원형주가 기둥의 중심으로부터 10cm 편심하여 320kN의 집중하중이 작용하고 있다. A점의 응력 $\sigma_A = 0$으로 하려면 기둥의 지름 D의 크기는?

① 400mm
② 800mm
③ 1,200mm
④ 1,600mm

해설

(1) A점에서는 순수압축응력과 휨인장응력이 발생한다.

(2) $\sigma_A = \sigma_{min} = -\frac{P}{A} + \frac{M_{max}}{Z}$

$$= -\frac{(320 \times 10^3)}{\left(\frac{\pi D^2}{4}\right)} + \frac{(320 \times 10^3)(100)}{\left(\frac{\pi D^3}{32}\right)} = 0 \quad \therefore D = 800\text{mm}$$

해답 5. ③ 6. ④ 7. ② 8. ②

9. 그림과 같은 단주의 최대 압축응력은?

① 13.875MPa
② 17.265MPa
③ 24.575MPa
④ 31.765MPa

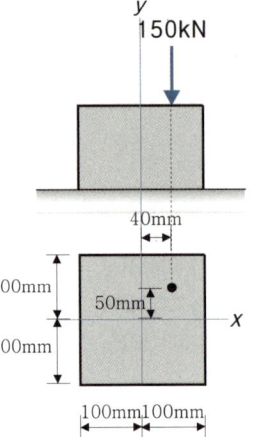

해설

$$\sigma_{\max} = -\frac{P}{A} - \frac{P \cdot e_y}{Z_x} - \frac{P \cdot e_x}{Z_y}$$

$$= -\frac{(150 \times 10^3)}{(200 \times 200)} - \frac{(150 \times 10^3)(50)}{\left(\frac{(200)(200)^2}{6}\right)} - \frac{(150 \times 10^3)(40)}{\left(\frac{(200)(200)^2}{6}\right)}$$

$$= -13.875 \text{N/mm}^2 = -13.875 \text{MPa}(압축)$$

11. 그림과 같은 4각형 단면의 단주(短柱)에 있어서 핵거리(核距離) e 는?

① $\dfrac{b}{3}$
② $\dfrac{b}{6}$
③ $\dfrac{h}{3}$
④ $\dfrac{h}{6}$

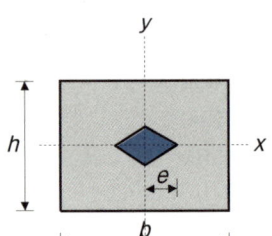

해설

$$e = \frac{Z}{A} = \frac{\left(\dfrac{hb^2}{6}\right)}{(bh)} = \frac{b}{6}$$

10. 직사각형 단면의 단주에 편심축하중 P가 작용할 때 모서리 A점의 응력은?

① 0.33MPa
② 3MPa
③ 3.86MPa
④ 7MPa

해설

$$\sigma_{\max} = -\frac{P}{A} - \frac{P \cdot e_y}{Z_x} + \frac{P \cdot e_x}{Z_y}$$

$$= -\frac{(100 \times 10^3)}{(200 \times 300)} - \frac{(100 \times 10^3)(40)}{\left(\frac{(300)(200)^2}{6}\right)} + \frac{(100 \times 10^3)(100)}{\left(\frac{(200)(300)^2}{6}\right)}$$

$$= -0.333 \text{N/mm}^2 = -0.333 \text{MPa}(압축)$$

12. 그림은 단면의 핵을 표시한 것이다. e의 거리는?

① $e = d$
② $e = \dfrac{d}{2}$
③ $e = \dfrac{d}{3}$
④ $e = \dfrac{d}{4}$

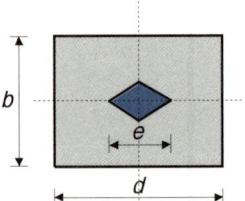

해설

(1) $e = \dfrac{Z}{A} = \dfrac{\left(\dfrac{bd^2}{6}\right)}{(bd)} = \dfrac{d}{6}$

(2) 문제에서 마름모의 전체 길이를 묻고 있으므로 $\dfrac{d}{3}$가 된다. 일반적으로 이 거리를 중앙3분권(Middle Third)이라고 한다.

13. 그림과 같은 단주에서 편심거리 e에 $P=8\text{kN}$이 작용할 때 단면에 인장력이 생기지 않기 위한 e의 한계는?

① 50mm
② 80mm
③ 90mm
④ 100mm

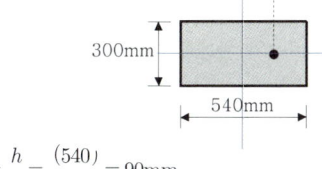

해설

$$e = \frac{Z}{A} = \frac{\left(\frac{bh^2}{6}\right)}{(bh)} = \frac{h}{6} = \frac{(540)}{6} = 90\text{mm}$$

14. 지름 D인 원형 단면 핵(Core)의 지름은?

① $\frac{D}{2}$
② $\frac{D}{3}$
③ $\frac{D}{4}$
④ $\frac{D}{8}$

해설

(1) $e = \dfrac{Z}{A} = \dfrac{\left(\frac{\pi D^3}{32}\right)}{\left(\frac{\pi D^2}{4}\right)} = \dfrac{D}{8}$

(2) 핵반지름이 $\dfrac{D}{8}$ 이므로 핵지름은 $\dfrac{D}{4}$ 가 된다.

15. 단주에서 단면의 핵이란 기둥에서 인장응력이 발생되지 않도록 재하되는 편심거리로 정의된다. 지름 40cm인 원형 단면의 핵의 지름은?

① 25mm
② 50mm
③ 75mm
④ 100mm

해설

핵반지름 $\dfrac{D}{8}$ → 핵지름 $\dfrac{D}{4} = \dfrac{(400)}{4} = 100\text{mm}$

16. 반지름 250mm인 원형 단면을 갖는 단주에서 핵의 면적은 약 얼마인가?

① $12,270\text{mm}^2$
② $16,840\text{mm}^2$
③ $24,540\text{mm}^2$
④ $33,680\text{mm}^2$

해설

(1) $e = \dfrac{D}{8} = \dfrac{(250 \times 2)}{8} = 62.5\text{mm}$

(2) 핵면적: $A = \pi r^2 = \pi(e)^2 = \pi(62.5)^2 = 12,271.8\text{mm}^2$

17. 반지름이 30cm인 원형 단면을 갖는 단주에서 핵의 면적은 약 얼마인가?

① 44.2cm^2
② 132.5cm^2
③ 176.7cm^2
④ 228.2cm^2

해설

(1) $e = \dfrac{D}{8} = \dfrac{(30 \times 2)}{8} = 7.5\text{cm}$

(2) 핵면적: $A = \pi r^2 = \pi(e)^2 = \pi(7.5)^2 = 176.715\text{cm}^2$

18. 외반경 R_1, 내반경 R_2인 중공(中空) 원형 단면의 핵은? (단, 핵의 반경을 e로 표시함)

① $e = \dfrac{(R_1^2 + R_2^2)}{4R_1}$
② $e = \dfrac{(R_1^2 - R_2^2)}{4R_1}$
③ $e = \dfrac{(R_1^2 + R_2^2)}{4R_1^2}$
④ $e = \dfrac{(R_1^2 - R_2^2)}{4R_1^2}$

해설

(1) $Z = \dfrac{I}{y} = \dfrac{\left(\frac{\pi}{4}(R_1^4 - R_2^4)\right)}{(R_1)} = \dfrac{(\pi(R_1^4 - R_2^4))}{(4R_1)}$

(2) $e = \dfrac{Z}{A} = \dfrac{\left(\frac{\pi(R_1^4 - R_2^4)}{4R_1}\right)}{(\pi(R_1^2 - R_2^2))} = \dfrac{R_1^2 + R_2^2}{4R_1}$

해답 13. ③ 14. ③ 15. ④ 16. ① 17. ③ 18. ①

19. 오일러 좌굴하중 $P_{cr} = \dfrac{\pi^2 EI}{L^2}$을 유도할 때 가정 사항 중 틀린 것은?

① 하중은 부재축과 나란하다.
② 부재는 초기 결함이 없다.
③ 양단이 핀 연결된 기둥이다.
④ 부재는 비선형 탄성 재료로 되어 있다.

해설

④ 오일러의 좌굴하중 공식은 초기결함이 없는 선형탄성 (Linear Elastic) 상태의 부재에 적용된다.

20. 기둥(장주)의 좌굴에 대한 설명으로 틀린 것은?

① 좌굴하중은 단면2차모멘트(I)에 비례한다.
② 좌굴하중은 기둥의 길이(L)에 비례한다.
③ 좌굴응력은 세장비(λ)의 제곱에 반비례한다.
④ 좌굴응력은 탄성계수(E)에 비례한다.

해설

② 좌굴하중($P_{cr} = \dfrac{\pi^2 EI}{(KL)^2}$)

➡ 기둥의 길이(L)의 제곱에 반비례한다.

21. 변의 길이 a인 정사각형 단면의 장주(長柱)가 있다. 길이가 L, 최대임계축하중이 P, 탄성계수가 E라면 다음 설명 중 옳은 것은?

① P는 E에 비례, a의 3제곱에 비례, 길이 L^2에 반비례
② P는 E에 비례, a의 3제곱에 비례, 길이 L^3에 반비례
③ P는 E에 비례, a의 4제곱에 비례, 길이 L^2에 반비례
④ P는 E에 비례, a의 4제곱에 비례, 길이 L^3에 반비례

해설

$P_{cr} = \dfrac{\pi^2 EI}{(KL)^2} = \dfrac{\pi^2 E \cdot \frac{(a)(a)^3}{12}}{(1 \cdot L)^2} = \dfrac{\pi^2}{12} \cdot E \cdot a^4 \cdot \dfrac{1}{L^2}$

22. 동일한 재료 및 단면을 사용한 다음 기둥 중 좌굴하중이 가장 큰 기둥은?

① 양단고정의 길이가 $2L$인 기둥
② 양단힌지의 길이가 L인 기둥
③ 일단자유 타단고정의 길이가 $0.5L$인 기둥
④ 일단힌지 타단고정의 길이가 $1.2L$인 기둥

해설

(1) Euler의 좌굴하중: $P_{cr} = \dfrac{\pi^2 EI}{(KL)^2}$ 이므로 유효좌굴 길이가 작을수록 좌굴하중은 커진다.

(2) 유효좌굴길이(KL)의 비교

① $KL = (0.5)(2L) = 1.0L$
② $KL = (1.0)(L) = 1.0L$
③ $KL = (2.0)(0.5L) = 1.0L$
④ $KL = (0.7)(1.2L) = 0.84L$

23. 동일한 재료 및 단면을 사용한 다음 기둥 중 좌굴하중이 가장 큰 기둥은?

① 양단 힌지의 길이가 L인 기둥
② 양단 고정의 길이가 $2L$인 기둥
③ 일단 자유 타단 고정의 길이가 $0.5L$인 기둥
④ 일단 힌지 타단 고정의 길이가 $1.2L$인 기둥

해설

(1) Euler의 좌굴하중: $P_{cr} = \dfrac{\pi^2 EI}{(KL)^2}$ 이므로 유효좌굴 길이가 작을수록 좌굴하중은 커진다.

(2) 유효좌굴길이(KL)의 비교

① $KL = (1.0)(L) = 1.0L$
② $KL = (0.5)(2L) = 1.0L$
③ $KL = (2.0)(0.5L) = 1.0L$
④ $KL = (0.7)(1.2L) = 0.84L$

해답 19. ④ 20. ② 21. ③ 22. ④ 23. ④

24. 그림과 같은 단면이 똑같은 장주(Long Column)가 있다. A주는 일단고정 일단자유, B주는 양단힌지, C주는 양단고정이다. 세 기둥의 Euler의 좌굴하중을 비교할 때 옳은 것은?

① $P_{cr1} > P_{cr2} > P_{cr3}$
② $P_{cr1} < P_{cr2} < P_{cr3}$
③ $P_{cr1} > P_{cr2} = P_{cr3}$
④ $P_{cr1} < P_{cr2} = P_{cr3}$

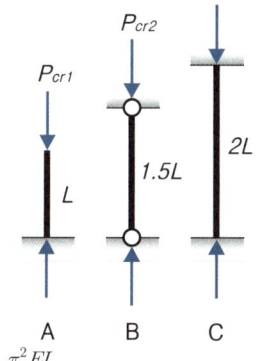

해설

(1) Euler의 좌굴하중: $P_{cr} = \dfrac{\pi^2 EI}{(KL)^2}$ 이므로 유효좌굴 길이가 작을수록 좌굴하중은 커진다.

(2) 유효좌굴길이(KL)의 비교

 (A) $KL = (2.0)(L) = 2.0L$

 (B) $KL = (1.0)(1.5L) = 1.5L$

 (C) $KL = (0.5)(2L) = 1.0L$

25. 재질과 단면적과 길이가 같은 장주에서 양단활절 기둥의 좌굴하중과 양단고정 기둥의 좌굴하중 비는?

① 1 : 2
② 1 : 4
③ 1 : 8
④ 1 : 16

해설

(1) Euler의 좌굴하중: $P_{cr} = \dfrac{\pi^2 EI}{(KL)^2} = \dfrac{1}{K^2} \cdot \dfrac{\pi^2 EI}{L^2}$

으로부터 $\dfrac{1}{K^2}$을 기둥의 강도(Stiffness)라고 정의할 수 있다.

(2) 양단힌지: $\dfrac{1}{K^2} = \dfrac{1}{(1)^2} = 1$

양단고정: $\dfrac{1}{K^2} = \dfrac{1}{(0.5)^2} = 4$

26. 다른 조건이 같을 때 양단고정 기둥의 좌굴하중은 양단힌지 기둥의 좌굴하중의 몇 배인가?

① 1.5배
② 2배
③ 3배
④ 4배

해설

(1) Euler의 좌굴하중: $P_{cr} = \dfrac{\pi^2 EI}{(KL)^2} = \dfrac{1}{K^2} \cdot \dfrac{\pi^2 EI}{L^2}$

으로부터 $\dfrac{1}{K^2}$을 기둥의 강도(Stiffness)라고 정의할 수 있다.

(2) 양단고정: $\dfrac{1}{K^2} = \dfrac{1}{(0.5)^2} = 4$

양단힌지: $\dfrac{1}{K^2} = \dfrac{1}{(1)^2} = 1$

27. 단면과 길이가 같으나 지지조건이 다른 그림과 같은 2개의 장주가 있다. 장주 A가 30kN의 하중을 받을 수 있다면, 장주 B가 받을 수 있는 하중은?

① 120kN
② 240kN
③ 360kN
④ 480kN

해설

(1) A : $\dfrac{1}{K^2} = \dfrac{1}{(2.0)^2} = \dfrac{1}{4}$

 B : $\dfrac{1}{K^2} = \dfrac{1}{(0.5)^2} = 4$

(2) $\dfrac{1}{4} : 4 = 1 : 16$ 이므로 장주 A가 30kN의 하중을 받을 수 있다면, 장주 B는 $30 \times 16 = 480$kN의 하중을 받을 수 있다.

해답 24. ② 25. ② 26. ④ 27. ④

28. 그림과 같은 장주의 길이가 같을 경우 기둥 A의 임계하중이 40kN이라면 기둥 B의 임계하중은? (단, EI는 일정)

① 40kN
② 160kN
③ 320kN
④ 640kN

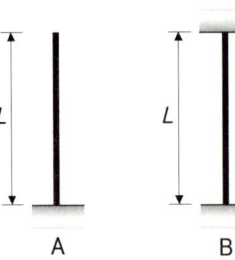

해설

(1) A : $\dfrac{1}{K^2} = \dfrac{1}{(2.0)^2} = \dfrac{1}{4}$

B : $\dfrac{1}{K^2} = \dfrac{1}{(0.5)^2} = 4$

(2) $\dfrac{1}{4} : 4 = 1 : 16$ 이므로 장주 A가 40kN의 하중을 받을 수 있다면, 장주 B는 $40 \times 16 = 640\text{kN}$의 하중을 받을 수 있다.

29. 어떤 기둥의 지점조건이 양단고정인 장주의 좌굴하중이 1,000kN이었다. 이 기둥의 지점조건이 일단힌지 타단고정으로 변경되면 좌굴하중은?

① 500kN   ② 1,000kN
③ 2,000kN   ④ 4,000kN

해설

(1) 양단고정 $\dfrac{1}{K^2} = \dfrac{1}{(0.5)^2} = 4$

일단힌지 타단고정 $\dfrac{1}{K^2} = \dfrac{1}{(0.7)^2} ≒ 2$

(2) 양단고정인 장주의 좌굴하중이 1,000kN이라면, 일단힌지 타단고정인 장주의 좌굴하중은 500kN이 된다.

30. 그림과 같은 기둥에서 좌굴하중의 비 (a) : (b) : (c) : (d)는? (단, EI와 기둥의 길이(L)는 모두 같다.)

① 1 : 2 : 3 : 4
② 1 : 4 : 8 : 12
③ $\dfrac{1}{4}$: 2 : 4 : 8
④ 1 : 4 : 8 : 16

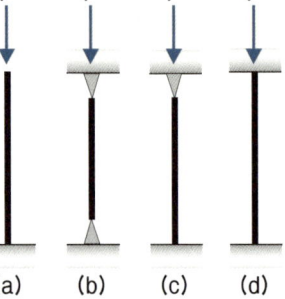

해설

$(a) = \dfrac{1}{(2.0)^2} = \dfrac{1}{4}$, $(b) = \dfrac{1}{(1)^2} = 1$

$(c) = \dfrac{1}{(0.7)^2} ≒ 2$, $(d) = \dfrac{1}{(0.5)^2} = 4$

∴ $(a) : (b) : (c) : (d) = 1 : 4 : 8 : 16$

31. 장주의 탄성좌굴하중(Elastic Buckling Load) P_{cr}은 아래의 표와 같다. 기둥의 각 지지조건에 따른 n의 값으로 틀린 것은? (단, E: 탄성계수, I: 단면 2차모멘트, L: 기둥의 높이)

$$\dfrac{n \cdot \pi^2 EI}{L^2}$$

① 일단고정 타단자유: $n = \dfrac{1}{4}$

② 양단힌지: $n = 1$

③ 일단고정 타단힌지: $n = \dfrac{1}{2}$

④ 양단고정: $n = 4$

해설

(1) 양단 힌지: $K = 1$ ➡ $P_{cr} = \dfrac{\pi^2 EI}{L^2}$

(2) 양단 고정: $K = 0.5$ ➡ $P_{cr} = \dfrac{4\pi^2 EI}{L^2}$

(3) 일단 고정, 일단 힌지: $K = 0.7$ ➡ $P_{cr} = \dfrac{2\pi^2 EI}{L^2}$

(4) 일단 고정, 일단 자유: $K = 2$ ➡ $P_{cr} = \dfrac{\pi^2 EI}{4L^2}$

해답 28. ④ 29. ① 30. ④ 31. ③

32. 단면2차모멘트 I, 길이 L인 균일 단면의 직선상(直線狀)의 기둥이 양단이 고정되어 있을 때 오일러(Euler) 하중은? (단, 기둥의 영(Young)계수는 E)

① $\dfrac{4\pi^2 EI}{L^2}$ ② $\dfrac{\pi^2 EI}{(0.7L)^2}$

③ $\dfrac{\pi^2 EI}{L^2}$ ④ $\dfrac{\pi^2 EI}{4L^2}$

해설

(1) 양단고정: $K=0.5$

(2) $P_{cr} = \dfrac{\pi^2 EI}{(KL)^2} = \dfrac{\pi^2 EI}{(0.5L)^2} = 4 \cdot \dfrac{\pi^2 EI}{L^2}$

33. 양단고정된 기둥에 축방향력에 의한 좌굴하중 P_{cr}은? (E: 탄성계수, I: 단면2차모멘트, L: 기둥의 길이)

① $P_{cr} = \dfrac{\pi^2 EI}{L^2}$ ② $P_{cr} = \dfrac{\pi^2 EI}{2L^2}$

③ $P_{cr} = \dfrac{\pi^2 EI}{4L^2}$ ④ $P_{cr} = \dfrac{4\pi^2 EI}{L^2}$

해설

(1) 양단고정: $K=0.5$

(2) $P_{cr} = \dfrac{\pi^2 EI}{(KL)^2} = \dfrac{\pi^2 EI}{(0.5L)^2} = 4 \cdot \dfrac{\pi^2 EI}{L^2}$

34. 단면2차모멘트 I, 길이 L인 균일 단면의 직선상(直線狀)의 기둥이 있다. 지지상태가 1단 고정, 1단 자유인 경우 오일러(Euler) 좌굴하중(P_{cr})은? (단, 기둥의 영(Young) 계수는 E이다.)

① $\dfrac{\pi^2 EI}{4L^2}$ ② $\dfrac{\pi^2 EI}{L^2}$

③ $\dfrac{2\pi^2 EI}{L^2}$ ④ $\dfrac{4\pi^2 EI}{L^2}$

해설

(1) 1단고정 1단자유: $K=2$

(2) $P_{cr} = \dfrac{\pi^2 EI}{(KL)^2} = \dfrac{\pi^2 EI}{(2L)^2} = \dfrac{1}{4} \cdot \dfrac{\pi^2 EI}{L^2}$

35. 그림과 같은 장주의 최소 좌굴하중을 옳게 나타낸 것은?

① $\dfrac{\pi EI}{2L^2}$

② $\dfrac{\pi^2 EI}{2L^2}$

③ $\dfrac{\pi EI}{4L^2}$

④ $\dfrac{\pi^2 EI}{4L^2}$

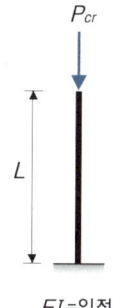

EI =일정

해설

(1) 1단고정 1단자유: $K=2$

(2) $P_{cr} = \dfrac{\pi^2 EI}{(KL)^2} = \dfrac{\pi^2 EI}{(2L)^2} = \dfrac{1}{4} \cdot \dfrac{\pi^2 EI}{L^2}$

36. $I-250 \times 125 \times 10 \times 19$의 길이가 6m인 양단힌지 기둥의 단면으로 세워졌다. 이 기둥이 좌굴에 대해서 지지하는 임계하중(Critical Load)은? (단, I형강의 I_1과 I_2는 각각 $7.34 \times 10^7 \text{mm}^4$과 $5.6 \times 10^6 \text{mm}^4$, $E=200,000\text{MPa}$)

① 307kN

② 426kN

③ 3,070kN

④ 4,025kN

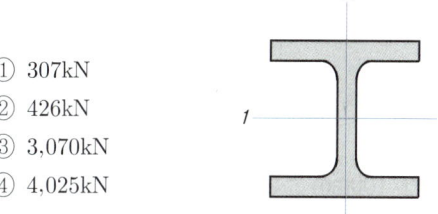

해설

$P_{cr} = \dfrac{\pi^2 EI}{(KL)^2} = \dfrac{\pi^2 (200,000)(5.6 \times 10^6)}{(1 \times 6,000)^2}$

$= 307,054\text{kN} = 307.054\text{kN}$

해답 32. ① 33. ④ 34. ① 35. ④ 36. ①

37. 그림과 같은 단면을 가진 양단힌지로 지지된 길이 4m의 장주의 좌굴하중은? (단 $A=1,200\text{mm}^2$, $I_x=1.9\times 10^6\text{mm}^4$, $I_y=2.7\times 10^5\text{mm}^4$, $E=210,000\text{MPa}$)

① 14kN
② 21kN
③ 25kN
④ 35kN

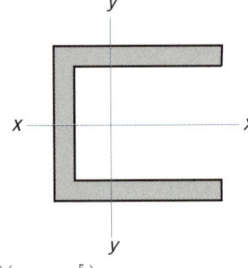

해설

$$P_{cr} = \frac{\pi^2 EI}{(KL)^2} = \frac{\pi^2 (210,000)(2.7\times 10^5)}{(1\times 4,000)^2}$$

$$= 34,975\text{N} = 34.975\text{kN}$$

38. 단면 100mm × 200mm인 장주의 길이가 3m일 때 이 기둥의 좌굴하중은? (단, 기둥의 지지상태는 양단 힌지, $E=20,000\text{MPa}$이다.)

① 366kN ② 532kN
③ 731kN ④ 1,098kN

해설

$$P_{cr} = \frac{\pi^2 EI}{(KL)^2} = \frac{\pi^2 (20,000)\left(\frac{(200)(100)^3}{12}\right)}{(1\times 3,000)^2}$$

$$= 365,541\text{kN} = 365.541\text{kN}$$

39. 단면 100mm × 200mm인 장주의 길이가 3m일 때 좌굴하중은? (단, 기둥의 지지상태는 일단고정 타단자유이고, $E=20,000\text{MPa}$)

① 45.8kN ② 91.4kN
③ 182.8kN ④ 365.6kN

해설

$$P_{cr} = \frac{\pi^2 EI}{(KL)^2} = \frac{\pi^2 (20,000)\left(\frac{(200)(100)^3}{12}\right)}{(2\times 3,000)^2}$$

$$= 91,385\text{kN} = 91.385\text{kN}$$

40. 그림과 같이 길이가 5m이고 휨강도(EI)가 $1\text{MN}\cdot\text{m}^2$인 기둥의 최소 임계하중은?

① 84kN
② 99kN
③ 114kN
④ 129kN

해설

$$P_{cr} = \frac{\pi^2 EI}{(KL)^2} = \frac{\pi^2 (1\times 10^3)}{(2\times 5)^2} = 98.696\text{kN}$$

41. 바닥은 고정, 상단은 자유로운 기둥의 좌굴형상이 그림과 같을 때 임계하중은 얼마인가?

① $\dfrac{\pi EI}{4L^2}$

② $\dfrac{9\pi^2 EI}{4L^2}$

③ $\dfrac{13\pi^2 EI}{4L^2}$

④ $\dfrac{125\pi^2 EI}{4L^2}$

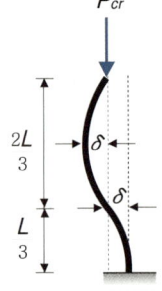

해설

(1) $KL=\dfrac{2}{3}L$과 $KL=\dfrac{1}{3}L$ 중에서 유효좌굴길이가 긴쪽이 임계하중이 된다.

(2) $P_{cr}=\dfrac{\pi^2 EI}{(KL)^2}=\dfrac{\pi^2 EI}{\left(\dfrac{2}{3}L\right)^2}=\dfrac{9}{4}\cdot\dfrac{\pi^2 EI}{L^2}$

42. 폭 100mm, 높이 150mm, 길이 3m의 일단고정, 타단자유단의 나무기둥이 있다. 안전율 $S=10$으로 취하면 자유단에는 몇 kN의 하중을 안전하게 받을 수 있는가? (단, 탄성계수 $E=100,000$MPa)

① 34.3kN ② 77.2kN
③ 343kN ④ 772kN

해설

(1) $P_{cr} = \dfrac{\pi^2 EI}{(KL)^2} = \dfrac{\pi^2 (100,000)\left(\dfrac{(150)(100)^3}{12}\right)}{(2 \times 3,000)^2}$

$= 342,695\text{kN} = 342.695\text{kN}$

(2) 안전율 $S.F = \dfrac{P_{cr}}{P_{allow}}$ 로부터

$P_{allow} = \dfrac{(342.695)}{(10)} = 34.2695\text{kN}$

43. 그림의 수평부재 AB는 A지점은 힌지로 지지되고 B점에 집중하중 Q가 작용하고 있다. C점과 D점에서는 끝단이 힌지로 지지된 길이가 L, 휨강성이 모두 EI로 일정한 기둥으로 지지되고 있다. 두 기둥의 좌굴에 의해서 붕괴를 일으키는 하중 Q의 크기는?

① $Q = \dfrac{2\pi^2 EI}{4L^2}$

② $Q = \dfrac{3\pi^2 EI}{4L^2}$

③ $Q = \dfrac{3\pi^2 EI}{8L^2}$

④ $Q = \dfrac{3\pi^2 EI}{16L^2}$

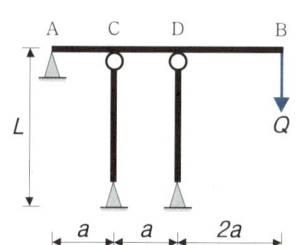

해설

(1) 두 개의 기둥이 모두 좌굴하중에 도달할 때 구조물이 붕괴된다.

$\sum M_A = 0: \ -(P_{cr})(a) - (P_{cr})(2a) - (Q_{cr})(4a) = 0$

$\therefore Q_{cr} = \dfrac{3P_{cr}}{4}$

(2) $P_{cr} = \dfrac{\pi^2 EI}{(KL)^2} = \dfrac{\pi^2 EI}{(1 \times L)^2}$ 이므로 $Q_{cr} = \dfrac{3}{4} \cdot \dfrac{\pi^2 EI}{L^2}$

44. 장주의 좌굴응력에 대한 설명 중 틀린 것은?

① 탄성계수에 비례한다.
② 세장비에 반비례한다.
③ 좌굴길이의 제곱에 반비례한다.
④ 단면2차모멘트에 비례한다.

해설

(1) 좌굴응력: $\sigma_{cr} = \dfrac{P_{cr}}{A} = \dfrac{\dfrac{\pi^2 EI}{(KL)^2}}{A} = \dfrac{\pi^2 E}{(KL)^2} \cdot \dfrac{I}{A}$

$= \dfrac{\pi^2 E}{\left(\dfrac{KL}{\sqrt{\dfrac{I}{A}}}\right)^2} = \dfrac{\pi^2 E}{\left(\dfrac{KL}{r}\right)^2} = \dfrac{\pi^2 E}{\lambda^2}$

(2) 좌굴응력은 세장비(λ)의 제곱에 반비례한다.

45. 탄성계수 $E = 2 \times 10^5$MPa인 지름 100mm 원형단면의 그림과 같은 기둥에서 길이 $L=20$m일 경우, 이 기둥의 이론적인 좌굴응력은? (단, EI는 일정하다.)

① 6.29MPa
② 6.92MPa
③ 7.17MPa
④ 7.92MPa

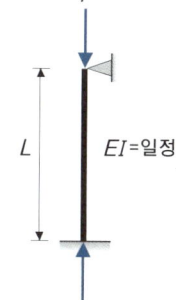

해설

(1) 일단고정 타단힌지: $K = 0.7$

(2) $\sigma_{cr} = \dfrac{P_{cr}}{A} = \dfrac{\dfrac{\pi^2 EI}{(KL)^2}}{A} = \dfrac{\pi^2 E}{(KL)^2} \cdot \dfrac{I}{A}$

$= \dfrac{\pi^2 (2 \times 10^5)}{(0.7 \times 20,000)^2} \cdot \dfrac{\left(\dfrac{\pi (100)^4}{64}\right)}{\left(\dfrac{\pi (100)^2}{4}\right)}$

$= 6.294\text{N/mm}^2 = 6.294\text{MPa}$

해답 42. ① 43. ② 44. ② 45. ①

46. 그림과 같이 일단고정, 타단힌지의 장주에 중심축하중이 작용할 때 좌굴응력은?
(단, $E = 2.1 \times 10^5 \text{MPa}$)

① 4.23MPa
② 5.54MPa
③ 28.05MPa
④ 32.28MPa

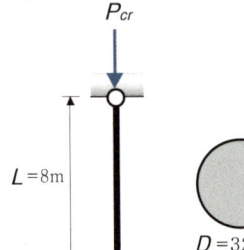

해설

(1) 일단고정 타단힌지: $K = 0.7$

(2) $\sigma_{cr} = \dfrac{P_{cr}}{A} = \dfrac{\dfrac{\pi^2 EI}{(KL)^2}}{A} = \dfrac{\dfrac{\pi^2 (2.1 \times 10^5)\left(\dfrac{\pi(32)^4}{64}\right)}{(0.7 \times 8,000)^2}}{\dfrac{\pi(32)^2}{4}}$

$= 4.229 \text{N/mm}^2 = 4.229 \text{MPa}$

47. 길이 2m, 지름 40mm의 원형 단면을 가진 일단고정, 타단힌지의 장주에 중심축하중이 작용할 때 좌굴응력은? (단, $E = 200{,}000 \text{MPa}$)

① 76.9MPa ② 100.7MPa
③ 125.4MPa ④ 148.7MPa

해설

(1) 일단고정 타단힌지: $K = 0.7$

(2) $\sigma_{cr} = \dfrac{P_{cr}}{A} = \dfrac{\dfrac{\pi^2 EI}{(KL)^2}}{A} = \dfrac{\dfrac{\pi^2 (200{,}000)\left(\dfrac{\pi(40)^4}{64}\right)}{(0.7 \times 2,000)^2}}{\left(\dfrac{\pi(40)^2}{4}\right)}$

$= 100.7 \text{N/mm}^2 = 100.7 \text{MPa}$

48. 길이가 8m, 단면 30mm×40mm인 직사각형 단면을 가진 양단고정인 장주의 중심축에 하중이 작용할 때 좌굴응력은? (단, $E = 2.0 \times 10^5 \text{MPa}$)

① 7.47MPa ② 9.25MPa
③ 14.32MPa ④ 19.51MPa

해설

(1) 양단고정: $K = 0.5$

(2) $\sigma_{cr} = \dfrac{P_{cr}}{A} = \dfrac{\dfrac{\pi^2 EI}{(KL)^2}}{A} = \dfrac{\dfrac{\pi^2 (2 \times 10^5)\left(\dfrac{40 \times 30^3}{12}\right)}{(0.5 \times 8,000)^2}}{(40 \times 30)}$

$= 9.252 \text{N/mm}^2 = 9.252 \text{MPa}$

49. 양단고정의 장주에 중심축하중이 작용할 때 이 기둥의 좌굴응력은? (단, $E = 2.1 \times 10^5 \text{MPa}$, 기둥은 지름이 40mm인 원형 기둥이다.)

① 3.35MPa
② 6.72MPa
③ 12.95MPa
④ 25.91MPa

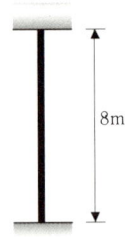

해설

(1) 양단고정: $K = 0.5$

(2) $\sigma_{cr} = \dfrac{P_{cr}}{A} = \dfrac{\dfrac{\pi^2 EI}{(KL)^2}}{A} = \dfrac{\dfrac{\pi^2 (2.1 \times 10^5)\left(\dfrac{\pi(40)^4}{64}\right)}{(0.5 \times 8,000)^2}}{\left(\dfrac{\pi(40)^2}{4}\right)}$

$= 12.953 \text{N/mm}^2 = 12.953 \text{MPa}$

해답 46. ① 47. ② 48. ② 49. ③

50. 양단고정 조건의 길이가 3m, 가로 200mm, 세로 300mm인 직사각형 단면의 기둥의 좌굴응력은? (단, $E = 2.1 \times 10^5$ MPa, 이 기둥은 장주이다.)

① 2,432MPa ② 3,070MPa
③ 4,728MPa ④ 6,909MPa

[해설]

(1) 양단고정: $K = 0.5$

(2) $\sigma_{cr} = \dfrac{P_{cr}}{A} = \dfrac{\dfrac{\pi^2 EI}{(KL)^2}}{A} = \dfrac{\pi^2 (2.1 \times 10^5) \left(\dfrac{(300)(200)^3}{12} \right)}{(0.5 \times 3,000)^2}$

$= 3,070.54 \text{N/mm}^2 = 3,070.54 \text{MPa}$

51. 상·하단이 완전히 고정된 장주의 유효 세장비 일반식은? (단, L: 기둥의 길이, r: 단면회전반경)

① $\dfrac{L}{2r}$ ② $\dfrac{L}{\sqrt{2}\,r}$
③ $\dfrac{L}{r}$ ④ $\dfrac{2L}{r}$

[해설]

(1) 양단고정: $K = 0.5$

(2) $\lambda = \dfrac{KL}{r} = \dfrac{(0.5)L}{r} = \dfrac{L}{2r}$

52. 그림과 같은 직사각형 단면 압축부재의 길이가 6m일 때 세장비는?

① 20
② 30
③ 67
④ 104

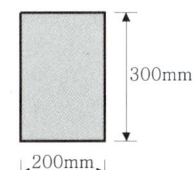

[해설]

(1) 문제의 조건에서 지지단에 대한 조건이 없으므로 가장 전형적인 양단힌지 조건($K = 1$)을 적용한다.

(2) $\lambda = \dfrac{KL}{r_{\min}} = \dfrac{KL}{\sqrt{\dfrac{I_{\min}}{A}}} = \dfrac{(1)(6 \times 10^3)}{\sqrt{\dfrac{\left(\dfrac{(300)(200)^3}{12} \right)}{(300 \times 200)}}} = 103.923$

53. 길이 2.5m이고, 가로 150mm, 세로 250mm인 직사각형 단면 기둥의 세장비는 얼마인가?

① 16.0   ② 23.5
③ 41.9   ④ 57.7

[해설]

$\lambda = \dfrac{KL}{r_{\min}} = \dfrac{KL}{\sqrt{\dfrac{I_{\min}}{A}}} = \dfrac{(1)(2.5 \times 10^3)}{\sqrt{\dfrac{\left(\dfrac{(250)(150)^3}{12} \right)}{(250 \times 150)}}} = 57.735$

54. 길이 3m, 가로 200mm, 세로 300mm인 직사각형 단면의 기둥이 있다. 좌굴응력을 구하기 위한 이 기둥의 세장비는?

① 34.6   ② 43.3
③ 52.0   ④ 60.7

[해설]

$\lambda = \dfrac{KL}{r_{\min}} = \dfrac{KL}{\sqrt{\dfrac{I_{\min}}{A}}} = \dfrac{(1)(3 \times 10^3)}{\sqrt{\dfrac{\left(\dfrac{(300)(200)^3}{12} \right)}{(300 \times 200)}}} = 51.961$

55. 단면이 200mm×300mm인 압축부재가 있다. 길이가 2.9m일 때 이 압축부재의 세장비는?

① 33   ② 50
③ 60   ④ 100

[해설]

$\lambda = \dfrac{KL}{r_{\min}} = \dfrac{KL}{\sqrt{\dfrac{I_{\min}}{A}}} = \dfrac{(1)(2.9 \times 10^3)}{\sqrt{\dfrac{\left(\dfrac{(300)(200)^3}{12} \right)}{(300 \times 200)}}} = 50.229$

해답 50. ② 51. ① 52. ④ 53. ④ 54. ③ 55. ②

56. 단면이 100mm×150mm, 기둥의 길이가 3.5m인 직사각형 기둥의 세장비는?

① 80.83 ② 121.24
③ 142.96 ④ 165.47

해설

$$\lambda = \frac{KL}{r_{min}} = \frac{KL}{\sqrt{\frac{I_{min}}{A}}} = \frac{(1)(3.5 \times 10^3)}{\sqrt{\frac{\left(\frac{(150)(100)^3}{12}\right)}{(150 \times 100)}}} = 121.244$$

57. 단면이 100mm×120mm, 기둥의 길이가 3m인 직사각형 기둥의 세장비는?

① 86.8 ② 94.8
③ 103.9 ④ 112.9

해설

$$\lambda = \frac{KL}{r_{min}} = \frac{KL}{\sqrt{\frac{I_{min}}{A}}} = \frac{(1)(3 \times 10^3)}{\sqrt{\frac{\left(\frac{(120)(100)^3}{12}\right)}{(120 \times 100)}}} = 103.923$$

58. 150mm×250mm의 직사각형 단면을 가진 길이 5m인 양단힌지 기둥이 있다. 세장비는?

① 139.2 ② 115.5
③ 93.6 ④ 69.3

해설

$$\lambda = \frac{KL}{r_{min}} = \frac{KL}{\sqrt{\frac{I_{min}}{A}}} = \frac{(1)(5 \times 10^3)}{\sqrt{\frac{\left(\frac{(250)(150)^3}{12}\right)}{(250 \times 150)}}} = 115.47$$

59. 150mm×300mm 직사각형 단면을 가진 길이 5m인 양단힌지 기둥이 있다. 세장비 λ는?

① 57.7 ② 74.5
③ 115.5 ④ 149

해설

$$\lambda = \frac{KL}{r_{min}} = \frac{KL}{\sqrt{\frac{I_{min}}{A}}} = \frac{(1)(5 \times 10^3)}{\sqrt{\frac{\left(\frac{(300)(150)^3}{12}\right)}{(300 \times 150)}}} = 115.47$$

60. 정사각형 목재 기둥에서 길이가 5m라면 세장비가 100이 되기 위한 기둥단면 한 변의 길이는?

① 86.6mm ② 103.8mm
③ 158.2mm ④ 173.2mm

해설

$$\lambda = \frac{KL}{r_{min}} = \frac{KL}{\sqrt{\frac{I_{min}}{A}}} = \frac{(1)(5 \times 10^3)}{\sqrt{\frac{\left(\frac{(a)(a)^3}{12}\right)}{(a \cdot a)}}} = 100 \text{ 으로부터}$$

$a = 173.205mm$

61. 그림과 같이 가운데가 비어 있는 직사각형 단면 기둥의 길이 $L = 10m$일 때 세장비는?

① 1.9
② 191.9
③ 2.2
④ 217.3

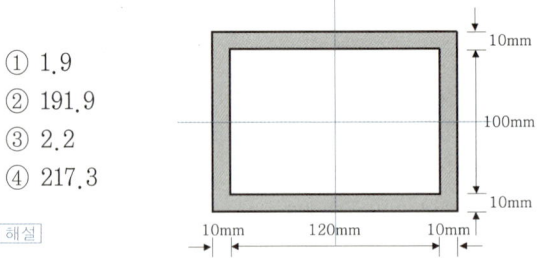

해설

$$\lambda = \frac{KL}{r_{min}} = \frac{KL}{\sqrt{\frac{I_{min}}{A}}} = \frac{(1)(10 \times 10^3)}{\sqrt{\frac{\left(\frac{1}{12}(140 \times 120^3 - 120 \times 100^3)\right)}{(140 \times 120 - 120 \times 100)}}}$$

$= 217.357$

해답 56. ② 57. ③ 58. ② 59. ③ 60. ④ 61. ④

62. 지름 D, 길이 L인 원기둥의 세장비는?

① $\dfrac{2L}{D}$ ② $\dfrac{4L}{D}$

③ $\dfrac{L}{2D}$ ④ $\dfrac{L}{D}$

해설

$$\lambda = \dfrac{KL}{r_{min}} = \dfrac{KL}{\sqrt{\dfrac{I_{min}}{A}}} = \dfrac{(1)(L)}{\sqrt{\dfrac{\left(\dfrac{\pi D^4}{64}\right)}{\left(\dfrac{\pi D^2}{4}\right)}}} = \dfrac{4L}{D}$$

63. 그림과 같은 기둥의 길이 $L=20\text{m}$일 때 원통형 단면 기둥의 세장비는?

① 13.45
② 74.3
③ 148.7
④ 1,490

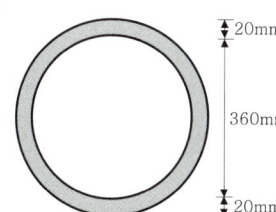

해설

(1) $D=400\text{mm}$, $d=360\text{mm}$

(2) $\lambda = \dfrac{KL}{r_{min}} = \dfrac{KL}{\sqrt{\dfrac{I_{min}}{A}}} = \dfrac{(1.0)(L)}{\sqrt{\dfrac{\left(\dfrac{\pi}{64}(D^4-d^4)\right)}{\left(\dfrac{\pi}{4}(D^2-d^2)\right)}}}$

$= \dfrac{4L}{\sqrt{D^2+d^2}} = \dfrac{4(20\times 10^3)}{\sqrt{(400)^2+(360)^2}} = 148.659$

64. 직경 D인 원형단면 기둥의 길이가 4m이다. 세장비가 100이 되도록 하자면 이 기둥의 직경은?

① 90mm   ② 130mm
③ 160mm   ④ 250mm

해설

$$\lambda = \dfrac{KL}{r_{min}} = \dfrac{KL}{\sqrt{\dfrac{I_{min}}{A}}} = \dfrac{(1.0)(L)}{\sqrt{\dfrac{\left(\dfrac{\pi D^4}{64}\right)}{\left(\dfrac{\pi D^2}{4}\right)}}} = \dfrac{4L}{D}$$

➡ $D = \dfrac{4L}{\lambda} = \dfrac{4(4\times 10^3)}{(100)} = 160\text{mm}$

해답 62. ②   63. ③   64. ③

MEMO

제10장 부정정 구조: 변형일치법

COTENTS

1 부정정 구조(Statically Indeterminate Structures) ·········· 344
2 변형일치법(Method of Consistent Deformation) ·········· 346
　■ 핵심문제 ·· 352

10 부정정 구조: 변형일치법

CHECK

변형일치법(Method of Consistent Deformation, 1864)을 적용한 1차~3차 부정정 보의 해석

1 부정정 구조(Statically Indeterminate Structures)

1 부정정 구조의 해석조건

구조물의 해석상 미지수가 3개 이상이면 힘의 평형조건식 $\sum H = 0$, $\sum V = 0$, $\sum M = 0$ 만을 이용한 구조해석이 불가능하므로 구조물의 변형, 지점의 변형 등에 대한 적합조건식과 경우에 따라 힘-변위 관계식 또는 온도-변위 관계식을 이용해서 반력과 부재력을 해석해야 하는 구조물을 부정정 구조라고 한다.

힘의 평형조건식	적합조건식(탄성방정식)	힘-변위 관계식
$\sum H = 0$ $\sum V = 0$ $\sum M = 0$	부재의 변형, 지점의 변형 등	$P = k \cdot \delta = \dfrac{EA}{L} \cdot \delta$ $\delta = f \cdot P = \dfrac{L}{EA} \cdot P$

2 정정 구조와 비교한 부정정 구조의 특징

(1) 정정 구조물에 비해 설계모멘트가 작기 때문에 부재 단면이 작아져서 재료가 절약되며, 구조의 연속성 때문에 처짐의 크기가 작다.
(2) 부정정력은 부재내력을 응력이 낮은 부분으로 재분배가 가능하므로 구조물의 안전도를 증가시킨다.
(3) 부정정 구조물은 그 치수(Dimension) 뿐만 아니라 탄성계수(E), 단면2차 모멘트(I) 등 재료의 성질을 알아야만 정확한 해석이 가능하다.
(4) 지점침하, 온도변화, 제작오차, 하중으로 인한 부재 내부의 변형 등으로 구조물 전체에 걸쳐서 큰 응력의 발생을 초래하는 단점도 있게 된다.

학습 POINT

■ 집중하중에 대한 휨모멘트도

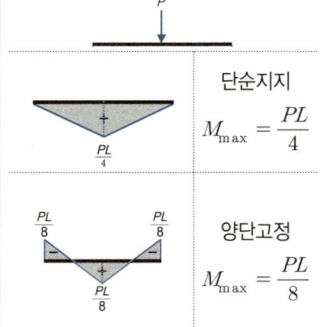

■ 등분포하중에 대한 휨모멘트도

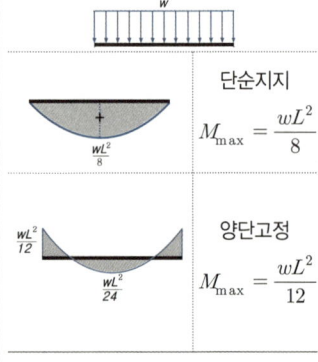

3 부정정 구조의 주요 해석법 및 적용처

주요 해석법	주요 적용처
변형일치법	1경간 보, 2경간 대칭 보
최소일의 원리	보, 트러스, 아치
3연모멘트법	2경간 이상의 연속보
처짐각법	보, 라멘
모멘트분배법	보, 라멘

핵심예제 1

정정 구조물에 비해 부정정 구조물이 갖는 장점을 설명한 것 중 틀린 것은?

① 설계모멘트의 감소로 부재가 절약된다.
② 부정정 구조물은 그 연속성 때문에 처짐의 크기가 작다.
③ 외관을 우아하고 아름답게 제작할 수 있다.
④ 지점침하 등으로 인해 발생하는 응력이 작다.

[해설] ④ 지점침하 등으로 인해 발생하는 응력이 크다.

답 : ④

핵심예제 2

다음 중 부정정구조물의 해석방법이 아닌 것은?
① 처짐각법　　② 단위하중법
③ 최소일의 정리　　④ 모멘트분배법

[해설] ② 단위하중법(Unit Load Method)은 가상일법(Virtual Work Method)의 다른 이름이며, 구조물의 변형을 해석하는 방법 중의 하나이지만 부정정구조물을 해석하는 방법은 아니다.

답 : ②

2 변형일치법(Method of Consistent Deformation, 1864)

James Clerk Maxwell
(1831~1879)

- 탄성처짐에 관한 이론을 그대로 적용하여 부정정 구조물을 해석하는 방법이다.

- Otto Mohr(1874)가 독자적으로 그 이론을 오늘날의 수준까지 개발하였다.

- 변형일치법의 다른 명칭들:
  변위일치법, 적합방정식, 탄성방정식,
  겹침방정식, 처짐이용법, Maxwell-Mohr 해법 등

■ 부정정 구조해석에서 여분의 지점반력을 미지수로 선정하고 변형의 적합조건을 고려하여 지점반력과 부재력을 결정해 나가는 방법을 응력법(Force Method) 이라고 하며, 변형일치법과 최소일의 원리가 가장 기본적인 응력법에 속한다.

1 일반사항

(1) 부정정 구조물에서 최소한도의 정적 안정평형을 유지하는데 필요한 지점반력 이외의 반력이나 부재력을 부정정력(Redundant Force, 잉여력)이라고 하며, 부정정력의 수는 그 구조물의 부정정차수와 같다.
부정정 구조물에서 부정정력을 제외하면 정정 구조물이 되는데, 이러한 가상의 정정구조물을 기본구조물 내지는 정정기본형 이라고 한다.

(2) 힘(P)-변위(δ) 관계식 $\delta = f \cdot P$에서 힘(P)을 미지의 부정정력 X로 생각하면 $\delta = f \cdot X$의 형태로 나타낼 수 있는데, 부정정 구조물을 정정기본형 으로 선정한 후 하중에 의한 정정기본형의 변형을 구하고, 해석하고자 하는 미지의 부정정력에 의한 변형을 구한 후 원래의 부정정 구조물의 경계조건이나 연속조건에 따른 변형에 일치되도록 제거된 내력의 값을 정하여 중첩의 원리에 따라 부정정 구조물의 반력 내지는 부재력을 구해나가는 방법을 변형일치법이라고 한다.

(3) 변형일치법을 적용하여 해석을 시도할 때 부정정차수 만큼의 부정정력을 지점반력, 전단력, 휨모멘트 중에서 어떤 것을 부정정력으로 선택할 것이냐의 문제는 해석하고자 하는 자의 선택에 달려 있다고 볼 수 있게 된다.
그런데, 부정정력을 적절하게 선택하지 못하게 된다면 계산과정이 매우 복잡해지는 결과를 초래하므로, 가급적이면 부정정력을 선택할 때 구조물의 대칭을 이용한다든가, 하중으로 인한 영향이 구조물의 좁은 범위에 국한되도록 정정기본형을 선정하는 것이 변형일치법을 통한 해석의 계산과정을 단축하는 요령이 된다.

2 간단한 적용 예제: 그림과 같은 양단고정 기둥의 지점반력을 산정해보자.

해석 구조물	C점에 대한 자유물체도

(1) 변형의 적합조건: 하중작용점 C점에서의 변위($\delta = \dfrac{PL}{EA}$)는 같다.

$$\frac{R_A \cdot L}{EA} = \frac{R_B \cdot 2L}{EA} \text{ 이므로 } R_A = 2R_B$$

(2) 힘의 평형조건: $R_A + R_B = P$ ➡ $2R_A + R_B = P$ 로부터

$$R_A = \frac{2}{3}P \quad\Rightarrow\quad R_B = \frac{1}{3}P$$

3 간단한 적용 예제: 그림과 같은 양단고정 보의 지점반력을 산정해보자.

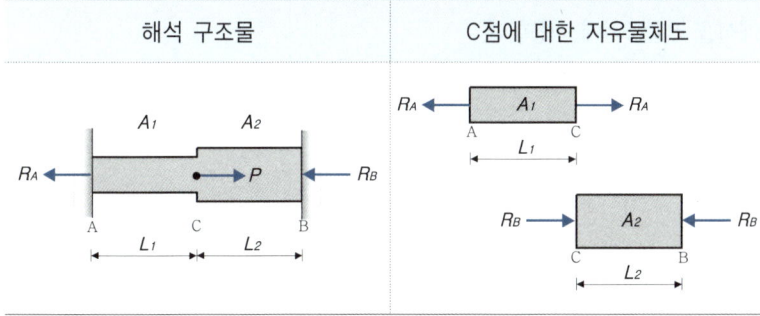

해석 구조물	C점에 대한 자유물체도

(1) 변형의 적합조건: 하중작용점 C점에서의 변위($\delta = \dfrac{PL}{EA}$)는 같다.

$$\frac{R_A \cdot L_1}{EA_1} = \frac{R_B \cdot L_2}{EA_2} \text{ 이므로 } R_A = \frac{A_1 \cdot L_2}{A_2 \cdot L_1} \cdot R_B$$

(2) 힘의 평형조건: $R_A + R_B = P$ ➡ $R_B = P - R_A$ 로부터

$$R_A = \frac{A_1 \cdot L_2}{A_2 \cdot L_1} \cdot (P - R_A) \text{ 이므로}$$

$$\therefore R_A = \frac{A_1 \cdot L_2}{A_1 \cdot L_2 + A_2 \cdot L_1} \cdot P \quad\Rightarrow\quad R_B = \frac{A_2 \cdot L_1}{A_1 \cdot L_2 + A_2 \cdot L_1} \cdot P$$

4 간단한 적용 예제: 10℃의 온도저하로 인해 유발되는 단면력을 구해보자.
(단, $E = 210,000$MPa, $A_1 = 10,000$mm^2, $A_2 = 5,000$mm^2,
선팽창계수 $\alpha = 1 \times 10^{-5}/℃$)

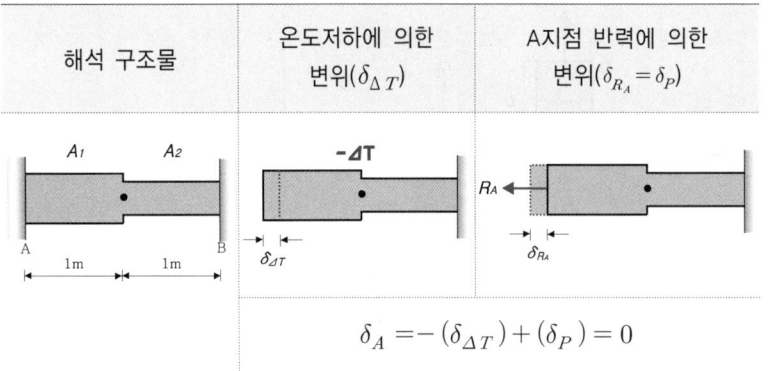

(1) 힘의 평형조건 $\sum H = 0: -(R_A) + (R_B) = 0$
   양단이 고정된 상태에서 온도저하를 유발하면 인장반력이 발생한다.

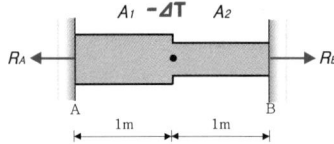

(2) 변형의 적합조건: 고정단에서는 변형이 존재하지 않는다는 것을 관찰하여 온도-변위관계식, 힘-변위관계식을 적합조건에 적용한다.

① 온도-변위관계식
$$\delta_T = \alpha \cdot \Delta T \cdot (L_1 + L_2)$$
$$= (1 \times 10^{-5})(10)(1 \times 10^3 + 1 \times 10^3) = 0.2\text{mm}$$

② 힘-변위관계식:
$$\delta_P = \frac{P \cdot L_1}{E \cdot A_1} + \frac{P \cdot L_2}{E \cdot A_2}$$
$$= \frac{P(1 \times 10^3)}{(210,000)(1 \times 10^4)} + \frac{P(1 \times 10^3)}{(210,000)(5 \times 10^3)}$$

③ $\delta_A = -(\delta_{\Delta T}) + (\delta_P) = 0$ 으로부터
$$\frac{P(1 \times 10^3)}{(210,000)(10,000)} + \frac{P(1 \times 10^3)}{(210,000)(5,000)} = 0.2$$
$$\therefore P = 140,000\text{N} = 140\text{kN}$$

5 간단한 적용 예제: 2경간 연속보의 변위일치 해석

해석 구조물	정정기본형 집중하중에 의한 처짐	정정기본형 반력 V_A 에 의한 처짐
A지점의 수직반력을 미지수로 선정	$\delta_P = \dfrac{5}{48} \cdot \dfrac{PL^3}{EI}(\downarrow)$	$\delta_V = \dfrac{1}{3} \cdot \dfrac{V_A \cdot L^3}{EI}(\uparrow)$

(1) 적합조건식: $\delta_A = \delta_P(\downarrow) + \delta_V(\uparrow) = 0$

⇒ A지점의 처짐 $\delta_A = 0$인 것에 주목하여 반력 V_A를 부정정력으로 취급하는 것이 간명하다.

⇒ A지점을 제거하여 캔틸레버보(정정기본형)로 만든 후 집중하중에 의한 정정기본형의 처짐과 반력 V_A에 관한 정정기본형의 처짐을 계산한다.

$$\delta_A = \frac{5}{48} \cdot \frac{PL^3}{EI}(\downarrow) + \frac{1}{3} \cdot \frac{V_A \cdot L^3}{EI}(\uparrow) = 0$$

$$\therefore V_A = +\frac{5}{16}P(\uparrow)$$

(2) 평형조건식:

① $\sum V = 0 : +(V_A) + (V_B) - (P) = 0 \quad \therefore V_B = +\dfrac{11}{16}P(\uparrow)$

② $\sum M_B = 0 : +\left(\dfrac{5P}{16}\right)(L) - (P)\left(\dfrac{L}{2}\right) + (M_B) = 0$

$$\therefore M_B = +\frac{3}{16}PL \ (\curvearrowright)$$

6 간단한 적용 예제: 2경간 연속보의 변위일치 해석

해석 구조물	정정기본형 등분포하중에 의한 처짐	정정기본형 반력 V_C에 의한 처짐
C지점의 수직반력을 미지수로 선정	$\delta_{C1} = \dfrac{5wL^4}{384EI}(\downarrow)$	$\delta_{C2} = \dfrac{V_C \cdot L^3}{48EI}(\uparrow)$

(1) 적합조건식: $\delta_C = \delta_{C1}(\downarrow) + \delta_{C2}(\uparrow) = 0$

➡ $\delta_C = \dfrac{5wL^4}{384EI} - \dfrac{V_C \cdot L^3}{48EI} = 0$ ∴ $V_C = +\dfrac{5wL}{8}(\uparrow)$

(2) 수직평형조건 $\sum V = 0$: $+(V_A) + (V_B) + (V_C) - (wL) = 0$

∴ $V_A = V_B = +\dfrac{1.5wL}{8}(\uparrow)$

7 간단한 적용 예제: 양단고정보에서 C점의 처짐 δ_c를 구해보자.

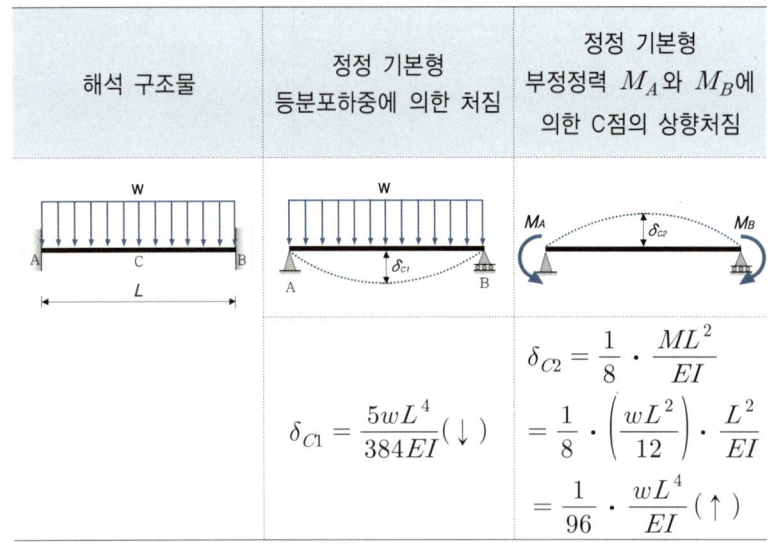

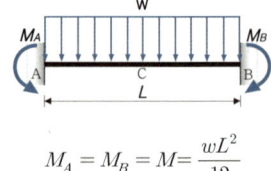

■ 부정정력 $M_A = M_B = M$

$M_A = M_B = M = \dfrac{wL^2}{12}$

변형의 적합조건:

$\delta_C = \delta_{C1}(\downarrow) + \delta_{C2}(\uparrow)$

$= \dfrac{5}{384} \cdot \dfrac{wL^4}{EI} - \dfrac{1}{96} \cdot \dfrac{wL^4}{EI} = \dfrac{1}{384} \cdot \dfrac{wL^4}{EI}(\downarrow)$

■ 응용역학 350

8 변위일치 해석에 의한 간단한 부정정 구조물의 지점반력

일단 고정	V_A	M_B
그림: 중앙 집중하중 P, L/2 + L/2	$+\dfrac{5P}{16}(\uparrow)$	$+\dfrac{3PL}{16}(\curvearrowright)$
그림: 등분포하중 w	$+\dfrac{3wL}{8}(\uparrow)$	$+\dfrac{wL^2}{8}(\curvearrowright)$
그림: A점 모멘트 M	$-\dfrac{3M}{2L}(\downarrow)$	$+\dfrac{M}{2}(\curvearrowright)$
그림: A점 모멘트 M (반대방향)	$+\dfrac{3M}{2L}(\uparrow)$	$-\dfrac{M}{2}(\curvearrowright)$

양단 고정	M_A	M_B
그림: 집중하중 P, a + b	$-\dfrac{P \cdot a \cdot b^2}{L^2}(\curvearrowright)$	$+\dfrac{P \cdot a^2 \cdot b}{L^2}(\curvearrowright)$
그림: 중앙 집중하중 P, L/2 + L/2	$-\dfrac{PL}{8}(\curvearrowright)$	$+\dfrac{PL}{8}(\curvearrowright)$
그림: 등분포하중 w	$-\dfrac{wL^2}{12}(\curvearrowright)$	$+\dfrac{wL^2}{12}(\curvearrowright)$

핵심문제

CHAPTER 10 변형일치법

1. 정정 구조물에 비해 부정정 구조물이 갖는 장점을 설명한 것 중 틀린 것은?
① 설계모멘트의 감소로 부재가 절약된다.
② 부정정 구조물은 그 연속성 때문에 처짐의 크기가 작다.
③ 외관을 우아하고 아름답게 제작할 수 있다.
④ 지점침하 등으로 인해 발생하는 응력이 작다.

해설
④ 지점침하 등으로 인해 발생하는 응력이 크다.

2. 그림과 같은 등질, 등단면인 2개의 보 (A), (B)에서 최대 휨모멘트가 같게 되기 위한 집중하중의 비 $P_1 : P_2$ 의 값은?

① 2 : 1
② 4 : 1
③ 3 : 1
④ 8 : 1

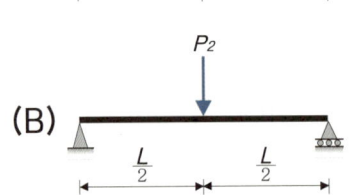

해설

$$\frac{P_1 \cdot L}{8} = \frac{P_2 \cdot L}{4}$$

↓

$P_1 : P_2 = 2 : 1$

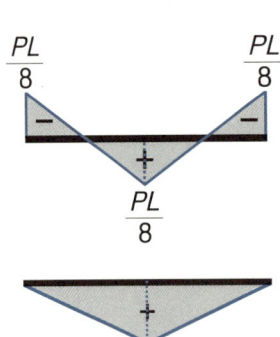

3. 다음 중 부정정구조물의 해석방법이 아닌 것은?
① 처짐각법   ② 단위하중법
③ 최소일의 정리   ④ 모멘트분배법

해설
② 단위하중법(Unit Load Method, 가상일법)은 구조물의 변형을 해석하는 방법 중의 하나이며, 부정정구조물을 해석하는 방법은 아니다.

4. 다음 중 부정정구조물의 해석방법이 아닌 것은?
① 3연 모멘트정리   ② 변위일치법
③ 처짐각법   ④ 모멘트면적법

해설
④ 모멘트면적법(Moment Area Method)은 구조물의 변형을 해석하는 방법 중의 하나이며, 부정정구조물을 해석하는 방법은 아니다.

5. 다음 중 부정정보의 해석방법으로 적합한 것은?
① 변위일치법   ② 모멘트면적법
③ 탄성하중법   ④ 공액보법

해설
모멘트면적법, 탄성하중법, 공액보법은 처짐각 및 처짐과 같은 구조물의 변형을 해석하는 방법이다.

해답   1. ④   2. ①   3. ②   4. ④   5. ①

6. 그림과 같이 힘 P가 작용한다면 반력 R_B는?

① $\dfrac{Pa}{L}$

② $\dfrac{Pb}{L}$

③ $\dfrac{P(2a+b)}{L}$

④ $\dfrac{P(a+2b)}{L}$

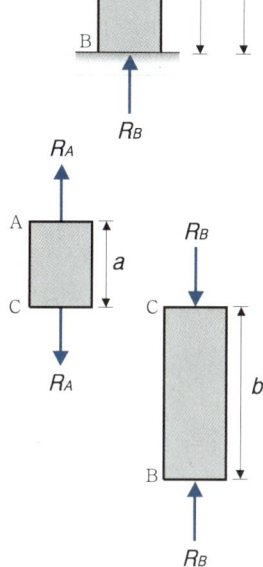

해설

(1) 변형의 적합조건:

하중작용점 C점에서의 변위($\delta = \dfrac{PL}{EA}$)는 같다.

$\dfrac{R_A \cdot a}{EA} = \dfrac{R_B \cdot b}{EA}$ 으로부터 $R_A = \dfrac{b}{a} \cdot R_B$

(2) 힘의 평형조건:

$R_A + R_B = P$

$\left(\dfrac{b}{a} \cdot R_B\right) + R_B = P \quad \therefore R_B = \dfrac{a}{L} \cdot P$

---

7. 그림과 같이 힘 P가 작용한다면 반력 R_A, R_B는?

① $R_A = \dfrac{P}{2}, R_B = \dfrac{P}{2}$

② $R_A = \dfrac{P}{3}, R_B = \dfrac{2P}{3}$

③ $R_A = \dfrac{2P}{3}, R_B = \dfrac{P}{3}$

④ $R_A = P, R_B = 0$

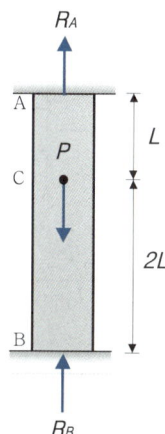
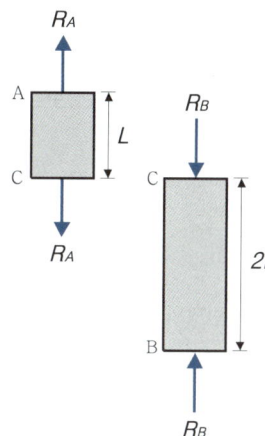

해설

(1) 변형의 적합조건:

하중작용점 C점에서의 변위($\delta = \dfrac{PL}{EA}$)는 같다.

$\dfrac{R_A \cdot L}{EA} = \dfrac{R_B \cdot 2L}{EA}$ 으로부터 $R_A = 2R_B$

(2) 힘의 평형조건:

$R_A + R_B = P \Rightarrow 2R_B + R_B = P$

으로부터 $R_B = \dfrac{1}{3}P \Rightarrow R_A = \dfrac{2}{3}P$

해답 6. ① 7. ③

8. C점에 하중 P가 작용할 때 A점에 작용하는 반력 R_A는?

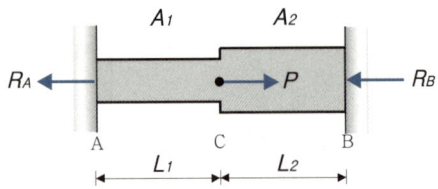

① $\dfrac{A_1 \cdot L_1 \cdot P}{A_1 \cdot L_1 + A_2 \cdot L_2}$ ② $\dfrac{A_2 \cdot L_2 \cdot P}{A_1 \cdot L_1 + A_2 \cdot L_2}$

③ $\dfrac{A_1 \cdot L_2 \cdot P}{A_1 \cdot L_2 + A_2 \cdot L_1}$ ④ $\dfrac{A_2 \cdot L_1 \cdot P}{A_1 \cdot L_2 + A_2 \cdot L_1}$

해설

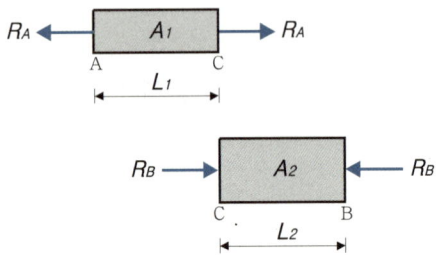

(1) 변형의 적합조건:

하중작용점 C점에서의 변위($\delta = \dfrac{PL}{EA}$)는 같다.

$\dfrac{R_A \cdot L_1}{EA_1} = \dfrac{R_B \cdot L_2}{EA_2}$ 으로부터 $R_A = \dfrac{A_1 \cdot L_2}{A_2 \cdot L_1} \cdot R_B$

(2) 힘의 평형조건:

$R_A + R_B = P$ 으로부터 $R_B = P - R_A$ 이므로

$R_A = \dfrac{A_1 \cdot L_2}{A_2 \cdot L_1} \cdot (P - R_A)$

$\therefore R_A = \dfrac{A_1 \cdot L_2}{A_1 \cdot L_2 + A_2 \cdot L_1} \cdot P$

---

9. 다음에서 부재 BC에 걸리는 응력의 크기는?

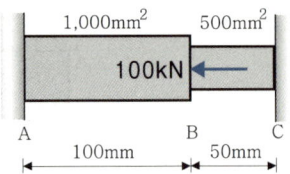

① $\dfrac{200}{3}$ MPa   ② 100MPa

③ $\dfrac{300}{2}$ MPa   ④ 200MPa

해설

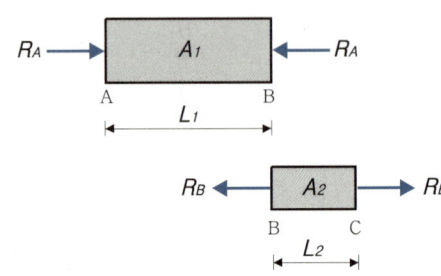

(1) 변형의 적합조건:

하중작용점 B점에서의 변위($\delta = \dfrac{PL}{EA}$)는 같다.

$\dfrac{R_A \cdot L_1}{EA_1} = \dfrac{R_B \cdot L_2}{EA_2}$ 으로부터 $R_B = \dfrac{A_2 \cdot L_1}{A_1 \cdot L_2} \cdot R_A$

(2) 힘의 평형조건:

$R_A + R_B = P$ 로부터 $R_A = P - R_B$ 이므로

$R_B = \dfrac{A_2 \cdot L_1}{A_1 \cdot L_2} \cdot (P - R_B)$

$\therefore R_B = \dfrac{A_2 \cdot L_1}{A_1 \cdot L_2 + A_2 \cdot L_1} \cdot P$

(3) $R_B = \dfrac{(500)(100)}{(1,000)(50) + (500)(100)} \cdot (100) = 50\text{kN}$

(4) $\sigma_{BC} = \dfrac{R_B}{A_2} = \dfrac{(50 \times 10^3)}{(500)} = 100 \text{N/mm}^2 = 100 \text{MPa}$

해답 8. ③   9. ②

10. 단면적 $A_1 = 10,000\text{mm}^2$, $A_2 = 5,000\text{mm}^2$ 부재가 있다. 부재 양끝은 고정되어 있고 온도가 10℃ 내려갔다. 온도저하로 인해 유발되는 단면력은? (단, $E = 210,000\text{MPa}$, 선팽창계수 $\alpha = 1 \times 10^{-5}/℃$)

① 105kN
② 140kN
③ 157.5kN
④ 210kN

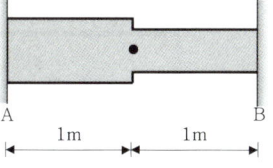

해설

(1) 힘의 수평평형조건 $\sum H = 0$: $-(R_A) + (R_B) = 0$

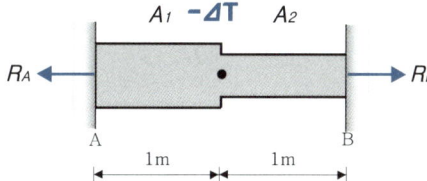

(2) 변형의 적합조건:

고정단에서는 변형이 존재하지 않는다.

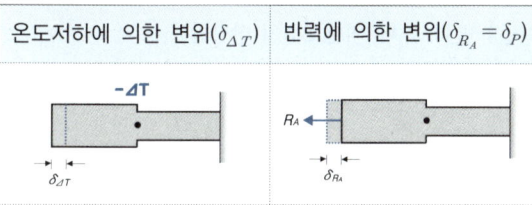

$$\delta_A = -(\delta_{\Delta T}) + (\delta_P) = 0$$

(3) 온도-변위관계식, 힘-변위관계식을 적합조건에 적용

① 온도-변위관계식:
$$\delta_T = \alpha \cdot \Delta T \cdot (L_1 + L_2)$$
$$= (1 \times 10^{-5})(10)(1 \times 10^3 + 1 \times 10^3) = 0.2\text{mm}$$

② 힘-변위관계식:
$$\delta_P = \frac{P \cdot L_1}{E \cdot A_1} + \frac{P \cdot L_2}{E \cdot A_2}$$
$$= \frac{P(1 \times 10^3)}{(210,000)(1 \times 10^4)} + \frac{P(1 \times 10^3)}{(210,000)(5 \times 10^3)}$$

③ $\delta_A = -(\delta_{\Delta T}) + (\delta_P) = 0$ 으로부터

$$\frac{P(1 \times 10^3)}{(210,000)(10,000)} + \frac{P(1 \times 10^3)}{(210,000)(5,000)} = 0.2$$

$$\therefore P = 140,000\text{N} = 140\text{kN}$$

11. A지점이 고정이고 B지점이 힌지(hinge)인 부정정 보가 어떤 요인에 의하여 B지점이 B'으로 Δ만큼 침하하게 되었다. 이때 B'의 지점반력은?

① $\dfrac{3EI\Delta}{L^3}$

② $\dfrac{4EI\Delta}{L^3}$

③ $\dfrac{5EI\Delta}{L^3}$

④ $\dfrac{6EI\Delta}{L^3}$

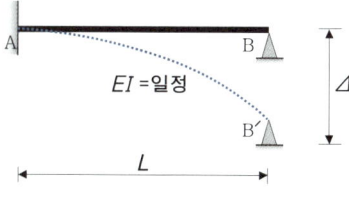

해설

캔틸레버보 자유단에 수직하중 R_B가 작용할 때의

처짐 $\Delta_B = \dfrac{1}{3} \cdot \dfrac{R_B \cdot L^3}{EI}$ 으로부터 $R_B = \dfrac{3EI \cdot \Delta_B}{L^3}$

12. 캔틸레버 보에서 하중을 받기 전 B점의 10mm 아래에 받침부(B')가 있다. 하중 200kN이 보의 중앙에 작용할 경우 B'에 작용하는 수직반력의 크기는? (단, $EI = 2.0 \times 10^{15} \text{N} \cdot \text{mm}^2$)

① 2kN
② 2.5kN
③ 3kN
④ 3.5kN

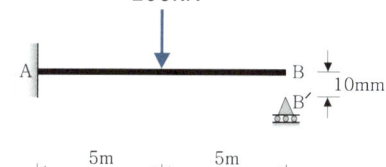

해설

(1) 집중하중에 의한 B점의 하향처짐: $\delta_{B1} = \dfrac{5}{48} \cdot \dfrac{PL^3}{EI}$

(2) 반력 R_B에 의한 B점의 상향처짐: $\delta_{B2} = \dfrac{1}{3} \cdot \dfrac{R_B \cdot L^3}{EI}$

(3) 변형의 적합조건:

$$\delta_B = \delta_{B1}(\downarrow) + \delta_{B2}(\uparrow) = \frac{5PL^3}{48EI} - \frac{R_B \cdot L^3}{3EI} = 10\text{mm}$$

(4) $R_B = \left(\dfrac{5PL^3}{48EI} - 10\right)\left(\dfrac{3EI}{L^3}\right)$

➡ $L = 10\text{m}$, $P = 200\text{kN}$을 대입한다.

$$R_B = \left(\frac{5(200 \times 10^3)(10 \times 10^3)^3}{48(2 \times 10^{15})} - 10\right) \cdot \left(\frac{3(2 \times 10^{15})}{(10 \times 10^3)^3}\right)$$

$$= 2,500\text{N} = 2.5\text{kN}$$

해답 10. ② 11. ① 12. ②

13. 단순보 중앙점 아래 10mm 떨어진 곳에 지점 C가 있다. 등분포하중 $w=10\text{kN/m}$를 받는 경우 수직반력 R_C는? (단, $EI=2.0\times10^{15}\text{N}\cdot\text{mm}^2$)

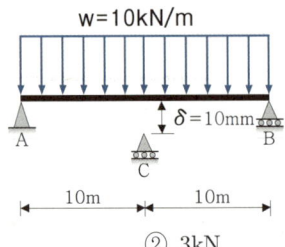

① 2kN ② 3kN
③ 4kN ④ 5kN

14. 그림과 같이 길이가 $2L$인 보에 w의 등분포하중이 작용할 때 중앙지점을 δ만큼 낮추면 중간지점의 반력(R_B)값은 얼마인가?

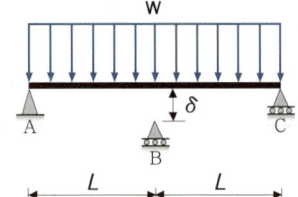

① $R_B = \dfrac{1wL}{4} - \dfrac{6\delta\cdot EI}{L^3}$ ② $R_B = \dfrac{3wL}{4} - \dfrac{6\delta\cdot EI}{L^3}$
③ $R_B = \dfrac{5wL}{4} - \dfrac{6\delta\cdot EI}{L^3}$ ④ $R_B = \dfrac{7wL}{4} - \dfrac{6\delta\cdot EI}{L^3}$

[해설]

(1) 등분포하중(w)에 의한 C점의 하향처짐:

$$\delta_{C1} = \frac{5}{384} \cdot \frac{wL^4}{EI}$$

(2) 반력 R_C에 의한 C점의 상향처짐:

$$\delta_{C2} = \frac{1}{48} \cdot \frac{V_C \cdot L^3}{EI}$$

(3) 변형의 적합조건:

$$\delta_C = \delta_{C1}(\downarrow) + \delta_{C2}(\uparrow)$$

$$= \frac{5}{384}\cdot\frac{wL^4}{EI} - \frac{1}{48}\cdot\frac{R_C\cdot L^3}{EI} = 10\text{mm}$$

(4) $R_C = \left(\dfrac{5}{384}\cdot\dfrac{(10)(20\times10^3)^4}{(2\times10^{15})} - 10\right)\cdot\left(\dfrac{48(2\times10^{15})}{(20\times10^3)^3}\right)$

$= 5{,}000\text{N} = 5\text{kN}$

[해설]

(1) 등분포하중(w)에 의한 B점의 하향처짐:

$$\delta_{B1} = \frac{5}{384}\cdot\frac{w(2L)^4}{EI} = \frac{5}{24}\cdot\frac{wL^4}{EI}$$

(2) 반력 R_B에 의한 B점의 상향처짐:

$$\delta_{B2} = \frac{1}{48}\cdot\frac{R_B(2L)^3}{EI} = \frac{1}{6}\cdot\frac{R_B\cdot L^3}{EI}$$

(3) 변형의 적합조건:

문제의 조건에서 중앙지점을 δ만큼 낮춘다고 하였으므로

$$\delta_B = \delta_{B1}(\downarrow) + \delta_{B2}(\uparrow)$$

$$= \frac{5}{24}\cdot\frac{wL^4}{EI} - \frac{1}{6}\cdot\frac{R_B\cdot L^3}{EI} = \delta$$

이것을 R_B에 대해 정리하면 $R_B = \dfrac{5wL}{4} - \dfrac{6EI\cdot\delta}{L^3}$

해답 13. ④ 14. ③

15. 그림(A)와 같이 하중을 받기 전에 지점 B와 보 사이에 Δ의 간격이 있는 보가 있다. 그림(B)와 같이 이 보에 등분포하중 q를 작용시켰을 때 지점 B의 반력이 qL이 되게 하려면 Δ의 크기를 얼마로 하여야 하는가? (단, EI는 일정)

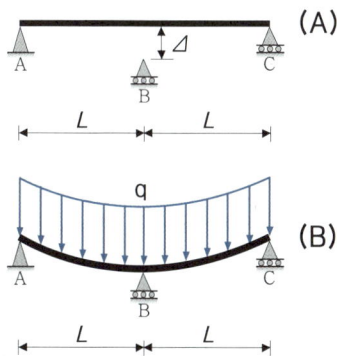

① $0.0208 \dfrac{qL^4}{EI}$ ② $0.0312 \dfrac{qL^4}{EI}$

③ $0.0417 \dfrac{qL^4}{EI}$ ④ $0.0521 \dfrac{qL^4}{EI}$

해설

(1) 등분포하중(w)에 의한 B점의 하향처짐:

$$\delta_{B1} = \frac{5q(2L)^4}{384EI} = \frac{80}{384} \cdot \frac{qL^4}{EI}$$

(2) 반력 V_B에 의한 B점의 상향처짐:

$$\delta_{B2} = \frac{V_B(2L)^3}{48EI} = \frac{(qL)(2L)^3}{48EI} = \frac{8}{48} \cdot \frac{qL^4}{EI}$$

(3) 변형의 적합조건:

$$\Delta = \delta_{B1}(\downarrow) + \delta_{B2}(\uparrow)$$

$$= \frac{80}{384} \cdot \frac{qL^4}{EI} - \frac{8}{48} \cdot \frac{qL^4}{EI}$$

$$= \frac{1}{24} \cdot \frac{qL^4}{EI} = 0.041667 \cdot \frac{qL^4}{EI}$$

16. 2경간 연속보의 중앙지점 B에서의 반력은? (단, EI는 일정하다.)

① $\dfrac{1}{25}P$

② $\dfrac{1}{15}P$

③ $\dfrac{1}{5}P$

④ $\dfrac{3}{10}P$

해설

(1) 정정기본형으로의 치환: 정정 단순보로 구조물을 이완하며, 수평하중 P는 C점에 모멘트하중 $P \times \dfrac{L}{5} = \dfrac{PL}{5}$로 작용한다.

(2) 모멘트하중 작용시 B점의 하향처짐:

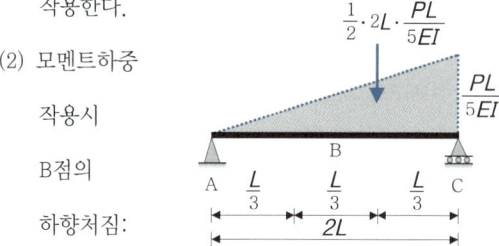

$$\sum M_C = 0 : +(V_A)(2L) - \left(\frac{1}{2} \cdot 2L \cdot \frac{PL}{5EI}\right)\left(\frac{2}{3}L\right) = 0$$

$$\therefore V_A = +\frac{PL^2}{15EI}$$

② $\delta_{B1} = +\left(\dfrac{PL^2}{15EI}\right)(L) - \left(\dfrac{1}{2} \cdot L \cdot \dfrac{PL}{10EI}\right)\left(\dfrac{L}{3}\right) = \dfrac{1}{20} \cdot \dfrac{PL^3}{EI}$

(3) 반력 V_B에 의한 B점의 상향처짐:

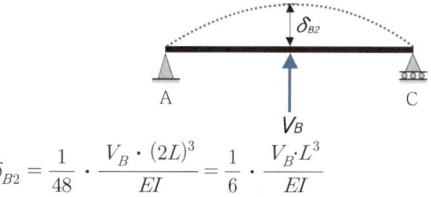

$$\delta_{B2} = \frac{1}{48} \cdot \frac{V_B \cdot (2L)^3}{EI} = \frac{1}{6} \cdot \frac{V_B \cdot L^3}{EI}$$

(4) 적합조건: B지점에서의 처짐은 0이라는 것이 관찰된다.

$$\delta_B = \delta_{B1}(\downarrow) + \delta_{B2}(\uparrow)$$

$$= +\frac{1}{20} \cdot \frac{PL^3}{EI} - \frac{1}{6} \cdot \frac{V_B \cdot L^3}{EI} = 0 \quad \therefore V_B = \frac{3}{10}P$$

해답   15. ③   16. ④

17. 2개의 보가 중앙에서 서로 연결되어 있고 단면과 EI가 일정하다면 길이가 짧은 보가 분담하는 하중의 크기는?

① $0.835P$
② $0.771P$
③ $0.500P$
④ $0.229P$

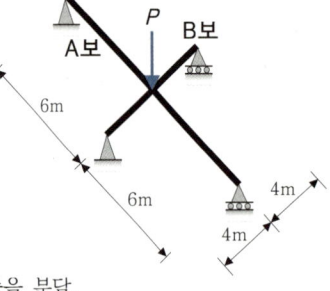

[해설]

(1) A보는 P_1의 하중을 분담,
B보는 P_2의 하중을 분담한다고 가정한다.

(2) 단순보 A의 하중작용점에서의 수직변위:

$$\delta_1 = \frac{1}{48} \cdot \frac{P_1 L^3}{EI} = \frac{1}{48} \cdot \frac{P_1 (12)^3}{EI}$$

(3) 단순보 B의 하중작용점에서의 수직변위:

$$\delta_2 = \frac{1}{48} \cdot \frac{P_2 L^3}{EI} = \frac{1}{48} \cdot \frac{P_1 (8)^3}{EI}$$

(4) 변형의 적합조건:

A보와 B보가 서로 직교하며 하중점에서의 변위는 같다.

$$\delta_1 = \delta_2 \Rightarrow \frac{1}{48} \cdot \frac{P_1(12)^3}{EI} = \frac{1}{48} \cdot \frac{P_2(8)^3}{EI}$$

으로부터 $P_1 = \frac{8^3}{12^3} P_2 = 0.296 P_2$

(5) 힘의 평형조건:

$P = P_1 + P_2$ 으로부터

$P = 0.296 P_2 + P_2 = 1.296 P_2$ 이므로 $P_2 = 0.771P$

18. 양단 고정보의 중앙점 C에 집중하중 P가 작용한다. C점의 처짐 δ_c는? (단, 보의 EI는 일정하다.)

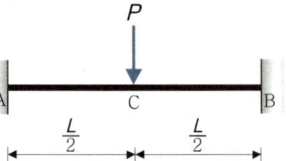

① $\delta_c = 0.00521 \dfrac{PL^3}{EI}$
② $\delta_c = 0.00511 \dfrac{PL^3}{EI}$
③ $\delta_c = 0.00501 \dfrac{PL^3}{EI}$
④ $\delta_c = 0.00491 \dfrac{PL^3}{EI}$

[해설]

(1) 정정기본형으로의 치환: 정정 단순보로 구조물을 이완

(2) 집중하중 작용시 C점의 하향처짐:

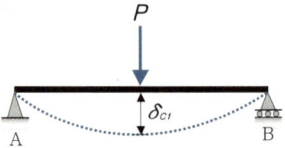

$$\delta_{C1} = \frac{1}{48} \cdot \frac{PL^3}{EI} (\downarrow)$$

(3) 부정정력 M_A와 M_B에 의한 C점의 상향처짐:

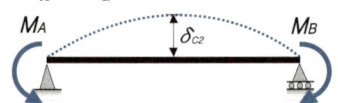

$$\delta_{C2} = \frac{1}{8} \cdot \frac{ML^2}{EI} = \frac{1}{8} \cdot \left(\frac{PL}{8}\right) \cdot \frac{L^2}{EI} = \frac{1}{64} \cdot \frac{PL^3}{EI} (\uparrow)$$

(4) 변형의 적합조건:

$$\delta_C = \delta_{C1}(\downarrow) + \delta_{C2}(\uparrow)$$

$$= \frac{1}{48} \cdot \frac{PL^3}{EI} - \frac{1}{64} \cdot \frac{PL^3}{EI} = \frac{1}{192} \cdot \frac{PL^3}{EI}$$

$$= 0.005208 \cdot \frac{PL^3}{EI}$$

해답 17. ② 18. ①

19. 길이 L인 양단 고정보 중앙에 1kN의 집중하중이 작용하여 중앙점의 처짐이 1mm 이하가 되려면 L은 최대 얼마 이하이어야 하는가?
(단, $E = 2 \times 10^5 \text{MPa}$, $I = 1 \times 10^8 \text{mm}^4$)

① 7.2m ② 10m
③ 12.4m ④ 15.6m

해설

양단고정보의 중앙에 집중하중 작용시

$$\delta_C = \frac{1}{192} \cdot \frac{PL^3}{EI} = \frac{1}{192} \cdot \frac{(1 \times 10^3) \cdot L^3}{(2 \times 10^5)(1 \times 10^8)} = 1 \text{mm}$$

으로부터 $L = 15,659 \text{mm} = 15.659 \text{m}$

20. 길이 L인 양단고정보 중앙에 2kN의 집중하중이 작용하여 중앙점의 처짐이 5mm 이하가 되려면 L은 최대 얼마 이하이어야 하는가?
(단, $E = 2 \times 10^5 \text{MPa}$, $I = 1 \times 10^6 \text{mm}^4$)

① 3.247m ② 3.776m
③ 4.578m ④ 5.241m

해설

양단고정보의 중앙에 집중하중 작용시

$$\delta_C = \frac{1}{192} \cdot \frac{PL^3}{EI} = \frac{1}{192} \cdot \frac{(2 \times 10^3) \cdot L^3}{(2 \times 10^5)(1 \times 10^6)} = 5 \text{mm}$$

으로부터 $L = 4,578 \text{mm} = 4.578 \text{m}$

21. 양단고정보에서 중앙점의 최대처짐은?

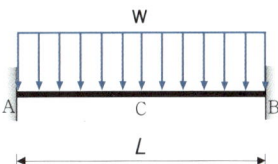

① $\dfrac{wL^4}{384EI}$ ② $\dfrac{3wL^3}{384EI}$

③ $\dfrac{5wL^3}{384EI}$ ④ $\dfrac{41wL^4}{384EI}$

해설

(1) 정정기본형으로의 치환: 정정 단순보로 구조물을 이완

(2) 등분포하중 작용시 C점의 하향처짐:

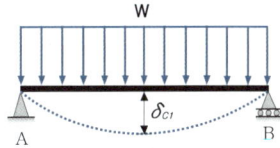

$$\delta_{C1} = \frac{5}{384} \cdot \frac{wL^4}{EI}(\downarrow)$$

(3) 부정정력 M_A와 M_B에 의한 C점의 상향처짐:

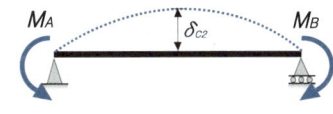

$$\delta_{C2} = \frac{1}{8} \cdot \frac{ML^2}{EI} = \frac{1}{8} \cdot \left(\frac{wL^2}{12}\right) \cdot \frac{L^2}{EI}$$

$$= \frac{1}{96} \cdot \frac{wL^4}{EI}(\uparrow)$$

(4) 변형의 적합조건:

$$\delta_C = \delta_{C1}(\downarrow) + \delta_{C2}(\uparrow)$$

$$= \frac{5}{384} \cdot \frac{wL^4}{EI} - \frac{1}{96} \cdot \frac{wL^4}{EI} = \frac{1}{384} \cdot \frac{wL^4}{EI}$$

해답 19. ④ 20. ③ 21. ①

22. 그림과 같은 연속보의 B점에서의 반력을 구하면? (단, $E = 2.1 \times 10^5 \text{MPa}$, $I = 1.6 \times 10^8 \text{mm}^4$)

① 63kN
② 75kN
③ 97kN
④ 101kN

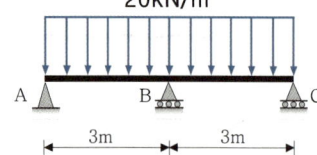

해설

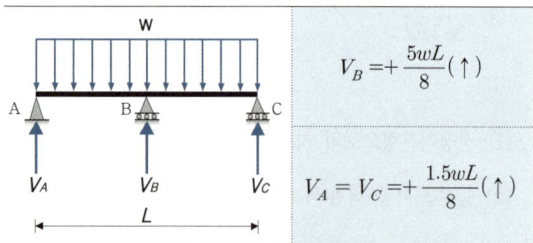

$V_B = +\frac{5wL}{8} = +\frac{5(20)(6)}{8} = +75\text{kN}(\uparrow)$

23. 다음 연속보에서 B점의 지점반력을 구한 값은?

① 100kN
② 150kN
③ 200kN
④ 250kN

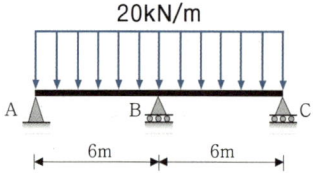

해설

$V_B = +\frac{5wL}{8} = +\frac{5(20)(12)}{8} = +150\text{kN}(\uparrow)$

24. 다음 연속보에서 B점의 지점반력을 구한 값은?

① 240kN
② 280kN
③ 300kN
④ 320kN

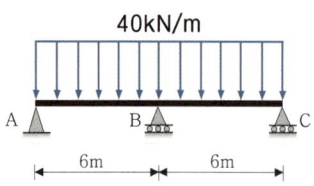

해설

$V_B = +\frac{5wL}{8} = +\frac{5(40)(12)}{8} = +300\text{kN}(\uparrow)$

25. 2경간 연속보에 등분포하중 $w = 4\text{kN/m}$가 작용할 때 A지점으로부터 전단력이 0이 되는 위치 x는?

① 0.65m
② 0.75m
③ 0.85m
④ 0.95m

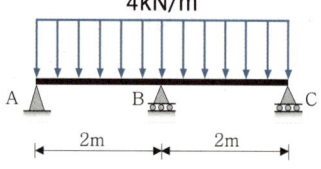

해설

(1) $V_A = +\frac{1.5wL}{8} = +\frac{1.5(4)(4)}{8} = +3\text{kN}(\uparrow)$

(2) $M_x = +(3)(x) - (4 \cdot x)\left(\frac{x}{2}\right) = 3x - 2x^2$

(3) $V = \frac{dM_x}{dx} = 3 - 4x = 0$ 으로부터 ∴ $x = 0.75\text{m}$

26. 그림과 같은 1차 부정정 구조물의 A지점의 반력은?

① $+\frac{5P}{16}$
② $+\frac{11P}{16}$
③ $-\frac{3P}{16}$
④ $+\frac{5P}{32}$

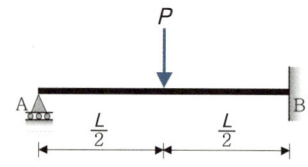

해설

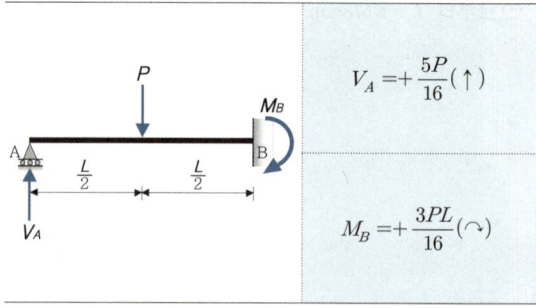

$V_A = +\frac{5P}{16}(\uparrow)$

$M_B = +\frac{3PL}{16}(\curvearrowleft)$

해답 22. ② 23. ② 24. ③ 25. ② 26. ①

27. 그림과 같이 1단 고정, 타단 가동지점의 보에 집중하중이 작용할 때 고정지점 B의 휨모멘트 크기는?

① 56.3kN·m
② 37.5kN·m
③ 28.0kN·m
④ 75.0kN·m

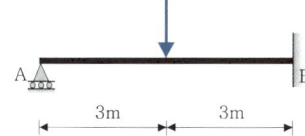

해설

$$M_{B,Right} = -\left[+\left(\frac{3PL}{16}\right)\right] = -\frac{3(50)(6)}{16} = -56.25\text{kN}\cdot\text{m}(\frown)$$

28. 다음 부정정보에서 B점의 반력은? (단, *EI*는 일정)

① $\frac{5}{16}wL(\uparrow)$
② $\frac{3}{4}wL(\uparrow)$
③ $\frac{3}{8}wL(\uparrow)$
④ $\frac{3}{16}wL(\uparrow)$

해설

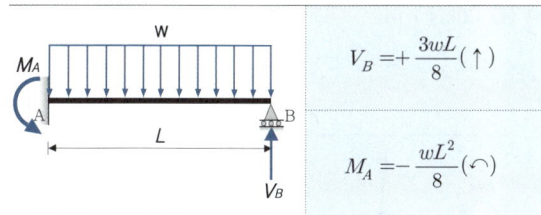

29. 그림과 같은 구조물에 등분포하중이 작용할 때 A점의 수직반력은?

① $\frac{3}{4}wL$
② $\frac{5}{8}wL$
③ $\frac{3}{8}wL$
④ $\frac{7}{8}wL$

해설

$$V_B = +\frac{3wL}{8}(\uparrow) \implies V_A = +\frac{5wL}{8}(\uparrow)$$

30. 다음 구조물에서 B점에 발생하는 수직반력 값은?

① 60kN·m
② 80kN·m
③ 100kN·m
④ 120kN·m

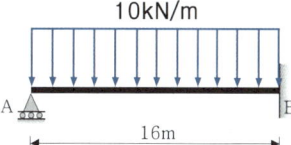

해설

$$V_A = +\frac{5wL}{8} = +\frac{5(10)(16)L}{8} = +100\text{kN}(\uparrow)$$

31. 1차 부정정보에서 B점으로부터 전단력이 0이 되는 위치까지의 거리는?

① 3.25m
② 3.75m
③ 4.25m
④ 4.75m

해설

(1) $V_B = +\frac{3wL}{8} = +\frac{3(10)(10)}{8} = +37.5\text{kN}(\uparrow)$

(2) $V_{x,Right} = -[-(10 \times x)+(37.5)] = +10x - 37.5 = 0$

으로부터 $x = 3.75\text{m}$

32. 다음 보의 A단에 작용하는 휨모멘트는?

① $-\frac{1}{4}wL^2$
② $-\frac{1}{8}wL^2$
③ $-\frac{1}{12}wL^2$
④ $-\frac{1}{24}wL^2$

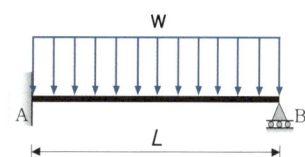

해설

$$M_{A,Left} = +\left[-\left(\frac{wL^2}{8}\right)\right] = -\frac{wL^2}{8}(\frown)$$

해답 27. ① 28. ③ 29. ② 30. ③ 31. ② 32. ②

33. 그림과 같은 보에서 C점의 휨모멘트는?

① $\dfrac{1}{16}wL^2$
② $\dfrac{1}{12}wL^2$
③ $\dfrac{3}{32}wL^2$
④ $\dfrac{1}{24}wL^2$

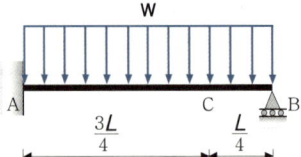

해설

$M_{C,Right} = -\left[+\left(w \cdot \dfrac{L}{4}\right)\left(\dfrac{L}{4} \cdot \dfrac{1}{2}\right) - \left(\dfrac{3wL}{8}\right)\left(\dfrac{L}{4}\right)\right]$

$= +\dfrac{wL^2}{16}(\smile)$

34. 주어진 보에서 지점 A의 휨모멘트(M_A) 및 반력 R_A의 크기로 옳은 것은?

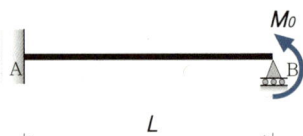

① $M_A = \dfrac{M_o}{2},\ R_A = \dfrac{3M_o}{2L}$
② $M_A = M_o,\ R_A = \dfrac{M_o}{L}$
③ $M_A = \dfrac{M_o}{2},\ R_A = \dfrac{5M_o}{2L}$
④ $M_A = M_o,\ R_A = \dfrac{2M_o}{L}$

해설

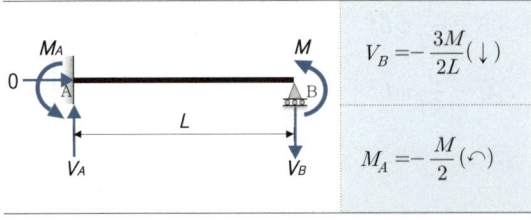

$V_B = -\dfrac{3M}{2L}(\downarrow)$

$M_A = -\dfrac{M}{2}(\frown)$

35. 그림과 같은 보의 지점 A에 100kN·m의 모멘트가 작용하면 B점에 발생하는 휨모멘트의 크기는?

① 10kN·m
② 25kN·m
③ 50kN·m
④ 100kN·m

해설

(1) 모멘트반력: $M_B = +\dfrac{M}{2} = +\dfrac{(100)}{2} = +50\text{kN} \cdot \text{m}(\frown)$

(2) 휨모멘트: $M_B = -50\text{kN} \cdot \text{m}(\frown)$

36. 다음 그림에서 B점의 고정단 모멘트는?

① 30kN·m
② 40kN·m
③ 25kN·m
④ 36kN·m

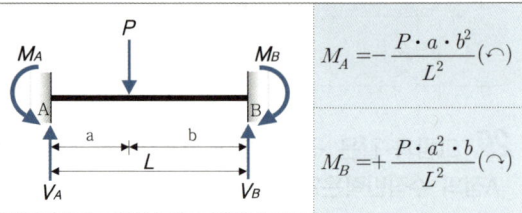

해설

$M_A = -\dfrac{P \cdot a \cdot b^2}{L^2}(\frown)$

$M_B = +\dfrac{P \cdot a^2 \cdot b}{L^2}(\frown)$

$M_{B,Right} = -\left[+\left(\dfrac{P \cdot a^2 \cdot b}{L^2}\right)\right]$

$= -\dfrac{(50)(3)^2(2)}{(5)^2} = -36\text{kN} \cdot \text{m}(\frown)$

해답 33. ① 34. ① 35. ③ 36. ④

37. 양단고정보에 집중이동하중 P가 작용할 때 A점의 고정단모멘트가 최대가 되기 위한 하중 P의 위치는?

① $x = \dfrac{L}{2}$

② $x = \dfrac{L}{3}$

③ $x = \dfrac{L}{4}$

④ $x = \dfrac{L}{5}$

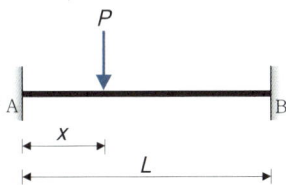

해설

(1) $M_A = -\dfrac{P \cdot a \cdot b^2}{L^2}$ 로부터 $a = x$, $b = L - x$ 로 치환하면

$M_A = -\dfrac{P \cdot x \cdot (L-x)^2}{L^2} = -\dfrac{P}{L^2}(L^2 \cdot x - 2L \cdot x^2 + x^3)$

(2) M_A가 최대가 되려면 $\dfrac{dM_A}{dx} = 0$ 이어야 한다.

$\dfrac{dM_A}{dx} = -\dfrac{P}{L^2}(L^2 - 4L \cdot x + 3x^2) = 0$ 으로부터

$(L-3x)(L-x) = 0$ ∴ $x = \dfrac{L}{3}$ 또는 L

38. 그림과 같은 양단 고정보 중앙점의 휨모멘트는?

① $\dfrac{wL^2}{12}$

② $\dfrac{wL^2}{16}$

③ $\dfrac{wL^2}{18}$

④ $\dfrac{wL^2}{24}$

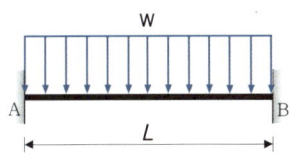

해설

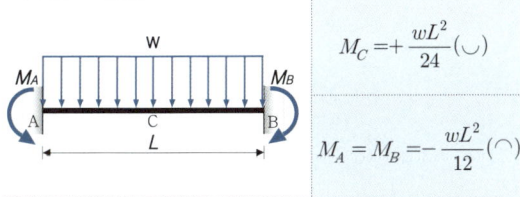

$M_C = +\dfrac{wL^2}{24}(\cup)$

$M_A = M_B = -\dfrac{wL^2}{12}(\frown)$

39. 그림과 같은 양단 고정보 중앙의 휨모멘트는?

① $0.1 \text{kN} \cdot \text{m}$

② $0.2 \text{kN} \cdot \text{m}$

③ $0.3 \text{kN} \cdot \text{m}$

④ $0.4 \text{kN} \cdot \text{m}$

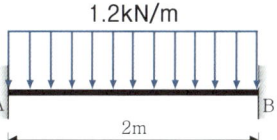

해설

$M_C = +\dfrac{wL^2}{24} = +\dfrac{(1.2)(2)^2}{24} = +0.2 \text{kN} \cdot \text{m}(\cup)$

40. 양단 고정보에 등분포하중이 작용할 때 A점에 발생하는 휨모멘트는?

① $-\dfrac{wL^2}{4}$

② $-\dfrac{wL^2}{6}$

③ $-\dfrac{wL^2}{8}$

④ $-\dfrac{wL^2}{12}$

해설 $M_A = -\dfrac{wL^2}{12}(\frown)$

41. 그림과 같은 양단고정보에서 지점 A의 휨모멘트 절대값과 보 중앙에서의 휨모멘트 절대값의 합은?

① $\dfrac{wL^2}{8}$

② $\dfrac{wL^2}{12}$

③ $\dfrac{wL^2}{24}$

④ $\dfrac{wL^2}{36}$

해설

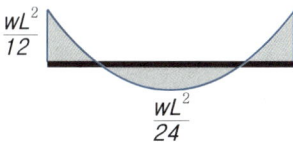

$\left|-\dfrac{wL^2}{12}\right| + \left|+\dfrac{wL^2}{24}\right| = \dfrac{wL^2}{8}$

해답 37. ② 38. ④ 39. ② 40. ④ 41. ①

42. (A)구조물의 최대 정모멘트가 200kN·m 라면 (B)구조물의 최대 휨모멘트의 크기는? (단, 두 구조물의 EI는 같다.)

① $100\text{kN}\cdot\text{m}$
② $\dfrac{200}{3}\text{kN}\cdot\text{m}$
③ $100\sqrt{2}\text{kN}\cdot\text{m}$
④ $\dfrac{400}{3}\text{kN}\cdot\text{m}$

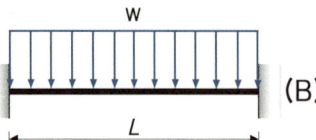

해설

(1) $M_{(A),\max}=+\dfrac{wL^2}{8}=200\text{kN}\cdot\text{m}$ 로부터

$wL^2=1{,}600\text{kN}\cdot\text{m}$

(2) $M_{(B),\max}=-\dfrac{wL^2}{12}=-\dfrac{(1{,}600)}{12}=-\dfrac{400}{3}\text{kN}\cdot\text{m}(\frown)$

43. 그림과 같은 양단고정보가 등분포하중 w를 받고 있다. 휨모멘트가 0이 되는 위치는 지점 A로부터 약 얼마 떨어진 곳에 있는가? (단, EI는 일정하다.)

① $0.112L$
② $0.212L$
③ $0.332L$
④ $0.412L$

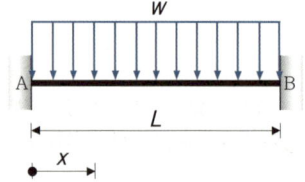

해설

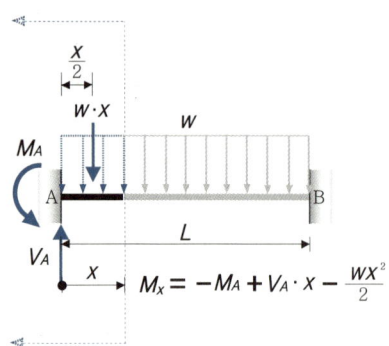

$M_x=-\dfrac{wL^2}{12}+\dfrac{wL}{2}\cdot x-\dfrac{w}{2}\cdot x^2=0$ 으로부터

$6x^2-6L\cdot x+L^2=0$ 이므로 $x=212L$ 또는 $x=788L$

44. 그림과 같은 양단고정보에 30kN/m의 등분포하중과 100kN의 집중하중이 작용할 때 A점의 휨모멘트는?

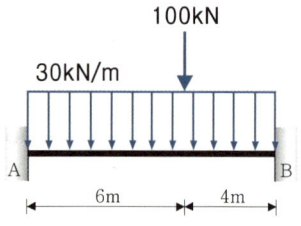

① $-368\text{kN}\cdot\text{m}$
② $-346\text{kN}\cdot\text{m}$
③ $-328\text{kN}\cdot\text{m}$
④ $-316\text{kN}\cdot\text{m}$

해설

(1) 중첩의 원리(Method of Superposition):

집중하중이 작용하는 양단고정보 상태의 모멘트반력과 등분포하중이 작용하는 양단고정보 상태의 모멘트반력을 더한다.

(2) $M_A=\left[-\dfrac{P\cdot a\cdot b^2}{L^2}\right]+\left[-\dfrac{wL^2}{12}\right]$

$=\left[-\dfrac{(100)(6)(4)^2}{(10)^2}\right]+\left[-\dfrac{(30)(10)^2}{12}\right]$

$=-346\text{kN}\cdot\text{m}(\frown)$

(3) $M_{A,Left}=+[-(346)]=-346\text{kN}\cdot\text{m}(\frown)$

해답 42. ④ 43. ② 44. ②

제11장 부정정구조: 3연모멘트법

COTENTS

1 3연 모멘트법(Clapeyron's Theorem of Three Moment) ··· 366
- 핵심문제 ··· 372

11 부정정 구조: 3연모멘트법

CHECK

3연 모멘트법(Clapeyron's Theorem of Three Moment)을 적용한 부정정 연속보의 해석

1 3연 모멘트법(Clapeyron's Theorem of Three Moment)

1 3연모멘트법 기본 방정식

Clapeyron, 1857

부정정 연속보의 지점모멘트를 부정정 여력으로 취하면 각 지점에서 방정식을 얻을 수 있어 이를 연립시켜 풀어내면 지점모멘트를 구할 수 있다.
즉, 임의의 연속된 3개 지점에서 방정식을 만들어 부정정 보를 해석하는 방법을 3연모멘트법이라 한다.

해석 구조물	경간 I_1, I_2 / 지간 L_1, L_2 (A–B–C)
기본 방정식	$\left(\dfrac{L_1}{I_1}\right)M_A + 2\left(\dfrac{L_1}{I_1} + \dfrac{L_2}{I_2}\right)M_B + \left(\dfrac{L_2}{I_2}\right)M_C$ $= 6E(\theta_{B,Left} - \theta_{B,Right}) + 6E(\beta_B - \beta_C)$

M_A, M_B, M_C : 지점에서의 휨모멘트

↓

실제 계산에서는 양끝 지점에서 $M_A = 0$, $M_C = 0$이 된다.

학습POINT

2 3연모멘트법의 적용: 지점침하가 없는 경우

(1) 해석요령
 ① 연속 경간(Span)인 경우 양 지점의 휨모멘트는 0이므로 M_A, M_B, M_C의 3개의 미지수를 취한다.
 ② 적용범위는 3지점 간을 한 구간으로 나누어 계산한다.

(2) $\theta_{B,Left}$, $\theta_{B,Right}$
 작용하는 하중으로 인한 B점 좌우의 단순보에 발생하는 처짐각을 말한다. ■ 하중이 없으면 0이 된다.

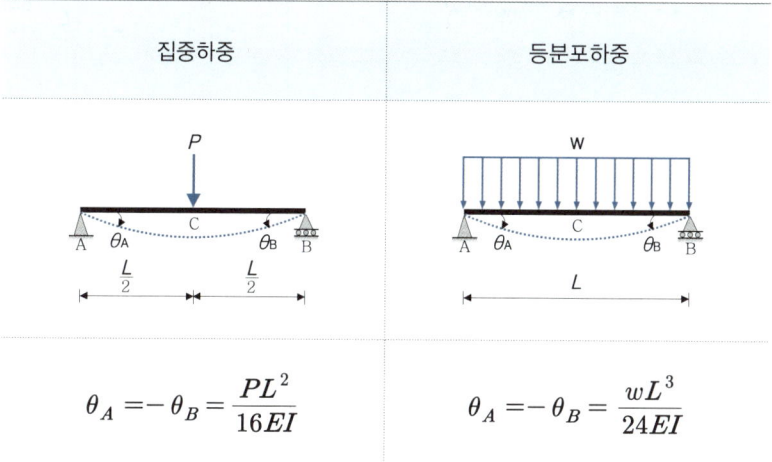

집중하중	등분포하중
$\theta_A = -\theta_B = \dfrac{PL^2}{16EI}$	$\theta_A = -\theta_B = \dfrac{wL^3}{24EI}$

핵심예제 1

그림과 같은 연속보에서 M_B의 크기는? (단, EI는 일정)

① 2.88kN·m
② 2.48kN·m
③ 2.08kN·m
④ 1.68kN·m

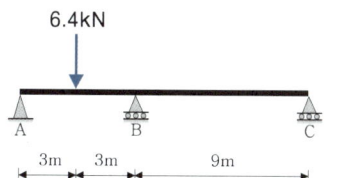

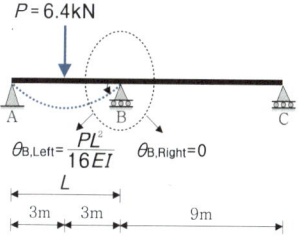

해설 (1) 보 A-B-C 에서 $M_A = 0$, $M_C = 0$

(2) $2\left(\dfrac{L}{I} + \dfrac{1.5L}{I}\right)M_B = 6E\left(-\dfrac{PL^2}{16EI}\right)$ 로부터

$5M_B = -\dfrac{6PL}{16}$ 이므로 $M_B = -\dfrac{6(6.4)(6)}{80} = -2.88$ kN·m

답 : ①

핵심예제 2

그림과 같은 연속보의 B점과 C점 중간에 100kN의 하중이 작용할 때 B점에서의 휨모멘트(M)는? (단, 탄성계수 E와 단면2차모멘트 I는 전구간에 걸쳐 일정하다.)

① $-50\text{kN}\cdot\text{m}$
② $-75\text{kN}\cdot\text{m}$
③ $-100\text{kN}\cdot\text{m}$
④ $-150\text{kN}\cdot\text{m}$

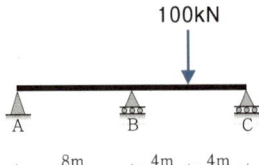

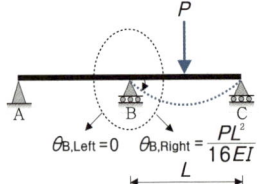

해설 (1) 보 A–B–C 에서 $M_A=0$, $M_C=0$

(2) $2\left(\dfrac{L}{I}+\dfrac{L}{I}\right)M_B=6E\left(-\dfrac{PL^2}{16EI}\right)$ 로부터 $4M_B=-\dfrac{6PL}{16}$ 이므로

$M_B=-\dfrac{6PL}{64}=-\dfrac{6(100)(8)}{64}=-75\text{kN}\cdot\text{m}$

답 : ②

핵심예제 3

2경간 연속보의 첫 경간에 등분포하중이 작용한다. 중앙지점 B의 휨모멘트는?

① $-\dfrac{1}{24}wL^2$
② $-\dfrac{1}{16}wL^2$
③ $-\dfrac{1}{12}wL^2$
④ $-\dfrac{1}{8}wL^2$

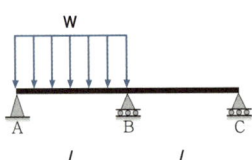

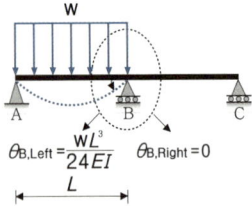

해설 (1) 보 A–B–C 에서 $M_A=0$, $M_C=0$

(2) $2\left(\dfrac{L}{I}+\dfrac{L}{I}\right)M_B=6E\left(-\dfrac{wL^3}{24EI}\right)$ 로부터 $4M_B=-\dfrac{wL^2}{4}$ 이므로

$M_B=-\dfrac{wL^2}{16}$

답 : ②

핵심예제 4

그림과 같은 연속보에서 B점의 휨모멘트 M_B의 값은?

① $-\dfrac{wL^2}{2}$

② $-\dfrac{wL^2}{4}$

③ $-\dfrac{wL^2}{8}$

④ $-\dfrac{wL^2}{12}$

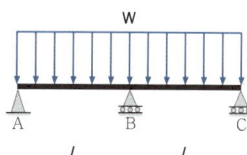

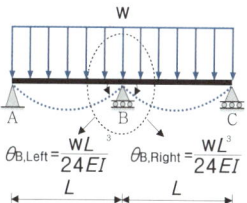

해설 (1) 보 A-B-C 에서 $M_A = 0$, $M_C = 0$

(2) $2\left(\dfrac{L}{I} + \dfrac{L}{I}\right)M_B = 6E\left(-\dfrac{wL^3}{24EI} - \dfrac{wL^3}{24EI}\right)$ 로부터 $M_B = -\dfrac{wL^2}{8}$

답 : ③

핵심예제 5

그림과 같은 연속보에서 지점 모멘트 M_B 는? (단, EI는 일정하다.)

① $-\dfrac{wL^2}{4}$

② $-\dfrac{wL^2}{8}$

③ $-\dfrac{wL^2}{10}$

④ $-\dfrac{wL^2}{12}$

해설 (1) 보 A-B-C : $2\left(\dfrac{L}{I} + \dfrac{L}{I}\right)M_B + \left(\dfrac{L}{I}\right)M_C = 6E\left(-\dfrac{wL^3}{24EI} - \dfrac{wL^3}{24EI}\right)$

➡ $4M_B + M_C = -\dfrac{wL^2}{2}$ ········ ①

■ 보 A-B-C 에서 $M_A = 0$

(2) 보 B-C-D : $\left(\dfrac{L}{I}\right)M_B + 2\left(\dfrac{L}{I} + \dfrac{L}{I}\right)M_C = 6E\left(-\dfrac{wL^3}{24EI} - \dfrac{wL^3}{24EI}\right)$

➡ $M_B + 4M_C = -\dfrac{wL^2}{2}$ ········ ②

■ 보 B-C-D 에서 $M_D = 0$

(3) ①, ②를 연립하면 $M_B = -\dfrac{wL^2}{10}$

답 : ③

3 3연모멘트법의 적용: 지점침하가 있는 경우

β_B, β_C ➡ 침하에 의한 부재각을 말하며, 침하가 없으면 부재각은 0이 된다. 다음의 예를 통해 침하에 의한 부재각을 연습해 보자.

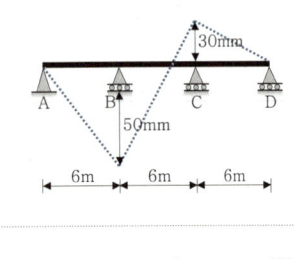

- $\beta_B = \dfrac{\delta_B}{L_{AB}} = +\dfrac{50}{6,000}$

- $\beta_C = \dfrac{\delta_C}{L_{BC}} = -\dfrac{50+30}{6,000} = -\dfrac{80}{6,000}$

- $\beta_D = \dfrac{\delta_D}{L_{CD}} = +\dfrac{30}{6,000}$ (시계방향)

- $+$ ➡ 시계방향
- $-$ ➡ 반시계방향

핵심예제 6

다음 부정정보의 B지점에 침하가 발생하였다. 발생된 침하량이 10mm라면 이로 인한 B지점의 모멘트는 얼마인가?
(단, $EI = 1 \times 10^9 \text{N} \cdot \text{mm}^2$)

① 1,675N · mm
② 1,775N · mm
③ 1,875N · mm
④ 1,975N · mm

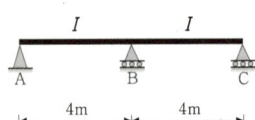

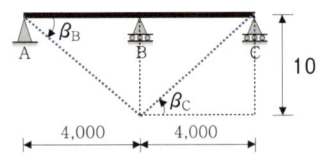

해설 (1) $\beta_B = \left(\dfrac{\Delta}{L}\right)_{AB} = +\dfrac{10}{4,000}$, $\beta_C = \left(\dfrac{\Delta}{L}\right)_{BC} = -\dfrac{10}{4,000}$

(2) $2\left(\dfrac{L}{I} + \dfrac{L}{I}\right) M_B = 6E\left[\left(+\dfrac{10}{4,000}\right) - \left(-\dfrac{10}{4,000}\right)\right]$ 으로부터

$4L \cdot M_B = 6EI \cdot \dfrac{1}{200}$ 이므로

$M_B = \dfrac{6EI}{4L} \cdot \dfrac{1}{200} = \dfrac{6(1 \times 10^9)}{4(4 \times 10^3)} \cdot \dfrac{1}{200} = 1,875 \text{N} \cdot \text{mm}$

답 : ③

핵심예제7

그림과 같은 2경간 연속보에서 B점이 50mm 아래로 침하하고, C점이 20mm 위로 상승하는 변위를 각각 취했을 때 B점의 휨모멘트로서 옳은 것은?

① $\dfrac{200EI}{L^2}$ ② $\dfrac{180EI}{L^2}$
③ $\dfrac{150EI}{L^2}$ ④ $\dfrac{120EI}{L^2}$

[해설] (1) $\beta_B = \left(\dfrac{\Delta}{L}\right)_{AB} = +\dfrac{50}{L}$, $\beta_C = \left(\dfrac{\Delta}{L}\right)_{BC} = -\dfrac{50+20}{L} = -\dfrac{70}{L}$

(2) $2\left(\dfrac{L}{I} + \dfrac{L}{I}\right)M_B = 6E\left[\left(+\dfrac{50}{L}\right) - \left(-\dfrac{70}{L}\right)\right]$ 으로부터 $M_B = \dfrac{180EI}{L^2}$.

답 : ②

핵심예제8

그림과 같은 3경간 연속보의 B점이 50mm 아래로 침하하고 C점이 20mm 위로 상승하는 변위를 각각 보였을 때 B점의 휨모멘트 M_B를 구한 값은? (단, $EI = 8 \times 10^{13} \text{N} \cdot \text{mm}^2$)

① $3.52 \times 10^8 \text{N} \cdot \text{mm}$
② $4.85 \times 10^8 \text{N} \cdot \text{mm}$
③ $5.07 \times 10^8 \text{N} \cdot \text{mm}$
④ $6.23 \times 10^8 \text{N} \cdot \text{mm}$

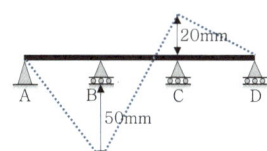

[해설] (1) $\beta_B = +\dfrac{50}{6,000}$, $\beta_C = -\dfrac{70}{6,000}$, $\beta_D = +\dfrac{20}{6,000}$

(2) 보 A-B-C : $2\left(\dfrac{6,000}{I} + \dfrac{6,000}{I}\right)M_B + \left(\dfrac{6,000}{I}\right)M_C = 6E\left[\left(+\dfrac{50}{6,000}\right) - \left(-\dfrac{70}{6,000}\right)\right]$ ■ 보 A-B-C 에서 $M_A = 0$

➡ $24,000 M_B + 6,000 M_C = 0.12 EI$ ········ ①

(3) 보 B-C-D : $\left(\dfrac{6,000}{I}\right)M_B + 2\left(\dfrac{6,000}{I} + \dfrac{6,000}{I}\right)M_C = 6E\left[\left(-\dfrac{70}{6,000}\right) - \left(+\dfrac{20}{6,000}\right)\right]$ ■ 보 B-C-D 에서 $M_D = 0$

➡ $6,000 M_B + 24,000 M_C = -0.09 EI$ ········ ②

(4) ①, ②를 연립하면

$$M_B = \dfrac{19EI}{3 \times 10^6} = \dfrac{19(8 \times 10^{13})}{3 \times 10^6} = 5.06667 \times 10^8 \text{N} \cdot \text{mm}$$

답 : ③

핵심문제

CHAPTER 11 3연모멘트법

1. 3연 모멘트의 사용처로 가장 적당한 곳은?

① 트러스 해석　② 연속보 해석
③ 라멘 해석　④ 아치 해석

해설
② 3연 모멘트법은 부정정 연속보의 해석에 탁월한 해법이다.

2. 그림과 같은 연속보에서 M_B의 크기는? (단, EI는 일정하다.)

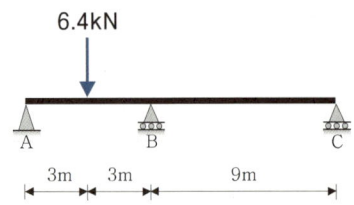

① 2.88kN·m　② 2.48kN·m
③ 2.08kN·m　④ 1.68kN·m

해설

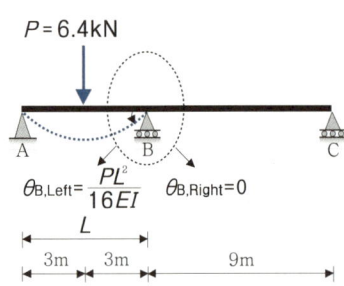

$2\left(\dfrac{L}{I}+\dfrac{1.5L}{I}\right)M_B = 6E\left(-\dfrac{PL^2}{16EI}\right)$ 으로부터

$5M_B = -\dfrac{6PL}{16}$ 이므로 $M_B = -\dfrac{6(6.4)(6)}{80} = -2.88\text{kN}\cdot\text{m}$

3. 그림과 같은 연속보의 B점과 C점 중간에 100kN의 하중이 작용할 때 B점에서의 휨모멘트(M)는? (단, 탄성계수 E와 단면2차모멘트 I는 전구간에 걸쳐 일정하다.)

① $-50\text{kN}\cdot\text{m}$
② $-75\text{kN}\cdot\text{m}$
③ $-100\text{kN}\cdot\text{m}$
④ $-150\text{kN}\cdot\text{m}$

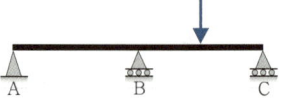

해설

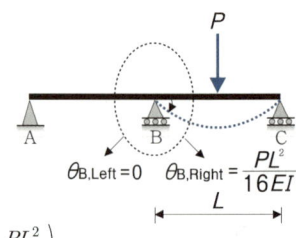

$2\left(\dfrac{L}{I}+\dfrac{L}{I}\right)M_B = 6E\left(-\dfrac{PL^2}{16EI}\right)$ 으로부터

$M_B = -\dfrac{6PL}{64} = -\dfrac{6(100)(8)}{64} = -75\text{kN}\cdot\text{m}$

4. 2경간 연속보의 첫 경간에 등분포하중이 작용한다. 중앙지점 B의 휨모멘트는?

① $-\dfrac{1}{24}wL^2$
② $-\dfrac{1}{16}wL^2$
③ $-\dfrac{1}{12}wL^2$
④ $-\dfrac{1}{8}wL^2$

해설

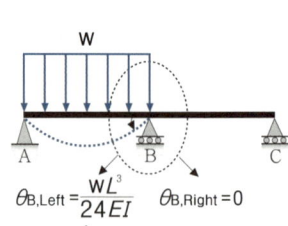

$2\left(\dfrac{L}{I}+\dfrac{L}{I}\right)M_B = 6E\left(-\dfrac{wL^3}{24EI}\right)$ 로부터　$M_B = -\dfrac{wL^2}{16}$

해답　1. ②　2. ①　3. ②　4. ②

5. 1차 부정정보의 중앙 지점에서의 휨모멘트는?
(단, EI는 일정)

① $-1\text{kN}\cdot\text{m}$
② $-2.5\text{kN}\cdot\text{m}$
③ $-3.3\text{kN}\cdot\text{m}$
④ $-5\text{kN}\cdot\text{m}$

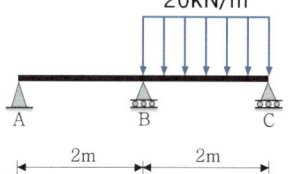

해설

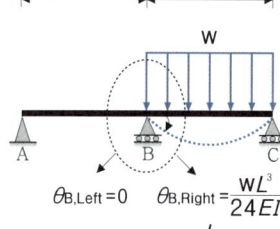

$2\left(\dfrac{L}{I}+\dfrac{L}{I}\right)M_B=6E\left(-\dfrac{wL^3}{24EI}\right)$ 로부터

$M_B=-\dfrac{wL^2}{16}=-\dfrac{(20)(2)^2}{16}=-5\text{kN}\cdot\text{m}$

6. 그림과 같은 연속보에서 B점의 휨모멘트 M_B는?

① $-\dfrac{wL^2}{2}$
② $-\dfrac{wL^2}{4}$
③ $-\dfrac{wL^2}{8}$
④ $-\dfrac{wL^2}{12}$

해설

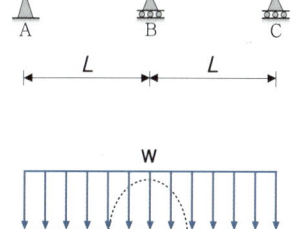

$2\left(\dfrac{L}{I}+\dfrac{L}{I}\right)M_B=6E\left(-\dfrac{wL^3}{24EI}-\dfrac{wL^3}{24EI}\right)$로부터

$M_B=-\dfrac{wL^2}{8}$

7. 그림과 같은 연속보에서 지점모멘트 M_B는?
(단, EI는 일정하다.)

① $-\dfrac{wL^2}{4}$
② $-\dfrac{wL^2}{8}$
③ $-\dfrac{wL^2}{10}$
④ $-\dfrac{wL^2}{12}$

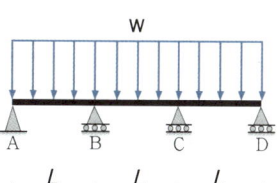

해설

(1) 보 A–B–C 에서 3연모멘트법을 적용하면 $M_A=0$ 이다.

$2\left(\dfrac{L}{I}+\dfrac{L}{I}\right)M_B+\left(\dfrac{L}{I}\right)M_C=6E\left(-\dfrac{wL^3}{24EI}-\dfrac{wL^3}{24EI}\right)$

으로부터 $4M_B+M_C=-\dfrac{wL^2}{2}$ ········ ①

(2) 보 B–C–D에서 3연모멘트법을 적용하면 $M_D=0$ 이다.

$\left(\dfrac{L}{I}\right)M_B+2\left(\dfrac{L}{I}+\dfrac{L}{I}\right)M_C=6E\left(-\dfrac{wL^3}{24EI}-\dfrac{wL^3}{24EI}\right)$

으로부터 $M_B+4M_C=-\dfrac{wL^2}{2}$ ········ ②

(3) ①, ②를 연립하면 $M_B=-\dfrac{wL^2}{10}$

해답 5. ④ 6. ③ 7. ③

8. 부정정보의 B지점에 침하가 발생하였다. 발생된 침하량이 10mm라면 이로 인한 B지점의 모멘트는? (단, $EI = 1 \times 10^9 \text{N} \cdot \text{mm}^2$)

① 1,675N · mm
② 1,775N · mm
③ 1,875N · mm
④ 1,975N · mm

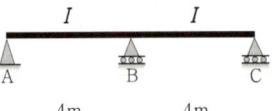

해설

$\beta_B = \left(\dfrac{\Delta}{L}\right)_{AB} = +\dfrac{10}{4,000}$, $\beta_C = \left(\dfrac{\Delta}{L}\right)_{BC} = -\dfrac{10}{4,000}$

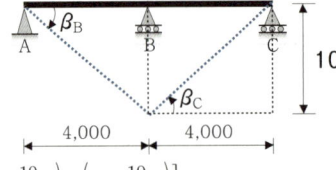

$2\left(\dfrac{L}{I} + \dfrac{L}{I}\right)M_B = 6E\left[\left(+\dfrac{10}{4,000}\right) - \left(-\dfrac{10}{4,000}\right)\right]$ 으로부터

$4L \cdot M_B = 6EI \cdot \dfrac{1}{200}$ 이므로

$M_B = \dfrac{6EI}{4L} \cdot \dfrac{1}{200} = \dfrac{6(1 \times 10^9)}{4(4 \times 10^3)} \cdot \dfrac{1}{200} = 1,875 \text{N} \cdot \text{mm}$

9. 그림과 같은 2경간 연속보에서 B점이 50mm 아래로 침하하고, C점이 20mm 위로 상승하는 변위를 각각 취했을 때 B점의 휨모멘트로서 옳은 것은?

① $\dfrac{200EI}{L^2}$
② $\dfrac{180EI}{L^2}$
③ $\dfrac{150EI}{L^2}$
④ $\dfrac{120EI}{L^2}$

해설

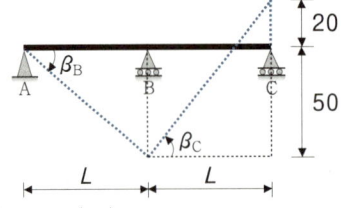

$\beta_B = \left(\dfrac{\Delta}{L}\right)_{AB} = +\dfrac{50}{L}$, $\beta_C = \left(\dfrac{\Delta}{L}\right)_{BC} = -\dfrac{50+20}{L} = -\dfrac{70}{L}$

$2\left(\dfrac{L}{I} + \dfrac{L}{I}\right)M_B = 6E\left[\left(+\dfrac{50}{L}\right) - \left(-\dfrac{70}{L}\right)\right]$ ➡ $M_B = \dfrac{180EI}{L^2}$

10. 그림과 같은 3경간 연속보의 B점이 50mm 아래로 침하하고 C점이 20mm 위로 상승하는 변위를 각각 보였을 때 B점의 휨모멘트 M_B는? (단, $EI = 8 \times 10^{13} \text{N} \cdot \text{mm}^2$)

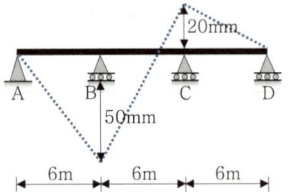

① $3.52 \times 10^8 \text{N} \cdot \text{mm}$
② $4.85 \times 10^8 \text{N} \cdot \text{mm}$
③ $5.07 \times 10^8 \text{N} \cdot \text{mm}$
④ $6.23 \times 10^8 \text{N} \cdot \text{mm}$

해설

(1) $\beta_B = +\dfrac{50}{6,000}$, $\beta_C = -\dfrac{70}{6,000}$, $\beta_D = +\dfrac{20}{6,000}$

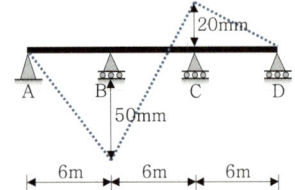

(2) 보 A-B-C 에서 $M_A = 0$

$2\left(\dfrac{6,000}{I} + \dfrac{6,000}{I}\right)M_B + \left(\dfrac{6,000}{I}\right)M_C$

$= 6E\left[\left(+\dfrac{50}{6,000}\right) - \left(-\dfrac{70}{6,000}\right)\right]$

➡ $24,000 M_B + 6,000 M_C = 0.12 EI$ ········ ①

(3) 보 B-C-D 에서 $M_D = 0$

$\left(\dfrac{6,000}{I}\right)M_B + 2\left(\dfrac{6,000}{I} + \dfrac{6,000}{I}\right)M_C$

$= 6E\left[\left(-\dfrac{70}{6,000}\right) - \left(+\dfrac{20}{6,000}\right)\right]$

➡ $6,000 M_B + 24,000 M_C = -0.09 EI$ ········ ②

(4) ①, ②를 연립하면

$M_B = \dfrac{19EI}{3 \times 10^6} = \dfrac{19(8 \times 10^{13})}{3 \times 10^6} = 5.06667 \times 10^8 \text{N} \cdot \text{mm}$

해답 8. ③ 9. ② 10. ③

11. 그림과 같은 3경간 연속보의 B점이 50mm 아래로 침하하고 C점이 30mm 위로 상승하는 변위를 각각 보였을 때 B점의 휨모멘트 M_B는?
(단, $EI = 8 \times 10^{13} \, \text{N} \cdot \text{mm}^2$)

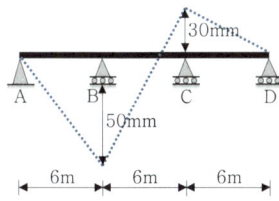

① $3.52 \times 10^8 \, \text{N} \cdot \text{mm}$
② $4.85 \times 10^8 \, \text{N} \cdot \text{mm}$
③ $5.07 \times 10^8 \, \text{N} \cdot \text{mm}$
④ $5.60 \times 10^8 \, \text{N} \cdot \text{mm}$

해설

(1) $\beta_B = +\dfrac{50}{6,000}$, $\beta_C = -\dfrac{80}{6,000}$, $\beta_D = +\dfrac{30}{6,000}$

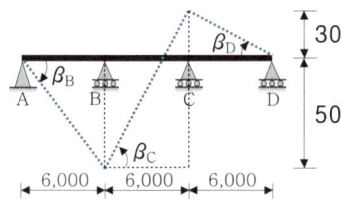

(2) 보 A-B-C 에서 $M_A = 0$

$$2\left(\dfrac{6,000}{I} + \dfrac{6,000}{I}\right)M_B + \left(\dfrac{6,000}{I}\right)M_C = 6E\left[\left(+\dfrac{50}{6,000}\right) - \left(-\dfrac{80}{6,000}\right)\right]$$

➡ $24,000 M_B + 6,000 M_C = 0.13 EI$ ········ ①

(3) 보 B-C-D 에서 $M_D = 0$

$$\left(\dfrac{6,000}{I}\right)M_B + 2\left(\dfrac{6,000}{I} + \dfrac{6,000}{I}\right)M_C = 6E\left[\left(-\dfrac{80}{6,000}\right) - \left(+\dfrac{30}{6,000}\right)\right]$$

➡ $6,000 M_B + 24,000 M_C = -0.11 EI$ ········ ②

(4) ①, ②를 연립하면

$$M_B = \dfrac{7EI}{1 \times 10^6} = \dfrac{7(8 \times 10^{13})}{1 \times 10^6} = 5.60 \times 10^8 \, \text{N} \cdot \text{mm}$$

12. 연속보를 3연모멘트 방정식을 이용하여 B점의 휨모멘트 $M_B = -928 \, \text{kN} \cdot \text{m}$를 구하였다. B점의 수직 반력을 구하면?

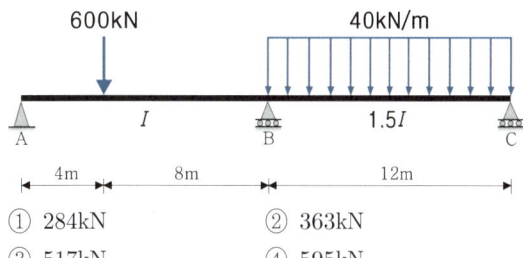

① 284kN
② 363kN
③ 517kN
④ 595kN

해설

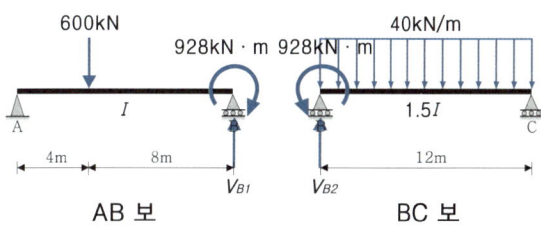

AB 보 　　　　　　BC 보

(1) AB 보:

$\sum M_A = 0 : \; +(600)(4) - (V_{B1})(12) + (928) = 0$

$\therefore V_{B1} = +277.333 \, \text{kN} (\uparrow)$

(2) BC 보:

$\sum M_C = 0 : \; +(V_{B2})(12) - (40 \times 12)(6) - (928) = 0$

$\therefore V_{B2} = +317.333 \, \text{kN} (\uparrow)$

(3) $V_B = +(V_{B1}) + (V_{B2}) = +594.666 \, \text{kN} (\uparrow)$

해답 11. ④ 12. ④

MEMO

제 12 장 부정정구조: 처짐각법, 모멘트분배법

COTENTS

1 처짐각법(Slope-Deflection Method) ·········· 378
2 모멘트분배법(Moment Distributed Method) ·········· 384
  ■ 핵심문제 ·········· 388

12 부정정 구조: 처짐각법, 모멘트분배법

CHECK

(1) 처짐각법(Slope-Deflection Method) ➡ 부정정 보의 처짐각방정식의 적용

(2) 모멘트 분배법(Moment Distributed Method) ➡ 부정정 보 및 부정정 라멘의 모멘트분배법의 적용

1 처짐각법(Slope-Deflection Method, 1915)

1 고정단 모멘트(FEM, Fixed End Moment)

(1) 부재 양단에 작용하여 부재를 휘게 하는 모멘트로 정의된다.

(2) 처짐각법에서는 절점의 회전각과 재단모멘트가 시계방향일 때를 (+), 반시계방향일 때를 (−)로 약속한다.

이때, 축방향력과 전단력에 의한 변형은 무시하고, 절점에 모인 각 부재는 강절점, 활절점 어느 것으로도 가정할 수 있다.

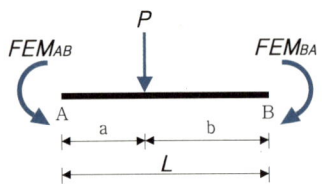
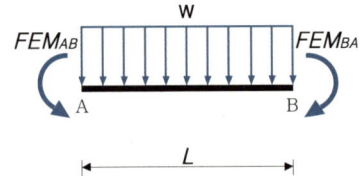

$FEM_{AB} = -\dfrac{P \cdot a \cdot b^2}{L^2}(\curvearrowleft)$

$FEM_{BA} = +\dfrac{P \cdot a^2 \cdot b}{L^2}(\curvearrowright)$

$FEM_{AB} = -\dfrac{wL^2}{12}(\curvearrowleft)$

$FEM_{BA} = +\dfrac{wL^2}{12}(\curvearrowright)$

※ $a = b = \dfrac{L}{2}$: 보의 중앙에 집중하중이 작용하는 경우

$FEM_{AB} = -\dfrac{PL}{8}(\curvearrowleft)$

$FEM_{BA} = +\dfrac{PL}{8}(\curvearrowright)$

학습POINT

■ 처짐각법(Slope-Deflection Method)

1915년 미국 Minnesota 대학의 G.A.Maney 교수가 발표한 처짐각법은 변위법의 일종으로 구조물의 휨변형만을 고려하는 해법으로서 부정정보와 라멘의 해석에 매우 유용한 도구일 뿐만 아니라, 매트릭스(Matrix) 해석법의 이해를 위한 도구이기도 하다. 요각법이라고도 불리우는 이 방법은 부재의 변형, 즉 탄성곡선의 기울기를 미지수로 하여 부정정구조물을 해석하는 방법이다.

2 절점방정식(모멘트 평형조건식, Joint Equilibrium Equation),
  층방정식(전단력 평형조건식, Shear Equilibrium Equation)

절점방정식	층방정식
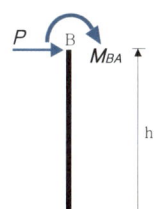	
$M_O = M_{OA} + M_{OB} + M_{OC}$	$P = \dfrac{M_{AB} + M_{BA}}{h}$
n개의 절점을 갖는 라멘에서는 n개의 절점각이 존재하게 되고 각 절점의 모멘트 평형조건에 의하여 만들어지는 n개의 절점 방정식을 얻게 된다.	수평하중에 의하여 절점이 이동하는 경우에는 절점각 이외에 부재각(R)이 미지수로 추가된다. 이때 각 층수에 해당하는 미지수가 증가한다. 따라서, 층수에 해당하는 층방정식을 합하여 쓸 필요가 있다.

핵심예제 1

다음 라멘에서 부재 AB에 휨모멘트가 생기지 않으려면 P의 크기는?

① 30kN
② 45kN
③ 50kN
④ 65kN

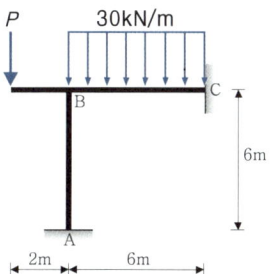

해설 (1) 절점방정식: $\sum M_B = M_{BD} + M_{BC} = 0$

(2) $\sum M_B = M_{BD} + M_{BC} = +(P)(2) - \left(\dfrac{wL^2}{12}\right) = +2P - \dfrac{(3)(6)^2}{12} = 0$

∴ $P = 45\text{kN}$

답 : ②

③ 처짐각 방정식(Slope – Deflection Equation):

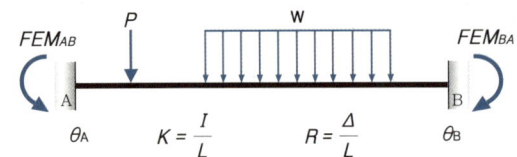

$$M_{AB} = 2EK_{AB}(2\theta_A + \theta_B - 3R) + FEM_{AB}$$

$$M_{BA} = 2EK_{AB}(\theta_A + 2\theta_B - 3R) + FEM_{BA}$$

■ 처짐각법의 가장 큰 장점은 부재내력인 휨모멘트(M)와 구조부재의 변형(θ)의 관계를 직접적으로 알아낼 수 있다는 점이다.

■ K 와 R

→ 강(성)도 $K = \dfrac{I}{L}$

→ 부재각 $R = \dfrac{\Delta}{L}$

■ 처짐각법의 적용 예제

다음 그림과 같은 부정정 라멘에서 B점의 휨모멘트를 처짐각법으로 구해보자.

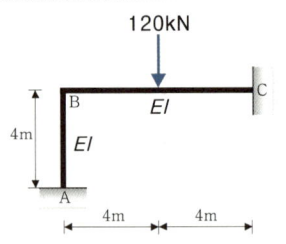

[해설]
(1) 고정단모멘트:
$$FEM_{BC} = -\frac{PL}{8} = \frac{(120)(8)}{8} = -120\text{kN} \cdot \text{m} = -FEM_{CB}$$

(2) 재단모멘트 방정식:
  ① $M_{AB} = 2E\left(\dfrac{I}{4}\right)(\theta_B) = 0.5EI\theta_B$

  ② $M_{BA} = 2E\left(\dfrac{I}{4}\right)(2\theta_B) = EI\theta_B$

  ③ $M_{BC} = 2E\left(\dfrac{I}{8}\right)(2\theta_B) - 120 = 0.5EI\theta_B - 120$

  ④ $M_{CB} = 2E\left(\dfrac{I}{8}\right)(\theta_B) + 120 = 0.25EI\theta_B + 120$

(3) 절점방정식
  $\sum M_B = 0$: $\sum M_B = M_{BA} + M_{BC} = 0$ 에서 $1.5EI\theta_B - 120 = 0$
  → $EI\theta_B = 80$ 의 값을 재단모멘트 방정식에 대입한다.

(4) 재단모멘트
  ① $M_{AB} = +40\text{kN} \cdot \text{m}\,(\curvearrowright)$ ② $M_{BA} = +80\text{kN} \cdot \text{m}\,(\curvearrowright)$
  ③ $M_{BC} = -80\text{kN} \cdot \text{m}\,(\curvearrowleft)$ ④ $M_{CB} = +140\text{kN} \cdot \text{m}\,(\curvearrowright)$

■ 처짐각(θ), 현회전각(R)
(1) 고정단에서는 처짐각이 없다.
  → $\theta_A = \theta_C = 0$
(2) 지점침하에 따른 AB, BC 부재의 현회전각이 없다. → $R = 0$

핵심예제 2

부정정보의 B단이 L^* 만큼 아래로 처졌다면 A단에 생기는 모멘트는? (단, $L^*/L = 1/600$ 이다.)

① $M_{AB} = +0.001\dfrac{EI}{L}$

② $M_{AB} = -0.01\dfrac{EI}{L}$

③ $M_{AB} = +0.1\dfrac{EI}{L}$

④ $M_{AB} = -0.1\dfrac{EI}{L}$

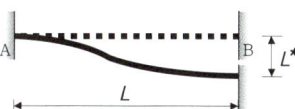

해설 (1) 처짐각 방정식 : $M_{AB} = 2EK_{AB}(2\theta_A + \theta_B - 3R) + FEM_{AB}$

　① $\theta_A = \theta_B = 0$ ➡ 고정단에서는 처짐각이 없다.

　② $FEM_{AB} = 0$ ➡ 부재 AB에 작용하는 하중이 없다.

(2) $M_{AB} = 2E\left(\dfrac{I}{L}\right)(-3R) = 2E\left(\dfrac{I}{L}\right)\left[-3\left(\dfrac{L^*}{L}\right)\right] = -0.01\dfrac{EI}{L}$

답 : ②

핵심예제 3

다음과 같은 부정정보에서 A의 처짐각 θ_A는? (단, 보의 휨강성은 EI이다.)

① $\dfrac{1}{12} \cdot \dfrac{wL^3}{EI}$

② $\dfrac{1}{24} \cdot \dfrac{wL^3}{EI}$

③ $\dfrac{1}{36} \cdot \dfrac{wL^3}{EI}$

④ $\dfrac{1}{48} \cdot \dfrac{wL^3}{EI}$

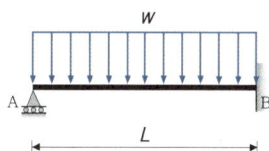

해설 (1) 처짐각 방정식 : $M_{AB} = 2E\left(\dfrac{I}{L}\right)(2\theta_A) - \dfrac{wL^2}{12} = \dfrac{4EI\theta_A}{L} - \dfrac{wL^2}{12}$

(2) 절점방정식 : $\sum M_A = M_{AB} = \dfrac{4EI\theta_A}{L} - \dfrac{wL^2}{12} = 0$ ➡ $\theta_A = \dfrac{1}{48} \cdot \dfrac{wL^3}{EI}$

답 : ④

핵심예제 4

그림과 같은 일단 고정보에서 B단에 M_B 의 단모멘트가 작용한다. 단면이 균일하다고 할 때 B단의 회전각 θ_B 는?

① $\theta_B = \dfrac{M_B \cdot L}{4EI}$

② $\theta_B = \dfrac{M_B \cdot L}{3EI}$

③ $\theta_B = \dfrac{M_B \cdot L}{2EI}$

④ $\theta_B = \dfrac{M_B \cdot L}{6EI}$

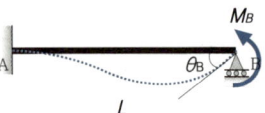

■ 처짐각법의 가장 큰 장점은 부재내력인 휨모멘트(M)와 구조부재의 변형(θ)의 관계를 직접적으로 알아낼 수 있다는 점이다.

■ K 와 R

➡ 강(성)도 $K = \dfrac{I}{L}$

➡ 부재각 $R = \dfrac{\Delta}{L}$

[해설] (1) 처짐각 방정식 : $M_{BA} = 2EK_{AB}(\theta_A + 2\theta_B - 3R) + FEM_{BA}$

① $\theta_A = 0$ ➡ 고정단에서는 처짐각이 없다.

② $R = 0$ ➡ 하중에 의한 부재AB의 현회전각이 없다.

③ $FEM_{BA} = 0$ ➡ 부재AB에 작용하는 하중이 없다.

(2) $M_{BA} = 2E\left(\dfrac{I}{L}\right)(2\theta_B) = \dfrac{4EI\theta_B}{L}$ 로부터 $\theta_B = \dfrac{M_B \cdot L}{4EI}$

답 : ①

핵심예제 5

길이가 L인 양단 고정보 AB의 왼쪽 지점이 그림과 같이 작은 각 θ 만큼 회전할 때 생기는 반력을 구한 값은?

① $R_A = \dfrac{6EI\theta}{L^2}$, $M_A = \dfrac{4EI\theta}{L}$

② $R_A = \dfrac{12EI\theta}{L^3}$, $M_A = \dfrac{6EI\theta}{L^2}$

③ $R_A = \dfrac{4EI\theta}{L}$, $M_A = \dfrac{6EI\theta}{L^2}$

④ $R_A = \dfrac{2EI\theta}{L}$, $M_A = \dfrac{4EI\theta}{L^2}$

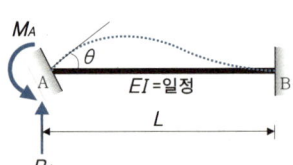

[해설] (1) 처짐각 방정식: ① $M_{AB} = 2E\left(\dfrac{I}{L}\right)(-2\theta) = -\dfrac{4EI\theta}{L}$

② $M_{BA} = 2E\left(\dfrac{I}{L}\right)(-\theta) = -\dfrac{2EI\theta}{L}$

(2) $\sum M_B = 0$: $+(R_A)(L) - \left(\dfrac{4EI\theta}{L}\right) - \left(\dfrac{2EI\theta}{L}\right) = 0$ ➡ $R_A = +\dfrac{6EI\theta}{L^2}(\uparrow)$

■ 평형조건식 $\sum M_B = 0$

답 : ①

핵심예제 6

다음 부정정보의 A단에 작용하는 휨모멘트는?

① $-\dfrac{1}{4}wL^2$ ② $-\dfrac{1}{8}wL^2$

③ $-\dfrac{1}{12}wL^2$ ④ $-\dfrac{1}{24}wL^2$

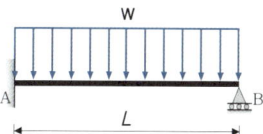

해설 (1) 처짐각 방정식: ① $M_{AB} = 2EK(\theta_B) - \dfrac{wL^2}{12} = 2EK\theta_B - \dfrac{wL^2}{12}$

② $M_{BA} = 2EK(2\theta_B) + \dfrac{wL^2}{12} = 4EK\theta_B + \dfrac{wL^2}{12}$

(2) 절점방정식 : $\sum M_B = M_{BA} = 4EK\theta_B + \dfrac{wL^2}{12} = 0 \;\Rightarrow\; EK\theta_B = -\dfrac{wL^2}{48}$

(3) 재단모멘트 : $M_{AB} = 2EK\theta_B - \dfrac{wL^2}{12} = 2\left(-\dfrac{wL^2}{48}\right) - \dfrac{wL^2}{12} = -\dfrac{1}{8}wL^2$

답 : ②

핵심예제 7

그림의 보에서 지점 B의 휨모멘트는? (단, EI는 일정)

① $-67.5\text{kN}\cdot\text{m}$

② $-97.5\text{kN}\cdot\text{m}$

③ $-120\text{kN}\cdot\text{m}$

④ $-165\text{kN}\cdot\text{m}$

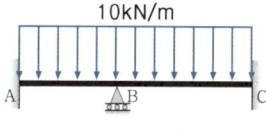

해설 (1) 재단모멘트 방정식:

① $M_{BA} = 2E\left(\dfrac{I}{9}\right)(2\theta_B + \theta_A) + \dfrac{(10)(9)^2}{12} = \dfrac{4}{9}EI\theta_B + 67.5$

② $M_{BC} = 2E\left(\dfrac{I}{12}\right)(2\theta_B + \theta_C) - \dfrac{(10)(12)^2}{12} = \dfrac{1}{3}EI\theta_B - 120$

(2) 절점방정식 : $\sum M_B = M_{BA} + M_{BC} = \dfrac{7}{9}EI\theta_B - 52.5 = 0 \;\Rightarrow\; EI\theta_B = 67.5$

(3) 재단모멘트

① $M_{BA} = \dfrac{4}{9}(67.5) + 67.5 = 97.5\text{kN}\cdot\text{m}$

② $M_{BC} = \dfrac{1}{3}(67.5) - 120 = -97.5\text{kN}\cdot\text{m}$

답 : ②

2 모멘트분배법(Moment Distributed Method, 1930)

1 강도계수, 수정강도계수

강도(Stiffness)계수 $K = \dfrac{I}{L}$	해당 부재의 단면2차모멘트를 부재의 길이로 나눈 것
수정강도계수 $K^R = \dfrac{3}{4}K$	동일한 강도일지라도 타단부의 지지상태에 따라 힘에 대한 저항성능은 달라지게 된다. 강도계수는 양단이 고정단인 경우를 기준으로 정한 것인데, 부재의 타단이 Hinge($K^R = \dfrac{3}{4}K$)이거나, 대칭 변형재($K^R = \dfrac{1}{2}K$) 또는 역대칭 변형재($K^R = \dfrac{3}{2}K$)인 경우는 강비를 수정하여 양단이 고정인 경우와 등가(等價)로 취급한다.

2 고정단모멘트(FEM, Fixed End Moment): 처짐각법과 동일

3 불균형모멘트(M_u, Unbalanced Moment)
한 절점에서 모멘트의 합이 0이 아닌 경우의 모멘트를 말한다.

4 해제모멘트($\overline{M}$)
절점과 절점을 고정단으로 가정할 때의 고정단모멘트는 처짐각법에서와 동일한 값과 부호 약속을 한다. 그런데, 실제 모멘트하중이 작용하는 경우가 아닐 때, 고정단모멘트를 불균형모멘트로 취급하여 이것의 부호만을 바꾼 모멘트를 해제모멘트라고 한다.

5 분배율, 분배모멘트, 전달모멘트

분배율 (Distributed Factor, DF)	$DF = \dfrac{\text{구하려는 부재의 유효강비}}{\text{전체 유효강비의 합}}$ 절점에서 각 부재로 분배되는 비율
분배모멘트 (Distributed Moment)	$M_{OA} = M_O \cdot DF_{OA} = M_O \cdot \dfrac{K_{OA}}{\Sigma K}$
전달모멘트 (Carry-Over Moment)	절점에서 분배된 분배모멘트는 지지단 쪽으로 전달되는데, 고정단일 경우에 분배모멘트의 $\dfrac{1}{2}$이다.

■ Hardy Cross(1885~1959)

처짐각법은 고차의 부정정보나 라멘을 해석하기 위해서 절점회전각에 현회전각을 더한 수효만큼의 연립방정식을 풀어야 하는 엄청나게 귀찮은 작업이 뒤따라야 한다. 모멘트분배법은 처짐각법의 과정을 연립방정식으로 풀어가는 것이 아닌 축차적인 반복에 의해서 근사적으로 풀어가는 방법이지만 정해에 매우 가까운 만족할만한 해석을 제공한다.

■ 모멘트분배법의 적용 예제(1)

그림과 같은 보의 타단B의 고정모멘트를 계산하여 A, B지점의 수직반력을 모멘트 분배법으로 구해보자.

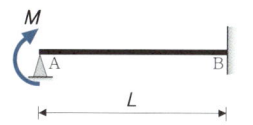

해설

(1) 분배율: 1개의 구조물이므로 $DF_{AB} = \dfrac{K_{AB}}{\sum K} = \dfrac{1}{1} = 1$

∴ $M_{AB} = M_A \cdot DF_{AB} = +(M)\left(\dfrac{1}{1}\right) = +M(\curvearrowright)$

(2) 모멘트하중 M은 분배모멘트가 되고, B지점은 고정단이므로 전달률은 $\dfrac{1}{2}$이며, 모멘트반력 $\dfrac{M}{2}$은 전달모멘트가 된다.

∴ $M_{BA} = \dfrac{1}{2}M_{AB} = \dfrac{1}{2}(+M) = +\dfrac{M}{2}(\curvearrowright)$

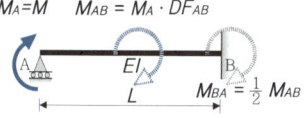

(3) 수직반력의 산정: 하중 M과 모멘트반력 $\dfrac{M}{2}$은 똑같은 시계방향이 된다는 것을 반드시 기억해야 하며, V_A와 V_B가 우력(Couple Force)이 되어 반시계방향의 모멘트에 저항한다.

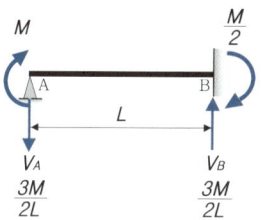

$V_A = -\dfrac{M+\dfrac{M}{2}}{L} = -\dfrac{3M}{2L}(\downarrow), \quad V_B = +\dfrac{M+\dfrac{M}{2}}{L} = +\dfrac{3M}{2L}(\uparrow)$

■ 모멘트분배법의 적용 예제(2)

그림과 같은 구조물에서 AB 부재의 재단모멘트 M_{AB}를 구해보자.

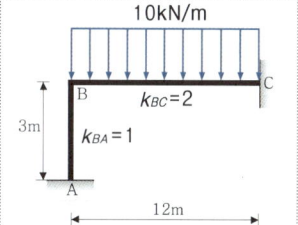

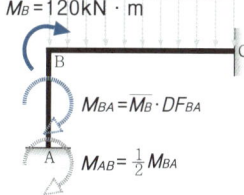

해설

(1) $FEM_{BC} = -\dfrac{wL^2}{12} = -\dfrac{(10)(12)^2}{12} = -120\text{kN} \cdot \text{m}(\curvearrowright)$

(2) 해제모멘트: $\overline{M_B} = -FEM_{BC} = +120\text{kN} \cdot \text{m}(\curvearrowright)$

(3) 분배율: $DF_{BA} = \dfrac{1}{1+2} = \dfrac{1}{3}$

(4) 분배모멘트: $M_{BA} = \overline{M_B} \cdot DF_{BA} = +(120)\left(\dfrac{1}{3}\right) = +40\text{kN} \cdot \text{m}(\curvearrowright)$

(5) 전달모멘트: $M_{AB} = \dfrac{1}{2}M_{BA} = \left(\dfrac{1}{2}\right)(+40) = +20\text{kN} \cdot \text{m}(\curvearrowright)$

■ 모멘트분배법의 적용 예제(3)

그림과 같은 구조물에서 절점O에 외력 $M = 300\text{kN} \cdot \text{m}$가 작용할 때 전달모멘트를 구해보자.
(단, 모든 부재의 EI는 일정)

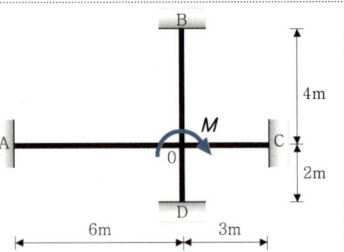

해설

(1) 강도계수(K): 계산의 편의를 위해 최소공배수 12를 각각 곱한다.

$K_{OA} = \dfrac{I}{6} \Rightarrow 2K$, $K_{OB} = \dfrac{I}{4} \Rightarrow 3K$, $K_{OC} = \dfrac{I}{3} \Rightarrow 4K$, $K_{OD} = \dfrac{I}{2} \Rightarrow 6K$

(2) 분배율(DF)

① $DF_{OA} = \dfrac{2K}{2K+3K+4K+6K} = \dfrac{2}{15}$

② $DF_{OB} = \dfrac{3K}{2K+3K+4K+6K} = \dfrac{3}{15}$

③ $DF_{OC} = \dfrac{4K}{2K+3K+4K+6K} = \dfrac{4}{15}$

④ $DF_{OD} = \dfrac{6K}{2K+3K+4K+6K} = \dfrac{6}{15}$

(3) 분배모멘트

① $M_{OA} = M_O \cdot DF_{OA} = +(300)\left(\dfrac{2}{15}\right) = +40\text{kN} \cdot \text{m}\,(\curvearrowright)$

② $M_{OB} = M_O \cdot DF_{OB} = +(300)\left(\dfrac{3}{15}\right) = +60\text{kN} \cdot \text{m}\,(\curvearrowright)$

③ $M_{OC} = M_O \cdot DF_{OC} = +(300)\left(\dfrac{4}{15}\right) = +80\text{kN} \cdot \text{m}\,(\curvearrowright)$

④ $M_{OD} = M_O \cdot DF_{OD} = +(300)\left(\dfrac{6}{15}\right) = +120\text{kN} \cdot \text{m}\,(\curvearrowright)$

(4) 전달모멘트는 분배모멘트를 구하면 1/2 로 구할 수 있게 된다.

① $M_{AO} = \dfrac{1}{2}M_{OA} = +20\text{kN} \cdot \text{m}\,(\curvearrowright)$

② $M_{BO} = \dfrac{1}{2}M_{OB} = +30\text{kN} \cdot \text{m}\,(\curvearrowright)$

③ $M_{CO} = \dfrac{1}{2}M_{OC} = +40\text{kN} \cdot \text{m}\,(\curvearrowright)$

④ $M_{DO} = \dfrac{1}{2}M_{OD} = +60\text{kN} \cdot \text{m}\,(\curvearrowright)$

핵심예제 8

그림과 같은 구조물에서 A점의 휨모멘트의 크기는?

① $\dfrac{1}{12}wL^2$ ② $\dfrac{7}{24}wL^2$

③ $\dfrac{5}{48}wL^2$ ④ $\dfrac{11}{96}wL^2$

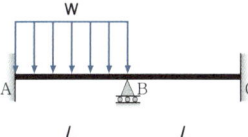

해설 (1) $FEM_{AB} = -\dfrac{wL^2}{12}(\frown)$, $FEM_{BA} = +\dfrac{wL^2}{12}(\frown)$

(2) 해제모멘트: $\overline{M_B} = -FEM_{BA} = -\dfrac{wL^2}{12}(\frown)$

(3) 분배율: $DF_{BA} = \dfrac{1}{2}$

(4) 분배모멘트, 전달모멘트:

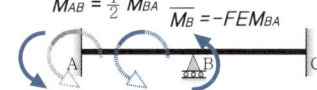

$M_{BA} = \overline{M_B} \cdot \dfrac{1}{2} = -\dfrac{wL^2}{24}(\frown)$ ➡ $M_{AB} = \dfrac{1}{2}M_{BA} = -\dfrac{wL^2}{48}(\frown)$

(5) A지점의 휨모멘트(=A점의 고정단모멘트+전달모멘트):

$M_A = FEM_{AB} + M_{AB} = -\dfrac{wL^2}{12} - \dfrac{wL^2}{48} = -\dfrac{5wL^2}{48}(\frown)$

답 : ③

핵심예제 9

그림의 보에서 지점 B의 휨모멘트는? (단, EI는 일정)

① $67.5 \text{kN} \cdot \text{m}$

② $-97.5 \text{kN} \cdot \text{m}$

③ $120 \text{kN} \cdot \text{m}$

④ $-165 \text{kN} \cdot \text{m}$

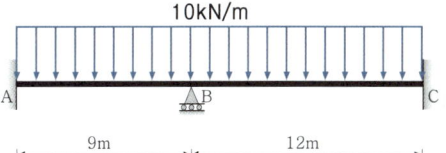

해설

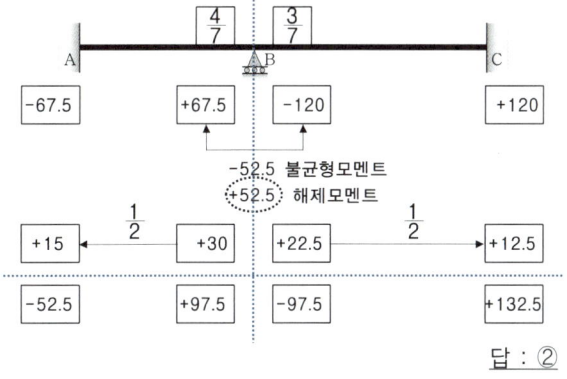

■ FEM, K, DF

$FEM_{BA} = +\dfrac{wL^2}{12} = \dfrac{(10)(9)^2}{12}$

$= +67.5 \text{kN} \cdot \text{m}(\frown)$

$FEM_{BC} = -\dfrac{wL^2}{12} = \dfrac{(10)(12)^2}{12}$

$= -120 \text{kN} \cdot \text{m}(\frown)$

$K_{BA} = \dfrac{I}{9}$ ➡ $4K$

$K_{BC} = \dfrac{I}{12}$ ➡ $3K$

$DF_{BA} = \dfrac{4K}{4K+3K} = \dfrac{4}{7}$

$DF_{BC} = \dfrac{3K}{4K+3K} = \dfrac{3}{7}$

답 : ②

핵심문제

CHAPTER 12 처짐각법, 모멘트분배법

1. 아래의 표에서 설명하는 부정정구조물의 해법은?

> 요각법이라고도 불리우는 이 방법은 부재의 변형 즉, 탄성곡선의 기울기를 미지수로 하여 부정정 구조물을 해석하는 방법이다.

① 처짐각법　② 변위일치법
③ 모멘트 분배법　④ 최소일의 방법

해설
① 처짐각법(Slope-Deflection Method)에 대한 설명이다.

2. 부정정 구조물의 해석법인 처짐각법에 대하여 틀린 것은?

① 보와 라멘에 모두 적용할 수 있다.
② 모멘트 분배율의 계산이 필요하다.
③ 고정단모멘트(Fixed End Moment)를 계산해야 한다.
④ 지점침하나 부재가 회전했을 경우에도 사용할 수 있다.

해설
② 모멘트 분배율(DF)의 계산은 모멘트 분배법에서 필요하다.

3. 부정정 구조물의 해석법에 대한 설명으로 틀린 것은?

① 변위법은 변위를 미지수로 하고, 힘의 평형방정식을 적용하여 미지수를 구하는 방법으로 강성도법이라고도 한다.
② 부정정력을 구하는 방법으로 변위일치법과 3연모멘트법은 응력법이며, 처짐각법과 모멘트 분배법은 변위법으로 분류된다.
③ 3연모멘트법은 부정정 연속보의 2경간 3개 지점에 대한 휨모멘트 관계방정식을 만들어 부정정 구조물을 해석하는 방법이다.
④ 처짐각법으로 해석할 때 축방향력과 전단력에 의한 변형은 무시하고, 절점에 모인 각 부재는 모두 강절점으로 가정한다.

해설
④ 강절점, 활절점 어느 것으로도 가정할 수 있다.

4. 다음 라멘에서 부재 AB에 휨모멘트가 생기지 않으려면 P의 크기는?

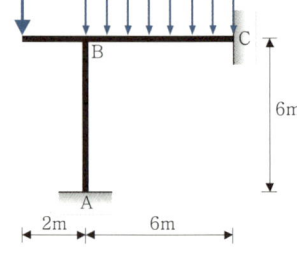

① 30kN
② 45kN
③ 50kN
④ 65kN

해설
(1) $FEM_{BC} = -\dfrac{wL^2}{12}(\curvearrowleft)$

(2) 절점방정식:

$$\sum M_B = M_{BD} + M_{BC} = -(P)(2) + \dfrac{(30)(6^2)}{12} = 0$$

$$\therefore P = 45\text{kN}$$

5. 다음과 같은 부정정보에서 A의 처짐각 θ_A는? (단, 보의 휨강성은 EI)

① $\dfrac{1}{12} \cdot \dfrac{wL^3}{EI}$
② $\dfrac{1}{24} \cdot \dfrac{wL^3}{EI}$
③ $\dfrac{1}{36} \cdot \dfrac{wL^3}{EI}$
④ $\dfrac{1}{48} \cdot \dfrac{wL^3}{EI}$

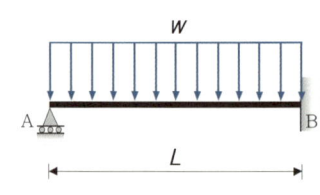

해설
(1) 처짐각 방정식:
$$M_{AB} = 2E\left(\dfrac{I}{L}\right)(2\theta_A) - \dfrac{wL^2}{12} = \dfrac{4EI\theta_A}{L} - \dfrac{wL^2}{12}$$

(2) 절점방정식:
$$\sum M_A = M_{AB} = \dfrac{4EI\theta_A}{L} - \dfrac{wL^2}{12} = 0 \Rightarrow \theta_A = \dfrac{1}{48} \cdot \dfrac{wL^3}{EI}$$

해답 1.① 2.② 3.④ 4.② 5.④

6. 길이 L인 균일단면 보의 A단에 모멘트 M_{AB}를 가했을 때 A단의 회전각 θ_A는? (단, 휨강성은 EI)

① $\dfrac{3M_{AB} \cdot L}{EI}$

② $\dfrac{M_{AB} \cdot L}{3EI}$

③ $\dfrac{4M_{AB} \cdot L}{EI}$

④ $\dfrac{M_{AB} \cdot L}{4EI}$

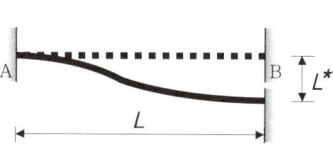

해설

$M_{AB} = 2E\left(\dfrac{I}{L}\right)(2\theta_A) = \dfrac{4EI \cdot \theta_A}{L} \Rightarrow \theta_A = \dfrac{1}{4} \cdot \dfrac{M_{AB} \cdot L}{EI}$

7. 그림과 같은 일단 고정보의 B단에 M_B의 단모멘트가 작용한다. 단면이 균일할 때 B단의 회전각 θ_B는?

① $\theta_B = \dfrac{M_B \cdot L}{4EI}$

② $\theta_B = \dfrac{M_B \cdot L}{3EI}$

③ $\theta_B = \dfrac{M_B \cdot L}{2EI}$

④ $\theta_B = \dfrac{M_B \cdot L}{6EI}$

해설

$M_{BA} = 2E\left(\dfrac{I}{L}\right)(2\theta_B) = \dfrac{4EI\theta_B}{L} \Rightarrow \theta_B = \dfrac{M_B \cdot L}{4EI}$

8. 양단고정보에서 지점 B를 반시계방향으로 1 radian 만큼 회전시켰을 때 B점에 발생하는 단모멘트의 값은?

① $\dfrac{2EI}{L^2}$

② $\dfrac{4EI}{L}$

③ $\dfrac{2EI}{L}$

④ $\dfrac{4EI^2}{L}$

해설

$M_{BA} = 2E\left(\dfrac{I}{L}\right)(2\theta_B) = 2E\left(\dfrac{I}{L}\right)(2 \times 1) = \dfrac{4EI}{L}$

9. 부정정보의 B단이 L^* 만큼 아래로 처졌다면 A단에 생기는 모멘트는? (단, $L^*/L = 1/600$ 이다.)

① $+0.001\dfrac{EI}{L}$

② $-0.01\dfrac{EI}{L}$

③ $+0.1\dfrac{EI}{L}$

④ $-0.1\dfrac{EI}{L}$

해설

$M_{AB} = 2E\left(\dfrac{I}{L}\right)(-3R) = 2E\left(\dfrac{I}{L}\right)\left[-3\left(\dfrac{L^*}{L}\right)\right]$

$= 2E\left(\dfrac{I}{L}\right)\left(-3\left(\dfrac{1}{600}\right)\right) = -0.01\dfrac{EI}{L}$

10. 길이가 L인 양단 고정보 AB의 왼쪽 지점이 그림과 같이 작은 각 θ 만큼 회전할 때 생기는 반력을 구한 값은?

	R_A	M_A
①	$\dfrac{6EI\theta}{L^2}$	$\dfrac{4EI\theta}{L}$
②	$\dfrac{12EI\theta}{L^3}$	$\dfrac{6EI\theta}{L^2}$
③	$\dfrac{4EI\theta}{L}$	$\dfrac{6EI\theta}{L^2}$
④	$\dfrac{2EI\theta}{L}$	$\dfrac{4EI\theta}{L^2}$

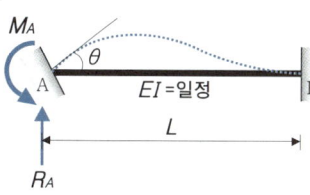

해설

(1) 처짐각 방정식:

① $M_{AB} = 2E\left(\dfrac{I}{L}\right)(-2\theta) = -\dfrac{4EI\theta}{L}$

② $M_{BA} = 2E\left(\dfrac{I}{L}\right)(-\theta) = -\dfrac{2EI\theta}{L}$

(2) 평형조건식 $\Sigma M_B = 0$:

$+(R_A)(L) - \left(\dfrac{4EI\theta}{L}\right) - \left(\dfrac{2EI\theta}{L}\right) = 0 \Rightarrow R_A = +\dfrac{6EI\theta}{L^2}(\uparrow)$

해답 6. ④ 7. ① 8. ② 9. ② 10. ①

11. 다음과 같은 부정정 구조물에 지점 B에서의 휨모멘트 $M_B = -\dfrac{wL^2}{14}$ 일 때 고정단 A에서의 휨모멘트는?

① $\dfrac{wL^2}{28}$

② $\dfrac{wL^2}{21}$

③ $\dfrac{wL^2}{14}$

④ $\dfrac{wL^2}{7}$

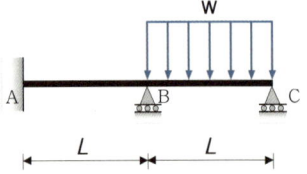

해설

(1) 처짐각 방정식:
$$M_{AB} = 2EK(\theta_B) = 2EK\theta_B,$$
$$M_{BA} = 2EK(2\theta_B) = 4EK\theta_B$$

(2) $M_B = M_{BA} = -\dfrac{wL^2}{14}$ 이라면
$$M_{AB} = \dfrac{1}{2}M_{BA} = \dfrac{1}{2}\left(-\dfrac{wL^2}{14}\right) = -\dfrac{1}{28}wL^2$$

12. 그림의 보에서 지점 B의 휨모멘트는? (단, EI는 일정)

① -67.5 kN·m

② -97.5 kN·m

③ -120 kN·m

④ -165 kN·m

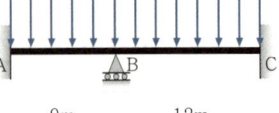

해설

(1) $M_{BA} = 2E\left(\dfrac{I}{9}\right)(2\theta_B + \theta_A) + \dfrac{(10)(9)^2}{12} = \dfrac{4}{9}EI\theta_B + 67.5$

$M_{BC} = 2E\left(\dfrac{I}{12}\right)(2\theta_B + \theta_C) - \dfrac{(10)(12)^2}{12} = \dfrac{1}{3}EI\theta_B - 120$

(2) 절점방정식:
$$\sum M_B = M_{BA} + M_{BC} = \dfrac{7}{9}EI\theta_B - 52.5 = 0 \Rightarrow EI\theta_B = 67.5$$

(3) $M_{BA} = \dfrac{4}{9}(67.5) + 67.5 = 97.5$ kN·m

$M_{BC} = \dfrac{1}{3}(67.5) - 120 = -97.5$ kN·m

13. 다음 중 전달률을 이용하여 부정정 구조물을 해석하는 방법은?

① 처짐각법 ② 모멘트분배법
③ 변형일치법 ④ 3연 모멘트법

해설

② 모멘트분배율(DF, Distributed Factor, 전달률), 도달률(CF, Carry-over Factor)의 개념은 모멘트분배법에서 적용되는 개념이다.

14. 그림과 같은 라멘 구조물의 A점에서 불균형모멘트에 대한 부재 A_1의 모멘트 분배율은?

① 0.500
② 0.333
③ 0.167
④ 0.667

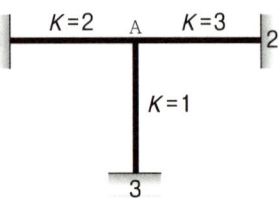

해설

$DF_{A1} = \dfrac{2}{2+1+3} = \dfrac{1}{3} = 0.333$

15. 다음 부정정보 C점에서 BC부재에 모멘트가 분배되는 분배율의 값은?

① $\dfrac{2}{3}$

② $\dfrac{1}{3}$

③ $\dfrac{3}{4}$

④ $\dfrac{1}{4}$

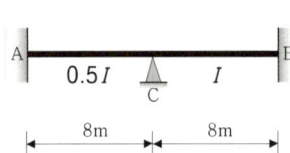

해설

(1) 강도계수: $K_{CA} = \dfrac{0.5I}{8} \Rightarrow K$ $K_{CB} = \dfrac{I}{8} \Rightarrow 2K$

(2) $DF_{CB} = \dfrac{2K}{K+2K} = \dfrac{2}{3}$

해답 11. ① 12. ② 13. ② 14. ② 15. ①

16. 그림과 같은 구조물에서 AD부재의 분배율은?

① 0.5
② 0.65
③ 0.75
④ 0.8

해설

(1) 강도계수

$K_{AB} = \dfrac{I}{15} \Rightarrow K, \ K_{AC} = \dfrac{I}{15} \Rightarrow K, \ K_{AD} = \dfrac{2I}{5} \Rightarrow 6K$

(2) $DF_{AD} = \dfrac{6K}{K+K+6K} = \dfrac{6}{8} = 0.75$

17. 그림과 같은 라멘 구조물의 E점에서의 불균형 모멘트에 대한 부재 EA의 모멘트 분배율은?

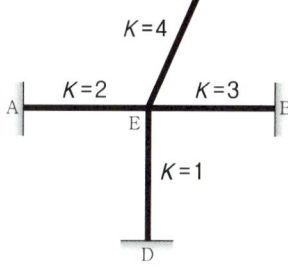

① 0.222
② 0.1667
③ 0.2857
④ 0.40

해설

지점C는 힌지이므로 수정강도계수 $K^R = \dfrac{3}{4}K$ 를 적용한다.

$DF_{EA} = \dfrac{2}{2+3+4\times\dfrac{3}{4}+1} = \dfrac{2}{9} = 0.222$

18. 다음의 부정정 구조물을 모멘트 분배법으로 해석하고자 한다. C점이 롤러지점임을 고려한 수정강도계수에 의하여 B점에서 C점으로 분배되는 분배율 DF_{BC}를 구하면?

① 1/2
② 3/5
③ 4/7
④ 5/7

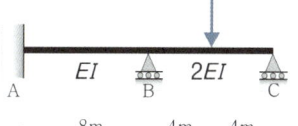

해설

(1) $K_{BA} = \dfrac{I}{8} \Rightarrow 2K \qquad K_{BC}^R = \dfrac{3}{4}\left(\dfrac{2I}{8}\right) = \dfrac{3I}{16} \Rightarrow 3K$

(2) 분배율 $DF_{BC} = \dfrac{3K}{2K+3K} = \dfrac{3}{5}$

19. 그림과 같은 구조물에서 단부 A, B는 고정, C지점은 힌지일 때 OA, OB, OC 부재의 분배율로 옳은 것은?

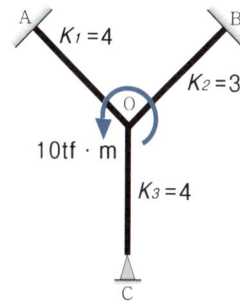

① $DF_{OA} = \dfrac{3}{10}, \ DF_{OB} = \dfrac{4}{10}, \ DF_{OC} = \dfrac{4}{10}$

② $DF_{OA} = \dfrac{4}{10}, \ DF_{OB} = \dfrac{3}{10}, \ DF_{OC} = \dfrac{3}{10}$

③ $DF_{OA} = \dfrac{4}{10}, \ DF_{OB} = \dfrac{3}{10}, \ DF_{OC} = \dfrac{4}{10}$

④ $DF_{OA} = \dfrac{3}{10}, \ DF_{OB} = \dfrac{4}{10}, \ DF_{OC} = \dfrac{3}{10}$

해설

(1) 지점C는 수정강도계수 $K^R = \dfrac{3}{4}K$ 를 적용한다.

(2) 모멘트분배율

① $DF_{OA} = \dfrac{4}{4+3+4\times\dfrac{3}{4}} = \dfrac{4}{10}$

② $DF_{OB} = \dfrac{3}{4+3+4\times\dfrac{3}{4}} = \dfrac{3}{10}$

③ $DF_{OC} = \dfrac{4\times\dfrac{3}{4}}{4+3+4\times\dfrac{3}{4}} = \dfrac{3}{10}$

해답 16. ③ 17. ① 18. ② 19. ②

20. 다음과 같은 부정정 구조물에서 B지점의 반력의 크기는? (단, 보의 휨강도 EI는 일정)

① $\dfrac{7}{3}P$

② $\dfrac{7}{4}P$

③ $\dfrac{7}{5}P$

④ $\dfrac{7}{6}P$

[해설]

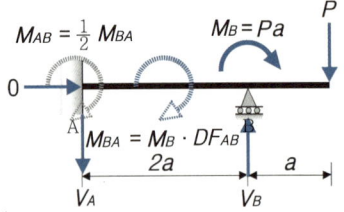

$\sum M_A = 0: +\left(\dfrac{Pa}{2}\right) + (Pa) - (V_B)(2a) + (P)(2a) = 0$

$\therefore V_B = +\dfrac{7}{4}P(\uparrow)$

21. 그림과 같은 보에서 A점의 모멘트는?

① $\dfrac{PL}{8}$ (시계방향)

② $\dfrac{PL}{2}$ (시계방향)

③ $\dfrac{PL}{2}$ (반시계방향)

④ PL (시계방향)

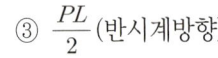

[해설]

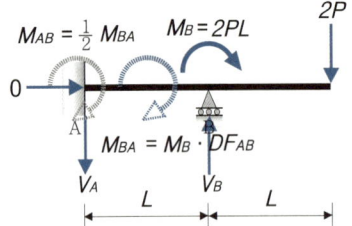

(1) 분배모멘트:

$M_{BA} = M_B \cdot DF_{BA} = (+2PL)\left(\dfrac{1}{1}\right) = +2PL(\curvearrowright)$

(2) 전달모멘트: $M_{AB} = \dfrac{1}{2}M_{BA} = \dfrac{1}{2}(+2PL) = +PL(\curvearrowright)$

22. 다음 구조물에서 B점의 수평반력 R_B는?

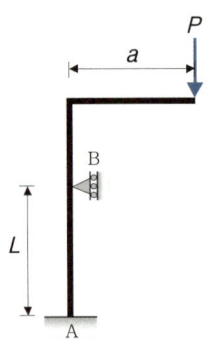

① $\dfrac{3P \cdot a}{2L}$ ② $\dfrac{3P \cdot L}{2a}$

③ $\dfrac{2P \cdot a}{3L}$ ④ $\dfrac{2P \cdot L}{3a}$

[해설]

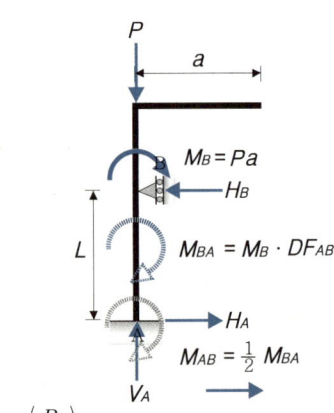

$\sum M_A = 0: +\left(\dfrac{Pa}{2}\right) + (Pa) - (R_B)(L) = 0$

$\therefore R_B = \dfrac{3P \cdot a}{2L} (\leftarrow)$

해답 20. ② 21. ④ 22. ①

23. 그림과 같은 부정정보에 집중하중이 작용할 때 A점의 휨모멘트 M_A를 구한 값은?

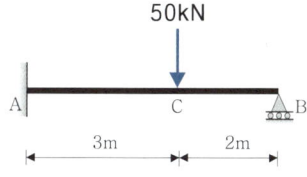

① $-26\text{kN}\cdot\text{m}$ ② $-36\text{kN}\cdot\text{m}$
③ $-42\text{kN}\cdot\text{m}$ ④ $-57\text{kN}\cdot\text{m}$

해설

(1) 고정단모멘트

① $FEM_{AB} = -\dfrac{P\cdot a\cdot b^2}{L^2} = -\dfrac{(50)(3)(2)^2}{(5)^2}$

$\qquad\qquad\qquad\quad = -24\text{kN}\cdot\text{m}\,(\frown)$

② $FEM_{BA} = +\dfrac{P\cdot a^2\cdot b}{L^2} = +\dfrac{(50)(3)^2(2)}{(5)^2}$

$\qquad\qquad\qquad\quad = +36\text{kN}\cdot\text{m}\,(\frown)$

(2) 해제모멘트: $\overline{M_B} = -FEM_{BA} = -36\text{kN}\cdot\text{m}\,(\frown)$

(3) 분배율: 1개의 구조물이므로 $DF_{AB} = \dfrac{K_{AB}}{\sum K} = \dfrac{1}{1} = 1$

(4) 분배모멘트, 전달모멘트

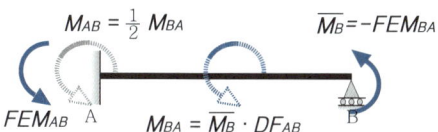

① 분배모멘트: $M_{BA} = \overline{M_B}\cdot DF_{BA} = -36\text{kN}\cdot\text{m}\,(\frown)$

② 전달모멘트: $M_{AB} = \dfrac{1}{2}M_{BA} = -18\text{kN}\cdot\text{m}\,(\frown)$

(5) A지점의 모멘트반력: A점의 고정단모멘트+전달모멘트

$M_A = FEM_{AB} + M_{AB} = (-24) + (-18) = -42\text{kN}\cdot\text{m}\,(\frown)$

(6) A점의 휨모멘트: $M_A = -42\text{kN}\cdot\text{m}\,(\frown)$

---

24. 다음의 1차 부정정보에서 A점의 휨모멘트 M_A의 값은? (단, EI는 일정)

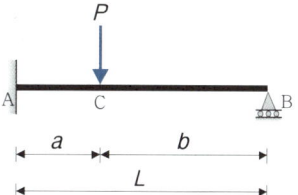

① $-\dfrac{P\cdot a\cdot b}{2L^2}(L+a)$ ② $-\dfrac{P\cdot a\cdot b}{4L^2}(L+b)$
③ $-\dfrac{P\cdot a\cdot b}{2L^2}(L+b)$ ④ $-\dfrac{P\cdot a\cdot b}{3L^2}(L+a)$

해설

(1) 고정단모멘트

$FEM_{AB} = -\dfrac{P\cdot a\cdot b^2}{L^2}\,(\frown)\qquad FEM_{BA} = +\dfrac{P\cdot a^2\cdot b}{L^2}\,(\frown)$

(2) 해제모멘트: $\overline{M_B} = -FEM_{BA} = -\dfrac{P\cdot a^2\cdot b}{L^2}\,(\frown)$

(3) 분배율: 1개의 구조물이므로 $DF_{AB} = \dfrac{K_{AB}}{\sum K} = \dfrac{1}{1} = 1$

(4) 분배모멘트, 전달모멘트

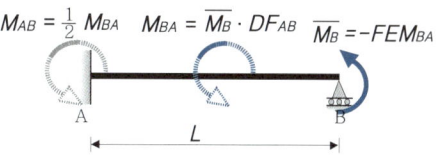

① 분배모멘트: $M_{BA} = \overline{M_B}\cdot DF_{BA} = -\dfrac{P\cdot a^2\cdot b}{L^2}\,(\frown)$

② 전달모멘트: $M_{AB} = \dfrac{1}{2}M_{BA} = -\dfrac{1}{2}\cdot\dfrac{P\cdot a^2\cdot b}{L^2}\,(\frown)$

(5) A지점의 휨모멘트: A점의 고정단모멘트+전달모멘트

$M_A = FEM_{AB} + M_{AB} = \left(-\dfrac{P\cdot a\cdot b^2}{L^2}\right) + \left(-\dfrac{1}{2}\cdot\dfrac{P\cdot a^2\cdot b}{L^2}\right)$

$= -\dfrac{P\cdot a\cdot b}{2L^2}(a+2b) = -\dfrac{P\cdot a\cdot b}{2L^2}(L+b)\,(\frown)$

(6) A점의 휨모멘트: $M_A = -\dfrac{P\cdot a\cdot b}{2L^2}(L+b)\,(\frown)$

해답 23. ③   24. ③

25. 그림과 같이 1차 부정정보에 등간격으로 집중하중이 작용하고 있다. 반력 R_A와 R_B의 비는?

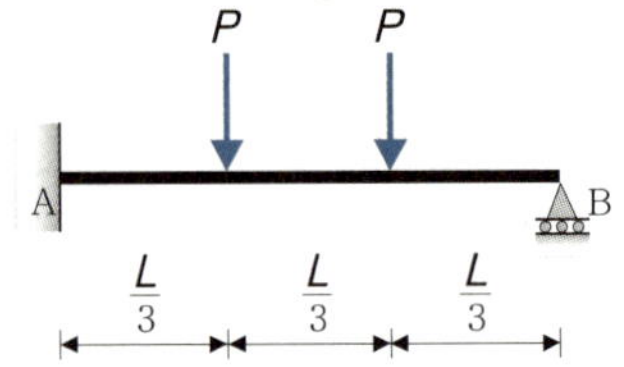

① $R_A : R_B = \dfrac{5}{9} : \dfrac{4}{9}$ ② $R_A : R_B = \dfrac{4}{9} : \dfrac{5}{9}$

③ $R_A : R_B = \dfrac{2}{3} : \dfrac{1}{3}$ ④ $R_A : R_B = \dfrac{1}{3} : \dfrac{2}{3}$

해설

① A지점에서 우측으로 $\dfrac{2}{3}L$ 위치에 작용하는 하중 P

(1) 고정단모멘트

① $FEM_{AB} = -\dfrac{P \cdot a \cdot b^2}{L^2} = -\dfrac{P\left(\dfrac{2L}{3}\right)\left(\dfrac{L}{3}\right)^2}{L^2} = -\dfrac{2}{27}PL(\frown)$

② $FEM_{BA} = +\dfrac{P \cdot a^2 \cdot b}{L^2} = +\dfrac{P\left(\dfrac{2L}{3}\right)^2\left(\dfrac{L}{3}\right)}{L^2} = +\dfrac{4}{27}PL(\frown)$

(2) 해제모멘트: $\overline{M_B} = -FEM_{BA} = -\dfrac{4}{27}PL(\frown)$

(3) 분배율: 1개의 구조물이므로 $DF_{AB} = \dfrac{K_{AB}}{\Sigma K} = \dfrac{1}{1} = 1$

(4) 분배모멘트, 전달모멘트

① 분배모멘트: $M_{BA} = \overline{M_B} \cdot DF_{BA} = -\dfrac{4}{27}PL(\frown)$

② 전달모멘트: $M_{AB} = \dfrac{1}{2}M_{BA} = -\dfrac{2}{27}PL(\frown)$

(5) A지점의 모멘트반력: A점의 고정단모멘트+전달모멘트

$M_A = FEM_{AB} + M_{AB}$
$= \left(-\dfrac{2}{27}PL\right) + \left(-\dfrac{2}{27}PL\right) = -\dfrac{4}{27}PL(\frown)$

② A지점에서 우측으로 $\dfrac{1}{3}L$ 위치에 작용하는 하중 P

(1) 고정단모멘트

① $FEM_{AB} = -\dfrac{P \cdot a \cdot b^2}{L^2} = -\dfrac{P\left(\dfrac{L}{3}\right)\left(\dfrac{2L}{3}\right)^2}{L^2} = -\dfrac{4}{27}PL(\frown)$

② $FEM_{BA} = +\dfrac{P \cdot a^2 \cdot b}{L^2} = +\dfrac{P\left(\dfrac{L}{3}\right)^2\left(\dfrac{2L}{3}\right)}{L^2} = +\dfrac{2}{27}PL(\frown)$

(2) 해제모멘트: $\overline{M_B} = -FEM_{BA} = -\dfrac{2}{27}PL(\frown)$

(3) 분배율: 1개의 구조물이므로 $DF_{AB} = \dfrac{K_{AB}}{\Sigma K} = \dfrac{1}{1} = 1$

(4) 분배모멘트, 전달모멘트

① 분배모멘트: $M_{BA} = \overline{M_B} \cdot DF_{BA} = -\dfrac{2}{27}PL(\frown)$

② 전달모멘트: $M_{AB} = \dfrac{1}{2}M_{BA} = -\dfrac{1}{27}PL(\frown)$

(5) A지점의 모멘트반력: A점의 고정단모멘트+전달모멘트

$M_A = FEM_{AB} + M_{AB}$
$= \left(-\dfrac{4}{27}PL\right) + \left(-\dfrac{1}{27}PL\right) = -\dfrac{5}{27}PL(\frown)$

③ 두 개의 하중 P에 대한 고정단 A의 모멘트반력

$\left(-\dfrac{4}{27}PL\right) + \left(-\dfrac{5}{27}PL\right) = -\dfrac{9PL}{27} = -\dfrac{PL}{3}(\frown)$

④ 평형조건식

(1) $\Sigma M_A = 0: -\left(\dfrac{PL}{3}\right) + (P)\left(\dfrac{L}{3}\right) + (P)\left(\dfrac{2L}{3}\right) - (V_B)(L) = 0$

$\therefore V_B = +\dfrac{2PL}{3}(\uparrow)$

(2) $\Sigma V = 0: +(V_A) + (V_B) - (P) - (P) = 0$

$\therefore V_A = +\dfrac{4PL}{3}(\uparrow)$

⬇

$V_A : V_B = \dfrac{4}{3} \cdot P : \dfrac{2}{3} \cdot P = 2 : 1$

해답 25. ③

26. 다음과 같은 보의 A점의 수직반력 V_A는?

① $\frac{3}{8}wL(\downarrow)$

② $\frac{1}{4}wL(\downarrow)$

③ $\frac{3}{16}wL(\downarrow)$

④ $\frac{3}{32}wL(\downarrow)$

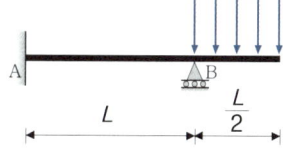

해설

(1) 절점B에서의 휨모멘트: BC 캔틸레버 구간

① 절점모멘트:
$$M_B = -\left(w \cdot \frac{L}{2}\right)\left(\frac{L}{4}\right) = -\frac{wL^2}{8}(\curvearrowleft)$$

② 해제모멘트: $\overline{M_B} = +\frac{wL^2}{8}(\curvearrowright)$

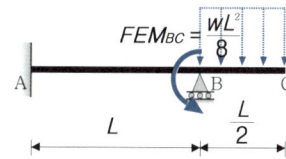

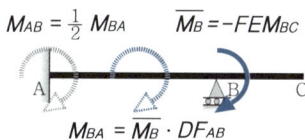

(2) 분배모멘트, 전달모멘트

① $M_{BA} = \overline{M_B} \cdot DF_{BA} = +\frac{wL^2}{8}(\curvearrowright)$

② $M_{AB} = \frac{1}{2}M_{BA} = \frac{1}{2}\left(+\frac{wL^2}{8}\right) = +\frac{wL^2}{16}(\curvearrowright)$

(3) 모멘트평형조건 $\sum M_B = 0$:
$$+\left(\frac{wL^2}{16}\right) + \left(\frac{wL^2}{8}\right) + (V_A)(L) = 0 \quad \therefore V_A = -\frac{3wL}{16}(\downarrow)$$

27. 그림과 같은 부정정보에서 지점 A의 휨모멘트값을 옳게 나타낸 것은?

① $+\frac{wL^2}{8}$

② $-\frac{wL^2}{8}$

③ $+\frac{3wL^2}{8}$

④ $-\frac{3wL^2}{8}$

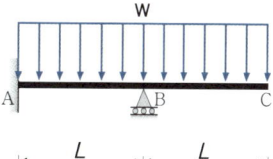

해설

(1) 절점B에서의 휨모멘트: BC 캔틸레버 구간

① 절점모멘트: $M_B = -(w \cdot L)\left(\frac{L}{2}\right) = -\frac{wL^2}{2}(\curvearrowleft)$

② 해제모멘트: $\overline{M_B} = +\frac{wL^2}{2}(\curvearrowright)$

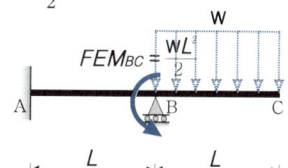

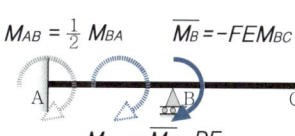

(2) 분배모멘트, 전달모멘트

① $M_{BA} = \overline{M_B} \cdot DF_{BA} = +\frac{wL^2}{2}(\curvearrowright)$

② $M_{AB} = \frac{1}{2}M_{BA} = \frac{1}{2}\left(+\frac{wL^2}{2}\right) = +\frac{wL^2}{4}(\curvearrowright)$

(3) AB고정보의 A단 휨모멘트: $M_{A2} = -\frac{wL^2}{8}(\curvearrowleft)$

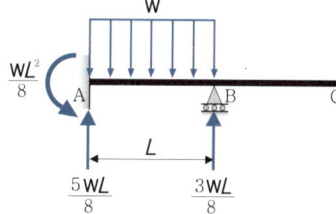

(4) $M_A = +\left(\frac{wL^2}{4}\right) - \left(\frac{wL^2}{8}\right) = +\frac{wL^2}{8}(\curvearrowright)$

(5) A점의 휨모멘트: $M_A = +\frac{wL^2}{8}(\smile)$

해답 26. ③ 27. ①

28. 그림과 같은 구조물에서 A점의 휨모멘트의 크기는?

① $\dfrac{1}{12}wL^2$

② $\dfrac{7}{24}wL^2$

③ $\dfrac{5}{48}wL^2$

④ $\dfrac{11}{96}wL^2$

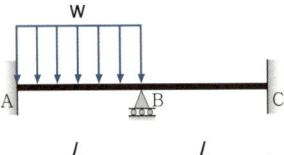

해설

(1) $FEM_{AB} = -\dfrac{wL^2}{12}(\curvearrowleft),\ FEM_{BA} = +\dfrac{wL^2}{12}(\curvearrowright)$

(2) 해제모멘트: $\overline{M_B} = -FEM_{BA} = -\dfrac{wL^2}{12}(\curvearrowleft)$

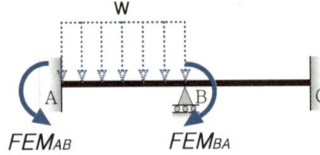

(3) BA와 BC가 강성조건이 동일하고, 경간(Span)이 같으므로 분배율 $DF_{BA} = \dfrac{1}{2}$ 이 된다.

(4) 분배모멘트, 전달모멘트:

① $M_{BA} = \overline{M_B} \cdot \dfrac{1}{2} = -\dfrac{wL^2}{24}(\curvearrowleft)$

② $M_{AB} = \dfrac{1}{2}M_{BA} = -\dfrac{wL^2}{48}(\curvearrowleft)$

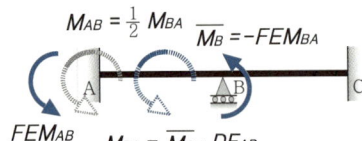

(5) A지점의 모멘트반력: A점의 고정단모멘트 + 전달모멘트

$M_A = FEM_{AB} + M_{AB} = -\dfrac{wL^2}{12} - \dfrac{wL^2}{48} = -\dfrac{5wL^2}{48}(\curvearrowleft)$

(6) A점의 휨모멘트: $M_A = -\dfrac{5wL^2}{48}(\curvearrowleft)$

29. 절점 O는 이동하지 않으며, 재단 A, B, C가 고정일 때 M_{CO}는? (단, K는 강비)

① 25kN·m
② 30kN·m
③ 35kN·m
④ 40kN·m

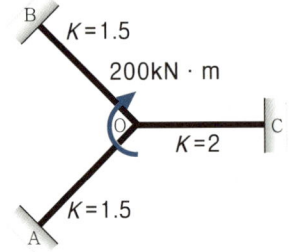

해설

(1) 분배율: $DF_{OC} = \dfrac{2}{1.5+1.5+2} = \dfrac{2}{5}$

(2) 분배모멘트, 전달모멘트

① $M_{OC} = M_O \cdot DF_{OC} = (200)\left(\dfrac{2}{5}\right) = 80\text{kN}\cdot\text{m}(\curvearrowleft)$

② $M_{CO} = M_{OC} \cdot \dfrac{1}{2} = 40\text{kN}\cdot\text{m}$

30. 다음 그림에서 A점의 모멘트 반력은? (단, 각 부재의 길이는 동일함)

① $M_A = \dfrac{wL^2}{12}$

② $M_A = \dfrac{wL^2}{24}$

③ $M_A = \dfrac{wL^2}{72}$

④ $M_A = \dfrac{wL^2}{66}$

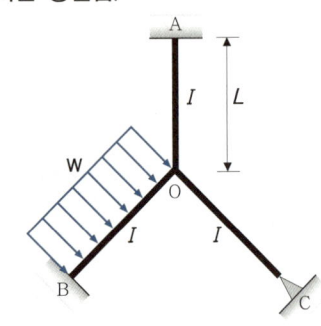

해설

(1) 고정단모멘트: $FEM_{OB} = +\dfrac{wL^2}{12}(\curvearrowright)$

(2) 해제모멘트: $\overline{M_O} = -FEM_{OB} = -\dfrac{wL^2}{12}(\curvearrowleft)$

(3) 분배율: $DF_{OA} = \dfrac{1}{1+1+\dfrac{3}{4}} = \dfrac{4}{11}$

(4) 분배모멘트, 전달모멘트

① $M_{OA} = \overline{M_O} \cdot DF_{OA} = \left(-\dfrac{wL^2}{12}\right)\left(\dfrac{4}{11}\right) = -\dfrac{wL^2}{33}(\curvearrowleft)$

② $M_{AO} = \dfrac{1}{2}M_{OA} = -\dfrac{wL^2}{66}(\curvearrowleft)$

해답 28. ③ 29. ④ 30. ④

31. 그림과 같은 라멘의 A점의 휨모멘트로서 옳은 것은? (단, AB부재의 단면2차모멘트 $2I$, BC부재의 단면2차모멘트 I)

① $+288\text{kN}\cdot\text{m}$
② $-288\text{kN}\cdot\text{m}$
③ $+576\text{kN}\cdot\text{m}$
④ $-576\text{kN}\cdot\text{m}$

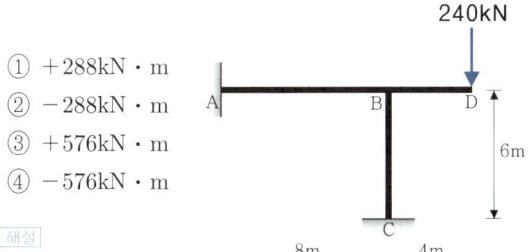

해설

(1) 강도계수

① $K_{BA}=\dfrac{2I}{8} \Rightarrow 3K$ ② $K_{BC}=\dfrac{I}{6} \Rightarrow 2K$

(2) 분배율

① $DF_{BA}=\dfrac{3K}{3K+2K}=0.6$ ② $DF_{BC}=\dfrac{2K}{3K+2K}=0.4$

(3) 절점모멘트, 해제모멘트,

① 절점모멘트: $M_B=-(240)(4)=-960\text{kN}\cdot\text{m}(\frown)$

② 해제모멘트: $\overline{M_B}=+960\text{kN}\cdot\text{m}(\frown)$

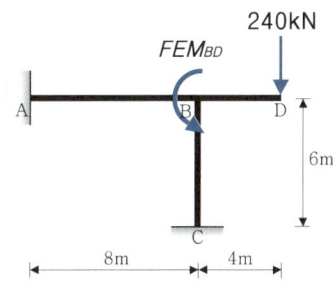

(4) 분배모멘트, 전달모멘트

① $M_{BA}=\overline{M_B}\cdot DF_{BA}=(+960)(0.6)=+576\text{kN}\cdot\text{m}(\frown)$

② $M_{AB}=\dfrac{1}{2}M_{BA}=+288\text{kN}\cdot\text{m}\;(\frown)$

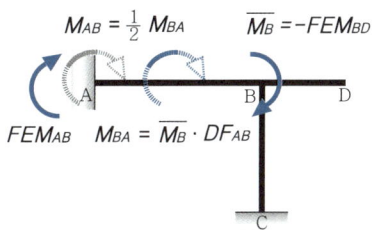

(5) A점의 휨모멘트: $M_A=+288\text{kN}\cdot\text{m}(\smile)$

32. 그림과 같은 뼈대 구조물에서 C점의 연직반력을 구한 값은? (단, 탄성계수 및 단면은 전 부재가 동일)

① $\dfrac{9wL}{16}$
② $\dfrac{7wL}{16}$
③ $\dfrac{wL}{8}$
④ $\dfrac{wL}{16}$

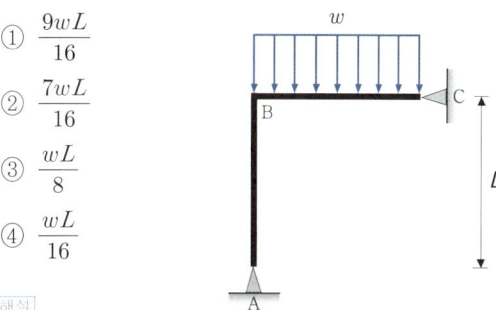

해설

(1) B점의 $M_B=\dfrac{wL^2}{8}$

(2) 강도계수 $K_{BA}:K_{BC}=1:1$

∴ 분배율 $DF_{BC}=\dfrac{K_{BC}}{K_{BC}+K_{BA}}=\dfrac{1}{1+1}=\dfrac{1}{2}$

(3) $M_{BC}=DF_{BC}\times M_B=\dfrac{1}{2}\times\dfrac{wL^2}{8}=\dfrac{wL^2}{16}$

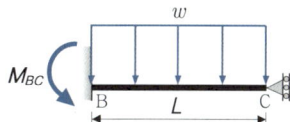

(4) BC구간을 정정 기본계로 치환

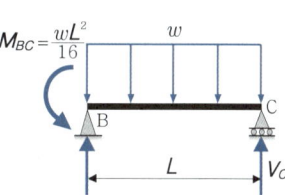

$\sum M_B=0\;;\;-\left(\dfrac{wL^2}{16}\right)+(wL)\left(\dfrac{L}{2}\right)-(V_c)(L)=0$

∴ $V_C=+\dfrac{7wL}{16}(\uparrow)$

해답 31. ① 32. ②

MEMO

Part 2
CIVIL ENGINEERING
과년도 출제문제

토목기사

2021년 1회 시행 출제문제해설 및 정답
2021년 2회 시행 출제문제해설 및 정답
2021년 3회 시행 출제문제해설 및 정답
2022년 1회 시행 출제문제해설 및 정답
2022년 2회 시행 출제문제해설 및 정답
2022년 3회 시행 출제문제해설 및 정답(CBT)
2023년 1회 시행 출제문제해설 및 정답(CBT)
2023년 2회 시행 출제문제해설 및 정답(CBT)
2023년 3회 시행 출제문제해설 및 정답(CBT)
2024년 1회 시행 출제문제해설 및 정답(CBT)
2024년 2회 시행 출제문제해설 및 정답(CBT)
2024년 3회 시행 출제문제해설 및 정답(CBT)
2025년 1회 시행 출제문제해설 및 정답(CBT)
2025년 2회 시행 출제문제해설 및 정답(CBT)
2025년 3회 시행 출제문제해설 및 정답(CBT)

토목산업기사

2023년 1월 1일부터 출제범위 변경 및 출제문항수가 20문항에서 10문항으로 변경되었습니다.

2023년 1회 시행 출제문제해설 및 정답(CBT)
2023년 2회 시행 출제문제해설 및 정답(CBT)
2023년 4회 시행 출제문제해설 및 정답(CBT)
2024년 1회 시행 출제문제해설 및 정답(CBT)
2024년 2회 시행 출제문제해설 및 정답(CBT)
2024년 3회 시행 출제문제해설 및 정답(CBT)
2025년 1회 시행 출제문제해설 및 정답(CBT)
2025년 2회 시행 출제문제해설 및 정답(CBT)
2025년 3회 시행 출제문제해설 및 정답(CBT)

CBT대비 기사 6회 실전테스트

- CBT 토목기사 제1회 (2025년 제1회 과년도)
- CBT 토목기사 제2회 (2025년 제3회 과년도)
- CBT 토목기사 제3회 (2024년 제1회 과년도)
- CBT 토목기사 제4회 (2024년 제3회 과년도)
- CBT 토목기사 제5회 (2023년 제1회 과년도)
- CBT 토목기사 제6회 (2023년 제3회 과년도)

CBT대비 산업기사 6회 실전테스트

- CBT 토목산업기사 제1회 (2025년 제1회 과년도)
- CBT 토목산업기사 제2회 (2025년 제3회 과년도)
- CBT 토목산업기사 제3회 (2024년 제1회 과년도)
- CBT 토목산업기사 제4회 (2024년 제3회 과년도)
- CBT 토목산업기사 제5회 (2023년 제1회 과년도)
- CBT 토목산업기사 제6회 (2023년 제4회 과년도)

CBT 대비 토목기사, 토목산업기사 실전테스트는 홈페이지 (www.inup.co.kr)에서 CBT 모의 TEST로 함께 체험하실 수 있습니다.

과년도출제문제

21 토목기사
1회 시행 출제문제

1. 그림과 같이 x, y 축에 대칭인 단면에 비틀림우력 50kN·m가 작용할 때 최대전단응력은?

① 15.63MPa
② 17.81MPa
③ 31.25MPa
④ 35.61MPa

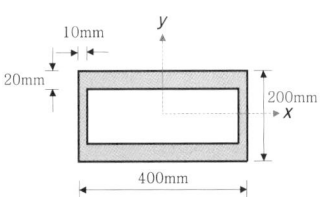

4. 그림과 같은 직사각형 단면의 단주에서 편심하중이 작용할 경우 발생하는 최대 압축응력은? (단, 편심거리 (e)는 100mm이다.)

① 30MPa
② 35MPa
③ 40MPa
④ 60MPa

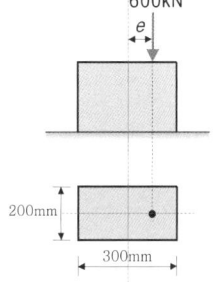

2. 그림에서 두 힘 P_1, P_2에 대한 합력(R)의 크기는?

① 60kN
② 70kN
③ 80kN
④ 90kN

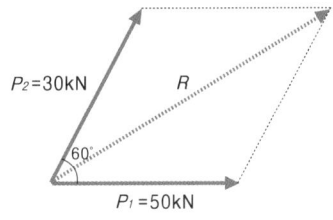

5. 그림과 같은 보에서 지점 B의 휨모멘트 절대값은? (단, EI는 일정하다.)

① 67.5kN·m
② 97.5kN·m
③ 120kN·m
④ 165kN·m

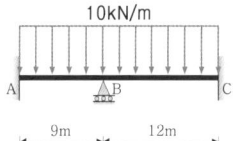

3. 그림에서 직사각형의 도심축에 대한 단면상승모멘트 (I_{xy})의 크기는?

① 0mm^4
② $1.42 \times 10^6 \text{mm}^4$
③ $2.56 \times 10^6 \text{mm}^4$
④ $5.76 \times 10^6 \text{mm}^4$

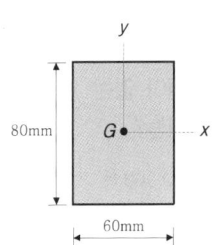

6. 그림과 같은 라멘 구조물에서 A점의 수직반력(R_A)은?

① 30kN
② 45kN
③ 60kN
④ 90kN

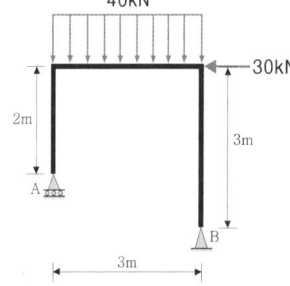

7. 그림과 같이 하중을 받는 단순보에 발생하는 최대전단응력은?

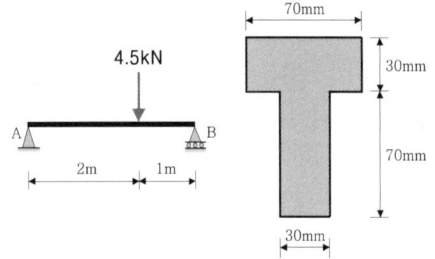

① 1.48MPa ② 2.48MPa
③ 3.48MPa ④ 4.48MPa

8. 단면과 길이가 같으나 지지조건이 다른 그림과 같은 2개의 장주가 있다. 장주 A가 30kN의 하중을 받을 수 있다면, 장주 B가 받을 수 있는 하중은?

① 120kN
② 240kN
③ 360kN
④ 480kN

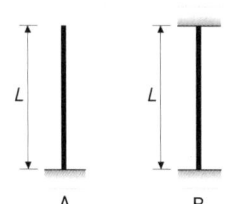

9. 그림과 같이 단순보에 이동하중이 작용할 때 절대최대 휨모멘트가 생기는 위치는?

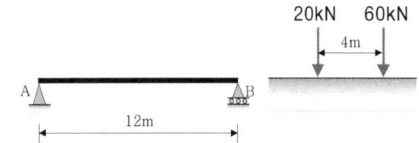

① A점으로부터 6m인 점에 20kN의 하중이 실릴 때 60kN의 하중이 실리는 점
② A점으로부터 7.5m인 점에 60kN의 하중이 실릴 때 20kN의 하중이 실리는 점
③ B점으로부터 5.5m인 점에 20kN의 하중이 실릴 때 60kN의 하중이 실리는 점
④ B점으로부터 9.5m인 점에 20kN의 하중이 실릴 때 60kN의 하중이 실리는 점

10. 그림과 같은 평면도형의 $x-x$축에 대한 단면2차반경(r_x)과 단면2차모멘트(I_x)는?

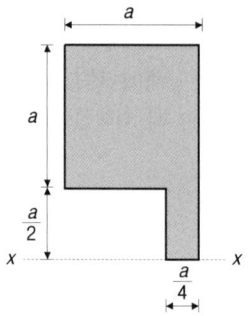

① $r_x = \dfrac{\sqrt{35}}{6}a,\ I_x = \dfrac{35}{32}a^4$

② $r_x = \dfrac{\sqrt{139}}{12}a,\ I_x = \dfrac{139}{128}a^4$

③ $r_x = \dfrac{\sqrt{129}}{12}a,\ I_x = \dfrac{129}{128}a^4$

④ $r_x = \dfrac{\sqrt{11}}{12}a,\ I_x = \dfrac{11}{128}a^4$

11. 그림과 같은 구조물에서 지점 A에서의 수직반력은?

① 0kN
② 10kN
③ 20kN
④ 30kN

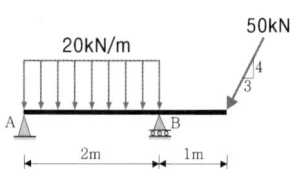

12. 그림과 같이 밀도가 균일하고 무게 W인 구(球)가 마찰이 없는 두 벽면 사이에 놓여 있을 때 반력 R_B의 크기는?

① $0.500\,W$
② $0.577\,W$
③ $0.866\,W$
④ $1.155\,W$

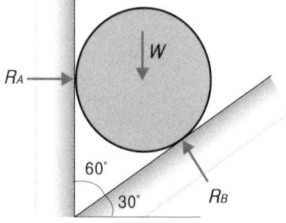

13. 그림과 같은 단순보에 등분포하중 w가 작용하고 있을 때 이 보에서 휨모멘트에 의한 탄성변형에너지는? (단, 보의 EI는 일정하다.)

① $\dfrac{w^2L^5}{384EI}$

② $\dfrac{w^2L^5}{240EI}$

③ $\dfrac{7w^2L^5}{384EI}$

④ $\dfrac{w^2L^5}{48EI}$

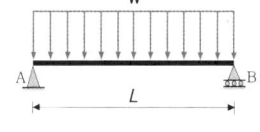

14. 폭 100mm, 높이 150mm인 직사각형 단면의 보가 $S = 7kN$의 전단력을 받을 때 최대전단응력과 평균전단응력의 차이는?

① 0.13MPa　② 0.23MPa
③ 0.33MPa　④ 0.43MPa

15. 그림과 같은 단순보에서 A점의 처짐각(θ_A)은? (단, EI는 일정하다.)

① $\dfrac{ML}{2EI}$

② $\dfrac{5ML}{6EI}$

③ $\dfrac{5ML}{12EI}$

④ $\dfrac{5ML}{24EI}$

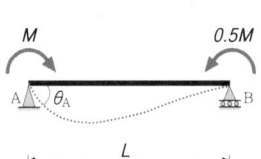

16. 재질과 단면이 동일한 캔틸레버 보 A와 B에서 자유단의 처짐을 같게 하는 $\dfrac{P_2}{P_1}$의 값은?

① 0.129
② 0.216
③ 4.63
④ 7.72

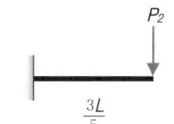

17. 그림과 같이 균일 단면 봉이 축인장력(P)을 받을 때 단면 $p-q$에 생기는 전단응력(τ)은?(단, 여기서 m-n은 수직단면이고, $m-n$은 수직단면과 $\theta = 45°$의 각을 이루고, A는 봉의 단면적이다.)

① $\tau = 0.5\dfrac{P}{A}$

② $\tau = 0.75\dfrac{P}{A}$

③ $\tau = 1.0\dfrac{P}{A}$

④ $\tau = 1.5\dfrac{P}{A}$

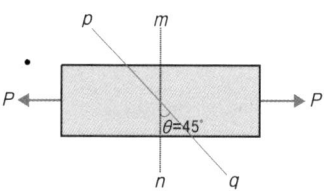

18. 그림과 같은 3힌지 아치의 C점에 연직하중(P) 400kN이 작용한다면 A점에 작용하는 수평반력(H_A)은?

① 100kN
② 150kN
③ 200kN
④ 300kN

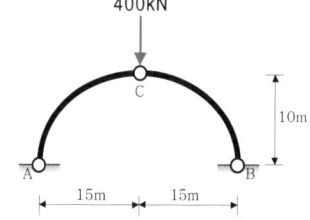

19. 그림과 같은 단순보에서 최대휨모멘트가 발생하는 위치 x(A점으로부터의 거리)와 최대휨모멘트 M_x는?

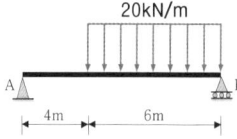

① $x = 5.2m$, $M_x = 230.4kN \cdot m$
② $x = 5.8m$, $M_x = 176.4kN \cdot m$
③ $x = 4.0m$, $M_x = 180.2kN \cdot m$
④ $x = 4.8m$, $M_x = 96kN \cdot m$

20. 그림과 같은 라멘의 부정정 차수는?

① 3차
② 5차
③ 6차
④ 7차

해설 및 정답

1.

$$\tau_{vert} = \frac{T}{2t_1 \cdot b \cdot h} = \frac{(50 \times 10^6)}{2(10)(390)(180)}$$
$$= 35.612 \text{N/mm}^2 = 35.612 \text{MPa}$$

답 : ④

2.

$$R = \sqrt{P_1^2 + P_2^2 + 2P_1 \cdot P_2 \cdot \cos\alpha}$$
$$= \sqrt{(50)^2 + (30)^2 + 2(50)(30)\cos(60°)} = 70\text{kN}$$

답 : ②

3.

단면상승모멘트 $I_{xy} = A \cdot x \cdot y$ 에서 구하고자 하는 단면의 x, y축 어느 하나라도 도심을 지나게 된다면 $I_{xy} = 0$이 된다.

답 : ①

4.

$$\sigma_{\max} = -\frac{P}{A} - \frac{M_{\max}}{Z}$$
$$= -\frac{(600 \times 10^3)}{(200 \times 300)} - \frac{(600 \times 10^3)(100)}{\left(\frac{(200)(300)^2}{6}\right)}$$
$$= -30 \text{N/mm}^2 = -30 \text{MPa (압축)}$$

답 : ①

5.

(1) 재단모멘트 방정식:

① $M_{BA} = 2E\left(\dfrac{I}{9}\right)(2\theta_B + \theta_A) + \dfrac{(10)(9)^2}{12} = \dfrac{4}{9}EI\theta_B + 67.5$

② $M_{BC} = 2E\left(\dfrac{I}{12}\right)(2\theta_B + \theta_C) - \dfrac{(10)(12)^2}{12}$
$= \dfrac{1}{3}EI\theta_B - 120$

(2) 절점방정식 :

$$\sum M_B = M_{BA} + M_{BC} = \frac{7}{9}EI\theta_B - 52.5 = 0$$

➡ $EI\theta_B = 67.5$

(3) 재단모멘트

① $M_{BA} = \dfrac{4}{9}(67.5) + 67.5 = 97.5 \text{kN} \cdot \text{m}$

② $M_{BC} = \dfrac{1}{3}(67.5) - 120 = -97.5 \text{kN} \cdot \text{m}$

답 : ②

6.

$$\sum M_B = 0 : +(V_A)(3) - (40 \times 3)(1.5) - (30)(3) = 0$$
$$\therefore V_A = R_A = +90 \text{kN}(\uparrow)$$

답 : ④

7.

(1) 전단응력 산정 제계수

① $\bar{y} = \dfrac{G_x}{A} = \dfrac{(70 \times 30)(15) + (30 \times 70)(65)}{(70 \times 30) + (30 \times 70)}$

 $= 40\text{mm}$ (상연으로부터)

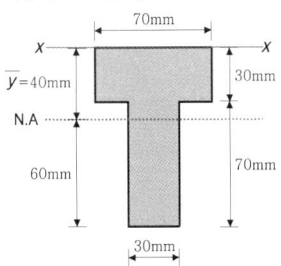

② $I_x = \left[\dfrac{(70)(30)^3}{12} + (70 \times 30)(25)^2 \right]$

$\qquad + \left[\dfrac{(30)(70)^3}{12} + (30 \times 70)(25)^2 \right]$

$\quad = 3.64 \times 10^6 \text{mm}^4$

③ $b = 30\text{mm}$

④ $Q = (30 \times 60)(30) = 5.4 \times 10^4 \text{mm}^3$

⑤ $V_A = 1.5\text{kN}$ ➡ $V_B = 3\text{kN}$

$\qquad\qquad\quad$ ➡ $V_{\max} = V_B = 3\text{kN} = 3 \times 10^3 \text{N}$

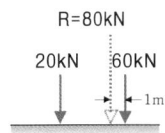

(2) $\tau_{\max} = \dfrac{V \cdot Q}{I \cdot b} = \dfrac{(3 \times 10^3)(5.4 \times 10^4)}{(3.64 \times 10^6)(30)}$

$\qquad = 1.483 \text{N/mm}^2 = 1.483 \text{MPa}$

답 : ①

8.

(1) A : $\dfrac{1}{K^2} = \dfrac{1}{(2.0)^2} = \dfrac{1}{4}$, B : $\dfrac{1}{K^2} = \dfrac{1}{(0.5)^2} = 4$

(2) $\dfrac{1}{4} : 4 = 1 : 16$ 이므로 장주 A가 30kN의 하중을 받을 수 있다면, 장주 B는 $30 \times 16 = 480\text{kN}$의 하중을 받을 수 있다.

답 : ④

9.

(1) 합력의 크기 : $R = 20 + 60 = 80\text{kN}$

(2) 바리뇽의 정리 : $-(80)(x) = -(20)(4) + (60)(0)$

$\qquad \therefore x = 1\text{m}$

(3) $\dfrac{x}{2} = 0.5\text{m}$의 위치를 보의 중앙점에 일치시킨다.

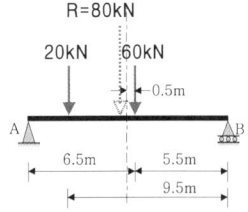

(4) 합력과 인접한 큰 하중작용점에서 절대최대휨모멘트가 발생한다.

따라서, B점으로부터 9.5m인 점에 20kN의 하중이 실릴 때 60kN의 하중이 실리는 점이 된다.

답 : ④

10.

(1) $I_x = \left[\dfrac{(a)(a)^3}{12} + (a \times a)(a)^2 \right]$

$\qquad + \left[\dfrac{\left(\dfrac{a}{4}\right)\left(\dfrac{a}{2}\right)^3}{12} + \left(\dfrac{a}{4} \times \dfrac{a}{2}\right)\left(\dfrac{a}{4}\right)^2 \right] = \dfrac{35}{32}a^4$

(2) $r_x = \sqrt{\dfrac{I_x}{A}} = \sqrt{\dfrac{\left(\dfrac{35}{32}a^4\right)}{(a \times a) + \left(\dfrac{a}{4} \times \dfrac{a}{2}\right)}} = \dfrac{\sqrt{35}}{6}a$

답 : ①

11.

(1) 하중 50kN의 수직분력 $P_V = 50 \times \dfrac{4}{5} = 40\text{kN}$

(2) $\sum M_B = 0 : +(V_A)(2) - (20 \times 2)(1) + (40)(1) = 0$
    $\therefore V_A = 0$

답 : ①

12.

(1) 구의 중심점에서 절점평형조건 $\sum V = 0$ 을 적용하여 R_B를 계산한다.

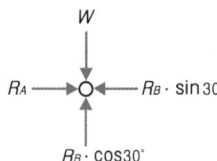

(2) $\sum V = 0 : -(W) + (R_B \cdot \cos 30°) = 0$
    $\therefore R_B = \dfrac{W}{\cos 30°} = 1.155\,W$

답 : ④

13.

(1) $M_x = \left(\dfrac{wL}{2}\right)(x) - (w \cdot x)\left(\dfrac{x}{2}\right)$
    $= \dfrac{wL}{2}x - \dfrac{w}{2}x^2 = \dfrac{w}{2}(Lx - x^2)$

(2) $U = \int \dfrac{M_x^2}{2EI}dx = \dfrac{1}{2EI}\int_o^L \left[\dfrac{w}{2}(Lx - x^2)\right]^2 dx$
    $= \dfrac{w^2}{8EI}\int_o^L (L^2x^2 - 2Lx^3 + x^4)dx$
    $= \dfrac{w^2}{8EI}\left[\dfrac{L^2}{3}x^3 - \dfrac{2L}{4}x^4 + \dfrac{1}{5}x^5\right]_o^L = \dfrac{1}{240} \cdot \dfrac{w^2L^5}{EI}$

답 : ②

14.

(1) 평균전단응력: $\tau_{aver} = \dfrac{V_{\max}}{A}$

(2) 최대전단응력: $\tau_{\max} = k \cdot \dfrac{V_{\max}}{A} = \left(\dfrac{3}{2}\right) \cdot \dfrac{V_{\max}}{A}$

(3) $\tau_{\max} - \tau_{aver} = \left(\dfrac{3}{2} - 1\right) \cdot \dfrac{V_{\max}}{A} = \left(\dfrac{3}{2} - 1\right) \cdot \dfrac{(7 \times 10^3)}{(100 \times 150)}$
    $= 0.233\,\text{N/mm}^2 = 0.233\,\text{MPa}$

답 : ②

15.

(1) 공액보에서 A점의 지점반력은 전단력이며 이것을 구한 것이 실제 구조물의 A점의 처짐각이다.

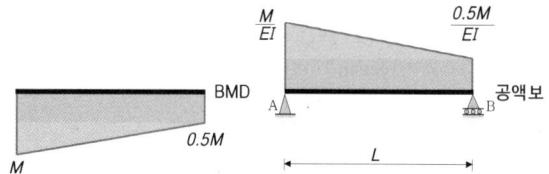

(2) 사다리꼴의 탄성하중을 사각형과 삼각형으로 분해하여 중첩의 원리를 적용하는 것이 간명하다.
    $V_A = \left(\dfrac{1}{2}\right) \cdot \left[(L)\left(\dfrac{0.5M}{EI}\right)\right] + \left(\dfrac{2}{3}\right) \cdot \left[\dfrac{1}{2} \cdot (L)\left(\dfrac{0.5M}{EI}\right)\right]$
    $= \dfrac{5}{12} \cdot \dfrac{ML}{EI}$

답 : ②

16.

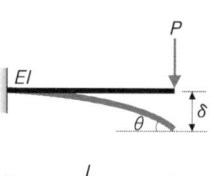

(1) $\delta_A = \dfrac{1}{3} \cdot \dfrac{P_1 L^3}{EI}$, $\delta_B = \dfrac{1}{3} \cdot \dfrac{P_2\left(\dfrac{3}{5}L\right)^3}{EI}$

(2) $\delta_A = \delta_B$ 라는 문제의 조건에 의해서
    $P_1 L^3 = P_2\left(\dfrac{3}{5}L\right)^3 \quad \therefore \dfrac{P_2}{P_1} = 4.629$

답 : ③

17.

(1) 전단응력 $\tau_\theta = \dfrac{\sigma_x}{2} \cdot \sin 2\theta$

(2) $\theta = 45°$에서 $\sin 90° = 1$ 이므로

$\therefore \tau_\theta = \dfrac{\sigma_x}{2} = \dfrac{1}{2} \cdot \dfrac{P}{A}$

답 : ①

18.

(1) 하중과 경간이 대칭이므로 $V_A = +\dfrac{400}{2} = 200\text{kN}(\uparrow)$

(2) $M_{C,Left} = 0$: $+(200)(15) - (H_A)(10) = 0$

$\therefore H_A = +300\text{kN}(\rightarrow)$

답 : ④

19.

(1) $\sum M_A = 0$: $+(20 \times 6)(7) - (V_B)(10) = 0$

$\therefore V_B = +84\text{kN}(\uparrow)$

(2) $M_x = -\left[+(20 \times x)\left(\dfrac{x}{2}\right) - (84)(x)\right] = -10x^2 + 84x$

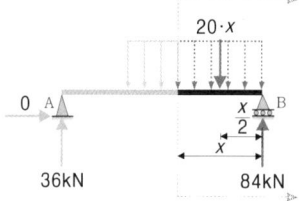

(3) $V = \dfrac{dM_x}{dx} = -20x + 84 = 0$ 에서 $x = 4.2\text{m}$ 이므로 A점으로부터는 5.8m 위치에서 최대휨모멘트가 발생한다.

(4) $M_{\max} = -10(4.2)^2 + 84(4.2) = +176.4\text{kN} \cdot \text{m}(\smile)$

답 : ②

20.

$N = r + m + f - 2j$
$= (3+3+3) + (5) + (4) - 2(6) = 6$차

답 : ③

과년도 출제문제

21 토목기사
2회 시행 출제문제

1. 그림과 같이 케이블(Cable)에 5kN의 추가 매달려 있다. 이 추의 중심을 수평으로 3m 이동시키기 위해 케이블 길이 5m 지점인 A점에 수평력 P를 가하고자 한다. 이때 힘 P의 크기는?

① 3.75kN
② 4.00kN
③ 4.25kN
④ 4.50kN

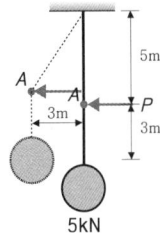

2. 지름이 D인 원형단면의 단면2차극모멘트(I_P)의 값은?

① $\dfrac{\pi D^4}{64}$
② $\dfrac{\pi D^4}{32}$
③ $\dfrac{\pi D^4}{16}$
④ $\dfrac{\pi D^4}{8}$

3. 그림과 같은 3힌지 아치에서 A점의 수평반력(H_A)은?

① $\dfrac{wL^2}{16h}$
② $\dfrac{wL^2}{8h}$
③ $\dfrac{wL^2}{4h}$
④ $\dfrac{wL^2}{2h}$

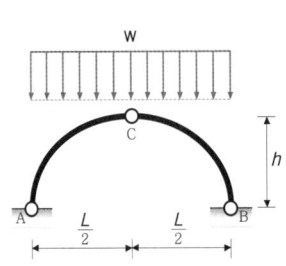

4. 단면2차모멘트가 I, 길이 L인 균일한 단면의 직선상(直線狀)의 기둥이 양단이 고정되어 있을 때 오일러(Euler) 좌굴하중은? (단, 기둥의 탄성계수는 E이다.)

① $\dfrac{4\pi^2 EI}{L^2}$
② $\dfrac{\pi^2 EI}{(0.7L)^2}$
③ $\dfrac{\pi^2 EI}{L^2}$
④ $\dfrac{\pi^2 EI}{4L^2}$

5. 그림과 같은 집중하중이 작용하는 캔틸레버 보에서 A점의 처짐은? (단, EI는 일정)

① $\dfrac{14PL^3}{3EI}$
② $\dfrac{2PL^3}{EI}$
③ $\dfrac{8PL^3}{3EI}$
④ $\dfrac{10PL^3}{3EI}$

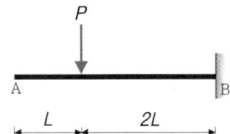

6. 아래에서 설명하는 것은?

> 탄성체에 저장된 변형에너지 U를 변위의 함수로 나타내는 경우, 임의의 변위 Δ_i에 관한 변형에너지 U의 1차편도함수는 대응되는 하중 P_i와 같다. 즉, $P_i = \dfrac{\partial U}{\partial \Delta_i}$ 이다.

① Castigliano의 제1정리
② Castigliano의 제2정리
③ 가상일의 원리
④ 공액보법

7. 재료의 역학적 성질 중 탄성계수를 E, 전단탄성계수를 G, 푸아송수를 m이라 할 때 각 성질의 상호관계식으로 옳은 것은?

① $G = \dfrac{E}{2(m-1)}$
② $G = \dfrac{E}{2(m+1)}$
③ $G = \dfrac{mE}{2(m-1)}$
④ $G = \dfrac{mE}{2(m+1)}$

8. 그림과 같은 단순보에서 C점의 휨모멘트는?

① 320kN·m
② 420kN·m
③ 480kN·m
④ 540kN·m

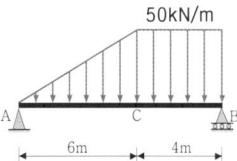

9. 그림과 같이 2개의 집중하중이 단순보 위를 통과할 때 절대최대휨모멘트의 크기와 발생위치 x는?

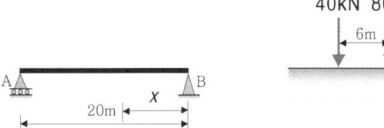

① $M_{max} = 362$kN·m, $x = 8$m
② $M_{max} = 382$kN·m, $x = 8$m
③ $M_{max} = 486$kN·m, $x = 9$m
④ $M_{max} = 506$kN·m, $x = 9$m

10. 그림과 같은 보에서 두 지점의 반력이 같게 되는 하중 위치(x)는 얼마인가?

① 0.33m
② 1.33m
③ 2.33m
④ 3.33m

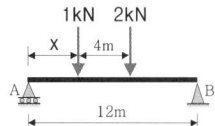

11. 폭 20mm, 높이 50mm인 균일한 직사각형 단면의 단순보에 최대전단력이 40kN 작용할 때 최대 전단응력은?

① 6.7MPa
② 10MPa
③ 13.3MPa
④ 15MPa

12. 다음과 같은 부정정보에서 A의 처짐각 θ_A는? (단, 보의 휨강성은 EI이다.)

① $\dfrac{1}{12} \cdot \dfrac{wL^3}{EI}$
② $\dfrac{1}{24} \cdot \dfrac{wL^3}{EI}$
③ $\dfrac{1}{36} \cdot \dfrac{wL^3}{EI}$
④ $\dfrac{1}{48} \cdot \dfrac{wL^3}{EI}$

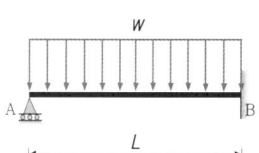

13. 길이가 같으나 지지조건이 다른 2개의 장주가 있다. 그림A의 장주가 40kN에 견딜 수 있다면 그림B의 장주가 견딜 수 있는 하중은? (단, 재질 및 단면은 동일하며 EI는 일정하다.)

① 40kN
② 160kN
③ 320kN
④ 640kN

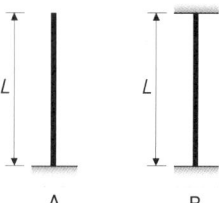

14. 그림에 표시한 것과 같은 단면의 변화가 있는 AB 부재의 강도(Stiffness Factor)는?

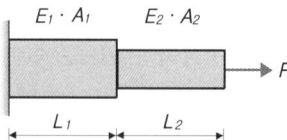

① $\dfrac{PL_1}{A_1 E_1} + \dfrac{PL_2}{A_2 E_2}$
② $\dfrac{A_1 E_1}{PL_1} + \dfrac{A_2 E_2}{PL_2}$
③ $\dfrac{A_1 E_1}{L_1} + \dfrac{A_2 E_2}{L_2}$
④ $\dfrac{A_1 A_2 E_1 E_2}{L_1(A_2 E_2) + L_2(A_1 E_1)}$

15. 그림과 같이 밀도가 균일하고 무게 W인 구(球)가 마찰이 없는 두 벽면 사이에 놓여 있을 때 반력 R_A의 크기는?

① $0.500\,W$
② $0.577\,W$
③ $0.707\,W$
④ $0.866\,W$

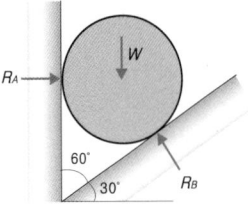

16. 그림과 같은 단순보의 최대 전단응력 $\tau_{\max}$를 구하면? (단, 보의 단면은 직경이 D인 원이다.)

① $\dfrac{9wL}{4\pi D^2}$
② $\dfrac{3wL}{2\pi D^2}$
③ $\dfrac{2wL}{\pi D^2}$
④ $\dfrac{wL}{2\pi D^2}$

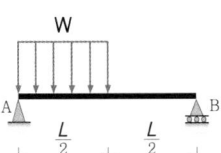

17. 그림에서 $A-A$축과 $B-B$축에 대한 단면2차모멘트가 각각 $8\times 10^8\,\text{mm}^4$, $16\times 10^8\,\text{mm}^4$일 때 음영부분의 면적은?

① $8.00\times 10^4\,\text{mm}^2$
② $7.52\times 10^4\,\text{mm}^2$
③ $6.06\times 10^4\,\text{mm}^2$
④ $5.73\times 10^4\,\text{mm}^2$

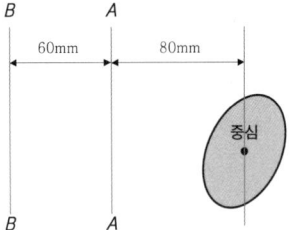

18. 다음 연속보에서 B점의 지점반력을 구한 값은?

① 100kN
② 150kN
③ 200kN
④ 250kN

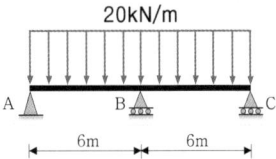

19. 다음 캔틸레버 보의 B점의 처짐각은? (단, EI는 일정하다.)

① $\dfrac{wL^3}{3EI}$
② $\dfrac{wL^3}{6EI}$
③ $\dfrac{wL^3}{8EI}$
④ $\dfrac{2wL^3}{3EI}$

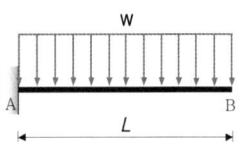

20. 그림과 같은 트러스에서 L_1U_1 부재의 부재력은?

① 22kN (인장)
② 25kN (인장)
③ 22kN (압축)
④ 25kN (압축)

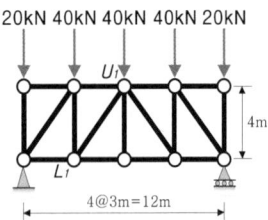

해설 및 정답

1.
(1) 추가 중심선에 위치할 때 평형이 된다.

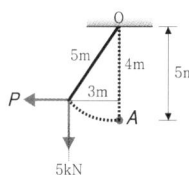

(2) $\sum M_O = 0$: $-(5)(3)+(P)(4)=0$ ∴ $P=3.75\text{kN}$

답 : ①

2.
$$I_P = I_x + I_y = 2I_x = 2\left(\frac{\pi D^4}{64}\right) = \frac{\pi D^4}{32}$$

답 : ②

3.
(1) 하중과 경간이 대칭: $V_A = V_B = +\dfrac{wL}{2}(\uparrow)$

(2) $M_{C,Left}=0$:
$$+\left(\frac{wL}{2}\right)\left(\frac{L}{2}\right)-(H_A)(h)-\left(w\cdot\frac{L}{2}\right)\left(\frac{L}{4}\right)=0$$
$$\therefore H_A = +\frac{wL^2}{8h}(\rightarrow)$$

답 : ②

4.
(1) 양단고정: $K=0.5$

(2) $P_{cr}=\dfrac{\pi^2 EI}{(KL)^2}=\dfrac{\pi^2 EI}{(0.5L)^2}=4\cdot\dfrac{\pi^2 EI}{L^2}$

답 : ①

5.

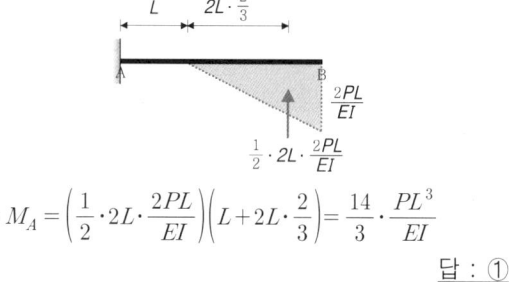

$$\delta_A = M_A = \left(\frac{1}{2}\cdot 2L\cdot\frac{2PL}{EI}\right)\left(L+2L\cdot\frac{2}{3}\right)=\frac{14}{3}\cdot\frac{PL^3}{EI}$$

답 : ①

6.
Castigliano의 정리

(1) 제1정리: $P_i = \dfrac{\partial U}{\partial \Delta_i}$

(2) 제2정리: $\Delta_i = \dfrac{\partial U}{\partial P_i}$

답 : ①

7.

| (1) | $G = E\cdot\dfrac{1}{2(1+\nu)}$ | 탄성계수 E와 전단탄성계수 |
| (2) | $G = \dfrac{m\cdot E}{2(m+1)}$ | G와의 관계 |

답 : ④

8.
(1) $\sum M_A = 0$:
$$+\left(\frac{1}{2}\times 6\times 50\right)(4)+(50\times 4)(8)-(V_B)(10)=0$$
$$\therefore V_B = +220\text{kN}(\uparrow)$$

(2) $M_{C,Right} = -[+(50\times 4)(2)-(220)(4)] = +480\text{kN}\cdot\text{m}$

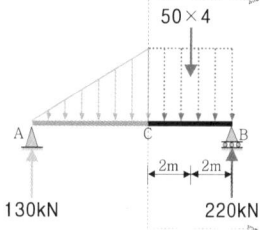

답 : ③

9.

(1) 합력의 크기: $R = 40 + 80 = 120\text{kN}$

(2) 바리뇽의 정리: $-(120)(x) = -(40)(6) + (80)(0)$

$$\therefore x = 2\text{m}$$

(3) $\dfrac{x}{2} = 1\text{m}$ 의 위치를 보의 중앙점에 일치시킨다.

(4) 합력과 인접한 큰 하중작용점에서 절대최대휨모멘트가 발생한다.

① $\sum M_A = 0 : +(40)(5) + (80)(11) - (V_B)(20) = 0$

$$\therefore V_B = +54\text{kN}(\uparrow)$$

② $M_{abs,\max} = -[-(54)(9)] = +486\text{kN}\cdot\text{m}(\smile)$

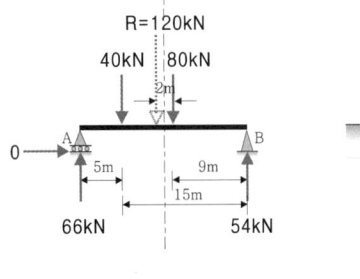

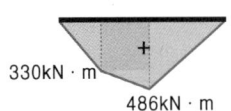

답 : ③

10.

(1) $\sum M_A = 0 : +(1)(x) + (2)(x+4) - (V_B)(12) = 0$

$$\therefore V_B = \dfrac{3x+8}{12}$$

(2) $V_A + V_B = 3\text{kN}$ 이고 $V_A = V_B$ 이므로

$$V_B = \dfrac{3x+8}{12} = 1.5 \quad \therefore x = 3.333\text{m}$$

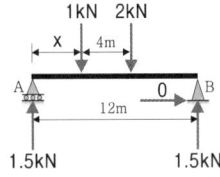

답 : ④

11.

$$\tau_{\max} = k \cdot \dfrac{V_{\max}}{A} = \left(\dfrac{3}{2}\right) \cdot \dfrac{(10 \times 10^3)}{(20 \times 50)} = 15\text{N}/\text{mm}^2 = 15\text{MPa}$$

답 : ④

12.

(1) 처짐각 방정식:

$$M_{AB} = 2E\left(\dfrac{I}{L}\right)(2\theta_A) - \dfrac{wL^2}{12} = \dfrac{4EI\theta_A}{L} - \dfrac{wL^2}{12}$$

(2) 절점방정식: $\sum M_A = M_{AB} = \dfrac{4EI\theta_A}{L} - \dfrac{wL^2}{12} = 0$

으로부터 $\theta_A = \dfrac{1}{48} \cdot \dfrac{wL^3}{EI}$

답 : ④

13.

(1) A : $\dfrac{1}{K^2} = \dfrac{1}{(2.0)^2} = \dfrac{1}{4}$, B : $\dfrac{1}{K^2} = \dfrac{1}{(0.5)^2} = 4$

(2) $\dfrac{1}{4} : 4 = 1 : 16$ 이므로 장주 A가 40kN의 하중을 받을 수 있다면, 장주 B는 $40 \times 16 = 640$kN의 하중을 받을 수 있다.

답 : ④

14.

(1) 구간별 변위: $\Delta L_1 = \dfrac{PL_1}{E_1 A_1}$, $\Delta L_2 = \dfrac{PL_2}{E_2 A_2}$

(2) 전체 변위: $\Delta L = \Delta L_1 + \Delta L_2 = \dfrac{PL_1}{E_1 A_1} + \dfrac{PL_2}{E_2 A_2}$

(3) 강성도 : $P = K \cdot \Delta L$ 에서 $P = 1$ 일 때의

$$K = \dfrac{P}{\Delta L} = \dfrac{P}{\Delta L_1 + \Delta L_2} = \dfrac{P}{\dfrac{PL_1}{E_1 A_1} + \dfrac{PL_2}{E_2 A_2}}$$

$$= \dfrac{1}{\dfrac{L_1}{E_1 A_1} + \dfrac{L_2}{E_2 A_2}} = \dfrac{A_1 A_2 E_1 E_2}{L_1(E_2 A_2) + L_2(E_1 A_1)}$$

답 : ④

15.

(1) 구의 중심점에서 절점평형조건 $\sum V = 0$, $\sum H = 0$ 을 적용하여 R_B 와 R_A 를 계산한다.

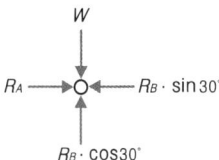

(2) $\sum V = 0 : -(W) + (R_B \cdot \cos 30°) = 0$

$\therefore R_B = \dfrac{W}{\cos 30°} = 1.155 W$

(3) $\sum H = 0 : +(R_A) - (R_B \cdot \sin 30°) = 0$

$\therefore R_A = \dfrac{W}{\cos 30°} \cdot \sin 30° = 0.577 W$

답 : ②

16.

(1) $\sum M_B = 0 : +(V_A)(L) - \left(w \cdot \dfrac{L}{2}\right)\left(\dfrac{3L}{4}\right) = 0$

$\therefore V_A = +\dfrac{3}{8}wL(\uparrow) \Rightarrow V_B = +\dfrac{1}{8}wL(\uparrow)$

$\Rightarrow V_{\max} = V_A = \dfrac{3}{8}wL$

(2) $\tau_{\max} = k \cdot \dfrac{V_{\max}}{A} = \left(\dfrac{4}{3}\right) \cdot \dfrac{\left(\dfrac{3}{8}wL\right)}{\left(\dfrac{\pi D^2}{4}\right)} = \dfrac{2wL}{\pi D^2}$

답 : ③

17.

(1) $I_A = I_{도심축} + A \cdot e^2 = I_{도심축} + (A) \cdot (80)^2 = 8 \times 10^8 \text{mm}^4$

(2) $I_B = I_{도심축} + A \cdot e^2 = I_{도심축} + (A) \cdot (140)^2$
$\quad = 16 \times 10^8 \text{mm}^4$

(3) 위의 (1), (2)를 연립하면 $A = 6.06 \times 10^4 \text{mm}^2$

답 : ③

18.

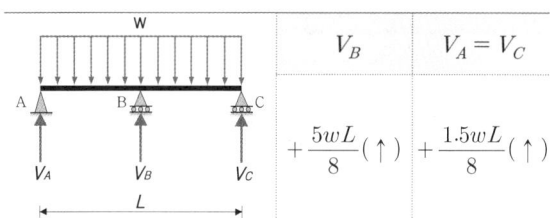

$V_B = +\dfrac{5wL}{8} = +\dfrac{5(20)(12)}{8} = +150 \text{kN}(\uparrow)$

답 : ②

19.

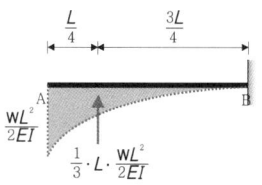

$\theta_B = V_B = \dfrac{1}{3} \cdot L \cdot \dfrac{wL^2}{2EI} = \dfrac{1}{6} \cdot \dfrac{wL^3}{EI}$

답 : ②

20.

$L_1 U_1$ 부재가 지나가도록 수직절단하여 좌측을 고려한다.

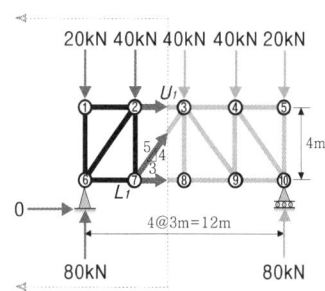

$V = 0 : +(80) - (20) - (40) + \left(F_{L_1 U_1} \cdot \dfrac{4}{5}\right) = 0$

$\therefore F_{L_1 U_1} = -25 \text{kN}(압축)$

답 : ④

과년도출제문제

21 토목기사 3회 시행 출제문제

1. 그림과 같은 구조물의 C점에 연직하중이 작용할 때 AC부재가 받는 힘은?

① 2.5kN
② 5.0kN
③ 8.7kN
④ 10.0kN

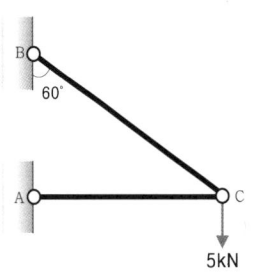

4. 그림과 같은 단순보에서 C점에 30kN·m의 모멘트가 작용할 때 A점의 반력은?

① $\dfrac{10}{3}$kN(↓)
② $\dfrac{10}{3}$kN(↑)
③ $\dfrac{20}{3}$kN(↓)
④ $\dfrac{20}{3}$kN(↑)

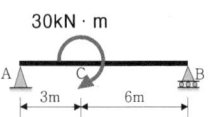

2. 그림과 같은 인장부재의 수직변위를 구하는 식으로 옳은 것은? (단, 탄성계수는 E이다.)

① $\dfrac{PL}{EA}$
② $\dfrac{3PL}{2EA}$
③ $\dfrac{2PL}{EA}$
④ $\dfrac{5PL}{2EA}$

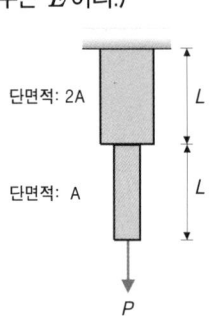

5. 그림과 같은 기둥에서 좌굴하중의 비 (a) : (b) : (c) : (d)는? (단, EI와 기둥의 길이는 모두 같다.)

① 1 : 2 : 3 : 4
② 1 : 4 : 8 : 12
③ 1 : 4 : 8 : 16
④ 1 : 8 : 16 : 32

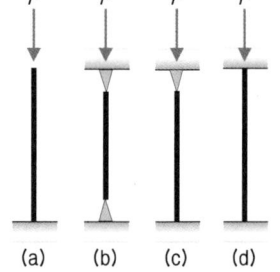

3. 그림과 같은 트러스에서 AC부재의 부재력은?

① 인장 40kN
② 압축 40kN
③ 인장 80kN
④ 압축 80kN

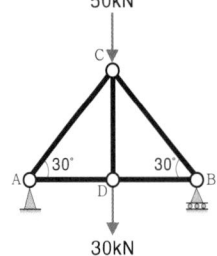

6. 그림과 같은 2개의 캔틸레버보에 저장되는 변형에너지를 각각 $U_{(1)}$, $U_{(2)}$라고 할 때 $U_{(1)} : U_{(2)}$의 비는? (단, EI는 일정하다.)

① 2 : 1
② 4 : 1
③ 8 : 1
④ 16 : 1

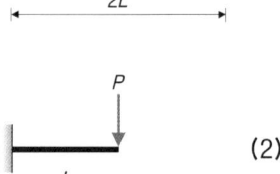

7. x축에 대한 단면2차모멘트 값은?

① $\dfrac{h^3}{12}(b+3a)$
② $\dfrac{h^3}{12}(b+2a)$
③ $\dfrac{h^3}{12}(3b+a)$
④ $\dfrac{h^3}{12}(2b+a)$

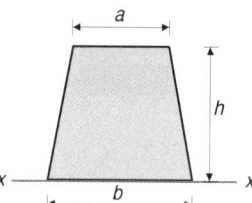

8. 그림과 같은 단순보에서 CD구간의 전단력 값은?

① P
② $2P$
③ $\dfrac{P}{2}$
④ 0

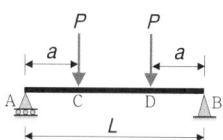

9. 그림과 같은 구조물의 부정정차수는?

① 6차 부정정
② 5차 부정정
③ 4차 부정정
④ 3차 부정정

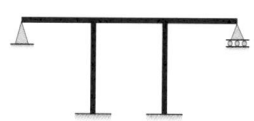

10. 그림과 같은 하중을 받는 보의 최대 전단응력은?

① $\dfrac{2}{3}\cdot\dfrac{wL}{bh}$
② $\dfrac{3}{2}\cdot\dfrac{wL}{bh}$
③ $2\cdot\dfrac{wL}{bh}$
④ $\dfrac{wL}{bh}$

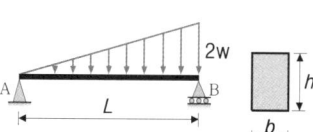

11. 다음 중 정(+)과 부(−)의 값을 모두 갖는 것은?

① 단면계수
② 단면2차모멘트
③ 단면2차반지름
④ 단면상승모멘트

12. 그림과 같은 캔틸레버보에서 중앙점 C의 처짐은? (단, EI는 일정)

① $\dfrac{PL^3}{24EI}$
② $\dfrac{5PL^3}{24EI}$
③ $\dfrac{PL^3}{48EI}$
④ $\dfrac{5PL^3}{48EI}$

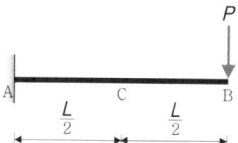

13. 그림과 같은 단면에 $V=600\text{kN}$의 전단력이 작용할 때 최대 전단응력의 크기는?

① 12.71MPa
② 15.98MPa
③ 19.83MPa
④ 21.32MPa

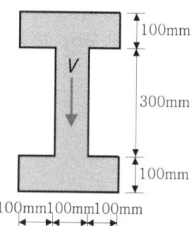

14. 그림과 같은 단순보에서 B점에 모멘트 M_B가 작용할 때 A점에서의 처짐각(θ_A)은? (단, EI는 일정하다.)

① $\dfrac{M_B\cdot L}{2EI}$
② $\dfrac{M_B\cdot L}{3EI}$
③ $\dfrac{M_B\cdot L}{6EI}$
④ $\dfrac{M_B\cdot L}{8EI}$

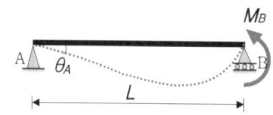

15. 그림과 같은 $r=4\text{m}$인 3힌지 원호 아치에서 지점 A에서 2m 떨어진 E점에 발생하는 휨모멘트의 크기는?

① 6.13kN·m
② 7.32kN·m
③ 8.27kN·m
④ 9.16kN·m

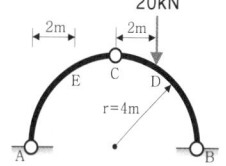

16. 그림과 같은 30° 경사진 언덕에 40kN의 물체를 밀어 올릴 때 필요한 힘 P는 최소 얼마 이상이어야 하는가? (단, 마찰계수는 0.25이다.)

① 28.7kN
② 30.2kN
③ 34.7kN
④ 40.0kN

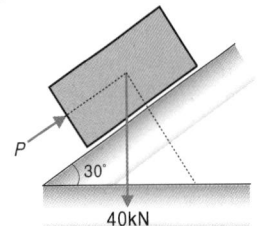

17. 다음과 같은 부정정 구조물에서 B지점의 반력의 크기는?(단, 보의 휨강도 EI는 일정)

① $\frac{7}{3}P$
② $\frac{7}{4}P$
③ $\frac{7}{5}P$
④ $\frac{7}{6}P$

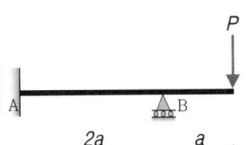

18. 단면이 100mm × 200mm인 장주의 길이가 3m일 때 좌굴하중은? (단, 기둥의 $E = 2.0 \times 10^4 \mathrm{MPa}$, 지지상태는 일단고정 타단자유이다.)

① 45.8kN
② 91.4kN
③ 182.8kN
④ 365.6kN

19. 그림과 같은 단순보에서 A점의 반력이 B점의 반력의 2배가 되도록 하는 거리 x는? (단, x는 A점으로부터의 거리이다.)

① 1.67m
② 2.67m
③ 3.67m
④ 4.67m

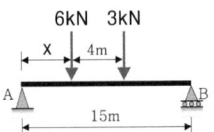

20. 그림과 같이 이축응력(二軸應力)을 받고 있는 요소의 체적변형률은? (단, 이 요소의 탄성계수 $E = 2 \times 10^5 \mathrm{MPa}$, 푸아송비 $\nu = 0.3$이다.)

① 3.6×10^{-4}
② 4.0×10^{-4}
③ 4.4×10^{-4}
④ 4.8×10^{-4}

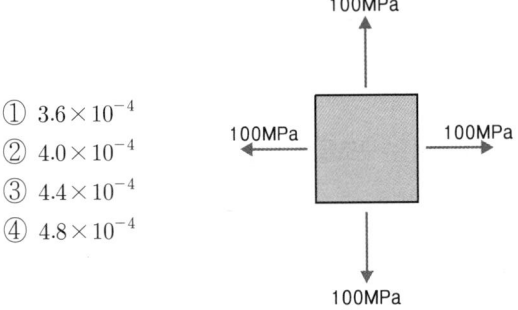

해설 및 정답

1.

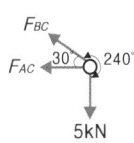

C점을 중심으로 세 힘의 평형을 고려한다.

$$\frac{5}{\sin 30°} = \frac{F_{AC}}{\sin 240°} \quad \therefore F_{AC} = -8.66 \text{kN}$$

답 : ③

2.

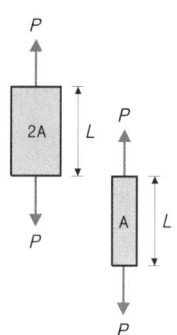

$$\Delta L = \Delta L_1 + \Delta L_2 = \frac{PL}{E(2A)} + \frac{PL}{E(A)} = +\frac{3}{2} \cdot \frac{PL}{EA}$$

답 : ②

3.

(1) 대칭구조이므로 $V_A = +\frac{50+30}{2} = +40 \text{kN}(\uparrow)$

(2) 절점A: $\sum V = 0: +(40) + (F_{AC} \cdot \sin 30°) = 0$

$\therefore F_{AC} = -80 \text{kN}$ (압축)

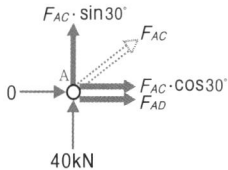

답 : ④

4.

$\sum M_B = 0: +(V_A)(9) + (30) = 0$

$\therefore V_A = -\frac{10}{3} \text{kN}(\downarrow)$

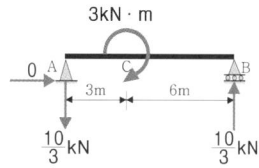

답 : ①

5.

$(a) = \frac{1}{(2.0)^2} = \frac{1}{4}$, $(b) = \frac{1}{(1)^2} = 1$, $(c) = \frac{1}{(0.7)^2} \fallingdotseq 2$,

$(d) = \frac{1}{(0.25)^2} = 4$

$\therefore (a):(b):(c):(d) = 1:4:8:16$

답 : ③

6.

(1) $M_x = -(P)(x) = -P \cdot x$

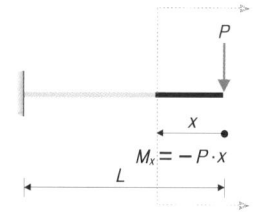

(2) $U_{(1)} = \frac{1}{2EI} \int_0^{2L} (-P \cdot x)^2 dx$

$= \frac{P^2}{2EI} \left[\frac{x^3}{3}\right]_0^{2L} = \frac{8}{6} \cdot \frac{P^2 L^3}{EI}$

(3) $U_{(2)} = \frac{1}{2EI} \int_0^{L} (-P \cdot x)^2 dx$

$= \frac{P^2}{2EI} \left[\frac{x^3}{3}\right]_0^{L} = \frac{1}{6} \cdot \frac{P^2 L^3}{EI}$

$\therefore U_{(1)} : U_{(2)} = 8 : 1$

답 : ③

7.

(1) 삼각형 $\dfrac{bh}{2}$ (편심거리 $\dfrac{h}{3}$), 삼각형 $\dfrac{ah}{2}$ (편심거리 $\dfrac{2h}{3}$) 로 분해한다.

(2) $I_x = \left[\dfrac{bh^3}{36} + \left(\dfrac{bh}{2}\right)\left(\dfrac{h}{3}\right)^2\right] + \left[\dfrac{ah^3}{36} + \left(\dfrac{ah}{2}\right)\left(\dfrac{2h}{3}\right)^2\right]$

$= \dfrac{bh^3}{12} + \dfrac{3ah^3}{12} = \dfrac{h^3}{12}(b+3a)$

답 : ①

8.

(1) 하중이 좌우 대칭이므로 $V_A = V_B = +P(\uparrow)$

(2) $Q = V_{CD,Left} = +[+(P)-(P)] = 0$

답 : ④

9.

$N = r + m + f - 2j$
$= (2+3+3+1) + (5) + (4) - 2(6) = 6$차

답 : ①

10.

(1) $\sum M_B = 0$: $+(V_A)(L) - \left(\dfrac{1}{2} \cdot 2w \cdot L\right)\left(\dfrac{1}{3}L\right) = 0$

$\therefore V_A = +\dfrac{1}{3}wL(\uparrow) \Rightarrow V_B = +\dfrac{2}{3}wL(\uparrow)$

$\Rightarrow V_{\max} = V_B = \dfrac{2}{3}wL$

(2) $\tau_{\max} = k \cdot \dfrac{V_{\max}}{A} = \left(\dfrac{3}{2}\right) \cdot \dfrac{\left(\dfrac{2}{3}wL\right)}{(bh)} = \dfrac{wL}{bh}$

답 : ④

11.

직교좌표의 원점과 단면의 도심이 일치하지 않을 경우 원점으로부터 도심 위치가 오른쪽과 위쪽에 있을 때 (+), 왼쪽과 아래쪽에 있을 때 (−)로 좌표계산을 하여 단면상승모멘트를 계산하게 되므로 결과값이 (−)가 될 수도 있다.

답 : ④

12.

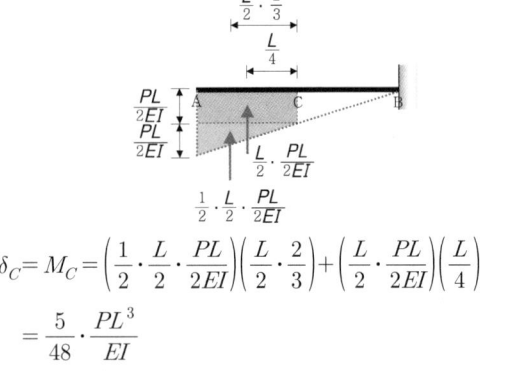

$\delta_C = M_C = \left(\dfrac{1}{2} \cdot \dfrac{L}{2} \cdot \dfrac{PL}{2EI}\right)\left(\dfrac{L}{2} \cdot \dfrac{2}{3}\right) + \left(\dfrac{L}{2} \cdot \dfrac{PL}{2EI}\right)\left(\dfrac{L}{4}\right)$

$= \dfrac{5}{48} \cdot \dfrac{PL^3}{EI}$

답 : ④

13.

(1) $I_x = \dfrac{1}{12}(300 \times 500^3 - 200 \times 300^3) = 2.675 \times 10^9 \text{mm}^4$

$Q = (300 \times 100)(150+50) + (100 \times 150)(75)$
$= 7.125 \times 10^6 \text{mm}^3$

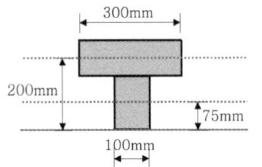

전단응력 산정을 위한 Q

(2) $\tau_{\max} = \dfrac{V \cdot Q}{I \cdot b} = \dfrac{(600 \times 10^3)(7.125 \times 10^6)}{(2.675 \times 10^9)(100)}$

$= 15.981 \text{N/mm}^2 = 15.981 \text{MPa}$

답 : ②

14.

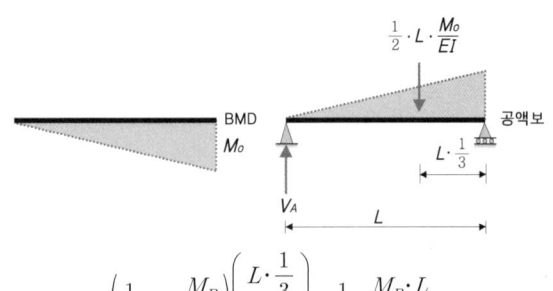

$\theta_A = V_A = \left(\dfrac{1}{2} \cdot L \cdot \dfrac{M_B}{EI}\right)\left(\dfrac{L \cdot \dfrac{1}{3}}{L}\right) = \dfrac{1}{6} \cdot \dfrac{M_B \cdot L}{EI}$

답 : ③

15.

(1) $\sum M_B = 0$: $+(V_A)(8) - (20)(2) = 0$
∴ $V_A = +5\text{kN}(\uparrow)$

(2) $M_{C,Left} = 0$: $+(V_A)(4) - (H_A)(4) = 0$
∴ $H_A = +5\text{kN}(\rightarrow)$

(3) $M_{E,Left} = +[+(5)(2) - (5)(\sqrt{4^2 - 2^2})]$
$= -7.32\text{kN} \cdot \text{m}(\frown)$

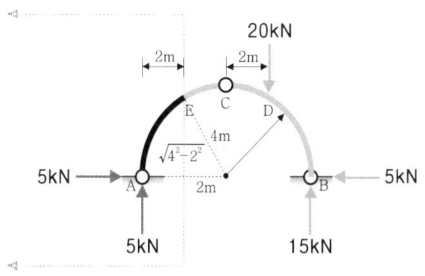

답 : ②

16.

(1) P는 40kN의 경사방향 분력과 마찰력(F)을 더한 값보다 커야 한다.

$P_H = 40 \cdot \sin 30° = 20\text{kN}$
$P_V = 40 \cdot \cos 30° = 34.6\text{kN}$

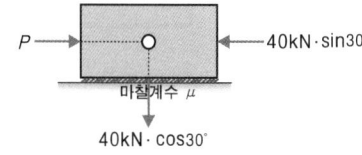

(2) $P > P_H + F = P_H + P_V \cdot u = (20) + (34.6)(0.25)$
$= 28.65\text{kN}$

답 : ①

17.

(1) B점에 작용하는 모멘트 Pa는 고정지점에 $\frac{1}{2}$이 전달된다.

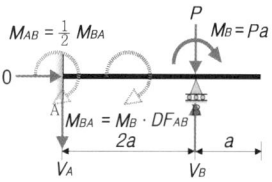

(2) $\sum M_A = 0$: $+\left(\frac{Pa}{2}\right) + (Pa) - (V_B)(2a) + (P)(2a) = 0$
∴ $V_B = +\frac{7}{4}P(\uparrow)$

답 : ②

18.

$P_{cr} = \frac{\pi^2 EI}{(KL)^2} = \frac{\pi^2 (2.0 \times 10^4)\left(\frac{(200)(100)^3}{12}\right)}{(2 \times 3{,}000)^2}$
$= 91{,}385\text{kN} = 91.385\text{kN}$

답 : ②

19.

(1) $\sum V = 0$: $+(V_A) + (V_B) - (6) - (3) = 0$
$V_A = 2V_B$ 라는 조건에 의해서   ∴ $V_B = +3\text{kN}(\uparrow)$

(2) $\sum M_A = 0$: $+(6)(x) + (3)(x+4) - (3)(15) = 0$
∴ $x = 3.67\text{m}$

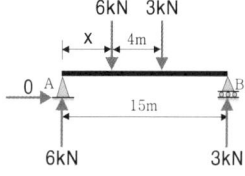

답 : ③

20.

2축응력의 체적변화율:
$\epsilon_V = \frac{\Delta V}{V} = \frac{(1-2\nu)}{E}(\sigma_x + \sigma_y)$
$= \frac{[1 - 2(0.3)]}{(2 \times 10^5)}[(+100) + (+100)] = 4 \times 10^{-4}$

답 : ②

과년도출제문제

22 토목기사
1회 시행 출제문제

1. 그림과 같이 중앙에 집중하중 P를 받는 단순보에서 지점 A로부터 $\frac{L}{4}$인 지점(D점)의 처짐각(θ_D)과 처짐량(δ_D)은? (단, EI는 일정하다.)

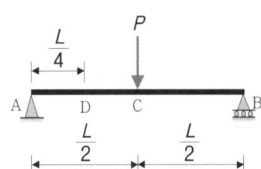

① $\theta_D = \frac{3PL^2}{128EI}$, $\delta_D = \frac{11PL^3}{384EI}$

② $\theta_D = \frac{3PL^2}{128EI}$, $\delta_D = \frac{5PL^3}{384EI}$

③ $\theta_D = \frac{5PL^2}{64EI}$, $\delta_D = \frac{3PL^3}{768EI}$

④ $\theta_D = \frac{3PL^2}{64EI}$, $\delta_D = \frac{11PL^3}{768EI}$

2. 길이가 4m인 원형단면 기둥의 세장비가 100이 되기 위한 기둥의 지름은? (단, 지지상태는 양단힌지로 가정한다.)

① 20cm
② 18cm
③ 16cm
④ 12cm

3. 단면2차모멘트 I, 길이 L인 균일 단면의 직선상(直線狀)의 기둥이 있다. 지지상태가 1단 고정, 타단 자유인 경우 오일러(Euler) 좌굴하중(P_{cr})은? (단, 기둥의 영(Young) 계수는 E이다.)

① $\frac{4\pi^2 EI}{L^2}$
② $\frac{2\pi^2 EI}{L^2}$
③ $\frac{\pi^2 EI}{L^2}$
④ $\frac{\pi^2 EI}{4L^2}$

4. 직사각형 단면 보의 단면적을 A, 전단력을 V라고 할 때 최대 전단응력(τ_{max})은?

① $\frac{2}{3} \cdot \frac{V}{A}$
② $1.5 \cdot \frac{V}{A}$
③ $3 \cdot \frac{V}{A}$
④ $2 \cdot \frac{V}{A}$

5. 단면2차모멘트의 특성에 대한 설명으로 틀린 것은?

① 단면2차모멘트의 최솟값은 도심에 대한 것이며 "0"이다.
② 정삼각형, 정사각형, 정다각형의 도심축에 대한 단면2차모멘트 값은 모두 같다.
③ 단면2차모멘트는 좌표축에 상관없이 항상 (+)의 부호를 갖는다.
④ 단면2차모멘트가 크면 휨강성이 크고 구조적으로 안전하다.

6. 그림과 같은 단순보에서 휨모멘트에 의한 탄성변형에너지는? (단, EI는 일정하다.)

① $\frac{w^2 L^5}{40EI}$

② $\frac{w^2 L^5}{96EI}$

③ $\frac{w^2 L^5}{240EI}$

④ $\frac{w^2 L^5}{384EI}$

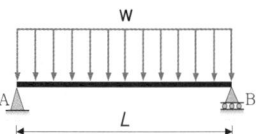

7. 그림과 같은 모멘트하중을 받는 단순보에서 B지점의 전단력은?

① -1.0kN
② -10kN
③ -5.0kN
④ -50kN

8. 내민보에 그림과 같이 지점 A에 모멘트가 작용하고, 집중하중이 보의 양 끝에 작용한다. 이 보에 발생하는 최대 휨모멘트의 절댓값은?

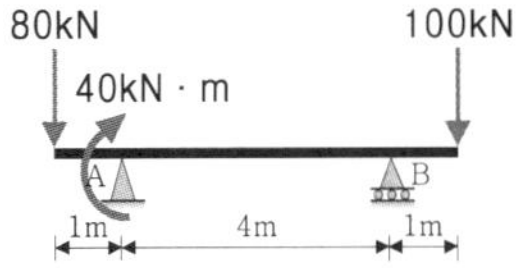

① 60kN·m
② 80kN·m
③ 100kN·m
④ 120kN·m

9. 그림과 같이 양단 내민보에 등분포하중(w) 1kN/m가 작용할 때 C점의 전단력은?

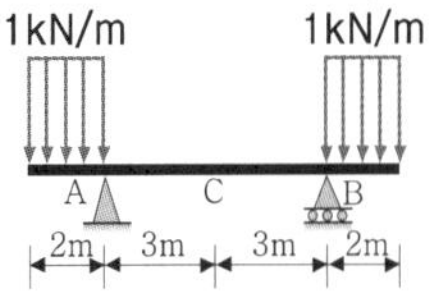

① 0kN
② 5kN
③ 10kN
④ 15kN

10. 그림과 같은 직사각형 보에서 중립축에 대한 단면계수 값은?

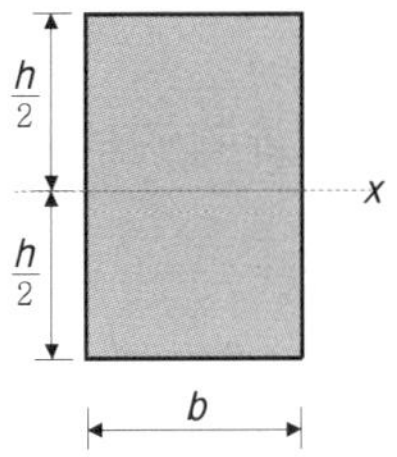

① $\dfrac{bh^2}{6}$
② $\dfrac{bh^2}{12}$
③ $\dfrac{bh^3}{6}$
④ $\dfrac{bh}{4}$

11. 그림과 같이 캔틸레버 보의 B점에 집중하중 P와 우력모멘트 M_o가 작용할 때 B점에서의 연직변위는? (단, 보의 EI는 일정하다.)

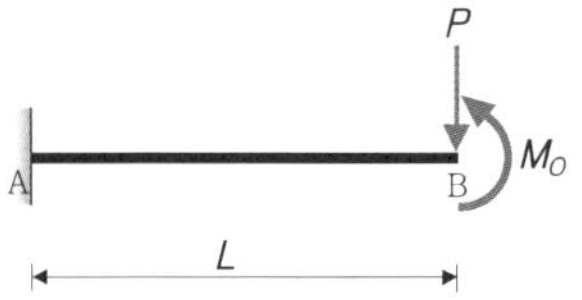

① $\dfrac{PL^3}{4EI}+\dfrac{M_oL^2}{2EI}$
② $\dfrac{PL^3}{4EI}-\dfrac{M_oL^2}{2EI}$
③ $\dfrac{PL^3}{3EI}+\dfrac{M_oL^2}{2EI}$
④ $\dfrac{PL^3}{3EI}-\dfrac{M_oL^2}{2EI}$

12. 전단탄성계수(G)가 81,000MPa, 전단응력(τ)이 81MPa이면 전단변형률(γ)의 값은?

① 0.1
② 0.01
③ 0.001
④ 0.0001

13. 그림과 같은 3힌지 아치에서 A점의 수평반력(H_A)은?

① P
② $\dfrac{P}{2}$
③ $\dfrac{P}{4}$
④ $\dfrac{P}{5}$

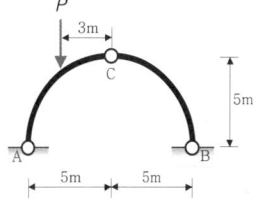

14. 그림과 같은 라멘 구조물의 E점에서의 불균형모멘트에 대한 부재 EA의 모멘트 분배율은?

① 0.167
② 0.222
③ 0.386
④ 0.441

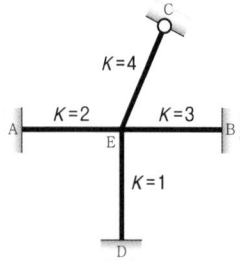

15. 그림과 같이 경간(Span) 8m인 단순보에 연행하중이 작용할 때 절대최대휨모멘트는 어디에서 생기는가?

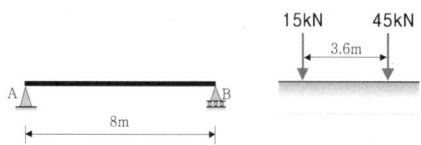

① 45kN의 재하점이 A점으로부터 4m인 곳
② 45kN의 재하점이 A점으로부터 4.45m인 곳
③ 15kN의 재하점이 B점으로부터 4m인 곳
④ 합력의 재하점이 B점으로부터 3.55m인 곳

16. 그림과 같은 구조물에서 부재 AB가 받는 힘의 크기는?

① 3,166.7kN
② 3,274.2kN
③ 3,368.5kN
④ 3,485.4kN

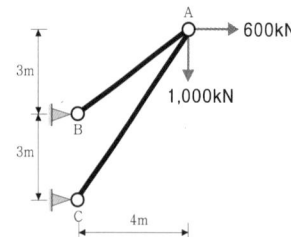

17. 그림과 같은 구조에서 절댓값이 최대로 되는 휨모멘트의 값은?

① 80kN·m
② 50kN·m
③ 40kN·m
④ 30kN·m

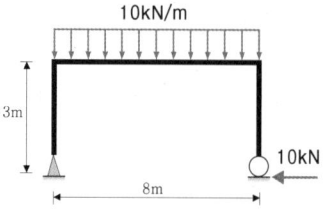

18. 어떤 금속의 탄성계수 $E=21\times10^4\mathrm{MPa}$, 전단탄성계수 $G=8\times10^4\mathrm{MPa}$일 때 이 금속의 푸아송비는?

① 0.3075
② 0.3125
③ 0.3275
④ 0.3325

19. 그림과 같은 단순보의 단면에 발생하는 최대 전단응력의 크기는?

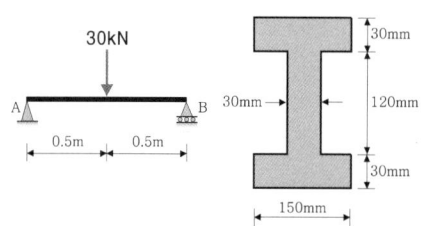

① 3.52MPa
② 3.86MPa
③ 4.45MPa
④ 4.93MPa

20. 그림과 같은 부정정보에서 B점의 반력은?

① $\frac{3}{4}wL(\uparrow)$
② $\frac{3}{8}wL(\uparrow)$
③ $\frac{3}{16}wL(\uparrow)$
④ $\frac{5}{16}wL(\uparrow)$

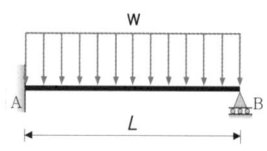

해설 및 정답

1.

(1) 실제 구조물에서 D점의 처짐각은 공액보에서 D점의 전단력이다.

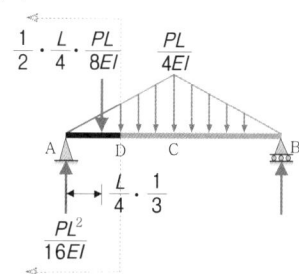

$$\theta_D = V_D = +\left(\frac{PL^2}{16EI}\right) - \left(\frac{1}{2} \cdot \frac{L}{4} \cdot \frac{PL}{8EI}\right) = \frac{3}{64} \cdot \frac{PL^2}{EI}$$

(2) 실제 구조물에서 D점의 처짐은 공액보에서 D점의 휨모멘트이다.

$$\delta_D = M_D = +\left(\frac{PL^2}{16EI}\right)\left(\frac{L}{4}\right) - \left(\frac{1}{2} \cdot \frac{L}{4} \cdot \frac{PL}{8EI}\right)\left(\frac{L}{4} \cdot \frac{1}{3}\right)$$

$$= \frac{11}{768} \cdot \frac{PL^3}{EI}$$

답 : ④

2. $\lambda = \dfrac{KL}{r_{\min}} = \dfrac{KL}{\sqrt{\dfrac{I_{\min}}{A}}} = \dfrac{(1.0)(L)}{\sqrt{\dfrac{\left(\dfrac{\pi D^4}{64}\right)}{\left(\dfrac{\pi D^2}{4}\right)}}} = \dfrac{4L}{D}$

➡ $D = \dfrac{4L}{\lambda} = \dfrac{4(4 \times 10^3)}{(100)} = 160 \mathrm{mm}$

답 : ③

3.

(1) 1단고정 1단자유: $K = 2$

(2) $P_{cr} = \dfrac{\pi^2 EI}{(KL)^2} = \dfrac{\pi^2 EI}{(2L)^2} = \dfrac{1}{4} \cdot \dfrac{\pi^2 EI}{L^2}$

답 : ④

4.

(1) 직사각형(rectangular): $\tau_{\max} = k \cdot \dfrac{V_{\max}}{A} = \left(\dfrac{3}{2}\right) \cdot \dfrac{V_{\max}}{A}$

(2) 원형(circular): $\tau_{\max} = k \cdot \dfrac{V_{\max}}{A} = \left(\dfrac{4}{3}\right) \cdot \dfrac{V_{\max}}{A}$

답 : ②

5.

① 단면2차모멘트의 최소값은 도심이며 그 값은 "0" 이 아니다.

답 : ①

6.

(1) $M_x = \left(\dfrac{wL}{2}\right)(x) - (w \cdot x)\left(\dfrac{x}{2}\right)$

$= \dfrac{wL}{2}x - \dfrac{w}{2}x^2 = \dfrac{w}{2}(Lx - x^2)$

(2) $U = \int \dfrac{M_x^2}{2EI}dx = \dfrac{1}{2EI}\int_o^L \left[\dfrac{w}{2}(Lx - x^2)\right]^2 dx$

$= \dfrac{w^2}{8EI}\int_o^L (L^2x^2 - 2Lx^3 + x^4)dx$

$= \dfrac{w^2}{8EI}\left[\dfrac{L^2}{3}x^3 - \dfrac{2L}{4}x^4 + \dfrac{1}{5}x^5\right]_o^L$

$= \dfrac{1}{240} \cdot \dfrac{w^2L^5}{EI}$

답 : ③

7.

(1) $\sum M_A = 0: -(V_B)(10) + (30) - (20) = 0$

∴ $V_A = +1\mathrm{kN}(\uparrow)$

(2) 단순보에서 지점반력은 전단력이 된다.

답 : ①

8.

(1) $\sum M_B = 0$:
$-(80)(5)+(40)+(V_A)(4)+(100)(1)=0$
$\therefore V_A = +65\text{kN}(\uparrow)$

(2) $\sum V = 0$: $+(V_A)+(V_B)-(80)-(100)=0$
$\therefore V_B = +115\text{kN}(\uparrow)$

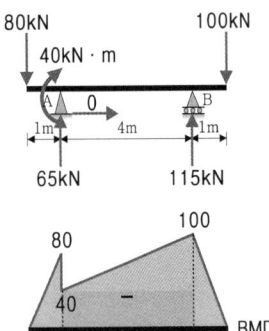

답 : ③

9.

(1) 내민 경간과 하중이 대칭이므로
$V_A = V_B = +(1 \times 2) = +2\text{kN}(\uparrow)$

(2) $V_{C,Left} = +[-(1 \times 2)-(2)]=0$

답 : ①

10.

$Z = \dfrac{I}{y} = \dfrac{\left(\dfrac{bh^3}{12}\right)}{\left(\dfrac{h}{2}\right)} = \dfrac{bh^2}{6}$

답 : ①

11.

(1) 집중하중 ➡ $\delta_{B1} = \dfrac{1}{3} \cdot \dfrac{PL^3}{EI}(\downarrow)$,

모멘트하중 ➡ $\delta_{B2} = \dfrac{1}{2} \cdot \dfrac{M_o L^2}{EI}(\uparrow)$

(2) 중첩의 원리:
$\delta_B = \delta_{B1}+\delta_{B2} = \dfrac{1}{3} \cdot \dfrac{PL^3}{EI}(\downarrow) + \dfrac{1}{2} \cdot \dfrac{M_o L^2}{EI}(\uparrow)$

답 : ④

12.

후크의 법칙: $\tau = G \cdot \gamma$ 로부터
$\gamma = \dfrac{\tau}{G} = \dfrac{(81)}{(81,000)} = 0.001$

답 : ④

13.

(1) $\sum M_B = 0$: $+(V_A)(10)-(P)(8)=0$
$\therefore V_A = +\dfrac{8}{10}P(\uparrow)$

(2) $M_{C,Left} = 0$: $+\left(\dfrac{8}{10}P\right)(5)-(H_A)(5)-(P)(3)=0$
$\therefore H_A = +\dfrac{P}{5}(\rightarrow)$

답 : ④

14.

지점C는 힌지이므로 수정강도계수 $K^R = \dfrac{3}{4}K$를 적용한다.

$DF_{EA} = \dfrac{2}{2+3+4 \times \dfrac{3}{4}+1} = \dfrac{2}{9} = 0.222$

답 : ②

15.

(1) 합력의 크기: $R = 15+45 = 60\text{kN}$

(2) 바리뇽의 정리:
$-(60)(x) = -(15)(3.6)+(45)(0)$ $\therefore x = 0.9\text{m}$

(3) $\dfrac{x}{2} = 0.45\text{m}$ 의 위치를 보의 중앙점에 일치시킨다.

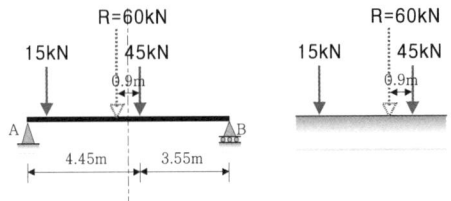

(4) 합력과 인접한 큰 하중작용점에서 절대최대휨모멘트가 발생한다.
따라서, A지점으로부터의 위치는 4.45m가 된다.

답 : ②

16.

(1) 절점 A에서

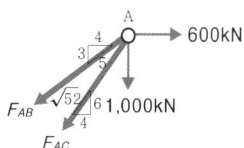

① $\sum H = 0$: $-\left(F_{AB} \cdot \dfrac{4}{5}\right) - \left(F_{AC} \cdot \dfrac{4}{\sqrt{52}}\right) + 600 = 0$

② $\sum V = 0$: $-\left(F_{AB} \cdot \dfrac{3}{5}\right) - \left(F_{AC} \cdot \dfrac{6}{\sqrt{52}}\right) - 1,000 = 0$

(2) ①, ② 두 식을 연립하면

$F_{AB} = +3,166.67\text{kN}$ (인장), $F_{AC} = -3,485.37\text{kN}$ (압축)

답 : ①

17.

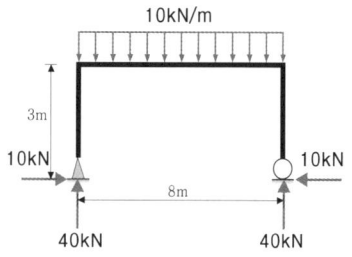

하중과 지점반력

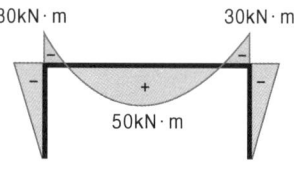

휨모멘트도(BMD)

답 : ②

18.

$G = \dfrac{E}{2(1+\nu)}$ 로부터

$\nu = \dfrac{E}{2G} - 1 = \dfrac{(21 \times 10^4)}{2(8 \times 10^4)} - 1 = 0.3125$

답 : ②

19.

(1) $I = \dfrac{1}{12}(150 \times 180^3 - 120 \times 120^3) = 5.562 \times 10^7 \text{mm}^4$

(2) I형 단면의 최대 전단응력은 단면의 중앙부에서 발생한다.

∴ $b = 30\text{mm}$

(3) $V_{\max} = V_A = V_B = \dfrac{P}{2} = \dfrac{(30)}{2} = 15\text{kN} = 15 \times 10^3 \text{N}$

(4) $Q = (150 \times 30)(60 + 15) + (30 \times 60)(30)$
    $= 3.915 \times 10^5 \text{mm}^3$

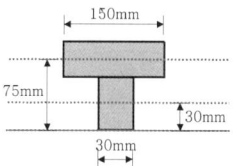

전단응력 산정을 위한 Q

(5) $\tau_{\max} = \dfrac{V \cdot Q}{I \cdot b} = \dfrac{(15 \times 10^3)(3.915 \times 10^5)}{(5.562 \times 10^7)(30)}$
    $= 3.519 \text{N/mm}^2 = 3.519 \text{MPa}$

답 : ①

20.

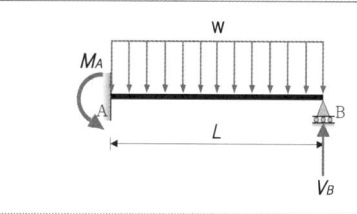

V_B	M_A
$+\dfrac{3wL}{8}(\uparrow)$	$-\dfrac{wL^2}{8}(\curvearrowleft)$

답 : ②

과년도 출제문제

22 토목기사 2회 시행 출제문제

1. 그림과 같이 2축응력을 받고 있는 요소의 체적변형률은? (단, 탄성계수(E)는 2×10^5MPa, 푸아송 비(ν)는 0.3이다.)

① 2.7×10^{-4}
② 3.0×10^{-4}
③ 3.7×10^{-4}
④ 4.0×10^{-4}

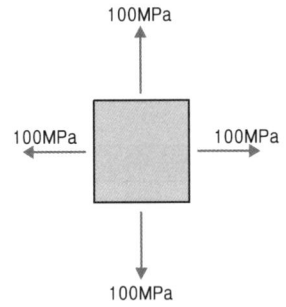

2. 그림과 같은 단면의 단면 상승모멘트(I_{xy})는?

① 77500mm^4
② 92500mm^4
③ 122500mm^4
④ 157500mm^4

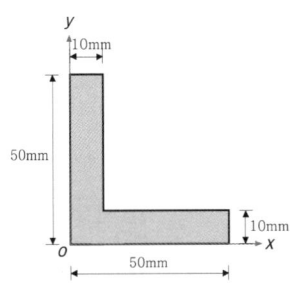

3. 그림과 같이 봉에 작용하는 힘들에 의한 봉 전체의 수직 처짐의 크기는?

① $\dfrac{PL}{A_1E_1}$
② $\dfrac{2PL}{3A_1E_1}$
③ $\dfrac{4PL}{3A_1E_1}$
④ $\dfrac{3PL}{2A_1E_1}$

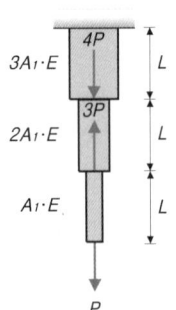

4. 그림과 같은 구조물의 BD 부재에 작용하는 힘의 크기는?

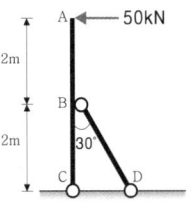

① 100kN   ② 125kN
③ 150kN   ④ 200kN

5. 그림과 같은 와렌(warren) 트러스에서 부재력이 '0(영)'인 부재는 몇 개인가?

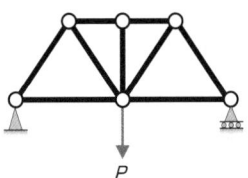

① 0개   ② 1개
③ 2개   ④ 3개

6. 전단응력도에 대한 설명으로 틀린 것은?

① 직사각형 단면에서는 중앙부의 전단응력도가 제일 크다.
② 원형 단면에서는 중앙부의 전단응력도가 제일 크다.
③ I형 단면에서는 상, 하단의 전단응력도가 제일 크다.
④ 전단응력도는 전단력의 크기에 비례한다.

7. 그림과 같은 2경간 연속보에 등분포 하중 w=4kN/m가 작용할 때 전단력이 "0"이 되는 위치는 지점 A로부터 얼마의 거리(x)에 있는가?

① 0.75m
② 0.85m
③ 0.95m
④ 1.05m

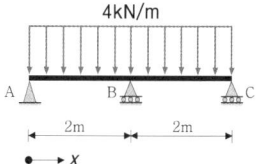

8. 그림과 같은 3힌지 아치의 중간 힌지에 수평하중 P가 작용할 때 A지점의 수직 반력(V_A)과 수평 반력(H_A)은?

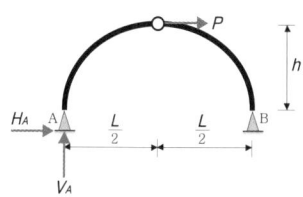

① $V_A = \dfrac{Ph}{L}\,(\uparrow),\ H_A = \dfrac{P}{2h}\,(\leftarrow)$

② $V_A = \dfrac{Ph}{L}\,(\downarrow),\ H_A = \dfrac{P}{2h}\,(\rightarrow)$

③ $V_A = \dfrac{Ph}{L}\,(\uparrow),\ H_A = \dfrac{P}{2}\,(\rightarrow)$

④ $V_A = \dfrac{Ph}{L}\,(\downarrow),\ H_A = \dfrac{P}{2}\,(\leftarrow)$

9. 그림과 같이 단순지지된 보에 등분포하중 q가 작용하고 있다. 지점 C의 부모멘트와 보의 중앙에 발생하는 정모멘트의 크기를 같게 하여 등분포하중 q의 크기를 제한하려고 한다. 지점 C와 D는 보의 대칭거동을 유지하기 위하여 각각 A와 B로부터 같은 거리에 배치하고자 한다. 이때 보의 A점으로부터 지점 C까지의 거리(X)는?

① 0.207L
② 0.250L
③ 0.333L
④ 0.444L

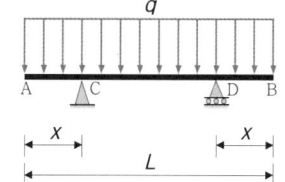

10. 탄성 변형에너지(Elastic Strain Energy)에 대한 설명으로 틀린 것은?

① 변형에너지는 내적인 일이다.
② 외부하중에 의한 일은 변형에너지와 같다.
③ 변형에너지는 강성도가 클수록 크다.
④ 하중을 제거하면 회복될 수 있는 에너지이다.

11. 그림에서 중앙점(C점)의 휨모멘트(M_c)는?

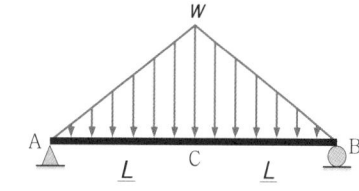

① $\dfrac{1}{20}wL^2$ ② $\dfrac{5}{96}wL^2$

③ $\dfrac{1}{6}wL^2$ ④ $\dfrac{1}{12}wL^2$

12. 단면이 200mm×300mm인 압축부재가 있다. 부재의 길이가 2.9m일 때 이 압축부재의 세장비는 약 얼마인가? (단, 지지상태는 양단 힌지이다.)

① 33
② 50
③ 60
④ 100

13. 그림과 같이 한 변이 a인 정사각형 단면의 $\dfrac{1}{4}$을 절취한 나머지 부분의 도심(C)의 위치(y_o)는?

① $\dfrac{4}{12}a$

② $\dfrac{5}{12}a$

③ $\dfrac{6}{12}a$

④ $\dfrac{7}{12}a$

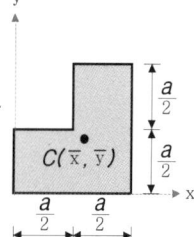

14. 그림과 같은 구조물에서 하중이 작용하는 위치에서 일어나는 처짐의 크기는?

① $\dfrac{PL^3}{48EI}$

② $\dfrac{PL^3}{96EI}$

③ $\dfrac{7PL^3}{384EI}$

④ $\dfrac{11PL^3}{384EI}$

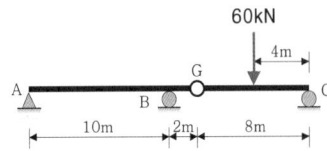

15. 그림과 같은 게르버 보에서 A점의 반력은?

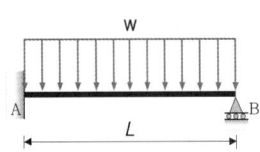

① 6kN(↓) ② 6kN(↑)
③ 30kN(↓) ④ 30kN(↑)

16. 그림과 같은 부정정보의 A단에 작용하는 휨모멘트는?

① $-\dfrac{1}{4}wL^2$

② $-\dfrac{1}{8}wL^2$

③ $-\dfrac{1}{12}wL^2$

④ $-\dfrac{1}{24}wL^2$

17. 그림과 같이 단순보에 이동하중이 작용할 때 절대최대 휨모멘트는?

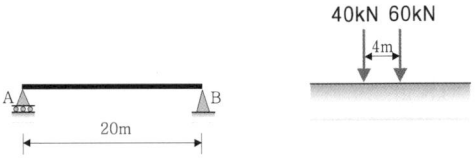

① 387.2kN·m ② 423.2kN·m
③ 478.4kN·m ④ 531.7kN·m

18. 그림과 같은 내민보에서 A점의 처짐은?
(단, $I = 1.6 \times 10^8 \text{mm}^4$, $E = 2.0 \times 10^5 \text{MPa}$ 이다.)

① 22.5mm
② 27.5mm
③ 32.5mm
④ 37.5mm

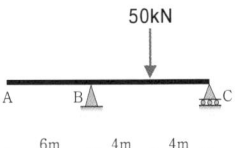

19. 그림과 같이 연결부에 두 힘 50kN과 20kN이 작용한다. 평형을 이루기 위한 두 힘 A와 B의 크기는?

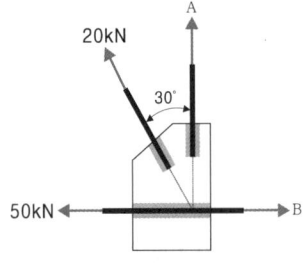

① $A = 10\text{kN}, B = 50 + \sqrt{3}\,\text{kN}$
② $A = 50 + \sqrt{3}\,\text{kN}, B = 10\text{kN}$
③ $A = 10\sqrt{3}\,\text{kN}, B = 60\text{kN}$
④ $A = 60\text{kN}, B = 10\sqrt{3}\,\text{kN}$

20. 바닥은 고정, 상단은 자유로운 기둥의 좌굴 형상이 그림과 같을 때 임계하중은?

① $\dfrac{\pi^2 EI}{4L}$

② $\dfrac{9\pi^2 EI}{4L^2}$

③ $\dfrac{13\pi^2 EI}{4L^2}$

④ $\dfrac{25\pi^2 EI}{4L^2}$

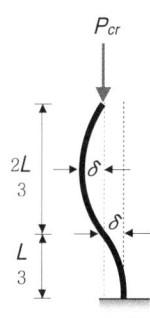

해설 및 정답

1. 2축응력의 체적변화율:
$$\epsilon_V = \frac{\Delta V}{V} = \frac{(1-2\nu)}{E}(\sigma_x + \sigma_y)$$
$$= \frac{[1-2(0.3)]}{(200,000)}[(+100)+(+100)] = 4 \times 10^{-4}$$

답 : ④

2.
(1) 10×50 직사각형의 도심좌표는 $(+5, +25)$,
 40×10 직사각형의 도심좌표는 $(+30, +5)$,
 구하고자 하는 x, y 축은 원점이므로 $(0, 0)$ 이다.
(2) $I_{xy} = (A_1 \cdot x_1 \cdot y_1) + (A_2 \cdot x_2 \cdot y_2)$
 $= (10 \times 50)(5-0)(25-0) + (40 \times 10)(30-0)(5-0)$
 $= 1.225 \times 10^5 \text{mm}^4$

답 : ③

3.
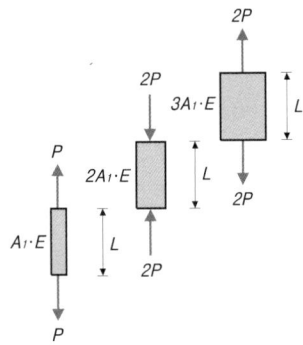

$$\Delta L = +\frac{(P)L}{E(A_1)} - \frac{(2P)L}{E(2A_1)} + \frac{(2P)L}{E(3A_1)} = +\frac{2}{3} \cdot \frac{PL}{EA_1}$$

답 : ②

4.
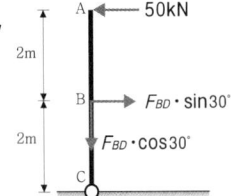

$\sum M_C = 0 : -(50)(4) + (F_{BD} \cdot \sin 30)(2) = 0$
$\therefore F_{BD} = +200\text{kN}$ (인장)

답 : ④

5.
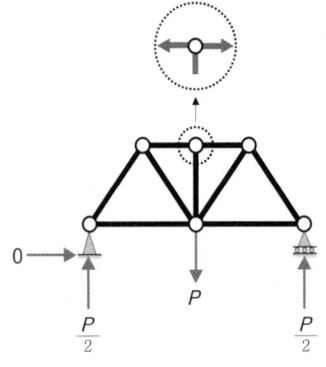

답 : ②

6. ③ I형 단면에서는 중앙부의 전단응력도가 제일 크다.

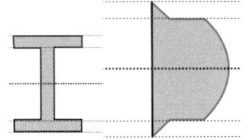

답 : ③

7.
(1) $V_A = +\frac{1.5wL}{8} = +\frac{1.5(4)(4)}{8} = +3\text{kN}(\uparrow)$

(2) $M_x = +(3)(x) - (4 \cdot x)\left(\frac{x}{2}\right) = 3x - 2x^2$

(3) $V = \frac{dM_x}{dx} = 3 - 4x = 0$ 으로부터 $\therefore x = 0.75\text{m}$

답 : ①

8.
(1) $\sum M_B = 0 : +(V_A)(L) + (P)(h) = 0$
 $\therefore V_A = -\frac{Ph}{L}(\downarrow)$

(2) $M_{C,Left} = 0 : -(H_A)(h) - \left(\frac{Ph}{L}\right)\left(\frac{L}{2}\right) = 0$
 $\therefore H_A = -\frac{P}{2}(\leftarrow)$

답 : ④

9.

(1) C점의 휨모멘트:

$$M_{C,Left} = +\left[-(q \cdot x)\left(\frac{x}{2}\right)\right] = -\frac{q \cdot x^2}{2}$$

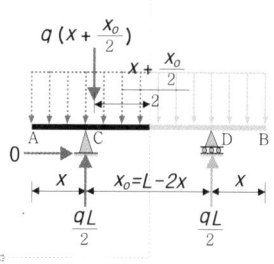

(2) CD간의 거리 $L - 2x = x_o$ 라고 하면

$$M_{center} = +\frac{q \cdot x_0^2}{8} - \frac{q \cdot x^2}{2}$$

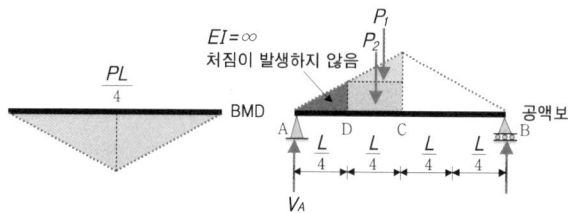

(3) $|M_C| = |M_{center}|$ 로부터 $\frac{q \cdot x^2}{2} = \frac{q \cdot x_0^2}{8} - \frac{q \cdot x^2}{2}$

이므로

$$x = \frac{1}{\sqrt{8}}x_o = \frac{1}{\sqrt{8}}(L - 2x) \quad \therefore \ x = 0.207L$$

답 : ①

10.

③ 변형에너지는 강성도(剛性度: Stiffness)가 크면 클수록 작다. 그러나 같은 변형을 일으킬 때 즉, 변형량이 같다면 강성도가 클수록 변형에너지도 그만큼 크다.

답 : ③

11.

(1) 대칭구조이므로

$$\therefore V_A = +\frac{1}{2} \cdot \frac{L}{2} \cdot w = +\frac{wL}{4}(\uparrow)$$

(2) $M_{C,Left} = +\left[+\left(\frac{wL}{4}\right)\left(\frac{L}{2}\right) - \left(\frac{wL}{4}\right)\left(\frac{L}{2} \cdot \frac{1}{3}\right)\right]$

$$= +\frac{wL^2}{12}$$

답 : ④

12.

$$\lambda = \frac{KL}{r_{min}} = \frac{KL}{\sqrt{\frac{I_{min}}{A}}} = \frac{(1)(2.9 \times 10^3)}{\sqrt{\frac{(300)(200)^3}{12}}} = 50.229$$

답 : ②

13.

$$\bar{y} = y_o = \frac{G_x}{A} = \frac{\left(\frac{a}{2} \cdot \frac{a}{2}\right)\left(\frac{a}{4}\right) + \left(\frac{a}{2} \cdot a\right)\left(\frac{a}{2}\right)}{\left(\frac{a}{2} \cdot \frac{a}{2}\right) + \left(\frac{a}{2} \cdot a\right)} = \frac{5}{12}a$$

답 : ②

14.

(1) 공액보법에 의해 처짐을 계산할 때, 양쪽 지점에서 $\frac{L}{4}$ 까지는 $EI = \infty$ (휨강성이 무한대)이므로 이 부분의 처짐은 발생하지 않는 것으로 계산한다.

(2) 공액보상의 D-C 부분의 면적을 구하여 P_1 과 P_2 로 나타내면

$$P_1 = \frac{1}{2} \cdot \frac{L}{4} \cdot \frac{PL}{8EI} = \frac{PL^2}{64EI},$$

$$P_2 = \frac{L}{4} \cdot \frac{PL}{8EI} = \frac{PL^2}{32EI} \text{ 이므로}$$

$$V_A = \frac{PL^2}{32EI} + \frac{PL^2}{64EI} = \frac{3PL^2}{64EI}$$

(3) $\delta_C = M_C = +\left(\dfrac{3PL^2}{64EI}\right)\left(\dfrac{L}{2}\right) - \left(\dfrac{PL^2}{32EI}\right)\left(\dfrac{L}{4} \cdot \dfrac{1}{2}\right)$

$-\left(\dfrac{PL^2}{64EI}\right)\left(\dfrac{L}{4} \cdot \dfrac{1}{3}\right) = +\dfrac{7}{384} \cdot \dfrac{PL^3}{EI}(\downarrow)$

답 : ③

15.

(1) GC 단순보: $V_G = +\dfrac{60}{2} = +30\text{kN}(\uparrow)$

(2) G점은 지점이 아니므로 30kN의 반력을 하중(↓)으로 치환한다.

(3) ABG 내민보: $\sum M_B = 0: +(V_A)(10) + (30)(2) = 0$

$\therefore V_A = -6\text{kN}(\downarrow)$

답 : ①

16.

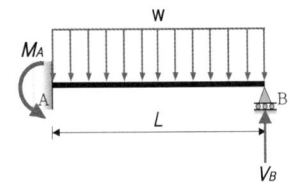

V_B	M_A
$+\dfrac{3wL}{8}(\uparrow)$	$-\dfrac{wL^2}{8}(\curvearrowleft)$

답 : ②

17.

(1) 합력의 크기: $R = 40 + 60 = 100\text{kN}$

(2) 바리뇽의 정리: $-(100)(x) = -(40)(4) + (60)(0)$

$\therefore x = 1.6\text{m}$

(3) $\dfrac{x}{2} = 0.8\text{m}$ 의 위치를 보의 중앙점에 일치시킨다.

(4) 합력과 인접한 큰 하중작용점에서 절대최대휨모멘트가 발생한다.

① $\sum M_A = 0: +(40)(6.8) + (60)(10.8) - (V_B)(20) = 0$

$\therefore V_B = +46\text{kN}(\uparrow)$

② $M_{\max, abs} = -[-(V_B)(9.2)] = +423.2\text{kN} \cdot \text{m}(\cup)$

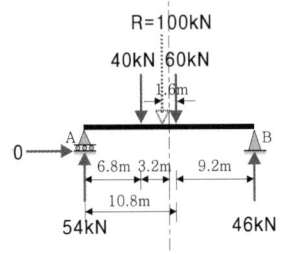
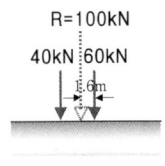
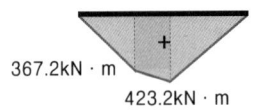

답 : ②

18.

(1) $P = 50\text{kN}$, $L = 8\text{m}$

(2) $\theta_B = \dfrac{1}{16} \cdot \dfrac{PL^2}{EI} = \dfrac{1}{16} \cdot \dfrac{(50 \times 10^3)(8 \times 10^3)^2}{(2.0 \times 10^5)(1.6 \times 10^8)}$

$= 0.00625(rad)$

(3) $\delta_A = \theta_B \cdot (6 \times 10^3) = 37.5\text{mm}(\uparrow)$

답 : ④

19.

(1) 절점평형조건 $\sum V = 0$, $\sum H = 0$ 을 적용한다.

(2) $\sum V = 0: +(20 \cdot \cos 30°) + (A) = 0$

$\therefore A = -10\sqrt{3}\text{kN}$ (압축)

(3) $\sum H = 0: -(50) - (20 \cdot \sin 30°) + (B) = 0$

$\therefore B = +60\text{kN}$ (인장)

답 : ③

20.

(1) $KL = \dfrac{2}{3}L$과 $KL = \dfrac{1}{3}L$ 중에서 유효좌굴길이가 긴쪽이 임계하중이 된다.

(2) $P_{cr} = \dfrac{\pi^2 EI}{(KL)^2} = \dfrac{\pi^2 EI}{\left(\dfrac{2}{3}L\right)^2} = \dfrac{9}{4} \cdot \dfrac{\pi^2 EI}{L^2}$

답 : ②

과년도출제문제(CBT시험문제)

22 토목기사
3회 시행 출제문제

※ 본 기출문제는 수험자의 기억을 바탕으로 하여 복원한 문제이므로 실제 문제와 다를 수 있음을 미리 알려드립니다.

1. 처음에 P_1이 작용했을 때 자유단의 처짐 δ_1이 생기고, 다음에 P_2를 가했을 때 자유단의 처짐이 δ_2만큼 증가 되었다고 한다. 이때 외력 P_1이 행한 일은?

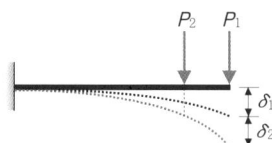

① $\dfrac{1}{2}P_1\delta_1 + P_1\delta_2$
② $\dfrac{1}{2}P_1\delta_1 + P_2\delta_2$
③ $\dfrac{1}{2}(P_1\delta_1 + P_1\delta_2)$
④ $\dfrac{1}{2}(P_1\delta_1 + P_2\delta_2)$

2. 보의 단면2차모멘트(I)가 2배로 되면 처짐은 어떻게 변하는가?

① 관계없이 일정하다.
② 2배 증가한다.
③ 4배 증가한다.
④ 절반으로 감소한다.

3. 캔틸레버보에 저장되는 변형에너지를 각각 $U_{(1)}$, $U_{(2)}$ 라고 할 때 $U_{(1)} : U_{(2)}$의 비는?

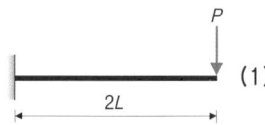

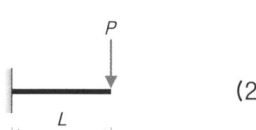

① 2 : 1
② 4 : 1
③ 8 : 1
④ 16 : 1

4. 구조물 내부의 어떤 면에 35MPa의 전단응력과 28MPa의 인장응력이 작용하고 있고, 이 면과 직각을 이루는 면에 21MPa의 압축응력이 작용하고 있다. 이 경우 최대주응력(σ_1)은?

① 46.2MPa
② 49.8MPa
③ 53.2MPa
④ 59.7MPa

5. 다음 부정정보에서 B점의 반력은? (단, EI는 일정하다.)

① $\dfrac{5}{16}wL(\uparrow)$
② $\dfrac{3}{4}wL(\uparrow)$
③ $\dfrac{3}{8}wL(\uparrow)$
④ $\dfrac{3}{16}wL(\uparrow)$

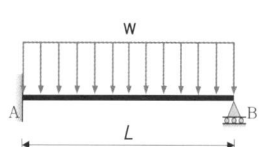

6. 두 지점의 반력이 같게 되는 하중의 위치(x)는?

① 0.33m
② 1.33m
③ 2.33m
④ 3.33m

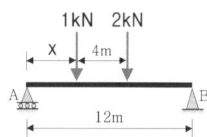

7. 다음 중 단면1차모멘트와 같은 차원을 갖는 것은?

① 단면2차모멘트
② 회전반경
③ 단면상승모멘트
④ 단면계수

8. 다음과 같은 구조물에서 B지점의 휨모멘트는?

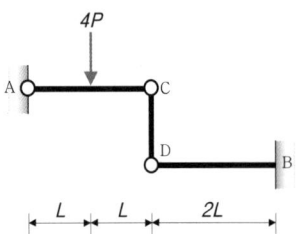

① $-3PL$ ② $-4PL$
③ $-6PL$ ④ $-12PL$

9. 다음 중 정(+)의 값 뿐만 아니라 부(-)의 값도 갖는 것은?

① 단면계수
② 단면2차모멘트
③ 단면상승모멘트
④ 단면회전반지름

10. 그림과 같이 강선 A와 B가 서로 평형상태를 이루고 있다. 이때 각도 θ의 값은?

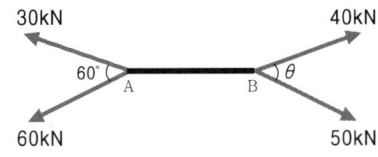

① 67.84° ② 56.63°
③ 42.26° ④ 28.35°

11. 절점 O는 이동하지 않으며, 재단 A, B, C가 고정일 때 M_{CO}는 얼마인가? (단, K는 강비)

① 25kN·m
② 30kN·m
③ 35kN·m
④ 40kN·m

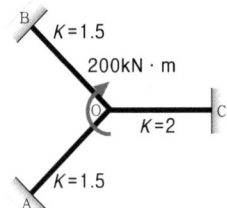

12. 직경 D인 원형단면 기둥의 길이가 4m이다. 세장비가 100이 되도록 하자면 이 기둥의 직경은? (단, 지지조건은 양단 힌지이다.)

① 120mm ② 160mm
③ 180mm ④ 200mm

13. 그림과 같은 3회전단 아치 구조물에서 C점의 휨모멘트는?

① 0
② $\dfrac{wL^2}{8}$
③ $\dfrac{wL^2}{16}$
④ $\dfrac{wL^2}{24}$

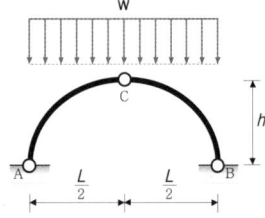

14. 그림과 같이 이축응력(二軸應力)을 받고 있는 요소의 체적변형률은?
(단, 탄성계수 $E = 200,000 \text{MPa}$, 푸아송비 $\nu = 0.3$)

① 3.6×10^{-4}
② 4.0×10^{-4}
③ 4.4×10^{-4}
④ 4.8×10^{-4}

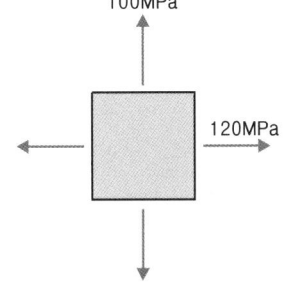

15. 평면 트러스 구조물의 해석에 관한 가정 및 설명으로 틀린 것은?

① 트러스의 모든 부재는 그 끝단에서 마찰이 없는 힌지로 연결되어 있다.
② 트러스에 작용하는 모든 외력은 트러스의 절점에만 작용하고 또한 트러스 평면 내에 작용한다.
③ 하중으로 인한 트러스의 변형을 고려하여 산출한다.
④ 트러스 구조도 보의 역할을 하게 되는데 보의 휨모멘트를 트러스에서는 주로 현재가, 보의 전단력을 트러스에서는 주로 수직재 및 사재가 담당한다.

16. 그림과 같이 밀도가 균일하고 무게 W인 구(球)가 마찰이 없는 두 벽면 사이에 놓여 있을 때 반력 R_B의 크기는?

① $0.5W$
② $0.577W$
③ $0.866W$
④ $1.155W$

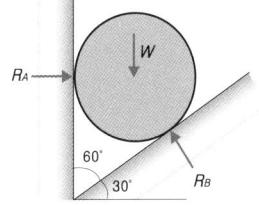

17. 지름 D인 원형 단면 보에 휨모멘트 M이 작용할 때 최대 휨응력은?

① $\dfrac{64M}{\pi D^3}$
② $\dfrac{32M}{\pi D^3}$
③ $\dfrac{16M}{\pi D^3}$
④ $\dfrac{8M}{\pi D^3}$

18. 그림과 같은 하중이 작용하는 기둥의 줄음량은?
(단, EA는 일정)

① $\dfrac{2PL}{EA}$
② $\dfrac{3PL}{EA}$
③ $\dfrac{4PL}{EA}$
④ $\dfrac{5PL}{EA}$

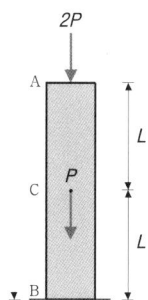

19. 그림과 같은 하중을 받는 보의 최대 전단응력은?

① $\dfrac{2}{3} \cdot \dfrac{wL}{bh}$
② $\dfrac{3}{2} \cdot \dfrac{wL}{bh}$
③ $2 \cdot \dfrac{wL}{bh}$
④ $\dfrac{wL}{bh}$

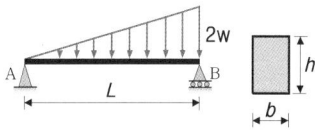

20. 다음 정정보에서의 전단력도(SFD)로 옳은 것은?

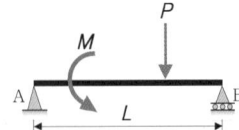

① 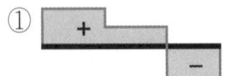   ②

③ 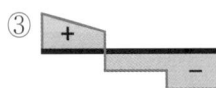   ④

해설 및 정답

1.

(1) P_1이 0(Zero)에서 P_1까지 증가하는 동안, 변형은 0(Zero)에서 δ_1까지 증가하였으므로 선형 비례한다.

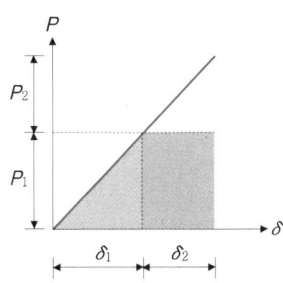

(2) P_2가 작용되어 변형이 δ_2로 발생하는 동안 P_1은 증가나 감소 없이 일정한 상태 하에 있었으므로, P_1이 한 일(Work)은 일정한 상수이다.

∴ 외력 P_1이 한 일 $W_E = \frac{1}{2}P_1 \cdot \delta_1 + P_1 \cdot \delta_2$

답 : ①

2.

처짐각(θ)	하중조건	처짐(δ)
$\theta = \dfrac{ML}{EI}$	모멘트하중	$\delta = \dfrac{ML^2}{EI}$
$\theta = \dfrac{PL^2}{EI}$	집중하중	$\delta = \dfrac{PL^3}{EI}$
$\theta = \dfrac{wL^3}{EI}$	분포하중	$\delta = \dfrac{wL^4}{EI}$

처짐(δ)은 단면2차모멘트(I)와 반비례하므로 단면2차모멘트(I)가 2배로 되면 처짐(δ)은 $\frac{1}{2}$로 감소한다.

답 : ④

3.

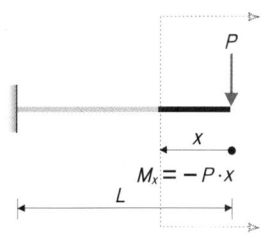

(1) $M_x = -(P)(x) = -P \cdot x$

(2) $U_{(1)} = \dfrac{1}{2EI}\displaystyle\int_0^{2L}(-P \cdot x)^2 dx$

$= \dfrac{P^2}{2EI}\left[\dfrac{x^3}{3}\right]_0^{2L} = \dfrac{8}{6} \cdot \dfrac{P^2 L^3}{EI}$

(3) $U_{(2)} = \dfrac{1}{2EI}\displaystyle\int_0^{L}(-P \cdot x)^2 dx$

$= \dfrac{P^2}{2EI}\left[\dfrac{x^3}{3}\right]_0^{L} = \dfrac{1}{6} \cdot \dfrac{P^2 L^3}{EI}$

∴ $U_{(1)} : U_{(2)} = 8 : 1$

답 : ③

4.

(1) 요소 응력: $\sigma_x = +28$, $\sigma_y = -21$, $\tau_{xy} = +35$

(2) 최대 주응력:

$\sigma = \dfrac{\sigma_x + \sigma_y}{2} + \sqrt{\left(\dfrac{\sigma_x - \sigma_y}{2}\right)^2 + \tau_{xy}^2}$

$= \dfrac{(+28) + (-21)}{2} + \sqrt{\left(\dfrac{(+28) - (-21)}{2}\right)^2 + (+35)^2}$

$= 46.222 \text{N/mm}^2 = 46.222 \text{MPa}$

답 : ①

5.

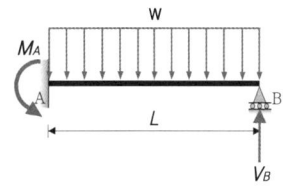

V_B	M_A
$+\dfrac{3wL}{8}(\uparrow)$	$-\dfrac{wL^2}{8}(\curvearrowleft)$

답 : ③

6.

(1) $\sum M_A = 0 : +(1)(x)+(2)(x+4)-(V_B)(12)=0$

$\therefore V_B = \dfrac{3x+8}{12}$

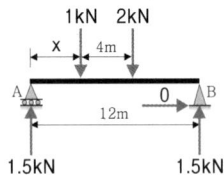

(2) $V_A + V_B = 3\text{kN}$ 이고 $V_A = V_B$ 이므로

$V_B = \dfrac{3x+8}{12} = 1.5 \quad \therefore x = 3.333\text{m}$

답 : ④

7.

단면의 성질	용 도	단 위
단면1차모멘트	도심	L^3
단면2차모멘트	휨응력, 전단응력 등	L^4
단면상승모멘트	주축	L^4
단면계수	휨 저항능력	L^3
단면2차반경	좌굴 저항능력	L

답 : ④

8.

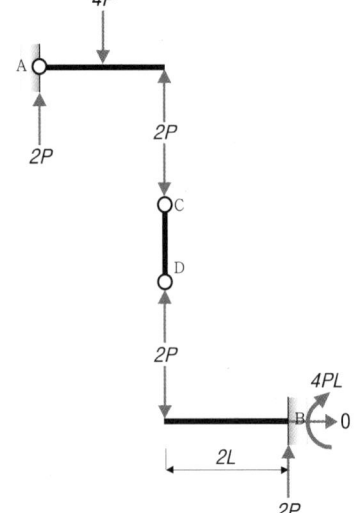

답 : ②

9.

직교좌표의 원점과 단면의 도심이 일치하지 않을 경우 원점으로부터 도심 위치가 오른쪽과 위쪽에 있을 때 (+), 왼쪽과 아래쪽에 있을 때 (−)로 좌표계산을 하여 단면상승모멘트를 계산하게 되므로 결과값이 (−)가 될 수도 있다.

답 : ③

10.

(1) A점의 합력과 B점의 합력이 같아야 한다.

① $R_A = \sqrt{(30)^2+(60)^2+2(30)(60)\cos(60°)}$

$= 79.372\text{kN}$

② $R_B = \sqrt{(40)^2+(50)^2+2(40)(50)\cos\theta}$

$= \sqrt{4{,}100+4{,}000\cos\theta}$

(2) $R_A = R_B : \sqrt{4{,}100+4{,}000\cos\theta} = 79.372\text{kN}$

$\therefore \theta = 56.63°$

답 : ②

11.

(1) 분배율: $DF_{OC} = \dfrac{2}{1.5+1.5+2} = \dfrac{2}{5}$

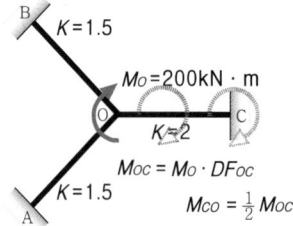

(2) 분배모멘트, 전달모멘트

① 분배모멘트:

$M_{OC} = M_O \cdot DF_{OC} = (200)\left(\dfrac{2}{5}\right) = 80\text{kN}\cdot\text{m}\,(\frown)$

② 전달모멘트: $M_{CO} = M_{OC} \cdot \dfrac{1}{2} = 40\text{kN}\cdot\text{m}$

답 : ④

12. $\lambda = \dfrac{KL}{r_{min}} = \dfrac{KL}{\sqrt{\dfrac{I_{min}}{A}}} = \dfrac{(1.0)(L)}{\sqrt{\dfrac{\left(\dfrac{\pi D^4}{64}\right)}{\left(\dfrac{\pi D^2}{4}\right)}}} = \dfrac{4L}{D}$

➡ $D = \dfrac{4L}{\lambda} = \dfrac{4(4 \times 10^3)}{(100)} = 160 \text{mm}$

답 : ②

13.

(1) 하중과 경간이 대칭: $V_A = V_B = +\dfrac{wL}{2}(\uparrow)$

(2) $M_{C,Left} = 0$:

$+\left(\dfrac{wL}{2}\right)\left(\dfrac{L}{2}\right) - (H_A)(h) - \left(w \cdot \dfrac{L}{2}\right)\left(\dfrac{L}{4}\right) = 0$

$\therefore H_A = +\dfrac{wL^2}{8h}(\rightarrow)$

답 : ①

14.

2축응력의 체적변화율:

$\epsilon_V = \dfrac{\Delta V}{V} = \dfrac{(1-2\nu)}{E}(\sigma_x + \sigma_y)$

$= \dfrac{[1-2(0.3)]}{(200,000)}[(+120)+(+100)] = 4.4 \times 10^{-4}$

답 : ③

15.

③ 트러스 해석 시 하중으로 인한 트러스의 변형을 고려하지 않고 부재가 직선재이며, 하중과 부재들 동일 평면상에 가정하여 부재력을 구한다.

답 : ③

16.

(1) 구의 중심점에서 절점평형조건 $\sum V = 0$ 을 적용하여 R_B를 계산한다.

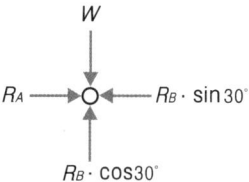

(2) $\sum V = 0 : -(W) + (R_B \cdot \cos 30°) = 0$

$\therefore R_B = \dfrac{W}{\cos 30°} = 1.155 W$

답 : ④

17.

$\sigma_{max} = \dfrac{M}{Z} = \dfrac{M}{\dfrac{\pi D^3}{32}} = \dfrac{32M}{\pi D^3}$

답 : ②

18.

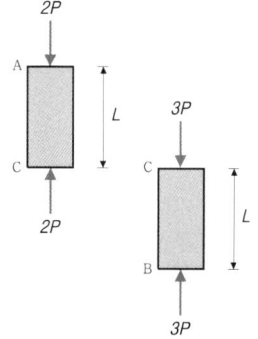

$\Delta L = \Delta L_1 + \Delta L_2 = \dfrac{(-2P)L}{EA} + \dfrac{(-3P)L}{EA}$

$= -5 \cdot \dfrac{PL}{EA}$ (압축)

답 : ④

19.

(1) $\sum M_B = 0:\ +(V_A)(L) - \left(\dfrac{1}{2} \cdot 2w \cdot L\right)\left(\dfrac{1}{3}L\right) = 0$

∴ $V_A = +\dfrac{1}{3}wL(\uparrow)$

➡ $V_B = +\dfrac{2}{3}wL(\uparrow)$

➡ $V_{\max} = V_B = \dfrac{2}{3}wL$

(2) $\tau_{\max} = k \cdot \dfrac{V_{\max}}{A} = \left(\dfrac{3}{2}\right) \cdot \dfrac{\left(\dfrac{2}{3}wL\right)}{(bh)} = \dfrac{wL}{bh}$

답 : ④

20.

전단력은 부재와 수직을 이루는 힘에 대한 값이므로 모멘트 하중이 작용하는 부분의 전단력도는 변화가 생기지 않는다. 따라서 단순보에 집중하중만 작용할 때의 전단력도와 유사한 형태가 된다.

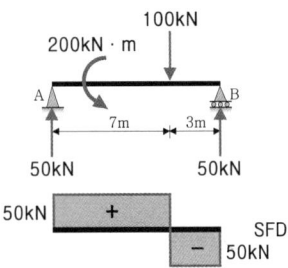

답 : ②

과년도출제문제(CBT시험문제)

23 토목기사
1회 시행 출제문제

※ 본 기출문제는 수험자의 기억을 바탕으로 하여 복원한 문제이므로 실제 문제와 다를 수 있음을 미리 알려드립니다.

1. 축인장하중 $P=20\text{kN}$을 받고 있는 지름 100mm의 원형봉 속에 발생하는 최대 전단응력은 얼마인가?

① 1.273MPa ② 1.515MPa
③ 1.756MPa ④ 1.998MPa

2. 그림과 같은 보에서 A점의 모멘트는?

① $\dfrac{PL}{8}$ (시계방향)

② $\dfrac{PL}{2}$ (시계방향)

③ $\dfrac{PL}{2}$ (반시계방향)

④ PL (시계방향)

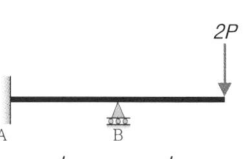

3. 최대 단면계수를 갖는 직사각형 단면을 얻으려면 $\dfrac{b}{h}$는?

① 1
② 1/2
③ $1/\sqrt{2}$
④ $1/\sqrt{3}$

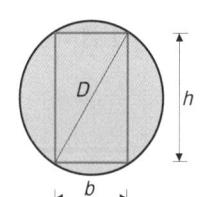

4. 그림의 라멘에서 수평반력 H는?

① 90kN
② 45kN
③ 30kN
④ 22.5kN

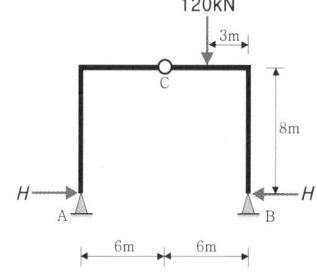

5. 그림과 같은 트러스에서 부재 U의 부재력은?

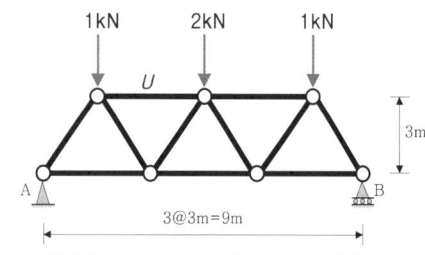

① 1.0kN (압축) ② 1.2kN (압축)
③ 1.3kN (압축) ④ 1.5kN (압축)

6. 탄성변형에너지는 외력을 받는 구조물에서 변형에 의해 구조물에 축적되는 에너지를 말한다. 탄성체이며 선형거동을 하는 길이가 L인 캔틸레버 보에 집중하중 P가 작용할 때 굽힘모멘트에 의한 탄성변형에너지는?
(단, EI는 일정)

① $\dfrac{P^2L^2}{6EI}$ ② $\dfrac{P^2L^2}{2EI}$

③ $\dfrac{P^2L^3}{6EI}$ ④ $\dfrac{P^2L^3}{2EI}$

7. 그림과 같은 단순보에서 최대휨모멘트가 발생하는 위치 x(A점으로부터의 거리)와 최대휨모멘트 M_x는?

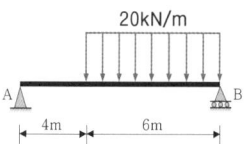

① $x=4.0\text{m}$, $M_x=180.2\text{kN}\cdot\text{m}$
② $x=4.8\text{m}$, $M_x=96\text{kN}\cdot\text{m}$
③ $x=5.2\text{m}$, $M_x=230.4\text{kN}\cdot\text{m}$
④ $x=5.8\text{m}$, $M_x=176.4\text{kN}\cdot\text{m}$

8. 지름 50mm의 강봉을 80kN로 당길 때 지름은 얼마나 줄어들겠는가?
(단, G = 70,000MPa, 푸아송비 ν = 0.5)

① 0.003mm ② 0.005mm
③ 0.007mm ④ 0.008mm

9. 보의 단면에서 휨모멘트로 인한 최대 휨응력이 생기는 위치는 어느 곳인가?

① 중립축
② 중립축과 상단의 중간점
③ 중립축과 하단의 중간점
④ 단면 상·하단

10. 그림과 같이 가운데가 비어 있는 직사각형 단면 기둥의 길이 L = 10m일 때 세장비는?

① 1.9
② 191.9
③ 2.2
④ 217.3

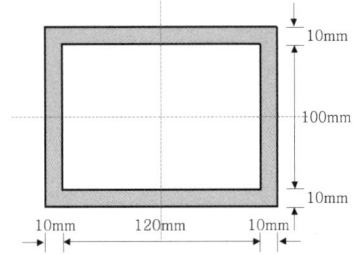

11. 그림과 같은 봉에 작용하는 힘들에 의한 봉 전체의 수직처짐은?

① $\dfrac{PL}{A_1E_1}$

② $\dfrac{2PL}{3A_1E_1}$

③ $\dfrac{4PL}{3A_1E_1}$

④ $\dfrac{3PL}{2A_1E_1}$

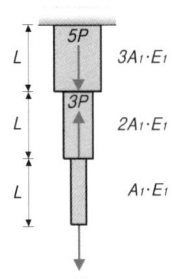

12. I형 단면에 작용하는 최대전단응력은?
(단, 작용하는 전단력은 40kN)

① 89.72MPa
② 106.54MPa
③ 129.91MPa
④ 144.44MPa

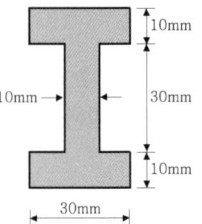

13. 단면2차모멘트의 특성에 대한 설명으로 옳지 않은 것은?

① 도심축에 대한 단면2차모멘트는 0이다.
② 단면2차모멘트는 항상 정(+)의 값을 갖는다.
③ 단면2차모멘트가 큰 단면은 휨에 대한 강성이 크다.
④ 정다각형의 도심축에 대한 단면2차모멘트는 축이 회전해도 일정하다.

14. 그림과 같은 겔버보의 E점(지점 C에서 오른쪽으로 10m 떨어진 점)에서의 휨모멘트 값은?

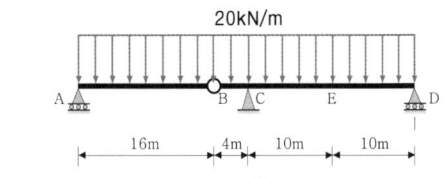

① 600kN·m   ② 640kN·m
③ 1,000kN·m ④ 1,600kN·m

15. 그림과 같은 구조물의 BD부재에 작용하는 힘의 크기는?

① 100kN
② 125kN
③ 150kN
④ 200kN

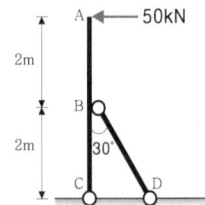

16. 그림의 캔틸레버보에서 C점, B점의 처짐비($\delta_C : \delta_B$)는? (단, EI는 일정하다.)

① 3 : 8
② 3 : 7
③ 2 : 5
④ 1 : 2

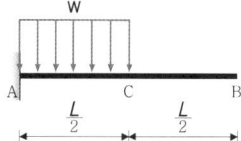

17. 내민보에서 반력 R_B의 크기가 집중하중 3kN과 같게 하기 위해서 L_1의 길이는 얼마이어야 하는가?

① 0m
② 5m
③ 10m
④ 20m

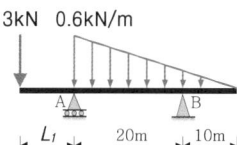

18. 직사각형 단면의 최대 전단응력도는 원형 단면의 최대 전단응력도의 몇 배인가? (단, 단면적과 작용하는 전단력의 크기는 같다.)

① $\frac{9}{8}$배
② $\frac{8}{9}$배
③ $\frac{6}{5}$배
④ $\frac{5}{6}$배

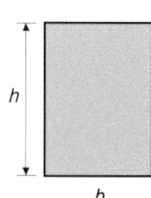 

19. 장주의 탄성좌굴하중(Elastic Buckling Load) P_{cr}은 아래의 표와 같다. 기둥의 각 지지조건에 따른 n의 값으로 틀린 것은? (단, E: 탄성계수, I: 단면2차모멘트, L: 기둥의 높이)

$$\frac{n \cdot \pi^2 EI}{L^2}$$

① 일단고정 타단자유: $n = \frac{1}{4}$
② 양단힌지: $n = 1$
③ 일단고정 타단힌지: $n = \frac{1}{2}$
④ 양단고정: $n = 4$

20. 그림과 같은 구조물에서 C점의 수직처짐은 얼마나 일어나는가? (단, AC 및 BC 부재의 길이는 L, 단면적은 A, 탄성계수는 E)

① $\frac{PL}{2EA\sin^2\theta}$
② $\frac{PL}{2EA\cos^2\theta}$
③ $\frac{PL}{2EA\sin^2\theta \cdot \cos\theta}$
④ $\frac{PL}{2EA\sin\theta}$

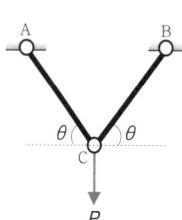

해설 및 정답

1.

(1) $\sigma_x = \dfrac{P}{A} = \dfrac{(20 \times 10^3)}{\dfrac{\pi(100)^2}{4}} = 2.547\text{N/mm}^2 = 2.547\text{MPa}$

(2) $\theta = 45°$일 때 최대 전단응력 발생:
$\tau_{\max} = \dfrac{\sigma_x}{2} = 1.273\text{MPa}$

답 : ①

2.

(1) B점에 작용하는 모멘트 $2PL$은 고정지점에 $\dfrac{1}{2}$이 전달된다.

(2) 분배율: 1개의 구조물이므로 $DF_{BA} = \dfrac{K_{BA}}{\sum K} = \dfrac{1}{1} = 1$

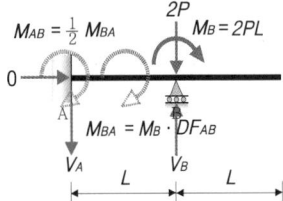

(3) 분배모멘트:
$M_{BA} = M_B \cdot DF_{BA} = (+2PL)(1) = +2PL(\curvearrowright)$

(4) 전달모멘트:
$M_{AB} = \dfrac{1}{2} M_{BA} = \dfrac{1}{2}(+2PL) = +PL(\curvearrowright)$

답 : ④

3.

최대 단면계수의 조건

(1) $D^2 = b^2 + h^2$ 에서 $h^2 = D^2 - b^2$

(2) $Z = \dfrac{bh^2}{6} = \dfrac{b}{6}(D^2 - b^2) = \dfrac{1}{6}(D^2 \cdot b - b^3)$

(3) Z값이 최대가 되려면 이것을 미분한 값이 0이어야 한다.
$\dfrac{dZ}{db} = \dfrac{1}{6}(D^2 - 3b^2) = 0$ 에서 $D = \sqrt{3}\, b$

(4) $h = \sqrt{2}\, b$ 이므로 $\dfrac{b}{h} = \dfrac{1}{\sqrt{2}}$

답 : ③

4.

(1) $\sum M_B = 0 : +(V_A)(12) - (120)(3) = 0$
$\therefore V_A = +30\text{kN}(\uparrow)$

(2) $M_{C,Left} = 0 : +(30)(6) - (H_A)(8) = 0$
$\therefore H_A = +22.5\text{kN}(\rightarrow)$

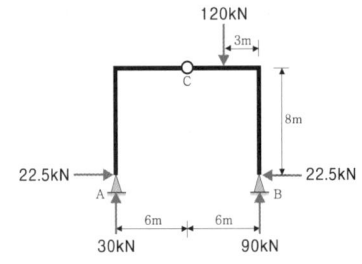

답 : ④

5.

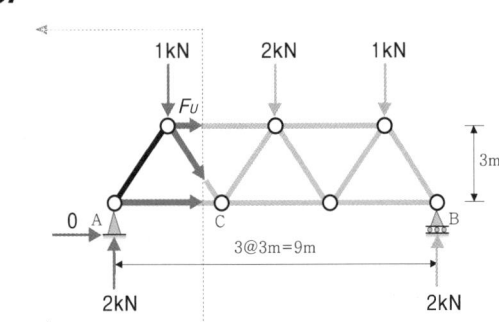

하현 C절점에서 모멘트법을 적용한다.
$M_C = 0 : +(2)(3) - (1)(1.5) + (F_U)(3) = 0$
$\therefore F_U = -1.5\text{kN}$ (압축)

답 : ④

6.

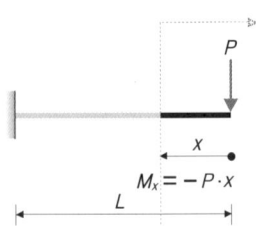

$U = \int \dfrac{M_x^2}{2EI} dx = \dfrac{1}{2EI} \int_0^L (-P \cdot x)^2 dx$

$= \dfrac{P^2}{2EI} \left[\dfrac{x^3}{3} \right]_0^L = \dfrac{1}{6} \cdot \dfrac{P^2 L^3}{EI}$

답 : ③

7.

(1) $\sum M_A = 0 : +(20 \times 6)(7) - (V_B)(10) = 0$
   $\therefore V_B = +84\text{kN}(\uparrow)$

(2) $M_x = -\left[+(20 \times x)\left(\dfrac{x}{2}\right) - (84)(x)\right] = -10x^2 + 84x$

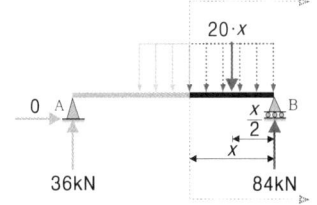

(3) $V = \dfrac{dM_x}{dx} = -20x + 84 = 0$ 에서 $x = 4.2\text{m}$ 이므로
   A점으로부터는 5.8m 위치에서 최대휨모멘트가 발생한다.

(4) $M_{\max} = -10(4.2)^2 + 84(4.2) = +176.4\text{kN}\cdot\text{m}(\smile)$

답 : ④

8.

(1) $G = \dfrac{E}{2(1+\nu)}$ 로부터
   $E = 2G(1+\nu) = 2(70{,}000)[1+(0.5)] = 210{,}000\text{MPa}$

(2) 후크의 법칙: $\sigma = E \cdot \epsilon$

(3) 푸아송비: $\nu = \dfrac{\epsilon_D}{\epsilon_L} = \dfrac{\dfrac{\Delta D}{D}}{\dfrac{\sigma}{E}} = \dfrac{\Delta D \cdot E}{D \cdot \sigma}$ 에서

   $\Delta D = \dfrac{\nu \cdot D \cdot \sigma}{E} = \dfrac{\nu \cdot D}{E} \cdot \dfrac{P}{A}$
   $= \dfrac{(0.5)(50)(80 \times 10^3)}{(210{,}000)\left(\dfrac{\pi(50)^2}{4}\right)} = 0.00485\text{mm}$

답 : ②

9.

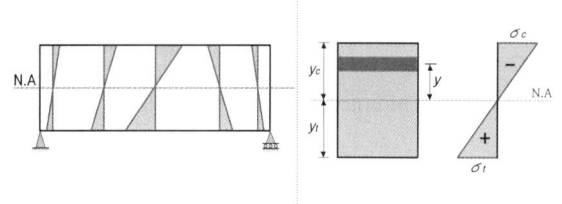

휨응력 기본식 $\sigma_b = \dfrac{M}{I} \cdot y$ 에서 σ_b가 최대일 때는 휨모멘트(M)가 최대 일 때이거나 중립축으로부터의 거리 y가 최대일 때(=단면의 상·하 연단)이다.

답 : ④

10.

$\lambda = \dfrac{KL}{r_{\min}} = \dfrac{KL}{\sqrt{\dfrac{I_{\min}}{A}}}$

$= \dfrac{(1)(10 \times 10^3)}{\sqrt{\dfrac{\left(\dfrac{1}{12}(140 \times 120^3 - 120 \times 100^3)\right)}{(140 \times 120 - 120 \times 100)}}} = 217.357$

답 : ④

11.

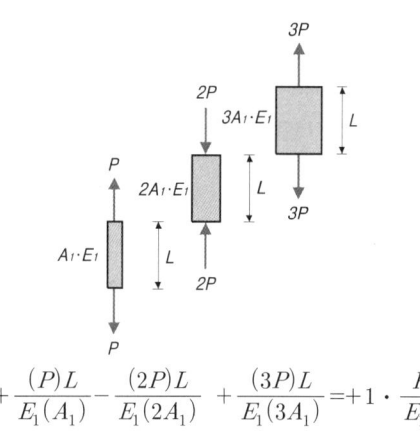

$\Delta L = +\dfrac{(P)L}{E_1(A_1)} - \dfrac{(2P)L}{E_1(2A_1)} + \dfrac{(3P)L}{E_1(3A_1)} = +1 \cdot \dfrac{PL}{E_1 A_1}$

답 : ①

12.

(1) $I_x = \dfrac{1}{12}(30 \times 50^3 - 20 \times 30^3) = 2.675 \times 10^5 \mathrm{mm}^4$

$Q = (30 \times 10)(15+5) + (10 \times 15)(7.5)$
$= 7.125 \times 10^3 \mathrm{mm}^3$

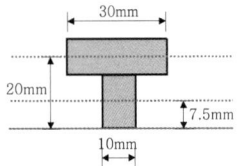
전단응력 산정을 위한 Q

(2) $\tau_{\max} = \dfrac{V \cdot Q}{I \cdot b} = \dfrac{(40 \times 10^3)(7.125 \times 10^3)}{(2.675 \times 10^5)(10)}$
$= 106.542 \mathrm{N/mm}^2 = 106.542 \mathrm{MPa}$

답 : ②

13.

① 단면2차모멘트의 최소값은 도심이며 그 값은 "0" 이 아니다.

답 : ①

14.

(1) AB 단순보: $V_A = V_B = +\dfrac{20 \times 16}{2} = +160 \mathrm{kN}(\uparrow)$

(2) B점은 지점이 아니므로 160kN의 반력을 하중(↓)으로 치환한다.

(3) BCED 내민보:
$\sum M_C = 0 : -(160)(4) + (20 \times 24)(8) - (V_D)(20) = 0$
$\therefore V_D = +160 \mathrm{kN}(\uparrow)$

(4) $M_{E,Right} = -[+(20 \times 10)(5) - (160)(10)]$
$= +600 \mathrm{kN} \cdot \mathrm{m}(\smile)$

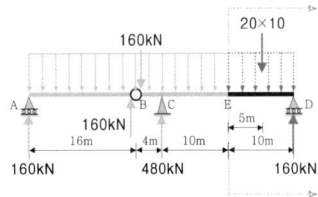

답 : ①

15.

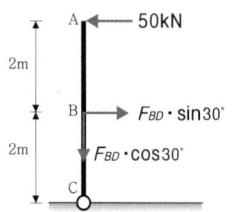

$\sum M_C = 0 : -(50)(4) + (F_{BD} \cdot \sin30)(2) = 0$
$\therefore F_{BD} = +200 \mathrm{kN}$ (인장)

답 : ④

16.

(1) 처짐은 탄성하중도의 면적×도심거리의 개념이므로 면적은 같기 때문에 C점으로부터의 도심거리와 B점으로부터의 도심거리만 단순 비교해보면 된다.

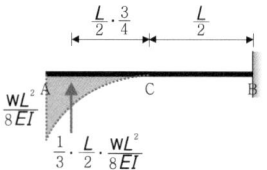

(2) C점으로부터의 도심거리: $\dfrac{L}{2} \cdot \dfrac{3}{4} = \dfrac{3L}{8}$

(3) B점으로부터의 도심거리: $\dfrac{L}{2} + \dfrac{L}{2} \cdot \dfrac{3}{4} = \dfrac{7L}{8}$

답 : ②

17.

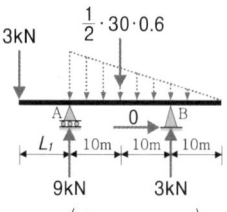

$\sum M_A = 0 : -(3)(L_1) + \left(\dfrac{1}{2} \times 30 \times 0.6\right)(10) - (3)(20) = 0$
$\therefore L_1 = 10 \mathrm{m}$

답 : ③

18.

(1) 직사각형(rectangular):
$$\tau_{max} = k \cdot \frac{V_{max}}{A} = \left(\frac{3}{2}\right) \cdot \frac{V_{max}}{A}$$

(2) 원형(circular): $\tau_{max} = k \cdot \frac{V_{max}}{A} = \left(\frac{4}{3}\right) \cdot \frac{V_{max}}{A}$

(3) $\dfrac{\tau_{rect}}{\tau_{circ}} = \dfrac{\dfrac{3}{2} \cdot \dfrac{V_{max}}{A}}{\dfrac{4}{3} \cdot \dfrac{V_{max}}{A}} = \dfrac{9}{8}$

답 : ①

19.

양단 힌지 Pinned- Pinned	양단 고정 Fixed-Fixed	일단 고정, 일단 힌지 Fixed- Pinned	일단 고정, 일단 자유 Fixed-Free
$K=1$	$K=0.5$	$K=0.7$	$K=2$
$P_{cr}=\dfrac{\pi^2 EI}{L^2}$	$P_{cr}=\dfrac{4\pi^2 EI}{L^2}$	$P_{cr}=\dfrac{2\pi^2 EI}{L^2}$	$P_{cr}=\dfrac{\pi^2 EI}{4L^2}$

답 : ③

20.

(1) $\sum V = 0 : -(P) + (F_{CA} \cdot \sin\theta) \times 2 = 0$

$\therefore F_{CA} = F_{CB} = \dfrac{P}{2\sin\theta}$

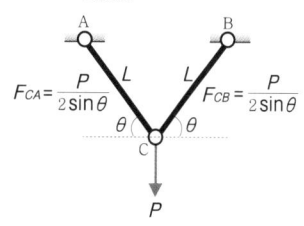

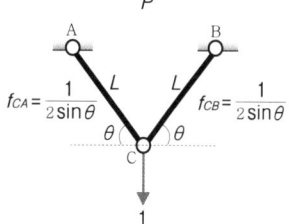

(2)
$$\delta_C = \frac{1}{EA}\left(\frac{P}{2\sin\theta}\right)\left(\frac{1}{2\sin\theta}\right)(L) + \frac{1}{EA}\left(\frac{P}{2\sin\theta}\right)\left(\frac{1}{2\sin\theta}\right)(L)$$
$$= \frac{1}{2\sin^2\theta} \cdot \frac{PL}{EA}$$

답 : ①

과년도출제문제(CBT시험문제)

23 토목기사
2회 시행 출제문제

※ 본 기출문제는 수험자의 기억을 바탕으로 하여 복원한 문제이므로 실제 문제와 다를 수 있음을 미리 알려드립니다.

1. $\sigma_x = 1\text{MPa}$, $\sigma_y = 2\text{MPa}$, $\tau_{xy} = 0.5\text{MPa}$를 받고 있는 그림과 같은 평면응력 요소의 최대 주응력은?

① 2.21MPa
② 2.31MPa
③ 2.41MPa
④ 2.51MPa

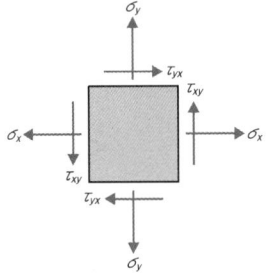

2. 직경 D인 원형단면 기둥의 길이가 4m이다. 세장비가 100이 되도록 하자면 이 기둥의 직경은?

① 90mm   ② 130mm
③ 160mm   ④ 250mm

3. 처음에 P_1이 작용했을 때 자유단의 처짐 δ_1이 생기고, 다음에 P_2를 가했을 때 자유단의 처짐이 δ_2만큼 증가되었다고 한다. 이때 외력 P_1이 행한 일은?

① $\dfrac{1}{2}P_1\delta_1 + P_1\delta_2$

② $\dfrac{1}{2}P_1\delta_1 + P_2\delta_2$

③ $\dfrac{1}{2}(P_1\delta_1 + P_1\delta_2)$

④ $\dfrac{1}{2}(P_1\delta_1 + P_2\delta_2)$

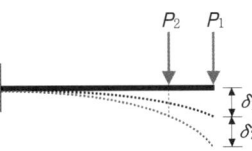

4. 캔틸레버보에 저장되는 변형에너지를 각각 $U_{(1)}$, $U_{(2)}$라고 할 때 $U_{(1)} : U_{(2)}$의 비는?

① 2 : 1
② 4 : 1
③ 8 : 1
④ 16 : 1

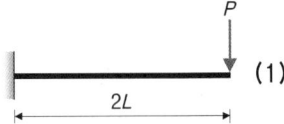

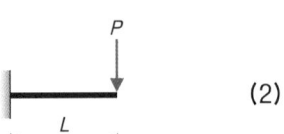

5. 다음 정정보에서의 전단력도(SFD)로 옳은 것은?

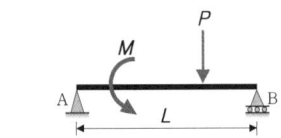

①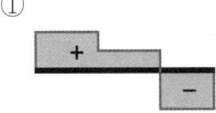

②

③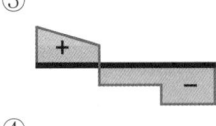

④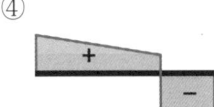

6. 그림과 같은 구조물의 B점의 휨모멘트는?

① $-3PL$
② $-4PL$
③ $-6PL$
④ $-12PL$

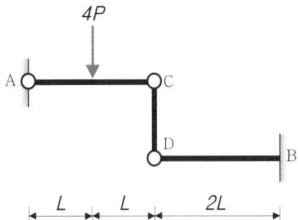

7. 트러스 해석 시 가정을 설명한 것 중 틀린 것은?

① 연직하중이 작용하는 평행현 트러스는 일반적인 보와 같이 상현재는 압축력, 하현재는 인장력을 부담한다.
② 하중으로 인한 트러스의 변형을 고려하여 부재력을 산출한다.
③ 부재들은 양단에서 마찰이 없는 핀으로 연결되어 진다.
④ 하중과 반력은 모두 트러스의 절점(=격점)에만 작용한다.

8. 그림과 같은 하중을 받는 보의 최대 전단응력은?

① $\dfrac{2}{3} \cdot \dfrac{wL}{bh}$
② $\dfrac{3}{2} \cdot \dfrac{wL}{bh}$
③ $2 \cdot \dfrac{wL}{bh}$
④ $\dfrac{wL}{bh}$

9. 그림과 같이 강선 A와 B가 서로 평형상태를 이루고 있다. 이때 각도 θ의 값은?

① 67.84°
② 56.63°
③ 42.26°
④ 28.35°

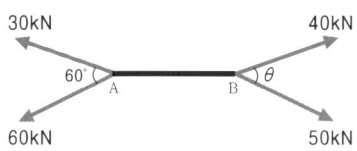

10. 그림과 같이 밀도가 균일하고 무게 W인 구(球)가 마찰이 없는 두 벽면 사이에 놓여 있을 때 반력 R_B의 크기는?

① $0.5W$
② $0.577W$
③ $0.866W$
④ $1.155W$

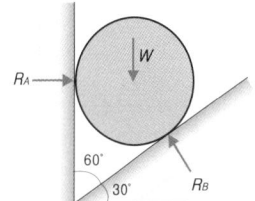

11. 그림과 같이 이축응력(二軸應力)을 받고 있는 요소의 체적변형률은?
(단, 탄성계수 $E = 200,000\text{MPa}$, 푸아송비 $\nu = 0.3$)

① 3.6×10^{-4}
② 4.0×10^{-4}
③ 4.4×10^{-4}
④ 4.8×10^{-4}

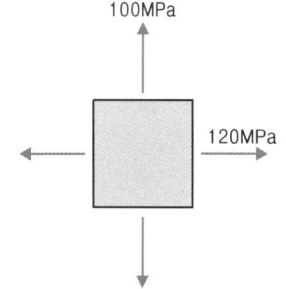

12. 다음 중 정(+)의 값 뿐만 아니라 부(-)의 값도 갖는 것은?

① 단면계수
② 단면2차모멘트
③ 단면상승모멘트
④ 단면회전반지름

13. 단면1차모멘트와 같은 차원을 갖는 것은?

① 회전반경 ② 단면계수
③ 단면2차모멘트 ④ 단면상승모멘트

14. 3활절(滑節) 아치에 등분포하중이 작용할 때 C점의 휨모멘트는?

① $\dfrac{wL^2}{8}$

② $\dfrac{wL^2}{8h}$

③ $\dfrac{wh^2}{8L}$

④ 0

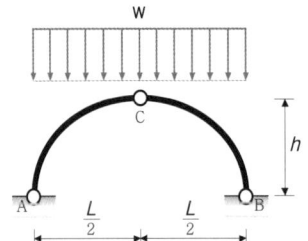

15. 그림과 같은 하중을 받는 기둥의 줄음량은? (단, EA 는 일정)

① $\dfrac{2PL}{AE}$

② $\dfrac{3PL}{AE}$

③ $\dfrac{4PL}{AE}$

④ $\dfrac{5PL}{AE}$

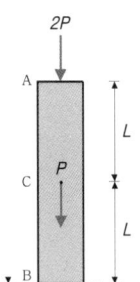

16. 두 지점의 반력이 같게 되는 하중의 위치(x)는?

① 0.33m
② 1.33m
③ 2.33m
④ 3.33m

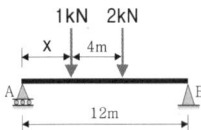

17. 다음 부정정보에서 B점의 반력은? (단, EI 는 일정하다.)

① $\dfrac{5}{16}wL(\uparrow)$

② $\dfrac{3}{4}wL(\uparrow)$

③ $\dfrac{3}{8}wL(\uparrow)$

④ $\dfrac{3}{16}wL(\uparrow)$

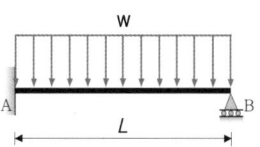

18. 지름 D 인 원형 단면 보에 휨모멘트 M 이 작용할 때 휨응력은?

① $\dfrac{64M}{\pi D^3}$ ② $\dfrac{32M}{\pi D^3}$

③ $\dfrac{16M}{\pi D^3}$ ④ $\dfrac{8M}{\pi D^3}$

19. 절점 O는 이동하지 않으며, 재단 A, B, C가 고정일 때 M_{CO} 는 얼마인가? (단, K 는 강비)

① 25kN·m
② 30kN·m
③ 35kN·m
④ 40kN·m

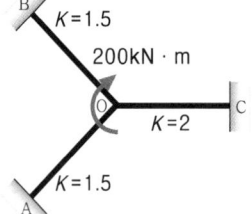

20. 단면2차모멘트 I 가 2배로 커짐에 따라 보의 처짐은 어떻게 변화하는가?

① I 는 처짐에 관계하지 않는다.
② 2배로 된다.
③ 절반으로 감소한다.
④ 변화 없이 일정하다.

해설 및 정답

1.

(1) 요소 응력: $\sigma_x = +1$, $\sigma_y = +2$, $\tau_{xy} = +0.5$

(2) 최대 주응력:

$$\sigma = \frac{\sigma_x + \sigma_y}{2} + \sqrt{\left(\frac{\sigma_x - \sigma_y}{2}\right)^2 + \tau_{xy}^2}$$

$$= \frac{(+1)+(+2)}{2} + \sqrt{\left(\frac{(+1)-(+2)}{2}\right)^2 + (+0.5)^2}$$

$$= 2.207 \text{N/mm}^2 = 2.207 \text{MPa}$$

답: ①

2.

$$\lambda = \frac{KL}{r_{\min}} = \frac{KL}{\sqrt{\frac{I_{\min}}{A}}} = \frac{(1.0)(L)}{\sqrt{\frac{\left(\frac{\pi D^4}{64}\right)}{\left(\frac{\pi D^2}{4}\right)}}} = \frac{4L}{D}$$

➡ $D = \dfrac{4L}{\lambda} = \dfrac{4(4 \times 10^3)}{(100)} = 160 \text{mm}$

답: ③

3.

(1) P_1이 0(Zero)에서 P_1까지 증가하는 동안, 변형은 0(Zero)에서 δ_1까지 증가하였으므로 선형 비례한다.

(2) P_2가 작용되어 변형이 δ_2로 발생하는 동안 P_1은 증가나 감소 없이 일정한 상태 하에 있었으므로, P_1이 한 일(Work)은 일정한 상수이다.

∴ 외력 P_1이 한 일 $W_E = \dfrac{1}{2} P_1 \cdot \delta_1 + P_1 \cdot \delta_2$

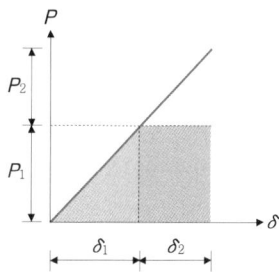

답: ①

4.

(1) $M_x = -(P)(x) = -P \cdot x$

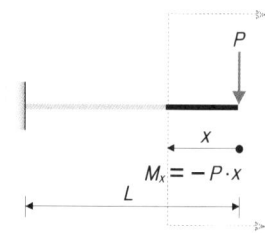

(2) $U_{(1)} = \dfrac{1}{2EI} \displaystyle\int_0^{2L} (-P \cdot x)^2 dx$

$= \dfrac{P^2}{2EI} \left[\dfrac{x^3}{3}\right]_0^{2L} = \dfrac{8}{6} \cdot \dfrac{P^2 L^3}{EI}$

(3) $U_{(2)} = \dfrac{1}{2EI} \displaystyle\int_0^{L} (-P \cdot x)^2 dx$

$= \dfrac{P^2}{2EI} \left[\dfrac{x^3}{3}\right]_0^{L} = \dfrac{1}{6} \cdot \dfrac{P^2 L^3}{EI}$

∴ $U_{(1)} : U_{(2)} = 8 : 1$

답: ③

5.

전단력은 부재와 수직을 이루는 힘에 대한 값이므로 모멘트 하중이 작용하는 부분의 전단력도는 변화가 생기지 않는다. 따라서 단순보에 집중하중만 작용할 때의 전단력도와 유사한 형태가 된다.

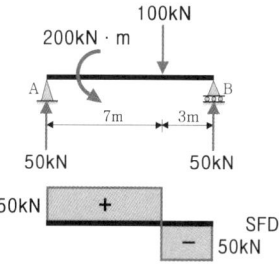

답: ②

6.

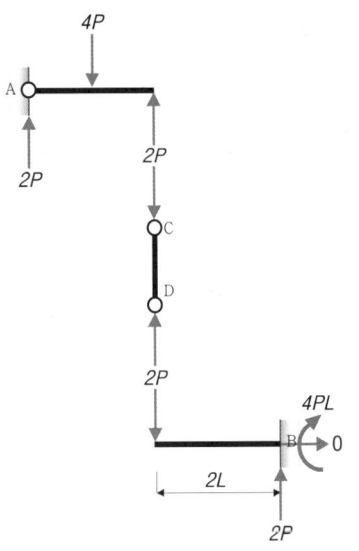

답 : ②

7.

② 트러스 해석 시 하중으로 인한 트러스의 변형을 고려하지 않고 부재가 직선재이며, 하중과 부재들 동일 평면상에 가정하여 부재력을 구한다.

답 : ②

8.

(1) $\sum M_B = 0 : +(V_A)(L) - \left(\frac{1}{2} \cdot 2w \cdot L\right)\left(\frac{1}{3}L\right) = 0$

$\therefore V_A = +\frac{1}{3}wL(\uparrow) \Rightarrow V_B = +\frac{2}{3}wL(\uparrow)$

$\Rightarrow V_{\max} = V_B = \frac{2}{3}wL$

(2) $\tau_{\max} = k \cdot \frac{V_{\max}}{A} = \left(\frac{3}{2}\right) \cdot \frac{\left(\frac{2}{3}wL\right)}{(bh)} = \frac{wL}{bh}$

답 : ④

9.

(1) A점의 합력과 B점의 합력이 같아야 한다.

① $R_A = \sqrt{(30)^2 + (60)^2 + 2(30)(60)\cos(60°)}$
$= 79.372\text{kN}$

② $R_B = \sqrt{(40)^2 + (50)^2 + 2(40)(50)\cos\theta}$
$= \sqrt{4,100 + 4,000\cos\theta}$

(2) $R_A = R_B : \sqrt{4,100 + 4,000\cos\theta} = 79.372\text{kN}$

$\therefore \theta = 56.63°$

답 : ②

10.

(1) 구의 중심점에서 절점평형조건 $\sum V = 0$ 을 적용하여 R_B 를 계산한다.

(2) $\sum V = 0 : -(W) + (R_B \cdot \cos 30°) = 0$

$\therefore R_B = \frac{W}{\cos 30°} = 1.155 W$

답 : ④

11.

2축응력의 체적변화율:

$\epsilon_V = \frac{\Delta V}{V} = \frac{(1-2\nu)}{E}(\sigma_x + \sigma_y)$

$= \frac{[1-2(0.3)]}{(200,000)}[(+120) + (+100)] = 4.4 \times 10^{-4}$

답 : ③

12.

직교좌표의 원점과 단면의 도심이 일치하지 않을 경우 원점으로부터 도심 위치가 오른쪽과 위쪽에 있을 때 (+), 왼쪽과 아래쪽에 있을 때 (−)로 좌표계산을 하여 단면상승모멘트를 계산하게 되므로 결과값이 (−)가 될 수도 있다.

답 : ③

13.
단면의 성질과 단위

단면의 성질	용 도	단 위
단면1차모멘트	도심	L^3
단면2차모멘트	휨응력, 전단응력 등	L^4
단면상승모멘트	주축	L^4
단면계수	휨 저항능력	L^3
단면2차반경	좌굴 저항능력	L

답 : ②

14.
힌지(hlinge)에서의 휨모멘트는 언제나 0이다.

답 : ④

15.

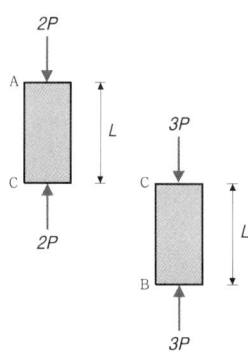

$\Delta L = \Delta L_1 + \Delta L_2 = \dfrac{(-2P)L}{EA} + \dfrac{(-3P)L}{EA}$

$= -5 \cdot \dfrac{PL}{EA}$ (압축)

답 : ④

16.
(1) $\sum M_A = 0 : +(1)(x)+(2)(x+4)-(V_B)(12)=0$

$\therefore V_B = \dfrac{3x+8}{12}$

(2) $V_A + V_B = 3\text{kN}$ 이고 $V_A = V_B$ 이므로

$V_B = \dfrac{3x+8}{12} = 1.5 \quad \therefore x = 3.333\text{m}$

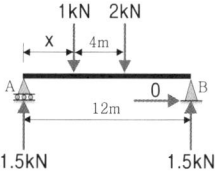

답 : ④

17.

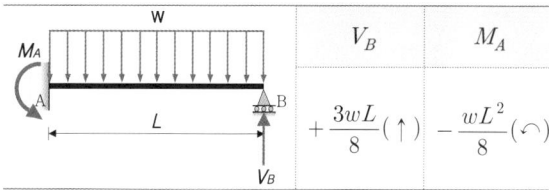

V_B	M_A
$+\dfrac{3wL}{8}(\uparrow)$	$-\dfrac{wL^2}{8}(\curvearrowleft)$

답 : ③

18.

$\sigma_{\max} = \dfrac{M}{Z} = \dfrac{M}{\dfrac{\pi D^3}{32}} = \dfrac{32M}{\pi D^3}$

답 : ②

19.
(1) 분배율: $DF_{OC} = \dfrac{2}{1.5+1.5+2} = \dfrac{2}{5}$

(2) 분배모멘트, 전달모멘트
① 분배모멘트:
$M_{OC} = M_O \cdot DF_{OC} = (200)\left(\dfrac{2}{5}\right) = 80\text{kN}\cdot\text{m}\ (\curvearrowright)$

② 전달모멘트: $M_{CO} = M_{OC} \cdot \dfrac{1}{2} = 40\text{kN}\cdot\text{m}$

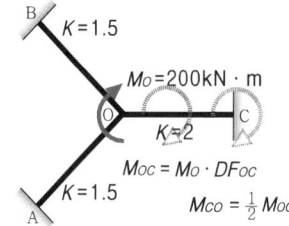

답 : ④

20.

처짐각(θ)	하중조건	처짐(δ)
$\theta = \dfrac{ML}{EI}$	모멘트하중	$\delta = \dfrac{ML^2}{EI}$
$\theta = \dfrac{PL^2}{EI}$	집중하중	$\delta = \dfrac{PL^3}{EI}$
$\theta = \dfrac{wL^3}{EI}$	분포하중	$\delta = \dfrac{wL^4}{EI}$

답 : ③

과년도 출제문제(CBT시험문제)

23 토목기사
3회 시행 출제문제

※ 본 기출문제는 수험자의 기억을 바탕으로 하여 복원한 문제이므로 실제 문제와 다를 수 있음을 미리 알려드립니다.

1. 다음의 부정정 구조물을 모멘트 분배법으로 해석하고자 한다. C점이 롤러지점임을 고려한 수정강도계수에 의하여 B점에서 C점으로 분배되는 분배율 DF_{BC}를 구하면?

① 1/2
② 3/5
③ 4/7
④ 5/7

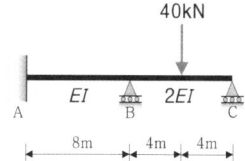

2. 그림과 같은 캔틸레버보에서 C점의 전단력은?

① 10kN
② 15kN
③ 20kN
④ 25kN

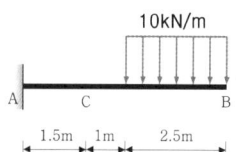

3. 휨모멘트를 받는 보의 탄성에너지(Strain Energy)를 나타내는 식은?

① $U = \int_0^L \dfrac{M^2}{2EI} dx$

② $U = \int_0^L \dfrac{2EI}{M^2} dx$

③ $U = \int_0^L \dfrac{E}{2M^2} dx$

④ $U = \int_0^L \dfrac{M^2}{EI} dx$

4. 재질과 단면적과 길이가 같은 장주에서 양단활절 기둥의 좌굴하중과 양단고정 기둥의 좌굴하중과의 비는?

① 1 : 16
② 1 : 8
③ 1 : 4
④ 1 : 2

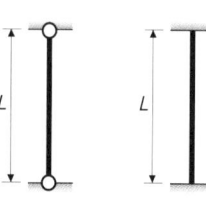

5. 길이 L인 양단 고정보 중앙에 1kN의 집중하중이 작용하여 중앙점의 처짐이 1mm 이하가 되려면 L은 최대 얼마 이하이어야 하는가?
(단, $E = 2 \times 10^5 \text{MPa}$, $I = 1 \times 10^8 \text{mm}^4$)

① 7.2m
② 10m
③ 12.4m
④ 15.6m

6. 그림과 같은 전단력 V가 작용하는 보의 단면에서 $\tau_1 - \tau_2$의 값은?

① $\dfrac{V}{29}$

② $\dfrac{2V}{29}$

③ $\dfrac{3V}{29}$

④ $\dfrac{4V}{29}$

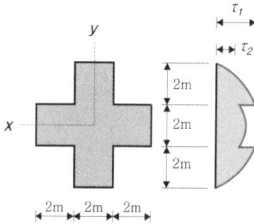

7. 길이 5m, 단면적 1,000mm²의 강봉을 0.5mm 늘이는데 필요한 인장력은? (단, $E = 2 \times 10^5 \text{N/mm}^2$)

① 20kN ② 30kN
③ 40kN ④ 50kN

8. 150mm×300mm 직사각형 단면을 가진 길이 5m인 양단힌지 기둥이 있다. 세장비 λ는?

① 57.7 ② 74.5
③ 115.5 ④ 149

9. 그림과 같은 트러스 구조에서 bc부재의 부재력은?

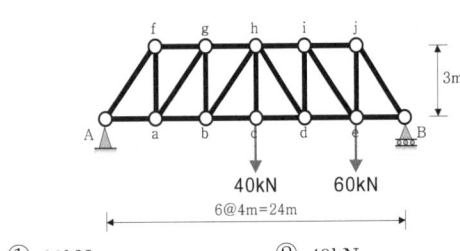

① 20kN ② 40kN
③ 80kN ④ 120kN

10. 그림과 같은 내민보에서 A점의 휨모멘트는?

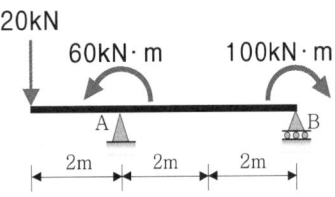

① +20kN·m ② -20kN·m
③ +40kN·m ④ -40kN·m

11. 그림과 같이 높이가 a인 (A), (B), (C)에서 각각 도심을 지나는 $x - x$축에 대한 단면2차모멘트의 크기의 순서로서 맞는 것은?

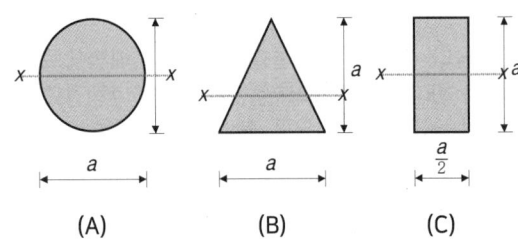

(A) (B) (C)

① A > B > C ② B < C < A
③ A < B < C ④ B > C > A

12. 그림과 같은 구조물이 평형을 이루기 위한 하중 P의 크기는?

① 15kN
② 25kN
③ 30kN
④ 35kN

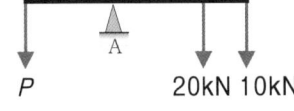

13. 그림과 같은 삼각형 물체가 평형을 이루기 위한 AC면의 저항력 P 값은?

① 15.99kN
② 17.99kN
③ 20.99kN
④ 22.99kN

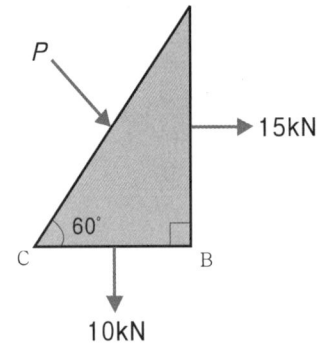

14. 그림과 같은 단면의 x축에 대한 단면2차모멘트 값은?

① $\dfrac{h^3}{12}(3b+a)$

② $\dfrac{h^3}{12}(b+2a)$

③ $\dfrac{h^3}{12}(b+3a)$

④ $\dfrac{h^3}{12}(2b+a)$

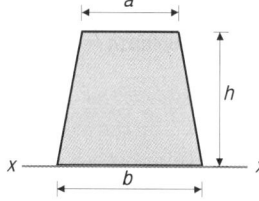

17. 그림과 같은 하중을 받는 구조물의 전체 길이의 변화량 δ는 얼마인가? (단, 보는 균일하며 단면적 A와 탄성계수 E는 일정)

① $\dfrac{PL}{EA}$

② $\dfrac{1.5PL}{EA}$

③ $\dfrac{3PL}{EA}$

④ $\dfrac{4PL}{EA}$

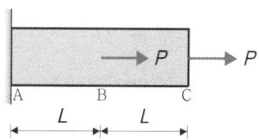

15. 휨강성이 EI인 프레임의 C점의 수직처짐 δ_c를 구하면?

① $\dfrac{wLH^3}{2EI}$

② $\dfrac{wLH^3}{3EI}$

③ $\dfrac{wLH^3}{6EI}$

④ $\dfrac{wLH^3}{12EI}$

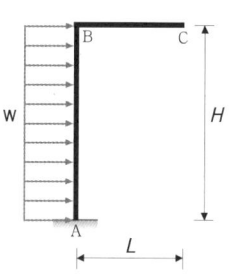

18. 그림과 같은 3회전단 구조물의 B점의 수평반력 H_B는?

① 20kN
② 30kN
③ 40kN
④ 50kN

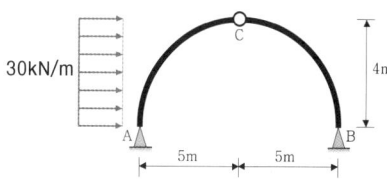

19. 그림과 같은 단순보의 단면에 발생하는 최대 전단응력의 크기는?

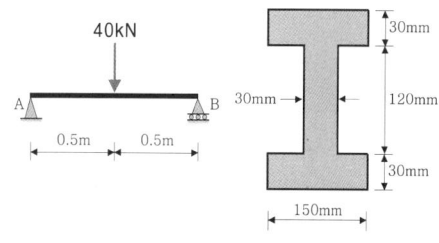

① 2.73MPa   ② 3.52MPa
③ 4.69MPa   ④ 5.42MPa

16. B점에서의 휨모멘트의 값은?

① -150kN·m
② -300kN·m
③ -450kN·m
④ -600kN·m

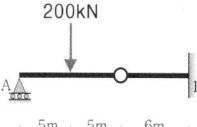

20. 다음 그림과 같은 연속보의 B점에서의 반력을 구하면? (단, $E = 2.1 \times 10^5$MPa, $I = 1.6 \times 10^8$mm^4)

① 63kN
② 75kN
③ 97kN
④ 101kN

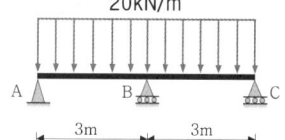

해설 및 정답

1.
(1) 강도계수와 수정강도계수

① $K_{BA} = \dfrac{I}{8} \Rightarrow 2K$

② $K_{BC}^R = \dfrac{3}{4}\left(\dfrac{2I}{8}\right) = \dfrac{3I}{16} \Rightarrow 3K$

(2) 분배율 $DF_{BC} = \dfrac{3K}{2K+3K} = \dfrac{3}{5}$

답 : ②

2.
(1) 캔틸레버 구조이므로 C점을 수직절단하여 자유단쪽을 계산하면 지점반력을 계산할 필요가 없다.

(2) $V_{C,Right} = -[-(10 \times 2.5)] = +25\text{kN}(\uparrow\downarrow)$

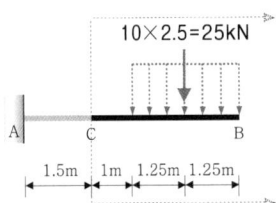

답 : ④

3.
재료가 Hooke의 법칙을 따른다면 $\theta = \dfrac{ML}{EI}$ 의 관계식으로부터 다음과 같은 변형에너지 U와 관련된 식을 유도할 수 있다.

$U = \dfrac{1}{2}M \cdot \theta = \dfrac{1}{2}M\left(\dfrac{ML}{EI}\right) = \dfrac{M^2 L}{2EI} = \int_0^L \dfrac{M^2}{2EI} \cdot dx$

답 : ①

4.
(1) 양단힌지: $\dfrac{1}{K^2} = \dfrac{1}{(1)^2} = 1$

(2) 양단고정: $\dfrac{1}{K^2} = \dfrac{1}{(0.5)^2} = 4$

답 : ③

5.
양단고정보의 중앙에 집중하중 작용 시
$\delta_C = \dfrac{1}{192} \cdot \dfrac{PL^3}{EI} = \dfrac{1}{192} \cdot \dfrac{(1 \times 10^3) \cdot L^3}{(2 \times 10^5)(1 \times 10^8)} = 1\text{mm}$ 로
부터 $L = 15,659\text{mm} = 15.659\text{m}$

답 : ④

6.
(1) $I = \sum \dfrac{bh^3}{12} = \dfrac{(2)(6)^3 + (2)(2)^3 \times 2\text{개}}{12}$

$= \dfrac{116}{3}\text{mm}^4$

(2) $Q = A \cdot y = (2 \times 2)(1+1) = 8\text{mm}^3$

(3) 전단응력의 차

$\tau_1 - \tau_2 = \dfrac{VQ}{Ib_w} - \dfrac{VQ}{Ib} = \dfrac{VQ}{I}\left(\dfrac{1}{b_w} - \dfrac{1}{b}\right)$

$= \dfrac{V(8)}{\left(\dfrac{116}{3}\right)}\left(\dfrac{1}{(2)} - \dfrac{1}{(6)}\right) = \dfrac{2V}{29}$

답 : ②

7.
(1) $\sigma = E \cdot \epsilon$ 에서 $\dfrac{P}{A} = E \cdot \dfrac{\Delta L}{L}$

(2) $P = \dfrac{E \cdot A \cdot \Delta L}{L} = \dfrac{(2 \times 10^5)(1,000)(0.5)}{(5 \times 10^3)}$

$= 20,000\text{N} = 20\text{kN}$

답 : ①

8.
$\lambda = \dfrac{KL}{r_{\min}} = \dfrac{KL}{\sqrt{\dfrac{I_{\min}}{A}}} = \dfrac{(1)(5 \times 10^3)}{\sqrt{\dfrac{\dfrac{(300)(150)^3}{12}}{(300 \times 150)}}} = 115.47$

답 : ③

9.

(1) $\sum M_B = 0 : +(V_A)(24) - (40)(12) - (60)(4) = 0$
  $\therefore V_A = +30\text{kN}(\uparrow)$

(2) $M_h = 0 : +(30)(12) - (F_{bc})(3) = 0$
  $\therefore F_{bc} = +120\text{kN}$ (인장)

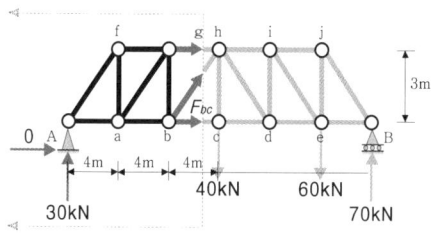

답 : ④

10.

(1) $\sum M_B = 0 : -(20)(6) + (V_A)(4) - (60) + (100) = 0$
  $\therefore V_A = +20\text{kN}(\uparrow)$

(2) $M_{A,Left} = +[-(20)(2)] = -40\text{kN}\cdot\text{m}(\frown)$

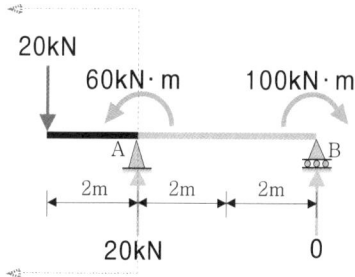

답 : ④

11.

기본 단면의 도심축에 대한 단면2차모멘트

(A) $I_x = \dfrac{\pi D^4}{64} = \dfrac{\pi (a)^4}{64} = 0.04908 a^4$

(B) $I_x = \dfrac{bh^3}{36} = \dfrac{(a)(a)^3}{36} = 0.02777 a^4$

(C) $I_x = \dfrac{bh^3}{12} = \dfrac{\left(\dfrac{a}{2}\right) \cdot (a)^3}{12} = 0.04166 a^4$

답 : ②

12.

$\sum M_A = 0 : -(P)(200) + (20)(200) + (10)(300) = 0$
$\therefore P = 35\text{kN}$

답 : ④

13.

수평 평형조건 $\sum H = 0$

$P = P_x \cdot \cos\theta_1 + P_y \cdot \cos\theta_2$
 $= (15)\cos(30°) + (10)\cos(60°) = 17.99\text{kN}$

답 : ②

14.

(1) 삼각형 $\dfrac{bh}{2}$ (편심거리 $\dfrac{h}{3}$),

  삼각형 $\dfrac{ah}{2}$ (편심거리 $\dfrac{2h}{3}$)로 분해한다.

(2) $I_x = \left[\dfrac{bh^3}{36} + \left(\dfrac{bh}{2}\right)\left(\dfrac{h}{3}\right)^2\right] + \left[\dfrac{ah^3}{36} + \left(\dfrac{ah}{2}\right)\left(\dfrac{2h}{3}\right)^2\right]$

  $= \dfrac{bh^3}{12} + \dfrac{3ah^3}{12} = \dfrac{h^3}{12}(b+3a)$

답 : ③

15.

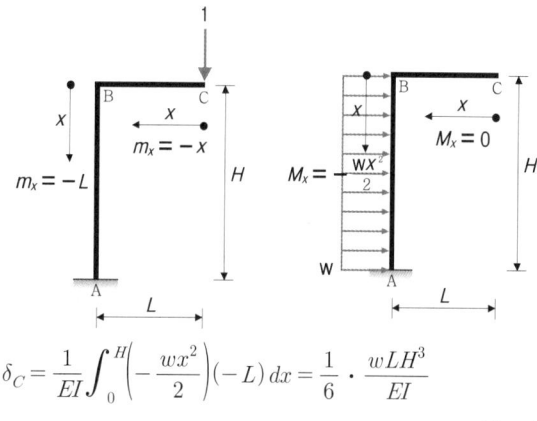

$\delta_C = \dfrac{1}{EI}\int_0^H \left(-\dfrac{wx^2}{2}\right)(-L)\,dx = \dfrac{1}{6}\cdot\dfrac{wLH^3}{EI}$

답 : ③

16.

(1) A-Hinge 단순보: $V_{Hinge} = +\dfrac{(200)}{2} = +100\text{kN}(\uparrow)$

(2) Hinge점은 지점이 아니므로 100kN의 반력을 하중 ($\downarrow$)으로 치환한다.

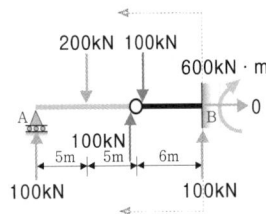

(3) Hinge-B 캔틸레버보:
$M_{B,Left} = +[-(100)(6)] = -600\text{kN}\cdot\text{m}\,(\frown)$

답 : ④

17.

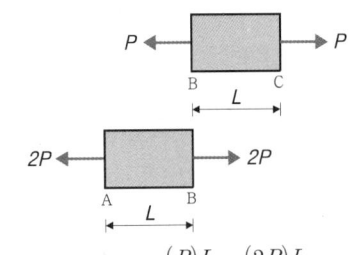

$\delta = \Delta L = \Delta L_1 + \Delta L_2 = +\dfrac{(P)L}{EA} + \dfrac{(2P)L}{EA} = +3\cdot\dfrac{PL}{EA}$

답 : ③

18.

(1) $\Sigma M_A = 0 : +(30\times 4)(2) - (V_B)(10) = 0$
  $\therefore V_B = +24\text{kN}(\uparrow)$

(2) $M_{C,Right} = 0 : -(24)(5) - (H_B)(4) = 0$
  $\therefore H_B = -30\text{kN}(\leftarrow)$

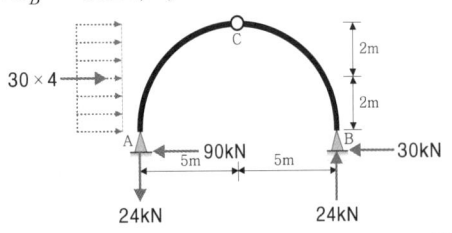

답 : ②

19.

(1) $I = \dfrac{1}{12}(150\times 180^3 - 120\times 120^3) = 5.562\times 10^7 \text{mm}^4$

(2) I형 단면의 최대 전단응력은 단면의 중앙부에서 발생한다. $\therefore b = 30\text{mm}$

(3) $V_{max} = V_A = V_B = \dfrac{P}{2} = \dfrac{(40)}{2} = 20\text{kN} = 20\times 10^3 \text{N}$

(4) $Q = (150\times 30)(60+15) + (30\times 60)(30)$
  $= 3.915\times 10^5 \text{mm}^3$

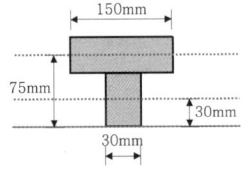

전단응력 산정을 위한 Q

(5) $\tau_{max} = \dfrac{V\cdot Q}{I\cdot b} = \dfrac{(20\times 10^3)(3.915\times 10^5)}{(5.562\times 10^7)(30)}$
  $= 4.692\text{N/mm}^2 = 4.692\text{MPa}$

답 : ③

20.

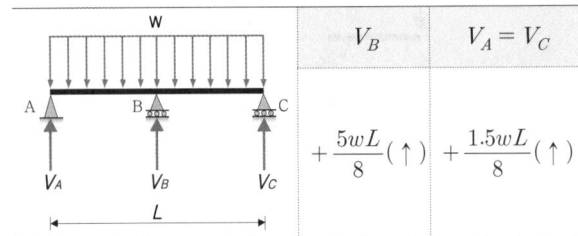

	V_B	$V_A = V_C$
	$+\dfrac{5wL}{8}(\uparrow)$	$+\dfrac{1.5wL}{8}(\uparrow)$

$V_B = +\dfrac{5wL}{8} = +\dfrac{5(20)(6)}{8} = +75\text{kN}(\uparrow)$

답 : ②

과년도출제문제(CBT시험문제)

24 토목기사
1회 시행 출제문제

※ 본 기출문제는 수험자의 기억을 바탕으로 하여 복원한 문제이므로 실제 문제와 다를 수 있음을 미리 알려드립니다.

1. 그림과 같은 3회전단 아치구조물의 지점 A의 수평반력은?

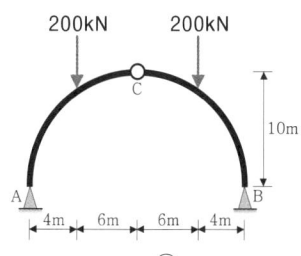

① 100kN ② 40kN
③ 60kN   ④ 80kN

2. 그림(b)는 그림(a)와 같은 겔버보에 대한 영향선이다. 다음 설명 중 옳은 것은?

그림(a)

그림(b)
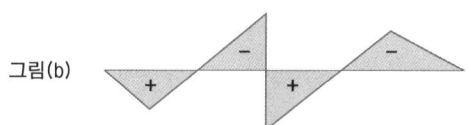

① 힌지점 B의 전단력에 대한 영향선이다.
② D점의 전단력에 대한 영향선이다.
③ D점의 휨모멘트에 대한 영향선이다.
④ C지점의 반력에 대한 영향선이다.

3. 캔틸레버보에서 휨모멘트에 의한 탄성변형에너지는? (단, EI는 일정)

① $\dfrac{2P^2L^3}{3EI}$

② $\dfrac{P^2L^3}{3EI}$

③ $\dfrac{P^2L^3}{6EI}$

④ $\dfrac{P^2L^3}{2EI}$

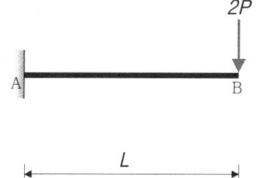

4. 그림과 같은 삼각형 단면의 단면2차모멘트의 비 I_x / I_g 값은?

① 2
② 3
③ 4
④ 5

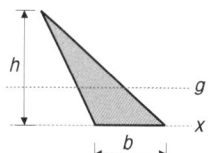

5. 균질한 균일 단면봉이 그림과 같이 P_1, P_2, P_3의 하중을 B, C, D점에서 받고 있다. 각 구간의 거리 $a = 1.0\text{m}$, $b = 0.4\text{m}$, $c = 0.6\text{m}$이고 $P_2 = 100\text{kN}$, $P_3 = 50\text{kN}$의 하중이 작용할 때 D점에서의 수직방향 변위가 일어나지 않기 위한 하중 P_1은 얼마인가?

① 50kN
② 60kN
③ 80kN
④ 240kN

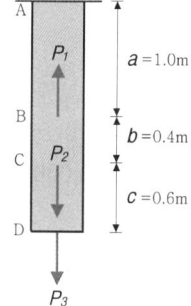

6. 다음 그림에서 등분포하중이 작용할 때 지점 B의 연직반력은?

① $\dfrac{wL}{8}$

② $\dfrac{3wL}{8}$

③ $\dfrac{wL}{4}$

④ $\dfrac{5wL}{8}$

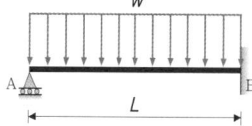

7. 연행하중이 절대최대휨모멘트가 생기는 위치에 왔을 때, 지점 A에서 하중 10kN까지의 거리(x)는?

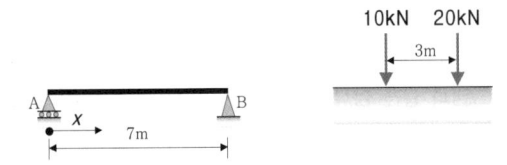

① 1m ② 0.8m
③ 0.5m ④ 0.2m

8. 다음 캔틸레버 보의 B점의 처짐각은? (단, EI는 일정하다.)

① $\dfrac{wL^3}{8EI}$
② $\dfrac{wL^3}{4EI}$
③ $\dfrac{wL^3}{3EI}$
④ $\dfrac{wL^3}{6EI}$

9. 단면 100mm × 200mm인 장주의 길이가 3m일 때 좌굴하중은? (단, 기둥의 지지상태는 일단고정 타단자유이고, $E = 20,000\text{MPa}$)

① 45.8kN ② 91.4kN
③ 182.8kN ④ 365.6kN

10. 그림과 같은 부정정보에서 지점 A의 휨모멘트값을 옳게 나타낸 것은?

① $+\dfrac{wL^2}{8}$
② $-\dfrac{wL^2}{8}$
③ $+\dfrac{3wL^2}{8}$
④ $-\dfrac{3wL^2}{8}$

11. 그림과 같은 단순보에 등분포하중 q가 작용할 때 보의 최대 처짐은? (단, EI는 일정하다.)

① $\dfrac{qL^4}{128EI}$
② $\dfrac{qL^4}{64EI}$
③ $\dfrac{qL^4}{38EI}$
④ $\dfrac{5qL^4}{384EI}$

12. 휨모멘트 M을 받고 있는 원형 단면의 보를 설계하려고 한다. 이 보의 허용응력을 σ_a라 할 때 단면의 지름 D는 얼마인가?

① $D = 10.19\,\dfrac{M}{\sigma_a}$
② $D = 3.19\sqrt{\dfrac{M}{\sigma_a}}$
③ $D = 2.17\sqrt[3]{\dfrac{M}{\sigma_a}}$
④ $D = 1.79\sqrt[4]{\dfrac{M}{\sigma_a}}$

13. 그림과 같이 밀도가 균일하고 무게 W인 구(球)가 마찰이 없는 두 벽면 사이에 놓여 있을 때 반력 R_B의 크기는?

① $0.5W$
② $0.577W$
③ $0.866W$
④ $1.155W$

14. I형 단면에 작용하는 최대전단응력은? (단, 작용하는 전단력은 40kN)

① 89.72MPa
② 106.54MPa
③ 129.91MPa
④ 144.44MPa

15. 다음 내민보에서 B점의 휨모멘트와 C점의 휨모멘트의 절대값의 크기를 같게 하기 위한 $\frac{L}{a}$의 값은?

① 6
② 4.5
③ 4
④ 3

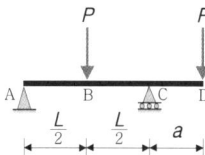

16. 전단응력 $\tau = 81,000\text{MPa}$, 전단탄성계수 $G = 810,000\text{MPa}$일 때 전단변형률 γ는?

① 0.01
② 0.001
③ 0.0001
④ 0.1

17. 그림과 같은 트러스에서 부재력이 0인 부재의 개수는?

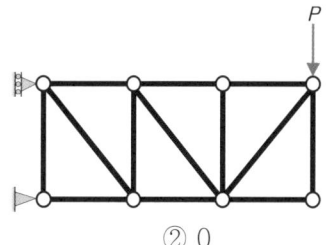

① 3
② 0
③ 2
④ 1

18. 반지름 250mm인 원형 단면을 갖는 단주에서 핵의 면적은 약 얼마인가?

① $12,270\text{mm}^2$
② $16,840\text{mm}^2$
③ $24,540\text{mm}^2$
④ $33,680\text{mm}^2$

19. 폭 $b = 120\text{mm}$, 높이 $h = 120\text{mm}$ 2등변삼각형의 x, y축에 대한 단면상승모멘트 I_{xy}는?

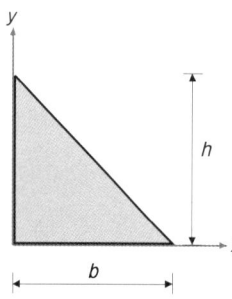

① $6.42 \times 10^6 \text{mm}^4$
② $8.64 \times 10^6 \text{mm}^4$
③ $10.72 \times 10^6 \text{mm}^4$
④ $11.52 \times 10^6 \text{mm}^4$

20. 그림에서 $P_1 = 200\text{kN}$, $P_2 = 200\text{kN}$일 때 P_1과 P_2의 합 R의 크기는?

① $100\sqrt{2}\,\text{kN}$
② $100\sqrt{3}\,\text{kN}$
③ $200\sqrt{3}\,\text{kN}$
④ $200\sqrt{2}\,\text{kN}$

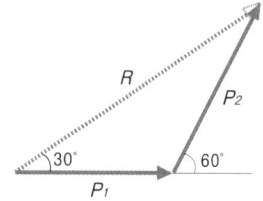

해설 및 정답

1.
(1) 하중과 경간이 대칭

$$: V_A = V_B = +\frac{200+200}{2} = +100\text{kN}(\uparrow)$$

(2) $M_{C,Left}=0: -(H_A)(10)+(200)(10)-(200)(6)=0$

$\therefore H_A = +80\text{kN}(\rightarrow)$

답 : ④

2.
② D점에서 상·하의 종거가 나타나는 전단력에 대한 영향선(Influence Line)이다.

답 : ②

3.

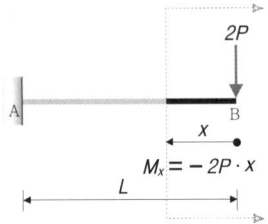

$$U = \int \frac{M_x^2}{2EI}dx = \frac{1}{2EI}\int_0^L (-2P\cdot x)^2 dx$$

$$= \frac{4P^2}{2EI}\left[\frac{x^3}{3}\right]_0^L = \frac{2}{3}\cdot\frac{P^2L^3}{EI}$$

답 : ①

4.
$I_x = I_g + A\cdot e^2 = \frac{bh^3}{36}+\left(\frac{1}{2}bh\right)\left(\frac{h}{3}\right)^2 = \frac{bh^3}{12}$ 이므로

$\dfrac{I_x}{I_g} = \dfrac{\left(\dfrac{bh^3}{12}\right)}{\left(\dfrac{bh^3}{36}\right)} = 3$

답 : ②

5.
(1) 구간별 변위

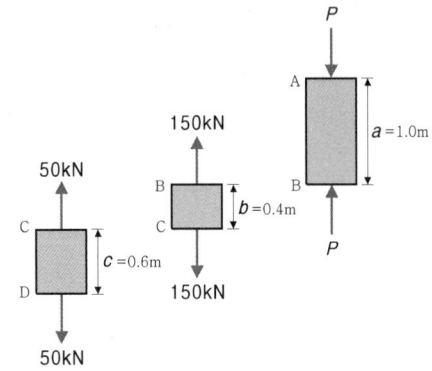

① $\Delta L_1 = \dfrac{PL_1}{EA} = \dfrac{(50)(0.6)}{EA} = \dfrac{30}{EA}$

② $\Delta L_2 = \dfrac{PL_2}{EA} = \dfrac{(150)(0.4)}{EA} = \dfrac{60}{EA}$

③ $\Delta L_3 = \dfrac{PL_3}{EA} = \dfrac{PL_3}{EA} = \dfrac{P}{EA}$

(2) $\Delta L = \Delta L_1 + \Delta L_2 + \Delta L_3$

$= +\left(\dfrac{30}{EA}\right)+\left(\dfrac{60}{EA}\right)-\left(\dfrac{P}{EA}\right)=0$ 으로부터

$P = 90\text{kN}$

$\therefore P_1 = 90+150 = 240\text{kN}$

답 : ④

6.

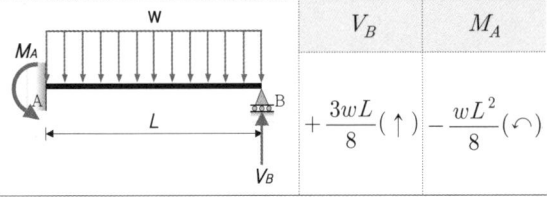

	V_B	M_A
	$+\dfrac{3wL}{8}(\uparrow)$	$-\dfrac{wL^2}{8}(\curvearrowleft)$

$V_A = +\dfrac{3}{8}wL(\uparrow) \Rightarrow V_B = +\dfrac{5wL}{8}(\uparrow)$

답 : ④

7.

(1) 합력의 크기: $R = 10 + 20 = 30\text{kN}$

(2) 바리뇽의 정리: $-(30)(x) = -(10)(3) + (20)(0)$

  $\therefore x = 1\text{m}$

(3) $\dfrac{x}{2} = 0.5\text{m}$ 의 위치를 보의 중앙점에 일치시킨다.

(4) 합력과 인접한 큰 하중작용점에서 절대최대휨모멘트가 발생한다.

  따라서, A지점으로부터의 10kN까지의 위치는 1m가 된다.

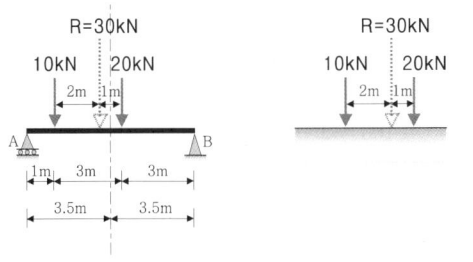

답 : ①

8.

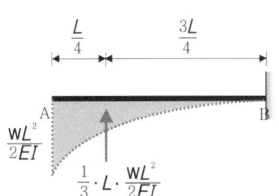

$$\theta_B = V_B = \dfrac{1}{3} \cdot L \cdot \dfrac{wL^2}{2EI} = \dfrac{1}{6} \cdot \dfrac{wL^3}{EI}$$

답 : ④

9.

$$P_{cr} = \dfrac{\pi^2 EI}{(KL)^2} = \dfrac{\pi^2 (20{,}000)\left(\dfrac{(200)(100)^3}{12}\right)}{(2 \times 3{,}000)^2}$$

  $= 91{,}385\text{kN} = 91.385\text{kN}$

答 : ②

10.

(1) 모멘트분배법을 적용하되, 2개의 하중조건에 대해 중첩의 원리를 적용하는 것이 간명하다.

(2) 절점B에서의 휨모멘트: BC 캔틸레버 구간

  ① 절점모멘트: $M_B = -(w \cdot L)\left(\dfrac{L}{2}\right) = -\dfrac{wL^2}{2} (\curvearrowright)$

  ② 해제모멘트: $\overline{M_B} = +\dfrac{wL^2}{2} (\curvearrowright)$

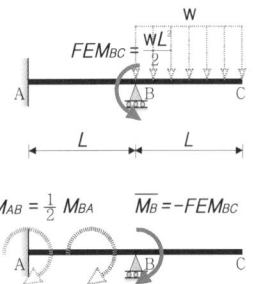

(3) 분배모멘트, 전달모멘트

  ① 분배모멘트: $M_{BA} = \overline{M_B} \cdot DF_{BA} = +\dfrac{wL^2}{2} (\curvearrowright)$

  ② 전달모멘트:

  $$M_{AB} = \dfrac{1}{2} M_{BA} = \dfrac{1}{2}\left(+\dfrac{wL^2}{2}\right) = +\dfrac{wL^2}{4} (\curvearrowright)$$

(4) AB고정보의 A단 휨모멘트: $M_{A2} = -\dfrac{wL^2}{8} (\curvearrowright)$

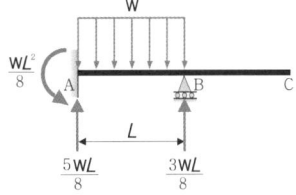

(5) $M_A = +\left(\dfrac{wL^2}{4}\right) - \left(\dfrac{wL^2}{8}\right) = +\dfrac{wL^2}{8} (\curvearrowright)$

(6) A점의 휨모멘트: $M_A = +\dfrac{wL^2}{8} (\curvearrowleft)$

답 : ①

11.

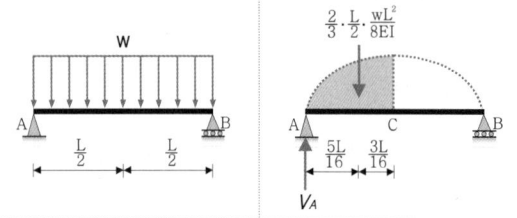

$$\delta_{\max} = \delta_C = \frac{5}{384} \cdot \frac{wL^4}{EI}$$

답 : ④

12.

$\sigma_b = \dfrac{M}{Z} = \dfrac{M}{\dfrac{\pi D^3}{32}} \le \sigma_a$ 로부터

$$D \ge \sqrt[3]{\dfrac{32}{\pi} \cdot \dfrac{M}{\sigma_a}} = 2.17 \cdot \sqrt[3]{\dfrac{M}{\sigma_a}}$$

답 : ③

13.

(1) 구의 중심점에서 절점평형조건 $\sum V = 0$ 을 적용하여 R_B 를 계산한다.

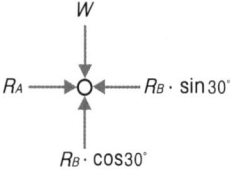

(2) $\sum V = 0 : -(W) + (R_B \cdot \cos 30°) = 0$

$$\therefore R_B = \frac{W}{\cos 30°} = 1.155 W$$

답 : ④

14.

(1) $I_x = \dfrac{1}{12}(30 \times 50^3 - 20 \times 30^3) = 2.675 \times 10^5 \mathrm{mm}^4$

$Q = (30 \times 10)(15+5) + (10 \times 15)(7.5)$
$= 7.125 \times 10^3 \mathrm{mm}^3$

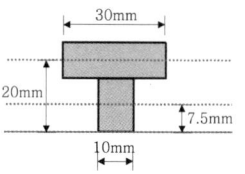

전단응력 산정을 위한 Q

(2) $\tau_{\max} = \dfrac{V \cdot Q}{I \cdot b} = \dfrac{(40 \times 10^3)(7.125 \times 10^3)}{(2.675 \times 10^5)(10)}$

$= 106.542 \mathrm{N/mm}^2 = 106.542 \mathrm{MPa}$

답 : ②

15.

(1) $\sum M_C = 0 : +(V_A)(L) - (P)\left(\dfrac{L}{2}\right) + (P)(a) = 0$

$$\therefore V_A = +\frac{P}{2} - \frac{Pa}{L} (\uparrow)$$

(2) B점의 휨모멘트:

$$M_{B,Left} = + \left[+ \left(\frac{P}{2} - \frac{Pa}{L} \right)\left(\frac{L}{2} \right) \right] = + \frac{PL}{4} - \frac{Pa}{2}$$

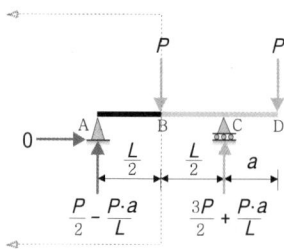

(3) C점의 휨모멘트: $M_{C,Right} = -[+(P)(a)] = -Pa$

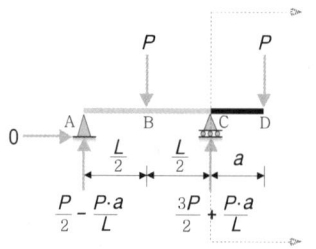

(4) $|M_B| = |M_C|$ 에서 $\dfrac{PL}{4} - \dfrac{Pa}{2} = Pa$ 이므로 $\therefore \dfrac{L}{a} = 6$

답 : ①

16.
전단에 대한 후크의 법칙 : $\tau = G \cdot \gamma$ 로부터
$\gamma = \dfrac{\tau}{G} = \dfrac{(81,000)}{(810,000)} = 0.1$

답 : ④

17.
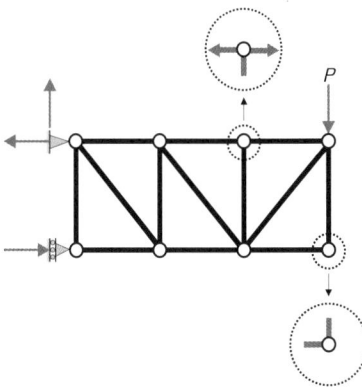

답 : ①

18.
(1) $e = \dfrac{D}{8} = \dfrac{(250 \times 2)}{8} = 62.5\text{mm}$

(2) 핵면적 : $A = \pi r^2 = \pi(e)^2 = \pi(62.5)^2 = 12,271.8\text{mm}^2$

답 : ①

19.
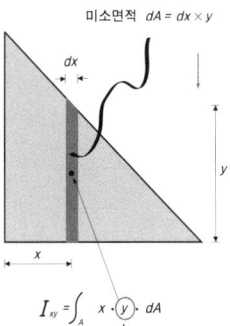

$I_{xy} = \int_A x \cdot y \cdot dA = \int_0^b x\left(\dfrac{y}{2}\right)(y \cdot dx) = \int_0^b \dfrac{xy^2}{2} \cdot dx$ 로부터

주어진 직각삼각형의 함수 $y = -\dfrac{h}{b}x + h$ 이므로 이를 대입하여 정리하면

$I_{xy} = \int_0^b \dfrac{xy^2}{2} dx = \int_0^b \dfrac{x\left(-\dfrac{h}{b}x + h\right)^2}{2}$

$= \dfrac{b^2 h^2}{24} = \dfrac{(120)^2 (120)^2}{24} = 8.64 \times 10^6 \text{mm}^4$

답 : ②

20.
(1) P_1과 P_2의 사이각 $\alpha = 60°$

(2) $R = \sqrt{P_1^2 + P_2^2 + 2P_1 \cdot P_2 \cdot \cos\alpha}$
$= \sqrt{(200)^2 + (200)^2 + 2(200)(200)\cos(60°)}$
$= 200\sqrt{3}\text{ kN}$

답 : ③

과년도 출제문제(CBT시험문제)

24 토목기사
2회 시행 출제문제

※ 본 기출문제는 수험자의 기억을 바탕으로 하여 복원한 문제이므로 실제 문제와 다를 수 있음을 미리 알려드립니다.

1. 탄성변형에너지는 외력을 받는 구조물에서 변형에 의해 구조물에 축적되는 에너지를 말한다. 탄성체이며 선형거동을 하는 길이가 L인 캔틸레버 보에 집중하중 P가 작용할 때 굽힘모멘트에 의한 탄성변형에너지는? (단, EI는 일정)

① $\dfrac{P^2L^2}{2EI}$
② $\dfrac{P^2L^3}{2EI}$
③ $\dfrac{P^2L^2}{6EI}$
④ $\dfrac{P^2L^3}{6EI}$

2. 양단고정의 장주에 중심축하중이 작용할 때 이 기둥의 좌굴응력은? (단, $E = 2.1 \times 10^5$ MPa, 기둥은 지름이 40mm인 원형 기둥이다.)

① 3.35MPa
② 12.95MPa
③ 6.72MPa
④ 25.91MPa

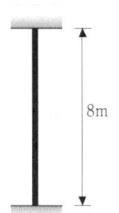

3. 그림과 같은 라멘에서 A점의 반력 R_A는?

① 30kN
② 45kN
③ 60kN
④ 90kN

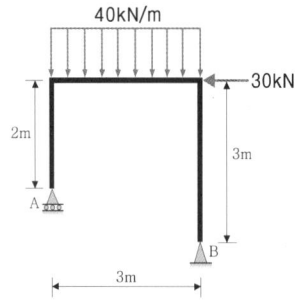

4. 단면적 $A_1 = 10,000\text{mm}^2$, $A_2 = 5,000\text{mm}^2$인 부재가 있다. 부재 양끝은 고정되어 있고 온도가 10℃ 내려갔다. 온도저하로 인해 유발되는 단면력은? (단, $E = 210,000$MPa, 선팽창계수 $\alpha = 1 \times 10^{-5}/℃$)

① 105kN
② 140kN
③ 157.5kN
④ 210kN

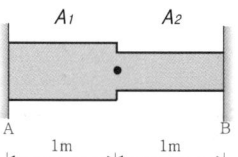

5. 그림과 같은 단순보에 등분포하중 w가 작용할 때 보의 최대 처짐은? (단, EI는 일정하다.)

① $\dfrac{wL^4}{128EI}$
② $\dfrac{wL^4}{64EI}$
③ $\dfrac{wL^4}{38EI}$
④ $\dfrac{5wL^4}{384EI}$

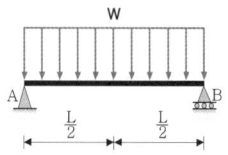

6. 최대 단면계수를 갖는 직사각형 단면을 얻으려면 $\dfrac{b}{h}$는?

① 1
② 1/2
③ $1/\sqrt{2}$
④ $1/\sqrt{3}$

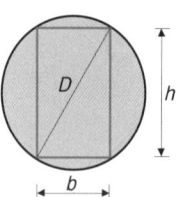

7. 그림과 같은 구조물에서 C점의 반력이 $2P$가 되기 위한 $\dfrac{a}{b}$의 값은?

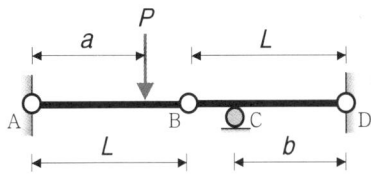

① 2
② 2.5
③ 3
④ 4

8. 휨모멘트가 M인 다음과 같은 직사각형 단면에서 $A-A$에서의 휨응력은?

① $\dfrac{3M}{bh^2}$
② $\dfrac{3M}{4bh^2}$
③ $\dfrac{3M}{2bh^2}$
④ $\dfrac{M}{4b^2h^2}$

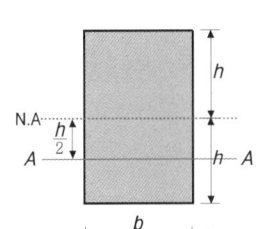

9. 트러스(Truss)를 해석하기 위한 가정 중 틀린 것은?

① 모든 하중은 절점에만 작용한다.
② 부재들은 마찰이 없는 힌지로 연결되어 있다.
③ 작용하중에 의한 트러스의 변형은 무시한다.
④ 부재에는 전단력만 작용하므로 단면내의 응력분포도는 일정하다.

10. 그림과 같은 보의 A점의 휨모멘트는?

① $-52.5\text{kN}\cdot\text{m}$
② $-120\text{kN}\cdot\text{m}$
③ $-67.5\text{kN}\cdot\text{m}$
④ $-90\text{kN}\cdot\text{m}$

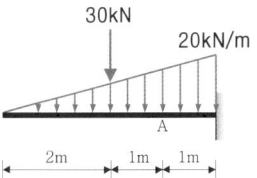

11. 그림과 같은 4각형 단면의 단주(短柱)에 있어서 핵거리(核距離) e는?

① $\dfrac{b}{3}$
② $\dfrac{b}{6}$
③ $\dfrac{h}{3}$
④ $\dfrac{h}{6}$

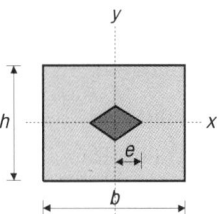

12. 양단 고정보에 등분포하중이 작용할 때 A점에 발생하는 휨모멘트는?

① $-\dfrac{wL^2}{4}$
② $-\dfrac{wL^2}{6}$
③ $-\dfrac{wL^2}{8}$
④ $-\dfrac{wL^2}{12}$

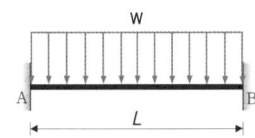

13. 블록 A를 뽑아내는데 필요한 힘 P는 최소 얼마 이상이어야 하는가? (단, 블록과 접촉면의 마찰계수 $\mu=0.3$)

① 6kN
② 9kN
③ 15kN
④ 18kN

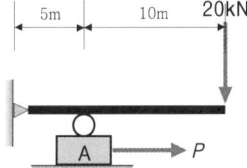

14. 그림과 같은 단순보에 이동하중이 작용하는 경우 절대최대휨모멘트는?

① 176.4kN · m ② 167.2kN · m
③ 162.0kN · m ④ 125.1kN · m

15. 탄성계수 $E = 210,000\text{MPa}$, 푸아송비 $\nu = 0.25$ 일 때 전단탄성계수는?

① 84,000MPa ② 110,000MPa
③ 170,000MPa ④ 210,000MPa

16. 원($D = 400\text{mm}$)과 반원($r = 400\text{mm}$)으로 이루어진 단면의 도심거리 $\bar{y}$ 값은?

① 175.8mm
② 179.8mm
③ 494.8mm
④ 446.5mm

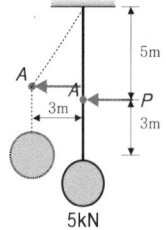

17. 그림과 같이 케이블(cable)에 5kN의 추가 매달려 있다. 이 추의 중심을 수평으로 3m 이동시키기 위해 케이블 길이 5m 지점인 A점에 수평력 P를 가하고자 한다. 이때 힘 P의 크기는?

① $P = 3\text{kN}$
② $P = 3.5\text{kN}$
③ $P = 3.75\text{kN}$
④ $P = 4\text{kN}$

18. 그림과 같은 단순보의 최대 전단응력 $\tau_{\max}$를 구하면? (단, 보의 단면은 직경이 D인 원이다.)

① $\dfrac{wL}{2\pi D^2}$

② $\dfrac{9wL}{4\pi D^2}$

③ $\dfrac{3wL}{2\pi D^2}$

④ $\dfrac{2wL}{\pi D^2}$

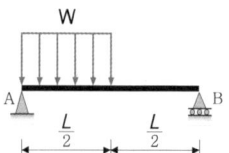

19. 그림과 같은 트러스에서 A점에 연직하중 P가 작용할 때 A점의 연직처짐은? (단, 부재의 축강도는 모두 EA, 부재의 길이는 $AB = 3L$, $AC = 5L$, $BC = 4L$ 이다.)

① $8.0 \cdot \dfrac{PL}{EA}$

② $8.5 \cdot \dfrac{PL}{EA}$

③ $9.0 \cdot \dfrac{PL}{EA}$

④ $9.5 \cdot \dfrac{PL}{EA}$

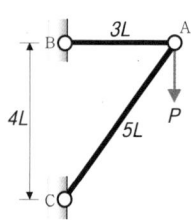

20. 다음 구조물의 부정정 차수는?

① 3차
② 6차
③ 9차
④ 12차

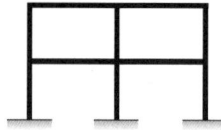

해설 및 정답

1.

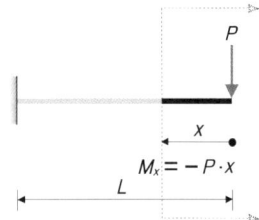

$$U = \int \frac{M_x^2}{2EI}dx = \frac{1}{2EI}\int_0^L (-P \cdot x)^2 dx$$

$$= \frac{P^2}{2EI}\left[\frac{x^3}{3}\right]_0^L = \frac{1}{6} \cdot \frac{P^2 L^3}{EI}$$

답 : ④

2.

$$\sigma_{cr} = \frac{P_{cr}}{A} = \frac{\frac{\pi^2 EI}{(KL)^2}}{A} = \frac{\pi^2 (2.1 \times 10^5)\left(\frac{\pi (40)^4}{64}\right)}{\frac{(0.5 \times 8,000)^2}{\left(\frac{\pi (40)^2}{4}\right)}}$$

$$= 12.953 \text{N/mm}^2 = 12.953 \text{MPa}$$

답 : ②

3.

$\sum M_B = 0 \; : \; +(V_A)(3) - (40 \times 3)(1.5) - (30)(3) = 0$

$\therefore V_A = R_A = +90\text{kN}(\uparrow)$

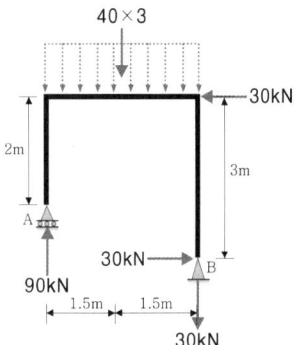

답 : ④

4.

(1) 힘의 수평평형조건 $\sum H = 0: \; -(R_A) + (R_B) = 0$
양단이 고정된 상태에서 온도저하를 유발하면 인장반력이 발생한다.

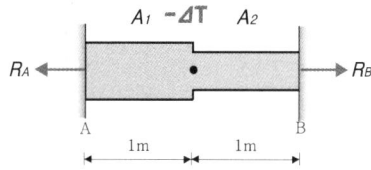

(2) 변형의 적합조건 : 고정단에서는 변형이 존재하지 않는다.

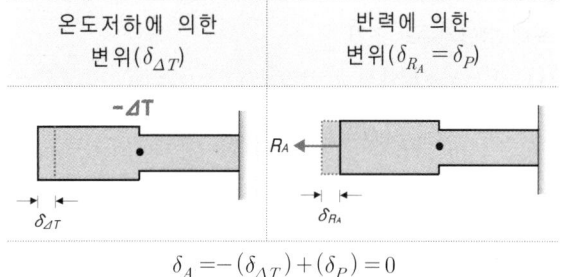

온도저하에 의한 변위($\delta_{\Delta T}$)	반력에 의한 변위($\delta_{R_A} = \delta_P$)

$$\delta_A = -(\delta_{\Delta T}) + (\delta_P) = 0$$

(3) 온도-변위관계식, 힘-변위관계식을 적합조건에 적용
① 온도-변위관계식
$$: \delta_T = \alpha \cdot \Delta T \cdot (L_1 + L_2)$$
$$= (1 \times 10^{-5})(10)(1 \times 10^3 + 1 \times 10^3) = 0.2\text{mm}$$

② 힘-변위관계식
$$: \delta_P = \frac{P \cdot L_1}{E \cdot A_1} + \frac{P \cdot L_2}{E \cdot A_2}$$
$$= \frac{P(1 \times 10^3)}{(210,000)(1 \times 10^4)} + \frac{P(1 \times 10^3)}{(210,000)(5 \times 10^3)}$$

③ $\delta_A = -(\delta_{\Delta T}) + (\delta_P) = 0$으로부터
$$\frac{P(1 \times 10^3)}{(210,000)(10,000)} + \frac{P(1 \times 10^3)}{(210,000)(5,000)} = 0.2$$
$$\therefore P = 140,000\text{N} = 140\text{kN}$$

답 : ②

5.

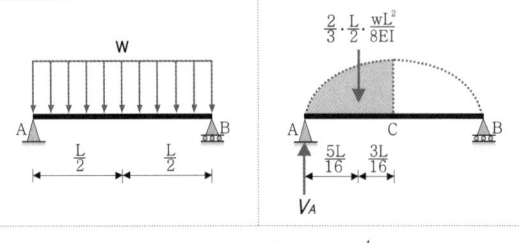

$$\delta_{max} = \delta_C = \frac{5}{384} \cdot \frac{wL^4}{EI}$$

답 : ④

6.

최대 단면계수의 조건

(1) $D^2 = b^2 + h^2$ 에서 $h^2 = D^2 - b^2$

(2) $Z = \frac{bh^2}{6} = \frac{b}{6}(D^2 - b^2) = \frac{1}{6}(D^2 \cdot b - b^3)$

(3) Z값이 최대가 되려면 이것을 미분한 값이 0이어야 한다.
$\frac{dZ}{db} = \frac{1}{6}(D^2 - 3b^2) = 0$ 에서 $D = \sqrt{3}\,b$

(4) $h = \sqrt{2}\,b$ 이므로 $\frac{b}{h} = \frac{1}{\sqrt{2}}$

답 : ③

7.

(1) AB구간의 B점의 수직반력 : $V_B = P \times \frac{a}{L} = \frac{Pa}{L}$

(2) B점은 지점이 아니므로 $\frac{Pa}{L}$의 반력을 하중(↓)으로 치환한다.

(3) BCD구간 :

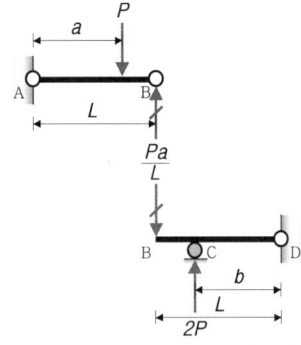

$\sum M_D = 0: +(2P)(b) - \left(\frac{Pa}{L}\right)(L) = 0 \quad \therefore \frac{a}{b} = 2$

답 : ①

8.

$$\sigma_{A-A} = \frac{M}{I} \cdot y = \frac{M}{\frac{b(2h)^3}{12}} \cdot \left(\frac{h}{2}\right) = \frac{3M}{4bh^2}$$

답 : ②

9.

④ 부재에는 축방향력(Axial Force)만 존재하고 전단력(Shear Force)이나 휨모멘트(Bending Moment)는 존재하지 않는다고 가정된다.

답 : ④

10.

(1) 캔틸레버 구조이므로 A점을 수직절단하여 자유단쪽을 계산하면 지점반력을 계산할 필요가 없다.

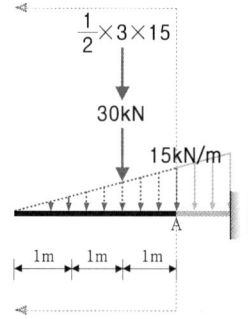

(2) $M_{C,Left} = + \left[-(30)(1) - \left(\frac{1}{2} \times 3 \times 15\right)(1) \right]$
$= -52.5 \text{kN} \cdot \text{m}\,(\frown)$

답 : ①

11.

$$e = \frac{Z}{A} = \frac{\left(\frac{hb^2}{6}\right)}{(bh)} = \frac{b}{6}$$

답 : ②

12.

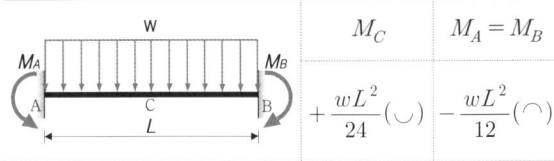

	M_C	$M_A = M_B$
	$+\dfrac{wL^2}{24}(\smile)$	$-\dfrac{wL^2}{12}(\frown)$

답 : ④

13.

(1) 수평평형이 깨지는 순간을 고려한다.
(2) 마찰력은 수직력에 비례하므로 V_A를 구하기 위해 벽체 절점에서 모멘트
    평형조건을 적용하면 $+(20)(15)-(V_A)(5)=0$
    $\therefore V_A = +60\text{kN}(\uparrow)$
(3) 수평력 P가 수직력 V_A와 마찰계수의 곱보다 커야 블록이 뽑힐 것이다.
    $\therefore P > V_A \cdot \mu = (60)(0.3) = 18\text{kN}$

답 : ④

14.

(1) 합력의 크기 : $R = 60 + 40 = 100\text{kN}$
(2) 바리뇽의 정리 : $+(100)(x) = (60)(0) + (40)(4)$
    $\therefore x = 1.6\text{m}$
(3) $\dfrac{x}{2} = 0.8\text{m}$의 위치를 보의 중앙점에 일치시킨다.
(4) 합력과 인접한 큰 하중작용점에서 절대최대휨모멘트가 발생한다.
    ① $\sum M_B = 0 : +(V_A)(10) - (60)(5.8) - (40)(1.8) = 0$
       $\therefore V_A = +42\text{kN}(\uparrow)$
    ② $M_{\max, abs} = +[(42)(4.2)] = +176.4\text{kN}\cdot\text{m}(\smile)$

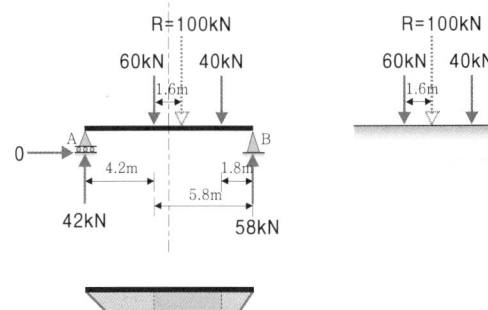

답 : ①

15.

$G = \dfrac{E}{2(1+\nu)} = \dfrac{(210,000)}{2[1+(0.25)]} = 84,000\text{MPa}$

답 : ①

16.

$$\bar{y} = \dfrac{G_x}{A}$$
$$= \dfrac{(\pi \cdot 200^2)(200) + \left((\pi \cdot 400^2) \times \dfrac{1}{2}\right)\left(400 + \dfrac{4(400)}{3\pi}\right)}{(\pi \cdot 200^2) + \left((\pi \cdot 400^2) \times \dfrac{1}{2}\right)}$$
$$= 446.510\text{mm}$$

답 : ④

17.

(1) 추가 중심선에 위치할 때 평형이 된다.

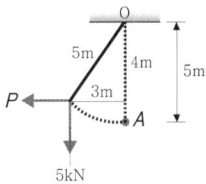

(2) $\sum M_O = 0 : -(5)(3) + (P)(4) = 0$
    $\therefore P = 3.75\text{kN}$

답 : ③

18.

(1) $\sum M_B = 0: +(V_A)(L) - \left(w \cdot \dfrac{L}{2}\right)\left(\dfrac{3L}{4}\right) = 0$
    $\therefore V_A = +\dfrac{3}{8}wL(\uparrow) \Rightarrow V_B = +\dfrac{1}{8}wL(\uparrow)$
    $\Rightarrow V_{\max} = V_A = \dfrac{3}{8}wL$

(2) $\tau_{\max} = k \cdot \dfrac{V_{\max}}{A} = \left(\dfrac{4}{3}\right) \cdot \dfrac{\left(\dfrac{3}{8}wL\right)}{\left(\dfrac{\pi D^2}{4}\right)} = \dfrac{2wL}{\pi D^2}$

답 : ④

19.

(1) $\sum V = 0 : -(P) - \left(F_{AC} \cdot \dfrac{4}{5}\right) = 0$

$\therefore F_{AC} = -\dfrac{5}{4}P \,(압축)$

(2) $\sum H = 0 : -(F_{AB}) - \left(F_{AC} \cdot \dfrac{3}{5}\right) = 0$

$\therefore F_{AB} = +\dfrac{3}{4}P \,(인장)$

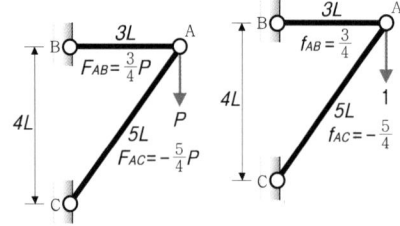

(3) $\delta_C = \dfrac{1}{EA}\left(-\dfrac{5}{4}P\right)\left(-\dfrac{5}{4}\right)(5L)$

$\qquad + \dfrac{1}{EA}\left(+\dfrac{3}{4}P\right)\left(+\dfrac{3}{4}\right)(3L)$

$\qquad = \dfrac{152}{16} \cdot \dfrac{PL}{EA} = 9.5 \cdot \dfrac{PL}{EA}$

답 : ④

20.

$N = r + m + f - 2j$
$\quad = (3+3+3) + (5) + (4) - 2(6) = 6차$

답 : ②

과년도 출제문제(CBT시험문제)

24 토목기사
3회 시행 출제문제

※ 본 기출문제는 수험자의 기억을 바탕으로 하여 복원한 문제이므로 실제 문제와 다를 수 있음을 미리 알려드립니다.

1. 다음과 같은 부정정보에서 A의 처짐각 θ_A는? (단, 보의 휨강성은 EI)

① $\dfrac{1}{12} \cdot \dfrac{wL^3}{EI}$

② $\dfrac{1}{24} \cdot \dfrac{wL^3}{EI}$

③ $\dfrac{1}{36} \cdot \dfrac{wL^3}{EI}$

④ $\dfrac{1}{48} \cdot \dfrac{wL^3}{EI}$

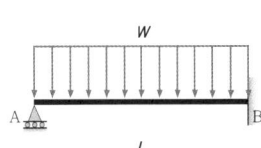

2. 다음 그림에서 P_1과 R 사이의 각 θ를 나타낸 것은?

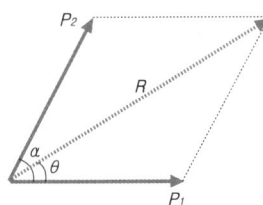

① $\theta = \tan^{-1}\left(\dfrac{P_2\cos\alpha}{P_2 + P_1\cos\alpha}\right)$

② $\theta = \tan^{-1}\left(\dfrac{P_2\sin\alpha}{P_1 + P_2\cos\alpha}\right)$

③ $\theta = \tan^{-1}\left(\dfrac{P_2\cos\alpha}{P_1 + P_2\sin\alpha}\right)$

④ $\theta = \tan^{-1}\left(\dfrac{P_2\sin\alpha}{P_1 + P_2\sin\alpha}\right)$

3. 그림과 같은 기둥에서 좌굴하중의 비 (a) : (b) : (c) : (d)는? (단, EI와 기둥의 길이(L)는 모두 같다.)

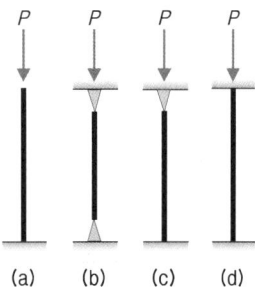

① 1 : 2 : 3 : 4   ② 1 : 4 : 8 : 12

③ $\dfrac{1}{4}$: 2 : 4 : 8   ④ 1 : 4 : 8 : 16

4. 탄성계수 $2.0 \times 10^5 \text{N/mm}^2$인 재료로 된 경간 10m의 캔틸레버보에 $w = 1.2\text{kN/m}$의 등분포하중이 작용할 때, 자유단의 처짐각은? (단, I_N : 중립축에 대한 단면2차모멘트)

① $\theta = \dfrac{10^6}{I_N}$ ② $\theta = \dfrac{10^3}{I_N}$

③ $\theta = 1.5 \times \dfrac{10^6}{I_N}$ ④ $\theta = \dfrac{10^4}{I_N}$

5. 그림과 같은 트러스 구조에서 AB부재의 부재력은?

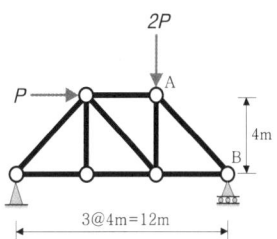

① $1.179P$(압축)   ② $2.357P$(압축)

③ $1.179P$(인장)   ④ $2.357P$(인장)

6. 직경 D인 원형단면 기둥의 길이가 4m이다. 세장비가 100이 되도록 하자면 이 기둥의 직경은?

① 90mm ② 130mm
③ 160mm ④ 250mm

7. 그림과 같은 단순보의 중앙점 C에 집중하중 P가 작용하여 중앙점의 처짐 δ가 발생했다. δ가 0이 되도록 양쪽지점에 모멘트 M을 작용시키려고 할 때 이 모멘트의 크기 M을 하중 P와 경간 L로 나타내면 얼마인가? (단, EI는 일정하다.)

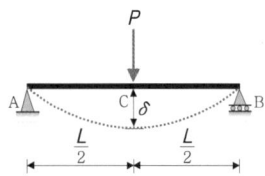

① $M = \dfrac{PL}{6}$ ② $M = \dfrac{PL}{4}$
③ $M = \dfrac{PL}{2}$ ④ $M = \dfrac{PL}{8}$

8. T형 단면의 캔틸레버 보에서 최대 전단응력은? (단, T형보 단면의 $I_{N.A} = 8.68 \times 10^5 \text{mm}^4$)

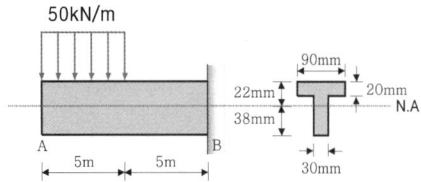

① 207.95MPa
② 179.72MPa
③ 125.68MPa
④ 243.32MPa

9. 2개의 마찰이 없는 도르래에 로프를 걸고 양단에 5kN씩 하중을 달고 난 다음 도르래 사이 간격의 중앙점인 C점에 4kN의 무게를 달았더니 C점이 D점까지 내려와서 평형이 되고 있다. 이때 C점과 D점간의 거리 y는?

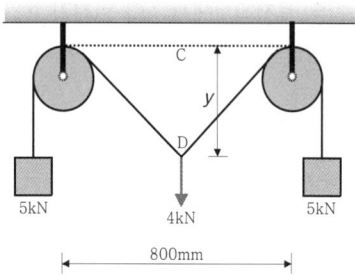

① 344.5mm ② 254.5mm
③ 474.5mm ④ 174.5mm

10. 지름 40mm, 길이 1m의 둥근 막대가 인장력을 받아서 길이가 6mm 늘어나고, 동시에 지름이 0.08mm만큼 줄어들었을 때 이 재료의 푸아송수는?

① 1.5 ② 2.0
③ 2.5 ④ 3.0

11. 그림과 같은 단순보에서 두 지점의 반력이 같게 되는 하중의 위치(x)는?

① 0.33m
② 1.33m
③ 2.33m
④ 3.33m

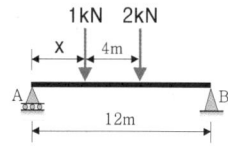

12. 그림과 같은 아치에서 A점에 작용하는 수평반력 H_A는?

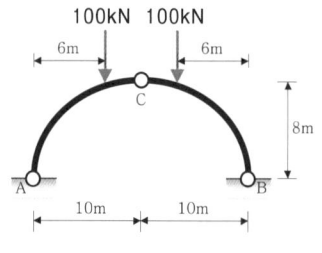

① 75kN ② 100kN
③ 150kN ④ 200kN

13. 전단중심(Shear Center)에 대한 다음 설명 중 옳지 않은 것은?

① 1축이 대칭인 단면의 전단중심은 그 대칭축 선상에 있다.
② 1축이 대칭인 단면의 전단중심은 도심과 일치한다.
③ 하중이 전단중심점을 통과하지 않으면 보는 비틀린다.
④ 전단중심이란 단면이 받아내는 전단력의 합력점의 위치를 말한다.

14. 그림과 같이 힘 P가 작용한다면 반력 R_B의 값은?

① $\dfrac{Pa}{L}$
② $\dfrac{Pb}{L}$
③ $\dfrac{P(2a+b)}{L}$
④ $\dfrac{P(a+2b)}{L}$

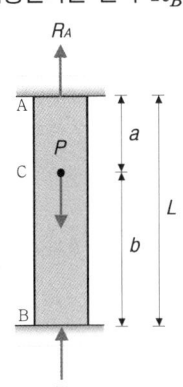

15. 탄성계수 $E = 210,000\text{MPa}$, 푸아송비 $\nu = 0.25$일 때 전단탄성계수는?

① 84,000MPa ② 110,000MPa
③ 170,000MPa ④ 210,000MPa

16. 경간 $L = 10\text{m}$인 단순보에 그림과 같은 방향으로 이동하중이 작용할 때 절대최대휨모멘트를 구한 값은?

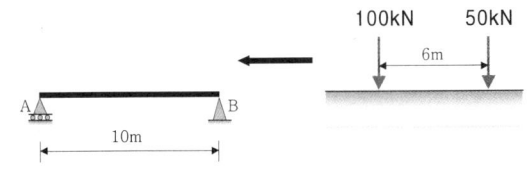

① 240kN · m ② 280kN · m
③ 320kN · m ④ 360kN · m

17. 『재료가 탄성적이고 Hooke의 법칙을 따르는 구조물에서 지점침하와 온도 변화가 없을 때, 한 역계 P_n에 의해 변형되는 동안에 다른 역계 P_m이 하는 외적인 가상일은 P_m 역계에 의해 변형하는 동안에 P_n 역계가 하는 외적인 가상일과 같다.』 이것을 무엇이라 하는가?

① 가상일의 원리
② 카스틸리아노의 정리
③ 최소일의 정리
④ 베티의 법칙

18. 그림과 같이 b가 200mm, h가 300mm인 직사각형 단면의 $y-y$ 축에 대한 회전반지름 r은?

① 57.7mm
② 75.7mm
③ 86.6mm
④ 96.6mm

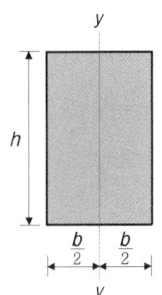

19. 단면이 원형(반지름 R)인 보에 휨모멘트 M이 작용할 때 이 보에 작용하는 최대 휨응력은?

① $\dfrac{4M}{\pi R^3}$ ② $\dfrac{12M}{\pi R^3}$
③ $\dfrac{16M}{\pi R^3}$ ④ $\dfrac{32M}{\pi R^3}$

20. 단면1차모멘트와 같은 차원을 갖는 것은?

① 단면상승모멘트
② 회전반경
③ 단면2차모멘트
④ 단면계수

해설 및 정답

1.

(1) 처짐각 방정식:
$$M_{AB} = 2E\left(\frac{I}{L}\right)(2\theta_A) - \frac{wL^2}{12} = \frac{4EI\theta_A}{L} - \frac{wL^2}{12}$$

(2) 절점방정식: $\sum M_A = M_{AB} = \frac{4EI\theta_A}{L} - \frac{wL^2}{12} = 0$

으로부터 $\theta_A = \frac{1}{48} \cdot \frac{wL^3}{EI}$

답 : ④

2.

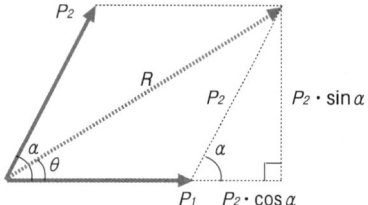

합력이 수평면과 이루는 각도: $\theta = \tan^{-1}\left(\dfrac{P_2 \sin\alpha}{P_1 + P_2 \cos\alpha}\right)$

답 : ②

3.

$(a) = \dfrac{1}{(2.0)^2} = \dfrac{1}{4}$

$(b) = \dfrac{1}{(1)^2} = 1$

$(c) = \dfrac{1}{(0.7)^2} \fallingdotseq 2$

$(d) = \dfrac{1}{(0.25)^2} = 4$

$\therefore (a):(b):(c):(d) = 1:4:8:16$

답 : ④

4.

(1) $\theta_B = V_B = \dfrac{1}{3} \cdot L \cdot \dfrac{wL^2}{2EI} = \dfrac{1}{6} \cdot \dfrac{wL^3}{EI}$

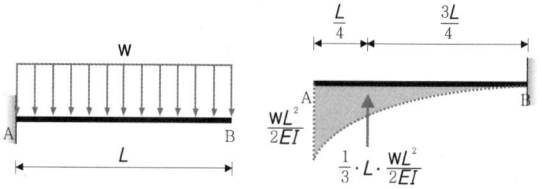

(2) $\theta_B = \dfrac{1}{6} \cdot \dfrac{wL^3}{EI_N} = \dfrac{1}{6} \cdot \dfrac{(1.2)(10 \times 1{,}000)^3}{(2.0 \times 10^5)I_N} = \dfrac{10^6}{I_N}$

답 : ①

5.

(1) $\sum M_A = 0 : +(P)(4) + (2P)(8) - (V_B)(12) = 0$

$\therefore V_B = +\dfrac{5P}{3}(\uparrow)$

(2) 절점B : $\sum V = 0 : +\left(\dfrac{5P}{3}\right) + \left(F_{AB} \cdot \dfrac{1}{\sqrt{2}}\right) = 0$

$\therefore F_{AB} = -2.357P(\text{압축})$

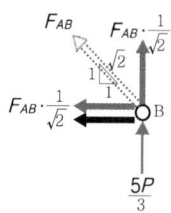

답 : ②

6.

$$\lambda = \dfrac{KL}{r_{\min}} = \dfrac{KL}{\sqrt{\dfrac{I_{\min}}{A}}} = \dfrac{(1.0)(L)}{\sqrt{\dfrac{\left(\dfrac{\pi D^4}{64}\right)}{\left(\dfrac{\pi D^2}{4}\right)}}} = \dfrac{4L}{D}$$

➡ $D = \dfrac{4L}{\lambda} = \dfrac{4(4 \times 10^3)}{(100)} = 160\text{mm}$

답 : ③

7.

(1) 단순보 중앙에 집중하중 작용시:

$$\delta_{C1} = \frac{1}{48} \cdot \frac{PL^3}{EI}(\downarrow)$$

(2) 단순보 양단에 모멘트하중 작용시:

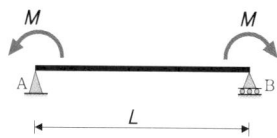

단순보에 상향의 처짐을 유발하기 위해
양단에 모멘트하중을 작용시킬 때

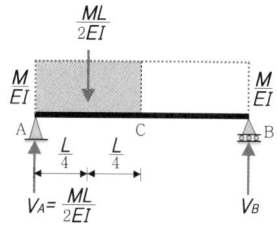

공액보에서 중앙점 C의 처짐

$$\delta_{C2} = \left(\frac{1}{2} \cdot \frac{ML}{EI}\right)\left(\frac{L}{4}\right) = \frac{1}{8} \cdot \frac{ML^2}{EI}(\uparrow)$$

(3) $\delta_C = \delta_{C1} + \delta_{C2}$

$$= \frac{1}{48} \cdot \frac{PL^3}{EI}(\downarrow) + \frac{1}{8} \cdot \frac{ML^2}{EI}(\uparrow) = 0 \text{으로부터}$$

$$\frac{1}{48} \cdot \frac{PL^3}{EI} = \frac{1}{8} \cdot \frac{ML^2}{EI} \text{ 이므로 } M = \frac{PL}{6}$$

답 : ①

8.

(1) $I_{N.A} = 8.68 \times 10^5 \text{mm}^4$, $b = 30\text{mm}$

(2) 고정단의 수직반력이 최대전단력이다.

$V_{max} = 50 \times 5 = 250\text{kN}$

(3) $Q = (30 \times 38)(19) = 2.166 \times 10^4 \text{mm}^3$

(4) $\tau_{max} = \dfrac{V \cdot Q}{I \cdot b} = \dfrac{(250 \times 10^3)(2.166 \times 10^4)}{(8.68 \times 10^5)(30)}$

$= 207.949 \text{N/mm}^2 = 207.949 \text{MPa}$

답 : ①

9.

(1) 절점D에서 수직평형조건($\sum V = 0$)을 적용한다.

$2(5\cos\theta) = 4$이므로 $\cos\theta = \dfrac{2}{5}$

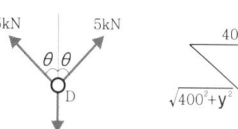

(2) 직각삼각형에서 $\cos\theta = \dfrac{y}{\sqrt{400^2 + y^2}}$,

여기에 $\cos\theta = \dfrac{2}{5}$ 를 대입하면

$5y = 2\sqrt{400^2 + y^2}$ 에서

$21y^2 = 640,000$

$\therefore y = 174.574\text{mm}$

답 : ④

10.

$$m = \frac{\epsilon_L}{\epsilon_D} = \frac{\dfrac{\Delta L}{L}}{\dfrac{\Delta D}{D}} = \frac{\dfrac{(6)}{(1,000)}}{\dfrac{(0.08)}{(40)}} = 3.0$$

답 : ④

11.

(1) $\sum M_A = 0 : +(1)(x) + (2)(x+4) - (V_B)(12) = 0$

$\therefore V_B = \dfrac{3x+8}{12}$

(2) $V_A + V_B = 3\text{kN}$이고 $V_A = V_B$이므로

$V_B = \dfrac{3x+8}{12} = 1.5$

$\therefore x = 3.333\text{m}$

답 : ④

12.

(1) 하중과 경간이 대칭이므로 $V_A = +100\text{kN}(\uparrow)$

(2) $M_{C,Left} = 0 : +(100)(10) - (100)(4) - (H_A)(8) = 0$

$\therefore H_A = +75\text{kN}(\rightarrow)$

답 : ①

13.

전단중심(S_C, Shear Center)

(1)	부재의 비틀림이 생기지 않고 휨변형만 유발하는 위치로 정의한다.
(2)	단면 내에 1개의 대칭축이 있다면 전단중심은 그 대칭축 상에 있다. 단면 내에 2개의 대칭축이 있거나 점대칭점이 있는 단면 부재에서는 전단중심과 도심은 일치한다.
(3)	몇 개의 판요소가 1점에 모인 단면에서는 각 판요소에 작용하는 면내전단응력의 합력의 작용선이 그 점을 지나게 되어 비틀림모멘트를 발생시키지 못하므로 교차점이 전단중심이 된다.

답 : ②

14.

(1) 변형의 적합조건 : 하중작용점 C점에서의 변위 $\left(\delta = \dfrac{PL}{EA}\right)$는 같다.

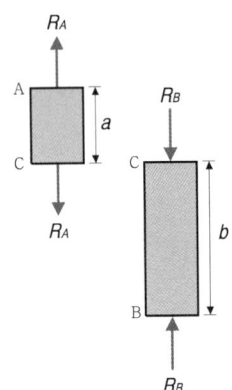

$\dfrac{R_A \cdot a}{EA} = \dfrac{R_B \cdot b}{EA}$ 으로부터 $R_A = \dfrac{b}{a} \cdot R_B$

(2) 힘의 평형조건 : $R_A + R_B = P$

$\left(\dfrac{b}{a} \cdot R_B\right) + R_B = P \quad \therefore R_B = \dfrac{a}{L} \cdot P$

답 : ①

15.

$G = \dfrac{E}{2(1+\nu)}$

$= \dfrac{(210,000)}{2[1+(0.25)]} = 84,000 \text{MPa}$

답 : ①

16.

(1) 합력의 크기 : $R = 100 + 50 = 150\text{kN}$

(2) 바리뇽의 정리 : $+(150)(x) = (100)(0) + (50)(6)$

$\quad \therefore x = 2\text{m}$

(3) $\dfrac{x}{2} = 1\text{m}$ 의 위치를 보의 중앙점에 일치시킨다.

(4) 합력과 인접한 큰 하중작용점에서 절대최대휨모멘트가 발생한다.

① $\Sigma M_B = 0 : +(V_A)(10) - (100)(6) = 0$

$\quad \therefore V_A = +60\text{kN}(\uparrow)$

② $M_{\max,abs} = +[(60)(4)] = +240\text{kN} \cdot \text{m}(\smile)$

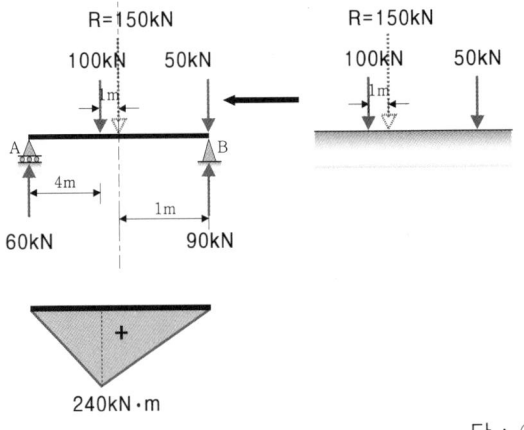

답 : ①

17.

Betti의 법칙 $\Sigma P_{im} \cdot \delta_\in = \Sigma P_\in \cdot \delta_{im}$을 설명하고 있다.

답 : ④

18.

$$r_y = \sqrt{\frac{I_y}{A}} = \sqrt{\frac{\frac{(300)(200)^3}{12}}{(300\times 200)}} = 57.735\,\text{mm}$$

답 : ①

19.

$$\sigma_{\max} = \frac{M}{Z} = \frac{M}{\frac{\pi D^3}{32}} = \frac{32M}{\pi D^3} = \frac{32M}{\pi (2R)^3} = \frac{4M}{\pi R^3}$$

답 : ①

20.

단면의 성질과 단위

단면의 성질	용 도	단 위
단면1차모멘트	도심	L^3
단면2차모멘트	휨응력, 전단응력 등	L^4
단면상승모멘트	주축	L^4
단면계수	휨 저항능력	L^3
단면2차반경	좌굴 저항능력	L

답 : ④

과년도출제문제(CBT시험문제)

25 토목기사 1회 시행 출제문제

※ 본 기출문제는 수험자의 기억을 바탕으로 하여 복원한 문제이므로 실제 문제와 다를 수 있음을 미리 알려드립니다.

1. 그림과 같은 단순보의 C점에서의 전단력의 절대값은?

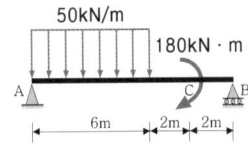

① 72kN ② 108kN
③ 144kN ④ 176kN

2. 캔틸레버보에서 휨모멘트에 의한 탄성변형에너지는? (단, EI는 일정)

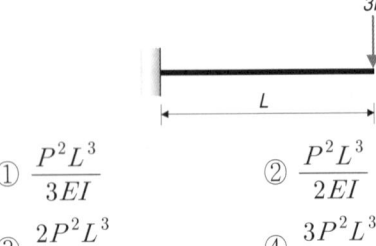

① $\dfrac{P^2L^3}{3EI}$ ② $\dfrac{P^2L^3}{2EI}$
③ $\dfrac{2P^2L^3}{3EI}$ ④ $\dfrac{3P^2L^3}{2EI}$

3. 2경간 연속보의 첫 경간에 등분포하중이 작용한다. 중앙지점 B의 휨모멘트는?

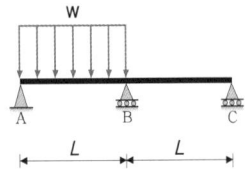

① $-\dfrac{1}{24}wL^2$ ② $-\dfrac{1}{16}wL^2$
③ $-\dfrac{1}{12}wL^2$ ④ $-\dfrac{1}{8}wL^2$

4. 그림과 같은 3-Hinge 아치 구조물의 지점 B에서의 수평반력은?

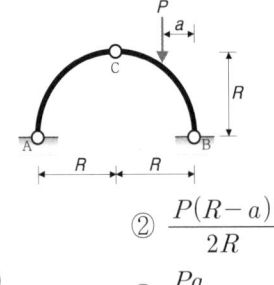

① $\dfrac{Pa}{4R}$ ② $\dfrac{P(R-a)}{2R}$
③ $\dfrac{P(R-a)}{4R}$ ④ $\dfrac{Pa}{2R}$

5. 그림과 같은 양단고정보에 30kN/m의 등분포하중과 100kN의 집중하중이 작용할 때 A점의 휨모멘트는?

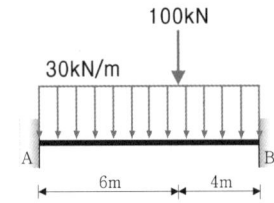

① -316kN·m ② -328kN·m
③ -346kN·m ④ -368kN·m

6. 분포하중(w), 전단력(S) 및 굽힘모멘트(M) 사이의 관계가 옳은 것은?

① $-w = \dfrac{dS}{dx} = \dfrac{d^2M}{dx^2}$

② $-w = \dfrac{dM}{dx} = \dfrac{d^2S}{dx^2}$

③ $w = \dfrac{dM}{dx} = \dfrac{d^2S}{dx^2}$

④ $w = \dfrac{dS}{dx} = \dfrac{d^2M}{dx^2}$

7. 다음의 보에서 C점의 처짐은? (단, EI는 일정하다.)

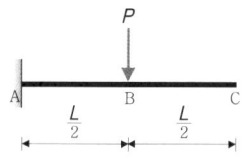

① $\dfrac{5PL^3}{48EI}$ ② $\dfrac{PL^3}{48EI}$

③ $\dfrac{PL^3}{24EI}$ ④ $\dfrac{PL^3}{12EI}$

8. 경간(Span) 8m인 단순보에 그림과 같은 연행하중이 작용할 때 절대최대휨모멘트는 어디에서 생기는가?

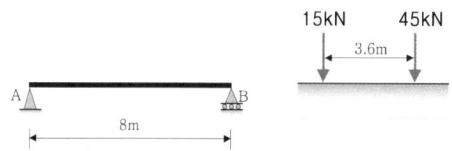

① A지점에서 오른쪽으로 4m 되는 점에 45kN의 재하점
② A지점에서 오른쪽으로 4.45m 되는 점에 45kN의 재하점
③ B지점에서 왼쪽으로 4m 되는 점에 15kN의 재하점
④ B지점에서 왼쪽으로 3.55m 떨어져서 합력의 재하점

9. 그림과 같이 x, y축에 대칭인 단면에 비틀림우력 50kN·m가 작용할 때 최대전단응력은?

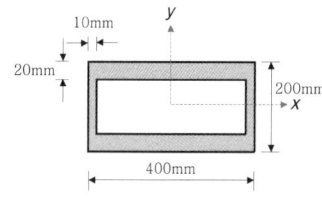

① 35.61MPa   ② 43.55MPa
③ 52.43MPa   ④ 60.27MPa

10. 그림은 단면의 핵을 표시한 것이다. e_x, e_y의 값으로 옳은 것은?

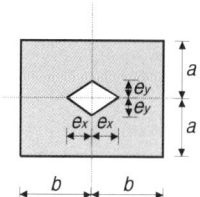

① $e_x = \dfrac{b}{6}$, $e_y = \dfrac{a}{3}$ ② $e_x = \dfrac{b}{3}$, $e_y = \dfrac{a}{6}$

③ $e_x = \dfrac{b}{6}$, $e_y = \dfrac{a}{6}$ ④ $e_x = \dfrac{b}{3}$, $e_y = \dfrac{a}{3}$

11. T형 단면의 x축에 대한 회전반경은?

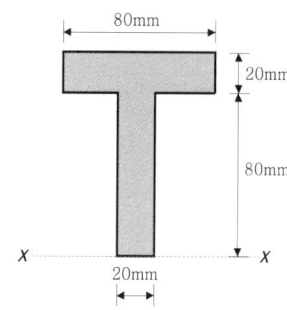

① 71.6mm   ② 81.6mm
③ 91.6mm   ④ 101.6mm

12. 그림과 같은 구조물의 BD부재에 작용하는 힘의 크기는?

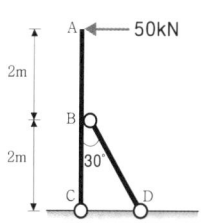

① 100kN   ② 125kN
③ 150kN   ④ 200kN

13. 직사각형 단면 보의 단면적을 A, 전단력을 V라고 할 때 평균전단응력과 최대전단응력($\tau_{\max}$)의 관계는?

① $\dfrac{2}{3} \cdot \dfrac{V_{\max}}{A} = \tau_{\max}$

② $\dfrac{3}{2} \cdot \dfrac{V_{\max}}{A} = \tau_{\max}$

③ $\dfrac{3}{4} \cdot \dfrac{V_{\max}}{A} = \tau_{\max}$

④ $\dfrac{4}{3} \cdot \dfrac{V_{\max}}{A} = \tau_{\max}$

14. 그림과 같은 캔틸레버보에 모멘트하중(M)이 작용할 때 전단력도의 모양은 어떤 형태인가?

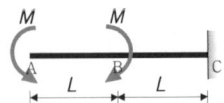

①

②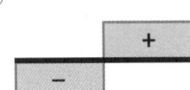

③

④ ―――――

15. 그림과 같은 트러스에서 D_2의 부재력은?

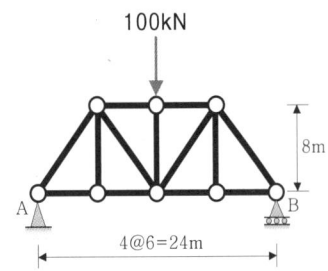

① 62.5kN (인장)　② 80kN (인장)
③ 62.5kN (압축)　④ 80kN (압축)

16. 그림과 같은 4개의 힘이 작용할 때 G점에 대한 모멘트는?

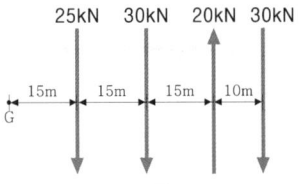

① 1,650kN · m　② 2,025kN · m
③ 2,175kN · m　④ 3,825kN · m

17. 그림과 같은 전단력 V가 작용하는 보의 단면에서 $\tau_1 - \tau_2$의 값은?

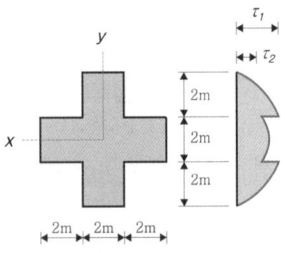

① $\dfrac{V}{29}$　② $\dfrac{2V}{29}$
③ $\dfrac{3V}{29}$　④ $\dfrac{4V}{29}$

18. 그림과 같은 단순보에서 B단에 모멘트하중 M이 작용할 때 경간 AB 중에서 수직처짐이 최대가 되는 곳의 거리 x는? (단, EI는 일정)

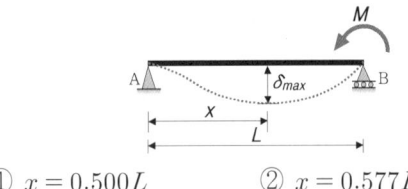

① $x = 0.500L$　② $x = 0.577L$
③ $x = 0.667L$　④ $x = 0.750L$

19. 단면 100mm × 200mm인 장주의 길이가 3m일 때 좌굴하중은? (단, 기둥의 지지상태는 일단고정 타단자유이고, $E = 20,000\text{MPa}$)

① 45.8kN   ② 91.4kN
③ 182.8kN ④ 365.6kN

20. 그림과 같은 직사각형 단면의 x축에 대한 단면2차 모멘트는?

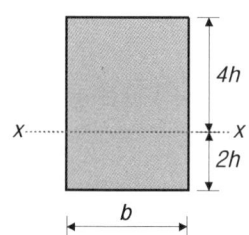

① $24bh^3$ ② $36bh^3$
③ $48bh^3$ ④ $60bh^3$

해설 및 정답

1.

(1) $\sum M_B = 0: +(V_A)(10) - (50 \times 6)(7) + (180) = 0$
    ∴ $V_A = +192\text{kN}(\uparrow)$
(2) $\sum V = 0: +(V_A) + (V_B) - (50 \times 6) = 0$
    ∴ $V_B = +108\text{kN}(\uparrow)$
(3) $V_{C,Right} = -[+(108)] = -108\text{kN}(\downarrow \uparrow)$

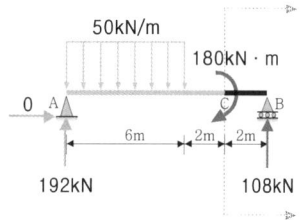

답 : ②

2.

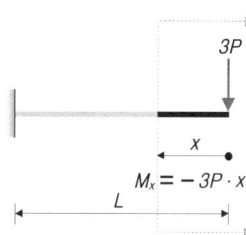

$U = \int \frac{M_x^2}{2EI} dx = \frac{1}{2EI} \int_0^L (-3P \cdot x)^2 dx$
$= \frac{9P^2}{2EI} \left[\frac{x^3}{3}\right]_0^L = \frac{3}{2} \cdot \frac{P^2 L^3}{EI}$

답 : ④

3.

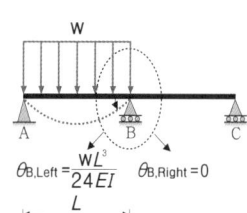

3연모멘트방정식: $2\left(\frac{L}{I} + \frac{L}{I}\right)M_B = 6E\left(-\frac{wL^3}{24EI}\right)$ 로부터

$M_B = -\frac{wL^2}{16}$

답 : ②

4.

(1) $\sum M_B = 0: +(V_A)(2R) - (P)(a) = 0$

$\therefore V_A = +\dfrac{Pa}{2R}(\uparrow)$

(2) $M_{C,Left} = 0: +\left(\dfrac{Pa}{2R}\right)(R) - (H_A)(R) = 0$

$\therefore H_A = +\dfrac{Pa}{2R}(\rightarrow) \implies \therefore H_B = -\dfrac{Pa}{2R}(\leftarrow)$

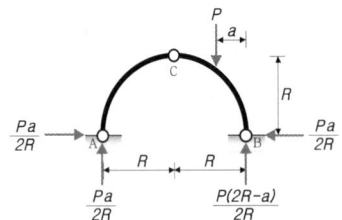

답 : ④

5.

(1) 중첩의 원리(Method of Superposition):
집중하중이 작용하는 양단고정보 상태의 모멘트반력과 등분포하중이 작용하는 양단고정보 상태의 모멘트반력을 더한다.

(2) $M_A = \left[-\dfrac{P \cdot a \cdot b^2}{L^2}\right] + \left[-\dfrac{wL^2}{12}\right]$

$= \left[-\dfrac{(100)(6)(4)^2}{(10)^2}\right] + \left[-\dfrac{(30)(10)^2}{12}\right]$

$= -346 \text{kN} \cdot \text{m}(\frown)$

(3) $M_{A,Left} = +[-(346)] = -346 \text{kN} \cdot \text{m}(\frown)$

답 : ③

6.

하중(w)-전단력(V)-휨모멘트(M)의 관계식:

$-w_x = \dfrac{dV}{dx} = \dfrac{d^2M}{dx^2}$

답 : ①

7.

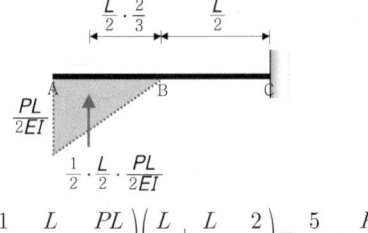

$\delta_C = M_C = \left(\dfrac{1}{2} \cdot \dfrac{L}{2} \cdot \dfrac{PL}{2EI}\right)\left(\dfrac{L}{2} + \dfrac{L}{2} \cdot \dfrac{2}{3}\right) = \dfrac{5}{48} \cdot \dfrac{PL^3}{EI}$

답 : ①

8.

(1) 합력의 크기: $R = 15 + 45 = 60$kN

(2) 바리뇽의 정리: $-(60)(x) = -(15)(3.6) + (45)(0)$

$\therefore x = 0.9$m

(3) $\dfrac{x}{2} = 0.45$m 의 위치를 보의 중앙점에 일치시킨다.

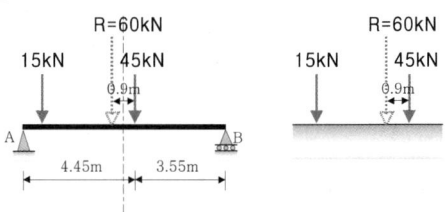

(4) 합력과 인접한 큰 하중작용점에서 절대최대휨모멘트가 발생한다.
따라서, A지점으로부터의 위치는 4.45m가 된다.

답 : ②

9.

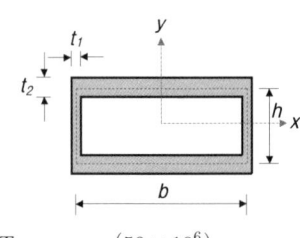

$\tau_{vert} = \dfrac{T}{2t_1 \cdot b \cdot h} = \dfrac{(50 \times 10^6)}{2(10)(390)(180)}$

$= 35.612 \text{N/mm}^2 = 35.612 \text{MPa}$

답 : ①

10.

단면의 핵(Core Section): $e_x = \dfrac{2b}{6} = \dfrac{b}{3}$, $e_y = \dfrac{2a}{6} = \dfrac{a}{3}$

답 : ④

11.

(1) x축에 대한 단면2차모멘트

$$I = \left[\dfrac{(80)(20)^3}{12} + (80 \times 20)(90)^2\right]$$
$$+ \left[\dfrac{(20)(80)^3}{12} + (20 \times 80)(40)^2\right] = 1.64267 \times 10^7 \text{mm}^4$$

(2) $r_x = \sqrt{\dfrac{I_x}{A}} = \sqrt{\dfrac{(1.64267 \times 10^7)}{(80 \times 20) + (20 \times 80)}} = 71.647 \text{mm}$

답 : ①

12.

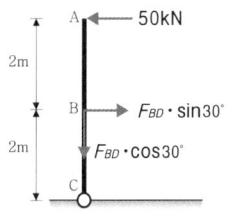

$\sum M_C = 0 : -(50)(4) + (F_{BD} \cdot \sin 30)(2) = 0$

$\therefore F_{BD} = +200 \text{kN} (인장)$

답 : ④

13.

(1) 직사각형(rectangular):

$$\tau_{\max} = k \cdot \dfrac{V_{\max}}{A} = \left(\dfrac{3}{2}\right) \cdot \dfrac{V_{\max}}{A}$$

(2) 원형(circular):

$$\tau_{\max} = k \cdot \dfrac{V_{\max}}{A} = \left(\dfrac{4}{3}\right) \cdot \dfrac{V_{\max}}{A}$$

답 : ②

14.

캔틸레버보에 수직하중이 없고 모멘트하중만 작용하므로 수직반력 V_C가 존재하지 않는다. 따라서, AC 캔틸레버보는 전단력이 존재하지 않는다.

답 : ④

15.

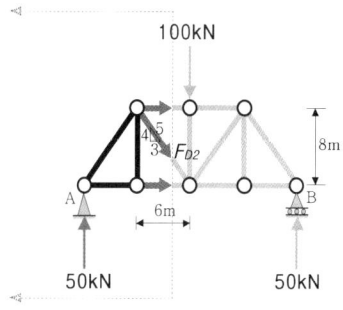

D_2부재가 지나가도록 수직절단하여 좌측을 고려한다.

$V = 0 : +(50) - \left(F_{D_2} \cdot \dfrac{4}{5}\right) = 0$

$\therefore F_{D_2} = +62.5 \text{kN} (인장)$

답 : ①

16.

$M_G = +(25)(15) + (30)(30) - (20)(45) + (30)(55)$
$= +2,025 \text{kN} \cdot \text{m} (\curvearrowright)$

답 : ②

17.

(1) $I = \sum \dfrac{bh^3}{12} = \dfrac{(2)(6)^3 + (2)(2)^3 \times 2개}{12} = \dfrac{116}{3} \text{m}^4$

(2) $Q = A \cdot y = (2 \times 2)(1+1) = 8 \text{m}^3$

(3) 전단응력의 차

$$\tau_1 - \tau_2 = \dfrac{VQ}{Ib_w} - \dfrac{VQ}{Ib} = \dfrac{VQ}{I}\left(\dfrac{1}{b_w} - \dfrac{1}{b}\right)$$
$$= \dfrac{V(8)}{\left(\dfrac{116}{3}\right)}\left(\dfrac{1}{(2)} - \dfrac{1}{(6)}\right) = \dfrac{2V}{29}$$

답 : ②

18.

(1) 최대처짐(δ_{max})이 발생하는 위치:
   공액보에서의 전단력이 0인 x 위치

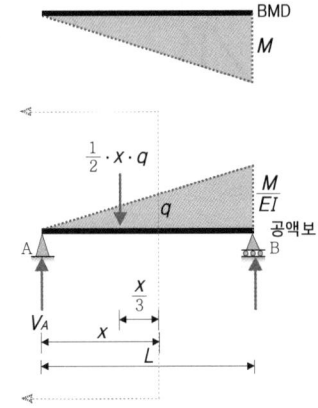

① 전단력이 0인 x위치에서의 삼각형 분포하중 q

$x : q = L : \dfrac{M}{EI}$ 로부터 $q = \left(\dfrac{M}{EI \cdot L}\right) \cdot x$

② $M_x = \left(\dfrac{ML}{6EI}\right) \cdot x - \left(\dfrac{1}{2} q \cdot x\right)\left(\dfrac{x}{3}\right)$

$\quad = \left(\dfrac{ML}{6EI}\right) \cdot x - \left(\dfrac{M}{6EI \cdot L}\right) \cdot x^3$

③ $V_x = \dfrac{dM_x}{dx} = \left(\dfrac{ML}{6EI}\right) - \left(\dfrac{3M}{6EI \cdot L}\right) \cdot x^2 = 0$

$\therefore x = \dfrac{L}{\sqrt{3}} (= 0.577L)$

답 : ②

19.

$P_{cr} = \dfrac{\pi^2 EI}{(KL)^2} = \dfrac{\pi^2 (20,000)\left(\dfrac{(200)(100)^3}{12}\right)}{(2 \times 3,000)^2}$

$\quad = 91,385\text{N} = 91.385\text{kN}$

답 : ②

20.

평행축 정리: $I_x = \dfrac{(b)(6h)^3}{12} + (b \times 6h)(h)^2 = 24bh^3$

답 : ①

과년도 출제문제 (CBT시험문제)

25 토목기사
2회 시행 출제문제

※ 본 기출문제는 수험자의 기억을 바탕으로 하여 복원한 문제이므로 실제 문제와 다를 수 있음을 미리 알려드립니다.

1. 그림과 같은 구조에서 절댓값이 최대로 되는 휨모멘트의 값은?

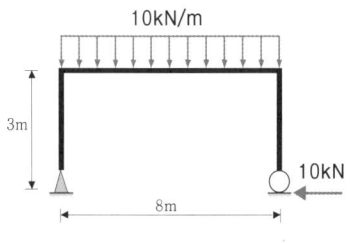

① 80kN·m ② 50kN·m
③ 40kN·m ④ 30kN·m

2. 그림과 같이 캔틸레버 보의 B점에 집중하중 P와 우력모멘트 M_o가 작용할 때 B점에서의 연직변위는? (단, 보의 EI는 일정하다.)

① $\dfrac{PL^3}{4EI} + \dfrac{M_oL^2}{2EI}$

② $\dfrac{PL^3}{4EI} - \dfrac{M_oL^2}{2EI}$

③ $\dfrac{PL^3}{3EI} + \dfrac{M_oL^2}{2EI}$

④ $\dfrac{PL^3}{3EI} - \dfrac{M_oL^2}{2EI}$

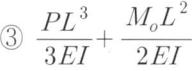

3. 단면2차모멘트의 특성에 대한 설명으로 틀린 것은?

① 단면2차모멘트의 최솟값은 도심에 대한 것이며 "0"이다.
② 정삼각형, 정사각형, 정다각형의 도심축에 대한 단면2차모멘트 값은 모두 같다.
③ 단면2차모멘트는 좌표축에 상관없이 항상 (+)의 부호를 갖는다.
④ 단면2차모멘트가 크면 휨강성이 크고 구조적으로 안전하다.

4. 그림과 같은 하중을 받는 구조물의 전체 길이의 변화량 δ는 얼마인가? (단, 보는 균일하며 단면적 A와 탄성계수 E는 일정)

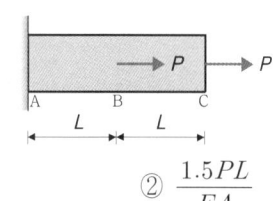

① $\dfrac{PL}{EA}$ ② $\dfrac{1.5PL}{EA}$

③ $\dfrac{3PL}{EA}$ ④ $\dfrac{4PL}{EA}$

5. 그림과 같은 겔버 보에서 A점의 반력은?

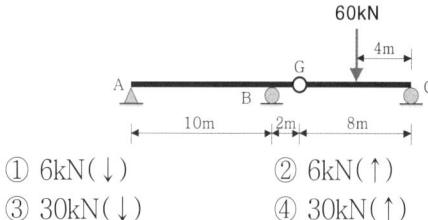

① 6kN(↓) ② 6kN(↑)
③ 30kN(↓) ④ 30kN(↑)

6. 그림과 같은 기둥에서 좌굴하중의 비 (a):(b):(c):(d)는? (단, EI와 기둥의 길이(L)는 모두 같다.)

① 1 : 2 : 3 : 4
② 1 : 4 : 8 : 12
③ $\dfrac{1}{4}$: 2 : 4 : 8
④ 1 : 4 : 8 : 16

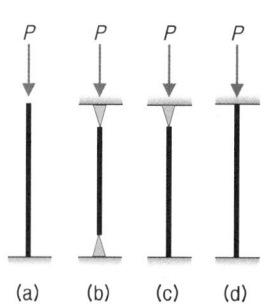

7. 다음에서 부재 BC에 걸리는 응력의 크기는?

① $\dfrac{200}{3}$MPa

② 100MPa

③ $\dfrac{300}{2}$MPa

④ 200MPa

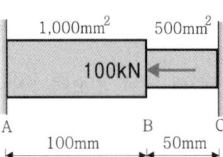

8. 200mm×300mm인 단면의 저항모멘트는?
(단, 재료의 허용 휨응력은 7MPa이다.)

① 21kN·m ② 30kN·m
③ 45kN·m ④ 60kN·m

9. $L=10$m인 그림과 같은 내민보의 자유단에 $P=20$kN의 연직하중이 작용할 때 지점 B와 중앙부 C점에 발생되는 모멘트는?

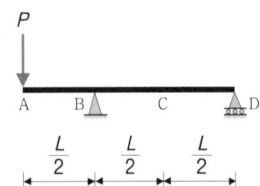

① $M_B = -80$kN·m, $M_C = -50$kN·m
② $M_B = -100$kN·m, $M_C = -40$kN·m
③ $M_B = -100$kN·m, $M_C = -50$kN·m
④ $M_B = -80$kN·m, $M_C = -40$kN·m

10. 외반경 R_1, 내반경 R_2인 중공(中空) 원형단면의 핵은?
(단, 핵의 반경을 e로 표시함)

① $e = \dfrac{(R_1^2 + R_2^2)}{4R_1}$ ② $e = \dfrac{(R_1^2 + R_2^2)}{4R_1^2}$

③ $e = \dfrac{(R_1^2 - R_2^2)}{4R_1}$ ④ $e = \dfrac{(R_1^2 - R_2^2)}{4R_1^2}$

11. 그림과 같은 단면에 15kN의 전단력이 작용할 때 최대 전단응력의 크기는?

① 2.86MPa
② 3.52MPa
③ 4.74MPa
④ 5.95MPa

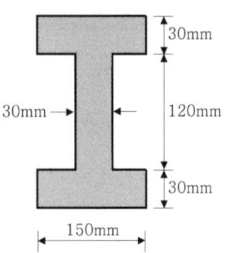

12. 자중이 4kN/m인 그림(a)와 같은 단순보에 그림(b)와 같은 차륜하중이 통과할 때 이 보에 일어나는 최대 전단력의 절대값은?

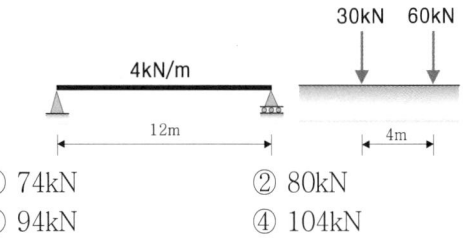

① 74kN ② 80kN
③ 94kN ④ 104kN

13. 그림과 같은 부정정보에 집중하중 50kN이 작용할 때 A점의 휨모멘트(M_A)는?

① -26kN·m
② -36kN·m
③ -42kN·m
④ -57kN·m

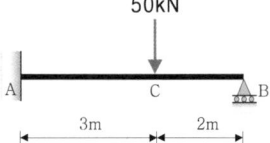

14. 그림의 캔틸레버보에서 C점, B점의 처짐비($\delta_C : \delta_B$)는?
(단, EI는 일정하다.)

① 3 : 8
② 3 : 7
③ 2 : 5
④ 1 : 2

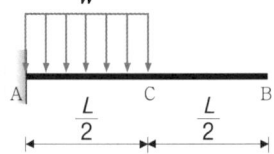

15. 길이 3m, 가로 200mm, 세로 300mm인 직사각형 단면의 기둥이 있다. 지지상태가 양단힌지인 경우 좌굴응력을 구하기 위한 이 기둥의 세장비는?

① 34.6
② 43.3
③ 52.0
④ 60.7

16. 그림과 같은 단순보에 일어나는 최대전단력은?

① 27kN
② 45kN
③ 54kN
④ 63kN

17. 그림과 같은 트러스 구조에서 bc부재의 부재력은?

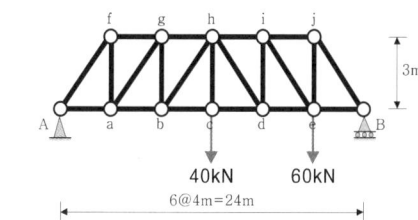

① 20kN
② 40kN
③ 80kN
④ 120kN

18. 그림과 같은 구조물이 평형을 이루기 위한 하중 P의 크기는?

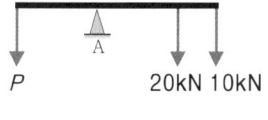

① 15kN
② 25kN
③ 30kN
④ 35kN

19. 축인장하중 $P = 20kN$을 받고 있는 지름 100mm의 원형봉 속에 발생하는 최대 전단응력은 얼마인가?

① 1.273MPa
② 1.515MPa
③ 1.756MPa
④ 1.998MPa

20. 탄성변형에너지는 외력을 받는 구조물에서 변형에 의해 구조물에 축적되는 에너지를 말한다. 탄성체이며 선형거동을 하는 길이가 L인 캔틸레버 보에 집중하중 P가 작용할 때 굽힘모멘트에 의한 탄성변형에너지는?
(단, EI는 일정)

① $\dfrac{P^2 L^2}{6EI}$
② $\dfrac{P^2 L^2}{2EI}$
③ $\dfrac{P^2 L^3}{6EI}$
④ $\dfrac{P^2 L^3}{2EI}$

해설 및 정답

1.

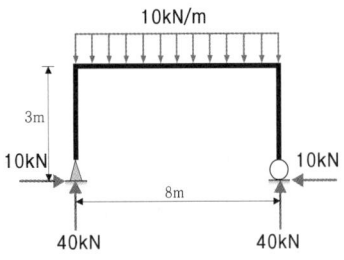

하중과 지점반력

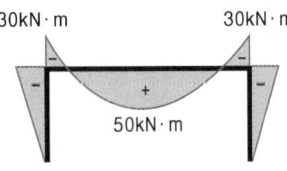

휨모멘트도(BMD)

답 : ②

2.

(1) 집중하중 ➡ $\delta_{B1} = \dfrac{1}{3} \cdot \dfrac{PL^3}{EI}(\downarrow)$,

  모멘트하중 ➡ $\delta_{B2} = \dfrac{1}{2} \cdot \dfrac{M_o L^2}{EI}(\uparrow)$

(2) 중첩의 원리:

  $\delta_B = \delta_{B1} + \delta_{B2} = \dfrac{1}{3} \cdot \dfrac{PL^3}{EI}(\downarrow) + \dfrac{1}{2} \cdot \dfrac{M_o L^2}{EI}(\uparrow)$

답 : ④

3.

① 단면2차모멘트의 최소값은 도심이며 그 값은 "0"이 아니다.

답 : ①

4.

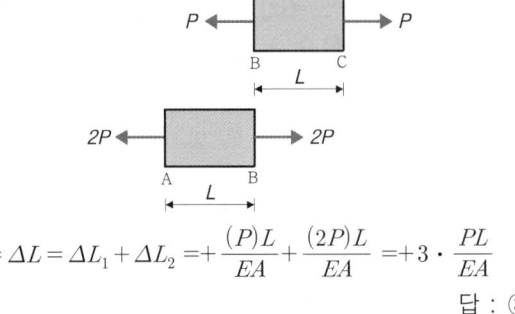

$\delta = \Delta L = \Delta L_1 + \Delta L_2 = +\dfrac{(P)L}{EA} + \dfrac{(2P)L}{EA} = +3 \cdot \dfrac{PL}{EA}$

답 : ③

5.

(1) GC 단순보: $V_G = +\dfrac{60}{2} = +30\text{kN}(\uparrow)$

(2) G점은 지점이 아니므로 30kN의 반력을 하중(↓)으로 치환한다.

(3) ABG 내민보: $\sum M_B = 0 : +(V_A)(10) + (30)(2) = 0$
  $\therefore V_A = -6\text{kN}(\downarrow)$

답 : ①

6.

$(a) = \dfrac{1}{(2.0)^2} = \dfrac{1}{4}$, $(b) = \dfrac{1}{(1)^2} = 1$

$(c) = \dfrac{1}{(0.7)^2} \fallingdotseq 2$, $(d) = \dfrac{1}{(0.25)^2} = 4$

$\therefore (a):(b):(c):(d) = 1:4:8:16$

답 : ④

7.

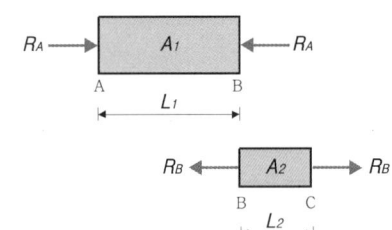

(1) 변형의 적합조건:

  하중작용점 B점에서의 변위($\delta = \dfrac{PL}{EA}$)는 같다.

  $\dfrac{R_A \cdot L_1}{EA_1} = \dfrac{R_B \cdot L_2}{EA_2}$ 로부터 $R_B = \dfrac{A_2 \cdot L_1}{A_1 \cdot L_2} \cdot R_A$

(2) 힘의 평형조건 : $R_A + R_B = P$ 로부터

$$R_A = P - R_B \text{이므로 } R_B = \frac{A_2 \cdot L_1}{A_1 \cdot L_2} \cdot (P - R_B)$$

$$\therefore R_B = \frac{A_2 \cdot L_1}{A_1 \cdot L_2 + A_2 \cdot L_1} \cdot P$$

(4) $R_B = \dfrac{(500)(100)}{(1,000)(50)+(500)(100)} \cdot (100) = 50 \text{kN}$

(5) $\sigma_{BC} = \dfrac{R_B}{A_2} = \dfrac{(50 \times 10^3)}{(500)} = 100 \text{N/mm}^2 = 100 \text{MPa}$

답 : ②

8.

$$\sigma_{b,\max} = \frac{M_{\max}}{Z} = \frac{M_{\max}}{\dfrac{bh^2}{6}} = \frac{M_{\max}}{\dfrac{(200)(300)^2}{6}} = 7\text{N/mm}^2$$

으로부터 $M_{\max} = 21 \times 10^6 \text{N} \cdot \text{mm} = 21 \text{kN} \cdot \text{m}$

답 : ①

9.

(1) $\sum M_D = 0 : -(20)(15) + (V_B)(10) = 0$
$\therefore V_B = +30\text{kN}(\uparrow) \Rightarrow \therefore V_D = -10\text{kN}(\downarrow)$

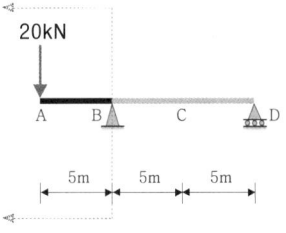

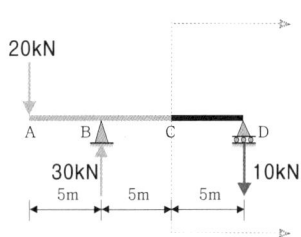

(2) $M_{B,Left} = +[-(20)(5)] = -100\text{kN} \cdot \text{m}(\frown)$

(3) $M_{C,Right} = -[+(10)(5)] = -50\text{kN} \cdot \text{m}(\frown)$

답 : ③

10.

(1) $Z = \dfrac{I}{y} = \dfrac{\left(\dfrac{\pi}{4}(R_1^4 - R_2^4)\right)}{(R_1)} = \dfrac{(\pi(R_1^4 - R_2^4))}{(4R_1)}$

(2) $e = \dfrac{Z}{A} = \dfrac{\left(\dfrac{\pi(R_1^4 - R_2^4)}{4R_1}\right)}{(\pi(R_1^2 - R_2^2))} = \dfrac{(R_1^2 + R_2^2)(R_1^2 - R_2^2)}{4R_1(R_1^2 - R_2^2)} = \dfrac{R_1^2 + R_2^2}{4R_1}$

답 : ①

11.

(1) $I = \dfrac{1}{12}(150 \times 180^3 - 120 \times 120^3) = 5.562 \times 10^7 \text{mm}^4$

$b = 30\text{mm}, \ V = 15 \times 10^3 \text{N}$

$Q = (150 \times 30)(60+15) + (30 \times 60)(30) = 391,500 \text{mm}^3$

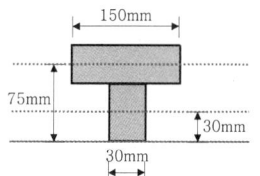

전단응력 산정을 위한 Q

(2) $\tau_{\max} = \dfrac{V \cdot Q}{I \cdot b} = \dfrac{(15 \times 10^3)(391,500)}{(5.562 \times 10^7)(30)} = 3.519 \text{N/mm}^2$

답 : ②

12.

60kN의 하중이 B위치에 있을 때 B지점의 반력이 최대이며, 최대 전단력이 된다.

$\sum M_A = 0 : -(V_B)(12) + (4 \times 12)(6) + (30)(8) + (60)(12) = 0$
$\therefore V_B = +104\text{kN}(\uparrow)$

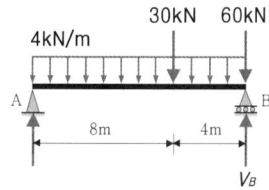

답 : ④

13.

(1) 고정단모멘트

① $FEM_{AB} = -\dfrac{P \cdot a \cdot b^2}{L^2} = -\dfrac{(50)(3)(2)^2}{(5)^2}$
$= -24\text{kN} \cdot \text{m}(\curvearrowleft)$

② $FEM_{BA} = +\dfrac{P \cdot a^2 \cdot b}{L^2} = +\dfrac{(50)(3)^2(2)}{(5)^2}$
$= +36\text{kN} \cdot \text{m}(\curvearrowright)$

(2) 해제모멘트: $\overline{M_B} = -FEM_{BA} = -36\text{kN} \cdot \text{m}(\curvearrowleft)$

(3) 분배율: 1개의 구조물이므로 $DF_{AB} = \dfrac{K_{AB}}{\sum K} = \dfrac{1}{1} = 1$

(4) 분배모멘트, 전달모멘트

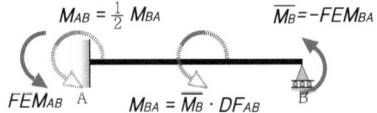

① 분배모멘트: $M_{BA} = \overline{M_B} \cdot DF_{BA} = -36\text{kN} \cdot \text{m}(\curvearrowleft)$

② 전달모멘트: $M_{AB} = \dfrac{1}{2}M_{BA} = -18\text{kN} \cdot \text{m}(\curvearrowleft)$

(5) A지점의 모멘트반력: A점의 고정단모멘트+전달모멘트
$M_A = FEM_{AB} + M_{AB} = (-24) + (-18)$
$= -42\text{kN} \cdot \text{m}(\curvearrowleft)$

(6) A점의 휨모멘트: $M_A = -42\text{kN} \cdot \text{m}(\curvearrowleft)$

답 : ③

14.

(1) 처짐은 탄성하중도의 면적×도심거리의 개념이므로 면적은 같기 때문에 C점으로부터의 도심거리와 B점으로부터의 도심거리만 단순 비교해보면 된다.

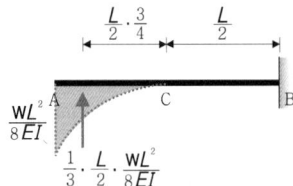

(2) B점으로부터의 도심거리: $\dfrac{L}{2} \cdot \dfrac{3}{4} = \dfrac{3L}{8}$

(3) C점으로부터의 도심거리: $\dfrac{L}{2} + \dfrac{L}{2} \cdot \dfrac{3}{4} = \dfrac{7L}{8}$

답 : ②

15.

$\lambda = \dfrac{KL}{r_{\min}} = \dfrac{KL}{\sqrt{\dfrac{I_{\min}}{A}}} = \dfrac{(1)(3 \times 10^3)}{\sqrt{\dfrac{\left(\dfrac{(300)(200)^3}{12}\right)}{(300 \times 200)}}} = 51.961$

답 : ③

16.

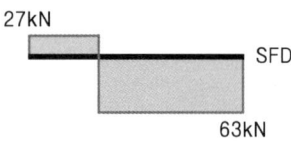

답 : ④

17.

(1) $\sum M_B = 0 : +(V_A)(24) - (40)(12) - (60)(4) = 0$
∴ $V_A = +30\text{kN}(\uparrow)$

(2) $M_h = 0 : +(30)(12) - (F_{bc})(3) = 0$
∴ $F_{bc} = +120\text{kN}$ (인장)

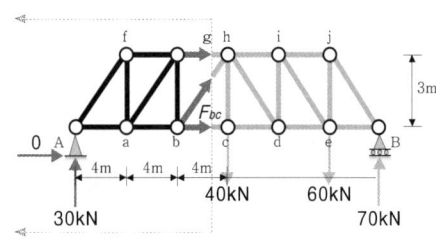

답 : ④

18.

$\sum M_A = 0 : -(P)(200) + (20)(200) + (10)(300) = 0$
∴ $P = 35\text{kN}$

답 : ④

19.

(1) $\sigma_x = \dfrac{P}{A} = \dfrac{(20 \times 10^3)}{\dfrac{\pi(100)^2}{4}} = 2.547 \text{N/mm}^2 = 2.547 \text{MPa}$

(2) $\theta = 45°$일 때 최대 전단응력 발생:

$\tau_{\max} = \dfrac{\sigma_x}{2} = 1.273 \text{MPa}$

답 : ①

20.

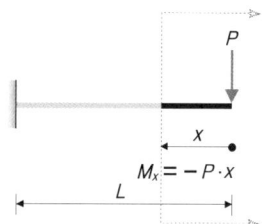

$U = \displaystyle\int \dfrac{M_x^2}{2EI} dx = \dfrac{1}{2EI} \int_0^L (-P \cdot x)^2 dx$

$= \dfrac{P^2}{2EI} \left[\dfrac{x^3}{3} \right]_0^L = \dfrac{1}{6} \cdot \dfrac{P^2 L^3}{EI}$

답 : ③

과년도 출제문제(CBT시험문제)

25 토목기사 3회 시행 출제문제

※ 본 기출문제는 수험자의 기억을 바탕으로 하여 복원한 문제이므로 실제 문제와 다를 수 있음을 미리 알려드립니다.

1. 그림과 같은 삼각형 물체에 작용하는 힘 P_1, P_2를 AC면에 수직한 방향의 성분으로 변환할 경우 힘 P의 크기는?

① 1,000kN
② 1,200kN
③ 1,400kN
④ 1,600kN

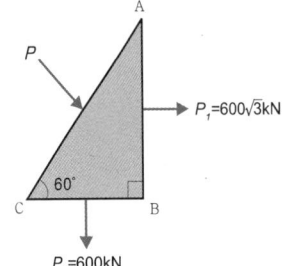

2. 그림과 같은 구조물에서 단부 A, B는 고정, C지점은 힌지일 때 OA, OB, OC 부재의 분배율로 옳은 것은?

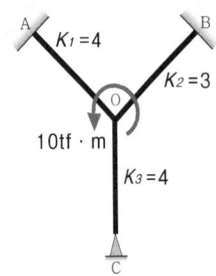

① $DF_{OA} = \dfrac{3}{10}$, $DF_{OB} = \dfrac{4}{10}$, $DF_{OC} = \dfrac{4}{10}$

② $DF_{OA} = \dfrac{4}{10}$, $DF_{OB} = \dfrac{3}{10}$, $DF_{OC} = \dfrac{3}{10}$

③ $DF_{OA} = \dfrac{4}{10}$, $DF_{OB} = \dfrac{3}{10}$, $DF_{OC} = \dfrac{4}{10}$

④ $DF_{OA} = \dfrac{3}{10}$, $DF_{OB} = \dfrac{4}{10}$, $DF_{OC} = \dfrac{3}{10}$

3. 그림과 같은 단순보에서 C점의 휨모멘트는?

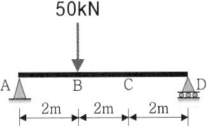

① 33.3kN·m
② 54kN·m
③ 66.7kN·m
④ 100kN·m

4. 경간 10m인 단순보 위를 1개의 집중하중 $P = 200$kN이 통과할 때 이 보에 생기는 최대 전단력 S와 최대 휨모멘트 M은?

① $S = 100$kN, $M = 500$kN·m
② $S = 100$kN, $M = 1,000$kN·m
③ $S = 200$kN, $M = 500$kN·m
④ $S = 200$kN, $M = 1,000$kN·m

5. 각 변의 길이가 a로 동일한 그림 A, B 단면의 성질에 관한 내용으로 옳은 것은?

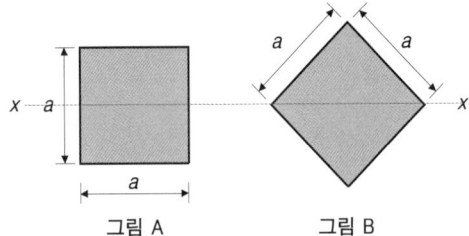

① 그림 A는 그림 B보다 단면계수는 작고, 단면2차모멘트는 크다.
② 그림 A는 그림 B보다 단면계수는 크고, 단면2차모멘트는 작다.
③ 그림 A는 그림 B보다 단면계수는 작고, 단면2차모멘트는 같다.
④ 그림 A는 그림 B보다 단면계수는 크고, 단면2차모멘트는 같다.

6. 3활절(滑節) 아치에 등분포하중이 작용할 때 휨모멘트도(BMD)는?

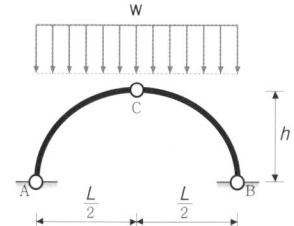

①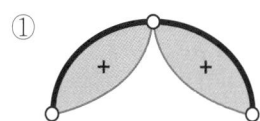

②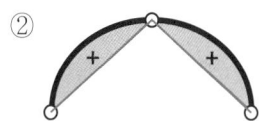

③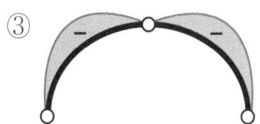

④

7. 그림과 같은 트러스 구조에서 U_1 부재의 부재력은?

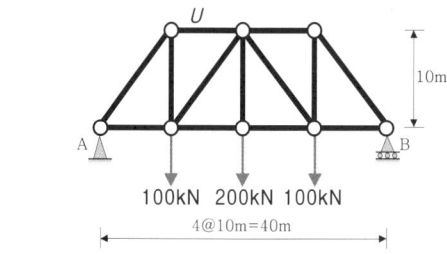

① 200kN (인장)   ② 200kN (압축)
③ 400kN (인장)   ④ 400kN (압축)

8. 그림과 같은 단순보에서 휨모멘트에 의한 탄성변형에너지는? (단, EI는 일정하다.)

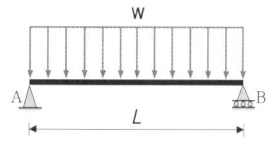

① $\dfrac{w^2 L^5}{96EI}$ ② $\dfrac{w^2 L^5}{384EI}$

③ $\dfrac{w^2 L^5}{40EI}$ ④ $\dfrac{w^2 L^5}{240EI}$

9. 그림과 같은 보에서 휨모멘트가 가장 큰 곳은?

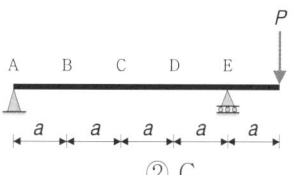

① B   ② C
③ D   ④ E

10. 그림과 같은 보에서 최대처짐이 발생하는 위치는? (단, 부재의 EI는 일정하다.)

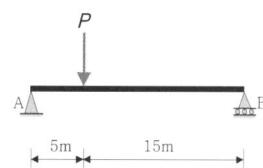

① A점으로부터 6.18m 떨어진 곳
② A점으로부터 8.82m 떨어진 곳
③ A점으로부터 10.00m 떨어진 곳
④ A점으로부터 5.00m 떨어진 곳

11. 그림과 같은 T형 단면의 x축에 대한 단면2차모멘트는?

① $5.833 \times 10^9 \mathrm{mm}^4$
② $7.833 \times 10^9 \mathrm{mm}^4$
③ $6.833 \times 10^9 \mathrm{mm}^4$
④ $8.833 \times 10^9 \mathrm{mm}^4$

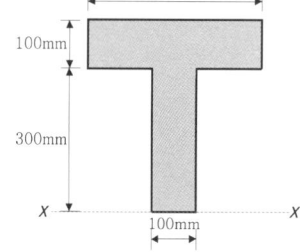

12. 지름 D의 원형 단면 장주가 있다. 길이가 4m일 때 세장비를 100으로 하려면 적당한 지름 D는?

① 160mm ② 100mm
③ 80mm   ④ 180mm

13. 그림과 같은 단순보의 최대 휨응력은?

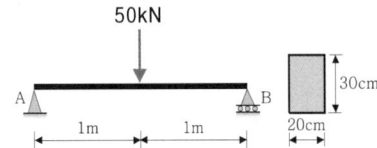

① 8.333MPa
② 6.333MPa
③ 7.333MPa
④ 5.333MPa

14. 길이 400mm, 단면 200mm×200mm 부재에 1,000kN의 전단력이 가해졌을 때 전단변형량은? (단, 전단탄성계수 $G = 8,000$MPa)

① 0.625mm   ② 0.3125mm
③ 0.5mm   ④ 1.25mm

15. 지름 D인 원형 단면 핵(Core)의 지름은?

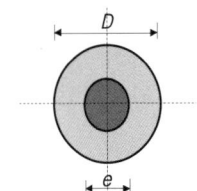

① $\dfrac{D}{2}$ ② $\dfrac{D}{3}$
③ $\dfrac{D}{4}$ ④ $\dfrac{D}{8}$

16. 탄성계수가 E, 푸아송비가 ν인 재료의 체적탄성계수 K는?

① $K = \dfrac{E}{2(1-\nu)}$ ② $K = \dfrac{E}{2(1-2\nu)}$

③ $K = \dfrac{E}{3(1-\nu)}$ ④ $K = \dfrac{E}{3(1-2\nu)}$

17. 다음 캔틸레버보에서 자유단 B점의 처짐은? (단, EI는 일정)

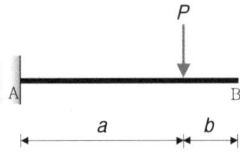

① $\dfrac{Pb^2}{6EI}(2b+3a)$ ② $\dfrac{Pb^2}{6EI}(3b+2a)$

③ $\dfrac{Pa^2}{6EI}(2b+3a)$ ④ $\dfrac{Pa^2}{6EI}(3b+2a)$

18. 무게 1kN의 물체를 두 끈으로 늘어뜨렸을 때 한 끈이 받는 힘의 크기 순서가 옳은 것은?

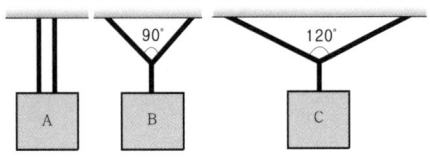

① B > A > C   ② C > A > B
③ A > B > C   ④ C > B > A

19. 그림의 보에서 지점 B의 휨모멘트는? (단, EI는 일정)

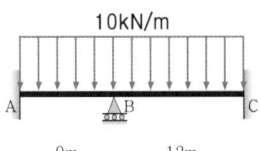

① -67.5kN·m   ② -97.5kN·m
③ -120kN·m   ④ -165kN·m

20. 휨모멘트 M을 받고 있는 원형 단면의 보를 설계하려고 한다. 이 보의 허용응력을 σ_a라 할 때 단면의 지름 D는 얼마인가?

① $D = 10.19 \dfrac{M}{\sigma_a}$
② $D = 2.17 \sqrt[3]{\dfrac{M}{\sigma_a}}$
③ $D = 3.19 \sqrt{\dfrac{M}{\sigma_a}}$
④ $D = 1.79 \sqrt[4]{\dfrac{M}{\sigma_a}}$

해설 및 정답

1.

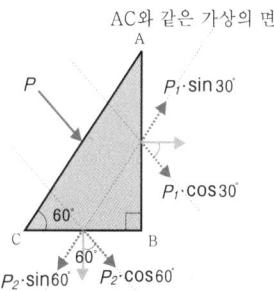

$P = P_1 \cdot \cos\theta_1 + P_2 \cdot \cos\theta_2$
$= (600\sqrt{3})\cos(30°) + (600)\cos(60°) = 1,200\text{kN}$

답 : ②

2.

(1) 지점 C는 힌지이므로 수정강도계수 $K^R = \dfrac{3}{4}K$ 를 적용한다.

(2) 모멘트분배율

① $DF_{OA} = \dfrac{4}{4+3+4\times\dfrac{3}{4}} = \dfrac{4}{10}$

② $DF_{OB} = \dfrac{3}{4+3+4\times\dfrac{3}{4}} = \dfrac{3}{10}$

③ $DF_{OC} = \dfrac{4\times\dfrac{3}{4}}{4+3+4\times\dfrac{3}{4}} = \dfrac{3}{10}$

답 : ②

3.

(1) $\sum M_A = 0 : +(50)(2)-(V_D)(6)=0$
$\therefore V_D = +16.7\text{kN}(\uparrow)$

(2) $M_{C,Right} = -[-(16.7)(2)] = +33.3\text{kN}\cdot\text{m}(\smile)$

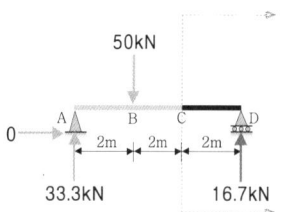

답 : ①

4.

(1) 집중하중 $P=200$kN이 어느 쪽이든 지점 위에 위치할 때 최대전단력이 형성된다.
∴ $S = V_{max} = 200$kN

(2) 집중하중 $P=200$kN이 보의 중앙에 위치할 때 최대 휨모멘트가 형성된다.
∴ $M_{max} = \dfrac{PL}{4} = \dfrac{(200)(10)}{4} = 500$kN · m

답 : ③

5.

(1) 대칭단면의 도심을 지나는 축에 대한 단면2차모멘트는 모두 같다.

(2) $Z_A = \dfrac{I}{y_A} = \dfrac{I}{\frac{h}{2}}$, $Z_B = \dfrac{I}{y_b} = \dfrac{I}{\frac{\sqrt{2}}{2}h}$ 이므로

$Z_A : Z_B = \sqrt{2} : 1$

답 : ④

6.

축선이 포물선인 3활절 아치에 등분포하중이 작용하면 부재 내력으로서 축방향력만 발생하고 전단력이나 휨모멘트는 발생하지 않으므로 경제적인 구조가 된다.
그 이유는 단면의 어느 위치에서도 수평반력과 수직반력 그리고 수직의 등분포하중의 영향이 상쇄되기 때문이다.

답 : ④

7.

$M_⑥ = 0 : +(F_U)(10) + (200)(20) = 0$
∴ $F_U = -400$kN (압축)

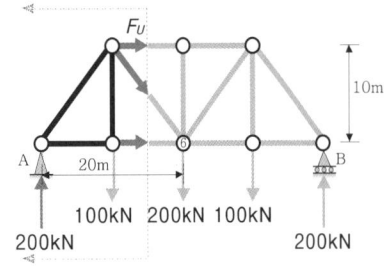

답 : ④

8.

(1) $M_x = \left(\dfrac{wL}{2}\right)(x) - (w \cdot x)\left(\dfrac{x}{2}\right)$
$= \dfrac{wL}{2}x - \dfrac{w}{2}x^2 = \dfrac{w}{2}(Lx - x^2)$

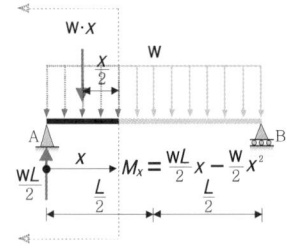

(2) $U = \int \dfrac{M_x^2}{2EI}dx = \dfrac{1}{2EI}\int_o^L \left[\dfrac{w}{2}(Lx - x^2)\right]^2 dx$

$= \dfrac{w^2}{8EI}\int_o^L (L^2x^2 - 2Lx^3 + x^4)dx$

$= \dfrac{w^2}{8EI}\left[\dfrac{L^2}{3}x^3 - \dfrac{2L}{4}x^4 + \dfrac{1}{5}x^5\right]_o^L = \dfrac{1}{240} \cdot \dfrac{w^2L^5}{EI}$

답 : ④

9.

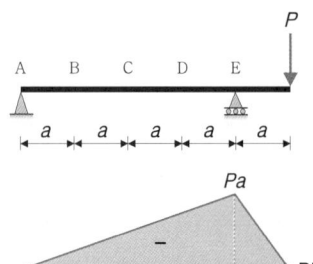

답 : ④

10.

(1) 지점반력 : $V_A = +\dfrac{3P}{4}(\uparrow)$, $V_B = +\dfrac{P}{4}(\uparrow)$

(2) 공액보

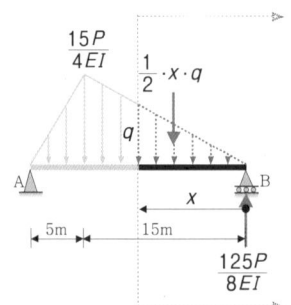

$\sum M_A = 0$:

$\left(\dfrac{1}{2} \times 5 \times \dfrac{15P}{4EI}\right)\left(5 \times \dfrac{2}{3}\right)$

$+ \left(\dfrac{1}{2} \times 15 \times \dfrac{15P}{4EI}\right)\left(5 + 15 \times \dfrac{1}{3}\right) - (V_B)(20) = 0$

$\therefore V_B = + \dfrac{125P}{8EI}$

(3) x 위치에서의 처짐각

① $x : 15 = q : \dfrac{15P}{4EI}$ 로부터 $q = \dfrac{P}{4EI} \cdot x$

② $\theta_x = V_x = + \left(\dfrac{125P}{8EI}\right) - \left(\dfrac{1}{2} \cdot x \cdot \dfrac{P}{4EI}x\right)$

$= + \dfrac{P}{EI}\left(\dfrac{125}{8} - \dfrac{1}{8}x^2\right)$

③ 최대처짐(δ_{max}) 발생위치는 처짐각(θ_x)이 0이 되는 위치이다.

$\theta_x = V_x = + \dfrac{P}{EI}\left(\dfrac{125}{8} - \dfrac{1}{8}x^2\right) = 0$ 으로부터

$x = 11.1803 \text{m}$

④ A점으로부터의 거리: $20 - 11.1803 = 8.8197 \text{m}$

답 : ②

11.

$I_x = \left[\dfrac{(400)(100)^3}{12} + (400 \times 100)(350)^2\right]$

$+ \left[\dfrac{(100)(300)^3}{12} + (100 \times 300)(150)^2\right]$

$= 5.833 \times 10^9 \text{mm}^4$

답 : ①

12.

(1) $\lambda = \dfrac{KL}{r} = \dfrac{KL}{\sqrt{\dfrac{I}{A}}} = \dfrac{(1)(L)}{\sqrt{\dfrac{\left(\dfrac{\pi D^4}{64}\right)}{\left(\dfrac{\pi D^2}{4}\right)}}} = \dfrac{4L}{D}$

(2) $D = \dfrac{4L}{\lambda} = \dfrac{4(4 \times 10^3)}{(100)} = 160 \text{mm}$

답 : ①

13.

(1) 집중하중이 보의 중앙에 작용하므로 $M_{max} = \dfrac{PL}{4}$

(2) $\sigma_{max} = \dfrac{M_{max}}{Z} = \dfrac{\dfrac{PL}{4}}{\dfrac{bh^2}{6}}$

$= \dfrac{\dfrac{(50 \times 10^3)(2 \times 10^3)}{4}}{\dfrac{(200)(300)^2}{6}} = 8.333 \text{N/mm}^2 = 8.333 \text{MPa}$

답 : ①

14.

(1) $\tau = G \cdot \gamma$ 로부터 $\dfrac{V}{A} = G \cdot \dfrac{\Delta}{L}$

(2) $\Delta = \dfrac{VL}{GA} = \dfrac{(1,000 \times 10^3)(400)}{(8,000)(200 \times 200)} = 1.25 \text{mm}$

답 : ④

15.

(1) $e = \dfrac{Z}{A} = \dfrac{\left(\dfrac{\pi D^3}{32}\right)}{\left(\dfrac{\pi D^2}{4}\right)} = \dfrac{D}{8}$

(2) 원형 단면의 핵반지름이 $\dfrac{D}{8}$ 이므로 핵지름은 $\dfrac{D}{4}$ 가 된다.

답 : ③

16.

(1)	$K = \dfrac{E}{3(1-2\nu)}$	탄성계수 E와 체적탄성계수 K와의 관계
(2)	$G = E \cdot \dfrac{1}{2(1+\nu)}$	탄성계수 E와 전단탄성계수 G와의 관계

답 : ④

17.

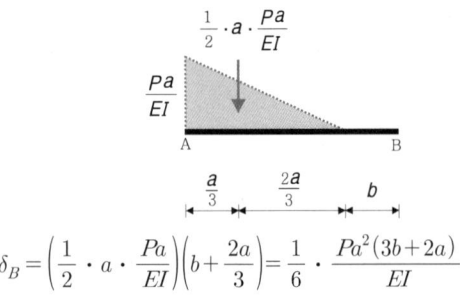

$$\delta_B = \left(\frac{1}{2} \cdot a \cdot \frac{Pa}{EI}\right)\left(b + \frac{2a}{3}\right) = \frac{1}{6} \cdot \frac{Pa^2(3b+2a)}{EI}$$

답 : ④

18.

물체의 무게에 비기기 위한 수직방향의 힘은 일정하지만, 두 힘의 사이 각이 크면 클수록 분력은 커지게 된다.
따라서 사이각이 큰 C가 가장 힘을 많이 받고, A가 가장 적게 힘을 받는다. 무거운 물체를 두 사람이 운반할 때, 두 사람이 약간 떨어져서 운반할 때 보다 가까이 붙어서 운반할 때가 힘이 덜 든다는 것을 연상하면 알기 쉽다.

답 : ④

19.

(1) $M_{BA} = 2E\left(\dfrac{I}{9}\right)(2\theta_B + \theta_A) + \dfrac{(10)(9)^2}{12}$

$\qquad = \dfrac{4}{9}EI\theta_B + 67.5$

$M_{BC} = 2E\left(\dfrac{I}{12}\right)(2\theta_B + \theta_C) - \dfrac{(10)(12)^2}{12}$

$\qquad = \dfrac{1}{3}EI\theta_B - 120$

(2) 절점방정식:

$\qquad \sum M_B = M_{BA} + M_{BC} = \dfrac{7}{9}EI\theta_B - 52.5 = 0$

➡ $EI\theta_B = 67.5$

(3) $M_{BA} = \dfrac{4}{9}(67.5) + 67.5 = 97.5\text{kN} \cdot \text{m}$

$\quad M_{BC} = \dfrac{1}{3}(67.5) - 120 = -97.5\text{kN} \cdot \text{m}$

답 : ②

20.

$\sigma_b = \dfrac{M}{Z} = \dfrac{M}{\dfrac{\pi D^3}{32}} \leq \sigma_a$ 로부터

$D \geq \sqrt[3]{\dfrac{32}{\pi} \cdot \dfrac{M}{\sigma_a}} = 2.17 \cdot \sqrt[3]{\dfrac{M}{\sigma_a}}$

답 : ②

과년도출제문제(CBT시험문제)

23 토목산업기사
1회 시행 출제문제

※ 본 기출문제는 수험자의 기억을 바탕으로 하여 복원한 문제이므로 실제 문제와 다를 수 있음을 미리 알려드립니다.

1. 지지조건이 양단힌지인 장주의 좌굴하중이 1,000kN인 경우 지점조건이 일단힌지, 타단고정으로 변경되면 이때의 좌굴하중은? (단, 재료의 성질 및 기하학적 형상은 동일하다.)

① 500kN ② 1,000kN
③ 2,000kN ④ 4,000kN

2. 보의 중앙에 집중하중을 받는 단순보에서 최대처짐에 대한 설명으로 틀린 것은? (단, 폭 b, 높이 h로 한다.)

① 탄성계수 E에 반비례한다.
② 단면의 높이 h의 3제곱에 반비례한다.
③ 경간 L의 제곱에 반비례한다.
④ 단면의 폭 b에 반비례한다.

3. 그림과 같은 라멘은 몇 차 부정정인가?

① 1차 부정정
② 2차 부정정
③ 3차 부정정
④ 4차 부정정

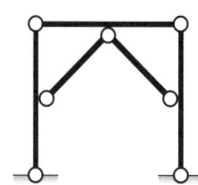

4. 그림에서와 같은 평행력(平行力)에 있어서 P_1, P_2, P_3, P_4의 합력의 위치는 O점에서 얼마의 거리에 있겠는가?

① 4.8m
② 5.4m
③ 5.8m
④ 6.0m

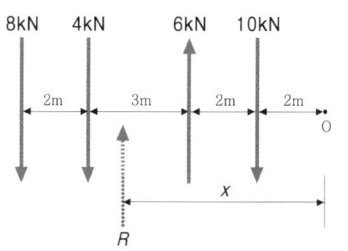

5. 지점 A의 반력이 0이 되기 위해 C점에 작용시킬 집중하중 P의 크기는?

① 120kN
② 160kN
③ 200kN
④ 240kN

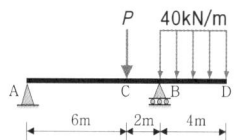

6. 다음 보에서 D~B 구간의 전단력은?

① 7.8kN
② -36.5kN
③ -42.2kN
④ 50.5kN

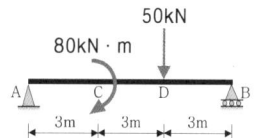

7. 지름이 D인 원목을 직사각형 단면으로 제재하고자 한다. 휨모멘트에 대한 저항을 크게 하기 위해 최대 단면계수를 갖는 직사각형 단면을 얻으려면 적당한 폭 b는?

① $b = \dfrac{\sqrt{3}}{2}D$

② $b = \sqrt{\dfrac{2}{3}}D$

③ $b = \dfrac{1}{2}D$

④ $b = \dfrac{1}{\sqrt{3}}D$

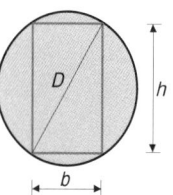

8. 단면적 1,000mm²인 원형단면의 봉이 20kN의 인장력을 받을 때 변형률(ϵ)은?
(단, 탄성계수 E = 200,000MPa)

① 0.0001　　② 0.0002
③ 0.0003　　④ 0.0004

9. 최대 휨모멘트가 생기는 위치에서 휨응력이 120MPa 이라고 하면 단면계수는?

① $3.5 \times 10^5 \text{mm}^3$
② $4.0 \times 10^5 \text{mm}^3$
③ $4.5 \times 10^5 \text{mm}^3$
④ $5.0 \times 10^5 \text{mm}^3$

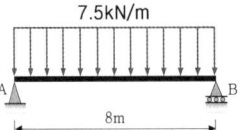

10. 전단력을 S, 단면2차모멘트를 I, 단면1차모멘트를 Q, 단면의 폭을 b라 할 때 전단응력도의 크기를 나타낸 식으로 옳은 것은? (단, 단면의 형상은 직사각형이다.)

① $\dfrac{Q \times S}{I \times b}$　　② $\dfrac{I \times S}{Q \times b}$

③ $\dfrac{I \times b}{Q \times S}$　　④ $\dfrac{Q \times b}{I \times S}$

해설 및 정답

1.

(1) 양단힌지: $\dfrac{1}{K^2} = \dfrac{1}{(1)^2} = 1$,

일단힌지, 타단고정: $\dfrac{1}{K^2} = \dfrac{1}{(0.7)^2} = 2$

(2) 양단힌지로 된 장주의 좌굴하중이 1,000kN이라면, 일단힌지, 타단고정의 좌굴하중은 2,000kN이 된다.

답 : ③

2.

(1) $\delta_C = \dfrac{1}{48} \cdot \dfrac{PL^3}{EI} = \dfrac{1}{48} \cdot \dfrac{PL^3}{E\left(\dfrac{bh^3}{12}\right)}$

(2) 보의 경간(L)의 3제곱에 비례한다.

답 : ③

3.

$N = r + m + f - 2j = (2+2) + (8) + (3) - 2(7) = 1$차

답 : ①

4.

(1) 합력: $R = -(8) - (4) + (6) - (10) = -16\text{kN}(\downarrow)$

(2) O점에서 모멘트를 계산한다.

$-(16)(x) = -(8)(9) - (4)(7) + (6)(4) - (10)(2)$

$\therefore x = 6\text{m}$

답 : ④

5.

$\sum M_B = 0 : +(V_A)(8) - (P)(2) + (40 \times 4)(2) = 0$

$\therefore P = 160\text{kN}$

답 : ②

6.

(1) $\sum M_A = 0 : +(80) + (50)(6) - (V_B)(9) = 0$

$\therefore V_B = +42.22\text{kN}(\uparrow)$

(2) $V_{DB,Right} = -[+(42.22)] = -42.22\text{kN}(\downarrow\uparrow)$

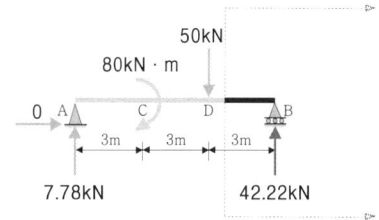

답 : ③

7.

$\dfrac{dZ}{db} = \dfrac{1}{6}(D^2 - 3b^2) = 0$ 로부터 $D = \sqrt{3}\,b$ 이므로

$\therefore b = \dfrac{1}{\sqrt{3}}D$

답 : ④

8.

$\sigma = E \cdot \epsilon$ 으로부터 $\dfrac{P}{A} = E \cdot \epsilon$ 이므로

$\epsilon = \dfrac{P}{EA} = \dfrac{(20 \times 10^3)}{(200,000)(1,000)} = 0.0001$

답 : ①

9.

$\sigma_{\max} = \dfrac{M_{\max}}{Z} = \dfrac{\dfrac{wL^2}{8}}{Z}$ 으로부터

$Z = \dfrac{\dfrac{wL^2}{8}}{\sigma_{\max}} = \dfrac{\dfrac{(7.5)(8 \times 10^3)^2}{8}}{(120)} = 5 \times 10^5 \text{mm}^3$

답 : ④

10.

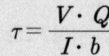

$$\tau = \frac{V \cdot Q}{I \cdot b}$$

- τ : 전단응력(N/mm^2)
- V : 전단력(N)
- Q : 전단응력을 구하고자 하는 외측 단면에 대한 중립축으로부터의 단면1차모멘트(mm^3)
- I : 중립축에 대한 단면2차모멘트(mm^4)
- b : 전단응력을 구하고자 하는 위치의 단면폭(mm)

답 : ①

과년도출제문제(CBT시험문제)

23 토목산업기사
2회 시행 출제문제

※ 본 기출문제는 수험자의 기억을 바탕으로 하여 복원한 문제이므로 실제 문제와 다를 수 있음을 미리 알려드립니다.

1. 직사각형 단면 보의 단면적을 A, 전단력을 V라고 할 때 최대 전단응력은?

① $\dfrac{2}{3} \cdot \dfrac{V}{A}$ ② $1.5 \cdot \dfrac{V}{A}$
③ $3 \cdot \dfrac{V}{A}$ ④ $2 \cdot \dfrac{V}{A}$

2. 동일 평면상의 한 점에 여러 개의 힘이 작용하고 있을 때, 여러 개의 힘의 어떤 점에 대한 모멘트의 합은 그 합력의 동일점에 대한 모멘트와 같다는 것은 다음 중 어떤 정리인가?

① Mohr의 정리
② Lami의 정리
③ Castigliano의 정리
④ Varignon의 정리

3. 다음 값 중 경우에 따라서는 부(-)의 값을 갖기도 하는 것은?

① 단면계수
② 단면2차반지름
③ 단면2차극모멘트
④ 단면2차상승모멘트

4. x축에 대한 단면1차모멘트는?

① $1.28 \times 10^5 \text{mm}^3$
② $1.38 \times 10^5 \text{mm}^3$
③ $1.48 \times 10^5 \text{mm}^3$
④ $1.58 \times 10^5 \text{mm}^3$

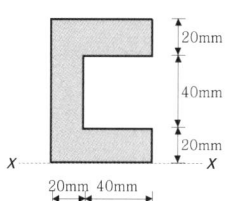

5. 그림과 같은 구조물의 A점의 수평반력은?

① 20kN
② 30kN
③ 40kN
④ 50kN

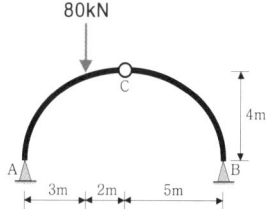

6. 길이 $L = 10\text{m}$, 단면 300mm×400mm의 단순보가 중앙에 120kN의 집중하중을 받고 있다. 이 보의 최대 휨응력은? (단, 보의 자중은 무시한다.)

① 55MPa   ② 52.5MPa
③ 45MPa   ④ 37.5MPa

7. 경간 $L = 10\text{m}$인 단순보에 그림과 같은 방향으로 이동하중이 작용할 때 절대최대휨모멘트를 구한 값은?

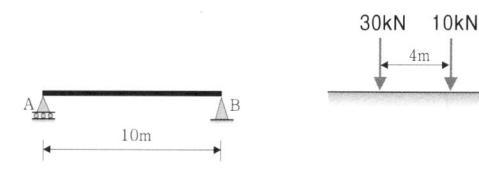

① 45kN·m   ② 52kN·m
③ 68kN·m   ④ 81kN·m

8. 그림과 같은 캔틸레버보의 단면의 폭 b, 단면의 높이 A점의 처짐은? (단, EI는 일정하다.)

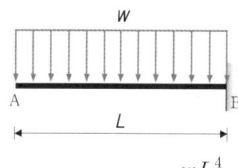

① $\dfrac{5wL^4}{384EI}$ ② $\dfrac{wL^4}{48EI}$
③ $\dfrac{wL^4}{8EI}$ ④ $\dfrac{wL^4}{4EI}$

9. 단면 150mm×150mm인 정사각형이고, 길이 1m인 강재에 120kN의 압축력을 가했더니 1mm가 줄어들었다. 이 강재의 탄성계수는?

① 5,333MPa ② 6,333MPa
③ 7,333MPa ④ 8,333MPa

10. 그림과 같이 지름 $2R$인 원형 단면의 단주에서 핵지름 k의 값은?

① $\dfrac{R}{4}$

② $\dfrac{R}{3}$

③ $\dfrac{R}{2}$

④ R

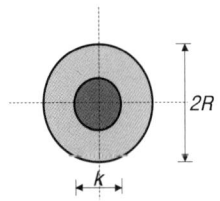

해설 및 정답

1.

(1) 직사각형(rectangular):
$$\tau_{\max} = k \cdot \frac{V_{\max}}{A} = \left(\frac{3}{2}\right) \cdot \frac{V_{\max}}{A}$$

(2) 원형(circular): $\tau_{\max} = k \cdot \frac{V_{\max}}{A} = \left(\frac{4}{3}\right) \cdot \frac{V_{\max}}{A}$

답 : ②

2.

바리뇽(Varignon)의 정리

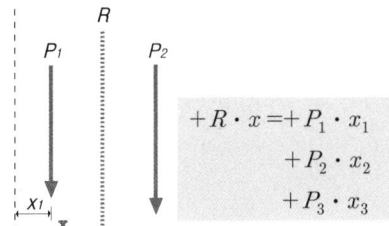

답 : ④

3.

단면상승모멘트: $I_{xy} = A \cdot x \cdot y$ 이므로 거리 L의 4제곱함수이다. 직교좌표의 원점과 단면의 도심이 일치하지 않을 경우 원점으로부터 도심이 오른쪽과 위쪽에 있을 때 (+), 왼쪽과 아래쪽에 있을 때 (−)로 좌표계산을 하여 단면상승모멘트를 계산하게 되므로 결과값이 (−)가 될 수도 있다.

답 : ④

4.

(1) 사각형(60×80)에서 사각형(40×40)을 뺀다.
(2) $G_x = (60 \times 80)(40) - (40 \times 40)(40) = 1.28 \times 10^5 \text{mm}^3$

답 : ①

5.

(1) $\sum M_B = 0 : +(V_A)(10) - (80)(7) = 0$
    $\therefore V_A = +56\text{kN}(\uparrow)$

(2) $M_{C,Left} = 0 : +(56)(5) - (H_A)(4) - (80)(2) = 0$
    $\therefore H_A = +30\text{kN}(\rightarrow)$

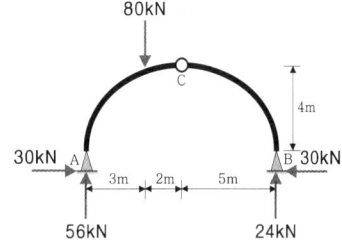

답 : ②

6.

(1) 집중하중이 보의 중앙에 작용하므로 $M_{\max} = \frac{PL}{4}$

(2) $\sigma_{\max} = \frac{M_{\max}}{Z} = \frac{\frac{PL}{4}}{\frac{bh^2}{6}}$

$= \frac{\frac{(120 \times 10^3)(10 \times 10^3)}{4}}{\frac{(300)(400)^2}{6}} = 37.5 \text{N/mm}^2 = 37.5 \text{MPa}$

답 : ④

7.

(1) 합력의 크기: $R = 30 + 10 = 40\text{kN}$
(2) 바리뇽의 정리: $+(40)(x) = (30)(0) + (10)(4)$
    $\therefore x = 1\text{m}$
(3) $\frac{x}{2} = 0.5\text{m}$의 위치를 보의 중앙점에 일치시킨다.
(4) 합력과 인접한 큰 하중작용점에서 절대최대휨모멘트가 발생한다.
  ① $\sum M_B = 0 : +(V_A)(10) - (30)(5.5) - (10)(1.5) = 0$
     $\therefore V_A = +18\text{kN}(\uparrow)$
  ② $M_{\max,abs} = +[(18)(4.5)] = +81\text{kN} \cdot \text{m}(\smile)$

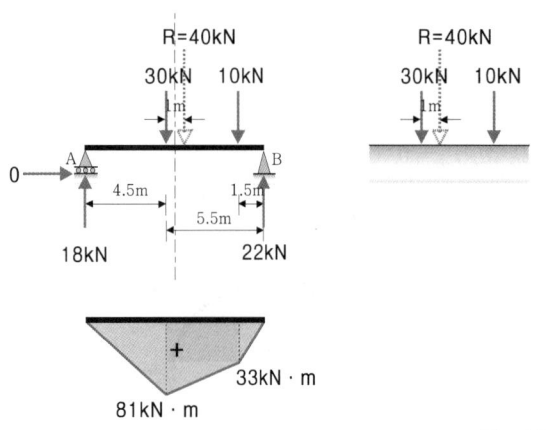

답 : ④

8.

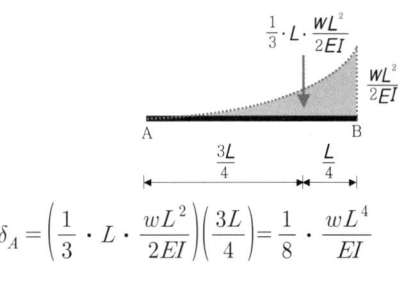

$$\delta_A = \left(\frac{1}{3} \cdot L \cdot \frac{wL^2}{2EI}\right)\left(\frac{3L}{4}\right) = \frac{1}{8} \cdot \frac{wL^4}{EI}$$

답 : ③

9.

$\sigma = E \cdot \epsilon$ 으로부터 $\frac{P}{A} = E \cdot \frac{\Delta L}{L}$

$E = \frac{P \cdot L}{A \cdot \Delta L} = \frac{(120 \times 10^3)(1 \times 10^3)}{(150 \times 150)(1)}$

$\quad = 5,333 \text{N/mm}^2 = 5,333 \text{MPa}$

답 : ①

10.

핵반지름이 $\frac{D}{8}$ 이므로 핵지름은 $\frac{D}{4} = \frac{2R}{4} = \frac{R}{2}$ 이 된다.

답 : ③

과년도 출제문제(CBT시험문제)

23 토목산업기사
4회 시행 출제문제

※ 본 기출문제는 수험자의 기억을 바탕으로 하여 복원한 문제이므로 실제 문제와 다를 수 있음을 미리 알려드립니다.

1. 동일 평면상의 한 점에 여러 개의 힘이 작용하고 있을 때, 여러 개의 힘의 어떤 점에 대한 모멘트의 합은 그 합력의 동일점에 대한 모멘트와 같다는 것은 다음 중 어떤 정리인가?

① Mohr의 정리
② Lami의 정리
③ Castigliano의 정리
④ Varignon의 정리

2. 원형 단면의 보에서 최대 전단응력은 평균 전단응력의 몇 배인가?

① $\dfrac{1}{2}$
② $\dfrac{3}{2}$
③ $\dfrac{4}{3}$
④ $\dfrac{5}{3}$

3. 다음과 같은 단순보에서 최대 휨응력은?
(단, 단면은 폭 400mm, 높이 500mm 직사각형이다.)

① 7.2MPa
② 8.2MPa
③ 9.2MPa
④ 10.2MPa

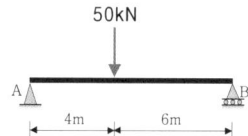

4. 길이 1m, 단면 100mm×100mm인 강재에 100kN의 압축력을 가해 1mm가 줄어들었을 때 강재의 탄성계수는?

① 100MPa
② 1,000MPa
③ 10,000MPa
④ 100,000MPa

5. 그림과 같은 L형 단면 도심의 위치 $\bar{x}$는?

① $\bar{x} = 16.25$mm
② $\bar{x} = 23.25$mm
③ $\bar{x} = 30.25$mm
④ $\bar{x} = 36.25$mm

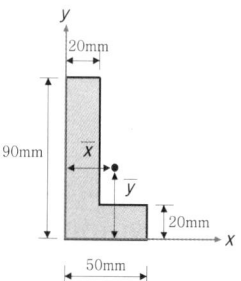

6. 등분포하중(w)이 재하된 단순보의 최대 처짐에 대한 설명 중 틀린 것은?

① 하중 w에 비례한다.
② 탄성계수 E에 반비례한다.
③ 경간 L의 제곱에 반비례한다.
④ 단면2차모멘트 I에 반비례한다.

7. 그림과 같은 내민보에서 C점의 전단력은?

① -5kN
② 5kN
③ -10kN
④ 10kN

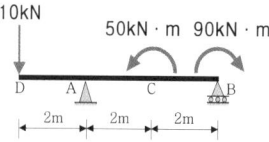

8. 지름 D인 원형 단면 단주에서 핵(Core)의 면적으로 옳은 것은?

① $\dfrac{\pi D^2}{4}$
② $\dfrac{\pi D^2}{16}$
③ $\dfrac{\pi D^2}{32}$
④ $\dfrac{\pi D^2}{64}$

9. 그림과 같은 겔버보에서 D점의 휨모멘트는?

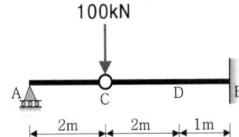

① $-200\text{kN}\cdot\text{m}$ ② $+300\text{kN}\cdot\text{m}$
③ $-400\text{kN}\cdot\text{m}$ ④ $+160\text{kN}\cdot\text{m}$

10. 직경 D인 원형단면의 단면2차극모멘트 I_P는?

① $\dfrac{\pi D^4}{64}$ ② $\dfrac{\pi D^4}{32}$
③ $\dfrac{\pi D^4}{16}$ ④ $\dfrac{\pi D^4}{4}$

해설 및 정답

1.
바리뇽(Varignon)의 정리

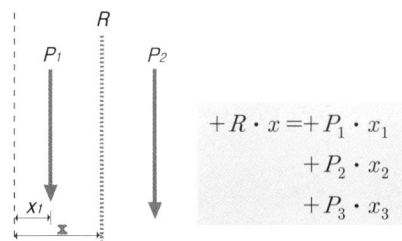

$$+R \cdot x = +P_1 \cdot x_1 \\ +P_2 \cdot x_2 \\ +P_3 \cdot x_3$$

답 : ④

2.

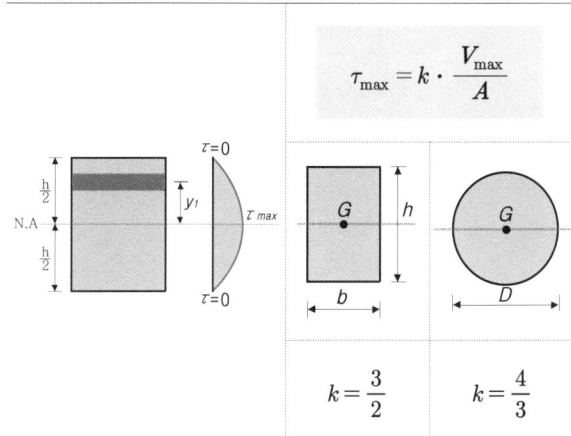

$$\tau_{\max} = k \cdot \frac{V_{\max}}{A}$$

답 : ③

3.
(1) $\sum M_B = 0 : +(V_A)(10) - (50)(6) = 0$
　∴ $V_A = +30\text{kN}(\uparrow)$

(2) $M_{\max} = +[+(30)(4)] = +120\text{kN} \cdot \text{m}(\smile)$

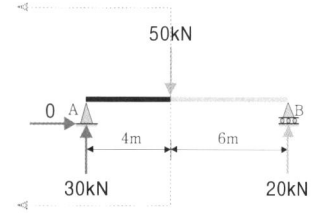

(3) $\sigma_{b,\max} = \dfrac{M_{\max}}{Z} = \dfrac{M_{\max}}{\dfrac{bh^2}{6}} = \dfrac{(120 \times 10^6)}{\dfrac{(400)(500)^2}{6}}$
　　　　$= 7.2 \text{N/mm}^2 = 7.2 \text{MPa}$

답 : ①

4.
③ $\sigma = E \cdot \epsilon$ 으로부터

$$E = \frac{\sigma}{\epsilon} = \frac{\dfrac{P}{A}}{\dfrac{\Delta L}{L}} = \frac{\dfrac{(100 \times 10^3)}{(100 \times 100)}}{\dfrac{(1)}{(1 \times 10^3)}}$$

$\quad = 10{,}000 \text{N/mm}^2 = 10{,}000 \text{MPa}$

답 : ③

5.
$\bar{x} = \dfrac{G_y}{A} = \dfrac{(20 \times 50)(25) + (70 \times 20)(10)}{(20 \times 50) + (70 \times 20)} = 16.25\text{mm}$

답 : ①

6.
$\delta_{\max} = \dfrac{5}{384} \cdot \dfrac{wL^4}{EI} = \dfrac{5}{384} \cdot \dfrac{wL^4}{E\left(\dfrac{bh^3}{12}\right)}$

➡ 하중(w)에 비례, 경간(L)의 4제곱에 비례, 탄성계수(E)에 반비례, 단면2차모멘트(I)에 반비례, 보 폭(b)에 반비례, 보의 높이(h)의 3제곱에 반비례한다.

답 : ③

7.

(1) $\sum M_B = 0: -(10)(6) + (V_A)(4) - (50) + (90) = 0$
  $\therefore V_A = +5\text{kN}(\uparrow)$

(2) $V_{C,Left} = +[-(10) + (5)] = -5\text{kN}(\downarrow\uparrow)$

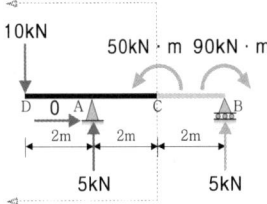

답 : ①

8.

(1) 핵반경 : $e = \dfrac{D}{8}$

(2) 핵면적 : $A = \pi r^2 = \pi \left(\dfrac{D}{8}\right)^2 = \dfrac{\pi D^2}{64}$

답 : ④

9.

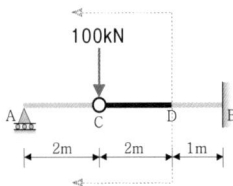

(1) 겔버보에서 힌지에 집중하중이 작용하는 경우 AC 단순보 구간에는 집중 하중의 영향에 대한 반력이나 부재력이 발생하지 않게 된다.

(2) CDB 캔틸레버보:
  $M_{D,Left} = +[-(100)(2)] = -200\text{kN} \cdot \text{m}(\frown)$

답 : ①

10.

$I_P = I_x + I_y = 2I_x = 2\left(\dfrac{\pi D^4}{64}\right) = \dfrac{\pi D^4}{32}$

답 : ②

과년도출제문제(CBT시험문제)

24 토목산업기사
1회 시행 출제문제

※ 본 기출문제는 수험자의 기억을 바탕으로 하여 복원한 문제이므로 실제 문제와 다를 수 있음을 미리 알려드립니다.

1. 동일 평면상의 한 점에 여러 개의 힘이 작용하고 있을 때, 여러 개의 힘의 어떤 점에 대한 모멘트의 합은 그 합력의 동일점에 대한 모멘트와 같다는 것은 다음 중 어떤 정리 인가?

① Mohr의 정리
② Lami의 정리
③ Castigliano의 정리
④ Varignon의 정리

2. 원형 단면의 보에서 최대 전단응력은 평균 전단응력의 몇 배인가?

① $\frac{1}{2}$ ② $\frac{3}{2}$
③ $\frac{4}{3}$ ④ $\frac{5}{3}$

3. 다음과 같은 단순보에서 최대 휨응력은? (단, 단면은 폭 300mm, 높이 400mm 직사각형이다.)

① 15MPa
② 18MPa
③ 22MPa
④ 26MPa

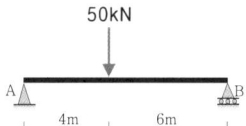

4. 길이 1m, 단면 100mm×100mm인 강재에 100kN 의 압축력을 가해 1mm가 줄어들었을 때 강재의 탄성계수는?

① 10GPa   ② 10MPa
③ 20GPa   ④ 20MPa

5. 그림과 같은 단면의 도심거리 $\overline{y}$는?

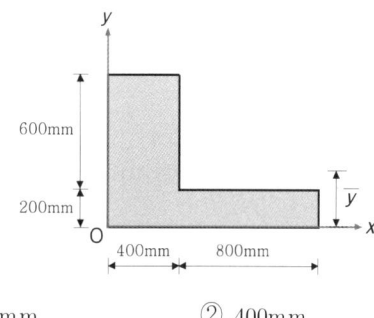

① 500mm   ② 400mm
③ 300mm   ④ 200mm

6. 등분포하중(w)이 재하된 단순보의 최대 처짐에 대한 설명 중 틀린 것은?

① 하중 w에 비례한다.
② 탄성계수 E에 반비례한다.
③ 경간 L의 제곱에 반비례한다.
④ 단면2차모멘트 I에 반비례한다.

7. 그림과 같은 단순보의 C점의 전단력은?

① -5kN
② 5kN
③ -10kN
④ 10kN

8. 그림과 같은 보의 D점의 휨모멘트는?

① -200kN·m
② $+300$kN·m
③ -400kN·m
④ $+160$kN·m

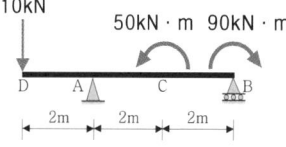

9. 지름 D인 원형 단면 단주에서 핵(Core)의 면적으로 옳은 것은?

① $\dfrac{\pi D^2}{4}$ ② $\dfrac{\pi D^2}{16}$

③ $\dfrac{\pi D^2}{32}$ ④ $\dfrac{\pi D^2}{64}$

10. 직경 D인 원형단면의 단면2차극모멘트 I_P는?

① $\dfrac{\pi D^4}{64}$ ② $\dfrac{\pi D^4}{32}$

③ $\dfrac{\pi D^4}{16}$ ④ $\dfrac{\pi D^4}{4}$

해설 및 정답

1.

바리뇽(Varignon)의 정리

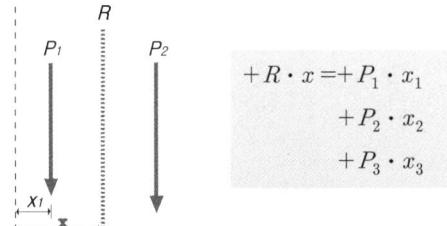

$$+R \cdot x = +P_1 \cdot x_1$$
$$+P_2 \cdot x_2$$
$$+P_3 \cdot x_3$$

답 : ④

2.

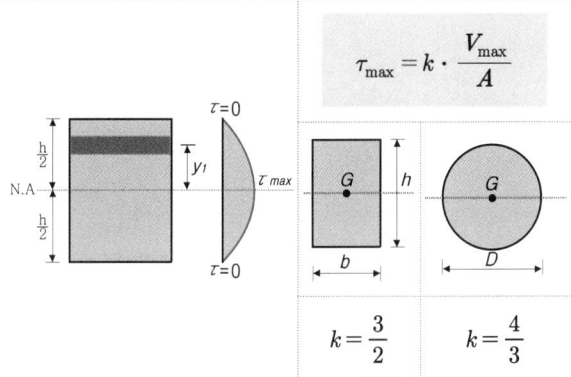

$$\tau_{\max} = k \cdot \frac{V_{\max}}{A}$$

$k = \frac{3}{2}$, $k = \frac{4}{3}$

답 : ③

3.

(1) $\Sigma M_B = 0$: $+(V_A)(10) - (50)(6) = 0$
   ∴ $V_A = +30\text{kN}(\uparrow)$

(2) $M_{\max} = +[+(30)(4)] = +120\text{kN} \cdot \text{m}(\smile)$

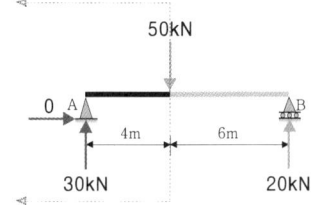

(3) $\sigma_{b,\max} = \frac{M_{\max}}{Z} = \frac{M_{\max}}{\frac{bh^2}{6}} = \frac{(120 \times 10^6)}{\frac{(300)(400)^2}{6}}$

$= 15\text{N/mm}^2 = 15\text{MPa}$

답 : ①

4.

$\sigma = E \cdot \epsilon$ 으로부터 $E = \frac{\sigma}{\epsilon} = \frac{\frac{P}{A}}{\frac{\Delta L}{L}} = \frac{\frac{(100 \times 10^3)}{(100 \times 100)}}{\frac{(1)}{(1 \times 10^3)}}$

$= 10{,}000\text{N/mm}^2 = 10{,}000\text{MPa} = 10\text{GPa}$

답 : ①

5.

$\bar{y} = \frac{G_x}{A}$

$= \frac{(1{,}200 \times 200)(100) + (400 \times 600)(500)}{(1{,}200 \times 200) + (400 \times 600)} = 300\text{mm}$

답 : ③

6.

$\delta_{\max} = \frac{5}{384} \cdot \frac{wL^4}{EI} = \frac{5}{384} \cdot \frac{wL^4}{E\left(\frac{bh^3}{12}\right)}$

➡ 하중(w)에 비례, 경간(L)의 4제곱에 비례, 탄성계수(E)에 반비례, 단면2차모멘트(I)에 반비례, 보 폭(b)에 반비례, 보의 높이(h)의 3제곱에 반비례한다.

답 : ③

7.

(1) $\Sigma M_B = 0$: $-(10)(6) + (V_A)(4) - (50) + (90) = 0$
   ∴ $V_A = +5\text{kN}(\uparrow)$

(2) $V_{C,Left} = +[-(10) + (5)] = -5\text{kN}(\downarrow \uparrow)$

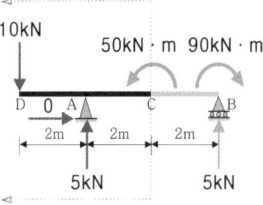

답 : ①

8.

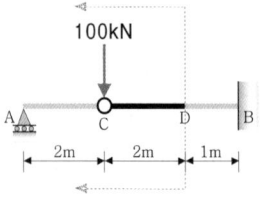

CDB 캔틸레버보

$M_{D,Left} = +[-(100)(2)] = -200 \text{kN} \cdot \text{m} (\frown)$

답 : ①

9.

(1) 핵반경 : $e = \dfrac{D}{8}$

(2) 핵면적 : $A = \pi r^2 = \pi \left(\dfrac{D}{8}\right)^2 = \dfrac{\pi D^2}{64}$

답 : ④

10.

$I_P = I_x + I_y = 2I_x = 2\left(\dfrac{\pi D^4}{64}\right) = \dfrac{\pi D^4}{32}$

답 : ②

과년도 출제문제 (CBT시험문제)

24 토목산업기사
2회 시행 출제문제

※ 본 기출문제는 수험자의 기억을 바탕으로 하여 복원한 문제이므로 실제 문제와 다를 수 있음을 미리 알려드립니다.

1. 그림과 같은 음영 부분의 단면적이 A인 단면에서 도심 $\bar{y}$를 구한 값은?

① $\dfrac{5}{12}D$
② $\dfrac{6}{12}D$
③ $\dfrac{7}{12}D$
④ $\dfrac{8}{12}D$

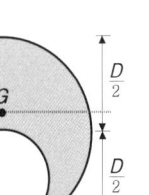

2. 다음과 같은 부재에 발생할 수 있는 최대 전단응력은?

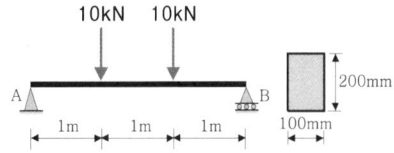

① 750kPa
② 800kPa
③ 850kPa
④ 900kPa

3. 경간(Span) 10m인 단순보에 그림과 같은 하중이 작용할 때 최대 휨응력은? (단, 자중은 무시한다.)

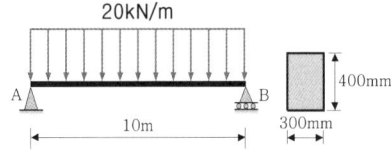

① 2.26MPa
② 4.31MPa
③ 31.25MPa
④ 61.59MPa

4. 그림에서와 같은 평행력(平行力)에 있어서 P_1, P_2, P_3, P_4의 합력의 위치는 O점에서 얼마의 거리에 있겠는가?

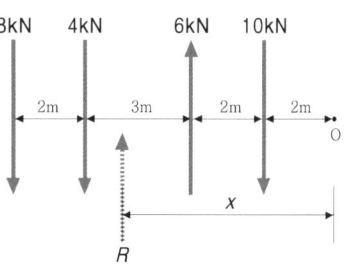

① 4.8m
② 5.4m
③ 5.8m
④ 6.0m

5. 직경 100mm, 길이 1m의 봉이 힘을 받아 길이가 10mm 늘어났다면, 이 때 이 봉의 직경은 얼마나 줄어드는가? (단, 이 봉의 푸아송비는 0.250이다.)

① 0.15mm
② 0.25mm
③ 0.5mm
④ 5mm

6. 다음 캔틸레버보에서 B점의 처짐은?

① $\dfrac{wa^2(3a+4b)}{24EI}$
② $\dfrac{wa^2(4a+3b)}{24EI}$
③ $\dfrac{wa^3(3a+4b)}{24EI}$
④ $\dfrac{wa^3(4a+3b)}{24EI}$

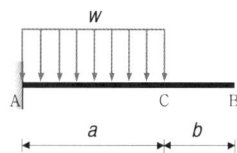

7. 그림과 같은 단순보에서 최대 휨모멘트가 발생하는 위치는? (단, A점으로부터의 거리 x로 나타낸다.)

① $x = 6\text{m}$
② $x = 7\text{m}$
③ $x = 8\text{m}$
④ $x = 9\text{m}$

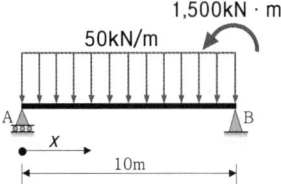

8. 단면상승모멘트의 단위는?

① mm
② mm^2
③ mm^3
④ mm^4

9. 지점 C의 반력이 영(零)이 되기 위해 B점에 작용시킬 집중하중의 크기는?

① 80kN
② 100kN
③ 120kN
④ 140kN

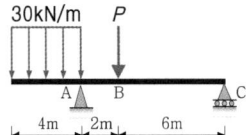

10. 지름 D, 길이 L인 양단힌지 원기둥의 세장비는?

① $\dfrac{4L}{D}$
② $\dfrac{8L}{D}$
③ $\dfrac{4D}{L}$
④ $\dfrac{8D}{L}$

해설 및 정답

1.

(1) 직경 D인 원에서 직경 $\frac{1}{2}D$인 원을 뺀다.

(2) $\bar{y} = \dfrac{G_x}{A} = \dfrac{\left(\dfrac{\pi D^2}{4}\right)\left(\dfrac{D}{2}\right) - \left(\dfrac{\pi (\dfrac{D}{2})^2}{4}\right)\left(\dfrac{D}{4}\right)}{\left(\dfrac{\pi D^2}{4}\right) - \left(\dfrac{\pi (\dfrac{D}{2})^2}{4}\right)} = \dfrac{7}{12}D$

답 : ③

2.

(1) $V_{\max} = V_A = V_B = 10\text{kN}$

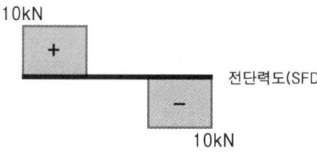

(2) $\tau_{\max} = \dfrac{3}{2} \cdot \dfrac{V_{\max}}{A}$
$= \dfrac{3}{2} \cdot \dfrac{(10 \times 10^3)}{(100 \times 200)} = 0.75\text{N/mm}^2$
$= 0.75\text{MPa} = 750\text{kPa}$

답 : ①

3.

(1) 단순보의 전체 경간에 등분포하중 w가 작용할 때
 : $M_{\max} = \dfrac{wL^2}{8}$

(2) $\sigma_{\max} = \dfrac{M_{\max}}{Z} = \dfrac{\dfrac{wL^2}{8}}{\dfrac{bh^2}{6}} = \dfrac{\dfrac{(20)(10 \times 10^3)^2}{8}}{\dfrac{(300)(400)^2}{6}}$
$= 31.25\text{N/mm}^2 = 31.25\text{MPa}$

답 : ③

4.

(1) 합력: $R = -(8) - (4) + (6) - (10) = -16\text{kN}(\downarrow)$

(2) O점에서 모멘트를 계산한다.
 $-(16)(x) = -(8)(9) - (4)(7) + (6)(4) - (10)(2)$
 $\therefore x = 6\text{m}$

답 : ④

5.

(1) $\nu = \dfrac{\epsilon_D}{\epsilon_L} = \dfrac{\dfrac{\Delta D}{D}}{\dfrac{\Delta L}{L}} = \dfrac{L \cdot \Delta D}{D \cdot \Delta L}$

(2) $\Delta D = \dfrac{D \cdot \Delta L \cdot \nu}{L} = \dfrac{(100)(10)(0.25)}{(1,000)} = 0.25\text{mm}$

답 : ②

6.

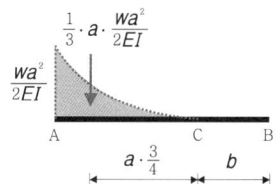

$\delta_B = \left(\dfrac{1}{3} \cdot a \cdot \dfrac{wa^2}{2EI}\right)\left(b + a \cdot \dfrac{3}{4}\right) = \dfrac{1}{24} \cdot \dfrac{wa^3(3a + 4b)}{EI}$

답 : ③

7.

(1) $\sum M_B = 0 : +(V_A)(10) - (50 \times 10)(5) - (1,500) = 0$
 $\therefore V_A = +400\text{kN}(\uparrow)$

(2) $M_x = +(400)(x) - (50 \times x)\left(\dfrac{x}{2}\right) = +400x - 25x^2$

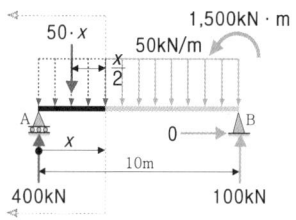

(3) $V = \dfrac{dM_x}{dx} = +400 - 50x = 0$ 에서 $x = 8\text{m}$

답 : ③

8.

④ 단면상승모멘트: $I_{xy} = A \cdot x \cdot y$ 이므로 거리 L의 4제곱 함수이다.

답 : ④

9.

$\sum M_A = 0 : -(30 \times 4)(2) + (P)(2) - (V_C)(8) = 0$

$\therefore P = 120\text{kN}$

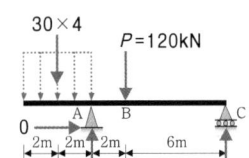

답 : ③

10.

(1) 양단힌지 $K = 1$

(2) $\lambda = \dfrac{KL}{r_{\min}} = \dfrac{KL}{\sqrt{\dfrac{I_{\min}}{A}}} = \dfrac{(1)(L)}{\sqrt{\dfrac{\left(\dfrac{\pi D^4}{64}\right)}{\left(\dfrac{\pi D^2}{4}\right)}}} = \dfrac{4L}{D}$

답 : ①

과년도출제문제(CBT시험문제)

24 토목산업기사
3회 시행 출제문제

※ 본 기출문제는 수험자의 기억을 바탕으로 하여 복원한 문제이므로 실제 문제와 다를 수 있음을 미리 알려드립니다.

1. 그림과 같은 단면을 갖는 보에서 중립축에 대한 휨(Bending)에 가장 강한 형상은? (단, 모두 동일한 재료이며 단면적이 같다.)

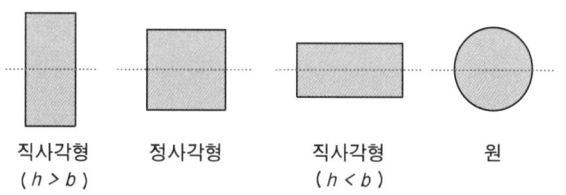

① 직사각형($h > b$)
② 정사각형
③ 직사각형($h < b$)
④ 원

2. 지름 10mm인 강철봉에 100kN의 물체를 매달면 강철봉의 길이변화량은? (단, 강철봉의 탄성계수 $E = 2.1 \times 10^5 \text{MPa}$이다.)

① 7.4mm
② 9.1mm
③ 10.7mm
④ 11.8mm

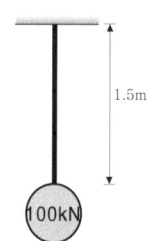

3. 경간 10m, 폭 200mm, 높이 300mm인 직사각형 단면의 단순보에서 전 경간에 등분포하중 $w = 20 \text{kN/m}$가 작용할 때 최대 전단응력은?

① 2.5MPa ② 3MPa
③ 3.5MPa ④ 4MPa

4. 그림과 같은 라멘구조의 부정정차수는?

① 2차
② 3차
③ 4차
④ 5차

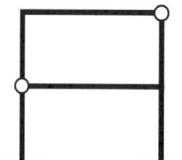

5. 그림에서 A점으로부터 합력(R)의 작용위치(C점)까지의 거리 x는?

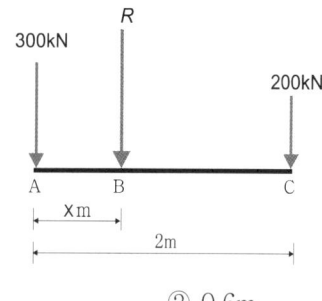

① 0.8m ② 0.6m
③ 0.4m ④ 0.2m

6. EI(E는 탄성계수, I는 단면2차모멘트)가 커짐에 따라 보의 처짐은?

① 커진다.
② 작아진다.
③ 커질 때도 있고, 작아질 때도 있다.
④ EI는 처짐에 관계하지 않는다.

7. 그림과 같은 보의 지점 B의 반력 R_B는?

① 180kN
② 270kN
③ 360kN
④ 405kN

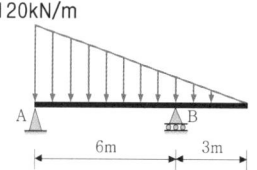

8. 무게 120kN인 그림과 같은 구조물을 밀어넘길 수 있는 수평집중하중 P는?

① 12kN
② 18kN
③ 22kN
④ 28kN

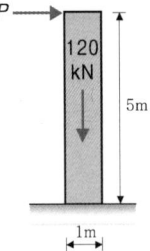

9. 그림과 같은 단순보의 지점 A로부터 최대 휨모멘트가 생기는 위치는?

① 4.8m
② 5m
③ 5.2m
④ 5.4m

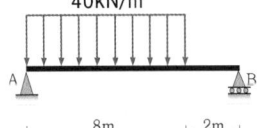

10. 단면의 성질에 대한 다음 설명 중 잘못된 것은?

① 단면2차모멘트의 값은 항상 "0"보다 크다.
② 단면2차극모멘트의 값은 항상 극을 원점으로 하는 두 직교 좌표축에 대한 단면2차모멘트의 합과 같다.
③ 단면1차모멘트의 값은 항상 "0"보다 크다.
④ 단면의 주축에 관한 단면상승모멘트의 값은 항상 "0"이다.

해설 및 정답

1.
(1) 단면계수(Z)가 큰 것이 휨에 대해 강한 형상이 된다.
(2) 원형 보다는 직사각형 단면이 단면계수가 크며,
직사각형 단면의 단면계수 $Z = \dfrac{bh^2}{6}$ 이므로,
폭이 작고 높이가 큰 쪽이 단면계수가 크다.

답 : ①

2.
$\sigma = E \cdot \epsilon$ 으로부터 $\dfrac{P}{A} = E \cdot \dfrac{\Delta L}{L}$

$\Delta L = \dfrac{P \cdot L}{E \cdot A} = \dfrac{(100 \times 10^3)(1.5 \times 10^3)}{(2.1 \times 10^5)\left(\dfrac{\pi (10)^2}{4}\right)} = 9.094 \text{mm}$

답 : ②

3.
(1) $V_{\max} = V_A = V_B = \dfrac{wL}{2} = \dfrac{(20)(10)}{2} = 100 \text{kN}$

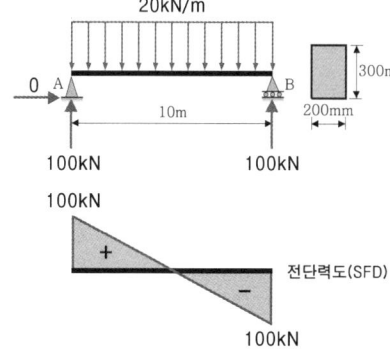

(2) $\tau_{\max} = k \cdot \dfrac{V_{\max}}{A} = \left(\dfrac{3}{2}\right) \cdot \dfrac{(100 \times 10^3)}{(200 \times 300)}$
$= 2.5 \text{N/mm}^2 = 2.5 \text{MPa}$

답 : ①

4.
$N = r + m + f - 2j$
$= (3+3) + (6) + (3) - 2(6) = 3\text{차}$

답 : ②

5.
(1) 합력: $R = -(300) - (200) = -500 \text{kN}(\downarrow)$
(2) A점에서 모멘트를 계산한다.
$+(500)(x) = (300)(0) + (200)(2)$
$\therefore x = 0.8 \text{m}$

답 : ①

6.

처짐각(θ)	하중조건	처짐(δ)
$\theta = \dfrac{ML}{EI}$	모멘트하중	$\delta = \dfrac{ML^2}{EI}$
$\theta = \dfrac{PL^2}{EI}$	집중하중	$\delta = \dfrac{PL^3}{EI}$
$\theta = \dfrac{wL^3}{EI}$	분포하중	$\delta = \dfrac{wL^4}{EI}$

답 : ②

7.
$\sum M_A = 0 : +\left(\dfrac{1}{2} \times 9 \times 120\right)(3) - (V_B)(6) = 0$
$\therefore V_B = +270 \text{kN}(\uparrow)$

답 : ②

8.
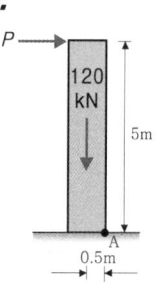

A점에서 $P \times 5 > 120 \times 0.5$ 관계일 때 구조물이 전도될 것이다.
$\therefore P > 12 \text{kN}$

답 : ①

9.

(1) $\sum M_B = 0 : +(V_A)(10) - (40 \times 8)(6) = 0$
$\therefore V_A = +192\text{kN}(\uparrow)$

(2) $M_x = +(192)(x) - (40 \times x)\left(\dfrac{x}{2}\right) = +192x - 20x^2$

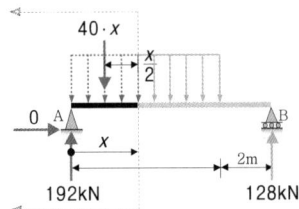

(3) $V = \dfrac{dM_x}{dx} = +192 - 40x = 0$ 에서 $x = 4.8\text{m}$

답 : ①

10.

③ 단면1차모멘트=면적×도심거리로부터 단면1차모멘트의 값은 +, −, 0 어느 값으로도 산정될 수 있다.

답 : ③

과년도출제문제(CBT시험문제)

25 토목산업기사
1회 시행 출제문제

※ 본 기출문제는 수험자의 기억을 바탕으로 하여 복원한 문제이므로 실제 문제와 다를 수 있음을 미리 알려드립니다.

1. 단순보에 하중이 작용할 때 다음 설명 중 옳지 않은 것은?

① 중앙에 집중하중이 작용할 때의 최대처짐은 하중이 작용하는 곳에서 생긴다.
② 등분포하중이 만재될 때 최대처짐은 중앙점에서 일어난다.
③ 등분포하중이 만재될 때 중앙점의 처짐각이 최대가 된다.
④ 중앙에 집중하중이 작용하면 양지점에서의 처짐각이 최대로 된다.

2. 단순보에 작용하는 하중, 전단력, 휨모멘트와의 관계를 나타내는 설명으로 틀린 것은?

① 하중이 없는 구간에서의 전단력의 크기는 일정하다.
② 등분포하중이 작용하는 구간에서의 전단력도는 2차곡선이다.
③ 하중이 없는 구간에서의 휨모멘트선도는 직선이다.
④ 전단력이 0인 점에서의 휨모멘트는 최대 또는 최소이다.

3. 그림과 같은 장주의 강도를 옳게 표시한 것은? (단, 재질 및 단면은 같다.)

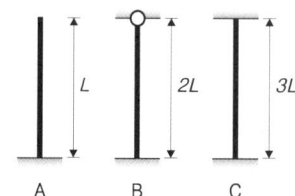

① A > B > C
② A > B = C
③ A = B = C
④ A = B < C

4. 직사각형 단면에서의 최대전단응력은 평균전단응력의 몇 배인가?

① 1.5배 ② 2.0배
③ 2.5배 ④ 3.0배

5. 그림과 같은 반원의 x 축에 대한 단면1차모멘트는?

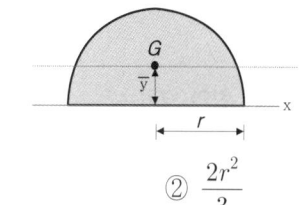

① $\dfrac{r^2}{3}$ ② $\dfrac{2r^2}{3}$
③ $\dfrac{r^3}{3}$ ④ $\dfrac{2r^3}{3}$

6. 반지름 r인 원형 단면에서 최대 단면계수를 갖는 사각형의 폭과 높이의 비($\dfrac{b}{h}$)는?

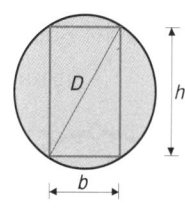

① $\dfrac{1}{\sqrt{2}}$ ② $\dfrac{1}{\sqrt{3}}$
③ $\dfrac{1}{2}$ ④ 1

7. 어떤 재료의 탄성계수가 E, 푸아송비가 ν일 때 이 재료의 전단탄성계수(G)는?

① $G = \dfrac{E}{1-\nu}$ ② $G = \dfrac{E}{1+\nu}$

③ $G = \dfrac{E}{2(1-\nu)}$ ④ $G = \dfrac{E}{2(1+\nu)}$

8. 폭이 200mm, 높이가 300mm인 직사각형 단면 보가 최대 휨모멘트 20kN · m를 받을 때 최대 휨응력은?

① 3.333MPa ② 4.444MPa
③ 6.667MPa ④ 7.778MPa

9. 부재 AB가 받는 힘의 크기는?

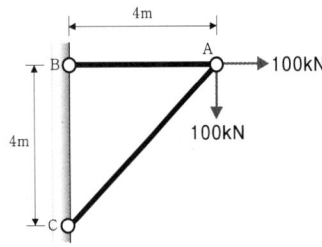

① 100kN ② $100\sqrt{2}$ kN
③ 200kN ④ $200\sqrt{2}$ kN

10. 다음과 같은 구조물에서 지점 A의 수평반력은?

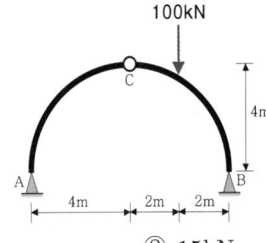

① 10kN ② 15kN
③ 20kN ④ 25kN

해설 및 정답

1.
③ 등분포하중이 만재될 때 중앙점의 처짐각은 0이다.

답 : ③

2.
② 등분포하중이 작용하는 구간의 전단력도(SFD)는 1차직선, 휨모멘트도(BMD)는 2차곡선이다.

답 : ②

3.
(A) 일단고정 타단자유: $\dfrac{1}{(KL)^2} = \dfrac{1}{(2.0 \times L)^2} = 0.25 \cdot \dfrac{1}{L^2}$

(B) 양단힌지: $\dfrac{1}{(KL)^2} = \dfrac{1}{(1 \times 2L)^2} = 0.25 \cdot \dfrac{1}{L^2}$

(C) 양단고정: $\dfrac{1}{(KL)^2} = \dfrac{1}{(0.5 \times 3L)^2} = 0.44 \cdot \dfrac{1}{L^2}$

답 : ④

4.
$\tau_{\max} = k \cdot \dfrac{V_{\max}}{A} = \dfrac{3}{2} \cdot \dfrac{V_{\max}}{A}$

답 : ①

5.
$G = A \times \bar{y} = \left(\dfrac{\pi r^2}{2}\right)\left(\dfrac{4r}{3\pi}\right) = \dfrac{2r^3}{3}$

답 : ④

6.
$\dfrac{b}{h} = \dfrac{1}{\sqrt{2}}$

답 : ①

7.
탄성계수 E와 전단탄성계수 G와의 관계: $G = \dfrac{E}{2(1+\nu)}$

답 : ④

8.
$\sigma_{b,\max} = \dfrac{M_{\max}}{Z} = \dfrac{M_{\max}}{\dfrac{bh^2}{6}} = \dfrac{(20 \times 10^6)}{\dfrac{(200)(300)^2}{6}}$
$= 6.667 \text{N/mm}^2 = 6.667 \text{MPa}$

답 : ③

9.

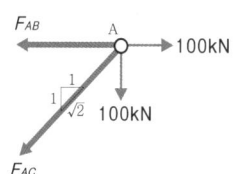

절점 A에서

(1) $\sum V = 0$: $-(100) - \left(F_{AC} \cdot \dfrac{1}{\sqrt{2}}\right) = 0$
$\therefore F_{AC} = -100\sqrt{2} \text{ kN (압축)}$

(2) $\sum H = 0$: $-(F_{AB}) + (100) - \left(F_{AC} \cdot \dfrac{1}{\sqrt{2}}\right) = 0$
$\therefore F_{AB} = +200 \text{kN (인장)}$

답 : ③

10.
(1) $\sum M_B = 0$: $+(V_A)(8) - (100)(2) = 0$
$\therefore V_A = +25 \text{kN}(\uparrow)$

(2) $M_{C,Left} = 0$: $+(25)(4) - (H_A)(4) = 0$
$\therefore H_A = +25 \text{kN}(\rightarrow)$

답 : ④

과년도출제문제(CBT시험문제)

25 토목산업기사
2회 시행 출제문제

※ 본 기출문제는 수험자의 기억을 바탕으로 하여 복원한 문제이므로 실제 문제와 다를 수 있음을 미리 알려드립니다.

1. 그림과 같은 세 힘에 대한 합력의 작용점은 O점에서 얼마의 거리에 있는가?

① 1m
② 2m
③ 3m
④ 4m

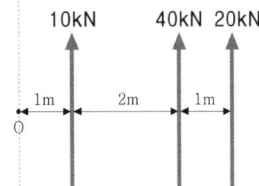

2. 그림과 같은 단면에서 직사각형 단면의 최대 전단응력도는 원형 단면의 최대 전단응력도의 몇 배인가? (단, 단면적과 작용하는 전단력의 크기는 같다.)

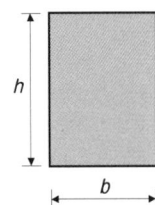 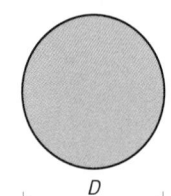

① $\dfrac{9}{8}$배
② $\dfrac{8}{9}$배
③ $\dfrac{6}{5}$배
④ $\dfrac{5}{6}$배

3. 그림과 같은 도형의 x, y축에 대한 단면상승모멘트(Product of Intertia) I_{xy}는?

① $\dfrac{bh^3}{3}$
② $\dfrac{b^3h}{3}$
③ $\dfrac{b^2h^2}{4}$
④ $\dfrac{bh^3+b^3h}{3}$

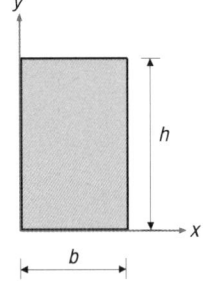

4. 다음 중 단면1차모멘트와 같은 차원을 갖는 것은?

① 단면2차모멘트
② 회전반경
③ 단면상승모멘트
④ 단면계수

5. 그림과 같은 3힌지 라멘의 지점반력 H_A는?

① -40kN
② 40kN
③ -80kN
④ 80kN

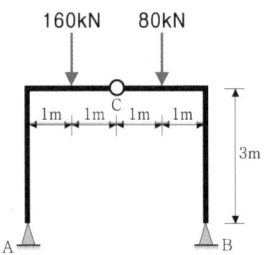

6. 탄성계수 $E = 2 \times 10^5 \mathrm{MPa}$인 지름 10cm 원형 단면의 그림과 같은 기둥에서 길이 $L = 20$m일 경우, 이 기둥의 이론적인 좌굴응력은? (단, EI는 일정하다.)

① 6.29MPa
② 6.92MPa
③ 7.17MPa
④ 7.92MPa

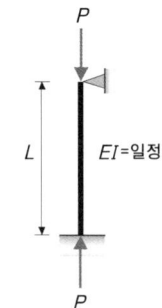

7. 그림과 같은 단순보에서 C점의 휨모멘트는?

① 40kN·m
② 60kN·m
③ 80kN·m
④ 100kN·m

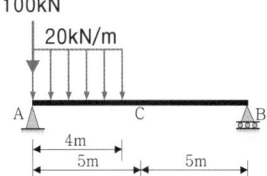

8. 등분포하중(w)이 재하된 단순보의 최대 처짐에 대한 설명 중 틀린 것은?

① 하중 w에 비례한다.
② 경간 L의 제곱에 반비례한다.
③ 탄성계수 E에 반비례한다.
④ 단면2차모멘트 I에 반비례한다.

9. 그림과 같은 직사각형 단면에 휨모멘트 M, 전단력 S가 작용할 때 $a-a$단면에서의 휨응력(σ_b)과 전단응력(τ)은?

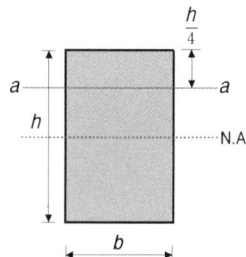

① $\sigma_b = \dfrac{2M}{bh^2}$, $\tau = \dfrac{3}{2} \cdot \dfrac{S}{bh}$

② $\sigma_b = \dfrac{3M}{bh^2}$, $\tau = \dfrac{3}{2} \cdot \dfrac{S}{bh}$

③ $\sigma_b = \dfrac{2M}{bh^2}$, $\tau = \dfrac{9}{8} \cdot \dfrac{S}{bh}$

④ $\sigma_b = \dfrac{3M}{bh^2}$, $\tau = \dfrac{9}{8} \cdot \dfrac{S}{bh}$

10. 길이 10m의 양단고정된 강재에 15℃에서 40℃로의 온도상승에 의한 응력은? (단, $E = 210{,}000$MPa, $\alpha = 1.0 \times 10^{-5}/℃$)

① 42.5MPa ② 47.5MPa
③ 52.5MPa ④ 55.5MPa

해설 및 정답

1.
(1) 합력: $R = +(10)+(40)+(20) = +70\text{kN}(\uparrow)$
(2) O점에서 모멘트를 계산한다.
$-(70)(x) = -(10)(1)-(40)(3)-(20)(4)$
$\therefore\ x = 3\text{m}$

답 : ③

2.
(1) 직사각형(rectangular): $\tau_{\max} = k \cdot \dfrac{V_{\max}}{A} = \left(\dfrac{3}{2}\right)\cdot \dfrac{V_{\max}}{A}$

(2) 원형(circular): $\tau_{\max} = k \cdot \dfrac{V_{\max}}{A} = \left(\dfrac{4}{3}\right)\cdot \dfrac{V_{\max}}{A}$

(3) $\dfrac{\tau_{rect}}{\tau_{circ}} = \dfrac{\dfrac{3}{2}\cdot \dfrac{V_{\max}}{A}}{\dfrac{4}{3}\cdot \dfrac{V_{\max}}{A}} = \dfrac{9}{8}$

답 : ①

3.
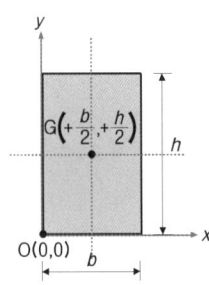

$I_{xy} = A \cdot x \cdot y = (bh)\left[+\left(\dfrac{b}{2}\right)-(0)\right]\left[+\left(\dfrac{h}{2}\right)-(0)\right] = \dfrac{b^2 h^2}{4}$

답 : ③

4.

단면의 성질	용 도	단 위
단면1차모멘트	도심	L^3
단면2차모멘트	휨응력, 전단응력 등	L^4
단면상승모멘트	주축	L^4
단면계수	휨 저항능력	L^3
단면2차반경	좌굴 저항능력	L

답 : ④

5.
(1) $\sum M_B = 0:\ +(V_A)(4)-(160)(3)-(80)(1)=0$
$\therefore\ V_A = +140\text{kN}(\uparrow)$
(2) $M_{C,Left} = 0:\ +(140)(2)-(H_A)(3)-(160)(1)=0$
$\therefore\ H_A = +40\text{kN}(\rightarrow)$

답 : ②

6.
(1) 일단고정 타단힌지: $K = 0.7$
(2) $\sigma_{cr} = \dfrac{P_{cr}}{A} = \dfrac{\dfrac{\pi^2 EI}{(KL)^2}}{A} = \dfrac{\pi^2 E}{(KL)^2}\cdot \dfrac{I}{A}$

$= \dfrac{\pi^2(2\times 10^5)}{(0.7\times 20{,}000)^2}\cdot \dfrac{\left(\dfrac{\pi(100)^4}{64}\right)}{\left(\dfrac{\pi(100)^2}{4}\right)} = 6.294\text{N/mm}^2$

$= 6.294\text{MPa}$

답 : ①

7.
(1) $\sum M_A = 0:\ +(20\times 4)(2)-(V_B)(10)=0$
$\therefore\ V_B = +16\text{kN}(\uparrow)$
(2) $M_{C,Right} = -[-(16)(5)] = +80\text{kN}\cdot\text{m}(\smile)$

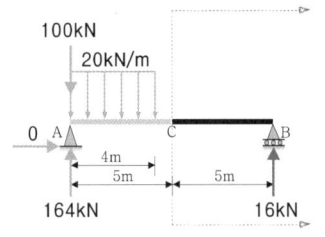

답 : ③

8.
$\delta_{\max} = \dfrac{5}{384}\cdot \dfrac{wL^4}{EI} = \dfrac{5}{384}\cdot \dfrac{wL^4}{E\left(\dfrac{bh^3}{12}\right)}$

➡ 하중(w)에 비례, 경간(L)의 4제곱에 비례, 탄성계수(E)에 반비례, 단면2차모멘트(I)에 반비례, 보 폭(b)에 반비례, 보의 높이(h)의 3제곱에 반비례한다.

답 : ②

9.

(1) $\sigma_b = \dfrac{M}{I} \cdot y = \dfrac{M}{\left(\dfrac{bh^3}{12}\right)} \cdot \left(\dfrac{h}{4}\right) = \dfrac{3M}{bh^2}$

(2) $\tau = \dfrac{V \cdot Q}{I \cdot b} = \dfrac{(S)\left[\left(b \times \dfrac{h}{4}\right)\left(\dfrac{3h}{4}\right)\right]}{\left(\dfrac{bh^3}{12}\right)(b)} = \dfrac{9}{8} \cdot \dfrac{S}{bh}$

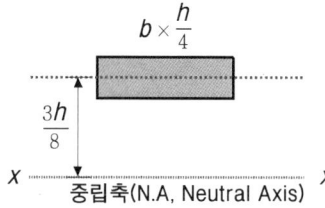

전단응력 산정을 위한 Q

답 : ④

10.

$\sigma_T = E \cdot \epsilon_T = E \cdot \alpha \cdot \Delta T$
$\quad = (210,000)(1.0 \times 10^{-5})(40-15)$
$\quad = 52.5 \text{N/mm}^2 = 52.5 \text{MPa}$

답 : ③

과년도출제문제(CBT시험문제)

25 토목산업기사 3회 시행 출제문제

※ 본 기출문제는 수험자의 기억을 바탕으로 하여 복원한 문제이므로 실제 문제와 다를 수 있음을 미리 알려드립니다.

1. 단면 150mm×150mm인 정사각형이고, 길이 1m인 강재에 120kN의 압축력을 가했더니 1mm가 줄어들었다. 이 강재의 탄성계수는?

① 5,333MPa ② 6,333MPa
③ 7,333MPa ④ 8,333MPa

2. 그림과 같은 단순보에 발생하는 최대 전단응력($\tau_{\max}$)은?

① $\dfrac{4wL}{9bh}$ ② $\dfrac{wL}{2bh}$
③ $\dfrac{9wL}{16bh}$ ④ $\dfrac{3wL}{4bh}$

3. 그림과 같이 세 개의 평행력이 작용하고 있을 때 A점으로부터 합력(R)의 위치까지의 거리 x는 얼마인가?

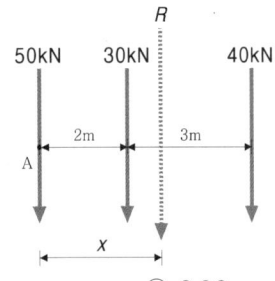

① 2.17m ② 2.86m
③ 3.24m ④ 3.96m

4. ABC의 중앙점에 100kN의 하중을 달았을 때 정지하였다면 장력 T의 값은 몇 kN인가?

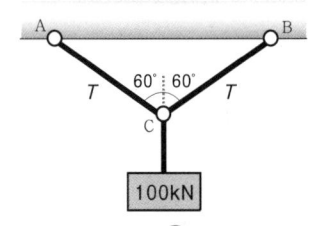

① 100 ② 86.6
③ 50   ④ 150

5. 단순보에 모멘트하중이 작용할 때 각 지점에서의 수직반력을 구한 값은? (단, (-)는 하향)

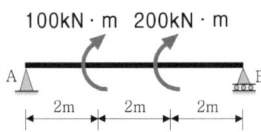

① $R_A = 40$kN, $R_B = -40$kN
② $R_A = 50$kN, $R_B = -50$kN
③ $R_A = -40$kN, $R_B = 40$kN
④ $R_A = -50$kN, $R_B = 50$kN

6. 모든 도형에서 도심을 지나는 축에 대한 단면1차모멘트 값의 범위로 옳은 설명은?

① 0(Zero)이다.
② 0 보다 크다.
③ 0 보다 작다.
④ 0에서 1 사이의 값을 갖는다.

7. 캔틸레버보의 B점에 연직하중 P가 작용할 때 B점과 C점의 처짐각 θ_B 와 θ_C의 비는?

① 1 : 1
② 2 : 3
③ 4 : 7
④ 4 : 9

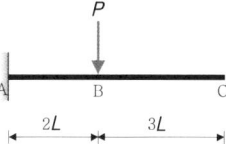

8. 기둥 길이가 6m, 단면의 지름은 300mm일 때 이 기둥의 세장비는?

① 50
② 60
③ 70
④ 80

9. 최대 휨모멘트가 생기는 위치에서 휨응력이 120MPa 이라고 하면 단면계수는?

① $3.5 \times 10^5 \text{mm}^3$
② $4.0 \times 10^5 \text{mm}^3$
③ $4.5 \times 10^5 \text{mm}^3$
④ $5.0 \times 10^5 \text{mm}^3$

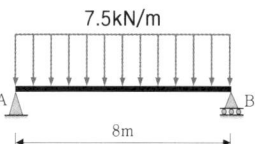

10. 그림 (A)의 양단힌지 기둥의 탄성좌굴하중이 200kN 이었다면, 그림 (B)기둥의 좌굴하중은?

① 12.5kN
② 25kN
③ 50kN
④ 100kN

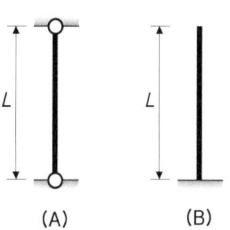

해설 및 정답

1.

$\sigma = E \cdot \epsilon$ 으로부터 $\dfrac{P}{A} = E \cdot \dfrac{\Delta L}{L}$

$E = \dfrac{P \cdot L}{A \cdot \Delta L} = \dfrac{(120 \times 10^3)(1 \times 10^3)}{(150 \times 150)(1)}$

$= 5{,}333 \text{N/mm}^2 = 5{,}333 \text{MPa}$

답 : ①

2.

(1) $V_{\max} = V_A = V_B = \dfrac{wL}{2}$

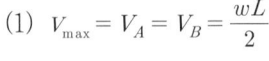

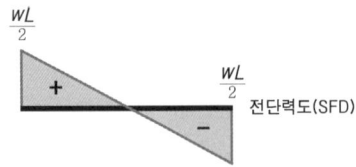
전단력도(SFD)

(2) $\tau_{\max} = k \cdot \dfrac{V_{\max}}{A} = \left(\dfrac{3}{2}\right) \cdot \dfrac{\left(\dfrac{wL}{2}\right)}{(bh)} = \dfrac{3}{4} \cdot \dfrac{wL}{bh}$

답 : ④

3.

(1) 합력: $R = -(50) - (30) - (40) = -120 \text{kN}(\downarrow)$

(2) A점에서 모멘트를 계산한다.

$+(120)(x) = (50)(0) + (30)(2) + (40)(5)$

$\therefore x = 2.166 \text{m}$

답 : ①

4.

C절점에서 T 부재들이 이루는 각도가 120°이므로 $T = 100 \text{kN}$이 된다.

답 : ①

5.

$\Sigma M_B = 0 : +(V_A)(6) + (10) + (20) = 0$

$\therefore V_A = -50 \text{kN}(\downarrow)$ ➡ $\therefore V_B = +50 \text{kN}(\uparrow)$

답 : ④

6.

① 단면의 도심을 통과하는 축에 대한 단면1차모멘트는 0이다.

답 : ①

7.

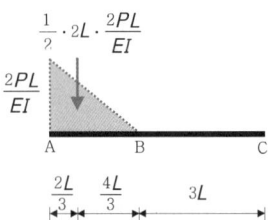

(1) 처짐각 = 탄성하중도의 면적

➡ $\theta_B = \theta_C = \dfrac{1}{2} \cdot 2L \cdot \dfrac{2PL}{EI} = 2 \cdot \dfrac{PL^2}{EI}$

(2) B점에서의 면적이나 C점에서의 면적은 같다.

답 : ①

8.

$\lambda = \dfrac{KL}{r_{\min}} = \dfrac{KL}{\sqrt{\dfrac{I_{\min}}{A}}}$

$= \dfrac{(1)(L)}{\sqrt{\dfrac{\left(\dfrac{\pi D^4}{64}\right)}{\left(\dfrac{\pi D^2}{4}\right)}}} = \dfrac{4L}{D} = \dfrac{4(6 \times 10^3)}{(300)} = 80$

답 : ④

9.

$\sigma_{\max} = \dfrac{M_{\max}}{Z} = \dfrac{\dfrac{wL^2}{8}}{Z}$ 으로부터

$Z = \dfrac{\dfrac{wL^2}{8}}{\sigma_{\max}} = \dfrac{\dfrac{(7.5)(8\times 10^3)^2}{8}}{(120)} = 5\times 10^5 \mathrm{mm}^3$

답 : ④

10.

(1) 양단힌지: $\dfrac{1}{K^2} = \dfrac{1}{(1.0)^2} = 1$

일단고정 타단자유: $\dfrac{1}{K^2} = \dfrac{1}{(2.0)^2} = \dfrac{1}{4}$

(2) $1 : \dfrac{1}{4} = 4 : 1$ 이므로 장주 (A)가 200kN의 하중을 받을 수 있다면, 장주 (B)는 50kN의 하중을 받을 수 있다.

답 : ③

토목기사 대비 응용역학 ①

定價 28,000원

저 자 안광호 · 김창원
　　　 염창열 · 정용욱

발행인 이　종　권

2001年　5月　　7日　초판발행
2021年　1月　　7日　20차개정1쇄발행
2022年　1月　10日　21차개정1쇄발행
2023年　1月　18日　22차개정1쇄발행
2024年　1月　　9日　23차개정1쇄발행
2025年　1月　10日　24차개정1쇄발행
2026年　1月　　7日　25차개정1쇄발행

發行處　(주) 한솔아카데미

(우)06775 서울시 서초구 마방로10길 25 트윈타워 A동 2002호
　　TEL : (02)575-6144/5　　FAX : (02)529-1130
　　　　〈1998. 2. 19 登錄 第16-1608號〉

※ 본 교재의 내용 중에서 오타, 오류 등은 발견되는 대로 한솔아
　카데미 인터넷 홈페이지를 통해 공지하여 드리며 보다 완벽한
　교재를 위해 끊임없이 최선의 노력을 다하겠습니다.

※ 파본은 구입하신 서점에서 교환해 드립니다.

www.inup.co.kr / www.bestbook.co.kr

ISBN 979-11-6654-748-5 13530

한솔아카데미 발행도서

건축기사시리즈
①건축계획
이종석, 이병억 공저
432쪽 | 27,000원

건축기사시리즈
②건축시공
김형중, 한규대, 이명철 공저
570쪽 | 27,000원

건축기사시리즈
③건축구조
안광호, 홍태화, 고길용 공저
796쪽 | 27,000원

건축기사시리즈
④건축설비
오병칠, 권영철, 오호영 공저
564쪽 | 27,000원

건축기사시리즈
⑤건축법규
현정기, 조영호, 한웅규, 김주석 공저
622쪽 | 27,000원

건축기사 필기 10개년 핵심 과년도문제해설
안광호, 백종엽, 이병억 공저
1,028쪽 | 45,000원

건축기사 4주완성
남재호, 송우용 공저
1,412쪽 | 47,000원

건축산업기사 4주완성
남재호, 송우용 공저
1,136쪽 | 44,000원

7개년 기출문제 건축산업기사 필기
한솔아카데미 수험연구회
868쪽 | 38,000원

건축설비기사 4주완성
남재호 저
1,088쪽 | 46,000원

건축설비산업기사 4주완성
남재호 저
872쪽 | 40,000원

10개년 핵심 건축설비기사 과년도
남재호 저
1,148쪽 | 40,000원

건축기사 실기
한규대, 김형중, 안광호, 이병억 공저
1,708쪽 | 53,000원

건축기사 실기 (The Bible)
안광호, 백종엽, 이병억 공저
1,000쪽 | 41,000원

건축기사 실기 14개년 과년도
안광호, 백종엽, 이병억 공저
688쪽 | 34,000원

건축산업기사 실기
한규대, 김형중, 안광호, 이병억 공저
696쪽 | 33,000원

건축산업기사 실기 (The Bible)
안광호, 백종엽, 이병억 공저
300쪽 | 30,000원

실내건축기사 4주완성
남재호 저
1,320쪽 | 39,000원

실내건축산업기사 4주완성
남재호 저
1,096쪽 | 32,000원

시공실무 실내건축(산업)기사 실기
안동훈, 이병억 공저
422쪽 | 30,000원

Hansol Academy

건축사 과년도출제문제
1교시 대지계획
한솔아카데미 건축사수험연구회
346쪽 | 33,000원

건축사 과년도출제문제
2교시 건축설계1
한솔아카데미 건축사수험연구회
192쪽 | 33,000원

건축사 과년도출제문제
3교시 건축설계2
한솔아카데미 건축사수험연구회
436쪽 | 33,000원

건축물에너지평가사
①건물 에너지 관계법규
건축물에너지평가사 수험연구회
852쪽 | 32,000원

건축물에너지평가사
②건축환경계획
건축물에너지평가사 수험연구회
516쪽 | 30,000원

건축물에너지평가사
③건축설비시스템
건축물에너지평가사 수험연구회
708쪽 | 32,000원

건축물에너지평가사
④건물 에너지효율설계·평가
건축물에너지평가사 수험연구회
648쪽 | 32,000원

건축물에너지평가사
2차실기(상)
건축물에너지평가사 수험연구회
940쪽 | 45,000원

건축물에너지평가사
2차실기(하)
건축물에너지평가사 수험연구회
905쪽 | 50,000원

토목기사시리즈
①응용역학
안광호, 김창원, 염창열, 정용욱 공저
540쪽 | 28,000원

토목기사시리즈
②측량학
남수영, 정경동, 고길용 공저
392쪽 | 28,000원

토목기사시리즈
③수리학 및 수문학
심기오, 노재식, 한웅규 공저
396쪽 | 28,000원

토목기사시리즈
④철근콘크리트 및 강구조
정경동, 정용욱, 고길용, 김지우 공저
464쪽 | 28,000원

토목기사시리즈
⑤토질 및 기초
안진수, 박광진, 김창원, 홍성협 공저
588쪽 | 28,000원

토목기사시리즈
⑥상하수도공학
노재식, 이상도, 한웅규, 정용욱 공저
544쪽 | 28,000원

10개년 핵심 토목기사 과년도문제해설
김창원 외 5인 공저
1,076쪽 | 46,000원

토목기사 4주완성
핵심 및 과년도문제해설
이상도, 고길용, 안광호, 홍성협, 김지우 공저
1,054쪽 | 45,000원

토목산업기사 4주완성
과년도문제해설
이상도, 정경동, 고길용, 안광호, 한웅규, 홍성협 공저
752쪽 | 42,000원

토목기사 실기
김태선, 박광진, 홍성협, 김창원, 김상욱, 이상도, 한웅규 공저
1,540쪽 | 52,000원

토목기사 실기
과년도문제해설
김태선, 이상도, 한웅규, 홍성협, 김상욱, 김지우 공저
892쪽 | 38,000원

www.bestbook.co.kr

콘크리트기사 · 산업기사 4주완성(필기)
정용욱, 고길용, 전지현, 김지우 공저
856쪽 | 39,000원

콘크리트기사 과년도(필기)
정용욱, 고길용, 김지우 공저
684쪽 | 30,000원

콘크리트기사 · 산업기사 3주완성(실기)
정용욱, 한웅규, 홍성협, 전지현 공저
784쪽 | 33,000원

건설재료시험기사 4주완성(필기)
박광진, 이상도, 김지우, 전지현 공저
742쪽 | 39,000원

건설재료시험기사 과년도(필기)
고길용, 정용욱, 홍성협, 전지현 공저
692쪽 | 32,000원

건설재료시험기사 3주완성(실기)
고길용, 홍성협, 전지현, 김지우 공저
728쪽 | 33,000원

콘크리트기능사 3주완성(필기+실기)
정용욱, 고길용, 염창열, 전지현 공저
538쪽 | 27,000원

지적기능사(필기+실기) 3주완성
염창열, 정병노 공저
640쪽 | 30,000원

측량기능사 3주완성
염창열, 정병노, 고길용 공저
580쪽 | 29,000원

전산응용토목제도기능사 필기 3주완성
염창열, 김지우, 최진호 공저
644쪽 | 29,000원

건설안전기사 4주완성 필기
지준석, 조태연 공저
1,388쪽 | 38,000원

산업안전기사 4주완성 필기
지준석, 조태연 공저
1,560쪽 | 38,000원

공조냉동기계기사 필기
조성안, 이승원, 강희중 공저
1,358쪽 | 41,000원

공조냉동기계산업기사 필기
조성안, 이승원, 강희중 공저
1,236쪽 | 36,000원

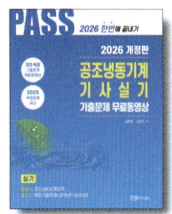

공조냉동기계기사 실기
조성안, 강희중 공저
1,040쪽 | 38,000원

조경기사 · 산업기사 필기
이윤진 저
1,464쪽 | 49,000원

조경기사 · 산업기사 실기
이윤진 저
784쪽 | 45,000원

조경기능사 필기
이윤진 저
682쪽 | 29,000원

조경기능사 실기
이윤진 저
360쪽 | 29,000원

조경기능사 필기
한상엽 저
712쪽 | 28,000원

Hansol Academy

조경기능사 실기
한상엽 저
823쪽 | 30,000원

산림기사·산업기사 1권
이윤진 저
888쪽 | 27,000원

산림기사·산업기사 2권
이윤진 저
974쪽 | 27,000원

전기기사시리즈(전6권)
대산전기수험연구회
2,240쪽 | 131,000원

전기기사 5주완성
전기기사수험연구회
2,140쪽 | 43,000원

전기산업기사 5주완성
전기산업기사수험연구회
1,964쪽 | 43,000원

전기공사기사 5주완성
전기공사기사수험연구회
2,096쪽 | 43,000원

전기공사산업기사 5주완성
전기공사산업기사수험연구회
1,606쪽 | 43,000원

전기(산업)기사 실기
대산전기수험연구회
766쪽 | 43,000원

전기기사 실기 20개년 과년도문제해설
대산전기수험연구회
992쪽 | 38,000원

전기기사시리즈(전6권)
김대호 저
3,230쪽 | 136,000원

전기기사 실기 기본서
김대호 저
964쪽 | 39,000원

전기기사 실기 기출문제
김대호 저
1,340쪽 | 43,000원

전기산업기사 실기 기본서
김대호 저
920쪽 | 39,000원

전기산업기사 실기 기출문제
김대호 저
1,076쪽 | 41,000원

전기기사/전기산업기사 실기 마인드 맵
김대호 저
232 | 15,000원

CBT 전기기사 단기완성
이승원, 김승철, 윤종식 공저
1,244쪽 | 42,000원

전기기능사 3단계 핵심 및 과년도
김승철, 신면순, 오용환, 이승원 공저
876쪽 | 28,000원

전기기능사 3주완성
이승원, 김승철, 윤종식 공저
532쪽 | 27,000원

소방설비기사 기계분야 필기
김홍준, 윤중오 공저
1,212쪽 | 40,000원

www.bestbook.co.kr

소방설비기사 전기분야 필기
김흥준, 신면순 공저
1,148쪽 | 40,000원

공무원 건축계획
이병억 저
800쪽 | 37,000원

7·9급 토목직 응용역학
정경동 저
1,192쪽 | 42,000원

응용역학개론 기출문제
정경동 저
686쪽 | 40,000원

측량학(9급 기술직/ 서울시·지방직)
정병노, 염창열, 정경동 공저
756쪽 | 29,000원

응용역학(9급 기술직/ 서울시·지방직)
이국형 저
628쪽 | 23,000원

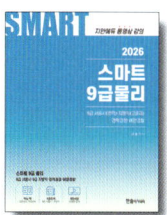
스마트 9급 물리 (서울시·지방직)
신용찬 저
422쪽 | 23,000원

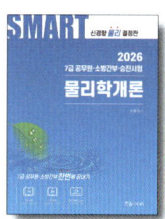
7급 공무원 스마트 물리학개론
신용찬 저
996쪽 | 45,000원

1종 운전면허
도로교통공단 저
110쪽 | 13,000원

2종 운전면허
도로교통공단 저
110쪽 | 13,000원

지게차 운전기능사
건설기계수험연구회 편
216쪽 | 15,000원

굴삭기 운전기능사
건설기계수험연구회 편
224쪽 | 15,000원

지게차 운전기능사 3주완성
건설기계수험연구회 편
338쪽 | 12,000원

굴삭기 운전기능사 3주완성
건설기계수험연구회 편
356쪽 | 12,000원

초경량 비행장치 무인멀티콥터
권희춘, 김병구 공저
258쪽 | 22,000원

시각디자인 산업기사 4주완성
김영애, 서정술, 이원범 공저
1,102쪽 | 36,000원

시각디자인 기사·산업기사 실기
김영애, 이원범 공저
508쪽 | 35,000원

토목 BIM 설계활용서
김영휘, 박형순, 송윤상, 신현준, 안서현, 박진훈, 노기태 공저
388쪽 | 30,000원

BIM 전문가 토목 2급자격(필기+실기)
BIM전문가 토목연구회 공저
324쪽 | 32,000원

BIM 구조편
(주)알피종합건축사사무소
(주)동양구조안전기술 공저
536쪽 | 32,000원

Hansol Academy

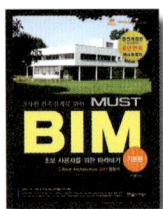
BIM 기본편
(주)알피종합건축사사무소
402쪽 | 32,000원

BIM 기본편 2탄
(주)알피종합건축사사무소
380쪽 | 28,000원

BIM 건축계획설계 Revit 실무지침서
BIMFACTORY
607쪽 | 35,000원

전통가옥에서 BIM을 보며
김요한, 함남혁, 유기찬 공저
548쪽 | 32,000원

BIM 주택설계편
(주)알피종합건축사사무소
박기백, 서창석, 함남혁, 유기찬 공저
514쪽 | 32,000원

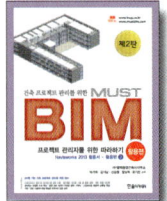
BIM 활용편 2탄
(주)알피종합건축사사무소
380쪽 | 30,000원

BIM 건축전기설비설계
모델링스토어, 함남혁
572쪽 | 32,000원

BIM 토목편
송현혜, 김동욱, 임성순, 유자영, 심창수 공저
278쪽 | 25,000원

디지털모델링 방법론
이나래, 박기백, 함남혁, 유기찬 공저
380쪽 | 28,000원

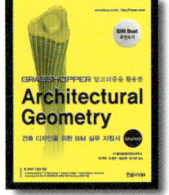
건축디자인을 위한 BIM 실무 지침서
(주)알피종합건축사사무소
박기백, 오정우, 함남혁, 유기찬 공저
516쪽 | 30,000원

BIM 전문가 건축 2급자격(필기+실기)
모델링스토어
760쪽 | 36,000원

BIM 전문가 토목 2급 실무활용서
채재현, 김영휘, 박준오, 소광영, 김소희, 이기수, 조수연
614쪽 | 35,000원

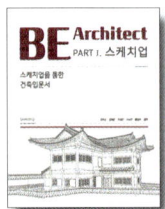
BE Architect
유기찬, 김재준, 차성민, 신수진, 홍유찬 공저
282쪽 | 20,000원

BE Architect 라이노&그래스호퍼
유기찬, 김재준, 조준상, 오주연 공저
288쪽 | 22,000원

BE Architect AUTO CAD
유기찬, 김재준 공저
400쪽 | 25,000원

건축관계법규(전3권)
최한석, 김수영 공저
3,544쪽 | 110,000원

건축법령집
최한석, 김수영 공저
1,490쪽 | 60,000원

건축법해설
김수영, 이종석, 김동화, 김용환, 조영호, 오호영 공저
918쪽 | 32,000원

건축설비관계법규
김수영, 이종석, 박호준, 조영호, 오호영 공저
790쪽 | 34,000원

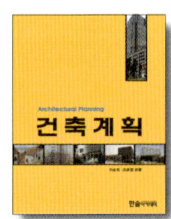
건축계획
이순희, 오호영 공저
422쪽 | 23,000원

www.bestbook.co.kr

건축시공학
이찬식, 김선국, 김예상, 고성석,
손보식, 유정호, 김태완 공저
776쪽 | 30,000원

**현장실무를 위한
토목시공학**
남기천,김성환,유광호,강보순,
김종민,최준성 공저
1,212쪽 | 45,000원

알기쉬운 토목시공
남기천, 유광호, 류명찬, 윤영철,
최준성, 고준영, 김연덕 공저
818쪽 | 28,000원

Auto CAD 오토캐드
김수영, 정기범 공저
364쪽 | 25,000원

친환경 업무매뉴얼
정보현, 장동원 공저
352쪽 | 30,000원

**건축시공기술사
기출문제**
배용환, 서갑성 공저
1,146쪽 | 69,000원

**합격의 정석
건축시공기술사**
조민수 저
904쪽 | 67,000원

**건축시공기술사
용어해설**
조민수 저
1,438쪽 | 70,000원

**건축전기설비기술사
(상, 하)**
서학범 저
1,532쪽 | 65,000원(각권)

**디테일 기본서 PE
건축시공기술사**
백종엽 저
730쪽 | 62,000원

**디테일 마법지 PE
건축시공기술사**
백종엽 저
504쪽 | 50,000원

**용어설명1000 PE
건축시공기술사(상,하)**
백종엽 저
2,148쪽 | 70,000원(각권)

역학의 정석
김성민, 김성범 공저
788쪽 | 52,000원

**합격의 정석
토목시공기술사**
김무섭, 조민수 공저
874쪽 | 60,000원

건설안전기술사
이태엽 저
776쪽 | 60,000원

소방기술사 上
윤정득, 박견용 공저
656쪽 | 55,000원

소방기술사 下
윤정득, 박견용 공저
730쪽 | 55,000원

**소방시설관리사 1차
(상,하)**
김홍준 저
1,630쪽 | 63,000원

건축에너지관계법해설
조영호 저
614쪽 | 27,000원

ENERGYPULS
이광호 저
236쪽 | 25,000원

Hansol Academy

수학의 마술(2권)
아서 벤저민 저, 이경희, 윤미선, 김은현, 성지현 옮김
206쪽 | 24,000원

스트레스, 과학으로 풀다
그리고리 L. 프리키온, 애너이브 코비치, 앨버트 S.융 저
176쪽 | 20,000원

행복충전 50Lists
에드워드 호프만 저
272쪽 | 16,000원

지치지 않는 뇌 휴식법
이시카와 요시키 저
188쪽 | 12,800원

지능형홈관리사
김일진, 이의신, 송한춘, 황준호, 장우성 공저
500쪽 | 35,000원

스마트 건설, 스마트 시티, 스마트 홈
김선근 저
436쪽 | 19,500원

e-Test 엑셀 ver.2016
임창인, 조은경, 성대근, 강현권 공저
268쪽 | 17,000원

e-Test 파워포인트 ver.2016
임창인, 권영희, 성대근, 강현권 공저
206쪽 | 15,000원

e-Test 한글 ver.2016
임창인, 이권일, 성대근, 강현권 공저
198쪽 | 13,000원

e-Test 엑셀 2010(영문판)
Daegeun-Seong
188쪽 | 25,000원

e-Test 한글+엑셀+파워포인트
성대근, 유재휘, 강현권 공저
412쪽 | 28,000원

재미있고 쉽게 배우는 포토샵 CC2020
이영주 저
320쪽 | 23,000원

토목기사 실기 (전 3권)

김태선, 박광진, 홍성협, 김창원, 김상욱, 이상도, 한웅규
1,540쪽 | 52,000원

토목기사 실기 12개년 과년도

김태선, 이상도, 한웅규, 홍성협, 김상욱, 김지우
892쪽 | 38,000원

※ 구입처는 **전국대형서점**에서 구매하실 수 있습니다.

CIVIL ENGINEER
응용역학

- 공식파일요약
- 핵심110제(1~28)

응용역학

핵심 1   합력(R, Resultant)

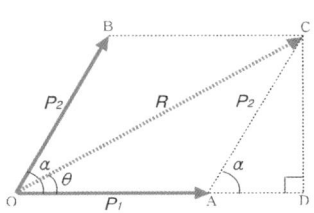

작용점이 같은 두 힘의 합력과 방향

(1) 작용점이 같은 두 힘의 합력: $R = \sqrt{P_1^2 + P_2^2 + 2P_1 \cdot P_2 \cdot \cos\alpha}$

(2) 합력과 수평면과의 방향: $\theta = \tan^{-1}\left(\dfrac{F_2 \cdot \sin\alpha}{F_1 + F_2 \cdot \cos\alpha}\right)$

---

1. 두 힘 P_1, P_2 의 합력 R을 구하면?

① 70kN
② 80kN
③ 90kN
④ 100kN

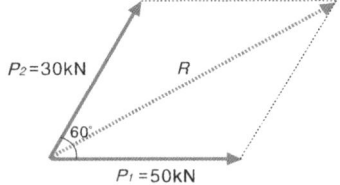

답 ①

2. 그림과 같이 강선 A와 B가 서로 평형상태를 이루고 있다. 이때 각도 θ의 값은?

① 67.84°
② 56.63°
③ 42.26°
④ 28.35°

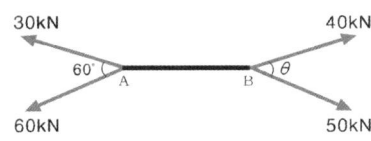

답 ②

핵심 2 바리뇽(Varignon)의 정리

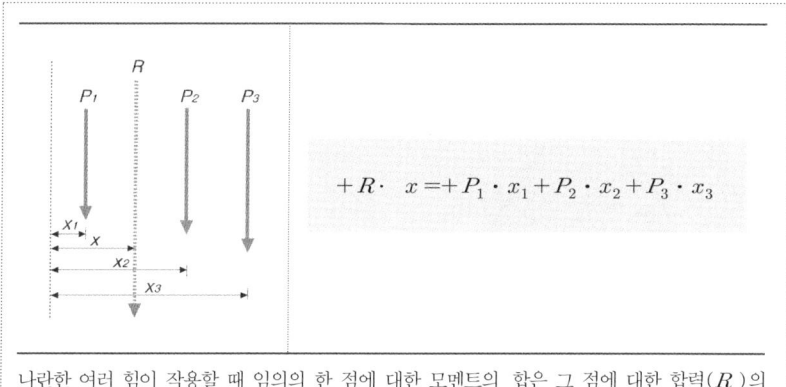

$$+R \cdot x = +P_1 \cdot x_1 + P_2 \cdot x_2 + P_3 \cdot x_3$$

나란한 여러 힘이 작용할 때 임의의 한 점에 대한 모멘트의 합은 그 점에 대한 합력(R)의 모멘트와 같다. 즉, 분력의 모멘트합은 합력의 모멘트와 같다.

1. 동일 평면상의 한 점에 여러 개의 힘이 작용하고 있을 때, 여러 개의 힘의 어떤 점에 대한 모멘트의 합은 그 합력의 동일점에 대한 모멘트와 같다는 것은 어떤 정리인가?

① Mohr의 정리
② Lami의 정리
③ Castigliano의 정리
④ Varignon의 정리

답 ④

2. 그림과 같이 세 개의 평행력이 작용할 때 합력 R의 위치 x는?

① 3.0m
② 3.5m
③ 4.0m
④ 4.5m

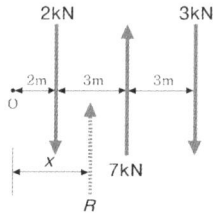

답 ②

핵심 3 라미의 정리(sin 법칙)

sin 법칙	라미의 정리(Lami's Theorem)
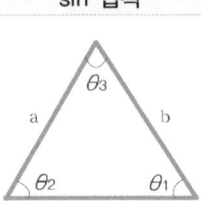	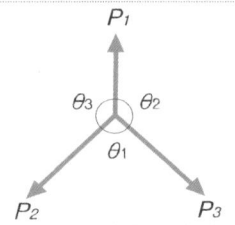
삼각형에서 한 변의 길이와 내각의 sin 값은 비례한다.	한 점에 미치는 두 힘의 크기가 같고 방향이 반대이면 세 힘은 항상 평형상태가 된다.
$\dfrac{a}{\sin\theta_1}=\dfrac{b}{\sin\theta_2}=\dfrac{c}{\sin\theta_3}$	$\dfrac{P_1}{\sin\theta_1}=\dfrac{P_2}{\sin\theta_2}=\dfrac{P_3}{\sin\theta_3}$

1. 그림과 같은 구조물에서 부재 AB가 60kN의 힘을 받을 때 하중 P의 값은?

① 52.4kN
② 59.4kN
③ 62.7kN
④ 69.3kN

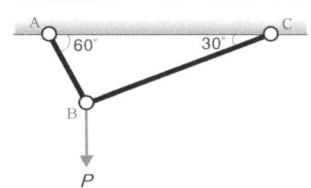

답 ④

2. 부양력 2kN인 기구가 수평선과 60° 각도로 정지상태에 있을 때 기구의 끈에 작용하는 인장력(T)과 풍압(W)을 구하면?

① $T=2.209$kN, $W=1.054$kN
② $T=2.309$kN, $W=1.154$kN
③ $T=2.209$kN, $W=1.254$kN
④ $T=2.309$kN, $W=1.354$kN

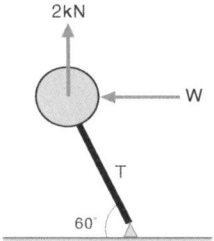

답 ②

핵심 4   단순보의 지점반력

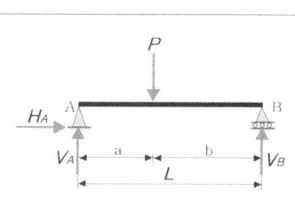

- 하중 P가 작용하는 반대쪽 거리를 전체거리에 대해 나눠갖기 한다고 생각하면 알기 쉽다.

$$V_A = +P \cdot \frac{b}{L} \ (\uparrow) \Rightarrow V_B = +P \cdot \frac{a}{L} \ (\uparrow)$$

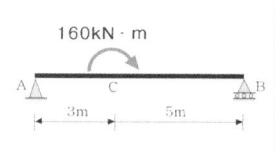

- 모멘트하중이 시계방향이므로 모멘트반력은 반시계방향의 우력모멘트가 되어 돌려막는다고 생각하면 알기 쉽다.

$$V_A = -\frac{M}{L} = -\frac{(160)}{(8)} = -20\text{kN}(\downarrow)$$

$$V_B = +\frac{M}{L} = +\frac{(160)}{(8)} = +20\text{kN}(\uparrow)$$

1. A점의 반력이 B점의 반력의 2배가 되도록 하는 거리 x는?

① 2.5m
② 3m
③ 3.5m
④ 4m

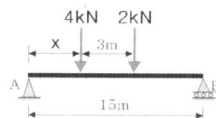

답 ④

2. 그림과 같은 보에서 A점의 반력은?

① 15kN
② 18kN
③ 20kN
④ 23kN

답 ①

핵심 5   3-Hinge 라멘, 아치의 수평반력

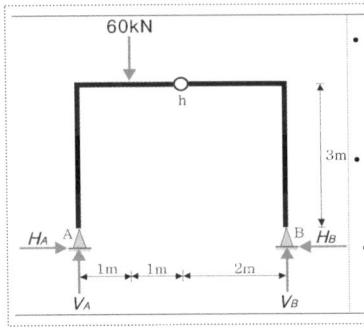

- 수직반력은 단순보의 경우와 동일하다. 수평반력 계산이 관건이며, 힌지 절점에서 $M = 0$을 적용하여 수평반력을 계산한다.
- $V_A = +(60) \cdot \dfrac{3}{4} = +45\text{kN}(\uparrow)$

  ➡ $V_B = +15\text{kN}(\uparrow)$
- $M_{h,Left} = +(45)(2) - (60)(1) - (H_A)(3) = 0$

  $H_A = +10\text{kN}(\rightarrow)$ ➡ $H_B = -10\text{kN}(\leftarrow)$

1. 지점 A의 수평반력 H_A는?

① $\dfrac{PL}{h}$

② $\dfrac{PL}{2h}$

③ $\dfrac{PL}{4h}$

④ $\dfrac{PL}{8h}$

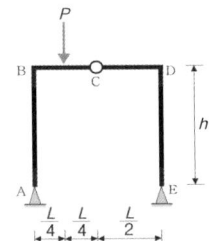

답 ④

2. 지점 A의 수평반력 H_A는?

① $\dfrac{wL^2}{8h}(\leftarrow)$

② $\dfrac{wh^2}{8L}(\leftarrow)$

③ $\dfrac{wL^2}{8h}(\rightarrow)$

④ $\dfrac{wh^2}{8L}(\rightarrow)$

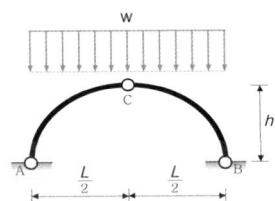

답 ③

핵심 6 전단력(Shear Force, V)

| (+) | (−) |

- 정의: 부재를 수직방향으로 절단하려는 힘
- 지점반력 계산(단, Cantilever 구조는 자유단쪽을 검토하면 지점반력 계산을 할 필요가 없다.)
  ➡ 임의 점을 수직절단 후: 절단면 좌측 계산 ➡ (+) 부호, 우측으로 계산 ➡ (−) 부호
- 수직력의 계산: 상향력(↑) ➡ (+) 계산, 하향력(↓) ➡ (−) 계산

1. C점에서의 전단력의 절대값은?

① 72kN
② 108kN
③ 144kN
④ 176kN

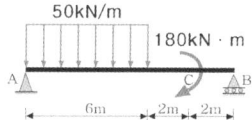

답 ②

2. 중앙점 C의 전단력의 값은?

① 0
② −2.2kN
③ −4.2kN
④ −6.2kN

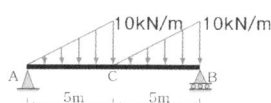

답 ③

3. C점에서의 전단력은?

① $\dfrac{P}{2}$
② $-\dfrac{P}{2}$
③ $\dfrac{\sqrt{2}}{2}P$
④ 0

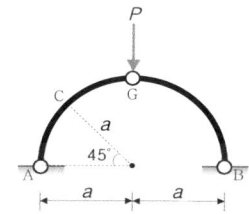

답 ④

핵심 7   휨모멘트(Bending Moment, M)

| (+) | (−) |

- 정의: 부재를 수직방향으로 절단하려는 힘
- 지점반력 계산(단, Cantilever 구조는 자유단쪽을 검토하면 지점반력 계산을 할 필요가 없다.)
  ➡ 임의 점을 수직절단 후: 절단면 좌측 계산 ➡ (+) 부호, 우측으로 계산 ➡ (−) 부호
- 휨모멘트의 합력 계산: 시계 방향(⌢) ➡ (+) 계산, 반시계 방향(⌢) ➡ (−) 계산

---

1. B점의 휨모멘트와 C점의 휨모멘트의 절대값의 크기를 같게 하기 위한 $\dfrac{L}{a}$ 의 값은?

① 6
② 4.5
③ 4
④ 3

답 ①

2. 다음 겔버보에서 E점의 휨모멘트 값은?

① $M = 190\text{kN} \cdot \text{m}$
② $M = 240\text{kN} \cdot \text{m}$
③ $M = 310\text{kN} \cdot \text{m}$
④ $M = 710\text{kN} \cdot \text{m}$

답 ①

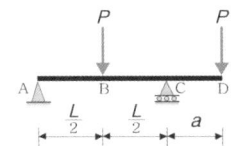

3. C점의 휨모멘트는?

① $62.5\text{kN} \cdot \text{m}$
② $92.5\text{kN} \cdot \text{m}$
③ $123\text{kN} \cdot \text{m}$
④ $182\text{kN} \cdot \text{m}$

답 ②

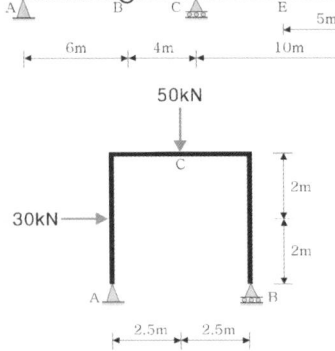

핵심 8   하중(w)-전단력(V)-휨모멘트(M) 관계

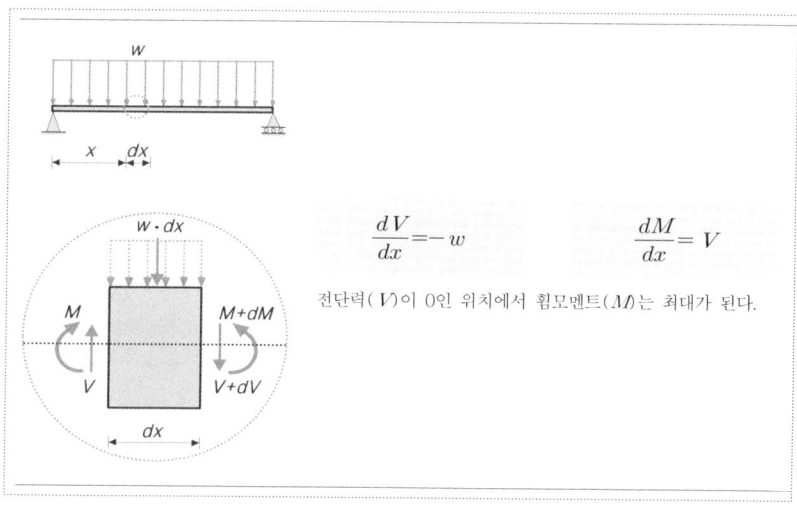

$$\frac{dV}{dx} = -w \qquad \frac{dM}{dx} = V$$

전단력(V)이 0인 위치에서 휨모멘트(M)는 최대가 된다.

---

1. 분포하중(w), 전단력(S) 및 굽힘모멘트(M) 사이의 관계가 옳은 것은?

① $w = \dfrac{dM}{dx} = \dfrac{d^2 S}{dx^2}$

② $w = \dfrac{dS}{dx} = \dfrac{d^2 M}{dx^2}$

③ $-w = \dfrac{dS}{dx} = \dfrac{d^2 M}{dx^2}$

④ $-w = \dfrac{dM}{dx} = \dfrac{d^2 S}{dx^2}$

답 ③

2. 그림과 같은 단순보에서 최대휨모멘트가 발생하는 위치 x(A점으로부터의 거리)와 최대 휨모멘트 M_x는?

① $x = 4.0$m, $M_x = 180.2$kN·m

② $x = 4.8$m, $M_x = 96$kN·m

③ $x = 5.2$m, $M_x = 230.4$kN·m

④ $x = 5.8$m, $M_x = 176.4$kN·m

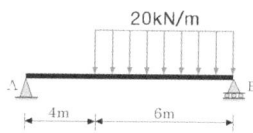

답 ④

핵심 9   절대최대휨모멘트($M_{\max, abs}$)

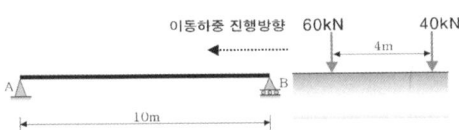

(1) 바리뇽(Varignon)의 정리: 이동하중(연행하중)의 합력(R)과 작용위치를 구한다.
   - 합력 $R = -(60) - (40) = -100[\text{kN}](\downarrow)$
   - 작용위치: 60[kN]에서 모멘트를 계산해 보면
     $+(100)(x_1) = +(60)(0) + (40)(4)$
     ∴ $x_1 = 1.6[\text{m}]$

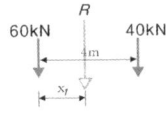

(2) 합력(R)과 가까운 하중(60[kN])과의 거리를 a라 할 때 $\dfrac{a}{2}$ 되는 점을 찾는다.

   위 그림에서 $x_1 = 1.6[\text{m}] = a$ 가 되며, $\dfrac{a}{2} = 0.8[\text{m}]$가 된다.

(3) $\dfrac{a}{2} = 0.8[\text{m}]$점을 보의 중앙(Center Line)에 일치시켜 이동하중을 보에 작용시킨다.

   - 중앙점(C)에서 0.8[m] 왼쪽으로 60[kN]이 놓이게 된다.
   - 이동하중의 합력(R)의 작용점과 이와 가장 가까운 하중과의 거리가 보 경간(Span)의 중앙점에 의해 2등분될 때 그 하중 바로 밑에서 발생한다

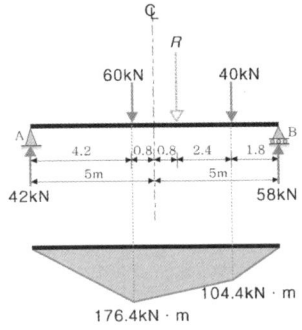

1. 그림과 같은 단순보에 이동하중이 작용할 때 절대최대휨모멘트는?

① 387.2kN · m
② 423.2kN · m
③ 478.4kN · m
④ 531.7kN · m

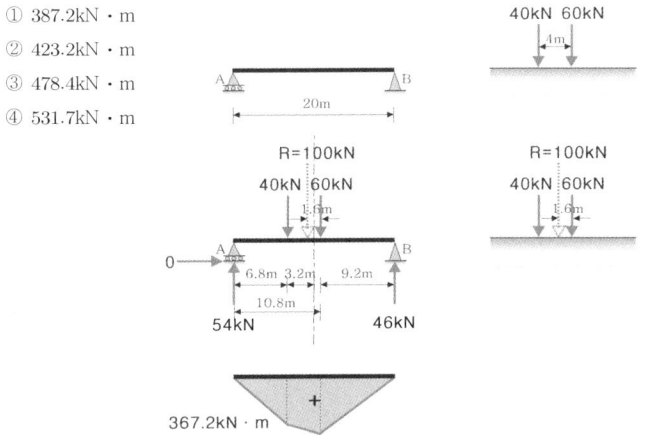

답 ②

2. 그림과 같은 단순보에 하중이 우에서 좌로 이동할 때 절대최대휨모멘트는 얼마인가?

① 228.6kN · m
② 258.6kN · m
③ 298.6kN · m
④ 338.6kN · m

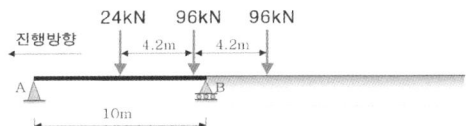

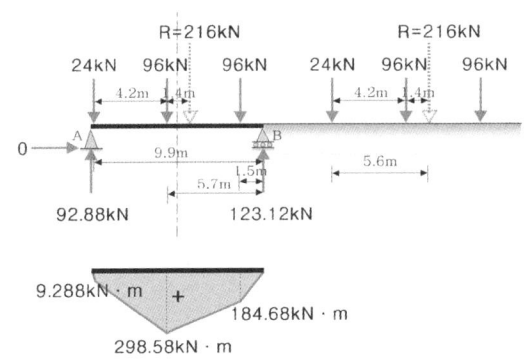

답 ③

핵심 10   트러스(Truss): 절점법(Method of Joint)

해석 순서	➡ 지점반력을 구한다.
	(단, 캔틸레버 트러스의 경우 지점반력을 구할 필요가 없다.)
	
	➡ 부재력을 구하고자 하는 부재를 U형 형태의 3개 이내로 절단하여
	   인장(+) 부재로 가정한다.
	
	➡ 미지의 부재력이 2개가 넘지 않는 절점을 찾아가며
	   $\Sigma H=0$, $\Sigma V=0$을 적용하여 부재력을 구한다.
	
	➡ 인장(+)재로 가정하는 것이 편리하며,
	   해석 결과가 (+)이면 인장재이고, (-)이면 압축재이다.

1. AC부재의 부재력은?

① 인장 40kN
② 압축 40kN
③ 인장 80kN
④ 압축 80kN

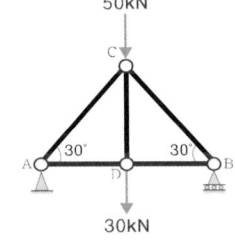

답 ④

2. 부재력이 발생하지 않는 부재는?

① DE 및 DF
② DE 및 DB
③ AD 및 DC
④ DB 및 DC

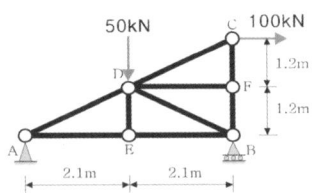

답 ①

핵심 11 트러스(Truss): 절점법(Method of Joint)

해석 순서

➡ 지점반력을 구한다.
(단, 캔틸레버 트러스의 경우 지점반력을 구할 필요가 없다.)

➡ 부재력을 구하고자 하는 부재를 U형 형태의 3개 이내로 절단하여 인장(+) 부재로 가정한다.

➡ 절단된 상태의 자유물체도상에서 $V=0$을 이용하면 경사재(Diagonal Member), 수직재(Vertical Member)의 부재력이 곧바로 구해진다.

➡ 절단된 상태의 자유물체도상에서 $M=0$을 이용하면 상현재(Upper Chord Member), 하현재(Lower Chord Member)의 부재력이 곧바로 구해진다.

1. $L_1 U_1$ 부재의 부재력은?

① 22kN (인장)
② 25kN (인장)
③ 22kN (압축)
④ 25kN (압축)

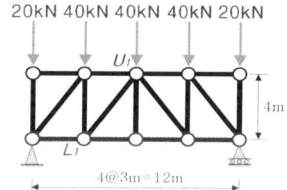

답 ④

2. 그림과 같은 트러스에서 부재 U의 부재력은?

① 1.0kN (압축)
② 1.2kN (압축)
③ 1.3kN (압축)
④ 1.5kN (압축)

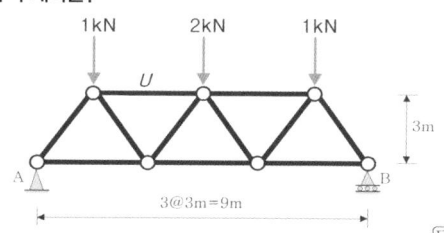

답 ④

핵심 12   단면1차모멘트(G)=면적×도심

단 면	직사각형	삼각형	원
도형	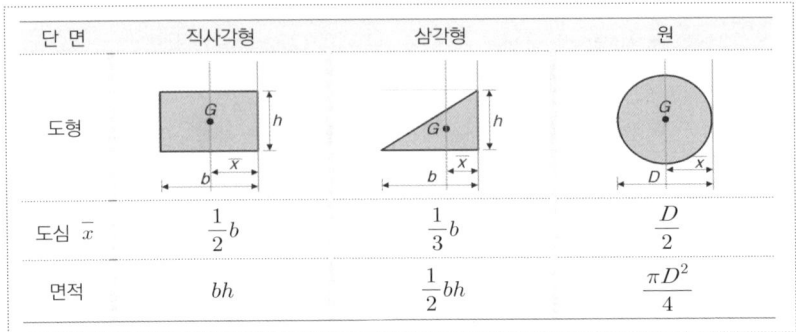		
도심 $\bar{x}$	$\dfrac{1}{2}b$	$\dfrac{1}{3}b$	$\dfrac{D}{2}$
면적	bh	$\dfrac{1}{2}bh$	$\dfrac{\pi D^2}{4}$

1. 그림과 같은 음영 부분의 단면적이 A인 단면에서 도심 $\bar{y}$를 구한 값은?

① $\dfrac{5}{12}D$

② $\dfrac{6}{12}D$

③ $\dfrac{7}{12}D$

④ $\dfrac{8}{12}D$

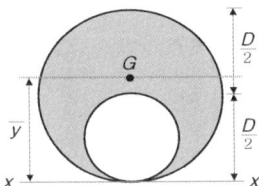

답 ③

2. 사다리꼴 OABC 도심의 좌표($\bar{x}$, $\bar{y}$)는?

① (25.4, 34.6)
② (27.7, 33.1)
③ (33.4, 32.1)
④ (35.4, 27.4)

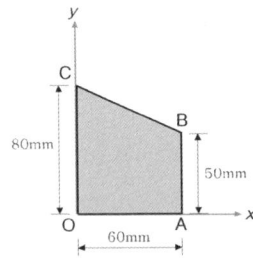

답 ②

핵심 13   단면2차모멘트(I)

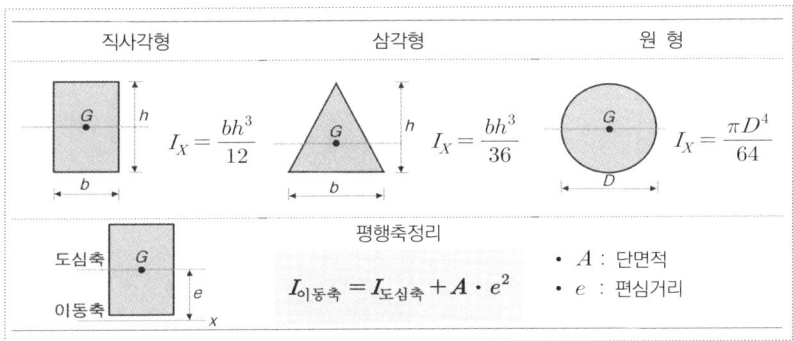

1. x축에 관한 단면2차모멘트 값은?

① $4.130 \times 10^6 \text{mm}^4$
② $4.460 \times 10^6 \text{mm}^4$
③ $4.890 \times 10^6 \text{mm}^4$
④ $5.130 \times 10^6 \text{mm}^4$

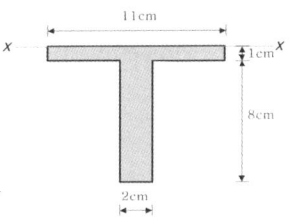

답 ③

2. 그림과 같은 불규칙한 단면의 $A-A$축에 대한 단면2차모멘트는 $35 \times 10^6 \text{mm}^4$ 이다. 만약 단면의 총면적이 $1.2 \times 10^4 \text{mm}^2$ 이라면, B축에 대한 단면2차모멘트는 얼마인가?
(단, D축은 단면의 도심을 통과한다.)

① $17 \times 10^6 \text{mm}^4$
② $15.8 \times 10^6 \text{mm}^4$
③ $17 \times 10^5 \text{mm}^4$
④ $15.8 \times 10^5 \text{mm}^4$

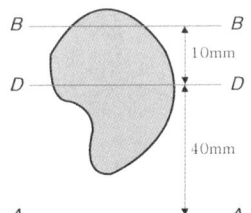

답 ①

핵심 14　단면계수(Z), 단면2차반경(r, 회전반경)

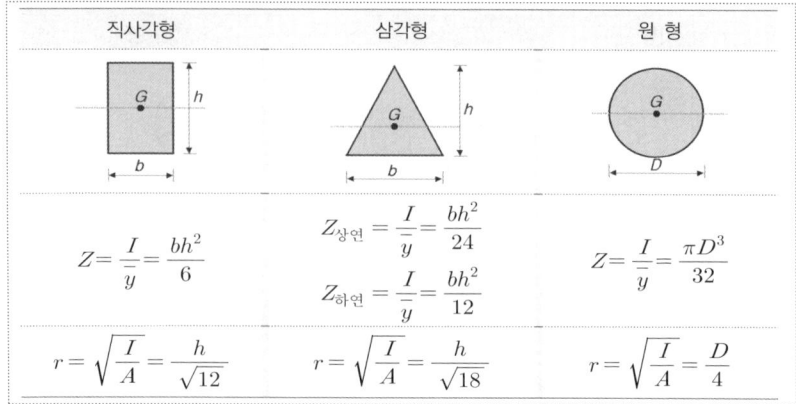

1. 그림과 같은 단면의 단면계수는?

① $2.333 \times 10^6 \text{mm}^3$
② $2.555 \times 10^6 \text{mm}^3$
③ $3.833 \times 10^7 \text{mm}^3$
④ $4.5 \times 10^7 \text{mm}^3$

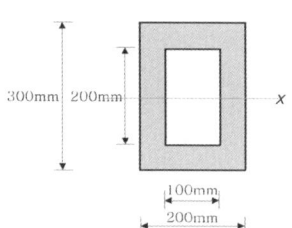

답 ②

2. 도심축(x)에 대한 회전반지름(r)은?

① 116mm
② 136mm
③ 156mm
④ 176mm

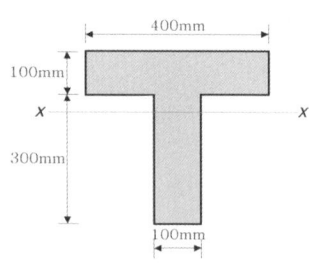

답 ①

핵심 15 수직응력(Normal Stress)

$$\sigma = \frac{P}{A} \ [\text{N/mm}^2,\ \text{MPa}]$$

1. 그림과 같은 강재가 2개의 다른 단면적을 가지고 하중 P를 받고 있을 때 AB가 150MPa의 수직응력(Normal Stress)을 가지면 BC에서의 수직응력은 얼마인가?

① 150MPa
② 300MPa
③ 450MPa
④ 600MPa

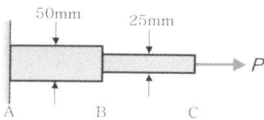

답 ④

2. 그림과 같은 구조물에서 AB 강봉의 최소직경 D의 크기는? (단, 강봉의 허용응력은 $\sigma_a = 1400\text{MPa}$)

① 4mm
② 7mm
③ 10mm
④ 12mm

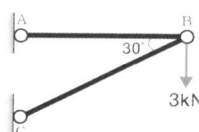

답 ②

핵심 15   수직응력(Normal Stress)

$$\tau_t = \frac{T \cdot r}{I_P} \quad [\text{N/mm}^2, \text{MPa}]$$

T : 비틀림력(N·mm)
r : 반지름(mm)
I_P : 단면2차극모멘트(mm⁴)

---

1. 속이 찬 직경 60mm의 원형축이 비틀림 $T = 4\text{kN} \cdot \text{m}$를 받을 때 단면에서 발생하는 최대 전단응력은?

① 92.65MPa
② 93.26MPa
③ 94.31MPa
④ 95.02MPa

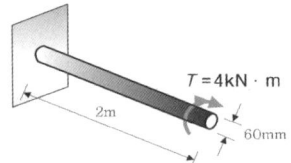

답 ③

2. 반지름 r인 중실축(中實軸)과 바깥반지름 r이고 안반지름이 $0.6r$인 중공축(中空軸)이 동일 크기의 비틀림모멘트를 받고 있다면 중실축 : 중공축의 최대 전단응력비는?

① 1 : 1.28   ② 1 : 1.24
③ 1 : 1.20   ④ 1 : 1.15

답 ④

핵심 16 변형률(Strain)

가로 변형률	$\epsilon_D = \dfrac{\Delta D}{D}$	
세로 변형률 (길이 변형률)	$\epsilon_L = \dfrac{\Delta L}{L}$	
푸아송비(ν) 푸아송수(m)	 Denis Poisson (1781~1840)	$\nu = \dfrac{\epsilon_D}{\epsilon_L} < 1$ $m = \dfrac{1}{\nu} > 1$

1. 어떤 인장재를 시험하였더니 부재의 축 신장도는 1.14×10^{-3} 이었고, 횡수축도(橫收縮度)는 3.42×10^{-4} 이었다. 이 부재의 푸아송(Poisson)의 비(ν)는?

① 0.1　　　　　　　　　② 0.2
③ 0.3　　　　　　　　　④ 3.0

답 ③

2. 지름 40mm, 길이 1m의 둥근 막대가 인장력을 받아서 길이가 6mm 늘어나고, 동시에 지름이 0.08mm 만큼 줄어들었을 때 이 재료의 푸아송수는?

① 1.5　　　　　　　　　② 2.0
③ 2.5　　　　　　　　　④ 3.0

답 ④

3. 직경 50mm, 길이 2m의 봉이 힘을 받아 길이가 2mm 늘어났다면, 이 때 이 봉의 직경은 얼마나 줄어드는가? (단, 이 봉의 푸아송비는 0.3이다.)

① 0.015mm　　　　　　　② 0.030mm
③ 0.045mm　　　　　　　④ 0.060mm

답 ①

핵심 17 　후크(Robert Hooke)의 법칙

수직응력에 대한 후크의 법칙	전단응력에 대한 후크의 법칙
$\sigma = E \cdot \epsilon$	$\tau = G \cdot \gamma$
↓	↓
$\dfrac{P}{A} = E \cdot \dfrac{\Delta L}{L}$	$\dfrac{V}{A} = G \cdot \dfrac{\Delta}{L}$
↓	↓
$\Delta L = \dfrac{PL}{EA}$	$\Delta = \dfrac{VL}{GA}$

Robert Hooke (1635~1703)

탄성계수 E와 전단탄성계수 G와의 관계 : $G = E \cdot \dfrac{1}{2(1+\nu)}$

탄성계수 E와 체적탄성계수 K와의 관계 : $K = \dfrac{E}{3(1-2\nu)}$

---

1. 그림과 같은 직육면체의 윗면에 전단력 $V = 5.4\text{kN}$이 작용하여 그림 (b)와 같이 상면이 옆으로 6mm 만큼의 변형이 발생되었다. 이 재료의 전단탄성계수(G)는?

① 1MPa
② 1.5MPa
③ 2MPa
④ 2.5MPa

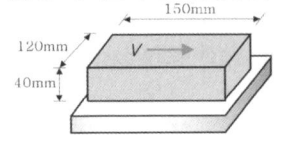
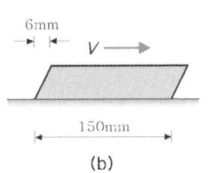

(a)　　　　(b)　　　답 ③

2. 길이 5m, 단면적 $1,000\text{mm}^2$의 강봉을 0.5mm 늘이는데 필요한 인장력은?
(단, $E = 2 \times 10^5 \text{N/mm}^2$)

① 20kN
② 30kN
③ 40kN
④ 50kN

답 ①

3. 균질한 균일 단면봉이 그림과 같이 P_1, P_2, P_3의 하중을 B, C, D점에서 받고 있다. 각 구간의 거리 $a=1.0\text{m}$, $b=0.4\text{m}$, $c=0.6\text{m}$이고 $P_2=100\text{kN}$, $P_3=50\text{kN}$의 하중이 작용 할 때 D점에서의 수직방향 변위가 일어나지 않기 위한 하중 P_1은 얼마인가??

① 50kN
② 60kN
③ 80kN
④ 240kN

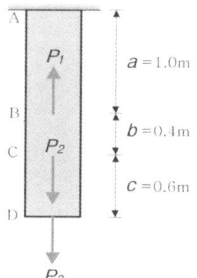

답 ④

4. 탄성계수 $E=210,000\text{MPa}$, 푸아송비 $\nu=0.3$ 일 때 전단탄성계수 G를 구한 값은? (단, 등방이고 균질한 탄성체임)

① 72,000MPa
② 81,000MPa
③ 150,000MPa
④ 320,000MPa

답 ②

5. 지름 50mm의 강봉을 80kN으로 당길 때 지름은 약 얼마나 줄어들겠는가? (단, 푸아송비 $\nu=0.3$, $E=210,000\text{MPa}$)

① 0.0029mm
② 0.057mm
③ 0.00012mm
④ 0.03mm

답 ④

6. 지름 20mm, 길이 3m의 연강원축(軟鋼圓軸)에 30kN의 인장하중을 작용시킬 때 길이가 1.4mm 늘어났고, 지름이 0.0027mm 줄어들었다. 이때 전단탄성계수는 약 얼마인가?

① $2.63\times10^5\text{MPa}$
② $3.37\times10^5\text{MPa}$
③ $5.57\times10^5\text{MPa}$
④ $7.94\times10^5\text{MPa}$

답 ④

핵심 18 휨응력(σ_b, Bending Stress)

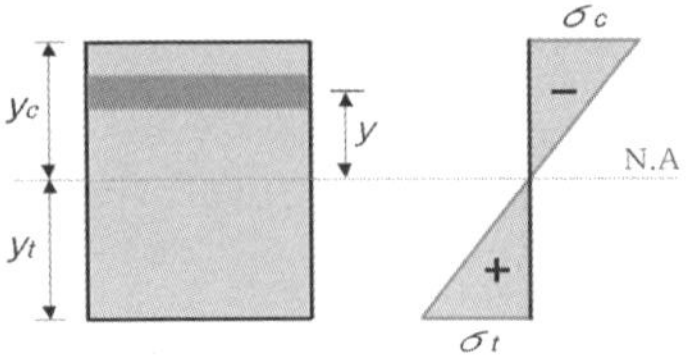

$$\sigma_b = \mp \frac{M}{I} \cdot y$$

중앙점 집중하중 작용 / 등분포하중 만재 시 / 최대 휨응력:

휨모멘트도(BMD)

$$M_{\max} = \frac{PL}{4}$$

휨모멘트도(BMD)

$$M_{\max} = \frac{wL^2}{8}$$

$$\sigma_{\max} = \mp \frac{M}{Z}$$

$$Z = \frac{bh^2}{6} \qquad Z = \frac{\pi D^3}{32}$$

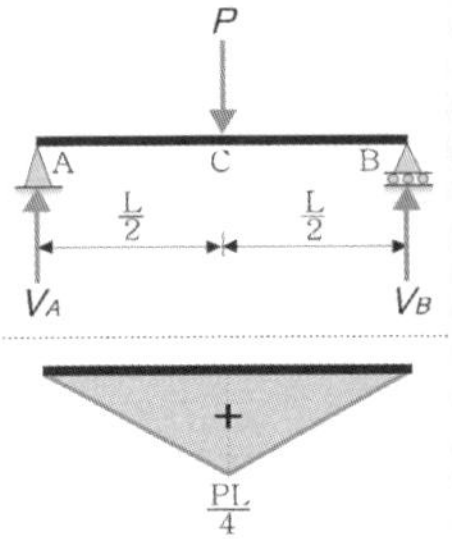

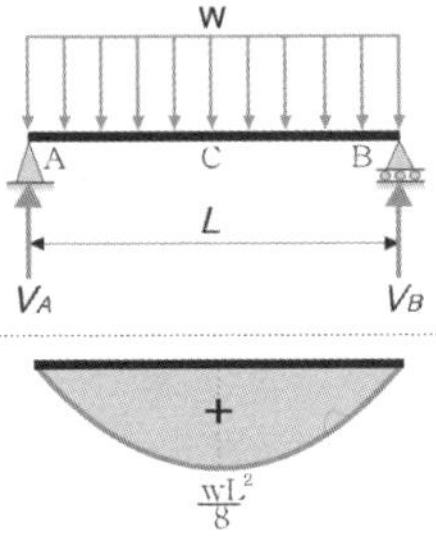

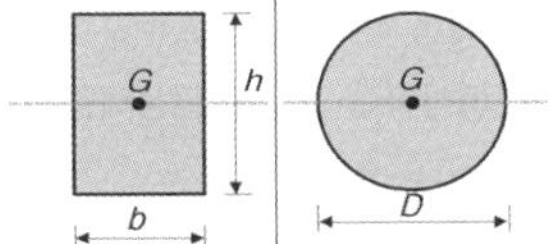

1. 휨모멘트가 M인 다음과 같은 직사각형 단면에서 $A-A$ 에서의 휨응력은?

① $\dfrac{3M}{bh^2}$

② $\dfrac{3M}{4bh^2}$

③ $\dfrac{3M}{2bh^2}$

④ $\dfrac{M}{4b^2h^2}$

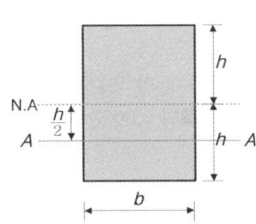

답 ②

2. 직사각형 단면의 보가 최대휨모멘트 $M_{max} = 20\text{kN} \cdot \text{m}$를 받을 때 $A-A$ 단면의 휨응력은?

① 2.25MPa
② 3.75MPa
③ 4.25MPa
④ 4.65MPa

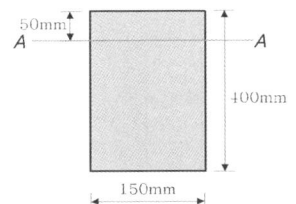

답 ②

3. 단면이 원형(반지름 R)인 보에 휨모멘트 M이 작용할 때 이 보에 작용하는 최대 휨응력은?

① $\dfrac{4M}{\pi R^3}$
② $\dfrac{12M}{\pi R^3}$
③ $\dfrac{16M}{\pi R^3}$
④ $\dfrac{32M}{\pi R^3}$

답 ①

4. 단면이 200mm×300mm이고, 경간이 5m인 단순보의 중앙에 집중하중 16.8kN이 작용할 때 최대 휨응력은?

① 5MPa
② 7MPa
③ 9MPa
④ 12MPa

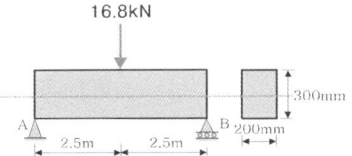

답 ②

5. 길이 10m, 폭 20cm, 높이 30cm인 직사각형 단면을 갖는 단순보에서 자중에 의한 최대 휨응력은? (단, 보의 단위중량은 25kN/m^3으로 균일한 단면을 갖는다.)

① 6.25 MPa
② 9.375 MPa
③ 12.25 MPa
④ 15.275 MPa

답 ①

6. 200mm×300mm인 단면의 저항모멘트는? (단, 재료의 허용 휨응력은 7MPa이다.)

① 21kN · m
② 30kN · m
③ 45kN · m
④ 60kN · m

답 ①

핵심 19   전단응력(τ, Shear Stress)

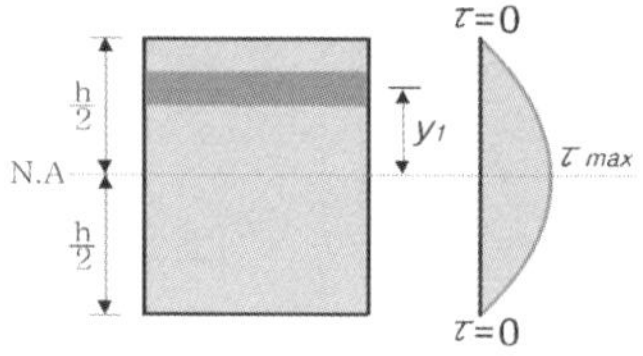

$$\tau = \frac{V \cdot Q}{I \cdot b}$$

중앙점 집중하중 작용	등분포하중 만재 시	최대 휨응력:

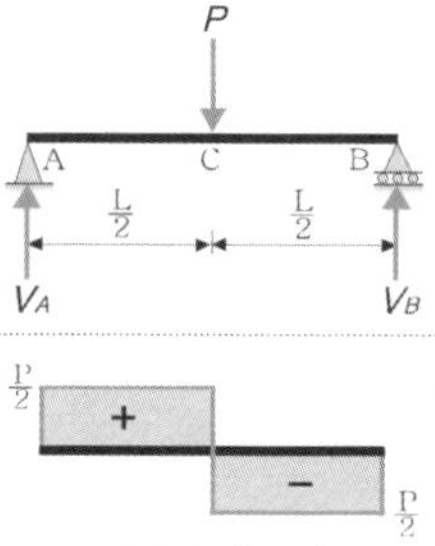

$$\tau_{max} = k \cdot \frac{V_{max}}{A}$$

중앙점 집중하중 작용:
전단력도(SFD)
$$V_{max} = \frac{P}{2}$$

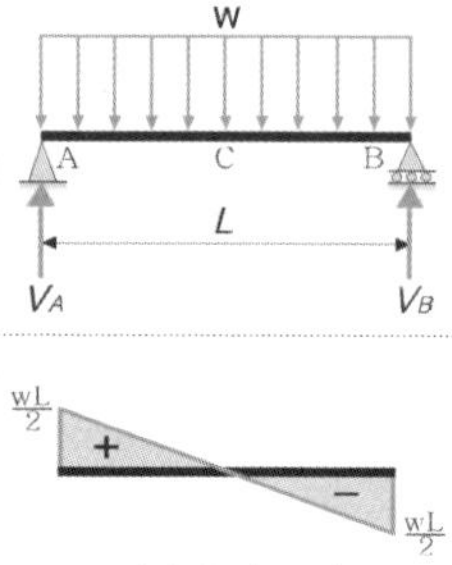

등분포하중 만재 시:
전단력도(SFD)
$$V_{max} = \frac{wL}{2}$$

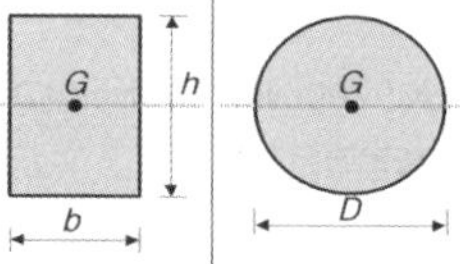

사각형: $k = \dfrac{3}{2}$ 원형: $k = \dfrac{4}{3}$

---

1. 전단력 $V = 600\text{kN}$이 작용할 때 최대 전단응력은?

① 12.7MPa
② 16MPa
③ 19.8MPa
④ 21.3MPa

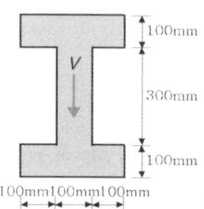

답 ②

2. 속이 빈 직사각형 단면의 최대 전단응력은?(단, 전단력은 20kN)

① 0.212MPa
② 0.322MPa
③ 0.412MPa
④ 0.422MPa

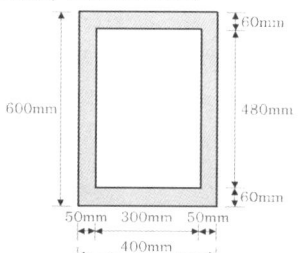

답 ④

3. 폭 100mm, 높이 200mm 인 직사각형 단면의 단순보에서 전단력 $V=40kN$ 이 작용할 때 최대 전단응력은?

① 1MPa
② 2MPa
③ 3MPa
④ 4MPa

답 ③

4. 단순보의 최대 전단응력은?

① 0.375MPa
② 0.475MPa
③ 0.575MPa
④ 0.675MPa

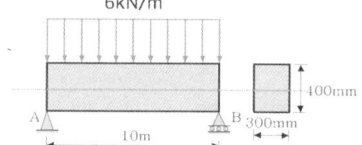

답 ①

5. 그림과 같은 T형 단면을 가진 단순보의 경간은 3m이고, 지점으로부터 1m 떨어진 곳에 하중 $P=4.5kN$ 이 작용하고 있다. 이 보에 발생하는 최대전단응력은?

① 1.48MPa
② 2.48MPa
③ 3.48MPa
④ 4.48MPa

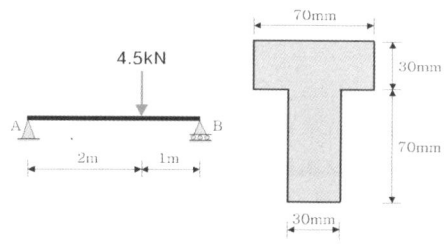

답 ①

핵심 20 보의 휨변형: 처짐각 및 처짐

(1) 공액보(Conjugate Beam): 휨모멘트도(BMD)를 탄성하중($\frac{M}{EI}$)으로 치환하고
   단부의 지점을 변환시켜 휨변형(처짐각 및 처짐)을 구하기 위한 가상의 보

실제보에서 x점의 처짐각 θ_x
↓
공액보에서 x점의 전단력 V_x

Christian Otto Mohr(1835~1918)

실제보에서 x점의 처짐 δ_x
↓
공액보에서 x점의 휨모멘트 M_x

(2) 필수 암기: 처짐각 및 처짐(Deflection Angle & Deflection)

하중조건	처짐각, θ [rad]	처짐, δ [mm]
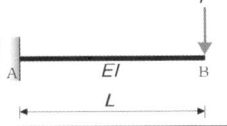	$\theta_B = \dfrac{1}{2} \cdot \dfrac{PL^2}{EI}$	$\delta_B = \dfrac{1}{3} \cdot \dfrac{PL^3}{EI}$
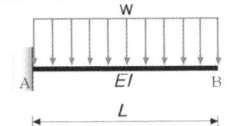	$\theta_B = \dfrac{1}{6} \cdot \dfrac{wL^3}{EI}$	$\delta_B = \dfrac{1}{8} \cdot \dfrac{wL^4}{EI}$
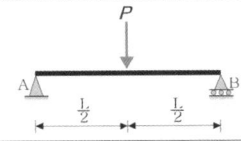	$\theta_A = \dfrac{1}{16} \cdot \dfrac{PL^2}{EI}$	$\delta_C = \dfrac{1}{48} \cdot \dfrac{PL^3}{EI}$
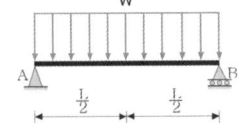	$\theta_A = \dfrac{1}{24} \cdot \dfrac{wL^3}{EI}$	$\delta_C = \dfrac{5}{384} \cdot \dfrac{wL^4}{EI}$

1. 재질과 단면이 같은 다음 2개의 외팔보에서 자유단의 처짐을 같게 하는 $\dfrac{P_1}{P_2}$ 의 값은?

① 0.216
② 0.437
③ 0.325
④ 0.546

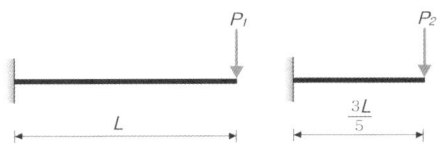

답 ①

2. C점의 수직처짐량은?

① $\dfrac{7wL^4}{384EI}$
② $\dfrac{5wL^4}{384EI}$
③ $\dfrac{7wL^4}{192EI}$
④ $\dfrac{5wL^4}{192EI}$

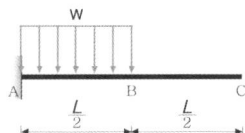

답 ①

3. 캔틸레버 보의 끝 B점에 집중하중 P와 우력모멘트 M_o 가 작용하고 있다. B점에서의 연직 변위는 얼마인가? (단, 보의 EI는 일정하다.)

① $\dfrac{PL^3}{4EI} - \dfrac{M_o L^2}{2EI}$
② $\dfrac{PL^3}{3EI} + \dfrac{M_o L^2}{2EI}$
③ $\dfrac{PL^3}{3EI} - \dfrac{M_o L^2}{2EI}$
④ $\dfrac{PL^3}{4EI} + \dfrac{M_o L^2}{2EI}$

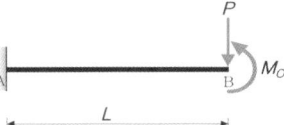

답 ③

4. 그림과 같은 외팔보에서 A점의 처짐은? (단, AC구간의 단면2차모멘트 I, CB구간 $2I$, 탄성계수는 E로서 전 구간이 동일)

① $\dfrac{2PL^3}{15EI}$
② $\dfrac{3PL^3}{16EI}$
③ $\dfrac{5PL^3}{18EI}$
④ $\dfrac{7PL^3}{24EI}$

답 ②

5. 다음 그림에서 처짐각 θ_A 는?

① $\dfrac{PL^2}{EI}$ ② $\dfrac{PL^2}{2EI}$

③ $\dfrac{PL^2}{9EI}$ ④ $\dfrac{10PL^2}{81EI}$

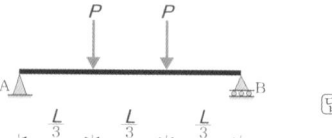

답 ③

6. 단순보의 지점 A에 모멘트 M_A 가 작용할 경우 A점과 B점의 처짐각 비 $\left(\dfrac{\theta_A}{\theta_B}\right)$의 크기는?

① 1.5   ② 2.0
③ 2.5   ④ 3.0

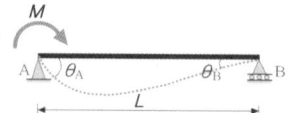

답 ②

7. 그림 (A)와 (B)의 중앙점의 처짐이 같아지도록 그림(B)의 등분포하중 w를 그림 (A)의 하중 P의 함수로 나타내면?

① $1.2\ \dfrac{P}{L}$

② $2.1\ \dfrac{P}{L}$

③ $4.2\ \dfrac{P}{L}$

④ $2.4\ \dfrac{P}{L}$

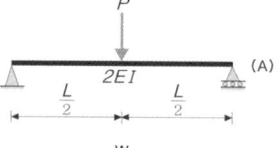

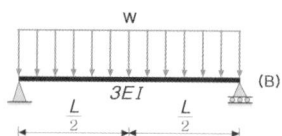

답 ④

8. 단순보의 지점 B에 모멘트하중 M이 작용할 때 보에 최대처짐(δ_{max})과 δ_{max} 가 발생하는 위치 x 는? (단, EI는 일정하다.)

① $x = \dfrac{\sqrt{3}}{3}L,\ \delta_{max} = \dfrac{\sqrt{3}}{27} \cdot \dfrac{ML^2}{EI}$

② $x = \dfrac{\sqrt{3}}{2}L,\ \delta_{max} = \dfrac{\sqrt{3}}{18} \cdot \dfrac{ML^2}{EI}$

③ $x = \dfrac{\sqrt{3}}{3}L,\ \delta_{max} = \dfrac{\sqrt{3}}{18} \cdot \dfrac{ML^2}{EI}$

④ $x = \dfrac{\sqrt{3}}{2}L,\ \delta_{max} = \dfrac{\sqrt{3}}{27} \cdot \dfrac{ML^2}{EI}$

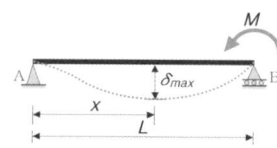

답 ①

9. 그림과 같은 보의 C점의 연직처짐은? (단, 보의 자중은 무시하며, $EI = 2 \times 10^{14}$ N·mm²)

① 15.25mm
② 18.75mm
③ 25.25mm
④ 31.25mm

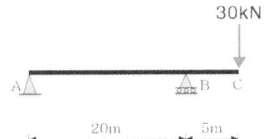

답 ④

10. 그림과 같은 내민보에서 C점의 처짐은? (단, $EI = 3.0 \times 10^{12}$ N·mm²)

① 1mm
② 2mm
③ 10mm
④ 20mm

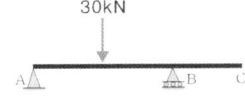

답 ④

11. 그림과 같은 내민보에서 자유단의 처짐은? (단, $EI = 3.2 \times 10^{14}$ N·mm²)

① 1.69mm
② 169mm
③ 3.38mm
④ 338mm

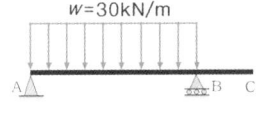

답 ①

12. 그림과 같은 겔버보에서 하중 P만에 의한 C점의 처짐은?
(단, EI는 일정하고 $EI = 2.7 \times 10^{14}$ N·mm²)

① 7mm
② 27mm
③ 10mm
④ 20mm

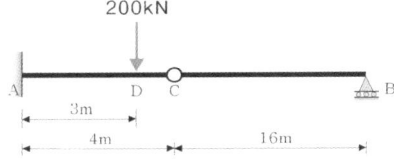

답 ③

핵심 21   탄성변형에너지(U, Elastic Strain Energy)

(1) 구조부재의 변형에 의해 에너지 형태로 변환되어 구조부재에 저장되는 내적인 일의 양을 (탄성)변형에너지(U, Elastic Strain Energy)라고 한다.

축방향력에 의한 변형에너지	$U = \dfrac{1}{2} P \cdot \delta = \dfrac{1}{2} P \left(\dfrac{PL}{EA} \right) = \dfrac{P^2 L}{2EA} = \displaystyle\int_0^L \dfrac{P^2}{2EA} \cdot dx$
휨모멘트에 의한 변형에너지	$U = \dfrac{1}{2} M \cdot \theta = \dfrac{1}{2} M \left(\dfrac{ML}{EI} \right) = \dfrac{M^2 L}{2EI} = \displaystyle\int_0^L \dfrac{M^2}{2EI} \cdot dx$

(2) 필수 암기: (탄성)변형에너지(U, Elastic Strain Energy)

하중조건	(탄성)변형에너지(U)
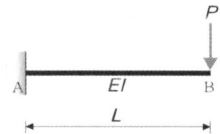	$U = \dfrac{1}{6} \cdot \dfrac{P^2 L^3}{EI}$
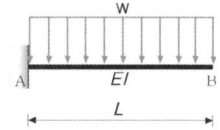	$U = \dfrac{1}{40} \cdot \dfrac{w^2 L^5}{EI}$

---

1. 탄성변형에너지는 외력을 받는 구조물에서 변형에 의해 구조물에 축적되는 에너지를 말한다. 탄성체이며 선형거동을 하는 길이가 L인 캔틸레버 보에 집중하중 P가 작용할 때 굽힘모멘트에 의한 탄성변형에너지는? (단, EI는 일정)

① $\dfrac{P^2 L^2}{6EI}$ ② $\dfrac{P^2 L^2}{2EI}$

③ $\dfrac{P^2 L^3}{6EI}$ ④ $\dfrac{P^2 L^3}{2EI}$

답 ③

2. 캔틸레버보에서 휨모멘트에 의한 탄성변형에너지는? (단, *EI*는 일정)

① $\dfrac{P^2L^3}{3EI}$

② $\dfrac{P^2L^3}{2EI}$

③ $\dfrac{2P^2L^3}{3EI}$

④ $\dfrac{3P^2L^3}{2EI}$

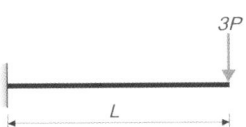

답 ④

3. 그림과 같은 보에서 휨모멘트에 의한 탄성변형에너지를 구한 값은?

① $\dfrac{w^2L^5}{8EI}$

② $\dfrac{w^2L^5}{24EI}$

③ $\dfrac{w^2L^5}{40EI}$

④ $\dfrac{w^2L^5}{48EI}$

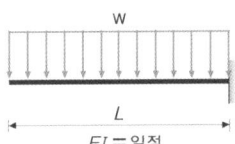

답 ③

4. 그림과 같은 단순보에서 휨모멘트에 의한 탄성변형에너지는? (단, *EI*는 일정하다.)

① $\dfrac{w^2L^5}{40EI}$

② $\dfrac{w^2L^5}{96EI}$

③ $\dfrac{w^2L^5}{240EI}$

④ $\dfrac{w^2L^5}{384EI}$

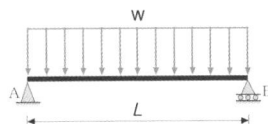

답 ③

핵심 22   가상일법(Virtual Work Method)

휨모멘트만을 받는 보, 라멘	축방향력만을 받는 트러스
$(1)(\Delta_i) = \int_0^L \dfrac{M \cdot m}{EI} \cdot dx$	$(1)(\Delta_i) = \sum \dfrac{F \cdot f}{EA} \cdot L$

임의의 i점의 처짐각(θ_i) 및 처짐(δ_i)과 같은 변형 Δ_i를 구하려고 하는 위치에서 변형과 같은 방향으로 가상의 단위집중하중($P=1$)을 작용시켜 처짐(δ_i)을 구하고 가상의 단위모멘트하중($M=1$)을 작용시켜 처짐각(θ_i)을 구하는 것이 핵심요령이다.

---

1. 그림과 같은 정정 라멘에서 C점의 수직처짐은?

① $\dfrac{PL^3}{3EI}(L+2H)$

② $\dfrac{PL^2}{3EI}(3L+H)$

③ $\dfrac{PL^2}{3EI}(L+3H)$

④ $\dfrac{PL^3}{3EI}(2L+H)$

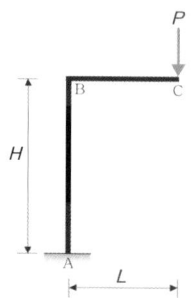

답 ③

2. 그림과 같은 구조물에서 C점의 수직처짐은? (단, 자중은 무시하며, $EI = 2 \times 10^{14}$ N·mm²)

① 2.7mm
② 3.6mm
③ 5.4mm
④ 7.2mm

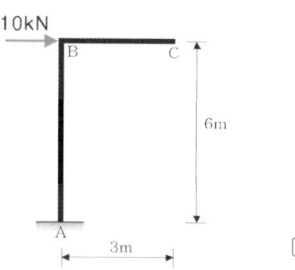

답 ①

3. 그림과 같은 구조물에서 B점의 수평변위는? (단, EI는 일정하다.)

① $\dfrac{P r H^2}{4EI}$

② $\dfrac{P r H^2}{3EI}$

③ $\dfrac{P r H^2}{2EI}$

④ $\dfrac{P r H^2}{EI}$

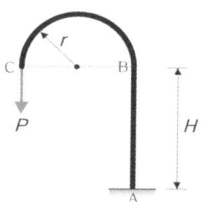

답 ④

4. 그림과 같은 트러스에서 A점에 연직하중 P가 작용할 때 A점의 연직처짐은? (단, 부재의 축강도는 모두 EA, 부재의 길이는 $AB=3L$, $AC=5L$, $BC=4L$ 이다.)

① $8.0 \cdot \dfrac{PL}{EA}$

② $8.5 \cdot \dfrac{PL}{EA}$

③ $9.0 \cdot \dfrac{PL}{EA}$

④ $9.5 \cdot \dfrac{PL}{EA}$

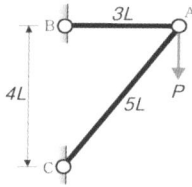

답 ④

5. B점의 수직변위가 1이 되기 위한 하중의 크기 P는? (단, 부재의 축강성은 EA로 동일하다.)

① $\dfrac{E\cos^3 \alpha}{AH}$

② $\dfrac{2E\cos^3 \alpha}{AH}$

③ $\dfrac{EA\cos^3 \alpha}{H}$

④ $\dfrac{2EA\cos^3 \alpha}{H}$

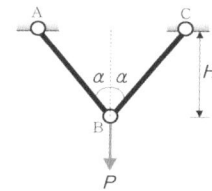

답 ④

핵심 23   단주(Stub Column)

(1) 단주 및 기초: 편심응력분포도 및 편심응력 산정

① 중심축하중 ($e=0$)	② 편심이 핵점 이내 ($e < \dfrac{h}{6}$)	③ 핵점에 작용 ($e = \dfrac{h}{6}$)	④ 핵점 밖에 작용 ($e > \dfrac{h}{6}$)
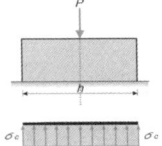	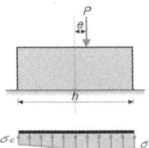	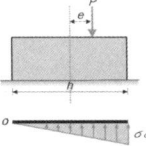	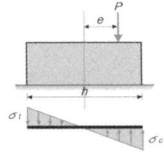
$\sigma_c = -\dfrac{P}{A}$ [N/mm²]	$\sigma_{\substack{\max \\ \min}} = -\dfrac{P}{A} \mp \dfrac{M}{Z}$ [N/mm²]		

(2) 단면의 핵(Core): $e = \dfrac{Z}{A}$

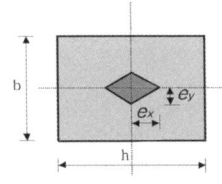   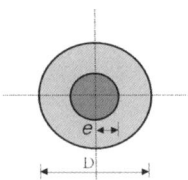

$$e_x = \dfrac{Z_y}{A} = \dfrac{\dfrac{I_y}{x}}{A} = \dfrac{r_y^2}{x} = \dfrac{\dfrac{h^2}{12}}{\dfrac{h}{2}} = \dfrac{h}{6}$$

$$e_y = \dfrac{Z_x}{A} = \dfrac{\dfrac{I_x}{y}}{A} = \dfrac{r_x^2}{y} = \dfrac{\dfrac{b^2}{12}}{\dfrac{b}{2}} = \dfrac{b}{6}$$

$$e = \dfrac{Z}{A} = \dfrac{\dfrac{\pi D^3}{32}}{\dfrac{\pi D^2}{4}} = \dfrac{D}{8}$$

1. 그림과 같이 $a \times 2a$ 의 단면을 갖는 기둥에 편심거리 $\dfrac{a}{2}$ 만큼 떨어져서 P 가 작용할 때 기둥에 발생할 수 있는 최대 압축응력은? (단, 기둥은 단주이다.)

① $\dfrac{4P}{7a^2}$

② $\dfrac{7P}{8a^2}$

③ $\dfrac{5P}{4a^2}$

④ $\dfrac{13P}{2a^2}$

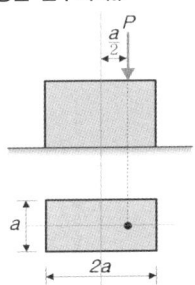

답 ③

2. 그림과 같은 단주에서 편심거리 e에 $P=8\text{kN}$이 작용할 때 단면에 인장력이 생기지 않기 위한 e의 한계는?

① 50mm
② 80mm
③ 90mm
④ 100mm

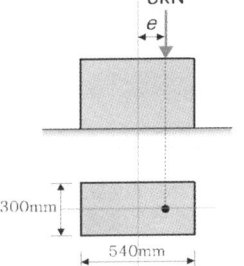

답 ③

3. 반지름 250mm인 원형 단면을 갖는 단주에서 핵의 면적은 약 얼마인가?

① $12,270\text{mm}^2$
② $16,840\text{mm}^2$
③ $24,540\text{mm}^2$
④ $33,680\text{mm}^2$

답 ①

4. 외반경 R_1, 내반경 R_2 인 중공(中空) 원형 단면의 핵은? (단, 핵의 반경을 e로 표시함)

① $e = \dfrac{(R_1^2 + R_2^2)}{4R_1^2}$

② $e = \dfrac{(R_1^2 - R_2^2)}{4R_1^2}$

③ $e = \dfrac{(R_1^2 + R_2^2)}{4R_1}$

④ $e = \dfrac{(R_1^2 - R_2^2)}{4R_1}$

답 ③

핵심 24 　장주(Slender Column)

(1) 지지상태에 따른 좌굴길이(K), 좌굴강(성)도(n)

양단힌지	1단고정 1단힌지	양단고정	1단고정 1단자유
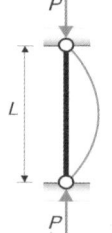			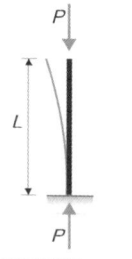
$KL = 1.0L$	$KL = 0.7L$	$KL = 0.5L$	$KL = 2.0L$
$\dfrac{1}{K^2} = 1$	$\dfrac{1}{K^2} = 2$	$\dfrac{1}{K^2} = 4$	$\dfrac{1}{K^2} = \dfrac{1}{4}$

(2) Euler의 좌굴하중, 세장비(Slenderness Ratio)

좌굴하중

$$P_{cr} = \frac{\pi^2 EI}{(KL)^2}$$

세장비

$$\lambda_x = \frac{KL}{r} = \frac{KL}{\sqrt{\dfrac{I}{A}}}$$

Leonhard Euler
(1707~1783)

---

1. **동일한 재료 및 단면을 사용한 다음 기둥 중 좌굴하중이 가장 큰 기둥은?**

① 양단고정의 길이가 $2L$인 기둥　　　② 양단힌지의 길이가 L인 기둥
③ 일단자유 타단고정의 길이가 $0.5L$인 기둥　　④ 일단힌지 타단고정의 길이가 $1.2L$인 기둥

답 ④

2. 단면과 길이가 같으나 지지조건이 다른 그림과 같은 2개의 장주가 있다. 장주 A가 30kN의 하중을 받을 수 있다면, 장주 B가 받을 수 있는 하중은?

① 120kN
② 240kN
③ 360kN
④ 480kN

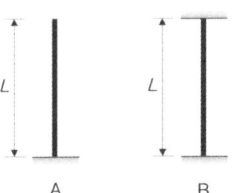

답 ④

3. 길이가 6m인 양단힌지 기둥 $I-250\times125\times10\times19$의 단면으로 세워졌다. 이 기둥이 좌굴에 대해서 지지하는 임계하중(Critical Load)은? (단, I 형강의 I_1 과 I_2 는 각각 $7.34\times10^7\mathrm{mm}^4$과 $5.6\times10^6\mathrm{mm}^4$, $E=200,000\mathrm{MPa}$)

① 307kN
② 426kN
③ 3,070kN
④ 4,025kN

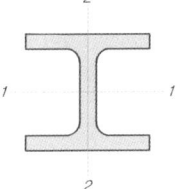

답 ①

4. 150mm×250mm의 직사각형 단면을 가진 길이 5m인 양단힌지 기둥이 있다. 세장비는?

① 139.2
② 115.5
③ 93.6
④ 69.3

답 ②

5. 직경 D인 원형단면 기둥의 길이가 4m이다. 세장비가 100이 되도록 하자면 이 기둥의 직경은?

① 90mm
② 130mm
③ 160mm
④ 250mm

답 ③

핵심 25   변위일치법: 간단한 부정정 구조물의 지점반력

일단 고정	V_A	M_B
중앙 집중하중 P	$+\dfrac{5P}{16}(\uparrow)$	$+\dfrac{3PL}{16}\ (\curvearrowleft)$
등분포하중 w	$+\dfrac{3wL}{8}(\uparrow)$	$+\dfrac{wL^2}{8}\ (\curvearrowleft)$
A단 모멘트 M	$-\dfrac{3M}{2L}(\downarrow)$	$+\dfrac{M}{2}\ (\curvearrowleft)$
2경간 연속보 등분포하중 w	$V_C = +\dfrac{5wL}{8}(\uparrow)$	

양단 고정	M_A	M_B
집중하중 P (a, b)	$-\dfrac{P\cdot a\cdot b^2}{L^2}\ (\curvearrowleft)$	$+\dfrac{P\cdot a^2\cdot b}{L^2}\ (\curvearrowleft)$
중앙 집중하중 P	$-\dfrac{PL}{8}\ (\curvearrowleft)$	$+\dfrac{PL}{8}\ (\curvearrowleft)$
등분포하중 w	$-\dfrac{wL^2}{12}\ (\curvearrowleft)$	$+\dfrac{wL^2}{12}\ (\curvearrowleft)$

1. 그림과 같은 1차 부정정 구조물의 A지점의 반력은?

① $+\dfrac{5P}{16}$ ② $+\dfrac{11P}{16}$

③ $-\dfrac{3P}{16}$ ④ $+\dfrac{5P}{32}$

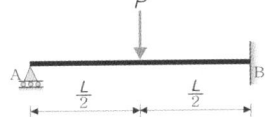

답 ①

2. 그림과 같이 1단 고정, 타단 가동지점의 보에 집중하중이 작용할 때 고정지점 B의 휨모멘트 크기는?

① 56.3kN · m ② 37.5kN · m
③ 28.0kN · m ④ 75.0kN · m

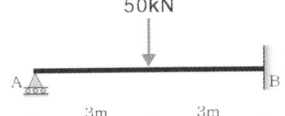

답 ①

3. 다음 구조물에서 B점에 발생하는 수직반력 값은?

① 60kN · m ② 80kN · m
③ 100kN · m ④ 120kN · m

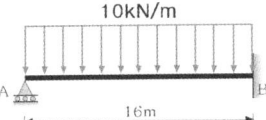

답 ③

4. 다음 보의 A단에 작용하는 휨모멘트는?

① $-\dfrac{1}{4}wL^2$ ② $-\dfrac{1}{8}wL^2$

③ $-\dfrac{1}{12}wL^2$ ④ $-\dfrac{1}{24}wL^2$

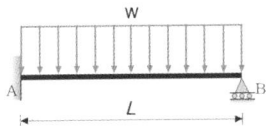

답 ②

5. 주어진 보에서 지점 A의 휨모멘트(M_A) 및 반력 R_A의 크기로 옳은 것은?

① $M_A = \dfrac{M_o}{2}, \ R_A = \dfrac{3M_o}{2L}$

② $M_A = M_o, \ R_A = \dfrac{M_o}{L}$

③ $M_A = \dfrac{M_o}{2}, \ R_A = \dfrac{5M_o}{2L}$

④ $M_A = M_o, \ R_A = \dfrac{2M_o}{L}$

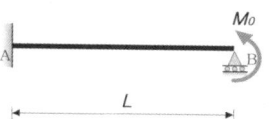

답 ①

6. 다음 그림에서 B점의 고정단 모멘트는?

① 30kN · m　② 40kN · m
③ 25kN · m　④ 36kN · m

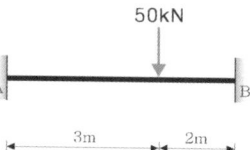

답 ④

7. 양단고정보에 집중이동하중 P가 작용할 때 A점의 고정단모멘트가 최대가 되기 위한 하중 P의 위치는?

① $x = \dfrac{L}{2}$　② $x = \dfrac{L}{3}$

③ $x = \dfrac{L}{4}$　④ $x = \dfrac{L}{5}$

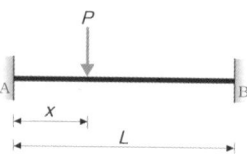

답 ②

8. 양단 고정보에 등분포하중이 작용할 때 A점에 발생하는 휨모멘트는?

① $-\dfrac{wL^2}{4}$　② $-\dfrac{wL^2}{6}$

③ $-\dfrac{wL^2}{8}$　④ $-\dfrac{wL^2}{12}$

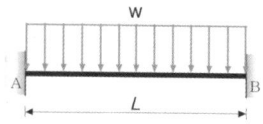

답 ④

9. 그림과 같은 양단고정보가 등분포하중 w를 받고 있다. 휨모멘트가 0이 되는 위치는 지점 A로부터 약 얼마 떨어진 곳에 있는가? (단, EI는 일정하다.)

① $0.112L$ ② $0.212L$
③ $0.332L$ ④ $0.412L$

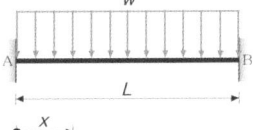

답 ②

10. 그림과 같은 양단고정보에 등분포하중이 작용할 경우 지점 A의 휨모멘트 절대값과 보 중앙에서의 휨모멘트 절대값의 합은?

① $\dfrac{wL^2}{8}$ ② $\dfrac{wL^2}{12}$
③ $\dfrac{wL^2}{24}$ ④ $\dfrac{wL^2}{36}$

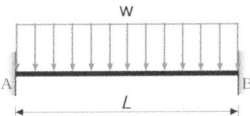

답 ①

11. (A)구조물의 최대 정모멘트가 $200\text{kN}\cdot\text{m}$ 라면 (B)구조물의 최대 휨모멘트의 크기는? (단, 두 구조물의 EI는 같다.)

① $100\text{kN}\cdot\text{m}$ ② $\dfrac{200}{3}\text{kN}\cdot\text{m}$

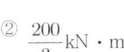

③ $100\sqrt{2}\,\text{kN}\cdot\text{m}$ ④ $\dfrac{400}{3}\text{kN}\cdot\text{m}$

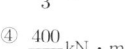

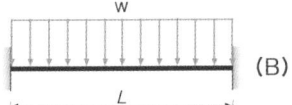

답 ④

12. 다음 그림과 같은 양단고정보에 30kN/m의 등분포하중과 100kN의 집중하중이 작용할 때 A점의 휨모멘트는?

① $-316\text{kN}\cdot\text{m}$ ② $-328\text{kN}\cdot\text{m}$
③ $-346\text{kN}\cdot\text{m}$ ④ $-368\text{kN}\cdot\text{m}$

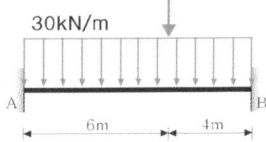

답 ③

핵심 26　3연모멘트법(Clapeyron's Theorem of Three Moment)

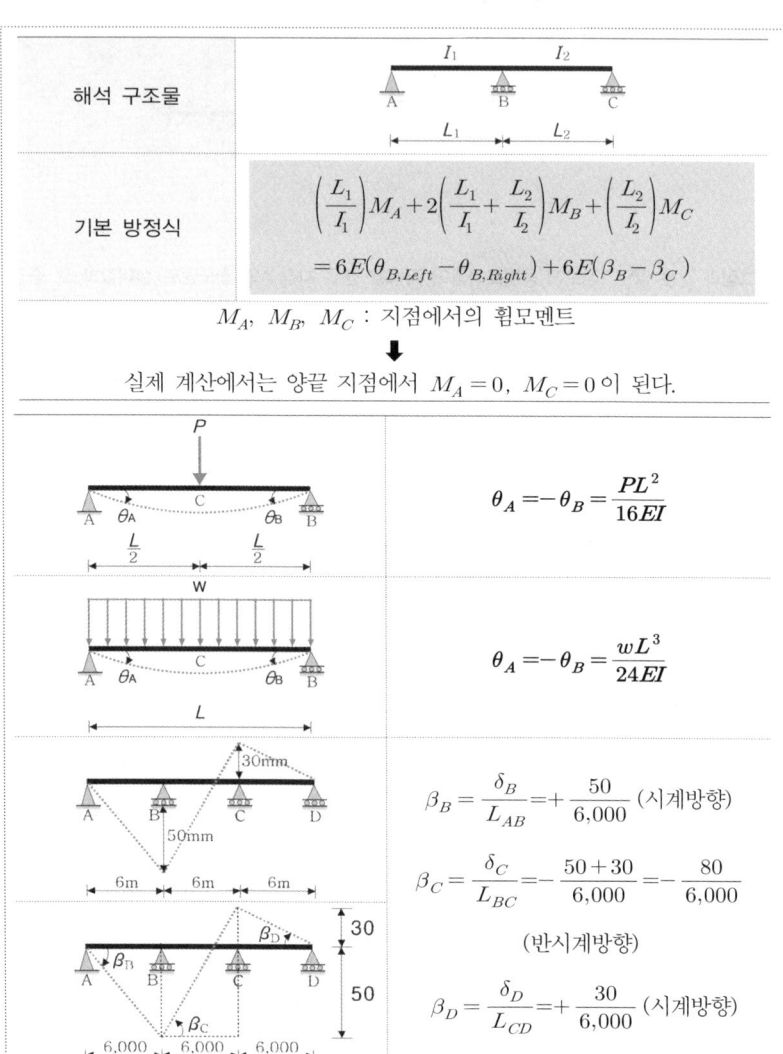

해석 구조물	(그림: A, B, C 지점 연속보, I_1, I_2, L_1, L_2)
기본 방정식	$\left(\dfrac{L_1}{I_1}\right)M_A + 2\left(\dfrac{L_1}{I_1}+\dfrac{L_2}{I_2}\right)M_B + \left(\dfrac{L_2}{I_2}\right)M_C$ $= 6E(\theta_{B,Left} - \theta_{B,Right}) + 6E(\beta_B - \beta_C)$

M_A, M_B, M_C : 지점에서의 휨모멘트

⬇

실제 계산에서는 양끝 지점에서 $M_A = 0$, $M_C = 0$이 된다.

(단순보 중앙 집중하중 P)	$\theta_A = -\theta_B = \dfrac{PL^2}{16EI}$
(단순보 등분포하중 w)	$\theta_A = -\theta_B = \dfrac{wL^3}{24EI}$
(지점침하 그림)	$\beta_B = \dfrac{\delta_B}{L_{AB}} = +\dfrac{50}{6,000}$ (시계방향) $\beta_C = \dfrac{\delta_C}{L_{BC}} = -\dfrac{50+30}{6,000} = -\dfrac{80}{6,000}$ (반시계방향) $\beta_D = \dfrac{\delta_D}{L_{CD}} = +\dfrac{30}{6,000}$ (시계방향)

1. 그림과 같은 연속보의 B점과 C점 중간에 100kN의 하중이 작용할 때 B점에서의 휨모멘트 (M)는? (단, 탄성계수 E와 단면2차모멘트 I는 전구간에 걸쳐 일정하다.)

① $-50\text{kN}\cdot\text{m}$ ② $-75\text{kN}\cdot\text{m}$
③ $-100\text{kN}\cdot\text{m}$ ④ $-150\text{kN}\cdot\text{m}$

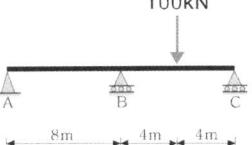

답 ②

2. 2경간 연속보의 첫 경간에 등분포하중이 작용한다. 중앙지점 B의 휨모멘트는?

① $-\dfrac{1}{24}wL^2$ ② $-\dfrac{1}{16}wL^2$
③ $-\dfrac{1}{12}wL^2$ ④ $-\dfrac{1}{8}wL^2$

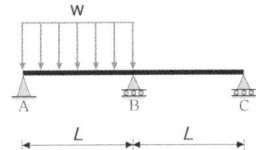

답 ②

3. 그림과 같은 연속보에서 B점의 휨모멘트 M_B의 값은?

① $-\dfrac{wL^2}{2}$ ② $-\dfrac{wL^2}{4}$
③ $-\dfrac{wL^2}{8}$ ④ $-\dfrac{wL^2}{12}$

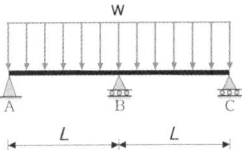

답 ③

4. 그림과 같은 3경간 연속보의 B점이 50mm 아래로 침하하고 C점이 30mm 위로 상승하는 변위를 각각 보였을 때 B점의 휨모멘트 M_B는? (단, $EI=8\times10^{13}\text{ N}\cdot\text{mm}^2$)

① $3.52\times10^8\text{ N}\cdot\text{mm}$
② $4.85\times10^8\text{ N}\cdot\text{mm}$
③ $5.07\times10^8\text{ N}\cdot\text{mm}$
④ $5.60\times10^8\text{ N}\cdot\text{mm}$

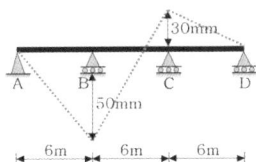

답 ④

핵심 27   처짐각법(Slope-Deflection Method)

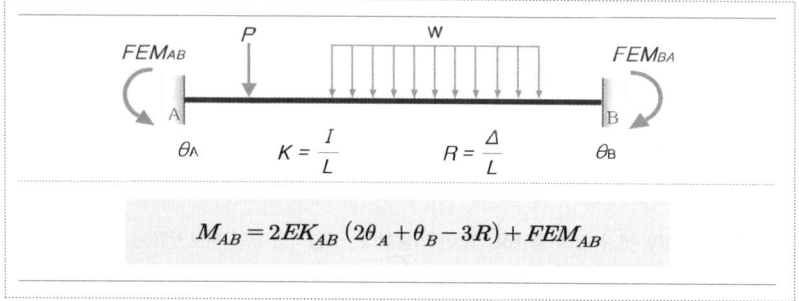

$$M_{AB} = 2EK_{AB}(2\theta_A + \theta_B - 3R) + FEM_{AB}$$

---

1. 다음과 같은 부정정보에서 A의 처짐각 θ_A는? (단, 보의 휨강성은 EI)

① $\dfrac{1}{12} \cdot \dfrac{wL^3}{EI}$ ② $\dfrac{1}{24} \cdot \dfrac{wL^3}{EI}$

③ $\dfrac{1}{36} \cdot \dfrac{wL^3}{EI}$ ④ $\dfrac{1}{48} \cdot \dfrac{wL^3}{EI}$

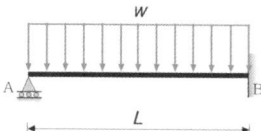

답 ④

2. 양단고정보에서 지점 B를 반시계방향으로 1 radian 만큼 회전시켰을 때 B점에 발생하는 단모멘트의 값이 옳은 것은?

① $\dfrac{2EI}{L^2}$ ② $\dfrac{4EI}{L}$

③ $\dfrac{2EI}{L}$ ④ $\dfrac{4EI^2}{L}$

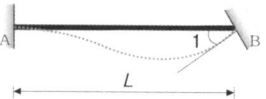

답 ②

3. 부정정보의 B단이 L^* 만큼 아래로 처졌다면 A단에 생기는 모멘트는? (단, $L^*/L = 1/600$)

① $+0.001\dfrac{EI}{L}$ ② $-0.01\dfrac{EI}{L}$

③ $+0.1\dfrac{EI}{L}$ ④ $-0.1\dfrac{EI}{L}$

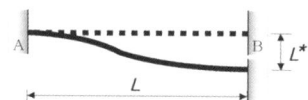

답 ②

핵심 28   모멘트분배법(Moment Distributed Method)

강도(Stiffness)계수 $K = \dfrac{I}{L}$	해당 부재의 단면2차모멘트를 부재의 길이로 나눈 것
수정강도계수 $K^R = \dfrac{3}{4}K$	동일한 강도일지라도 타단부의 지지상태에 따라 휨에 대한 저항성능은 달라지게 된다. 강도계수는 양단이 고정단인 경우를 기준으로 정한 것인데, 부재의 타단이 Hinge($K^R = \dfrac{3}{4}K$)이거나, 대칭 변형재($K^R = \dfrac{1}{2}K$) 또는 역대칭 변형재($K^R = \dfrac{3}{2}K$)인 경우는 강비를 수정하여 양단이 고정인 경우와 등가(等價)로 취급한다.
분배율 (Distributed Factor, DF)	$DF = \dfrac{\text{구하려는 부재의 유효강비}}{\text{전체 유효강비의 합}}$ 절점에서 각 부재로 분배되는 비율
분배모멘트 (Distributed Moment)	$M_{OA} = M_O \cdot DF_{OA} = M_O \cdot \dfrac{K_{OA}}{\sum K}$
전달모멘트 (Carry-Over Moment)	절점에서 분배된 분배모멘트는 지지단 쪽으로 전달되는데, 고정단일 경우에 분배모멘트의 $\dfrac{1}{2}$ 이다.

1. 그림과 같은 라멘 구조물의 E점에서의 불균형모멘트에 대한 부재 EA의 모멘트 분배율은?

① 0.222
② 0.1667
③ 0.2857
④ 0.40

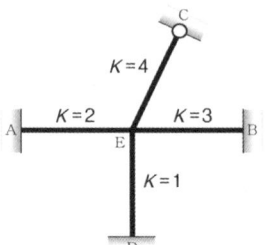

답 ①

2. 다음과 같은 부정정 구조물에서 B지점의 반력의 크기는? (단, 보의 휨강도 EI는 일정)

① $\dfrac{7}{3}P$
② $\dfrac{7}{4}P$
③ $\dfrac{7}{5}P$
④ $\dfrac{7}{6}P$

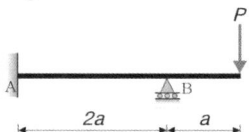

답 ②

3. 다음 구조물에서 B점의 수평방향 반력 R_B를 구한 값은?

① $\dfrac{3P \cdot a}{2L}$
② $\dfrac{3P \cdot L}{2a}$
③ $\dfrac{2P \cdot a}{3L}$
④ $\dfrac{2P \cdot L}{3a}$

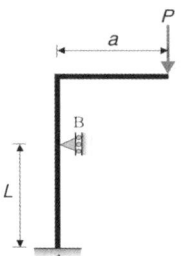

답 ①

4. 그림과 같은 부정정보에 집중하중이 작용할 때 A점의 휨모멘트 M_A를 구한 값은?

① $-57\text{kN}\cdot\text{m}$
② $-36\text{kN}\cdot\text{m}$
③ $-42\text{kN}\cdot\text{m}$
④ $-26\text{kN}\cdot\text{m}$

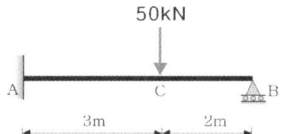

답 ③

5. 그림과 같은 부정정보에서 지점 A의 휨모멘트값을 옳게 나타낸 것은?

① $+\dfrac{wL^2}{8}$
② $-\dfrac{wL^2}{8}$
③ $+\dfrac{3wL^2}{8}$
④ $-\dfrac{3wL^2}{8}$

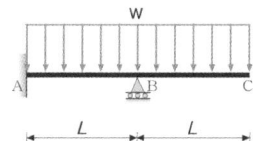

답 ①

6. 그림과 같은 구조물에서 A점의 휨모멘트의 크기는?

① $\dfrac{1}{12}wL^2$
② $\dfrac{7}{24}wL^2$
③ $\dfrac{5}{48}wL^2$
④ $\dfrac{11}{96}wL^2$

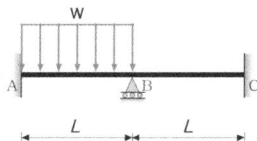

답 ③

7. 절점 O는 이동하지 않으며, 재단 A, B, C가 고정일 때 M_{CO}는 얼마인가? (단, K는 강비)

① $25\text{kN}\cdot\text{m}$
② $30\text{kN}\cdot\text{m}$
③ $35\text{kN}\cdot\text{m}$
④ $40\text{kN}\cdot\text{m}$

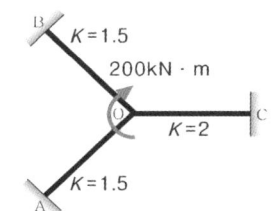

답 ④

1주일 완성! 핵심문제풀이
응 용 역 학

發行處 **(주) 한솔아카데미**

(우)06775 서울시 서초구 마방로10길 25 트윈타워 A동 2002호
TEL : 575-6144/5   FAX : 529-1130
〈1998. 2. 19 登錄 第16-1608號〉
www.bestbook.co.kr/www.inup.co.kr